Comunicações
POR FIBRAS
ópticas

K27c Keiser, Gerd.
       Comunicações por fibras ópticas / Gerd Keiser ; tradução: Márcio Peron Franco de Godoy ; revisão técnica: Antonio Pertence Júnior. – 4. ed. – Porto Alegre : AMGH, 2014.
       xxiii, 670 p. : il. ; 17,5 x 25 cm

       ISBN 978-85-8055-397-0

       1. Fibra óptica. 2. Engenharia – Comunicações ópticas. I. Título.

                                                    CDU 621:666.22

Catalogação na publicação: Poliana Sanchez de Araujo – CRB 10/2094

GERD KEISER
National Taiwan University of Science and Technology

Comunicações por fibras ópticas

4ª *Edição*

Tradução
Márcio Peron Franco de Godoy
Doutor em Ciências pela Universidade Estadual de Campinas (Unicamp)

Revisão técnica
Antonio Pertence Júnior
Engenheiro em Eletrônica e Telecomunicações
Mestre em Engenharia (UFMG)
Especialista em Processamento de Sinais pela Ryerson University (Canadá)
Professor de Ondas Eletromagnéticas e Linhas de Transmissão (FUMEC-MG)
Membro da Sociedade Brasileira de Eletromagnetismo (SBMAG)

AMGH Editora Ltda.
2014

Obra originalmente publicada sob o título
Optical Fiber Communications, 4th Edition
ISBN 0073380717 / 9780073380711

Original edition copyright(c) 2011, by The McGraw-Hill Global Education Holdings, LLC, New York, New York 10020. All Rights Reserved.

Gerente editorial: *Arysinha Jacques Affonso*

Colaboraram nesta edição:

Editora: *Viviane R. Nepomuceno*
Capa: *Casa de ideias (arte sobre capa original)*
Foto de Capa: *Nick Koudis/Getty Images*
Leitura final: *Carlos Villarruel* e *Nathalia Ferrarezi*
Editoração: *Roberta Pereira de Paula*

Reservados todos os direitos de publicação, em língua portuguesa, à
AMGH Editora Ltda., uma parceria entre GRUPO A EDUCAÇÃO S.A e McGRAW-HILL EDUCATION.
Av. Jerônimo de Ornelas, 670 – Santana
90040-340 – Porto Alegre – RS
Fone: (51) 3027-7000 Fax: (51) 3027-7070

É proibida a duplicação ou reprodução deste volume, no todo ou em parte, sob quaisquer
formas ou por quaisquer meios (eletrônico, mecânico, gravação, fotocópia, distribuição na Web
e outros), sem permissão expressa da Editora.

Unidade São Paulo
Av. Embaixador Macedo Soares, 10.735 – Pavilhão 5 – Cond. Espace Center
Vila Anastácio – 05095-035 – São Paulo – SP
Fone: (11) 3665-1100 Fax: (11) 3667-1333

SAC 0800 703-3444 – www.grupoa.com.br

IMPRESSO NO BRASIL
PRINTED IN BRAZIL

*A
Ching-yun e Nishla*

O autor

Gerd Keiser é professor titular do National Science Council no Departamento de Engenharia Eletrônica da National Taiwan University of Science and Technology e realiza pesquisas sobre o desenvolvimento de componentes fotônicos, os sistemas de transmissão óptica de telecomunicações, as instalações de fibras para redes (FTTP), as redes inteligentes e a biomedicina fotônica. Além disso, é fundador e principal consultor da PhotonicsComm Solutions, uma empresa especializada em consultoria e educação para o setor de comunicações ópticas. Nas empresas Honeywell, GTE e General Dynamics, o autor trabalhou no desenvolvimento e na aplicação de redes de fibra óptica e tecnologias de comutação digitais. Por suas realizações técnicas na GTE, recebeu o Prêmio Leslie Warner. Como professor adjunto, lecionou na Northeastern University, na Tufts University e na Boston University. Keiser é membro do Institute of Eletrical and Eletronics Engineers (IEEE), da Optical Society (OSA) e da Society of Photonic and Instrumentation Engineers (SPIE), editor associado da revista *Optical Fiber Technology* e autor de quatro livros de pós-graduação.

Prefácio

Objetivo

Desde 1983, data da primeira edição deste livro, surgiu uma história fascinante. Em 2009, Charles K. C. Kao recebeu o Prêmio Nobel de Física pelo trabalho pioneiro com fibras de vidro utilizadas como meio de transmissão de dados e por seu incansável esforço em promover internacionalmente o desenvolvimento de fibras ópticas de baixa perda. A primeira fibra ultrapura foi fabricada em 1970, apenas quatro anos após a previsão de Kao. Essa descoberta levou a uma série de desenvolvimentos tecnológicos relacionados às fibras ópticas. Inicialmente, a tecnologia focou em *links* de transmissão simples, mas moveu-se rapidamente para redes cada vez mais sofisticadas. Ao longo do caminho, tentou muitos novos componentes e técnicas de comunicação. Alguns deles foram altamente bem-sucedidos, alguns desapareceram, talvez em razão de sua complexidade de implementação, e outros, que estavam à frente de seu tempo, estão reaparecendo após um período de hibernação. As redes de telecomunicações modernas de alta capacidade baseadas na tecnologia de fibra óptica são, agora, parte integrante e indispensável da sociedade. As aplicações para essas redes sofisticadas variam de simples navegação na *web* e trocas de *e-mail* a um diagnóstico crucial de cuidado com a saúde, computação em grade e nuvem, e transações complexas de negócios. Em virtude da importância dessas redes para a vida cotidiana, os usuários esperam que os serviços de comunicação estejam sempre disponíveis e funcionem corretamente. Atender a uma demanda tão rigorosa requer uma engenharia cuidadosa em todos os aspectos tecnológicos, desde o desenvolvimento de componentes do projeto e a instalação do sistema até a operação e a manutenção da rede.

Para abordar a realização e a implementação dessas competências, esta quarta edição ampliada apresenta os princípios fundamentais para a compreensão e a aplicação de uma vasta faixa de tecnologias de fibras ópticas para as redes de comunicações modernas. A sequência de tópicos leva sistematicamente o leitor aos princípios subjacentes de componentes e às suas interações com outros dispositivos em um *link* de fibra óptica, por meio de descrições de arquiteturas e características de desempenho de *links* e redes ópticas complexas, a procedimentos essenciais de teste e medidas durante a instalação e a manutenção da rede. Com o domínio desses temas fundamentais, o leitor estará preparado não só para contribuir para disciplinas como dispositivo atual, *link* de comunicação ou projetos de equipamentos, mas também para entender rapidamente quaisquer outros desenvolvimentos tecnológicos para as futuras redes avançadas.

Conteúdo

Para atingir esses objetivos, o Capítulo 1 apresenta uma visão geral de como as comunicações ópticas se combinam com os sistemas de telecomunicações. As abordagens incluem as motivações e as vantagens do uso de fibras ópticas, as bandas espectrais usadas, como a multiplexação por divisão de comprimento de onda pode aumentar a capacidade de transmissão de uma fibra óptica, quais normas estão sendo aplicadas, bem como a utilização de ferramentas de simulação.

Os Capítulos 2 a 11 descrevem as características de uso e desempenho dos principais elementos de uma ligação óptica, os quais incluem fibras ópticas, fontes luminosas, fotodetectores, dispositivos ópticos passivos, amplificadores ópticos e dispositivos optoeletrônicos ativos utilizados em redes de múltiplos comprimentos de onda. Apesar de sua aparente simplicidade, uma fibra óptica é um dos elementos mais importantes em um *link* de fibra. Os Capítulos 2 e 3 apresentam detalhadamente a estrutura física, os materiais constituintes, o comportamento da atenuação, os mecanismos de propagação de ondas luminosas e as características de distorção de sinais em uma grande variedade de fibras ópticas existentes. Além disso, o Capítulo 3 introduz os métodos de fabricação de fibra óptica e ilustra as diversas configurações de cabos de fibra genéricos. Nesses capítulos, foram introduzidos novos temas, como fibras de cristal fotônico, efeitos modais e alargamento do pulso.

O Capítulo 4 aborda as estruturas, os princípios dos emissores de luz e as características de funcionamento das fontes de luz usadas nas comunicações ópticas. Também apresenta as técnicas diretas e externas de modulação, os efeitos de temperatura, as considerações sobre o tempo de vida dos dispositivos e os métodos de codificação da linha para o transporte de sinais ao longo de uma fibra. O acoplamento da fonte de luz a uma fibra está descrito no Capítulo 5, bem como a forma de juntar duas fibras a fim de garantir baixa perda de potência óptica nas junções.

O receptor de ondas luminosas tem a tarefa de detectar o sinal óptico que chega e convertê-lo em um sinal elétrico que pode ser processado pelos circuitos eletrônicos do receptor. O Capítulo 6 trata das estruturas e das respostas dos fotodetectores, e o Capítulo 7 descreve os princípios e as funções desses receptores incluindo, com novos recursos, uma apresentação simplificada das características operacionais dos receptores de ondas luminosas, os princípios das estatísticas de detecção de sinais, os esquemas de medidas do diagrama de olho e uma descrição dos receptores de modo rajada utilizados nas redes ópticas passivas.

Os Capítulos 8 e 9 examinam os métodos de projeto para ligações digitais e analógicas, respectivamente. No Capítulo 8, abordam-se aspectos referentes aos balanços de potência do *link* e às limitações de largura de banda. Os novos recursos apresentam uma cobertura alargada sobre as penalidades de potência, os esquemas básicos de detecção coerente e os detalhes dos métodos de controle de erro para sinais digitais. No Capítulo 9, há os conceitos de envio de sinais analógicos em radiofrequência (RF) em frequências de micro-ondas sobre fibras ópticas. Uma aplicação expandida dessas técnicas de RF sobre fibras é realizada em redes de banda larga de rádio sobre fibra para assinantes de celular e rádio interno.

O Capítulo 10 aborda os princípios da multiplexação por divisão de comprimento de onda (WDM), examina as funções de um *link* WDM genérico e trata das normas internacionais dos diferentes sistemas WDM. As novas funcionalidades desse capítulo incluem descrições expandidas e exemplos de aplicação de dispositivos WDM passivos e ativos, como redes de Bragg, filtros de filme fino, grades de guia de onda matriciais, grades de difração e atenuadores ópticos variáveis.

O Capítulo 11 descreve conceitos diferentes para a criação da amplificação óptica. Entre os temas, estão os amplificadores ópticos semicondutores, os amplificadores de fibra dopada e uma nova seção sobre os regimes de amplificação Raman. Além das discussões sobre o amplificador de fibra dopada com érbio (EDFA tradicional), estão descritas novas estruturas, como um amplificador de fibra dopada com túlio (TDFA) para utilização na banda S e um EDFA de ganho deslocado para a banda L.

Em seguida, os Capítulos 12 a 14 mostram como os elementos são colocados juntos para formar *links* e redes, e explicam as metodologias de medição utilizadas para avaliar o desempenho de componentes e *links*. Um novo Capítulo 12 é dedicado às origens e aos efeitos dos processos não lineares em fibras ópticas. Alguns desses efeitos não lineares degradam o desempenho do sistema e precisam ser controlados, enquanto outros, como o espalhamento Raman estimulado, podem ter utilizações benéficas.

Os princípios de redes ópticas para redes de longa distância, metropolitana, de área local e de acesso são apresentados em um Capítulo 13 amplamente expandido. Entre os novos temas, há *links* ópticos de alta velocidade, com operação em até 160 Gb/s, conceitos de multiplexação óptica de adição/remoção e *crossconnects* ópticos, roteamento de comprimento de onda, comutação de pacotes ópticos, comutação de rajadas ópticas, redes ópticas passivas, IP sobre WDM, Ethernet óptica e técnicas para mitigação das deficiências de transmissão em redes de alta velocidade.

O Capítulo 14 aborda aspectos relacionados à medição e ao monitoramento de desempenho, como padrões de medição internacionalmente reconhecidos, instrumentos básicos de testes para a caracterização de *links* de fibra óptica, métodos para a caracterização de fibras ópticas e avaliação do desempenho do *link* por meio de medições do olho-padrão. Enfatiza-se especialmente a avaliação das ligações WDM. Esse último capítulo apresenta as novas funcionalidades dos diagramas de olho, como conceitos de máscaras de olho, testes para olhos estressados, contorno dos olhos e taxa de erro de *bits*. Outra novidade é uma discussão sobre o monitoramento de desempenho óptico, que se tornou uma função essencial em redes de comunicações ópticas, particularmente em relação ao monitoramento de erros, à manutenção de rede e ao gerenciamento de falhas.

Novidades desta edição

- Designação de bandas espectrais usadas em comunicações por fibra óptica.
- Descrições das fibras de cristal fotônico que têm uma microestrutura interna, o que acrescenta outra dimensão no controle de luz em uma fibra.
- Visão geral dos métodos de instalação de cabos de fibra óptica usados em ambientes que variam de dutos internos a ligações submarinas.
- Descrições de fibras especiais projetadas para interagir com a luz e controlar e manipular sinais ópticos.
- Apresentação dos padrões internacionais utilizados para designar as características dos diferentes tipos de fibras ópticas, com o propósito de obter uma compatibilidade entre as fibras em toda a indústria.
- Seção ilustrativa sobre as características e as especificações dos pacotes de transceptores comerciais mais utilizados.
- Seção ilustrativa sobre as características e as especificações dos conectores de fibra óptica comerciais mais utilizados.
- Caracterização dos receptores ópticos de modo rajada necessários para as redes ópticas passivas.

- Cobertura expandida das penalidades de potência incorridas em *links* de transmissão.
- Cobertura expandida dos *links* monomodo que operam a partir de 10 Gb/s
- Nova seção sobre métodos de detecção coerente que oferecem elevada pureza espectral e maior resistência aos efeitos de dispersão, quando comparados aos métodos convencionais de detecção direta.
- Nova seção sobre os métodos de chaveamento de fase em quadratura diferencial (DQPSK) utilizados em *links* de transmissão que operam em taxas superiores a 10 Gb/s.
- Nova seção sobre os métodos de detecção de erros digitais e de correção, incluindo o uso de códigos polinomiais e técnicas de correção de erros antecipada (FEC).
- Nova seção sobre tecnologias de rádio sobre fibra para redes de acesso sem fio, serviços sem fio para ambientes internos e conexões em redes de área pessoal em residências.
- Cobertura expandida sobre dispositivos fotônicos utilizados na multiplexação por divisão de comprimento de onda (WDM).
- Nova seção sobre as técnicas de amplificação óptica Raman e apresentação ampliada de amplificadores de fibra dopada com érbio (EDFA).
- Novo capítulo sobre o impacto dos efeitos não lineares em fibras ópticas.
- Capítulo significativamente expandido sobre redes ópticas, que agora inclui *links* de alta velocidade de ondas luminosas, multiplexação óptica de adição/remoção, comutação óptica, exemplos de redes WDM, IP sobre WDM, Ethernet óptica e redes ópticas passivas para instalações de fibras para redes (FTTP).
- Capítulo revisado sobre medição e monitoramento de desempenho, que inclui testes de diagrama de olho, monitoramento de desempenho óptico (OPM) e métodos de teste de desempenho. Com relação aos testes de medição, apresentam-se taxa de erro de *bit* (BER), relação sinal-ruído óptica (OSNR), fator Q, amplitude de modulação óptica (OMA) e atraso na temporização.

Uso do livro

Esta quarta edição fornece o material básico para um curso de nível superior ou pós-graduação na teoria e na aplicação da tecnologia de comunicação em fibras ópticas. Este livro também servirá como referência de trabalho para a prática de engenheiros que lidam com projeto e desenvolvimento de componentes, equipamentos de transmissão, instrumentos de teste e plantas de cabos para sistemas de comunicação de fibra óptica. Destina-se necessariamente a estudantes de engenharia de nível avançado, o que inclui introdução à teoria eletromagnética, cálculo e equações diferenciais elementares, e conceitos básicos de óptica, como apresentados nos primeiros cursos de física. Nesta edição, há revisões concisas de vários temas de fundo, como conceitos de óptica, teoria eletromagnética e da física básica de semicondutores. Algumas seções que tratam de materiais avançados (por exemplo, as aplicações das equações de Maxwell para guias de onda dielétricos cilíndricos) são designadas por um asterisco e podem ser ignoradas sem perda de continuidade. Para auxiliar os leitores na aprendizagem do material e na aplicação em projetos práticos, 143 exemplos são apresentados ao longo do livro. Há, ainda, 277 problemas que ajudarão o leitor a testar, ampliar e elucidar o conteúdo abordado. Os professores podem obter as soluções de problemas no *site* do Grupo A.

Inúmeras referências são fornecidas ao final de cada capítulo, como um começo para o aprofundamento em determinado tópico. Como as comunicações em fibra óptica reúnem esforços de pesquisa e desenvolvimento de diversas disciplinas científicas e de engenharia, existem centenas de artigos na literatura sobre o assunto tratado em cada capítulo. Embora nem todos os trabalhos possam ser citados nas referências, os artigos indicados neste livro representam algumas das principais contribuições para o campo da fibra óptica e podem ser considerados como uma boa introdução à literatura. Material suplementar e referências para os desenvolvimentos recentes podem ser encontrados em livros especializados e em várias atas de conferências.

Para ajudar o leitor a compreender e utilizar o material deste livro, os apêndices de A a D fornecem uma tabela com várias constantes físicas e suas unidades, visão geral do sistema internacional de unidades, listas de fórmulas matemáticas necessárias para os problemas e abordagens sobre decibéis. Os apêndices de E a G apresentam listas de abreviaturas e dos símbolos romanos e gregos, respectivamente, utilizados no livro.

Conteúdo online (em inglês)

As ferramentas de modelagem e simulação por computador oferecem um método poderoso para auxiliar na análise do projeto de um componente, um circuito ou uma rede óptica antes de protótipos caros serem construídos. O *site* do Grupo A (www.grupoa.com.br), na página deste livro, há uma lista com versões de demonstração interativas simplificadas dos módulos de simulação, os quais podem ser baixados nos *sites* de três empresas que produzem ferramentas de simulação. As versões simplificadas contêm mais de 100 configurações de componentes e *links* predefinidos, que permitem interatividade nas manifestações do conceito. Embora as configurações sejam fixas, o usuário pode variar certos parâmetros, inseri-los ou removê-los para verificar o efeito no desempenho do sistema.

Para os professores, no *site* do Grupo A, há ainda as soluções dos problemas apresentados no livro, bem como uma seleção de *slides* de aulas e figuras do texto, no link "Material para o Professor".

Agradecimentos

Na preparação deste livro e em suas edições prévias, sou extremamente grato a muitas pessoas que contribuíram significativamente para a composição deste material. Dedico meus agradecimentos especiais a Tri T. Ha (Naval Postgraduate School), que me deu inspiração e me encorajou a escrever a primeira edição. Agradeço às pessoas da academia, com as quais tive muitas interações benéficas e cujas publicações de pesquisa foram especialmente úteis: John Proakis (Northeastern University e University of California San Diego); Selim Ünlü, Michael Ruane e Malvin Teich (Boston University); Shi-Shuenn Chen, San-Liang Lee, Cheng-Kuang Liu e Shih-Hsiang Hsu (National Taiwan University of Science and Technology – Ntust); Jean-Lien Chen Wu (St. John's University, Taiwan); Perry Ping Shum (Nanyang Technological University); Hung-Chun Chang, Hen-Wei Tsao, Jingshown Wu e Chih-Chung Yang (National Taiwan University); Wood-Hi Cheng (National Sun Yat-Sen University); Arthur Lowery (Monash University); Alan E. Willner (University of Southern California); Daniel Blumenthal (University of California Santa Barbara); François Ladouceur (University of New South Wales); Robert Minasian e Benjamin Eggleton (University of Sydney); Craig Armiento (University of

Massachusetts Lowell); Hui-Chi Chen (Fu-Jen Catholic University); Lian-Kuan Chen e Hon Tsang (Chinese University of Hong Kong); Arthur Chiou e Fu-Jen Kao (National Yang Ming University); Bahaa Saleh e Guifang Li (University of Central Florida); El--Hang Lee (Inha University); Yun Chung (Korea Advanced Institute of Science and Technology); Chongqing Wu (Beijing Jiaotong University); Jintong Lin e Kun Xu (Beijing University of Posts and Telecommunications); Emily Jianzhong Hao (Institute for Infocomm Research, Cingapura); Heidi Abrahamse (University of Johannesburg); Richard Penty e Ian White (Cambridge University); Sarah Dods (Royal Melbourne Institute of Technology – Rmit); e Brian Culshaw (Strathclyde University). Destaco, ainda, a convivência prazerosa com os membros da Ntust: Chu-Lin Chang, Daniel Liang--Tang Chen, Olivia Devi Haobijam, Hsin-Yi Hsu, Shu-Min Hsu, Kuo-Ming Huang, Ming-Je Huang, Yung-Jr Hung, Yu-Jhu Jhang, Chen-Yu Lee, Shu-Chuan Lin, Zih-Rong Lin, Hua-Liang Lo e Joni W. Simatupang.

Outras pessoas me ajudaram de diversas maneiras: William (Bill) Beck, Troy Bergstrom, Bertand Destieux, Emmanuel Desurvire, Paul Fitzgerald, Doug Forster, Paul Fowler, Enrico Ghillino, André Girard, Jim Hayes, Frank Jaffer, Jan Jakubczyk, Joy Changhong Jiang, Jack Kretovics, Hui-Ru Lin, André Richter, Bruce Robertson, Rosmin Robertson, Dirk Seewald, Douglas Walsh e Winston I. Way. Um obrigado especial a Simone Baldassarri, Evie Bennett, Michael Kwok, Courtney McDaniel, Victoria McDonald, Robert E. Orr, Erika Peterssen, Jeff Sitlinger, Randa Van Dyk, Brad Wackerlin e Stephanie H. Webb, que foram importantes para aquisição de fotos.

Também sou grato aos revisores que apresentaram sugestões muito úteis para o aperfeiçoamento deste material: Frank Barnes (University of Colorado), Nagwa Bekir (California State University-Northridge), John A. Buck (Georgia Tech), Sang-Yeon Cho (New Mexico State University), Ira Jacobs (Virginia Polytechnic Institute & State University), Raymond K. Kostuk (University of Arizona), Peter LoPresti (University of Tulsa), Zhongqi Pan (University of Louisiana em Lafayetteville), Thomas K. Plant (Oregon State University), Banmali Rawat (University of Nevada-Reno), Stephen Schultz (Brigham Young University) e Huikai Xie (University of Florida). Os comentários positivos sobre as edições anteriores recebidos de usuários e adaptadores de várias instituições acadêmicas do mundo todo foram particularmente encorajadores para a realização da quarta edição.

Esta edição beneficiou-se especialmente da orientação especializada de Lisa Bruflodt, Lorraine Buczek, Carrie Burger, Peter Massar e Raghu Srinivasan, da McGraw-Hill, em conjunto com Deepti Narwat Agarwal, da Glyph International and Kay Mikel. Para finalizar, agradeço à minha esposa, Ching-yun, e à minha filha, Nishla, pela paciência e pelo incentivo durante o tempo que me dediquei à escrita e à revisão deste livro.

Gerd Keiser

Sumário

1 Panorama das comunicações por fibra óptica ... 1
    1.1   Motivações para comunicações por ondas luminosas ... 2
            1.1.1   Trajetória das redes ópticas ... 2
            1.1.2   Vantagens das fibras ópticas ... 5
    1.2   Bandas espectrais ópticas ... 6
            1.2.1   Energia eletromagnética ... 6
            1.2.2   Janelas e bandas espectrais ... 8
    1.3   Unidade decibel ... 10
    1.4   Taxas de informação em redes ... 13
            1.4.1   Multiplexação de sinais de telecomunicações (Telecom) ... 13
            1.4.2   Hierarquia de multiplexação SONET/SDH ... 15
    1.5   Conceitos sobre WDM ... 16
    1.6   Elementos-chave em sistemas de fibras ópticas ... 16
    1.7   Padrões para comunicações em fibra óptica ... 21
    1.8   Ferramentas de modelagem e simulação ... 22
            1.8.1   Características das ferramentas de simulação ... 22
            1.8.2   Programação gráfica ... 23
            1.8.3   Exemplos de programas para uso do aluno ... 25
Problemas ... 25
Referências ... 26

2 Fibras ópticas: estruturas, guias de onda e fabricação ... 29
    2.1   Natureza da luz ... 29
            2.1.1   Polarização linear ... 30
            2.1.2   Polarização elíptica e circular ... 33
            2.1.3   Natureza quântica da luz ... 35
    2.2   Leis básicas da óptica e definições ... 35
            2.2.1   Índice de refração ... 36
            2.2.2   Reflexão e refração ... 36
            2.2.3   Componentes de polarização da luz ... 38
            2.2.4   Materiais sensíveis à polarização ... 40
    2.3   Modos de fibra óptica e configurações ... 42
            2.3.1   Tipos de fibra ... 42
            2.3.2   Raios e modos ... 44
            2.3.3   Estrutura da fibra de índice-degrau ... 45

	2.3.4	Representação dos feixes ópticos	45
	2.3.5	Representação de onda em um guia de ondas de lâmina dielétrica	48
2.4		Teoria modal para guias de onda circulares	49
	2.4.1	Resumo de modos	50
	2.4.2	Resumo dos principais conceitos modais	52
	2.4.3	Equações de Maxwell	54
	2.4.4	Equações de guias de onda*	55
	2.4.5	Equações de onda para fibras de índice-degrau*	56
	2.4.6	Equação modal*	58
	2.4.7	Modos em fibras de índice-degrau*	59
	2.4.8	Modos linearmente polarizados*	62
	2.4.9	Fluxo de potência em fibras de índice-degrau*	66
2.5		Fibras monomodo	67
	2.5.1	Construção	67
	2.5.2	Diâmetro do campo modal	68
	2.5.3	Modos de propagação em fibras monomodo	69
2.6		Estrutura das fibras de índice-gradual	70
2.7		Materiais das fibras	72
	2.7.1	Fibras de vidro	72
	2.7.2	Fibras de vidro ativas	73
	2.7.3	Fibras ópticas de plástico	73
2.8		Fibras de cristal fotônico	74
	2.8.1	PCF de índice-guiado	75
	2.8.2	Fibra de *bandgap* fotônico	76
2.9		Fabricação das fibras	77
	2.9.1	Oxidação externa em fase vapor	78
	2.9.2	Deposição axial na fase vapor	79
	2.9.3	Deposição por vapor químico modificado	80
	2.9.4	Deposição por vapor químico ativado por plasma	80
	2.9.5	Fabricação de fibra de cristal fotônico	81
2.10		Propriedades mecânicas das fibras	82
2.11		Cabos de fibra óptica	86
	2.11.1	Estruturas do cabo	86
	2.11.2	Projetos de cabos internos	89
	2.11.3	Cabos externos	89
2.12		Métodos de instalação de cabos	91
	2.12.1	Instalações diretamente enterradas	91
	2.12.2	Instalações em dutos	92
	2.12.3	Instalação de jateamento de cabo	93
	2.12.4	Instalação aérea	95
	2.12.5	Instalação subaquática	95
	2.12.6	Padrões de instalação na indústria	97

Problemas 97
Referências 100

3 Atenuação e dispersão 105

- 3.1 Atenuação 105
  - 3.1.1 Unidades de atenuação 105
  - 3.1.2 Absorção 106
  - 3.1.3 Perdas por dispersão 111
  - 3.1.4 Perdas por curvaturas 114
  - 3.1.5 Perdas no núcleo e na casca 116
- 3.2 Dispersão de sinal em fibras 117
  - 3.2.1 Resumo das origens da dispersão 117
  - 3.2.2 Atraso modal 119
  - 3.2.3 Fatores contribuintes à dispersão 121
  - 3.2.4 Atraso de grupo 123
  - 3.2.5 Dispersão material 124
  - 3.2.6 Dispersão de guia de onda 126
  - 3.2.7 Dispersão em fibras monomodo 128
  - 3.2.8 Dispersão modal de polarização 129
- 3.3 Características de fibras monomodo 131
  - 3.3.1 Perfis de índice de refração 131
  - 3.3.2 Comprimento de onda de corte 135
  - 3.3.3 Cálculos de dispersão 136
  - 3.3.4 Diâmetro de campo modal 138
  - 3.3.5 Perdas por curvatura 140
- 3.4 Padrões internacionais 142
  - 3.4.1 Recomendação G.651.1 143
  - 3.4.2 Recomendação G.652 144
  - 3.4.3 Recomendação G.653 144
  - 3.4.4 Recomendação G.654 145
  - 3.4.5 Recomendação G.655 145
  - 3.4.6 Recomendação G.656 146
  - 3.4.7 Recomendação G.657 146
- 3.5 Fibras especiais 146

Problemas 149
Referências 151

4 Fontes ópticas 155

- 4.1 Tópicos de física de semicondutores 156
  - 4.1.1 Bandas de energia 156
  - 4.1.2 Materiais intrínsecos e extrínsecos 159
  - 4.1.3 Junções *pn* 160
  - 4.1.4 *Bandgaps* diretos e indiretos 161
  - 4.1.5 Fabricação de dispositivos semicondutores 162

4.2 Diodos emissores de luz (LEDs) 163
  4.2.1 Estruturas do LED 163
  4.2.2 Materiais para fontes de luz 166
  4.2.3 Eficiência quântica e potência do LED 170
  4.2.4 Modulação de um LED 173
4.3 Diodos *laser* 176
  4.3.1 Modos do diodo *laser* e condições de limiar 177
  4.3.2 Equações de taxa no diodo *laser* 183
  4.3.3 Eficiência quântica externa 185
  4.3.4 Frequências ressonantes 185
  4.3.5 Estruturas de diodo *laser* e padrões de radiação 187
  4.3.6 *Lasers* monomodo 192
  4.3.7 Modulação de diodos *laser* 196
  4.3.8 Largura de linha do *laser* 198
  4.3.9 Modulação externa 199
  4.3.10 Efeitos de temperatura 200
4.4 Codificação de canal 202
  4.4.1 Formatos de sinal NRZ e RZ 203
  4.4.2 Codificação em blocos 204
4.5 Linearidade da fonte de luz 204
4.6 Considerações sobre confiabilidade 206
4.7 Pacotes de transmissores 210
Problemas 212
Referências 215

5 Lançamento e acoplamento de potência 218
5.1 Lançamento de potência da fonte para a fibra 219
  5.1.1 Padrão de saída da fonte 219
  5.1.2 Cálculo do acoplamento de potência 220
  5.1.3 Lançamento de potência *versus* comprimento de onda 223
  5.1.4 Abertura numérica de equilíbrio 224
5.2 Esquemas de lentes para melhoria de acoplamento 225
  5.2.1 Microesfera de imagem nula 226
  5.2.2 Acoplamento de diodo *laser* para fibra 228
5.3 Junções de fibra para fibra 228
  5.3.1 Desalinhamento mecânico 230
  5.3.2 Perdas relacionadas às fibras 236
  5.3.3 Preparação da face da extremidade da fibra 237
5.4 Acoplamento de LED em fibras monomodo 239
5.5 Emenda de fibra 240
  5.5.1 Técnicas de emenda 240
  5.5.2 Emendas de fibras monomodo 242

	5.6	Conectores de fibras ópticas	243
		5.6.1 Tipos de conector	243
		5.6.2 Conectores de fibras monomodo	247
		5.6.3 Perda de retorno no conector	248
Problemas			250
Referências			252

6 Fotodetectores ... 256

	6.1	Princípios físicos dos fotodiodos	257
		6.1.1 Fotodetector *pin*	257
		6.1.2 Fotodiodos avalanche	262
	6.2	Ruído do fotodetector	266
		6.2.1 Fontes de ruído	266
		6.2.2 Relação sinal-ruído	269
		6.2.3 Potência de ruído equivalente	271
	6.3	Tempo de resposta do detector	271
		6.3.1 Fotocorrente na camada de depleção	271
		6.3.2 Tempo de resposta	272
		6.3.3 Fotodiodos de dupla heteroestrutura	275
	6.4	Ruído de multiplicação avalanche	276
	6.5	Estruturas APDs para InGaAs	278
	6.6	Efeito da temperatura sobre o ganho avalanche	279
	6.7	Comparações entre fotodetectores	280
Problemas			281
Referências			283

7 Funcionamento do receptor óptico ... 285

	7.1	Operação fundamental do receptor	286
		7.1.1 Transmissão de sinal digital	286
		7.1.2 Fontes de erro	288
		7.1.3 Amplificador frontal	290
	7.2	Desempenho do receptor digital	291
		7.2.1 Probabilidade de erro	292
		7.2.2 Sensibilidade do receptor	296
		7.2.3 O limite quântico	299
	7.3	Diagramas de olho	300
		7.3.1 Características do padrão de olho	300
		7.3.2 Medidas de BER e fator Q	303
	7.4	Receptores de modo *Burst*	304
	7.5	Receptores analógicos	306
Problemas			310
Referências			311

8 Links digitais 313

- 8.1 *Links* ponto a ponto 314
  - 8.1.1 Considerações do sistema 315
  - 8.1.2 Balanço de potência de *link* 316
  - 8.1.3 Balanço do tempo de subida 319
  - 8.1.4 Banda de curto comprimento de onda 323
  - 8.1.5 Distâncias limitadas por atenuação para *links* monomodo 324
- 8.2 Penalidades de potência 326
  - 8.2.1 Penalidades de dispersão cromática 326
  - 8.2.2 Penalidade de dispersão de polarização modal 328
  - 8.2.3 Penalidade de razão de extinção 329
  - 8.2.4 Ruído modal 330
  - 8.2.5 Ruído de partição modal 332
  - 8.2.6 Gorjeio 334
  - 8.2.7 Ruído de reflexão 336
- 8.3 Controle de erro 338
  - 8.3.1 Conceito de detecção de erros 338
  - 8.3.2 Códigos lineares de detecção de erros 339
  - 8.3.3 Códigos polinomiais 340
  - 8.3.4 Correção de erros antecipada 342
- 8.4 Detecção coerente 344
  - 8.4.1 Conceitos fundamentais 344
  - 8.4.2 Detecção homódina 346
  - 8.4.3 Detecção heteródina 347
  - 8.4.4 Comparações de BER 347
- 8.5 Chaveamento de fase em quadratura diferencial 353

Problemas 354
Referências 356

9 Links analógicos 361

- 9.1 Visão geral dos *links* analógicos 362
- 9.2 Relação portadora-ruído 363
  - 9.2.1 Potência da portadora 363
  - 9.2.2 Ruído do fotodetector e pré-amplificador 365
  - 9.2.3 Ruído de intensidade relativa 365
  - 9.2.4 Efeitos de reflexão no RIN 366
  - 9.2.5 Condições limitantes 368
- 9.3 Técnicas de transmissão multicanal 369
  - 9.3.1 Modulação em amplitude multicanal 369
  - 9.3.2 Modulação em frequência multicanal 373
  - 9.3.3 Modulação subportadora 373
- 9.4 RF sobre fibra 376

		9.4.1	Parâmetros-chave do *link*	376
		9.4.2	Faixa dinâmica livre de distorção	378
	9.5	*Links* de rádio sobre fibra		380
		9.5.1	Estação-base de antena para rede ROF	380
		9.5.2	Rádio sobre fibras multimodo	381
	9.6	Fotônica de micro-ondas		382
Problemas				383
Referências				385

10 Conceitos e componentes WDM ... 388

	10.1	Panorama da WDM		389
		10.1.1	Princípios operacionais da WDM	389
		10.1.2	Padrões WDM	391
	10.2	Acopladores ópticos passivos		393
		10.2.1	Acoplador 2×2	394
		10.2.2	Representação matricial do espalhamento	398
		10.2.3	Acoplador guia de onda 2×2	400
		10.2.4	Acopladores estrela	403
		10.2.5	Multiplexadores de interferômetro Mach-Zehnder	406
	10.3	Isoladores e circuladores		409
		10.3.1	Isoladores ópticos	409
		10.3.2	Circuladores ópticos	410
	10.4	Filtros de grade de fibra		411
		10.4.1	Grades básicas	411
		10.4.2	Grade de fibra de Bragg	412
		10.4.3	Aplicações da FBG	415
	10.5	Filtros de filme fino dielétrico		416
		10.5.1	Teoria do etalon	417
		10.5.2	Aplicações de TFF	419
	10.6	Dispositivos baseados em matriz fasada		420
	10.7	Grades de difração		425
	10.8	Componentes ópticos ativos		426
		10.8.1	Tecnologia MEMS	426
		10.8.2	Atenuadores ópticos variáveis	427
		10.8.3	Filtros ópticos ajustáveis	428
		10.8.4	Equalizadores de ganho dinâmico	431
		10.8.5	Multiplexadores ópticos de adição/remoção	431
		10.8.6	Controladores de polarização	432
		10.8.7	Compensadores de dispersão cromática	432
	10.9	Fontes de luz ajustáveis		433
Problemas				436
Referências				440

11 Amplificadores ópticos 443
- 11.1 Aplicações básicas e tipos de amplificadores ópticos 443
  - 11.1.1 Aplicações gerais 444
  - 11.1.2 Tipos de amplificador 445
- 11.2 Amplificadores ópticos semicondutores 447
  - 11.2.1 Bombeio externo 447
  - 11.2.2 Ganho do amplificador 449
  - 11.2.3 Largura de banda do SOA 452
- 11.3 Amplificadores de fibra dopada com érbio 452
  - 11.3.1 Mecanismo de amplificação 452
  - 11.3.2 Arquitetura de um EDFA 456
  - 11.3.3 Eficiência e ganho na conversão de potência no EDFA ... 456
- 11.4 Ruído do amplificador 461
- 11.5 SNR óptica 464
- 11.6 Aplicações do sistema 466
  - 11.6.1 Amplificadores de potência 466
  - 11.6.2 Amplificadores *in-line* 466
  - 11.6.3 Pré-amplificadores 468
  - 11.6.4 Operação multicanal 469
  - 11.6.5 Controle do ganho do amplificador *in-line* 471
- 11.7 Amplificadores Raman 472
- 11.8 Amplificadores ópticos de banda larga 475
- Problemas 477
- Referências 480

12 Efeitos não lineares 483
- 12.1 Visão geral das não linearidades 484
- 12.2 Área e comprimento efetivos 485
- 12.3 Espalhamento Raman estimulado 486
- 12.4 Espalhamento Brillouin estimulado 488
- 12.5 Automodulação de fase 490
- 12.6 Modulação cruzada de fase 492
- 12.7 Mistura de quatro ondas 493
- 12.8 Abrandamento da FWM 495
- 12.9 Conversores de comprimento de onda 496
  - 12.9.1 Conversores de comprimento de onda por chaveamento óptico ... 496
  - 12.9.2 Conversores de comprimento de onda por mistura de onda ... 497
- 12.10 Sólitons 498
  - 12.10.1 Pulsos de sólitons 499
  - 12.10.2 Parâmetros do sóliton 502
  - 12.10.3 Espaçamento e largura do sóliton 504
- Problemas 505
- Referências 507

13 Redes ópticas 509

- 13.1 Príncipios de rede 510
  - 13.1.1 Terminologia de rede 510
  - 13.1.2 Categorias de rede* 511
  - 13.1.3 Camadas da rede 513
  - 13.1.4 Camada óptica 515
- 13.2 Topologias de rede 516
  - 13.2.1 Desempenho do barramento linear passivo 518
  - 13.2.2 Desempenho da arquitetura estrela 523
- 13.3 SONET/SDH 524
  - 13.3.1 Formatos e velocidades de transmissão 524
  - 13.3.2 Interfaces ópticas 526
  - 13.3.3 Anéis SONET/SDH 529
  - 13.3.4 Redes SONET/SDH 532
- 13.4 *Links* de alta velocidade de ondas luminosas 534
  - 13.4.1 *Links* operando em 10 Gb/s 534
  - 13.4.2 *Links* operando em 40 Gb/s 536
  - 13.4.3 Padrões para Ethernet de 40 gigabit e 100 gigabit 537
  - 13.4.4 *Links* OTDM operando em 160 Gb/s 538
- 13.5 Multiplexador óptico de adição/remoção 539
  - 13.5.1 Configurações de OADM 540
  - 13.5.2 OADM reconfigurável 541
- 13.6 Comutação óptica 547
  - 13.6.1 *Crossconnect* óptico 547
  - 13.6.2 Conversão de comprimento de onda 549
  - 13.6.3 Roteamento de comprimento de onda 552
  - 13.6.4 Comutação de pacotes ópticos 553
  - 13.6.5 Comutação de rajadas ópticas 554
- 13.7 Exemplos de rede WDM 556
  - 13.7.1 Redes WDM de banda larga de longa distância 557
  - 13.7.2 Redes metropolitanas de banda estreita 559
- 13.8 Redes ópticas passivas 560
  - 13.8.1 Arquiteturas básicas de PON 561
  - 13.8.2 Módulos PON ativos 562
  - 13.8.3 Fluxo de tráfego 564
  - 13.8.4 Características da GPON 566
  - 13.8.5 Arquiteturas PON WDM 568
- 13.9 IP sobre DWDM 569
- 13.10 Ethernet óptica 571
  - 13.10.1 Instalações básicas de Ethernet óptica 571
  - 13.10.2 Arquitetura EPON/GE-PON 573
  - 13.10.3 Ethernet óptica metropolitana 574

13.11 Atenuação das deficiências de transmissão 575
    13.11.1 Fibra compensadora de dispersão cromática 575
    13.11.2 Compensadores de dispersão de grade de Bragg.................................. 577
    13.11.3 Compensação de dispersão modal de polarização................................. 578
    13.11.4 Transientes de ganho do amplificador óptico 579
Problemas.. 580
Referências.. 585

14 Medidas e monitoramento de desempenho 591

14.1 Padrões de medidas 593
14.2 Equipamento básico de teste 594
    14.2.1 *Lasers* de apoio a testes 595
    14.2.2 Analisador de espectro óptico 596
    14.2.3 Verificadores de múltiplas funções.. 597
    14.2.4 Atenuadores de potência óptica.. 597
    14.2.5 Verificador de rede de transporte óptico....................................... 598
    14.2.6 Indicador visual de falha 598
14.3 Medidas de potência óptica 599
    14.3.1 Definição de potência óptica... 599
    14.3.2 Medidores de potência óptica... 600
14.4 Caracterização da fibra óptica.. 600
    14.4.1 Técnica do campo próximo refratado.. 601
    14.4.2 Técnica de campo próximo transmitido.. 601
    14.4.3 Medidas de atenuação 602
    14.4.4 Medidas de dispersão 605
14.5 Testes de diagrama de olho.. 610
    14.5.1 Testes de máscara 611
    14.5.2 Olho estressado... 613
    14.5.3 Contorno do olho 613
14.6 Refletômetro óptico de domínio do tempo 613
    14.6.1 Traçado OTDR 614
    14.6.2 Medidas de atenuação 616
    14.6.3 Zona morta do OTDR... 617
    14.6.4 Localização de falhas na fibra 618
    14.6.5 Perda de retorno óptico 618
14.7 Monitoramento do desempenho óptico.. 619
    14.7.1 Arquitetura de gerenciamento e funções 620
    14.7.2 Gestão da camada óptica.. 622
    14.7.3 Funções OPM 623
    14.7.4 Manutenção da rede... 624
    14.7.5 Gerenciamento das falhas 625
    14.7.6 Monitoramento de OSNR.. 626

14.8   Medidas de desempenho de sistemas de fibra óptica 627
        14.8.1   Teste da taxa de erro de *bit* 627
        14.8.2   Estimativa da relação sinal-ruído óptica 630
        14.8.3   Estimativa do fator Q 631
        14.8.4   Medidas de amplitude de modulação óptica 633
        14.8.5   Medidas de atraso na temporização (*timing jitter*) 634
Problemas 636
Referências 638

Apêncice A   Sistema Internacional de Unidades
             e Constantes Físicas e Unidades 641

Apêncice B   Relações matemáticas úteis 642

Apêncice C   Funções de Bessel 646

Apêncice D   Decibéis 649

Apêncice E   Siglas 651

Apêncice F   Símbolos romanos 657

Apêncice G   Símbolos gregos 660

Índice 661

1

Panorama das comunicações por fibra óptica

Desde tempos remotos, as pessoas possuem uma necessidade natural de comunicar-se com outras. Tal necessidade criou um interesse no desenvolvimento de sistemas de comunicação para enviar mensagens de um local distante a outro. Entre os diversos sistemas que as pessoas tentaram utilizar, os métodos ópticos de comunicação são particularmente interessantes. Um dos primeiros meios conhecidos de comunicação óptica foi o *método de sinais de fogo* utilizado pelos gregos oito séculos antes de Cristo para enviar alarmes, chamadas de socorro ou anúncios de determinados eventos. Melhorias nesse sistema de transmissão óptica não foram ativamente desenvolvidas em virtude das limitações tecnológicas do período. Por exemplo, a velocidade de envio de informações por essa via era limitada, pois a taxa de transmissão de informação dependia de quão rápido os emissores dos sinais moviam suas mãos; o receptor do sinal óptico era o olho humano sujeito a erros, as linhas de transmissão exigiam caminhos retilíneos e os efeitos atmosféricos, como a neblina ou a chuva, faziam a linha de transmissão não ser tão confiável. Assim, passou a ser mais rápido, eficiente e confiável enviar mensagens por meio de um correio conectado a uma rede de estradas.

Posteriormente, nenhum avanço significante para as comunicações ópticas surgiu até a invenção do *laser*, no início dos anos 1960. As frequências ópticas geradas por tal fonte de luz coerente são da ordem 5×10^{14} Hz, logo o *laser* tem uma capacidade teórica de informação que excede os sistemas de micro-ondas por um fator 10^5. Tendo em mente o potencial de tais capacidades de transmissão de banda larga, experimentos utilizando canais ópticos na atmosfera foram realizados ainda no início dos anos 1960. Esses experimentos mostraram a viabilidade de modular uma onda portadora opticamente coerente em frequências muito altas. Entretanto, o alto custo de desenvolvimento e implementação desses sistemas somados às limitações impostas aos canais ópticos, como a chuva, a neblina, a neve e a poeira, fizeram esse meio de comunicação de alta velocidade ser desinteressante economicamente.

Ao mesmo tempo, reconheceu-se que uma fibra óptica pode fornecer um canal de transmissão mais confiável, pois ela não está sujeita às adversas condições ambientais.[1,2] Inicialmente, as grandes perdas de sinal de mais de 1.000 dB/km fizeram as fibras ópticas parecerem inviáveis. Isso mudou em 1966, quando Kao e Hockman[3] especularam se essas grandes perdas ocorriam em razão de impurezas no material da fibra, e, dessa maneira, as perdas poderiam ser reduzidas significativamente para torná-las um meio viável de transmissão. Em 2009, Charles K. C. Kao recebeu o Prêmio Nobel de Física, por sua visão pioneira e seu entusiasmado estímulo internacional em promover o maior desenvolvimento de fibras ópticas de baixas perdas. Esses esforços levaram à fabricação da primeira fibra óptica em 1970, somente quatro anos após sua predição. Essa descoberta conduziu a uma série de desenvolvimentos tecnológicos relacionados às fibras ópticas. Finalmente, esses eventos permitiram que *sistemas práticos de comunicação por luz* começassem a ser utilizados por todo o mundo em 1978. Esses sistemas operam na região do infravermelho próximo do espectro eletromagnético (nominalmente de 770 a 1.675 nm) e utilizam fibras ópticas como meio de transmissão.

O objetivo deste livro é descrever as diversas tecnologias, metodologias de implementação e técnicas de medidas de desempenho que tornam possíveis os sistemas de comunicação de fibra óptica. O leitor pode encontrar informações adicionais sobre a teoria de propagação da luz em fibras, o projeto de conexões e redes, bem como a evolução de fibras ópticas, dispositivos fotônicos e sistemas de comunicação de fibra óptica em uma ampla variedade de livros e anais de conferências.[4-23]

Este capítulo apresenta uma visão geral dos conceitos fundamentais de comunicação e ilustra como os sistemas de transmissão por fibras ópticas operam. Primeiramente, a Seção 1.1 nos fornece as motivações por trás dos sistemas de transmissão por fibras ópticas; a seguir, a Seção 1.2 define as diferentes bandas espectrais que descrevem as variadas regiões operacionais de comprimento de onda utilizadas nas comunicações ópticas; a Seção 1.3 explica a notação por decibel para expressar os níveis de potência óptica; a Seção 1.4 nos fornece a hierarquia básica para a multiplexação dos fluxos digitalizados de informação utilizados em conexões ópticas; a Seção 1.5 descreve como a multiplexação por divisão em comprimento de onda pode aumentar significativamente a capacidade de transmissão de uma fibra óptica, e, posteriormente, a Seção 1.6 nos introduz as funções e as considerações de implementação de elementos-chave utilizados em sistemas de fibras ópticas.

Um aspecto importante na construção de uma rede mundial interativa por via luminosa é possuir padrões internacionais bem estabelecidos para todos os componentes e redes. A Seção 1.7 nos apresenta as organizações envolvidas com essas atividades de padronização e lista as principais classes de padrões relacionadas aos componentes de comunicação óptica, sistemas de operação e procedimentos de instalação. Finalmente, a Seção 1.8 nos dá uma introdução às ferramentas de modelagem e simulação que estão sendo desenvolvidas para auxiliar o projeto de fibras ópticas, os componentes ativos e passivos, as conexões e as redes ópticas.

Os Capítulos 2 a 10 descrevem as características de uso e desempenho dos elementos principais em uma conexão óptica. Esses elementos incluem fibras ópticas, fontes de luz, fotodetectores, dispositivos ópticos passivos, amplificadores ópticos e dispositivos optoeletrônicos ativos usados em redes com múltiplos comprimentos de onda. Os Capítulos 11 a 14 mostram como juntar todos esses elementos para formar conexões e redes, e explicam as metodologias de medidas utilizadas para avaliar o desempenho de redes e componentes ópticos.

1.1 Motivações para comunicações por ondas luminosas

1.1.1 Trajetória das redes ópticas

Aproximadamente até 1980, a maioria das tecnologias de comunicação envolvia algum mecanismo de transmissão elétrica. A era das comunicações elétricas iniciou-se em 1837, com a invenção do telégrafo, por Samuel F. B. Morse. O sistema telegráfico utilizava o código Morse, que representa letras e números por meio de uma série de códigos de pontos e traços. Os símbolos codificados eram transmitidos pelo envio de pulsos curtos e longos de eletricidade por um fio de cobre a uma taxa de dezenas de pulsos por segundo. Os esquemas mais avançados de telégrafo, como o sistema Baudot, inventado em 1874, possibilitaram que as velocidades de informação aumentassem para 120 *bits* por segundo (b/s), mas exigiram o uso de operadores qualificados. Pouco tempo depois, em 1876, Alexander Graham Bell desenvolveu um aparelho fundamentalmente diferente, mas facilmente utilizável, que poderia transmitir o sinal de voz inteiro em uma forma analógica.

Tanto os sinais de telégrafo como os analógicos de voz foram transmitidos por um modo de banda-base. A *banda-base* refere-se à tecnologia na qual um sinal é transmitido diretamente por meio de um canal. Por exemplo, esse método é utilizado em ligações-padrão que empregam o cabeamento por par trançado de fios a partir de um telefone analógico para o próximo equipamento de comutação de interface. O mesmo método de banda-base é amplamente utilizado em comunicações ópticas, isto é, a saída óptica de uma fonte de luz é ligada e desligada em resposta às variações no nível de tensão de um sinal de informação elétrico.

Nos anos seguintes, uma faixa maior do espectro eletromagnético foi utilizada para desenvolver e implantar progressivamente sistemas elétricos mais sofisticados e confiáveis de comunicação, com maior capacidade para transportar informações de um lugar para outro. As motivações básicas por trás da aplicação de cada novo sistema foram: (a) melhorar a fidelidade da transmissão, de modo que menos distorções ou erros ocorressem na mensagem recebida, (b) aumentar a taxa de dados ou capacidade de uma conexão de comunicação, de modo que mais informação pudesse ser enviada ou (c) aumentar a distância entre os repetidores ou estações de amplificação, para que a mensagem pudesse ser enviada para mais longe, sem a necessidade de restaurar a amplitude do sinal ou sua fidelidade periodicamente ao longo do caminho de transmissão. Essas atividades levaram ao nascimento de uma ampla variedade de sistemas de comunicação baseados na utilização de linhas de cabos de cobre terrestres e submarinas, de alta capacidade e longa distância, *radiofrequência* (RF) sem fio, micro-ondas e via satélite.

Para esse progresso, a tendência básica de avanço na capacidade de conexão era a utilização de canais de frequência cada vez mais elevados. A razão para isso é que um sinal que contém uma informação em uma banda-base que varia com o tempo pode ser transferido ao longo de um canal de comunicação por sua superposição a uma onda eletromagnética senoidal conhecida como *onda portadora* ou simplesmente *portadora*. Em seu destino, o sinal de informação contido na banda-base é removido da onda portadora e processado como desejado. Uma vez que a quantidade de informação que pode ser transmitida está diretamente relacionada ao intervalo de frequências no qual a portadora opera, teoricamente um aumento em sua frequência aumenta a largura de banda disponível para transmissão e, consequentemente, proporciona maior capacidade de informação.[24-28] Por exemplo, a Figura 1.1 mostra as bandas do espectro eletromagnético utilizadas para a transmissão via rádio. Como as diversas tecnologias de rádio evoluem a partir de *bandas de altas frequências* (HF), para *frequências muito altas* (VHF) e *frequências ultra-altas* (UHF) com frequências nominais para a portadora de 10^7, 10^8 e 10^9 Hz, respectivamente, o aumento da velocidade de transmissão pode ser empregado para proporcionar maior capacidade de conexão. Dessa maneira, a tendência no desenvolvimento de sistemas de comunicação elétricos era utilizar progressivamente frequências mais elevadas que, consequentemente, oferecessem maiores larguras de banda ou capacidade de informação.

Como a Figura 1.1 também mostra, as frequências da luz visível são diversas ordens de grandeza maiores que aquelas utilizadas por sistemas elétricos de comunicação. Assim, a invenção do *laser* no começo dos anos 1960 aguçou a curiosidade sobre a possibilidade de utilização desse intervalo do espectro eletromagnético para transmitir informação. Uma região particularmente interessante é a banda espectral no infravermelho próximo de 770 a 1.675 nm, uma vez que essa é a região de menor perda em fibras baseadas em sílica. O avanço técnico para comunicações de fibra óptica começou em 1970, quando pesquisadores da Corning demonstraram a viabilidade da produção de uma fibra de vidro com uma perda de potência óptica baixa o suficiente para uma transmissão prática.[29]

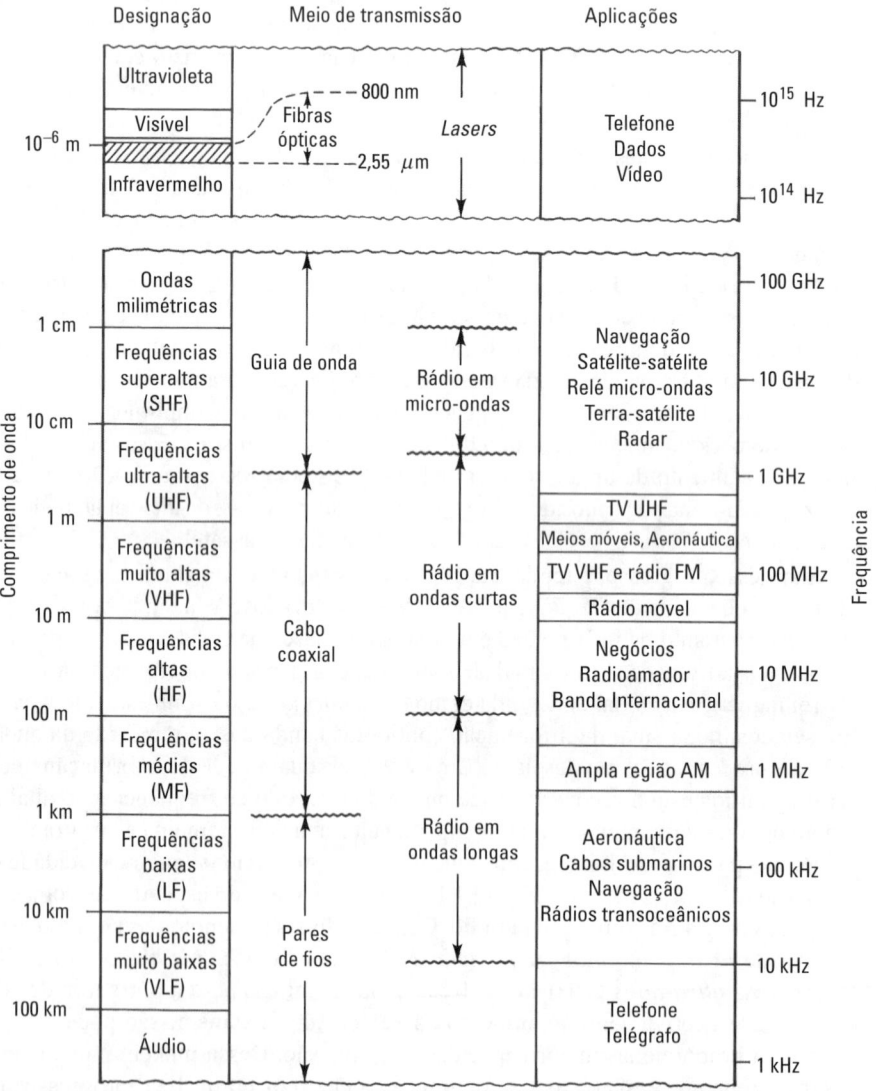

Figura. 1.1 As regiões do espectro eletromagnético utilizadas para as comunicações por rádio e fibra óptica. (Utilizado com permissão de A. B. Carlson, *Communication Systems*, © 1986, McGraw-Hill Book Company.)

Como as pesquisas avançaram, ficou claro que muitos problemas complexos tornariam extremamente difícil a extensão do conceito de onda portadora para a obtenção de uma banda de intervalo superlargo em uma conexão óptica. De qualquer maneira, as propriedades exclusivas das fibras ópticas lhes deram uma série de vantagens de desempenho em comparação com os fios de cobre, de modo que as conexões ópticas operando no modo de banda-base por meio de um simples chaveamento ligado-desligado tornaram-se aplicações atrativas.

As primeiras conexões de fibra óptica apareceram no final da década de 1970 e foram utilizadas para transmitir sinais de telefonia a uma taxa de aproximadamente 6 Mb/s em distâncias em torno de 10 km. Como a pesquisa e o desenvolvimento progrediram, a sofisticação e a capacidade desses sistemas aumentaram rapidamente durante os anos 1980, criando conexões que transportam dados agregados a taxas além de *terabits* por segundo em distâncias de centenas de quilômetros, sem a necessidade de restaurar a fidelidade do sinal ao longo de seu caminho.

A partir dos anos 1990, houve uma demanda crescente de ativos na comunicação em rede para serviços com largura de banda muito maior, como consultas a bancos de dados, compras *on-line*, vídeos interativos de alta definição, educação a distância, telemedicina e e-saúde, edição de vídeos caseiros de alta resolução, *blogs*, e-ciência em larga escala e alta capacidade, e computação em grade (um tipo de sistema distribuído).[30-33] Essa demanda foi impulsionada pela rápida proliferação dos computadores pessoais (PCs) acoplados com o aumento fenomenal de suas capacidades de armazenamento e processamento. Além disso, a disponibilidade generalizada e a contínua expansão da internet, assim como uma vasta escolha de programas remotamente acessíveis e bases de dados de informação, resultaram em um aumento drástico no uso do PC. Para lidar com a crescente demanda por serviços de banda larga, que vão desde usuários domésticos baseados em PC até grandes empresas e organizações de pesquisa, as empresas de telecomunicações ao redor do mundo melhoraram substancialmente a capacidade das linhas de fibra. Isso foi alcançado por meio da adição de mais comprimentos de onda independentes às portadoras em fibras individuais e pelo aumento da velocidade de transmissão de informação carregada em cada comprimento de onda.

1.1.2 Vantagens das fibras ópticas

As vantagens das fibras ópticas quando comparadas aos fios de cobre incluem:

Transmissão a longas distâncias As fibras ópticas apresentam menos erros de transmissão quando comparadas aos fios de cobre. Consequentemente, os dados podem ser enviados a longas distâncias, reduzindo, assim, o número de repetidores intermediários necessários para reforçar e restaurar os sinais em longos caminhos. Essa redução em equipamentos e componentes decresce o custo e a complexidade do sistema.

Melhor capacidade de informação As fibras ópticas possuem maior largura de banda que os fios de cobre, de maneira que mais informação pode ser enviada por uma única linha física. Essa propriedade diminui o número de linhas físicas necessárias para enviar certa quantidade de informação.

Pequeno tamanho e peso A leveza e as pequenas dimensões das fibras oferecem uma vantagem peculiar sobre os pesados e volumosos cabeamentos de fios localizados tanto nos dutos subterrâneos das cidades como externamente nos postes. Essa característica também é importante na aviação, em satélites e navios, em que cabos pequenos e leves são vantajosos, e em aplicações táticas na área militar, nas quais grandes quantidades de cabos devem ser desenroladas e recuperadas rapidamente.[34]

Imunidade à interferência elétrica Uma propriedade relativamente importante de uma fibra óptica é o fato de que se trata de um material dielétrico, portanto não conduz eletricidade. Isso a torna imune aos efeitos de interferência eletromagnética observados nos fios de cobre, como os picos indutivos a partir de fios portadores de sinais próximos ou o acoplamento de ruído elétrico na linha a partir de qualquer equipamento na proximidade.

Aumento de segurança As fibras ópticas oferecem um alto grau de segurança operacional porque não possuem os problemas de *loops* de terra, faíscas e as tensões potencialmente elevadas inerentes às linhas de cobre. Entretanto, devem ser tomadas algumas precauções com relação às emissões de *laser* para prevenir quaisquer danos à visão.

Aumento da privacidade do sinal Uma fibra óptica oferece um alto grau de privacidade a seus dados, uma vez que o sinal óptico está bem confinado dentro da fibra e um revestimento óptico opaco em torno da fibra absorve qualquer emissão de sinal. Essa característica está em contraste com fios de cobre, nos quais os sinais elétricos podem facilmente ser grampeados. Assim, as fibras ópticas são atraentes em aplicações cuja segurança da informação é importante, como os sistemas financeiro, jurídico, militares e de governo.

1.2 Bandas espectrais ópticas

1.2.1 Energia eletromagnética

Todos os sistemas de informação utilizam alguma forma de energia eletromagnética para transmitir sinais. O *espectro* de radiação eletromagnético (EM) é ilustrado na Figura 1.2. A *energia eletromagnética* é a combinação dos campos elétrico e magnético, e inclui potência, ondas de rádio, micro-ondas, luz infravermelha, luz visível, luz ultravioleta, raios X e raios gama. Cada uma delas engloba uma porção (ou banda) do espectro eletromagnético. A natureza fundamental de toda radiação contida nesse espectro é que elas podem ser vistas como ondas eletromagnéticas que viajam à velocidade da luz, que é aproximadamente $c = 3 \times 10^8$ m/s no vácuo. Note que a velocidade da luz s em um material é menor por um fator igual ao índice de refração n que a velocidade c no vácuo, como descrito no Capítulo 2. Por exemplo, se $n \approx 1,45$ para um vidro de sílica, a velocidade da luz nesse material é aproximadamente $s = 2 \times 10^8$ m/s.

As propriedades físicas das ondas das diferentes partes do espectro podem ser medidas de diversas maneiras inter-relacionadas. Elas são o comprimento de um período da onda, a energia contida ou a frequência de oscilação da onda. Considerando que a transmissão de sinais elétricos tende a usar a frequência para designar as bandas de operação desses sinais, a comunicação óptica geralmente utiliza o *comprimento de onda* para designar a região de operação espectral e a *energia do fóton* ou *potência óptica*, quando se discutem tópicos como a força do sinal ou o desempenho do componente eletro-óptico.

Como pode ser visto na Figura 1.2, há três maneiras de medir as propriedades físicas de uma onda em várias regiões do espectro EM. Essas grandezas estão relacionadas por algumas equações simples. Primeiramente, a velocidade da luz no vácuo c é igual ao comprimento de onda λ multiplicado pela frequência v, de forma que

$$c = \lambda v \tag{1.1}$$

onde a frequência é medida em ciclos por segundo ou *hertz* (Hz).

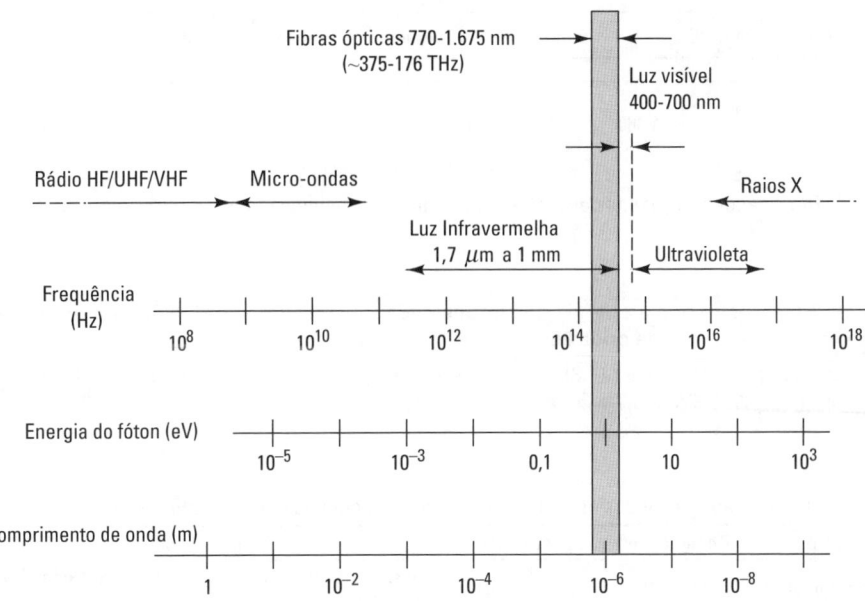

Figura. 1.2 O espectro de radiação eletromagnética.

A relação entre a energia de um fóton e sua frequência (ou comprimento de onda) é determinada pela equação conhecida como *lei de Planck*

$$E = h\nu \qquad (1.2)$$

onde o parâmetro $h = 6{,}63 \times 10^{-34}$ J-s $= 4{,}14 \times 10^{-15}$ eV-s é a *constante de Planck*. A unidade J significa *joules* e a unidade eV denota *elétron-volts*. Em termos de comprimento de onda (medidos em unidade de μm), a energia em elétron-volts é dada por

$$E(\text{eV}) = \frac{1{,}2406}{\lambda\,(\mu\text{m})} \qquad (1.3)$$

A Figura 1.2 mostra os intervalos do espectro óptico desde cerca de 5 nm, na região do ultravioleta, até 1 mm, da região infravermelho longínquo. Entre esses limites, encontra-se a *banda do visível* no intervalo 400-700 nm. A comunicação por fibra óptica utiliza a *banda espectral do infravermelho próximo* nominalmente considerada no intervalo 770 a 1.675 nm.

A International Telecommunications Union (ITU) designou seis bandas espectrais para o uso em comunicações por fibra óptica na região 1.260-1.675 nm.[35] Essas designações de *comprimento longo de onda da banda* surgem das características de atenuação das fibras ópticas e do comportamento de desempenho de um *amplificador de fibra dopada com érbio* (EDFA), assim como descrito nos Capítulos 3 e 10, respectivamente. A Figura 1.3 mostra e a Tabela 1.1 define essas regiões, que são conhecidos pelas letras O, E, S, C, L e U.

A banda entre 770-910 nm é utilizada para sistemas de fibra multimodo em comprimentos curtos de onda. Essa região é designada como *banda de comprimento curto de onda* ou *banda da fibra multimodo*. Os capítulos finais descreverão as características de desempenho operacional e as aplicações das fibras ópticas, os componentes eletro-ópticos e outros dispositivos ópticos passivos para uso em bandas de comprimento curto e longo de onda.

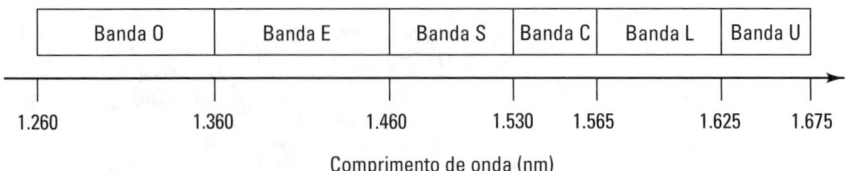

Figura 1.3 Designações das bandas espectrais utilizadas nas comunicações por fibras ópticas.

> **Exemplo 1.1** Mostre que a energia dos fótons decai com o aumento do comprimento de onda. Utilize os comprimentos de onda 850, 1.310 e 1.550 nm.
>
> *Solução*: A partir da Equação (1.3), encontramos que $E(850\ nm) = 1{,}46$ eV, $E(1.310\ nm) = 0{,}95$ eV e $E(1.550\ nm) = 0{,}80$ eV.

Tabela 1.1 Designação das bandas espectrais utilizadas em comunicações por fibras ópticas

Nome	Designação*	Espectro (nm)	Origem do nome
Banda original	Banda O	1.260 a 1.360	Primeira região (original) usada em conexões de fibras monomodo
Banda estendida	Banda E	1.360 a 1.460	Essa conexão pode ser utilizada para fibras com baixa concentração de água
Banda curta	Banda S	1.460 a 1.530	Comprimentos de onda menores qua na banda C, mas maiores que na banda E
Banda convencional	Banda C	1.530 a 1.565	Comprimento de onda utilizado por amplificador de fibra dopada com érbio (EDFA)
Banda longa	Banda L	1.565 a 1.625	O ganho de uma EDFA diminui progressivamente até 1 no limite dessa banda de comprimento de onda longo (1.625 nm)
Banda ultralonga	Banda U	1.625 a 1.675	Região além da capacidade de resposta para uma EDFA

* N. de T.: As denominações O, E, S, C, L e U referem-se às denominações em língua inglesa: *original, extended, short, conventional, long* e *ultra-long*, respectivamente.

1.2.2 Janelas e bandas espectrais

A Figura 1.4 mostra o intervalo de operação dos sistemas baseados em fibras ópticas e as características dos quatro componentes-chave de uma conexão: a fibra óptica, a fonte de luz, os fotodetectores e os amplificadores ópticos. Na figura, as linhas tracejadas verticais indicam os centros das três principais bandas de comprimento de onda de funcionamento tradicional dos sistemas de fibras ópticas, pertencentes à região de comprimento curto de onda, a banda O e a banda C. Uma das características principais de uma fibra óptica é a atenuação em razão do comprimento de onda, como se mostra na parte superior da Figura 1.4. As primeiras aplicações no final da década de 1970 fizeram uso exclusivo da banda de comprimentos de onda entre 770-910 nm, caracterizada por uma janela de baixa perda, além da disponibilidade das fontes ópticas de GaAlAs e fotodetectores de silício que operam nessa região. Originalmente, essa região foi chamada de *primeira janela*, porque, em aproximadamente 1.000 nm, há um pico de absorção óptica em virtude das moléculas de água. Em razão desse pico, as primeiras fibras exibiam um mínimo local na curva de atenuação ao redor de 850 nm.

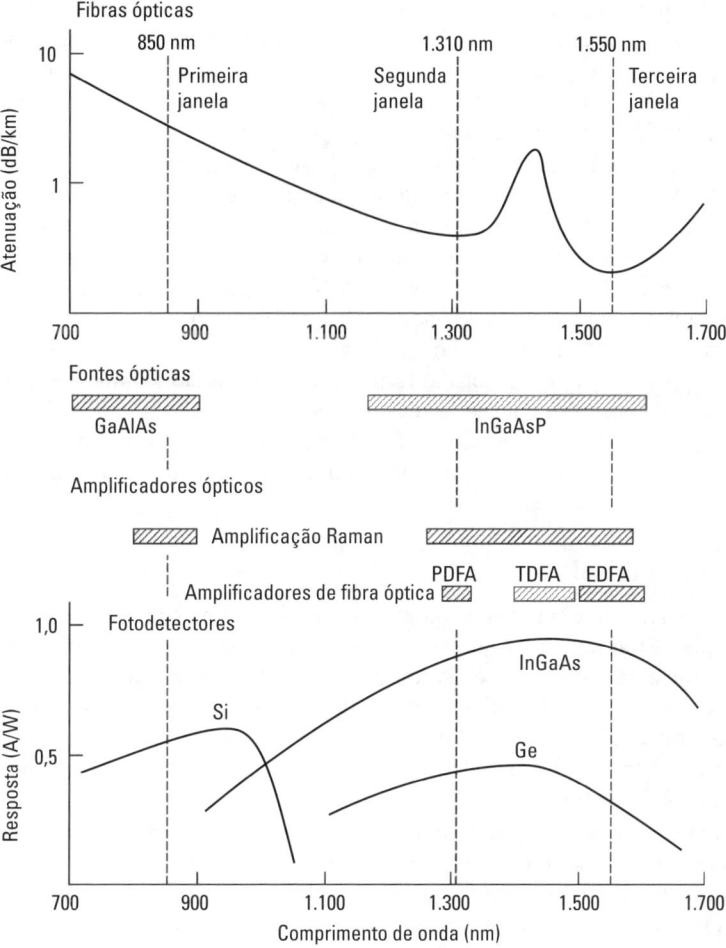

Figura 1.4 Características e intervalos de operação dos quatro componentes-chave de uma conexão por fibra óptica.

Ao reduzirem a concentração de íons hidroxila e impurezas metálicas no material da fibra na década de 1980, os fabricantes puderam produzir fibras ópticas com perdas muito baixas na região entre 1.260-1.675 nm. Essa banda espectral é chamada de *região de comprimento longo de onda*. Como o vidro ainda continha algumas moléculas de água, uma terceira ordem de absorção manteve-se em torno de 1.400 nm. Esse pico definiu duas janelas de baixa perda: *segunda janela* centrada em 1.310 nm e *terceira janela* centrada em 1.550 nm. Essas duas janelas agora são chamadas de banda O e banda C, respectivamente. O desejo de usar essas regiões de baixa perda em comprimentos longos de onda levou ao desenvolvimento de fontes de luz baseadas em InGaAsP e fotodetectores de InGaAs que podem operar entre 1.310-1.550 nm. Além disso, a dopagem de fibras ópticas com elementos de terras raras, como Pr, Th e Er, cria amplificadores de fibra óptica (chamados de dispositivos PDFA, TDFA e EDFA, respectivamente). Esses dispositivos e o uso da amplificação Raman revigoraram esses sistemas de alta capacidade em comprimentos longos de onda.

Alguns processos especiais de purificação de materiais podem eliminar quase todas as moléculas de água do material da fibra de vidro, reduzindo drasticamente o pico de atenuação em razão da água para cerca de 1.400 nm. Esse processo abre a região de transmissão da banda E (1.360-1.460 nm) para fornecer cerca de 100 nm a mais à largura de banda espectral dessas fibras fabricadas especialmente do que às convencionais fibras monomodo.

Os sistemas que operam em 1.550 nm providenciam uma atenuação menor, mas a dispersão de sinais na fibra padrão de sílica é maior em 1.550 nm do que em 1.310 nm. Os fabricantes de fibra superaram essa primeira limitação criando fibras com dispersão deslocada para um único comprimento de onda de operação e, em seguida, elaborando *fibras de dispersão deslocada não nula* (NZDSF), para utilização nas implementações com múltiplos comprimentos de onda. O tipo de fibra seguinte conduziu ao uso generalizado de sistemas de múltiplos comprimentos de onda das bandas-S e C com conexões de alta capacidade, longa extensão terrestre e transmissão submarina. Essas conexões rotineiramente possuem um tráfego de 10 Gb/s por distâncias nominais de mais de 90 km entre amplificadores ou repetidores. Em 2005, conexões operando a 40 Gb/s foram instaladas, e ensaios de campo de sistemas de transmissão de longa distância com 160 Gb/s foram testados com sucesso.[36-39]

1.3 Unidade decibel

Como será descrito em todos os próximos capítulos, uma consideração crítica ao projetar e implementar uma conexão em fibra óptica é estabelecer, medir e/ou inter-relacionar os níveis de sinal óptico em cada um dos elementos dessa rede de transmissão. Dessa forma, é necessário conhecer os valores dos seguintes parâmetros: potência óptica de saída de uma fonte de luz, nível de potência necessário para um receptor detectar apropriadamente um sinal e quantidade de potência óptica perdida nos elementos constituintes de uma rede de transmissão.

A redução ou atenuação da intensidade do sinal surge de diversos mecanismos de perda em um meio de transmissão. Por exemplo, a potência elétrica é perdida em virtude da geração de calor quando um sinal elétrico flui em um fio, e a potência óptica é atenuada em razão de processos de absorção e espalhamento no vidro ou plástico constituinte da fibra ou pelo canal atmosférico. Para compensar essas perdas, amplificadores são utilizados periodicamente ao longo do canal de transmissão para recuperar o nível do sinal, como ilustrado na Figura 1.5.

Um método-padrão e conveniente para medir a atenuação em uma rede ou dispositivo é referenciar o nível do sinal de saída com o nível de entrada. Para meios guiados como uma fibra ótica, a intensidade do sinal normalmente decai de forma exponencial. Logo, por conveniência, designamos essa perda em termos do logaritmo da razão entre as potências medidas em *decibéis* (dB). A unidade dB é definida por

$$\text{Razão da potência em dB} = 10 \log \frac{P_2}{P_1} \qquad (1.4)$$

onde P_1 e P_2 são os níveis de sinal elétrico ou óptico entre os pontos 1 e 2 da Figura 1.6, e *log* é o logaritmo na base 10. A natureza logarítmica do decibel permite que uma proporção grande seja expressa de um modo relativamente simples. Os níveis de potência que diferem por várias ordens de magnitude podem ser comparados facilmente na forma decibel. Outra característica atrativa do decibel é que, ao medirmos as variações na intensidade de um sinal, simplesmente adicionamos ou subtraímos o número de decibéis entre dois pontos diferentes.

Capítulo 1 Panorama das comunicações por fibra óptica | 11

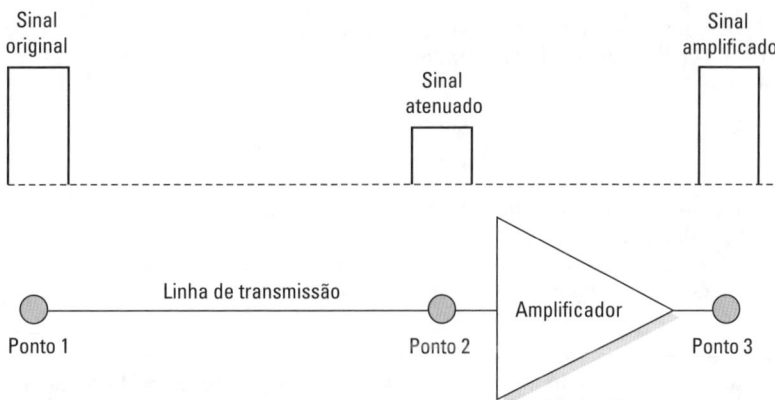

Figura 1.5 Os amplificadores posicionados periodicamente compensam as perdas de energia ao longo de uma conexão.

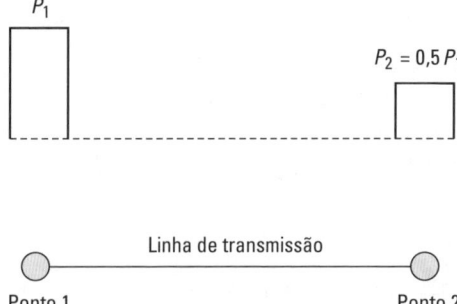

Figura 1.6 Exemplo da atenuação de um pulso em uma conexão. P_1 e P_2 são os níveis de potência de um sinal nos pontos 1 e 2.

A Tabela 1.2 mostra alguns exemplos de valores de perda de potência em decibéis e a porcentagem de potência remanescente após essa perda. Esses tipos de número são importantes ao considerarmos fatores como os efeitos de desviar uma pequena parte de um sinal óptico para fins de monitoramento, no exame da perda de potência por meio de um elemento óptico, ou quando calculamos a atenuação de sinal em um comprimento específico da fibra óptica.

Tabela 1.2 Valores representativos de perda de potência em decibel e a porcentagem de potência remanescente

Perda de potência (em dB)	Porcentagem de potência remanescente
0,1	98
0,5	89
1	79
2	63
3	50
6	25
10	10
20	1

Exemplo 1.2 Assuma que, após percorrer determinada distância em um meio de transmissão, a potência de um sinal é reduzida pela metade, isto é, $P_2 = 0,5\ P_1$ na Figura 1.6. Nesse ponto, utilizando a Equação (1.4), a atenuação ou perda de potência é

$$10 \log \frac{P_2}{P_1} = 10 \log \frac{0,5\ P_1}{P_1} = 10 \log 0,5 = 10(-0,3) = -3\ \text{dB}$$

Então, −3 dB (atenuação ou perda de 3 dB) significa que o sinal perdeu metade de sua potência. Se um amplificador é inserido nesse ponto da conexão para restaurar o sinal ao seu nível original, então ele deve ter um ganho de 3 dB. Se o amplificador possuir um ganho de 6 dB, então ele amplificará o nível do sinal ao dobro do valor original.

Exemplo 1.3 Considere o caminho de transmissão de dados entre os pontos 1 e 4 da Figura 1.7. Entre os pontos 1 e 2, o sinal é atenuado em 9 dB. Após um aumento de 14 dB no amplificador no ponto 3, ele é novamente atenuado em 3 dB no trajeto entre os pontos 3 e 4. Com relação ao ponto 1, o nível do sinal em dB no ponto 4 é

Nível em dB no ponto 4 = (perda na linha 1) + (ganho no amplificador) + (perda na linha 2)

$= (-9\ \text{dB}) + (14\ \text{dB}) + (-3\ \text{dB}) = +2\ \text{dB}$

Logo, o sinal possui um ganho de potência de 2 dB (um fator de $10^{0,2} = 1,58$) ao trafegar do ponto 1 ao ponto 4.

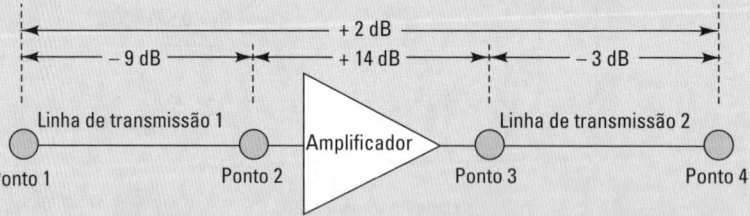

Figura 1.7 Exemplo de atenuação e amplificação de sinal em uma linha de transmissão.

Uma vez que o decibel se refere a proporções ou unidades relativas, ele não nos fornece uma indicação de valor absoluto do nível de potência. Entretanto, uma unidade derivada pode ser utilizada para esse propósito. Essa unidade, que é particularmente comum na área de comunicação com fibras ópticas, é o dBm; ela expressa a potência P como o logaritmo da proporção entre P e 1 mW. Nesse caso, a potência em dBm é um valor absoluto definido por

$$\frac{\text{Nível de potência}}{(\text{em dBm})} = 10 \log \frac{P\ (\text{em mW})}{1\ \text{mW}} \quad (1.5)$$

Uma regra importante de recordar é que 0 dBm = 1 mW. Portanto, os valores positivos de dBm são maiores que 1 mW, e os valores negativos são menores que 1 mW.

A Tabela 1.3 lista alguns exemplos de níveis de potência óptica e seus equivalentes em dBm.

Tabela 1.3 Exemplos de níveis de potência óptica e seus equivalentes em dBm

Potência	Equivalente em dBm
200 mW	23
100 mW	20
10 mW	10
1 mW	0
100 μW	−10
10 μW	−20
1 μW	−30
100 nW	−40
10 nW	−50
1 nW	−60
100 pW	−70
10 pW	−80
1 pW	−90

Capítulo 1 Panorama das comunicações por fibra óptica | 13

Exemplo 1.4 Considere três diferentes fontes de luz com as seguintes potências de saída: 50 μW, 1 mW e 50 mW. Quais são os níveis de potência em dBm?

Solução: Utilizando a Equação (1.5) para expressar os níveis de potência em unidades de dBm, encontramos que as potências de saída dessas fontes são –13 dBm, 0 dBm e +17 dBm, respectivamente.

Exemplo 1.5 Considere que as especificações de produto para um fotodetector indicam que é necessário um nível de potência óptico de –32 dBm para que ele possa satisfazer determinado nível de desempenho. Qual é a potência em nW (nanowatt)?

Solução: A partir da Equação (1.5), encontramos que o nível –32 dBm corresponde a uma potência em nW de

$$P = 10^{-32/10} \text{ mW} = 0{,}631 \ \mu\text{W} = 631 \text{ nW}$$

1.4 Taxas de informação em redes

Para lidar com a crescente e contínua demanda de serviços de banda larga desde usuários individuais até grandes organizações de pesquisa e negócios, as companhias de telecomunicação mundo afora implementam cada vez mais técnicas sofisticadas de multiplexação digital, que permitem que um número maior de fluxo de informação independente possa compartilhar o mesmo canal físico de transmissão simultaneamente. Esta seção descreve algumas técnicas comuns de sinal digital de multiplexação digital.

1.4.1 Multiplexação de sinais de telecomunicações (Telecom)

A Tabela 1.4 fornece exemplos de taxas de informação para algumas tarefas típicas em telecomunicações. Para enviar essas tarefas de um usuário para outro, o provedor de rede combina os sinais de diversos usuários e envia o sinal agregado por uma única linha de transmissão. Esse esquema é conhecido como *multiplexação por divisão no tempo* (TDM), em que N fluxos de informação independentes, cada um rodando a uma taxa de R b/s, são intercalados eletricamente em um único fluxo de informação operando a uma taxa superior de $N \times R$ b/s. Para obtermos uma perspectiva detalhada dessa metodologia, consideraremos os esquemas de multiplexação utilizados nas telecomunicações.

As primeiras aplicações de redes de transmissão por fibra óptica eram principalmente para linhas telefônicas de grande capacidade. Essas conexões consistiam em canais de vozes multiplexados por divisão no tempo em 64 kb/s. A multiplexação foi desenvolvida nos anos 1960 e é baseada no que é conhecido como *hierarquia digital plesiócrona* (PDH). A Figura 1.8 mostra a hierarquia de transmissão digital utilizada em uma rede telefônica norte-americana.

Tabela 1.4 Exemplos de taxas de informação típicas para algumas tarefas

Tipo de tarefa	Taxa de dados
Vídeo em uma TV interativa	1,5-6 Mb/s
Jogos *on-line*	1-2 Mb/s
Educação a distância	1,5-3 Mb/s
Comércio eletrônico	1,5-6 Mb/s
Transferência de dados ou trabalho via rede	1-3 Mb/s
Videoconferência	0,384-2 Mb/s
Voz (canal telefônico único)	33,6-56 kb/s

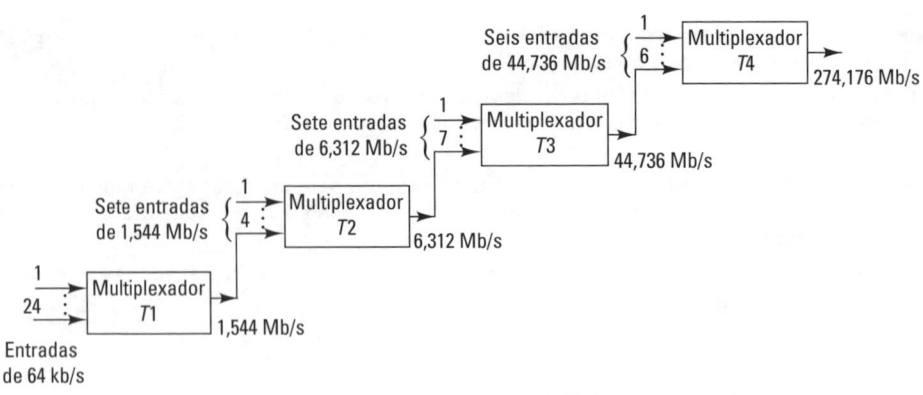

Figura 1.8 Hierarquia de transmissão digital utilizada na rede telefônica norte-americana.

> **Exemplo 1.6** Como visualizado na Figura 1.8, para cada nível de multiplexação, alguns *bits* de justificação são adicionados para fins de sincronização. Quantos *bits* de justificação são necessários em *T*1?
>
> *Solução*: Em *T*1, a justificação é de
>
> 1,544 kb/s − 24 × 64 kb/s = 8 kb/s

O bloco de construção fundamental é a taxa de transmissão de 1,544 Mb/s conhecida como taxa *DS*1, onde *DS* significa *digital system* (sistema digital). Ele é formado pela multiplexação por divisão no tempo de 24 canais de vozes, cada um digitalizado a uma taxa de 64 kb/s (denominado *DS*0). Os *bits de enquadramento*, que indicam onde uma unidade de informação inicia e termina no tempo, são adicionados ao longo desses canais de vozes para produzir o fluxo de 1,544 Mb/s. Os *bits* de enquadramento e outros controles que podem ser adicionados a uma unidade de informação em um fluxo digital são chamados de *bits de justificação* (*overhead bits*). Em qualquer nível de multiplexação, um sinal em determinada taxa de entrada é combinado com outros sinais de entrada de mesma taxa.

DSx *versus* Tx Ao descrevermos as taxas de dados em redes telefônicas, observamos termos como *T*1, *T*3 e assim por diante. Frequentemente, os termos *Tx* e *DSx* (por exemplo, *T*1 e *DS*1 ou *T*3 e *DS*3) são indiferentemente utilizados. Há, entretanto, uma diferença sutil em seus sentidos. As designações *DS*1, *DS*2 e *DS*3 referem-se a um *tipo de tarefa* ou *serviço*; por exemplo, um usuário que quer enviar uma informação a uma taxa de 1,544 Mb/s deveria assinar um serviço de *DS*1. As abreviações como *T*1, *T*2 e *T*3 referem-se à taxa de dados que a tecnologia da linha de transmissão utiliza para efetuar esse serviço por meio de uma conexão física. Por exemplo, o serviço DS1 é transportado ao longo de um meio, seja fio ou fibra óptica, utilizando impulsos elétricos ou ópticos, respectivamente, a uma taxa *T*1 = 1,544 Mb/s.

O esquema TDM não é restrito apenas à multiplexação de canais digitais. Por exemplo, no nível *DS*1, qualquer sinal digital de 64 kb/s de um formato apropriado poderia ser transmitido como um dos 24 canais de entrada mostrados na Figura 1.8. Como notamos na Tabela 1.5, as principais taxas de multiplexação para as aplicações norte-americanas são designadas como *DS*1 (1,544 Mb/s), *DS*2 (6,312 Mb/s) e *DS*3 (44,736 Mb/s). As redes europeias e japonesas definem hierarquias similares utilizando níveis diferentes, como mostra a Tabela 1.5. Na Europa, a hierarquia de multiplexação é denominada *E*1, *E*2, *E*3 e assim por diante.[*]

---

[*] N. de T.: No Brasil, adotamos a hierarquia europeia e denominamos os níveis de ordem zero, primeira ordem, segunda ordem e assim por diante.

Tabela 1.5 Níveis de multiplexação digital utilizados na América do Norte, Europa e Japão

Nível de multiplexação digital	Número de canais de 64 kb/s	Taxa de informação (Mb/s)		
		América do Norte	Europa	Japão
DS0	1	0,064	0,064	0,064
DS1	24	1,544		1,544
	30		2,048	
	48	3,152		3,152
DS2	96	6,312		6,312
	120		8,448	
DS3	480		34,368	32,064
	672	44,736		
	1.344	91,053		
	1.440			97,728
DS4	1.920		139,264	
	4.032	274,176		
	5.760			397,200

1.4.2 Hierarquia de multiplexação SONET/SDH*

Com o advento das linhas de fibra óptica de alta capacidade nos anos 1980, os provedores de serviços estabeleceram um formato-padrão de sinal chamado de *rede óptica síncrona* (SONET) na América do Norte e *hierarquia síncrona digital* (SDH) em outras partes do mundo.[40-42] Esses padrões determinam uma estrutura de enquadramento síncrona para o envio do tráfego multiplexado digital pelas linhas-tronco de fibra óptica. O bloco básico de construção e o primeiro nível da hierarquia do sinal SONET são chamados de *sinal de transporte síncrono – nível 1* (STS-1), que tem uma taxa de informação de 51,84 Mb/s. Os sinais SONET de maior taxa são obtidos pela intercalação de *bytes* de N desses quadros STS-1 que, em seguida, são codificados e convertidos em um sinal de portador óptico de nível N (OC-N). Em seguida, o sinal de OC-N terá uma linha de taxa exatamente igual a N vezes a de um sinal OC-1. Para sistemas SDH, o alicerce fundamental é o *módulo de transporte síncrono – nível 1* (STM-1) a 155,52 Mb/s. Novamente, os fluxos de informação de maior taxa são gerados por multiplexação síncrona de N diferentes sinais STM-1 para formar o sinal STM-N. A Tabela 1.6 mostra os níveis mais comuns de sinais SDH e SONET utilizados, a taxa de linha e o nome numérico popularmente usado para essa taxa.

Tabela 1.6 Taxas comuns das linhas SDH e SONET e seus nomes numéricos populares

Nível SONET	Nível elétrico	Nível SDH	Taxa na linha (Mb/s)	Nome popular da taxa
OC-1	STS-1	–	51,84	–
OC-3	STS-3	STM-1	155,52	155 Mb/s
OC-12	STS-12	STM-4	622,08	622 Mb/s
OC-48	STS-48	STM-16	2.488,32	2,5 Gb/s
OC-192	STS-192	STM-64	9.953,28	10 Gb/s
OC-768	STS-768	STM-256	39.813,12	40 Gb/s

---

* Consultar nota de rodapé da página 14.

1.5 Conceitos sobre WDM

O uso da *multiplexação por divisão de comprimento de onda* (WDM) oferece um novo avanço na capacidade de transmissão das fibras. A base da WDM é a utilização de múltiplas fontes que operam em comprimentos de onda ligeiramente diferentes para transmitir vários fluxos de informação independentes pela mesma fibra simultaneamente. A Figura 1.9 mostra o conceito básico da WDM. Na figura, N fluxos de informação independentes formatados opticamente, cada um transmitido em um diferente comprimento de onda, são combinados por meio de um multiplexador óptico e enviados através da mesma fibra. Note que cada um desses fluxos poderia ter uma diferente taxa de dados. Cada fluxo de informação mantém a sua taxa de dados individual depois de ser multiplexado com os outros fluxos e ainda opera em seu próprio comprimento de onda. Conceitualmente, o sistema WDM é o mesmo que a *multiplexação por divisão de frequências* (FDM) utilizada na região de rádio de micro-ondas e sistemas de satélite.

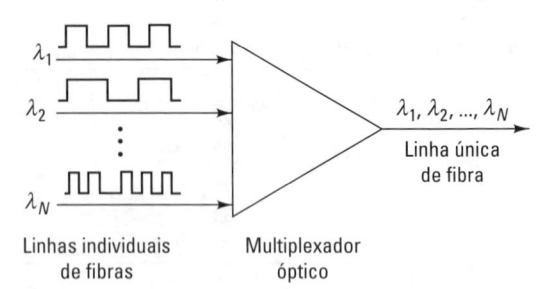

Figura 1.9 Conceito básico da multiplexação por divisão em comprimento de onda.

Apesar de os pesquisadores terem começado a estudar as técnicas de WDM na década de 1970, apenas nos anos seguintes tornou-se mais fácil transmitir em um único comprimento de onda em uma fibra de alta velocidade usando dispositivos eletrônicos e ópticos do que invocar um sistema de maior complexidade para WDM. No entanto, houve um aumento drástico na popularidade da WDM no início dos anos 1990 por vários fatores. Entre eles, citamos os novos tipos de fibras que providenciaram um melhor desempenho das operações com múltiplos comprimentos de onda na região de 1.550 nm, os avanços na produção de dispositivos WDM que podiam separar comprimentos de onda muito próximos e o desenvolvimento de amplificadores ópticos que podiam aumentar os níveis de sinal óptico da banda C completamente no domínio óptico.

1.6 Elementos-chave em sistemas de fibras ópticas

Assim como nos sistemas de comunicação elétricos, a função básica de uma conexão por fibra óptica é transportar o sinal de um equipamento de comunicação (por exemplo, um computador, telefone ou aparato de vídeo) a outro equipamento correspondente em outro local com o maior grau de confiabilidade e precisão. A Figura 1.10 mostra os componentes principais de uma rede de comunicação de fibra óptica. Os elementos-chave são um transmissor que consiste em uma fonte de luz e o seu circuito de acionamento associado, um cabo que oferece proteção mecânica e ambiental para as fibras ópticas contidas nele, e um receptor constituído por um fotodetector circuito amplificador e restaurador de sinais. Os componentes adicionais incluem amplificadores ópticos, conectores, emendas, acopladores, regeneradores (para restaurar as características sinal-forma), outros componentes passivos e dispositivos fotônicos ativos.

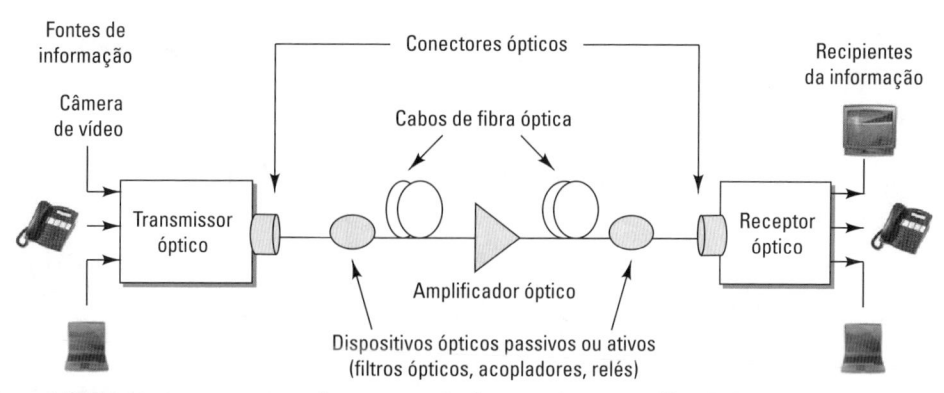

Figura 1.10 Principais componentes de uma conexão de comunicação por fibra óptica.

O cabeamento da fibra é um dos elementos mais importantes de uma conexão de fibra óptica, como será descrito nos Capítulos 2 e 3. Além de proteger as fibras de vidro durante a instalação e a manutenção, o cabo pode conter fios de cobre para a alimentação de amplificadores ópticos ou regeneradores de sinal, os quais são instalados periodicamente em ligações de longa distância para amplificar e remodelar o sinal. Existe uma variedade de tipos de fibras com diferentes características de desempenho para amplas e diversificadas aplicações. Para proteger as fibras de vidro durante a instalação e a manutenção, existem muitas configurações de cabo, que dependem se o cabo será instalado no interior de um edifício, em dutos subterrâneos ou enterrado diretamente sob o solo, se externamente sobre postes ou debaixo de água. Em todas as categorias de redes, exigem-se emendas e conectores ópticos de perda muito baixa para a junção de cabos e a fixação de uma fibra em outra.

Analogamente a cabos de cobre, a instalação de cabos de fibra óptica pode ser aérea, em dutos, submarina ou enterrada diretamente no solo, como mostra a Figura 1.11. Como descrito no Capítulo 2, a estrutura do cabo variará muito, dependendo da aplicação específica e do ambiente em que será instalado. Em razão de limitações para instalação e/ou fabricação, o comprimento de cada cabo para aplicações internas a edificações ou terrestres pode variar de algumas centenas de metros a vários quilômetros. Considerações práticas, como o tamanho e o peso do carretel de cabos, determinam o comprimento real de uma seção de cabo único. Os segmentos mais curtos tendem a ser utilizados quando os cabos são puxados através de dutos. Os comprimentos mais longos são utilizados em aplicações aéreas, sob o solo ou subaquáticas.

Na instalação de cabos de fibra óptica, os trabalhadores podem puxá-los ou soprá-los através de dutos (tanto interiores como exteriores) ou outros espaços, colocá-los em uma vala, enterrá-los diretamente no chão, suspendê-los em postes, esticá-los ou repousá-los debaixo da água. Apesar de cada método ter seus próprios procedimentos de manuseio especial, todos eles precisam obedecer a um conjunto comum de precauções, as quais incluem evitar dobras acentuadas do cabo, minimizando as tensões sobre o cabo instalado, permitir folgas adicionais ao longo do trajeto para reparos inesperados e evitar puxadas ou arrancadas excessivamente fortes. Para *instalações subterrâneas*, um cabo de fibra óptica pode ser arado diretamente no solo ou colocado em uma vala que é posteriormente preenchida. A Figura 1.12 ilustra uma operação de arado que pode ser realizada em áreas não urbanas. Os cabos são montados em grandes bobinas sobre o veículo e enterrados diretamente no solo por meio do mecanismo de arado.

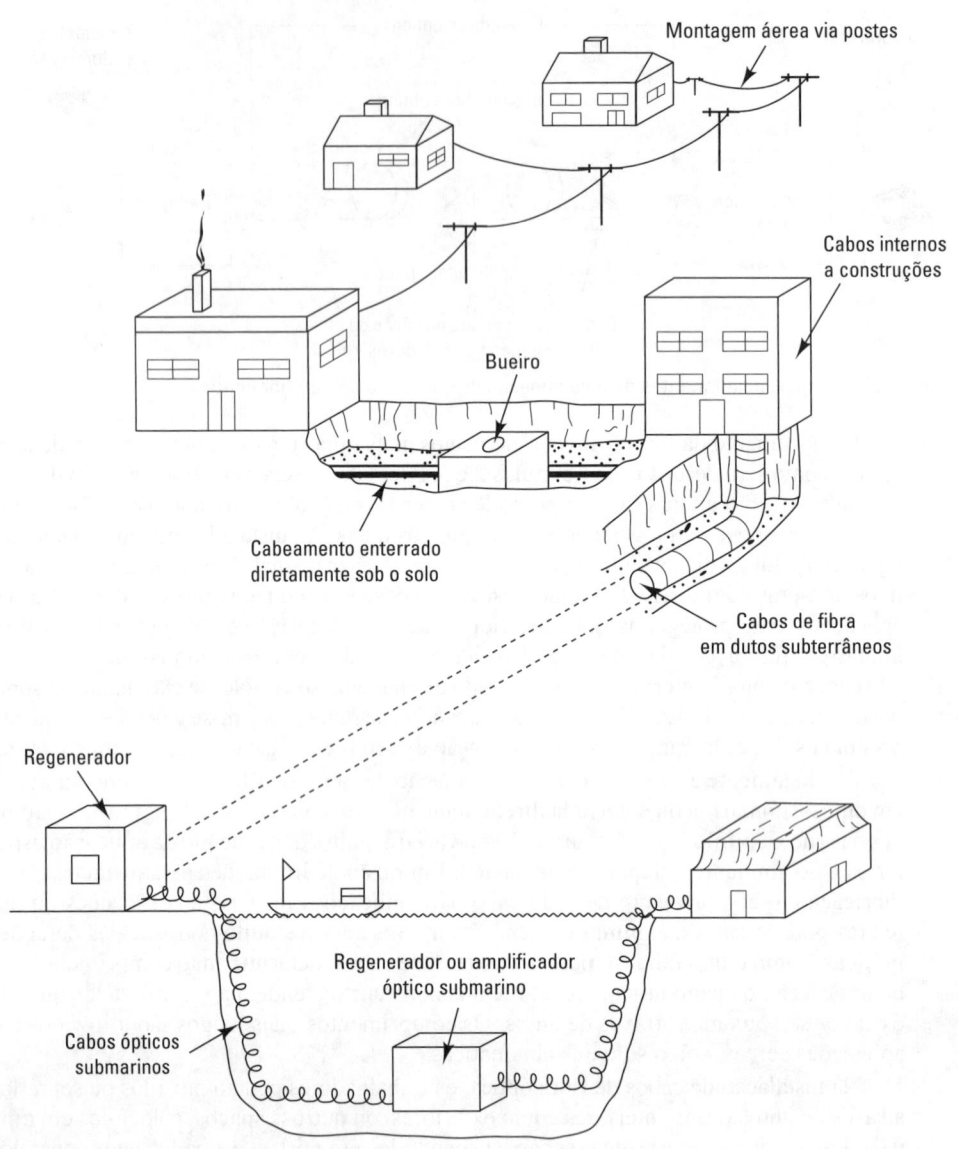

Figura 1.11 Os cabos de fibra óptica podem ser instalados nos postes, em dutos subterrâneos ou submarinos, ou enterrados diretamente no solo.

Figura 1.12 Operação de arado para enterrar os cabos de fibra óptica diretamente no solo.
(Foto © VERMEER CORPORATION. Todos os direitos reservados; www.vermeer.com.)

Os comprimentos de cabos transoceânicos podem ser de vários milhares de quilômetros de comprimento e incluem repetidores ópticos, que aumentam o nível do sinal, periodicamente espaçados (aproximadamente 80-120 km). Os cabos são montados em fábricas no continente e, em seguida, carregados em navios especiais para a sua instalação, como ilustra a Figura 1.13. As emendas de cabos individuais formam uma linha de transmissão contínua para essas ligações de longa distância.

Uma vez que o cabo está instalado, um transmissor pode ser usado para enviar um sinal de luz na fibra. O transmissor é constituído por uma fonte de luz que é dimensionalmente compatível com o núcleo da fibra e do circuito de modulação e controle associado. Os *diodos emissores de luz* (LEDs) e os diodos *laser* à base de semicondutores são adequados para essa finalidade. Nesses dispositivos, a saída de luz pode ser modulada rapidamente, simplesmente variando a corrente de entrada a uma taxa de transmissão desejada, produzindo, desse modo, um sinal óptico. Os sinais de entrada para o circuito transmissor que opera a fonte podem ser tanto de forma analógica como digital. As funções da eletrônica associada ao transmissor visam estabelecer e estabilizar a faixa de funcionamento da fonte e o nível da potência de saída. Para sistemas de alta taxa (geralmente maior que cerca de 2,5 Gb/s), a modulação direta da fonte pode conduzir a uma distorção inaceitável do sinal óptico. Nesse caso, um modulador externo é usado para variar a amplitude de uma saída de luz contínua a partir de uma fonte de diodo *laser*. Na região de 770 a 910 nm, as fontes de luz são geralmente ligas de GaAlAs. Em comprimentos mais longos de onda (1.260-1.675 nm), uma liga InGaAsP é o material principal da fonte óptica.

Figura 1.13 Navio utilizado para a instalação de cabos de fibra óptica ao longo de um mar ou um oceano.
(Cortesia de TE SubCom: www.SubCom.com.)

Depois de um sinal óptico ser lançado para a fibra, ele será progressivamente atenuado e distorcido em virtude dos mecanismos de espalhamento, absorção e dispersão do material de vidro. No destino de uma linha de transmissão de fibra óptica, há um dispositivo receptor que interpreta a informação contida no sinal óptico. No interior desse receptor, um fotodiodo detecta o sinal óptico enfraquecido e distorcido que emerge a partir da extremidade da fibra e converte-o em um sinal elétrico (referido como *fotocorrente*). O receptor também contém dispositivos eletrônicos de amplificação e circuitos para restaurar a fidelidade de sinal. Os fotodiodos de silício são usados na região de 770 a 910 nm, enquanto, na região de 1.260 a 1.675 nm, o material principal é uma liga de InGaAs.

A concepção de um receptor óptico envolve a exigência de interpretar corretamente o conteúdo do sinal enfraquecido e degradado recebido pelo fotodetector. A principal figura de mérito para um receptor é a potência óptica mínima necessária na desejada taxa de envio de dados para ter tanto uma baixa probabilidade de erro em sistemas digitais como uma específica relação sinal-ruído em sistemas analógicos. A capacidade do receptor para alcançar um determinado nível de desempenho depende do tipo de fotodetector, dos efeitos de ruído no sistema e das características dos sucessivos estágios de amplificação no receptor.

Em qualquer conexão de fibra óptica, incluem-se vários dispositivos ópticos passivos que auxiliam no controle e na orientação dos sinais de luz. Os dispositivos passivos são componentes ópticos que não necessitam de controle eletrônico para o seu funcionamento. Alguns exemplos de dispositivos passivos: filtros ópticos que selecionam uma região estreita no espectro da luz desejada, divisores ópticos que dividem a potência de um sinal óptico em diferentes ramos, multiplexadores ópticos que combinam os sinais a partir de dois ou mais comprimentos distintos de onda para uma mesma fibra (ou que separam os comprimentos de onda no destino) de redes de fibra óptica multimodo e acopladores utilizados para desviar uma certa porcentagem de luz em geral para monitoramento de desempenho.

Além disso, as modernas e sofisticadas redes de fibra óptica contêm um grande conjunto de componentes ópticos ativos, que requerem um controle eletrônico para o seu funcionamento. Nessa categoria, temos os moduladores de sinal de luz, os filtros ópticos sintonizáveis (com comprimento de onda selecionável), elementos que reconfiguram os comprimentos de onda em nós intermediários, os atenuadores ópticos variáveis e os comutadores ópticos.

Após um sinal óptico ter percorrido certa distância ao longo de uma fibra, ele torna-se fortemente enfraquecido em razão da perda de potência ao longo desta. Portanto, ao conceberem uma conexão óptica, os engenheiros formulam um orçamento de potência e adicionam amplificadores ou repetidores quando a perda no caminho excede a margem de potência desejável. Os amplificadores periodicamente colocados apenas dão ao sinal óptico um impulso de energia, enquanto um repetidor também tentará restabelecer o sinal para a sua forma original. Antes de 1990, somente os repetidores estavam disponíveis para a amplificação do sinal. Para um sinal óptico de entrada, um repetidor realiza uma conversão fóton-elétron, a amplificação elétrica, a resincronização, o ajuste da forma do pulso e, em seguida, a conversão elétron-fóton. Esse processo pode ser muito complexo para sistemas de alta velocidade em múltiplos comprimentos de onda. Como consequência, os pesquisadores realizaram um grande esforço para desenvolver amplificadores completamente ópticos, que aumentam o nível da potência de luz completamente no domínio óptico. Os mecanismos de amplificação óptica para conexões WDM incluem a utilização de dispositivos baseados em comprimentos de fibra dopadas com terras-raras e com amplificação distribuída por meio do efeito de espalhamento Raman estimulado.

A instalação e a operação de um sistema de comunicação por fibra óptica requerem técnicas de medição para verificar se as características de desempenho especificadas para os componentes constituintes estão satisfeitas. Além de medirem os parâmetros da fibra óptica, os engenheiros estão interessados em conhecer as características dos comutadores passivos, os conectores, os acopladores e os componentes eletro-ópticos, assim como fontes, fotodetectores e amplificadores ópticos. Além disso, quando uma conexão está prestes a ser instalada e testada, os parâmetros operacionais que devem ser medidos incluem a taxa de erro de *bit*, o atraso na entrega dos dados (*timing jitter*) e a relação sinal-ruído, assim como indicada pelo padrão desejado. Durante a operação real, as medidas são necessárias para as funções de manutenção e monitoramento, que determinam os locais de falhas nas fibras e o estado dos amplificadores ópticos localizados remotamente.

1.7 Padrões para comunicações em fibra óptica

Para permitir que os componentes e os equipamentos de diferentes fornecedores possuam uma correspondência com os outros, foram desenvolvidos numerosos padrões internacionais.[43-45] As três classes básicas para as fibras ópticas são: padrões primários, padrões para os testes de componentes e padrões de sistema.

Padrões primários Normatizam a medição e a caracterização de parâmetros físicos fundamentais, como atenuação, largura de banda, características operacionais das fibras, níveis de potência óptica e larguras espectrais. Nos Estados Unidos, a principal organização envolvida em padrões primários é o National Institute of Standards and Technology (NIST). Essa organização normatiza os trabalhos de padronização de *lasers* e fibras, além de patrocinar uma conferência anual sobre as medições de fibra óptica. Outras organizações incluem o National Physical Laboratory (NPL), no Reino Unido, e o Physikalisch-Technische Bundesanstalt (PTB), na Alemanha.

Padrões para os testes de componentes Definem os testes de desempenho para o componente da fibra óptica e estabelecem os procedimentos para a calibração de equipamentos. Muitas organizações estão envolvidas na formulação de padrões para os testes, e algumas das mais ativas são a Telecommunications Industry Association (TIA), em associação com a Electronics Industries Alliance (EIA), o Telecommunication Sector of the International Telecommunication Union (ITU-T) e a International Electrotechnical Commission (IEC). A TIA possui uma lista de mais de 120 normas e especificações sob a designação geral TIA/EIA-455-XX-YY, em que XX refere-se a uma técnica de medição específica e YY, ao ano de sua publicação. Esses padrões são também chamados de *procedimentos de teste de fibra óptica* (FOTP), de modo que a designação TIA/EIA-455-XX torna-se FOTP-XX. Essas normas incluem uma ampla gama de métodos recomendados para aferir a resposta de fibras, cabos, dispositivos passivos e componentes eletro-ópticos sob diferentes fatores ambientais e condições operacionais. Por exemplo, TIA/EIA-455-60-1997 ou FOTP-60 é um método publicado em 1997 para medir o comprimento da fibra ou do cabo.

Padrões de sistema Referem-se a métodos de medição para ligações e redes. As principais organizações são o American National Standards Institute (ANSI), o Institute for Electrical and Electronic Engineers (IEEE), o ITU-T e a Telcordia Technologies. Os padrões para teste e recomendações do ITU-T são particularmente interessantes para os sistemas de fibra óptica. Na série G (no intervalo do número G.650 e superior), as recomendações estão relacionadas a cabos de fibra, amplificadores ópticos, multiplexação por comprimento de onda, *redes de transporte óptico* (OTN), confiabilidade e disponibilidade do sistema, e gerenciamento e *controle de redes ópticas passivas* (PON). As séries L e O do ITU-T tratam dos métodos e dos equipamentos para construção, instalação, suporte e manutenção, monitoramento e testes de cabos, e outros elementos na fibra óptica fora da planta, ou seja, do sistema todo em campo. A Telcordia Technologies fornece uma gama de requisitos genéricos para componentes de telecomunicações de rede e sistemas. Por exemplo, o padrão GR-3120, intitulado *Requisitos Genéricos para os Conectores de Fibra Óptica Temperada*, descreve as especificações necessárias para conectores ópticos que são endurecidos e podem ser acoplado no campo.

1.8 Ferramentas de modelagem e simulação

Por meio de ferramentas computacionais de simulação e modelamento que integram componentes, conectores e suas funções na rede, o processo de projetar um sistema de conexões e redes complexo torna-se mais eficiente, barato e rápido.[46-51] A expansão e o aumento da capacidade dos computadores pessoais levaram ao desenvolvimento de programas sofisticados para essas máquinas capazes de predizer o comportamento e o desempenho de um componente fotônico, de uma conexão ou rede. Essas ferramentas computacionais são baseadas em modelos numéricos bem estabelecidos e podem simular fatores como as perdas de conexão em virtude de incompatibilidades geométricas e de posicionamento das fibras, a eficiência no acoplamento óptico entre as fontes de luz nas fibras, o comportamento dos componentes ópticos ativos e passivos, e o desempenho de redes ópticas mais complexas. Também podem modelar diversos tipos de dispositivos ativos e passivos, como acopladores para guias de onda, filtros ópticos, matrizes para guias de onda e fontes ópticas com alto grau de sofisticação.

1.8.1 Características das ferramentas de simulação

As ferramentas computacionais denominadas *computer-aided design* (CAD) podem oferecer um método poderoso para auxiliar na análise de um projeto de componente óptico, circuito ou rede antes da construção de protótipos caros. Entretanto, é muito importante considerar quais são as aproximações ou suposições feitas no projeto do programa computacional. Como a maior parte dos sistemas de telecomunicação é projetada com vários decibéis de margem de segurança, as aproximações utilizadas para a previsão do comportamento operacional que permitam uma boa precisão não são apenas aceitáveis, mas também necessárias para permitir tempos de computação mais curtos.

Os modelos teóricos utilizados nas simulações computacionais incluem as seguintes características:

- Detalhamento suficiente para que todos os fatores capazes de influenciar o desempenho dos componentes, do circuito ou da rede possam ser adequadamente avaliados.
- Um conjunto comum de parâmetros para que os dispositivos simulados possam ser interconectados com outros para formar circuitos ou redes.
- Interfaces que transmitam informação suficiente entre os seus componentes para que todas as possíveis interações sejam identificadas.

- Eficiência computacional que permita uma boa relação entre precisão e rapidez, de forma que desempenho do sistema possa ser rapidamente estimado nas primeiras etapas do projeto.
- Capacidade de simular os dispositivos ao longo da largura de banda espectral desejada.
- Habilidade para simular fatores como efeitos não lineares, interferência entre canais ópticos, distorção nos *laser*s e dispersão nas fibras ópticas.

Para que um usuário possa visualizar e simular um sistema rapidamente, os programas de simulação normalmente têm as seguintes características:

- Capacidade de criar um esquema do sistema baseado em uma biblioteca de ícones gráficos e uma *interface gráfica do usuário* (GUI). Os ícones representam vários componentes do sistema (tais como fibras ópticas, filtros, amplificadores) e instrumentação (por exemplo, fontes de dados, medidores de potência e analisadores de espectro).
- Possibilidade de interação do usuário com o programa durante a simulação. Por exemplo, o usuário pode querer modificar um parâmetro ou uma condição de operação, a fim de avaliar o seu efeito. Isso é especialmente importante nas fases iniciais de um projeto, quando a faixa de operação de interesse está sendo estabelecida.
- Uma ampla variedade de análise estatística, processamento de sinais e ferramentas de visualização.
- Formatos comuns de vídeo, incluindo as formas de onda em função do tempo, os espectros elétricos e ópticos, diagramas e curvas das taxas de erro.

1.8.2 Programação gráfica

As ferramentas de simulação disponíveis comercialmente são baseadas em linguagens de programação gráfica bem estabelecidas. Nessas linguagens, os componentes do sistema (por exemplo, *lasers*, moduladores, amplificadores ópticos, fibras ópticas), os instrumentos de medição e as ferramentas de plotagem são representados em uma biblioteca modular por ícones que possuem interfaces bidirecionais ópticas e elétricas. Por exemplo, como mostra a Figura 1.14, o lado esquerdo de uma janela típica de ferramenta para modelagem lista as classes de objetos, tais como *lasers*, receptores ópticos, fibras ópticas e equipamento de medição. Usando o *mouse* para clicar em uma classe específica, será aberta uma janela com uma seleção de ícones para essa classe. Associada a cada ícone, há uma janela de *menu* no qual o usuário especifica os valores dos parâmetros de funcionamento do componente e as suas características de interface. Além de usarem os módulos pré-programados, os usuários podem criar seus próprios dispositivos personalizados com qualquer código computacional correlato ou por meio de linguagem de programação gráfica.

Por meio de um conjunto de ícones gráficos, pode-se montar uma simulação de um componente complexo, uma ligação simples ou um sofisticado caminho de transmissão multicanal em alguns minutos. Basta selecionar os ícones que representam os componentes desejados e instrumentos de medida, e conectá-los por meio de uma ferramenta de fiação para criar um modelo do sistema de transmissão óptica. Quando o projeto estiver concluído, o diagrama compila rapidamente, e a simulação pode ser executada por meio de botões de controle em uma barra de ferramentas. A Figura 1.14 também mostra um exemplo de uma ligação simples, que consiste em um transmissor óptico de 1 mW, uma fibra de 20 km, um receptor óptico e um *analisador de espectro óptico* (OSA). A Figura 1.15

ilustra o resultado da simulação do desempenho dessa ligação na forma de um diagrama para a taxa de *bits* errados (ver Capítulo 14) de transmissão de dados a 10 Gb/s.

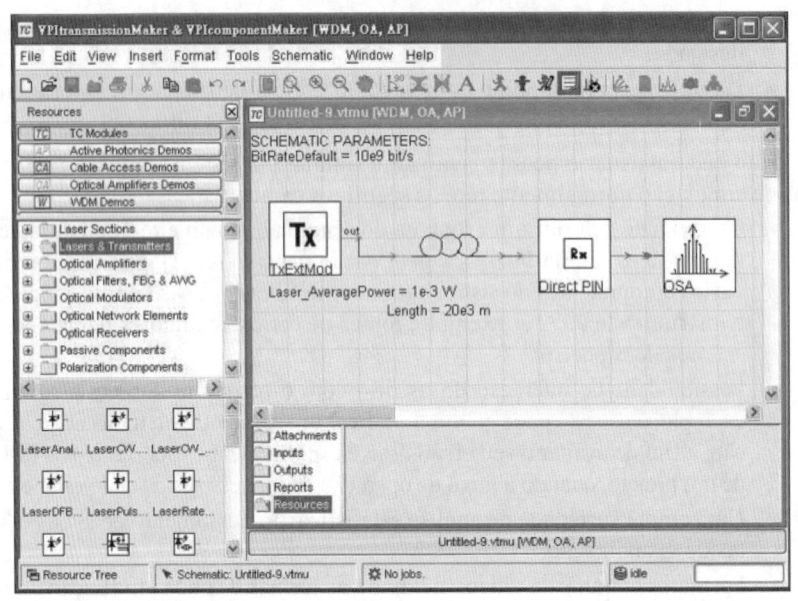

Figura 1.14 Tela do *software* VPIphotonics mostrando as ferramentas utilizadas para simular um esquema de conexão.

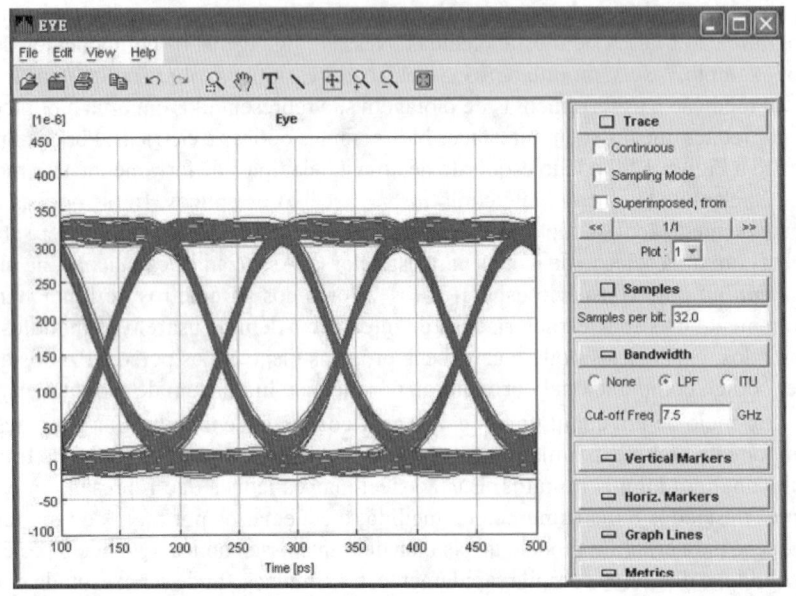

Figura 1.15 Visualização da tela mostrando como resultado um diagrama da simulação esquematizada na Figura 1.14.

Uma vez que os ícones foram selecionados e ligados entre si, a parte mais complexa e desafiadora começa para o usuário. Isso envolve a escolha das faixas realistas dos parâmetros dos componentes elétricos e ópticos, e dos submódulos. É importante que os valores dos parâmetros façam sentido em uma aplicação real. Em alguns casos, isso implica examinar as especificações dos fornecedores.

1.8.3 Exemplos de programas para uso do aluno

Vários fornecedores comerciais oferecem diversos conjuntos de programas computacionais que utilizam módulos de ferramentas aplicados em sistemas de comunicação de fibra óptica.[52-54] Essas ferramentas de projeto e planejamento podem ser utilizadas em todos os níveis de análise de rede óptica, avaliações de desempenho e comparações de tecnologia, que vão desde componentes e módulos ativos e passivos, conexões complexas de transmissão até redes ópticas completas. Os instrumentos de medição familiares são incorporados para oferecer várias opções de exibição dos dados de várias simulações e varreduras multidimensionais por meio de uma série de parâmetros. Os módulos de processamento de sinais permitem que os dados sejam manipulados para imitar qualquer configuração de laboratório.

Tais ferramentas são utilizadas por fabricantes de componentes e sistemas, integradores de sistemas, operadoras de rede e provedores de serviços de acesso para funções como planejamento de capacidade, avaliações comparativas de várias tecnologias, otimização das redes de transporte e de serviços, sínteses e análises do sistema WDM, e projetos de conexões e de componentes. Além disso, muitas universidades usam essas ferramentas de simulação tanto para fins de pesquisa como para ensino.

Versões mais simples dos vários módulos de simulação podem ser baixadas para uso educacional e não comercial por meio das páginas da internet dos fornecedores. Essas versões simplificadas contêm configurações predefinidas de componentes e conexões que permitem manifestações de conceito interativo. Entre as numerosas montagens demonstrativas, estão as estruturas de um amplificador óptico, as conexões simples de um único comprimento de onda e as conexões WDM. As configurações são fixas, mas o leitor poderá alterar os valores dos parâmetros de funcionamento dos componentes, como fibras ópticas, fontes de luz, filtros e amplificadores ópticos. Como parte dos resultados possíveis, imagens do que aparece na tela de um instrumento-padrão, como um analisador de espectro ou um osciloscópio, permitem que o usuário possa ver os efeitos sobre o desempenho da conexão quando os valores de vários componentes mudam.

Para os leitores interessados em pesquisar as páginas dos fornecedores desses módulos demonstrativos, o *site* com as informações é www.grupoa.com.br, cujo conteúdo está em inglês.[55]

Problemas

1.1 (*a*) Quais são as energias em elétron-volts para os comprimentos de ondas de luz de 850, 1.310, 1.490 e 1.550 nm?

(*b*) Considere um pulso de 1 ns com potência de 100 nW para cada um desses comprimentos de onda. Quantos fótons há em cada pulso por comprimento de onda?

1.2 Um sistema de transmissão óptico WDM é projetado para que cada canal tenha uma largura espectral de 0,8 nm. Quantos canais de comprimento de onda podem ser utilizados na banda C?

1.3 Três ondas senoidais possuem os seguintes períodos: 25 μs, 250 ns e 125 ps. Quais são suas frequências?

1.4 Uma onda senoidal está deslocada 1/6 de um ciclo com relação ao tempo zero. Qual é sua fase em graus e em radianos?

1.5 Considere dois sinais que têm a mesma frequência. Quando a amplitude do primeiro sinal está no máximo, a amplitude do segundo sinal é metade de seu máximo. Qual é a diferença de fase entre os dois sinais?

1.6 Qual é a duração de cada *bit* para cada um dos três sinais seguintes com taxas de 64 kb/s, 5 Mb/s e 10 Gb/s?

1.7 (*a*) Converta os valores de ganho absoluto de potência para ganho em decibel: 10^{-3}, 0,3, 1, 4, 10, 100, 500, 2^n.

(*b*) Converta os valores de ganho em decibel para ganho absoluto: -30 dB, 0 dB, 13 dB, 30 dB, $10n$ dB.

1.8 (*a*) Converta os seguintes níveis de potência absolutos em dBm: 1 pW, 1 nW, 1 mW, 10 mW, 50 mW.

(*b*) Converta os seguintes valores dBm para nível de potência em unidades de mW: -13 dBm, -6 dBm, 6 dBm, 17 dBm.

1.9 Um sinal trafega de um ponto *A* a um ponto *B*.

(*a*) Se a potência do sinal é 1,0 mW no ponto *A* e 0,125 mW no ponto *B*, qual é a atenuação em dB?

(*b*) Qual é a potência do sinal no ponto B se a atenuação é de 15 dB?

1.10 Um sinal passa através de três amplificadores em cascata, e cada um deles tem um ganho de 5 dB. Qual é o ganho total em dB? Por qual valor numérico o sinal é amplificado?

1.11 Uma fibra óptica de 50 km de extensão tem uma atenuação total de 24 dB. Se um sinal de potência óptica 500 μW entra na fibra, qual é a potência de saída em dBm e em μW?

1.12 Segundo o teorema de Shannon, a taxa máxima de dados R de um canal com largura de banda B é R = B $\log_2(1+S/N)$, onde S/N é a relação sinal-ruído. Suponha que a linha de transmissão possua uma largura de banda de 2 MHz. Se a relação sinal-ruído no receptor final é de 20 dB, qual é a taxa máxima de dados que essa linha pode suportar?

1.13 (*a*) No menor nível TDM de um esquema de serviço digital, 24 canais de 64 kb/s cada são multiplexados no canal *DS*1 a 1,544 Mb/s. Quantos *bits* de justificação são adicionados?

(*b*) No próximo nível multiplexado, a taxa *DS*2 é 6,312 Mb/s. Quantos canais *DS*1 podem ser acomodados na taxa *DS*2, e quantos *bits* de justificação são adicionados?

(*c*) Se a taxa *DS*3, que é enviada através de uma linha T3, 44,376 Mb/s, quantos canais *DS*2 podem ser acomodados em uma linha *T*3? Quantos *bits* de justificação são adicionados?

(*d*) Utilizando os resultados já obtidos, encontre quantos canais *DS*0 podem ser enviados através de uma linha *T*3. Qual é o número total de *bits* de justificação adicionados?

Referências

1. J. Hecht, *City of Light*, Oxford University Press, New York, revised expanded ed., 2004. This book gives a comprehensive account of the history behind the development of optical fiber communication systems.
2. E. Snitzer, "Cylindrical dielectric waveguide modes," *J. Opt. Soc. Amer.*, vol. 51, pp. 491-498, May 1961.
3. K. C. Kao and G. A. Hockman, "Dielectric-fibre surface waveguides for optical frequencies," *Proceedings IEE*, vol. 113, pp. 1151-1158, July 1966.
4. This series of books contains dozens of topics in all areas of optical fiber technology presented by researchers from AT&T Bell Laboratories over a period of thirty years. (*a*) S. E. Miller and A. G. Chynoweth, eds., *Optical Fiber Telecommunications*, Academic, New York, 1979; (*b*) S. E. Miller and I. P. Kaminow, eds., *Optical Fiber Telecommunications – II*, Academic, New York, 1988; (*c*) I. P. Kaminow and T. L. Koch, eds., *Optical Fiber Telecommunications – III*, vols. A and B, Academic,

New York, 1997; (*d*) I. P. Kaminow and T. Li, eds., *Optical Fiber Telecommunications–IV*, vols. A and B, Academic, New York, 2002; (*e*) I. P. Kaminow, T. Li, and A. E. Willner, eds., *Optical Fiber Telecommunications – V*, vols. A and B, Academic, New York, 2008.

5. C. L. Chen, *Foundations of Guided-Wave Optics*, Wiley, New York, 2007.
6. L. N. Binh, *Digital Optical Communications*, CRC Press, Boca Raton, FL, 2009.
7. S. L. Chuang, *Physics of Photonic Devices*, Wiley, New York, 2nd ed., 2009.
8. J. M. Senior, *Optical Fiber Communications*, Prentice-Hall, Englewood Cliffs, NJ, 3rd ed., 2009.
9. R. Ramaswami, K. Sivarajan, and G. Sasaki, *Optical Networks*, Morgan Kaufmann, San Francisco, 3rd ed., 2009.
10. R. L. Freeman, *Fiber-Optic Systems for Telecommunications*, Wiley, Hoboken, NJ, 2002.
11. G. P. Agrawal, *Fiber Optic Communication Systems*, Wiley, Hoboken, NJ, 3rd ed., 2002.
12. E. Desurvire, *Erbium-Doped Fiber Amplifiers*, Wiley, Hoboken, NJ, 2002.
13. E. Desurvire, D. Bayart, B. Desthieux, and S. Bigo, *Erbium-Doped Fiber Amplifiers: Devices and System Developments*, Wiley, New York, 2002.
14. B. Razavi, *Design of Integrated Circuits for Optical Communications*, McGraw-Hill, New York, 2003.
15. J. A. Buck, *Fundamentals of Optical Fibers*, Wiley, New York, 2004.
16. K. P. Ho, *Phase-Modulated Optical Communication Systems*, Springer, New York, 2005.
17. G. Keiser, *Optical Communications Essentials*, McGraw-Hill, New York, 2003.
18. G. Keiser, *FTTX Concepts and Applications*, Wiley, Hoboken, NJ, 2006.
19. A. Yariv and P. Yeh, *Photonics: Optical Electronics in Modern Communications*, Oxford University Press USA, New York, 6th ed., 2006.
20. B.E.A. Saleh and M. C. Teich, *Fundamentals of Photonics*, Wiley, Hoboken, NJ, 2nd ed., 2007.
21. *Optical Fiber Communications (OFC) Conf.* is cosponsored annually by the Optical Society of America (OSA), Washington, DC, and the Institute of Electrical and Electronic Engineers (IEEE), New York, NY.
22. *European Conference on Optical Fibre Communications (ECOC)* is held annually in Europe; sponsored by various European engineering organizations.
23. *Photonics West*, held in the United States, and *Asia-Pacific Optical Communications (APOC)*, held in Asia, are two of a number of annual conferences sponsored by SPIE, Bellingham, WA, USA.
24. S. Haykin, *Communication Systems*, Wiley, New York, 5th ed., 2009.
25. A. Leon-Garcia and I. Widjaja, *Communication Networks*, McGraw-Hill, New York, 2nd ed., 2004.
26. J. Proakis and M. Salehi, *Digital Communications*, McGraw-Hill, Burr Ridge, IL, 5th ed., 2008.
27. A. B. Carlson and P. B. Crilly, *Communication Systems*, McGraw-Hill, Burr Ridge, IL, 5th ed., 2009.
28. L. W. Couch II, *Digital and Analog Communication Systems*, Prentice Hall, Upper Saddle River, NJ, 7th ed., 2007.
29. F. P. Kapron, D. B. Keck, and R. D. Maurer, "Radiation losses in glass optical waveguides," *Appl. Phys. Lett.*, vol. 17, pp. 423-425, Nov. 1970.
30. W. A. Gambling, "The rise and rise of optical fibers," *IEEE J. Sel. Topics Quantum Electron.*, vol. 6, no. 6, pp. 1084-1093 Nov./Dec. 2000.
31. B. St. Arnaud, J. Wu, and B. Kalali, "Customer-controlled and -managed optical networks," *J. Lightwave Technology*, vol. 21, pp. 2804-2810, Nov. 2003.
32. D. Simeonidou, R. Nejabati, G. Zervas, D. Klonidis, A. Tzanakaki, M. J. O'Mahony, "Dynamic optical-network architectures and technologies for existing and emerging grid services," *J. Lightwave Technology*, vol. 23, pp. 3347-3357, Oct. 2005.
33. N. Taesombut, F. Uyeda, A. A. Chien, L. Smarr, T. A. DeFanti, P. Papadopoulos, J. Leigh, M. Ellisman, and J. Orcutt, "The OptIPuter: High-performance, QoS-guaranteed network service for emerging e-science applications," *IEEE Commun. Mag.*, vol. 44, pp. 38-45, May 2006.
34. D. H. Rice and G. Keiser, "Applications of fiber optics to tactical communication systems," *IEEE Commun. Mag.*, vol. 23, pp. 46-57, May 1985.
35. ITU-T Recommendation G.Sup39, *Optical System Design and Engineering Considerations*, Feb. 2006.
36. A. Scavennec and O. Leclerc, "Toward high-speed 40-Gb/s transponders," *Proc. IEEE*, vol. 94, pp. 986-996, May 2006.
37. J. X. Cai, C. R. Davidson, M. Nissov, H. Li, W. T. Anderson, Y. Cai, L. Liu, A. N. Pilipetskii, D. G. Foursa, W. W. Patterson, P. C. Corbett, A. J. Lucero, and N. S. Bergano, "Transmission of 40-Gb/s WDM signals over transoceanic distance using conventional NZ-DSF with receiver dispersion slope compensation," *J. Lightwave Technology*, vol. 24, pp. 191-200, Jan. 2006.
38. E. Le Rouzic and S. Gosselin, "160-Gb/s optical networking: A prospective techno-economical analysis," *J. Lightwave Technology*, vol. 23, pp. 3024-3033, Oct. 2005.
39. T.-R. Gong, F.-P. Yan, D. Lu, M. Chen, P. Liu, P.-L. Tao, M. G. Wang, T. J. Li, and S. S. Jian, "Demonstration of single channel 160-Gb/s OTDM 100-km transmission system," *Optics Commun.*, vol. 282, pp. 3460-3463, Sept. 2009.

40. H. van Helvoort, *The ComSoc Guide to Next Generation Optical Transport: SDH/SONET/ODN*, Wiley/IEEE Press, Hoboken, NJ, 2009.
41. H. G. Perros, *Connection-Oriented Networks: SONET/SDH, ATM, MPLS and Optical Networks*, Wiley, Hoboken, NJ, 2005.
42. W. Goralski, *SONET/SDH*, McGraw-Hill, New York, 3rd ed., 2003.
43. M. L. Jones, "Optical networking standards," *J. Lightwave Technology*, vol. 22, pp. 275-280, Jan. 2004.
44. Telecommunications Sector – International Telecommunication Union (ITU-T), various G.600 Series Recommendations for all aspects of optical fiber communications.
45. Special issue on "Standards activities: Addressing the challenges of next-generation optical networks," K. Kazi, guest editor, *Optical Networks Magazine*, vol. 4, issue 1, Jan./Feb. 2003.
46. J. Piprek, ed., *Optoelectronic Devices: Advanced Simulation and Analysis*, Springer, New York, 2005.
47. K. Kawano and T. Kitoh, *Introduction to Optical Waveguide Analysis: Solving Maxwell's Equation and the Schrödinger Equation*, Wiley, Hoboken, NJ, 2002.
48. A. J. Lowery, "Photonic simulation tools," in I. Kaminow and T. Li, eds., *Optical Fiber Telecommunications IV-B: Systems and Impairments*, Academic, New York, 2002.
49. A. J. Lowery, "WDM systems simulations," in A. Gumaste and T. Anthony, eds., *DWDM Network Designs and Engineering Solutions*, Cisco Press, Indianapolis, IN, 2003.
50. R. Scarmozzino, "Simulation tools for devices, systems, and networks," in I. P. Kaminow, T. Koch, and A. E. Willner, eds., *Optical Fiber Telecommunications – V*, vol. B, Chap. 20, Academic, New York, 2008.
51. N. Antoniades, I. Roudas, G. Ellinas, and V. Grigoryan, *Modeling and Computer-Aided Design of Optical Communications Systems and Networks*, Springer, New York, 2007.
52. VPIsystems, Inc., Holmdel, New Jersey, USA, www.vpisystems.com.
53. RSoft Design Group, Inc., Ossining, New York, USA, www.rsoftdesign.com.
54. Optiwave Systems, Inc., Toronto, Ontario, Canada, www.optiwave.com.

2

Fibras ópticas: estruturas, guias de onda e fabricação

As características operacionais de uma fibra óptica determinam enormemente o desempenho global do sistema de transmissão de ondas luminosas. Algumas das questões que surgem quanto às fibras ópticas são:
1. Qual é a estrutura de uma fibra óptica?
2. Como a luz se propaga ao longo de uma fibra?
3. As fibras são feitas de quais materiais?
4. Como elas são fabricadas?
5. Como são incorporadas em estruturas de cabos?
6. Qual é o mecanismo de perda ou atenuação de sinal em uma fibra?
7. Por que e até que ponto um sinal pode ficar distorcido à medida que trafega ao longo de uma fibra?

O propósito deste capítulo é apresentar algumas respostas fundamentais às primeiras cinco perguntas, de forma a alcançar uma boa compreensão da estrutura física e propriedades de guia de ondas das fibras ópticas. As questões 6 e 7 serão respondidas no Capítulo 3. As discussões abordam tanto as fibras convencionais de sílica quanto as de cristal fotônico.

A tecnologia de fibras ópticas envolve a emissão, a transmissão e a detecção de luz, de modo que começaremos a nossa discussão considerando a natureza da luz e, em seguida, reveremos algumas leis e definições básicas de óptica.[1] Seguindo a descrição de sua estrutura, dois métodos são utilizados para descrever como uma fibra óptica guia a luz. A primeira abordagem utiliza a óptica geométrica ou conceito de raios de luz para a reflexão e a refração, fornecendo uma visão intuitiva dos mecanismos de propagação. Na segunda abordagem, a luz é tratada como uma onda eletromagnética que se propaga ao longo do guia de onda de fibra óptica. Isso envolve a resolução das equações de Maxwell sujeitas às condições de contorno cilíndrico da fibra.

2.1 Natureza da luz

Os conceitos sobre a natureza da luz sofreram diversas variações durante a história da física. Até o início do século XVII, acreditava-se que a luz consistia em um fluxo de partículas minúsculas que era emitido por fontes luminosas. Segundo a teoria da época, essas partículas viajavam em linhas retas e penetravam em materiais transparentes, mas eram refletidas em materiais opacos. Essa teoria descrevia adequadamente alguns efeitos ópticos de grande escala, como reflexão e refração, mas não conseguia explicar fenômenos de escala mais fina como a interferência e difração.

A explicação correta da difração foi dada por Fresnel em 1815, que mostrou que o caráter de propagação aproximadamente linear da luz poderia ser interpretado assumindo que a luz move-se como onda e que as franjas de difração poderiam assim ser explicadas em detalhe. Mais tarde, o trabalho de Maxwell, em 1864, elaborou a teoria de que as ondas de luz devem possuir natureza eletromagnética. Além disso, a observação de efeitos de polarização indicou que as ondas de luz são transversais (isto é, o movimento das ondas é perpendicular à direção na qual a onda viaja). Do *ponto de vista da óptica física* ou *ondulatória*, as ondas eletromagnéticas que irradiam de uma pequena fonte óptica podem ser representadas por um trem de frentes de onda esférica com a fonte no centro, como mostra a Figura 2.1. A *frente de onda* é definida como o local exato onde todos os pontos do trem de ondas possuem a mesma fase. Geralmente, desenhamos as frentes de onda passando através dos máximos ou mínimos da onda, como o pico ou o vale de uma onda senoidal. Assim, as frentes de onda (também chamadas de *frentes de fase*) são separadas por um comprimento de onda.

Quando o comprimento de onda da luz é muito menor que o objeto (ou abertura) que a encontra, as frentes de onda aparecem como linhas retas para esse objeto ou abertura. Nesse caso, a onda de luz pode ser representada como uma *onda plana*, e sua direção de propagação, indicada por um raio de luz, é perpendicular à frente de onda. O conceito de raios de luz permite que os efeitos ópticos de grande escala, como a reflexão e a refração, possam ser analisados pelo simples processo geométrico de *traçar os raios de luz*. Essa forma de abordagem da óptica é chamada de *óptica geométrica* ou *óptica de raios*. O conceito de raios de luz é muito útil, pois eles indicam o sentido do fluxo de energia do feixe de luz.

2.1.1 Polarização linear

O campo elétrico ou magnético de um trem de *ondas planas linearmente polarizadas* viajando em uma direção **k** pode ser representado de forma geral como

$$\mathbf{A}(\mathbf{r}, t) = \mathbf{e}_i A_0 \exp[\, j(\omega t - \mathbf{k} \cdot \mathbf{r})] \tag{2.1}$$

com $\mathbf{r} = x\mathbf{e}_x + y\mathbf{e}_y + z\mathbf{e}_z$ representando um vetor posição genérico, e $\mathbf{k} = k_x\mathbf{e}_x + k_y\mathbf{e}_y + k_z\mathbf{e}_z$, o vetor de propagação da onda.

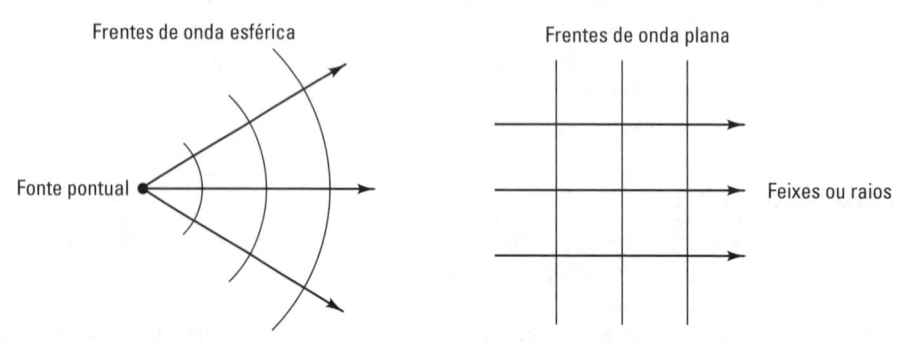

Figura 2.1 Representações das frentes de onda esféricas e planas e seus feixes associados.

Na Equação (2.1), A_0 é a amplitude máxima da onda, $\omega = 2\pi v$, onde v é a frequência da luz; a magnitude do vetor de onda $\mathbf{k}$ é $k = 2\pi/\lambda$, que é conhecido como *constante de propagação da onda*, em que λ é o comprimento de onda luz; e $\mathbf{e}_i$ é o vetor unitário paralelo ao eixo denotado por i.

Note que os componentes reais (mensuráveis) do campo eletromagnético representado pela Equação (2.1) são obtidos tomando a parte real dessa equação. Por exemplo, se $\mathbf{k} = k\mathbf{e}_z$ e $\mathbf{A}$ representa o campo elétrico $\mathbf{E}$ nos eixos de coordenadas escolhidas, de modo que $\mathbf{e}_i = \mathbf{e}_x$, então o campo elétrico real mensurável é dado por

$$\mathbf{E}_x(z, t) = \mathrm{Re}(\mathbf{E}) = \mathbf{e}_x E_{0x} \cos(\omega t - kz) = \mathbf{e}_x E_x \quad (2.2)$$

que representa uma onda plana que varia harmonicamente enquanto viaja pela direção z. Nessa equação, E_{0x} é a amplitude máxima da onda ao longo do eixo x, e E_x, a amplitude para certo valor de z. Utiliza-se a forma exponencial porque é muito mais fácil manipulá-la matematicamente do que as expressões dadas em termos de seno e cosseno. Adicionalmente, a razão para a utilização de funções harmônicas é que qualquer forma de onda pode ser expressa em termos de ondas sinusoidais por meio de técnicas de Fourier.

As distribuições dos campos elétricos e magnéticos de um trem de ondas eletromagnéticas planas em um dado instante do tempo estão representadas na Figura 2.2. As ondas movem-se na direção indicada pelo vetor $\mathbf{k}$. Com base nas equações de Maxwell, pode-se mostrar[2] que $\mathbf{E}$ e $\mathbf{H}$ são, ambos, perpendiculares à direção de propagação. Essa condição define uma *onda plana*, ou seja, as vibrações do campo elétrico são paralelas em todos os pontos da onda. Desse modo, o campo elétrico forma um plano chamado de *plano de vibração*. Analogamente, todos os pontos do componente de campo magnético da onda situam-se em outro plano de vibração. Além disso, $\mathbf{E}$ e $\mathbf{H}$ são perpendiculares entre si, de modo que $\mathbf{E}$, $\mathbf{H}$ e $\mathbf{k}$ formam um conjunto de vetores ortogonais.

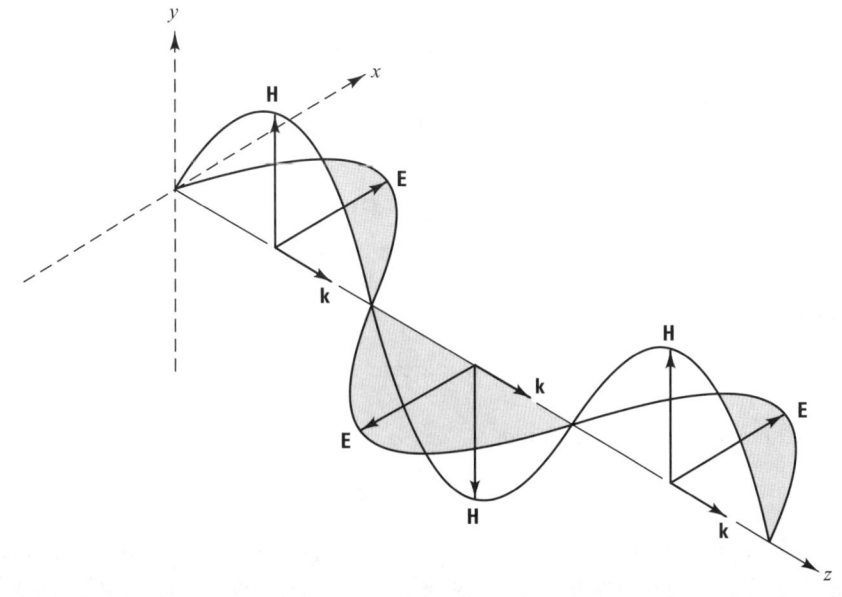

Figura 2.2 Distribuição de campos elétrico e magnético em um trem de ondas planas eletromagnéticas, em determinado instante no tempo.

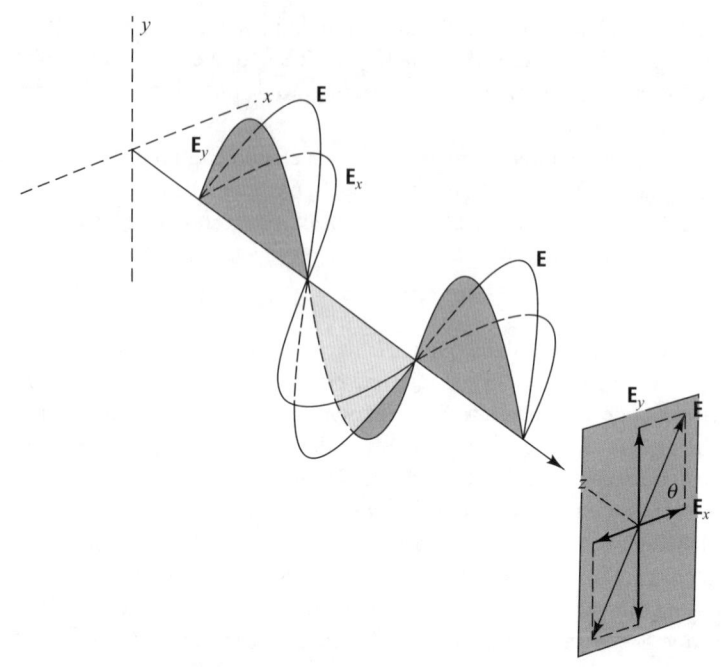

Figura 2.3 Adição de duas ondas linearmente polarizadas com diferença de fase nula entre elas.

O exemplo da onda plana dada pela Equação (2.2) tem sempre seu vetor campo elétrico apontando na direção $\mathbf{e}_x$. Tal onda é *linearmente polarizada* com o vetor de polarização $\mathbf{e}_x$. Um estado geral de polarização é descrito considerando outra onda linearmente polarizada independente da primeira onda e ortogonal a ela. Denotemos essa onda como

$$\mathbf{E}_y(z, t) = \mathbf{e}_y E_{0y} \cos(\omega t - kz + \delta) = \mathbf{e}_y E_y \qquad (2.3)$$

onde δ é a diferença de fase relativa entre as ondas. Similarmente à Equação (2.2), E_{0y} é a amplitude máxima da onda ao longo do eixo y, e E_y, a amplitude para determinado valor de z. A onda resultante é

$$\mathbf{E}(z, t) = \mathbf{E}_x(z, t) + \mathbf{E}_y(z, t) \qquad (2.4)$$

Se δ é zero ou um múltiplo inteiro de 2π, as ondas estão em fase. A Equação (2.4) representa também uma onda linearmente polarizada com um vetor de polarização fazendo um ângulo

$$\theta = \arctan \frac{E_{0y}}{E_{0x}} \qquad (2.5)$$

com respeito a $\mathbf{e}_x$ e com magnitude

$$E = \left(E_{0x}^2 + E_{0y}^2\right)^{1/2} \qquad (2.6)$$

Esse caso é mostrado esquematicamente na Figura 2.3. Entretanto, assim como quaisquer duas ondas planas ortogonais podem ser combinadas em uma onda linearmente polarizada, também uma onda arbitrária linearmente polarizada pode ser decomposta em duas ondas planas ortogonais independentes que estão em fase.

> **Exemplo 2.1** A forma geral de uma onda eletromagnética é
> $$y = (\text{amplitude de } \mu m) \times \cos(\omega t - kz) = A\cos[2\pi(vt - z/\lambda)]$$
> Encontre (a) a amplitude, (b) o comprimento de onda, (c) a frequência angular e (d) o deslocamento em um instante $t = 0$ e $z = 4\,\mu m$ para uma onda eletromagnética plana especificada pela equação $y = 12\cos[2\pi(3t - 1,2z)]$.
>
> *Solução:* A partir da equação de onda geral acima, encontramos que
> (a) Amplitude = 12 μm
> (b) Comprimento de onda: $1/\lambda = 1,2\,\mu m^{-1}$, então $\lambda = 833$ nm
> (c) A frequência angular é $\omega = 2\pi v = 2\pi(3) = 6\pi$
> (d) Em um instante $t = 0$ e $z = 4\,\mu m$, o deslocamento é
> $$y = 12\cos[2\pi(-1,2\,\mu m^{-1})(4\,\mu m)] = 12\cos[2\pi(-4,8)] = 10,38\,\mu m$$

2.1.2 Polarização elíptica e circular

Para valores genéricos de δ, a onda dada pela Equação (2.4) é *elipticamente polarizada*. O vetor resultante do campo **E** irá tanto girar como mudar sua magnitude em razão da frequência angular ω. A partir das Equações (2.2) e (2.3), podemos mostrar que (ver Problema 2.4), para um valor genérico de δ,

$$\left(\frac{E_x}{E_{0x}}\right)^2 + \left(\frac{E_y}{E_{0y}}\right)^2 - 2\left(\frac{E_x}{E_{0x}}\right)\left(\frac{E_y}{E_{0y}}\right)\cos\delta = \text{sen}^2\delta \quad (2.7)$$

que é a equação geral de uma elipse. Assim, como mostra a Figura 2.4, o extremo do vetor **E** traçará uma elipse em um determinado ponto do espaço. O eixo da elipse faz um ângulo α relativo ao eixo x dado por

$$\tan 2\alpha = \frac{2E_{0x}E_{0y}\cos\delta}{E_{0x}^2 - E_{0y}^2} \quad (2.8)$$

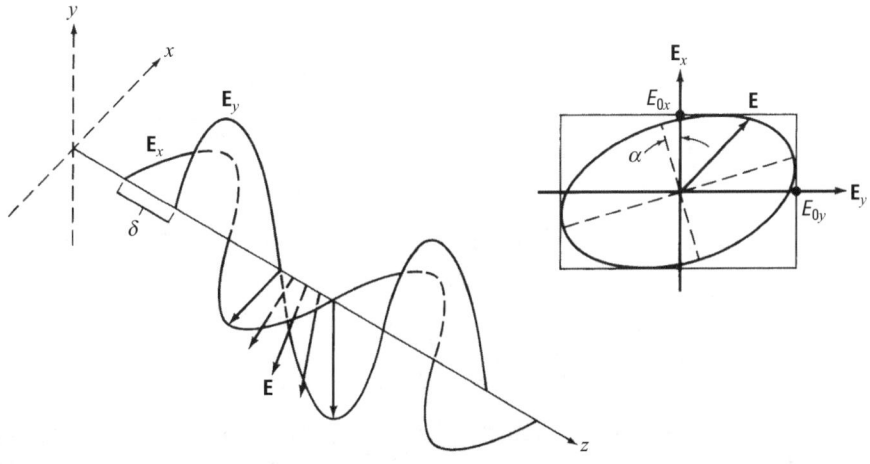

Figura 2.4 Luz elipticamente polarizada resultante da adição de duas ondas linearmente polarizadas de amplitudes diferentes e diferença de fase δ não nula entre elas.

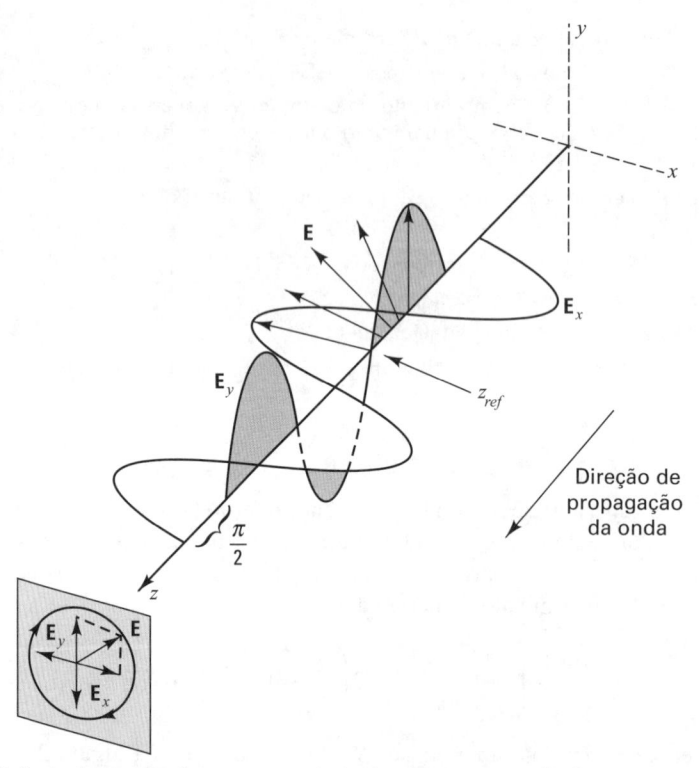

Figura 2.5 A adição de duas ondas linearmente polarizadas de mesma amplitude com uma diferença de fase relativa $\delta = \pi/2 + 2m\pi$ resulta em uma onda circularmente polarizada à direita.

Para termos uma melhor imagem da Equação (2.7), alinharemos o eixo principal da elipse com o eixo x. Então $\alpha = 0$ ou, de forma equivalente, $\delta = \pm \pi/2, \pm 3\pi/2, ...$, de forma que a Equação (2.7) torna-se

$$\left(\frac{E_x}{E_{0x}}\right)^2 + \left(\frac{E_y}{E_{0y}}\right)^2 = 1 \tag{2.9}$$

Essa é a equação familiar de uma elipse com centro na origem e semieixos E_{0x} e E_{0y}.

Quando $E_{0x} = E_{0y} = E_0$ e a diferença de fase relativa é $\delta = \pm \pi/2 + 2m\pi$, onde $m = 0, \pm 1, \pm 2, ...$, temos uma *luz circularmente polarizada*. Nesse caso, a Equação (2.9) se reduz a

$$E_x^2 + E_y^2 = E_0^2 \tag{2.10}$$

que define um círculo. Escolhendo como positivo o sinal de δ, as Equações (2.2) e (2.3) tornam-se

$$\mathbf{E}_x(z, t) = \mathbf{e}_x E_0 \cos(\omega t - kz) \tag{2.11}$$

$$\mathbf{E}_y(z, t) = -\mathbf{e}_y E_0 \sin(\omega t - kz) \tag{2.12}$$

Nesse caso, o extremo do vetor **E** traçará uma circunferência em um determinado ponto do espaço, como ilustra a Figura 2.5. Para visualizar isso, considere um observador localizado em algum ponto arbitrário z_{ref}, para quem a onda está se movendo. Por conveniência, escolheremos esse ponto como $z = \pi/k$ em $t = 0$. Logo, pelas Equações (2.11) e (2.12), temos que

$$E_x(z, t) = -\mathbf{e}_x E_0 \quad \text{e} \quad E_y(z, t) = 0$$

de modo que **E** fica ao longo do eixo x negativo, como mostra a Figura 2.5. Em um tempo posterior, digamos $t = \pi/2\omega$, o vetor campo elétrico terá rodado 90° e, então, estará ao longo do eixo y positivo em z_{ref}. Assim, à medida que a onda se move em direção ao observador com o aumento do tempo, a resultante do vetor campo elétrico **E** gira no *sentido horário* com uma frequência angular ω. Ele realiza uma rotação completa quando a onda avança por um comprimento de onda. Tal onda luminosa é denominada *circularmente polarizada à direita*.

Se escolhermos o sinal negativo para δ, então o vetor campo elétrico será dado por

$$\mathbf{E} = E_0[\mathbf{e}_x \cos(\omega t - kz) + \mathbf{e}_y \text{sen}(\omega t - kz)] \tag{2.13}$$

Agora **E** gira no *sentido anti-horário* e a onda é *circularmente polarizada à esquerda*.

2.1.3 Natureza quântica da luz

A teoria ondulatória da luz descreve adequadamente todos os fenômenos que envolvem a transmissão de luz. No entanto, para lidar com a interação da luz e da matéria, assim como ocorre na dispersão, na emissão e na absorção da luz, nem a teoria corpuscular nem a teoria ondulatória da luz são apropriadas. Em vez disso, devemos nos voltar para a teoria quântica, o que indica que a radiação óptica tem propriedades tanto de partículas como de ondas. A natureza corpuscular surge da observação de que a energia luminosa é sempre emitida ou absorvida em unidades discretas denominadas *quanta* ou *fótons*. Em todos os experimentos utilizados para demonstrar a existência de fótons, a sua energia encontra dependência apenas da frequência v. Essa frequência, por sua vez, tem de ser medida por meio de uma propriedade ondulatória da luz.

A relação entre a energia E e a frequência v de um fóton é dada por

$$E = hv \tag{2.14}$$

onde $h = 6,625 \times 10^{-34}$ J · s é a constante de Planck. Quando a luz incide em um átomo, um fóton pode transferir a sua energia para um elétron dentro desse átomo, excitando-o a um nível maior de energia. Nesse processo, a totalidade ou nenhuma energia dos fótons é transmitida para o elétron. A energia absorvida pelos elétrons deve ser exatamente igual àquela exigida para excitar o elétron para um nível de energia mais elevado. Inversamente, um elétron em um estado excitado pode decair para um estado mais baixo, separado por uma diferença de energia hv, e emitir um fóton com exatamente essa energia.

2.2 Leis básicas da óptica e definições

Esta seção revê alguns das leis básicas da óptica e as definições relevantes para a tecnologia de transmissão por fibra óptica. Incluem-se a lei de Snell, a definição de índice de refração de um material e os conceitos de reflexão, refração e polarização.

2.2.1 Índice de refração

Um parâmetro óptico fundamental para um material é seu *índice de refração* (ou *índice refrativo*). No vácuo, uma onda luminosa viaja a uma velocidade $c = 3 \times 10^8$ m/s. A velocidade da luz está relacionada com a frequência v e o comprimento de onda λ por meio da relação $c = v\lambda$. Ao entrar um material dielétrico ou meio não condutor, essa onda agora viaja a uma velocidade s, que é característica do material e menor que c. A razão entre a velocidade da luz no vácuo e a da matéria é o índice de refração n do material. Esse índice é dado por

$$n = \frac{c}{s} \qquad (2.15)$$

A Tabela 2.1 lista os índices de refração para várias substâncias.

Tabela 2.1 Índices de refração de várias substâncias

Material	Índice de refração
Acetona	1,356
Ar	1,000
Diamante	2,419
Álcool etílico	1,361
Quartzo fundido (SiO_2): varia com comprimento de onda	1,453 @ 850 nm
Arseneto de gálio (GaAs)	3,299 (região infravermelha)
Vidro, coroa	1,52-1,62
Glicerina	1,473
Polimetilmetacrilato (PMMA)	1,489
Silício (varia com comprimento de onda)	3,650 @ 850 nm
Água	1,333

2.2.2 Reflexão e refração

Os conceitos de reflexão e refração podem ser interpretados mais facilmente considerando o comportamento de raios de luz associados com ondas planas que viajam em um material dielétrico. Quando um raio de luz encontra uma fronteira que separa dois meios diferentes, uma parte do raio é refletida de volta para o primeiro meio, e o restante é desviado (ou refratado) assim que entra no segundo material. Isso é mostrado na Figura 2.6, onde $n_2 < n_1$. A flexão ou refração do raio de luz na interface é um resultado da diferença na velocidade da luz nos dois materiais que têm índices de refração diferentes. A relação na interface é conhecida como a lei de Snell dada por

$$n_1 \operatorname{sen} \phi_1 = n_2 \operatorname{sen} \phi_2 \qquad (2.16)$$

ou, de forma equivalente, como

$$n_1 \cos \theta_1 = n_2 \cos \theta_2 \qquad (2.17)$$

cujos ângulos estão definidos na Figura 2.6. O ângulo ϕ_1 entre o raio incidente e normal à superfície é conhecido como *ângulo de incidência*.

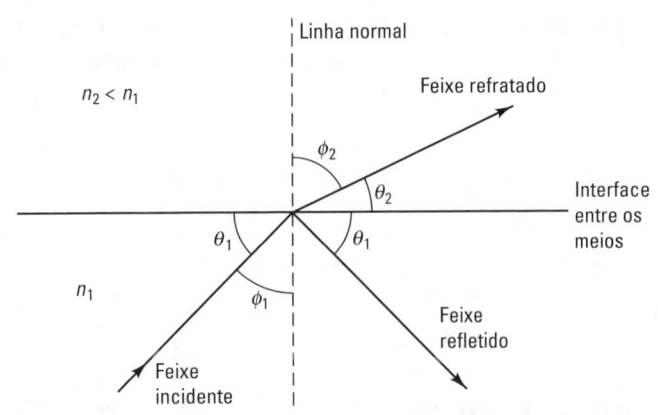

Figura 2.6 Refração e reflexão de um feixe de luz em uma interface material.

De acordo com a lei de reflexão, o ângulo θ_1, cujo raio incidente atinge a interface, é exatamente igual ao ângulo que o raio refletido faz com a mesma interface. Além disso, o raio incidente, a normal à interface e o raio refletido encontram-se todos no mesmo plano, que é perpendicular ao plano da interface entre os dois materiais. Esse plano é denominado *plano de incidência*. Quando a luz que viaja em um determinado meio é refletida por um material mais denso opticamente (ou seja, com um índice de refração mais elevado), o processo é chamado de *reflexão externa*. Por sua vez, a reflexão de luz por um material menos denso opticamente (por exemplo, a luz que viaja em um vidro e é refletida na interface vidro-ar) é chamada de *reflexão interna*.

À medida que o ângulo de incidência ϕ_1 em um material mais denso opticamente se torna maior, o ângulo de refração ϕ_2 aproxima-se de $\pi/2$. Além desse ponto, nenhuma refração é possível, e os raios de luz tornam-se *totalmente refletidos internamente*. As condições necessárias para a reflexão interna total podem ser determinadas pela lei de Snell [Equação (2.16)]. Considere a Figura 2.7, que mostra uma superfície de vidro no ar. Um raio de luz desvia-se na interface quando sai do vidro, de acordo com a lei de Snell. Se o ângulo de incidência ϕ_1 é aumentado, em determinado ponto no ar será paralelo à superfície do vidro. Esse ponto é conhecido como *ângulo crítico de incidência* ϕ_c. Quando o ângulo de incidência ϕ_1 é maior que o ângulo crítico, a condição para a reflexão interna total é satisfeita, isto é, a luz é totalmente refletida de volta para o vidro, e nenhuma luz escapa de sua superfície. (Essa é uma situação ideal. Na prática, existe sempre um tunelamento de energia óptica através da interface. Isso pode ser explicado em termos da teoria de ondas eletromagnéticas da luz, apresentada na Seção 2.4.)

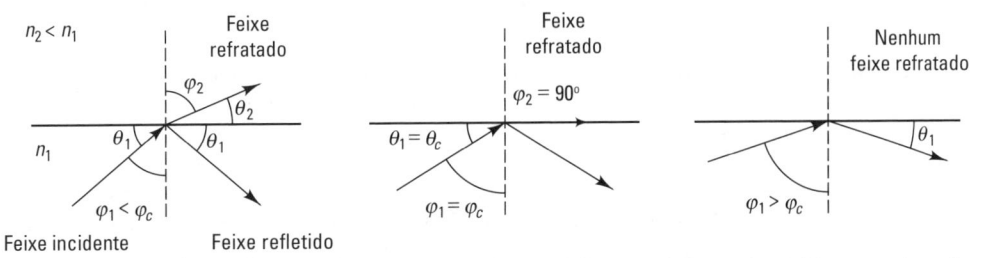

Figura 2.7 Representação do ângulo crítico e reflexão interna total em uma interface vidro-ar, onde n_1 é o índice de refração do vidro.

Como um exemplo, considere a interface vidro-ar representada na Figura 2.7. Quando o raio de luz no ar é paralelo à superfície de vidro, então $\phi_2 = 90°$, de modo que o sen $\phi_2 = 1$. O ângulo crítico no vidro é, portanto,

$$\operatorname{sen} \phi_c = \frac{n_2}{n_1} \qquad (2.18)$$

Exemplo 2.2 Considere a interface entre uma placa de vidro com $n_1 = 1,48$ e o ar com $n_2 = 1,00$. Qual é o ângulo crítico para o feixe de luz que atravessa o vidro?

Solução: A partir da Equação (2.18), para o feixe que atravessa o vidro, o ângulo crítico é

$$\varphi_c = \operatorname{sen}^{-1} \frac{n_2}{n_1} = \operatorname{sen}^{-1} 0,676 = 42,5°$$

Logo, qualquer feixe de luz atravessando o vidro que incide na interface vidro-ar em um ângulo normal ϕ_1 (como na Fig. 2.7) maior que 42,5° é totalmente refletido de volta para o vidro.

Exemplo 2.3 Um feixe de luz viajando no ar ($n_1 = 1,00$) incide em uma lâmina plana e lisa de uma coroa de vidro, que possui índice de refração $n_2 = 1,52$. Se o feixe incidente faz um ângulo $\varphi_1 = 30,0°$ com relação à normal, qual é o ângulo de refração φ_2 no vidro?

Solução: Pela lei de Snell dada pela Equação (2.16), encontramos

$$\operatorname{sen} \varphi_2 = \frac{n_1}{n_2} \operatorname{sen} \varphi_1 = \frac{1,00}{1,52} \operatorname{sen} 30° = 0,658 \times 0,5 = 0,329$$

Resolvendo para φ_2, temos que $\varphi_2 = \operatorname{sen}^{-1} (0,329) = 19,2°$.

Além disso, quando a luz sofre reflexão interna total, uma mudança de fase δ ocorre na onda refletida. Essa mudança depende do ângulo $\theta_1 < \pi/2 - \phi_c$, de acordo com as relações[1]

$$\tan \frac{\delta_N}{2} = \frac{\sqrt{n^2 \cos^2 \theta_1 - 1}}{n \operatorname{sen} \theta_1} \qquad (2.19a)$$

$$\tan \frac{\delta_p}{2} = n \frac{\sqrt{n^2 \cos^2 \theta_1 - 1}}{\operatorname{sen} \theta_1} \qquad (2.19b)$$

Aqui, δ_N e δ_p são as diferenças de fase dos componentes do campo elétrico normal e paralelo ao plano de inci-

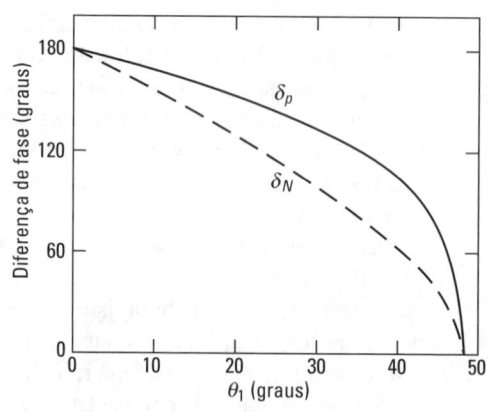

Figura 2.8 Diferenças de fase a partir da reflexão das componentes normal (δ_N) e paralela (δ_p) ao plano de incidência.

dência, respectivamente, e $n = n_1/n_2$. Essas diferenças de fase são mostradas na Figura 2.8, para uma interface vidro-ar ($n = 1,5$ e $\phi_c = 42,5°$). Os valores vão de zero exatamente no ângulo crítico quando $\theta_1 = \pi/2 - \phi_c$ a 180° quando $\theta_1 = 0°$.

2.2.3 Componentes de polarização da luz

Um feixe de luz comum consiste em muitas ondas eletromagnéticas transversais que vibram em uma variedade de sentidos (isto é, em mais de um plano) e é chamado de *luz*

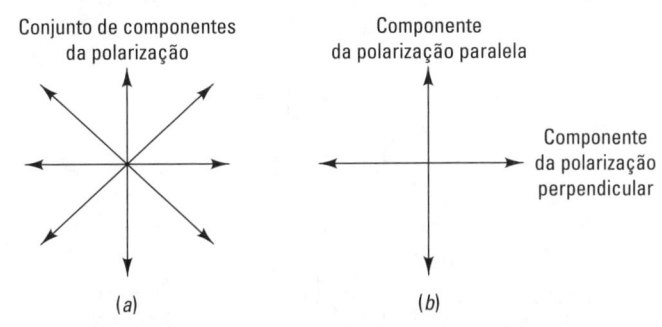

Figura 2.9 Polarização representada como uma combinação entre vibrações paralelas e perpendiculares.

não polarizada. No entanto, podemos representar qualquer direção de vibração como uma combinação de uma vibração paralela e outra perpendicular, como na Figura 2.9. Portanto, pode-se considerar que a luz não polarizada é composta de dois componentes polarizados em planos ortogonais: um situado no plano de incidência (o plano que contém os feixes incidente e refletido), e o outro, no plano perpendicular ao plano de incidência. Trata-se dos componentes *paralelo* e *perpendicularmente polarizados*. No caso em que todos os planos do campo elétrico das diferentes ondas transversais estão alinhados paralelamente uns aos outros, então o feixe de luz é linearmente polarizado. Esse é o tipo mais simples de polarização, como a Seção 2.1.1 descreve.

A luz não polarizada pode ser dividida em componentes polarizados separadamente tanto pela reflexão em uma superfície não metálica quanto pela refração da luz quando passa de um material para outro. Como observado na Figura 2.10, quando um feixe de luz não polarizada incide em uma superfície não metálica, assim como o vidro, uma parte do feixe é refletida e outra é refratada para o vidro. Na Figura 2.10, o ponto circulado e a seta designam os componentes de polarizações paralela e perpendicular, respectivamente.

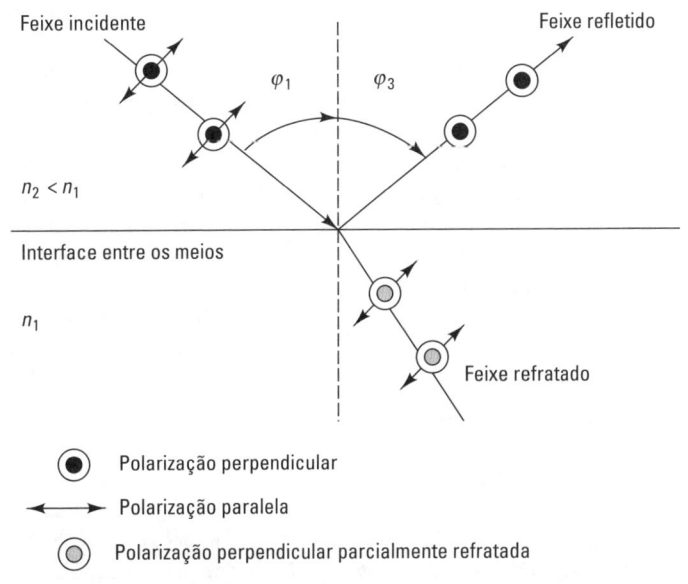

Figura 2.10 Comportamento de um feixe de luz não polarizada na interface entre o ar e uma superfície não metálica.

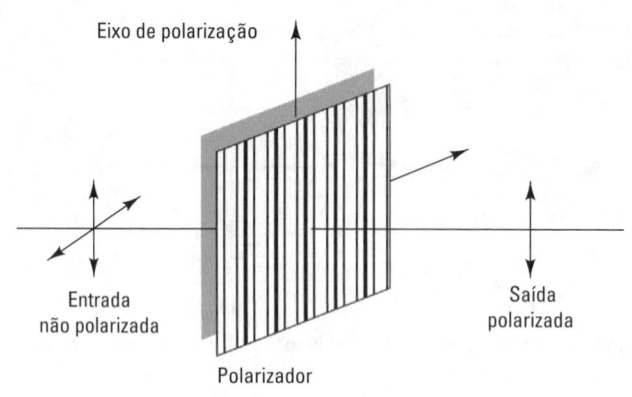

Figura 2.11 Apenas os componentes de polarização vertical passam através de um polarizador orientado verticalmente.

O feixe refletido é parcialmente polarizado, e, em um ângulo específico (conhecido como *ângulo de Brewster*), a luz refletida é completamente polarizada de forma perpendicular. O componente paralelo do feixe refratado é transmitido completamente no vidro, enquanto o componente perpendicular é apenas parcialmente refratado. A quantidade de luz refratada polarizada depende do ângulo no qual o feixe de luz se aproxima da superfície e da composição do material.

2.2.4 Materiais sensíveis à polarização

As características de polarização da luz são importantes quando se examina o comportamento dos componentes, como isoladores ópticos e filtros de luz. Nesta seção abordaremos três materiais ou dispositivos sensíveis à polarização, usados nos seguintes componentes: polarizadores, rotores de Faraday e cristais birrefringentes.

Um *polarizador* é um material ou dispositivo que transmite apenas um componente da polarização e bloqueia o outro. Por exemplo, no caso em que uma luz não polarizada entra em um polarizador que tem um eixo de transmissão vertical, como mostra a Figura 2.11, somente o componente de polarização vertical passa através do dispositivo. Um exemplo familiar desse conceito é a utilização de óculos de sol com lentes polarizadas para reduzir o brilho das reflexões parcialmente polarizadas da luz solar em superfícies de estrada ou água. Para observar essa propriedade dos óculos de sol, um número de pontos brilhantes aparecerá quando os usuários inclinarem a cabeça para os lados. Os filtros de polarização nos óculos de sol bloqueiam a luz polarizada que vem desses lugares quando a cabeça está posicionada normalmente.

Um *rotor de Faraday* é um dispositivo que faz rodar o *estado de polarização* (EDP) da luz que o atravessa de uma quantidade específica. Por exemplo, um dispositivo popular gira o EDP no sentido horário em 45° ou um quarto do comprimento de onda, como ilustra a Figura 2.12.

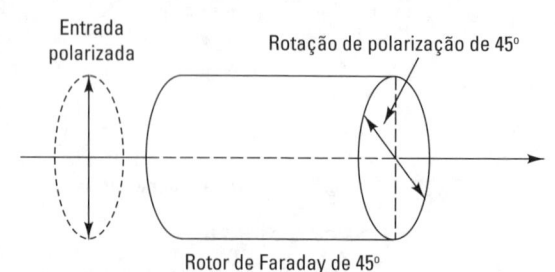

Figura 2.12 Um rotor de Faraday é um dispositivo que gira o estado de polarização, por exemplo, 45° no sentido horário ou um quarto do comprimento de onda.

Essa rotação é independente do EDP da luz de entrada, mas o ângulo de rotação depende da direção na qual a luz passa através do dispositivo, isto é, o processo de rotação não é recíproco. Nesse processo, o EDP da luz de entrada é mantido após a rotação. Por exemplo, se a luz de entrada em um rotor de Faraday de 45° é linearmente polarizada na direção vertical, então a luz que sai do cristal também é linearmente polarizada a um ângulo de 45°. O material do rotador de Faraday geralmente é um cristal assimétrico, como a *granada de ítrio e ferro* (YIG), e o grau de rotação angular é proporcional à espessura do dispositivo.

Os *cristais birrefringentes* ou *de dupla refração* possuem uma propriedade chamada de *refração dupla*. Isso significa que os índices de refração são ligeiramente diferentes ao longo de dois eixos perpendiculares do cristal, como ilustra a Figura 2.13. Um dispositivo feito a partir desses materiais é conhecido como *polarizador de cristal birrefringente* (SWP).* O SWP divide o sinal de luz de entrada em dois feixes ortogonalmente (perpendicularmente) polarizados. Um dos feixes é chamado de *raio* ou *feixe ordinário* ou feixe-o, pois obedece à lei de Snell de refração na superfície do cristal. O segundo feixe é denominado *raio, feixe extraordinário* ou *feixe-e*, porque refrata em um ângulo que se desvia da previsão da forma padrão da lei de Snell. Cada um dos dois componentes ortogonais de polarização é refratado em um ângulo diferente, como mostra a Figura 2.13. Por exemplo, se a luz incidente não polarizada chega a um ângulo perpendicular à superfície do dispositivo, o feixe-e pode passar diretamente através do dispositivo, enquanto o componente do feixe-e sofre um pequeno desvio angular, de modo que segue um caminho diferente através do material.

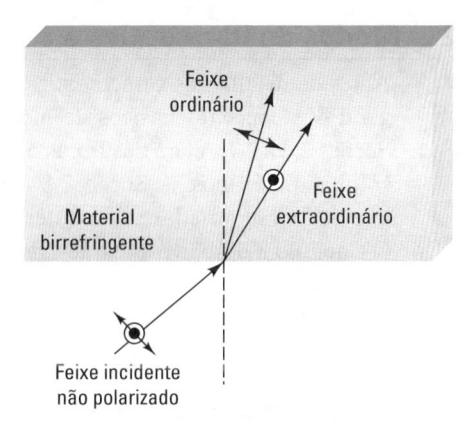

A Tabela 2.2 lista os índices ordinários n_o e extraordinários n_e de alguns cristais birrefringentes comuns que são usados nos componentes de comunicação ópticos e em suas aplicações.

Figura 2.13 Um cristal birrefringente divide o sinal luminoso em dois feixes perpendicularmente polarizados.

Tabela 2.2 Cristais birrefringentes comuns e algumas aplicações

Nome do cristal	Símbolo	n_o	n_e	Aplicações
Calcita	CaCO$_3$	1,658	1,486	Controladores de polarização e divisores de feixe (*beamsplitters*)
Niobato de lítio	LiNbO$_3$	2,286	2,200	Moduladores de sinais luminosos
Dióxido de titânio rutilo	TiO$_2$	2,616	2,903	Isolantes ópticos e circuladores
Vanadato de ítrio	YVO$_4$	1,945	2,149	Isolantes ópticos, circuladores e deslocadores de feixes

---

* N. de T.: Na língua portuguesa, não temos um termo comum para esse tipo de polarizador, que algumas vezes é denominado polarizador de cristal ou de calcita.

2.3 Modos de fibra óptica e configurações

Antes de detalhar as características das fibras ópticas, esta seção apresenta uma visão geral dos conceitos básicos de modos e configurações das fibras. As discussões das Seções 2.3 a 2.7 tratam das fibras ópticas convencionais, que consistem em estruturas de sólidos dielétricos. A Seção 2.8 descreve a estrutura das fibras de cristal fotônico, que podem ser criadas para conter uma grande variedade de microestruturas internas. O Capítulo 3 descreve as características operacionais de ambas as categorias de fibras.

2.3.1 Tipos de fibra

Uma fibra óptica é um guia de ondas dielétrico que opera nas chamadas frequências ópticas. Esse guia de ondas de fibra possui, normalmente, forma cilíndrica. Ela confina a energia eletromagnética na forma de luz dentro de sua superfície e guia a luz em uma direção paralela ao seu eixo. As propriedades de transmissão de um guia de ondas óptico são ditadas por suas características estruturais, as quais têm um efeito importante na determinação de como um sinal óptico é afetado ao propagar-se ao longo da fibra. A estrutura basicamente estabelece a capacidade de transportar informação e também influencia a resposta do guia de ondas a perturbações ambientais.

A propagação da luz ao longo de um guia de ondas pode ser descrita em termos de um conjunto de ondas eletromagnéticas denominado *modos* do guia de ondas. Esses modos guiados são chamados de modos *ligados* ou *confinados* do guia de ondas. Cada modo é um padrão de distribuições de campos elétricos e magnéticos, que se repete ao longo da fibra em intervalos iguais. Apenas um número discreto de modos é capaz de propagar-se ao longo do guia. Como será visto na Seção 2.4, esses modos são aquelas ondas eletromagnéticas que satisfazem a equação de onda homogênea na fibra e as condições de contorno para as superfícies do guia de onda.

Apesar de diversas configurações de guia de ondas óptico terem sido discutidas na literatura,[3] a estrutura amplamente aceita considera-o como um único cilindro dielétrico sólido de raio a e índice de refração n_1, como mostra a Figura 2.14. Esse cilindro é conhecido como o *núcleo* da fibra. O núcleo é rodeado por um *revestimento* ou *casca* dielétrica sólida, que tem um índice de refração n_2 menor que n_1. Embora, em princípio, a casca não seja necessária para que a luz se propague ao longo do núcleo da fibra, ela serve para vários propósitos: reduz a perda por dispersão resultante das descontinuidades da superfície dielétrica do núcleo, acrescenta resistência mecânica à fibra e protege o núcleo da absorção de contaminantes superficiais com os quais ele pode entrar em contato.

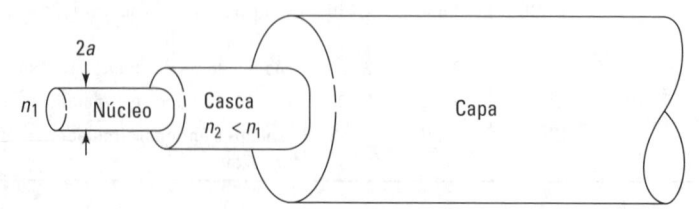

Figura 2.14 Esquema da estrutura de uma fibra convencional de sílica. Um núcleo circular de índice de refração n_1 é revestido por uma casca de índice de refração $n_2 < n_1$. Uma capa de plástico elástico encapsula a fibra.

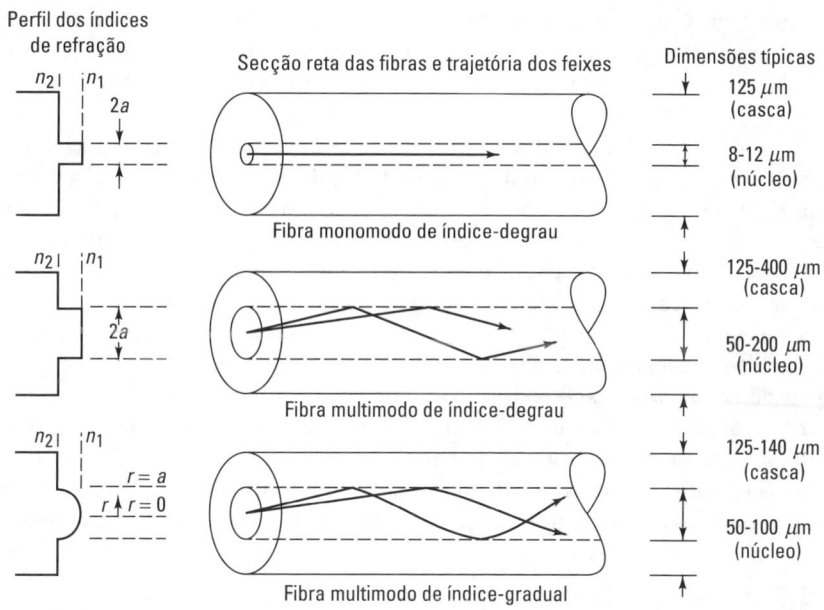

Figura 2.15 Comparação entre as fibras ópticas convencionais monomodo e multimodo com índice-degrau e índice-gradual.

Nas fibras ópticas mais comuns, o material do núcleo é um vidro composto de sílica de alta pureza (SiO_2) rodeado por uma casca de vidro. Fibras com núcleo plástico de alta perda com cascas plásticas também são amplamente utilizadas. Além disso, a maioria das fibras é encapsulada em material plástico elástico e resistente à abrasão. Esse material adiciona dureza à fibra, isolando-a mecanicamente de pequenas irregularidades geométricas, distorções ou rugosidades das superfícies adjacentes. Essas perturbações, de outra maneira, poderiam causar perdas por espalhamento induzidas por dobras microscópicas aleatórias que podem surgir quando as fibras são incorporadas em cabos ou apoiadas por outras estruturas.

As variações na composição do material do núcleo dão origem aos dois tipos de fibras mais comuns mostrados na Figura 2.15. No primeiro caso, o índice de refração do núcleo é uniforme ao longo de seu comprimento e sofre uma mudança brusca (ou degrau) na interface com a casca; esse tipo de fibra é denominado *fibra de índice-degrau*. No segundo caso, o índice de refração do núcleo é feito para variar em função da distância radial a partir do centro da fibra; nesse caso, temos a *fibra de índice-gradual*.

Tanto as fibras de índice-degrau como as de índice-gradual podem ser ainda divididas nas classes monomodo (ou modo único) e multimodo. Como o nome indica, uma fibra monomodo sustenta apenas um modo de propagação, enquanto as fibras multimodo podem conter centenas de modos. Algumas dimensões típicas de fibras monomodo e multimodo são dadas na Figura 2.15, para uma ideia da escala dimensional. As fibras multimodo oferecem várias vantagens em comparação às monomodo. Como veremos no Capítulo 5, os raios maiores do núcleo das fibras multimodo tornam mais fácil enviar potência óptica e facilitam a conexão com conjuntos de fibras semelhantes. Outra vantagem é que a luz pode ser introduzida pela fibra multimodo, usando como fonte um *diodo emissor de luz* (LED), enquanto, nas fibras monomodo, ela deve ser, geralmente, excitada com diodos *laser*. Embora os LEDs possuam menor potência de saída óptica que os diodos de *laser* (como discutiremos no Capítulo 4), eles são mais fáceis de fazer, mais baratos, requerem circuitos menos complexos e têm vida útil mais longa que diodos *laser*, o que os torna mais desejáveis em certas aplicações.

Uma desvantagem das fibras multimodo é que elas sofrem de dispersão intermodal. Descreveremos esse efeito em detalhes no Capítulo 3. Resumidamente, a dispersão intermodal pode ser descrita como se segue. Quando um pulso óptico é enviado em uma fibra, a potência óptica do pulso é distribuída por todos (ou pela maioria) dos modos da fibra. Cada um dos modos que podem se propagar em uma fibra multimodo viaja a uma velocidade ligeiramente diferente. Isso significa que os modos de um determinado pulso óptico chegam à extremidade da fibra em tempos ligeiramente diferentes, o que permite que o pulso se espalhe no tempo à medida que viaja ao longo da fibra. Esse efeito, que é conhecido como *dispersão* ou *distorção intermodal*, pode ser reduzido pelo uso de um perfil graduado de índice de refração no núcleo de fibra. Isso permite que as fibras de índice-gradual tenham larguras de banda muito maiores (capacidade de transmissão de taxa de dados) do que as de índice-degrau. Larguras de banda ainda maiores podem ser obtidas em fibras monomodo, em que os efeitos de dispersão intermodais estão ausentes.

2.3.2 Raios e modos

O campo eletromagnético da luz guiada ao longo de uma fibra óptica pode ser representado por uma sobreposição de modos ligados ou confinados. Cada um desses modos guiados consiste em um conjunto de configurações simples de campo eletromagnético. Para campos de luz monocromática de frequência angular ω, um modo que viaja na direção positiva de z (isto é, ao longo do eixo da fibra) possui uma dependência com o tempo e z uma dependência dada por

$$e^{j(\omega t - \beta z)}$$

O fator β relaciona-se com o componente z da constante de propagação $k = 2\pi/\lambda$ e é o principal parâmetro de interesse na descrição dos modos da fibra. Para os modos guiados, β pode assumir apenas certos valores discretos, determinados com base na exigência de que o campo modal satisfaça as equações de Maxwell e as condições de contorno dos campos elétrico e magnético na interface entre o núcleo e o revestimento. Isso será descrito detalhadamente na Seção 2.4.

Outro método para estudar teoricamente as características de propagação da luz de uma fibra óptica é a óptica geométrica ou abordagem de traçar os feixes de luz. Esse método proporciona uma boa aproximação para as propriedades de captação e de orientação de luz nas fibras ópticas quando a razão entre o raio da fibra e o comprimento de onda é grande; isso é conhecido como *limite do pequeno comprimento de onda*. Embora essa abordagem por feixe seja estritamente válida apenas no limite de comprimento de onda nulo, ela ainda é relativamente precisa e extremamente valiosa para comprimentos de onda não nulos quando um grande número de modos é guiado, isto é, para fibras multimodo. A vantagem dessa abordagem é que, em comparação com a análise exata das ondas eletromagnéticas (modal), nos dá uma interpretação física mais direta das características de propagação de luz em uma fibra óptica.

Uma vez que o conceito de um feixe de luz é muito diferente do conceito de um modo, vejamos qualitativamente qual é a relação entre eles. (Os detalhes matemáticos dessa relação estão fora do âmbito deste livro, mas podem ser encontrados na literatura.[4-6])

Um modo guiado viajando na direção z (ao longo do eixo da fibra) pode ser decomposto em uma família de ondas planas sobrepostas que em conjunto formam um padrão de onda estacionária no sentido transversal ao eixo da fibra, ou seja, as fases das ondas planas são tais que o envelope do conjunto coletivo dessas ondas permanece estacionário. Uma vez que com qualquer onda plana pode-se associar um raio de luz perpendicular à frente de onda, a família de ondas planas correspondente a um modo particular constitui um conjunto de raios chamado de *raios* ou *feixes coerentes*. Cada raio desse conjunto particular viaja na fibra com o mesmo ângulo em relação ao eixo da fibra. Observamos aqui que, uma vez que apenas certo número M de modos discretos guiados possa existir em uma fibra, os ângulos possíveis dos feixes coerentes correspondentes a esses modos são, também, limitados pelo mesmo número M. Embora uma simples imagem de raios pareça permitir que haja propagação em qualquer ângulo maior que o ângulo crítico, a quantização dos ângulos de propagação permitidos aparece quando se introduz a condição de fase para as ondas estacionárias nessa abordagem de feixes de luz. Isso será discutido na Seção 2.3.5.

Apesar da utilidade do método de aproximação por óptica geométrica, uma série de limitações e discrepâncias existe entre ele e a análise modal exata. Um caso importante é a análise das fibras monomodo ou de poucos modos, que devem ser tratadas pelo uso da teoria eletromagnética. Os problemas que envolvem os fenômenos de coerência ou interferência também devem ser resolvidos com uma abordagem eletromagnética. Além disso, uma análise modal é necessária quando um conhecimento da distribuição de campos dos modos individuais é exigido. Isso ocorre, por exemplo, quando se analisa a excitação de um modo individual ou o acoplamento de energia entre os modos de falhas de guia de onda (que discutiremos no Capítulo 3).

Outra diferença entre as abordagens ocorre quando uma fibra óptica é uniformemente dobrada com um raio de curvatura constante. Como mostra o Capítulo 3, a óptica ondulatória prevê corretamente que cada modo da fibra curvada apresenta alguma perda de radiação. A óptica geométrica, por sua vez, prevê erroneamente que alguns feixes coerentes podem sofrer reflexão interna total na curva e, consequentemente, permanecer orientados sem perda.

2.3.3 Estrutura da fibra de índice-degrau

Começaremos nossa discussão sobre propagação da luz em um guia de onda óptico considerando a fibra de índice-degrau. Na prática, essa fibra com núcleo de raio a possui um índice de refração n_1 tipicamente igual a 1,48. O núcleo é rodeado por um revestimento ou casca de índice n_2 ligeiramente mais baixo, de forma que

$$n_2 = n_1(1 - \Delta) \tag{2.20}$$

O parâmetro Δ é chamado de *diferença entre os índices núcleo-casca* ou simplesmente *diferença de índice*. Os valores de n_2 são escolhidos de forma que Δ seja nominalmente 0,01. Os intervalos de valores típicos vão de 1% a 3% para fibras multimodo e de 0,2% a 1,0% para fibras monomodo. Uma vez que o índice de refração do núcleo é maior que o da casca, a energia eletromagnética em frequências ópticas é propagada ao longo do guia de ondas da fibra por reflexão interna na interface núcleo-casca.

2.3.4 Representação dos feixes ópticos

Como o tamanho do núcleo da fibra multimodo é muito maior que o comprimento de onda da luz em que estamos interessados (que é aproximadamente 1 μm), uma imagem intuitiva do mecanismo de propagação em um guia de onda óptico ideal, multimodo e de índice-degrau é mais facilmente vista por meio da representação óptica de um simples raio (geométrica).[6-11] Por simplicidade, nesta análise, consideraremos apenas um raio específico pertencente a um feixe coerente que representa um modo da fibra. Os dois tipos de raio que podem se propagar em uma fibra são os raios meridionais e os raios inclinados ou oblíquos. Os *raios meridionais* estão confinados aos planos meridianos da fibra, que são os planos que contêm o eixo de simetria da fibra (o eixo do núcleo). Como um dado raio meridional reside em um único plano, seu trajeto é fácil de controlar, uma vez que se desloca ao longo da fibra. Os raios meridionais podem ser divididos em duas classes gerais: os raios guiados que estão confinados no núcleo e se propagam ao longo do eixo da fibra de acordo com as leis da óptica geométrica, e os raios não guiados que são refratados para fora do núcleo da fibra.

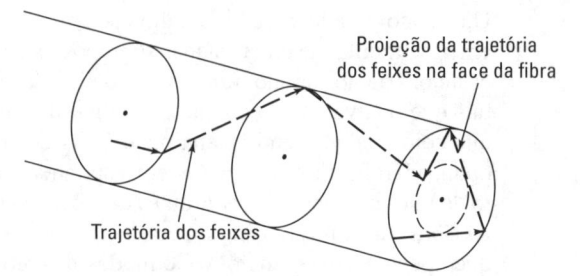

Figura 2.16 Representação dos feixes ópticos dos raios inclinados viajando em uma fibra óptica índice-degrau.

Os *raios inclinados* ou *oblíquos* (*skew rays*) não estão confinados em um único plano, mas, em vez disso, tendem a seguir uma trajetória helicoidal ao longo da fibra, como mostra a Figura 2.16. Esses raios são mais difíceis de controlar ao longo de seu deslocamento na fibra, porque não se encontram em um único plano. Embora os raios inclinados constituam uma porção importante do número total de raios guiados, sua análise não é necessária para obter uma visão geral da propagação luminosa em uma fibra. O exame de raios meridionais será suficiente para essa finalidade. No entanto, a inclusão detalhada dos raios inclinados mudará expressões como a capacidade da fibra de captar luz e das perdas de potência ao longo do guia de ondas.[6,10]

A maior perda de energia ocorre quando os raios inclinados são incluídos na análise, porque muitos deles, que segundo a óptica geométrica, estão confinados na fibra, são realmente raios vazados (*leaky rays*).[5,12,13] Esses raios vazados são apenas parcialmente confinados ao núcleo circular da fibra óptica e são atenuados à medida que a luz se propaga ao longo do guia de ondas óptico. Essa reflexão parcial não pode ser descrita apenas pela teoria de raios. Em vez disso, a análise de perda de radiação proveniente desses tipos de raio deve ser descrita pela teoria modal, que detalharemos mais adiante, na Seção 2.4.

O raio meridional para uma fibra de índice-degrau é mostrado na Figura 2.17. O raio de luz entra no núcleo da fibra a partir de um meio de índice de refração n em um ângulo θ_0 em relação ao eixo da fibra e atinge a interface núcleo-casca com um ângulo normal à interface ϕ. Se atingir essa interface em um ângulo sofrer uma reflexão interna total, então o

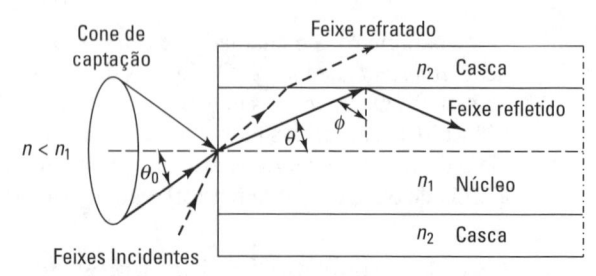

Figura 2.17 Representação do mecanismo de propagação dos feixes ópticos meridionais em um guia de onda óptico ideal de índice-degrau.

Capítulo 2 Fibras ópticas: estruturas, guias de onda e fabricação | 47

raio meridional seguirá um caminho em zigue-zague ao longo do núcleo da fibra e passará através do eixo do guia de após cada reflexão.

Com base na lei de Snell, o ângulo mínimo ou crítico ϕ_c que permite a reflexão interna total para o raio meridional é

$$\text{sen } \phi_c = \frac{n_2}{n_1} \quad (2.21)$$

Os raios que atingem a interface núcleo-casca em ângulos menores que ϕ_c irão refratar para fora do núcleo e serão perdidos na casca da fibra, como mostra a linha tracejada. Aplicando a lei de Snell na interface ar-fibra, a condição da Equação (2.21) pode ser relacionada com o ângulo máximo de entrada $\theta_{0,\max}$, que é chamado de *ângulo de captação* ou *aceitação* θ_A, por meio da relação

$$n \text{ sen } \theta_{0,\max} = n \text{ sen } \theta_A = n_1 \text{ sen } \theta_c = \left(n_1^2 - n_2^2\right)^{1/2} \quad (2.22)$$

onde $\theta_c = \pi/2 - \phi_c$. Assim, os raios com ângulos de entrada θ_0 menores que θ_A sofrem reflexão interna total na interface núcleo-casca. Assim, θ_A define um cone de captação ou aceitação da fibra óptica.

A Equação (2.22) também define a *abertura numérica* (NA) de uma fibra de índice-degrau para os raios meridionais:

$$NA = n \text{ sen } \theta_A = \left(n_1^2 - n_2^2\right)^{1/2} \approx n_1\sqrt{2\Delta} \quad (2.23)$$

Exemplo 2.4 Considere uma fibra de sílica multimodo de núcleo com índice de $n_1 = 1,480$ e casca com índice $n_2 = 1,460$. Encontre (a) o ângulo crítico, (b) a abertura numérica e (c) o ângulo de captação.

Solução: (a) A partir da Equação (2.21), o ângulo crítico é dado por

$$\varphi_c = \text{sen}^{-1} \frac{n_2}{n_1} = \text{sen}^{-1} \frac{1,460}{1,480} = 80,5°$$

(b) A partir da Equação (2.23), a abertura numérica é

$$NA = \left(n_1^2 - n_2^2\right)^{1/2} = 0,242$$

(c) A partir da Equação (2.22), o ângulo de captação no ar ($n = 1,00$) é

$$\theta_A = \text{sen}^{-1} NA = \text{sen}^{-1} 0,242 = 14°$$

Exemplo 2.5 Considere uma fibra multimodo de núcleo com índice de refração de 1,480 e uma diferença de índice núcleo-casca de 2,0% ($\Delta = 0,020$). Encontre (a) a abertura numérica, (b) o ângulo de aceitação e (c) o ângulo crítico.

Solução: A partir da Equação (2.20), o índice da casca é $n_2 = n_1(1 - \Delta) = 1,480(0,980) = 1,450$.
(a) Da Equação (2.23), encontramos a abertura numérica

$$NA = n_1\sqrt{2\Delta} = 1,480(0,04)^{1/2} = 0,296$$

(b) Usando a Equação (2.22), o ângulo de aceitação no ar ($n = 1,00$) é

$$\theta_A = \text{sen}^{-1} NA = \text{sen}^{-1} 0,296 = 17,2°$$

(c) Da Equação (2.21), encontramos o ângulo crítico para a interface núcleo-casca

$$\varphi_c = \text{sen}^{-1} \frac{n_2}{n_1} = \text{sen}^{-1} 0,980 = 78,5°$$

A aproximação do lado direito da equação é válida para o caso típico em que Δ; assim como definido pela Equação (2.20), é muito menor que 1. Uma vez que a abertura numérica está relacionada com o ângulo de aceitação, ela é comumente utilizada para descrever a capacidade de aceitação ou captação de luz de uma fibra e calcular as eficiências de potência nos acoplamentos fonte-fibras ópticas, como detalha o Capítulo 5. A abertura numérica é uma quantidade adimensional que é menor que a unidade, com valores que variam normalmente entre 0,14 e 0,50.

2.3.5 Representação de onda em um guia de ondas de lâmina dielétrica

Com base na Figura 2.17, a teoria de raios parece permitir que os feixes, em qualquer ângulo ϕ maior que o ângulo crítico ϕ_c, propaguem-se ao longo da fibra. No entanto, quando o efeito de interferência devido à fase da onda plana associada com o raio é levado em consideração, pode-se ver que somente ondas em certos ângulos discretos maiores que ϕ_c ou iguais a ele são capazes de propagar-se ao longo da fibra.

Para visualizarmos isso, consideraremos a propagação de ondas em um guia de ondas composto de uma lâmina dielétrica infinita de espessura d. Seu índice de refração n_1 é maior que o índice n_2 do material acima e abaixo da lâmina. A onda será propagada nesse guia através de reflexões múltiplas, desde que o ângulo de incidência em relação às superfícies superior e inferior satisfaça a condição dada pela Equação (2.22).

A Figura 2.18 apresenta a geometria das ondas que refletem nas interfaces do material. Aqui, consideramos dois raios, chamados de raio 1 e raio 2, associados com a mesma onda. Os raios incidem na interface do material em um ângulo $\theta < \theta_c = \pi/2 - \phi_c$. As trajetórias dos raios na Figura 2.18 são indicadas por linhas sólidas, e as frentes de onda com fase constante, por linhas tracejadas.

A condição necessária para a propagação de ondas na lâmina dielétrica é que todos os pontos na mesma frente de fase de uma onda plana devem estar em fase. Isso significa que a mudança de fase que ocorre no raio 1 ao viajar a partir do ponto A para o B, menos a mudança de fase no raio 2 entre os pontos C e D, deve diferir de um múltiplo inteiro de 2π. À medida que a onda viaja através do material, ela sofre uma mudança de fase Δ dada por:

$$\Delta = k_1 s = n_1 k s = n_1 2\pi s/\lambda$$

onde k_1 = constante de propagação no meio de índice de refração n_1
$k = k_1/n_1$ é a constante de propagação no vácuo
s = a distância que a onda percorreu no material

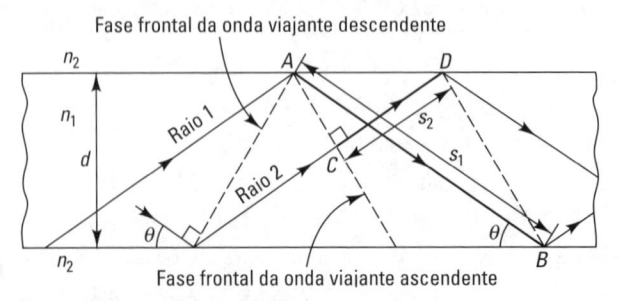

Figura 2.18 Propagação de ondas de luz ao longo do guia de ondas da fibra. As mudanças de fase ocorrem durante o deslocamento no ambiente da fibra e nos pontos de reflexão.

A fase da onda se altera não somente quando ela viaja, mas também em virtude da reflexão em uma interface dielétrica, como descrito na Seção 2.2.

No trajeto do ponto A ao B, o raio 1 viaja uma distância $s_1 = d/\text{sen}\,\theta$ no material e sofre duas mudanças de fase δ nos pontos de reflexão. O raio 2 não sofre nenhuma reflexão quando vai do ponto C ao D. Para determinar a sua mudança de fase, notemos primeiro que a distância do ponto A ao D é $\overline{AD} = (d/\tan\theta) - d\tan\theta$. Assim, a distância entre os pontos C e D é

$$s_2 = \overline{AD}\cos\theta = (\cos^2\theta - \text{sen}^2\theta)\,d/\text{sen}\,\theta$$

A exigência para a propagação das ondas pode então ser escrita como

$$\frac{2\pi n_1}{\lambda}(s_1 - s_2) + 2\delta = 2\pi m \qquad (2.24a)$$

onde $m = 0, 1, 2, 3, \ldots$ Substituir as expressões para s_1 e s_2 na Equação (2.24a) nos leva a

$$\frac{2\pi n_1}{\lambda}\left\{\frac{d}{\text{sen}\,\theta} - \left[\frac{(\cos^2\theta - \text{sen}^2\theta)d}{\text{sen}\,\theta}\right]\right\} + 2\delta = 2\pi m \qquad (2.24b)$$

que pode ser reduzida a

$$\frac{2\pi n_1 d\,\text{sen}\,\theta}{\lambda} + \delta = \pi m \qquad (2.24c)$$

Considerando apenas ondas elétricas com componentes normais ao plano de incidência, temos, a partir da Equação (2.19a), que a mudança de fase após a reflexão é

$$\delta = -2\arctan\left[\frac{\sqrt{\cos^2\theta - \left(n_2^2/n_1^2\right)}}{\text{sen}\,\theta}\right] \qquad (2.25)$$

O sinal negativo é necessário aqui, uma vez que a onda no meio deve ser decrescente, e não uma onda crescente. Substituindo essa expressão na Equação (2.24c), temos que

$$\frac{2\pi n_1 d\,\text{sen}\,\theta}{\lambda} - \pi m = 2\arctan\left[\frac{\sqrt{\cos^2\theta - \left(n_2^2/n_1^2\right)}}{\text{sen}\,\theta}\right] \qquad (2.26a)$$

ou

$$\tan\left(\frac{\pi n_1 d\,\text{sen}\,\theta}{\lambda} - \frac{\pi m}{2}\right) = \left[\frac{\sqrt{n_1^2\cos^2\theta - n_2^2}}{n_1\,\text{sen}\,\theta}\right] \qquad (2.26b)$$

Logo, somente as ondas que têm os ângulos θ que satisfazem a condição da Equação (2.26) se propagarão no guia de ondas formado pela placa dielétrica (ver Problema 2.13).

2.4 Teoria modal para guias de onda circulares

Para obter uma compreensão mais detalhada do mecanismo de propagação de potência óptica em uma fibra, é necessário resolver as equações de Maxwell sujeitas às condições de contorno cilíndricas na interface entre o núcleo e a casca da fibra, o que já foi feito em extensivo detalhe em vários trabalhos.[7,10,14-18] Como um tratamento completo está além do âmbito deste livro, realizaremos aqui apenas uma descrição geral de uma análise simplificada (mas ainda complexa).

Antes de apresentarmos a teoria de modal básica em fibras ópticas circulares, apresentaremos, na Seção 2.4.1, uma visão qualitativa dos conceitos de modos em um guia de ondas. Em seguida, a Seção 2.4.2 fará um breve resumo dos resultados fundamentais obtidos com base nas análises obtidas nas Seções 2.4.3 a 2.4.9, de forma que aqueles que não estão familiarizados com as equações de Maxwell possam pular as seções designadas por um asterisco (*) sem perda de continuidade.

Quando se resolvem as equações de Maxwell para guias de onda metálicos ocos, apenas os modos *transversal elétrico* (TE) e *transversal magnético* (TM) são encontrados. No entanto, nas fibras ópticas, em razão das condições de contorno núcleo-casca, há um acoplamento entre os componentes dos campos elétrico e magnético. Isso dá origem a modos híbridos, que tornam a análise dos guias de onda ópticos mais complexa que a análise de guia de ondas metálico. Os modos híbridos são designados como HE ou EH modos, dependendo se o campo elétrico transversal (o campo E) ou o campo magnético transversal (o campo H) é maior para tal modo. Os dois modos de ordem mais baixa são designados por HE_{11} e TE_{01}, cujos subscritos referem-se aos modos possíveis de propagação do campo óptico.

Apesar de a teoria da propagação da luz em fibras ópticas ser bem compreendida, uma descrição completa dos modos guiados e de radiação requer a utilização de seis componentes de campos eletromagnéticos híbridos que possuem expressões matemáticas muito complexas. Uma simplificação[19-23] dessas expressões pode ser realizada na prática, uma vez que as fibras são geralmente construídas de modo que a diferença entre os índices de refração do núcleo e da casca seja muito pequena, isto é, $n_1 - n_2 \ll 1$. Com essa hipótese, apenas quatro componentes do campo precisam ser considerados, e suas expressões tornam-se significativamente mais simples. Os componentes do campo são chamados de modos *linearmente polarizados* (LP) e rotulados como LP_{jm}, onde j e m são inteiros que designam as soluções modais. Nesse esquema, para os modos de ordem mais baixa, cada modo LP_{0m} é derivado de um modo HE_{1m}, e cada modo LP_{1m} vem de modos TE_{0m}, TM_{0m} e HE_{0m}. Assim, o modo fundamental LP_{01} corresponde a um modo HE_{11}.

Embora a análise necessária, mesmo com essas simplificações, ainda seja bastante complexa, esse material é a chave para a compreensão dos princípios de funcionamento da fibra óptica. Nas Seções 2.4.3 a 2.4.9, resolveremos primeiro as equações de Maxwell para um guia de ondas circular de índice-degrau e, em seguida, descreveremos as soluções resultantes de alguns dos modos de ordem mais baixa.

2.4.1 Resumo de modos

Antes de prosseguirmos com a discussão sobre a teoria modal em fibras ópticas circulares, examinaremos qualitativamente o aparecimento de campos modais no guia de ondas formado pela lâmina dielétrica plana, mostrada na Figura 2.19. O núcleo desse guia de ondas é uma lâmina dielétrica de índice n_1 intercalada entre duas camadas dielétricas que possuem índices de refração $n_2 < n_1$. Essas camadas ao redor do núcleo são chamadas de *revestimento* ou *casca*. Esse esquema representa a forma mais simples de um guia de onda óptico e pode servir como um modelo para a compreensão da propagação de ondas nas fibras ópticas. Na verdade, a visão de um corte transversal do guia de ondas laminar possui a mesma aparência do corte transversal de uma fibra óptica ao longo do seu eixo.

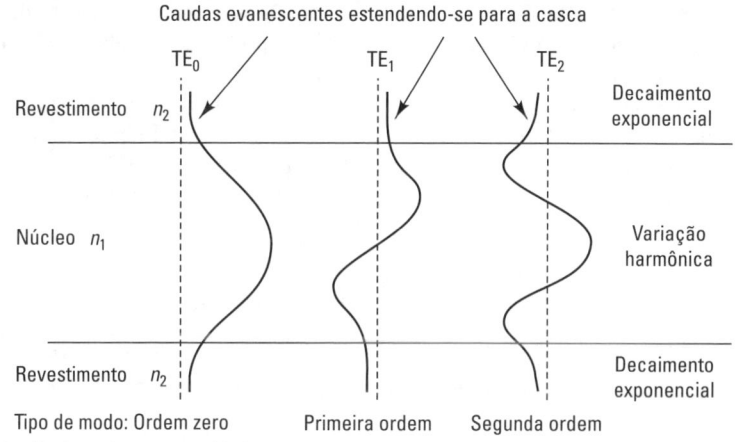

Figura 2.19 Distribuição de campo elétrico para diversos modos guiados de ordens menores em um guia de ondas laminar simétrico.

A Figura 2.19 mostra os padrões de campo de vários modos *transversais elétricos* (TE) de menores de ordem (que são soluções das equações de Maxwell para o guia de ondas laminar[7-10]). A *ordem* de um modo é igual ao número de campos nulos através do guia de ondas. A ordem do modo também está relacionada com o ângulo no qual o feixe coerente correspondente a esse modo faz com o plano do guia de onda (ou do eixo da fibra), ou seja, quanto mais acentuado for o ângulo, maior será a ordem do modo. Os gráficos mostram que os campos elétricos dos modos guiados não são totalmente confinados à lâmina dielétrica central (isto é, eles não vão a zero na interface guia-casca), mas estendem-se parcialmente para dentro da casca. Os campos variam harmonicamente na região-guia de índice de refração n_1 e decaem exponencialmente fora dessa região. Para os modos de baixa ordem, os campos são fortemente concentrados na região central da lâmina (ou eixo de uma fibra óptica), com pouca penetração na região de revestimento. No entanto, para os modos de ordem superior, os campos são distribuídos mais para as extremidades do guia e penetram mais na região de revestimento.

A resolução das equações de Maxwell mostra que, além de suportar um número finito de modos guiados, o guia de onda da fibra óptica possui um *continuum* infinito de *modos de radiação* que não estão confinados no núcleo nem são guiados pela fibra, mas ainda são soluções do mesmo problema de contorno. O campo de radiação resulta basicamente da potência óptica que está fora do ângulo de captação da fibra e é refratado para fora do núcleo. Por causa do raio finito da casca, um pouco dessa radiação fica presa nela, causando o aparecimento de modos da casca ou revestimento. Como os modos do núcleo e revestimento se propagam ao longo da fibra, ocorre acoplamento entre os modos de revestimento e os modos de ordem mais elevada do núcleo. Esse acoplamento ocorre porque os campos elétricos dos modos guiados de núcleo não estão completamente confinados ao núcleo, mas estendem-se parcialmente para dentro da casca (ver Figura 2.19) e, do mesmo modo, para os modos da casca. Ocorre uma difusão de energia entre os modos do núcleo e da casca que geralmente resulta em uma perda de potência a partir dos modos do núcleo.

Os modos guiados na fibra ocorrem quando os valores de β satisfazem a condição $n_2 k < \beta < n_1 k$. No limite da propagação, quando $\beta = n_2 k$, um modo já não é adequadamente orientado. Nesse caso, diz-se que ele está *sendo cortado* (*cut off*). Assim, os modos não guiados ou de radiação aparecem para frequências abaixo do ponto de corte, onde $\beta < n_2 k$. No entanto, a propagação de ondas ainda pode ocorrer abaixo do corte para os modos em que parte da perda de energia causada pela radiação é bloqueada por uma barreira de momento angular que existe perto da interface núcleo-casca.[17] Esses estados de propagação comportam-se como modos guiados parcialmente confinados, e não como modos de radiação, e são chamados de *modos vazados*.[5,6,12,13] Esses modos podem viajar distâncias consideráveis ao longo de uma fibra, mas perdem potência em razão do vazamento ou tunelamento pela casca durante sua propagação.

2.4.2 Resumo dos principais conceitos modais

Um parâmetro importante relacionado com a condição de corte é o *número V* definido por

$$V = \frac{2\pi a}{\lambda}\left(n_1^2 - n_2^2\right)^{1/2} = \frac{2\pi a}{\lambda}\text{NA} \tag{2.27}$$

Esse parâmetro é um número adimensional que determina quantos modos uma fibra pode suportar. Exceto para o modo de menor ordem HE_{11}, cada modo pode existir apenas para valores de V que excedam um determinado valor-limite (cada modo possui um V limite diferente). Os modos são cortados quando $\beta = n_2 k$. Isso ocorre quando $V \leq 2{,}405$. O modo HE_{11} não tem ponto de corte e deixa de existir apenas quando o diâmetro do núcleo é igual a zero. Esse é o princípio no qual as fibras monomodo são baseadas. Os detalhes para esses e outros modos são dados na Seção 2.4.7.

Exemplo 2.6 Uma fibra de índice-degrau possui frequência normalizada $V = 26{,}6$ no comprimento de onda de 1.300 nm. Se o raio do núcleo é 25 μm, qual é a abertura numérica?

Solução: A partir de Equação (2.27), a NA é

$$NA = V\frac{\lambda}{2\pi a} = 26{,}6\frac{1{,}30\,\mu m}{2\pi \times 25\,\mu m} = 0{,}22$$

O número V também pode ser usado para expressar o número de modos M em uma fibra multimodo de índice-degrau quando V é grande (ver Seção 2.6 para modos em uma fibra multimodo com índice-gradual). Nesse caso, uma estimativa do número total de modos suportados em tal fibra é

$$M \approx \frac{1}{2}\left(\frac{2\pi a}{\lambda}\right)^2 \left(n_1^2 - n_2^2\right) = \frac{V^2}{2} \tag{2.28}$$

Exemplo 2.7 Considere uma fibra multimodo de índice-degrau com diâmetro de 62,5 μm e uma diferença de índice núcleo-casca de 1,5%. Se o índice de refração do núcleo é de 1,480, estime a frequência normalizada da fibra e o número total de modos suportados no comprimento de onda de 850 nm.

Solução: A partir da Equação (2.27), a frequência normalizada é

$$V \approx \frac{2\pi a}{\lambda}n_1\sqrt{2\Delta} = \frac{2\pi \times 31{,}25\,\mu m \times 1{,}48}{0{,}85\,\mu m}\sqrt{2 \times 0{,}015} = 59{,}2$$

Pela Equação (2.28), o número total de modos é

$$M \approx \frac{V^2}{2} = 1.752$$

Exemplo 2.8 Suponha que uma fibra óptica multimodo de índice-degrau tenha raio de 25 μm, núcleo de índice de 1,48 e diferença de índice $\Delta = 0{,}01$. Qual será o número de modos na fibra nos comprimentos de onda 860, 1.310 e 1.550 mm?

Solução: (a) Primeiro, a partir das Equações (2.23) e (2.28), em um comprimento de onda de operação de 860 nm, o valor de V é

$$V \approx \frac{2\pi a}{\lambda} n_1 \sqrt{2\Delta} = \frac{2\pi \times 25\,\mu\text{m} \times 1{,}48}{0{,}86\,\mu\text{m}} \sqrt{2 \times 0{,}01} = 38{,}2$$

Usando a Equação (2.28), o número total de modos em 860 nm é

$$M \approx \frac{V^2}{2} = 729$$

(b) Analogamente, em 1.310 nm, temos $V = 25{,}1$ e $M = 315$.
(c) Finalmente, em 1.550 nm, temos $V = 21{,}2$ e $M = 224$.

Exemplo 2.9 Considere três fibras ópticas multimodo de índice-degrau cada uma com um núcleo de índice de 1,48 e uma diferença de índice de $\Delta = 0{,}01$. Assuma que os diâmetros dos núcleos das fibras sejam de 50, 62,5 e 100 μm. Qual será o número de modos nessas fibras no comprimento de onda 1.550 mm?

Solução: (a) Primeiramente, a partir das Equações (2.23) e (2.28), o valor de V para o diâmetro de 50 μm é

$$V \approx \frac{2\pi a}{\lambda} n_1 \sqrt{2\Delta} = \frac{2\pi \times 25\,\mu\text{m} \times 1{,}48}{1{,}55\,\mu\text{m}} \sqrt{2 \times 0{,}01} = 21{,}2$$

Usando a Equação (2.28), o número total de modos para esse diâmetro é

$$M \approx \frac{V^2}{2} = 224$$

(b) Analogamente, para o diâmetro de 62,5 μm, temos $V = 26{,}5$ e $M = 351$.
(c) Finalmente, para a fibra de 100 μm, temos $V = 42{,}4$ e $M = 898$.

Exemplo 2.10 Considere uma fibra multimodo de índice-degrau que possui núcleo de raio 25 μm, índice de 1,48 e diferença de índice de $\Delta = 0{,}01$. Encontre a porcentagem de potência óptica que se propaga na casca em 840 nm.

Solução: A partir das Equações (2.23) e (2.28), no comprimento de onda 840 nm, o valor de V é

$$V \approx \frac{2\pi a}{\lambda} n_1 \sqrt{2\Delta} = \frac{2\pi \times 25\,\mu\text{m} \times 1{,}48}{0{,}84\,\mu\text{m}} \sqrt{2 \times 0{,}01} = 39$$

Usando a Equação (2.28), o número total de modos é

$$M \approx \frac{V^2}{2} = 760$$

A partir da Equação (2.29), temos

$$\frac{P_{casca}}{P} \approx \frac{4}{3\sqrt{M}} = 0{,}05$$

Temos, então, que aproximadamente 5% da potência óptica se propaga pela casca. Se Δ diminuir para 0,03 para reduzir a dispersão dos sinais (ver Capítulo 3), haverá 242 modos na fibra, e aproximadamente 9% da potência se propagará pela casca.

Uma vez que o campo de um modo guiado se estende parcialmente para o revestimento, como mostra a Figura 2.19, uma quantidade final de interesse para uma fibra de índice--degrau é o fluxo fracionário de potência no núcleo e na casca para determinado modo. À medida que o número V aproxima-se do ponto de corte para qualquer modo particular, a maior parte da potência desse modo está na casca. No ponto de corte, o modo torna-se por radiativo, com toda a potência óptica do modo na casca. Longe de corte, isto é, para valores grandes de V, a fração da potência óptica média na casca pode ser estimada por

$$\frac{P_{casca}}{P} \approx \frac{4}{3\sqrt{M}} \qquad (2.29)$$

onde P é a potência óptica total na fibra, e P_{casca}, a potência na casca. Os detalhes para a distribuição de energia entre o núcleo e o revestimento de vários modos LP_{jm} são apresentados na Seção 2.4.9. Note que, uma vez que M é proporcional a V^2, o fluxo de energia na casca diminui com o aumento de V. No entanto, isso aumenta o número de modos na fibra, o que não é desejável para uma largura de banda de grande capacidade.

2.4.3 Equações de Maxwell

Para analisarmos o guia de onda óptico, precisamos considerar as equações de Maxwell que dão as relações entre os campos elétricos e magnéticos envolvidos. Assumindo um material dielétrico, linear e isotrópico, que não possui corrente e cargas livres, essas equações tomam as seguintes formas:[2]

$$\nabla \times \mathbf{E} = -\frac{\partial \mathbf{B}}{\partial t} \qquad (2.30a)$$

$$\nabla \times \mathbf{H} = \frac{\partial \mathbf{D}}{\partial t} \qquad (2.30b)$$

$$\nabla \cdot \mathbf{D} = 0 \qquad (2.30c)$$

$$\nabla \cdot \mathbf{B} = 0 \qquad (2.30d)$$

onde $\mathbf{D} = \epsilon \mathbf{E}$ e $\mathbf{B} = \mu \mathbf{H}$. O parâmetro ϵ é a permissividade (ou constante dielétrica), e μ, a permeabilidade do meio.

Uma relação que define os fenômenos ondulatórios dos campos eletromagnéticos pode ser derivada a partir das equações de Maxwell. Tomando o rotacional da Equação (2.30a) e fazendo uso da Equação (2.30b), temos

$$\nabla \times (\nabla \times \mathbf{E}) = -\mu \frac{\partial}{\partial t}(\nabla \times \mathbf{H}) = -\epsilon\mu \frac{\partial^2 \mathbf{E}}{\partial t^2} \qquad (2.31a)$$

Usando a identidade vetorial (ver Apêndice B),

$$\nabla \times (\nabla \times \mathbf{E}) = \nabla(\nabla \cdot \mathbf{E}) - \nabla^2 \mathbf{E}$$

e levando em conta a Equação. (2.30c) (ou seja, $\nabla \cdot \mathbf{E} = 0$), a Equação (2.31a) se reduz a

$$\nabla^2 \mathbf{E} = \epsilon\mu \frac{\partial^2 \mathbf{E}}{\partial t^2} \qquad (2.31b)$$

Da mesma forma, tomando o rotacional da Equação (2.30b), pode-se mostrar que

$$\nabla^2 \mathbf{H} = \epsilon\mu \frac{\partial^2 \mathbf{H}}{\partial t^2} \qquad (2.31c)$$

As Equações (2.31b) e (2.31c) são as formas padrão das *equações de onda*.

2.4.4 Equações de guias de onda*

Considere ondas eletromagnéticas que se propagam ao longo da fibra cilíndrica da Figura 2.20. Para essa fibra, um sistema de coordenadas cilíndricas $\{r, \phi, z\}$ é definido com o eixo z ao longo do eixo da guia de ondas. Se as ondas eletromagnéticas se propagarem ao longo do eixo z, elas terão uma dependência funcional das formas

$$\mathbf{E} = \mathbf{E}_0(r, \phi) \, e^{j(\omega t - \beta z)} \qquad (2.32a)$$

$$\mathbf{H} = \mathbf{H}_0(r, \phi) \, e^{j(\omega t - \beta z)} \qquad (2.32b)$$

que são harmônicas no tempo t e na coordenada z. O parâmetro β é o componente z da propagação do vetor e será determinado pelas condições de contorno sobre os campos eletromagnéticos na interface núcleo-casca descritas na Seção 2.4.6. Quando as Equações (2.32a) e (2.32b) são substituídas nas equações rotacionais de Maxwell, temos, da Equação (2.30a),

$$\frac{1}{r}\left(\frac{\partial E_z}{\partial \phi} + jr\beta E_\phi\right) = -j\omega\mu H_r \qquad (2.33a)$$

$$j\beta E_r + \frac{\partial E_z}{\partial r} = j\omega\mu H_\phi \qquad (2.33b)$$

$$\frac{1}{r}\left(\frac{\partial}{\partial r}(rE_\phi) - \frac{\partial E_r}{\partial \phi}\right) = -j\mu\omega H_z \qquad (2.33c)$$

e, da Equação (2.30b),

$$\frac{1}{r}\left(\frac{\partial H_z}{\partial \phi} + jr\beta H_\phi\right) = j\epsilon\omega E_r \qquad (2.34a)$$

$$j\beta H_r + \frac{\partial H_z}{\partial r} = -j\epsilon\omega E_\phi \qquad (2.34b)$$

$$\frac{1}{r}\left[\frac{\partial}{\partial r}(rH_\phi) - \frac{\partial H_r}{\partial \phi}\right] = j\epsilon\omega E_z \qquad (2.34c)$$

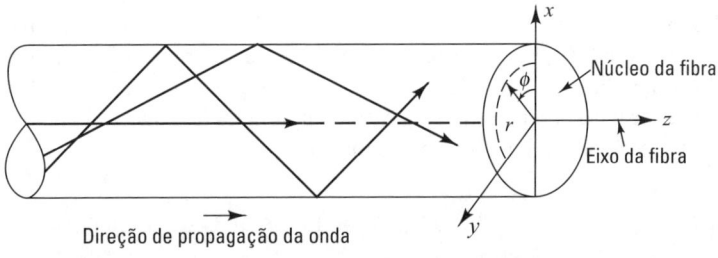

Figura 2.20 Sistema de coordenadas cilíndricas utilizado para a análise de propagação de ondas eletromagnéticas em uma fibra óptica.

Quando se eliminam as variáveis, essas equações podem ser reescritas de modo que, quando E_z e H_z são conhecidos, os componentes transversais restantes E_r, E_ϕ, H_r e H_ϕ podem ser determinados. Por exemplo, E_ϕ ou H_r pode ser eliminado das Equações (2.33a) e (2.34b), de modo que os componentes H_ϕ ou E_r, respectivamente, podem ser encontrados em termos de E_z ou H_z. Fazendo isso, obtemos

$$E_r = -\frac{j}{q^2}\left(\beta\frac{\partial E_z}{\partial r} + \frac{\mu\omega}{r}\frac{\partial H_z}{\partial \phi}\right) \qquad (2.35a)$$

$$E_\phi = -\frac{j}{q^2}\left(\frac{\beta}{r}\frac{\partial E_z}{\partial \phi} - \mu\omega\frac{\partial H_z}{\partial r}\right) \qquad (2.35b)$$

$$H_r = \frac{-j}{q^2}\left(\beta\frac{\partial H_z}{\partial r} - \frac{\omega\epsilon}{r}\frac{\partial E_z}{\partial \phi}\right) \qquad (2.35c)$$

$$H_\phi = \frac{-j}{q^2}\left(\frac{\beta}{r}\frac{\partial H_z}{\partial \phi} + \omega\epsilon\frac{\partial E_z}{\partial r}\right) \qquad (2.35d)$$

onde $q^2 = \omega^2\epsilon\mu - \beta^2 = k^2 - \beta^2$.

A substituição das Equações (2.35c) e (2.35d) na Equação (2.34c) resulta na equação de onda em coordenadas cilíndricas

$$\frac{\partial^2 E_z}{\partial r^2} + \frac{1}{r}\frac{\partial E_z}{\partial r} + \frac{1}{r^2}\frac{\partial^2 E_z}{\partial \phi^2} + q^2 E_z = 0 \qquad (2.36)$$

e a substituição das Equações (2.35a) e (2.35b) na Equação (2.33c) leva a

$$\frac{\partial^2 H_z}{\partial r^2} + \frac{1}{r}\frac{\partial H_z}{\partial r} + \frac{1}{r^2}\frac{\partial^2 H_z}{\partial \phi^2} + q^2 H_z = 0 \qquad (2.37)$$

É interessante notar que cada uma das Equações (2.36) e (2.37) contém apenas E_z ou apenas H_z. Isso parece sugerir que os componentes longitudinais de **E** e **H** são desacoplados e podem ser escolhidos arbitrariamente, desde que satisfaçam as Equações (2.36) e (2.37). No entanto, geralmente o acoplamento de E_z e H_z é exigido pelas condições de contorno dos componentes do campo eletromagnético descritas na Seção 2.4.6. Se as condições de contorno não conduzem ao acoplamento entre os componentes do campo, as soluções podem ser obtidas de forma que $E_z = 0$ ou $H_z = 0$. Quando $E_z = 0$, os modos são chamados de *transversais elétricos* ou modos TE, e quando $H_z = 0$, são chamados de modos *transversais magnéticos* ou modos TM. Os modos *híbridos* existem se tanto E_z como H_z são diferentes de zero. Esses modos híbridos são designados como HE ou EH, dependendo de qual, H_z ou E_z, respectivamente, faz uma contribuição maior para o campo transversal. O fato de os modos híbridos estarem presentes em guias de onda ópticos torna sua análise mais complexa que no caso mais simples de guias de onda metálicos ocos, onde apenas os modos TE e TM são encontrados.

2.4.5 Equações de onda para fibras de índice-degrau*

Utilizaremos os resultados da Seção 2.4.4 para encontrarmos os modos guiados em uma fibra de índice-degrau. Um procedimento matemático padrão para resolver equações, como a Equação (2.36), é a utilização do método de separação de variáveis, assumindo uma solução da forma

$$E_z = AF_1(r)F_2(\phi)F_3(z)F_4(t) \qquad (2.38)$$

Como já assumimos, os fatores dependentes do tempo t e de z são dados por

$$F_3(z)F_4(t) = e^{j(\omega t - \beta z)} \qquad (2.39)$$

uma vez que a onda é senoidal no tempo e propaga-se na direção z. Além disso, em razão da simetria circular do guia de ondas, cada componente de campo não deve mudar quando a coordenada ϕ for aumentada em 2π. Assumimos, portanto, uma função periódica da forma

$$F_2(\phi) = e^{jv\phi} \qquad (2.40)$$

A constante v pode ser positiva ou negativa, mas deve ser um número inteiro, uma vez que os campos são periódicos em ϕ com período de 2π.

Substituindo a Equação (2.40) em (2.38), a equação de onda para E_z [Equação (2.36)] torna-se

$$\frac{\partial^2 F_1}{\partial r^2} + \frac{1}{r}\frac{\partial F_1}{\partial r} + \left(q^2 - \frac{v^2}{r^2}\right)F_1 = 0 \qquad (2.41)$$

que é uma equação diferencial conhecida por possuir como soluções as funções de Bessel.[24-26] Uma equação exatamente idêntica pode ser derivada para H_z.

Para a configuração da fibra de índice-degrau, consideraremos um núcleo homogêneo de índice de refração n_1 e raio a rodeado por um revestimento – ou casca – infinito de índice n_2. A razão para assumir uma casca de espessura infinita é que os modos guiados no núcleo possuem campos com decaimento exponencial fora do núcleo, e estes devem possuir valores insignificantes no exterior da casca. Na prática, as fibras ópticas são concebidas com revestimentos ou cascas suficientemente espessos para que o campo do modo guiado não atinja o exterior da casca. Para termos uma ideia dos padrões de campo, as distribuições de campo elétrico para vários dos modos de ordem inferior em um guia de onda laminar e simétrico são mostradas na Figura 2.14. Os campos variam harmonicamente na região do núcleo com índice de refração n_1 e decaem exponencialmente fora dessa região.

A Equação (2.41) deve de ser resolvida para as regiões interior e exterior do núcleo. Para a região interior, as soluções dos modos guiados devem permanecer finitas quando $r \to 0$, enquanto, do lado exterior, as soluções devem decair para zero quando $r \to \infty$. Assim, para $r < a$, as soluções são funções de Bessel do tipo 1 de ordem v. Usamos como designação comum $J_v(ur)$. Aqui, $u^2 = k_1^2 - \beta^2$ com $k_1 = 2\pi n_1/\lambda$. As expressões para E_z e H_z dentro do núcleo são, portanto,

$$E_z(r < a) = AJ_v(ur)\,e^{jv\phi}e^{j(\omega t - \beta z)} \qquad (2.42)$$

$$H_z(r < a) = BJ_v(ur)\,e^{jv\phi}e^{j(\omega t - \beta z)} \qquad (2.43)$$

onde A e B são constantes arbitrárias.

Fora do núcleo, as soluções para a Equação (2.41) são dadas por funções de Bessel modificadas do tipo 2, $K_v(wr)$, onde $w^2 = \beta^2 - k_2^2$ com $k_2 = 2\pi n_2/\lambda$. As expressões para E_z e H_z fora do núcleo são, portanto,

$$E_z(r > a) = CK_\nu(wr)\, e^{j\nu\phi} e^{j(\omega t - \beta z)} \quad (2.44)$$

$$H_z(r > a) = DK_\nu(wr)\, e^{j\nu\phi} e^{j(\omega t - \beta z)} \quad (2.45)$$

onde C e D são constantes arbitrárias.

As definições de $J_\nu(ur)$ e $K_\nu(wr)$ e as diversas relações recursivas são apresentadas no Apêndice C. Com base na definição da função de Bessel modificada, vê-se que $K_\nu(wr) \to e^{-wr}$ para $wr \to \infty$. Desde que $K_\nu(wr)$ deva ir a zero quando $r \to \infty$, segue-se que $w > 0$. Isso, por sua vez, implica que $\beta \geq k_2$, que representa uma condição de corte. A *condição de corte* é o ponto no qual um modo já não se encontra confinado à região do núcleo. A segunda condição de β pode ser deduzida com base no comportamento de $J_\nu(ur)$. Dentro do núcleo do parâmetro, u deve ser real para que F_1 seja real, o que resulta que $k_1 \geq \beta$. A faixa permitida de β para as soluções confinadas é, portanto,

$$n_2 k = k_2 \leq \beta \leq k_1 = n_1 k \quad (2.46)$$

onde $k = 2\pi/\lambda$ é a constante de propagação no vácuo.

2.4.6 Equação modal*

As soluções para β devem ser determinadas com base nas condições de contorno, as quais exigem que os componentes tangenciais E_ϕ e E_z de **E** dentro e fora da interface dielétrica em $r = a$ sejam os mesmos e análogos aos componentes tangenciais H_ϕ e H_z. Consideremos primeiro os componentes tangenciais de **E**. Para o componente z, teremos, a partir da Equação (2.42), as condições de contorno na interface núcleo-casca ($E_z = E_{z1}$), e da Equação (2.44), o lado externo ($E_z = E_{z2}$), de forma que

$$E_{z1} - E_{z2} = AJ_\nu(ua) - CK_\nu(wa) = 0 \quad (2.47)$$

O componente ϕ é encontrado a partir da Equação (2.35b). Dentro do núcleo, o fator q^2 é dado por

$$q^2 = u^2 = k_1^2 - \beta^2 \quad (2.48)$$

onde $k_1 = 2\pi n_1/\lambda = \omega\sqrt{\epsilon_1 \mu}$, enquanto do lado de fora

$$w^2 = \beta^2 - k_2^2 \quad (2.49)$$

com $k_2 = 2\pi n_2/\lambda = \omega\sqrt{\epsilon_2 \mu}$. Substituindo as Equações (2.42) e (2.43) em (2.35b) para encontrar $E_{\phi1}$ e, similarmente, usando as Equações (2.44) e (2.45) para determinar $E_{\phi2}$, temos, em $r = a$,

$$E_{\phi1} - E_{\phi2} = -\frac{j}{u^2}\left[A\frac{j\nu\beta}{a}J_\nu(ua) - B\omega\mu u J_\nu'(ua) \right]$$
$$- \frac{j}{w^2}\left[C\frac{j\nu\beta}{a}K_\nu(wa) - D\omega\mu w K_\nu'(wa) \right] = 0 \quad (2.50)$$

onde o apóstrofo indica a diferenciação com relação ao argumento.

Analogamente, para as componentes tangenciais de **H**, teremos que, em $r = a$,

$$H_{z1} - H_{z2} = BJ_\nu(ua) - DK_\nu(wa) = 0 \quad (2.51)$$

e

$$H_{\phi 1} - H_{\phi 2} = -\frac{j}{u^2}\left[B\frac{jv\beta}{a}J_v(ua) + A\omega\epsilon_1 uJ'_v(ua)\right]$$
$$-\frac{j}{w^2}\left[D\frac{jv\beta}{a}K_v(wa) + C\omega\epsilon_2 wK'_v(wa)\right] = 0$$

(2.52)

As Equações (2.47), (2.50), (2.51) e (2.52) formam um conjunto de quatro equações com quatro coeficientes desconhecidos, A, B, C e D. A solução para essas equações existirá somente se o determinante desses coeficientes for nulo:

$$\begin{vmatrix} J_v(ua) & 0 & -K_v(wa) & 0 \\ \dfrac{\beta v}{au^2}J_v(ua) & \dfrac{j\omega\mu}{u}J'_v(ua) & \dfrac{\beta v}{aw^2}K_v(wa) & \dfrac{j\omega\mu}{w}K'_v(wa) \\ 0 & J_v(ua) & 0 & -K_v(wa) \\ -\dfrac{j\omega\epsilon_1}{u}J'_v(ua) & \dfrac{\beta v}{au^2}J_v(ua) & -\dfrac{j\omega\epsilon_2}{w}K'_v(wa) & \dfrac{\beta v}{aw^2}K_v(wa) \end{vmatrix}$$

(2.53)

O cálculo desse determinante nos leva à seguinte equação de autovalor para β:

$$(\mathcal{J}_v + \mathcal{K}_v)(k_1^2\mathcal{J}_v + k_2^2\mathcal{K}_v) = \left(\frac{\beta v}{a}\right)^2\left(\frac{1}{u^2} + \frac{1}{w^2}\right)^2$$

(2.54)

onde

$$\mathcal{J}_v = \frac{J'_v(ua)}{uJ_v(ua)} \quad \text{e} \quad \mathcal{K}_v - \frac{K'_v(wa)}{wK_v(wa)}$$

Resolvendo a Equação (2.54) para β, encontraremos que apenas valores discretos ao intervalo dado pela Equação (2.46) serão permitidos. Apesar de a Equação (2.54) ser uma equação transcendental complicada, geralmente resolvida por técnicas numéricas, sua solução para qualquer modo específico providencia todas as características desse modo. Consideraremos essa equação para alguns dos modos de menor ordem em um guia de ondas de índice-degrau.

2.4.7 Modos em fibras de índice-degrau*

Para ajudarmos a descrever os modos, primeiramente examinaremos o comportamento das funções de Bessel do tipo 1. As três primeiras ordens estão representadas graficamente na Figura 2.21. As funções de Bessel de tipo 1 são semelhantes às funções harmônicas, uma vez que exibem um comportamento oscilatório para k real, como é o caso das funções senoidais. Em virtude do comportamento oscilatório de J_v, haverá m raízes da Equação (2.54) para um determinado valor de v. Essas raízes serão designadas por β_{vm}, e os modos correspondentes são TE_{vm}, TM_{vm}, EH_{vm} ou HE_{vm}. Os esquemas dos padrões do campo elétrico transversal para os quatro modos de ordem mais baixa ao longo da seção transversal de uma fibra de índice-degrau são mostrados na Figura 2.22.

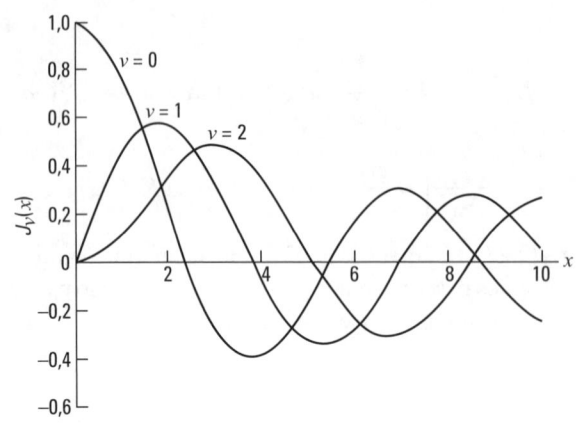

Figura 2.21 Variação da função de Bessel $J_v(x)$ para as três primeiras ordens (v = 0, 1, 2) em função de x.

Modo de ordem mais baixa

HE_{11}

Primeiro conjunto de modos de ordem maior

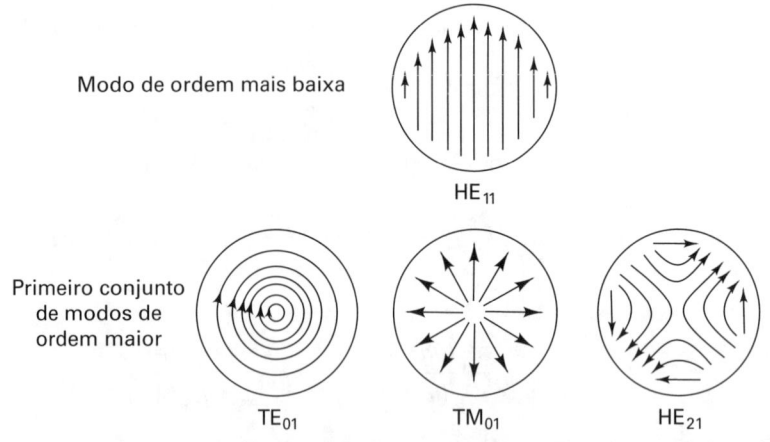

TE_{01} TM_{01} HE_{21}

Figura 2.22 Visão das quatro primeiras ordens dos vetores de campo elétrico transversal na face das fibras de índice-degrau.

Para o guia de ondas da fibra dielétrica, todos os modos são híbridos, exceto aqueles para os quais $v = 0$. Quando $v = 0$, o lado direito da Equação (2.54) desaparece, e teremos como resultado duas equações diferentes de autovalor, que

$$\mathcal{J}_0 + \mathcal{K}_0 = 0 \qquad (2.55a)$$

ou, usando as relações para J'_v e K'_v do Apêndice C,

$$\frac{J_1(ua)}{uJ_0(ua)} + \frac{K_1(wa)}{wK_0(wa)} = 0 \qquad (2.55b)$$

que corresponde aos modos TE_{0m} ($E_z = 0$), e

$$k_1^2 \mathcal{J}_0 + k_2^2 \mathcal{K}_0 = 0 \qquad (2.56a)$$

ou

$$\frac{k_1^2 J_1(ua)}{uJ_0(ua)} + \frac{k_2^2 K_1(wa)}{wK_0(wa)} = 0 \qquad (2.56b)$$

que correspondem aos modos TM_{0m} ($H_z = 0$). A prova disso é deixada como um exercício (ver Problema 2.16).

Quando $v \neq 0$, a situação é mais complexa, e métodos numéricos são necessários para resolver exatamente a Equação (2.54). No entanto, aproximações simplificadas e altamente precisas baseadas no princípio de que os índices de refração do núcleo e da casca são quase os mesmos já foram derivadas.[19, 20, 27] A condição na qual $n_1 - n_2 \ll 1$ é referida como aquela que dá origem aos modos *fracamente guiados*. Um tratamento dessas derivações é dado na Seção 2.4.8.

Examinemos as condições de corte para os modos da fibra. Como foi mencionado em relação à Equação (2.46), um modo é denominado cortado quando ele não está mais confinado ao núcleo da fibra, de modo que o seu campo não decai no exterior do núcleo. Os pontos de corte para os diferentes modos são encontrados resolvendo a Equação (2.54) no limite $w^2 \to 0$. Como geralmente se trata de um processo bem complexo, mostraremos apenas os resultados[14,16] que estão listados na Tabela 2.3.

Tabela 2.3 Condições de corte para alguns modos de menor ordem

v	Modo	Condição de corte
0	TE_{0m}, TM_{0m}	$J_0(ua) = 0$
1	HE_{1m}, EH_{1m}	$J_1(ua) = 0$
≥ 2	EH_{vm}	$J_v(ua) = 0$
	HE_{vm}	$\left(\dfrac{n_1^2}{n_2^2} + 1\right) J_{v-1}(ua) = \dfrac{ua}{v-1} J_v(ua)$

Um parâmetro importante relacionado à condição de corte é a *frequência normalizada V* (também chamada de *número* ou *parâmetro V*), a qual é definida por

$$V^2 = (u^2 + w^2)a^2 = \left(\frac{2\pi a}{\lambda}\right)^2 (n_1^2 - n_2^2) = \left(\frac{2\pi a}{\lambda}\right)^2 NA^2 \qquad (2.57)$$

que é um número adimensional que determina quantos modos podem ser propagados em uma fibra. O número de modos que pode existir em um guia de onda como função de V pode convenientemente ser representado em termos de uma *constante de propagação normalizada b* definida por[20]

$$b = \frac{a^2 w^2}{V^2} = \frac{(\beta/k)^2 - n_2^2}{n_1^2 - n_2^2}$$

Um gráfico de b (em termos de β/k) em função de V é mostrado na Figura 2.23 para alguns dos modos de ordem inferior. Essa figura mostra que cada modo pode existir apenas para valores de V que excedem um determinado valor-limite. Os modos são cortados quando $\beta/k = n_2$. O modo HE_{11} não tem ponto de corte e deixa de existir apenas quando o diâmetro do núcleo é nulo. Esse é o princípio no qual se baseia a fibra monomodo. Escolhendo adequadamente a, n_1 e n_2, de forma que

$$V = \frac{2\pi a}{\lambda}(n_1^2 - n_2^2)^{1/2} \leq 2{,}405 \qquad (2.58)$$

que é o valor em que a função de Bessel de menor ordem $J_0 = 0$ (ver Figura 2.21), todos os modos, exceto o modo HE_{11}, são cortados.

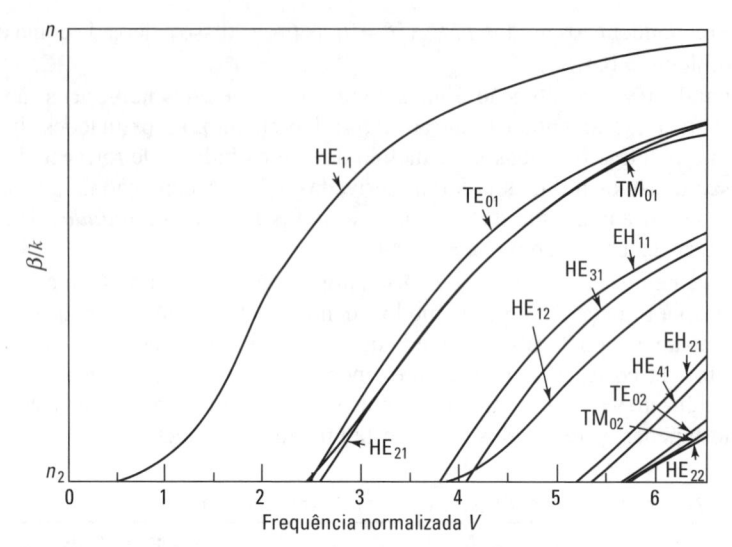

Figura 2.23 Gráficos da constante de propagação (em termos de β/k) em função do número V para os modos de menor ordem.
(Modificada com permissão de Gloge.[20])

O parâmetro V também pode ser relacionado com o número de modos M de uma fibra multimodo, quando M for grande. Uma relação aproximada para as fibras de índice-degrau pode ser derivada da teoria de raios. Um raio coerente será aceito pela fibra se estiver dentro do ângulo θ definido pela abertura numérica, como consta na Equação (2.23):

$$\text{NA} = \operatorname{sen} \theta = (n_1^2 - n_2^2)^{1/2} \qquad (2.59)$$

Para aberturas numéricas práticas, θ é tão pequeno que se pode considerar que $\theta \simeq \theta$. O ângulo de captação sólido para a fibra é, portanto,

$$\Omega = \pi\theta^2 = \pi(n_1^2 - n_2^2) \qquad (2.60)$$

Para a radiação eletromagnética de comprimento de onda λ proveniente de um *laser* ou guia de onda, o número de modos por unidade de ângulo sólido é dado por $2A/\lambda^2$, onde A é a área do modo que está saindo ou entrando.[28] A área A, nesse caso, é a seção transversal do núcleo πa^2. O fator 2 vem do fato de que a onda plana pode ter duas orientações de polarização. O número total de modos M que entra na fibra é, assim, dado por

$$M \simeq \frac{2A}{\lambda^2}\Omega = \frac{2\pi^2 a^2}{\lambda^2}(n_1^2 - n_2^2) = \frac{V^2}{2} \qquad (2.61)$$

2.4.8 Modos linearmente polarizados*

No lugar de uma longa análise exata para os modos de uma fibra, uma aproximação mais simples mas altamente precisa pode ser utilizada, com base no princípio de que, em uma típica fibra de índice-degrau, a diferença entre os índices de refração do núcleo e da casca é muito pequena, isto é, $\Delta \ll 1$. Essa é a base *da aproximação das fibras com modos fracamente guiados*.[7,19,20,27] Nessa aproximação, os padrões de campo eletromagnético e as constantes de propagação dos pares de modo $HE_{v+1,m}$ e $EH_{v-1,m}$ são muito semelhantes, o que é válido também para os três modos TE_{0m}, TM_{0m} e HE_{2m}. Isso pode ser visto a partir da Figura 2.23 com $(v, m) = (0, 1)$ e $(2, 1)$ para os grupos de modo $\{HE_{11}\}$, $\{TE_{01}, TM_{01}, HE_{21}\}$, $\{HE_{31}, EH_{11}\}$, $\{HE_{12}\}$, $\{HE_{41}, EH_{21}\}$ e $\{TE_{02}, TM_{02}, HE_{22}\}$. O resultado é que apenas quatro componentes de campo têm de ser considerados em vez de seis, e a descrição do campo é ainda mais simplificada por meio da utilização de coordenadas cartesianas em vez de cilíndricas.

Quando $\Delta \ll 1$, temos que $k_1^2 \simeq k_2^2 \simeq \beta^2$. Com essas aproximações, a Equação (2.54) torna-se

$$\mathcal{J}_v + \mathcal{K}_v = \pm \frac{v}{a}\left(\frac{1}{u^2} + \frac{1}{w^2}\right) \qquad (2.62)$$

Assim, a Equação (2.55b) para os modos TE_{0m} é a mesma que a Equação (2.56b) para os modos TM_{0m}. Usando as relações de recorrência para J'_v e K'_v dados no Apêndice C, obtemos dois conjuntos de equações para a Equação (2.62) para os sinais positivos e negativos. Para os sinais positivos, temos

$$\frac{J_{v+1}(ua)}{uJ_v(ua)} + \frac{K_{v+1}(wa)}{wK_v(wa)} = 0 \qquad (2.63)$$

A solução dessa equação dá origem a um conjunto de modos chamado de modos EH. Para o sinal negativo na Equação (2.62), obtemos

$$\frac{J_{v-1}(ua)}{uJ_v(ua)} - \frac{K_{v-1}(wa)}{wK_v(wa)} = 0 \qquad (2.64a)$$

ou por meio da inversa da Equação (2.64a) e usando as primeiras expressões de $J_v(ua)$ e $K_v(wa)$ das Seções C.1.2 e C.2.2,

$$-\frac{uJ_{v-2}(ua)}{J_{v-1}(ua)} = \frac{wK_{v-2}(wa)}{wK_{v-1}(wa)} \qquad (2.64b)$$

Isso resulta em um conjunto de modos chamado modos HE.

Se definirmos um novo parâmetro

$$j = \begin{cases} 1 & \text{para os modos TE e TM} \\ v + 1 & \text{para os modos EH} \\ v - 1 & \text{para os modos HE} \end{cases} \qquad (2.65)$$

então as Equações (2.55b), (2.63) e (2.64b) poderão ser escritas de forma unificada como

$$\frac{uJ_{j-1}(ua)}{J_j(ua)} = -\frac{wK_{j-1}(wa)}{K_j(wa)} \qquad (2.66)$$

As Equações (2.65) e (2.66) mostram que, na aproximação de modos fracamente guiados, todos os modos caracterizados por um conjunto comum de j e m satisfazem a mesma equação característica. Isso significa que esses modos são degenerados. Assim, se o modo $HE_{v+1, m}$ de m é degenerado com um modo $EH_{v-1, m}$ (ou seja, se os modos EH e HE de correspondente ordem radial m e mesma ordem circunferencial v formam pares degenerados), então qualquer combinação de um modo $HE_{v+1, m}$ com um modo de $EH_{v-1, m}$ constituirá da mesma forma um modo guiado da fibra.

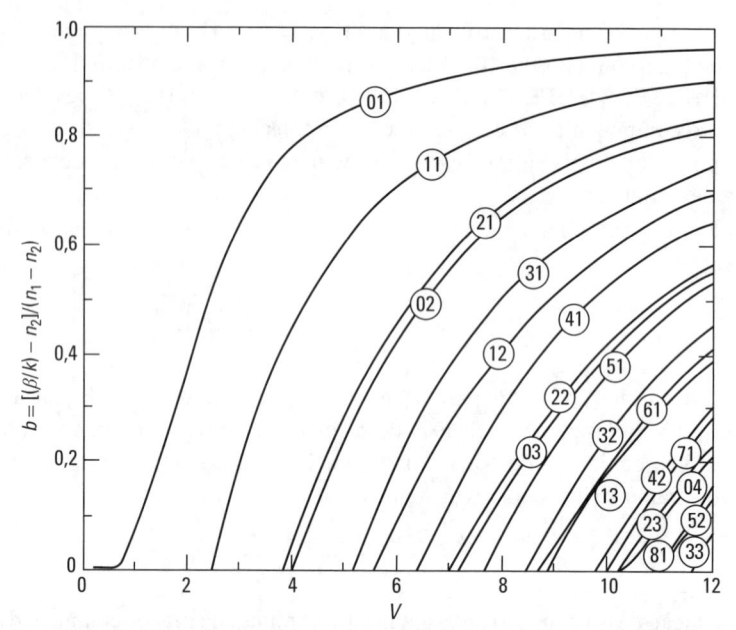

Figura 2.24 Gráficos da constante de propagação b em função de V para vários modos LP_{jm}. (Reproduzida com permissão de Gloge.[20])

Esses modos degenerados são chamados de modos *linearmente polarizados* (LP) e designados modos LP_{jm}, independentemente de sua configuração TM, TE, EH ou HE.[20] A constante de propagação normalizada b como uma função de V é dada para vários modos LP_{jm} na Figura 2.24. Em geral, temos as seguintes características:

1. Cada modo LP_{0m} é derivado de um modo HE_{1m}.
2. Cada modo LP_{1m} vem de modos TE_{0m}, TM_{0m} e HE_{2m}.
3. Cada modo LP_{vm} ($v \geq 2$) vem de um modo $HE_{v+1,m}$ e $EH_{v-1,m}$.

A correspondência entre os dez mais baixos modos LP (ou seja, aqueles que têm as frequências de corte mais baixas) e os tradicionais modos TM, TE, EH e HE é dada na Tabela 2.4, que também mostra o número de modos degenerados.

Tabela 2.4 Composição dos modos linearmente polarizados de menor ordem

Designação do modo LP	Designação tradicional e número de modos	Número de modos degenerados
LP_{01}	$HE_{11} \times 2$	2
LP_{11}	TE_{01}, TM_{01}, $HE_{21} \times 2$	4
LP_{21}	$EH_{11} \times 2$, $HE_{31} \times 2$	4
LP_{02}	$HE_{12} \times 2$	2
LP_{31}	$EH_{21} \times 2$, $HE_{41} \times 2$	4
LP_{12}	TE_{02}, TM_{02}, $HE_{22} \times 2$	4
LP_{41}	$EH_{31} \times 2$, $HE_{51} \times 2$	4
LP_{22}	$EH_{12} \times 2$, $HE_{32} \times 2$	4
LP_{03}	$HE_{13} \times 2$	2
LP_{51}	$EH_{41} \times 2$, $HE_{61} \times 2$	4

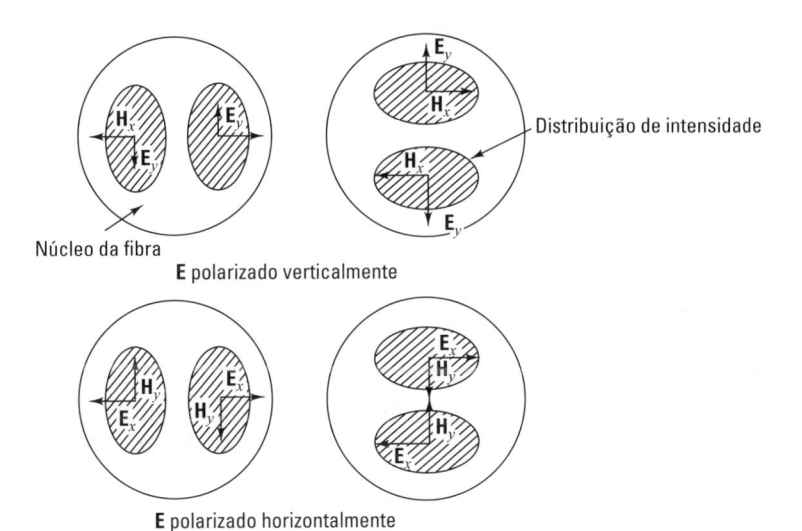

Figura 2.25 As quatro direções possíveis de campos transversos magnético e elétrico, e as distribuições de intensidade para o modo LP_{11}.

Um recurso muito útil da designação de modo LP é a capacidade de rapidamente visualizar um modo. Em um conjunto completo de modos, apenas um dos componentes de campo elétrico e magnético é significativo. O vetor do campo elétrico **E** pode ser escolhido para que se situe ao longo de um eixo arbitrário, com o vetor campo magnético **H** perpendicular a ele. Além disso, existem soluções equivalentes com as polaridades de campo invertidas. Uma vez que cada uma das duas direções possíveis de polarização pode ser acoplada com a dependência azimutal $j\phi$ ou sen $j\phi$, quatro padrões de modo discretos podem ser obtidos a partir de um único rótulo LP_{jm}. Como um exemplo, as quatro possíveis direções de campo elétrico e magnético, e as distribuições de intensidade correspondentes para o modo LP_{11} são mostradas na Figura 2.25. As Figuras 2.26a e 2.26b ilustram como dois modos LP_{11} são compostos exatamente das somas entre os modos HE_{21} e TE_{01} e das somas entre HE_{21} e TM_{01}, respectivamente.

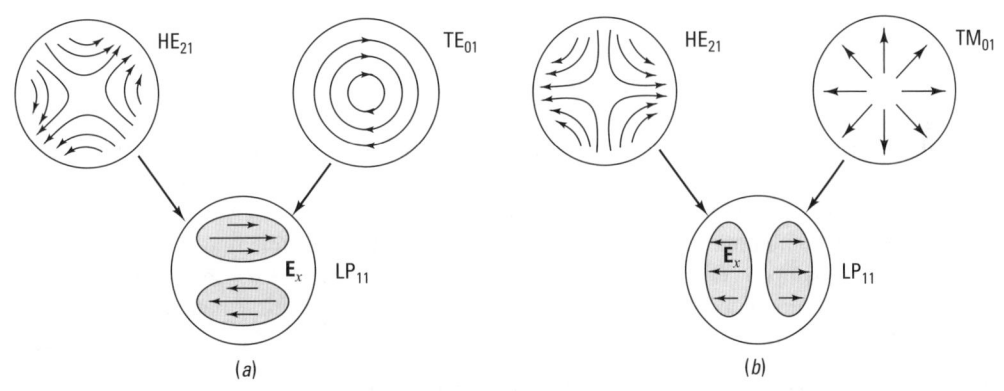

Figura 2.26 Composição dos dois modos LP_{11} a partir dos modos exatos e suas distribuições de campos transversais elétrico e magnético.

2.4.9 Fluxo de potência em fibras de índice-degrau*

A quantidade final de interesse para as fibras de índice-degrau é a fração entre os fluxos de potência no núcleo e na casca para um determinado modo. Como ilustra a Figura 2.19, o campo eletromagnético para um determinado modo não vai a zero na interface núcleo-casca, mas muda de uma forma oscilatória no núcleo para um decaimento exponencial na casca. Assim, a energia eletromagnética de um modo guiado é transportada, em parte, pelo núcleo e, em parte, pela casca. Quanto mais longe num modo está de sua frequência de corte, mais concentrada é a sua energia no núcleo. Quando o ponto de corte é atingido, o campo penetra mais na região da casca, e uma maior porcentagem da energia desloca-se nesta região. Na frequência de corte, o campo já não se deteriora fora do núcleo e o modo torna-se, agora, um modo totalmente radiante.

As quantidades relativas de fluxo de potência que fluem no núcleo e na casca podem ser obtidas por meio da integração do vetor de Poynting na direção axial,

$$S_z = \frac{1}{2} \operatorname{Re}(\mathbf{E} \times \mathbf{H}^*) \cdot \mathbf{e}_z \qquad (2.67)$$

sobre a seção transversal da fibra. Assim, as potências do núcleo e da casca, respectivamente, são dadas por

$$P_{\text{núcleo}} = \frac{1}{2} \int_0^a \int_0^{2\pi} r(E_x H_y^* - E_y H_x^*) \, d\phi \, dr \qquad (2.68)$$

$$P_{\text{casca}} = \frac{1}{2} \int_a^\infty \int_0^{2\pi} r(E_x H_y^* - E_y H_x^*) \, d\phi \, dr \qquad (2.69)$$

onde o asterisco indica o conjugado complexo. Com base na aproximação dos modos fracamente guiados que tem uma precisão da ordem da diferença de índices Δ entre o núcleo e a casca, as potências relativas do núcleo e da casca para um determinado modo ν são dadas por[20, 29]

$$\frac{P_{\text{núcleo}}}{P} = \left(1 - \frac{u^2}{V^2}\right)\left[1 - \frac{J_\nu^2(ua)}{J_{\nu+1}(ua) J_{\nu-1}(ua)}\right] \qquad (2.70)$$

e

$$\frac{P_{\text{casca}}}{P} = 1 - \frac{P_{\text{núcleo}}}{P} \qquad (2.71)$$

onde P é a potência total no modo ν. As relações entre $P_{\text{núcleo}}$ e P_{casca} são representadas graficamente na Figura 2.27 em termos de potências fracionárias $P_{\text{núcleo}}/P$ e P_{casca}/P para diversos modos LP$_{jm}$. Além disso, para frequências distantes do corte, a potência média total na casca foi derivada para fibras nas quais muitos modos podem propagar-se. Em razão desse elevado número de modos, os poucos modos próximos do corte podem ser ignorados como uma aproximação razoável. A derivação assume uma fonte incoerente, como uma lâmpada de filamento de tungstênio ou um diodo emissor de luz que, em geral, excita cada modo da fibra com a mesma quantidade de energia. A potência média total na casca é assim aproximada por[20]

$$\left(\frac{P_{\text{casca}}}{P}\right)_{\text{total}} = \frac{4}{3} M^{-1/2} \qquad (2.72)$$

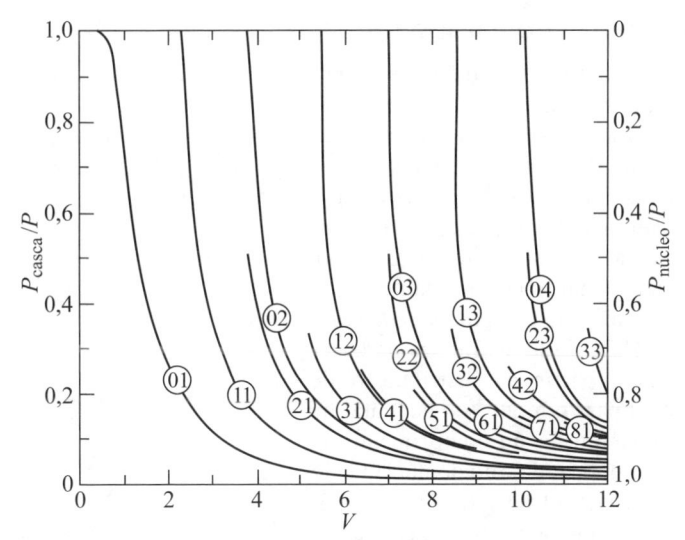

Figura 2.27 Fluxo de potência fracionária na casca para uma fibra óptica de índice-degrau em função de V. Quando $v \neq 1$, os números na curva vm designam os modos $HE_{v+1,m}$ e $EH_{v-1,m}$. Para $v = 1$, os números na curva vm designam os modos HE_{2m}, TE_{0m}, e TM_{0m}.
(Reproduzida com permissão de Gloge.[20]).

onde, a partir da Equação (2.61), M é o número total de modos que entram na fibra. A partir da Figura 2.27 e da Equação (2.72), pode-se observar que, uma vez que M é proporcional a V^2, o fluxo de potência na casca diminui com o aumento de V.

Exemplo 2.11 Considere uma fibra com núcleo de raio 25 μm, índice de refração de 1,48 e $\Delta = 0,01$. Em um comprimento de onda operacional de 0,84 μm, o valor de V é 39 e há 760 modos na fibra. A partir da Equação (2.72), aproximadamente 5% da potência propaga-se pela casca. Se Δ é diminuído para, digamos, 0,003 para reduzir a dispersão de sinal (ver Capítulo 3), então 242 modos serão propagados pela fibra e cerca de 9% da potência estará na casca. Para o caso de uma fibra monomodo, considerando o modo LP_{01} (o modo HE_{11}) da Figura 2.27, é possível observar que, para $V = 1$, cerca de 70% da potência se propaga na casca, enquanto para $V = 2,405$, que é onde o modo LP_{11} (modo TE_{01}) começa, aproximadamente 84% da potência está agora no núcleo.

2.5 Fibras monomodo

2.5.1 Construção

Na construção de fibras monomodo, as dimensões do diâmetro do núcleo devem ser da ordem de alguns comprimentos de onda (usualmente 8-12) e com pequenas diferenças de índice entre o núcleo e a casca. Da Equação (2.27) ou (2.58) com $V = 2,4$, pode-se observar que a propagação monomodo é possível apenas para as variações relativamente grandes de tamanho físico do núcleo e diferenças de índice núcleo-casca Δ. No entanto, nos projetos práticos das fibras monomodo,[27] a diferença de índice núcleo-casca varia entre 0,2% e 1,0%, e o diâmetro do núcleo deve ser escolhido para que seja justamente abaixo do ponto de corte do primeiro modo de ordem mais alta, isto é, para V ligeiramente inferior a 2,4.

2.5.2 Diâmetro do campo modal

Para as fibras multimodo, o diâmetro do núcleo e a abertura numérica são os parâmetros-chave para descrever as propriedades de transmissão de sinal. Em fibras monomodo, é necessária a distribuição geométrica de luz no modo de propagação para predizer as suas características de desempenho. Desse modo, um parâmetro fundamental de uma fibra monomodo é o *diâmetro do campo modal* (MFD). Esse parâmetro pode ser determinado a partir da distribuição de campo modal para o modo fundamental da fibra e é uma função do comprimento de onda da fonte óptica, do raio do núcleo e do perfil do índice de refração da fibra. O diâmetro do campo modal é análogo ao diâmetro do núcleo de fibras multimodo, com exceção de que, em fibras monomodo, nem toda a propagação de luz através da fibra é realizada no núcleo (ver Seção 2.4). A Figura 2.28 ilustra esse efeito. Por exemplo, em $V = 2$, apenas 75% da potência óptica está confinada ao núcleo. Essa porcentagem aumenta para maiores valores de V e diminui para pequenos valores.

O MFD é um parâmetro importante para a fibra monomodo, porque ele é utilizado para prever as suas propriedades, como as perdas nas junções e dobras, comprimento de onda de corte e dispersão no guia de ondas. Os Capítulos 3 e 5 descrevem esses parâmetros e seus efeitos no desempenho da fibra. Uma variedade de modelos foi proposta para a caracterização e medida do MFD,[30-35] os quais incluem varredura de campos próximos (*near-field*) e distantes *(far-field)*, *transversal offset*, abertura variável no campo distante, *knife-edge* e métodos por máscara.[30] A consideração essencial em todos esses métodos é como obter uma aproximação da distribuição de potência óptica.

A técnica-padrão para encontrar o MFD é medir a intensidade de campo distante de distribuição $E^2(r)$ e depois calcular o MFD usando a equação de Petermann II:[32]

$$\text{MFD} = 2w_0 = 2\left[\frac{2\int_0^\infty E^2(r)\,r^3\,dr}{\int_0^\infty E^2(r)\,r\,dr}\right]^{1/2} \qquad (2.73)$$

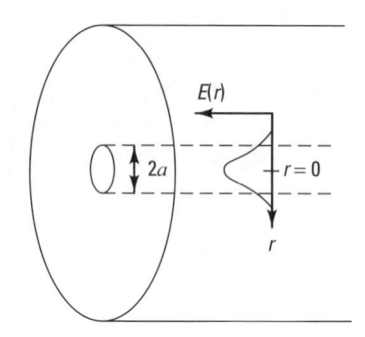

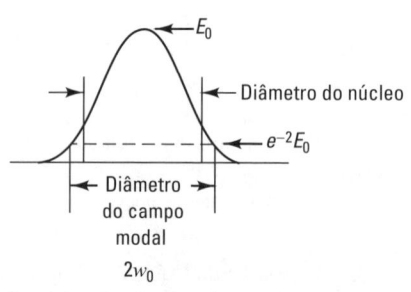

Figura 2.28 Distribuição de luz em uma fibra monomodo acima de seu comprimento de onda de corte. Para uma distribuição gaussiana, o MFD é dado pela largura de $1/e^2$ da potência óptica.

onde $2w_0$ (chamado de *tamanho do ponto*) é a largura total da distribuição de campo distante. Para simplificar o cálculo, a distribuição exata do campo pode ser ajustada por uma função gaussiana:[21]

$$E(r) = E_0 \exp\left(-r^2/w_0^2\right) \qquad (2.74)$$

em que r é o raio, e E_0, o campo no raio zero, como na Figura 2.28. Logo, o MFD é dado pela largura de $1/e^2$ da potência óptica.

Exemplo 2.12 Um engenheiro de produção deseja fazer uma fibra óptica com núcleo de índice de 1,480 e uma casca com índice de 1,478. Qual deve ser o tamanho do núcleo para uma operação monomodo em 1.550 nm?
Solução: Considerando que a condição $V \leq 2,405$ deve ser satisfeita para uma operação monomodo, temos, a partir da Equação (2.27), o seguinte resultado:

$$a = \frac{V\lambda}{2\pi}\frac{1}{\sqrt{n_1^2 - n_2^2}} \leq \frac{2,405 \times 1,55\,\mu m}{2\pi}\frac{1}{\sqrt{(1,480)^2 - (1,478)^2}} = 7,7\,\mu m$$

Se a fibra deve ser monomodo em 1.310 nm, o raio do núcleo deve ser menor que 6,50 μm.

Exemplo 2.13 Um engenheiro de aplicações tem uma fibra óptica de núcleo com raio de 3,0 μm e abertura numérica de 0,1. Essa fibra exibirá operação monomodo em 800 nm?
Solução: Da Equação (2.27)

$$V \approx \frac{2\pi a}{\lambda} NA = \frac{2\pi \times 3\,\mu m}{0,80\,\mu m} 0,10 = 2,356$$

Uma vez que $V < 2,405$, essa fibra exibirá operação monomodo em 800 nm.

2.5.3 Modos de propagação em fibras monomodo

Como descrito na Seção 2.4.8, em qualquer fibra comum monomodo, há dois modos de propagação: independente e degenerado,[36-39] os quais são muito semelhantes, mas seus planos de polarização são ortogonais. Esses planos podem ser escolhidos arbitrariamente como horizontal (H) e vertical (V), como mostra a Figura 2.29. Qualquer um desses dois modos de polarização constitui o modo fundamental HE_{11}. Em geral, o campo elétrico da luz que se propaga ao longo da fibra é uma superposição linear desses dois modos de polarização e depende da polarização da luz incidente do ponto do lançamento para dentro da fibra.

Suponha que escolhamos arbitrariamente um dos modos para ter o seu campo elétrico transversal polarizado ao longo da direção x e o outro modo, independente e ortogonal, polarizado na direção y, como mostra a Figura 2.29. Em fibras ideais com simetria de rotação perfeita, os dois modos são degenerados com constantes de propagação iguais ($k_x = k_y$), e qualquer estado de polarização injetado na fibra se propagará inalterado. No caso das fibras reais, há imperfeições, como tensões laterais assimétricas, núcleos não circulares e variações dos perfis de índice de refração. Essas imperfeições quebram a simetria circular da fibra ideal e levantam a degenerescência dos dois modos. Os modos propagam-se com diferentes velocidades de fase, e a diferença entre os seus índices de refração efetivos é chamada de *birrefringência* da fibra,

$$B_f = n_y - n_x \tag{2.75}$$

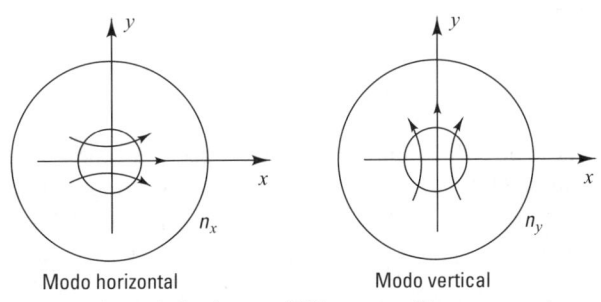

Modo horizontal   Modo vertical

Figura 2.29 Duas polarizações do modo fundamental HE_{11} em uma fibra monomodo.

Equivalentemente, podemos definir a birrefringência como

$$\beta = k_0(n_y - n_x) \tag{2.76}$$

onde $k_0 = 2\pi/\lambda$ é a constante de propagação no vácuo.

Se a luz é injetada para dentro da fibra, de modo que ambos os modos são excitados, então um estará defasado em relação ao outro à medida que se propagam. Quando essa diferença de fase for um múltiplo inteiro de 2π, os dois modos baterão nesse ponto e o estado de polarização de entrada será reproduzido. O comprimento sobre o qual esse batimento ocorre é o *comprimento de batimento* da fibra,

$$L_p = 2\pi/\beta \tag{2.77}$$

Exemplo 2.14 Uma fibra monomodo tem um comprimento de batimento de 8 cm em 1.300 nm. Qual é sua birrefringência?

Solução: A partir das Equações (2.75) a (2.77), temos que a birrefringência modal é

$$B_f = n_y - n_x = \frac{\lambda}{L_p} = \frac{1{,}3 \times 10^{-6}\,\text{m}}{8 \times 10^{-2}\,\text{m}} = 1{,}63 \times 10^{-5}$$

ou, de outra forma,

$$\beta = \frac{2\pi}{L_p} = \frac{2\pi}{0{,}08\,\text{m}} = 78{,}5\,\text{m}^{-1}$$

Isso indica uma fibra de tipo intermediário, porque a birrefringência pode variar de $B_f = 1 \times 10^{-3}$ (uma típica fibra de alta birrefringência) a $B_f = 1 \times 10^{-8}$ (baixa birrefringência).

2.6 Estrutura das fibras de índice-gradual

No projeto de uma fibra óptica de índice-gradual, o índice de refração do núcleo diminui continuamente com o aumento da distância radial r a partir do centro da fibra, mas é geralmente constante na casca. A forma mais comum utilizada para a variação do índice de refração no núcleo é a relação da lei de potências

$$n(r) = \begin{cases} n_1 \left[1 - 2\Delta \left(\frac{r}{a}\right)^\alpha \right]^{1/2} & \text{para} \quad 0 \leq r \leq a \\ n_1(1 - 2\Delta)^{1/2} \simeq n_1(1 - \Delta) = n_2 & \text{para} \quad r \geq a \end{cases} \tag{2.78}$$

Aqui, r é a distância radial a partir do eixo da fibra; a, o raio do núcleo; n_1, o índice de refração no eixo do núcleo; n_2, o índice de refração da casca; e o parâmetro adimensional α define a forma do perfil do índice. A diferença de índice Δ para a fibra óptica de índice-gradual é dada por

$$\Delta = \frac{n_1^2 - n_2^2}{2n_1^2} \simeq \frac{n_1 - n_2}{n_1} \tag{2.79}$$

A aproximação no lado direito dessa equação reduz a expressão de Δ àquela da fibra de índice-degrau dada pela Equação (2.20). Assim, o mesmo símbolo é utilizado em ambos os casos. Para $\alpha = \infty$, no interior do núcleo, a Equação (2.78) reduz-se ao perfil do índice-degrau $n(r) = n_1$.

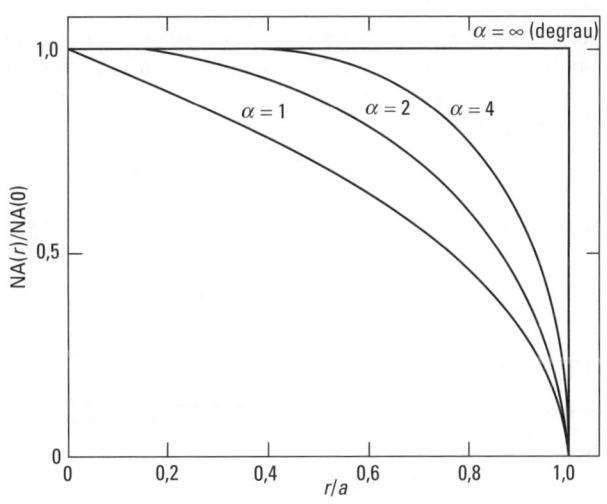

Figura 2.30 Uma comparação das aberturas numéricas para fibras contendo núcleo com diversos perfis de índice.

A determinação da NA nas fibras de índice-gradual é mais complexa do que para as de índice-degrau, porque é uma função da posição ao longo da face do núcleo. Isso contrasta com a fibra de índice-degrau, em que a NA é constante em todo o núcleo. As considerações com óptica geométrica mostram que a luz incidente no núcleo na posição r se propagará como um modo guiado apenas se estiver dentro do local de abertura numérica NA (r) nesse ponto. A abertura numérica local é definida como[40]

$$\mathrm{NA}(r) = \begin{cases} [n^2(r) - n_2^2]^{1/2} \simeq \mathrm{NA}(0)\sqrt{1-(r/a)^\alpha} & \text{para} \quad r \leq a \\ 0 & \text{para} \quad r > a \end{cases} \quad (2.80a)$$

onde a abertura numérica axial é definida como

$$\mathrm{NA}(0) = \left[n^2(0) - n_2^2\right]^{1/2} = \left(n_1^2 - n_2^2\right)^{1/2} \simeq n_1\sqrt{2\Delta} \quad (2.80b)$$

Assim, a NA de uma fibra óptica de índice-gradual diminui de NA(0) para zero à medida que r move-se do eixo de fibra ao limite de núcleo-casca. Uma comparação entre as aberturas numéricas para fibras com diferentes perfis de α é exibida na Figura 2.30. O número de modos acoplados em uma fibra óptica de índice-gradual é[17-18, 40]

$$M_g = \frac{\alpha}{\alpha+2} a^2 k^2 n_1^2 \Delta \simeq \frac{\alpha}{\alpha+2} \frac{V^2}{2} \quad (2.81)$$

onde $k = 2\pi/\lambda$, e a aproximação do lado direito é derivada usando as Equações (2.23) e (2.27). Os fabricantes de fibras normalmente escolhem um perfil de *índice de refração parabólico* dado por $\alpha = 2,0$. Nesse caso, $M_g = V^2/4$, que é metade do número de modos suportados por uma fibra de índice-degrau (para o qual $\alpha = \infty$) que possui o mesmo valor de V, como mostra a Equação (2.61).

> **Exemplo 2.15** Suponha que tenhamos uma fibra de índice-gradual com diâmetro de 50 μm, com perfil parabólico de índice de refração ($\alpha = 2$). Se a fibra possui uma abertura numérica NA = 0,22, qual é o número de modos guiados em 1.310 mm?
>
> *Solução*: Primeiro, da Equação (2.27)
>
> $$V = \frac{2\pi a}{\lambda} NA = \frac{2\pi \times 25 \mu m}{1,31 \mu m} \times 0,22 = 26,4$$
>
> Então, da Equação (2.81), o número total de modos para $\alpha = 2$ é
>
> $$M \approx \frac{a}{a+2} \frac{V^2}{2} = \frac{V^2}{4} = 174$$

2.7 Materiais das fibras

Na seleção de materiais para fibras ópticas, alguns requisitos devem ser satisfeitos. Por exemplo:

1. Deve ser possível fazer fibras longas, finas e flexíveis a partir do material.
2. O material deve ter transparência óptica em um comprimento de onda particular, para que a fibra para guie a luz de forma eficiente.
3. Deve haver disponibilidade de materiais fisicamente compatíveis com índices de refração ligeiramente diferentes para o núcleo e a casca.

Os materiais que satisfazem esses requisitos são os vidros e os plásticos.

A maioria das fibras é feita de vidro constituído, de sílica (SiO_2) ou de um silicato. A variedade de fibras de vidro disponíveis vai de fibras com perda moderada e núcleos de grandes dimensões utilizadas para transmissão de curta distância a fibras muito transparentes (baixa perda) empregadas em aplicações de longa distância. As fibras plásticas são menos utilizadas em razão da sua atenuação substancialmente mais elevada que nas fibras de vidro. A principal utilização de fibras plásticas é em aplicações de curta distância (várias centenas de metros) e em ambientes agressivos, em que maior resistência mecânica das fibras de plástico oferece uma vantagem sobre a utilização de fibras de vidro.

2.7.1 Fibras de vidro

O vidro é feito por fusão de misturas de óxidos metálicos, sulfuretos ou selenetos.[42-44] O material resultante é uma rede molecular aleatoriamente ligada ao contrário da estrutura bem ordenada encontrada nos materiais cristalinos. Uma consequência dessa ordem aleatória é que os vidros não têm um ponto de fusão bem definido. Quando o vidro é aquecido acima da temperatura ambiente, ele mantém-se um sólido duro até centenas de graus Celsius. À medida que a temperatura aumenta ainda mais, o vidro começa a amolecer gradualmente até que, em temperaturas muito elevadas, se torna um líquido viscoso. A expressão "temperatura de fusão" é geralmente usada na fabricação do vidro. Essa expressão refere-se apenas a um intervalo estendido de temperaturas em que o vidro se torna fluido suficiente para libertar-se rapidamente das bolhas de gás.

A maior categoria de vidros opticamente transparentes, a partir dos quais as fibras ópticas são feitas, é composta de vidros óxidos. Destes, o mais comum é a sílica (SiO_2), que possui um índice de refração que varia de 1,458-850 nm até 1,444-1.550 nm. Para produzir dois materiais semelhantes que tenham índices de refração ligeiramente diferentes para o núcleo e a casca, tanto flúor quanto vários óxidos (chamados de *dopantes*), como B_2O_3, GeO_2 ou P_2O_5, são adicionados à sílica. Como mostra a Figura 2.31, a adição de GeO_2 ou

P_2O_5 aumenta o índice de refração, enquanto a dopagem da sílica com flúor ou B_2O_3 o diminui. Uma vez que a casca deve ter um índice mais baixo que o núcleo, os exemplos de composições da fibra são:

1. núcleo GeO_2-SiO_2; casca SiO_2
2. núcleo P_2O_5-SiO_2; casca SiO_2
3. núcleo SiO_2; casca B_2O_3-SiO_2
4. núcleo GeO_2-B_2O_3-SiO_2; casca B_2O_3-SiO_2

Aqui, a notação GeO_2-SiO_2, por exemplo, significa um vidro de sílica dopado com GeO_2.

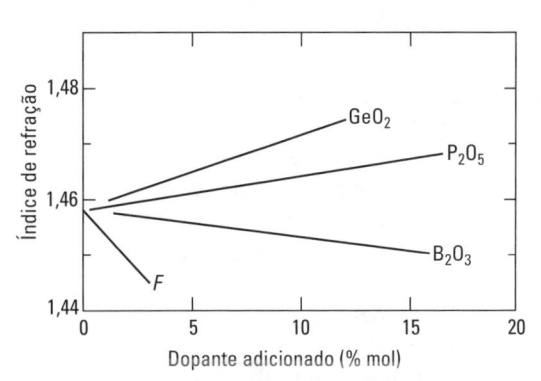

Figura 2.31 Variação do índice de refração em função da concentração de dopantes no vidro de sílica.

A principal matéria-prima para a sílica é a areia de alta pureza. O vidro composto de sílica pura é denominado *vidro de sílica*, *sílica fundida* ou *sílica vítrea*. Algumas das suas propriedades desejáveis são a resistência à deformação em temperaturas tão elevadas quanto 1.000 °C, uma resistência elevada à ruptura por choque térmico em razão da sua baixa expansão térmica, boa durabilidade química e elevada transparência em ambas as regiões do visível e do infravermelho com interesse em sistemas de comunicação de fibra óptica. Sua temperatura de fusão elevada é uma desvantagem se o vidro é preparado a partir de um estado fundido. No entanto, esse problema é parcialmente evitado quando se utilizam as técnicas de deposição em vapor.

2.7.2 Fibras de vidro ativas

A incorporação de elementos terras-raras (números atômicos 57-71) em um vidro normalmente passivo resulta em um material com novas propriedades ópticas e magnéticas. Essas novas propriedades permitem que o material possa efetuar a amplificação, a atenuação e o atraso de fase na luz que o atravessa.[45-47] A dopagem, isto é, a adição de impurezas, pode ser realizada em vidros de sílica, teluretos e iodetos halogêneos.

Os dois materiais comumente utilizados na dopagem de fibra para *lasers* são o érbio (Er) e o neodímio (Nd). As concentrações iônicas dos elementos de terras-raras são baixas (da ordem de 0,005-0,05 mol%) para evitar efeitos de agrupamento. Para fazer uso dos espectros de absorção e fluorescência desses materiais, pode-se utilizar uma fonte óptica que emita em um comprimento de onda de absorção do material dopado para excitar elétrons nos níveis de energia mais elevados dos dopantes de terras-raras. Quando esses elétrons excitados são estimulados por um fóton do sinal a decair para os níveis de energia mais baixos, o processo de transição resulta na emissão de luz de um espectro óptico estreito no comprimento de onda da fluorescência. O Capítulo 11 discute as aplicações das fibras dopadas com terras-raras para criar amplificadores ópticos.

2.7.3 Fibras ópticas de plástico

A crescente demanda por entrega de serviços de alta velocidade diretamente para a estação de trabalho levou os desenvolvedores de fibras a criar fibras ópticas de índice-

-gradual e grande largura de banda com polímero (plástico) (POF) para uso nas instalações dos clientes.[48,49] O núcleo dessas fibras é um polimetilmetacrilato ou um polímero perfluorado. Essas fibras são, portanto, referidas como PMMA POF e PF POF, respectivamente. Embora elas exibam atenuação de sinal óptico consideravelmente maior do que as fibras de vidro, são mais resistentes e duráveis. Por exemplo, uma vez que o módulo de elasticidade desses polímeros é cerca de duas ordens de grandeza mais baixo que o de sílica, até mesmo um POF de índice-gradual de 1 mm de diâmetro é suficientemente flexível para ser instalado nos caminhos de cabos de fibra convencionais. Os conectores ópticos padrão podem ser utilizados em fibras de núcleo de plástico com dimensões compatíveis aos diâmetros do núcleo de fibra de vidro multimodo de telecomunicações. Assim, o acoplamento entre fibras de plástico e vidro com tamanhos semelhante é muito simples. Além disso, para as fibras de plástico, as tecnologias baratas de moldagem e injeção de plástico podem ser utilizadas para a fabricação de conectores, emendas e transceptores.

A Tabela 2.5 fornece as características de fibras ópticas de polímeros PMMA e PF.

Tabela 2.5 Características de fibras óticas de polímeros PMMA e PF

Característica	PMMA POF	PF POF
Diâmetro do núcleo	0,4 mm	0,050-0,30 mm
Diâmetro da casca	1,0 mm	0,25-0,60 mm
Abertura numérica	0,25	0,20
Atenuação	150 dB/km em 650 nm	< 40 dB/km entre 650-1.300 nm
Largura de banda	2,5 Gb/s em 200 m	2,5 Gb/s em 550 m

2.8 Fibras de cristal fotônico

No início dos anos 1990, pesquisadores conceberam e demonstraram uma nova estrutura de fibra óptica. Inicialmente, isso foi chamado de *fibra perfurada* (*holey fiber*) e mais tarde ficou conhecida como *fibra de cristal fotônico* (PCF) ou *fibra microestruturada*.[50-54] A diferença entre essa nova estrutura e a de uma fibra convencional é que a casca e, em alguns casos, as regiões centrais de uma PCF contêm furos de ar, que se estendem ao longo de todo o comprimento da fibra. Considerando que as propriedades do material do núcleo e da casca definem as características de transmissão de luz das fibras convencionais, o arranjo estrutural de uma PCF cria uma microestrutura interna que proporciona dimensões extras para o controle das propriedades ópticas da luz, como os efeitos de dispersão, não linearidade e birrefringência nas fibras ópticas.

Os tamanhos dos orifícios e o espaçamento entre os furos (conhecido como "*passo*" ou *pitch*) na microestrutura e no índice de refração do seu material constituinte determinam as características de guia de ondas nas fibras de cristal fotônico. As duas categorias básicas da PCF são as fibras de índice-guiado (*index-guiding fiber*) e as fibras de *bandgap* fotônico (*photonic bandgap fibers*). O mecanismo de transmissão de luz, em uma *fibra de índice-guiado*, é semelhante ao de uma fibra convencional, uma vez que tem um núcleo de alto índice rodeado por uma casca de índice mais baixo. No entanto, para uma PCF, o índice de refração eficaz da casca depende do comprimento de onda e do tamanho e do passo dos furos. Em contraste, em uma *fibra bandgap fotônico*, a luz é guiada por meio de um efeito de *bandgap* fotônico, seja no núcleo oco, seja no núcleo microestruturado, que está rodeado por uma casca microestruturada.

2.8.1 PCF de índice-guiado

A Figura 2.32 apresenta, em corte transversal, a visão bidimensional da extremidade das duas estruturas principais de uma PCF de índice-guiado. As fibras possuem um núcleo sólido rodeado pela região da casca, que contém furos de ar ao longo do comprimento da fibra e uma variedade de formas, tamanhos e padrões de distribuição. A título de ilustração, na Figura 2.32a, os orifícios de ar são dispostos em uma matriz uniforme hexagonal. Os furos têm um diâmetro d e um passo entre eles ou *pitch* Λ. Em comparação, na Figura 2.32b, os orifícios da matriz hexagonal têm tamanhos diferentes. Por exemplo, na produção de uma PCF de muito baixa perda, utilizou-se uma configuração com 60 buracos, cujo diâmetro do orifício e passo dos buracos eram de 4 e 8 μm, respectivamente.[52]

Os valores do diâmetro do orifício e o passo são importantes para determinar as características operacionais de uma PCF de índice-guiado. Para uma relação diâmetro--passo $d/\Lambda < 0{,}4$, a fibra exibe propriedades monomodo em um grande intervalo de comprimentos de onda (a partir de cerca de 300 a 2.000 nm).[50] Não é possível alcançar essa característica em fibras ópticas convencionais, e ela é útil para a transmissão simultânea de múltiplos comprimentos de onda ao longo da mesma fibra. Por exemplo, uma transmissão WDM de banda ultralarga foi atingida utilizando a região de comprimentos de onda do visível ao infravermelho para enviar sinais simultâneos em comprimentos de onda de 658, 780, 853, 1.064, 1.309 e 1.556 nm ao longo de 1 km de uma PCF. O sinal em 658 mm utilizou uma taxa de 1 Gb/s, enquanto todos os outros comprimentos de onda carregaram sinais de 10 Gb/s. Todos os sinais sofreram uma perda de potência inferior a 0,4 dB com 10^{-9} de taxa de erro de *bit*.[52]

Apesar de o núcleo e a casca em uma PCF serem feitos do mesmo material (por exemplo, sílica pura), os orifícios de ar reduzem o índice de refração efetivo da região da casca, uma vez que $n = 1{,}00$ para o ar e 1,45 para a sílica. A grande diferença de índices de refração em conjunto com as pequenas dimensões das microestruturas torna o índice efetivo da casca muito dependente do comprimento de onda. O fato de o núcleo poder ser feito de sílica pura dá à PCF um determinado número de vantagens operacionais sobre as fibras convencionais, que tipicamente têm um núcleo de sílica dopada com germânio. Essas vantagens incluem baixas perdas, capacidade de transmitir elevados níveis de potência óptica e alta resistência a efeitos de escurecimento causados por radiação nuclear.

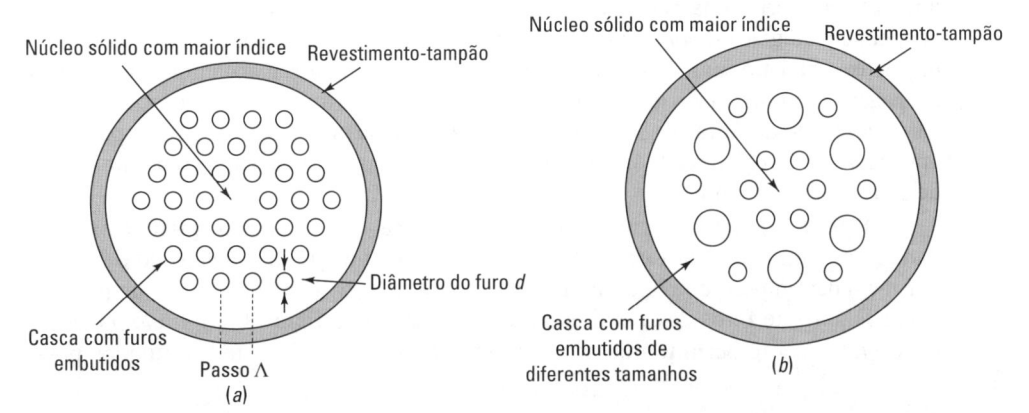

Figura 2.32 Seção transversal da extremidade de duas estruturas básicas de fibras de cristal fotônico de índice-guiado: (a) furos de ar de tamanho uniforme; (b) furos de ar com tamanhos diferentes.

As fibras podem suportar um único modo de operação em comprimentos de onda que vão de 300 nm a mais de 2.000 nm. A área de campo modal de uma PCF pode ser maior que 300 μm^2 em comparação com a área de 80 μm^2 de fibras convencionais monomodo. Isso permite que a PCF transmita altos níveis de potência óptica sem enfrentar os efeitos não lineares exibidos por fibras padrão (ver Capítulo 12).

Os filtros ópticos são componentes importantes em redes de onda luminosa para diminuir o ruído e sinais não desejados ou *alisar* (equalizar) o ganho de múltiplos sinais em diferentes comprimentos de onda após amplificação óptica. Para essas aplicações, são desejáveis filtros baseados em fibra óptica, pois eles podem facilmente ser unidos na entrada e saída das fibras. Para criar filtros de fibra óptica, em uma estrutura PCF, devem-se preencher os orifícios de ar com um polímero ou líquido de alto índice. Com tal estrutura, a luz é guiada no núcleo sólido ao longo de apenas determinados intervalos de comprimento de onda. Ajustando termicamente o índice de refração do líquido nos orifícios no intervalo 30-90 °C ao longo de poucos centímetros de uma seção da fibra, podem-se criar filtros espectrais versáteis à base de fibras que têm a capacidade de ser ajustados de forma dinâmica em um intervalo de comprimentos de onda maior que 150 nm, em locais específicos ao longo da fibra.[53]

Para a maioria dos fluidos, a variação do índice dependente da temperatura é de cerca de 0,1 a 0,4 K^{-1}, mas a variação pode ser muito maior se cristais líquidos são usados. Além disso, os cristais líquidos possuem a vantagem adicional de serem ajustáveis usando campos elétricos externos.[53a] Dependendo do fluido e do material da fibra, a inserção de fluidos nos orifícios das fibras de cristal fotônico pode ser alcançada simplesmente imergindo uma extremidade da PCF em um reservatório líquido, enquanto a outra é mantida aberta em pressão atmosférica.[53b]

2.8.2 Fibra de *bandgap* fotônico

As *fibras de bandgap fotônicos* (PBG) têm um mecanismo diferente para guiar a luz, que se baseia em um *bandgap** fotônico bidimensional no plano transversal da região da casca. Esse *bandgap* fotônico resulta do arranjo periódico dos buracos de ar na casca. Os comprimentos de onda dentro desse *bandgap* são impedidos de viajar na casca e, assim, apenas poderão viajar em uma região onde o índice é menor que o material circundante. O princípio de funcionamento de uma fibra de *bandgap* fotônico é análogo ao papel de uma estrutura cristalina periódica em um semicondutor, que impede que os elétrons de ocupem uma região do *bandgap*. Em uma fibra PBG tradicional, o núcleo oco atua como um defeito na estrutura de *bandgap* fotônico, criando uma região na qual a luz pode propagar-se. Considerando que os modos em todos os comprimentos de onda podem propagar-se ao longo de fibras de índice-guiado, a luz guiada em uma fibra PBG é permitida em apenas uma região relativamente estreita de comprimento de onda, com uma largura de cerca de 100-200 nm.

A Figura 2.33 apresenta uma visão bidimensional da seção transversal da extremidade da estrutura de um exemplo de fibra PBG. Aqui, um grande núcleo oco é formado por meio da remoção de material do centro da fibra a partir de uma área que pode ser ocupada por sete furos de ar. Tal estrutura é chamada de fibra PBG *guiada por ar* ou *com núcleo oco* e permite que cerca de 98% da potência dos modos guiados possa

---

* N. de T.: Na língua portuguesa, o termo *bandgap* é também denominado banda proibida. Adotou-se aqui o termo da língua inglesa em razão de seu uso já consolidado em física de semicondutores.

propagar-se nas regiões de buraco com ar. Analogamente a uma fibra de índice-guiado, os furos na região da casca têm um diâmetro d e um passo Λ. Essas fibras de núcleo oco podem ter uma não linearidade muito baixa e um limiar alto para danificar-se. Assim, fibras de PBG podem ser usadas para a compressão de pulsos dispersivos com altas intensidades ópticas. Além disso, os sensores de fibra óptica ou atenuadores variáveis de potência podem ser construídos por enchimento das fibras PBG que têm orifícios maiores centrais com gases ou líquidos.[53]

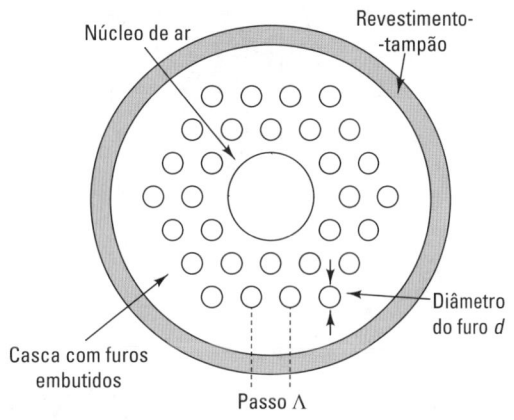

Figura 2.33 Seção transversal da extremidade de um tipo de fibras de *bandgap* fotônico.

Além da utilização de uma matriz de orifícios de ar nas regiões do núcleo e da casca para criar uma fibra de PBG, também é possível a utilização de um arranjo de componentes de sílica sólida.[54] Essa estrutura PBG emprega uma matriz periódica bidimensional de filamentos de vidro na região do núcleo. Esse arranjo particular é constituído por hastes de sílica de alto índice (n_2), dopadas com 2,5% de germânio, imersas em uma matriz de baixo índice de sílica fundida ($n_1 = 1{,}45$). As hastes de alto índice têm um diâmetro médio d e um passo (*pitch*) Λ. Como as hastes têm dimensões menores que o comprimento de onda, a arquitetura da fibra é chamada de *fibra de núcleo nanoestruturado* (NCF). Como um exemplo particular, uma fibra foi fabricada e testada com 37 hastes dispostas em 4 camadas em anel. Os diâmetros das hastes eram de 800 nm e o passo de 1 μm, dando, assim, a relação $d/\Lambda = 0{,}8$. Esse tipo de fibra possui potenciais aplicações em áreas como sensoriamento óptico, *laser* de fibra e giroscópios.

2.9 Fabricação das fibras

Duas técnicas básicas[55-58] são usadas na fabricação de todos os guias de ondas ópticos de vidro: o processo de oxidação na fase de vapor e os métodos de fusão direta. O método de fusão direta segue os procedimentos tradicionais de fabricação do vidro em que as fibras ópticas são feitas diretamente a partir do estado fundido dos componentes purificados de vidros de silicato. No processo de oxidação em fase de vapor, vapores altamente puros de halogenetos metálicos (por exemplo, $SiCl_4$ e $GeCl_4$) reagem com o oxigênio para formar um pó branco de partículas de SiO_2. As partículas são então coletadas sobre a superfície de um vidro *bulk*[*] por um dos quatro diferentes processos geralmente utilizados e sinterizadas (transformadas em uma massa homogênea de vidro por aquecimento sem fusão) por uma das várias de técnicas disponíveis para formar uma haste de vidro claro ou tubo (dependendo do processo). Essa haste – ou tubo – é chamada de *pré-molde* e possui tipicamente diâmetro de cerca de 10-25 mm e comprimento de 60-120 cm. As fibras são feitas a partir do pré-molde,[57-59] utilizando o equipamento mostrado na Figura 2.34. O pré-molde é introduzido por um alimentador em um aquecedor circular

---

[*] N. de T.: O termo *bulk* é utilizado em ciência dos materiais para denominar um material de volume muito maior que a separação entre suas moléculas ou átomos constituintes.

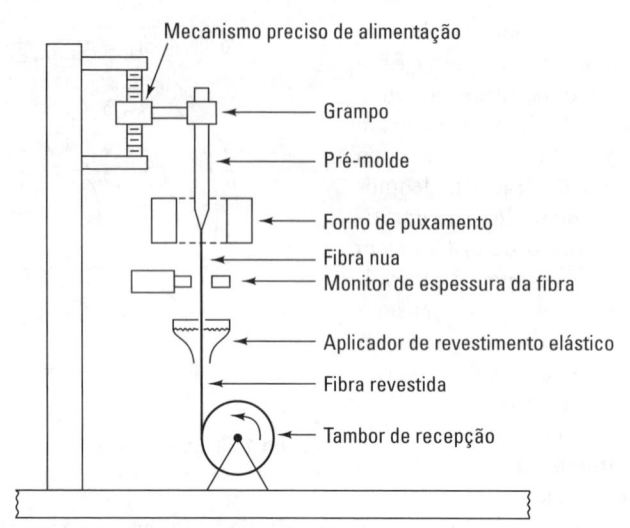

Figura 2.34 Esquema de um aparato de puxamento de fibras.

chamado de *forno de puxamento* (*drawing furnace*). Aqui, a extremidade do pré-molde é amolecida até o ponto em que possa ser puxada formando um filamento muito fino, que se torna a fibra óptica. A velocidade de rotação do tambor na parte inferior da torre de puxamento determina a rapidez com que a fibra é puxada. Essa, por sua vez, determinará a espessura da fibra, de modo que deve ser mantida uma velocidade de rotação muito precisa. Um monitor de espessura da fibra óptica é usado para alimentar o sistema de regulação de velocidade. Para proteger essa fibra de vidro de contaminantes externos, como poeira e vapor de água, uma camada elástica é aplicada à fibra imediatamente após o seu estabelecimento.

2.9.1 Oxidação externa em fase vapor

Na primeira fibra com perda menor que 20 dB/km fabricada pela Corning Glass Works[60-62] utilizou-se o processo de *oxidação externa em fase de vapor* (OVPO). Esse método é ilustrado na Figura 2.35. Em primeiro lugar, uma camada de partículas de SiO_2 chamada de *fuligem* é depositada a partir de um queimador em um mandril rotativo ou grafite cerâmico. As fuligens de vidro aderem a essa haste, e, camada por camada, é construído um pré-molde cilíndrico de vidro poroso. Quando se controlam adequadamente os componentes do fluxo de vapor de metal halogêneo durante o processo de deposição, a composição do vidro e as dimensões desejadas para a casca e o núcleo podem ser incorporadas no pré-molde. Tanto as fibras de índice-degrau como as de índice-gradual podem assim ser feitas.

Quando o processo de deposição é completado, o mandril é removido e o tubo poroso é então vitrificado em uma atmosfera seca a uma temperatura elevada (acima de 1.400 °C) para um pré-molde transparente de vidro. Esse pré-molde transparente é montado posteriormente em uma torre de puxamento e transformado em fibra, como mostra a Figura 2.34. O furo central no tubo do pré-molde colapsa durante o processo de puxamento.

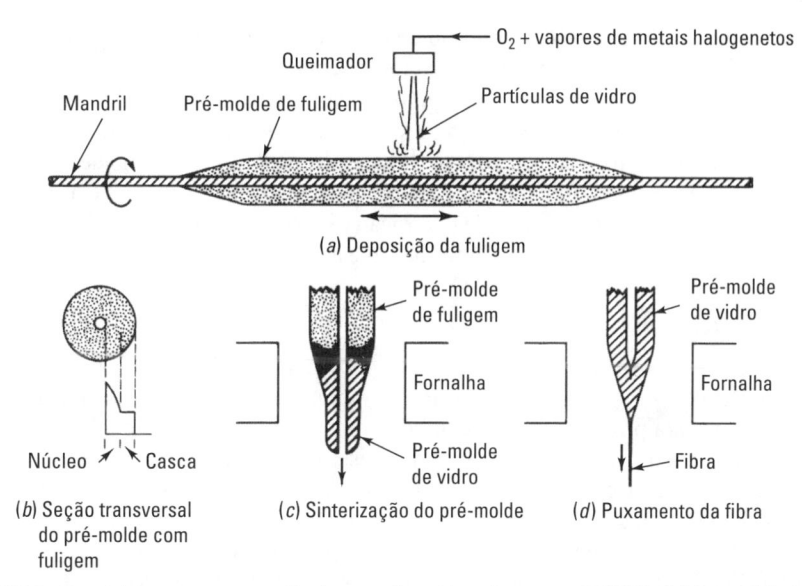

Figura 2.35 Passos básicos na preparação de um pré-molde pelo processo OVPO. (*a*) O mandril gira e move-se para trás e para frente sob o queimador para produzir uma deposição uniforme de fuligem de partículas de vidro ao longo da haste; (*b*) os perfis podem ser de índice-degrau ou de índice-gradual; (*c*) prosseguindo a deposição, o pré-molde de fuligem é sinterizado em um claro pré-molde de vidro; (*d*) a fibra é puxada do pré-molde de vidro. (Reproduzida com permissão de Schultz.[55])

2.9.2 Deposição axial na fase vapor

O processo OVPO descrito na Seção 2.9.1 é um método de deposição lateral. Outro tipo de processo OVPO é o método *deposição axial na fase de vapor* (VAD),[63,64] ilustrado na Figura 2.36. Nesse método, as partículas de SiO_2 são formadas da mesma maneira como descrito no processo OVPO. Como essas partículas emergem dos queimadores, elas são depositadas sobre a superfície da extremidade de uma haste de vidro de sílica, o qual atua como uma semente. Um pré-molde poroso cresce na direção axial, movendo a haste para cima. A haste é também continuamente rodada para manter a simetria cilíndrica da deposição de partículas. À medida que o pré-molde poroso se move para cima, transforma-se em um pré-molde em haste sólida e transparente na zona de fusão (aquecimento em uma zona estreitamente localizada) com o aquecedor de carbono em forma

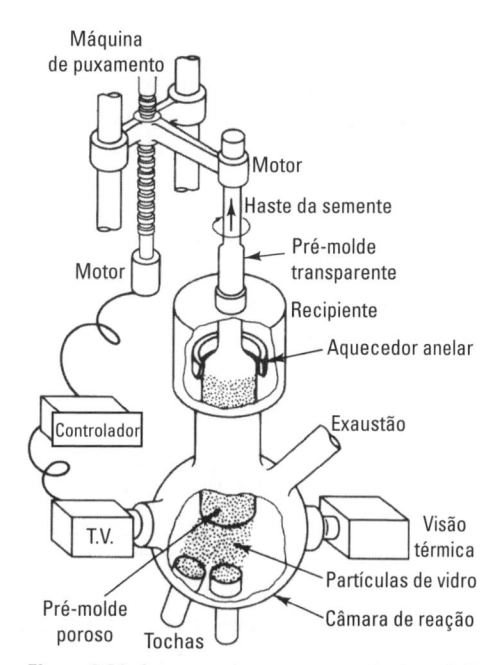

Figura 2.36 Aparato para o processo de deposição axial na fase de vapor (VAD).
(Reproduzida com permissão de Izawa e Inagaki,[63] © 1980, IEEE.)

de anel, como na Figura 2.36. O pré-molde resultante pode, então, ser puxado para formar uma fibra por aquecimento em outro forno, como mostrou a Figura 2.34.

Ambas as fibras de índice-degrau e gradual, em mono ou multimodos, podem ser preparadas pelo método de VAD. As vantagens desse método são: (1) o pré-molde não possui nenhum orifício central como ocorre com o processo OVPO; (2) o pré-molde pode ser fabricado em comprimentos contínuos, o que pode afetar os custos do processo e os rendimentos do produto; e (3) o fato de a câmara de deposição e o anel de aquecimento da zona de fusão estarem rigidamente ligados um ao outro permite a obtenção de um ambiente limpo.

2.9.3 Deposição por vapor químico modificado

O processo de *deposição por vapor químico modificado* (MCVD), mostrado na Figura 2.37 foi desenvolvido pioneiramente no Bell Laboratories[43,65-67] e amplamente adotado em outros lugares para produzir fibras de índice-gradual de muito baixa perda. As partículas de vidro em vapor, proveniente da reação dos gases de halogeneto metálicos e de oxigênio, fluem através do interior de um tubo de sílica rotativa. À medida que as partículas de SiO_2 são depositadas, elas são sintetizadas em uma camada de vidro transparente com um maçarico oxi-hidrogênio, que se desloca para trás e para frente ao longo do tubo. Quando a espessura desejada de vidro é depositada, o fluxo de vapor é desligado e o tubo é aquecido fortemente para provocar o seu colapso em um pré-molde de haste sólida. A fibra que é subsequentemente puxada desse pré-molde em haste terá um núcleo que consiste no material depositado via vapor e em uma casca constituída pelo tubo de sílica original.

2.9.4 Deposição por vapor químico ativado por plasma

Os cientistas da Philips Research inventaram o processo de *deposição por vapor químico ativado por plasma* (PCVD).[68-70] Como mostra a Figura 2.38, o método PCVD é semelhante ao processo de MCVD no qual a deposição ocorre dentro de um tubo de sílica. No entanto, é um plasma de micro-ondas não isotérmico operando em baixa pressão que inicia a reação química. Como o tubo de sílica mantém-se a temperaturas no intervalo de 1.000-1.200 °C para reduzir as tensões mecânicas no crescimento dos filmes de vidro, um ressonador de micro-ondas móvel operando a 2,45 GHz gera um plasma no interior do tubo para ativar a reação química. Esse processo deposita material de vidro transparente diretamente sobre a parede do tubo, e não há formação de fuligem. Assim, não é necessária a sinterização. Quando se deposita a espessura de vidro desejado, o tubo é colapsado em um pré-molde, assim como no caso da MCVD.

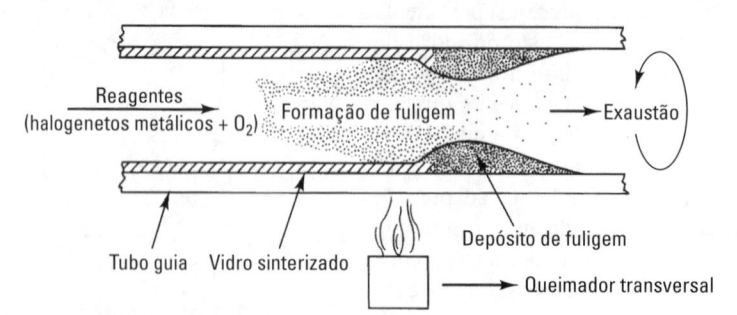

Figura 2.37 Esquema de um processo de deposição por vapor químico modificado (MCVD). (Reproduzida com permissão de Schultz.[55])

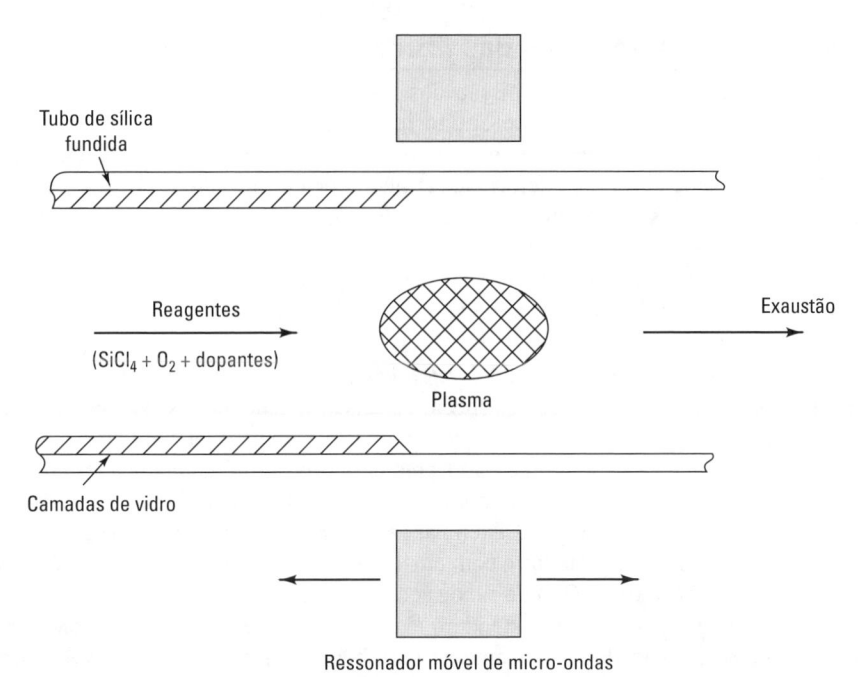

Figura 2.38 Esquema de um processo de deposição por vapor químico ativado por plasma (PCVD).

2.9.5 Fabricação de fibra de cristal fotônico

A fabricação de uma fibra de cristal fotônico também é baseada na criação de um pré-molde.[71-74] O pré-molde é feito por meio de um conjunto de tubos capilares ocos de sílica. Para fazer um pré-molde para uma fibra de índice-guiado, os tubos capilares são, primeiro, empacotados em uma matriz, em torno de uma haste de sílica sólida. Para uma fibra de *bandgap* fotônico, o núcleo oco é feito deixando um espaço vazio no centro da matriz. A partir do processo de empilhamento da matriz, essas configurações são fundidas em conjunto para criar um pré-molde e, em seguida, transformadas em fibras por meio de uma torre de puxamento convencional.

No processo de puxamento, os furos mantêm a sua disposição original, o que permite a criação de qualquer tipo de padrão de matriz (por exemplo, empacotados próximos, um círculo em torno de um único grande núcleo sólido ou de um núcleo oco em forma de estrela) e forma do furo (por exemplo, aberturas circulares, hexagonais ou ovais) na fibra final.

Além da sílica, o polímero e os materiais de vidro macio, como PMMA e SF6 ou vidro de Schott SF57 (silicato de chumbo), também têm sido usados para produzir fibras de cristal fotônico.[53,71-76] Para esses tipos de fibra, o pré-molde é feito por um processo de extrusão. Em um exemplo de processo de extrusão, um disco de vidro é aquecido até que fique mole e depois é prensado em um molde cuja estrutura determina a configuração da seção transversal da fibra. O tempo de extrusão é tipicamente de cerca de duas horas. Após fabricação do pré-molde, utiliza-se o equipamento-padrão de puxamento de fibra óptica para produzir as fibras.

2.10 Propriedades mecânicas das fibras

Além das propriedades de transmissão dos guias de ondas ópticas, as características mecânicas desempenham um papel muito importante quando as fibras são utilizadas como meio de transmissão em sistemas de comunicação óptica.[77-80] Elas devem ser capazes de resistir às tensões e às deformações que ocorrem durante o processo de cabeamento, bem como às forças induzidas durante a instalação e a manutenção do cabo. Durante a fabricação e a instalação do cabo, as forças aplicadas à fibra podem ser impulsivas ou variar gradualmente. Uma vez que o cabo está no lugar, as forças durante a operação normal geralmente variam lentamente, em razão de variações de temperatura ou de ajuste geral pós-instalação.

Dureza e *fadiga estática* são os dois tipos básicos de características mecânicas das fibras ópticas de vidro. Uma vez que o aspecto visual e o som do vidro se quebrando são bem familiares, intuitivamente suspeitamos que o vidro não é um material muito forte. No entanto, a tensão de ruptura longitudinal das fibras de vidro puro é comparável à dos fios de metal. A força de ligação coesiva dos átomos constituintes de uma fibra de vidro determina a sua dureza teórica intrínseca. Resistências máximas à tração de 14 GPa (2×10^6 lb/in^2) são observadas em fibras de calibre com curto comprimento de vidro. Isso está próximo da resistência à tração de 20 GPa do fio de aço. A diferença entre vidro e metal é que, sob uma tensão aplicada, o vidro se estenderá elasticamente até a sua ruptura, enquanto os metais podem ser esticados plasticamente para bem além de seu intervalo elástico. Os fios de cobre, por exemplo, podem ser alongados plasticamente por mais de 20% antes da fratura. Para as fibras de vidro, apenas alongamentos de cerca de 1% são possíveis antes de ocorrer a fratura.

Na prática, a existência de concentrações de tensão em defeitos de superfície ou microfissuras limita a dureza média das fibras de vidro compridas no intervalo de 700 a 3.500 MPa ($1\text{-}5 \times 10^5$ lb/in^2). A resistência à fratura de um determinado comprimento de fibra de vidro é determinada pelo tamanho e pela geometria da falha mais grave (a que produz a maior concentração de tensão) na fibra. Um hipotético modelo de falha física é mostrado na Figura 2.39. Essa fenda de forma elíptica é geralmente denominada *microfissura de Griffith*.[81] Ela tem largura w, profundidade χ e ponta de raio ρ. A dureza da fenda para as fibras de sílica segue a relação

$$K = Y\chi^{1/2}\sigma \qquad (2.82)$$

onde o fator de intensidade da tensão K é dado em termos da tensão aplicada à fibra σ, em megapascal, a profundidade de fenda χ, em milímetros, e uma constante adimensional Y que depende da geometria do defeito. Para defeitos de superfície na forma elíptica, que são os mais críticos em fibras de vidro, $Y = \sqrt{\pi}$. A partir dessa equação, a dimensão máxima de fissura permitida para um dado nível de tensão aplicada pode ser calculada. Os valores máximos de K dependem da composição do vidro, mas tendem a estar no intervalo 0,6-0,9 MN/m$^{3/2}$.

Já que uma fibra óptica geralmente contém muitos defeitos cuja distribuição de tamanho é aleatória,

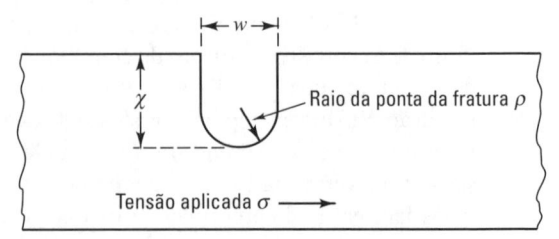

Figura 2.39 Modelo hipotético de microfratura em uma fibra óptica.

a resistência à fratura de uma fibra deve ser vista estatisticamente. Se (σ, L) é definida como a probabilidade cumulativa de que uma fibra de comprimento L falhará abaixo de um nível de tensão σ, então, supondo que os defeitos são independentes e distribuídos aleatoriamente na fibra e que a fratura ocorrerá na fissura mais grave, temos

$$F(\sigma, L) = 1 - e^{-LN(\sigma)} \qquad (2.83)$$

onde $N(\sigma)$ é o número total de defeitos por unidade de comprimento com uma intensidade menor que σ. Uma forma muito utilizada para $N(\sigma)$ é a expressão empírica

$$N(\sigma) = \frac{1}{L_0}\left(\frac{\sigma}{\sigma_0}\right)^m \qquad (2.84)$$

onde m, σ_0 e L_0 são constantes relacionadas à distribuição inicial de forças inertes. Isso leva à chamada *expressão de Weibull*[82]

$$F(\sigma, L) = 1 - \exp\left[-\left(\frac{\sigma}{\sigma_0}\right)^m \frac{L}{L_0}\right] \qquad (2.85)$$

Um gráfico da expressão de Weibull é mostrado na Figura 2.40 para medidas realizadas em amostras de fibras longas.[78,83] Esses pontos experimentais foram obtidos por meio de testes de destruição de um grande número de amostras. O fato de uma única curva poder ser traçada pelos dados indica que as falhas surgem a partir de um único tipo de fissura. Por meio de um controle bem cuidadoso do ambiente do forno de puxamento da fibra, podem ser fabricadas fibras de sílica com comprimentos superiores a 50 km com uma distribuição de uma única falha.

Em contraste com a dureza, a qual se refere a uma falha súbita sob uma carga aplicada, a fadiga estática relaciona-se ao crescimento lento de falhas preexistentes na fibra de vidro sob condições de umidade e de tensão de tração.[78] Esse crescimento gradual de defeitos provoca a falha da fibra em um nível de tensão menor do que seria alcançado em um ensaio de resistência. Uma falha como a mostrada na Figura 2.39 propaga-se através da fibra em virtude da erosão química do material na ponta da falha. A causa primária dessa erosão é a presença de água no ambiente, que reduz a resistência das ligações de SiO_2 no vidro. A velocidade da reação de crescimento é aumentada quando a fibra é colocada sob tensão. Certos materiais são mais resistentes à fadiga estática que outros, sendo a sílica fundida o mais resistente dos vidros em água. Em geral, os revestimentos que são aplicados à fibra imediatamente durante o processo de fabricação proporcionam um bom grau de proteção contra corrosões ambientais.[84]

Outro fator importante a considerar é a *fadiga dinâmica*. Quando um cabo óptico está sendo instalado em um ducto, sofre repetidas tensões em virtude dos efeitos de afluência (movimento de ondulação em um fluido). A afluência é causada por diferentes graus de atrito entre o cabo de fibra óptica e o duto ou a ferramenta de condução em um bueiro com percurso curvo. Tensões variáveis também surgem em cabos aéreos em razão das vibrações transversais causadas pelo vento. Investigações teóricas e experimentais[85,86] mostraram que o tempo para falhar sob essas condições está relacionado à tensão máxima permitida pelos mesmos parâmetros de tempo de vida que são encontrados em casos de tensão estática e tensão que aumenta a uma taxa constante.

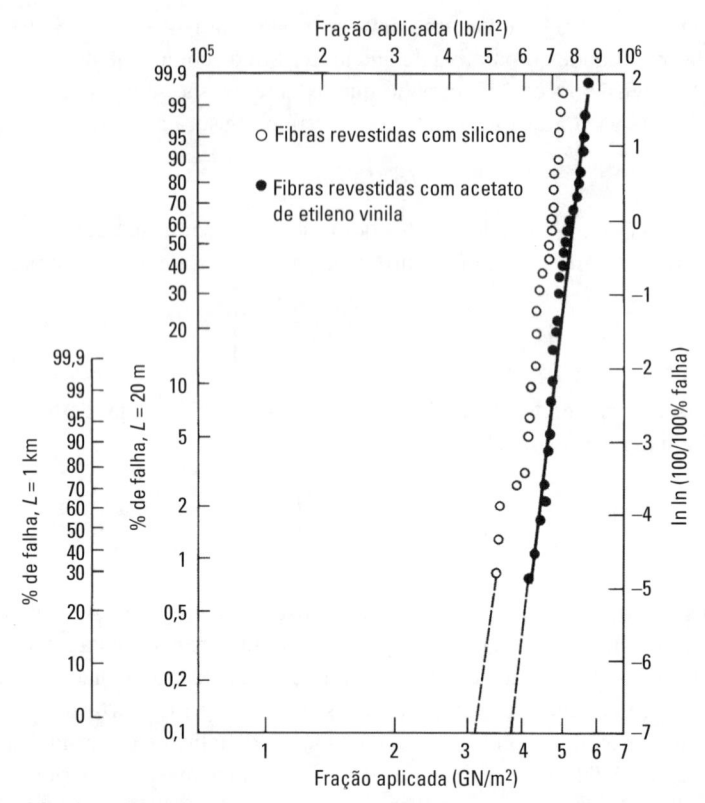

Figura 2.40 Um gráfico do tipo Weibull que mostra a probabilidade cumulativa de que as fibras de comprimentos 20 m e 1 km se fraturem na tensão aplicada indicada.
(Reproduzida com permissão de Miller, Hart, Vroom e Bowden.[83])

Uma alta garantia de confiabilidade da fibra pode ser fornecida em um *teste de prova*.[33,87,88] Nesse método, uma fibra óptica é submetida a uma carga de tração maior do que esperada em qualquer momento durante a fabricação, instalação e operação. Todas as fibras que não passam no teste de prova são rejeitadas. Os estudos empíricos do crescimento lento de fissuras mostram que a taxa de crescimento $d\chi/dt$ é aproximadamente proporcional a uma potência do fator de intensidade da tensão, isto é,

$$\frac{d\chi}{dt} = AK^b \quad (2.86)$$

Aqui, A e b são constantes do material, e o fator de intensidade de tensão é dado pela Equação (2.82). Para a maioria dos vidros, b varia entre 15 e 50.

Se um teste de prova σ_p é aplicado por um tempo t_p, temos, a partir da Equação (2.86), que

$$B\left(\sigma_i^{b-2} - \sigma_p^{b-2}\right) = \sigma_p^b \, t_p \quad (2.87)$$

onde σ_i é a intensidade inercial inicial e

$$B = \frac{2}{b-2}\left(\frac{K}{Y}\right)^{2-b}\frac{1}{AY^b} \quad (2.88)$$

Quando essa fibra é submetida a uma tensão estática σ_s depois do teste de prova, o tempo de falha t_s é encontrado a partir da Equação (2.86), de forma que

$$B\left(\sigma_p^{b-2} - \sigma_s^{b-2}\right) = \sigma_s^b t_s \qquad (2.89)$$

A combinação das Equações (2.87) e (2.89) nos leva a

$$B\left(\sigma_i^{b-2} - \sigma_s^{b-2}\right) = \sigma_p^b t_p + \sigma_s^b t_s \qquad (2.90)$$

Para encontrarmos a probabilidade de falha F_s de uma fibra em um instante t_s após o teste de prova, primeiro definimos (t, σ) para ser o número de defeitos por unidade de comprimento que falham num tempo t sob uma tensão aplicada σ. Supondo que $N(\sigma_i) \gg N(\sigma_s)$, então

$$N(t_s, \sigma_s) \simeq N(\sigma_i) \qquad (2.91)$$

Resolvendo a Equação (2.90) para σ_i e substituindo na Equação (2.84), temos de (2.91) que

$$N(t_s, \sigma_s) = \frac{1}{L_0} \left\{ \frac{\left[\left(\sigma_p^b t_p + \sigma_s^b t_s\right)/B + \sigma_s^{b-2}\right]^{1/(b-2)}}{\sigma_0} \right\}^m \qquad (2.92)$$

O número de falhas $N(t_p, \sigma_p)$ por unidade de comprimento durante o teste de prova é encontrado a partir da Equação (2.92), definindo $\sigma_s = \sigma_p$ e deixando $t_s = 0$, de modo que

$$N(t_p, \sigma_p) = \frac{1}{L_0} \left[\frac{\left(\sigma_p^b t_p/B + \sigma_p^{b-2}\right)^{1/(b-2)}}{\sigma_0} \right]^m \qquad (2.93)$$

Deixando $N(t_x, \sigma_x) = N_x$, a probabilidade de falha F_s para uma fibra, após ter sido testada, é dada pela

$$F_s = 1 - \exp[-L(N_s - N_p)] \qquad (2.94)$$

Substituindo as Equações (2.92) e (2.93) em (2.94), temos

$$F_s = 1 - \exp\left(-N_p L \left\{ \left[\left(1 + \frac{\sigma_s^b t_s}{\sigma_p^b t_p}\right) \frac{1}{1+C}\right]^{m/(b-2)} - 1 \right\}\right) \qquad (2.95)$$

onde $C = B/\sigma_p^2 t_p$, e onde ignoramos o termo

$$\left(\frac{\sigma_s}{\sigma_p}\right)^b \frac{B}{\sigma_s^2 t_p} \ll 1 \qquad (2.96)$$

Isso ocorre porque os valores típicos dos parâmetros nesse termo são $\sigma_s/\sigma_p \simeq 0{,}3 - 0{,}4$, $t_p \simeq 10\ s$, $b > 15$, $\sigma_p = 350\ MN/m^2$ e $B \simeq 0{,}05 - 0{,}5\ (MN/m^2)^2\ s$.

A expressão para F_s dada pela Equação (2.95) só é válida quando a tensão de prova é descarregada imediatamente, o que não é o caso em testes reais de prova de fibras ópticas. Quando uma tensão de prova é aplicada dentro de uma duração finita, o valor de C deve ser reescrito como

$$C = \gamma \frac{B}{\sigma_p^2 \, t_p} \qquad (2.97)$$

onde γ é um coeficiente de crescimento lento da fissura decorrente do período de descarga.

2.11 Cabos de fibra óptica

Em qualquer aplicação prática da tecnologia de guia de onda óptico, as fibras devem ser incorporadas em alguma estrutura do tipo cabo.[89-95] A estrutura do cabo variará muito, dependendo de o cabo ser puxado em dutos internos a edifícios ou subterrâneos, enterrado diretamente no solo, instalado em postes ao ar livre ou submerso na água. Projetos diferentes de cabos são necessários para cada tipo de aplicação, mas certos princípios fundamentais são aplicados em todos os casos. De acordo com os fabricantes, os cabos de fibra óptica devem ser instalados com o mesmo equipamento e as mesmas técnicas de instalação e precauções adotadas para os cabos de fio convencionais. Isso requer projetos especiais de cabos por causa das propriedades mecânicas das fibras de vidro.

2.11.1 Estruturas do cabo

Uma importante propriedade mecânica é a máxima carga axial admissível no cabo porque esse fator determina o comprimento do cabo que pode ser instalado confiavelmente. Em cabos de cobre, os fios em si são, geralmente, os principais membros de suporte da carga do cabo, e alongamentos de mais de 20% são possíveis sem fratura. Por sua vez, as fibras ópticas extremamente fortes tendem a quebrar com 4% de alongamento, enquanto típicas fibras de boa qualidade com comprimento longo apresentam ruptura em alongamentos de cerca de 0,5%-1,0%. Uma vez que a fadiga estática ocorre muito rapidamente nos níveis de tensão acima de 40% do alongamento permitido e muito lentamente abaixo de 20%, os alongamentos, durante a fabricação do cabo e sua instalação, devem ser limitados a 0,1%-0,2%.

Os fios de aço têm sido amplamente utilizados para reforçar os cabos elétricos e também podem ser usados como um elemento de apoio para os cabos de fibra óptica. Para algumas aplicações, é desejável ter uma construção completamente não metálica, tanto para evitar os efeitos de indução eletromagnética como para reduzir o peso do cabo. Nesses casos, elementos resistentes de plástico e fios sintéticos de alta resistência à tração de são utilizados. Um fio popular é o Kevlar®, que é um suave mas resistente material de *nylon* sintético amarelo pertencente a uma família de fios genéricos conhecidos como *aramidas*. As boas práticas de fabricação isolarão as fibras dos outros componentes dos cabos, mantendo-os próximos ao eixo neutro do cabo, e permitirão que elas se movam livremente quando o cabo é dobrado ou esticado.

A configuração genérica de cabo mostrada na Figura 2.41 ilustra alguns materiais comuns utilizados no processo de cabeamento da fibra óptica. As fibras individuais ou pacotes de fibra agrupados e os fios de cobre opcionais para ligar equipamentos na linha são enrolados frouxamente ao redor do apoio central rígido. Uma fita para envolver o cabo e outros componentes de reforço, como Kevlar, encapsulam e ligam esses conjuntos. Envolvendo todos esses componentes, há um revestimento ou *jaqueta* de polímero duro que proporciona resistência à compressão e controla qualquer tração aplicada ao cabo, de modo que as fibras internas não sejam danificadas. A jaqueta também protege as fibras no interior contra abrasão, umidade, óleo, solventes e outros contaminantes. O tipo de jaqueta, em grande parte, define as características de aplicação; por exemplo, cabos pesados externos para aplicações de enterro direto ou aéreo têm jaquetas muito mais espessas e resistentes que os leves cabos internos.

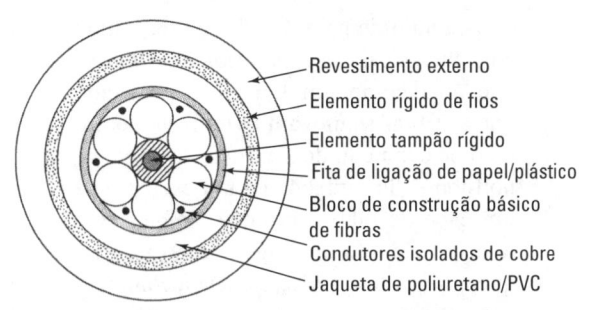

Figura 2.41 Um cabo típico de seis fibras criando pelo trançamento de seis blocos de fibras ao redor de um elemento central rígido.

As duas estruturas básicas de cabo de fibra óptica são os cabos de *buffer* (tampão ou capa) firme (*tight-buffered fiber cable*) e a configuração de tubo solto (*loose-tube cable*). Os primeiros nominalmente são usados internamente, enquanto a segunda estrutura é destinada para aplicações de longa distância ao ar livre. Um cabo de fita é uma extensão do cabo de *buffer* firme. Em todos os casos, as próprias fibras consistem em núcleo e casca de vidro normalmente fabricados, que são rodeadas por um revestimento de proteção 250 μm de diâmetro.

Como mostra a Figura 2.42, no projeto *buffer* firme, cada fibra é encapsulada individualmente em sua própria estrutura de tampão de plástico com 900 μm de diâmetro, daí a designação projeto *buffer* firme. O tampão de 900 μm é aproximadamente quatro vezes o diâmetro e cinco vezes a espessura do material de revestimento protetor de 250 μm. Essa forma de construção contribui para um excelente desempenho dos cabos de *buffer* firmes sob condições de umidade e da temperatura e também permite seu encaixe direto com conectores. Em um único módulo de fibras, uma camada de material resistente circunda a estrutura da fibra de 900 μm. Essa configuração, em seguida, é encapsulada no interior de um invólucro externo de PVC.

Na configuração de cabo de *tubo solto*, uma ou mais fibras padrão revestidas são colocadas em um tubo termoplástico que tem um diâmetro interno muito maior que o diâmetro da fibra. As fibras do tubo são ligeiramente maiores do que o próprio cabo. O objetivo dessa construção é isolar a fibra a partir de qualquer estiramento da estrutura em torno do cabo causado por fatores como alterações de temperatura, impulso do vento

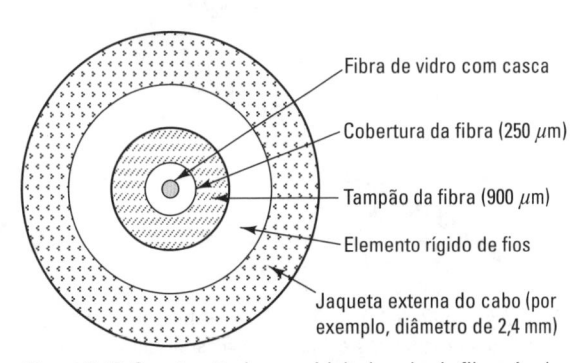

Figura 2.42 Construção de um módulo de cabo de fibra símplex de tampão firme.

ou acúmulo de gelo. O tubo é preenchido com um *gel* ou um *material hidrofóbico* que atua como um tampão, permitindo que as fibras se movam livremente dentro do tubo e impedindo a entrada de umidade no tubo. A Figura 2.43 dá um exemplo de um cabo de tubo solto, que também tem uma camada de blindagem dentro da jaqueta para oferecer resistência à compressão e proteção contra roedores. Esse cabo pode ser usado para aplicações em plantas externas que podem ser enterradas diretamente ou aéreas.

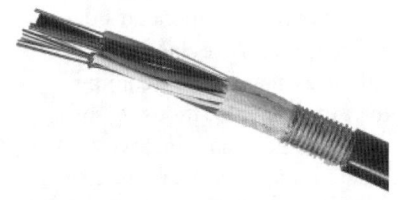

Figura 2.43 Um cabo de fibra óptica de tubo solto que possui uma armadura protetora com camada de aço dentro da jaqueta.
(Cortesia de OFS Fitel LLC; www.ofsoptics.com.)

Para facilitar a operação em campo de emendas de cabos que contêm um grande número de fibras, os projetistas de cabos desenvolveram a estrutura de fita de fibras. Como mostra a Figura 2.44, o cabo de fita é um arranjo de fibras que estão alinhadas precisamente uma ao lado da outra e, em seguida, são encapsuladas em um tampão de plástico ou jaqueta, de modo a formar uma fita longa e contínua. O número de fibras em uma fita varia tipicamente de 4 a 12. Essas fitas podem ser empilhadas em cima umas das outras, de modo a formar um arranjo denso de muitas fibras (por exemplo, 144 fibras) dentro de uma estrutura de cabo.

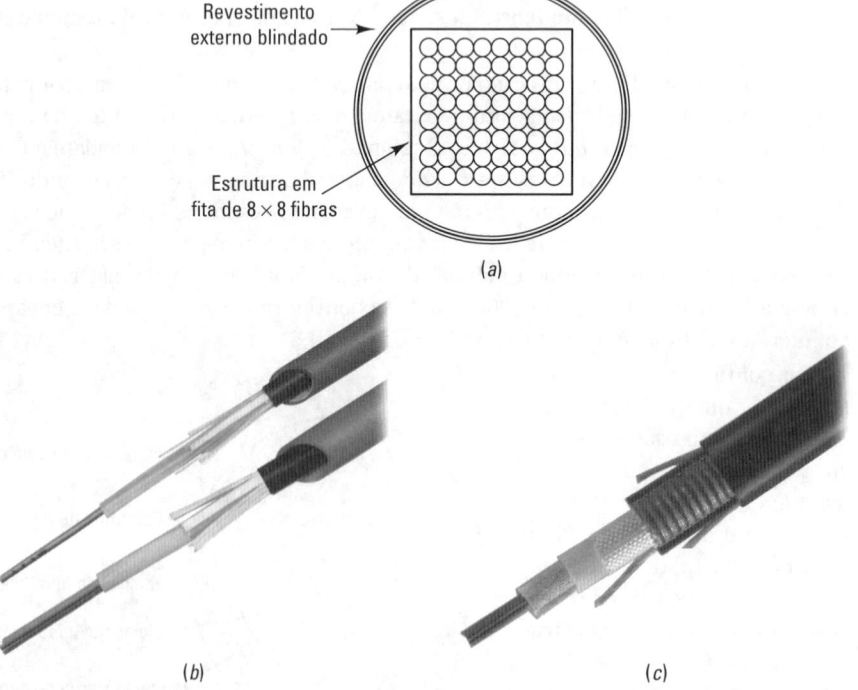

Figura 2.44 Cabo de fita de fibra: (*a*) estrutura de fita em camadas para um projeto de 64 fibras, (*b*) projeto de cabo pequeno para instalação com ar soprado em dutos, (*c*) cabo levemente blindado para instalações aéreas, enterro direto ou em dutos.
(Cortesia de OFS Fitel LLC: AccuRibbon Ductsaver FX® and AccuRibbon DC® metallic cables; www.ofsoptics.com.)

Existem diferentes formas de adaptar fibras no interior de um cabo. O arranjo particular das fibras e o próprio projeto do cabo precisam levar em conta questões como o ambiente físico, os serviços que a rede óptica proporcionará, e a antecipação de qualquer tipo de manutenção e reparo que possa ser necessário. Dois exemplos de cabos de fita para aplicações em dutos e aérea são mostrados nas Figuras 2.44*b* e 2.44*c*.

2.11.2 Projetos de cabos internos

Os *cabos internos* (*indoor cables*) podem ser usados para conexão entre instrumentos, distribuição de sinais entre os usuários de um escritório, para conexões com impressoras, servidores ou *patch cords* curtos em *racks* de equipamentos de telecomunicações. Os três principais tipos são descritos a seguir.

Cabo de interconexão Fornece leves aplicações com baixa contagem de fibras, como ligações de fibra à mesa do escritório, *patch cords* e execuções ponto a ponto em conduítes e bandejas (*trays*). O cabo é flexível, compacto e leve, com uma construção-tampão firme. Um tipo de cabo interior popular é o *dúplex*, que consiste em duas fibras que são encapsuladas em um invólucro de PVC exterior. As fibras de *patch cords*, também conhecidas como *cabos de ligação* (*jumpers*), têm comprimentos curtos (geralmente menos de 2 m) de cabos símplex ou dúplex com conectores em ambas as extremidades. Eles são utilizados para conectar equipamento de teste para luz em um painel de ligações de fibras ou interligar módulos de transmissão óptica com uma prateleira (*rack*) de equipamentos.

Breakout or fanout Esse cabo consiste em até 12 fibras de *buffer* firme reunidas ao redor de um elemento central rígido. Tais cabos servem para aplicações com baixas e médias contagens de fibra onde é necessário para proteger as fibras individuais revestidas. O cabo de desagregação *breakout* permite a fácil instalação de conectores em fibras individuais no cabo. Com tal configuração de cabo, o encaminhamento da extremidade das fibras individuais com pedaços separados de equipamento pode ser facilmente alcançado.

Cabo de distribuição Consiste em fibras de *buffer* firme individuais ou em pequenos agrupamentos presos em volta de um elemento central rígido. Esse cabo serve para uma grande variedade de aplicações de rede para o envio de dados, voz e sinais de vídeo. Os cabos de distribuição são projetados para uso em bandejas de cabos internos e conduítes. Além disso, podem ser pendurados livremente em estruturas com teto. A principal característica é que eles permitem que os agrupamentos de fibras no interior do cabo possam ser ramificados (distribuídos) para vários locais.

2.11.3 Cabos externos

As instalações externas de cabos incluem aplicações aéreas, em dutos, enterramento direto e submarinas. Invariavelmente, esses cabos consistem em uma estrutura de tubo solto. Há muitos projetos diferentes e tamanhos de cabos externos disponíveis, dependendo do ambiente físico em que o cabo será usado e da aplicação específica.

Cabo aéreo É destinado a montagens externas entre edifícios, em postes ou torres. Os dois projetos populares são as estruturas de cabos autossustentáveis e de fácil sustentação. O *cabo autossustentável* contém um elemento rígido interno que permite que ele possa ser estendido entre postes sem usar quaisquer mecanismos adicionais de suporte. Para o *cabo de fácil sustentação*, primeiramente um fio separado ou elemento rígido é amarrado entre os postes, e, em seguida, o cabo é amarrado ou encaixado nesse elemento.

Cabo blindado Para aplicações que exigem o enterramento direto ou em dutos subterrâneos ou possuem armadura protetora de uma ou mais camadas de fios de aço ou camisa de aço abaixo do revestimento de polietileno, como mostra a Figura 2.45. Isso não só fornece uma dureza adicional ao cabo, como também o protege de animais como esquilos ou roedores escavadores, que muitas vezes causam danos aos cabos subterrâneos. Por exemplo, nos Estados Unidos, um pequeno roedor das planícies (*Geomys bursarius*) pode destruir cabos desprotegidos que estão enterrados a menos de 2 m (6 pés) de profundidade. Outros componentes do cabo incluem um membro rígido central, fitas para enrolar ou prender e materiais que bloqueiam a entrada de água.

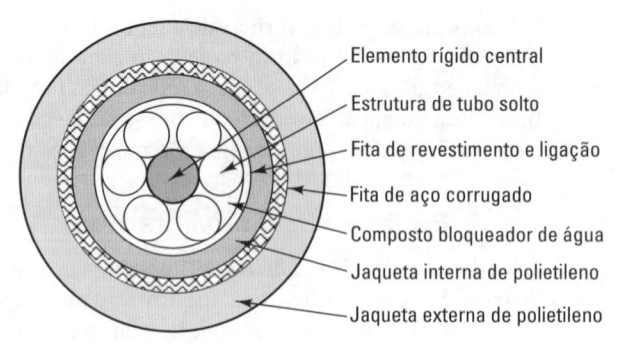

Figura 2.45 Exemplo da configuração de um cabo de fibra óptica blindado para instalações externas.

Cabo subaquático Também conhecido como cabo submarino, é usado em rios, lagos, e oceanos. Como os cabos desse tipo são normalmente expostos a altas pressões de água, eles têm requisitos muito mais rigorosos do que os cabos subterrâneos. Por exemplo, como mostra a Figura 2.46, os cabos que podem ser utilizados em rios e lagos têm várias camadas que bloqueiam a água, um ou mais revestimentos interiores de polietileno e uma pesada armadura externa. Os cabos que correm sob o oceano possuem mais camadas de blindagem e fios de cobre para fornecer energia elétrica a amplificadores ópticos ou regeneradores submersos.

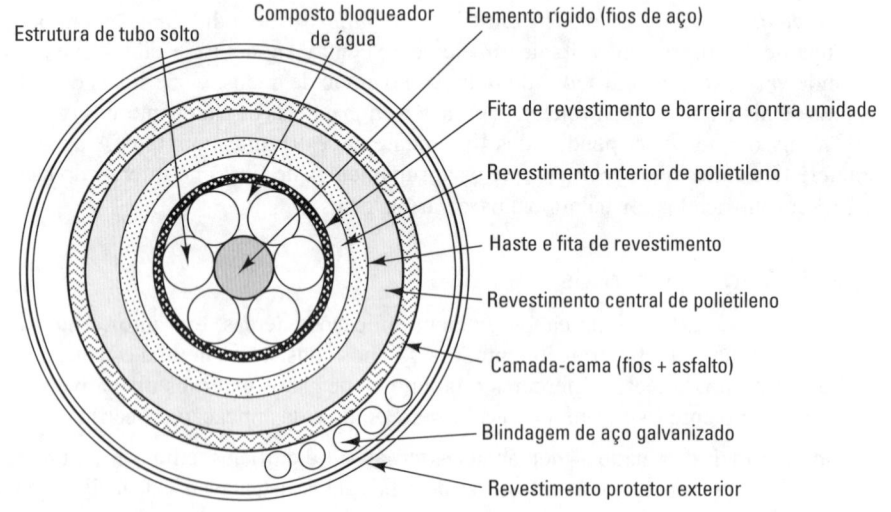

Figura 2.46 Exemplo da configuração de um cabo de fibra óptica subaquático.

2.12 Métodos de instalação de cabos

Na instalação, os cabos de fibra óptica podem ser lavrados diretamente no solo, colocados em uma vala exterior, puxados ou soprados através de dutos (interiores e exteriores) ou outros espaços, suspensos em postes ou colocados sob a água.[89-101] Apesar de cada método ter seus próprios procedimentos especiais de manuseio, cada um tem de aderir a um conjunto comum de precauções, como evitar dobras acentuadas do cabo, minimizar as tensões sobre o cabo instalado, permitir folga para um cabo adicional ao longo do trajeto para reparos inesperados e evitar forças excessivas de tração no cabo.

2.12.1 Instalações diretamente enterradas

Para *enterrar diretamente* um cabo de fibra óptica, ele pode ser lavrado diretamente no subsolo ou colocado em uma vala que é preenchida depois. A Figura 2.47 ilustra uma operação de arado que pode ser realizada em áreas não urbanas. Os cabos são montados em grandes bobinas sobre o veículo lavrador e diretamente enterrados no solo por meio do mecanismo de arado. Uma operação de lavra normalmente não é viável em um ambiente urbano, portanto um método de *escavação* deve ser usado. A abertura de valas é mais demorada que o enterramento direto, pois requer a escavação manual de uma vala ou trincheira ou uma máquina em determinada profundidade. No entanto, a escavação permite que a instalação seja mais controlada que no arado. Por exemplo, no enterro direto, não é possível saber se uma pedra afiada mantida no solo está pressionando o cabo instalado ou se ele foi danificado de alguma forma, de modo que possa falhar posteriormente.

Figura 2.47 Máquina de arado para cabos usada em um ambiente não urbano.
(Cortesia de © VERMEER CORPORATION. Todos os direitos reservados; www.vermeer.com.)

Geralmente, uma combinação dos dois métodos é usada, com o arado sendo feito em áreas isoladas abertas e onde a lavra não é possível, como em áreas urbanas. Além disso, *perfurações direcionais* ou *buracos horizontais* podem ser necessários em áreas em que a superfície não pode ser perturbada. Por exemplo, se o cabo deve ir a uma rua movimentada, um riacho, ou uma área ajardinada, é melhor perfurar um buraco com duto encapsulado no subsolo e, em seguida, atravessar o cabo através do duto. Há vários tamanhos de máquinas de perfuração, que serão utilizadas de acordo com a profundidade e a distância dos buracos a serem furados. Por exemplo, uma máquina de perfuração de 48 polegadas horizontais para utilização urbana (Figura 2.48) pode abrir um buraco por baixo da superfície para um tubo de diâmetro de 1,9 polegada (5 cm) em distâncias de até 400 pés (122 m).

Durante a instalação por enterro direto, uma fita de *alerta* (geralmente laranja) normalmente é colocado a uma curta distância (tipicamente 18 polegadas ou 46 cm) acima do cabo para alertar futuros operadores de escavação para a presença de um cabo. A fita pode conter tiras metálicas, de modo que possa ser localizada acima do solo com um detector de metais. Além disso, um poste de aviso ou marcador de cabo, que é nivelado com o solo, pode ser utilizado para indicar onde um cabo está enterrado. A Figura 2.49 ilustra alguns sinais e marcadores típicos para indicar locais de cabos subterrâneos. Além de indicar aos reparadores onde um cabo está localizado, essas precauções também têm a intenção de minimizar a ocorrência daquilo que é conhecido popularmente no mundo das telecomunicações como "falha da retroescavadeira" (a ruptura de um cabo por uma escavadeira errante).

Figura 2.48 Máquina compacta de perfuração horizontal para uso urbano.
(Cortesia do © VERMEER CORPORATION. Todos os direitos reservados; www.vermeer.com.).

2.12.2 Instalações em dutos

A maioria dos *dutos* é construída de poliuretano de alta densidade, PVC, ou um composto de epóxi com fibra de vidro. Para reduzir as tensões de puxamento durante a instalação do cabo, as paredes internas podem ter nervuras longitudinais ou onduladas, ou ter sido lubrificadas na fábrica. Alternativamente, uma variedade de lubrificantes está disponível, os quais podem ser aplicados no próprio cabo, uma vez que ele é puxado para dentro

Figura 2.49 Métodos de marcação para localização de cabos enterrados: (*a*) fitas subterrâneas, (*b*) placas de sinalização de metal, (*c*) placas de sinalização de plástico, (*d*) marcadores de terra.
(Cortesia de William Frick and Company; www.fricknet.com.)

de um tubo comprido ou um que tenha numerosas curvas. Os dutos também podem conter uma fita de puxar que corre ao longo do seu comprimento instalada previamente pelo fabricante. Trata-se de uma fita plana semelhante a uma fita métrica que está marcada em cada metro para facilitar a identificação de distância. Se o duto não contém uma fita de puxar, ela pode ser enfiada ou soprada para dentro de um comprimento de tubo. Depois que o cabo de fibra óptica é instalado em um duto, tampões de extremidade podem ser adicionados para evitar que a água e os detritos entrem no duto. Similarmente às instalações por enterro direto, um aviso pode ser colocado acima do duto subterrâneo, ou mensagens de advertência ou marcadores podem ser colocados acima do solo, para alertar futuros operadores sobre a presença do duto.

2.12.3 Instalação de jateamento de cabo

Um método alternativo é o emprego de uma corrente de ar de alta pressão para soprar um cabo de fibra em um duto. O esquema de instalação de utilização do atrito com ar forçado empurrando a jaqueta cabo é chamado de *método assistido por ar* ou *cabo jateado*. O jateamento do cabo deve vencer as mesmas forças de atrito para mover um cabo na operação de puxamento, mas faz isso de maneira diferente e com muito menos esforço mecânico sobre o cabo.

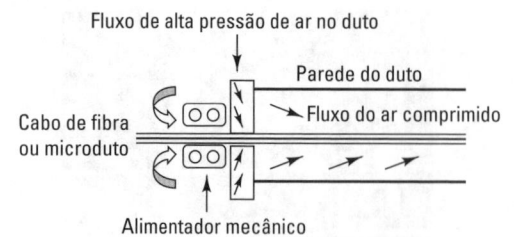

Figura 2.50 Os rolamentos mecânicos e a pressão do ar são as forças motrizes do método de jateamento de cabo.

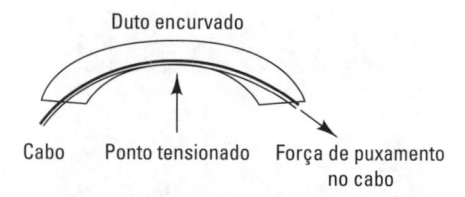

Figura 2.51 (a) O método de puxamento coloca uma alta tensão lateral no cabo nas curvas do duto. (b) Com o jateamento, o cabo se move livremente em torno das curvas do duto.

Como mostra a Figura 2.50, as duas forças motrizes no método do cabo jateado vêm de mecanismo de rolamento mecânico que alimenta o cabo dentro do duto e da força do ar empurrando a jaqueta do cabo. A vantagem desse método é que o cabo se move livremente em torno das curvas, enquanto o método de puxamento coloca uma alta tensão lateral sobre o cabo quando ele passa através de curva. Isso é ilustrado pela Figura 2.51. A Figura 2.51a mostra que, durante a operação de puxamento, uma alta tensão lateral é aplicada a um cabo nas curvas no tubo. Com um processo de jateamento, essas forças laterais são aliviadas porque o ar empurra o cabo por todos os lados. Isso tende a manter o cabo no meio do duto enquanto é soprado tal como se observa na Figura 2.51b.

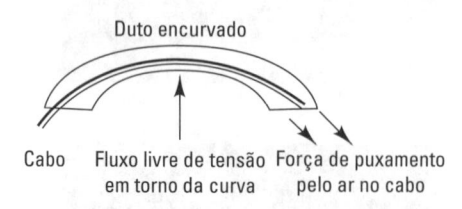

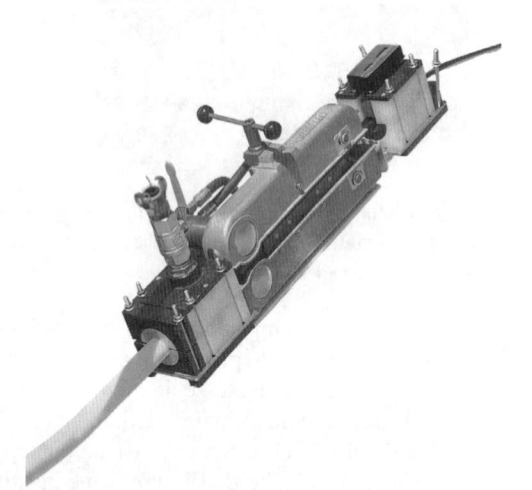

A Figura 2.52 mostra um exemplo de uma máquina de cabo a jato. O cabo ou duto é alimentado a partir do canto superior direito. A parte central é o alimentador mecânico, e o tubo de ligação do ar pressurizado é visto na seção mais à esquerda. Os cabos ou microdutos podem ser instalados em taxas de 150-300 ppm (pés por minuto)* em dutos com até 20 cantos. Para instalação em comprimentos longos, as máquinas de jateamento podem ser conectadas em cascata, como ilustra a Figura 2.53. Essa figura mostra como um cabo é alimentado a partir de uma bobina sobre um caminhão em uma máquina a jato no início de um duto de grandes dimensões. Depois de uma distância de 3.000-6.000 pés (1-1,8 km), uma segunda máquina com seu compressor de ar associado e outros equipamentos periféricos continuam a instalação do cabo.

Figura 2.52 Máquina de jateamento de cabo. (Cortesia de Sherman & Reilly, Inc.; www.sherman-reilly.com.).

---

* N. de T.: Aproximadamente 46-91 metros por minuto.

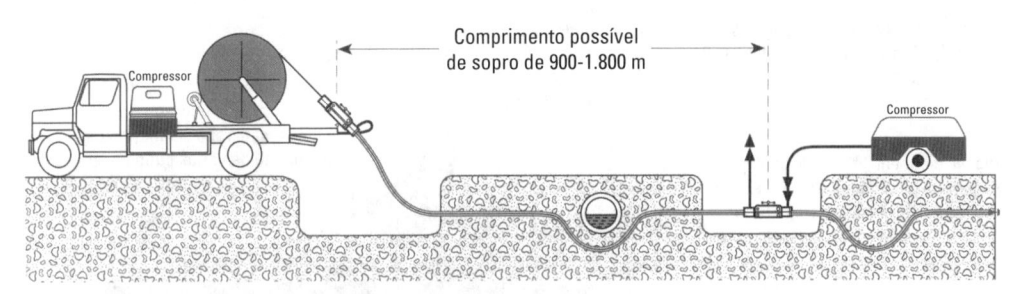

Figura 2.53 As máquinas de jateamento de cabo podem ser associadas para instalações de longos comprimentos. (Cortesia de Sherman & Reilly, Inc.; www.sherman-reilly.com.)

2.12.4 Instalação aérea

Na instalação de um cabo aéreo, pode-se amarrá-lo sobre um fio de aço existente (*mensageiro*) que vai de poste a poste ou suspendê-lo diretamente entre os postes caso seja um cabo autossustentável. Vários métodos podem ser usados para instalar os cabos de fibra óptica. O principal método para a instalação de um cabo autossustentável é a *técnica do rolo estacionário*. Esse método estaciona uma bobina de compensação de um lado do caminho do cabo e outra, de recepção, no outro extremo. Uma corda para puxar é presa ao cabo e rosqueada por meio de polias em cada poste. A bobina de recepção gradualmente puxa o cabo a partir da bobina de compensação, as polias o guiam ao longo do percurso e o cabo é então ligado aos postes.

Se um fio mensageiro é utilizado, primeiramente ele é instalado entre os postes com tensão apropriada e arqueamento calculado para suportar o cabo de fibra óptica. O fio mensageiro deve ser aterrado adequadamente e mantido em um lado do poste ao longo do trajeto sempre que possível. Uma de pelo menos três técnicas pode então ser usada para prender o cabo de fibra óptica no fio mensageiro. Cada um desses métodos utiliza uma máquina especial de amarração presa sobre o fio mensageiro e prende o cabo no mensageiro enquanto se move ao longo do comprimento do fio.

2.12.5 Instalação subaquática

Mais de um milhão de quilômetros de cabo submarino já estão submersos nos oceanos ao redor do mundo, que é o suficiente para circundar o globo terrestre 30 vezes.[96-98,102] Navios especialmente concebidos para a colocação de cabos são utilizados para instalar um cabo submarino (ver Figura 1.15). Como ilustra a Figura 2.54, esses navios têm vários grandes recipientes circulares internos chamados de *tanques de cabo*. Nos navios de cabo modernos, os tanques podem armazenar cerca de 5.000 toneladas de cabo submarino, que é o suficiente para cruzar o Oceano Atlântico. Tal comprimento de cabo é montado em um ambiente de fábrica em terra, juntamente com os amplificadores de sinal subaquático que precisam estar localizados a cada 80-120 km. Os amplificadores estão alojados em cilindros de berílio-cobre que medem cerca de um metro de comprimento e 50 cm de diâmetro. Depois de ter sido montada, essa unidade de cabo é enrolada à mão nos tanques de cabo sobre o navio a uma velocidade de cerca de 80 km por dia. Durante a instalação, próximo à costa do mar, um arado enterra o cabo a uma profundidade de cerca de um metro abaixo do fundo do oceano para protegê-la das redes de pesca e de outros fatores que possam danificar o cabo. No meio do oceano, o cabo simplesmente é deixado exposto no fundo do mar.

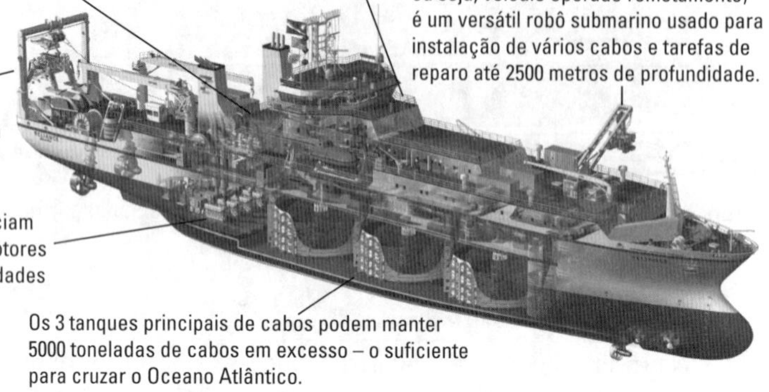

A maquinaria de manuseio dos cabos inclui dois tambores de cabos de 30 toneladas e um motor de cabo com 20 pares de rodas lineares

A moderna cabine do navio abriga as últimas tecnologias em navegação, DP (posicionamento dinâmico) e comunicação.

O ROV (*remotely operated vehicle*, ou seja, veículo operado remotamente) é um versátil robô submarino usado para instalação de vários cabos e tarefas de reparo até 2500 metros de profundidade.

Um cavalete em "A" de 65 toneladas é utilizado para manobrar vários arados de mar hábeis para enterrar os cabos até 3 metros com segurança no fundo do oceano.

Os 5 geradores a diesel providenciam energia elétrica suficiente aos motores para impulsionar o navio a velocidades de 14 nós.

Os 3 tanques principais de cabos podem manter 5000 toneladas de cabos em excesso – o suficiente para cruzar o Oceano Atlântico.

Figura 2.54 Vista interna de um navio que deposita cabos no oceano mostrando três grandes tanques de cabo.
(Cortesia de TE SubCom: ilustrado por Nick Rotondo; www.SubCom.com.)

Tabela 2.6 Algumas recomendações da ITU-T para cabos de fibra óptica e seus componentes

Nome da recomendação	Descrição
L.10, *Cabos de fibras ópticas para aplicações em dutos e túneis*, dez. 2002	Descreve características, construção e métodos de teste de cabos de fibras ópticas para aplicações em dutos e túneis.
L.26, *Cabos de fibras ópticas para aplicações aéreas*, dez. 2002	Descreve características, construção e métodos de teste de cabos de fibras ópticas para aplicações aéreas, mas não se aplica a cabos do tipo Optical Fiber Ground Wire (OPGW) (descrito em L.34).
L.36, *Conectores de fibras ópticas monomodo*, jan. 2008	Descreve as principais características dos conectores de fibras ópticas em termos de tipos, campos de aplicação, configurações e aspectos técnicos; inspeciona as características ambientais, mecânicas e ópticas dos conectores de fibras ópticas.
L.37, *Componentes ópticos de ramificação (não sensíveis a comprimentos de onda)*, fev. 2007	Descreve tipos, aplicações, configurações e aspectos técnicos de dispositivos ramificadores de fibra óptica; descreve requisitos ambientais e mecânicos, desempenho físico, confiabilidade e métodos de teste com respeito à qualidade óptica de redes ópticas passivas (PONs).
L.43, *Cabos de fibras ópticas para aplicações subterrâneas*, dez. 2002	Descreve características, construção e métodos de teste de cabos de fibras ópticas para aplicações subterrâneas
L.50, *Requisitos para nós ópticos passivos: quadros de distribuição óptica para ambientes de escritório central*, nov. 2003	Trata de requisitos gerais, avaliação de desempenho, teste de avaliação mecânica e óptica para quadros de distribuição óptica (ODF) em um ambiente de escritório central.
L.59, *Aplicações Internas de cabos de fibra óptica*, jan. 2008	Descreve as características ópticas e mecânicas de fibras e cabos, bem como métodos de teste mecânico, ambiental e de segurança contra incêndio.
L.78, *Construção de cabos de fibras ópticas para aplicação em dutos de esgoto*, maio 2008	Descreve características, construção e métodos de teste para cabos que serão instalados em dutos de esgoto e tubos de drenagem.

2.12.6 Padrões de instalação na indústria

A Seção de Telecomunicações da ITU-T publicou um número de recomendações da série-L para a construção, a instalação e a proteção de cabos de fibra óptica. A Tabela 2.6 lista algumas recomendações da ITU-T para características, funcionalidades, componentes constituintes e outros requisitos que os vários tipos de cabos devem respeitar. Por exemplo, os cabos internos devem suportar critérios de emissão de fumos tóxicos e fumaça mais rigorosos do que os cabos ao ar livre. A Tabela 2.7 lista algumas recomendações ITU-T e diretrizes para várias técnicas de instalação de cabo óptico utilizados em locais como subsolo, dutos e câmaras de ar, postes, trincheiras, ao longo das ferrovias e dentro de canos de esgoto.

Tabela 2.7 Algumas recomendações da ITU-T para instalações de cabos de fibra óptica

Nome da recomendação	Descrição
L.35, *Instalação de cabos de fibras ópticas no acesso de redes*, out. 1998; Alteração 1, nov. 2007	Dá orientações para a instalação de cabos ópticos em dutos, em postes e por meio de enterro direto.
L.38, *Uso de técnicas com ausência de vala para construção de infraestrutura subterrânea para instalação de cabos de telecomunicação*, set. 1999	Descreve técnicas de perfuração subterrânea para a instalação de cabos de telecomunicações, sem a necessidade de interrupções de escavação ou arado.
L.39, *Investigação do solo antes de usar técnicas sem vala*, maio 2000	Descreve técnicas de investigação do solo para obtenção de informações sobre a posição de objetos enterrados ou a natureza do terreno.
L.48, *Técnicas de Instalação de minivalas*, mar. 2003	Descreve uma técnica de colocar cabos ópticos baseados em dutos em pequenas valas. Isso permite instalações rápidas, baixo custo e interrupção limitada da superfície.
L.49, *Técnicas de Instalação de microvalas*, mar. 2003	Descreve instalações de cabos subterrâneos em pequenos sulcos de rasa profundidade.
L.56, *Instalação de cabos de fibras ópticas ao longo de ferrovias*, maio 2003	Descreve instalações em dutos, diretamente enterradas e suspensas por postes.
L.57, *Instalação de cabos de fibras óptica com auxílio de ar*, maio 2003	Descreve métodos de instalação de cabos ópticos, assistidos por ar em dutos.
L.77, *Instalação de cabos de fibras óptica dentro de dutos de esgoto*, maio 2008	Discute a instalação de infraestrutura e/ou cabos ópticos em dutos de esgoto acessíveis ou não pelo homem e dá orientações de segurança.

Problemas

2.1 Considere um campo elétrico representado pela expressão

$$\mathbf{E} = \left[100e^{j30°}\mathbf{e}_x + 20e^{-j50°}\mathbf{e}_y + 40e^{j210°}\mathbf{e}_z\right]e^{j\omega t}$$

Expresse-o como um campo elétrico mensurável como descrito pela Equação (2.2) em uma frequência de 100 MHz.

2.2 Uma onda é especificada por $y = 8 \cos 2\pi(2t - 0{,}8z)$, onde y é expresso por micrometros e a constante de propagação é dada em μm^{-1}. Encontre (*a*) a amplitude, (*b*) o comprimento de onda, (*c*) a frequência angular e (*d*) o deslocamento no instante $t = 0$ e $z = 4$ μm.

2.3 Considere duas ondas planas X_1 e X_2 viajando na mesma direção. Se elas possuem a mesma frequência ω, mas diferentes amplitudes a_i e fases δ_i, então podemos representá-las por

$$X_1 = a_1 \cos(\omega t - \delta_1)$$
$$X_1 = a_2 \cos(\omega t - \delta_2)$$

De acordo com o princípio de superposição, a onda resultante X é simplesmente a soma de X_1 e X_2. Mostre que X pode ser escrita na forma

$$X = A \cos(\omega t - \phi)$$

onde

$$A^2 = a_1^2 + a_2^2 + 2a_1 a_2 \cos(\delta_1 - \delta_2)$$

e

$$\tan\phi = \frac{a_1 \operatorname{sen}\delta_1 + a_2 \operatorname{sen}\delta_2}{a_1 \cos\delta_1 + a_2 \cos\delta_2}$$

2.4 Uma luz elipticamente polarizada pode ser representada por duas ondas ortogonais dadas pelas Equações (2.2) e (2.3). Mostre que a eliminação da dependência de $(\omega t - kz)$ entre elas nos leva a

$$\left(\frac{E_x}{E_{0x}}\right)^2 + \left(\frac{E_y}{E_{0y}}\right)^2 - 2\frac{E_x}{E_{0x}}\frac{E_y}{E_{0y}}\cos\delta = \operatorname{sen}^2\delta$$

que é a equação de uma elipse fazendo um ângulo α com o eixo x, onde α é dado pela Equação (2.8).

2.5 Seja $E_{0x} = E_{0y} = 1$ na Equação (2.7). Usando um computador ou calculadora gráfica, escreva um programa para plotar essa equação para os valores de $\delta = (n\pi)/8$, onde $n = 0, 1, 2, \ldots 16$. O que observamos sobre o estado de polarização à medida que δ muda?

2.6 Mostre que qualquer onda linearmente polarizada pode ser considerada como uma superposição de ondas circularmente polarizadas à esquerda e direita que estão em fase e possuem mesma amplitude e frequência.

2.7 A luz que viaja no ar atinge uma chapa de vidro em um ângulo $\theta_1 = 33°$, em que θ_1 é medido entre o raio incidente e a superfície do vidro. Ao colidir com o vidro, uma parte do feixe é refletida e a outra parte é refratada. Se os feixes refratados e refletidos fizerem um ângulo de 90° um com o outro, qual é o índice refração do vidro? Qual é o ângulo crítico para esse vidro?

2.8 Uma fonte pontual de luz está 12 cm abaixo da superfície de um corpo grande de água ($n = 1,33$ para a água). Qual é o raio do maior círculo sobre a superfície da água através do qual a luz pode emergir?

2.9 Um prisma 45°–45°–90° é imerso em álcool ($n = 1,45$). Qual é o menor índice de refração que o prisma deve ter para que um raio que incide normalmente em uma das faces menores seja totalmente refletido na face longa do prisma?

2.10 Mostre que o ângulo crítico em uma interface entre sílica dopada com $n_1 = 1,460$ e sílica pura com $n_2 = 1,450$ é 83,3°.

2.11 O coeficiente de reflexão R_p da luz polarizada paralela é dado por

$$R_p = \frac{n_1 \cos\varphi_2 - n_2 \cos\varphi_1}{n_1 \cos\varphi_2 + n_2 \cos\varphi_1}$$

Mostre que a condição $R_p = 0$ para o ângulo de Brewster ocorre quando $\varphi_1 = n_2/n_1$.

2.12 Calcule a abertura numérica de uma fibra de índice-degrau com $n_1 = 1,48$ e $n_2 = 1,46$. Qual é o ângulo de captação θ_A para essa fibra se o meio exterior é ar com $n = 1,00$?

2.13 Considere uma lâmina dielétrica com espessura $d = 10$ mm e índice de refração $n_1 = 1,50$. Seja ar o meio acima e abaixo da placa, em que $n_2 = 1$, e o comprimento de onda $\lambda = 10$ mm (igual à espessura do guia de ondas).

(a) Qual é o ângulo crítico para o guia de ondas da lâmina?

(b) Resolva a Equação (2.26b) graficamente para mostrar que há três ângulos de incidência que satisfazem essa equação.

(c) O que acontece com o número de ângulos quando o comprimento de onda diminui?

2.14 Derive a aproximação do lado direito da Equação (2.23) para $\Delta \ll 1$. Qual é a diferença para o valor de NA nas expressões aproximada e exata se $n_1 = 1,49$ e $n_2 = 1,48$?

2.15 Usando as expressões das Equações (2.33) e (2.34) obtidas a partir das equações de onda de Maxwell, derive os componentes radiais e transversais dos campos elétricos e magnéticos das Equações (2.35a) a (2.35d). Mostre que essas expressões levam às Equações (2.36) e (2.37).

2.16 Mostre que, para $v = 0$, a Equação (2.55b) corresponde aos modos TE_{0m} ($E_z = 0$) e que a Equação (2.56b) corresponde aos modos TM_{0m} ($H_z = 0$).

2.17 Verifique que $k_1^2 \approx k_2^2 \approx \beta^2$ quando $\Delta \ll 1$, em que k_1 e k_2 são as constantes de propagação do núcleo e da casca, respectivamente, tal como definido na Equação (2.46).

2.18 Uma fibra multimodo de índice-degrau com uma abertura numérica de 0,20 suporta aproximadamente 1.000 modos em um comprimento de onda de 850 nm.
(a) Qual é o diâmetro do seu núcleo?
(b) Quantos modos a fibra suporta em 1.320 nm?
(c) Quantos modos a fibra suporta em 1.550 nm?

2.19 (a) Determine a frequência normalizada em 820 mm para uma fibra de índice-degrau com núcleo de raio de 25 μm, $n_1 = 1,48$ e $n_2 = 1,46$.
(b) Quantos modos propagam-se na fibra em 820 nm?
(c) Quantos modos propagam-se na fibra em 1.320 nm?
(d) Quantos modos propagam-se na fibra em 1.550 nm?
(e) Que percentual da potência óptica flui na casca em cada caso?

2.20 Considere uma fibra com núcleo de raio de 25 μm, índice $n_1 = 1,48$ e $\Delta = 0,01$.
(a) Se $\lambda = 1.320$ nm, qual é o valor de V e quantos modos propagam-se na fibra?
(b) Que percentual da potência óptica flui na casca?
(c) Se a diferença núcleo-casca é reduzida a $\Delta = 0,003$, quantos modos a fibra suporta e que fração da potência óptica flui na casca?

2.21 Encontre o raio do núcleo necessário para um único modo de operação em 1.320 nm de uma fibra de índice-degrau com $n_1 = 1,480$ e $n_2 = 1,478$. Quais são a abertura numérica e o ângulo de aceitação da fibra?

2.22 Um fabricante deseja fazer uma fibra de índice-degrau com núcleo de sílica com $V = 75$ e uma abertura numérica NA = 0,30 para utilização em 820 nm. Se $n_1 = 1,458$, qual deve ser o tamanho do núcleo e o índice da casca?

2.23 Desenhe uma curva da diferença de índice de refração fracionada Δ versus o raio do núcleo a para uma fibra monomodo de núcleo de sílica ($n_1 = 1,458$) para operar em 1.300 nm. Suponhamos que a fibra que selecionarmos a partir dessa curva possua um raio do núcleo de 5 μm. Essa fibra ainda é monomodo em 820 nm? Quais são os modos existentes na fibra em 820 nm?

2.24 Usando a aproximação para w_0 dada por[103]

$$w_0 = a(0,65 + 1,619\ V^{-3/2} + 2,879\ V^{-6})$$

calcule e plote $E(r)/E_0$ com r variando de 0 a 3 para valores de $V = 1,0$, 1,4, 1,8, 2,2, 2,6 e 3,0. Aqui, a é o raio da fibra.

2.25 As fibras monomodo comumente disponíveis têm comprimentos de batimento na faixa de 10 cm $< L_p <$ 2 m. Qual é a região de diferenças de índice de refração birrefringentes correspondente para $\lambda = 1.300$ mm?

2.26 Trace os perfis de índice de refração de n_1 a n_2 em função da distância radial $r \leq a$ para fibras de índice-gradual que têm um valor de 1, 2, 4, 8 e ∞ (índice-degrau). Assuma que as fibras têm um raio de núcleo de 25 μm, $n_1 = 1,48$ e $\Delta = 0,01$.

2.27 Calcule o número de modos a 820 nm e 1,3 μm de uma fibra óptica com índice-gradual com perfil de índice parabólico ($\alpha = 2$), um raio do núcleo de 25 μm, $n_1 = 1,48$ e $n_2 = 1,46$. Como isso se compara a uma fibra de índice-degrau?

2.28 Calcule as aberturas numéricas de (a) uma fibra de índice-degrau de plástico que tem um núcleo de índice de refração $n_1 = 1,60$ e casca de índice $n_2 = 1,49$, (b) uma fibra de índice-degrau com núcleo de sílica ($n_1 = 1,458$) e casca de resina de silicone ($n_2 = 1,405$).

2.29 Quando o pré-molde é aspirado para dentro de uma fibra, o princípio de conservação da massa deve ser satisfeito nas condições de estado estacionário. Mostre que, para um pré-molde de haste sólida, isso é representado pela expressão

$$s = S\left(\frac{D}{d}\right)^2$$

em que D e d são os diâmetros do pré-molde e das fibras, e S e s, a alimentação de pré-molde e velocidade de puxamento da fibra, respectivamente. A velocidade de puxamento típica é de 1,2 m/s para uma fibra de diâmetro externo de 125 μm. Qual é a taxa de alimentação de pré-molde, em cm/min, para um pré-molde de 9 mm de diâmetro?

2.30 Um tubo de sílica com raios interior e exterior de 3 e 4 mm, respectivamente, tem certa espessura de vidro depositada sobre a superfície interna. Qual deve ser a espessura dessa deposição de vidro se uma fibra com um núcleo de diâmetro 50 μm e revestimento exterior de 125 μm deve ser puxada a partir desse pré-molde por meio do processo de fabricação MCVD.

2.31 (a) A densidade de sílica fundida é de 2,6 g/cm³. Quantos gramas são necessários para um núcleo de fibra de 1 km de comprimento e 50 μm de diâmetro?
(b) Se o material do núcleo for depositado no interior de um tubo de vidro a uma velocidade de deposição de 0,5 g/min, quanto tempo será necessário para fazer o pré-molde para essa fibra?

2.32 Durante a fabricação de fibras ópticas, partículas de pó incorporadas na superfície da fibra são excelentes exemplos de defeitos de superfície, que podem reduzir a resistência das fibras. Que tamanhos de partículas de pó são toleráveis para que uma fibra de vidro com um fator de intensidade de tensão de 20 N/mm$^{3/2}$ possa resistir a uma tensão de 700 MN/m²?

2.33 Em uma fibra de vidro, a fadiga estática refere-se à condição na qual uma fibra é forçada a um nível σ_a, que é muito menor que a tensão de ruptura associada à fratura mais fraca. Inicialmente, a fibra não falhará, mas, com o tempo, as trincas na fibra crescerão como resultado da erosão química na ponta da trinca. Um modelo para a taxa de crescimento de uma trinca de profundidade χ assume uma relação da forma dada na Equação (2.86).
(a) Usando essa equação, mostre que o tempo necessário para que uma fissura de profundidade inicial χ_i cresça até o tamanho de falha χ_f é dado por

$$ t = \frac{2}{(b-2) A(Y\sigma)^b} \left[\chi_i^{(2-b)/2} - \chi_f^{(2-b)/2} \right] $$

(b) Para tempos longos de fadiga estática (da ordem de 20 anos), $K_i^{2-b} \ll K_f^{2-b}$ para valores grandes de b. Mostre que, sob essa condição, o tempo de falha é

$$ t = \frac{2 K_i^{2-b}}{(b-2) A \sigma^2 Y^2} $$

Referências

1. Ver livros de física geral ou óptica, como: (a) D. Halliday, R. Resnick, and J. Walker, *Fundamentals of Physics*, Wiley, Hoboken, NJ, 9th ed., 2010; (b) E. Hecht, *Optics*, Addison-Wesley, Boston, 4th ed., 2002; (c) F. A. Jenkins and H. E. White, *Fundamentals of Optics*, McGraw-Hill, Burr Ridge, IL, 4th ed., 2001; (d) C. A. Bennett, *Principles of Physical Optics*, Wiley, New York, 2008; (e) F. L. Pedrotti, L. M. Pedrotti, and L. S. Pedrotti, *Introduction to Optics*, Addison-Wesley, Reading, MA, 3rd ed., 2007.

2. Ver livros de eletromagnética, como: (a) J. Franklin, *Classical Electromagnetism*, Prentice Hall, Upper Saddle River, NJ, 2005; (b) W. H. Hayt Jr. and J. A. Buck, *Engineering Electromagnetics*, McGraw-Hill, Burr Ridge, IL, 7th ed., 2006; (c) N. Ida, *Engineering Electromagnetics*, Springer, New York, 2nd ed., 2007; (d) F. T. Ulaby, *Fundamentals of Applied Electromagnetics*, Prentice Hall, Upper Saddle River, NJ, 6th ed., 2010.

3. E. A. J. Marcatili, "Objectives of early fibers: Evolution of fiber types," in S. E. Miller and A. G. Chynoweth, eds., *Optical Fiber Telecommunications*, Academic, New York, 1979.

4. L. B. Felsen, "Rays and modes in optical fibers," *Electron. Lett.*, vol. 10, pp. 95-96, Apr. 1974.

5. A. W. Snyder and D. J. Mitchell, "Leaky rays on circular optical fibers," *J. Opt. Soc. Amer.*, vol. 64, pp. 599-607, May 1974.

6. A. W. Snyder and J. D. Love, *Optical Waveguide Theory*, Chapman & Hall, New York, 1983.

7. D. Marcuse, *Theory of Dielectric Optical Waveguides*, Academic, New York, 2nd ed., 1991.

8. K. Okamoto, *Fundamentals of Optical Waveguides*, Academic, New York, 2nd ed., 2006.

9. C. L. Chen, *Foundations of Guided-Wave Optics*, Wiley, New York, 2007.

10. K. Kawano and T. Kitoh, *Introduction to Optical Waveguide Analysis: Solving Maxwell's Equation and the Schrödinger Equation*, Wiley, Hoboken, NJ, 2002.

11. J. A. Buck, *Fundamentals of Optical Fibers*, Wiley, Hoboken, NJ, 2nd ed., 2004.
12. R. Olshansky, "Leaky modes in graded index optical fibers," *Appl. Opt.*, vol. 15, pp. 2773-2777, Nov. 1976.
13. A. Tomita and L. G. Cohen, "Leaky-mode loss of the second propagation mode in single-mode fibers with index well profiles," *Appl. Opt.*, vol. 24, pp. 1704-1707, 1985.
14. E. Snitzer, "Cylindrical dielectric waveguide modes," *J. Opt. Soc. Amer.*, vol. 51, pp. 491-498, May 1961.
15. M. Koshiba, *Optical Waveguide Analysis*, McGraw-Hill, New York, 1992.
16. D. Marcuse, *Light Transmission Optics*, Van Nostrand-Reinhold, New York, 2nd ed., 1982.
17. R. Olshansky, "Propagation in glass optical waveguides," *Rev. Mod. Phys.*, vol. 51, pp. 341-367, Apr. 1979.
18. D. Gloge, "The optical fiber as a transmission medium," *Rep. Progr. Phys.*, vol. 42, pp. 1777-1824, Nov. 1979.
19. A. W. Snyder, "Asymptotic expressions for eigenfunctions and eigenvalues of a dielectric or optical waveguide," *IEEE Trans. Microwave Theory Tech.*, vol. MTT-17, pp. 1130-1138, Dec. 1969.
20. D. Gloge, "Weakly guiding fibers," *Appl. Opt.*, vol. 10, pp. 2252-2258, Oct. 1971.
21. D. Marcuse, "Gaussian approximation of the fundamental modes of graded index fibers," *J. Opt. Soc. Amer*, vol. 68, pp. 103-109, Jan. 1978.
22. H. M. DeRuiter, "Integral equation approach to the computation of modes in an optical waveguide," *J. Opt. Soc. Amer*, vol. 70, pp. 1519-1524, Dec. 1980.
23. A. W. Snyder, "Understanding monomode optical fibers," *Proc. IEEE*, vol. 69, pp. 6-13, Jan. 1981.
24. A. Jeffery and H. H. Dai, *Handbook of Mathematical Formulas and Integrals*, Academic, New York, 4th ed., 2008.
25. M. Kurtz, *Handbook of Applied Mathematics for Engineers and Scientists*, McGraw-Hill, New York, 1991.
26. D. Zwillinger, ed., *Standard Mathematical Tables and Formulae*, CRC Press, Boca Raton, FL, 31st ed., 2003.
27. D. Marcuse, D. Gloge, and E.A.J. Marcatili, "Guiding properties of fibers," in S. E. Miller and A. G. Chynoweth, eds., *Optical Fiber Telecommunications*, Academic, New York, 1979.
28. R. M. Gagliardi and S. Karp, *Optical Communications*, Wiley, New York, 2nd ed., 1995.
29. D. Gloge, "Propagation effects in optical fibers," *IEEE Trans. Microwave Theory Tech.*, vol. MTT-23, pp. 106-120, Jan. 1975.
30. M. Artiglia, G. Coppa, P. DiVita, M. Potenza, and A. Sharma, "Mode field diameter measurements in single-mode optical fibers," *J. Lightwave Tech.*, vol. 7, pp. 1139-1152, Aug. 1989.
31. T. J. Drapela, D. L. Franzen, A. H. Cherin, and R. J. Smith, "A comparison of far-field methods for determining mode field diameter of single-mode fibers using both gaussian and Petermann definitions," *J. Lightwave Tech.*, vol. 7, pp. 1153-1157, Aug. 1989.
32. K. Petermann, "Constraints for fundamental mode spot size for broadband dispersion-compensated single-mode fibers," *Electron. Lett.*, vol. 19, pp. 712-714, Sept. 1983.
33. (a) ITU-T Recommendation G.650.1, *Definitions and test methods for linear, deterministic attributes of single-mode fibre and cable*, June 2004; (b) ITU-T Recommendation G.650.2, *Definitions and test methods for statistical and nonlinear related attributes of single-mode fibre and cable*, June 2007; (c) ITU-T Recommendation G.650.3, *Test methods for installed single-mode optical fibre cable links*, March 2008.
34. TIA/EIA FOTP-191, *Measurement of Mode Field Diameter of Single-Mode Fiber*, Sept. 1998.
35. F. Kapron, "Fiber-optic test methods," in F. Allard, ed., *Fiber Optics Handbook for Engineers and Scientists*, McGraw-Hill, New York, 1990.
36. D. K. Mynbaev and L. L. Scheiner, *Fiber-Optic Communications Technology*, Prentice Hall, Upper Saddle River, NJ, 2001.
37. I. P. Kaminow, "Polarization in optical fibers," *IEEE J. Quantum Electron.*, vol. QE-17, pp. 15-22, Jan. 1981.
38. S. C. Rashleigh, "Origins and control of polarization effects in single-mode fibers," *J. Lightwave Tech.*, vol. LT-1, pp. 312-331, June 1983.
39. X.-H. Zheng, W. M. Henry, and A. W. Snyder, "Polarization characteristics in the fundamental mode of optical fibers," *J. Lightwave Tech.*, vol. LT-6, pp. 1300-1305, Aug. 1988.
40. D. Gloge and E. Marcatili, "Multimode theory of graded core fibers," *Bell Sys. Tech. J.*, vol. 52, pp. 1563-1578, Nov. 1973.
41. B.E.A. Saleh and M. Teich, *Fundamentals of Photonics*, chap. 8, Wiley, Hoboken, NJ, 2nd ed., 2007.
42. R. H. Doremus, *Glass Science*, Wiley, Hoboken, NJ, 2nd ed., 1994.
43. S. R. Nagel, "Fiber materials and fabrication methods," in S. E. Miller and I. P. Kaminow, eds., *Optical Fiber Telecommunications – II*, Academic, New York, 1988.

44. B. Mysen and P. Richet, *Silicate Glasses and Melts*, Elsevier, 2005.
45. B. J. Ainslie, "A review of the fabrication and properties of erbium-doped fibers for optical amplifiers," *J. Lightwave Tech.*, vol. 9, pp. 220-227, Feb. 1991.
46. W. Miniscalco, "Erbium-doped glasses for fiber amplifiers at 1500 nm," *J. Lightwave Tech.*, vol. 9, pp. 234-250, Feb. 1991.
47. E. Desurvire, *Erbium-Doped Fiber Amplifiers*, Wiley, Hoboken, NJ, 2002.
48. (a) J. Zubia and J. Arrue, "Plastic optical fibers: An introduction to their technological processes and applications," *Opt. Fiber Technol.*, vol. 7, no. 2, pp. 101-140, Apr. 2001; (b) O. Ziemann, J. Krauser, P. E. Zamzow, and W. Daum, *POF Handbook*, 2nd ed., Springer, Berlin, 2008.
49. I. T. Monroy, H.P.A. vd Boom, A.M.J. Koonen, G. D. Khoe, Y. Watanabe, Y. Koike, and T. Ishigure, "Data transmission over polymer optical fibers," *Optical Fiber Tech.*, vol. 9, no. 3, pp. 159-171, July 2003.
50. Some early papers on the concepts and realizations of photonic crystal fibers: (a) T. A. Birks, J. C. Knight, and P. St. J. Russell, "Endlessly single-mode photonic crystal fiber," *Opt. Lett.*, vol. 22, pp. 961-963, July 1997; (b) J. C. Knight, J. Broeng, T. A. Birks, and P. St. J. Russell, "Photonic band gap guidance in optical fibers," *Science*, vol. 282, pp. 1476-1478, Nov. 1998; (c) J. Broeng, D. Mogilevstev, S. E. Barkou, and A. Bjarklev, "Photonic crystal fibers: A new class of optical waveguides," *Opt. Fiber Technol.*, vol. 5, pp. 305-330, July 1999; (d) P. St. J. Russell, "Photonic crystal fibers," *Science*, vol. 299, pp. 358-362, Jan. 2003.
51. Some basic articles and books on photonic crystal fibers: (a) F. Poli, A. Cucinotta, and S. Selleri, *Photonic Crystal Fibers*, Springer, New York, 2007; (b) M. Large, L. Poladian, G. Barton, and M. A. van Eijkelenborg, *Microstructured Polymer Optical Fibres*, Springer, New York, 2008; (c) A. Argyros, "Microstructured polymer optical fibers," *J. Lightwave Tech.*, vol. 27, no. 11, pp. 1571-1579, June 2009.
52. K. Kurokawa, K. Nakajima, K. Tsujikawa, T. Yamamoto, and K. Tajima, "Ultra-wideband transmission over low loss PCF," *J. Lightwave Tech.*, vol. 27, no. 11, pp. 1653-1662, June 2009.
53. Papers related to tuning effects in photonic crystal fibers: (a) M. Haakestad, T. Alkeskjold, M. Nielsen, L. Scolari, J. Riishede, H. Engan, and A. Bjarklev, "Electrically tunable photonic bandgap guidance in a liquid-crystal-filled photonic crystal fiber," *IEEE Photon. Tech. Lett.*, vol. 17, no. 4, pp. 819-821, Apr. 2005; (b) K. Nielsen, D. Noordegraaf, T. Sorensen, A. Bjarklev, and T. Hansen, "Selective filling of photonic crystal fibres," *J. Opt. A Pure Appl. Opt.*, vol. 7, no. 8, pp. L13–L20, Aug. 2005; (c) C. P. Yu, J. H. Liou, S. S. Huang, and H. C. Chang, "Tunable dual-core liquid-filled photonic crystal fibers for dispersion compensation," *Opt. Express*, vol. 16, pp. 4443-4451, 2008; (d) B. T. Kuhlmey, B. J. Eggleton, and D.K.C. Wu, "Fluid-filled solid-core photonic bandgap fibers," *J. Lightwave Tech.*, vol. 27, no. 11, pp. 1617-1630, June 2009.
54. X. Yu, M. Yan, G. Ren, W. Tong, X. Cheng, J. Zhou, P. Shum, and N. Q. Ngo, "Nanostructure core fiber with enhanced performances: Design, fabrication and devices," *J. Lightwave Tech.*, vol. 27, no. 11, pp. 1548-1555, June 2009.
55. P. C. Schultz, "Progress in optical waveguide processes and materials," *Appl. Opt.*, vol. 18, pp. 3684-3693, Nov. 1979.
56. W. G. French, R. E. Jaeger, J. B. MacChesney, S. R. Nagel, K. Nassau, and A. D. Pearson, "Fiber perform preparation," in S. E. Miller and A. G. Chynoweth, eds., *Optical Fiber Telecommunications*, Academic, New York, 1979.
57. R. E. Jaeger, A. D. Pearson, J. C. Williams, and H. M. Presby, "Fiber drawing and control," in S. E. Miller and A. G. Chynoweth, eds., *Optical Fiber Telecommunications*, Academic, New York, 1979.
58. D. J. DiGiovanni, D. P. Jablonowski, and M. F. Yan, "Advances in fiber design and processing," in I. P. Kaminow and T. L. Koch, eds., *Optical Fiber Telecommunications – IIIA*, Academic, New York, 1997.
59. Q. Jiang, F. Yang, and R. Pitchumani, "Analysis of coating thickness variation during optical fiber processing," *J. Lightwave Tech.*, vol. 23, pp. 1261-1272, Mar. 2005.
60. F. P. Kapron, D. B. Keck, and R. D. Maurer, "Radiation losses in glass optical waveguides," *Appl. Phys. Lett.*, vol. 17, pp. 423-425, Nov. 1970.
61. P. C. Schultz, "Fabrication of optical waveguides by the outside vapor deposition process," *Proc. IEEE*, vol. 68, pp. 1187-1190, Oct. 1980.
62. R. V. VanDewoestine and A. J. Morrow, "Developments in optical waveguide fabrication by the outside vapor deposition process," *J. Lightwave Tech.*, vol. LT-4, pp. 1020-1025, Aug. 1986.
63. T. Izawa and N. Inagaki, "Materials and processes for fiber perform fabrication: Vapor-phase axial deposition," *Proc. IEEE*, vol. 68, pp. 1184-1187, Oct. 1980.
64. H. Murata, "Recent developments in vapor-phase axial deposition," *J. Lightwave Tech.*, vol. LT-4, pp. 1026-1033, Aug. 1986.

65. S. R. Nagel, J. B. MacChesney, and K. L. Walker, "Modified chemical vapor deposition," in T. Li, ed., in *Optical Fiber Communications, Vol. 1, Fiber Fabrication*, Academic, New York, 1985.
66. E. M. Dianov and V. M. Mashinsky, "Germania-based core optical fibers," *J. Lightwave Tech.*, vol. 23, pp. 3500-3508, Nov. 2005.
67. Y. Chigusa, Y. Yamamoto, T. Yokokawa, T. Sasaki, T. Taru, M. Hirano, M. Kakui, M. Onishi, and E. Sasaoka, "Low-loss pure-silica-core fibers and their possible impact on transmission systems," *J. Lightwave Tech.*, vol. 23, pp. 3541-3550, Nov. 2005.
68. P. Geittner and H. Lydtin, "Manufacturing optical fibers by the PCVD process," *Philips Tech. Rev. (Netherlands)*, vol. 44, pp. 241-249, May 1989.
69. T. Hünlich, H. Bauch, R. T. Kersten, V. Paquet, and G. F. Weidmann, "Fiber perform fabrication using plasma technology: A review," *J. Opt. Commun.*, vol. 8, pp. 122-129, Dec. 1987.
70. H. Lydtin, "PCVD: A technique suitable for large-scale fabrication of optical fibers," *J. Lightwave Tech.*, vol. LT-4, pp. 1034-1038, Aug. 1986.
71. S. C. Xue, M.C.J. Large, G. W. Barton, R. I. Tanner, L. Poladian, and R. Lwin, "Role of material properties and drawing conditions in the fabrication of microstructured optical fibers," *J. Lightwave Tech.*, vol. 24, pp. 853-860, Feb. 2006.
72. V. V. Ravi Kumar, A. George, W. Reeves, J. Knight, P. Russell, F. Omenetto, and A. Taylor, "Extruded soft glass photonic crystal fiber for ultrabroad supercontinuum generation," *Optics Express*, vol. 10, pp. 1520-1525, Dec. 2002.
73. J. Y. Y. Leong, P. Petropoulos, J. H. V. Price, H. Ebendorff-Heidepriem, S. Asimakis, R. Moore, K. Frampton, V. Finazzi, X. Feng, T. M. Monro, D. J. Richardson, "High nonlinearity dispersion-shifted lead-silicate holey fibers for efficient 1-μm pumped supercontinuum generation," *J. Lightwave Tech.*, vol. 24, pp. 183-190, Jan. 2006.
74. (a) H. Ebendorff-Heidepriem, P. Petropoulos, R. Moore, K. Frampton, D. J. Richardson, and T. M. Monro, "Fabrication and optical properties of lead silicate glass holey fibers," *J. Non-Crystalline Solids*, vol. 345&346, pp. 293-296, Aug. 2004; (b) H. Ebendorff-Heidepriem, T. M. Monro, M. A. van Eijkelenborg, and M.C.J. Large, "Extruded high-NA microstructured polymer optical fiber," *Opt. Commun.*, vol. 273, pp. 133-137, May 2007.
75. G. Barton, M. A. van Eijkelenborg, G. Henry, M. C. J. Large, and J. Zagari, "Fabrication of microstructured polymer optical fibers," *Opt. Fiber Tech.*, vol. 10, pp. 325-335, Oct. 2004.
76. X. Feng, A. K. Mairaj, D. W. Hewak, and T. M. Monro, "Nonsilica glasses for holey fibers," *J. Lightwave Tech.*, vol. 23, pp. 2046-2054, June 2005.
77. D. Kalish, D. L. Key, C. R. Kurkjian, B. K. Turiyal, and T. T. Wang, "Fiber characterization – Mechanical," in S. E. Miller and A. G. Chynoweth, eds., *Optical Fiber Telecommunications*, Academic, New York, 1979.
78. C. R. Kurjian, J. T. Krause, and M. J. Matthewson, "Strength and fatigue of silica optical fibers," *J. Lightwave Tech.*, vol. 7, pp. 1360-1370, Sept. 1989.
79. G. S. Glaesemann and D. J. Walter, "Methods for obtaining long-length strength distributions for reliability prediction," *Optical Eng.*, vol. 30, pp. 746-748, June 1991.
80. K. Yoshida, T. Satoh, N. Enomoto, T. Yagi, H. Hihara, and M. Oku, "Studies on the strength of optical fiber fabricated by a hybridized process," *J. Lightwave Tech.*, vol. 14, pp. 2513-2518, Nov. 1996.
81. K. B. Broberg, *Cracks and Fracture*, Academic, New York, 1999.
82. P. D. T. O'Conner, *Practical Reliability Engineering*, Wiley, Hoboken, NJ, 4th ed., 2002.
83. T. J. Miller, A. C. Hart, W. I. Vroom, and M. J. Bowden, "Silicone and ethylene-vinyl-acetate-coated laser-drawn silica fibers with tensile strengths > 3.5 GN/m^2 (500 kpsi) in > 3 km lengths," *Electron. Lett.*, vol. 14, pp. 603-605, Aug. 1978.
84. J. L. Mrotek, M. J. Matthewson, and C.R. Kurkjian, "The fatigue of high-strength fused silica optical fibers in low humidity," *J. Non-Crystalline Solids*, vol. 297, pp. 91-95, Jan. 2002.
85. Y. Katsuyama, Y. Mitsunaga, H. Kobayashi, and Y. Ishida, "Dynamic fatigue of optical fiber under repeated stress," *J. Appl. Phys.*, vol. 53, pp. 318-321, Jan. 1982.
86. V. Annovazzi-Lodi, S. Donati, S. Merlo, and G. Zapelloni, "Statistical analysis of fiber failures under bending-stress fatigue," *J. Lightwave Tech.*, vol. 15, pp. 288-293, Feb. 1997.
87. TIA/EIA-455-31-C, FOTP-31C, *Proof Testing Optical Fibers by Tension*, 2004 (R 2005).
88. TIA/EIA-455-28-C, FOTP-28C, *Measuring Dynamic Strength and Fatigue Parameters of Optical Fibers by Tension*, 2004 (R 2005).
89. B. Wiltshire and M. H. Reeve, "A review of the environmental factors affecting optical cable design," *J. Lightwave Tech.*, vol. 6, pp. 179-185, Feb. 1988.
90. C. H. Gartside III, P. D. Patel, and M. R. Santana, "Optical fiber cables," in S. E. Miller and I. P Kaminow, eds., *Optical Fiber Telecommunications – II*, Academic, New York, 1988.
91. K. Hogari, S. Furukawa, Y. Nakatsuji, S. Koshio, and K. Nishizawa, "Optical fiber cables for residential and business premises," *J. Lightwave Tech.*, vol. 16, pp. 207-213, Feb. 1998.
92. A. L. Crandall, C. R. Herron, and R. B. Washburn, "Controlling axial load forces on optical fiber cables during installation," Paper NWC3, *OFC/NFOEC 2005 Conf. Program*, Anaheim, CA, March 6-11, 2005.

93. G. Mahlke and P. Gössing, *Fiber Optic Cables: Fundamentals, Cable Design, System Planning*, Wiley, Hoboken, NJ, 4th ed., 2001.
94. O. L. Storaasli, "Compatibility of fiber optic microduct cables with various blowing installation equipment," Paper NWC2, *OFC/NFOEC 2005 Conf. Program*, Anaheim, CA, March 6-11, 2005.
95. TIA/EIA-590-A, *Standard for Physical Location and Protection of Below-Ground Fiber Optic Cable Plant*, July 2001.
96. Special issue on "Undersea communications technology," *AT&T Technical Journal*, vol. 74, no. 1, Jan/Feb. 1995.
97. J. Chesnoy, *Undersea Fiber Communication Systems*, Academic, San Diego, 2002.
98. S. Bigo, "Technologies for global telecommunications using undersea cables," chap. 14, in I. P. Kaminow, T. Li, and A. E. Willner, eds., *Optical Fiber Telecommunications – V*, vol. B, Academic, New York, 2008.
99. L. M. Johnson, *A Practical Installer's Guide to Fiber Optics: Theory, Installation, Maintenance, and Troubleshooting*, Wiley-IEEE Press, Hoboken, NJ, 2010.
100. OFS Fitel, LLC has a series of application documents on their website: www.ofsoptics.com.
101. Draka, Inc., "General optical fiber cable installation considerations," Oct. 2009, www.drakaamericas.com.
102. As some examples, the websites of the following organizations have a series of descriptions and colored photos about recent undersea fiber cable installations: (*a*) Pipe International (www.pipeinternational.com); (*b*) TE SubCom (www.SubCom.com).
103. D. Marcuse, "Loss analysis of single-mode fiber splices," *Bell Sys. Tech. J.*, vol. 56, pp. 703-718, May-June 1977.

3

Atenuação e dispersão

No Capítulo 2, mostramos a estrutura de fibras ópticas e examinamos os conceitos da propagação da luz ao longo de um guia de onda óptico dielétrico cilíndrico. Aqui, vamos continuar a discussão sobre fibras ópticas, respondendo a duas questões muito importantes:
1. Quais são os mecanismos de perda ou atenuação de sinal em uma fibra?
2. Por que e até que ponto os sinais ópticos são distorcidos enquanto se propagam ao longo de uma fibra?

A atenuação de sinal (também conhecida como *perda da fibra* ou *perda de sinal*) é uma das propriedades mais importantes de uma fibra óptica, pois determina amplamente a separação máxima sem amplificação ou repetição entre um transmissor e um receptor. Uma vez que os amplificadores e os repetidores são caros de fabricar, instalar e manter, o grau de atenuação de uma fibra tem uma grande influência no custo do sistema. De igual importância é a distorção do sinal. Os mecanismos de distorção em uma fibra causam um alargamento dos pulsos de sinais ópticos enquanto trafegam ao longo de uma fibra. Se esses pulsos viajarem suficientemente para longe, irão sobrepor-se ao final com pulsos adjacentes, criando assim erros na saída do receptor. Os mecanismos de distorção de sinal, portanto, limitam a capacidade de transporte de informação de uma fibra.

3.1 Atenuação

A atenuação de um sinal luminoso que se propaga ao longo de uma fibra é uma consideração importante no projeto de um sistema de comunicações ópticas; o grau de atenuação desempenha um papel fundamental na determinação da distância de transmissão máxima entre um transmissor e receptor ou amplificador de linha. Os mecanismos básicos de uma atenuação da fibra são a absorção, a dispersão e as perdas radiativas por absorção de energia óptica.[1-5] A absorção óptica está relacionada com o material de fibra, enquanto a dispersão é associada tanto com o material de fibra como com as imperfeições estruturais do guia de ondas óptico. A atenuação devida a efeitos radiativos origina-se das perturbações (tanto microscópica como macroscópica) da geometria da fibra.

Esta seção primeiramente discute as unidades nas quais as perdas das fibras são medidas e, em seguida, apresenta os fenômenos físicos que dão origem à atenuação.

3.1.1 Unidades de atenuação

Como a luz viaja ao longo de uma fibra, a sua potência diminui exponencialmente com a distância. Se $P(0)$ é a potência óptica em uma fibra na origem (em $z = 0$), então a potência $P(z)$ em uma distância z mais distante é

$$P(z) = P(0)e^{-\alpha_p z} \tag{3.1a}$$

onde

$$\alpha_p = \frac{1}{z}\ln\left[\frac{P(0)}{P(z)}\right] \tag{3.1b}$$

é o *coeficiente de atenuação* da fibra dado em unidades de, por exemplo, km^{-1}. Note que como unidade para $2z\alpha_p$ podemos utilizar também o néper (ver Apêndice D).

Para simplificar o cálculo da atenuação do sinal óptico na fibra, o procedimento comum é expressar o coeficiente de atenuação em unidades de *decibéis por quilômetro*, denotada por dB/km. Chamando esse parâmetro de α, temos

$$\alpha(\text{dB/km}) = \frac{10}{z}\log\left[\frac{P(0)}{P(z)}\right] = 4{,}343\ \alpha_p(\text{km}^{-1}) \tag{3.1c}$$

Esse parâmetro é geralmente denominado *perda da fibra* ou *atenuação da fibra*. Ele depende de diversas variáveis, como será mostrado nas seguintes seções, e é função do comprimento de onda.

Exemplo 3.1 Uma fibra ideal não teria perda de forma que $P_{sai} = P_{ent}$. Isso corresponde a uma atenuação de 0 dB/km, o que, na prática, é impossível. Uma fibra de baixa perda real pode ter uma perda média 3 dB/km em 900 nm, por exemplo. Isso significa que a potência do sinal óptico diminuiria em 50% ao longo de 1 km de comprimento e diminuiria em 75% (uma perda de 6 dB) ao longo de um comprimento de 2 km, uma vez que as contribuições de perda expressas em decibéis são aditivas.

Exemplo 3.2 Como descrito na Seção 1.3, as potências ópticas são geralmente expressas em unidades de *dBm*, que é o nível de potência em decibel referenciado a 1 mW. Considere uma fibra óptica de 30 km de comprimento que tem uma atenuação de 0,4 dB/km em 1.310 nm. Suponha que queiramos encontrar a potência óptica de saída P_{sai} caso 200 μW de potência óptica sejam lançados na fibra. Primeiro, expressaremos a potência de entrada em unidades de dBm:

$$P_{ent}(\text{dBm}) = 10\log\left[\frac{P_{ent}(\text{W})}{1\,\text{mW}}\right] = 10\log\left[\frac{200 \times 10^{-6}\,\text{W}}{1 \times 10^{-3}\,\text{W}}\right] = -7{,}0\,\text{dBm}$$

Da Equação (3.1c), com $P(0) = P_{ent}$ e $P(z) = P_{sai}$, o nível da potência de saída (em dBm) em $z = 30$ km é

$$P_{sai}(\text{dBm}) = 10\log\left[\frac{P_{sai}(\text{W})}{1\,\text{mW}}\right] = 10\log\left[\frac{P_{ent}(\text{W})}{1\,\text{mW}}\right] - \alpha z = -7{,}0\,\text{dBm} - (0{,}4\,\text{dB/km})(30\,\text{km})$$
$$= -19{,}0\,\text{dBm}$$

Em unidades de watts, a potência de saída é:

$$P(30\,\text{km}) = 10^{-19{,}0/10}(1\,\text{mW}) = 12{,}6 \times 10^{-3}\,\text{mW} = 12{,}6\,\mu\text{W}$$

3.1.2 Absorção

A absorção é causada por três mecanismos diferentes:
1. Absorção por defeitos atômicos na composição de vidro.
2. Absorção extrínseca por átomos de impureza no material de vidro.
3. Absorção intrínseca pelos átomos-base constituintes do material da fibra.

Os defeitos atômicos são imperfeições na estrutura atômica do material da fibra. Exemplos de tais defeitos incluem ausência de moléculas, agrupamentos de alta densidade de grupos atômicos ou defeitos de oxigênio na estrutura do vidro. Normalmente, as perdas por absorção resultantes desses defeitos são desprezíveis em comparação com os efeitos de absorção intrínseca e de impurezas. No entanto, elas podem ser significativas se a fibra for exposta à radiação ionizante, como pode ocorrer em ambientes como um reator nuclear, terapias médicas de radiação, missões espaciais que passam através do cinturão de Van Allen ou instrumentação em aceleradores.[6-9] Em tais aplicações, altas doses de radiação podem ser acumuladas ao longo de vários anos.

A radiação danifica um material devido à alteração de sua estrutura interna. Os efeitos desses danos dependem da energia de partículas ou raios ionizantes (por exemplo, elétrons, nêutrons ou raios gama), do fluxo de radiação (taxa da dose) e da fluência (partículas por centímetro quadrado). A dose total que um material recebe é expressa em unidades de rad(Si), que é uma medida da radiação absorvida no silício *bulk*. Essa unidade é definida como

$$1 \text{ rad(Si)} = 100 \text{ erg/g} = 0,01 \text{ J/kg}$$

A resposta básica de uma fibra à radiação ionizante é o aumento da atenuação devido à criação de defeitos atômicos ou centros de atenuação, que absorvem a energia óptica. Quanto maior o nível de radiação, maior a atenuação, como mostra a Figura 3.1*a*. No entanto, os centros de atenuação irão relaxar ou se reacomodarão com o tempo, como mostra a Figura 3.1*b*. O nível dos efeitos da radiação depende dos materiais dopantes utilizados na fibra. As fibras de sílica pura ou fibras com baixa dopagem de Ge sem outros dopantes possuem os mais baixos índices de perdas induzidas por radiação.

O fator dominante na absorção em fibras de sílica é a presença de quantidades diminutas de impurezas no material da fibra. Essas impurezas incluem OH⁻ (água), que são os íons dissolvidos no vidro e os íons de metais de transição, como ferro, cobre, cromo e vanádio.

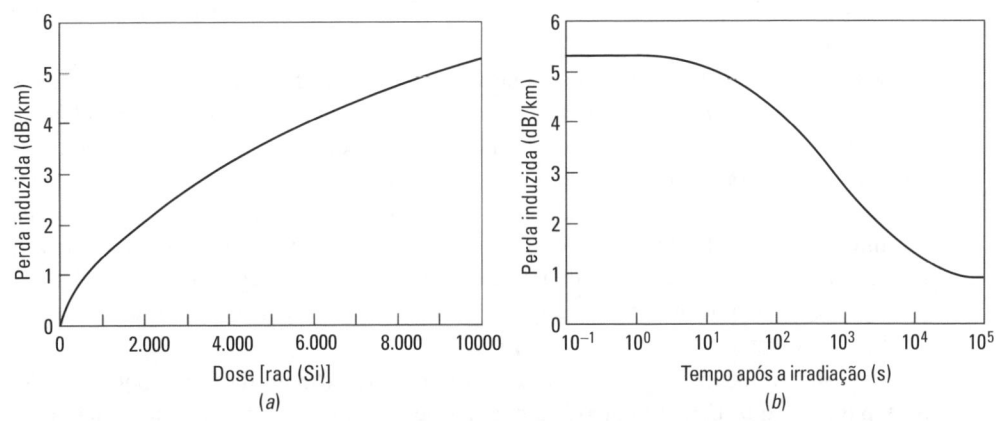

Figura 3.1 Curva geral dos efeitos da radiação ionizante sobre a atenuação da fibra óptica. (*a*) Aumento da perda durante uma irradiação constante para uma dose total de 10^4 rad (SiO_2). (*b*) Recuperação subsequente em função do tempo após a irradiação ter parado.
(Modificada com a permissão de West et al.,[7] © 1994, IEEE.)

Níveis de impurezas de metais de transição de cerca de uma parte por milhão (1 ppm) em fibras de vidro feitas em 1970 resultavam em perdas de 1-4 dB/km, como mostra a Tabela 3.1. As perdas por absorção de impurezas ocorrem por causa das transições dos elétrons entre os níveis de energia desses íons ou por transições de carga entre os íons. Os picos de absorção das várias impurezas de metais de transição tendem a ser largos, e vários desses picos podem sobrepor-se, alargando ainda mais a absorção em uma região específica. As modernas técnicas em fase de vapor para a produção de um pré-molde de fibra (ver Seção 2.9) têm reduzido esses níveis de impurezas em várias ordens de magnitude. Tais baixos níveis permitem a fabricação de fibras de baixa perda.

Tabela 3.1 Exemplos de perda de absorção em vidro de sílica para diferentes comprimentos de onda em razão de 1 ppm de íons de água e diferentes impurezas de metais de transição

Impureza	Perda causada por 1 ppm de impureza (dB/km)	Pico de absorção (nm)
Ferro: Fe^{2+}	0,68	1.100
Ferro: Fe^{3+}	0,15	400
Cobre: Cu^{2+}	1,1	850
Cromo: Cr^{2+}	1,6	625
Vanádio: V^{4+}	2,7	725
Água: OH^-	1,0	950
Água: OH^-	2,0	1.240
Água: OH^-	4,0	1.380

A presença de impurezas de íons OH em um pré-molde de fibra resulta, principalmente, da chama do maçarico de oxi-hidrogênio utilizado na reação de hidrólise dos materiais de partida $SiCl_4$, $GeCl_4$ e $POCl_3$. Concentrações de impurezas de água inferiores a poucas partes por bilhão (ppb) são necessárias se a atenuação deve ser inferior a 20 dB/km. Os altos níveis de íons OH nas primeiras fibras resultou em intensos picos de absorção em 725, 950, 1.240 e 1.380 nm. As regiões de menor observação ficam entre esses picos de absorção.

Os picos e vales das curvas de atenuação resultaram na designação das diferentes *janelas de transmissão* mostradas na Figura 3.2. Por meio da redução do teor residual de OH presente nas fibras para abaixo de 1 ppb, fibras monomodo padrão estão disponíveis comercialmente com atenuações nominais de 0,4 dB/km a 1.310 nm (na banda O) e menos de 0,25 dB/km a 1.550 nm (na banda C). A posterior eliminação dos íons de água diminuiu o pico de absorção em torno 1.440 nm e, consequentemente, abriu a banda E para a transmissão de dados, tal como indicado pela linha tracejada na Figura 3.2. As fibras ópticas que podem ser utilizadas na banda E são conhecidas por nomes como *fibras de pouca água* ou *de espectro cheio*.

A absorção intrínseca está associada com o material-base da fibra (por exemplo, SiO_2 puro) e é o principal fator físico que define a janela de transparência ao longo de uma região espectral especificada. A absorção intrínseca define o limite inferior fundamental de absorção para qualquer material particular, que é definido como a absorção que ocorre quando o material se encontra em um estado perfeito, sem variações de densidade, impurezas ou homogeneidade.

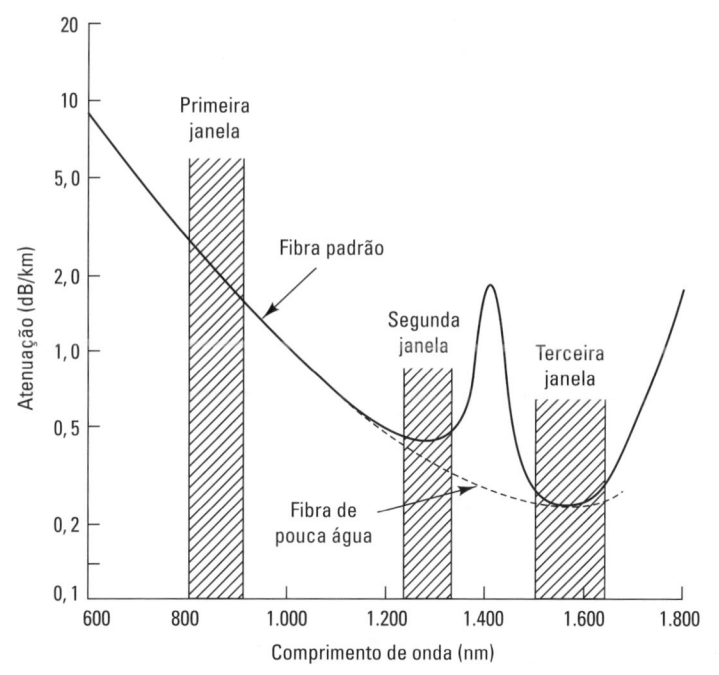

Figura 3.2 A atenuação da fibra óptica em função do comprimento de onda produz valores nominais de 0,40 dB/km em 1.310 nm e 0,25 dB/km em 1.550 nm para fibra monomodo padrão. A absorção por moléculas de água causa um pico de atenuação em torno de 1.400 nm para a fibra padrão. A curva tracejada representa a atenuação de fibras de pouca água.

A absorção intrínseca resulta das bandas de absorção eletrônica na região ultravioleta e das bandas de vibração atômicas na região do infravermelho próximo. As bandas de absorção eletrônica estão associadas com o *bandgap* dos materiais de vidro amorfo. A absorção ocorre quando um fóton interage com um elétron na banda de valência e o excita para um nível de energia mais elevado, como descrito na Seção 2.1. A borda ultravioleta das bandas de absorção dos elétrons em materiais tanto amorfos como cristalinos seguem a relação empírica[1,3]

$$\alpha_{uv} = CE^{E/E_0} \qquad (3.2a)$$

que é conhecida como regra de Urbach. Aqui, C e E_0 são constantes empíricas, e E é a energia dos fótons. A magnitude e o decaimento exponencial característico da absorção ultravioleta são mostrados na Figura 3.3. Dado que E é inversamente proporcional ao comprimento de onda λ, a absorção ultravioleta decai exponencialmente com o aumento do comprimento. Em particular, a contribuição da perda por ultravioleta em dB/km, em qualquer comprimento de onda (dada em μm), pode ser expressa empiricamente (derivada da observação ou experimento) como uma função da fração molar x de GeO_2:[10]

$$\alpha_{uv} = \frac{154{,}2x}{46{,}6x + 60} \times 10^{-2} \exp\left(\frac{4{,}63}{\lambda}\right) \qquad (3.2b)$$

Observamos na Figura 3.3 que a perda no ultravioleta é pequena quando comparada com a perda por dispersão na região próxima do infravermelho.

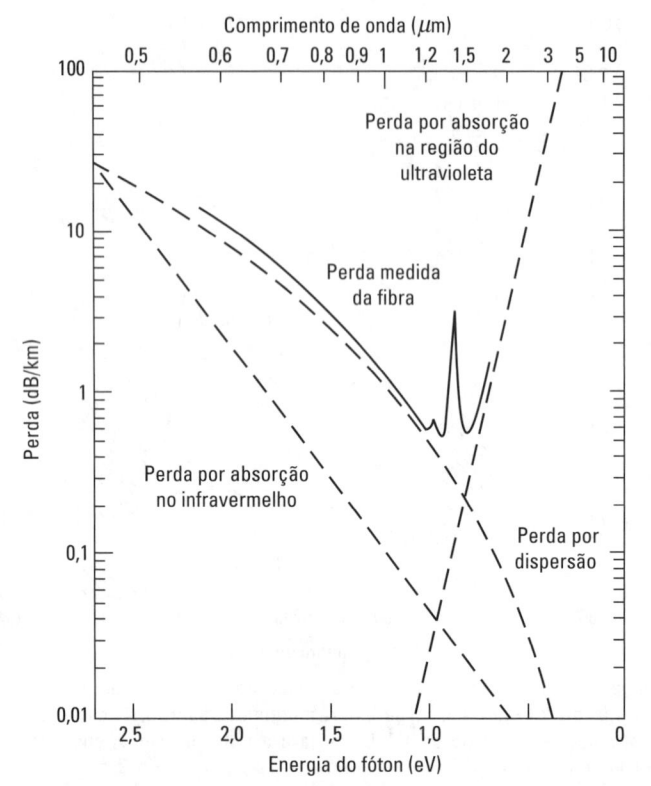

Figura 3.3 Características de atenuação da fibra óptica e seus mecanismos limitantes para uma fibra de sílica dopada com GeO_2 de baixa perda e baixo conteúdo de água.
(Reproduzida com permissão de Osanai et al.[13])

Exemplo 3.3 Considere duas fibras de sílica que são dopadas com 6% e 18% de fração molar de GeO_2, respectivamente. Compare as absorções no ultravioleta, nos comprimentos de onda de 0,7 μm e 1,3 μm.

Solução: Usando a Equação (3.2b) para a absorção ultravioleta, temos o seguinte:

(a) Para a fibra com $x = 0,06$ e $\lambda = 0,7$ μm

$$\alpha_{uv} = \frac{1,542(0,06)}{46,6(0,06) + 60} \exp\left(\frac{4,63}{0,7}\right) = 1,10 \, dB/km$$

(b) Para a fibra com $x = 0,06$ e $\lambda = 1,3$ μm

$$\alpha_{uv} = \frac{1,542(0,06)}{46,6(0,06) + 60} \exp\left(\frac{4,63}{1,3}\right) = 0,07 \, dB/km$$

(c) Para a fibra com $x = 0,18$ e $\lambda = 0,7$ μm

$$\alpha_{uv} = \frac{1,542(0,18)}{46,6(0,18) + 60} \exp\left(\frac{4,63}{0,7}\right) = 3,03 \, dB/km$$

(d) Para a fibra com $x = 0,18$ e $\lambda = 1,3$ μm

$$\alpha_{uv} = \frac{1,542(0,18)}{46,6(0,18) + 60} \exp\left(\frac{4,63}{1,3}\right) = 0,19 \, dB/km$$

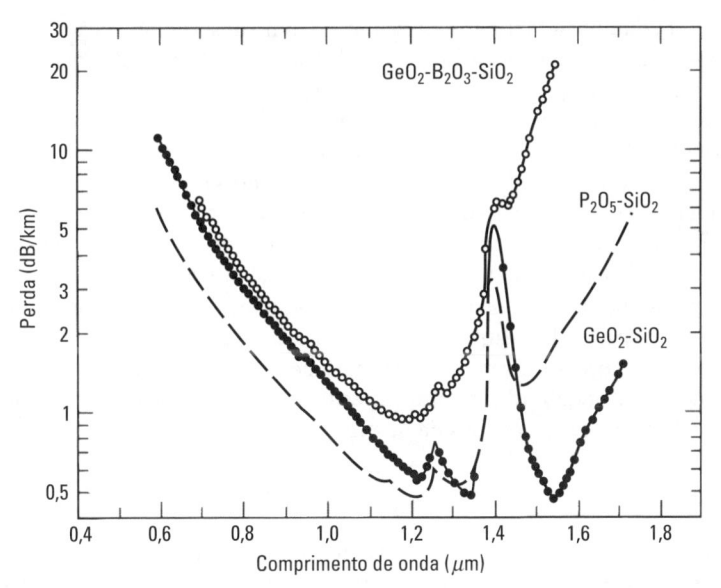

Figura 3.4 Comparação da absorção no infravermelho induzida por vários materiais dopantes em fibras de baixa perda de sílica.
(Reproduzida com permissão de Osanai et al.[13])

Na região do infravermelho próximo, acima de 1,2 μm, a perda do guia de ondas óptico é predominantemente determinada pela presença de íons OH e pela absorção no infravermelho inerente ao material constituinte. Essa absorção inerente é associada com a frequência de vibração característica da ligação química entre os átomos que compõem a fibra. Uma interação entre a ligação vibrante e o campo eletromagnético do sinal óptico resulta em uma transferência de energia do campo para a ligação, originando a absorção. Essa absorção é muito forte por causa das muitas ligações químicas presentes na fibra. Uma expressão empírica para a absorção no infravermelho, em dB/km, para vidro de GeO_2-SiO_2 com λ dado em μm é[10]

$$\alpha_{IR} = 7{,}81 \times 10^{11} \times \exp\left(\frac{-48{,}48}{\lambda}\right) \quad (3.3)^*$$

Esses mecanismos levam a uma característica de perda espectral em forma de cunha. Dentro dessa cunha, perdas tão baixas como 0,148 dB/km em 1,57 μm foram medidas em fibra monomodo.[11, 12] Na Figura 3.4, observamos uma comparação[13] da absorção no infravermelho induzida por vários materiais dopantes em fibras com baixo teor de água. Esses dados indicam que, para o funcionamento em comprimentos de onda mais longos, é mais desejável fibras dopadas com GeO_2. Note que a curva de absorção mostrada na Figura 3.3 é para uma fibra dopada com GeO_2.

3.1.3 Perdas por dispersão

As perdas por dispersão no vidro resultam das variações microscópicas na densidade do material, de flutuações de composição e da não homogeneidade estrutural ou defeitos

---

* N. de R.T.: Considerar IR para infravermelho, sendo a tradução de *infrared*.

que ocorrem durante a fabricação das fibras. Como descrito na Seção 2.7, o vidro é composto por uma rede de moléculas ligadas de forma aleatória. Tal estrutura naturalmente contém regiões em que a densidade molecular é maior ou menor do que a densidade média do vidro. Além disso, uma vez que o vidro é composto de vários óxidos, tais como SiO_2, GeO_2 e P_2O_5, flutuações de composição podem ocorrer. Esses dois efeitos dão origem a variações de índice de refração dentro do vidro em distâncias pequenas em comparação ao comprimento de onda da luz. Essas variações causam uma dispersão de luz do tipo Rayleigh. O espalhamento Rayleigh no vidro é o mesmo fenômeno que espalha a luz do sol na atmosfera dando origem assim a um céu azulado.

As expressões para atenuação induzida por dispersão ou espalhamento são bastante complexas por causa da natureza molecular aleatória e dos diversos óxidos constituintes do vidro. Para um vidro formado por um único elemento, a perda por dispersão em um comprimento de onda λ (dado em μm) resultante das flutuações de densidade pode ser aproximada por[3,14] (em unidades da base e)

$$\alpha_{disp} = \frac{8\pi^3}{3\lambda^4} (n^2 - 1)^2 \, k_B T_f \beta_T \qquad (3.4a)$$

Onde, n é o índice de refração; k_B, a constante de Boltzmann; β_T, a compressibilidade isotérmica do material: e T_f, a temperatura na qual as flutuações de densidade são congeladas no vidro quando este se solidifica (após ser puxado em uma fibra). De outra maneira, a relação[3, 15] (em unidades da base e)

$$\alpha_{disp} = \frac{8\pi^3}{3\lambda^4} n^8 p^2 k_B T_f \beta_T \qquad (3.4b)$$

foi derivada, onde p é o coeficiente fotoelástico. Uma comparação das Equações (3.4a) e (3.4b) é dada no Problema 3.6. Note que as Equações (3.4a) e (3.4b) são dadas em unidades de népers (isto é, unidades na base e). Como visto na Equação (3.1), para mudar isso para decibéis em cálculos de atenuação de potência óptica, multiplicam-se essas equações por $10 \log e = 4{,}343$.

Exemplo 3.4 Para a sílica, a temperatura fictícia T_f é 1.400 K, a compressibilidade isotérmica β_T é $6{,}8 \times 10^{-12}$ cm^2/dina $= 6{,}8 \times 10^{-11}$ m^2/N, e o coeficiente fotoelástico é 0,286. Calcule a perda por dispersão no comprimento de onda 1,30 μm, onde $n = 1{,}450$.

Solução: Usando a Equação (3.4b),

$$\alpha_{disp} = \frac{8\pi^3}{3\lambda^4} n^8 p^2 k_B T_f \beta_T = \frac{8\pi^3}{3(1{,}3)^4} (1{,}45)^8 (0{,}286)^2 \times (1{,}38 \times 10^{-23})(1400)(6{,}8 \times 10^{-12})$$

$$= 6{,}08 \times 10^{-2} \text{ népers/km} = 0{,}26 \text{ dB/km}$$

Exemplo 3.5 Para o vidro de sílica pura, uma equação aproximada para a perda por espalhamento Rayleigh é dada por

$$\alpha(\lambda) \simeq \alpha_0 \left(\frac{\lambda_0}{\lambda}\right)^4$$

onde $\alpha_0 = 1{,}64$ dB/km em $\lambda_0 = 850$ nm. Essa fórmula prevê perdas por dispersão de 0,291 dB/km em 1.310 nm e 0,148 dB/km em 1.550 nm.

Para vidros de muitos componentes, a dispersão em um comprimento de onda λ (medido em μm) é dada por[3]

Capítulo 3 Atenuação e dispersão

$$\alpha = \frac{8\pi^3}{3\lambda^4}(\delta n^2)^2 \, \delta V \quad (3.5)$$

onde o quadrado da média quadrática da flutuação do índice de refração $(\delta n^2)^2$ em um volume δV é

$$(\delta n^2)^2 = \left(\frac{\partial n^2}{\partial \rho}\right)^2 (\delta \rho)^2 + \sum_{i=1}^{m}\left(\frac{\partial n^2}{\partial C_i}\right)(\delta C_i)^2 \quad (3.6)$$

Aqui, $\delta \rho$ é a flutuação de densidade, e δC_i, a flutuação da concentração do i-ésimo elemento de vidro. Suas magnitudes devem ser determinadas a partir dos dados experimentais de dispersão. Os fatores $\partial n^2/\partial \rho$ e $\partial n^2/\partial C_i$ são as variações do quadrado do índice em relação à densidade e ao i-ésimo componente do vidro, respectivamente.

As não homogeneidades estruturais e os defeitos criados durante a fabricação das fibras também podem causar dispersão da luz para fora da fibra. Esses defeitos podem ser na forma de bolhas de gás presas, materiais de partida que não reagiram e regiões cristalizadas do vidro. Em geral, os métodos de fabricação dos pré-moldes têm minimizado esses efeitos extrínsecos ao ponto de que o espalhamento a partir deles é insignificante em comparação com a dispersão de Rayleigh intrínseca.

Uma vez que a dispersão de Rayleigh segue uma dependência característica λ^{-4}, ela diminui drasticamente com o aumento do comprimento de onda, como mostra a Figura 3.3. Para comprimentos de onda abaixo de aproximadamente 1 μm, ela é o mecanismo de perda dominante em uma fibra e dá aos gráficos atenuação *versus* comprimento de onda sua característica queda com o aumento do comprimento de onda. Em comprimentos de onda maiores que 1 μm, os efeitos de absorção no infravermelho tendem a dominar a atenuação do sinal óptico.

Combinando as perdas no infravermelho, ultravioleta e de dispersão ou espalhamento, obtemos os resultados mostrados na Figura 3.5 para fibras multimodo e Figura 3.6 para fibras monomodo.[16] Ambas as figuras são para as fibras típicas de sílica de categoria comercial. As perdas das fibras

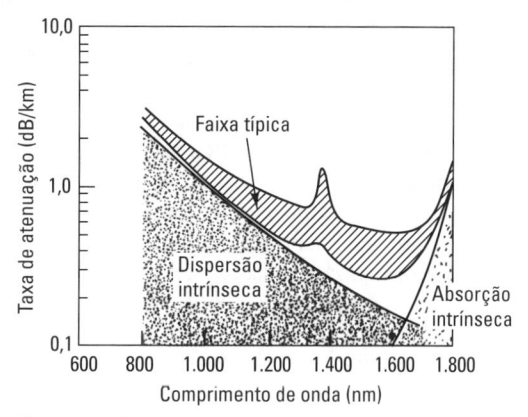

Figura 3.5 Faixa espectral típica de atenuação para a produção de fibras multimodo de índice-gradual.
(Reproduzida com permissão de Keck,[16] © 1985, IEEE.)

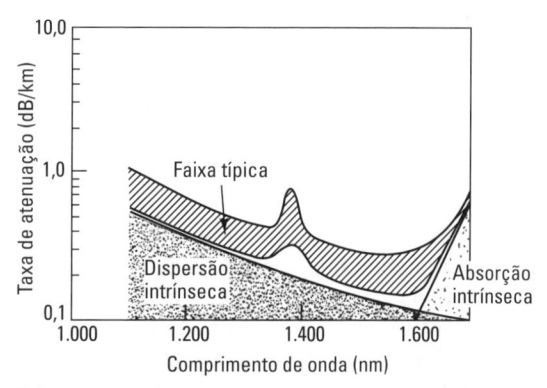

Figura 3.6 Faixa espectral típica de atenuação para a produção fibras monomodo.
(Reproduzida com permissão de Keck,[16] © 1985, IEEE.)

multimodo são geralmente mais elevadas do que as de fibras monomodo. Esse é um resultado das maiores concentrações de dopantes e do acompanhamento da maior perda por dispersão causada pela variação da composição em fibras multimodo. Além disso, as fibras multimodo estão sujeitas a perdas dos modos de ordem mais elevada decorrentes das perturbações na interface núcleo-casca.

3.1.4 Perdas por curvaturas

Perdas por radiação ocorrem sempre que uma fibra óptica passa por uma curva de raio de curvatura finito.[17-26] As fibras podem ser sujeitas a dois tipos de curvaturas: (a) dobras macroscópicas, que têm raios grandes em comparação com o diâmetro da fibra, tais como as que ocorrem quando um cabo de fibra contorna um canto, e (b) curvas microscópicas aleatórias no eixo das fibras, que podem surgir quando as fibras são incorporadas em cabos.

Vamos primeiro examinar as perdas de radiação por curvatura grande, que são conhecidas como *perdas por macrocurvaturas* ou simplesmente *perdas por curvaturas*. Para curvas leves, a perda é extremamente pequena e essencialmente não é observável. À medida que o raio de curvatura diminui, a perda aumenta exponencialmente até que, em um determinado raio crítico de curvatura, torna-se perceptível. Se o raio de curvatura for um pouco menor, uma vez que esse ponto limiar for atingido, a perda se tornará, de repente, extremamente grande.

Qualitativamente, esses efeitos de perda na curvatura podem ser explicados pela análise das distribuições modais de campo elétrico exibida na Figura 2.19. Recordemos que essa figura mostra que qualquer modo confinado no núcleo possui uma cauda de campo evanescente na casca que decai exponencialmente em função da distância ao centro do núcleo. Uma vez que essa cauda se move junto com o campo no núcleo, uma parte da energia de um modo de propagação viaja pela casca da fibra. Quando a fibra é dobrada, a cauda de campo no lado mais distante do centro de curvatura deve se mover mais rapidamente para acompanhar o campo no núcleo, como é mostrado na Figura 3.7 para o modo de ordem mais baixa. A certa distância crítica x_c do centro da fibra, essa cauda teria que se mover mais rapidamente do que a velocidade da luz para manter-se com o campo do núcleo. Uma vez que isso não é possível, a energia óptica na cauda campo além de x_c irradia.

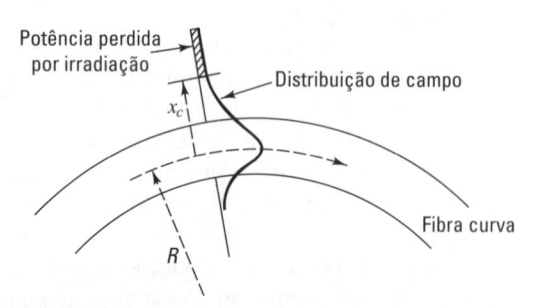

Figura 3.7 Esboço do campo modal fundamental em um guia de ondas óptico curvo.
(Reproduzida com permissão da EAJ Marcatili e Miller SE, *Bell Sys. Tech. J.*, vol. 48, p. 2161, setembro 1969, © 1969, a AT&T.)

A quantidade de radiação óptica a partir de uma fibra dobrada depende da intensidade do campo em x_c e sobre o raio de curvatura R. Uma vez que os modos de ordens maiores são ligados fracamente ao núcleo da fibra do que os modos de ordem menor, os de ordem maior irão irradiar primeiro para fora da fibra. Assim, o número total de modos que podem ser suportados por uma fibra encurvada é menor do que em uma fibra reta. A expressão seguinte[18] foi derivada para o número efetivo de modos M_{ef} que são guiados por uma fibra multimodo curvo de um raio a:

$$M_{ef} = M_\infty \left\{ 1 - \frac{\alpha+2}{2\alpha\Delta} \left[\frac{2a}{R} + \left(\frac{3}{2n_2 kR} \right)^{2/3} \right] \right\} \qquad (3.7)$$

onde α define o perfil de índice-gradual, Δ é a diferença dos índices de núcleo-casca, n_2 é o índice de refração da casca, $k = 2\pi/\lambda$ é a constante de propagação da onda, e

$$M_\infty = \frac{\alpha}{\alpha+2}(n_1 ka)^2 \Delta \qquad (3.8)$$

é o número total de modos em uma fibra em linha reta [ver Equação (2.81)].

Exemplo 3.6 Considere uma fibra óptica multimodo de índice-degrau para a qual o perfil de índice é $\alpha = 2{,}0$, o índice do núcleo é $n_1 = 1{,}480$, a diferença de índice núcleo-casca é $\Delta = 0{,}01$, e o raio do núcleo é $a = 25\ \mu\text{m}$. Se o raio de curvatura da fibra é $R = 1{,}0$ cm, qual porcentagem de modos permanece na fibra em um comprimento de onda de 1.300 nm?

Solução: Da Equação (3.7), a porcentagem de modos em uma curvatura R é

$$\frac{M_{ef}}{M_\infty} = 1 - \frac{\alpha+2}{2\alpha\Delta}\left[\frac{2a}{R} + \left(\frac{3}{2n_2 kR}\right)^{2/3}\right] = 1 - \frac{1}{0{,}01}\left[\frac{2(25)}{10.000} + \left(\frac{3(1{,}3)}{2(1{,}465)2\pi(10.000)}\right)^{2/3}\right] = 0{,}42$$

Assim, 42% dos modos permanecem nessa fibra com um raio de curvatura de 1,0 cm.

Outra forma de perda de radiação em guias de onda resulta do acoplamento dos modos provocados pelas microcurvaturas aleatórias das fibras ópticas.[27-30] *Microcurvaturas* são flutuações repetitivas de pequena escala no raio de curvatura do eixo da fibra, tal como é ilustrado na Figura 3.8. Elas são causadas pela não uniformidade na fabricação da fibra ou por pressões laterais criadas não uniformes durante o cabeamento da fibra. O último efeito é muitas vezes chamado de *perda por cabeamento* ou *no empacotamento*. Um aumento da atenuação resulta das microcurvaturas porque a curvatura da fibra provoca acoplamento repetitivo de energia entre os modos guiados e os modos vazados ou não guiados.

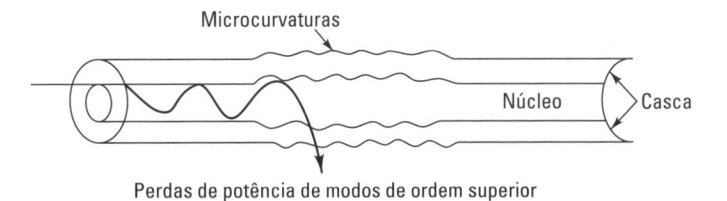

Figura 3.8 As flutuações de pequena escala no raio de curvatura no eixo da fibra levam a perdas por microcurvaturas. As microcurvaturas podem espalhar os modos de ordem superior e causar acoplamento entre os modos de baixa ordem e de ordem superior.

Um método de minimizar as perdas nas microcurvaturas é pela extrusão de um revestimento compressível sobre a fibra. Quando as forças externas são aplicadas a essa configuração, o revestimento será deformado, mas a fibra tende a ficar relativamente reta. Para uma fibra óptica multimodo de índice-degrau com um núcleo de raio a, raio exterior b (excluindo a jaqueta) e diferença de índice Δ, a perda α_M na microcurvatura de uma fibra revestida é reduzida de uma fibra não revestida por um fator[31]

$$F(\alpha_M) = \left[1 + \pi\Delta^2 \left(\frac{b}{a}\right)^4 \frac{E_f}{E_j} \right]^{-2} \quad (3.9)$$

Aqui, E_j e E_f são os módulos de Young do revestimento ou jaqueta e da fibra, respectivamente. O módulo de Young do revestimento de materiais comuns é na ordem de 20-500 MPa. O módulo de Young do vidro de sílica fundida é de cerca de 65 GPa.

3.1.5 Perdas no núcleo e na casca

Durante a medição de perdas na propagação em uma fibra real, todas as perdas dissipativas e por dispersão serão manifestadas simultaneamente. Uma vez que o núcleo e a casca têm diferentes índices de refração e, portanto, diferem na sua composição, o núcleo e a casca geralmente têm diferentes coeficientes de atenuação, denotados por α_1 e α_2, respectivamente. Se a influência de acoplamento modal for ignorada,[32] a perda para um modo de ordem (v, m) para um guia de ondas de índice-degrau será

$$\alpha_{vm} = \alpha_1 \frac{P_{\text{núcleo}}}{P} + \alpha_2 \frac{P_{\text{casca}}}{P} \quad (3.10a)$$

onde as potências fracionárias $P_{\text{núcleo}}/P$ e P_{casca}/P estão apresentadas na Figura 2.27 para vários modos de baixa ordem. Usando a Equação (2.71), isso pode ser escrito como

$$\alpha_{vm} = \alpha_1 + (\alpha_2 - \alpha_1) \frac{P_{\text{casca}}}{P} \quad (3.10b)$$

A perda total do guia de ondas pode ser encontrada pela soma de todos os modos ponderados pela potência fracionada nesse modo.

Para o caso de uma fibra óptica com índice-degrau, a situação é muito mais complicada. Nesse caso, tanto os coeficientes de atenuação e como a potência modal tendem a ser funções da coordenada radial. A uma distância r do eixo do núcleo, a perda é[32]

$$\alpha(r) = \alpha_1 + (\alpha_2 - \alpha_1) \frac{n^2(0) - n^2(r)}{n^2(0) - n_2^2} \quad (3.11)$$

onde α_1 e α_2 são os coeficientes de atenuação axial e da casca respectivamente, e os n termos são definidos pela Equação (2.78). A perda encontrada por um determinado modo é então

$$\alpha_{\text{perda}} = \frac{\int_0^\infty \alpha(r) \, p(r) \, r \, dr}{\int_0^\infty p(r) \, r \, dr} \quad (3.12)$$

onde $p(r)$ é a densidade de potência desse modo em r. A complexidade do guia de ondas multimodo tem impedido uma correlação experimental com o modelo. No entanto, observa-se geralmente que a perda aumenta conforme aumenta o número do modo.[26, 33]

3.2 Dispersão de sinal em fibras

Como mostrado na Figura 3.9, um sinal óptico enfraquece a partir dos mecanismos de atenuação e alarga devido a efeitos de dispersão à medida que viaja ao longo de uma fibra. Ao final, esses dois fatores levarão os pulsos vizinhos a se sobrepor. Depois de certa quantidade de sobreposição ocorrer, o receptor pode não distinguir os pulsos individuais adjacentes, e erros surgem na interpretação do sinal recebido.

Esta seção primeiramente discute os fatores gerais que causam a distorção de sinal e, em seguida, examina os diversos mecanismos de dispersão em mais detalhes. A Seção 3.2.2 é dedicada ao atraso modal e mostra como ele está relacionado com a capacidade de transporte de informação de uma fibra multimodo, em termos da taxa de *bits* transmitidos B. A Seção 3.2.3 examina os vários fatores que contribuem para a dispersão em termos da dependência com frequência da constante de propagação β. Os tópicos seguintes incluem a discussão da velocidade de grupo na Seção 3.2.4 e os detalhes dos vários mecanismos de dispersão das Seções 3.2.5 até 3.2.8.

3.2.1 Resumo das origens da dispersão

A dispersão de sinal é uma consequência de fatores como o atraso intermodal (também chamado de dispersão intermodal), dispersão intramodal, dispersão do modo de polarização e efeitos de dispersão de ordem superior. Essas distorções podem ser explicadas pela análise do comportamento das velocidades de grupo dos modos guiados, em que a *velocidade de grupo* é a velocidade com a qual a energia de um modo particular se desloca ao longo da fibra (ver Seção 3.2.4).

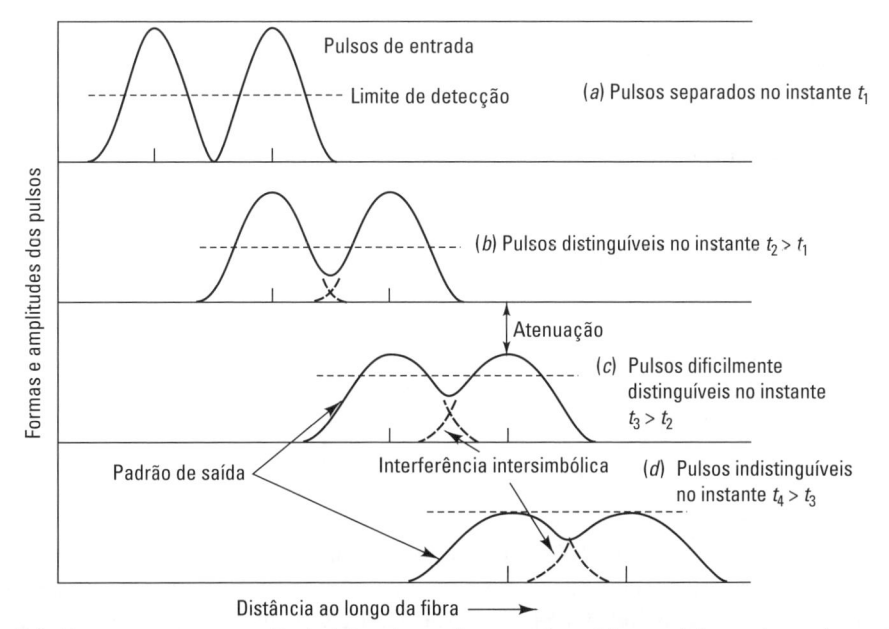

Figura 3.9 Alargamento e atenuação de dois pulsos adjacentes à medida que viajam ao longo de uma fibra. (*a*) Inicialmente, os pulsos estão separados, (*b*) os pulsos se sobrepõem ligeiramente e são claramente distinguíveis, (*c*) os pulsos se sobrepõem de forma significativa e dificilmente se distinguem, (*d*) ao final, os pulsos se sobrepõem fortemente e são indistinguíveis.

Atraso intermodal (ou simplesmente atraso modal) aparece apenas em fibras multimodo. O atraso modal resulta do fato de cada um dos modos ter um valor diferente de velocidade de grupo em uma determinada frequência. A partir desse efeito, pode-se derivar uma imagem intuitiva da capacidade de transporte de informações de uma fibra multimodo.

Dispersão intramodal ou cromática é o espalhamento de pulso que ocorre dentro de um modo único. Essa dispersão surge a partir da largura espectral finita da emissão de uma fonte óptica. O fenômeno é também conhecido como *dispersão da velocidade de grupo*, uma

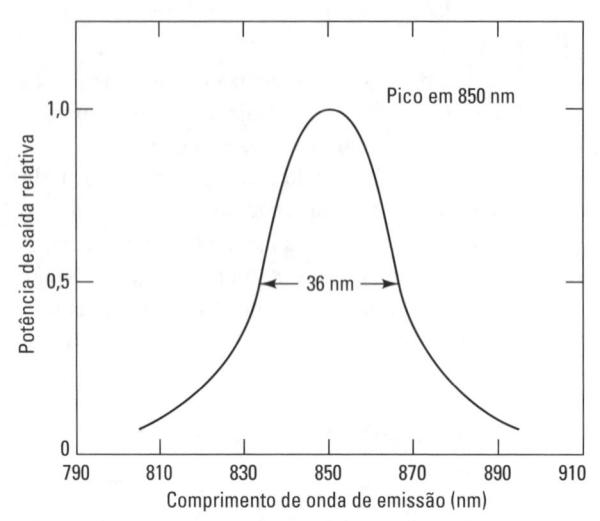

Figura 3.10 Padrão de emissão espectral de um típico LED de $Ga_{1-x}Al_xAs$ com pico de emissão em 850 nm. A largura espectral desse padrão no seu ponto de meia potência é de 36 nm.

vez que a dispersão é um resultado de a velocidade de grupo ser função do comprimento de onda. Uma vez que a dispersão intramodal depende do comprimento de onda, seu efeito sobre a distorção do sinal aumenta a largura espectral da fonte de luz. A largura espectral é a banda de comprimentos de onda emitidos pela fonte de luz. Essa banda de comprimentos de onda normalmente é caracterizada pela média quadrática (rms) da largura espectral σ_λ. Dependendo da estrutura do dispositivo como um *diodo emissor de luz* (LED), a largura espectral é de cerca de 4% a 9% do comprimento de onda central. Por exemplo, como mostra a Figura 3.10, se o comprimento de pico de onda de um diodo emissor de luz é de 850 nm, uma largura espectral típica da fonte é de 36 nm, isto é, tal LED emite a maior parte de sua luz na banda de comprimentos de onda de 832-868 nm. As fontes ópticas de diodo *laser* apresentam larguras espectrais muito mais estreitas, com valores típicos de 1 a 2 nm para *lasers* multimodo e 10^{-4} nm para *lasers* monomodo (ver Capítulo 4).

As duas principais causas de dispersão intramodal são as seguintes:

1. *Dispersão material* decorrente das variações do índice de refração do constituinte do núcleo em uma função do comprimento de onda. A dispersão material também é chamada de *dispersão cromática*, uma vez que se trata do mesmo efeito responsável pelo espalhamento de espectro em um prisma. Essa propriedade do índice de refração leva a uma dependência da velocidade de grupo de um dado modo em relação ao comprimento de onda, isto é, o alargamento de pulsos ocorre mesmo quando diferentes comprimentos de onda seguem o mesmo caminho.

2. *Dispersão de guia de onda* causa um espalhamento do pulso porque apenas uma parte da potência óptica propagada ao longo da fibra está confinada no núcleo. Dentro de um único modo de propagação, a distribuição transversal da luz varia para diferentes comprimentos de onda. Os comprimentos de onda mais curtos são confinados mais completamente ao núcleo, enquanto uma parte maior da potência óptica dos comprimentos de onda maiores se propaga na casca, como

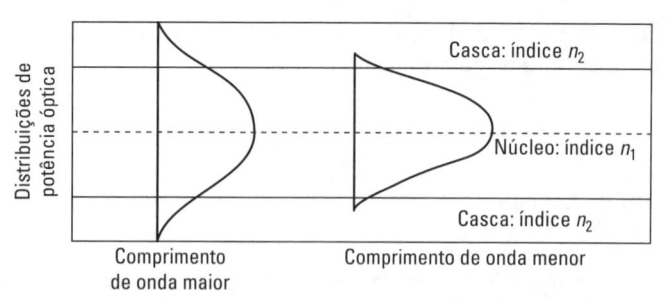

Figura 3.11 Os comprimentos de onda mais curtos são confinados mais perto do centro do núcleo da fibra do que os comprimentos de onda mais longos.

mostra a Figura 3.11. Como o índice de refração é menor na casca do que no núcleo, a fração de potência de luz que se propaga na casca viaja mais rápido do que a luz confinada ao núcleo. Além disso, notamos que o índice de refração depende do comprimento de onda (ver Seção 3.2.5), de modo que diferentes componentes espectrais dentro de um único modo possuem velocidades de propagação diferentes. A dispersão surge assim, pois a diferença nas distribuições espaciais de energia entre núcleo-casca e as variações de velocidade dos vários comprimentos de onda provocam uma alteração na velocidade de propagação de cada componente espectral. O grau de dispersão de guia de onda depende do projeto da fibra (ver Seção 3.3.1). A dispersão de guia de onda normalmente pode ser ignorada em fibras multimodo, mas seu efeito é significativo em fibras monomodo.

Dispersão modal de polarização resulta do fato de que a energia do sinal luminoso em determinado comprimento de onda em uma fibra monomodo, na verdade, ocupa dois modos ou estados de polarização ortogonais (ver Seção 2.5). No início da fibra, os dois estados de polarização estão alinhados. No entanto, uma vez que o material da fibra não é perfeitamente uniforme ao longo do seu comprimento, cada um dos modos de polarização encontrará um índice de refração ligeiramente diferente. Consequentemente, cada modo vai viajar a uma velocidade ligeiramente diferente. A diferença resultante nos tempos de propagação entre os dois modos de polarização ortogonais causará um alargamento do pulso. A Seção 3.2.8 fornece mais detalhes sobre esse efeito.

3.2.2 Atraso modal

A *dispersão intermodal* ou *atraso modal* aparece apenas em fibras multimodo. Esse mecanismo de distorção de sinal é resulta do fato de que cada um dos modos possui um valor diferente de velocidade de grupo em uma única frequência. Para ver por que o atraso surge, considere o raio meridional em uma fibra multimodo de índice-degrau esquematizado na Figura 2.17. Quanto mais acentuado for o ângulo de propagação do raio congruente, maior será a ordem do modo e, consequentemente, mais lenta será a velocidade de grupo axial. Essa variação nas velocidades de grupo dos diferentes modos conduz a um espalhamento do atraso do grupo, que é a dispersão intermodal. Esse mecanismo de dispersão é eliminado em uma operação monomodo, mas é importante em fibras multimodo. O alargamento do pulso máximo resultante do atraso modal é a diferença entre o curso do tempo T_{max} dos caminhos mais longos dos raios congruentes (o modo de ordem mais alta) e o tempo de percurso T_{min} dos caminhos mais curtos desses raios (modo fundamental). Esse alargamento é simplesmente obtido a partir do traçado de raios e, para uma fibra de comprimento L, dado por

$$\Delta T = T_{max} - T_{min} = \frac{n_1}{c}\left(\frac{L}{\operatorname{sen}\varphi_c} - L\right) = \frac{L\,n_1^2}{c\,n_2}\Delta \qquad (3.13)$$

onde, a partir da Equação (2.21), sen $\varphi_c = n_2/n_1$ e Δ é a diferença de índice.

Exemplo 3.7 Considere uma fibra multimodo de índice-degrau de 1 km de comprimento na qual $n_1 = 1{,}480$ e $\Delta = 0{,}01$, então $n_2 = 1{,}465$. Qual é o atraso modal por unidade de comprimento nessa fibra?
Solução: Pela Equação (3.13)

$$\frac{\Delta T}{L} = \frac{n_1^2 \Delta}{cn_2} = 50 \text{ ns/km}$$

Isso significa que um pulso alarga 50 ns depois de ter viajado uma distância de 1 km nesse tipo de fibra.

Exemplo 3.8 Visto de outra maneira, como ilustrado no Exemplo 3.7 para uma fibra multimodo de índice-degrau com produto taxa-de-*bits* vs. distância $BL = 20$ Mb/s-km, o alargamento do pulso é de 50 ns/km. Como exemplo, suponha que possa aumentar a largura de pulso em um sistema de transmissão possa aumentar em até 25%. Logo, para uma taxa de dados de 10 Mb/s, em que cada pulso é transmitido a cada 100 ns, essa limitação permite um alargamento de, no máximo, 25 ns, que ocorre em uma distância de transmissão de 500 m. Suponha agora que a taxa de dados seja aumentada para 100 Mb/s, o que significa que um pulso é transmitido a cada 10 ns. Nesse caso, o fator de espalhamento permitido de 50 ns/km irá limitar a distância de transmissão para cerca de 50 m nessa fibra multimodo de índice-degrau.

A questão que surge agora é qual taxa máxima de *bits* B pode ser enviada através de uma fibra multimodo de índice-degrau. Em geral, a capacidade da fibra é especificada em termos do *produto taxa-de-bit vs. distância BL*, isto é, a taxa de *bits* multiplicada pela possível distância de transmissão L. Para que os pulsos de sinal adjacentes permaneçam distinguíveis ao receptor, o alargamento dos pulsos deve ser inferior a $1/B$, que é a largura de um período de *bit*. Por exemplo, uma exigência rigorosa por uma conexão de alto desempenho poderia ser $\Delta T \le 0{,}1/B$. Em geral, precisamos ter $\Delta T < 1/B$. Usando a Equação (3.13), essa desigualdade confere ao produto taxa-de-*bit vs.* distância

$$BL < \frac{n_2}{n_1^2}\frac{c}{\Delta}$$

Considerando valores de $n_1 = 1{,}480$, $n_2 = 1{,}465$ e $\Delta = 0{,}01$, a capacidade dessa fibra multimodo de índice-degrau é $BL = 20$ Mb/s-km.

O *valor médio quadrático* (rms) do tempo de atraso é um parâmetro útil para avaliar o efeito do atraso modal em uma fibra multimodo. Se assumirmos que os raios de luz são uniformemente distribuídos sobre os ângulos de captação da fibra, então a resposta rms ao impulso σ_s em virtude da dispersão intermodal em uma fibra multimodo de índice-degrau pode ser estimada a partir da expressão

$$\sigma_s \approx \frac{Ln_1\Delta}{2\sqrt{3}c} \approx \frac{L(NA)^2}{4\sqrt{3}n_1 c} \qquad (3.14a)$$

Aqui L é o comprimento da fibra, e NA, a abertura numérica. A Equação (3.14a) mostra que o alargamento do pulso é diretamente proporcional à diferença de índice núcleo-casca e do comprimento da fibra.

Uma técnica eficaz para reduzir os atrasos modais em fibras multimodo é por meio da utilização de um índice de refração gradual no núcleo da fibra, como mostra a Figura 2.15. Em qualquer fibra multimodo, os caminhos dos raios associados aos modos de ordem superior são concentrados próximo à extremidade do núcleo e, portanto, seguem um caminho mais longo através da fibra do que os modos de ordem inferior (que estão concentrados próximo ao eixo da fibra). No entanto, se o núcleo tem um índice gradual, então os modos de ordem superior encontram um índice de refração menor perto da borda do núcleo. Como a velocidade da luz no material depende do valor do índice de refração, os modos de ordem mais elevada viajam mais rápido na região externa ao núcleo do que os modos que se propagam através do índice de refração mais elevado ao longo do centro da fibra. Consequentemente, isso reduz a diferença de atraso entre os modos mais rápidos e mais lentos. Uma análise detalhada usando a teoria dos modos eletromagnéticos fornece o seguinte atraso absoluto modal na saída de uma fibra óptica de índice-gradual com um perfil de índice do núcleo parabólico ($\alpha = 2$) (ver Seção 2.6.):

$$\sigma_s \approx \frac{Ln_1\Delta^2}{20\sqrt{3}c} \qquad (3.14b)$$

Assim, para uma diferença de índice $\Delta = 0{,}01$, o fator de melhoria teórico para um alargamento intermodal rms do pulso em uma fibra óptica de índice-gradual seria de 1.000.

Exemplo 3.9 Considere duas fibras multimodo: (a) uma fibra de índice-degrau, com núcleo de índice de $n_1 = 1{,}458$ e uma diferença de índices núcleo-casca $\Delta = 0{,}01$; (b) uma fibra óptica com índice-gradual de perfil parabólico com os mesmos valores de n_1 e Δ. Compare o alargamento rms do pulso por quilômetro para essas duas fibras.

Solução: (a) A partir da Equação (3.14a), temos

$$\frac{\sigma_s}{L} = \frac{n_1\Delta}{2\sqrt{3}c} = \frac{1{,}458(0{,}01)}{2\sqrt{3} \times 3\times10^8 \text{ m/s}} = 14{,}0 \text{ ns/km}$$

(b) A partir da Equação (3.14a), temos

$$\frac{\sigma_s}{L} \approx \frac{n_1\Delta^2}{20\sqrt{3}c} = \frac{1{,}458({,}01)^2}{20\sqrt{3} \times 3\times10^8 \text{ m/s}} = 14{,}0 \text{ ps/km}$$

Nas fibras de índice-gradual, a seleção cuidadosa do perfil do índice de refração radial pode levar o produto taxa-de-*bits vs.* distância até 1 Gb/s-km.

3.2.3 Fatores contribuintes à dispersão

Esta seção examina brevemente os vários fatores que contribuem para a dispersão. As Seções 3.2.4-3.2.8 e 3.3 descrevem esses fatores em mais detalhe.

Como observado na Seção 2.4, a constante de propagação da onda β é função do comprimento de onda ou, de modo equivalente, da frequência angular ω. Uma vez que β é uma função de variação lenta dessa frequência angular, podemos ver onde os efeitos de dispersão surgem expandindo β em uma série de Taylor sobre uma frequência central ω_0. Inserindo tal expansão em uma equação de forma de onda, por exemplo na Equação (2.1), teremos os efeitos de variações em β por causa da dispersão modal e efeitos de atraso sobre os componentes de frequência de um pulso durante a propagação ao longo de uma fibra.

A expansão de β até a terceira ordem (ou terceira potência) em uma série de Taylor nos leva a

$$\beta(\omega) \approx \beta_0(\omega_0) + \beta_1(\omega_0)(\omega - \omega_0) + \frac{1}{2}\beta_2(\omega_0)(\omega - \omega_0)^2 + \frac{1}{6}\beta_3(\omega_0)(\omega - \omega_0)^3 \quad (3.15)$$

onde $\beta_m(\omega_0)$ indica a m-ésima derivada de β com relação a ω calculada em $\omega = \omega_0$, isto é,

$$\beta_m = \left(\frac{\partial^m \beta}{\partial \omega^m}\right)_{\omega = \omega_0} \quad (3.16)$$

Agora vamos examinar os diferentes componentes do produto βz, onde z é a distância percorrida ao longo da fibra. O primeiro termo resultante $\beta_0 z$ descreve um deslocamento da fase da onda óptica que se propaga. Do segundo termo da Equação (3.15), o fator $\beta_1(\omega_0)z$ produz um atraso de grupo $\tau_g = z/V_g$, onde z é a distância percorrida pelo pulso, e $V_g = 1/\beta_1$, a velocidade de grupo [ver Equações (3.20) e (3.21)]. Assuma que β_{1x} e β_{1y} são as constantes de propagação dos componentes de polarização ao longo dos eixos x e y, respectivamente, em um modo particular. Se os correspondentes atrasos de grupo desses dois componentes de polarização são $\tau_{gx} = z\beta_{1x}$ e $\tau_{gy} = z\beta_{1y}$ em uma distância z, então a diferença entre os tempos de propagação desses dois modos

$$\Delta \tau_{PMD} = z\,|\beta_{1x} - \beta_{1y}| \quad (3.17)$$

é chamada de *dispersão modal de polarização* (PMD) da fibra uniforme ideal. Note que, em uma fibra real, a PMD varia estatisticamente (ver Seção 3.2.8).

No terceiro temos da Equação (3.15), o fator β_2 mostra que a velocidade de grupo de uma onda monocromática depende da frequência da onda. Isso significa que as diferentes velocidades de grupos dos componentes de frequência de um pulso levam-no a alargar-se à medida que viajam através de uma fibra. Esse alargamento das velocidades de grupo é conhecido como *dispersão cromática* ou *dispersão da velocidade de grupo* (GVD). O fator β_2 é chamado de *parâmetro GVD* (ver Seção 3.2.4), e a *dispersão D* está relacionada com β_2 pela expressão

$$D = -\frac{2\pi c}{\lambda^2}\beta_2 \quad (3.18)$$

No quarto termo da Equação (3.15), o fator β_3 é conhecido como *dispersão de terceira ordem*. Esse termo é importante ao redor do comprimento de onda em que β_2 é igual a zero. A dispersão de terceira ordem pode ser relacionada com a dispersão D e a inclinação da dispersão $S_0 = \partial D/\partial \lambda$ (variação na dispersão D com o comprimento de onda), transformando a derivada em relação a ω em uma derivada relativa a λ. Assim, temos

$$\begin{aligned}\beta_3 &= \frac{\partial \beta_2}{\partial \omega} = -\frac{\lambda^2}{2\pi c}\frac{\partial \beta_2}{\partial \lambda} = -\frac{\lambda^2}{2\pi c}\frac{\partial}{\partial \lambda}\left[-\frac{\lambda^2}{2\pi c}D\right] \\ &= \frac{\lambda^2}{(2\pi c)^2}(\lambda^2 S_0 + 2\lambda D)\end{aligned} \quad (3.19)$$

A Seção 3.5.3 ilustra como os fatores na Equação (3.19) são especificados para as fibras comerciais.

3.2.4 Atraso de grupo

Como o Exemplo 3.8 menciona, a capacidade de transporte de informação de uma conexão de fibra pode ser determinada pela análise da deformação de pulsos curtos de luz que se propagam através da fibra. A discussão seguinte sobre a distorção do sinal realiza-se principalmente do ponto de vista do alargamento do pulso, que é típico da transmissão digital.

Primeiro, considere um sinal elétrico que modula uma fonte óptica. Para esse caso, assuma que o sinal óptico modulado excita todos os modos igualmente na entrada da fibra. Cada modo do guia de ondas carrega uma quantidade igual de energia através da fibra. Além disso, cada um dos modos contém todos os componentes espectrais na banda de comprimentos de onda na qual a fonte emite. Assuma também que cada um desses componentes espectrais é modulado da mesma maneira. À medida que o sinal se propaga ao longo da fibra, cada componente espectral pode ser levado a viajar de forma independente e estar sujeito a um atraso de tempo ou *atraso de grupo* por unidade de comprimento τ_g/L na direção de propagação dado por[34]

$$\frac{\tau_g}{L} = \frac{1}{V_g} = \frac{1}{c}\frac{d\beta}{dk} = -\frac{\lambda^2}{2\pi c}\frac{d\beta}{d\lambda} \qquad (3.20)$$

Aqui, L é a distância percorrida pelo pulso, β é a constante de propagação ao longo do eixo da fibra, $k = 2\pi/\lambda$, e a *velocidade de grupo*

$$V_g = c\left(\frac{d\beta}{dk}\right)^{-1} = \left(\frac{\partial\beta}{\partial\omega}\right)^{-1} \qquad (3.21)$$

é a velocidade na qual a energia de um pulso viaja através da fibra.

Uma vez que o atraso de grupo depende do comprimento de onda, cada componente espectral de qualquer modo particular leva uma quantidade de tempo diferente para percorrer certa distância. Como resultado dessa diferença nos atrasos de tempo, o pulso de sinal óptico alarga-se com o tempo, uma vez que é transmitido através da fibra. Assim, a quantidade na qual estamos interessados é a quantidade de pulsos espalhados que surgem a partir da variação de atraso do grupo.

Se a largura espectral da fonte óptica não é muito grande, a diferença de atraso por unidade de comprimento de onda ao longo do caminho de propagação é aproximadamente $d\tau_g/d\lambda$. Para os componentes espectrais que estão separados $\delta\lambda$ e que se encontram $\delta\lambda/2$ acima e abaixo de um comprimento de onda central λ_0, a diferença de atraso total $\delta\tau$ em uma distância L é

$$\delta\tau = \frac{d\tau_g}{d\lambda}\delta\lambda = -\frac{L}{2\pi c}\left(2\lambda\frac{d\beta}{d\lambda} + \lambda^2\frac{d^2\beta}{d\lambda^2}\right)\delta\lambda \qquad (3.22)$$

Em termos da frequência angular ω, isso é escrito como

$$\delta\tau = \frac{d\tau_g}{d\omega}\delta\omega = \frac{d}{d\omega}\left(\frac{L}{V_g}\right)\delta\omega = L\left(\frac{d^2\beta}{d\omega^2}\right)\delta\omega \qquad (3.23)$$

O fator $\beta_2 \equiv d^2\beta/d\omega^2$ é o parâmetro GVD, que determina quanto de um pulso de luz se alarga à medida que atravessa uma fibra óptica.

Se a largura espectral $\delta\lambda$ de uma fonte óptica é caracterizada pelo seu valor rms σ_λ (ver LED típico na Figura 3.10), o espalhamento do pulso pode ser aproximado pela largura do pulso rms,

$$\sigma_g \approx \left|\frac{d\tau_g}{d\lambda}\right|\sigma_\lambda = \frac{L\sigma_\lambda}{2\pi c}\left|2\lambda\frac{d\beta}{d\lambda} + \lambda^2\frac{d^2\beta}{d\lambda^2}\right| \qquad (3.24)$$

O fator

$$D = \frac{1}{L}\frac{d\tau_g}{d\lambda} = \frac{d}{d\lambda}\left(\frac{1}{V_g}\right) = -\frac{2\pi c}{\lambda^2}\beta_2 \qquad (3.25)$$

é denominado *dispersão*, que define como o pulso se espalha em função do comprimento de onda e é medida em picossegundos por nanômetro por quilômetro [ps/(nm · km)]. É um resultado tanto da dispersão material como de guia de onda. Em muitos tratamentos teóricos de dispersão intramodal, presume-se, para simplificar, que as dispersões material e de guia de onda podem ser calculadas separadamente e, em seguida, adicionadas para dar a dispersão total do modo. Na realidade, esses dois mecanismos estão intricadamente relacionados, uma vez que as propriedades dispersivas do índice de refração (que dá origem à dispersão material) afetam também a dispersão de guia de onda. No entanto, um exame[35] da interdependência entre as dispersões de guia de onda e material mostrou que, a menos que seja desejado um valor muito preciso para uma pequena fração de porcentagem, uma boa estimativa da dispersão intramodal total pode ser obtida por meio do cálculo do efeito de distorção do sinal proveniente de um tipo de dispersão na ausência do outro. Assim, para uma aproximação muito boa, D pode ser escrito como a soma da dispersão material D_{mat} e da dispersão de guia de onda D_{disp}. As dispersões material e de guia de onda são, portanto, consideradas separadamente nas próximas duas seções.

3.2.5 Dispersão material

A dispersão material ocorre porque o índice de refração varia em função do comprimento de onda óptico.[36] Isso é exemplificado para a sílica na Figura 3.12. Consequentemente, como a velocidade de grupo V_g de um modo é função do índice de refração, os vários componentes

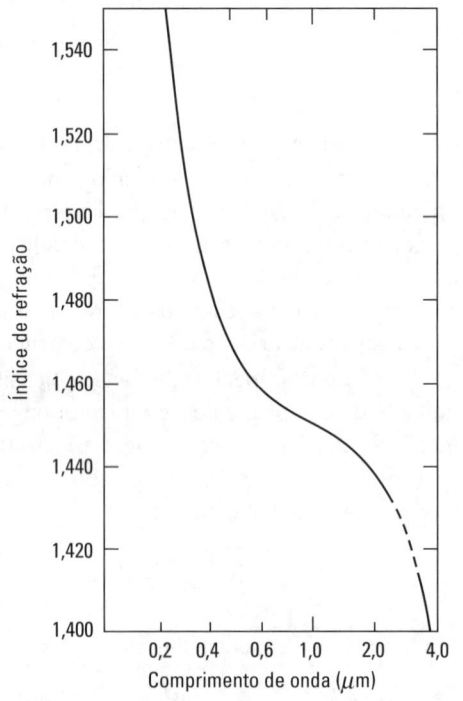

Figura 3.12 Variações no índice de refração da sílica em função do comprimento de onda óptico.
(Reproduzida com permissão de I. H. Malitson, *J. Opt. Soc. Amer.*, vol. 55, pp. 1.205-1.209, oct. 1965.)

espectrais de um dado modo irão viajar em velocidades diferentes, dependendo do comprimento de onda. A dispersão material é, portanto, um efeito da dispersão intramodal e possui muita importância para guias de onda monomodo e sistemas de LED (pois o LED tem um espectro mais largo que um diodo *laser*).

Para calcular a dispersão material induzida, consideramos uma onda plana propagando-se em um meio dielétrico infinito que possui um índice de refração $n(\lambda)$ igual ao do núcleo da fibra. A constante de propagação β é assim dada como

$$\beta = \frac{2\pi n(\lambda)}{\lambda} \qquad (3.26)$$

A substituição dessa expressão para β na Equação (3.20) com $k = 2\pi/\lambda$ nos conduz ao atraso de grupo τ_{mat} resultante da dispersão material.

$$\tau_{mat} = \frac{L}{c}\left(n - \lambda\frac{dn}{d\lambda}\right) \qquad (3.27)$$

Usando a Equação (3.24), o alargamento do pulso σ_{mat} para uma fonte de largura espectral σ_λ é encontrado pela diferenciação desse atraso de grupo em relação ao comprimento de onda multiplicado por σ_λ, levando a

$$\sigma_{mat} \approx \left|\frac{d\tau_{mat}}{d\lambda}\right|\sigma_\lambda = \frac{\sigma_\lambda L}{c}\left|\lambda\frac{d^2n}{d\lambda^2}\right| = \sigma_\lambda L \mid D_{mat}(\lambda) \mid \qquad (3.28)$$

onde $D_{mat}(\lambda)$ é a *dispersão material*.

Um gráfico da dispersão material por unidade de comprimento L e unidade de largura espectral σ_λ da fonte óptica é dado na Figura 3.13 para o material de sílica mostrado na Figura 3.12. A partir da Equação (3.28) e Figura 3.13, pode-se ver que a dispersão material pode ser reduzida tanto pela escolha de fontes com larguras espectrais mais estreitas (reduzindo σ_λ) como pela operação em comprimentos de onda mais longos.

Exemplo 3.10 As especificações do fabricante mostram que a dispersão material D_{mat} de uma fibra dopada com GeO_2 é 110 ps/(nm · km) em um comprimento de onda de 860 nm. Encontre o alargamento de pulso rms por quilômetro em razão da dispersão material se a fonte óptica é um LED de GaAIAs com largura espectral σ_λ de 40 nm no comprimento de onda de saída de 860 nm.

Solução: Da Equação (3.28) encontramos que o valor rms da dispersão material é

$$\sigma_{mat}/L = \sigma_\lambda D_{mat} = (40 \text{ nm}) \times [110 \text{ ps/(nm · km)}] = 4,4 \text{ ns/km}$$

Exemplo 3.11 As especificações do fabricante mostram que a mesma fibra do Exemplo 3.10 possui uma dispersão material D_{mat} de 15 ps/(nm · km) em 1.550 nm. No entanto, suponha agora que usemos como fonte um *laser* de largura espectral $\sigma_\lambda = 0,2$ nm no comprimento de onda de funcionamento de 1.550 nm. Nesse caso, qual será o alargamento rms do pulso por quilômetro devido à dispersão material?

Solução: Da Equação (3.28) encontramos que

$$\sigma_{mat}/L = \sigma_\lambda D_{mat} = (0,2 \text{ nm}) \times [15 \text{ ps/(nm · km)}] = 7,5 \text{ ps/km}$$

Este exemplo mostra que uma redução dramática da dispersão pode ser obtida quando se opera com fontes de *laser* em comprimentos de onda maiores.

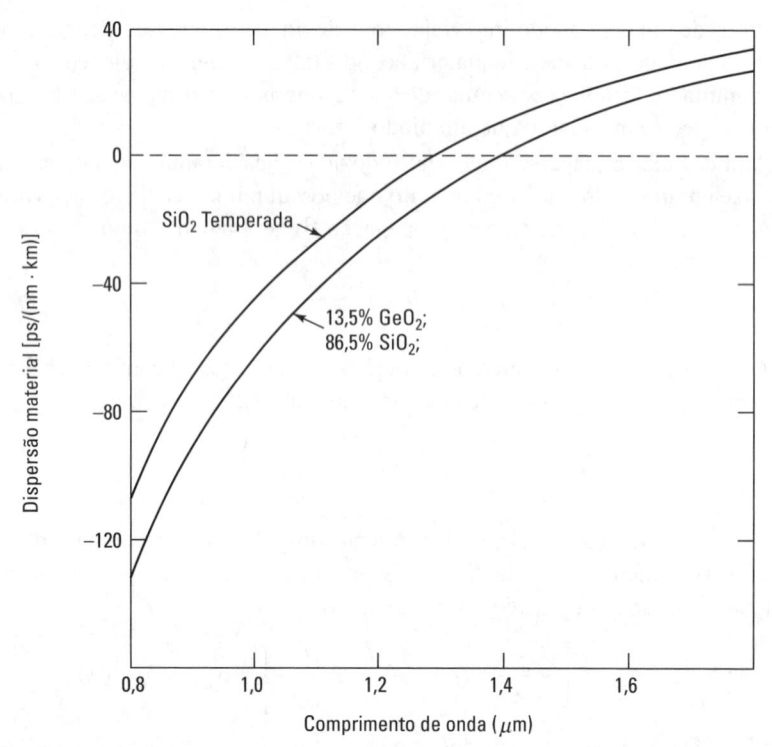

Figura 3.13 Dispersão material em função do comprimento de onda óptico para sílica pura e dopada 13,5% GeO_2/86,5% SiO_2.
(Reproduzida com permissão de J. W. Fleming, *Electron. Lett.*, vol. 14, pp. 326-328, may 1978.)

3.2.6 Dispersão de guia de onda

O efeito da dispersão de guia de onda no alargamento de pulsos pode ser aproximado assumindo que o índice de refração do material é independente do comprimento de onda. Consideremos primeiro o atraso de grupo, ou seja, o tempo necessário para que um modo se desloque ao longo de uma fibra de comprimento L. A fim de tornar os resultados independentes da configuração da fibra,[37] escreveremos o atraso de grupo em termos da constante de propagação normalizada b definida como

$$b = 1 - \left(\frac{ua}{V}\right)^2 = \frac{\beta^2/k^2 - n_2^2}{n_1^2 - n_2^2} \tag{3.29}$$

Para valores pequenos de diferença de índice $\Delta = (n_1 - n_2)/n_1$, a Equação (3.29) pode ser aproximada por

$$b \approx \frac{\beta/k - n_2}{n_1 - n_2} \tag{3.30}$$

Resolvendo a Equação (3.30) para β, temos

$$\beta \approx n_2 k (b\Delta + 1) \tag{3.31}$$

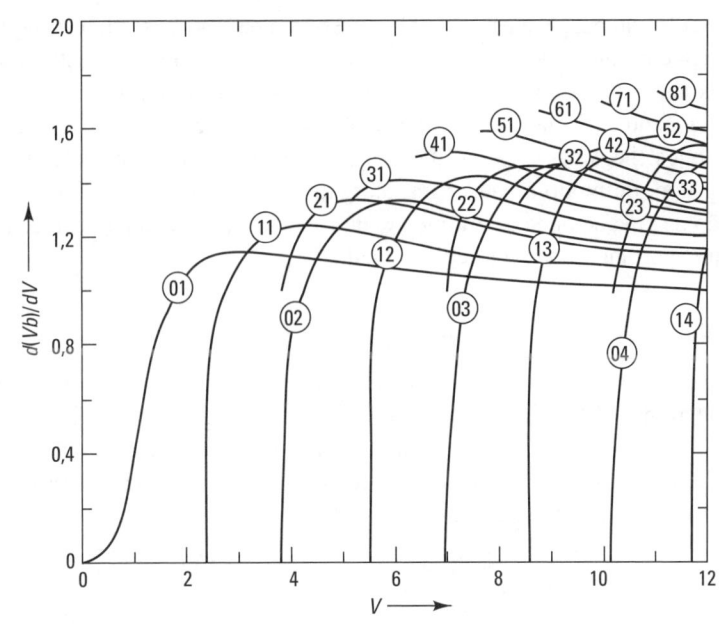

Figura 3.14 Atraso de grupo resultante da dispersão de guia de onda em função do número V para uma fibra óptica de índice-degrau. Os números jm nas curvas designam os modos LP_{jm}.
(Reproduzida com permissão de Gloge.[37])

Com essa expressão para β e com a suposição de que n_2 não é função do comprimento de onda, descobrimos que o atraso de grupo τ_{wg} resultante da dispersão de guia de onda é

$$\tau_{wg} = \frac{L}{c}\frac{d\beta}{dk} = \frac{L}{c}\left[n_2 + n_2\Delta\frac{d(kb)}{dk}\right] \quad (3.32)$$

A constante de propagação modal β é obtida a partir da equação de autovalor expressa pela Equação (2.54) e geralmente dada em função de frequência normalizada V definida pela Equação (2.57). Devemos, portanto, usar a aproximação

$$V = ka\left(n_1^2 - n_2^2\right)^{1/2} \approx kan_1\sqrt{2\Delta} \quad (3.33)$$

que é válida para pequenos valores de Δ, para escrever o atraso de grupo na Equação (3.32) em termos de V em vez de k, produzindo

$$\tau_{wg} = \frac{L}{c}\left[n_2 + n_2\Delta\frac{d(Vb)}{dV}\right] \quad (3.34)$$

O primeiro termo na Equação (3.34) é uma constante, e o segundo termo representa o atraso de grupo resultante da dispersão de guia de onda. O fator $d(Vb)/dV$ pode ser expresso como[37]

$$\frac{d(Vb)}{dV} = b\left[1 - \frac{2J_v^2(ua)}{J_{v+1}(ua)J_{v-1}(ua)}\right] \quad (3.35)$$

onde u é definido pela Equação (2.48), e a é o raio da fibra. Esse fator é representado na Figura 3.14 em função de V para diversos modos LP. Os gráficos mostram que, para um valor fixo de V, o atraso de grupo é diferente para cada modo guiado. Quando um pulso de luz é lançado em uma fibra, ele é distribuído entre vários modos guiados. Esses diferentes modos chegam ao fim da fibra em diferentes instantes, dependendo de seus atrasos de grupo, de modo a causar um alargamento do pulso. Para fibras multimodo, a dispersão de guia de onda é geralmente muito pequena em comparação com a dispersão material e, portanto, pode ser negligenciada.

3.2.7 Dispersão em fibras monomodo

Para fibras monomodo, a dispersão de guia de onda é importante e pode ser da mesma ordem de grandeza que a dispersão material. Vamos comparar os dois fatores de dispersão para visualizar isso. O alargamento de pulso σ_{wg} que ocorre ao longo de uma distribuição de comprimentos de onda σ_λ é obtido a partir da derivada do atraso de grupo com relação ao comprimento de onda:[37]

$$\sigma_{wg} \approx \left| \frac{d\tau_{wg}}{d\lambda} \right| \sigma_\lambda = L \mid D_{wg}(\lambda) \mid \sigma_\lambda$$

$$= \frac{V}{\lambda} \left| \frac{d\tau_{wg}}{dV} \right| \sigma_\lambda = \frac{n_2 L \Delta \sigma_\lambda}{c\lambda} V \frac{d^2(Vb)}{dV^2} \quad (3.36)$$

onde $D_{wg}(\lambda)$ é a *dispersão de guia de onda*.

Para observarmos o comportamento da dispersão de guia de onda, consideremos a expressão do fator de ua para o modo de ordem mais baixa (ou seja, o modo HE_{11} ou, de forma equivalente, o modo LP_{01}) na constante de propagação normalizada. Isso pode ser aproximado por[37]

$$ua = \frac{(1+\sqrt{2})V}{1+(4+V^4)^{1/4}} \quad (3.37)$$

Substituindo isso na Equação (3.29), temos, para o modo HE_{11},

$$b(V) = 1 - \frac{(1+\sqrt{2})^2}{[1+(4+V^4)^{1/4}]^2} \quad (3.38)$$

A Figura 3.15 apresenta o gráfico dessa expressão para b e suas derivadas $d(Vb)/dV$ e $Vd^2(Vb)/dV^2$ em função de V.

Exemplo 3.12 A partir da Equação (3.36), temos que a dispersão de guia de onda é

$$D_{wg}(\lambda) = -\frac{n_2 \Delta}{c} \frac{1}{\lambda} \left[V \frac{d^2(Vb)}{dV^2} \right]$$

Seja $n_2 = 1{,}48$ e $\Delta = 0{,}2\%$. Em $V = 2{,}4$, a partir da Figura 3.15, a expressão em colchetes é 0,26. Escolhendo $\lambda = 1.320$ nm, temos então que $D_{wg}(\lambda) = -1{,}9$ ps/(nm · km).

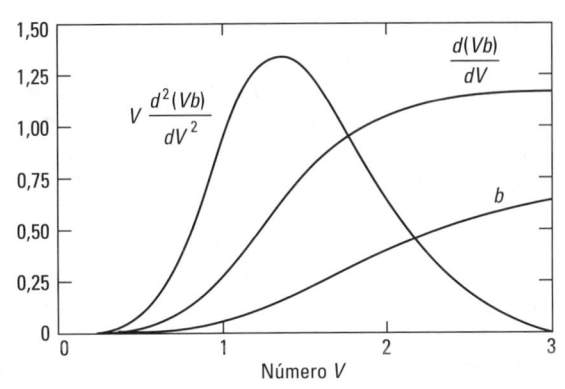

Figura 3.15 Parâmetro de guia de onda b e suas derivadas $d(Vb)/dV$ e $Vd^2(Vb)/dV^2$ representados graficamente em função do número V para o modo HE_{11}.

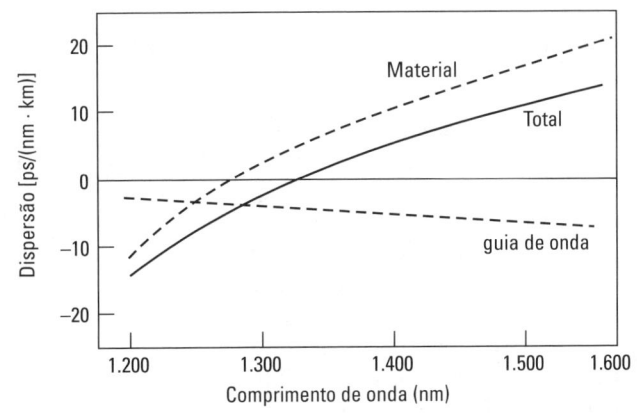

Figura 3.16 Exemplos das magnitudes das dispersões material e de guia de onda em função do comprimento de onda óptico em uma fibra monomodo de núcleo de sílica fundida.
(Reproduzida com permissão de Keck,[16] © 1985, IEEE.)

A Figura 3.16 apresenta exemplos das magnitudes das dispersões material e de guia de onda para uma fibra monomodo de núcleo de sílica fundida com $V = 2,4$. Comparando a dispersão de guia de onda com a dispersão material, vemos que, para uma fibra-padrão sem dispersão deslocada, a dispersão de guia de onda é importante em torno de 1.320 nm. Nesse ponto, os dois fatores de dispersão se cancelam para dar uma dispersão total nula. No entanto, a dispersão material domina a dispersão de guia de onda em comprimentos de onda mais curtos e mais longos; por exemplo, em 900 nm e 1.550 nm. Nessa figura, utilizou-se a aproximação de que as dispersões material e de guia de onda são aditivas.

3.2.8 Dispersão modal de polarização

Os efeitos da birrefringência da fibra nos estados de polarização de um sinal óptico são outra fonte de alargamento de pulso. Isso é particularmente crucial para conexões de transmissão de longa distância em alta taxa (por exemplo, 10 e 40 Gb/s ao longo de dezenas de quilômetros). A birrefringência pode ser resultado de fatores intrínsecos, tais como as irregularidades geométricas do núcleo de fibra ou as tensões internas nele. Desvios de menos de 1% na circunferência do núcleo já podem ter um efeito perceptível nos sistemas de ondas luminosas com alta velocidade. Além disso, fatores externos, tais como flexão, torção ou compressão da fibra, podem levar à birrefringência. Uma vez que todos esses mecanismos existem, até certo ponto, em qualquer sistema de fibra instalado, haverá uma birrefringência variável ao longo do seu comprimento.

Uma propriedade fundamental do sinal óptico é o seu estado de polarização. A *polarização* refere-se à orientação de campo elétrico de um sinal de luz, que pode variar de forma significativa ao longo do comprimento de uma fibra. Como mostrado na Figura 3.17, a energia do sinal em um determinado comprimento de onda ocupa dois modos de polarização ortogonais. A birrefringência variável ao longo do seu comprimento permitirá que cada modo de polarização viaje a uma velocidade ligeiramente diferente. A diferença resultante nos tempos de propagação $\Delta\tau_{PMD}$ entre os dois modos de polarização ortogonais resultará em um alargamento do pulso. Trata-se da *dispersão modal de polarização* (PMD).[38,39] Se as velocidades de grupo dos dois modos de polarização ortogonais são V_{gx} e V_{gy}, logo o atraso de tempo diferencial $\Delta\tau_{PMD}$ entre os dois componentes de polarização durante a propagação do pulso através de uma distância L é

$$\Delta\tau_{PMD} = \left| \frac{L}{V_{gx}} - \frac{L}{V_{gy}} \right| \qquad (3.39)$$

Um ponto importante a notar é que, em contraste com a dispersão cromática, que é um fenômeno relativamente estável ao longo de uma fibra, a PMD varia aleatoriamente ao longo da fibra. A principal razão para isso é que as perturbações que causam os efeitos de birrefringência variam com a temperatura e dinâmica das tensões. Na prática, o efeito dessas perturbações mostra-se como uma forma de flutuação aleatória variável no tempo no valor da PMD na saída da fibra. Assim, o $\Delta\tau_{PMD}$ dado pela Equação (3.39) não pode ser utilizado diretamente para estimar a PMD. Dessa forma, são necessárias estimativas estatísticas para explicar seus efeitos.

Uma forma útil de caracterizar a PMD para fibras de comprimentos longos é em termos de valor médio do atraso de grupo diferencial (ver Capítulo 14 para técnicas de medidas de PMD). Esse valor pode ser calculado de acordo com a seguinte relação

$$\Delta\tau_{PMD} \approx D_{PMD} \sqrt{L} \qquad (3.40)$$

onde D_{PMD}, que é medido em ps/$\sqrt{km}$, é o parâmetro médio de PMD. Os valores típicos de D_{PMD} estão na faixa de 0,05-1,0 ps/$\sqrt{km}$. Por exemplo, em um experimento, mediram-se valores de PMD para três tipos de instalações de cabos que foram submetidas a diferentes condições ambientais.[40] As montagens foram: 36 km de fibra enrolada em uma câmara de temperatura controlada, um cabo enterrado de 48,8 km e um cabo aéreo de 48 km. Ao longo de um período de 12-15 horas, os parâmetros médios de PMD medidos foram de 0,028, 0,29 e 1,28 ps/$\sqrt{km}$, respectivamente. O maior valor de PMD para o cabo aéreo é causado por ambas as variações de tensão na fibra, gradual e rápida, devido a variações de temperatura ou de movimentos bruscos da fibra provocados pelo vento.[41]

Para manter baixa a probabilidade de erros causados pela PMD, um padrão de limite do valor máximo tolerável de $\Delta\tau_{PMD}$ situa-se na faixa entre 10% e 20% da duração de um *bit*. Assim, $\Delta\tau_{PMD}$ não deve ser maior que 10-20 ps para taxas de transmissão de dados de 10 Gb/s e 3 ps em 40 Gb/s. Por exemplo, tomando o limite de tolerância inferior, isso significa que, para uma conexão de 10 Gb/s com 20 intervalos de 80 km cada, a PMD da fibra de transmissão deve ser inferior a 0,2 ps/$\sqrt{km}$. Vários meios ópticos e eletrônicos para monitorar e suavizar a PMD em fibras foram investigados.[42-48] Além disso, fibras com baixa dispersão modal de polarização estão sendo desenvolvidas e caracterizadas.[49-50]

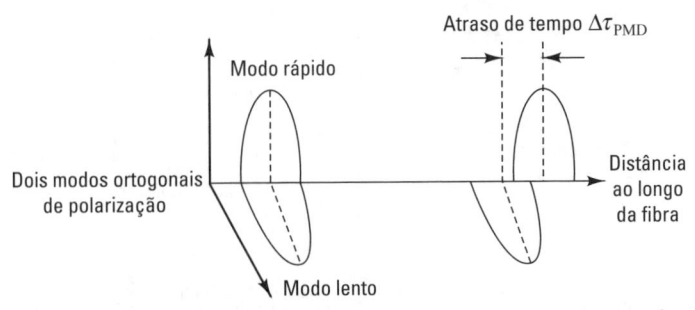

Figura 3.17 Diferenças nos tempos de propagação modal da polarização quando um pulso óptico atravessa uma fibra com variação de birrefringência ao longo do seu comprimento.

3.3 Características de fibras monomodo

Esta seção aborda o projeto básico e as características operacionais das fibras monomodo. Essas características incluem as configurações de perfil de índice utilizadas para produzir diferentes tipos de fibras, o conceito de comprimento de onda de corte, as designações e cálculos de dispersão de sinal, a definição do diâmetro de campo modal e a perda de sinal causada pela flexão da fibra.

3.3.1 Perfis de índice de refração

Ao criarem uma fibra monomodo, os fabricantes observam atentamente como o projeto da forma da fibra afeta as dispersões cromáticas e modal de polarização. Tais considerações são importantes porque essas dispersões definem os limites de longa distância e alta velocidade de transmissão de dados. Como ilustra a Figura 3.16, a dispersão cromática de uma fibra de índice-degrau de sílica é menor em 1.310 nm. No entanto, se o objetivo é transmitir um sinal o mais distante possível, é preferível operar a conexão em 1.550 nm (na banda C), pois a atenuação da fibra é menor. Para conexões de alta velocidade, a banda C apresenta um problema, pois a dispersão cromática é muito maior em 1.550 nm do que em 1.310 nm. Consequentemente, os projetistas de fibra desenvolveram métodos de ajuste dos parâmetros da fibra para alterar o ponto de dispersão nula para comprimentos de onda mais longos.

A dispersão material básica é difícil de alterar significativamente. No entanto, é possível modificar a dispersão de guia de onda, mudando o simples projeto de índice--degrau para perfis mais complexos de casca, criando assim diferentes características de dispersões cromáticas em fibras monomodo.[13,51-57] A Figura 3.18 mostra representações de perfis de índice de refração de quatro categorias de projetos de fibras: fibras otimizadas a 1.310 nm, de dispersão deslocada, de dispersão nivelada e de núcleo com grande área efetiva. Para que possamos ter uma melhor percepção dessa geometria, a Figura 3.19 fornece exemplos dos perfis tridimensionais do índice para vários tipos de fibras monomodo.

As populares fibras monomodo que são amplamente utilizadas em redes de telecomunicações são fibras de índice-quase-degrau, as quais são otimizadas para a utilização na banda O em torno de 1.310 nm. Essas *fibras monomodo otimizadas para 1.310 nm* são feitas com projetos de perfis de *casca casada (matched-cladding)*[13,51,52] ou de *casca rebaixada (depressed-cladding)*,[53,54] como mostram as Figuras 3.18a, 3.19a e 3.19b.

(a)

a = 4,5 μm 2a Δ = 0,35%
Casca casada

2a
a = 4,2 μm Δ₁ = 0,25%
Δ₂ = 0,12%
Casca rebaixada

(b)

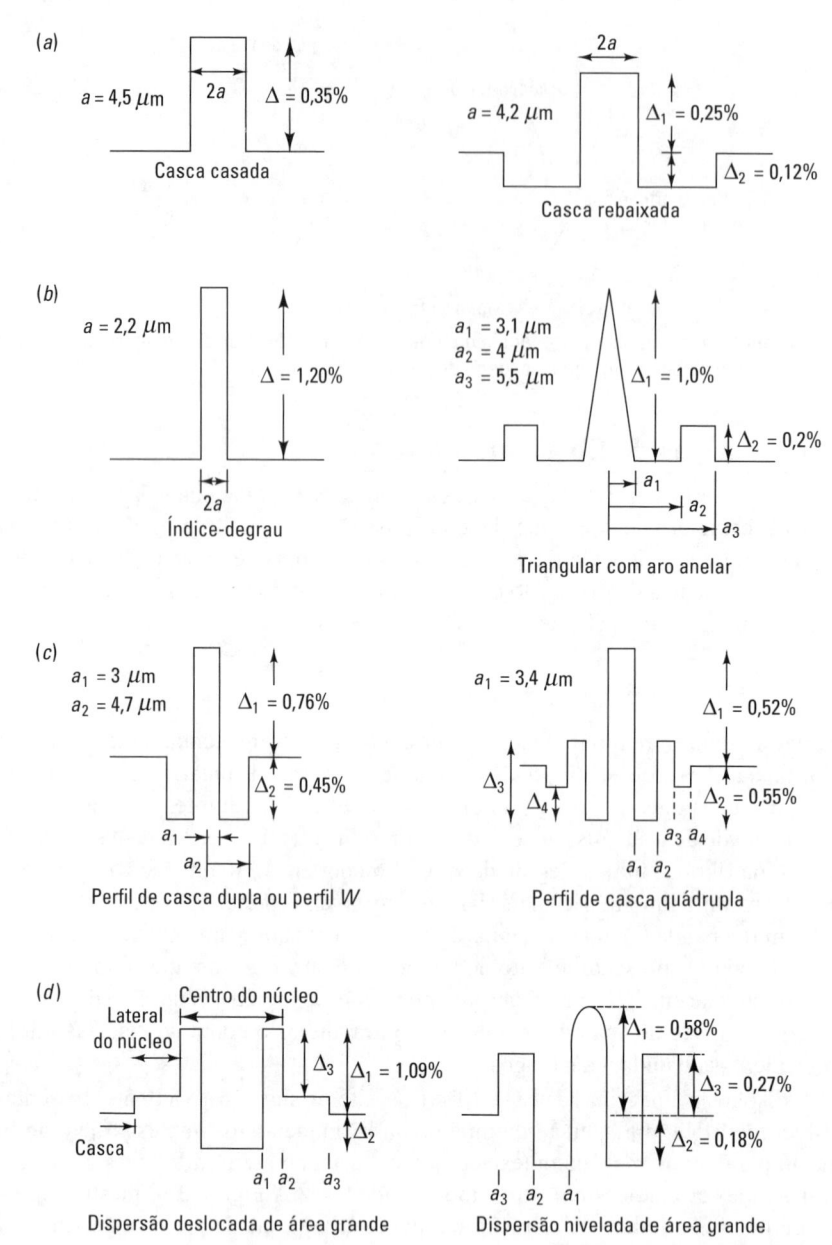

a = 2,2 μm Δ = 1,20%
2a
Índice-degrau

a_1 = 3,1 μm
a_2 = 4 μm
a_3 = 5,5 μm Δ₁ = 1,0%
Δ₂ = 0,2%
a_1 a_2 a_3
Triangular com aro anelar

(c)

a_1 = 3 μm
a_2 = 4,7 μm Δ₁ = 0,76%
Δ₂ = 0,45%
a_1 a_2
Perfil de casca dupla ou perfil W

a_1 = 3,4 μm Δ₁ = 0,52%
Δ₃ Δ₄ Δ₂ = 0,55%
a_1 a_2 a_3 a_4
Perfil de casca quádrupla

(d)

Centro do núcleo
Lateral do núcleo
Δ₃ Δ₁ = 1,09%
Δ₂
Casca
a_1 a_2 a_3
Dispersão deslocada de área grande

Δ₁ = 0,58%
Δ₃ = 0,27%
Δ₂ = 0,18%
a_3 a_2 a_1
Dispersão nivelada de área grande

Figura 3.18 Seções transversais típicas dos perfis de índice para fibras (a) otimizadas para 1.310 nm, (b) de dispersão deslocada, (c) de dispersão nivelada e (d) de núcleo de grande área efetiva.

As fibras de casca casada possuem um índice de refração uniforme em toda a casca. Os típicos diâmetros de campo modal são de 9,5 μm, e as diferenças de índice núcleo-casca são em torno de 0,35%. Em fibras de casca rebaixada, o material da casca próximo ao núcleo tem um índice mais baixo do que a região exterior da casca. Os diâmetros de campo modal são em torno de 9,0 μm, e as diferenças típicas de índices positivo e negativo são de 0,25% e 0,12% respectivamente.

(a) (b)

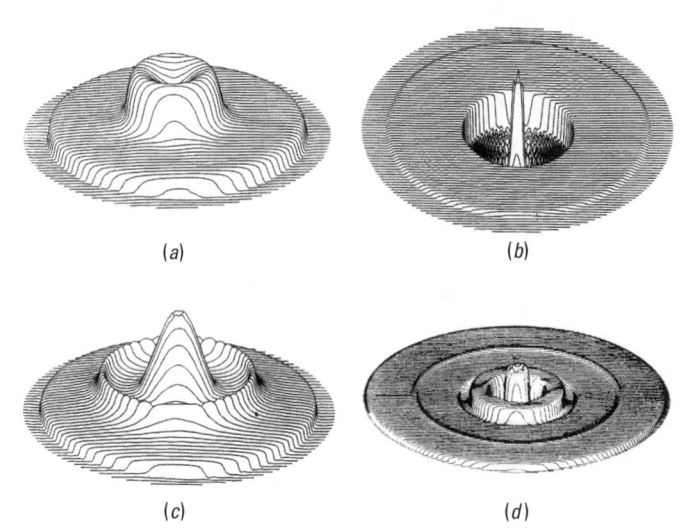

(c) (d)

Figura 3.19 Perfis tridimensionais do índice de refração para fibras monomodo (a) casca casada otimizada em 1.310 nm, (b) casca rebaixada otimizada em 1.310 nm, (c) triangular com dispersão deslocada e (d) casca quádrupla com dispersão nivelada.

[(a) e (c) Cortesia de Corning, Inc.; (b) cortesia de York Technology; (d) reproduzida com permissão de H. Lydtin, *J. Lightwave Tech.*, vol. LT-4, pp. 1.034-1.038, Aug. 1986, © 1986, IEEE.]

Como mostram as Equações (3.28) e (3.36), enquanto a dispersão material depende apenas da composição do material, a dispersão de guia de onda é uma função do raio do núcleo, da diferença de índice de refração e da forma do perfil de índice. Assim, a dispersão de guia de onda pode variar drasticamente com os parâmetros de projeto da fibra. Na criação de uma fibra com dispersão de guia de onda bem negativa, em que se assumem os mesmos valores para a dispersão material como uma fibra monomodo padrão, a adição das dispersões de guia de onda e material pode então deslocar o ponto de dispersão nula para maiores comprimentos de onda. A fibra óptica resultante é conhecida como uma *fibra de dispersão deslocada* (DSF).[52,55-57] Exemplos de perfis de índice de refração para essas fibras são mostrados nas Figuras 3.18b e 3.19c. Uma curva típica de dispersão de guia de onda para esse tipo de fibra é representada na Figura 3.20a. A curva de dispersão total resultante é mostrada na Figura 3.20b para fibras com dispersão nula a 1.550 nm.

Uma vez que o valor de dispersão nula de uma DSF cai em 1.550 nm, a dispersão cromática é negativa para comprimentos de onda menores que 1.550 nm e positiva para comprimentos de onda maiores. Essas dispersões positivas e negativas afetarão seriamente os sinais WDM mais compactos da banda C em razão dos efeitos não lineares na fibra, como o Capítulo 12 descreve. Para reduzir os efeitos da não linearidade da fibra, os projetistas de fibra desenvolveram a *fibra de dispersão deslocada não nula* (NZDSF). Essas fibras têm uma pequena quantidade tanto de todas as dispersões positivas como de todas as dispersões negativas da banda C. Um valor típico de dispersão cromática positiva para uma NZDSF é de 4,5 ps/(nm-km) em 1.550 nm. A Seção 3.4.2 dá um exemplo de uma NZDSF que tem dispersão positiva em toda a banda C.

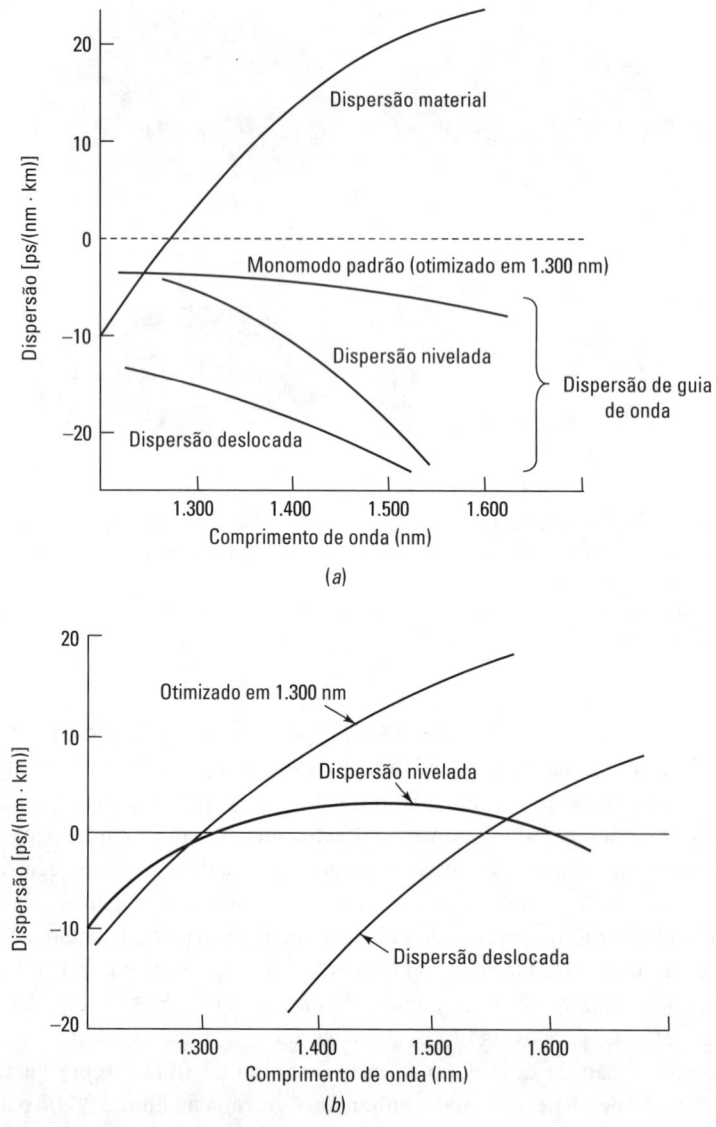

Figura 3.20 (a) Dispersões de guia de onda típicas e dispersões materiais comuns para três projetos de fibra monomodo; (b) dispersões resultantes totais.

Entre os tipos de NZDSF, há uma fibra óptica monomodo com núcleo de grande área efetiva.[58-61] As áreas centrais maiores reduzem os efeitos de não linearidade da fibra, que limitam a capacidade dos sistemas de transmissão que possuem canais WDM densamente espaçados. A Figura 3.18d dá dois exemplos do perfil de índice para essas *fibras de grande área efetiva* (LEA). Considerando que as fibras monomodo padrão têm áreas eficazes de núcleo de cerca de 55 μm^2, esses perfis possuem valores superiores a 100 μm^2.

Um conceito alternativo de fibra é distribuir o mínimo da dispersão em uma ampla faixa espectral. Essa abordagem é conhecida como *nivelamento de dispersão*.[62,63] As fibras de dispersão nivelada são mais complexas para projetar do que as fibras de dispersão deslocada, porque a dispersão deve ser considerada ao longo de uma faixa muito mais ampla de comprimentos de onda. No entanto, elas oferecem as características desejáveis em um largo intervalo de comprimentos de onda. As Figuras 3.18c e 3.19d mostram a seção transversal típica e os perfis tridimensionais de índice de refração, respectivamente. Uma curva típica de dispersão de guia de onda para esse tipo de fibras é ilustrado na Figura 3.20a. A Figura 3.20b dá a característica de dispersão total resultante do nivelamento.

3.3.2 Comprimento de onda de corte

O comprimento de onda de corte do primeiro modo de ordem mais alta (LP_{11}) é um parâmetro importante para a transmissão de uma fibra monomodo, pois separa o seu único modo das regiões de multimodo.[64-65] Lembremos que, da Equação (2.58), o único modo de funcionamento ocorre acima do comprimento de onda de corte teórico dada por

$$\lambda_c = \frac{2\pi a}{V}\left(n_1^2 - n_2^2\right)^{1/2} \approx \frac{2\pi a}{V} n_1 \sqrt{2\Delta} \qquad (3.41)$$

com $V = 2{,}405$ para fibras de índice-degrau. Nesse comprimento de onda, somente o modo LP_{11} (isto é, o modo HE_{11}) deve propagar-se na fibra.

Como na região de corte o campo do modo LP_{11} está bem espalhado na seção transversal da fibra (isto é, não está fortemente ligado ao núcleo), sua atenuação é muito afetada pelas dobras da fibra, pelo comprimento e cabeamento. A Recomendação G.650.1 da ITU-T[65] e o padrão EIA-455-80C[66] especificam os métodos para a determinação de um comprimento de onda de corte efetivo λ_c. A montagem consiste em uma fibra com comprimento de 2 m que contém um único enrolamento de 14 cm de raio ou várias curvaturas de 14 cm que se adicionam para completar um ciclo. Utilizando uma fonte de luz ajustável, com largura de linha de largura a meia altura não superior a 10 nm, a luz é lançada na fibra de modo que ambos os modos LP_{01} e LP_{11} sejam uniformemente excitados.

Exemplo 3.13 Uma dada fibra de índice-degrau tem um núcleo de índice de refração de 1,480 e raio de 4,5 μm, e diferença de índice núcleo-casca de 0,25%. Qual é o comprimento de onda de corte para essa fibra?

Solução: Da Equação (3.41), temos que para $V = 2{,}405$

$$\lambda_c = \frac{2\pi a}{V} n_1 \sqrt{2\Delta} = \frac{2\pi(4{,}5)}{2{,}405}(1{,}480)\sqrt{2(0{,}0025)} = 1{,}23\ \mu m = 1.230\ nm$$

Primeiro, a potência de saída $P_1(\lambda)$ é medida em função do comprimento de onda em uma faixa suficientemente ampla, em torno do esperado comprimento de onda de corte. Em seguida, a potência de saída $P_2(\lambda)$ é medida na mesma faixa de comprimentos de onda quando um enrolamento de raio suficientemente pequeno é incluído no teste de fibra para filtrar o modo LP_{11}. Um raio típico para esse enrolamento é de 30 mm. Com esse método, a razão logarítmica $R(\lambda)$ entre as duas transmitidas $P_1(\lambda)$ e $P_2(\lambda)$ é calculada como

$$R(\lambda) = 10\ \log\left[\frac{P_1(\lambda)}{P_2(\lambda)}\right] \qquad (3.42)$$

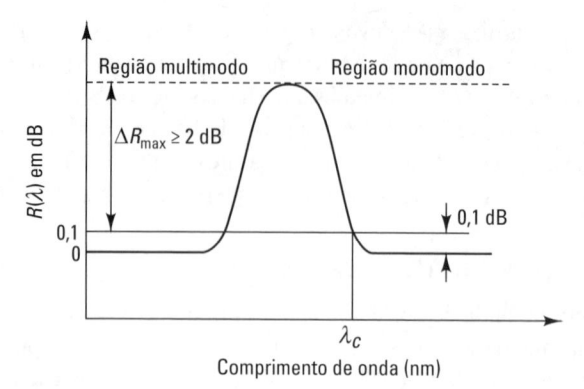

Figura 3.21 Gráfico da razão de atenuação *versus* comprimento de onda para determinação do comprimento de onda de corte usando como referência o método da curva de transmissão (ou referência monomodo). A razão de pico deve ser pelo menos 2 dB acima do nível de corte.

A Figura 3.21 apresenta uma curva típica do resultado. O comprimento de onda de corte eficaz λ_c é definido como o maior comprimento de onda, no qual a potência do modo de ordem maior LP_{11} em relação à potência no modo fundamental LP_{01} é reduzida para 0,1 dB, ou seja, quando $R(\lambda) = 0,1$ dB, como é mostrado na Figura 3.21. Os valores recomendados para a faixa de λ_c são de 1.100-1.280 nm para evitar ruídos e problemas de dispersão modal.

3.3.3 Cálculos de dispersão

Como observado na Seção 3.3.1, a dispersão cromática total em fibras monomodo consiste principalmente nas dispersões material e de guia de onda. A dispersão resultante intramodal ou cromática é representada por[65, 67-70]

$$D(\lambda) = \frac{1}{L}\frac{d\tau}{d\lambda} \tag{3.43}$$

onde τ é o atraso de grupo. A dispersão é normalmente expressa em ps/(nm · km). O alargamento σ de um pulso óptico sobre uma fibra de comprimento L é dado por

$$\sigma = D(\lambda)\,L\sigma_\lambda \tag{3.44}$$

onde σ_λ é a largura espectral de meia potência da fonte óptica. Para medir a dispersão, examinamos o atraso de pulso ao longo de um intervalo de comprimento de onda desejado.

Como ilustrado na Figura 3.20, o comportamento de dispersão varia com o comprimento de onda e também com o tipo de fibra. Assim, a EIA e a ITU-T recomendam fórmulas diferentes para calcular a dispersão cromática para tipos de fibras específicas que operam em uma determinada região de comprimento de onda. Para calcular a dispersão de uma fibra de dispersão não deslocada (chamada de fibra classe IVa pela EIA) na região de 1.270-1.340 nm, as normas recomendam o ajuste do atraso de grupo medido por unidade de comprimento pela equação de Sellmeier com três termos da forma[65]

$$\tau = A + B\lambda^2 + C\lambda^{-2} \tag{3.45}$$

para os dados de pulso medidos. Aqui, A, B e C são os parâmetros de ajuste da curva. Uma expressão equivalente é

$$\tau = \tau_0 + \frac{S_0}{8}\left(\lambda - \frac{\lambda_0^2}{\lambda}\right)^2 \quad (3.46)$$

onde τ_0 é o atraso mínimo em relação ao comprimento de onda de dispersão nula λ_0, e S_0 é o valor da *inclinação da dispersão* $S(\lambda) = dD/d\lambda$ em λ_0, que é dada em ps/(nm$^2 \cdot$ km). Usando a Equação (3.43), a dispersão de uma fibra de dispersão não deslocada é

$$D(\lambda) = \frac{\lambda S_0}{4}\left[1 - \left(\frac{\lambda_0}{\lambda}\right)^4\right] \quad (3.47)$$

Exemplo 3.14 As especificações do fabricante mostram que uma fibra de dispersão não deslocada possui dispersão nula em 1.310 nm e inclinação da dispersão de 0,092 ps/(nm$^2 \cdot$ km). Compare as dispersões dessa fibra em 1.280 nm e 1.550 nm.
Solução: Usando a Equação (3.47), encontramos que

$$D(1.280) = \frac{\lambda S_0}{4}\left[1 - \left(\frac{\lambda_0}{\lambda}\right)^4\right] = \frac{(1.280)(0,092)}{4}\left[1 - \left(\frac{1.310}{1.280}\right)^4\right] = -2,86 \text{ ps/(nm}\cdot\text{km)}$$

$$D(1.550) = \frac{\lambda S_0}{4}\left[1 - \left(\frac{\lambda_0}{\lambda}\right)^4\right] = \frac{(1.550)(0,092)}{4}\left[1 - \left(\frac{1.310}{1.550}\right)^4\right] = 17,5 \text{ ps/(nm}\cdot\text{km)}$$

Para calcular a dispersão de uma fibra de dispersão deslocada (chamada de fibra Classe IVb pela EIA), na região de 1.500 a 1.600 nm, as normas recomendam o uso da expressão quadrática[65]

$$\tau = \tau_0 + \frac{S_0}{2}(\lambda - \lambda_0)^2 \quad (3.48)$$

que resulta na expressão de dispersão

$$D(\lambda) = (\lambda - \lambda_0)S_0 \quad (3.49)$$

Finalmente, recordamos da Equação (3.19) que a *dispersão de terceira ordem* β_3 pode ser dada como

$$\beta_3 = \frac{\lambda^2}{(2\pi c)^2}[\lambda^2 S_0 + 2\lambda D] \quad (3.50)$$

Quando medimos um conjunto de fibras, são obtidos valores λ_0 que variam de $\lambda_{0,\min}$ a $\lambda_{0,\max}$. A Figura 3.22 apresenta o intervalo de valores de dispersão esperados para um conjunto de fibras de dispersão não deslocada na região 1.270-1.340 nm. Os valores típicos de S_0 são 0,092 ps/(nm$^2 \cdot$ km) para as fibras de dispersão não deslocadas padrão e estão entre 0,06 e 0,08 ps/(nm$^2 \cdot$ km) para fibras com dispersão deslocada. Como alternativa, a Recomendação G.652 da ITU-T especificou essa dispersão como máxima em 3,5 ps/(nm $\cdot$ km) na região de 1.285-1.330 nm, tal como indicado pelas linhas tracejadas da Figura 3.22.

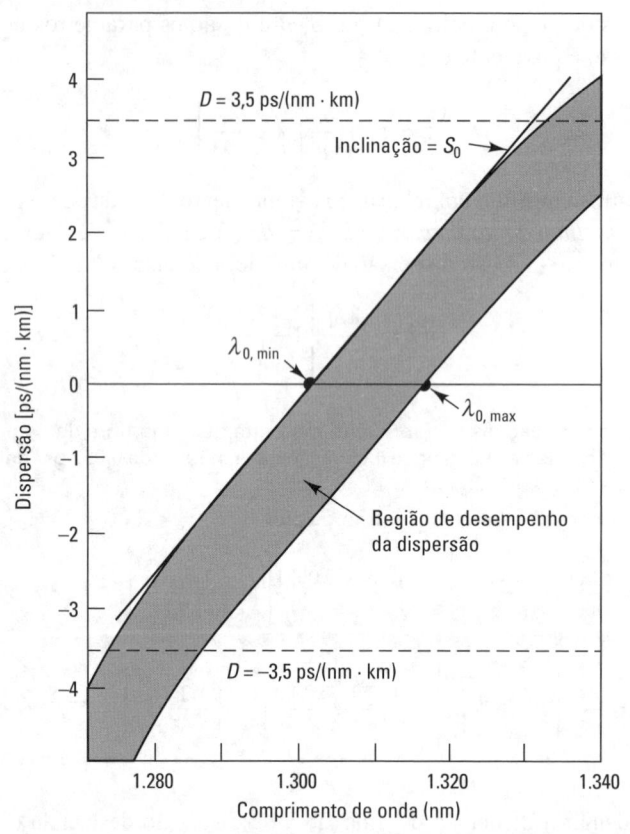

Figura 3.22 Exemplo de uma curva de desempenho da dispersão para um conjunto de fibras monomodo. As duas linhas ligeiramente curvadas são encontradas resolvendo a Equação (3.47). Note que S_0 é a inclinação de $D(\lambda)$ no comprimento de onda de dispersão nula λ_0.

A Figura 3.23 ilustra a importância do controle da dispersão em fibras monomodo. Como os pulsos ópticos viajam em uma fibra, um alargamento temporal ocorre, pois as dispersões material e de guia de onda levam comprimentos de onda diferentes do pulso óptico a se propagar com velocidades diferentes. Assim, como a Equação (3.44) indica, quanto maior a largura espectral σ_λ da fonte, maior a dispersão do pulso. Esse efeito pode ser visto claramente na Figura 3.23.

3.3.4 Diâmetro de campo modal

A Seção 2.5.1 dá a definição do diâmetro de campo modal em fibras monomodo. Utiliza-se o diâmetro de campo modal para descrever as propriedades funcionais de uma fibra monomodo, uma vez que ele leva em consideração a penetração do campo na casca dependente do comprimento de onda. Isso é mostrado na Figura 3.24 para fibras monomodo otimizadas em 1.300 nm, de dispersão deslocada e dispersão nivelada.

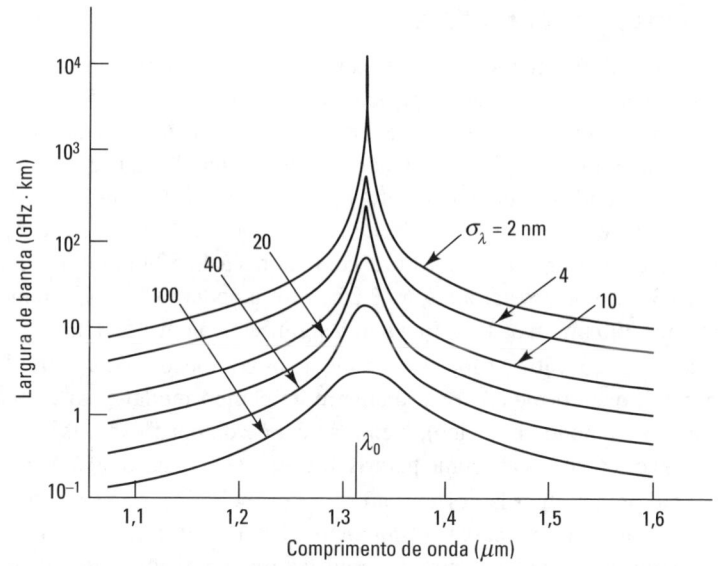

Figura 3.23 Exemplos de largura de banda *versus* comprimento de onda para diferentes larguras de linha espectrais σ_λ em uma fibra monomodo com dispersão mínima em 1.300 nm.
(Reproduzida com permissão de Reed, Cohen e Shang,[56] © 1987, AT&T.)

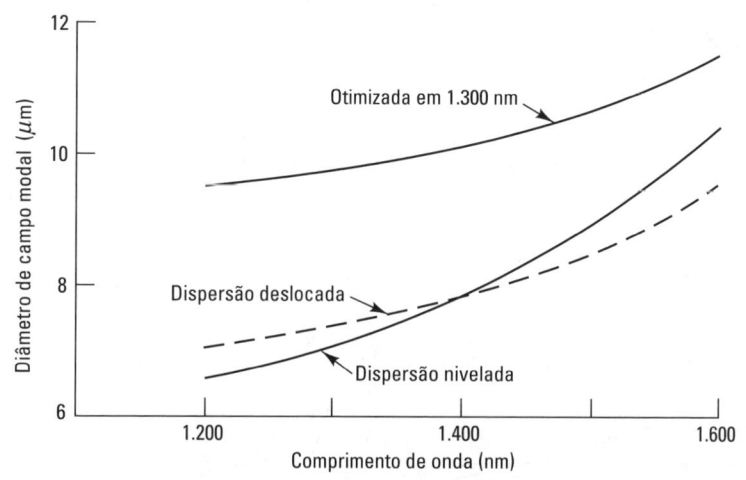

Figura 3.24 Variações típicas no diâmetro de campo modal com o comprimento de onda para fibras monomodo (*a*) otimizadas em 1.300 nm, (*b*) de dispersão deslocada e (*c*) de dispersão nivelada.

3.3.5 Perdas por curvatura

Perdas por macro ou microcurvaturas são importantes no projeto de fibras monomodo.[19-25] Essas perdas são evidentes principalmente na região de 1.550 nm e mostram-se como um aumento rápido da atenuação quando a fibra é mais dobrada do que em um raio de curvatura determinado. Quanto menor o comprimento de onda de corte em relação ao comprimento de onda de funcionamento, mais sensíveis à flexão são as fibras monomodo. Por exemplo, em uma fibra otimizada para operar a 1.300 nm, tanto a perda por microcurvatura como por macrocurvatura são maiores a 1.550 nm do que a 1.300 nm por um fator de 3-5, como mostra a Figura 3.25. A fibra poderá ser, dessa maneira, transmitida bem em 1.300 nm, mas terá uma perda significativa em 1.550 nm.

As perdas de curvatura são essencialmente uma função do diâmetro de campo modal. Em geral, quanto menor for o diâmetro de campo modal (isto é, quanto maior o confinamento do modo ao núcleo), menor será a perda por flexão. Isso é verdade tanto para as fibras de casca casada como para as de casca rebaixada como mostra a Figura 3.26.

Ao examinarem a perda por curvatura, as primeiras teorias assumiam um modelo simples de fibra com uma casca infinitamente extensa. Isso resulta na predição de um aumento exponencial suave de perda por curvatura com o aumento do comprimento de onda de aumento ou raio de curvatura. Em uma fibra real, oscilações na perda por curvatura tanto contra o comprimento de onda como do raio de curvatura são observadas. Essas oscilações podem ser atribuídas a um acoplamento coerente entre o campo que se propaga no núcleo e a fração de campo irradiado, que é refletido na interface entre a casca e o material de revestimento. A Figura 3.27 apresenta um exemplo da curva de perda calculada em função do raio de curvatura no comprimento de onda de 1.300 nm. Os parâmetros da fibra eram raio do núcleo $a = 3,6$ μm, raio da casca $b = 60$ μm, $(n_1 - n_2)/n_2 = 3,56 \times 10^{-3}$ e $(n_3 - n_2)/n_2 = 0,07$, em que n_1, n_2 e n_3 constituem os índices de refração do núcleo, da casca e do revestimento, respectivamente.

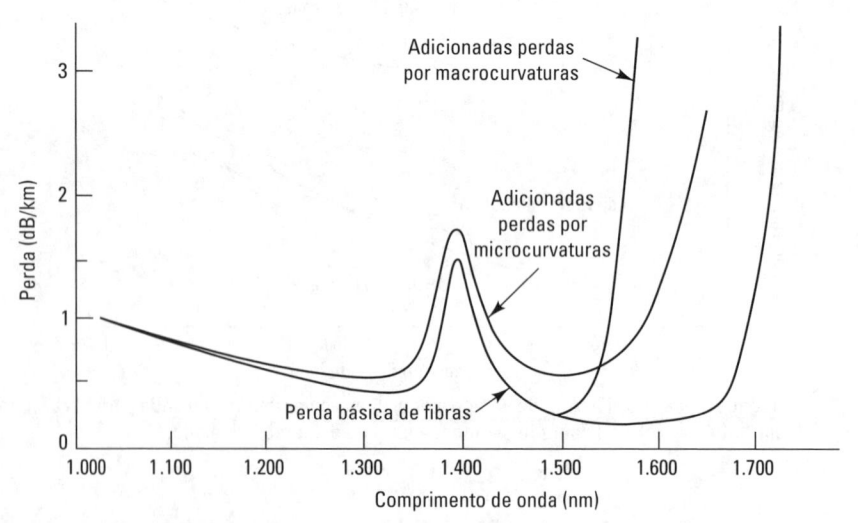

Figura 3.25 Aumentos típicos da atenuação de fibras monomodo decorrentes dos efeitos de micro e macrocurvaturas. (Reproduzida com permissão de Kalish e Cohen,[57] © 1987, AT&T.)

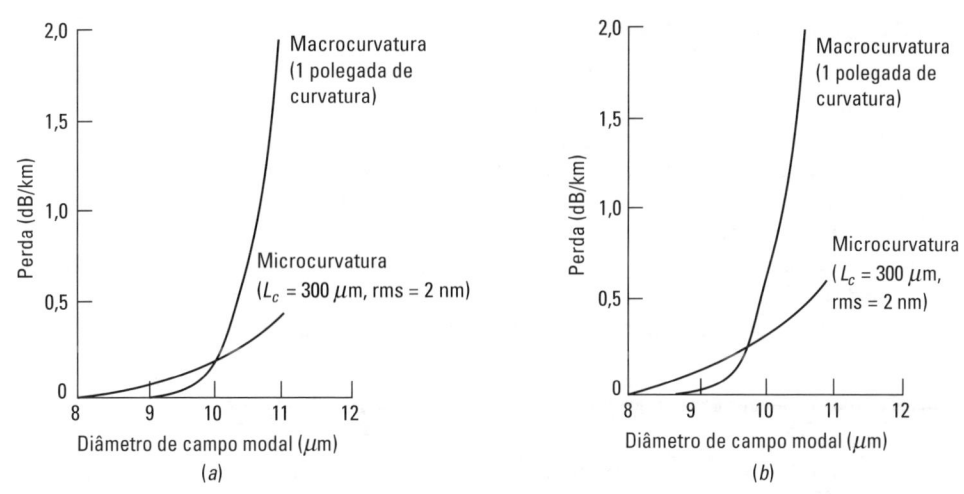

Figura 3.26 Aumento calculado na atenuação em 1.310 nm para efeitos de micro e macrocurvaturas em função do diâmetro de campo modal para fibras monomodo (a) de casca rebaixada ($V = 2,514$) e (b) casca casada ($V = 2,373$). Os cálculos de microcurvaturas assumem um comprimento de correlação L_c (taxa de repetição das microcurvaturas) de 300 nm e amplitude de deformação de 2 nm.
(Reproduzida com permissão de Kalish e Cohen,[57] © 1987, AT&T.)

Quando se especificam as limitações curvatura-raio para a instalação de fibras padrão monomodo, grandes perdas por microcurvaturas podem ser evitadas. Os fabricantes costumam recomendar que o diâmetro de uma dobra de fibra ou cabo não seja inferior a 40-50 mm (1,6-2,0 polegadas). Isso é consistente com as limitações no diâmetro de dobras de 50-75 mm especificadas nos guias de instalação de cabos em dutos, caixas de emenda para fibra e *racks* de equipamentos. Além disso, como descrito na Seção 3.5, o desenvolvimento de fibras insensíveis a microcurvaturas permite um enrolamento bem apertado dessas fibras em módulos optoeletrônicos. Além disso, o uso dessas fibras insensíveis às curvas em cabos de ligação reduz fortemente os efeitos da perda por curvatura quando são instaladas em *racks* de equipamentos altamente confinados.

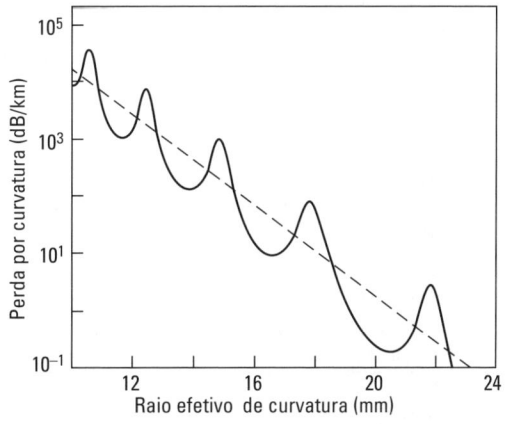

Figura 3.27 Perda por curvatura calculada como função do raio de curvatura em 1.300 nm. As linhas tracejadas representam o caso de casca infinita, isto é, $n_2 = n_3$.
(Modificada com permissão de Renner,[19] © 1992, IEEE.)

3.4 Padrões internacionais

Como relatado na Seção 1.7, a ITU-T, a TIA e a EIA são as organizações que desenvolvem e publicam uma ampla gama de recomendações e normas ou padrões internacionalmente reconhecidos. Em particular, a ITU-T criou uma série de recomendações para a fabricação e testes de várias classes de fibras ópticas multimodo e monomodo utilizadas em telecomunicações. Esses documentos dão as diretrizes os limites de parâmetros das fibras, como tamanhos de núcleo e casca e circularidade, atenuação, comprimento de onda de corte e dispersão cromática. As recomendações permitem um grau razoável de flexibilidade de projeto, para que os fabricantes de fibra possam melhorar seus produtos e desenvolver outros novos dentro das orientações dadas nas especificações de desempenho.

Tabela 3.2 Recomendações para fibras utilizadas em telecomunicações, acessos e redes corporativas[*]

Recomendação ITU-T nº	Título e descrição
G.651.1 (Edição 1, Julho 2007); Addendum (dez. 2008)	Título: *Características de um cabo de fibra óptica multimodo de índice-gradual de 50/125 μm para rede de acesso óptico*
	Descrição: Fornece os requisitos de um cabo de fibra óptica de sílica multimodo de índice-gradual de 50/125 μm para uso nas regiões de 850 nm ou 1.300 nm, individual ou simultaneamente.
G.652 (Edição 8, nov. 2009)	Título: *Características de uma fibra óptica monomodo e cabo*
	Descrição: Discute a fibra monomodo otimizada para uso na banda O (1.310 nm), mas que também pode ser usada na região de 1.550 nm.
G.653 (Edição 6, dez. 2006)	Título: *Características de uma fibra óptica monomodo de dispersão deslocada e cabo*
	Descrição: Discute a fibra óptica monomodo com comprimento de onda de dispersão nula deslocado para região de 1.550 nm. Descreve a dispersão cromática no intervalo de 1.460 a 1.625 nm para aplicações CWDM.
G.654 (Edição 7, dez. 2006)	Título: *Características de uma fibra óptica monomodo de corte deslocado e cabo*
	Descrição: Aplicações submarinas; discute a fibra óptica monomodo com dispersão nula ao redor de 1.300 nm e comprimento de onda de corte deslocado para aproximadamente 1.550 nm.
G.655 (Edição 5, nov. 2009)	Título: *Características de uma fibra óptica monomodo de dispersão não nula deslocada e cabo*
	Descrição: Para aplicações em conexões de longa distância; descreve a fibra óptica monomodo com dispersão cromática maior que zero no intervalo de 1.530-1.565 nm.
G.656 (Edição 2, dez. 2006)	Título: *Características de uma fibra e cabo com dispersão não nula para transporte óptico em banda larga*
	Descrição: Fibra com baixa dispersão cromática para aplicações WDM expandidas; pode ser usada para ambos os sistemas CWDM e DWDM na região entre 1.460 e 1.625 nm.
G.657 (Edição 2, nov. 2009)	Título: *Características de uma fibra óptica monomodo não sensível à perda por curvatura e cabo para acesso à rede*
	Descrição: Direciona o uso de fibras monomodo para acessos a redes de banda larga; inclui temas como sensibilidade a condições de curvaturas em uso interno.

---

[*] N. de T.: Recomendações e normas similares são dadas, no Brasil, pela Agência Nacional de Telecomunicações (Anatel).

A Tabela 3.2 resume as recomendações da ITU-T para fibras ópticas multimodo e monomodo utilizadas em telecomunicações, acesso e redes corporativas. As subseções seguintes descrevem as características básicas dessas fibras.[71]

3.4.1 Recomendação G.651.1

A demanda econômica para instalações de baixo custo de conexões de fibra óptica de curta distância e alta velocidade criou um mercado amplo para as fibras multimodo. Essas conexões de fibra usam fontes de luz com preços moderados que operam tanto na região de menor comprimento de onda (770-860 nm) como na banda O (em torno de 1.310 nm). As aplicações incluem conexões em locais como edifícios de escritórios ou de governo, um centro médico, um *campus* universitário ou uma fábrica, onde a distância de transmissão desejada é geralmente menor que 2 km.

A Recomendação G.651.1 substitui o documento G.651 original. Essa nova versão apresenta os requisitos de um cabo de fibras ópticas 50/125 μm multimodo de sílica com índice-gradual para utilização nas regiões de 850 nm ou 1.300 nm. A operação do sistema para essa fibra é permitida tanto em cada banda de comprimentos de onda individualmente como em ambas as bandas espectrais simultaneamente. As aplicações são destinadas para o acesso a redes corporativas em ambientes de múltiplos inquilinos, em um edifício em que os serviços de banda larga têm de ser transmitidos aos apartamentos individuais ou escritórios de empresas individuais. A fibra multimodo recomendada suporta o uso eficaz de sistemas Ethernet de 1 Gb/s em conexões de comprimentos de até 550 m. Essas conexões Ethernet geralmente empregam transceptores em 850 nm. Os valores de atenuação da fibra óptica variam de 2,5 dB/km em 850 nm a menos de 0,6 dB/km em 1.310 nm. A Alteração 1 da Recomendação G.651.1 dá informações básicas sobre a evolução das especificações dos cabos de fibra óptica multimodo nas recomendações da ITU-T.

A Tabela 3.3 lista as distâncias de transmissão possíveis quando se utilizam fibras com diferentes tamanhos de núcleo e larguras de banda para aplicações de Ethernet, Fibre Channel e SONET/SDH. A fonte de luz usada para esses exemplos é um *laser de emissão superficial em cavidade vertical* (VCSEL) operando em 850 nm (ver Capítulo 4). Em particular, as conexões Ethernet que operam com altas taxas de dados de até 10 Gb/s em distâncias de até 550 m podem usar fibras multimodo.

Tabela 3.3 Distâncias de transmissão em metros para fibras multimodo usando um VCSEL em 850 nm

Aplicação	Taxa de dados (Gb/s)	Núcleo 50 μm		Núcleo 62,5 μm	
		500 MHz.km	2.000 MHz.km	160 MHz.km	200 MHz.km
Ethernet	1	550	860	220	275
	10	82	300	26	33
Fibre Channel	1	500	860	250	300
	2	300	500	120	150
	10	82	300	26	33
SONET/SDH	10	85	300	25	33

3.4.2 Recomendação G.652

A Recomendação G.652 lida com as características geométricas, mecânicas e de transmissão de uma fibra monomodo com valor de dispersão nulo em 1.310 nm. A Figura 3.28 compara a dispersão da fibra G.652 com outros tipos de fibra monomodo. Essa fibra é constituída por um núcleo de sílica dopada com germânio, que tem um diâmetro entre 5 e 8 μm, e casca de sílica de diâmetro de 125 μm. A atenuação nominal é de 0,4 dB/km em 1.310 nm e 0,35 dB/km em 1.550 nm. A máxima dispersão modal de polarização é de 0,2 ps/$\sqrt{km}$. Quatro subgrupos, de G.652a a G.652d, descrevem as diferentes variações desse tipo de fibra. Como as fibras G.652a/b foram instaladas amplamente em redes de telecomunicações na década de 1990, elas são normalmente conhecidas como *fibras padrão monomodo* ou *fibras otimizadas para 1.310 nm*. As fibras G.652c/d permitem a operação na banda E e são amplamente utilizadas nas instalações de rede fibra-fibra (FTTP) (ver Seção 13.8 para uma descrição das redes FTTP).

Apesar de muitas das instalações de plantas de cabo para longas distâncias utilizarem agora as fibras de dispersão não nula deslocada, a imensa base de fibra G.652 que está instalada em todo o mundo irá operar por muitos anos. Se a fibra G.652 é usada em 1.550 nm, o valor de dispersão cromática de cerca de 17 ps/(nm-km) deve ser levado em conta. Isso requer a implementação de técnicas de compensação de dispersão cromática ou formatos especiais de dados em altas taxas de dados. Por exemplo, uma série de experiências de campo demonstrou a capacidade de transmitir em taxas de 160-Gb/s através de longas distâncias de fibras G.652a/b instaladas.

As fibras G.652c/d são criadas por meio da redução da concentração de íons de água, a fim de eliminar o efeito de atenuação de pico em 1.360-1.460 nm da banda E. Elas são chamadas de *fibras de baixo pico d'água* (*low-water-peak fiber*) e permitem a operação na faixa de comprimento de onda completa de 1.260-1.625 nm. Essa fibra é utilizada em aplicações de *multiplexação ampla em comprimento de onda* (CWDM) na banda E. Em CWDM, os canais de comprimento de onda são espaçados de 20 nm, de modo que um controle mínimo da estabilidade de comprimentos de onda é necessário para as fontes ópticas, como descrito no Capítulo 10. Outra aplicação importante é em uma *rede óptica passiva* (PON) para redes de acesso FTTP. Em geral, uma conexão FTTP transmite três canais bidirecionais independentes em 1.310, 1.490 e 1.550 nm, na mesma fibra. O Capítulo 13 tem mais detalhes sobre as redes FTTP.

3.4.3 Recomendação G.653

A *fibra de dispersão deslocada* (DSF) foi desenvolvida para utilização com *lasers* em 1.550 nm. Como mostra a Figura 3.28, nesse tipo de fibra, o ponto de dispersão nula é transferido para 1.550 nm, onde a atenuação da fibra é cerca de metade do que em 1.310 nm. Por isso, essa fibra permite um fluxo de dados de alta velocidade de em um canal de único comprimento de onda em ou próximo de 1.550 nm, mantendo a fidelidade em longas distâncias. No entanto, ela apresenta problemas associados a efeitos não lineares em aplicações de *multiplexação por divisão de comprimento de onda* (DWDM) no centro da banda C, onde muitos comprimentos de onda são empacotados fortemente em uma ou mais das bandas operacionais.

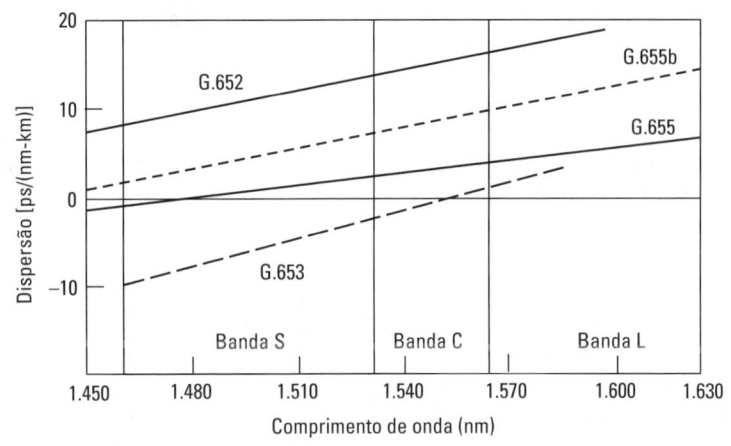

Figura 3.28 Dispersão cromática em função do comprimento de onda para várias bandas espectrais e tipos de fibras ópticas.

Como observado no Capítulo 10, para evitar indesejáveis efeitos não lineares em sistemas DWDM, os valores de dispersão cromática devem ser positivos (ou negativos) em toda a faixa operacional. A Figura 3.28 mostra que, para fibras G.653, a dispersão cromática tem um sinal diferente acima e abaixo de 1.550 nm. Portanto, o uso de fibras G.653 para DWDM deve ser limitado ou à banda S (comprimentos de onda menores do que 1.550 nm) ou à banda L (comprimentos de onda superiores a 1.550 nm). Essas fibras são raramente implantadas, pois as fibras G.655 oferecem uma solução melhor.

3.4.4 Recomendação G.654

Essa recomendação aborda a *fibra com comprimento de onda de corte deslocado* que é projetada para transmissão de sinais de alta potência a longas distâncias. Essa recomendação descreve as características geométricas, mecânicas e de transmissão de uma fibra óptica monomodo, que tem o comprimento de onda de dispersão nula em torno de 1.300 nm. A fibra tem uma perda muito baixa na faixa de 1.550 nm, graças à utilização de um núcleo de sílica pura. Uma vez que tem um elevado comprimento de onda de corte de 1.500 nm, essa fibra é restrita à operação na região de 1.500 a 1.600 nm e normalmente é usada apenas em aplicações submarinas de longa distância.

3.4.5 Recomendação G.655

A *fibra de dispersão deslocada não nula* (NZDSF) foi introduzida em meados da década de 1990 para aplicações WDM. A sua característica principal é ter um valor não nulo positivo de dispersão ao longo de toda banda C, que é a região espectral de operação para os amplificadores de fibra óptica dopados com érbio (ver Capítulo 11). Isso está em contraste com as fibras G.653, em que a dispersão varia de negativo, passando por zero, a valores positivos na banda C. A versão G.655b foi introduzida para estender as aplicações WDM na banda S. Como mostra a Figura 3.28, a característica principal de uma fibra G.655b é seu valor de dispersão diferente de zero ao longo de toda banda S e banda C. Isso está em contraste com as fibras padrão G.655, em que a dispersão varia de negativo a valores positivos na banda S. A versão G.655c especifica um menor valor de PMD a 0,2 ps/√km do que o valor 0,5 ps/√km de G.655a/b.

3.4.6 Recomendação G.656

Essa recomendação descreve as características de uma fibra óptica monomodo que tem um valor de dispersão cromática positivo que varia de 2 a 14 ps/(nm-km) na banda de comprimentos de onda de 1.460-1.625 nm. Isso significa que a inclinação da dispersão é significativamente mais baixa do que em fibras G.655, para faixas de dispersão cromática de 1-10 ps/(nm-km) na banda de 1.530-1.565 nm. A consequência de uma inclinação menor da dispersão significa que a dispersão cromática muda mais lentamente com comprimento de onda, de modo que a compensação de dispersão é mais simples ou não necessária. Isso permite o uso de CWDM sem compensação de dispersão cromática e também significa que 40 canais DWDM adicionais podem ser implementados nessa banda. As outras atribuições da G.656 são semelhantes às das fibras G.655. Por exemplo, nos intervalos de diâmetro de campo modal de 7-11 μm (em comparação com 8 a 11 μm para fibras G.655), o valor máximo de PMD de uma fibra cabeada é 0,2 ps/√km, e o comprimento de onda de corte é de 1.310 nm (o mesmo da Recomendação G.655).

3.4.7 Recomendação G.657

A crescente demanda mundial por serviços de banda larga em redes de acesso de alta capacidade e redes empresariais coloca novas exigências sobre as características de desempenho das fibras monomodo que são diferentes das aplicações em telecomunicações (ver Seção 13.8 para as descrições desses tipos de rede). Essas diferenças de desempenho devem-se principalmente à alta densidade de distribuição localizada, aos cabos soltos no acesso e às redes corporativas em relação às redes de longa distância de telecomunicações. Em particular, as aplicações internas são normalmente feitas em espaços pequenos e cheios. Essas condições e as diversas manipulações exigidas na instalação do sistema de cabeamento clamam por fibras ópticas com baixa sensibilidade a curvaturas.

Assim, o objetivo da Recomendação G.657 da ITU-T é descrever os requisitos de um tipo de fibra que apresenta melhor desempenho de flexão em comparação com os atuais cabos e fibras monomodo G.652. Duas categorias de fibras monomodo são especificadas. As fibras da categoria A são totalmente compatíveis com as fibras monomodo G.652 e também podem ser usadas em outras partes da rede. As fibras monomodo da categoria B não são necessariamente compatíveis com G.652, mas apresentam baixos valores de perdas por curvatura em raios de curvatura muito pequenos. As fibras da categoria B são predominantemente destinadas ao uso interno.

3.5 Fibras especiais

As *fibras de telecomunicações*, como as descritas na Seção 3.4, são projetadas para transmitir luz com mínima alteração na fidelidade do sinal. Em contraste, as *fibras especiais* são concebidas para interagir com a luz e, desse modo, manipular ou controlar algumas características de um sinal óptico.[72-74] As aplicações da manipulação de luz incluem amplificação do sinal óptico, acoplamento de potência óptica, compensação de dispersão, conversão de comprimento de onda e detecção de parâmetros físicos, como temperatura, tensão, pressão, vibração e níveis de fluidos. Para aplicações controladas por luz, uma fibra especial pode ser insensível a dobras, manter os estados de polarização, redirecionar comprimentos de onda específicos ou fornecer altas atenuações para terminações em fibras.

As fibras especiais podem ser multimodo ou monomodo. Entre os dispositivos ópticos que podem usar uma fibra especial, estão os transmissores de luz, moduladores de sinais, receptores ópticos, multiplexadores de comprimento de onda, acopladores e divisores de luz, amplificadores e interruptores ópticos, módulos de adição/subtração de comprimento de onda e atenuadores de potência óptica. A Tabela 3.4 apresenta um resumo de algumas fibras especiais e suas aplicações.

Tabela 3.4 Exemplos de fibras especiais e suas aplicações

Tipo de fibra especial	Aplicação
Amplificadores de fibras dopadas	Meio de ganho para fibra óptica com érbio
Fibras fotossensíveis	Fabricação de fibras com rede de Bragg
Pacotes de fibras insensíveis a dobras	Conexões de dobras apertadas em dispositivos
Fibra de terminação	Terminação de extremidades de fibras abertas
Fibras que mantém a polarização	*Lasers* de bombeio, dispositivos sensíveis a polarização, sensores
Fibras de alto índice	Acopladores fundidos, fontes de pequeno λ, dispositivos DWDM
Fibras de cristal fotônico	*Switches*; compensação de dispersão

Fibra dopada com érbio Esse tipo de fibra possui pequenas quantidades de íons de érbio (por exemplo, 1.000 partes por milhão em peso) adicionadas ao material de sílica de modo a formar um bloco de construção básico para os amplificadores de fibra óptica. Tal como descrito no Capítulo 11, um comprimento na faixa de 10-30 m de fibra dopada com Er serve como um meio de ganho para a amplificação dos sinais ópticos tanto na banda C (1.530-1.560 nm) como na banda L (1.560-1.625 nm). Existem muitas variações de nível de dopagem, comprimento de onda de corte, diâmetro de campo modal, abertura numérica e diâmetro da casca para estas fibras. As configurações específicas de fibras dopadas com érbio rendem uma variedade de projetos de amplificadores ópticos que podem ser selecionados de acordo com a exigência dos requisitos de bombeio da potência do *laser*, ruído, o ganho de sinal e nivelamento do espectro de saída. As concentrações mais elevadas de érbio permitem o uso de comprimentos mais curtos de fibras, cascas menores são úteis para módulos compactos, e uma abertura numérica mais elevada permite que a fibra seja enrolada firmemente em pacotes pequenos. A Tabela 3.5 lista alguns valores de parâmetros genéricos de uma fibra dopada com érbio para uso na banda C.

Tabela 3.5 Valores de parâmetros genéricos para uma fibra dopada com érbio utilizada na banda C

Parâmetro	Especificação
Pico de absorção em 1.530 nm	5-10 dB/m
Abertura numérica efetiva	0,14-0,31
Comprimento de onda de corte	900 ± 50 nm; ou 1.300 nm
Diâmetro de campo modal em 1.550 nm	5,0-7,3 μm
Diâmetro da casca	125 μm padrão; 80 μm para bobinas apertadas
Material de revestimento	Acrílico curado em UV

Fibra fotossensível O índice de refração de uma fibra fotossensível sofre alteração quando ela é exposta à luz ultravioleta. Essa sensibilidade pode ser fornecida pela dopagem do material da fibra com íons de boro e germânio. A principal aplicação é a criação de uma fibra com rede de Bragg, que é uma variação periódica do índice de refração da fibra ao longo de seu eixo (ver Capítulo 10). As aplicações das fibras com redes de Bragg incluem mecanismos de acoplamento de luz para *lasers* de bombeio utilizados em amplificadores ópticos, módulos de soma/subtração de comprimento de onda, filtros ópticos e módulos compensadores de dispersão cromática.

Fibra insensível à curvatura O aumento da *abertura numérica* (NA) reduz a sensibilidade a perdas por curvatura em uma fibra monomodo.[75] A NA mais elevada diminui o *diâmetro de campo modal* (MFD), confinando mais fortemente a potência óptica dentro do núcleo do que nas fibras monomodos convencionais. Por exemplo, em 1.310 nm, uma fibra concebida com uma NA de 0,16 pode ter um MFD de 6,7 μm. Um aumento da NA para 0,21 diminui o MFD para 5,1 μm. As fibras insensíveis às curvaturas estão comercialmente disponíveis em uma faixa de diâmetros de núcleo que proporcionam um ótimo desempenho em determinados comprimentos de onda de operação, tais como 820, 1.310 nm ou 1.550 nm. Essas fibras são oferecidas com cascas de diâmetro de 80 μm ou 125 μm como padrão. As *fibras de casca reduzida* de 80 μm resultam em um diâmetro de 125 μm, quando um comprimento de fibra é enrolado dentro do pacote de um dispositivo. Considerando que existe uma alta perda por curvatura para fibras monomodo convencionais enroladas, a atenuação induzida, quando a fibra é insensível à curvatura é enrolada em cinco espiras com raio de 10 mm, é inferior a 0,01 dB em 1.310 nm e menor do que 0,5 dB em 1.550 nm.

Fibra de terminação Muitas vezes, um dispositivo óptico com várias portas terá um ou mais ramos não utilizados ou abertos. Reflexões que retornam por essas portas podem causar instabilidade e precisam ser suprimidas. Pode-se resolver esse problema com a utilização de uma fibra de terminação. Um exemplo é a fibra de sílica construída sem núcleo. A terminação que tem um retorno com perda superior a 65 dB pode ser alcançada pela emenda de 25 cm de uma fibra de terminação na extremidade dos ramos de fibra não utilizada.

Fibra de polarização preservada Em contraste com as fibras ópticas monomodo padrão, nas quais o estado de polarização flutua durante a propagação da luz através da fibra, a *fibra de polarização preservada* tem um projeto de núcleo especial que mantém o estado de polarização. As aplicações dessas fibras incluem os moduladores de sinais ópticos fabricados a partir de niobato de lítio, amplificadores ópticos para multiplexação de polarização, fibras de acoplamento para *lasers* de bombeio e compensadores de dispersão modal de polarização. A Figura 3.29 ilustra a geometria da seção transversal de quatro diferentes fibras de polarização preservada. Os círculos claros representam a casca, e as áreas escuras são as configurações do núcleo. O objetivo de cada projeto é a utilização de partes tensionadas para criar eixos lentos e rápidos no núcleo. Cada um desses eixos guiará a luz a uma velocidade diferente. A interferência entre os dois eixos é suprimida de modo que a luz polarizada lançada em qualquer dos eixos irá manter o seu estado de polarização à medida que viaja ao longo da fibra.

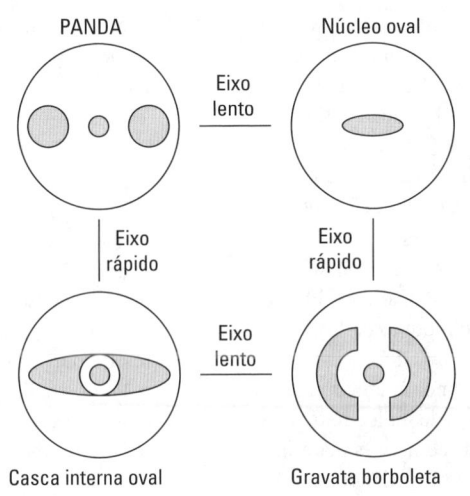

Figura 3.29 Geometria da seção reta de quatro diferentes fibras que mantêm a polarização.

Problemas

3.1 Verifique a expressão dada na Equação (3.1c) relacionada com α, dado em unidades de dB/km, a α_p, que está em unidades de km^{-1}.

3.2 Uma determinada fibra óptica tem uma atenuação de 0,6 dB/km em 1.310 nm e 0,3 dB/km em 1.550 nm. Suponha que dois sinais ópticos sejam direcionados simultaneamente para dentro da fibra: um de potência óptica de 150 μW em 1.310 nm e outro de potência óptica 100 μW em 1.550 nm. Quais são os níveis de potência em μW desses dois sinais em (a) 8 km e (b) 20 km?

3.3 Um sinal óptico em um determinado comprimento de onda perdeu 55% da sua potência após atravessar 7,0 km de fibra. Qual é a atenuação dessa fibra em dB/km?

3.4 Uma conexão contínua de fibra óptica de 40 km de comprimento tem uma perda de 0,4 dB/km.

(a) Qual é o nível mínimo de potência óptica que deve ser lançado na fibra para manter um nível de potência óptica de 2,0 μW na extremidade receptora?

(b) Qual será a potência de entrada necessária se a fibra possuir uma perda de 0,6 dB/km?

3.5 Considere uma fibra de índice-degrau com núcleo de SiO_2-GeO_2 com fração molar de 0,08 de GeO_2. Faça gráficos das Eqs (3.2b) e (3.3) de 500 nm a 5 μm e compare os resultados com as curvas da Figura 3.5.

3.6 A perda de potência óptica resultante da dispersão de Rayleigh em uma fibra pode ser calculada tanto a partir da Equação (3.4a) como da Equação (3.4b). Compare essas duas equações para a sílica ($n = 1,460$ em 630 nm), uma vez que a temperatura T_f fictícia é 1.400 K, a compressibilidade isotérmica β_T é de $6,8 \times 10^{-12}$ cm^2/dina e o coeficiente fotoelástico é 0,286. Como isso está de acordo com os valores medidos de 3,9-4,8 dB/km em 633 nm?

3.7 Resolva a Equação (3.7) para fazer gráficos do raio de curvatura *versus* raio do núcleo da fibra a para os valores de $M_{ef}/M_\infty = 10$, 50, e 75% nos comprimentos de onda 1.300 nm e 1.550 nm. Considere a na faixa 5 μm $\leq a \leq$ 30 μm.

3.8 Considere fibras de índice-gradual com perfis de índice de $\alpha = 2{,}0$, índice de refração da casca $n_2 = 1{,}50$ e diferenças de índice $\Delta = 0{,}01$. Usando a Equação (3.7), faça o gráfico da razão M_{ef}/M_∞ para raios de curvatura menores que 10 cm em $\lambda = 1$ μm para fibras com núcleos de raios de 4, 25 e 100 μm.

3.9 Dois materiais comuns para o revestimento de fibras são: Elvax® 265 ($E_j = 21$ MPa) e Hytrel® 4056 ($E_j = 58$ MPa), ambos fabricados pela DuPont. Se o módulo de Young de uma fibra de vidro é de 64 GPa, faça o gráfico da redução da perda por microcurvaturas em função da diferença de índice Δ, quando as fibras são revestidas com esses materiais. Considere os valores de Δ variando de 0,1% a 1,0% e a razão casca-núcleo de $b/a = 2$.

3.10 Vamos assumir que uma fibra de índice-degrau possui um número V de 6,0.
   (a) Utilizando a Figura 2.27, estime a potência fracionária P_{casca}/P que viaja pela casca para os seis modos LP de menor ordem.
   (b) Se a fibra em (a) é uma fibra com núcleo e casca de vidro revestido de com atenuações de 3,0 e 4,0 dB/km, respectivamente, encontre as atenuações para cada um dos seis modos de ordem mais baixa.

3.11 Considere que um determinado modo de uma fibra óptica de índice-gradual tem densidade de potência $p(r) = P_0 \exp(-Kr^2)$, em que o fator K depende da distribuição de potência modal.
   (a) Deixando $n(r)$ da Equação (3.11) ser dado pela Equação (2.78) com $\alpha = 2$, mostre que a perda desse modo é
   $$\alpha_{gi} = \alpha_1 + \frac{\alpha_2 - \alpha_1}{Ka^2}$$
   Uma vez que $p(r)$ é uma função de r que decai rapidamente e $\Delta \ll 1$, para facilitar o cálculo assumimos que a parte de cima da Equação (2.78) é válida para todos os valores de r.
   (b) Escolha K tal que $p(a) = 0{,}1$ P_0, isto é, 10% da energia flui pela casca. Encontre α_{gi} em termos de α_1 e α_2.

3.12 Para comprimentos de onda menores que 1,0 μm, o índice de refração n satisfaz a relação de Sellmeier da forma[69]
$$n^2 = 1 + \frac{E_0 E_d}{E_0^2 - E^2}$$
onde $E = hc/\lambda$ é a energia do fóton, e E_0 e E_d são, respectivamente, os parâmetros de energia de oscilador do material e dispersão de energia. Em vidro de SiO_2, $E_0 = 13{,}4$ eV e $E_d = 14{,}7$ eV. Mostre que, para comprimentos de onda entre 0,20 e 1,0 μm, os valores de n encontrados a partir da relação de Sellmeier estão em boa concordância com os mostrados na Figura 3.12. Para fazer a comparação, selecione três pontos representativos, por exemplo, em 0,2, 0,6 e 1,0 μm.

3.13 (a) Um LED operando em 850 nm tem uma largura espectral de 45 nm. Qual é o alargamento de pulso em ns/km em virtude da dispersão material? Qual é o alargamento de pulso quando um *laser* de diodo de largura espectral de 2 nm é usado?
   (b) Encontre o alargamento de pulso induzido pela dispersão material em 1.550 nm para um LED com uma largura espectral de 75 nm. Use a Figura 3.13 para estimar $d\tau/d\lambda$.

3.14 Verifique os gráficos para b, $d(Vb)/dV$ e $V d^2(Vb)/dV^2$ mostrados na Figura 3.15. Use a expressão para b dada pela Equação (3.38).

3.15 Derive a Equação (3.13) utilizando o método de traçar raios.

3.16 Considere uma fibra de índice-degrau com núcleo e casca de diâmetros de 62,5 e 125 μm, respectivamente. Seja o índice do núcleo $n_1 = 1{,}48$ e a diferença de índice $\Delta = 1{,}5\%$. Compare a dispersão modal, em unidades de ns/km, em 1.310 nm dessa fibra como dada pela Equação (3.13) com a expressão mais exata
$$\frac{\sigma_{mod}}{L} = \frac{n_1 - n_2}{c}\left(1 - \frac{\pi}{V}\right)$$
onde L é o comprimento da fibra, e n_2, o índice de casca.

3.17 Considere uma fibra óptica monomodo de dispersão não deslocada, padrão G.652, que tem um comprimento de onda de dispersão nula em 1.310 nm, com uma inclinação de dispersão de $S_0 = 0{,}0970$ ps/(nm² · km). Faça o gráfico da dispersão no intervalo de comprimentos de onda de 1.270 nm $\leq \lambda \leq$ 1.340 nm. Use a Equação (3.47).

3.18 Uma fibra óptica monomodo de dispersão deslocada, padrão G.653, tem um comprimento de onda de dispersão nula em 1.550 nm, com uma inclinação de dispersão de $S_0 = 0{,}070$ ps/(nm² · km).
(a) Trace a dispersão na faixa de comprimentos de onda de 1.500 nm $\leq \lambda \leq$ 1.600 nm usando a Equação (3.49).
(b) Compare a dispersão em 1.500 nm com o valor para as fibras de dispersão não deslocada descrita no Problema 3.17.

3.19 Iniciando com a Equação (3.45), derive a expressão para a dispersão dada pela Equação (3.47).

3.20 Renner[19] derivou uma aproximação simplificada para descrever as perdas por curvatura em fibras ópticas monomodo. A expressão para a perda por curvatura é

$$\alpha_{\text{simp}} = \alpha_{\text{conv}} \frac{2(Z_3 Z_2)^{1/2}}{(Z_3 + Z_2) - (Z_3 - Z_2)\cos(2\Theta)}$$

onde a perda convencional por curvatura é

$$\alpha_{\text{conv}} = \frac{1}{2}\left(\frac{\pi}{\gamma^3 R}\right)^{1/2} \frac{\kappa^2}{V^2 K_1^2(\gamma a)} \exp\left(-\frac{2\gamma^3 R}{3\beta_0^3}\right)$$

em que V é dado pela Equação (2.57), β_0 é a constante de propagação em uma fibra reta com casca infinita dada pela Equação (2.46), K_1 é a função modificada de Bessel (ver Apêndice C), e

$$Z_q \approx k^2 n_q^2 (1 + 2b/R) - \beta_0^2$$
$$\approx k^2 n_q^2 (1 + 2b/R) - k^2 n_2^2$$
para $q = 2, 3$

$$\Theta = \frac{\gamma^3 R}{3k^2 n_2^2}\left(\frac{R_c}{R} - 1\right)^{3/2}$$

$$\gamma = (\beta_0^2 - k^2 n_2^2)^{1/2} \approx k(n_1^2 - n_2^2)^{1/2}$$

$$\kappa^2 = k^2 n_1^2 - \beta_0^2 \approx k^2 (n_1^2 - n_2^2)$$

$R_c = 2k^2 n_2^2 b/\gamma^2$ = o raio crítico de curvatura

Usando um computador, (a) verifique o gráfico dado na Figura 3.27 em 1.300 nm e (b) calcule e trace a perda por curvatura em função do comprimento de onda para 800 nm $\leq \lambda \leq$ 1.600 nm para alguns raios de curvatura (por exemplo, 15 e 20 mm). Considere $n_1 = 1{,}480$, $n_2 = 1{,}475$, $n_3 = 1{,}07$ $n_2 = 1{,}578$ e $b = 60$ μm.

3.21 Faustini e Martini[20] desenvolveram uma fórmula mais detalhada para descrever o comportamento oscilatório de perda por curvatura em função do raio de curvatura e comprimento de onda. Em um computador, use a formulação desses autores para reproduzir os gráficos tridimensionais da perda por curvatura versus raio de curvatura e comprimento de onda dados na Figura 5 de seu artigo (J. Lightwave Tech., vol. 15, pp. 671-679, Apr. 1997).

3.22 Calcule a dispersão de guia de onda em 1.320 nm, em unidades de [ps/(nm · km)], para uma fibra monomodo com núcleo e casca de diâmetros 9 μm e 125 μm, respectivamente. Considere o índice do núcleo $n_1 = 1{,}48$ e a diferença de índice $\Delta = 0{,}22\%$.

Referências

1. B. C. Bagley, C. R. Kurkjian, J. W. Mitchell, G. E. Peterson, and A. R. Tynes, "Materials, properties, and choices," in *Optical Fiber Telecommunications*, S. E. Miller and A. G. Chynoweth, eds., Academic, New York, 1979.
2. D. Gloge, "The optical fibre as a transmission medium," *Rpts. Prog. Phys.*, vol. 42, pp. 1777-1824, Nov. 1979.
3. R. Olshansky, "Propagation in glass optical waveguides," *Rev. Mod. Phys.*, vol. 51, pp. 341-367, Apr. 1979.
4. K. Tsujikawa, K. Tajima, and J. Zhou, "Intrinsic loss of optical fibers," *Optical Fiber Tech.*, vol. 11, no. 4, pp. 319-331, Oct. 2005.
5. E. M. Dianov and V. M. Mashinsky, "Germania–based core optical fibers," *J. Lightwave Tech.*, vol. 23, pp. 3500-3508, Nov. 2005.

6. A. Iino and J. Tamura, "Radiation resistivity in silica optical fibers," *J. Lightwave Tech.*, vol. 6, pp. 145-149, Feb. 1988.
7. R. H. West, H. Buker, E. J. Friebele, H. Henschel, and P. B. Lyons, "The use of optical time-domain reflectometers to measure radiation-induced losses in optical fibers," *J. Lightwave Tech.*, vol. 12, pp. 614-620, Apr. 1994.
8. H. Henschel and O. Köhn, "Regeneration of irradiated optical fibers by photobleaching," *IEEE Trans. Nucl. Sci.*, vol. 47, pp. 699-704, June 2000.
9. S. Girard, J. Baggio, and J.-L. Leray, "Radiation-induced effects in a new class of optical waveguides: The air-guiding photonic crystal fibers," *IEEE Trans. Nucl. Sci.*, vol. 52, pp. 2683-2688, Dec. 2005.
10. S. R. Nagel, "Fiber materials and fabrication methods," in S. E. Miller and I. P Kaminow, eds., *Optical Fiber Telecommunications – II*, Academic, New York, 1988.
11. K. Nagayama, M. Matsui, M. Kakui, T. Saitoh, K. Kawasaki, H. Takamizawa, Y. Ooga, I. Tsuchiya, and Y. Chigusa, "Ultra low loss (0.1484 dB/km) pure silica core fiber," *SEI Technical Review*, vol. 57, pp. 3-6, Jan. 2003.
12. Y. Chigusa, Y. Yamamoto, T. Yokokawa, T. Sasaki, T. Taru, M. Hirano, M. Kakui, M. Onishi, and E. Sasaoka, "Low-loss pure-silica-core fibers and their possible impact on transmission systems," *J. Lightwave Tech.*, vol. 23, pp. 3541-3550, Nov. 2005.
13. H. Osanai, T. Shioda, T. Moriyama, S. Araki, M. Horiguchi, T. Izawa, and H. Takata, "Effects of dopants on transmission loss of low OH content optical fibers," *Electron. Lett.*, vol. 12, pp. 549-550, Oct. 1976.
14. R. Maurer, "Glass fibers for optical communications," *Proc. IEEE*, vol. 61, pp. 452-462, Apr. 1973.
15. D. A. Pinnow, T. C. Rich, F. W. Ostermeyer, and M. DiDomenico Jr., "Fundamental optical attenuation limits in the liquid and gassy state with application to fiber optical waveguide material," *Appl. Phys. Lett.*, vol. 22, pp. 527-529, May 1973.
16. D. B. Keck, "Fundamentals of optical waveguide fibers," *IEEE Commun. Magazine*, vol. 23, pp. 17-22, May 1985.
17. W. A. Gambling, H. Matsumura, and C. M. Ragdale, "Curvature and microbending losses in single-mode optical fibers," *Opt. Quantum Electron.*, vol. 11, no. 1, pp. 43-59, Jan. 1979.
18. D. Gloge, "Bending loss in multimode fibers with graded and ungraded core index," *Appl. Opt.*, vol. 11, pp. 2506-2512, Nov. 1972.
19. H. Renner, "Bending losses of coated single-mode fibers: A simple approach," *J. Lightwave Tech.*, vol. 10, pp. 544-551, May 1992.
20. L. Faustini and G. Martini, "Bend loss in single-mode fibers," *J. Lightwave Tech.*, vol. 15, pp. 671-679, Apr. 1997.
21. S.-L. Tsao and W. M. Cheng, "Realization of an on-line fiber-optic bending loss measurement system," *IEEE Trans. Instrum. Meas.*, vol. 53, pp. 72-79, Feb. 2004.
22. K. Makino, T. Nakamura, T. Ishigure, and Y. Koike, "Analysis of graded-index polymer optical fiber link performance under fiber bending," *J. Lightwave Tech.*, vol. 23, pp. 2062-2072, June 2005.
23. J. Koning, R. N. Rieben, and G. H. Rodrigue, "Vector finite-element modeling of the full-wave Maxwell equations to evaluate power loss in bent optical fibers," *J. Lightwave Tech.*, vol. 23, pp. 4147-4154, Dec. 2005.
24. K. Himeno, S. Matsuo, N. Guan, and A. Wada, "Low-bending-loss single-mode fibers for fiber-to-the-home," *J. Lightwave Tech.*, vol. 23, pp. 3494-3499, Nov. 2005.
25. P. Matthijsse and W. Griffioen, "Matching optical fiber lifetime and bend-loss limits for optimized local loop fiber storage," *Optical Fiber Tech.*, vol. 11, no. 1, pp. 92-99, Jan. 2005.
26. T. P. Hansen, J. Broeng, C. Jakobsen, G. Vienne, H. R. Simonsen, M. D. Nielsen, P. M. W. Skovgaard, J. R. Folkenberg, and A. Bjarklev, "Air-guiding photonic bandgap fibers: Spectral properties, macro-bending loss, and practical handling," *J. Lightwave Tech.*, vol. 22, pp. 11-15, Jan. 2005.
27. W. B. Gardner, "Microbending loss in optical fibers," *Bell Sys. Tech. J.*, vol. 54, pp. 457-465, Feb. 1975.
28. J. Sakai and T. Kimura, "Practical microbending loss formula for single mode optical fibers," *IEEE J. Quantum Electron.*, vol. QE-15, pp. 497-500, June 1979.
29. S.-T. Shiue and Y.-K. Tu, "Design of single-coated optical fibers to minimize thermally and mechanically induced microbending losses," *J. Optical Commun.*, vol. 15, pp. 16-19, Jan. 1994.
30. V. Arya, K. A. Murphy, A. Wang, and R. O. Claus, "Microbend losses in single-mode optical fibers: Theoretical and experimental investigation," *J. Lightwave Tech.*, vol. 13, pp. 1998-2002, Oct. 1995.
31. D. Gloge, "Optical fiber packaging and its influence on fiber straightness and loss," *Bell Sys. Tech. J.*, vol. 54, pp. 245-262, Feb. 1975.
32. D. Gloge, "Propagation effects in optical fibers," *IEEE Trans. Microwave Theory Tech.*, vol. MTT–23, pp. 106-120, Jan. 1975.
33. D. Marcuse, *Theory of Dielectric Optical Waveguides*, Academic, New York, 2nd. ed., 1991.
34. D. Gloge, E. A. J. Marcatili, D. Marcuse, and S. D. Personick, "Dispersion properties of fibers," in *Optical Fiber Telecommunications*, S. E. Miller and A. G. Chynoweth, eds., Academic, New York, 1979.
35. D. Marcuse, "Interdependence of waveguide and material dispersion," *Appl. Opt.*, vol. 18, pp. 2930-2932, Sept. 1979.

36. B. E. A. Saleh and M. Teich, *Fundamentals of Photonics*, Wiley, Hoboken, NJ, 2nd ed., 2007.
37. D. Gloge, "Weakly guiding fibers," *Appl. Opt.*, vol. 10, pp. 2252-2258, Oct. 1971; "Dispersion in weakly guiding fibers," *Appl. Opt.*, vol. 10, pp. 2442-2445, Nov. 1971.
38. C. D. Poole and J. Nagel, "Polarization effects in lightwave systems," chap. 6, pp. 114-161, in I. P. Kaminow and T. L. Koch, eds., *Optical Fiber Telecommunications – III*, vol. A, Academic, New York, 1997.
39. A. E. Willner, S.M.R. Motaghian Nezam, L. Yan, Z. Pan, and M. C. Hauer, "Monitoring and control of polarization-related impairments in optical fiber systems," *J. Lightwave Tech.*, vol. 22, pp. 106-125, Jan. 2004.
40. J. Cameron, L. Chen, X. Bao, and J. Stears, "Time evolution of polarization mode dispersion in optical fibers," *IEEE Photonics Tech. Lett.*, vol. 10, pp. 1265-1267, Sept. 1998.
41. D. S. Waddy, L. Chen, and X. Bao, "Polarization effects in aerial fibers," *Optical Fiber Tech.*, vol. 11, no. 1, pp. 1-19, Jan. 2005.
42. S. Lanne and E. Corbel, "Practical considerations for optical polarization-mode dispersion compensators," *J. Lightwave Tech.*, vol. 22, pp. 1033-1040, Apr. 2004.
43. H. F. Haunstein, W. Sauer-Greff, A. Dittrich, K. Sticht, and R. Urbansky, "Principles of electronic equalization of polarization-mode dispersion," *J. Lightwave Tech.*, vol. 22, pp. 1169-1182, Apr. 2004.
44. R. Noe, D. Sandel, and V. Mirvoda, "PMD in high-bit-rate transmission and means for its mitigation," *IEEE J. Sel. Topics Quantum Electron.*, vol. 10, no. 2, pp. 341-355, Mar./Apr. 2004.
45. F. Buchali and H. Bülow, "Adaptive PMD compensation by electrical and optical techniques," *J. Lightwave Tech.*, vol. 22, pp. 1116-1126, Apr. 2004.
46. M. Jäger, T. Rankl, J. Speidel, H. Bülow, and F. Buchali, "Performance of turbo equalizers for optical PMD channels," *J. Lightwave Tech.*, vol. 24, pp. 1226-1236, Mar. 2006.
47. L. S. Yan, X. Steve Yao, Y. Shi, and A. E. Willner, "Simultaneous monitoring of both optical signal-to-noise-ratio and polarization-mode-dispersion using polarization scrambling and polarization-beam-splitting," *J. Lightwave Tech.*, vol. 23, pp. 3290-3294, Oct. 2005.
48. L. S. Yan, X. Steve Yao, C. Yu, G. Xie, Y. Wang, L. Lin, Z. Chen, and A. E. Willner, "High-speed and highly repeatable polarization-state generator and analyzer for 40-Gb/s system performance monitoring," *IEEE Photonics Tech. Lett.*, vol. 18, pp. 643-645, 2006.
49. D. A. Nolan, X. Chen, and M.-J. Li, "Fibers with low polarization-mode dispersion," *J. Lightwave Tech.*, vol. 22, pp. 1066-1077, Apr. 2004.
50. A. Galtarossa, Y. Jung, M. J. Kim, B. H. Lee, K. Oh, U.-C. Paek, L. Palmieri, A. Pizzanat, and L. Schenato, "Effects of spin inaccuracy on PMD reduction in spun fibers," *J. Lightwave Tech.*, vol. 23, pp. 4184-4191, Dec. 2005.
51. J. C. Lapp, V. A. Bhagavatula, and A. J. Morrow, "Segmented-core single-mode fiber optimized for bending performance," *J. Lightwave Tech.*, vol. 6, pp. 1462-1465, Oct. 1988.
52. B. J. Ainsle and C. R. Day, "A review of single-mode fibers with modified dispersion characteristics," *J. Lightwave Tech.*, vol. LT-4, pp. 967-979, Aug. 1986.
53. D. P. Jablonowski, U. C. Paek, and L. S. Watkins, "Optical fiber manufacturing techniques," *AT&T Tech. J.*, vol. 66, pp. 33-44, Jan./Feb. 1987.
54. H. J. Hagemann, H. Lade, J. Warnier, and D. H. Wiechert, "The performance of depressed-cladding single-mode fibers with different b/a ratios," *J. Lightwave Tech.*, vol. 9, pp. 689-694, June 1991.
55. Y. W. Li, C. D. Hussey, and T. A. Birks, "Triple-clad single-mode fibers for dispersion-shifting," *J. Lightwave Tech.*, vol. 11, pp. 1812-1819, Nov. 1993.
56. W. A. Reed, L. G. Cohen, and H. T. Shang, "Tailoring optical characteristics of dispersion-shifted lightguides for applications near 1.55 μm," *AT&T Tech. J.*, vol. 65, pp. 105-122, Sept./Oct. 1986.
57. D. Kalish and L. G. Cohen, "Single-mode fiber: From research and development to manufacturing," *AT&T Tech. J.*, vol. 66, pp. 19-32, Jan./Feb. 1987.
58. M. Kato, K. Kurokawa, and Y. Miyajima, "A new design for dispersion-shifted fiber with an effective core area larger than 100 μm^2 and good bending characteristics," *1998 OSA Tech. Digest–Opt. Fiber Comm. Conf (OFC 98)*, pp. 301-302, Feb. 1998.
59. C. Weinstein, "Fiber design improves long-haul performance," *Laser Focus World*, vol. 33, pp. 215-220, May 1997.
60. A. V. Belov, "Fiber design with effective area over 100 μm^2 for long-haul communication lines," *J. Opt. Commun.*, vol. 22, no. 2, pp. 64-66, 2001.
61. X. Jiang and R. Wang, "Non-zero dispersion-shifted optical fiber with ultra-large effective area and low dispersion slope for terabit communication system," *Opt. Commun.*, vol. 236, no. 1-3, pp. 69-74, 2004.
62. V. A. Bhagavatula, M. S. Spotz, W. F. Love, and D. B. Keck, "Segmented-core single-mode fibers with low loss and low dispersion," *Electron. Lett.*, vol. 19, pp. 317-318, Apr. 28, 1983.
63. P. K. Bachmann, D. Leers, H. Wehr, D. U. Wiechert, J. A. Van Steenwijk, D.L.A. Tjaden, and E. R. Wehrhahn, "Dispersion-flattened single-mode fibers prepared with PCVD: Performance, limitations, design optimization," *J. Lightwave Tech.*, vol. LT-4, pp. 858-863, July 1986.

64. D. L. Franzen, "Determining the effective cutoff wavelength of single-mode fibers: An interlaboratory comparison," *J. Lightwave Tech.*, vol. 3, pp. 128-134, Feb. 1985.
65. ITU-T Recommendation G.650.1, *Definitions and Test Methods for Linear, Deterministic Attributes of Single-Mode Fibre and Cable*, Apr. 2004.
66. TIA/EIA-455-80C (FOTP-80), *Cutoff Wavelength*, 2003.
67. A. J. Barlow, R. S. Jones, and K. W. Forsyth, "Technique for direct measurement of single-mode fiber chromatic dispersion," *J. Lightwave Tech.*, vol. 5, pp. 1207-1217, Sept. 1987.
68. ITU-T Recommendation G.652, *Characteristics of a Single-Mode Optical Fiber and Cable*, ed. 8, Nov. 2009.
69. M. DiDomenico Jr., "Material dispersion in optical fiber waveguides," *Appl. Opt.*, vol. 11, pp. 652-654, Mar. 1972.
70. R. Hui and M. O'Sullivan, *Fiber Optic Measurement Techniques*, Academic, New York, 2009.
71. L.-A. de Montmorillon, G. Kuyt, P. Nouchi, and A. Bertaina, "Latest advances in optical fibers," *Comptes Rendus Physique*, vol. 9, pp. 1045-1054, Nov. 2008.
72. A. Mendez and T. F. Morse, *Specialty Optical Fibers Handbook*, Academic, New York, 2008.
73. A. A. Stolov, D. A. Simoff, and J. Li, "Thermal stability of specialty optical fibers," *J. Lightwave Tech.*, vol. 26, no. 20, pp. 3443-3451, Oct. 2008.
74. U.-C. Paek and K. Oh, *Specialty Optical Fiber Technology for Optical Devices and Components*, Wiley, Hoboken, NJ, 2010.
75. M.-J. Li, P. Tandon, D. C. Bookbinder, S. R. Bickham, M. A. McDermott, R. B. Desorcie, D. A. Nolan, J. J. Johnson, K. A. Lewis, and J. J. Englebert, "Ultra-low bending loss single-mode fiber for FTTH," *J. Lightwave Tech.*, vol. 27, no. 3, pp. 376-382, Feb. 2009.

4

Fontes ópticas

As duas classes de fontes de luz que são amplamente utilizadas na comunicação por fibras ópticas são os *diodos laser* estruturados em heterojunções de semicondutores (também denominados *diodos laser de injeção* ou DL) e os *diodos emissores de luz* (LEDs). A *heterojunção* consiste na conjugação de dois materiais semicondutores com diferentes energias de *bandgap*. Esses dispositivos são adequados para sistemas de transmissão por fibra, pois eles têm potência de saída suficiente para uma ampla gama de aplicações, sua potência óptica pode ser diretamente modulada variando a corrente de entrada no dispositivo, possuem uma elevada eficiência, e suas dimensões são compatíveis com as da fibra óptica. Tratamentos abrangentes dos principais aspectos relativos a LEDs e diodos *laser* são apresentados em vários livros e artigos de revisão.[1-12] O Capítulo 11 dedica-se aos *lasers* de bombeio.

A intenção deste capítulo é dar uma visão geral da característica pertinente de fontes luminescentes compatíveis com fibras. A primeira seção discute os fundamentos de materiais semicondutores que são relevantes para a operação de fontes de luz. As duas próximas seções apresentam as características de saída e operação de LEDs e diodos *laser*, respectivamente. A seguir, as seções discutem as respostas das fontes ópticas em função da temperatura, as suas características de linearidade e sua confiabilidade em diferentes condições de operação.

Veremos neste capítulo que a região emissora de luz dos LEDs e diodos *laser* consiste em uma junção *pn* construída de materiais semicondutores III-V de *bandgap* direto. Quando essa junção é polarizada diretamente, os elétrons e buracos são injetados nas regiões *p* e *n*, respectivamente. Esses portadores minoritários injetados podem recombinar tanto na forma radiativa (nesse caso, um fóton de energia $h\nu$ é emitido) quanto na forma não radiativa (em que a energia de recombinação é dissipada na forma de calor). Essa junção *pn* é, portanto, conhecida como *região ativa* ou de *recombinação*.

A principal diferença entre LEDs e diodos *laser* é que a saída óptica de um LED é incoerente, enquanto a do diodo *laser* é coerente. Em uma fonte coerente, a energia óptica é produzida em uma cavidade ressonante óptica. A energia óptica liberada a partir dessa cavidade tem coerência espacial e temporal, o que significa que é altamente monocromática e que o feixe de saída é muito direcional. Em uma fonte incoerente de LED, não existe cavidade óptica para a seletividade de comprimento de onda. A radiação de saída tem uma largura de espectro ampla, uma vez que as energias de fótons emitidos variam ao longo da distribuição de energia dos elétrons e buracos que se recombinam, que geralmente se situam entre 1 e 2 $k_B T$ (k_B é a constante de Boltzmann, e T, a temperatura absoluta da junção *pn*). Além disso, a energia óptica incoerente é emitida em uma ampla região elíptica de acordo com uma distribuição cossenoidal de potência e, portanto, tem uma grande divergência do feixe.

Na escolha de uma fonte óptica compatível com o guia de onda óptica, várias características da fibra, como a sua geometria, sua atenuação em função do comprimento de onda, a distorção de atraso de grupo (largura de banda) e suas características modais, devem ser levadas em conta. A interação desses fatores com a fonte de energia óptica, a largura espectral, o padrão de radiação e a capacidade para modulação precisa ser considerada. A saída óptica espacialmente coerente e dirigida de um diodo *laser* pode ser acoplada tanto em fibras monomodo como multimodo. Em geral, os LEDs são utilizados em fibras multimodo, uma vez que, normalmente, é apenas nessas fibras que a potência óptica incoerente do LED pode ser acoplada em quantidades suficientes para ser útil. Contudo, os LEDs têm sido empregados em aplicações locais de alta velocidade de área local aplicações em que se deseja transmitir vários comprimentos de onda na mesma fibra. Aqui, é usada uma técnica chamada de *corte espectral*.[13-15] Ela implica o uso de um dispositivo passivo, como um conjunto de grade de guia de onda (ver Capítulo 10) para dividir a larga emissão espectral do LED em fatias estreitas de espectro. Uma vez que essas fatias são centradas em um comprimento de onda diferente, cada uma pode ser modulada externamente com fluxos de dados independentes e enviados simultaneamente na mesma fibra.

4.1 Tópicos de física de semicondutores

O material neste capítulo pressupõe um conhecimento rudimentar da física de semicondutores, mas várias definições relevantes são dadas aqui para as propriedades de um material semicondutor, incluindo os conceitos de bandas de energia, materiais intrínsecos e extrínsecos, junções *pn* e *bandgaps* diretos e indiretos. Mais detalhes podem ser encontrados nas Referências 16-18.

4.1.1 Bandas de energia

Os materiais semicondutores têm propriedades de condução que se encontram em algum ponto entre os metais e os isolantes. Como um exemplo de material, considera-se o silício (Si), que está localizado na quarta coluna (grupo IV) da tabela periódica dos elementos. Um átomo de Si tem quatro elétrons em sua camada externa, com os quais ele faz ligações covalentes com seus átomos vizinhos em um cristal. Esses elétrons da camada externa são chamados de *elétrons de valência*.

As propriedades de condução de um semicondutor podem ser interpretadas com o auxílio dos *diagramas de bandas de energia*, como mostrado na Figura 4.1a. Em um semicondutor, os elétrons de valência ocupam uma banda de níveis de energia chamada de *banda de valência*, que é o menor grupo de estados permitidos. A banda superior seguinte de níveis de energia permitida para os elétrons é chamada de *banda de condução*. Em um cristal puro a baixas temperaturas, a *banda de condução* está completamente vazia de elétrons, e a *banda de valência*, completamente cheia. Essas duas bandas estão separadas por um *intervalo de energia*, ou *bandgap*, em que não existem níveis de energia permitidos. À medida que a temperatura é elevada, alguns elétrons são excitados termicamente além do *bandgap*. Para o Si, essa energia de excitação deve ser superior a 1,1 eV, que é a energia do *bandgap*. Esse processo de excitação de elétrons dá origem a uma concentração de *n* de elétrons livres na banda de condução, que deixam para trás uma concentração igual de p lacunas, ou *buracos*, na banda de valência, como mostra esquematicamente a Figura 4.1b. Os elétrons livres e buracos podem mover-se no interior do material, de modo que ambos possam contribuir para a condutividade elétrica, isto é, um elétron na banda de valência pode mover-se para dentro de uma vaga do buraco. Essa ação faz o movimento dos buracos ocorrer no sentido oposto ao fluxo de elétrons, como mostra a Figura 4.1a.

Quando um elétron se propaga em um semicondutor, ele interage com os átomos constituintes do material dispostos periodicamente e, portanto, experimenta *forças externas*. Como resultado, para descrever sua aceleração a_{crist} num cristal semicondutor sob uma força externa F_{ext}, sua massa deve ser descrita por uma quantidade da mecânica quântica m_e chamada de *massa efetiva*. Isto é, quando se utiliza a relação $F_{ext} = m_e a_{crist}$ (força é igual a massa vezes aceleração), os efeitos de todas as forças exercidas sobre elétron no interior do material são incorporados em m_e.

A concentração de elétrons e buracos é conhecida como concentração intrínseca de portadores n_i e, para um material ideal sem imperfeições ou impurezas, ela é dada por

$$n = p = n_i = K \exp\left(-\frac{E_g}{2k_B T}\right) \quad (4.1)$$

onde

$$K = 2(2\pi k_B T/h^2)^{3/2} (m_e m_h)^{3/4}$$

é uma constante que é característica do material. Aqui, T é a temperatura em Kelvin; k_B, a constante de Boltzmann; h, a constante de Planck; e m_e e m_h são as massas efetivas dos elétrons e buracos, respectivamente, que podem ser menores por um fator de 10 ou mais do que a massa de repouso do elétron no vácuo de $9{,}11 \times 10^{-31}$ kg.

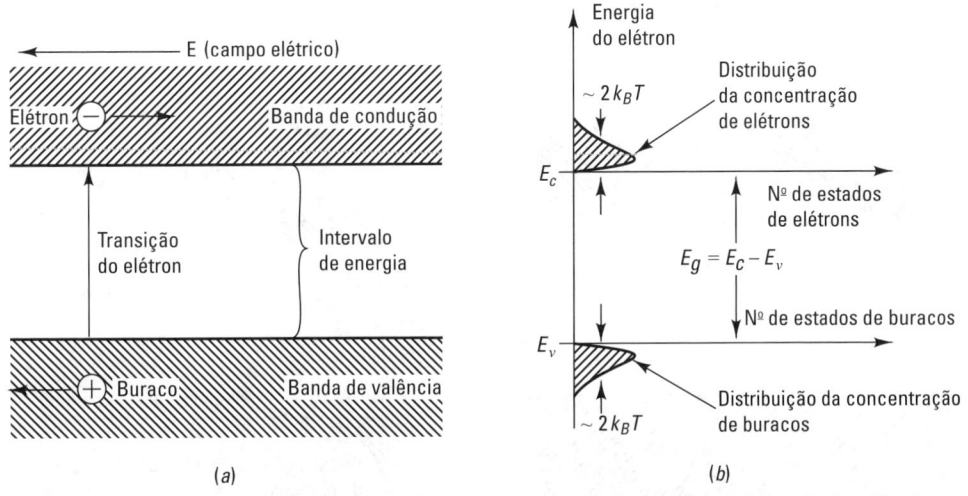

Figura 4.1 (a) Os diagramas de nível de energia mostram a excitação de um elétron da banda de valência para a banda de condução. Os elétrons e buracos livres resultantes se movem sob a influência de um campo elétrico externo E. (b) Concentrações iguais de elétrons e buracos em um semicondutor intrínseco criados pela excitação térmica dos elétrons por meio do *bandgap*.

Exemplo 4.1 Considere os seguintes valores para os parâmetros do GaAs em 300 K:
Massa de repouso do elétron $m = 9{,}11 \times 10^{-31}$ kg
Massa efetiva do elétron $m_e = 0{,}068\, m = 6{,}19 \times 10^{-32}$ kg
Massa efetiva do buraco $m_h = 0{,}56\, m = 5{,}10 \times 10^{-31}$ kg
Energia de *bandgap* $E_g = 1{,}42$ eV
Qual é a concentração intrínseca de portadores?

Solução: Primeiro, precisamos trocar a unidade de energia de *bandgap* por joules:
$$E_g = 1{,}42 \text{ eV} \times 1{,}60 \times 10^{-19} \text{ J/eV}$$

Então, pela Equação (4.1) encontramos que a concentração intrínseca de portadores é

$$n_i = 2\left(\frac{2\pi(1{,}381 \times 10^{-23})300}{(6{,}626 \times 10^{-34})^2}\right)^{3/2} [(6{,}19 \times 10^{-32}) \times (5{,}10 \times 10^{-31})]^{3/4} \exp\left(-\frac{1{,}42 \times 1{,}60 \times 10^{-19}}{2(1{,}381 \times 10^{-23})300}\right)$$

$$= 2{,}62 \times 10^{12} \text{ m}^{-3} = 2{,}62 \times 10^{6} \text{ cm}^{-3}$$

A condução pode ser altamente aumentada pela adição de traços de impurezas a partir de elementos do grupo *V* (por exemplo, P, As, Sb). Esse processo é chamado de *dopagem*, e o semicondutor dopado é denominado de *material extrínseco*. Esses elementos têm cinco elétrons na camada externa. Quando substituem um átomo de Si, quatro elétrons são usados para as ligações covalentes, e o quinto elétron, fracamente ligado, está disponível para condução. Como mostrado na Figura 4.2a, isso dá origem a um nível ocupado logo abaixo da banda de condução, chamado de *nível doador*. As impurezas são chamadas de *doadoras*, pois elas podem dar (doar) um elétron à banda de condução. Isso se reflete no aumento da concentração de elétrons livres na banda de condução, como vemos na Figura 4.2b. Uma vez que nesse tipo de material a corrente é transportada por (negativos) elétrons (pois a concentração de elétrons é muito mais elevada do que a de buracos), chamamos de material tipo-*n*.

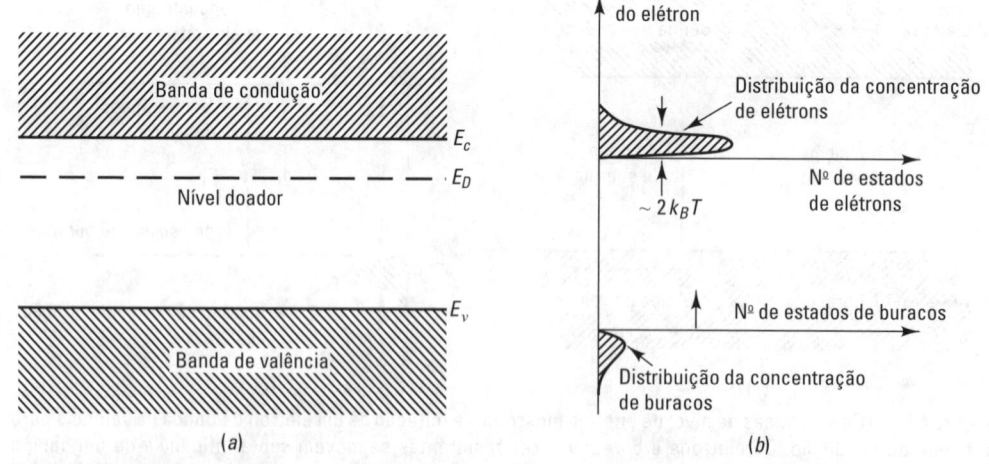

Figura 4.2 (a) Nível doador em um material do tipo-*n*, (b) a ionização das impurezas doadoras aumenta a distribuição da concentração de elétrons na banda de condução.

A condução pode também ser aumentada pela adição de elementos do grupo III, que tem três elétrons na camada externa. Nesse caso, os três elétrons fazem ligações covalentes, e um buraco, com propriedades idênticas às do elétron do doador, é criado. Como observamos na Figura 4.3a, isso dá origem a um nível não ocupado justamente acima da banda de valência. A condução ocorre quando os elétrons são excitados da banda de valência para esse *nível aceitador* (assim chamado porque os átomos da impureza aceitaram elétrons da banda de valência). Consequentemente, a concentração de buracos livres aumenta na banda de valência, como na Figura 4.3b, o que é chamado de material do tipo-*p*, pois a condução é resultado do fluxo (positivo) de buracos.

4.1.2 Materiais intrínsecos e extrínsecos

Um material ideal não contendo impurezas é chamado de *material intrínseco*. Devido às vibrações térmicas dos átomos do cristal, alguns elétrons da banda de valência ganham energia suficiente para serem excitados para a banda de condução. Esse *processo de geração térmica* produz pares livres elétron-buraco, pois cada elétron que se move para a banda de condução deixa para trás um buraco na banda de valência. Desse modo, para um material intrínseco, os números de elétrons e buracos são ambos iguais à densidade intrínseca de portadores, como indicado pela Equação (4.1). No entanto, no *processo de recombinação*, um elétron livre libera sua energia e cai em um buraco livre na banda de valência. Para um semicondutor extrínseco, o aumento de um tipo de portador reduz o número do outro tipo. Nesse caso, o produto dos dois tipos de portador permanece constante em uma dada temperatura o que dá origem à relação

$$pn = n_i^2 \qquad (4.2)$$

que é válida para ambos os materiais intrínsecos e extrínsecos em equilíbrio térmico.

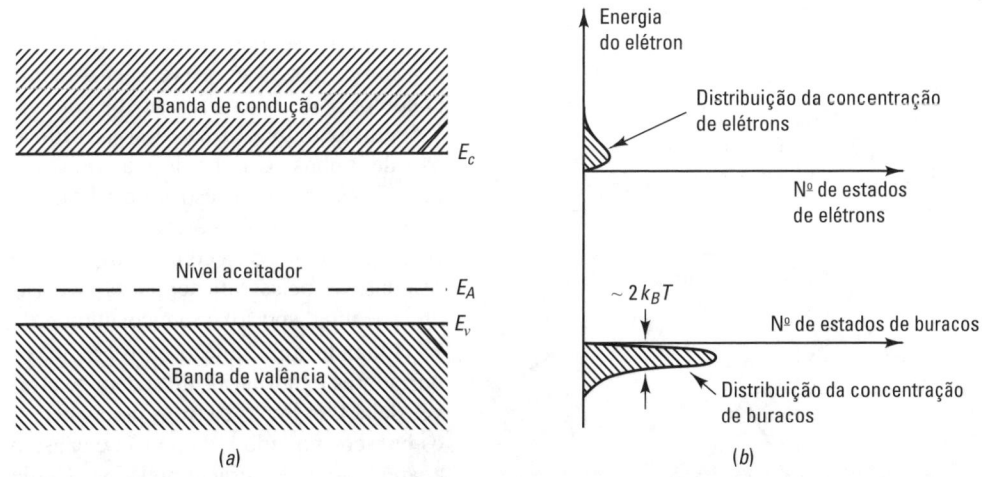

Figura 4.3 (a) Nível aceitador em um material do tipo-*p*, (b) a ionização das impurezas aceitadoras aumenta a distribuição da concentração de buracos na banda de valência.

> **Exemplo 4.2** Considere um semicondutor do tipo-*n*, que foi dopado com uma concentração líquida de impurezas doadoras N_D. Sejam n_N e p_N as concentrações de elétrons e buracos, respectivamente, onde o subscrito *N* é utilizado para designar as características de semicondutores do tipo-*n*. Nesse caso, os buracos são criados exclusivamente pela ionização térmica dos átomos intrínsecos. Esse processo gera concentrações iguais de elétrons e buracos, de modo que a concentração de buracos em um semicondutor do tipo-*n* é
>
> $$p_N = p_i = n_i$$
>
> Como os elétrons de condução são gerados tanto pelas impurezas como pelos átomos intrínsecos, a concentração total de elétrons de condução n_N é
>
> $$n_N = N_D + n_i = N_D + p_N$$
>
> Substituindo a Equação (4.2) para p_N (que estabelece que, em equilíbrio, o produto da concentração de elétrons e buracos é igual ao quadrado da densidade de portadores intrínsecos, de modo que $p_N = n_i^2/n_N$), temos
>
> $$n_N = \frac{N_D}{2}\left(\sqrt{1 + \frac{4n_i^2}{N_D^2}} + 1\right)$$
>
> Se $n_i \ll N_D$, que é geralmente o caso, então, para uma boa aproximação
>
> $$n_N = N_D \quad \text{e} \quad p_N = n_i^2/N_D$$

Uma vez que a condutividade elétrica é proporcional à concentração de portadores, dois tipos de portador de carga são definidos para esse material:

1. *Portadores majoritários*, que se referem a elétrons em um material tipo-*n* ou a buracos em material do tipo-*p*.
2. *Portadores minoritários*, que se referem a buracos no material tipo-*n* ou a elétrons em material do tipo-*p*.

A operação de dispositivos semicondutores é essencialmente baseada na *injeção* e *extração* de portadores minoritários.

4.1.3 Junções *pn*

Um material semicondutor dopado tipo-*n* ou tipo-*p*, por si só, serve apenas como condutor. Para fazer dispositivos com esses semicondutores, é necessária a utilização de ambos os tipos de materiais (em uma única e contínua estrutura cristalina). A junção entre as regiões dos dois materiais, que é conhecida como a *junção pn*, é responsável pelas características elétricas úteis de um dispositivo semicondutor.

Quando uma junção *pn* é criada, os portadores majoritários difundem-se através dela. Isso faz os elétrons preencherem os buracos no lado *p* da junção e causa o aparecimento de buracos no lado *n*. Como resultado, um campo elétrico (ou *barreira de potencial*) aparece através da junção, como é mostrado na Figura 4.4. Esse

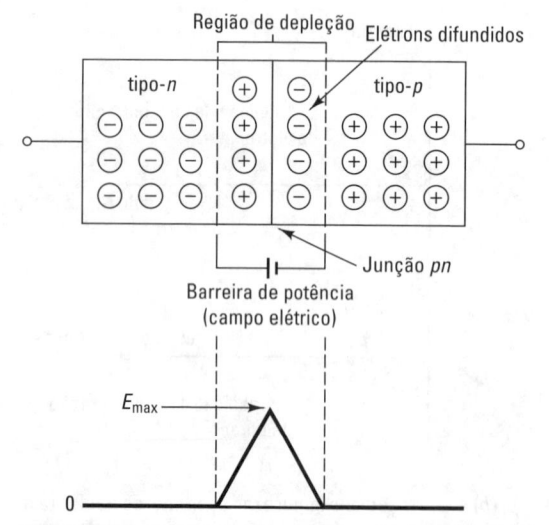

Figura 4.4 A difusão de elétrons por meio de uma junção *pn* gera uma barreira de potencial (campo elétrico) na região de depleção.

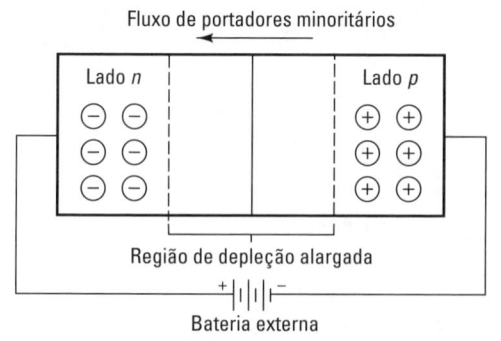

Figura 4.5 A polarização reversa alarga a região de depleção, mas permite que os portadores minoritários movam-se livremente com o campo aplicado.

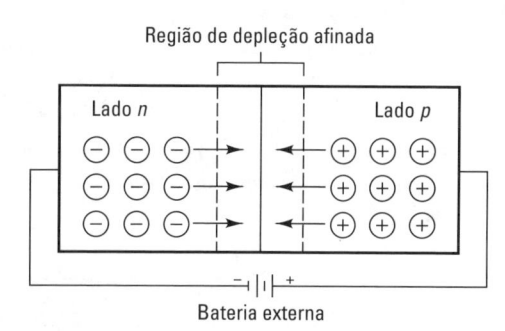

Figura 4.6 A redução da barreira de potencial com uma polarização direta permite que os portadores majoritários se difundam através da junção.

campo evita movimentos líquidos de cargas porque o equilíbrio foi estabelecido. A área da junção agora não tem portadores móveis, porque seus elétrons e buracos estão presos em uma estrutura de ligação covalente. Essa região é denominada *região de depleção* ou *de carga espacial*.

Quando uma bateria externa está conectada à junção *pn* com o seu terminal positivo para o material do tipo-*n* e o seu terminal negativo para o material do tipo-*p*, diz-se que a junção está em *polarização reversa*. Isso é mostrado na Figura 4.5. Como resultado da polarização reversa, a largura da região de depleção aumentará tanto no lado *n* como no lado *p*. Isso aumenta efetivamente a barreira de potencial e impede que quaisquer portadores majoritários fluam através da junção. No entanto, os portadores minoritários podem mover-se com o campo ao longo da junção. O fluxo de portadores minoritários é pequeno em temperaturas normais e tensões de funcionamento, mas pode ser significativo quando é criado um excesso de portadores como, em um fotodiodo iluminado.

Quando a junção *pn* é *polarizada diretamente*, como mostra a Figura 4.6, a magnitude da barreira de potencial é reduzida. Os elétrons da banda de condução do lado *n* e os buracos da banda de valência no lado *p* são, consequentemente, permitidos a difundir-se através da junção. Uma vez que passaram, eles aumentam significativamente as concentrações de portadores minoritários, e os portadores em excesso se recombinarão com os portadores majoritários de carga oposta. A recombinação dos portadores minoritários em excesso é o mecanismo no qual a radiação óptica é gerada.

4.1.4 *Bandgaps* diretos e indiretos

A fim de que as transições de elétrons ocorram a partir ou para a banda de condução com a emissão ou absorção de um fóton, respectivamente, tanto a energia como o momento devem ser conservados. Embora um fóton possa ter uma energia considerável, a sua quantidade de movimento $h\nu/c$ é muito pequena.

Os semicondutores são classificados como materiais de *bandgap* direto ou indireto, dependendo da forma do *bandgap* em função do momento k, como mostrado na Figura 4.7. Vamos considerar a recombinação de um elétron e um buraco acompanhada pela emissão de um fóton. O processo de recombinação mais simples e provável será aquele em que o elétron e buraco possuam o mesmo valor de momento (ver Figura 4.7*a*). Nesse caso, trata-se de um material de *bandgap* direto.

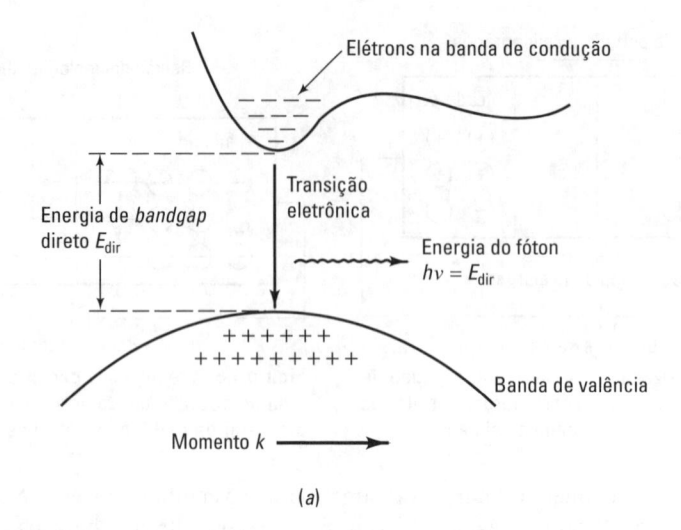

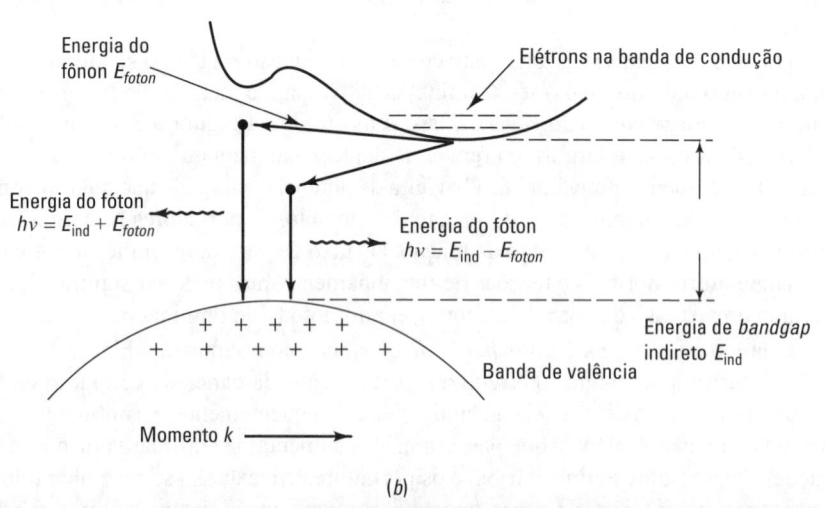

Figura 4.7 (a) Recombinação de elétrons e emissão do fóton associado para um material de *bandgap* direto; (b) a recombinação de elétrons para materiais de *bandgap* indireto requer um fônon de energia E_{foton} e momento k_{foton}.

Para materiais de *bandgap* indireto, o mínimo de banda de condução e o máximo da banda de valência ocorrem em diferentes valores de momento, como observado na Figura 4.7b. Aqui, a recombinação banda a banda deve envolver uma terceira partícula para conservar a quantidade de movimento, porque o momento do fóton é muito pequeno. Os *fônons* (ou seja, as vibrações da rede do cristal) servem para esse propósito.

4.1.5 Fabricação de dispositivos semicondutores

Na fabricação de dispositivos semicondutores, a estrutura cristalina das regiões de diferentes materiais deve ser cuidadosamente considerada. Em qualquer estrutura cristalina, os átomos individuais (por exemplo, Si ou Ge) ou grupos de átomos (por exemplo, NaCl ou GaAs) estão dispostos segundo um padrão repetido no espaço. Esse arranjo periódico define uma *rede*, e o espaçamento entre os átomos, ou grupos de átomos, é chamado de *espaçamento de rede* ou *constante de rede*. Típicos espaçamentos são da ordem de poucos angstroms.

Em geral, na fabricação de dispositivos semicondutores utiliza-se, inicialmente um substrato cristalino, que proporciona resistência mecânica para a montagem do dispositivo e o estabelecimento de contatos elétricos. Uma técnica de crescimento de cristais por reação química é, então, utilizada para gerar camadas finas de materiais semicondutores sobre o substrato. Esses materiais devem possuir parâmetros de rede idênticos ao do cristal do substrato. Em particular, as constantes de rede de materiais adjacentes devem ser cuidadosamente combinadas para evitar tensões induzidas pela temperatura e deformações nas interfaces dos materiais. Esse tipo de crescimento é chamado *epitaxial*, cujo nome é derivado da palavra grega *epi*, que significa "sobre", e *taxis*, significando "arranjo", isto é, um arranjo de átomos a partir de um material sobre outro material. Uma característica importante do crescimento epitaxial é que é relativamente simples alterar a concentração de impurezas de camadas sucessivas de material, de modo que um dispositivo semicondutor de camadas possa ser fabricado em um processo contínuo. As camadas epitaxiais podem ser formadas por técnicas de crescimento em fase de vapor, em fase líquida ou por feixe molecular.[16, 17]

4.2 Diodos emissores de luz (LEDs)

Para sistemas de comunicações ópticas que exigem taxas de *bits* inferiores a aproximadamente 100-200 Mb/s em conjunto com potência óptica acoplada com fibras multimodos de dezenas de microwatts, os diodos semicondutores emissores de luz (LEDs) são geralmente a melhor opção de fonte de luz. Esses LEDs necessitam de circuitos de acionamento menos complexos do que os diodos *laser*, pois não são necessários circuitos de estabilização térmica ou óptica (ver Seção 4.3.6), e podem ser fabricados com menores custos e rendimentos mais elevados.

4.2.1 Estruturas do LED

Para ser útil em aplicações de transmissão por fibra óptica, um LED deve ter alta radiância de saída, um rápido tempo de resposta de emissão e uma eficiência quântica elevada. Sua *radiância* (ou *brilho*) é uma medida, em watts, da potência óptica irradiada para uma unidade de ângulo sólido por unidade de área da superfície emissora. Altas radiâncias são necessárias para acoplar níveis suficientemente elevados de potência óptica em uma fibra, assim como mostra em detalhes o Capítulo 5. O tempo de resposta da emissão é o atraso de tempo entre a aplicação de um impulso de corrente e o início da emissão óptica. Como discutiremos nas Seções 4.2.4 e 4.3.7, esse intervalo de tempo é o fator que limita a largura de banda com a qual a fonte pode ser modulada diretamente pela variação da corrente injetada. A eficiência quântica está relacionada à fração de pares elétron-buraco injetados que recombinam radiativamente. Isso é definido e descrito em detalhes na Seção 4.2.3.

Para alcançar uma alta radiância e uma elevada eficiência quântica, a estrutura do LED tem de fornecer um meio de confinar os portadores de carga e a emissão óptica estimulada na região ativa da junção *pn*, onde a recombinação radiativa ocorre. O confinamento de portadores é utilizado para atingir um alto nível de recombinação radiativa na região ativa do dispositivo, o que produz uma elevada eficiência quântica. O confinamento óptico é de grande importância para a prevenção da absorção da radiação emitida pelo material ao redor da junção *pn*.

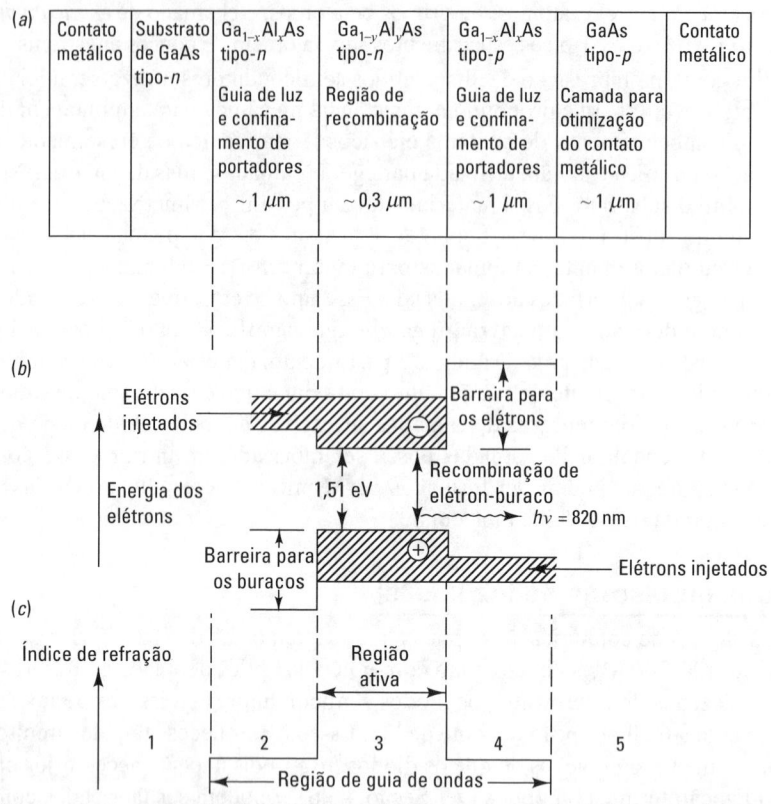

Figura 4.8 (a) Desenho em corte transversal (sem escala) de um típico emissor de luz de dupla heteroestrutura de GaAlAs. Nessa estrutura, $x > y$ para providenciar tanto confinamento para os portadores como guia de orientação óptica; (b) diagrama de banda de energia que mostra a região ativa, e as barreiras de elétrons e buracos que confinam os portadores de carga para a camada ativa; (c) variações no índice de refração; o menor índice de refração do material nas regiões 1 e 5 cria uma barreira óptica em torno da região de guia de ondas.

Para obter um confinamento óptico e de portadores, configurações de LED como homojunções e heterojunções simples e duplas foram amplamente investigadas.[19] A estrutura mais eficaz é a configuração mostrada na Figura 4.8, denominada dispositivo de *dupla heteroestrutura* (ou *heterojunção*) devido às duas camadas de ligas diferentes em cada lado da região ativa. Essa configuração evoluiu a partir de estudos sobre os diodos *laser*. Por meio dessa estrutura de sanduíche de camadas compostas por ligas diferentes, os portadores e o campo óptico são confinados na camada central ativa. As diferenças de *bandgap* das camadas adjacentes confinam os portadores de carga (Figura 4.8b), enquanto as diferenças entre os índices de refração das camadas adjacentes confinam o campo óptico para a camada central ativa (Figura 4.8c). Esse confinamento duplo leva à eficiência elevada e alta radiância. Outros parâmetros que influenciam no desempenho do dispositivo incluem absorção óptica na região ativa (autoabsorção), recombinação dos portadores nas interfaces da heteroestrutura, concentração de dopantes da camada ativa, densidade de injeção de portadores e espessura da camada ativa. Veremos os efeitos desses parâmetros nas seções seguintes.

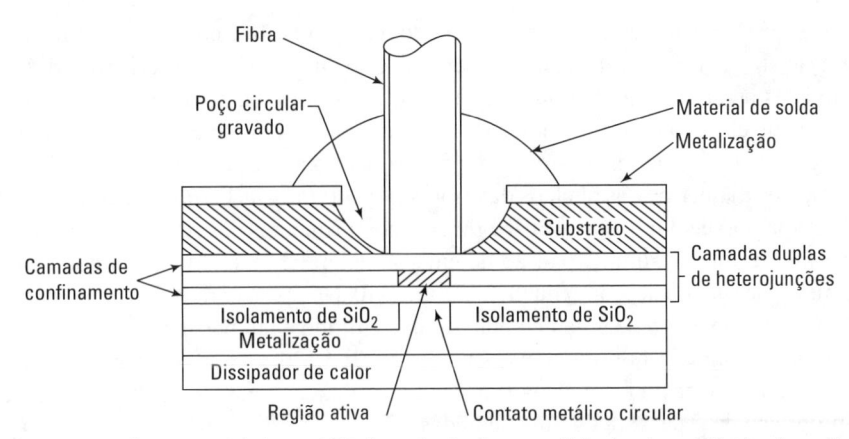

Figura 4.9 Esquema (sem escala) de um LED de emissão de superfície de alta radiância. A região ativa é limitada a uma seção circular com uma área compatível com a face da extremidade do núcleo da fibra.

As duas configurações básicas de LED utilizadas para as fibras ópticas são os *emissores de superfície* (também chamados *emissores de Burrus* ou *frontais*) e os de *emissão lateral*.[20] No emissor de superfície, o plano da região ativa de emissão de luz é orientado perpendicularmente ao eixo da fibra como na Figura 4.9. Nessa configuração, um poço é gravado através do substrato do dispositivo, no qual uma fibra é então colada a fim de coletar a luz emitida. A área ativa circular dos emissores de superfície reais é nominalmente de 50 μm de diâmetro e até 2,5 μm de espessura. O padrão de emissão é essencialmente isotrópico com uma largura de feixe de meia potência de 120°.

Esse padrão isotrópico de um emissor de superfície é chamado de *padrão lambertiano*. Nesse padrão, o brilho da fonte é igual quando visto de qualquer direção, mas a potência diminui como cos θ, onde θ é o ângulo entre a direção do observador e a normal à superfície (isto é, porque a área projetada que vemos diminui como cos θ). Assim, a potência diminui para 50% de seu pico quando θ = 60°, de modo que a largura total de meia potência do feixe é de 120°.

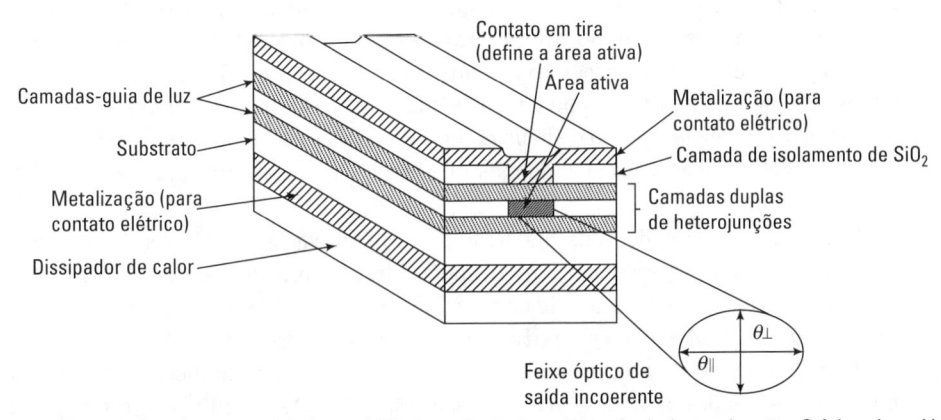

Figura 4.10 Esquema (sem escala) de um LED de emissão lateral de dupla heterojunção. O feixe de saída é lambertiano no plano da junção pn ($\theta_{\parallel}$ = 120°) e altamente direcional perpendicular à junção pn ($\theta_{\perp} \approx 30°$).

O LED de emissão lateral representado na Figura 4.10 é composto de uma região de junção ativa, que é a fonte de luz incoerente, e de duas camadas de orientação. Ambas as camadas de orientação têm um índice de refração mais baixo do que o da região ativa, mas mais elevado do que o índice do material ao redor. Essa estrutura forma um canal de guia de onda que dirige a radiação óptica para o núcleo da fibra. Para coincidir com os típicos diâmetros dos núcleos das fibras (50-100 μm), as listras de contato do emissor de borda possuem largura de 50-70 μm. Os comprimentos das regiões ativas geralmente variam de 100-150 μm. O padrão de emissão lateral é mais direcional do que o de um emissor de superfície, como ilustra a Figura 4.10. No plano paralelo ao da junção, em que não existe um efeito de guia de onda, o feixe emitido é lambertiano (variando conforme cos θ) com uma largura de meia potência de $\theta_\| = 120°$. No plano perpendicular ao da junção, o feixe de meia potência $\theta_\perp$ foi feito tão pequeno quanto 25-35° por uma escolha apropriada da espessura do guia de ondas.[2,20]

4.2.2 Materiais para fontes de luz

O material semicondutor que é usado para a camada ativa de uma fonte óptica deve ter um *bandgap* direto. Em um semicondutor de *bandgap* direto, elétrons e buracos podem recombinar diretamente através do *bandgap* sem precisar de uma terceira partícula para conservar momento. Apenas em materiais de *bandgap* direto, a recombinação radiativa é suficientemente elevada para produzir um nível adequado de emissão óptica. Apesar de nenhum dos semicondutores normais de um único elemento ser material de *gap* direto, muitos compostos binários são. Os mais importantes desses compostos são feitos de materiais III-V. Isto é, os compostos consistem em seleções a partir de um elemento de grupo III (por exemplo, Al, Ga, ou In) e um elemento do grupo V (por exemplo, P, As, ou Sb). Várias combinações ternárias e quaternárias de compostos binários desses elementos também são materiais de *gap* direto e candidatos adequados para fontes ópticas.

Para operação no espectro de 800-900 nm, o principal material usado é uma liga ternária de $Ga_{1-x}Al_xAs$. A razão x de arseneto de alumínio para o arseneto de gálio determina o *bandgap* da liga e, correspondentemente, o comprimento de onda do pico da radiação emitida. Isso está ilustrado na Figura 4.11. O valor de x para o material da área ativa é normalmente escolhido para ter um comprimento de onda de emissão entre 800 e 850 nm. Um exemplo do espectro de emissão de um LED de $Ga_{1-x}Al_xAs$ com $x = 0,08$ é mostrado na Figura 4.12. A potência de saída de pico ocorre em 810 nm. A largura do padrão espectral no seu ponto de meia potência é conhecida como a *largura total a meia altura* (FWHM) do espectro. Como mostra a Figura 4.12, essa largura espectral FWHM σ_λ é de 36 nm.

Em comprimentos de onda maiores, a liga quaternária $In_{1-x}Ga_xAs_yP_{1-y}$ é uma das candidatas primárias para material. Variando as frações molares de x e y na região ativa, LEDs com picos de potência de saída em qualquer comprimento de onda entre 1,0 e 1,7 μm podem ser construídos. Para simplificar, as notações GaAlAs e InGaAsP são geralmente utilizadas, a menos que exista uma necessidade explícita de conhecer os valores de x e y. Outras notações como AlGaAs, (Al, Ga)As, (GaAl)As, GaInPAs e $In_xGa_{1-x}As_yP_{1-y}$ são também encontradas na literatura. A partir da última notação, é óbvio que, dependendo da preferência de um determinado autor, os valores de x e $1 - x$ para o mesmo material podem ser trocados em diferentes artigos da literatura.

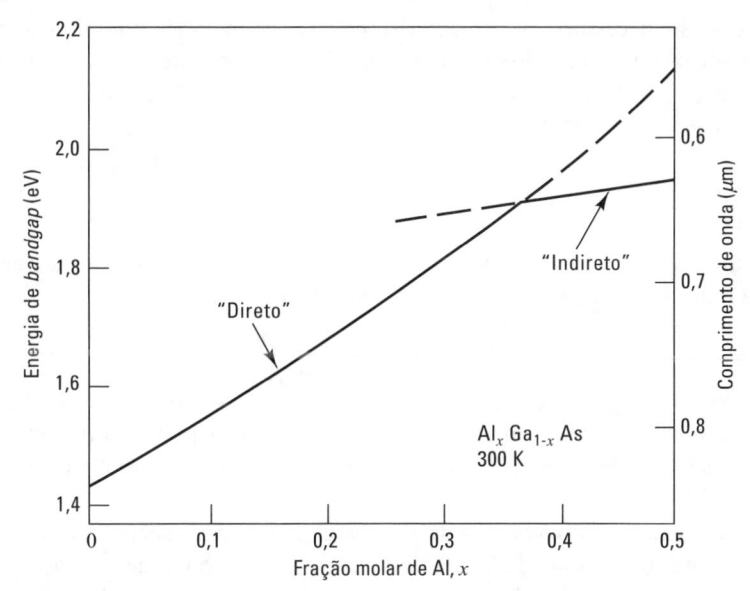

Figura 4.11 Energia de *bandgap* e comprimento de onda de saída em função da fração molar de alumínio x para Al_xGa_{1-x} As em temperatura ambiente.
(Reproduzida com permissão de Miller, Marcatili e Lee, *Proc. IEEE*, vol. 61, pp. 1703-1751, Dec. 1973, ©1973, IEEE.)

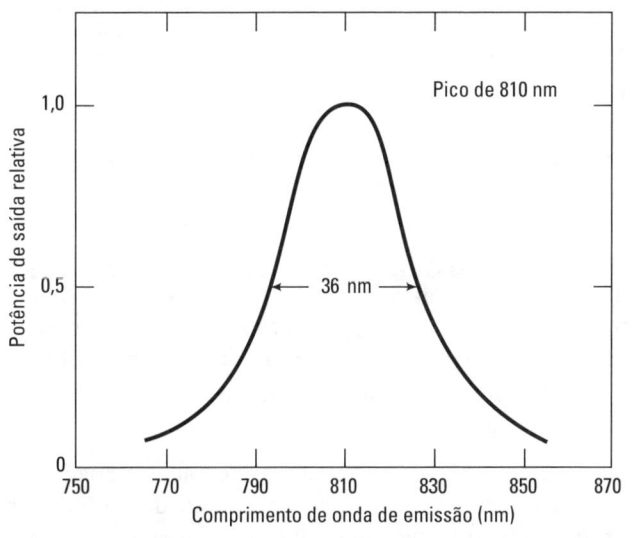

Figura 4.12 Padrão de emissão espectral de um LED representativo de $Ga_{1-x}Al_x$ As com $x = 0,08$. A largura do padrão espectral no seu ponto de meia potência é de 36 nm.

As ligas de GaAlAs e InGaAsP são escolhidas para fazer fontes de luz semicondutoras, porque é possível casar os parâmetros de rede das interfaces das heteroestruturas usando uma combinação apropriada de materiais binários, ternários e quaternários. Um casamento muito próximo entre os parâmetros de rede cristalina de duas heterojunções adjacentes é necessário para reduzir os defeitos de interface e minimizar as tensões no dispositivo com a variação de temperatura. Esses fatores afetam diretamente a eficiência radiativa e a vida útil de uma fonte de luz. Usando a relação fundamental da mecânica quântica entre energia E e frequência ν,

$$E = h\nu = \frac{hc}{\lambda}$$

o comprimento de onda do pico de emissão λ em micrômetros pode ser expresso como uma função da energia de *bandgap* E_g em elétron-volts pela equação

$$\lambda(\mu m) = \frac{1{,}240}{E_g\,(eV)} \tag{4.3}$$

As relações entre a energia de *bandgap* E_g e os parâmetros de rede cristalina (ou constante de rede) a_0 para vários compostos III-V são representadas graficamente na Figura 4.13.

Para determinar o *bandgap* de um semicondutor, deve-se medir a energia necessária para excitar os elétrons da banda de valência para a banda de condução. A Tabela 4.1 lista as energias de *bandgap* de alguns materiais comuns em dispositivos usados em vários aspectos da tecnologia de comunicação por fibra óptica.

Tabela 4.1 Energias de *bandgap* de alguns materiais semicondutores comuns

Material semicondutor	Energia de *bandgap* (eV)
Silício (Si)	1,12
GaAs	1,43
Germânio (Ge)	0,67
InP	1,35
$Ga_{0,93}Al_{0,03}As$	1,51

Exemplo 4.3 Um *laser* especial de $Ga_{1-x}Al_xAs$ é construído com $x = 0{,}07$. Encontre (a) o *bandgap* desse material e (b) o comprimento de onda do pico de emissão.
Solução: (a) Da Equação (4.4), temos $E_g = 1{,}424 + 1{,}266\,(0{,}07) + 0{,}66\,(0{,}07)^2 = 1{,}51$ eV
(b) Usando esse valor da energia de *bandgap* na Equação (4.3) temos (em micrômetros)

$$\lambda(\mu m) = 1{,}240/1{,}51 = 0{,}82\ \mu m = 820\ nm$$

Uma heterojunção com parâmetros de rede casados é criada pela escolha de duas composições de materiais que têm o mesmo parâmetro de rede constante, mas diferentes energias de *bandgap* (as diferenças de *bandgap* são usadas para confinar os portadores de carga). Na liga ternária GaAlAs, a energia de *bandgap* E_g e as constantes de rede a_0 são determinadas pela linha tracejada na Figura 4.13, que liga os materiais GaAs ($E_g = 1{,}43$ eV e $a_0 = 5{,}64$ Å) e AlAs ($E_g = 2{,}16$ eV e $a_0 = 5{,}66$ Å). O *gap* de energia em elétron--volts para valores de x entre zero e 0,37 (região de *bandgap* direto) pode ser encontrado a partir da equação empírica[1,21]

$$E_g = 1{,}424 + 1{,}266x + 0{,}266x^2 \tag{4.4}$$

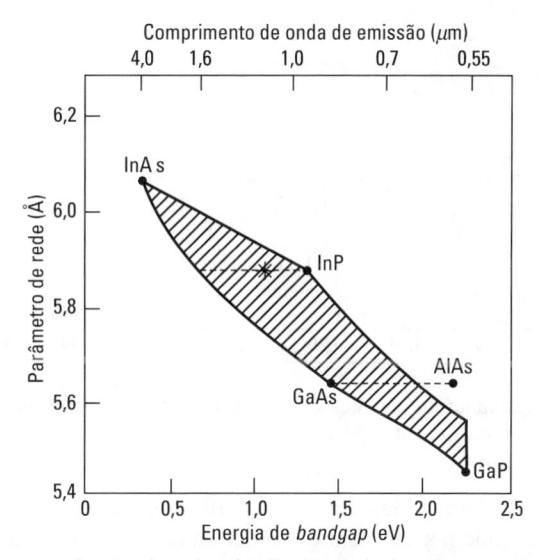

Figura 4.13 Relações entre o parâmetro de rede cristalina, energia de *gap* e comprimento de onda de emissão de um diodo em temperatura ambiente. A área demarcada é para a liga quaternária de InGaAsP. O asterisco (*) é para $In_{0,8}Ga_{0,2}As_{0,35}P_{0,65}$ (Eg ≈ 1,1 eV) casado com o InP.
(Utilizada com permissão de Optical Fibre Communications by Tech. Staff of CSELT, © 1980, McGraw-Hill Book Co.)

Dado o valor de E_g elétron-volts, o comprimento de onda do pico de emissão em micrômetros é encontrado a partir da Equação (4.3).

A energia de *bandgap* e a constante de rede para a liga quaternária de InGaAsP são muito maiores, como se mostra pela área demarcada na Figura 4.13. Esses materiais crescem geralmente em um substrato de InP, de modo que as condições de casamento de rede são obtidas por meio da seleção de um ponto de composição ao longo da linha superior tracejada na Figura 4.13 que passa através do ponto de InP. Nessa linha, a composição dos parâmetros x e y seguem a relação $y \simeq 2{,}20x$ com $0 \leq x \leq 0{,}47$. Para composições $In_{1-x}Ga_xAs_yP_{1-y}$ que são casadas em constante de rede com o InP, o *bandgap* em eV varia conforme

$$E_g = 1{,}35 - 0{,}72y + 0{,}12y^2 \tag{4.5}$$

Bandgaps de comprimentos de onda entre 0,92 e 1,65 μm são cobertos por sistemas desse material.

Exemplo 4.4 Considere o material de liga de $In_{0,74}Ga_{0,26}As_{0,57}P_{0,43}$, isto é, $x = 0{,}26$ e $y = 0{,}57$ na fórmula geral $In_{1-x}Ga_xAs_yP_{1-y}$. Encontre (a) o *bandgap* desse material e (b) o comprimento de onda do pico de emissão.

Solução: (a) Da Equação (4.5), temos $E_g = 1{,}35 - 0{,}72(0{,}57) + 0{,}12(0{,}57)^2 = 0{,}97$ eV
(b) Usando esse valor da energia de *bandgap* na Equação (4.3), temos (em micrômetros)

$$\lambda (\mu m) = 1{,}240/0{,}97 = 1{,}27 \ \mu m = 1.270 \ nm$$

As larguras espectrais FWHM de LEDs na região de 800 nm são de aproximadamente 35 nm, mas elas aumentam em materiais de comprimentos de onda mais longos. Para os dispositivos que operam na região de 1.300-1.600 nm, as larguras espectrais variam de 70-180 nm. A Figura 4.14 apresenta um exemplo de dispositivos que emitem em 1.300 nm.

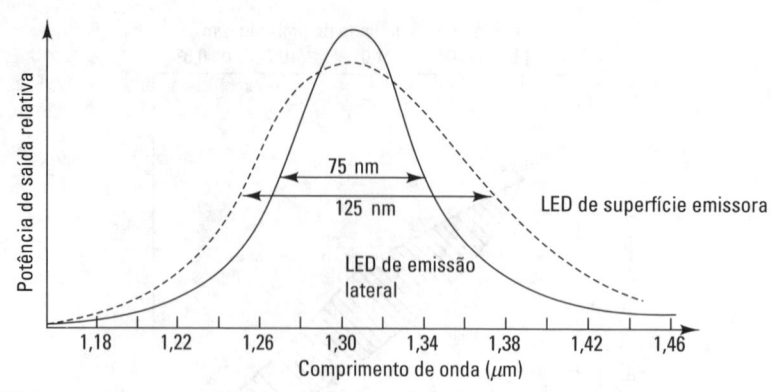

Figura 4.14 Típicos padrões espectrais para LEDs de emissão lateral e de superfície em 1.310 nm. Os padrões se alargam com o aumento do comprimento de onda e são mais largos para as emissões de superfície.

Além disso, como mostra a Figura 4.14, as larguras espectrais de saída de LEDs de emissão de superfície tendem a ser maiores do que as de LEDs de emissão lateral devido aos diferentes efeitos de absorção interna da luz emitida nas duas estruturas do dispositivo.

A Tabela 4.2 lista as características típicas LEDs emissores de superfície (SLED) e LEDs emissores de borda (ELED). Os materiais utilizados nesses exemplos são dispositivos de GaAlAs para funcionamento em 850 nm e InGaAsP para 1.310 nm. A potência acoplada à fibra é a quantidade de luz que pode ser captada por uma fibra multimodo com núcleo de diâmetro de 50 μm.

Tabela 4.2 Características típicas de LEDs de emissão de superfície (SLED) e lateral (ELED)

Tipo de LED	Material	Comprimento de onda (nm)	Corrente de operação (mA)	Potência acoplada à fibra (μW)	FWHM nominal (nm)
SLED	GaAlAs	850	110	40	35
ELED	InGaAsP	1.310	100	15	80
SLED	InGaAsP	1.310	110	30	150

4.2.3 Eficiência quântica e potência do LED

Um excesso de elétrons e buracos nos materiais tipo-p e n, respectivamente (referidos como *portadores minoritários*), é criado em uma fonte de luz semicondutora através da injeção de portadores dos contatos do dispositivo. As densidades de elétrons n e buracos p em excesso são iguais, uma vez que os portadores injetados são formados e recombinam-se em pares de acordo com a exigência de neutralidade de carga no cristal. Quando a injeção de portadores para, a densidade de portadores retorna ao valor de equilíbrio. Em geral, a densidade de portadores em excesso decai exponencialmente com o tempo de acordo com a relação

$$n = n_0 e^{-t/\tau} \tag{4.6}$$

onde n_0 é a densidade de elétrons em excesso inicialmente injetada, e a constante de tempo τ é o tempo de vida do portador. Esse tempo de vida é um dos parâmetros operacionais mais importantes de um dispositivo eletro-óptico. O seu valor pode variar de milissegundos a frações de nanossegundo, dependendo da composição do material e dos defeitos do dispositivo.

Os portadores adicionais podem recombinar-se de forma radiativa ou não radioativa. Na recombinação radiativa, um fóton de energia $h\nu$, que é aproximadamente igual à energia do *bandgap*, é emitido. Os efeitos de recombinação não radiativa incluem a absorção óptica na região ativa (autoabsorção), a recombinação de portadores nas interfaces das heteroestruturas e o processo Auger, no qual a energia liberada durante a recombinação elétron-buraco é transferida para outro portador sob forma de energia cinética.

Quando existe um fluxo de corrente constante em um LED, uma condição de equilíbrio é estabelecida. Isto é, a densidade em excesso de elétrons n e buracos p é igual, uma vez que os portadores injetados são criados e recombinam-se em pares de tal forma que a neutralidade de carga é mantida no interior do dispositivo. A taxa total na qual os portadores são gerados é a soma das taxas dos supridos externamente e dos gerados termicamente. A taxa de alimentação externa é dada por J/qd, onde J é a densidade de corrente em A/cm², q é a carga do elétron, e d é a espessura da região de recombinação. A taxa de geração de energia térmica é dada por n/τ. Assim, a equação de taxa para a recombinação dos portadores de um LED pode ser escrita como

$$\frac{dn}{dt} = \frac{J}{qd} - \frac{n}{\tau} \tag{4.7}$$

A condição de equilíbrio é encontrada igualando a Equação (4.7) a zero, obtendo-se

$$n = \frac{J\tau}{qd} \tag{4.8}$$

Essa relação dá a densidade eletrônica estacionária na região ativa quando uma corrente constante flui através dela.

A *eficiência quântica interna* na região ativa é a fração dos pares elétron-buraco que se recombinam radiativamente. Se a taxa de recombinação radiativa é R_r e a taxa de recombinação não radiativa é R_{nr}, então a eficiência quântica interna η_{int} é a razão entre a taxa de recombinação radiativa e a taxa de recombinação total:

$$\eta_{int} = \frac{R_r}{R_r + R_{nr}} \tag{4.9}$$

Para um decaimento exponencial dos portadores em excesso, o tempo de vida da recombinação radiativa é $\tau_r = n/R_r$, e o tempo de vida da recombinação não radiativa é $\tau_{nr} = n/R_{nr}$. Assim, a eficiência quântica interna pode ser expressa como

$$\eta_{int} = \frac{1}{1 + \tau_r/\tau_{nr}} = \frac{\tau}{\tau_r} \tag{4.10}$$

em que o *tempo de vida de recombinação bulk* τ é

$$\frac{1}{\tau} = \frac{1}{\tau_r} + \frac{1}{\tau_{nr}} \tag{4.11}$$

Em geral, τ_r e τ_{nr} são comparáveis para os semicondutores de *bandgap* direto, como o GaAlAs e InGaAsP. Isso também significa que R_r e R_{nr} são semelhantes em magnitude, de modo que a eficiência quântica interna é de cerca de 50% em LEDs de simples homojunção. Contudo, os LEDs com estrutura de dupla heterojunção podem ter eficiências quânticas de 60%-80%. Essa alta eficiência é alcançada porque as regiões ativas finas desses dispositivos atenuam os efeitos de autoabsorção, o que reduz a taxa de recombinação não radiativa.

Se a corrente injetada no diodo emissor de luz é I, então o número total de recombinações por segundo é

$$R_r + R_{nr} = I/q \qquad (4.12)$$

Substituindo a Equação (4.12) na Equação (4.9), temos que $R_r = \eta_{int} I/q$. Notando que R_r é o número total dos fótons gerados por segundo e que cada fóton tem energia $h\nu$, então a potência óptica gerada internamente para o LED é

$$P_{int} = \eta_{int} \frac{I}{q} h\nu = \eta_{int} \frac{hcI}{q\lambda} \qquad (4.13)$$

Exemplo 4.5 Um LED de dupla heterojunção de InGaAsP que emite em um comprimento de onda de pico de 1.310 nm tem tempos de recombinação radiativa e não radiativa de 30 e 100 ns, respectivamente. A corrente de deriva é de 40 mA. Encontre (a) o tempo de recombinação do *bulk*, (b) a eficiência quântica interna e (c) o nível de potência interna.

Solução: (a) Da Equação (4.11), o tempo de recombinação do *bulk* é

$$\tau = \frac{\tau_r \tau_{nr}}{\tau_r + \tau_{nr}} = \frac{30 \times 100}{30 + 100} \text{ns} = 23{,}1 \text{ ns}$$

(b) Usando a Equação (4.10), a eficiência quântica interna é

$$\eta_{int} = \frac{\tau}{\tau_r} = \frac{23{,}1}{30} = 0{,}77$$

(c) Substituir o resultado anterior na Equação (4.13) resulta em um nível de potência interna de

$$P_{int} = \eta_{int} \frac{hcI}{q\lambda} = 0{,}77 \frac{(6{,}6256 \times 10^{-34} \text{J} \cdot \text{s})(3 \times 10^8 \text{m/s})(0{,}040\text{A})}{(1{,}602 \times 10^{-19} \text{C})(1{,}31 \times 10^{-6} \text{m})} = 29{,}2 \text{ mW}$$

Nem todos os fótons gerados internamente sairão do dispositivo. Para encontrar a potência emitida, é preciso considerar a *eficiência quântica externa* η_{ext}. Ela é definida como a razão entre os fótons emitidos pelo LED e o número de fótons gerados internamente. Para encontrar a eficiência quântica externa, é necessário ter em conta os efeitos de reflexão na superfície do LED. Como mostrado na Figura 4.15 e descrito na Seção 2.2, na interface de um material, apenas uma fração de luz no interior de um cone definido pelo ângulo crítico ϕ_c irá atravessar a interface. Da Equação (2.18), temos que $\phi_c = \text{sen}^{-1}(n_2/n_1)$. Aqui, n_1 é o índice de refração do material semicondutor, e n_2, o índice de refração do material externo, que é nominalmente o ar com $n_2 = 1{,}0$. A eficiência quântica externa pode então ser calculada a partir da expressão

$$\eta_{ext} = \frac{1}{4\pi} \int_0^{\phi_c} T(\phi)(2\pi \text{ sen } \phi)d\phi \qquad (4.14)$$

onde $T(\phi)$ é o *coeficiente de transmissão de Fresnel* ou *transmissibilidade de Fresnel*. Esse fator depende do ângulo de incidência ϕ, mas, para simplificar, podemos usar a expressão para a incidência normal que é[18, 22]

$$T(0) = \frac{4n_1 n_2}{(n_1 + n_2)^2} \qquad (4.15)$$

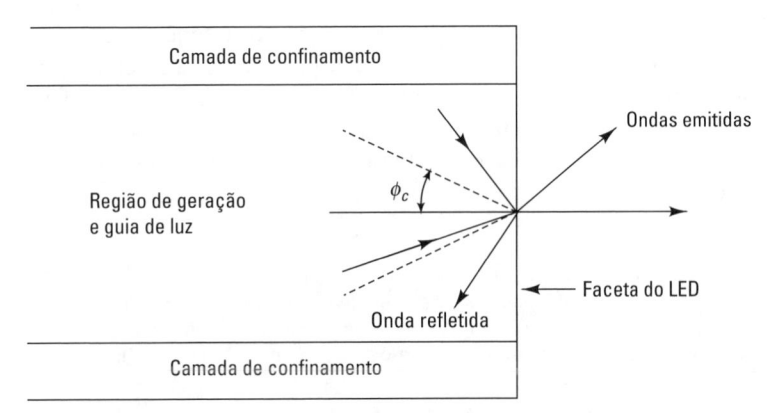

Figura 4.15 Apenas a luz que cai dentro de um cone definido pelo ângulo crítico ϕ_c será emitida a partir de uma fonte óptica.

Supondo que o meio externo é o ar e deixando $n_1 = n$, temos $T(0) = 4n/(n + 1)^2$. A eficiência quântica externa é então dada por

$$\eta_{ext} \approx \frac{1}{n(n+1)^2} \qquad (4.16)$$

A partir disso, segue-se que a potência óptica emitida a partir do LED é

$$P = \eta_{ext} P_{int} \approx \frac{P_{int}}{n(n+1)^2} \qquad (4.17)$$

> **Exemplo 4.6** Assuma um valor típico de $n = 3,5$ para o índice de refração de um material de LED. Que porcentagem de potência óptica gerada internamente é emitida em um meio como o ar?
>
> *Solução:* Tomando a condição para a incidência normal, a partir da Equação (4.16), a porcentagem da potência óptica gerada internamente no dispositivo e emitida para um meio como o ar é
>
> $$\eta_{ext} = \frac{1}{n(n+1)^2} = \frac{1}{3,5(3,5+1)^2} = 1,41\%$$
>
> Isso mostra que apenas uma pequena fração da potência óptica gerada internamente é emitida a partir do dispositivo.[23]

4.2.4 Modulação de um LED

O *tempo de resposta* ou *frequência de resposta* de uma fonte óptica determina o quão rápido um sinal de entrada elétrico pode variar o nível da luz de saída. Os três fatores seguintes determinam o tempo de resposta: o nível de dopagem na região ativa, o tempo de vida τ_i dos portadores na região de recombinação e a capacitância parasita do LED. Se a corrente de excitação é modulada a uma frequência ω, a potência de saída do dispositivo óptico variará conforme[24, 25]

$$P(\omega) = P_0[1 + (\omega \tau_i)^2]^{-1/2} \qquad (4.18)$$

onde P_0 é a potência emitida em uma modulação em frequência nula. A capacitância parasita pode provocar um atraso na injeção de portadores para dentro da junção ativa e, consequentemente, retardar a saída óptica.[26,27] Esse atraso é negligenciável se uma pequena e constante tensão direta é aplicada ao diodo. Sob essa condição, a Equação (4.18) é válida, e a modulação da resposta é limitada apenas pelo tempo de recombinação dos portadores.

Exemplo 4.7 Um LED particular possui tempo de vida de portadores injetados de 5 ns. Quando nenhuma corrente de modulação é aplicada ao dispositivo, a potência óptica de saída é de 0,250 mW para determinada polarização dc. Assumindo que as capacitâncias parasitas são insignificantes, quais são as saídas ópticas em frequências de modulação de (a) 10 MHz e (b) 100 MHz?

Solução: (a) Da Equação (4.18), a saída óptica a 10 MHz é

$$P(\omega) = \frac{0{,}250}{\sqrt{1 + [2\pi(10 \times 10^6)(5 \times 10^{-9})]^2}} = 0{,}239 \text{ mW} = 239 \text{ }\mu\text{W}$$

(b) Da mesma forma, a saída óptica a 100 MHz é

$$P(\omega) = \frac{P_0}{\sqrt{1 + (\omega\tau_i)^2}} = \frac{0{,}250}{\sqrt{1 + [2\pi(100 \times 10^6)(5 \times 10^{-9})]^2}} = 0{,}076 \text{ mW} = 76 \text{ }\mu\text{W}$$

Assim, a saída desse dispositivo em particular diminui em taxas mais elevadas de modulação.

A largura de banda de modulação de um LED pode ser definida em termos elétricos ou ópticos. Normalmente, os termos elétricos são utilizados porque a largura de banda é efetivamente determinada pelo circuito elétrico associado. Assim, a largura de banda da modulação é definida como o ponto em que a potência do sinal elétrico, designado por $p(\omega)$, diminui para metade do seu valor constante, que resulta da parte modulada do sinal óptico. Esse é o ponto de −3 dB, isto é, a frequência à qual a potência de saída elétrica é reduzida por 3 dB em relação à potência elétrica de entrada, como ilustra a Figura 4.16.

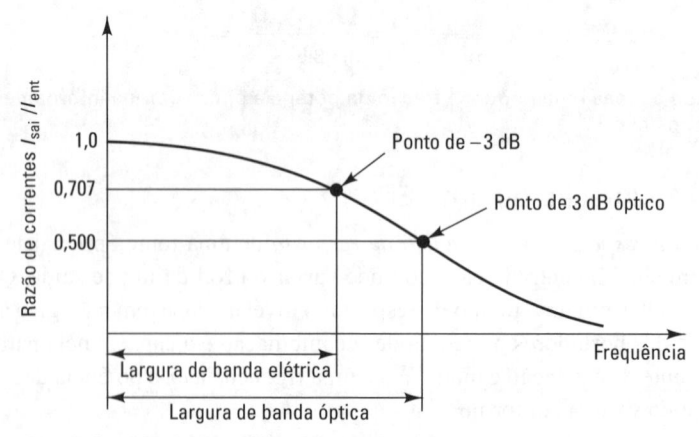

Figura 4.16 Resposta em frequência de uma fonte óptica mostrando os pontos de largura de banda de −3 dB.

Uma fonte óptica apresenta uma relação linear entre a potência de luz e a corrente, de forma que as correntes, em vez das tensões (que são normalmente usadas em sistemas elétricos), são comparadas aos sistemas ópticos. Assim, uma vez que $p(\omega) = I^2(\omega)/R$, a razão entre a potência elétrica de saída em uma frequência ω e a potência em modulação nula é

$$\text{Razão}_{\text{eletr}} = 10 \log \left[\frac{p(\omega)}{p(0)} \right] = 10 \log \left[\frac{I^2(\omega)}{I^2(0)} \right] \quad (4.19)$$

onde $I(\omega)$ é a corrente elétrica no circuito de detecção. O ponto de -3 dB ocorre no ponto de frequência no qual a potência elétrica detectada é $p(\omega) = p(0)/2$. Isso acontece quando

$$\frac{I^2(\omega)}{I^2(0)} = \frac{1}{2} \quad (4.20)$$

ou $I(\omega)/I(0) = 1/\sqrt{2} = 0{,}707$.

Exemplo 4.8 Considere o LED especial descrito no Exemplo 4.7 que tem um tempo de vida de portadores injetados de 5 ns. (a) Qual é a largura de banda de 3 dB óptica deste dispositivo? (b) Qual é a largura de banda de -3 dB desse dispositivo?

Solução: (a) A largura de banda óptica de 3 dB ocorre com a frequência de modulação para a qual $P(\omega) = 0{,}5 P_0$. Usando a Equação (4.18), encontramos

$$\frac{1}{[1+(\omega\tau_i)^2]^{1/2}} = \frac{1}{2}$$

ou seja, $1 + (\omega\tau_i)^2 = 4$ ou $\omega\tau_i = \sqrt{3}$. Resolvendo essa expressão para a frequência $f = 2\pi\omega$, encontramos que

$$f = \frac{\sqrt{3}}{2\pi\tau} = \frac{\sqrt{3}}{2\pi \times 5 \times 10^{-9}} = 55{,}1\,\text{MHz}$$

(b) A largura de banda elétrica de 3 dB é $f/\sqrt{2} = 0{,}707\,(55{,}1\,\text{MHz}) = 39{,}0\,\text{MHz}$

Algumas vezes, a largura de banda da modulação de um LED é dada em termos da largura de banda de 3 dB da potência óptica modulada $P(\omega)$, isto é, é especificada na frequência em que $P(\omega) = P_0/2$. Nesse caso, a largura de banda de 3 dB é determinada a partir da razão entre a potência óptica na frequência ω e para o valor da potência óptica não modulado. Uma vez que a corrente detectada é diretamente proporcional à potência óptica, essa razão é

$$\text{Razão}_{\text{óptica}} = 10 \log \left[\frac{P(\omega)}{P(0)} \right] = 10 \log \left[\frac{I(\omega)}{I(0)} \right] \quad (4.21)$$

O ponto de 3 dB óptico ocorre na frequência em que a razão entre as correntes é igual a 1/2. Como mostrado na Figura 4.16, isso fornece um valor exagerado da largura de banda de modulação, que corresponde a uma atenuação de energia elétrica de 6 dB.

4.3 Diodos *laser*

Lasers possuem diversas formas com dimensões que vão desde o tamanho de um grão de sal até um que ocupa uma sala inteira. O meio do *laser* pode ser um gás, um líquido, um cristal isolante (estado sólido) ou um semicondutor. Para sistemas de fibra óptica, as fontes de *laser* usadas são quase exclusivamente diodos *laser* semicondutores. Eles são semelhantes aos outros *lasers*, como os convencionais *lasers* de estado sólido e de gás, nos quais a radiação emitida tem coerência espacial e temporal, isto é, a radiação de saída é altamente monocromática, e o feixe de luz, muito direcional.

Apesar das diferenças, o princípio básico de funcionamento é o mesmo para cada tipo de *laser*. A ação *laser* é o resultado de três processos fundamentais: absorção de fótons, emissão espontânea e emissão estimulada. Esses três processos são representados pelos simples diagramas de dois níveis de energia da Figura 4.17, onde E_1 é a energia do estado fundamental, e E_2, a energia do estado excitado. De acordo com a lei de Planck, uma transição entre esses dois estados envolve a absorção ou emissão de um fóton de energia $h\nu_{12} = E_2 - E_1$. Normalmente, o sistema está no estado fundamental. Quando um fóton de energia $h\nu_{12}$ interage com o sistema, um elétron no estado E_1 pode absorver a energia do fóton e ser excitado para o estado E_2, como na Figura 4.17a. Uma vez que este é um estado instável, o elétron rapidamente retorna ao estado fundamental, emitindo assim um fóton de energia $h\nu_{12}$. Isso ocorre sem qualquer estímulo externo e é chamado de *emissão espontânea*. Essas emissões são isotrópicas e de fase aleatória e, assim, aparecem como uma saída de banda gaussiana estreita.

O elétron pode também ser induzido a fazer uma transição a partir do nível excitado para o nível do estado fundamental por um estímulo externo. Como mostrado na Figura 4.17c, se um fóton de energia $h\nu_{12}$ incide sobre o sistema, enquanto o elétron ainda está em seu estado excitado, o elétron é imediatamente estimulado a cair para o estado fundamental e emite um fóton de energia $h\nu_{12}$. Esse fóton emitido está em fase com o fóton incidente, e a emissão resultante é conhecida como *emissão estimulada*.

Em equilíbrio térmico, a densidade de elétrons excitados é muito pequena. Logo, mais fótons incidentes no sistema são absorvidos de modo que a emissão estimulada é essencialmente insignificante. A emissão estimulada excederá a absorção somente se a população dos estados excitados for maior do que a do estado fundamental. Essa condição é conhecida como *inversão de população*. Uma vez que não se trata de uma condição de equilíbrio, a inversão de população é alcançada por várias técnicas de "bombeamento". Em um *laser* semicondutor, a inversão de população é realizada pela injeção de elétrons dentro do material pelos contatos do dispositivo ou por meio de um método de absorção óptica por meio de fótons injetados externamente.

(a) Absorção   (b) Emissão espontânea   (c) Emissão estimulada

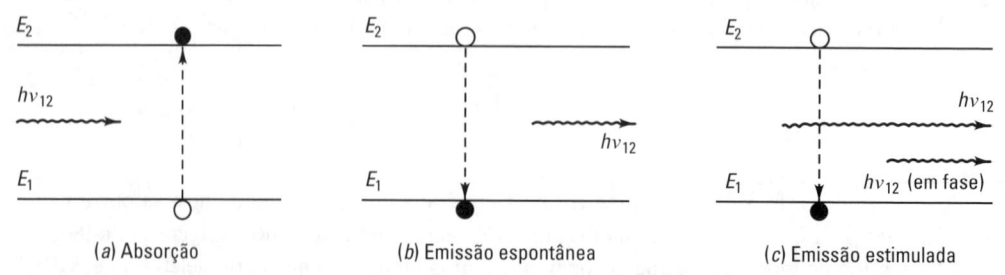

Figura 4.17 Os três principais processos de transição envolvidos na ação do *laser*. O círculo aberto representa o estado inicial do elétron, e o ponto cheio, o estado final; os fótons incidentes são mostrados no lado esquerdo de cada diagrama, e os fótons emitidos no lado direito.

4.3.1 Modos do diodo *laser* e condições de limiar

Para os sistemas de comunicações de fibra óptica que necessitam de larguras de banda superiores a 200 MHz, o diodo *laser* de injeção semicondutor é preferido em relação ao LED. Os diodos *laser* normalmente têm tempos de resposta inferiores a 1 ns, podem ter larguras espectrais de 2 nm ou menos e são capazes de acoplar de dezenas a centenas de miliwatts de energia luminescente útil para fibras ópticas com núcleos pequenos e pequenos diâmetros de campo modal. Praticamente todos os diodos *laser* em uso são dispositivos de multicamadas de heterojunções. Como mencionado no Capítulo 4.2, a configuração do LED de dupla heterojunção evoluiu a partir da demonstração bem-sucedida de confinamento óptico e de portadores em diodos de injeção *laser* de heterojunção. Aspectos relacionados à mais rápida evolução e à utilização de LEDs em comparação aos diodos *laser* encontram-se na construção inerentemente mais simples na potência óptica emitida com menor dependência da temperatura e na ausência de degradação catastrófica em LEDs (ver Seção 4.6). A construção de diodos *laser* é mais complicada, principalmente por causa do requisito adicional de confinamento de corrente em uma pequena cavidade de *laser*.

A emissão estimulada em *lasers* semicondutores surge das transições ópticas entre as distribuições de estados de energia nas bandas de valência e de condução. Isso difere dos *lasers* de gás e de estado sólido, em que as transições radiativas ocorrem entre níveis atômicos ou moleculares isolados e discretos. A radiação em um tipo de configuração de diodo *laser* é gerada no interior de uma cavidade ressonante de Fabry-Perot[16-18] mostrada na Figura 4.18, como na maioria dos outros tipos de *lasers*. Aqui, a cavidade é de cerca de 250-500 μm de comprimento, 5-15 μm de largura e 0,1-0,2 μm de espessura. Essas dimensões são comumente denominadas *dimensões longitudinal*, *lateral* e *transversal* da cavidade, respectivamente.

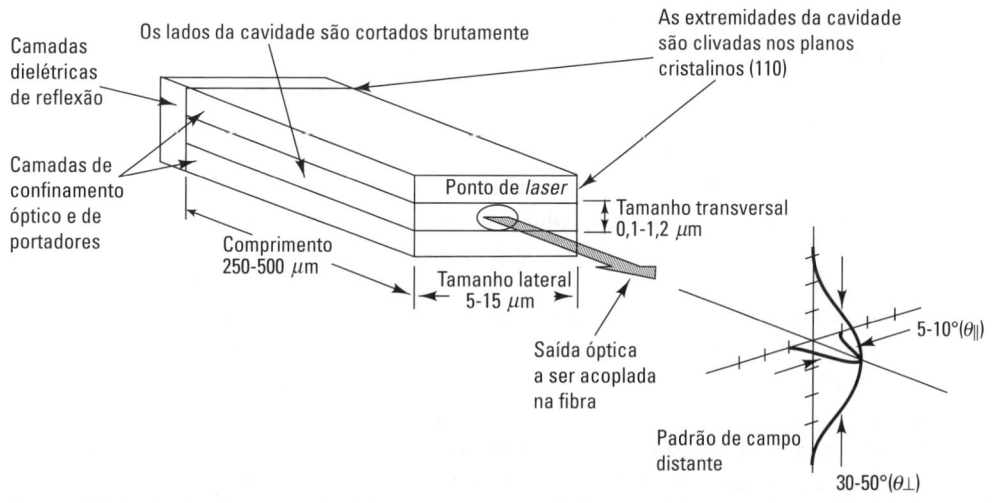

Figura 4.18 Cavidade ressonante de Fabry-Perot para um diodo *laser*. As extremidades clivadas do cristal funcionam como espelhos parcialmente refletores. A extremidade não utilizada (a faceta traseira) pode ser revestida com um refletor dielétrico para reduzir a perda óptica no interior da cavidade. Note que o feixe de luz que emerge do *laser* forma uma elipse vertical, apesar de o ponto de *laser* na faceta de área ativa ser uma elipse horizontal.

Como ilustra a Figura 4.19, dois espelhos planos parcialmente refletores são direcionados um para o outro para fechar a cavidade Fabry-Perot. Na construção das facetas do espelho, devem-se fazer duas fendas paralelas ao longo de planos de clivagem natural do cristal semicondutor. A finalidade dos espelhos é estabelecer uma forte realimentação óptica na direção longitudinal. Esse mecanismo de realimentação converte o dispositivo em um oscilador (e, portanto, um emissor de luz) com um mecanismo de ganho que compensa as perdas ópticas no interior da cavidade em certas frequências ópticas ressonantes. Os lados da cavidade são simplesmente formados por desbaste das bordas do dispositivo para reduzir as emissões indesejadas nas direções laterais.

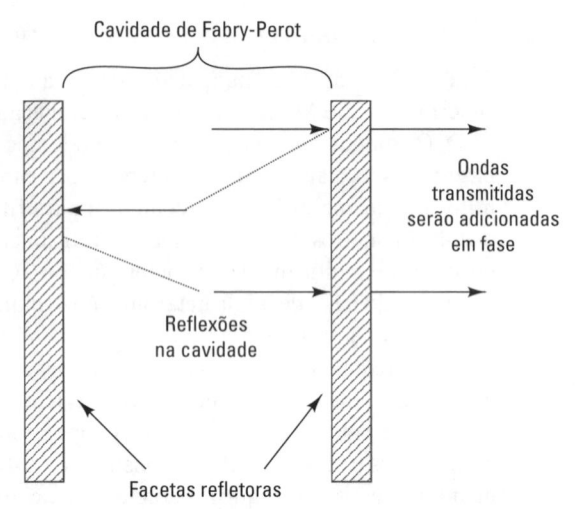

Figura 4.19 Duas superfícies espelhadas paralelas refletoras de luz definem uma cavidade ressonante de Fabry-Perot.

Como a luz reflete para trás e para dentro da cavidade Fabry-Perot, os campos elétricos da luz interferem-se nas sucessivas idas. Esses comprimentos de onda, que são múltiplos inteiros do comprimento da cavidade, interferem construtivamente de forma que suas amplitudes se somam quando eles saem do dispositivo através da faceta do lado direito. Todos os outros comprimentos de onda interferem destrutivamente e assim se cancelam fora. As frequências ópticas em que a interferência construtiva ocorre são as *frequências de ressonância* da cavidade. Consequentemente, os fótons emitidos espontaneamente que têm comprimentos de onda nessas frequências ressonantes reforçam-se depois de várias viagens através da cavidade, de modo que seu campo óptico se torna muito intenso. Os comprimentos de onda ressonantes são chamados de *modos longitudinais* da cavidade porque ressoam ao longo do comprimento da cavidade.

A Figura 4.20 ilustra o comportamento dos comprimentos de onda de ressonância para três valores de refletividade do espelho. Os gráficos dão a intensidade relativa em função do comprimento de onda relativo ao comprimento da cavidade. Como pode ser visto pela Figura 4.20, a largura das ressonâncias depende do valor da refletividade. Isto é, as ressonâncias tornam-se mais acentuadas conforme a refletividade aumenta. O Capítulo 10 fornece mais detalhes sobre a teoria operacional das cavidades Fabry-Perot ou etalons.

Em outro tipo de diodo *laser*, normalmente referido como *laser de realimentação distribuída* (DFB),[1,28,29] não são necessárias facetas clivadas para a realimentação óptica. Uma configuração típica de *laser* DFB é mostrada na Figura 4.21. A fabricação desse dispositivo é semelhante aos tipos de Fabry-Perot, com exceção de que a ação de *laser* é obtida a partir de refletores de Bragg (ou grades) ou variações periódicas no índice de refração (chamadas de *ondulações de realimentação distribuídas*), que são incorporados na estrutura de múltiplas camadas ao longo do comprimento do diodo. Discutiremos isso com mais detalhes na Seção 4.3.6.

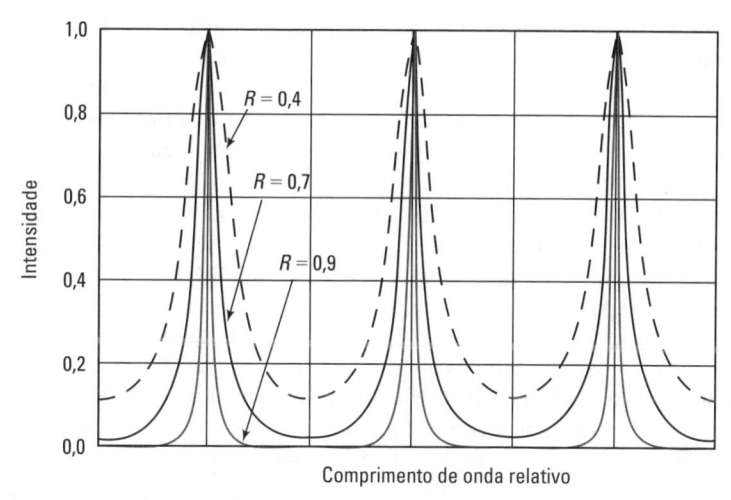

Figura 4.20 Comportamento dos comprimentos de onda ressonantes em uma cavidade de Fabry-Perot para três valores de refletividade do espelho.

Exemplo 4.9 Como descrito na Seção 10.5, a distância entre os picos adjacentes dos comprimentos de onda ressonantes em uma cavidade de Fabry-Perot, mostrados na Figura (4.20), é chamada de *faixa espectral livre* (FSR). Se D é a distância entre os espelhos que refletem em um dispositivo de índice de refração n, então, em um comprimento de onda de pico λ, a FSR é dada pela expressão

$$\text{FSR} = \frac{\lambda^2}{2nD}$$

Qual é a FSR em um comprimento de onda de 850 nm para uma cavidade de Fabry-Perot de GaAs de comprimento 0,8 mm com índice de refração de 3,5?

Solução: A partir dessa expressão, temos

$$\text{FSR} = \frac{\lambda^2}{2nD} = \frac{(0,85 \times 10^{-6})^2}{2(3,5)(0,80 \times 10^{-3})} = 0,129 \text{ nm}$$

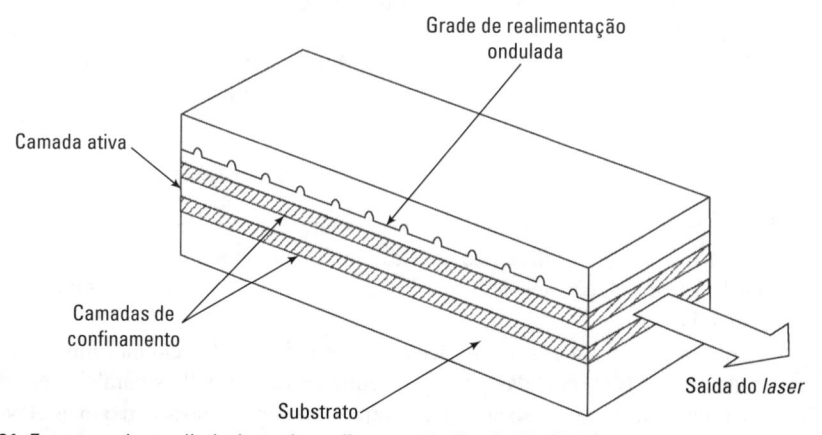

Figura 4.21 Estrutura de um diodo *laser* de realimentação distribuída (DFB).

Em geral, a saída óptica completa é necessária apenas a partir da faceta frontal do *laser*, isto é, a que deve ser alinhada com uma fibra óptica. Nesse caso, um refletor dielétrico pode ser depositado sobre a faceta traseira do *laser* para reduzir a perda óptica no interior da cavidade, diminui a densidade de corrente de limiar (o ponto em que começa o *laser*) e aumentar a eficiência quântica externa. Refletividades superiores a 98% foram obtidas com um refletor de seis camadas.

A radiação óptica no interior da cavidade de ressonância de um diodo *laser* estabelece um padrão de linhas de campo elétrico e magnético chamado de *modos da cavidade* (ver Seções 2.3 e 2.4 para mais detalhes sobre os modos). Esses modos podem ser convenientemente separados em dois conjuntos independentes de modos transversal elétrico (TE) e transversal magnético (TM). Cada conjunto de modos pode ser descrito em termos das variações dos campos eletromagnéticos longitudinais, laterais e transversais semissenoidais ao longo dos eixos principais da cavidade. Os *modos longitudinais* estão relacionados com o comprimento L da cavidade e determinam a estrutura principal do espectro de frequência da radiação óptica emitida. Uma vez que L é muito maior do que o comprimento de onda do *laser* de cerca de 1 μm, muitos modos longitudinais podem existir. Os *modos laterais* se encontram no plano da junção *pn*, dependem da preparação de parede lateral e da largura da cavidade, e determinam a forma do perfil lateral do feixe de *laser*. Os *modos transversais* estão associados com o campo eletromagnético e perfil do feixe na direção perpendicular ao plano da junção *pn*. Esses modos são de grande importância, uma vez que determinam, em grande parte, as características do *laser*, como o padrão de radiação (a distribuição transversal angular da potência óptica de saída) e a densidade de corrente de limiar.

Para determinar as condições de *laser* e as frequências de ressonância, expressamos a propagação de ondas eletromagnéticas na direção longitudinal (ao longo do eixo normal aos espelhos) em termos do fasor campo elétrico

$$E(z, t) = I(z) \, e^{j(\omega t - \beta z)} \qquad (4.22)$$

onde $I(z)$ é a intensidade do campo óptico; ω, a frequência óptica angular; e β, a constante de propagação (ver Seção 2.3.2).

Lasing é a condição em que a amplificação de luz torna-se possível no diodo *laser*. O requisito para o efeito *laser* é que uma inversão de população seja alcançada. Essa condição pode ser compreendida considerando a relação fundamental entre a intensidade do campo óptico I, o coeficiente de absorção α_λ e o coeficiente de ganho g no interior da cavidade de Fabry-Perot. A taxa de emissão estimulada para um dado modo é proporcional à intensidade da radiação em tal modo. A intensidade de radiação para um fóton de energia $h\nu$ varia exponencialmente com a distância z que atravessa ao longo da cavidade na condição de *laser*, de acordo com a relação

$$I(z) = I(0) \exp\left\{[\Gamma g\,(h\nu) - \bar{\alpha}\,(h\nu)]z\right\} \qquad (4.23)$$

onde $\bar{\alpha}$ é o coeficiente de absorção efetivo do material no trajeto óptico, e Γ, o *fator de confinamento do campo óptico*, isto é, a fração de potência óptica na camada ativa (ver Problema 4.11 com relação aos detalhes dos fatores de confinamento dos campos ópticos transversal e lateral).

A amplificação óptica dos modos selecionados é fornecida pelo mecanismo de retorno da cavidade óptica. Nas repetidas passagens entre os dois espelhos paralelos parcialmente refletores, uma parte da radiação associada com os modos que possuem o mais elevado coeficiente de ganho óptico é mantida e amplificada durante cada viagem através da cavidade.

O *efeito laser* ocorre quando o ganho de um ou de vários modos guiados é suficiente para exceder a perda óptica durante uma ida e volta através da cavidade, isto é, $z = 2L$. Durante esse trajeto, apenas as frações R_1 e R_2 da radiação óptica são refletidas a partir das duas extremidades do *laser* 1 e 2, respectivamente, onde R_1 e R_2 são as refletividades do espelho ou coeficientes de reflexão de Fresnel, que são dados por

$$R = \left(\frac{n_1 - n_2}{n_1 + n_2}\right)^2 \qquad (4.24)$$

para a reflexão de luz na interface entre dois materiais com índices de refração n_1 e n_2. A partir dessa condição de *lasing*, a Equação (4.23) torna-se

$$I(2L) = I(0)\, R_1 R_2 \exp\{2L\,[\Gamma g(hv) - \bar{\alpha}(hv)]\} \qquad (4.25)$$

Exemplo 4.10 Considere que o espelho clivado nas extremidades de um *laser* de GaAs não é revestido e que o meio externo é o ar. Qual é a refletividade para a incidência normal de uma onda plana sobre a interface de GaAs-ar se o índice de refração do GaAs é de 3,6?

Solução: Da Equação (4.24), com $n_1 = 3{,}6$ para o GaAs e $n_2 = 1{,}0$ para o ar, temos para ambas as interfaces

$$R_1 = R_2 = \left(\frac{3{,}6 - 1}{3{,}6 + 1}\right)^2 = 0{,}32$$

Para uma faceta clivada não revestida, a refletividade é de apenas cerca de 30%. Para reduzir a perda no interior da cavidade e fazer a realimentação óptica mais forte, as facetas geralmente são revestidas com um material dielétrico. Isso pode produzir uma refletividade de cerca de 99% para a faceta traseira e 90% para a faceta frontal através da qual a luz de *laser* emerge.

No limiar do efeito *laser*, uma oscilação no estado estacionário se inicia, e a magnitude e a fase da onda são iguais às da onda original. Isso leva às condições

$$I(2L) = I(0) \qquad (4.26)$$

para a amplitude e

$$e^{-j2\beta L} = 1 \qquad (4.27)$$

para a fase. A Equação (4.27) dá informação sobre as frequências de ressonância da cavidade de Fabry-Perot. Isso será discutido na Seção 4.3.2. Da Equação (4.26), podemos encontrar quais modos possuem ganho suficiente para sustentar a oscilação e podemos encontrar as amplitudes desses modos. A condição de apenas atingir o limiar do efeito *laser* é o ponto em que o ganho óptico é igual à perda total α_t no interior da cavidade. Da Equação (4.26), essa condição é

$$g_{th} = \alpha_t = \bar{\alpha} + \frac{1}{2L}\ln\left(\frac{1}{R_1 R_2}\right) = \bar{\alpha} + \alpha_{end} \qquad (4.28)$$

onde α_{end} é a perda no espelho na cavidade *laser*. Assim, para o efeito *laser* ocorrer, devemos ter o ganho $g \geq g_{th}$. Isso significa que a fonte de bombeio que mantém a inversão de população tem de ser suficientemente forte para suportar ou ultrapassar todos os mecanismos que consomem energia no interior da cavidade *laser*.

Exemplo 4.11 Suponha que, para GaAs, $R_1 = R_2 = R = 0{,}32$ para facetas não revestidas (isto é, 32% da radiação é refletida em uma faceta) e $\bar{\alpha} \approx 10$ cm^{-1}. Qual é o ganho no limiar para um diodo *laser* de 500 μm de comprimento?

Solução: Da Equação (4.28), temos

$$g_{th} = \bar{\alpha} + \frac{1}{2L} \ln\left(\frac{1}{R^2}\right) = 10 + \frac{1}{2(500 \times 10^{-4})} \ln\left[\frac{1}{(0{,}32)^2}\right] = 33 \text{ cm}^{-1}$$

O modo que satisfaz a Equação (4.28) chega ao limiar primeiro. Teoricamente, no início dessa condição, toda a energia adicional introduzida no *laser* deve ampliar o crescimento desse modo particular. Na prática, vários fenômenos conduzem à excitação de mais de um modo.[1] Os estudos sobre as condições de funcionamento de um monomodo longitudinal demonstraram que os fatores importantes são regiões ativas finas e um elevado grau de estabilidade de temperatura.

A relação entre a potência de saída óptica e a corrente de deriva do diodo é apresentada na Figura 4.22. Em correntes de diodo baixas, apenas a radiação espontânea é emitida. Tanto o intervalo espectral como a largura lateral do feixe dessa emissão são largos como os de um LED. Um aumento drástico e bem definido na saída de energia ocorre no limiar do efeito *laser*. Assim que esse ponto é atingido, a faixa espectral e a largura do feixe tornam-se estreitas com o aumento da corrente de deriva. A largura espectral final de cerca de 1 nm e a largura lateral do feixe totalmente estreitado de nominais 5°-10° são alcançadas justamente após passarem o ponto de limiar. A *corrente de limiar* I_{th} é convencionalmente definida pela extrapolação da região de *laser* da curva de potência *versus* corrente, como se mostra na Figura 4.22. Em potências elevadas, a inclinação da curva diminui por causa do aquecimento de junção.

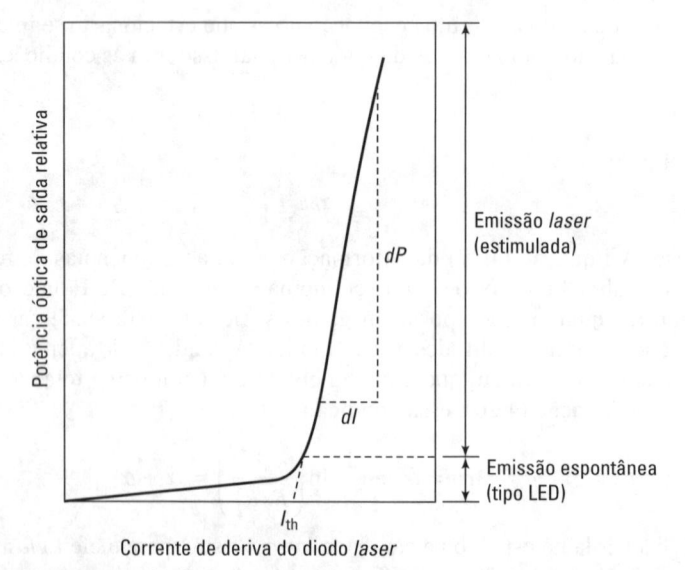

Figura 4.22 Relação entre a potência óptica de saída e a corrente de deriva de um diodo *laser*. Abaixo do limiar do efeito *laser*, a saída óptica é uma emissão espontânea como no LED.

Exemplo 4.12 Um dado *laser* de GaAlAs tem comprimento de cavidade óptica de 300 μm e uma largura de 100 μm. Em uma temperatura de funcionamento normal, o fator de ganho $\overline{\beta} = 21 \times 10^{-3}$ A·cm³ e o coeficiente de perda $\overline{\alpha} \approx 10$ cm⁻¹. Assuma a refletividade $R_1 = R_2 = R = 0{,}32$ para cada extremidade. Encontre (a) a densidade de corrente de limiar e (b) a corrente de limiar para esse dispositivo.

Solução: (a) A partir das Equações (4.28) e (4.29), temos

$$J_{th} = \frac{1}{\overline{\beta}}\left[\overline{\alpha} + \frac{1}{L}\ln\left(\frac{1}{R}\right)\right] = \frac{1}{21 \times 10^{-3}}\left[10 + \frac{1}{(300 \times 10^{-4})}\ln\left(\frac{1}{0{,}32}\right)\right] = 2{,}28 \times 10^3 \text{ A/cm}^2$$

(b) A corrente de limiar I_{th} é dada por

$$I_{th} = J_{th} \times \text{área da seção transversal da cavidade óptica}$$
$$= (2{,}28 \times 10^3 \text{ A/cm}^2) \times (300 \times 10^{-4} \text{ cm}) \times (100 \times 10^{-4} \text{ cm}) = 684 \text{ mA}$$

Para as estruturas *laser* que possuem forte confinamento de portadores, *a densidade de corrente de limiar* J_{th} para a emissão estimulada pode, em uma boa aproximação, estar relacionada com o limiar de ganho óptico do *laser* por

$$g_{th} = \overline{\beta} J_{th} \tag{4.29}$$

onde o fator de ganho $\overline{\beta}$ é uma constante que depende da construção específica do dispositivo.

4.3.2 Equações de taxa no diodo *laser*

A relação entre a potência de saída óptica e a corrente de deriva de diodo pode ser determinada examinando as equações de taxa que regulam a interação de fótons e elétrons na região ativa. Conforme observado anteriormente, a população total de portadores é determinada pela injeção de portadores, recombinação espontânea e emissão estimulada. Para uma junção *pn* com uma região de confinamento de portadores de profundidade *d*, as *equações de taxa* são dadas por

$$\frac{d\Phi}{dt} = Cn\Phi + R_{sp} - \frac{\Phi}{\tau_{fot}} \tag{4.30}$$

$$= \text{emissão estimulada} + \text{emissão espontânea} + \text{perda de fótons}$$

que rege o número de fótons Φ, e

$$\frac{dn}{dt} = \frac{J}{qd} - \frac{n}{\tau_{sp}} - Cn\Phi \tag{4.31}$$

$$= \text{injeção} + \text{recombinação espontânea} + \text{emissão estimulada}$$

que rege o número de elétrons *n*. Aqui, *C* é um coeficiente que descreve a força das interações ópticas de absorção e emissão; R_{sp}, a taxa de emissão espontânea no modo de *laser* (que é muito menor do que a taxa de emissão espontânea total); τ_{fot}, o tempo de vida dos fótons; τ_{sp}, o tempo de vida de recombinação espontânea; e *J*, a densidade de corrente de injeção.

As Equações (4.30) e (4.31) podem ser balanceadas considerando todos os fatores que afetam o número de portadores na cavidade *laser*. O primeiro termo na Equação (4.30) é uma fonte de fótons resultante da emissão estimulada. O segundo termo, que descreve o número de fótons produzidos pela emissão espontânea, é relativamente pequeno em comparação com o primeiro termo. O terceiro termo indica o decaimento do número de fótons causado por mecanismos de perda no interior da cavidade de *laser*. Na Equação (4.31), o primeiro termo representa o aumento na concentração de elétrons na banda de condução à medida que a corrente flui para dentro do dispositivo. O segundo e terceiro termos dão o número de elétrons perdidos a partir da banda de condução devido às transições espontâneas e estimuladas, respectivamente.

A resolução dessas duas equações para uma condição de estado estacionário produzirá uma expressão para a potência de saída. O estado estacionário é caracterizado pelos lados esquerdos das Equações (4.30) e (4.31), sendo iguais a zero. Primeiro, a partir da Equação (4.30), assumindo que R_{sp} é desprezível e notando que $d\Phi/dt$ deve ser positiva quando Φ é pequeno, temos

$$Cn - \frac{1}{\tau_{fot}} \geq 0 \qquad (4.32)$$

Isso mostra que n deve exceder um valor de limiar n_{th} para aumentar Φ. Usando a Equação (4.31), esse valor de limiar pode ser expresso em termos da corrente de limiar J_{th} necessária para manter uma inversão de nível $n = n_{th}$ no estado estacionário quando o número de fótons $\Phi = 0$:

$$\frac{n_{th}}{\tau_{sp}} = \frac{J_{th}}{qd} \qquad (4.33)$$

Essa expressão define a corrente necessária para manter uma densidade de elétrons em excesso no *laser* quando a emissão espontânea é o único mecanismo de decaimento.

Em seguida, consideremos as equações de taxa de fótons e elétrons na condição de estado estacionário no limiar do efeito *laser*. As Equações (4.30) e (4.31) tornam-se, respectivamente,

$$0 = Cn_{th}\Phi_s + R_{sp} - \frac{\Phi_s}{\tau_{fot}} \qquad (4.34)$$

e

$$0 = \frac{J}{qd} - \frac{n_{th}}{\tau_{sp}} - Cn_{th}\Phi_s \qquad (4.35)$$

onde Φ_s é a densidade de fótons no estado estacionário. Adicionando as Equações (4.34) e (4.35), usando a Equação (4.33) para o n_{th}/τ_{sp} e resolvendo para Φ_s, obtemos o número de fótons por unidade de volume:

$$\Phi_s = \frac{\tau_{fot}}{qd}(J - J_{th}) + \tau_{fot}R_{sp} \qquad (4.36)$$

O primeiro termo na Equação (4.36) é o número de fótons resultantes da emissão estimulada. A potência desses fótons concentra-se geralmente em um ou alguns modos. O segundo termo nos dá os fótons gerados espontaneamente. A energia resultante desses fótons não é seletiva por modo, mas estende-se por todos os modos possíveis do volume, que são da ordem de 10^8 modos.

4.3.3 Eficiência quântica externa

A *eficiência quântica externa diferencial* η_{ext} é definida como o número de fótons emitidos por recombinação radiativa do par elétron-buraco acima do limiar. Assumindo que acima do limiar o coeficiente de ganho permanece fixo em g_{th}, η_{ext} é dada por[1]

$$\eta_{ext} = \frac{\eta_i(g_{th} - \bar{\alpha})}{g_{th}} \quad (4.37)$$

Aqui, η_i é a eficiência interna quântica, que não é uma quantidade bem definida em diodos *laser*, mas a maioria das medições mostra que $\eta_i \simeq 0{,}6\text{-}0{,}7$ em temperatura ambiente. Experimentalmente, η_{ext} é calculada a partir da região linear da curva potência óptica emitida P pela corrente de deriva I, o que dá

$$\eta_{ext} = \frac{q}{E_g}\frac{dP}{dI} = 0{,}8065\lambda \ (\mu m) \ \frac{dP\,(\mathrm{mW})}{dI\,(\mathrm{mA})} \quad (4.38)$$

onde E_g é a energia de *bandgap* em elétron-volts; dP, a variação incremental na potência óptica emitida, em miliwatts, por um incremento dI na unidade de corrente (em miliamperes); e λ, o comprimento de onda de emissão em micrômetros. Para *lasers* semicondutores padrão, é comum um valor de 15-20% por faceta para as eficiências quânticas externas diferenciais. Os dispositivos de alta qualidade têm eficiências quânticas diferenciais de 30%-40%.

4.3.4 Frequências ressonantes

Agora vamos retornar à Equação (4.27) para examinar as frequências ressonantes do *laser*. A condição da Equação (4.27) é válida quando

$$2\beta L = 2\pi m \quad (4.39)$$

onde m é um número inteiro. Usando $\beta = 2\pi n/\lambda$ para a constante de propagação da Equação (2.46), temos

$$m = \frac{L}{\lambda/2n} = \frac{2Ln}{c}\nu \quad (4.40)$$

onde $c = \nu\lambda$. Isso indica que a cavidade ressoa (isto é, existe um padrão de onda estacionária dentro dela) quando um número inteiro m de meio comprimento de ondas abrange a região entre os espelhos.

Uma vez que, em todos os *lasers*, o ganho é em função da frequência (ou o comprimento de onda, uma vez que $c = \nu\lambda$), haverá um intervalo de frequências (ou comprimentos de onda) para os quais a Equação (4.40) vale. Cada uma dessas frequências corresponde a um modo de oscilação do *laser*. Dependendo da estrutura do *laser*, qualquer número de frequências pode satisfazer as Equações (4.26) e (4.27). Assim, haverá *lasers* a monomodo e a multimodo. A relação entre o ganho e a frequência pode ser considerada como tendo a forma gaussiana

$$g(\lambda) = g(0)\exp\left[-\frac{(\lambda - \lambda_0)^2}{2\sigma^2}\right] \quad (4.41)$$

onde λ_0 é o comprimento de onda no centro do espectro, σ é a largura espectral do ganho, e o ganho máximo $g(0)$ é proporcional à inversão de população.

Vamos agora estudar o espaçamento de frequências, ou comprimentos de onda, entre os modos de um *laser* multimodo. Aqui, consideramos apenas os modos longitudinais. Note, contudo, que, para cada modo longitudinal, pode haver vários modos transversais que surgem a partir de uma ou mais reflexões durante a propagação da onda nos lados da cavidade.[1,3] Para determinar o espaçamento das frequências, consideremos dois modos sucessivos de frequências v_{m-1} e v_m representados pela inteiros $m - 1$ e m. Pela Equação (4.40), temos

$$m - 1 = \frac{2Ln}{c} v_{m-1} \qquad (4.42)$$

e

$$m = \frac{2Ln}{c} v_m \qquad (4.43)$$

Subtraindo essas duas equações, temos

$$1 = \frac{2Ln}{c}\left(v_m - v_{m-1}\right) = \frac{2Ln}{c}\Delta v \qquad (4.44)$$

a partir da qual temos o espaçamento das frequências

Exemplo 4.13 Um *laser de* GaAs que opera a 850 nm tem um comprimento de 500 μm e um índice de refração $n = 3{,}7$.
(a) Quais são os espaçamentos de frequência e de comprimento de onda? (b) Se, no ponto de meia potência, $\lambda - \lambda_0 = 2$ nm, qual é a largura espectral σ do ganho?
Solução: (a) Da Equação (4.45), o espaçamento de frequência é

$$\Delta v = \frac{3 \times 10^3 \, m/s}{2(500 \times 10^{-6} \, m)(3,7)} = 81\,GHz$$

Da Equação (4.46), o espaçamento de comprimento de onda é

$$\Delta\lambda = \frac{(850 \times 10^{-9} m)^2}{2(500 \times 10^{-6} m)(3,7)} = 0{,}195\,nm$$

(b) Usando a Equação (4.41) com $g(\lambda) = 0{,}5\, g(0)$ e em seguida a solução para σ com $\lambda - \lambda_0 = \Delta\lambda = 0{,}195$ nm, temos

$$\sigma = \frac{\lambda - \lambda_0}{\sqrt{2\ln 2}} = \frac{0{,}195\,nm}{\sqrt{2\ln 2}} = 0{,}170\,nm$$

Exemplo 4.14 Considere um *laser* de emissão lateral de Fabry-Perot de heteroestrutura dupla de AlGaAs que emite em 900 nm. Suponha que o *chip* do *laser* tenha 300 μm de comprimento e o índice de refração do material do *laser* seja de 4,3. (a) Quantas meia-ondas abrangem a região entre as superfícies de espelho de Fabry-Perot? (b) Qual é o espaçamento entre os modos de *laser*?
Solução: (a) Da Equação (4.40), o número de meios-comprimentos de onda que abrangem a região entre as superfícies de espelhos de Fabry-Perot é

$$m = \frac{2nL}{\lambda} = \frac{2(4{,}3) \times 300\,\mu m}{0{,}90\,\mu m} = 2.866$$

(b) Da Equação (4.46), o espaçamento entre os modos de *laser* é

$$\Delta\lambda = \frac{(900 \times 10^{-9} m)^2}{2(300 \times 10^{-6} m)(4{,}3)} = 0{,}314\,nm$$

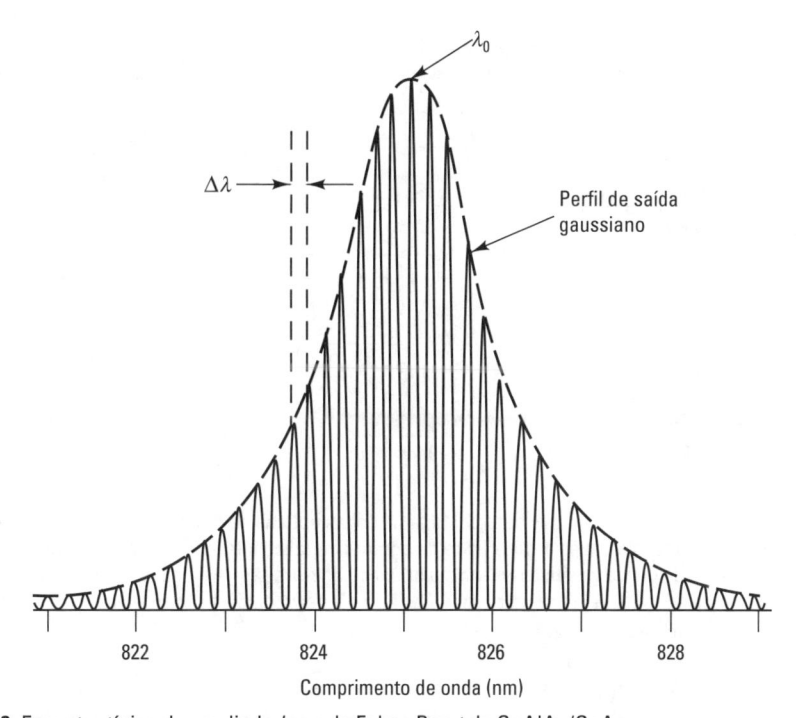

Figura 4.23 Espectro típico de um diodo *laser* de Fabry-Perot de GaAlAs/GaAs.
(Reproduzida com permissão de K. Peterman e G. Arnold, *IEEE J. Quantum Electron.*, vol. 18, pp. 543-555, Abr. 1982, © 1982, IEEE.)

$$\Delta v = \frac{c}{2Ln} \quad (4.45)$$

Podemos relacionar esse resultado com o espaçamento de comprimentos de onda $\Delta\lambda$ por meio da relação $\Delta v/v = \Delta\lambda/\lambda$, dando origem a

$$\Delta\lambda = \frac{\lambda^2}{2Ln} \quad (4.46)$$

Assim, dadas as Equações (4.41) e (4.46), o espectro de saída de um *laser* multimodo segue o típico gráfico ganho *versus* frequência dado na Figura 4.23, em que o número exato de modos, as suas alturas e os seus espaçamentos dependem da construção do *laser*.

4.3.5 Estruturas de diodo *laser* e padrões de radiação

Um requisito básico para a operação eficiente dos diodos de *laser* é que, além do confinamento óptico transversal e do confinamento de portadores entre as camadas de heterojunção, o fluxo de corrente deve ser limitado lateralmente a uma faixa estreita ao longo do comprimento do *laser*. Numerosos novos métodos de atingir esse objetivo, com variados graus de sucesso, têm sido propostos, mas todos lutam para os mesmos objetivos de limitar o número de modos laterais, de modo que o fenômeno *laser* se limite a um único filamento estabilize o ganho lateral e assegure uma corrente de limiar relativamente baixa.

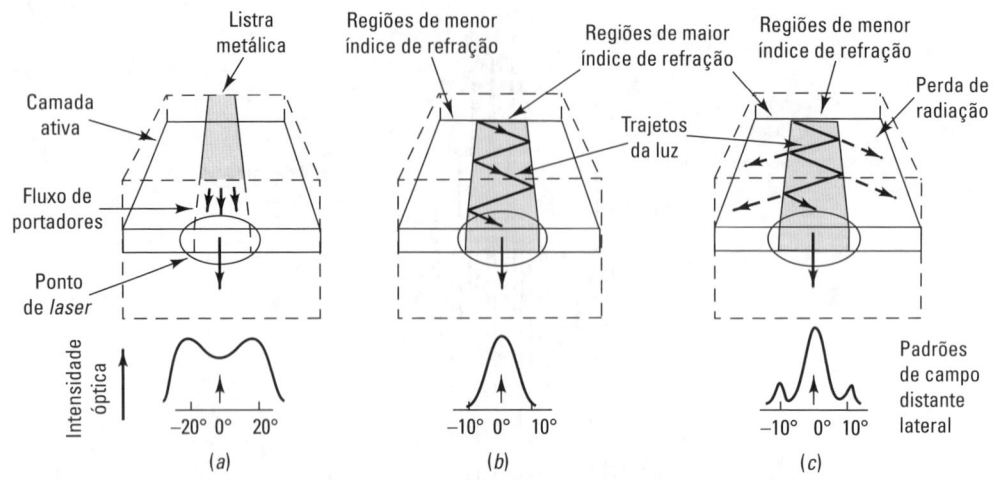

Figura 4.24 Três estruturas fundamentais para confinar as ondas ópticas na direção lateral: (*a*) no guia de ganho induzido, os elétrons injetados através de uma listra de contato metálico alteram o índice de refração da camada ativa; (*b*) o guia de onda de índice positivo tem um maior índice de refração na parte central da região ativa; (*c*) o guia de ondas de índice negativo tem um índice de refração mais baixo na parte central da região ativa.
(Reproduzida com permissão de Botez,[30] © 1985, IEEE).

A Figura 4.24 apresenta os três tipos básicos de *métodos de confinamento óptico* utilizados para a delimitação da luz *laser* na direção lateral.[30] Na primeira estrutura, uma faixa estreita de eletrodo (menos de 8 μm de largura) corre ao longo do comprimento do diodo. A injeção de elétrons e buracos no dispositivo altera o índice de refração da camada ativa diretamente abaixo da faixa. O perfil desses portadores injetados cria um guia de ondas fraco e complexo que confina a luz lateralmente. Esse tipo de dispositivo é geralmente chamado de *laser de ganho guiado*. Embora esses *lasers* possam emitir potências ópticas superiores a 100 mW, eles possuem fortes instabilidades e podem ter alto astigmatismo com feixes de dois picos, como mostrado na Figura 4.24*a*.

As estruturas mais estáveis utilizam as configurações representadas nas Figuras 4.24*b* e 4.24*c*. Aqui, guias de onda dielétricos são fabricados na direção lateral. As variações do índice de refração real dos vários materiais nessas estruturas controlam os modos laterais no *laser*. Assim, esses dispositivos são chamados *lasers guiados por índice*. Se um determinado *laser* guiado por índice suporta apenas os modos fundamentais transversal e longitudinal, ele é conhecido como um *laser monomodo*. Tal dispositivo emite um único feixe de luz bem colimado que tem um perfil de intensidade que é uma curva gaussiana em forma de sino.

Os *lasers* guiados por índice podem ter estruturas de confinamento de onda com índice positivo ou negativo. Em um *guia de ondas de índice positivo*, a região central tem um índice de refração mais elevado do que nas regiões exteriores. Assim, toda a luz guiada é refletida na fronteira dielétrica, como na interface núcleo-casca de uma fibra óptica. Por meio de uma escolha apropriada da mudança no índice de refração e da largura da região de maior índice, pode-se criar um dispositivo que suporta apenas o modo fundamental lateral.

Em um *guia de ondas de índice negativo*, a região central da camada ativa tem um índice de refração menor do que nas regiões exteriores. Nas fronteiras dielétricas, parte da luz é refletida, e o restante é refratado para o material circundante e é, portanto, perdido.

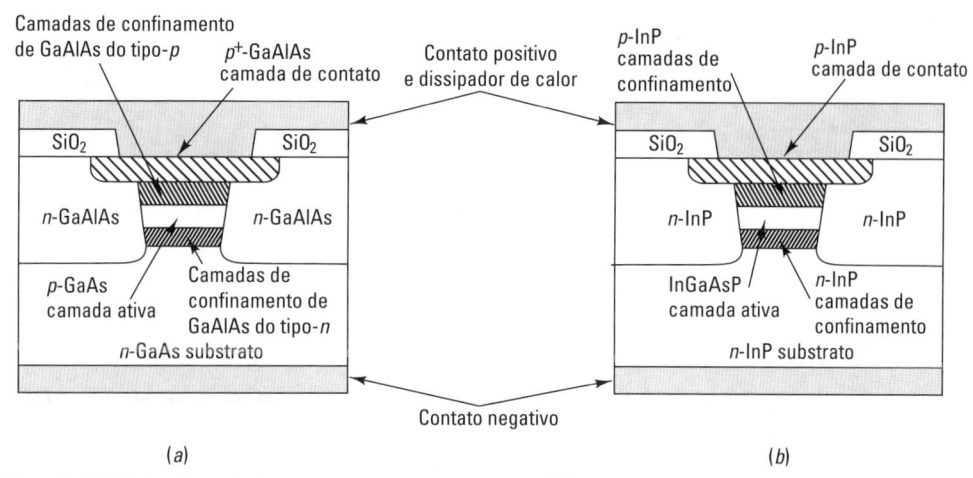

Figura 4.25 Diodos *laser* de heteroestruturas enterradas de (*a*) GaAlAs de curto comprimento de onda (800-900 nm) e (*b*) InGaAsP de longo comprimento de onda (1.300-1.600 nm).

Essa perda de radiação aparece no diagrama de radiação de campo-distante como lóbulos laterais estreitos em relação ao feixe principal, como mostrado na Figura 4.24*c*. Uma vez que o modo fundamental nesse dispositivo tem uma menor perda de radiação do que qualquer outro modo, ele é o primeiro ter a condição de *laser*. O *laser* de índice positivo é o mais popular dessas duas estruturas.

Os *lasers* guiados por índice podem ser feitos utilizando qualquer uma das seguintes quatro estruturas fundamentais: heteroestruturas enterradas, construção seletivamente difusa, estrutura de espessura variável e configuração dobrada em camada. Para fazer o *laser* de *heteroestrutura enterrada* (BH) mostrado na Figura 4.25, uma mesa estreita em forma de barra (1-2 μm de largura) é gravada em um material com dupla heteroestrutura. A mesa é, então, incorporada em um material casado do tipo-*n* de alta resistividade com um *bandgap* apropriado e baixo índice de refração. Esse material é o GaAlAs para *laser* em 800-900 nm com uma camada de GaAs ativo, e o InP para *laser* de 1.300-1.600 nm com uma camada ativa InGaAsP. Essa configuração, portanto, aprisiona fortemente a luz gerada em um guia de ondas de luz lateral. Certo número de variações dessa estrutura fundamental tem sido utilizado para fabricar diodos *laser* de alto desempenho.[3]

A *construção seletivamente difusa* é mostrada na Figura 4.26*a*. Aqui, um dopante químico, como o zinco para *lasers* de GaAlAs e o cádmio para os *lasers* de InGaAsP, é difundido para dentro da camada ativa imediatamente abaixo da faixa de contato metálico. O dopante muda o índice de refração da camada ativa de modo a formar um canal de guia de onda lateral. Na *estrutura de espessura variável*, mostrada na Figura 4.26*b*, um canal (ou outra configuração topológica, como uma mesa ou terraço) é gravado para dentro do substrato. As camadas de cristal passam, então, novamente por um crescimento no canal utilizando epitaxia de fase líquida. Esse processo preenche as depressões e dissolve parcialmente as saliências, criando assim variações na espessura das camadas ativas e confinantes. Quando uma onda óptica encontra um local com aumento de espessura, a área mais espessa atua como um guia de onda de índice positivo de material de alto índice. Na *estrutura de camada dobrada*, uma mesa é gravada no substrato como mostrado na

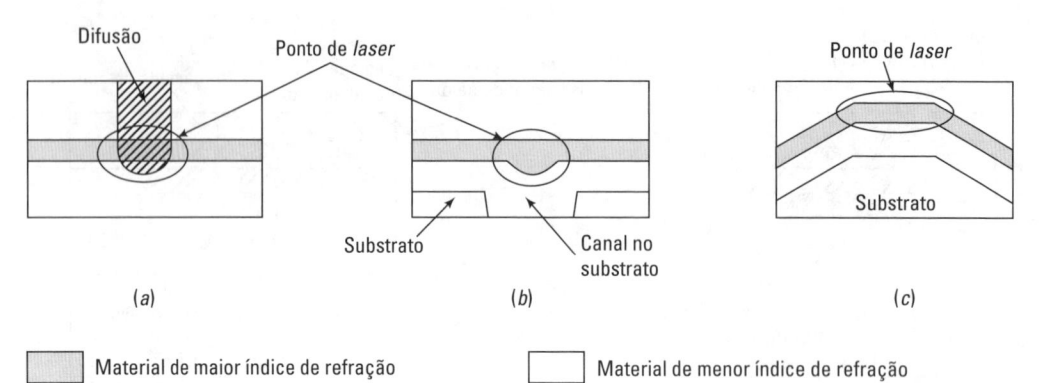

Figura 4.26 Estrutura de índice positivo que confina ondas ópticas dos tipos (a) seletivamente difusa, (b) de espessura variável e (c) de camada dobrada.
(Adaptada com permissão de Botez,[30] © 1985, IEEE.)

Figura 4.26c. Camadas de material semicondutor passam por crescimento sobre essa estrutura usando epitaxia de fase de vapor para reproduzir exatamente a configuração da mesa. A camada ativa tem uma espessura constante, com dobras laterais. Como uma onda óptica viaja ao longo da parte superior plana da mesa na região ativa, o material de menor índice externo às dobras confina a luz ao longo do canal lateral.

Além de confinar a onda óptica em uma estreita faixa lateral para conseguir uma potência de saída contínua e alta, é também necessário limitar a corrente de excitação fortemente para a camada ativa, de modo que mais de 60% da corrente contribua para o *laser*. A Figura 4.27 mostra os quatro *métodos básicos de confinamento da corrente*. Em cada um dos métodos, a arquitetura dos dispositivos bloqueia a corrente em ambos os lados da região de *laser*. Isso é alcançado ou através de regiões de alta resistividade ou por junções *pn* polarizadas reversas, que impedem o fluxo de corrente, enquanto o dispositivo está polarizado diretamente sob condições normais. Para estruturas com uma camada ativa contínua, a corrente pode ser confinada tanto acima como abaixo da região de *laser*. Os diodos são polarizados diretamente de forma que a corrente flua da região do tipo-*p* para as regiões do tipo-*n*. No método de *difusão preferencial do dopante*, quando se difunde parcialmente um dopante do tipo-*p* (Zn ou Cd) através da camada superior (*capping layer*)* do tipo-*n*, estabelece-se um caminho estreito para a corrente, uma vez as junções *pn* reversamente polarizadas bloqueiam a corrente fora da região difusa. O método de *implantação de prótons* cria regiões de alta resistividade, o que restringe a corrente para uma passagem estreita entre essas regiões. A técnica de *confinamento de faixa interior* faz crescer uma estrutura de *laser* acima de um canal gravado em material planar. Junções *pn* reversas limitam a corrente de ambos os lados do canal. Quando a camada ativa é descontínua, como em heteroestruturas enterradas, a corrente pode ser bloqueada em ambos os lados da mesa fazendo crescer junções *pn* que são reversamente polarizadas quando o dispositivo está em funcionamento. Um diodo *laser* pode usar mais de uma técnica de confinamento de corrente.

---

* N. de T.: *Capping layer* é denominada a camada que recobre a região de interesse para proteção.

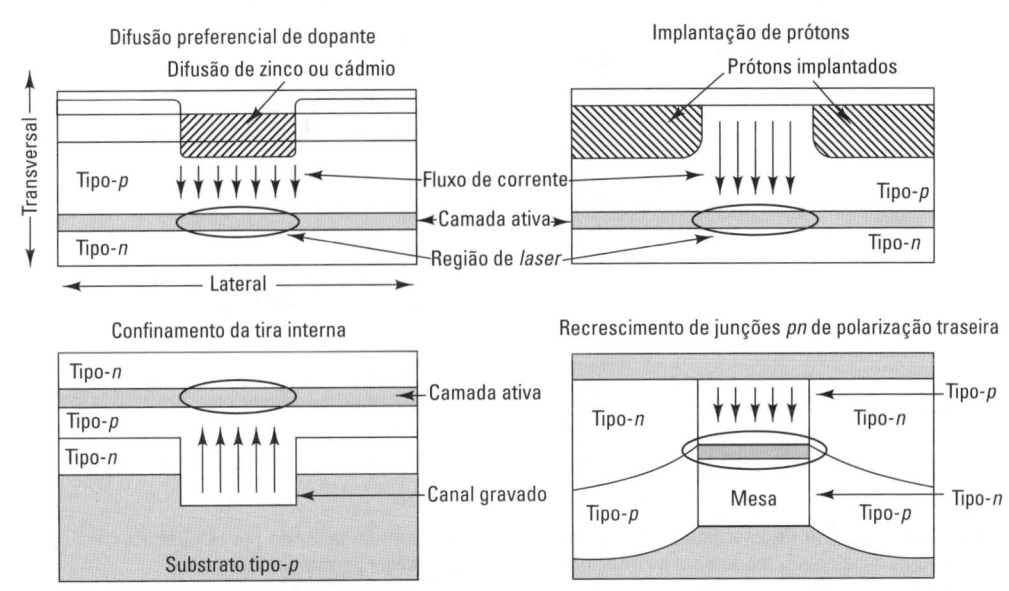

Figura 4.27 Quatro métodos básicos para atingir o confinamento de corrente em diodos *laser*: (*a*) difusão preferencial do dopante, (*b*) implantação de prótons, (*c*) confinamento de faixa interior e (*d*) recrescimento de junções *pn* de polarização traseira.
(Adaptada com permissão de Botez,[30] © 1985, IEEE.)

Em um *laser* de dupla heterojunção, o modo transversal de ordem mais alta que pode ser excitado depende da espessura do guia de ondas e das diferenças de índice de refração nas fronteiras do guia de ondas.[1] Se as diferenças do índice de refração forem mantidas em aproximadamente 0,08, somente o modo transversal fundamental se propagará caso a área ativa seja mais fina do que 1 μm.

Quando se projetam a largura e espessura da cavidade óptica, um equilíbrio deve ser feito entre a densidade da corrente e a largura do feixe de saída. Quando a largura ou a espessura da região ativa é aumentada, ocorre um estreitamento da largura de feixe lateral ou transversal, respectivamente, mas à custa de um aumento da densidade de corrente de limiar. A maioria dos dispositivos de guia de onda de índice positivo tem um ponto de *laser* de largura 3 μm por 0,6 μm de altura. Isso é significativamente maior do que a espessura da camada ativa, uma vez que cerca de metade da luz viaja nas camadas confinantes. Tais *lasers* podem operar de forma confiável apenas em onda contínua (CW*) com potências de saída de 3-5 mW. As larguras de meia potência dos feixes transversal e lateral mostradas na Figura 4.18 tem cerca de $\theta_\perp \simeq$ 30-50° e $\theta_\parallel \simeq$ 5-10°, respectivamente.

Apesar de a camada ativa de um *laser* padrão de heteroestrutura dupla ser suficientemente fina (1-3 μm) para confinar os elétrons e o campo óptico, as propriedades eletrônicas e ópticas permanecem as mesmas do material volumétrico (*bulk*). Isso limita a densidade de corrente de limiar possível, a velocidade de modulação e largura de linha do dispositivo. Os *lasers de poços quânticos* superam essas limitações por terem uma espessura de camada ativa em torno de 10 nm.[31-32] Isso altera drasticamente as propriedades

---

* N. de T.: *Continuous-wave*, assim como a corrente contínua (DC) em circuitos elétricos, implica um nível de potência óptica de saída independente do tempo.

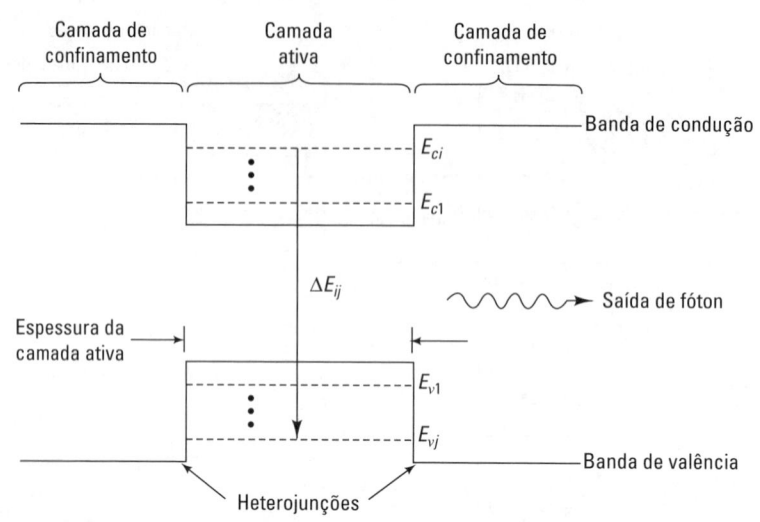

Figura 4.28 Diagrama de energias para uma camada quântica em um *laser* de poços quânticos múltiplos (MQW). O parâmetro ΔE_{ij} representa as transições de nível de energia permitidas.

ópticas e eletrônicas, porque a dimensionalidade do movimento dos elétrons livres é reduzida de três para duas dimensões. Como mostrado na Figura 4.28, a restrição do movimento normal dos portadores às camadas ativas resulta na quantização dos níveis de energia. As transições possíveis entre níveis de energia que levam à emissão de fótons são designadas por ΔE_{ij} (ver Problema 4.16). Ambos os *lasers* de *poços quânticos únicos* (SQW) e *poços quânticos múltiplos* (MQW) foram fabricadas. Essas estruturas contêm uma única ou múltiplas regiões ativas, respectivamente. As camadas que separam as zonas ativas são chamadas de *barreiras*. Os *lasers* de MQW têm um melhor confinamento dos modos ópticos, que resulta em menor densidade de corrente de limiar. O comprimento de onda de saída da luz pode ser alterado ajustando a espessura d da camada. Por exemplo, em um *laser* de poço quântico de InGaAs, o comprimento de onda do pico de saída se move de 1.550 nm, quando $d = 10$ nm, para 1.500 nm, quando $d = 8$ nm.

4.3.6 *Lasers* monomodo

Para comunicações de longa distância em alta velocidade, são necessários *lasers* monomodo que devem conter apenas um único modo longitudinal e um único modo transversal. Dessa maneira, a largura espectral da emissão óptica será muito estreita.

Uma forma de limitar um *laser* para ter apenas um modo longitudinal é reduzir o comprimento L da cavidade até o ponto em que a separação de frequências $\Delta \nu$ dos modos adjacentes apresentados na Equação (4.45) seja maior do que a largura de linha da transição do *laser*, isto é, apenas um único modo longitudinal cabe dentro da largura de banda de ganho do dispositivo. Por exemplo, para uma cavidade de Fabry-Perot, todos os modos longitudinais têm perdas quase iguais e são espaçados por aproximadamente 1 nm em uma cavidade de 250 μm de comprimento em 1.300 nm. Quando se reduz L de 250 μm a 25 μm, o espaçamento dos modos aumenta de 1 nm para 10 nm. Contudo, esses comprimentos tornam o dispositivo difícil de manusear, e eles são limitados a potências de saída óptica de apenas uns poucos miliwatts.[33]

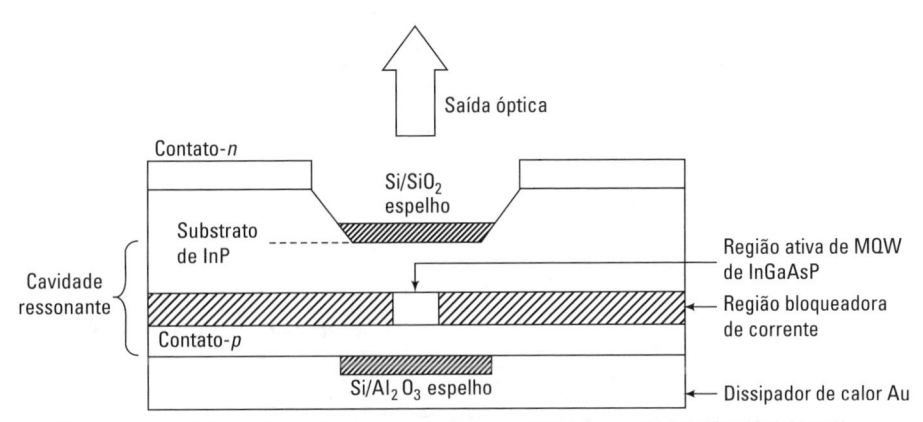

Figura 4.29 Arquitetura básica de um *laser* de emissão superficial em cavidade vertical (VCSEL).

Alguns dispositivos alternativos foram assim desenvolvidos. Entre eles, estão os *lasers* de emissão superficial em cavidade vertical, estruturas que têm uma grade construída internamente que possui seletividade de frequência e *lasers* sintonizáveis. Aqui, estudamos a primeira das duas estruturas. Os *lasers* sintonizáveis são discutidos no Capítulo 10 com relação à sua utilização em conexões ópticas de múltiplos comprimentos de onda. A característica especial de um *laser de emissão superficial em cavidade vertical* (VCSEL)[6, 34-36] é que a emissão de luz é perpendicular à superfície do semicondutor, conforme ilustra a Figura 4.29. Esse recurso facilita a integração de múltiplos *lasers* em um único *chip*, em matrizes de uma ou duas dimensões, que os torna atraentes para aplicações em multiplexação por divisão em comprimento de onda. O volume da região ativa desses dispositivos é muito pequeno, o que leva a correntes de limiar muito baixas (< 100 μA). Além disso, para uma potência de saída equivalente em comparação a *lasers* de emissão lateral, as larguras de banda da modulação são muito maiores, uma vez que as densidades mais altas de fótons reduzem o tempo de vida radiativo. O sistema de espelhos usados no VCSEL para formar a cavidade ressonante é de crítica importância, uma vez que uma refletividade máxima é necessária para um funcionamento eficaz. A Figura 4.29 apresenta um sistema de espelho, que é constituído por um material semicondutor, como Si/SiO_2, e por um material e uma camada de óxido, como Si/Al_2O_3, assim como outro material.

Três tipos de configurações de *laser* utilizando um *refletor embutido seletivo em frequência* são mostrados na Figura 4.30. Em cada caso, o refletor seletivo em frequência é uma grade ondulada que forma uma camada de um guia de ondas passivo adjacente à região ativa. A onda óptica propaga-se paralelamente a essa grade. A operação desses tipos de *laser* é baseada na reflexão distribuída por grades de Bragg.[30] A grade de Bragg é essencialmente uma região de variação periódica do índice de refração que faz duas ondas que se propagam em sentidos opostos se acoplarem. O acoplamento é máximo para comprimentos de onda próximos ao comprimento de onda Bragg λ_B, que está relacionada com o período Λ das ondulações por

$$\lambda_B = \frac{2n_e \Lambda}{k} \tag{4.47}$$

onde n_e é o índice de refração efetivo do modo, e k é, ordem da grade. Grades de primeira ordem ($k = 1$) proporcionam o acoplamento mais forte, mas às vezes grades de segunda ordem são usadas porque períodos maiores de ondulação são mais fáceis de serem fabricados. Os *lasers* baseados nessa arquitetura exibem um bom funcionamento monomodo longitudinal com baixa sensibilidade a variações da corrente de deriva e da temperatura.

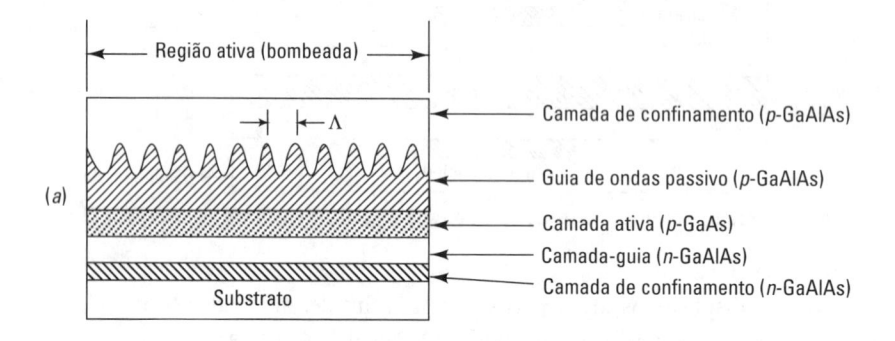

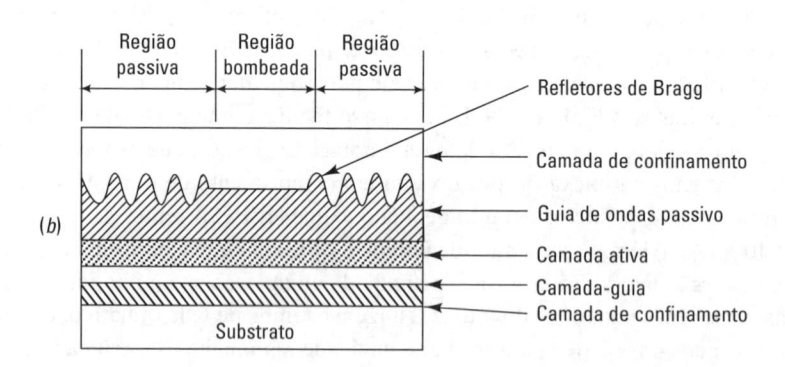

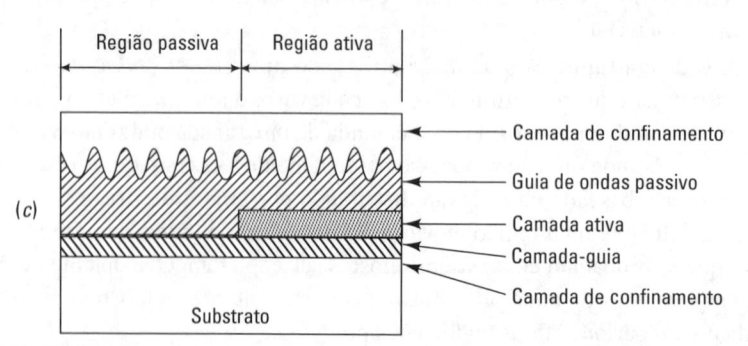

Figura 4.30 Há três tipos de estruturas de *laser* que utilizam grades ressonadoras embutidas seletivas de frequência: (*a*) *laser* de realimentação distribuída (DFB), (*b*) *laser* com refletores de Bragg distribuídos (DBR), e (*c*) *laser* de refletores distribuídos (DR).

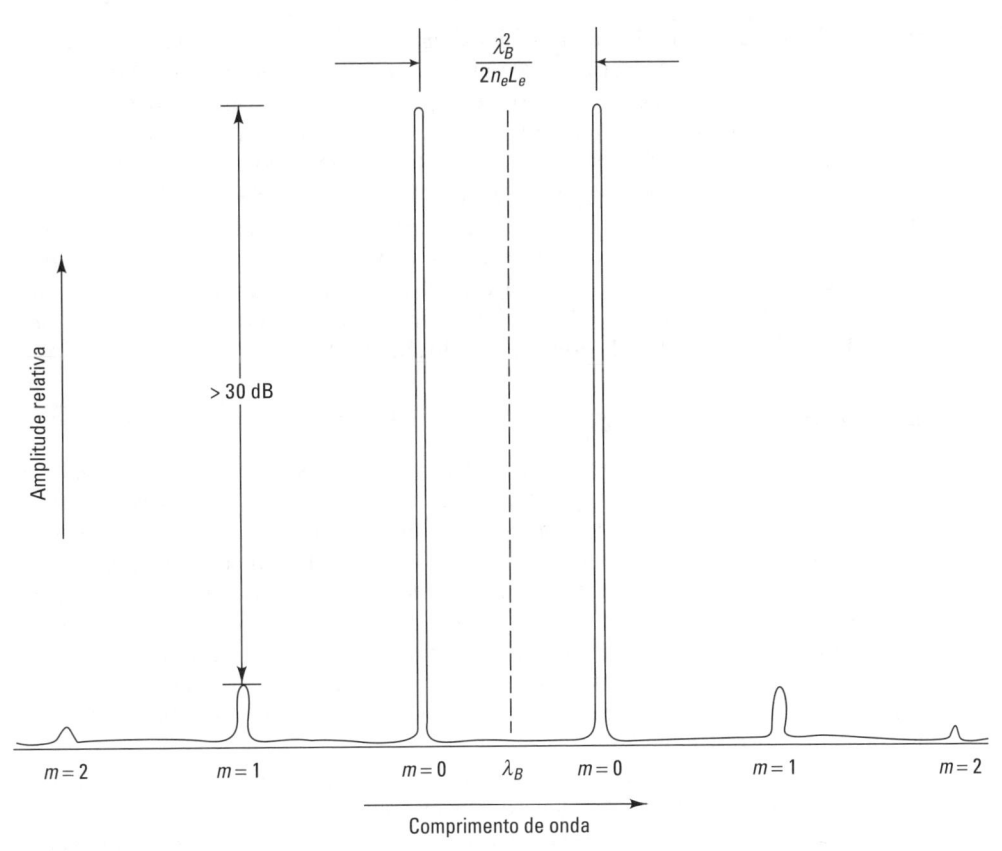

Figura 4.31 Espectro de saída simetricamente distribuído em torno de λ_B em um diodo *laser* de realimentação distribuída idealizado (DFB).

No *laser de realimentação distribuída* (DFB)[1, 28, 29] a grade seletora de comprimento de onda é formada por toda a região ativa. Como mostra a Figura 4.31, em um *laser* DFB ideal, os modos longitudinais estão espaçados simetricamente em torno de λ_B, em comprimentos de onda dados por

$$\lambda = \lambda_B \pm \frac{\lambda_B^2}{2n_e L_e}\left(m + \frac{1}{2}\right) \qquad (4.48)$$

onde $m = 0, 1, 2, ...$ é a ordem do modo, e L_e, o comprimento efetivo da grade. As amplitudes dos modos sucessivos de ordem mais elevada de *laser* são muito reduzidas em comparação à amplitude de ordem zero; por exemplo, o modo de primeira ordem ($m = 1$) está geralmente mais que 30 dB abaixo da amplitude de ordem zero ($m = 0$).

Teoricamente, em um *laser* DFB que possui ambas as extremidades com revestimento antirreflexão, os dois modos de ordem zero em cada lado do comprimento de onda de Bragg devem experimentar o mesmo limiar de ganho mais baixo e formar um *laser* simultaneamente em uma estrutura idealizada simétrica. No entanto, na prática, como o processo de clivagem é aleatório, ele levanta a degenerescência do ganho modal, resultando em um funcionamento monomodo. Essa faceta assimétrica pode ser ainda aumentada pela deposição de um revestimento de alta reflexão em uma extremidade e um revestimento de baixa reflexão sobre o outro, por exemplo, cerca de 2% na faceta frontal e de 30% na faceta traseira. As variações de projeto de DFB têm sido a introdução de um deslocador de fase óptico de $\pi/2$ de (isto é, um quarto de comprimento de onda) na ondulação central da cavidade óptica para fazer o *laser* oscilar próximo ao comprimento de onda de Bragg, pois as reflexões ocorrem mais eficazes nesse comprimento de onda.

Para o *laser refletor de Bragg distribuído* (DBR),[29,37] as grades estão localizadas nas extremidades da camada ativa normal do *laser* para substituir os espelhos clivados na extremidade utilizados no ressonador óptico de Fabry-Perot (Figura 4.30b). O *laser de refletores distribuídos* consiste em vários refletores ativos e passivos distribuídos (Figura 4.30c). Essa estrutura melhora as propriedades de *laser* dos convencionais *lasers* DFB e DBR e tem uma elevada eficiência e capacidade de saída.

4.3.7 Modulação de diodos *laser*

O processo de colocar as informações em uma onda luminosa é chamado de *modulação*. Para taxas de dados menores do que 10 Gb/s (geralmente 2,5 Gb/s), o processo de impor informação sobre um fluxo de luz emitido por um *laser* pode ser realizado por meio de *modulação direta*. Isso envolve diretamente a variação da corrente de deriva do *laser* com o fluxo de informação formatado eletricamente para produzir uma potência de saída óptica correspondente. Para maiores taxas de dados, é preciso usar um dispositivo chamado *modulador externo* para modificar temporariamente o nível de potência óptica estacionária emitida pelo *laser* (ver Seção 4.3.8). Uma variedade de moduladores externos está disponível comercialmente como dispositivo separado e como parte integrante do conjunto transmissor de *laser*.

A limitação básica sobre a taxa de modulação direta de diodos *laser* depende do tempo de vida dos portadores nas emissões espontânea e estimulada e do tempo de vida dos fótons. O *tempo de vida de recombinação espontânea dos portadores* τ_{sp} é uma função da estrutura de bandas do semicondutor e da concentração de portadores. Em temperatura ambiente, esse tempo de vida é de cerca de 1 ns em materiais à base de GaAs para concentrações de dopante na ordem de 10^{19} cm^{-3}. O *tempo de vida de recombinação estimulada dos portadores* τ_{st} depende da densidade óptica no interior da cavidade de *laser* e é da ordem de 10 ps. O *tempo de vida do fóton* τ_{fot} é o tempo médio que o fóton reside na cavidade de *laser* antes de ser perdido ou por absorção ou por emissão através das facetas. Em uma cavidade de Fabry-Perot, o tempo de vida dos fótons é[1]

$$\tau_{fot}^{-1} = \frac{c}{n}\left(\bar{\alpha} + \frac{1}{2L}\ln\frac{1}{R_1 R_2}\right) = \frac{c}{n}g_{th} \qquad (4.49)$$

Para um valor típico de g_{th} = 50 cm^{-1} e um índice de refração do material do *laser* de n = 3,5, o tempo de vida dos fótons é de aproximadamente τ_{fot} = 2 ps. Esse valor define o limite superior para a capacidade de modulação direta do diodo *laser*.

Um diodo *laser* pode ser facilmente modulado por pulso, pois o tempo de vida dos fótons é muito menor do que o tempo de vida dos portadores. Se o *laser* é completamente desligado após cada pulso, o tempo de vida de emissão espontânea dos portadores irá limitar a taxa de modulação. Isso ocorre porque, no início de um pulso de corrente de amplitude I_p, um período de tempo t_d dado por (ver Problema 4.19)

$$t_d = \tau \ln \frac{I_p}{I_p + (I_B - I_{th})} \qquad (4.50)$$

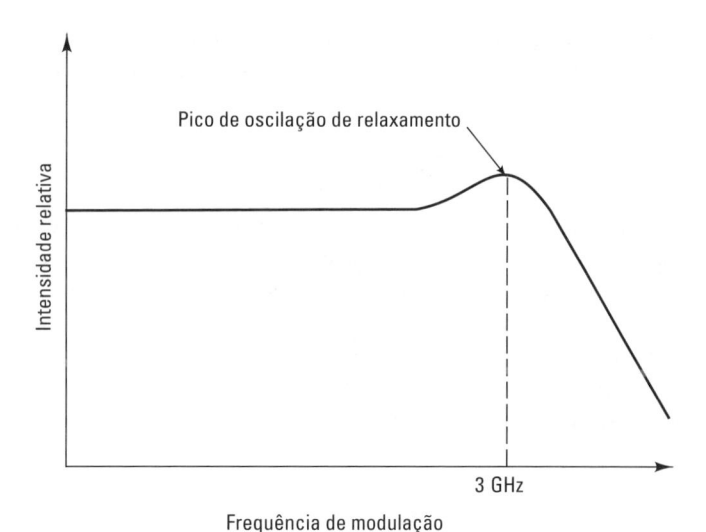

Figura 4.32 Exemplo de pico de oscilação de relaxamento de um diodo *laser*.

é necessário para alcançar a inversão de população necessária para produzir um ganho que é suficiente para vencer as perdas ópticas no interior da cavidade do *laser*. Na Equação (4.50), o parâmetro I_B é a corrente de polarização, que é uma corrente contínua fixa aplicada ao *laser*. O parâmetro τ é o tempo médio de vida dos portadores na região de recombinação quando a corrente total $I = I_p + I_B$ está perto da corrente de limiar I_{th}. A Equação (4.50) mostra que o atraso de tempo pode ser eliminado pela alimentação contínua do diodo *laser* na corrente de limiar. A modulação do pulso é, então, realizada pela modulação do *laser* apenas na região de operação acima do limiar. Nessa região, o tempo de vida dos portadores está agora reduzido para o tempo de vida da emissão estimulada, de modo que permite elevar as taxas de modulação.

Quando se utiliza um diodo *laser* modulado diretamente para os sistemas de transmissão de alta velocidade, a frequência de modulação pode não ser maior do que a frequência das oscilações de relaxamento do campo *laser*. A oscilação de relaxamento depende tanto do tempo de vida de recombinação espontânea como do tempo de vida dos fótons. Teoricamente, assumindo uma dependência linear do ganho óptico com relação à densidade de portadores, a oscilação de relaxamento ocorre aproximadamente em[1]

$$f = \frac{1}{2\pi} \frac{1}{(\tau_{sp} \tau_{fot})^{1/2}} \left(\frac{I}{I_{th}} - 1 \right)^{1/2} \quad (4.51)$$

Uma vez que τ_{sp} está ao redor de 1 ns e τ_{fot} é da ordem de 2 ps para um *laser* de 300 μm de comprimento, quando a corrente de injeção é de cerca de duas vezes a corrente de limiar, a frequência de modulação máxima é de poucos gigahertz. Um exemplo de um *laser* que tem um pico de oscilação de relaxamento em 3 GHz é mostrado na Figura 4.32.

Na realização da modulação analógica dos diodos *laser*, a corrente de deriva deve ficar acima do limiar proporcional ao sinal de informação de banda-base. Como requisito para esse esquema de modulação, deve existir uma relação linear entre a saída de luz e a corrente de entrada. No entanto, a degradação do sinal resultante de não linearidades que são consequência das características de resposta transiente dos diodos *laser* torna a implementação da modulação de intensidade analógica suscetível aos efeitos de intermodulação e modulação cruzada. O uso de modulação por código de pulso ou de técnicas especiais de compensação pode aliviar esses efeitos não lineares.

4.3.8 Largura de linha do *laser*

Em *lasers* não baseados em semicondutores, como no caso de *lasers* de estado sólido, pode-se demonstrar que o ruído resultante de efeitos de emissão espontânea resulta em uma largura espectral finita ou *largura de linha* Δv na saída do *laser*. Entretanto, um *laser* de semicondutor tem uma largura de linha significativamente maior do que o que é previsto por essa simples teoria. Em um material semicondutor, tanto o ganho óptico como o índice de refração dependem da densidade real de portadores no meio. Essa relação conduz a um mecanismo de acoplamento índice-ganho, isto é, dá origem a uma interação entre o ruído de fase e a intensidade da luz. O resultado calculado teoricamente é[38]

$$\Delta v = \frac{R_{sp}}{4\pi I}(1+\alpha^2) \tag{4.52}$$

Onde I é o número médio de fótons no interior da cavidade de *laser*; R_{sp}, a taxa de emissão espontânea [ver Equação (4.30)]; e o parâmetro α, o *fator de intensificação da largura de linha*. Basicamente isso mostra que, em *lasers* semicondutores, a largura de linha é aumentada por um fator de $(1+\alpha^2)$.

A expressão da largura de linha na Equação (4.52) pode ser reescrita em termos de potência de saída óptica P_{sai} como[39]

$$\Delta v = \frac{V_g^2 h v g_{th} n_{sp} \alpha_t}{8\pi P_{sai}}(1+\alpha^2) \tag{4.53}$$

onde V_g é a velocidade de grupo da luz; hv, a energia de fótons; g_{th}, o ganho de limiar; α_t, a perda da cavidade [ver Equação (4.28)]; e n_{sp}, o *fator de emissão espontânea* (a razão entre a emissão espontânea acoplada no modo de *laser* e a emissão total espontânea).

A Equação (4.53) mostra que certo número de variáveis influencia a magnitude da largura de linha do *laser*. Por exemplo, geralmente Δv diminui à medida que se aumenta a potência de saída do *laser*. O valor do fator-α também influencia a largura de linha. Valores comuns do fator-α adimensional encontra-se no intervalo de 2,0-6,0 com números calculados estando em boa concordância com os dados experimentais. Além disso, a construção do *laser* pode influenciar a largura de linha, uma vez que os valores do fator α são diferentes, dependendo do tipo de material e da estrutura do diodo *laser*. Por exemplo, o fator-α é menor em estruturas de *laser* de MQW do que em material *bulk*, e valores ainda menores são exibidos em dispositivos como *lasers* de *quantum dots*.[39, 40] Para os *lasers* DFB, as larguras de linha estão na faixa de 5-10 MHz (ou, de forma equivalente, em torno de 10^{-4} nm).

A largura espectral de um *laser* também pode aumentar de forma significativa quando a modulação direta é usada para variar o nível de saída de luz. Esse alargamento da linha é chamado de *efeito de gorjeio* (*chirping effect*), que é explicado em mais detalhes na Seção 8.3.3.

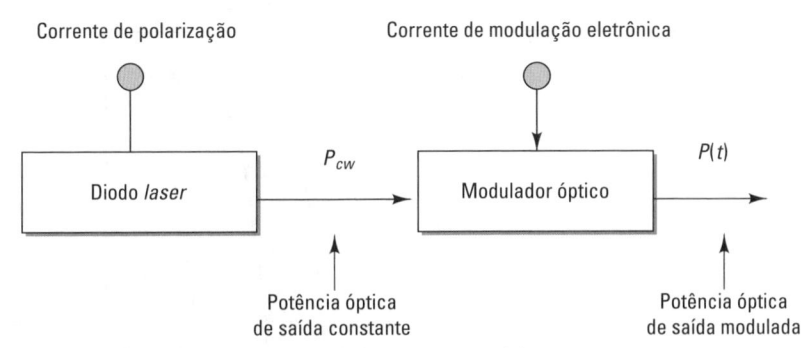

Figura 4.33 Conceito operacional de um modulador externo genérico.

4.3.9 Modulação externa

Quando a modulação direta é utilizada em um transmissor de *laser*, o processo de tornar o *laser* ligado e desligado com um acionamento elétrico de corrente produz uma ampliação da largura de linha do *laser*. Esse fenômeno é conhecido como *gorjeio* e faz os *lasers* modulados diretamente indesejáveis para o funcionamento em velocidades maiores que 2,5 Gb/s. Para essas aplicações de alta taxa, é preferível usar um modulador externo, como mostrado na Figura 4.33. Em tal configuração, a fonte óptica emite um sinal de luz de amplitude constante que penetra no modulador externo. Nesse caso, em vez de variar a amplitude da luz que sai do *laser*, o sinal elétrico muda dinamicamente o nível de potência óptica que sai do modulador externo. Assim, esse processo produz um sinal óptico variável no tempo. O modulador externo pode ser integrado fisicamente no mesmo conjunto com a fonte de luz ou pode ser um dispositivo separado. Os dois tipos principais de dispositivos são o modulador de fase eletro-óptico e o modulador de eletroabsorção.[41,42]

O modulador de fase *eletro-óptico* (EO) (também chamado de *modulador de Mach-Zehnder* ou MZM) é feito em geral de niobato de lítio ($LiNbO_3$). Em um modulador EO, o feixe de luz é dividido ao meio e, em seguida, enviado através de dois caminhos separados, como mostra a Figura 4.34. Um sinal elétrico de alta velocidade, em seguida, muda a fase do sinal de luz de um dos caminhos. Isso é feito de tal maneira que, quando as duas metades do sinal se encontrarem novamente na saída do dispositivo, elas se recombinarão construtiva ou destrutivamente. A recombinação construtiva produz um sinal luminoso e corresponde a um pulso 1. Por sua vez, a recombinação destrutiva resulta em duas metades do sinal que se cancelam mutuamente, de modo que não há luz na saída do combinador de feixe. Isso corresponde a um pulso 0. Os moduladores de $LiNbO_3$ são dispositivos embalados separadamente e podem ter comprimentos de até 12 cm (5 polegadas).

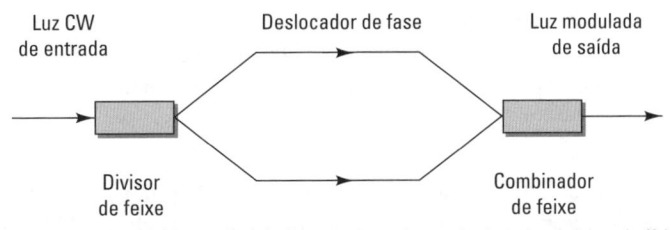

Figura 4.34 Conceito operacional de um modulador externo eletro-óptico de niobato de lítio.

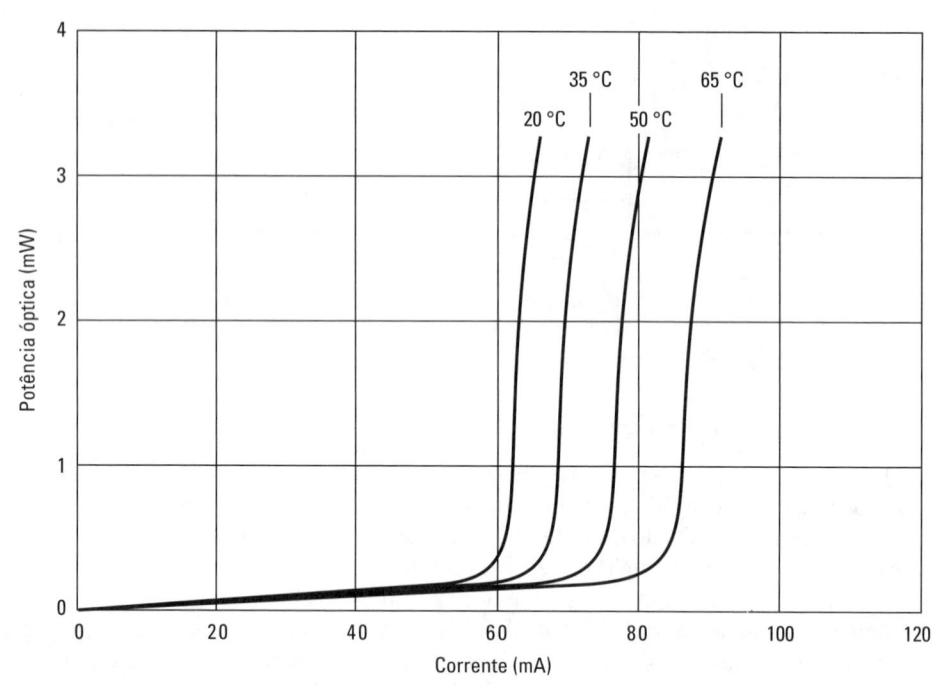

Figura 4.35 Comportamento da potência óptica de saída dependente da temperatura em função da corrente de polarização para um diodo *laser* particular com $T_0 = 135\,°C$ e $I_z = 52$ mA.

O *modulador de eletroabsorção* (EAM) é geralmente construído a partir de *fosfeto de índio* (InP). Ele funciona tendo um sinal elétrico que altera as propriedades de transmissão do material no percurso da luz para torná-lo transparente durante um pulso 1 ou opaco durante um pulso 0. Como o InP é utilizado como material para um EAM, ele pode ser integrado sobre o mesmo substrato, como um *chip* de diodo *laser* DFB. O módulo completo de *laser* mais modulador pode ser colocado em um pacote padrão, reduzindo assim a tensão da unidade, a potência e os requisitos de espaço em comparação ao pacote separado de *laser* e modulador de $LiNbO_3$.

4.3.10 Efeitos de temperatura

Um fator importante a ser considerado na aplicação de diodos *laser* é a dependência com a temperatura da corrente de limiar de $I_{th}(T)$. Esse parâmetro aumenta com a temperatura em todos os tipos de *lasers* semicondutores em razão de vários fatores dependentes da temperatura.[3] A complexidade desses fatores impede a formulação de uma única equação válida para todos os dispositivos e intervalos de temperatura. No entanto, a variação de temperatura de I_{th} pode ser aproximada pela expressão empírica

$$I_{th}(T) = I_z e^{T/T_0} \tag{4.54}$$

onde T_0 é uma medida do coeficiente de temperatura de limiar, e I_z, uma constante. Para uma geometria convencional de tira para um diodo *laser* de GaAlAs, T_0 é geralmente 120-165 °C na vizinhança da temperatura ambiente. Um exemplo de um diodo *laser* com $T_0 = 135$ °C e $I_z = 52$ mA é mostrado na Figura 4.35. A variação da temperatura com I_{th} é de 0,8% por °C, como mostra a Figura 4.36. Dependências menores de I_{th} com a temperatura são demonstradas para *lasers* de heteroestruturas de poços quânticos de GaAlAs. Para esses *lasers*, T_0 pode ser tão elevado quanto 437 °C. A dependência da temperatura de I_{th} para esse dispositivo também é mostrada na Figura 4.36. A variação do limiar para esse tipo particular de *laser* é de 0,23% por °C.

Para o diodo *laser* mostrado na Figura 4.35, a corrente de limiar aumenta por um fator cerca de 1,4 entre 20 e 60 °C. Além disso, o limiar do efeito *laser* pode mudar com a idade do *laser*. Consequentemente, se o nível de potência óptica de saída deve ser mantido constante com relação a mudanças de temperatura ou com a idade do *laser*, é necessário ajustar o nível de alimentação de corrente cc. Um método possível para atingir esse objetivo automaticamente é por meio de um esquema de realimentação óptico.

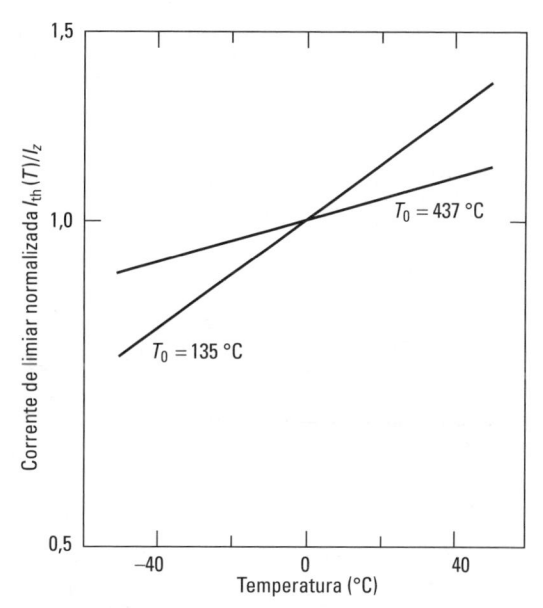

Figura 4.36 Variação com a temperatura da corrente de limiar I_{th} para dois tipos de diodos *laser*.

A realimentação óptica pode ser realizada por meio de um fotodetector, para detectar a variação na potência óptica emitida a partir da faceta traseira do *laser* ou para separar e controlar uma pequena parte da energia emitida no acoplamento com a fibra a partir da faceta frontal. O fotodetector compara a saída de potência óptica com um nível de referência e ajusta o nível de corrente cc automaticamente para manter um pico de luz na saída constante em relação ao da referência. O fotodetector utilizado deve ter uma resposta estável em longo prazo que se mantenha constante ao longo de um amplo intervalo de temperaturas. Para a operação na região de 800-900 nm, um fotodiodo PIN de silício geralmente exibe essas características (ver Capítulo 6).

Exemplo 4.15 Um engenheiro tem um *laser* GaAlAs com um coeficiente de temperatura de limiar $T_0 = 135$ °C e um *laser* de InGaAsP com $T_0 = 55$ °C. Compare a porcentagem de alteração na corrente de limiar para cada um dos *lasers* quando a temperatura aumenta de 20 °C para 65 °C.

Solução: (a) Tomando $T_1 = 20$ °C e $T_2 = 65$ °C, a partir da Equação (4.54) para o *laser* de GaAlAs, temos que a corrente de limiar aumenta por

$$\frac{I_{th}(65\ °C)}{I_{th}(20\ °C)} = e^{(T_2-T_1)/T_0} = e^{(65-20)/135} = 1{,}40 = 140\%$$

(b) De modo semelhante, deixando $T_1 = 20$ °C e $T_2 = 65$ °C na Equação (4.54) para o *laser* de InGaAsP, temos que a corrente de limiar aumenta por

$$\frac{I_{th}(65\ °C)}{I_{th}(20\ °C)} = e^{(65-20)/55} = 2{,}27 = 227\%$$

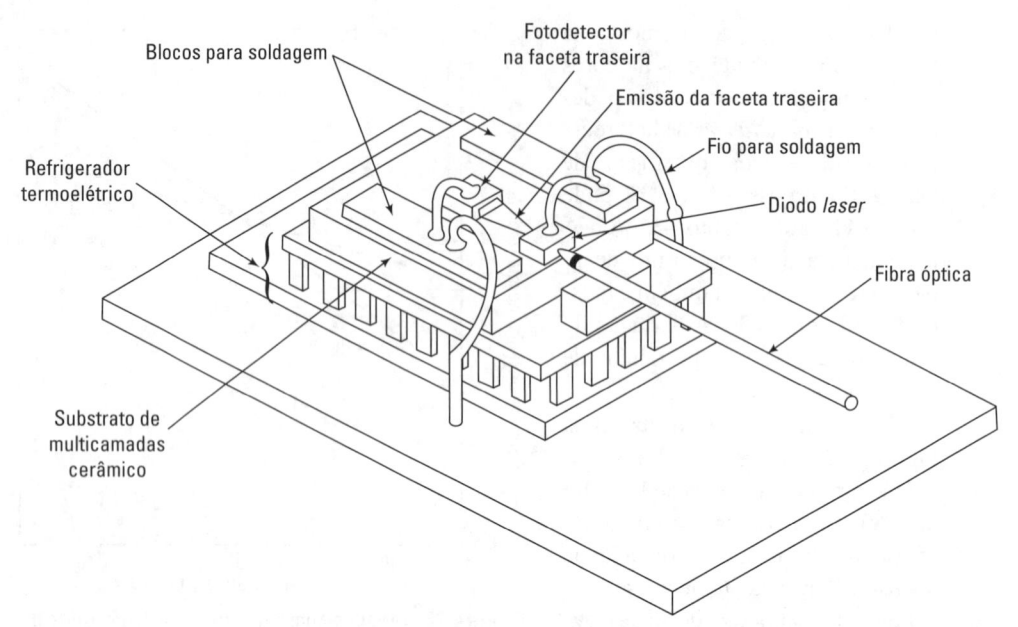

Figura 4.37 Construção de um transmissor de *laser* que utiliza um fotodiodo na faceta traseira para controle de saída e um refrigerador termoelétrico para a estabilização da temperatura.

Outro método padrão de estabilizar a saída óptica de um diodo *laser* é a utilização de um refrigerador termoelétrico em miniatura.[43] Esse dispositivo mantém o *laser* a uma temperatura constante e, consequentemente, estabiliza o nível de saída. Normalmente, um refrigerador termoelétrico é utilizado em conjunto com um circuito de realimentação na faceta traseira do detector, como é mostrado na Figura 4.37.

4.4 Codificação de canal

Na concepção de um *link* de comunicação para o transporte de informação digitalizada, uma consideração importante é o formato do sinal digital transmitido.[44-49] O formato de sinal que é enviado a partir do transmissor é importante, pois o receptor deve ser capaz de extrair precisamente a *informação de temporização* do sinal de entrada. Os três principais objetivos da *temporização* são:
- Permitir que o sinal seja amostrado pelo receptor no momento em que a relação sinal-ruído é máxima.
- Manter um espaçamento adequado entre os pulsos.
- Indicar o início e fim de cada intervalo de temporização.

Além disso, pode ser desejável para o sinal possuir uma capacidade inerente de detecção de erro, bem como um mecanismo de correção de erro, caso seja necessário ou prático. Essas características de temporização e minimização de erro podem ser incorporadas no fluxo de dados por meio da reestruturação ou *codificação* do sinal digital. Esse processo é chamado de *codificação de canal* ou *de linha*. Esta seção examina os códigos binários básicos de linha que são usados em sistemas de comunicação por fibras ópticas. O Capítulo 7 apresenta mais detalhes sobre os formatos de sinal específicos nas discussões relacionadas com as técnicas de interpretação de sinais ópticos recebidos com um elevado grau de fidelidade.

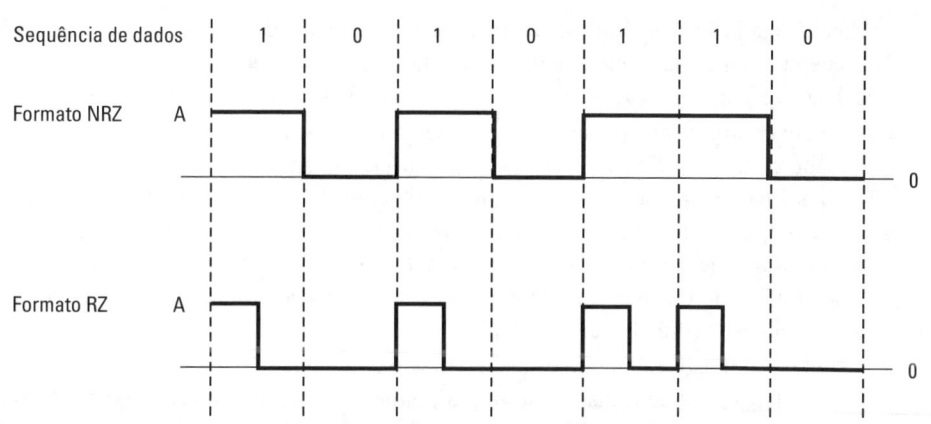

Figura 4.38 Padrões de código NRZ e RZ para a sequência de dados 1010110.

Uma das principais funções da codificação de linha é minimizar os erros no fluxo de *bits*, que podem surgir a partir de ruído ou outros efeitos de interferência. Geralmente se faz isso por meio da introdução de *bits* extras para o fluxo de dados bruto no transmissor, dispondo-os em um determinado padrão e extraindo os *bits* redundantes no receptor para recuperar o sinal original. Dependendo da quantidade de redundância que é introduzida no fluxo de dados, vários graus de redução de erros nos dados podem ser obtidos, uma vez que a velocidade de dados é menor que a capacidade do canal. Esse é o resultado da teoria de capacidade do canal de Shannon. O Capítulo 7 dá mais detalhes sobre as taxas de erro em *links* de comunicação digital por fibra óptica.

4.4.1 Formatos de sinal NRZ e RZ

O método mais simples para a codificação de dados é o código unipolar de *não retorno a zero* (NRZ). *Unipolar* significa que uma lógica 1 é representada por um pulso de voltagem ou de luz que preenche um período inteiro de *bit*, enquanto, para uma lógica 0, nenhum pulso é transmitido, como ilustrado na Figura 4.38 para a sequência de dados 1010110. Uma vez que esse processo transforma o sinal de luz em ligado e desligado (*on and off*), ele é conhecido como *chaveamento de amplitude* (ASK) ou *chaveamento do tipo on-off* (OOK). Se os pulsos 1 e 0 ocorrem com a mesma probabilidade e se a amplitude do pulso de tensão é A, então a potência média transmitida por esse código é $A^2/2$. Em sistemas ópticos, geralmente descreve um pulso em termos do seu nível de potência óptica. Nesse caso, a potência média de um número igual de pulsos 1 e 0 é $P/2$, em que P é a potência de pico de um pulso 1.

O código NRZ precisa da largura de banda mínima e é simples de gerar e decodificar. No entanto, a falta de capacidade de temporização de um código NRZ pode conduzir a erros de interpretação da sequência de *bits* no receptor. Por exemplo, já que não há transições de nível a partir das quais se extraem informações de temporização em uma longa sequência NRZ de 1 ou 0, uma longa sequência de N *bits* idênticos poderia ser interpretada como $N + 1$ ou $N - 1$ *bits*, a menos que *clocks* de temporização altamente estáveis (e caros) sejam usados. Duas técnicas comuns para limitar o mais longo intervalo de tempo em que não ocorrem transições de nível são o uso de códigos de bloco (ver Seção 4.4.2) e cifragem (*scrambling*). A *cifragem* produz um padrão aleatório de dados por meio da adição do módulo-2 de uma sequência de *bits* conhecida ao fluxo de dados. No receptor, a mesma sequência de *bits* conhecida é novamente o módulo-2 adicionado aos dados recebidos, o que resulta na recuperação da sequência de *bits* original.

Se uma margem adequada de largura de banda existir, o problema de temporização associado com a codificação NRZ pode ser aliviado com um código de *retorno a zero* (RZ). Assim como mostra a metade inferior da Figura 4.38, o código RZ tem uma transição de amplitude no início de cada intervalo de *bit* quando um binário 1 é transmitido e nenhuma transição quando for um binário 0. Assim, para um pulso RZ, um *bit* ocupa apenas uma parte do intervalo de *bit* e retorna a zero no restante do intervalo de *bit*. Nenhum pulso é utilizado para um *bit* 0.

Embora o pulso RZ nominalmente ocupe exatamente metade do período de *bit* em sistemas eletrônicos de transmissão digital, em um *link* de comunicação óptica o pulso RZ pode ocupar apenas uma fração do período de um *bit*. Uma variedade de formatos RZ é utilizada para *links* que enviam dados a taxas iguais ou maiores que 10 Gb/s.

4.4.2 Codificação em blocos

A introdução de *bits redundantes* em um fluxo de dados pode ser usada para fornecer uma temporização adequada e ter características de monitoramento de erros. Um método de codificação popular e eficaz para isso é a classe dos *códigos de bloco* mBnB. Nessa classe de códigos, os blocos de *m bits* binários são convertidos em blocos mais longos de *bits* binários $n > m$. Como resultado dos *bits* redundantes adicionais, a largura de banda necessária aumenta por uma razão de n/m. Por exemplo, em um código mBnB com $m = 1$ e $n = 2$, um binário 1 é mapeado em um par de binário 10, e um binário 0 torna-se 01. A sobrecarga para tal código é de 50%.

Os códigos MBnB apropriados para as altas taxas de dados são os códigos 3B4B, 4B5B, 5B6B e 8B10B. Se a simplicidade dos circuitos codificador e decodificador for o critério principal, então o formato 3B4B será o mais conveniente. O código 5B6B será o mais vantajoso se a redução da largura de banda for a grande preocupação. Várias versões de Ethernet usam os formatos 3B4B, 4B5B ou 8B10B.

4.5 Linearidade da fonte de luz

Os LEDs de alta radiância e diodos *laser* são fontes ópticas bem adequadas para aplicações analógicas de banda larga quando um método é implementado para compensar quaisquer não linearidades desses dispositivos. Em um sistema analógico, um sinal elétrico analógico variável no tempo $s(t)$ é utilizado para modular uma fonte óptica diretamente sobre o ponto de polarização de corrente I_B, como se mostra na Figura 4.39. Com não há sinal de entrada, a saída de potência óptica é P_t. Quando o sinal $s(t)$ é aplicado, a potência óptica de saída variável tempo (analógica) $P(t)$ é

$$P(t) = P_t[1 + ms(t)] \quad (4.55)$$

Aqui, *m* é o *índice de modulação* (ou *profundidade de modulação*) definido como

$$m = \frac{\Delta I}{I'_B} \quad (4.56)$$

onde $I'_B = I_B$ para LEDs e $I'_B = I_B - I_{th}$ para diodos *laser*. O parâmetro ΔI é a variação na corrente sobre o ponto de polarização. Para evitar distorções no sinal de saída, a modulação deve limitar-se à região linear da curva de saída óptica *versus* corrente de deriva. Além disso, se ΔI é maior do que I'_B (isto é, *m* é superior a 100%), a parte inferior do sinal é cortada e resultará em uma distorção severa. Os valores típicos para *m* em aplicações analógicas varia entre 0,25 e 0,50.

Em aplicações analógicas, qualquer não linearidade do dispositivo criará componentes de frequência no sinal de saída que não estavam presentes no sinal de entrada. Os dois importantes efeitos não lineares são as distorções harmônicas e de intermodulação. Se o sinal de entrada em um dispositivo não linear for uma simples onda do tipo cosseno $x(t) = A \cos \omega t$, a saída será

$$y(t) = A_0 + A_1 \cos \omega t + A_2 \cos 2\omega t + A_3 \cos 3\omega t + \ldots \quad (4.57)$$

Isto é, o sinal de saída será constituído por um componente na frequência de entrada ω mais componentes espúrios na frequência nula, na segunda frequência harmônica 2ω, na terceira frequência harmônica 3ω e assim por diante. Esse efeito é conhecido como *distorção harmônica*. A quantidade de distorção da *n*-ésima ordem é dada em decibéis por

$$\text{distorção harmônica da } n\text{-ésima ordem} = 20 \log \frac{A_n}{A_1} \quad (4.58)$$

Para determinar a *distorção de intermodulação*, o sinal de modulação de um dispositivo não linear é considerado como a soma de duas ondas do tipo cosseno $x(t) = A_1 \cos \omega_1 t + A_2 \cos \omega_2 t$. O sinal de saída será então da seguinte forma

$$y(t) = \sum_{m,n} B_{mn} \cos(m\omega_1 + n\omega_2) \quad (4.59)$$

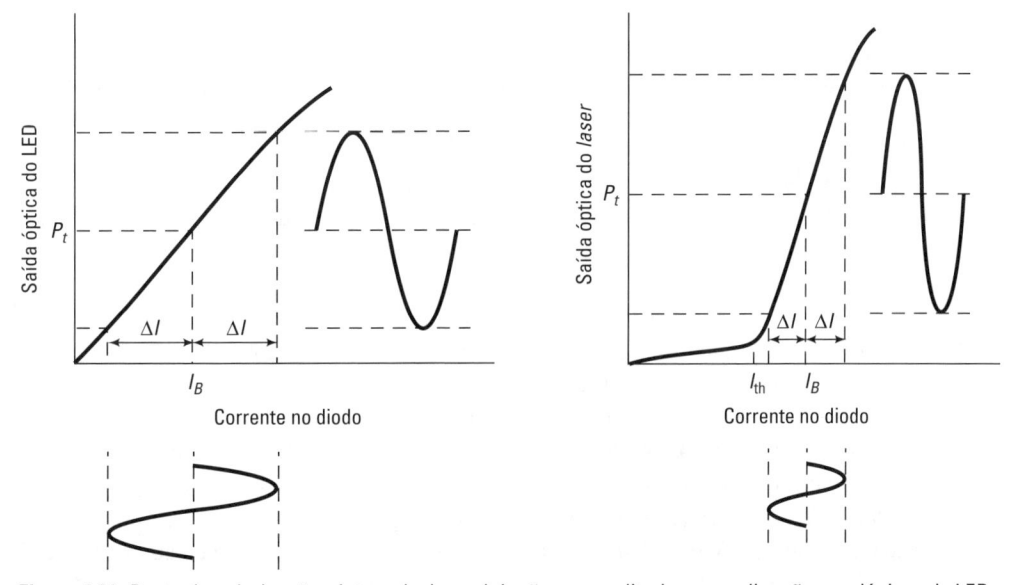

Figura 4.39 Ponto de polarização e intervalo de modulação em amplitude para aplicações analógicas de LEDs (à esquerda) e diodos *laser* (à direita).

onde m e $n = 0, \pm1, \pm2, \pm3,...$ Esse sinal inclui todos os harmônicos de ω_1 e ω_2 mais os termos de produtos cruzados como $\omega_2 - \omega_1$, $\omega_2 + \omega_1$, $\omega_2 - 2\omega_1$, $\omega_2 + 2\omega_1$ e assim por diante. A soma e diferença das frequências originam a distorção de intermodulação. A soma dos valores absolutos dos coeficientes m e n determina a ordem da distorção de intermodulação. Por exemplo, os produtos de intermodulação de segunda ordem são em $\omega_1 \pm \omega_2$ com amplitude B_{11}, os produtos de intermodulação de terceira ordem são em $\omega_1 \pm 2\omega_2$ e $2\omega_1 \pm \omega_2$ com amplitudes B_{12} e B_{21}, e assim por diante. (A distorções harmônicas também estão presentes tanto em $m \neq 0$ e $n = 0$ como em $m = 0$ e $n \neq 0$. As respectivas amplitudes são B_{m0} e B_{0n}, respectivamente.). Em geral, os produtos de intermodulação de ordem ímpar tendo $m = n \pm 1$ (como $2\omega_1 - \omega_2$, $2\omega_2 - \omega_1$, $3\omega_1 - 2\omega_2$, etc.) são mais problemáticos porque podem cair dentro da largura de banda do canal. Destes, geralmente apenas os termos de terceira ordem são importantes, uma vez que as amplitudes de termos de ordem superior tendem a ser significativamente menores. Se a banda de frequência de operação for inferior a uma oitava, todos os outros produtos de intermodulação se situarão fora da faixa de banda e poderão ser eliminados com filtros adequados no receptor.

4.6 Considerações sobre confiabilidade

A vida útil dos diodos emissores de luz e diodos *laser* é afetada tanto por condições operacionais como pelas técnicas de fabricação. Assim, é importante compreender as relações entre as características de funcionamento da fonte de luz, mecanismos de degradação e requisitos de confiabilidade do sistema.[50-56]

Os testes de vida útil das fontes ópticas são efetuados em temperatura ambiente ou em temperaturas elevadas para acelerar o processo de degradação. Uma temperatura elevada usada normalmente é de 70 °C. As duas técnicas mais populares para a determinação da vida útil de uma fonte óptica são: manter uma saída de luz constante e aumentar a corrente de polarização automaticamente ou manter a corrente constante e monitorar o nível de saída óptico. No primeiro caso, o fim da vida útil do dispositivo será atingido quando a fonte não puder colocar uma potência especificada no valor máximo de operação CW (onda contínua). No segundo caso, a vida útil é determinada pelo tempo necessário para que a potência de saída óptica diminua em 3 dB.

A degradação das fontes de luz pode ser dividida em três categorias básicas: lesão interna e degradação do contato ôhmico, que ocorrem nos diodos *laser* e LEDs, e danos nas facetas dos diodos *laser*.

O fator limitante da vida útil do LED e diodo *laser* é a degradação interna. Esse efeito surge a partir da migração de defeitos cristalinos para a região ativa da fonte de luz. Esses defeitos diminuem a eficiência quântica interna e aumentam a absorção óptica. Os passos de fabricação que podem ser tomados para minimizar a degradação interna incluem o uso de substratos com baixas densidades de deslocações superficiais (inferior a 2×10^3 deslocações/cm^2), mantendo as laterais danificadas fora do caminho da corrente do diodo e minimizando as tensões na região ativa (para menos de 10^8 dina/cm^2).

Para fontes de alta qualidade com vidas que seguem um modo de degradação interna lenta, a potência óptica P diminui com o tempo de acordo com a relação exponencial

$$P(t) = P_0 e^{-t/\tau_m} \tag{4.60}$$

Exemplo 4.16 Uma fonte óptica é selecionada a partir de um lote de dispositivos caracterizado por ter vida útil que segue um modo de degradação lenta interno. O tempo médio de falha –3 dB desses dispositivos em temperatura ambiente é especificado como 1×10^4 h. Se o dispositivo inicialmente emite 1 mW em temperatura ambiente, qual é a potência de saída óptica esperada após (a) 1 mês de operação, (b) depois de 1 ano, e (c) após 3 anos?

Solução: Da Equação (4.60), a redução de potência óptica com o tempo é $P = P_0 \exp(-t/\tau_m)$, onde $P_0 = 1$ mW e $\tau_m = 2(1 \times 10^4)$ h $= 2 \times 10^4$ h.

(a) Em 1 mês = 720 horas, temos:

$$P(1 \text{ mês}) = (1 \text{ mW}) \exp(-720/2 \times 10^4) = 0{,}965 \text{ mW}$$

(b) Em 1 ano = 8.760 horas, temos:

$$P(1 \text{ ano}) = (1 \text{ mW}) \exp(-8.760/2 \times 10^4) = 0{,}645 \text{ mW}$$

(c) Em 3 anos = 3×8.760 horas = 26.280 horas, temos:

$$P(3 \text{ anos}) = (1 \text{ mW}) \exp(-26.280/2 \times 10^4) = 0{,}269 \text{ mW}$$

Aqui, P_0 é a potência inicial óptica no tempo $t = 0$, e τ_m, a constante de tempo para o processo de degradação, que é aproximadamente duas vezes o tempo médio de falha de –3 dB. Uma vez que a vida útil operacional depende tanto da densidade de corrente J e da temperatura da junção T, a degradação interna pode ser acelerada pelo aumento de qualquer um desses parâmetros.

Experimentalmente, foi encontrado que a vida útil de operação τ_s depende da densidade de corrente J pela relação

$$\tau_s \alpha J^{-n} \qquad (4.61)$$

onde $1{,}5 \le n \le 2{,}0$. Por exemplo, quando se duplica a densidade de corrente, a vida útil diminui por um fator de 3-4. Uma vez que a taxa de degradação de fontes ópticas aumenta com a temperatura, uma relação de Arrhenius de forma

$$\tau_s = K e^{E_A/k_B T} \qquad (4.62)$$

pode ser utilizada. Aqui, E_A é uma energia de ativação que caracteriza vida útil τ_s; k_B, a constante de Boltzmann; T, a temperatura absoluta em que τ_s foi avaliada; e K, uma constante. O problema no estabelecimento de uma expressão é que vários fatores concorrentes são passíveis de contribuir para a degradação, tornando assim difícil estimar a energia de ativação E_A. As energias de ativação para a degradação do *laser* relatadas na literatura têm variação de 0,3-1,0 eV. Para os cálculos de ordem prática, geralmente utiliza-se um valor de 0,7 eV.

As Equações (4.61) e (4.62) indicam que, para aumentar o tempo de vida de uma fonte de luz, é vantajoso operar esses dispositivos com as menores correntes e temperaturas possíveis. Exemplos[50] da saída luminescente de LEDs de InGaAsP em função do tempo para temperaturas diferentes são mostrados na Figura 4.40. Em temperaturas abaixo de 120 °C, a potência de saída permanece quase constante ao longo de todo o tempo de funcionamento medido de 15.000 h (1,7 ano). Em temperaturas mais altas, a potência de saída cai em função do tempo. Por exemplo, a 230 °C, a potência óptica caiu para metade do seu valor inicial (uma diminuição de 3 dB) depois de cerca de 3.000 h (4,1 meses) de funcionamento. A energia de ativação desses *lasers* é de cerca de 1,0 eV.

Um segundo mecanismo de degradação relacionado com a fabricação é a deterioração do contato ôhmico. Em LEDs e diodos *laser*, a resistência térmica do contato entre o *chip* da fonte de luz e o dissipador de calor do dispositivo ocasionalmente aumenta com

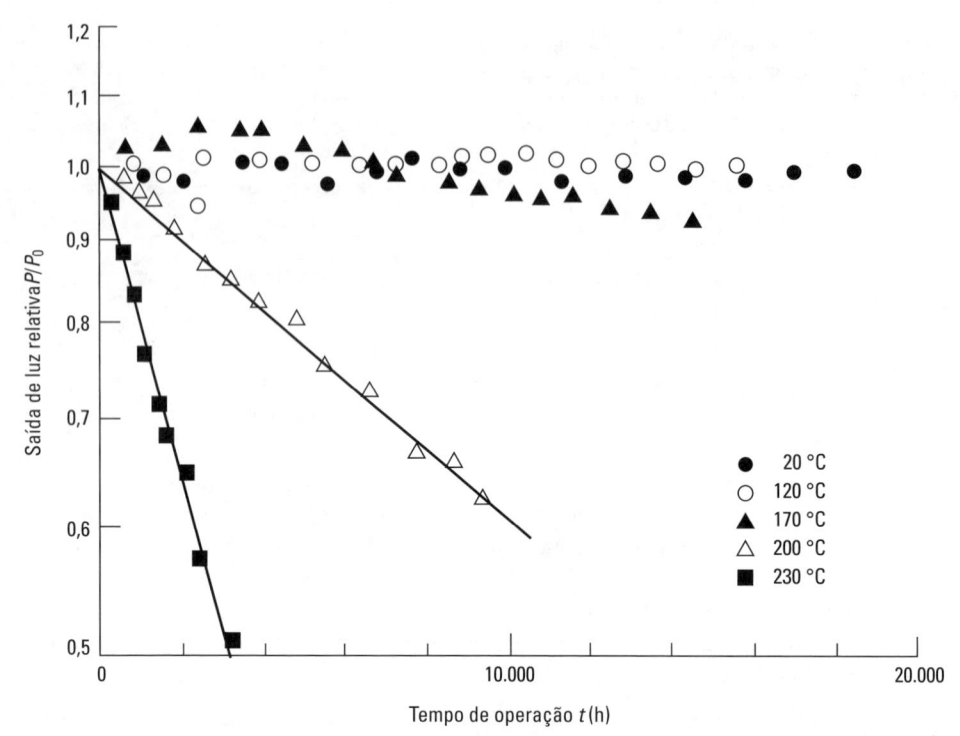

Figura 4.40 Potência de saída normalizada como uma função do tempo de funcionamento em cinco temperaturas ambientes; P_0 é a potência óptica de saída inicial.
(Reproduzida com permissão de Yamakoshi et al.[50])

o tempo. Esse efeito é devido à solda utilizada para ligar o *chip* ao dissipador de calor, à densidade de corrente através do contato e à temperatura do contato. Um aumento na resistência térmica resulta em um aumento da temperatura da junção para uma corrente fixa de funcionamento. Isso, por sua vez, leva a uma diminuição da potência óptica de saída. No entanto, os projetos cuidadosos e a implementação de procedimentos de alta qualidade para a soldagem minimizam os efeitos decorrentes da degradação de contato.

Os danos às facetas são um problema de degradação que existe para os diodos *laser*. Essa degradação reduz a refletividade do espelho do *laser* e aumenta a recombinação não radiativa de portadores nas facetas do *laser*. Os dois tipos de danos que podem ocorrer à faceta são geralmente chamados de *degradação catastrófica da faceta* e *erosão da faceta*. A degradação catastrófica da faceta é um dano mecânico das facetas que pode surgir depois de tempos curtos de funcionamento de diodos *laser* em alta densidade de potência óptica. Esse dano tende a reduzir significativamente a refletividade da faceta, aumentando, desse modo, a corrente de limiar e diminuindo a eficiência quântica externa. Observa-se que a degradação catastrófica da faceta é uma função da densidade de potência óptica e do comprimento do pulso.

A erosão da faceta é uma degradação gradual que ocorre ao longo de um período de tempo maior do que os danos catastróficos da faceta. A diminuição da refletividade do espelho e o aumento da recombinação não radiativa nas facetas devido à erosão diminui a eficiência quântica interna do *laser* e aumenta o corrente de limiar. Em *lasers* de GaAlAs, a erosão da faceta origina-se da oxidação da superfície do espelho. Especula-se que o processo de oxidação é estimulado pela radiação óptica emitida pelo *laser*.

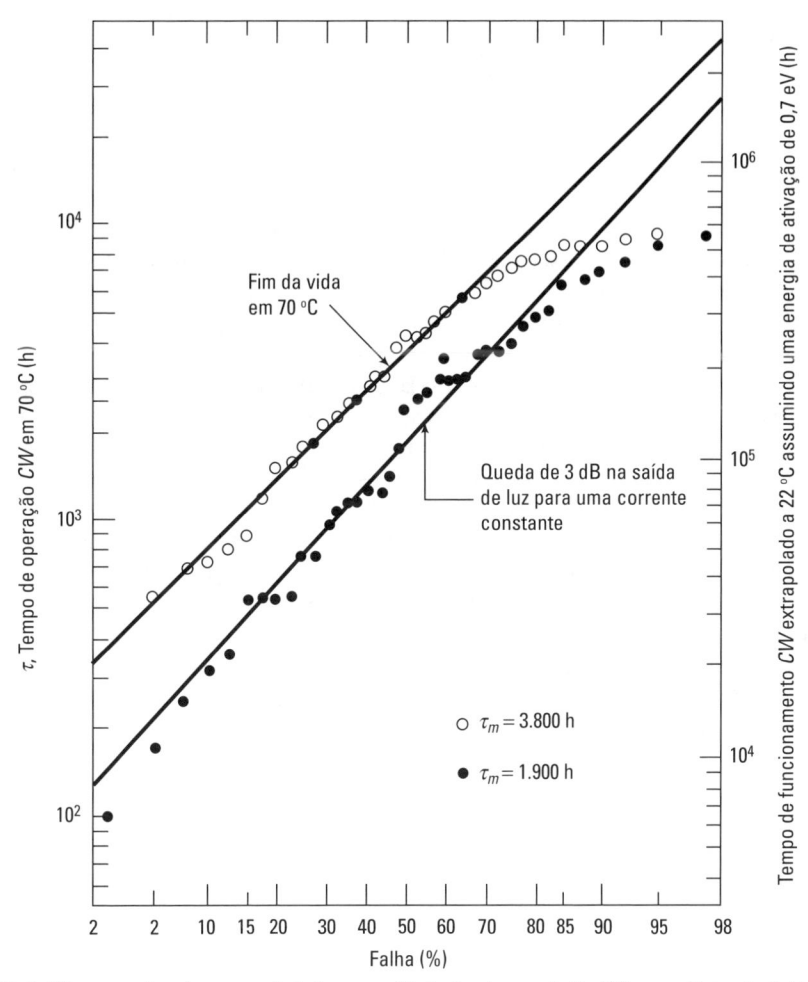

Figura 4.41 Gráfico monolog do tempo de falha para 40 diodos *lasers* de GaAlAs com listra de óxido de baixo limiar (≈ 50 mA), com o dissipador de calor em 70 °C; τ_m é o tempo que levou para 50% dos *lasers* falharem. (Reproduzida com permissão de Ettenberg e Kressel,[51] © 1980, IEEE.)

A erosão da faceta é minimizada pela deposição de uma película de meio comprimento de espessura de Al_2O_3 sobre a faceta. Esse tipo de revestimento atua como uma barreira contra a umidade e não afeta a refletividade do espelho ou a corrente de limiar do efeito *laser*.

Uma comparação[51] de duas definições de falha dos diodos *laser* de operação a 70 °C é mostrada na Figura 4.41. O traço inferior mostra o tempo necessário para que a saída do *laser* caia para metade do seu valor inicial quando uma corrente constante passa através do dispositivo. Essa é a "vida de 3 dB".

A falha de "fim da vida" é dada pelo traço superior na Figura 4.41. Essa condição é definida como o tempo em que o dispositivo pode deixar de emitir um nível de potência fixo (1,25 mW, nesse caso) com a temperatura do dissipador de calor a 70 °C. Os tempos de operação médios (tempo para 50% dos *lasers* falharem) são de 3.800 e 1.900 h para as condições de fim de vida e vida de 3dB, respectivamente. A ordenada da direita da Figura 4.41 dá uma estimativa do tempo de funcionamento a 22 °C, assumindo uma energia de ativação de 0,7 eV.

4.7 Pacotes de transmissores

Os fabricantes desenvolveram uma variedade de pacotes de transmissores para diferentes aplicações. Uma configuração de transmissor popular é mostrada na Figura 4.42. Ele é chamado de *pacote de borboleta*, que tem uma fibra *flylead* anexada e contém os componentes ilustrados na Figura 4.37 (como o diodo *laser*, um fotodiodo de monitoração e um refrigerador termoelétrico). Dois termos são utilizados para referir-se a um curto comprimento de fibra óptica que é anexado a um dispositivo na fábrica: *flylead* e *pigtail*. Um conector óptico pode ser ligado facilmente a um *flylead* para uma interface subsequente a um cabo óptico.

Em várias configurações de dispositivos, tanto a fonte de luz como o detector fotoelétrico juntamente com uma fibra óptica receptora são integrados em um único pacote padrão industrial chamado de *transceptor*. Essa embalagem é feita para simplificar o uso do dispositivo, economizar espaço em placas de circuito e permitir uma alta densidade de portas ópticas de entrada e saída. Pacotes integrados mais complexos também contêm componentes eletrônicos para a realização de vários níveis de diagnósticos de um *link* digital.

A Figura 4.43 ilustra e descreve uma variedade de pacotes padrão de transceptores. As configurações populares são o *fator de forma pequeno* (SFF) e os pacotes *SFF plugáveis* (SFP). Note que eles possuem um receptáculo de tomada de fibra óptica integrados ao pacote. Esse receptáculo permite a fácil fixação de uma ligação óptica para acoplamento a uma fibra de transmissão. Uma característica-chave de um certo número de transceptores, como os módulos SFP, é que eles são *hot-plugable*. Isso significa que se podem inserir e remover os módulos a partir da placa de circuito, sem desligar a alimentação do dispositivo. Esse recurso garante que o equipamento nunca pare de funcionar (conhecido como interrupção de tempo nulo ou *zero downtime*) quando se executa a manutenção *on-line*. O fato de que os módulos SFP podem ser facilmente trocados também os torna mais simples para realizar atualizações de sistema para mais altas velocidades ou maior capacidade, permite reconfigurações rápidas de *links* e ajuda a reduzir os custos de inventários, pois equipamentos de placas de circuito podem ser armazenados mesmo que não haja transceptores ópticos específicos sobre eles.

Figura 4.42 Diodo *laser* padrão da indústria montado num pacote de borboleta. A fibra *flylead* é terminada com um conector óptico LC.
(Cortesia de Finisar Corporation; www.finisar.com.)

Tipo de conector	Características
SFP 	• Uso em comprimentos de onda curtos e longos WDM • Aplicações em comunicação de dados: Fast/Gigabit Ethernet e 1x,2x,4x Fibre Channel • Aplicações em telecomunicações utilizando OC-3/STM-1, OC-12/STM-4 e OC-48/STM-16 em todas as distâncias • Distâncias de *links* muito curtos de até 100 km
SFF 	• Uso em comprimentos de onda curtos e longos • Aplicações em comunicação de dados para Gigabit Ethernet e 1x,2x,4x Fibre Channel • Aplicações em telecomunicações utilizando OC-3/STM-1, OC-12/STM-4 e OC-48/STM-16 em todas as distâncias • Distâncias de *links* muito curtos de até 80 km
XFP 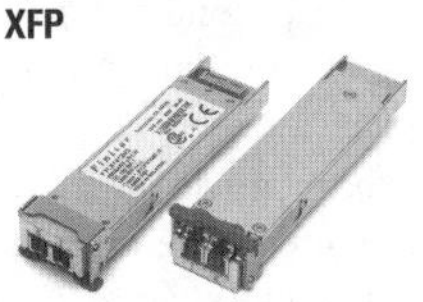	• Uso em comprimentos de onda curtos e longos DWDM • Aplicações em comunicação de dados utilizando 10G Ethernet e 10x Fibre Channel • Aplicações em telecomunicações utilizando OC-192/STM-64 • Distâncias de até 80 km • Suporta taxas de *bits* de até 11,3 Gb/s
XPAK 	• Uso em comprimentos de onda curtos e longos • Aplicações em comunicação de dados utilizando 10G Ethernet e 10x Fibre Channel • Distâncias de *links* curtos de até 10 km • Suporta taxas de *bits* de até 10,5 Gb/s • 1,2 V, 3,3 V e 5 V tensões de funcionamento
XENPAK 	• Uso em comprimentos de onda curtos e longos • Aplicações em comunicação de dados utilizando 10G Ethernet • Distâncias de *links* curtos de até 10 km • Suporta taxas de *bits* de até 10,3 Gb/s • 1,2 V, 3,3 V e 5 V tensões de funcionamento
PON 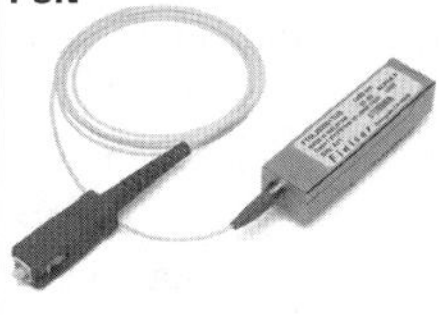	• Uso em longo comprimentos de onda • Instalações de rede de acesso de telecomunicações para GPON e GE-PON • Distâncias de até 20 km, Class B+, PX-20+ • 3,3 V tensões de funcionamento • Fibra *flyead* com conector óptico
GBIC 	• Uso em comprimentos de onda curtos e longos WDM • Aplicações em comunicação de dados utilizando 1G Ethernet e 1x/2x Fibre Channel • Aplicações em telecomunicações utilizando OC-3/STM-1, OC-12/STM-4 e OC-48/STM-16 em todas as distâncias • Distâncias de *links* curtos de até 160 km

Figura 4.43 Sete pacotes padrão de transceptores de fibras ópticas e suas características.
(Cortesia de Finisar Corporation; www.finisar.com.)

Problemas

4.1 Medidas mostram que a energia de *bandgap* E_g para o GaAs varia com a temperatura, de acordo com a fórmula empírica

$$E_g(T) \approx 1{,}55 - 4{,}3 \times 10^{-4}\, T$$

onde E_g é dado em elétron-volts (eV).

(a) Usando essa expressão, mostre que a dependência com a temperatura da concentração intrínseca de elétrons n_i é

$$n_i = 5 \times 10^{15}\, T^{3/2}\, e^{-8{,}991/T}$$

(b) Usando um computador, faça o gráfico dos valores de n_i em função da temperatura no intervalo de $273\,K \le T \le 373\,K$ ($0^\circ C \le T \le 100\,^\circ C$).

4.2 Repita os passos dados no Exemplo 4.2 para um semicondutor do tipo-*p*. Em particular, mostre que, quando a concentração de aceitadores líquida é muito maior que n_i, temos que $p_p = N_A$ e $n_p = n_i^2/N_A$.

4.3 Um engenheiro possui dois LEDs de $Ga_{1-x}Al_xAs$: um tem energia de *bandgap* de 1,540 eV e o outro tem $x = 0{,}015$.

(a) Encontre a fração molar de alumínio x e o comprimento de onda de emissão para o primeiro LED.

(b) Encontre a energia de *bandgap* e o comprimento de onda de emissão do outro LED.

4.4 A constante de rede do $In_{1-x}Ga_xAs_yP_{1-y}$ obedece à lei de Vegard,[21] que estabelece que para ligas quaternárias da forma $A_{1-x}B_xC_yD_{1-y}$, onde A e B são os elementos do grupo III (por exemplo, Al, In e Ga) e C e D são elementos do grupo V (por exemplo, As, P e Sb), o parâmetro de rede $a(x, y)$ da liga quaternária pode ser aproximado por

$$a(x, y) = xya(BC) + x(1-y)\,a(BD)$$
$$+ (1-x)ya(AC) + (1-x)(1-y)\,a(AD)$$

onde $a(IJ)$ são as constantes de rede dos compostos binários IJ.

(a) Mostre que, para $In_{1-x}Ga_xAs_yP_{1-y}$ com

$a(GaAs) = 5{,}6536\,Å$
$a(GaP) = 5{,}4512\,Å$
$a(InAs) = 6{,}0590\,Å$
$a(InP) = 5{,}8696\,Å$

a constante de rede quaternária torna-se

$$a(x, y) = 0{,}1894y - 0{,}4184x$$
$$+ 0{,}0130xy + 5{,}8696\,Å$$

(b) Para ligas quaternárias que são casadas com o InP, a relação entre x e y pode ser determinada tomando $a(x, y) = a(InP)$. Mostre que, uma vez que $0 \le x \le 0{,}47$, a expressão resultante pode ser aproximada por $y \simeq 2{,}20x$.

(c) Uma simples relação empírica que fornece a energia de *bandgap* em termos de x e y é[21] $E_g(x, y) = 1{,}35 + 0{,}668x - 1{,}17y + 0{,}758\,x^2 + 0{,}18y^2 - 0{,}069xy - 0{,}322x^2y + 0{,}33xy^2$ eV. Encontre a energia de *bandgap* e o comprimento de onda do pico de emissão do $In_{0{,}74}Ga_{0{,}26}As_{0{,}56}P_{0{,}44}$.

4.5 Usando a expressão $E = hc/\lambda$, mostre por que a largura FWHM da potência espectral de LEDs torna-se maior em comprimentos de onda maiores.

4.6 Um LED de dupla heterojunção de InGaAsP emitindo em um comprimento de onda de pico de 1.310 nm possui tempos de recombinação radiativo e não radiativo de 25 e 90 ns, respectivamente. A corrente de deriva é 35 mA.

(a) Encontre a eficiência quântica interna e o nível de potência interno.

(b) Se o índice de refração do material de uma fonte de luz é $n = 3{,}5$, encontre a potência emitida a partir do dispositivo.

4.7 Assuma que o tempo de vida de portadores minoritários injetados de um LED é 5 ns e que o dispositivo tenha uma saída óptica de 0,30 mW quando uma corrente de deriva cc constante é aplicada. Faça o gráfico da potência óptica de saída quando o LED é modulado em frequências de 20 a 100 MHz. Note o que acontece com a potência de saída do LED em altas frequências de modulação.

4.8 Considere um LED que possui tempo de vida de cargas minoritárias de 5 ns. Encontre a largura de banda óptica e a elétrica de 3 dB.

4.9 (a) Um diodo *laser* de GaAlAs possui uma cavidade de 500 μm de comprimento, que tem um coeficiente de absorção efetivo de 10 cm^{-1}. Para facetas não revestidas, as refletividades são de 0,32 em cada extremidade. Qual é o ganho óptico no limiar do efeito *laser*?

(b) Se uma extremidade do *laser* é revestida com um refletor dielétrico de forma que agora sua refletividade seja de 90%, qual é o ganho óptico no limiar do efeito *laser*?

(c) Se a eficiência quântica interna é 0,65, qual é a eficiência quântica externa nos casos (a) e (b)?

4.10 Encontre a eficiência quântica externa de um diodo *laser* de $Ga_{1-x}Al_xAs$ (com $x = 0,03$) que possui uma relação entre potência óptica e corrente de deriva de 0,5 mW/mA (como na Figura 4.35).

4.11 Expressões aproximadas para os fatores de confinamento de campo óptico transversal e lateral Γ_T e Γ_L, respectivamente, em uma cavidade *laser* de Fabry-Perot são

$$\Gamma_T = \frac{D^2}{2 + D^2} \quad \text{com} \quad D = \frac{2\pi d}{\lambda}\left(n_1^2 - n_2^2\right)^{1/2}$$

e

$$\Gamma_L = \frac{W^2}{2 + W^2} \quad \text{com} \quad W = \frac{2\pi w}{\lambda}\left(n_{ef}^2 - n_2^2\right)^{1/2}$$

onde

$$n_{ef}^2 = n_2^2 + \Gamma_T\left(n_1^2 - n_2^2\right)$$

Aqui w e d são a largura e espessura, respectivamente, da camada ativa; e n_1 e n_2, os índices de refração dentro e fora da cavidade, respectivamente.

(a) Considere um diodo *laser* de InGaAsP em 1.300 nm, no qual a região ativa é de 0,1 μm de espessura, 1,0 μm de largura e 250 μm de comprimento com índices de refração $n_1 = 3,55$ e $n_2 = 3,20$. Quais são os fatores de confinamento dos campos ópticos lateral e transversal?

(b) Dado que o fator de confinamento total é $\Gamma = \Gamma_T \Gamma_L$, qual é o limiar de ganho se o coeficiente de absorção efetivo é $\overline{\alpha} = 30$ cm^{-1} e as refletividades das facetas são $R_1 = R_2 = 0,31$?

4.12 Um *laser* de GaAs emitindo em 800 nm tem uma cavidade de comprimento 400 μm com índice de refração $n = 3,6$. Se o ganho g exceder a perda total α_t por meio do intervalo 750 nm $< \lambda <$ 850 nm, quantos modos podem existir nesse *laser*?

4.13 Um *laser* emitindo em $\lambda_0 = 850$ nm tem uma largura de ganho espectral de $\sigma = 32$ nm e um pico de ganho de $g(0) = 50$ cm^{-1}. Faça o gráfico de $g(\lambda)$ a partir da Equação 4.41. Se $\alpha_t = 32,2$ cm^{-1}, mostre que a região onde o efeito *laser* ocorre. Se o *laser* possui comprimento de 400 μm e $n = 3,6$, quantos modos serão excitados nele?

4.14 A derivação da Equação (4.46) assume que o índice de refração n é independente do comprimento de onda.

(a) Mostre que, quando n depende de λ, temos

$$\Delta\lambda = \frac{\lambda^2}{2L(n - \lambda\, dn/d\lambda)}$$

(b) Se o índice de refração de grupo $(n - \lambda dn/d\lambda)$ é 4,5 para o GaAs em 850 nm, qual é o espaçamento modal para um *laser* de comprimento 400 μm.

4.15 Para estruturas de *laser* que possuem um forte confinamento de portadores, a densidade de corrente de limiar para uma emissão estimulada J_{th} pode ser relacionada, em boa aproximação, com o ganho óptico no limiar do efeito *laser* g_{th} por $g_{th} = \overline{\beta} J_{th}$, onde $\overline{\beta}$ é uma constante que depende das condições específicas de construção do dispositivo. Considere um *laser* de GaAs com uma cavidade óptica de comprimento 250 μm e largura 100 μm. Na temperatura normal de funcionamento, o fator de ganho é $\overline{\beta} = 21 \times 10^{-3}$ A/cm^3, e o coeficiente de absorção efetivo é $\overline{\alpha} = 10$ cm^{-1}.

(a) Se o índice de refração for 3,6, encontre a densidade de corrente de limiar e a corrente de limiar I_{th}. Assuma que as extremidades do *laser* não são revestidas e que a corrente é restrita à cavidade óptica.

(b) Qual é a corrente de limiar se a largura da cavidade *laser* é reduzida para 10 μm?

4.16 A partir da mecânica quântica, os níveis de energia para elétrons e buracos em uma estrutura *laser* de poço quântico mostrada na Figura 4.28 são dados por

$$E_{ci} = E_c + \frac{h^2}{8d^2}\frac{i^2}{m_e} \quad \text{com } i = 1, 2, 3, ...$$
$$\text{para elétrons}$$

e

$$E_{vj} = E_v - \frac{h^2}{8d^2}\frac{j^2}{m_h} \quad \text{com } j = 1, 2, 3, ...$$
$$\text{para buracos}$$

onde E_c e E_v são as energias das bandas de condução e valência (ver Figura 4.1); d, a espessura da camada ativa; h, a constante de

Planck; e m_e e m_h, as massas do elétron e do buraco definidas no Exemplo 4.1. As transições de níveis de energia possíveis que levam à emissão de um fóton são dadas por

$$\Delta E_{ij} = E_{ci} - E_{vj} = E_g + \frac{h^2}{8d^2}\left(\frac{i^2}{m_e} + \frac{j^2}{m_v}\right)$$

Se $E_g = 1{,}43$ eV para o GaAs, qual é o comprimento de onda de emissão entre os estados $i = j = 1$ se a espessura da camada ativa é $d = 5$ nm?

4.17 Em um *laser* de *poços quânticos múltiplos* (MQW), a dependência com a temperatura da eficiência quântica diferencial ou externa é descrita por[57]

$$\eta_{\text{ext}}(T) = \eta_i(T)\frac{\alpha_{\text{end}}}{N_w[\alpha_w + \gamma(T - T_{\text{th}})] + \alpha_{\text{end}}}$$

onde $\eta_i(T)$ é a eficiência quântica interna; α_{end}, a perda no espelho da cavidade *laser* como dado na Equação (4.28); N_w, o número de poços quânticos; T_{th}, a temperatura de limiar; α_w, a perda interna dos poços em $T = T_{\text{th}}$; e γ, um parâmetro de perda interna dependente da temperatura. Considere um *laser* de MQW de comprimento 350 μm com seis poços, que possui as seguintes características: $\alpha_w = 1{,}25$ cm^{-1}, $\gamma = 0{,}025$ cm^{-1}/K e $T_{\text{th}} = 303$ K. A cavidade *laser* tem uma faceta frontal padrão não revestida ($R_1 = 0{,}31$) e um revestimento de alta reflexão na faceta traseira ($R_2 = 0{,}96$).

(a) Assumindo que a eficiência quântica interna é constante, use um computador para fazer o gráfico da eficiência quântica externa em função da temperatura na faixa 303 K $\leq T \leq$ 375 K. Seja $\eta_{\text{ext}}(T) = 0{,}8$ em $T = 303$ K.

(b) Sabendo que a potência óptica de saída em $T = 303$ K é 30 mW em uma corrente de deriva de $I_d = 50$ mA, faça o gráfico da potência de saída em função da temperatura no intervalo 303 K $\leq T \leq$ 375 K nessa corrente fixa.

4.18 Um *laser* de realimentação distribuída tem um comprimento de onda de Bragg de 1.570 nm, uma grade de segunda ordem com $\Lambda = 460$ nm e uma cavidade de comprimento 300 μm. Assumindo um *laser* DFB perfeitamente simétrico, encontre os comprimentos de onda de ordens zero, primeira e segunda até décimos de nanômetro. Esboce um gráfico da amplitude relativa *versus* comprimento de onda.

4.19 Quando um pulso de corrente é aplicado em um diodo *laser*, a densidade de pares de portadores injetados n na região de recombinação de largura d muda com o tempo, de acordo com a relação

$$\frac{\partial n}{\partial t} = \frac{J}{qd} - \frac{n}{\tau}$$

(a) Assuma que τ é o tempo de vida médio dos portadores na região de recombinação quando a densidade de pares de portadores injetados é n_{th} próximo à densidade de corrente de limiar J_{th}. Isto é, no estado estacionário, temos $\partial n/\partial t = 0$, de forma que

$$n_{\text{th}} = \frac{J_{\text{th}}\tau}{qd}$$

Se um pulso de corrente de amplitude I_p é aplicado em um diodo *laser* não polarizado, mostre que o tempo necessário para o início da emissão estimulada é

$$t_d = \tau \ln \frac{I_p}{I_p - I_{\text{th}}}$$

Assuma a corrente de deriva como $I = JA$, onde J é a densidade de corrente, e A, a área da região ativa.

(b) *Se o laser* é agora pré-polarizado com uma densidade de corrente $J_B = I_B/A$, de modo que a densidade inicial de pares de portadores em excesso é $n_B = J_B\tau/qd$, então a densidade de corrente na região ativa durante um pulso de corrente I_p é $J = J_B + J_p$. Mostre que esse caso resulta na Equação (4.50).

4.20 Uma codificação 3B4B converte blocos de 3 *bits* em blocos de 4 *bits*, de acordo com as regras dadas na Tabela 4.3. Quando há dois ou mais blocos consecutivos de três zeros, os blocos binários codificados 0010 e 1101 são usados alternativamente.

De modo similar, os blocos 1011 e 0100 são usados alternados para blocos de três números um consecutivos.

(a) Usando essas regras de tradução, encontre o fluxo de *bits* codificados para a entrada de dados
010001111111101000000001111110.

(b) Qual é o número máximo de *bits* idênticos consecutivos no padrão codificado?

Tabela 4.3 Regras de conversão para um código 3B4B

Palavra no código original	Palavra no código 3B4B	
	Modo 1	Modo 2
000	0010	1101
001	0011	
010	0101	
011	0110	
100	1001	
101	1010	
110	1100	
111	1011	0100

4.21 Um código 4B5B tem $2^4 = 16$ caracteres de dados de 4 *bits*. O código mapeia esses caracteres em sequências de 5 *bits* listadas na Tabela 4.4. Usando essa informação, codifique o seguinte fluxo de *bits* 0101110100101110101011

4.22 Um diodo *laser* tem uma potência média máxima de saída de 1 mW (0 dBm). O *laser* é modulado em amplitude com uma sinal $x(t)$ que possui um componente cc de 0,2 e um componente periódico de $\pm 2,56$. Se a relação entre corrente de entrada e saída óptica é $P(t) = i(t)/10$, encontre os valores de I_0 e m se a corrente de modulação é $i(t) = I_0[1 + mx(t)]$.

4.23 Considere a seguinte expansão em série de Taylor para a relação entre potência óptica series e corrente de deriva em um determinado ponto de polarização:

$$y(t) = a_1 x(t) + a_2 x^2(t) + a_3 x^3(t) + a_4 x^4(t)$$

Seja o sinal de modulação $x(t)$ a soma de dois tons senoidais em frequências ω_1 e ω_2 dados por

$$x(t) = b_1 \cos \omega_1 t + b_2 \cos \omega_2 t$$

Tabela 4.4 Sequência de dados usados na conversão do código 4B5B

Sequência de dados	Sequência codificada
0000	11110
0001	01001
0010	10100
0011	10101
0100	01010
0101	01011
0110	01110
0111	01111
1000	10010
1001	10011
1010	10110
1011	10111
1100	11010
1101	11011
1110	11100
1111	11101

(a) Encontre os coeficientes de distorção por intermodulação de segunda, terceira e quarta ordens B_{mn} (onde m e $n = \pm 1, \pm 2, \pm 3$ e ± 4) em termos de b_1, b_2 e a_i.

(b) Encontre os coeficientes de distorção harmônica de segunda, terceira e quarta ordens A_2, A_3 e A_4 em termos de b_1, b_2 e a_i.

4.24 Uma fonte óptica é selecionada a partir de um lote caracterizado como tendo vida útil que segue um modo de degradação interno lento. O tempo médio de falha de –3 dB desses dispositivos em temperatura ambiente é especificado como 5×10^4 h. Se o dispositivo emite 1 mW em temperatura ambiente, qual é a potência óptica de saída esperada após 1 mês de operação, após 1 ano e depois de 5 anos?

4.25 Um grupo de fontes ópticas possui vida útil de funcionamento de 4×10^4 h em 60 °C e 6.500 h em 90 °C. Qual será a vida útil em 20 °C se o dispositivo seguir uma relação do tipo Arrhenius?

Referências

1. H. Kressel and J. K. Butler, *Semiconductor Lasers and Heterojunction LEDs*, Academic, New York, 1977.
2. T. P. Lee, C. A. Burrus Jr., and R. H. Saul, "Light emitting diodes for telecommunications," in S. E. Miller and I. P. Kaminow, eds., *Optical Fiber Telecommunications – II*, Academic, New York, 1988.
3. J. E. Bowers and M. A. Pollack, "Semiconductor lasers for telecommunications," in S. E. Miller and

I. P. Kaminow, eds., *Optical Fiber Telecommunications – II*, Academic, New York, 1988.
4. L. A. Coldren and S. W. Corzine, *Diode Lasers and Photonic Integrated Circuits*, Wiley, New York, 1995.
5. M. Fukuda, *Optical Semiconductor Devices*, Wiley, Hoboken, NJ, 1999.
6. S. F. Yu, *Analysis and Design of Vertical Cavity Surface Emitting Lasers*, Wiley, Hoboken, NJ, 2003.
7. D. Meschede, *Optics, Light and Lasers: The Practical Approach to Modern Aspects of Photonics and Laser Physics*, Wiley, Hoboken, NJ, 2nd ed., 2007.
8. J. Buus, M. C. Amann, and D. J. Blumenthal, *Tunable Laser Diodes and Related Optical Sources*, Wiley-IEEE Press, Hoboken, NJ, 2nd ed., 2005.
9. R. S. Quimby, *Photonics and Lasers: An Introduction*, Wiley, Hoboken, NJ, 2006.
10. L. A. Coldren, G. A. Fish, Y. Akulova, J. S. Barton, L. Johansson, and C. W. Coldren, "Tunable semiconductor lasers," *J. Lightwave Tech.*, vol. 22, pp. 193-202, Jan. 2004.
11. J. Kani and K. Iwatsuki, "A wavelength-tunable optical transmitter using semiconductor optical amplifiers and an optical tunable filter for metro/access DWDM applications," *J. Lightwave Tech.*, vol. 23, pp. 1164-1169, Mar. 2005.
12. J. Buus and E. J. Murphy, "Tunable lasers in optical networks," *J. Lightwave Tech.*, vol. 24, pp. 5-11, Jan. 2006.
13. G. J. Pendock and D. D. Sampson, "Transmission performance of high bit rate spectrum-sliced WDM systems," *J. Lightwave Tech.*, vol. 14, pp. 2141-2148, Oct. 1996.
14. V. Arya and I. Jacobs, "Optical preamplifier receiver for spectrum-sliced WDM," *J. Lightwave Tech.*, vol. 15, pp. 576-583, Apr. 1997.
15. R. D. Feldman, "Crosstalk and loss in WDM systems employing spectral slicing," *J. Lightwave Tech.*, vol. 15, pp. 1823-1831, Nov. 1997.
16. B. L. Anderson and R. L. Anderson, *Fundamentals of Semiconductor Devices*, McGraw-Hill, New York, 2005.
17. D. A. Neamen, *An Introduction to Semiconductor Devices*, McGraw-Hill, New York, 2006.
18. S. O. Kasap, *Principles of Electronic Materials and Devices*, McGraw-Hill, New York, 2006.
19. O. Manasreh, *Semiconductor Heterojunctions and Nanostructures*, McGraw-Hill, New York, 2005.
20. C. A. Burrus and B. I. Miller, "Small-area double heterostructure AlGaAs electroluminescent diode sources for optical fiber transmission lines," *Opt. Commun.*, vol. 4, pp. 307-309, Dec. 1971.
21. R. E. Nahory, M. A. Pollack, W. D. Johnston Jr., and R. L. Barns, "Band gap versus composition and demonstration of Vegard's law for InGaAsP lattice matched to InP," *Appl. Phys. Lett.*, vol. 33, pp. 659-661, Oct. 1978.
22. B. E. A. Saleh and M. Teich, *Fundamentals of Photonics*, Wiley, Hoboken, NJ, 2nd ed., 2007.
23. T. P. Lee and A. J. Dentai, "Power and modulation bandwidth of GaAs-AlGaAs high radiance LEDs for optical communication systems," *IEEE J. Quantum Electron.*, vol. QE-14, pp. 150-159, Mar. 1978.
24. H. Namizaki, M. Nagano, and S. Nakahara, "Frequency response of GaAlAs light emitting diodes," *IEEE Trans. Electron. Devices*, vol. ED-21, pp. 688-691, Nov. 1974.
25. Y. S. Liu and D. A. Smith, "The frequency response of an amplitude modulated GaAs luminescent diode," *Proc. IEEE*, vol. 63, pp. 542-544, Mar. 1975.
26. T. P. Lee, "Effects of junction capacitance on the rise time of LEDs and the turn-on delay of injection lasers," *Bell Sys. Tech. J.*, vol. 54, pp. 53-68, Jan. 1975.
27. I. Hino and K. Iwamoto, "LED pulse response analysis," *IEEE Trans. Electron. Devices*, vol. ED-26, pp. 1238-1242, Aug. 1979.
28. G. Morthier and P. Vankwikelberge, *Handbook of Distributed Feedback Lasers*, Artech House, Boston, 1997.
29. H. Ghafouri-Shiraz, *Distributed Feedback Laser Diodes and Optical Tunable Filters*, Wiley, Hoboken, NJ, 2004.
30. D. Botez, "Laser diodes are power-packed," *IEEE Spectrum*, vol. 22, pp. 43-53, June 1985.
31. C. Y. Tsai, F.-P. Shih, T.-L. Sung, T.-Y. Wu, C.H. Chen., and C. Y. Tsai, "A small-signal analysis of the modulation response of high-speed quantum-well lasers," *IEEE J. Quantum Electron.*, vol. 33, pp. 2084-2096, Nov. 1997.
32. A. Thränhardt, S. W. Koch, J. Hader, and J. V. Moloney, "Carrier dynamics in quantum well lasers," *Optical and Quantum Electronics*, vol. 38, pp. 361-368, Mar. 2006.
33. T. P. Lee, C. A. Burrus, R. A. Linke, and R. J. Nelson, "Short-cavity, single-frequency InGaAsP buried heterostructure lasers," *Electron. Lett.*, vol. 19, pp. 82-84, Feb. 1983.
34. Hongling Rao, M. J. Steel, R. Scarmozzino, and R. M. Osgood Jr., "VCSEL design using the bidirectional beam-propagation method," *IEEE J. Quantum Electron.*, vol. 37, pp. 1435-1440, Nov. 2001.
35. C. J. Chang-Hasnain, "Tunable VCSEL," *IEEE J. Sel. Topics Quantum Electron.*, vol. 6, pp. 978-987, Nov./Dec. 2000.
36. H. C. Kuo, Y. H. Chang, Y.-A. Chang, F.-I. Lai, J. T. Chu, M. Y. Tsai, and S. C. Wang, "Single-mode 1.27-μm InGaAs:Sb-GaAs-GaAsP quantum well

vertical cavity surface emitting lasers," *IEEE J. Sel. Topics .Quantum Electron.*, vol. 11, pp. 121-126, Jan./Feb. 2005.

37. G. M. Smith, J. S. Hughes, R. M. Lammert, M. L. Osowski, G. C. Papen, J. T. Verdeyen, and J. J. Coleman, "Very narrow linewidth asymmetric cladding InGaAs-GaAs ridge waveguide distributed Bragg reflector lasers," *IEEE Photonics Tech. Lett.*, vol. 8, pp. 476-478, Apr. 1996.

38. C. H. Henry, "Theory of the linewidth of semiconductor lasers," *IEEE J. Quantum Electron.*, vol. QE-18, pp. 259-264, Feb. 1982.

39. K. Kojima, K. Kyuma, and T. Nakayama, "Analysis of the spectral linewidth of distributed feedback laser diodes," *J. Lightwave Tech.*, vol. LT-3, pp. 1048-1055, Oct. 1985.

40. J. Kim, Hui Su, S. Minin, and S.-L. Chuang, "Comparison of linewidth enhancement factor between p-doped and undoped quantum-dot lasers," *IEEE Photonics Tech. Lett.*, vol. 18, pp. 1022-1024, May 2006.

41. E. L. Wooten, K. M. Kissa, A. Yi-Yan, E. J. Murphy, D. A. Lafaw, P. F. Hallemeier, D. Maack, D. V. Attanasio, D. J. Fritz, G. J. McBrien, and D. E. Bossi, "A review of lithium niobate modulators for fiber-optic communication systems," *IEEE J. Sel. Topics Quantum Electron.*, vol. 6, pp. 69-82, Jan./Feb. 2000.

42. G. L. Li and P. K. L. Yu, "Optical intensity modulators for digital and analog applications," *J. Lightwave Tech.*, vol. 21, pp. 2010-2030, Sept. 2003.

43. M. Labudovic and J. Li, "Modeling of TE cooling of pump lasers," *IEEE Trans. Compon. Packag. Technol.*, vol. 27, pp. 724-730, Dec. 2004.

44. A. Leon-Garcia and I. Widjaja, *Communication Networks*, McGraw-Hill, Burr Ridge, IL, 2nd ed., 2004.

45. A. J. Jerri, "The Shannon sampling theory – its various extensions and applications: A tutorial review," *Proc. IEEE*, vol. 65, pp. 1565-1596, Nov. 1977.

46. G. Keiser, *Local Area Networks*, McGraw-Hill, New York, 2nd ed., 2002.

47. E. Forestieri and G. Prati, "Novel optical line codes tolerant to fiber chromatic dispersion," *J. Lightwave Tech.*, vol. 19, pp. 1675-1684, Nov. 2001.

48. H. Bourdoucen, "Effect of line codes and WDM wavelengths on the performance of transmission systems based on the Mach-Zehnder modulator," *J. Opt. Networking*, vol. 3, pp. 92-99, Feb. 2004.

49. A. W. Moore, L. B. James, M. Glick, A. Wonfor, R. G. Plumb, I. H. White, D. McAuley, and R. V. Penty, "Optical network packet error rate due to physical layer coding," *J. Lightwave Tech.*, vol. 23, pp. 3056-3065, Oct. 2005.

50. S. Yamakoshi, O. Hasegawa, H. Hamaguchi, M. Abe, and T. Yamaoka, "Degradation of high-radiance $Ga_{1-x}Al_xAs$ LEDs," *Appl. Phys. Lett.*, vol. 31, pp. 627-629, Nov. 1977.

51. M. Ettenberg and H. Kressel, "The reliability of (AlGa)As CW laser diodes," *IEEE J. Quantum Electron.*, vol. QE-16, pp. 186-196, Feb. 1980.

52. S. L. Chuang, A. Ishibashi, S. Kijima, N. Nakajama, M. Ukita, and S. Taniguchi, "Kinetic model for degradation of light-emitting diodes," *IEEE J. Quantum Electron.*, vol. 33, pp. 970-979, June 1997.

53. J.-H. Han and S. W. Park, "Theoretical and experimental study on junction temperature of packaged Fabry-Perot laser diode," *IEEE Trans. Device Materials Reliability*, vol. 4, pp. 292-294, June 2004.

54. M. Funabashi, H. Nasu, T. Mukaihara, T. Kimoto, T. Shinagawa, T. Kise, K. Takaki, T. Takagi, M. Oike, T. Nomura, and A. Kasukawa, "Recent advances in DFB lasers for ultradense WDM applications," *IEEE J. Selected Topics Quantum Electron.*, vol. 10, pp. 312-320, Mar./Apr. 2004.

55. R. Sobiestianskas, J. G. Simmons, G. Letal, and R. E. Mallard, "Experimental study on the intrinsic response, optical and electrical parameters of 1.55 μm DFB BH laser diodes during aging tests," *IEEE Trans. Device Materials Reliability*, vol. 5, pp. 659-664, Dec. 2005.

56. L. A. Johnson, "Laser diode burn-in and reliability testing," *IEEE Commun. Mag.*, vol. 44, pp. 4-7, Feb. 2006.

57. S. Seki and K. Yokahama, "Power penalty in 1.3-μm InP-based strained-layer multiple-quantum-well lasers at elevated temperatures," *IEEE Photonics Tech. Lett.*, vol. 9, pp. 1205-1207, Sept. 1997.

5
Lançamento e acoplamento de potência

Na implementação de uma conexão de fibra óptica, duas das questões principais do sistema referem-se à introdução da potência óptica em uma determinada fibra a partir de algum tipo de fonte luminescente e ao acoplamento da potência óptica de uma fibra em outra. Lançar potência óptica de uma fonte em uma fibra implica considerações como a abertura numérica, o tamanho do núcleo, o perfil do índice de refração e a diferença de índice núcleo-casca da fibra, além do tamanho, da radiância e da distribuição angular de potência da fonte óptica.

Uma medida da quantidade de potência óptica emitida a partir de uma fonte que pode ser acoplada a uma fibra é normalmente dada pela *eficiência de acoplamento* η definida como

$$\eta = \frac{P_F}{P_S}$$

onde P_F é a potência acoplada na fibra, e P_S, a potência emitida da fonte de luz. A eficiência de acoplamento ou lançamento depende do tipo de fibra que está ligado à fonte e do processo de acoplamento; por exemplo, com ou sem lentes ou se outros esquemas de melhoria do acoplamento são utilizados.

Na prática, muitos fornecedores de fontes oferecem dispositivos com um comprimento curto de fibra óptica (1 m ou menos) já anexados em uma configuração otimizada de acoplamento de potência. Essa seção da fibra é geralmente chamada de *flylead* ou *pigtail*. O problema no lançamento de potência para essas fontes do tipo *flylead* reduz-se, assim, a um simples acoplamento de potência óptica de uma fibra para outra. Os efeitos, nesse caso, incluem desalinhamento das fibras, tamanhos diferentes de núcleos, aberturas numéricas e perfis de índice de refração do núcleo. Além disso, há a necessidade de que as faces das extremidades da fibra sejam limpas e lisas, tanto as perpendiculares ao eixo como as polidas em um pequeno ângulo, para impedir o retorno das reflexões.

Um arranjo alternativo consiste em fontes de luz e receptáculos de fibra óptica integrados dentro de um pacote transceptor. Para conseguir um acoplamento fibra-fibra nesse caso, o conector de fibra de um cabo é simplesmente acoplado ao conector integrado no pacote do transceptor. Entre as várias configurações disponíveis comercialmente, estão os dispositivos de *fator de forma pequeno* (SFF) e SFF plugável.

5.1 Lançamento de potência da fonte para a fibra

Uma medida conveniente e útil da saída óptica de uma fonte luminescente é a sua radiância (ou brilho) B em uma determinada corrente de deriva de um diodo. A *radiância* é a potência óptica irradiada para uma unidade de ângulo sólido por unidade de área da superfície emissora e, em geral, especificada em termos de watts por centímetro quadrado por esferorradiano. Uma vez que a potência óptica que pode ser acoplada a uma fibra depende de sua radiância (isto é, da distribuição espacial da potência óptica), a radiância de uma fonte óptica mais do que a potência de saída total é o parâmetro importante quando se considera a eficiência do acoplamento fonte-fibra.

5.1.1 Padrão de saída da fonte

Para determinar a capacidade de aceitação de potência óptica de uma fibra, o padrão de radiação espacial da fonte deve primeiramente ser conhecido. Esse padrão pode ser bastante complexo. Considere a Figura 5.1, que mostra um sistema de coordenadas esféricas caracterizado por R, θ e ϕ com a normal à superfície emissora sendo o eixo polar. A radiação pode ser uma função de ambos θ e ϕ, e também pode variar de ponto para ponto da superfície emissora. Uma suposição razoável para a simplicidade da análise é considerar a emissão uniforme em toda a área da fonte.

Os LEDs de superfície emissora são caracterizados pelo seu padrão lambertiano de saída, o que significa que a fonte é igualmente luminosa quando vista a partir de qualquer direção. A potência fornecida em um ângulo θ, medido em relação à normal da superfície emissora, varia com o cos θ, porque a área projetada da superfície emissora varia com o cos θ com a direção de visualização. O padrão lambertiano de emissão de uma fonte segue, assim, a relação

$$B(\theta, \phi) = B_0 \cos \theta \quad (5.1)$$

onde B_0 é a radiância ao longo da normal à superfície radiante. O padrão de radiância para essa fonte é mostrado na Figura 5.2.

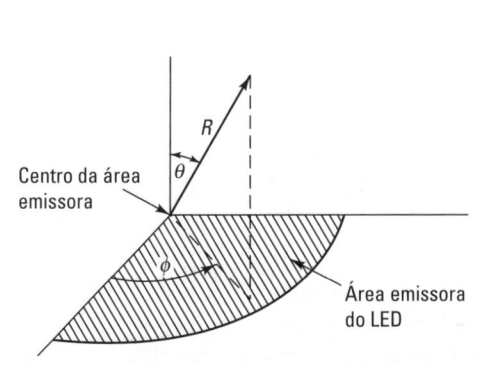

Figura 5.1 Sistema de coordenadas esférico para caracterizar o padrão de emissão de uma fonte óptica.

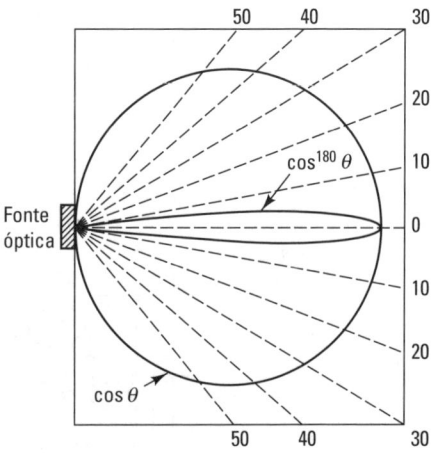

Figura 5.2 Padrões lambertianos de radiância para uma fonte e saída lateral de um diodo *laser* altamente direcional. Ambas as fontes possuem B_0 normalizado à unidade.

Exemplo 5.1 A Figura 5.2 compara um padrão lambertiano com um diodo *laser* que tem um feixe com largura de meia potência lateral ($\phi = 0°$) de $2\theta = 10°$. Qual é o coeficiente de distribuição lateral de potência?

Solução: A partir da Equação (5.2), temos

$$B(\theta = 5°, \phi = 0°) = B_0(\cos 5°)^L = \frac{1}{2}B_0$$

Resolvendo para L, temos

$$L = \frac{\log 0{,}5}{\log(\cos 5°)} = \frac{\log 0{,}5}{\log 0{,}9962} = 182$$

O feixe de saída muito mais estreito de um diodo *laser* permite que muito mais luz seja acoplada a uma fibra óptica.

Os LEDs de emissão lateral e os diodos *laser* têm um padrão de emissão mais complexo. Esses dispositivos têm diferentes radiâncias $B(\theta, 0°)$ e $B(\theta, 90°)$ nos planos paralelo e normal, respectivamente, em relação ao plano da junção emissora do dispositivo. Essas radiações podem ser aproximadas pela forma geral[1,2]

$$\frac{1}{B(\theta, \phi)} = \frac{\operatorname{sen}^2 \phi}{B_0 \cos^T \theta} + \frac{\cos^2 \phi}{B_0 \cos^L \theta} \qquad (5.2)$$

Os inteiros T e L são os coeficientes de distribuição transversal e lateral de potência, respectivamente. Em geral, para os emissores laterais, $L = 1$ (que é uma distribuição lambertiana com uma largura de feixe de meia potência de 120°) e T é significativamente maior. Para os diodos *laser*, L pode assumir valores maiores que 100.

5.1.2 Cálculo do acoplamento de potência

Para calcular a potência óptica máxima acoplada em uma fibra, considere primeiro o caso mostrado na Figura 5.3 para uma fonte simétrica de brilho $B(A_s, \Omega_s)$, em que A_s e Ω_s são a área e o ângulo sólido de emissão da fonte, respectivamente. Aqui, a face da extremidade da fibra está centrada sobre a superfície de saída da fonte e posicionada tão perto do ângulo quanto possível. A potência acoplada pode ser encontrada por meio da relação

$$\begin{aligned} P &= \int_{A_f} dA_s \int_{\Omega_f} d\Omega_s\, B(A_s, \Omega_s) \\ &= \int_0^{r_m} \int_0^{2\pi} \left[\int_0^{2\pi} \int_0^{\theta_A} B(\theta, \phi) \operatorname{sen} \theta\, d\theta\, d\phi \right] d\theta_s\, r\, dr \end{aligned} \qquad (5.3)$$

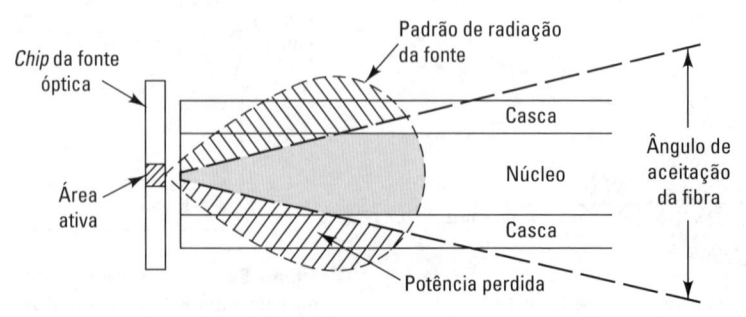

Figura 5.3 Diagrama esquemático de uma fonte de luz acoplada a uma fibra óptica. A luz fora do ângulo de aceitação é perdida.

onde a área A_f e o ângulo sólido de aceitação da fibra Ω_f definem os limites das integrais. Nessa expressão, primeiramente a radiância $B(\theta, \phi)$ a partir de um ponto de radiação individual da fonte na superfície emissora é integrado em relação ao ângulo sólido de aceitação da fibra. Isso é mostrado pela expressão entre colchetes, onde θ_A é o ângulo de aceitação ou captação da fibra, que está relacionado com a abertura numérica NA por meio da Equação (2.23). A potência acoplada total é então determinada pela soma das contribuições de cada ponto individual da fonte emissora de área incremental $d\theta_s\, r\, dr$, isto é, integrando-a na área de emissão. Para maior simplicidade, aqui a superfície emissora é considerada circular. Se o raio da fonte r_s é menor do que o raio do núcleo da fibra a, então o limite superior da integração é $r_m = r_s$; para fontes com áreas de maior dimensão do que a área do núcleo da fibra, $r_m = a$.

Como um exemplo, suponha um LED de emissão de superfície de raio r_s menor que o raio do núcleo da fibra a. Como este é um emissor lambertiano, a Equação (5.1) se aplica e a Equação (5.3) torna-se

$$
\begin{aligned}
P &= \int_0^{r_s} \int_0^{2\pi} \left(2\pi B_0 \int_0^{\theta_A} \cos\theta\, \mathrm{sen}\,\theta\, d\theta \right) d\theta_s\, r\, dr \\
&= \pi B_0 \int_0^{r_s} \int_0^{2\pi} \mathrm{sen}^2\,\theta_A\, d\theta_s\, r\, dr \\
&= \pi B_0 \int_0^{r_s} \int_0^{2\pi} \mathrm{NA}^2\, d\theta_s\, r\, dr
\end{aligned}
\qquad (5.4)
$$

em que a abertura numérica NA é definida pela Equação (2.23). Para fibras de índice-degrau, a abertura numérica é independente da posição θ_s e r na face da extremidade da fibra, de modo a que a Equação (5.4) torna-se (para $r_s < a$)

$$ P_{\mathrm{LED, degrau}} = \pi^2 r_s^2 B_0 (\mathrm{NA})^2 \simeq 2\pi^2 r_s^2 B_0 n_1^2 \Delta \qquad (5.5) $$

Considere agora a potência óptica total P_s que é emitida a partir da fonte de área A_s em um hemisfério (2π sr). Esta é dada por

$$
\begin{aligned}
P_s &= A_s \int_0^{2\pi} \int_0^{\pi/2} B(\theta, \phi)\, \mathrm{sen}\,\theta\, d\theta\, d\phi \\
&= \pi r_s^2\, 2\pi B_0 \int_0^{\pi/2} \cos\theta\, \mathrm{sen}\,\theta\, d\theta \\
&= \pi^2 r_s^2 B_0
\end{aligned}
\qquad (5.6)
$$

A Equação (5.5) pode, dessa maneira, ser expressa em termos de P_s:

$$ P_{\mathrm{LED, degrau}} = P_s (\mathrm{NA})^2 \quad \text{para } r_s \le a \qquad (5.7) $$

Quando o raio da área de emissão é maior do que o raio a da área do núcleo da fibra, a Equação (5.7) se torna

$$ P_{\mathrm{LED, degrau}} = \left(\frac{a}{r_s} \right)^2 P_s (\mathrm{NA})^2 \quad \text{para } r_s > a \qquad (5.8) $$

Exemplo 5.2 Considere um LED com área de emissão circular de 35 μm de raio e padrão de emissão lambertiano com 150 W/(cm² · sr) de radiância axial em determinada corrente de deriva. Compare as potências ópticas acopladas em duas fibras de índice-degrau: núcleo de raio 25 μm com NA = 0,20 e a outra tem núcleo de raio 50 μm com NA = 0,20.

Solução: Para a fibra de núcleo maior, usamos as Equações (5.6) e (5.7) para obter

$$P_{\text{LED, degrau}} = P_s(\text{NA})^2 = \pi^2 r_s^2 B_0 (\text{NA})^2 = \pi^2 (0{,}0035 \text{ cm})^2 \, [150 \text{ W/(cm}^2 \cdot \text{sr)}] \, (0{,}20)^2 = 0{,}725 \text{ mW}$$

Para o caso em que a área da face da extremidade da fibra é menor do que a área da superfície emissora, usamos a Equação (5.8). Assim, a potência acoplada é menor do que no caso acima devido ao quadrado da razão entre os raios:

$$P_{\text{LED, degrau}} = \left(\frac{25\,\mu\text{m}}{35\,\mu\text{m}}\right)^2 P_s(\text{NA})^2 = \left(\frac{25\,\mu\text{m}}{35\,\mu\text{m}}\right)^2 (0{,}725 \text{ mW}) = 0{,}37 \text{ mW}$$

No caso de uma fibra óptica com índice-gradual, a abertura numérica depende da distância r a partir do eixo da fibra por meio da relação definida pela Equação (2.80). Assim, usando as Equações (2.80a) e (2.80b), a potência acoplada a partir de um LED de emissão de superfície em uma fibra óptica com índice-gradual torna-se (para $r_s < a$)

$$\begin{aligned} P_{\text{LED, gradual}} &= 2\pi^2 B_0 \int_0^{r_s} [n^2(r) - n_2^2] r \, dr \\ &= 2\pi^2 r_s^2 B_0 \, n_1^2 \Delta \left[1 - \frac{2}{\alpha+2}\left(\frac{r_s}{a}\right)^\alpha\right] \\ &= 2 P_s \, n_1^2 \Delta \left[1 - \frac{2}{\alpha+2}\left(\frac{r_s}{a}\right)^\alpha\right] \end{aligned} \qquad (5.9)$$

onde a última expressão foi obtida a partir da Equação (5.6).

Essas análises assumem condições de acoplamento perfeitas entre a fonte e a fibra. Isso só pode ser conseguido se o índice de refração do meio que separa a fonte e o final da fibra corresponde ao índice n_1 do núcleo da fibra. Se o índice de refração n do meio é diferente de n_1 e, logo, para as faces perpendiculares da extremidade da fibra, a potência acoplada na fibra é reduzida por um fator

$$R = \left(\frac{n_1 - n}{n_1 + n}\right)^2 \qquad (5.10)$$

onde R é a *reflexão de Fresnel* ou da *refletividade* na face da extremidade núcleo-fibra. A razão $r = (n_1 - n)/(n_1 + n)$, conhecida como o *coeficiente de reflexão*, refere-se à amplitude da onda refletida com relação à amplitude da onda incidente.

O cálculo do acoplamento de potência para emissores não lambertianos seguindo uma distribuição cilíndrica $\cos^m \theta$ é deixada como exercício. A potência lançada em uma fibra a partir de um LED de emissão lateral que tem uma distribuição não cilíndrica é bastante complexa.[3] A Seção 5.4 apresenta uma análise simplificada desse problema na discussão sobre o acoplamento de LEDs em fibras monomodo.

Exemplo 5.3 Uma fonte óptica de GaAs com um índice de refração de 3,6 é acoplada a uma fibra de sílica que tem um índice de refração de 1,48. Qual é a perda de potência entre a fonte e a fibra?

Solução: Se a extremidade da fibra e a fonte estão em contato físico, então, a partir da Equação (5.10), a reflexão de Fresnel na interface é

$$R = \left(\frac{n_1 - n}{n_1 + n}\right)^2 = \left(\frac{3,60 - 1,48}{3,60 + 1,48}\right)^2 = 0,174$$

Esse valor de R corresponde a um reflexo de 17,4% da potência óptica emitida de volta para a fonte. Dado que

$$P_{acoplada} = (1 - R)P_{emitida}$$

a perda de potência L em decibéis é encontrada a partir de:

$$L = -10 \log\left(\frac{P_{acoplada}}{P_{emitida}}\right) = -10\log(1 - R) = -10\log(0,826) = 0,83 \text{ dB}$$

Este número pode ser reduzido tendo um material com índice casado entre a fonte e a extremidade da fibra.

Exemplo 5.4 Uma fonte óptica de InGaAsP, que tem um índice de refração de 3,540, está proximamente acoplada a uma fibra de índice-degrau, que tem um núcleo com índice de refração de 1,480. Suponha que o tamanho da fonte seja menor do que o núcleo da fibra e que o pequeno espaço entre a fonte e a fibra seja preenchido com um gel que tem um índice de refração de 1,520. (a) Qual é a perda de potência em decibéis da fonte para a fibra? (b) Qual será a perda de potência se nenhum gel for utilizado?

Solução: (a) Aqui, é preciso considerar a refletividade nas duas interfaces. Primeiro, usando a Equação (5.10), temos que a refletividade R_{sg} na interface fonte-gel é

$$R_{sg} = \left(\frac{3,540 - 1,520}{3,540 + 1,520}\right)^2 = 0,159$$

Da mesma forma, usando a Equação (5.10), temos que a refletividade R_{gf} na interface gel-fibra é

$$R_{gf} = \left(\frac{1,480 - 1,520}{1,480 + 1,520}\right)^2 = 0,040$$

Então, a refletividade total é $R = R_{sg} \times R_{gf} = (0,159) \times (0,040) = 0,0064$.
A perda de potência em decibéis é (ver Exemplo 5.3)

$$L = -10 \log(1 - R) = -10 \log(0,994) = 0,0028 \text{ dB}$$

(b) Se nenhum gel é usado e, se assumirmos que não existe espaço entre a fonte e a fibra, temos que, a partir da Equação (5.10), a refletividade é

$$R = \left(\frac{3,540 - 1,480}{3,540 + 1,480}\right)^2 = 0,168$$

Nesse caso, a perda de potência é, em decibéis,

$$L = -10 \log(1 - R) = -10 \log(0,832) = 0,799 \text{ dB}$$

5.1.3 Lançamento de potência *versus* comprimento de onda

É interessante notar que a potência óptica lançada em uma fibra não depende do comprimento de onda da fonte, mas apenas de seu brilho, isto é, de sua radiância. Para explorar um pouco mais esse conceito, a Equação (2.81) mostra que o número de modos que pode propagar-se em uma fibra óptica multimodo de índice-gradual com tamanho do núcleo a e um perfil de índice α é

$$M = \frac{\alpha}{\alpha + 2}\left(\frac{2\pi a n_1}{\lambda}\right)^2 \Delta \qquad (5.11)$$

Assim, por exemplo, o dobro de modos propaga-se em uma determinada fibra em 900 nm comparando-se com 1.300 nm.

A potência irradiada por modo, P_s/M, a partir de uma fonte em um determinado comprimento de onda, é dada pela radiância multiplicada pelo quadrado do comprimento de onda nominal da fonte[4]

$$\frac{P_s}{M} = B_0 \lambda^2 \qquad (5.12)$$

Assim, uma potência em dobro é lançada em um determinado modo a 1.300 nm do que em 900 nm. Portanto, duas fontes de tamanho idêntico que operam em comprimentos de onda diferentes, mas com radiâncias idênticas, lançarão quantidades iguais de potência óptica na mesma fibra.

5.1.4 Abertura numérica de equilíbrio

Conforme observado anteriormente, uma fonte de luz pode ser fabricada com uma curta fibra *flylead* (de 1-2 m) conectada a ela a fim de facilitar o acoplamento da fonte em um sistema de fibra. Para atingir uma perda baixa no acoplamento, essa *flylead* deve ser ligada a um sistema de fibra que tem NA e diâmetro do núcleo nominalmente idênticos. Certa quantidade de potência óptica (variando de 0,1-1 dB) é perdida nessa junção, e a perda exata depende do mecanismo da conexão e do tipo de fibra, o que é discutido na Seção 5.3. Além da perda de acoplamento, uma perda de potência em excesso ocorrerá nas primeiras poucas dezenas de metros de um sistema de fibra multimodo. Essa perda excessiva é o resultado da dispersão dos modos que não se propagam para fora da fibra à medida que os modos lançados chegam a um estado de equilíbrio. Essa perda é de particular importância para LEDs de emissão de superfície, que tendem a lançar potência em todos os modos da fibra. Os *lasers* acoplados a fibras são menos propensos a esse efeito porque eles tendem a excitar poucos modos de fibra que não se propagam.

A perda de potência em excesso deve ser cuidadosamente analisada em qualquer projeto de sistema, uma vez que pode ser significativamente mais elevada para certos tipos de fibras que para outros.[5] Um exemplo da perda de potência em excesso é mostrado na Figura 5.4 em termos da abertura numérica da fibra. Na extremidade de entrada da fibra, a aceitação de luz é descrita em termos da abertura numérica de lançamento NA_{ent}. Se a área de emissão de luz do LED é menor do que a área da secção transversal do núcleo da fibra, então, nesse ponto, a potência acoplada na fibra é dada pela Equação (5.7), onde $NA = NA_{ent}$.

No entanto, quando a potência óptica é medida em longas fibras multimodo depois de os modos lançados atingirem o equilíbrio (o que ocorre frequentemente em 50 m), o efeito da abertura numérica de equilíbrio NA_{eq} torna-se aparente. Nesse ponto, a potência óptica na fibra torna-se

$$P_{eq} = P_{50}\left(\frac{NA_{eq}}{NA_{ent}}\right)^2 \qquad (5.13)$$

onde P_{50} é a potência esperada na fibra no ponto 50 m com base no lançamento da NA. O grau de acoplamento de modo que ocorre em uma fibra é principalmente uma função da diferença de índice de núcleo-casca. Assim, ele pode variar significativamente entre os diferentes tipos de fibras. Uma vez que a maioria das fibras ópticas atingem 80%-90% de NA de equilíbrio depois de cerca de 50 m, o valor NA_{eq} torna-se importante quando se calcula a potência óptica lançada em fibras multimodo.

5.2 Esquemas de lentes para melhoria de acoplamento

A análise do lançamento de potência de óptica dada na Seção 5.1 é baseada na centralização da extremidade plana de fibra diretamente sobre a fonte de luz tão próximo quanto possível. Se a área da fonte emissora é maior que a área do núcleo da fibra, então a potência óptica resultante do acoplamento é o valor máximo que pode ser atingido. Esse é um resultado dos princípios fundamentais de conservação da energia e radiância[6] (também conhecida como *lei de brilho*). No entanto, se a área de emissão da fonte é menor do que a área do núcleo, uma lente em miniatura pode ser colocada entre a fonte e a fibra para aumentar a eficiência do acoplamento de potência.

A função das microlentes é ampliar a área emissora da fonte para coincidir exatamente com a área do núcleo na face da extremidade da fibra. Se a área emissora é aumentada por um fator de magnificação M, o ângulo sólido no qual a potência óptica é acoplada à fibra a partir da fonte é aumentado pelo mesmo fator.

Vários esquemas possíveis com lentes[1,2,7-12] são mostrados na Figura 5.5, os quais incluem uma fibra de ponta arredondada, uma esfera pequena de vidro (microesfera de imagem nula) em contato com a fibra e a fonte, uma lente esférica maior utilizada para formar a imagem da fonte na área do núcleo da extremidade da fibra, uma lente cilíndrica geralmente formada a partir de uma pequena secção de fibra, um sistema constituído por LED de superfície esférica e uma fibra de terminação esférica, e uma fibra terminada em cone.

Embora essas técnicas possam melhorar a eficiência do acoplamento da fonte à fibra, elas também criam complexidades adicionais. Um problema é que o tamanho da lente é semelhante às dimensões da fonte e do núcleo da fibra, o que introduz dificuldades de fabricação e de manuseio. No caso da fibra terminada em cone, o alinhamento mecânico deve ser realizado com grande precisão, uma vez que a eficiência do acoplamento torna-se uma função de pico mais acentuada do alinhamento espacial. Contudo, as tolerâncias de alinhamento são maiores para os outros tipos de sistemas de lente.

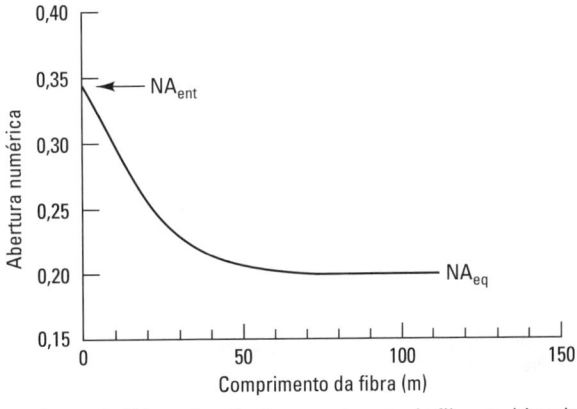

Figura 5.4 Exemplo da mudança de NA em função do comprimento da fibra multimodo.

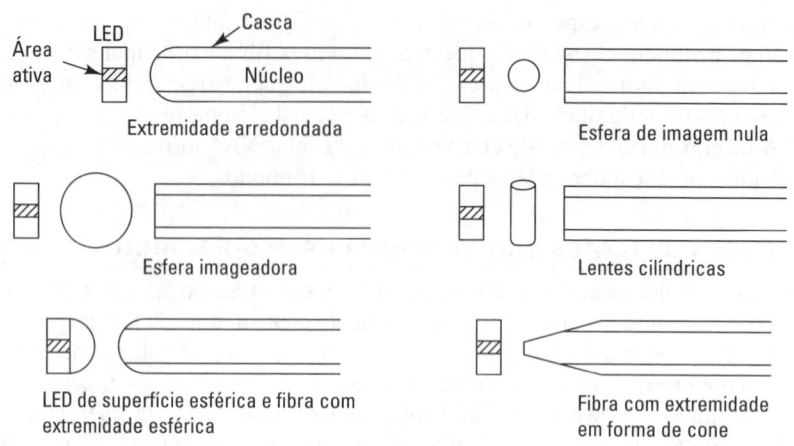

Figura 5.5 Exemplos de esquemas possíveis com lentes usados para melhorar a eficiência do acoplamento da fonte óptica à fibra.

5.2.1 Microesfera de imagem nula

Um dos mais eficientes métodos com lentes é a utilização de uma microesfera de imagem nula. Sua utilização na superfície de um emissor é mostrada na Figura 5.6. Primeiro faremos as seguintes suposições práticas: a lente esférica tem um índice de refração de cerca de 2,0, o meio exterior é o ar ($n = 1,0$), e a área de emissão é circular. Para colimar a saída do LED, a superfície emissora deve estar localizada no ponto focal da lente. O ponto focal pode ser encontrado a partir da fórmula da lente gaussiana[13]

$$\frac{n}{s} + \frac{n'}{q} = \frac{n' - n}{r} \quad (5.14)$$

onde s e q são as distâncias do objeto e de imagem, respectivamente, conforme medidos a partir da superfície da lente; n, o índice de refração da lente; n', o índice de refração do meio externo; e r, o raio de curvatura da superfície da lente.

As seguintes convenções de sinal são usadas na Equação (5.14):

1. A luz viaja da esquerda para a direita.
2. As distâncias aos objetos são medidas como positiva para a esquerda de um vértice e negativa para a direita.
3. As distâncias às imagens são medidas como positiva para a direita de um vértice e negativa para a esquerda.
4. Todas as superfícies convexas encontradas pela luz têm um raio de curvatura positivo, e as superfícies côncavas, um raio negativo.

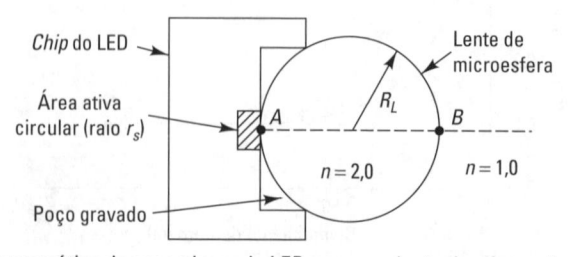

Figura 5.6 Diagrama esquemático de um emissor de LED com uma lente de microesfera.

Exemplo 5.5 Usando as convenções de sinais para a Equação (5.14), encontre o ponto focal para a superfície do lado direito mostrado na Figura 5.6.

Solução: Para encontrar o ponto focal, fazemos $q = \infty$ e resolvemos para s na Equação (5.14), em que s é de medido a partir do ponto B. Com $n = 2,0$, $n' = 1,0$, $q = \infty$ e $r = -R_L$, a Equação (5.14) nos leva a

$$S = f = 2R_L$$

Assim, o ponto focal está localizado sobre a superfície da lente no ponto A.

A colocação de um LED próximo à superfície da lente resulta, portanto, em uma ampliação M da área emissora. Essa ampliação é dada pela razão entre a área da seção transversal da lente e a área de emissão:

$$M = \frac{\pi R_L^2}{\pi r_s^2} = \left(\frac{R_L}{r_s}\right)^2 \tag{5.15}$$

Usando a Equação (5.4), pode-se mostrar que, com a lente, a potência óptica P_L que pode ser acoplada a um ângulo de abertura 2θ completo é dada por

$$P_L = P_s \left(\frac{R_L}{r_s}\right)^2 \operatorname{sen}^2 \theta \tag{5.16}$$

onde P_s é a potência total de saída do LED sem lente.

A eficiência de acoplamento teórico que pode ser alcançado se baseia nos princípios de conservação de energia e radiância.[14] Essa eficiência é normalmente determinada pelo tamanho da fibra. Para uma fibra de raio a e abertura numérica NA, a eficiência máxima de acoplamento η_{max} de uma fonte lambertiana é dada por

$$\eta_{max} = \begin{cases} \left(\dfrac{a}{r_s}\right)^2 (NA)^2 & \text{para } \dfrac{r_s}{a} > 1 \\ (NA)^2 & \text{para } \dfrac{r_s}{a} \leq 1 \end{cases} \tag{5.17}$$

Assim, quando o raio da área de emissão é maior do que o raio da fibra, nenhuma melhoria na eficiência de acoplamento é possível com uma lente. Nesse caso, a melhor eficiência de acoplamento é conseguida por um método de conexão direta na extremidade.

Com base na Equação (5.17), a eficiência de acoplamento teórica em função do diâmetro do emissor é apresentada na Figura 5.7 para uma fibra com núcleo de diâmetro de 50 μm.

Exemplo 5.6 Uma fonte óptica com um padrão circular de saída está fortemente acoplada a uma fibra de índice-degrau que possui uma abertura numérica de 0,22. Se o raio da fonte é $r_s = 50$ μm e o raio do núcleo da fibra é $a = 25$ μm, qual é a eficiência de acoplamento máxima da fonte para a fibra?

Solução: Como a razão $r_s/a > 1$, podemos encontrar a máxima eficiência de acoplamento η_{max} a partir da expressão superior da Equação (5.17):

$$\eta_{max} = \left(\frac{a}{r_s}\right)^2 (NA)^2 = \left(\frac{25}{50}\right)^2 (0,22)^2 = 0,25(0,22)^2 = 0,012 = 1,2\%$$

Assim, a eficiência de acoplamento é reduzida para 25% em comparação com o caso em que os raios da fonte e da fibra são iguais.

5.2.2 Acoplamento de diodo *laser* para fibra

Como observamos no Capítulo 4, os diodos *laser* de emissão lateral têm um padrão de emissão que, nominalmente, tem uma *largura total a meia altura* (FWHM) de 30-50° no plano perpendicular à junção de área ativa e um FWHM de 5-10° no plano paralelo ao plano da junção. Uma vez que a distribuição angular de saída do *laser* é maior do que o ângulo de aceitação da fibra, e uma vez que a área de emissão de *laser* é muito menor do que o núcleo da fibra, as lentes esféricas ou cilíndricas ou cones de fibras ópticas[15-19] também podem ser utilizados para melhorar a eficiência de acoplamento entre diodos *laser* de emissão lateral e fibras ópticas. Isso também funciona bem para *lasers de emissão superficial em cavidade vertical* (VCSELs). Aqui, eficiências de acoplamento para fibras multimodo de 35% resultam em produção em massa de conexões de matrizes de *laser* com fibras ópticas paralelas, e as eficiências de até 90% são possíveis pelo acoplamento direto (sem lente) de uma única fonte VCSEL em uma fibra multimodo.[20]

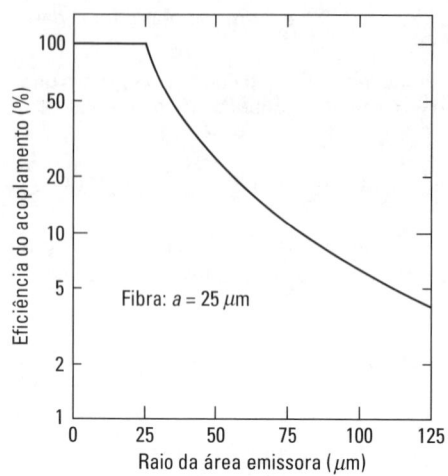

Figura 5.7 Eficiência do acoplamento teórica em unidades de (NA)² para um LED de emissão de superfície em função do diâmetro da luz emitida. O acoplamento é em uma fibra com núcleo de raio $a = 25\ \mu m$.

O uso de lentes de microesferas de vidro homogêneo foi testado em uma série de várias centenas de conjuntos de *laser* diodo.[15] Lentes de vidro esféricas com um índice de refração de 1,9 e diâmetros de 50 e 60 μm foram coladas às extremidades de fibras de índice-gradual com núcleo de 50 μm de diâmetro tendo uma abertura numérica de 0,2. Os valores medidos de FWHM dos feixes de saída do *laser* foram os seguintes:

1. Entre 3-9 μm para o campo próximo paralelo à junção.
2. Entre 30-60° para o campo perpendicular à junção.
3. Entre 15-55° para o campo paralelo à junção.

As eficiências de acoplamento nessas experiências variaram de 50% a 80%.

5.3 Junções de fibra para fibra

Um fator importante em qualquer instalação de sistema de fibra óptica é o requisito de interligar fibras de tal forma que as perdas sejam baixas. Essas interligações ocorrem na fonte óptica, no fotodetector, em pontos intermediários do cabo onde duas fibras são ligadas e em pontos intermediários de um *link* em que dois cabos estão ligados. A técnica selecionada para unir as fibras depende se é desejada uma união permanente ou uma ligação facilmente desmontável. Uma ligação permanente é geralmente chamada de *emenda*, enquanto uma articulação desmontável é conhecida como *conector*.

Cada técnica de junção é sujeita a determinadas condições que podem causar várias perdas de potência óptica na junção. A perda em uma junção específica ou por meio de um componente é chamada de *perda por inserção*. Essas perdas dependem de parâmetros como a distribuição de potência de entrada na junta, o comprimento da fibra óptica entre a fonte e junta, as características geométricas e de guia de onda das duas extremidades da fibra do conjunto, e a qualidade da face de extremidade da fibra.

A potência óptica que pode ser acoplada a partir de uma fibra para outra é limitada pelo número de modos que podem se propagar em cada fibra. Por exemplo, se uma fibra em que 500 modos podem se propagar está ligada a uma fibra em que apenas 400 modos podem se propagar, então, no máximo 80% da potência óptica da primeira fibra pode ser acoplada para dentro da segunda fibra (se assumirmos que todos os modos são igualmente excitados). Para uma fibra de índice-gradual com um núcleo de raio a e uma casca de índice n_2, e com $k = 2\pi/\lambda$, o número total de modos pode ser encontrado a partir da expressão (a derivação dessa expressão é complexa)[6]

$$M = k^2 \int_0^a [n^2(r) - n_2^2] r \, dr \tag{5.18}$$

onde $n(r)$ define a variação no perfil de índice de refração do núcleo. Isso pode ser relacionado com uma genérica abertura numérica local $NA(r)$ por meio da Equação (2.80) para termos

$$\begin{aligned} M &= k^2 \int_0^a NA^2(r) r \, dr \\ &= k^2 NA^2(0) \int_0^a \left[1 - \left(\frac{r}{a} \right)^\alpha \right] r \, dr \end{aligned} \tag{5.19}$$

De um modo geral, quaisquer duas fibras que serão unidas terão diferentes graus de diferenças em seus raios a, aberturas numéricas axiais $NA(0)$ e perfis de índice α. Assim, a fração da energia acoplada de uma fibra para outra é proporcional ao número de modos comuns M_{com} a ambas as fibras (se é assumida uma distribuição uniforme da potência ao longo dos modos). A eficiência do acoplamento fibra-fibra η_F é dada por

$$\eta_F = \frac{M_{com}}{M_E} \tag{5.20}$$

onde M_E é o número de modos na *fibra emissora* (a que lança potência na fibra seguinte).

A perda no acoplamento fibra-fibra L_F é dada em termos de η_F como

$$L_F = -10 \log \eta_F \tag{5.21}$$

Uma estimativa analítica da perda de potência óptica de uma junção entre fibras multimodo é difícil de fazer, pois a perda depende da distribuição de potência entre os modos na fibra.[21-23] Por exemplo, considere primeiro o caso em que todos os modos em uma fibra são igualmente excitados, como na Figura 5.8a. O feixe óptico emergente, portanto, preenche inteiramente a abertura numérica de saída dessa fibra emissora. Suponha agora que uma segunda fibra idêntica, chamada de *fibra receptora*, deva ser unida à fibra emissora. Para a fibra receptora aceitar toda a potência óptica emitida pela primeira fibra, deve haver um alinhamento mecânico perfeito entre os dois guias de onda ópticos, e as suas características geométricas e de guia de ondas devem corresponder-se de maneira precisa.

Entretanto, se o estado de equilíbrio modal foi estabelecido na fibra emissora, a maior parte da energia está concentrada nos modos de menor ordem da fibra. Isso significa que a potência óptica fica concentrada perto do centro do núcleo de fibra, como se vê na Figura 5.8b. A potência óptica que emerge da fibra preenche apenas a abertura numérica de equilíbrio (ver Figura 5.4). Nesse caso, uma vez que a NA de entrada da fibra receptora é maior do que a NA de equilíbrio da fibra emissora, ligeiros desalinhamentos mecânicos das duas fibras juntadas e pequenas variações em suas características geométricas não contribuem significativamente para a perda na junção.

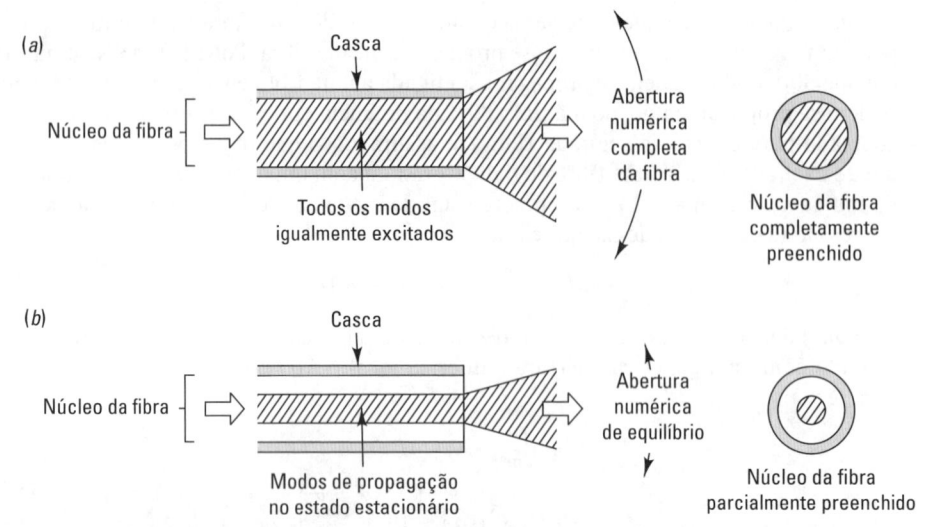

Figura 5.8 Diferentes distribuições modais do feixe óptico que emerge de uma fibra resultam em diferentes níveis de perda por acoplamento. (a) Quando todos os modos são igualmente excitados, o feixe de saída preenche toda a NA de saída; (b) para uma distribuição modal no estado estacionário, apenas a NA de equilíbrio é preenchida pelo feixe de saída.

O equilíbrio modal do estado estacionário é geralmente estabelecido em fibras de comprimentos longos. Assim, quando se estimam as perdas nas junções entre fibras longas, os cálculos baseados em uma distribuição de potência modal uniforme tendem a conduzir a resultados que podem ser muito pessimistas. No entanto, se uma distribuição modal de equilíbrio no estado estacionário é assumida, a estimativa pode ser demasiada otimista porque os desalinhamentos mecânicos e as variações nas características operacionais de fibra para fibra provocam uma redistribuição de potência entre os modos na segunda fibra. À medida que a potência se propagar ao longo da segunda fibra, uma perda adicional ocorrerá quando uma distribuição no estado estacionário for novamente estabelecida.

Um cálculo exato da perda no acoplamento entre diferentes fibras ópticas, que leva em conta a distribuição não uniforme de potência entre os modos e os efeitos de propagação na segunda fibra, é longo e complicado.[24] Aqui, vamos, portanto, fazer a suposição de que todos os modos na fibra são igualmente excitados. Apesar de essa suposição fornecer uma previsão um pouco pessimista de perda na junção, ela permitirá uma estimativa dos efeitos relativos de perdas resultantes de desajustes de desalinhamentos mecânicos, descasamentos geométricos e variações nas propriedades de guia de ondas entre duas fibras unidas.

5.3.1 Desalinhamento mecânico

O alinhamento mecânico é o problema principal na união de duas fibras, em virtude de seu tamanho microscópico.[25-29] Um núcleo de fibra multimodo de índice-gradual padrão possui diâmetro de 50 a 100 μm, que é aproximadamente a espessura de um fio de cabelo humano, enquanto as fibras monomodo têm núcleos de diâmetros da ordem de 9 μm. As perdas de radiação resultam de desalinhamentos mecânicos, porque o cone de radiação da fibra emissora não coincide com o cone de aceitação da fibra receptora. A magnitude da perda de radiação depende do grau de desalinhamento. Os três tipos fundamentais de desalinhamento entre as fibras são apresentados na Figura 5.9.

(a) Lateral (axial)　　　**(b)** Longitudinal (separação das extremidades)　　　**(c)** Angular

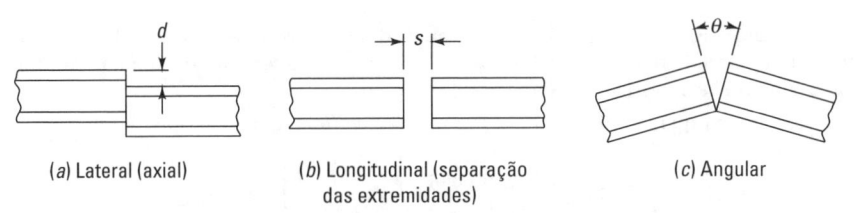

Figura 5.9 Três tipos de desalinhamento mecânico que podem ocorrer na junção entre duas fibras.

O *deslocamento axial* (o qual é também muitas vezes chamado de *deslocamento lateral*) ocorre quando os eixos das duas fibras estão separados por uma distância d. A *separação longitudinal* ocorre quando as fibras têm o mesmo eixo, mas há uma abertura s entre as faces de suas extremidades. O *desalinhamento angular* acontece quando os dois eixos formam um ângulo de modo que as faces de extremidade da fibra já não são paralelas.

O desalinhamento mais comum que ocorre na prática, que também causa a maior perda de potência, é o deslocamento axial. Esse deslocamento reduz a área de sobreposição das duas faces do núcleo de fibra, como ilustra a Figura 5.10, e consequentemente a quantidade de potência óptica que pode ser acoplada de uma fibra em outra.

Para ilustrar os efeitos de desalinhamento axial, primeiro considere o caso simples de duas fibras idênticas de índice-degrau de raio a. Suponha que os seus eixos estejam deslocados por uma separação d, como na Figura 5.10, e assuma que há uma distribuição uniforme de potência modal na fibra emissora. Como a abertura numérica é constante através das faces das extremidades das duas fibras, a potência óptica acoplada de uma fibra para outra é simplesmente proporcional à área comum A_{com} dos dois núcleos. É simples de mostrar que ela é (ver Problema 5.9)

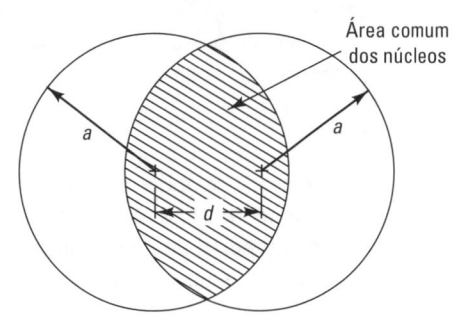

Figura 5.10 O deslocamento axial reduz a área sombreada comum dos núcleos das duas faces das extremidades da fibra.

$$A_{\text{com}} = 2a^2 \arccos\frac{d}{2a} - d\left(a^2 - \frac{d^2}{4}\right)^{1/2} \quad (5.22)$$

Para a fibra de índice-degrau, a eficiência do acoplamento é simplesmente a razão entre a área comum de núcleos e a área da face do núcleo na extremidade,

$$\eta_{F,\text{degrau}} = \frac{A_{\text{com}}}{\pi a^2} = \frac{2}{\pi}\arccos\frac{d}{2a} - \frac{d}{\pi a}\left[1 - \left(\frac{d}{2a}\right)^2\right]^{1/2} \quad (5.23)$$

O cálculo da potência acoplada a partir de uma fibra óptica de índice-gradual em outra idêntica é mais complicado, uma vez que a abertura numérica varia em toda a face da extremidade da fibra. Por isso, a potência total acoplada na fibra em um determinado ponto na área comum de núcleo é limitada pela abertura numérica da fibra transmissora ou receptora, dependendo de qual é menor nesse ponto.

Exemplo 5.7 Um engenheiro faz uma junção entre duas fibras idênticas de índice-degrau. Cada fibra tem um núcleo de diâmetro de 50 μm. Se as duas fibras têm um desalinhamento axial (lateral) de 5 μm, qual é a perda de inserção na junta?

Solução: Usando a Equação (5.23), encontramos que a eficiência do acoplamento é

$$\eta_F = \frac{2}{\pi}\cos^{-1}\left(\frac{5}{50}\right) - \frac{5}{\pi(25)}\left[1 - \left(\frac{5}{50}\right)^2\right]^{1/2} = 0{,}873$$

Da Equação (5.21), descobrimos que a perda na inserção fibra-fibra L_F é

$$L_F = -10\log\eta_F = -10\log 0{,}873 = -0{,}590 \text{ dB}$$

Se a face da extremidade de uma fibra de índice-gradual é uniformemente iluminada, a potência óptica aceita pelo núcleo será a potência que cai dentro da abertura numérica da fibra. A densidade de potência óptica $p(r)$ em um ponto r da extremidade da fibra é proporcional ao quadrado da abertura numérica local NA(r) nesse ponto:[30]

$$p(r) = p(0)\frac{\text{NA}^2(r)}{\text{NA}^2(0)} \qquad (5.24)$$

onde NA(r) e NA(0) são definidas pelas Equações (2.80a) e (2.80b), respectivamente. O parâmetro $p(0)$ é a densidade de potência no eixo do núcleo, que está relacionado com a potência total P na fibra por

$$P = \int_0^{2\pi}\int_0^a p(r)\, r\, dr\, d\theta \qquad (5.25)$$

Para um perfil de índice arbitrário, a integral dupla na Equação (5.25) deve ser calculada numericamente. No entanto, uma expressão analítica pode ser encontrada para uma fibra com um perfil de índice parabólico ($\alpha = 2{,}0$). Usando a Equação (2.80), a expressão da densidade de potência em um ponto r dada pela Equação (5.24) torna-se

$$p(r) = p(0)\left[1 - \left(\frac{r}{a}\right)^2\right] \qquad (5.26)$$

Usando as Equações (5.25) e (5.26), a relação entre a densidade de potência axial $p(0)$ e a potência total P na fibra emissora é

$$P = \frac{\pi a^2}{2}p(0) \qquad (5.27)$$

Vamos agora calcular a potência transmitida por meio da junção de duas fibras de índice-gradual parabólico com um deslocamento axial d, assim como na Figura 5.11. A região de sobreposição deve ser considerada separadamente para as áreas A_1 e A_2. Na área A_1, a abertura numérica é limitada pela da fibra emissora, enquanto, na área A_2, a abertura numérica da fibra receptora é menor do

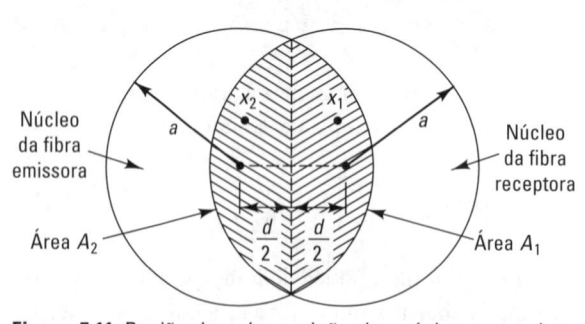

Figura 5.11 Região de sobreposição dos núcleos para duas fibras idênticas índice-gradual parabólico com uma separação axial d. Os pontos x_1 e x_2 são pontos arbitrários de simetria nas áreas A_1 e A_2.

que a da fibra emissora. A linha tracejada vertical que separa as duas áreas é a localização de pontos em que as aberturas numéricas são iguais.

Para determinar a potência acoplada em uma fibra receptora, a densidade de potência dada pela Equação (5.26) é integrada separadamente sobre as áreas A_1 e A_2. Como a abertura numérica da fibra emissora é menor do que a da fibra receptora na área A_1, toda a potência emitida nessa região será aceita pela fibra receptora. A potência recebida P_1 na área A_1 é assim

$$P_1 = 2 \int_0^{\theta_1} \int_{r_1}^{a} p(r) r \, dr \, d\theta$$

$$= 2p(0) \int_0^{\theta_1} \int_{r_1}^{a} \left[1 - \left(\frac{r}{a}\right)^2\right] r \, dr \, d\theta \quad (5.28)$$

onde os limites de integração, mostrados na Figura 5.12, são

$$r_1 = \frac{d}{2\cos\theta}$$

e

$$\theta_1 = \arccos\frac{d}{2a}$$

Realizando a integração, teremos que

$$P_1 = \frac{a^2}{2} p(0) \left\{ \arccos\frac{d}{2a} - \left[1 - \left(\frac{d}{2a}\right)^2\right]^{1/2} \frac{d}{6a}\left(5 - \frac{d^2}{2a^2}\right) \right\} \quad (5.29)$$

onde $p(0)$ é dada pela Equação (5.27). A derivação da Equação (5.29) é deixada como um exercício.

Na área A_2 a fibra emissora tem uma abertura numérica maior do que a fibra receptora. Isso significa que a fibra receptora irá aceitar apenas aquela fração de potência óptica emitida que cai dentro de sua própria abertura numérica. Essa potência pode ser encontrada a partir de considerações de simetria.[31] A abertura numérica da fibra receptora em um ponto x_2 na área A_2 é idêntica à abertura numérica da fibra emissora no ponto

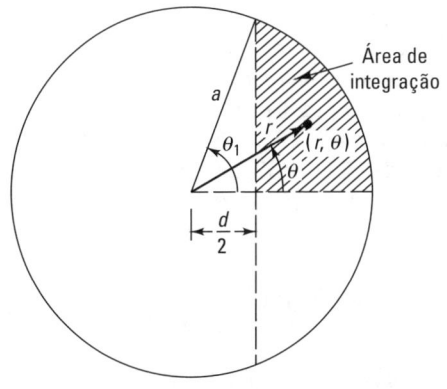

Figura 5.12 Área e limites de integração para a área do núcleo comum de duas fibras de índice-gradual parabólico.

simétrico x_1 na área A_1. Assim, a potência óptica aceita pela fibra receptora, em qualquer ponto x_2 na área A_2 é igual àquela emitida a partir do ponto simétrico x_1 em área A_1. A potência total P_2 acoplada através da área A_2 é, portanto, igual à potência P_1 acoplada através da área A_1. Combinando esses resultados, temos que a potência total P_T aceita pela fibra receptora é

$$P_T = 2P_1$$

$$= \frac{2}{\pi} P \left\{ \arccos \frac{d}{2a} - \left[1 - \left(\frac{d}{2a} \right)^2 \right]^{1/2} \frac{d}{6a} \left(5 - \frac{d^2}{2a^2} \right) \right\} \quad (5.30)$$

Exemplo 5.8 Suponha que duas fibras idênticas de índice-gradual estejam desalinhadas com um deslocamento axial de $d = 0,3a$. Qual é a perda de potência por acoplamento entre essas duas fibras?

Solução: Da Equação (5.30), a fração de potência óptica acoplada a partir da primeira fibra na segunda fibra é

$$\frac{P_T}{P} = \frac{2}{\pi} \left\{ \cos^{-1} \left(\frac{0,3a}{2a} \right) - \left[1 - \left(\frac{0,3a}{2a} \right)^2 \right]^{1/2} \times \left(\frac{0,3a}{6a} \right) \left[5 - \left(\frac{0,09}{2} \right) \right] \right\} = 0,748$$

Ou, em decibéis,

$$10 \log \frac{P_T}{P} = -1,27 \text{ dB}$$

Quando o desalinhamento axial d é pequeno em comparação com o raio do núcleo a, a Equação (5.30) pode ser aproximada para

$$P_T \simeq P \left(1 - \frac{8d}{3\pi a} \right) \quad (5.31)$$

Ela possui uma precisão de 1% para $d/a < 0,4$. A perda por acoplamento para os deslocamentos dados pelas Equações (5.30) e (5.31) é

$$L_F = -10 \log \eta_F = -10 \log \frac{P_T}{P} \quad (5.32)$$

O efeito de separação longitudinal de duas extremidades de fibra por uma distância s é mostrado na Figura 5.13. Nem toda a potência óptica dos modos mais elevados emitida no anel de largura x será interceptada pela fibra receptora. A fração de potência óptica acoplada na fibra receptora é dada pela razão entre a área da seção transversal da fibra receptora (πr^2) e a área de $\pi(a + x)^2$ sobre a qual a potência emitida está distribuída em uma distância s. A partir da Figura 5.13, temos $x = s \tan \theta_A$, onde θ_A é o ângulo de aceitação das fibras, como definido na Equação (2.2). A partir dessa razão, descobrimos que a perda por deslocamento para uma junção entre duas fibras idênticas de índice-degrau é

$$L_F = -10 \log \left(\frac{a}{a+x} \right)^2 = -10 \log \left(\frac{a}{a+s \tan \theta_A} \right)^2 = -10 \log \left[1 + \frac{s}{a} \operatorname{sen}^{-1} \left(\frac{\mathrm{NA}}{n} \right) \right]^{-2}$$

(5.33)

onde a é o raio da fibra; NA, a abertura numérica da fibra; e n, o índice de refração do material entre as extremidades da fibra (geralmente ar ou um gel de índice correspondente).

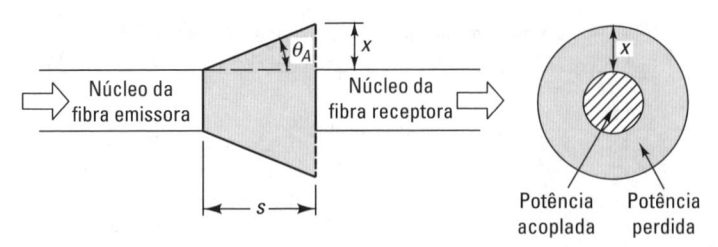

Figura 5.13 Efeito da perda de potência óptica quando as extremidades das fibras são separadas longitudinalmente por uma distância s.

Exemplo 5.9 Duas fibras idênticas de índice-degrau têm cada uma um núcleo de raio de 25 μm e um ângulo de aceitação de 14°. Suponha que as duas fibras estejam perfeitamente alinhadas axial e angularmente. Qual é a perda por junção para uma separação longitudinal de 0,025 mm?

Solução: Podemos encontrar a perda de inserção causada por uma separação entre as fibras usando a Equação (5.33).

Para uma separação de 0,025 mm = 25 μm

$$L_F = -10 \log \left(\frac{25}{25 + 25 \tan 14°} \right)^2 = 1,93 \text{ dB}$$

Quando os eixos de duas fibras unidas são desalinhados em ângulo na junção, a potência óptica que sai da fibra emissora para fora do ângulo sólido de aceitação da fibra receptora será perdida. Para duas fibras de índice-degrau que têm um desalinhamento angular θ, a perda de potência óptica na junção é mostrada como[32, 33]

$$L_F = -10 \log \left(\cos\theta \left\{ \frac{1}{2} - \frac{1}{\pi} p (1-p^2)^{1/2} - \frac{1}{\pi} \arcsin p - q \left[\frac{1}{\pi} y (1-y^2)^{1/2} + \frac{1}{\pi} \arcsin y + \frac{1}{2} \right] \right\} \right)$$

(5.34)

onde

$$p = \frac{\cos\theta_A (1 - \cos\theta)}{\sin\theta_A \sin\theta}$$

$$q = \frac{\cos^3 \theta_A}{(\cos^2 \theta_A - \sin^2 \theta)^{3/2}}$$

$$y = \frac{\cos^2 \theta_A (1 - \cos\theta) - \sin^2 \theta}{\sin\theta_A \cos\theta_A \sin\theta}$$

A derivação da Equação (5.34) novamente assume que todos os modos são uniformemente excitados.

Uma comparação experimental[27] das perdas induzidas pelos três tipos de desalinhamentos mecânicos é mostrada na Figura 5.14. As medidas foram baseadas em duas experiências independentes utilizando fontes LED e fibras de índice-gradual. Os diâmetros do núcleo eram de 50 e 55 μm para o primeiro e o segundo experimento, respectivamente. Uma fibra de 1,83 m de comprimento foi utilizada no primeiro teste e uma de 20 m de comprimento no segundo. Em qualquer caso, a potência de saída das fibras foi previamente otimizada. As fibras foram então cortadas no centro, de modo que as medidas de perda por desalinhamento mecânico fossem realizadas em fibras idênticas. As perdas

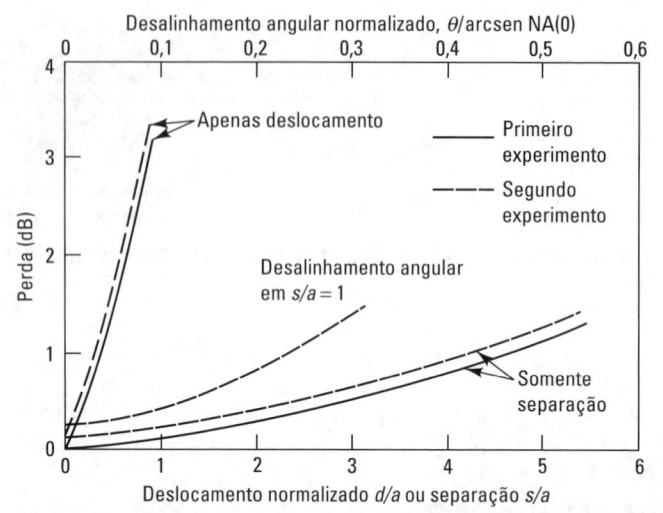

Figura 5.14 Comparação experimental da perda (em dB) em função dos desalinhamentos mecânicos.
(Reproduzida com permissão de Chu e McCormick,[27] © 1978, a AT&T.)

por deslocamento axial e separação longitudinal estão representadas como funções do desalinhamento normalizado para o raio do núcleo. Um desalinhamento angular normalizado de 0,1 corresponde a um deslocamento angular de 1°.

A Figura 5.14 mostra que, dos três desalinhamentos mecânicos, a perda dominante surge do deslocamento lateral. Na prática, desalinhamentos angulares de menos de 1° são facilmente alcançáveis em emendas e conectores. A partir dos dados experimentais mostrados na Figura 5.14, esses desalinhamentos resultam em perdas menores que 0,5 dB.

Para emendas, as perdas por separação são normalmente insignificantes, uma vez que as fibras devem estar em contato relativamente próximo. Na maioria dos conectores, as extremidades de fibras são intencionalmente separadas por uma pequena distância. Isso as impede de friccionar umas às outras, tornando-se danificadas durante o engate do conector. As distâncias típicas nessas aplicações vão de 0,025-0,10 mm, o que resulta em perdas menores que 0,8 dB para uma fibra de 50 μm de diâmetro.

5.3.2 Perdas relacionadas às fibras

Além de desalinhamentos mecânicos, as diferenças nas características geométricas e de guia de ondas de quaisquer dois guias de onda que serão unidos podem ter um efeito profundo sobre a perda por acoplamento fibra-fibra. Essas diferenças incluem as variações no diâmetro do núcleo, a elipsidade da área do núcleo, a abertura numérica, o perfil de índice de refração e a concentricidade núcleo-casca de cada fibra. Como essas características estão relacionadas às variações de fabricação, o usuário geralmente tem pouco controle sobre elas. Estudos teóricos e experimentais[24, 34-39] dos efeitos de tais variações mostram que, para uma dada porcentagem de incompatibilidade, as diferenças dos raios do núcleo e aberturas numéricas têm um efeito significativamente maior na perda por junção do que os descasamentos no perfil de índice de refração ou excentricidade do núcleo.

As perdas na junção resultantes do diâmetro do núcleo, da abertura numérica e do descasamento do perfil de índice de refração do núcleo podem ser encontradas a partir de Equações (5.19) e (5.20). Por questões de simplicidade, sejam os subscritos E e R relativos às fibras emissoras e receptoras, respectivamente. Se os raios a_E e a_R não são iguais, mas as aberturas numéricas axiais e os perfis de índice são iguais [$NA_E(0) = NA_R(0)$ e $\alpha_E = \alpha_R$], então a perda no acoplamento é

$$L_F(a) = \begin{cases} -10 \log \left(\dfrac{a_R}{a_E}\right)^2 & \text{para} \quad a_R < a_E \\ 0 & \text{para} \quad a_R \geq a_E \end{cases} \quad (5.35)$$

Se os raios e os perfis de índice das duas fibras acopladas são idênticos, mas as suas aberturas numéricas axiais são diferentes, então

$$L_F(NA) = \begin{cases} -10 \log \left[\dfrac{NA_R(0)}{NA_E(0)}\right]^2 & \text{para} \quad NA_R(0) < NA_E(0) \\ 0 & \text{para} \quad NA_R(0) \geq NA_E(0) \end{cases} \quad (5.36)$$

Exemplo 5.10 Considere duas fibras de índice-degrau que se juntaram e que estão perfeitamente alinhadas. Qual é a perda no engate, se as aberturas numéricas são $NA_R = 0{,}20$ para a fibra receptora e $NA_E = 0{,}22$ para a fibra de emissora?

Solução: Da Equação (5.36), temos

$$L_F(NA) = -10 \log \left(\dfrac{0{,}20}{0{,}22}\right)^2 = -10 \log 0{,}826 = -0{,}828 \text{ dB}$$

Finalmente, se os raios e as numéricas aberturas axiais são os mesmos, mas os perfis de índice de refração do núcleo são diferentes nas duas fibras unidas, então a perda no acoplamento é

$$L_F(\alpha) = \begin{cases} -10 \log \dfrac{\alpha_R(\alpha_E + 2)}{\alpha_E(\alpha_R + 2)} & \text{para} \quad \alpha_R < \alpha_E \\ 0 & \text{para} \quad \alpha_R \geq \alpha_E \end{cases} \quad (5.37)$$

Isso ocorre porque, para $\alpha_R < \alpha_E$, o número de modos que podem ser suportados pela fibra receptora é menor do que o número de modos da fibra emissora. Se $\alpha_R > \alpha_E$, então todos os modos da fibra emissora podem ser captados pela fibra receptora. As derivações das Equações (5.35) a (5.37) são deixadas como exercício (ver Problemas 5.13 a 5.15).

Exemplo 5.11 Considere a junção de duas fibras de índice-gradual que estão perfeitamente alinhadas. Qual é a perda de engate, se os perfis de índice de refração são $\alpha_R = 1{,}98$ para a fibra receptora e $\alpha_E = 2{,}20$ para a fibra emissora?

Solução: Da Equação (5.37), temos

$$L_F(\alpha) = -10 \log \dfrac{\alpha_R(\alpha_E + 2)}{\alpha_E(\alpha_R + 2)} = -10 \log 0{,}995 = -0{,}022 \text{ dB}$$

5.3.3 Preparação da face da extremidade da fibra

Um dos primeiros passos que devem ser seguidos antes de as fibras serem conectadas ou unidas umas às outras é preparar a extremidade da fibra adequadamente. A fim de não ter luz desviada ou dispersada na junção, as extremidades da fibra devem ser planas

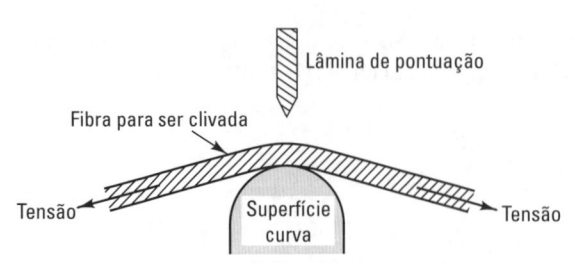

Figura 5.15 Procedimento de fratura controlada para a preparação da extremidade da fibra.

e perpendiculares ao eixo da fibra, além de lisas. As técnicas de preparação das extremidades que são amplamente usadas incluem corte, afiação e polimento, fratura controlada e clivagem a *laser*.

As técnicas convencionais de afiação e polimento podem produzir uma superfície muito lisa que é perpendicular ao eixo da fibra. No entanto, esse método é muito demorado e requer certa habilidade do operador. Embora seja frequentemente implementado em um ambiente controlado, como um laboratório ou uma fábrica, não é facilmente adaptável para uso em campo. O procedimento utilizado na técnica de afiação e polimento é o uso sucessivo de abrasivos mais finos para polir a face da extremidade da fibra. A face de extremidade é polida com cada abrasivo sucessivamente até que os arranhões criados pelo material abrasivo anterior sejam substituídos pelos riscos mais finos do abrasivo presente. O número de abrasivos utilizados depende do grau desejado de regularidade.

As técnicas de controle de fratura são baseadas nos métodos de pontuação e quebra para a clivagem das fibras. Nessa operação, a fibra a ser clivada é primeiramente riscada para criar uma concentração de tensões na superfície. A fibra é então dobrada ao longo de uma forma curva, enquanto uma tensão é aplicada simultaneamente, como se mostra na Figura 5.15. Essa ação produz uma distribuição de tensão em toda a fibra. A tensão máxima ocorre no ponto riscado, de modo que uma fissura começa a se propagar através da fibra.

Pode-se produzir uma face na extremidade altamente lisa e perpendicular dessa maneira. Algumas ferramentas diferentes, com base na técnica de fratura controlada, foram desenvolvidas e estão sendo utilizadas, tanto no campo como em ambientes de fábrica. No entanto, o método de fratura controlada requer o controle cuidadoso da curvatura da fibra e da quantidade de tensão aplicada. Se a distribuição de tensão em toda a fenda não for adequadamente controlada, a fratura que se propaga através da fibra poderá bifurcar em várias fendas. Essa bifurcação produz defeitos como uma flange ou uma superfície arranhada sobre a extremidade da fibra, como mostra a Figura 5.16. Os *Procedimentos de teste de fibras ópticas* (FOTP) 57 e 179 da EIA definem esses e outros defeitos comuns na face da extremidade como:[40, 41]

Flange. Trata-se de uma saliência cortante a partir da borda de uma fibra clivada que impede que os núcleos entrem em contato direto. A altura excessiva da flange pode provocar danos nas fibras.

Arredondamento. Esse arredondamento da aresta de uma fibra é a condição oposta à flange. É também conhecido como *breakover* e pode causar alta perda na inserção ou emenda.

Chip. Um *chip* é uma fratura ou quebra localizada na extremidade de uma fibra clivada.

Ranhura. A Figura 5.16 mostra-a como irregularidades graves em toda a face da extremidade da fibra.

Mist. Assemelha-se à ranhura, mas é muito menos grave.

Espiral ou passo. Trata-se de mudanças abruptas na topologia da superfície da extremidade.

Ruptura. É o resultado de uma fratura não controlada e não possui nenhuma característica de clivagem ou superfície.

Figura 5.16 Dois exemplos de extremidades de fibras impropriamente clivadas.

Uma alternativa para um método de pontuação e ruptura mecânica é a utilização de um *laser* para clivar as fibras. Por exemplo, quando usa um *laser* na região do ultravioleta, essa técnica pode ser aplicada a procedimentos automatizados de clivagem para uma produção em massa de fibras de dispositivos ópticos.[42]

5.4 Acoplamento de LED em fibras monomodo

Nos primeiros anos de aplicações de fibra óptica, os LEDs eram tradicionalmente considerados apenas para sistemas de fibras multimodo. No entanto, por volta de 1985, os pesquisadores reconheceram que os LEDs de emissão lateral podem lançar potência óptica suficiente em uma fibra monomodo para transmissão de taxas de dados de até 560 Mb/s ao longo de vários quilômetros.[43-49] O interesse por isso surgiu por causa das vantagens de custo e de confiabilidade dos LEDs em relação aos diodos *laser*. Os LEDs de emissão lateral são utilizados para essas aplicações porque eles têm um padrão de saída como do *laser* na direção perpendicular ao plano de junção.

Para avaliar rigorosamente o acoplamento entre um LED e uma fibra monomodo, é necessário utilizar o formalismo da teoria eletromagnética, em vez da óptica geométrica, devido à natureza da fibra monomodo. No entanto, as análises do acoplamento da saída de um LED de emissão lateral em uma fibra monomodo podem ser realizadas de forma que os resultados da teoria eletromagnética sejam interpretados do ponto de vista geométrico,[45-47] o que envolve a definição de uma abertura numérica para a fibra monomodo. A concordância com as medições experimentais e uma teoria mais exata são muito boas.[46-49]

Esta seção analisa dois casos: (1) acoplamento direto de um LED a uma fibra monomodo e (2) acoplamento em uma fibra monomodo a partir de uma *flylead* multimodo ligada ao LED.[46] Em geral, os LEDs de emissão lateral têm perfis de saída de campo próximo gaussianos com larguras completas de $1/e^2$ de cerca de 0,9 e 22 μm em relação às direções perpendicular e paralela ao plano da junção, respectivamente. Os padrões de campo distante variam aproximadamente como $\cos^7 \theta$ na direção perpendicular e como $\cos \theta$ (lambertiano) na direção paralela.

Para uma fonte com um radiância circular assimétrica $B(A_S, \Omega_S)$, a Equação (5.3) é, em geral, não separável em contribuições das direções perpendicular e paralela. No entanto, podemos aproximar as contribuições independentes calculando a Equação (5.3) como se cada componente fosse uma fonte circularmente simétrica e, em seguida, tomando a média geométrica para encontrar a eficiência de acoplamento total. Chamando essas direções de x (paralelo) e y (perpendicular), e tomando τ_x e τ_y como as transmissividades de potência em x e y (eficiência de acoplamento direcional), respectivamente, podemos encontrar a eficiência máxima η do acoplamento LED-fibra por meio da relação

$$\eta = \frac{P_{ent}}{P_s} = \tau_x \tau_y \qquad (5.38)$$

onde P_{ent} é a potência óptica lançada na fibra, e P_s, a potência de saída total da fonte.

Usando uma aproximação de pequenos ângulos, integramos primeiramente sobre o ângulo sólido de aceitação efetivo da fibra para obter πNA^2_{SM}, onde a abertura numérica baseada na óptica geométrica é $NA_{SM} = 0{,}11$. Assumindo uma saída gaussiana para a fonte, para um acoplamento do LED à extremidade de uma fibra monomodo de raio a, a eficiência de acoplamento na direção y é

$$\tau_y = \left(\frac{P_{\text{ent},y}}{P_s}\right)^{1/2}$$

$$= \left[\frac{\int_0^{2\pi}\int_0^a B_0\, e^{-2r^2/\omega_y^2}\, r\, dr\, d\theta_s \pi NA^2_{SM}}{\int_0^{2\pi}\int_0^\infty B_0\, e^{-2r^2/\omega_y^2}\, y\, dy\, d\theta_s \int_0^{2\pi}\int_0^{\pi/2} \cos^7\theta\, \text{sen}\,\theta\, d\theta\, d\phi}\right]^{1/2} \quad (5.39)$$

onde $P_{\text{ent},y}$ é a potência óptica acoplada na fibra a partir da saída da fonte na direção-y, que tem um raio ω_y de intensidade do LED a $1/e^2$. Pode-se escrever um conjunto semelhante de integrais para τ_x. Deixando $a = 4{,}5\ \mu m$, $\omega_x = 10{,}8\ \mu m$ e $\omega_y = 0{,}47\ \mu m$, os cálculos[46] dão valores de $\tau_x = -12{,}2$ dB e $\tau_y = -6{,}6$ dB, levando a uma eficiência total de acoplamento $\eta = -18{,}8$ dB. Assim, por exemplo, se o LED emite 200 μW (– 7 dBm), então 2,6 μW (– 25,8 dBm) ficam acoplados à fibra de monomodo.

Quando um 1 ou 2 metros de *flylead* de fibra multimodo estão ligados a um LED de emissão lateral, o perfil de campo próximo da fibra multimodo tem a mesma assimetria do LED. Nesse caso, pode-se assumir que a saída da fibra óptica multimodo é uma gaussiana simples, com larguras de feixe diferentes ao longo das direções x e y. Utilizando uma análise semelhante do acoplamento com largura efetivas de feixe de $\omega_x = 19{,}6\ \mu m$ e $\omega_y = 10{,}0\ \mu m$, as eficiências nos acoplamentos direcionais são $\tau_x = -7{,}8$ dB e $\tau_y = -5{,}2$ dB, levando a uma eficiência total no acoplamento LED-fibra de $\eta = -13{,}0$ dB.

5.5 Emenda de fibra

Uma *emenda de fibra* é uma junção permanente ou semipermanente entre duas fibras. Essa emenda é normalmente utilizada para criar *links* ópticos de longo comprimento ou em situações em que a conexão e a desconexão frequentes não são necessárias. Na realização e na avaliação de tal emenda, devemos levar em conta as diferenças geométricas das duas fibras, os desalinhamentos na junção e a resistência mecânica dessa união. Esta seção primeiramente aborda os métodos gerais de emenda e, em seguida, examina os fatores que contribuem para a perda quando emendamos fibras monomodo.

5.5.1 Técnicas de emenda

Há três tipos de emenda de fibras: por fusão, mecânica em canaleta em V e em tubo elástico.[50-59] A primeira técnica produz uma junção permanente, enquanto os outros dois tipos de emenda podem ser desmontados se necessário.

As emendas por fusão são feitas por colagem térmica das extremidades das fibras preparadas, como ilustrado na Figura 5.17. Nesse método, as extremidades são primeiramente pré-alinhadas e colocadas juntas, o que é feito por meio de um suporte de fibra com canaleta ou sob um microscópio com micromanipuladores. A junção é, em seguida, aquecida com um arco elétrico ou um pulso de *laser*, de modo que as extremidades da fibra são momentaneamente derretidas e, portanto, soldadas em conjunto. Essa técnica

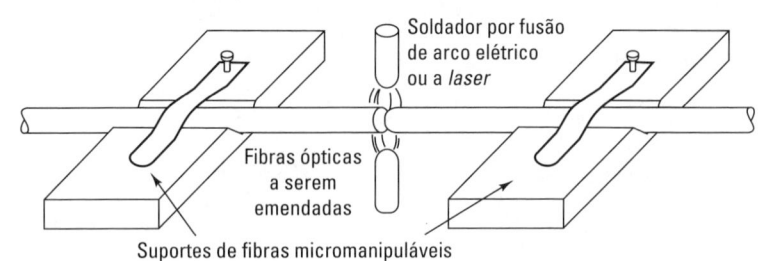

Figura 5.17 Emenda por fusão das fibras ópticas.

pode produzir perdas por emenda muito baixas, que estão na faixa de 0,05-0,10 dB tanto para fibras monomodo como multimodo. No entanto, uma vez que as bolhas resultantes de partículas de sujeira ou do revestimento da fibra podem ficar presas e gaseificadas na emenda, alguns cuidados devem ser tomados com essa técnica: definição incorreta da corrente para o arco de fusão, aplicação de calor insuficiente e tensões residuais induzidas próximas à emenda como resultado de alterações na composição química resultante da fusão do material que pode produzir uma emenda fraca.[60, 61]

Na técnica de emenda mecânica em canaleta em V, as extremidades das fibras são primeiramente preparadas juntas em um sulco em forma de V, conforme mostrado na Figura 5.18. Elas são, então, coladas juntas com um adesivo ou mantidas no lugar por meio de uma placa de cobertura. O canal em forma de V pode ser um substrato com ranhura de silício, plástico, cerâmico ou metálico. Nesse método, a perda na emenda depende fortemente do tamanho da fibra (dimensões externas e variações do diâmetro do núcleo) e da excentricidade (posição do núcleo em relação ao centro da fibra).

A emenda em tubo elástico, mostrada em seção transversal na Figura 5.19, é o único dispositivo que executa automaticamente os alinhamentos lateral, longitudinal e angular. Esse dispositivo emenda as fibras multimodo para dar perdas na mesma faixa das emendas por fusão comerciais, mas muito menos equipamento e habilidade são necessários. O mecanismo de emenda é, basicamente, um tubo feito de um material elástico. O diâmetro do furo central é ligeiramente menor do que o da fibra que será emendada e é cônico em cada extremidade para fácil inserção da fibra. Quando uma fibra é inserida, ela expande o diâmetro do orifício para que o material elástico exerça uma força simétrica sobre a fibra. Essa característica de simetria permite um alinhamento preciso e automático dos eixos das duas fibras a serem unidas. Uma vasta gama de diâmetros de fibras pode ser inserida dentro do tubo elástico. Assim, as fibras a serem emendadas não têm que ser iguais em diâmetro, uma vez que cada uma se move para uma posição de forma independente do eixo do tubo.

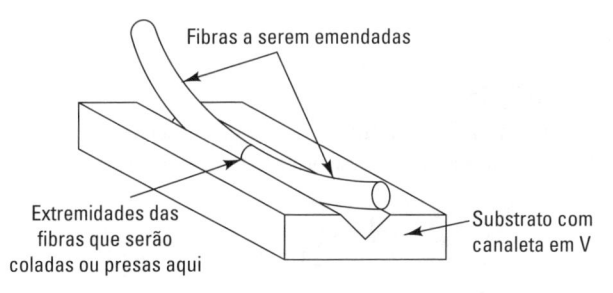

Figura 5.18 Técnica de emenda de fibra óptica em canaleta em V.

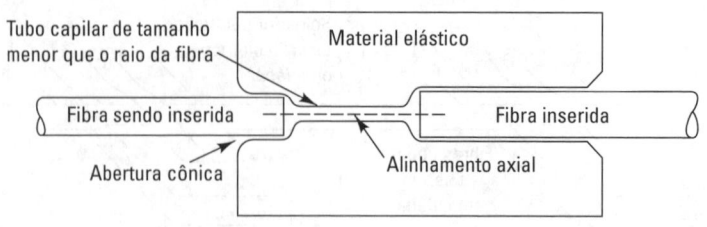

Figura 5.19 Conceito do alinhamento para uma emenda em tubo elástico.

5.5.2 Emendas de fibras monomodo

Como é o caso em fibras multimodo, em fibras monomodo o desalinhamento por deslocamento lateral (axial) apresenta a perda mais grave. Essa perda depende da forma do modo de propagação. Para feixes de forma gaussiana, a perda entre fibras idênticas é[62]

$$L_{SM,\,lat} = -10\,\log\left\{\exp\left[-\left(\frac{d}{w}\right)^2\right]\right\} \quad (5.40)$$

onde o ponto de tamanho w é o raio de campo modal definido na Equação (2.74), e d, o deslocamento lateral mostrado na Figura 5.9. Uma vez que o tamanho do ponto é de apenas alguns micrômetros em fibras monomodo, uma baixa perda de acoplamento requer um elevado grau de precisão mecânica na dimensão axial.

Exemplo 5.12 Uma fibra monomodo tem uma frequência normalizada $V = 2,20$, um índice de refração $n_1 = 1,47$, uma casca com índice $n_2 = 1,465$ e um núcleo com diâmetro $2a = 9\,\mu m$. Qual é a perda na inserção de um conjunto de fibras tendo um deslocamento lateral de $d = 1\,\mu m$? Para o diâmetro de campo modal, use a expressão (ver Problema 2.24) $w = a(0,65 + 1,619\,V^{-3/2} + 2,879\,V^{-6})$.

Solução: Primeiro, usando a expressão para o diâmetro de campo modal do Problema 2.24, temos

$$w = 4,5[0,65 + 1,619(2,20)^{-3/2} + 2,879(2,20)^{-6}] = 5,27\,\mu m$$

Logo, pela Equação (5.40), temos

$$L_{SM,\,lat} = -10\,\log\{\exp[-(1/5,27)^2]\} = 0,156\,dB$$

Para um desalinhamento angular em fibras monomodo, a perda em um comprimento de onda λ é[62]

$$L_{SM,\,ang} = -10\,\log\left\{\exp\left[-\left(\frac{\pi n_2 w \theta}{\lambda}\right)^2\right]\right\} \quad (5.41)$$

onde n_2 é o índice de refração da casca; θ, o desvio angular em radianos mostrado na Figura 5.9; e w, o raio de campo modal.

Para um espaçamento s com um material de índice n_3, e tomando que $G = s/kw^2$, a perda por separação em emendas de fibras monomodo idênticas é

$$L_{SM,\,gap} = -10\,\log\frac{64 n_1^2 n_3^2}{(n_1 + n_3)^4 (G^2 + 4)} \quad (5.42)$$

Ver a Equação (5.43) para uma equação mais geral para fibras diferentes.

Exemplo 5.13 Considere a fibra monomodo descrita no Exemplo 5.12. Encontre a perda em uma junção contendo um desvio angular de 1° = 0,0175 radianos em um comprimento de onda de 1.300 nm.

Solução: Da Equação (5.41), temos

$$L_{SM,\,ang} = -10\log\left\{\exp\left[-\left(\frac{\pi(1,465)(5,27)(0,0175)}{1,3}\right)^2\right]\right\} = 0,46 \text{ dB}$$

5.6 Conectores de fibras ópticas

Houve uma evolução de uma grande variedade de conectores de fibra óptica para inúmeras aplicações diferentes. Seus usos vão de simples conexões monocanal de fibra-fibra em um local benigno até conectores multicanais utilizados em ambientes desagradáveis no campo militar. Alguns dos principais requisitos de um projeto de bom conector são os seguintes:

1. *Baixas perdas no acoplamento.* O conjunto de conectores deve manter tolerâncias rigorosas de alinhamento para garantir baixas perdas de acoplamento. Essas baixas perdas não devem mudar significativamente durante a operação ou após numerosos processo de conecta e desconecta.

2. *Permutabilidade.* Conectores do mesmo tipo devem ser compatíveis entre fabricantes diferentes.

3. *Facilidade de montagem.* Um técnico de serviço deve ser capaz de instalar facilmente o conector em um ambiente de campo, ou seja, em um local diferente da fábrica do conector. A perda no conector deve também ser relativamente insensível à habilidade do técnico de montagem.

4. *Baixa sensibilidade ambiental.* Condições como temperatura, poeira e umidade devem ter um pequeno efeito sobre as variações de perda no conector.

5. *Baixo custo e construção confiável.* O conector deve ter uma precisão adequada para a aplicação, mas o seu custo não deve ser um fator importante para o sistema de fibra.

6. *Facilidade de conexão.* Geralmente, deve-se ser capaz de acoplar e desacoplar o conector de forma simples com a mão.

5.6.1 Tipos de conector

No mercado, estão disponíveis conectores que podem ser atarraxados, torcidos e encaixados em um local,[63-73] como os conjuntos monocanal e multicanal para conexões cabo-cabo e cabo-cartão de circuito. Os mecanismos de acoplamento básicos utilizados nesses conectores pertencem às classes *butt-joint* ou *biselado único* ou de *feixe expandido*.

A maioria dos conectores utilizam um mecanismo *biselado único*, como ilustra a Figura 5.20. Os elementos mostrados nessa figura são comuns à maioria dos conectores. Os componentes principais são um cilindro longo e fino de aço inoxidável, vidro, cerâmica, plástico conhecido como *ferrule* e

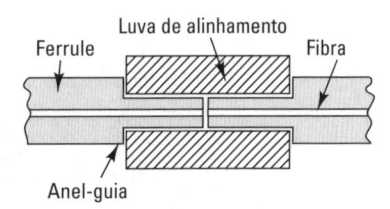

Figura 5.20 Exemplo de um esquema de alinhamento usado em ligações de fibras ópticas.

uma luva de precisão na qual o ferrule se encaixa. Essa luva é conhecida como *luva de alinhamento*, *adaptador* ou *recipiente de acoplamento*. O centro do ferrule tem um orifício que coincide justamente com o tamanho do diâmetro da casca da fibra. Em geral, o tamanho do orifício é 125,0 ± 1,0 μm. A fibra é presa no furo com epóxi, e a extremidade do ferrule é polida e plana para um acabamento liso. A superfície polida pode ser perpendicular ao eixo da fibra ou com um pequeno ângulo (geralmente 8°) em relação ao eixo. Essas duas orientações da face da extremidade definem uma configuração de *conector polido* (PC) e de *conector polido em ângulo* (APC), respectivamente. Os desafios mecânicos na fabricação de um ferrule incluem manter precisamente tanto as dimensões do furo como a sua posição em relação à superfície exterior do ferrule.

Normalmente, um conector também tem algum tipo de mecanismo de alívio de tensão chamado de *boot*, que blinda a junção do corpo do conector e o cabo de movimentos de dobrar e puxar. O padrão de código de cor TIA 568 para corpos de conectores e *boots* é bege para conectores de fibra multimodo, azul para fibra monomodo e verde para APC (face terminada em ângulo).

Cerca de 95% dos ferrules utilizados em conectores ópticos são feitos de cerâmica devido a algumas das propriedades dos materiais desejáveis. Essas propriedades incluem a baixa perda de inserção requerida para transmissão óptica, resistência mecânica notável, coeficiente de elasticidade pequeno, fácil controle das características do produto e forte resistência a alterações de condições ambientais como a temperatura.

Como mostrado na Figura 5.20, uma vez que ambas as extremidades de um cabo têm um tipo de encaixe com estrutura de ferrule, um mecanismo adaptador é utilizado para alinhar as duas extremidades da fibra. No conector, o comprimento da luva e o anel de guia sobre o ferrule determinam a separação entre as pontas das duas fibras. Note que um adaptador também pode ser usado para acoplar um tipo de conector em outro. A única precaução, em qualquer caso, é certificar-se de que as duas fibras unidas têm características semelhantes ou que não se está acoplando luz de uma fibra multimodo em uma fibra monomodo. No entanto, não é um problema ter luz um par de fibras monomodo em uma fibra multimodo. Por exemplo, isso é feito muitas vezes na extremidade receptora de um *link* no qual uma *flylead* multimodo em um fotodetector recebe a luz de uma transmissão de fibra monomodo.

A Figura 5.21 ilustra outro mecanismo de acoplamento com base no uso de um conector de saída de feixe expandido. Esse projeto utiliza lentes que tanto colimam a luz que emerge a partir da fibra de transmissão como focam o feixe expandido para o núcleo da fibra receptora. A distância de fibra-lente é igual ao comprimento focal das lentes.

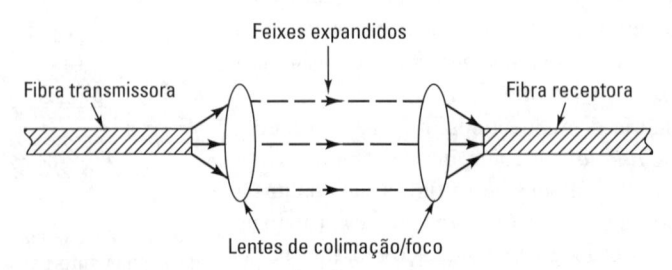

Figura 5.21 Representação esquemática de um conector de fibra óptica de feixe expandido.

A vantagem desse sistema é que, uma vez que o feixe é colimado, a separação das extremidades das fibras pode realizar-se no interior do conector. Assim, o conector é menos dependente dos alinhamentos laterais. Além disso, os elementos de processamento ópticos, como divisores de feixe e interruptores, podem facilmente ser inseridos no feixe expandido entre as extremidades das fibras.

Os fabricantes desenvolveram quase 100 diferentes estilos e configurações de conectores de fibras ópticas. Muitos desses estilos já se tornaram obsoletos por causa dos novos projetos inteligentes e da utilização de materiais melhores, o que resultou em menor tamanho, menor perda e mais facilidade de utilização dos conectores. A Tabela 5.1 apresenta os seis tipos de conector mais utilizados e suas principais características e aplicações.

Tabela 5.1 Seis conectores populares de fibra óptica e suas características e aplicações

Tipo de conector	Características	Aplicações
ST	Usa um ferrule cerâmico e um *housing* metálico resistente. É preso por torção. A faixa típica de perda é 0,20-0,50 dB.	Projetado para aplicações de distribuição usando tanto fibras multimodo como monomodo.
SC	Projetado pela NTT para conexões de encaixe em espaços apertados. Utiliza um ferrule cerâmico em *housings* plásticos símplex ou dúplex para fibras multi ou monomodos. A faixa típica de perda é 0,20-0,45 dB.	Amplamente utilizado em Gigabit Ethernet, ATM, LAN, MAN, WAN, comunicação de dados, Fibre Channel e redes de telecomunicação.
LC	Conector SFF que usa o *housing* de plugar do padrão telefônico RJ-45 e ferrules cerâmicos em *housings* plásticos símplex ou dúplex. A faixa típica de perda é 0,10-0,50 dB.	Disponível em configurações símplex e dúplex para aplicações de TV a cabo, LAN, MAN e WAN.
MU	Conector SFF baseado em um ferrule cerâmico de 1,25 mm e um único ferrule solto. A faixa típica de perda é 0,10-0,30 dB.	Usado principalmente no Japão. Apropriado para aplicações montadas em placas e montagens de distribuição de cabos.
MT-RJ	Conector SFF com duas fibras em um ferrule moldado em plástico e um mecanismo melhorado RJ-45. A faixa típica de perda é 0,25-0,75 dB.	As aplicações são para MANs e LANs, como cabeamento óptico horizontal para a área de trabalho.
MPO/MTP	Pode acomodar até 12 fibras ópticas multimodo ou monomodo em um único ferrule compacto. A faixa típica de perda é 0,25-1,00 dB.	Permite alta densidade de conexões entre equipamentos de rede e salas de telecomunicações.

(Cortesia de Frank Jaffer (Senko Group) www.senko.com.)

Os diferentes tipos de conector são designados por combinações de duas ou três letras. As principais são ST, SC, LC, MU, MT-RJ, MPO e variações sobre MPO. Portanto, os fornecedores referem-se a esses conectores como conectores do tipo SC ou simplesmente conectores SC. Para compreender o propósito das designações da letra, vamos primeiro dar uma breve olhada em suas origens:*

- As letras ST derivam da expressão *straight tip*, que se refere à configuração de ferrule.
- As letras SC foram cunhados pela NTT para significar *subscriber connector* ou *square connector* (conector quadrado).
- A Lucent desenvolveu um tipo de conector específico, denominado conector LC (*Lucent connector*).
- As letras MU foram selecionadas pela NTT para indicar *miniature unit* (unidade em miniatura).
- A designação MT-RJ é um acrônimo de *media termination-recommended jack* (tomada recomendada para conexão em mídia).
- As letras MPO foram selecionadas para indicar *multiple-fiber push-on/pull-off* (função empurrar-ligado/puxar-desligado).

Para melhorar as características das montagens em rosca dos primeiros projetos de conexão, conectores para uma única fibra de torção ou encaixe como os estilos ST e SC foram desenvolvidos. Em seguida, a maior ênfase na redução dos tamanhos dos conectores para embalagens com maiores densidades resultou em muitos conceitos de tipos de conector com *fator de forma pequeno* (SFF), como os projetos LC, MU e MT-RJ. A maior diferença entre os conectores SFF é que eles podem usar ferrules de cerâmica ou de plástico. Os conectores SFF são projetados para rápida conexão em campo e também permitir que pequenos cartões de *interface de rede de fibra* (NIC) sejam feitos para estações de trabalho e servidores.

Outro desenvolvimento recente foi a introdução de um compacto *conector de múltiplas fibras* barato de alto desempenho. Esses conectores economizam espaço, fornecendo pelo menos 12 ligações potenciais dentro de um único ferrule que tem o mesmo tamanho físico de um conector SFF para fibra única. Isso significa que um conector de múltiplas fibras pode substituir até 12 conectores de fibra única. Esses componentes são conhecidos por acrônimos diferentes, como MPO, MTP e MPX.

Conector ST O conector ST é muito popular tanto para aplicações em comunicação de dados como de telecomunicações. Ele utiliza um ferrule de precisão cerâmico de zircônia (dióxido de zircônio) e emprega um anel de acoplamento de metal resistente com rampas radiais para permitir fácil engate nos pinos do adaptador. Para acoplar esse conector, deve-se empurrá-lo no lugar e, depois, torcê-lo para engatar em um soquete de mola baioneta. Para fibras multimodo, esse conector produz uma perda de inserção típica de 0,4 dB quando se utiliza um método de polimento manual ou 0,2 dB quando se usa um polidor de fibra automatizado. Por meio de um método simples de polimento manual, os conectores monomodo alcançam uma perda de inserção de 0,3 dB e uma perda de retorno de 40 dB.

---

* N. de T.: Adaptado do original para abranger termos em português.

Conector SC O conector SC é acoplado por um método simples de encaixe e pode ser desligado empurrando em uma guia e, em seguida, puxando o conector. Os conectores SC estão disponíveis em configurações símplex ou dúplex. De forma análoga ao conector ST, o SC utiliza um ferrule cerâmico e apresenta características semelhantes de perda. As características de acoplamento e perda permitem que o conector possa ser utilizado em espaços apertados onde girar uma caixa externa do conector, como em um conector ST, não seja prático. Um exemplo de tais espaços é um painel de ligações, onde existe uma elevada densidade de conexões empacotadas.

Conector LC O conector LC foi desenvolvido para atender à crescente demanda por conectividade de alta densidade de fibras ópticas pequenas em baías de equipamentos, painéis de distribuição e em placas de parede. O projeto LC foi baseado na interface padrão da indústria de telefone do conector RJ-45 e na tecnologia do ferrule cerâmico. A vantagem do *housing* RJ-45 é que ele proporciona um mecanismo confiável e robusto de engate para o conector LC, que tem uma característica de ajuste de seis posições para obter um desempenho de muito baixa perda na inserção por meio da otimização do alinhamento dos núcleos de fibra. Os conectores LC estão disponíveis em configurações tanto símplex como dúplex.

Conector MU O conector MU é um SFF que foi desenvolvido pela NTT. Basicamente, ele pode ser considerado como uma versão menor do conector do tipo SC. Baseia-se em um ferrule cerâmico de 1,25 mm e utiliza um único ferrule independente flutuante em seu suporte principal. Ele tem um *housing*, utiliza um mecanismo de travamento do tipo empurra-puxa e está disponível em estilos símplex, dúplex e de maior contagem de canais. O conector MU é adequado tanto para aplicações montadas em placas como para conjuntos de distribuição de cabos para permitir conexões em redes símplex.

Conector MT-RJ O MT-RJ é um conector SFF com duas fibras multimodo ou monomodo em um ferrule plástico moldado com precisão. Ele foi projetado para atender ao desejo de uma tecnologia de interface que é significativamente menor em custo e tamanho que o conector SC dúplex. O MT-RJ usa uma versão melhorada de um padrão industrial de trava do tipo RJ-45. Sua principal aplicação é para as necessidades de cabeamento horizontal na área de trabalho.

Conectores de múltiplas fibras A MPO é uma das diversas variações de conectores compactos de múltiplas fibras. Todos eles usam um simples mecanismo de travamento empurrar/puxar para a inserção e remoção fácil e intuitiva. A extremidade do conector MPO pode ser polida e plana ou em um ângulo de 8°. O conector MPO possui o mesmo tamanho do SC, mas pode acomodar um máximo de 12 fibras e fornecer até 12 vezes sua densidade, proporcionando assim economias de espaço em placas de circuito e *racks*.

5.6.2 Conectores de fibras monomodo

Devido à ampla utilização de *links* de fibra óptica monomodo e à maior precisão de alinhamento requerida para esses sistemas, esta seção aborda as perdas no acoplamento de conectores monomodo. Com base no modelo de feixe gaussiano dos campos das fibras monomodo,[63] a seguinte equação[74] dá a perda do acoplamento (em decibéis) entre as fibras monomodo que têm diâmetros de campo modal diferentes (que é um fator intrínseco) e deslocamentos lateral, longitudinal e angulares, além das reflexões (que são todos fatores extrínsecos):

$$L_{\text{SM, ff}} = -10 \log \left[\frac{16 n_1^2 n_3^2}{(n_1 + n_3)^4} \frac{4\sigma}{q} \exp\left(-\frac{\rho u}{q}\right) \right] \qquad (5.43)$$

onde $\rho = (kw_1)^2$
$q = G^2 + (\sigma + 1)^2$
$u = (\sigma + 1) F^2 + 2\sigma FG \operatorname{sen} \theta + \sigma (G^2 + \sigma + 1) \operatorname{sen}^2 \theta$
$F = \dfrac{d}{kw_1^2}$

$G = \dfrac{s}{kw_1^2}$

$\sigma = (w_2/w_1)^2$
$k = 2\pi n_3/\lambda$
$n_1 = $ índice de refração do núcleo das fibras
$n_3 = $ índice de refração do meio entre as fibras
$\lambda = $ comprimento de onda da fonte
$d = $ deslocamento lateral
$s = $ deslocamento longitudinal
$\theta = $ desalinhamento angular
$w_1 = $ raio 1/e do campo modal da fibra transmissora
$w_2 = $ raio 1/e do campo modal da fibra receptora

Essa equação geral dá boa correlação com as investigações experimentais.[64]

5.6.3 Perda de retorno no conector

Um ponto de conexão em um *link* óptico pode ser categorizado em quatro tipos de interface. Esses tipos consistem em uma extremidade perpendicular ou em ângulo da fibra, e em um contato físico direto entre as fibras ou um contato em que se emprega um material com índice correspondente. Cada um desses métodos tem uma aplicação básica para cada caso. Os conectores de contato do tipo físico sem índice de correspondência para o material são tradicionalmente usados em situações em que reconexões frequentes são necessárias, como dentro de um edifício ou em instalações localizadas. Os conectores com índice de correspondência são geralmente empregados em plantas de cabos externos, onde as reconexões são pouco frequentes, mas precisam ter uma baixa perda.

Esta seção apresenta alguns detalhes sobre o índice de correspondência e contatos físicos diretos, e discute as interfaces em ângulo. Em cada caso, essas ligações requerem elevadas perdas de retorno (níveis baixos de reflexão) e perdas baixas de inserção (altos sinais ópticos entre níveis de transferência). Os níveis baixos de refletância são desejados porque as reflexões ópticas proporcionam uma fonte de realimentação indesejada dentro da cavidade do *laser*. Isso pode afetar a resposta da frequência óptica, a largura de linha e o ruído interno do *laser*, o que resulta na degradação do desempenho do sistema.

A Figura 5.22 mostra um modelo de uma conexão casada em índice com faces das extremidades das fibras perpendiculares. Nessa figura e nas análises seguintes, os deslocamentos e desalinhamentos angulares não são levados em conta. O modelo da conexão mostra que as faces da extremidade da fibra possuem uma fina camada superficial

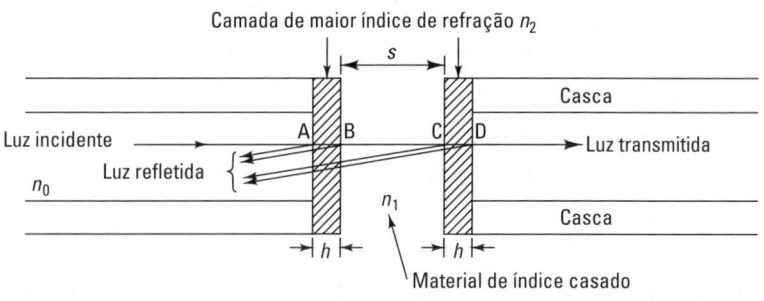

Figura 5.22 Modelo de uma conexão de índices casados com faces das extremidades perpendiculares.

de espessura h com um alto índice de refração n_2 em relação ao índice do núcleo, que é um resultado do polimento da fibra. O núcleo da fibra tem um índice n_0, e o espaço s entre as faces é preenchido com um material de índice correspondente n_1. A perda de retorno RL_{IM} em decibéis para a região com separação de índice casado é dada por[75]

$$RL_{IM} = -10 \log \left\{ 2R_1 \left[1 - \cos\left(\frac{4\pi n_1 s}{\lambda}\right) \right] \right\} \quad (5.44)$$

onde

$$R_1 = \frac{r_1^2 + r_2^2 + 2r_1 r_2 \cos \delta}{1 + r_1^2 r_2^2 + 2r_1 r_2 \cos \delta} \quad (5.45)$$

é a refletividade em uma face da extremidade revestida de um único material, e

$$r_1 = \frac{n_0 - n_2}{n_0 + n_2} \quad \text{e} \quad r_2 = \frac{n_2 - n_1}{n_2 + n_1} \quad (5.46)$$

são os coeficientes de reflexão entre o núcleo e a camada de maior índice, e entre a camada de maior índice e o material de índice casado, respectivamente. O parâmetro $\delta = (4\pi/\lambda)\, n_2 h$ é a diferença de fase na camada de maior índice. O fator 2 na Equação (5.44) é responsável pelas reflexões em ambas as faces das extremidades das fibras. O valor de n_2 da camada da superfície de vidro varia de 1,46 a 1,60, e as faixas de espessura h, de 0 a 0,15 μm.

Quando as faces das extremidades perpendiculares estão em contato físico direto, a perda do retorno RL_{PC}, em decibéis, é dada por[75]

$$RL_{PC} = -10 \log \left\{ 2R_2 \left[1 - \cos\left(\frac{4\pi n_2}{\lambda} 2h\right) \right] \right\} \quad (5.47)$$

onde

$$R_2 = \left(\frac{n_0 - n_2}{n_0 + n_2} \right)^2 \quad (5.48)$$

Aqui, R_2 é a refletividade na descontinuidade entre o índice de refração do núcleo da fibra e o da camada de superfície de alto índice. Nesse caso, a perda do retorno em um dado comprimento de onda depende do valor do índice de refração n_2 e da espessura h da camada de superfície.

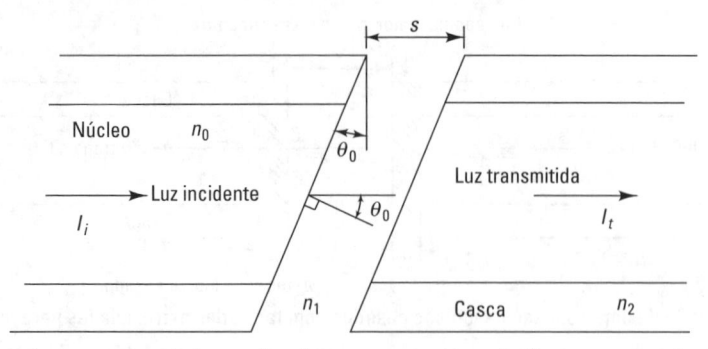

Figura 5.23 Conexão com extremidades em ângulo com uma pequena distância *s* separando as extremidades das fibras.

As conexões com as faces de extremidade em ângulo são usadas em aplicações em que uma reflexão ultrabaixa é necessária. A Figura 5.23 mostra uma vista em corte transversal de tal conexão com uma pequena distância *s* separando as extremidades da fibra. O núcleo da fibra tem um índice n_0, e o material na separação tem um índice de refração n_1. As faces das extremidades são então polidas em um ângulo θ_0, em relação ao plano perpendicular ao eixo da fibra. Esse ângulo é de 8°. Se I_i e I_t são as intensidades de potência óptica incidente e transmitida, respectivamente, então a eficiência de transmissão *T* através do conector é de[76]

$$T = \frac{I_t}{I_i} = \frac{(1-R)^2}{(1-R)^2 + 4R \operatorname{sen}^2(\beta/2)} \qquad (5.49)$$

onde

$$\frac{\operatorname{sen}\theta_0}{\operatorname{sen}\theta} = \frac{n}{n_0}, \quad \beta = \frac{4\pi n_1 s \cos\theta}{\lambda}, \quad \text{e} \quad R = \left(\frac{n_0 - n_1}{n_0 + n_1}\right)^2$$

A perda por inserção para esse tipo de conector com um ângulo de 8° variará de 0 dB para nenhuma distância a 0,6 dB para uma distância $s = 1,0$ μm com ar. Note que, quando um material de índice casado é utilizado, de modo que $n_0 = n_1$, então $R = 0$ e $T = 1$. Quando $n_0 \neq n_1$, a eficiência de transmissão (e, consequentemente, a perda no conector) tem um comportamento oscilatório em função do comprimento de onda e do ângulo da face da extremidade.

Problemas

5.1 Analogamente à Figura 5.2, use um computador para traçar e comparar os padrões de emissão de uma fonte lambertiana e uma fonte com um padrão de emissão dado por $B(\theta) = B_0 \cos^3\theta$. Suponha que ambas as fontes tenham o mesmo pico de radiância B_0, que é normalizado para a unidade em cada caso.

5.2 Considere fontes de luz, cujo padrão de emissão é dado por $B(\theta) = B_0 \cos^m\theta$. Use um computador para fazer o gráfico de $B(\theta)$ como uma função de *m* no intervalo de $1 \leq m \leq 20$ em ângulos de visualização de 10°, 20° e 45°. Suponha que todas as fontes possuam o mesmo pico de radiância B_0.

5.3 Um diodo *laser* tem feixes com larguras de meia potência lateral ($\phi = 0°$) e transversal ($\phi = 90°$) de $2\theta = 60°$ e $30°$, respectivamente. Quais são os coeficientes de distribuição de potência transversal e lateral para esse dispositivo?

5.4 Um LED com uma área circular de emissão de raio 20 μm tem um padrão lambertiano de emissão com radiância axial de 100 W/(cm² · sr) em uma corrente de deriva de 100 mA. Quanta potência óptica pode ser acoplada a uma fibra de índice-degrau com núcleo de diâmetro de 100 μm e NA = 0,22? Quanta potência óptica pode ser acoplada a partir dessa fonte para uma fibra de índice-gradual com 50 μm de diâmetro do núcleo-fibra tendo $\alpha = 2,0$, $n_1 = 1,48$ e $\Delta = 0,01$?

5.5 Uma fonte óptica de GaAs que tem um índice de refração de 3,600 está fortemente acoplada a uma fibra de índice-degrau, que tem um núcleo de índice de refração de 1,465. Se o tamanho da fonte é menor do que o núcleo da fibra, e o pequeno espaço entre a fonte e a fibras é preenchido com um gel que tem um índice de refração de 1,305, qual é a perda de potência, em decibéis, da fonte para a fibra?

5.6 Use a Equação (5.3) para obter uma expressão para a potência acoplada a uma fibra de índice-degrau a partir de um LED que tem uma distribuição radiante dada por

$$B(\theta) = B_0 \cos^m \theta$$

5.7 No mesmo gráfico, trace as eficiências máximas de acoplamento como uma função do raio r_s da fonte para as seguintes fibras:
(a) O raio do núcleo de 25 μm e NA = 0,16.
(b) O raio do núcleo de 50 μm e NA = 0,20.
Deixe o intervalo de r_s de 0 a 50 μm. Em quais regiões uma lente pode melhorar a eficiência de acoplamento?

5.8 As faces das extremidades de duas fibras ópticas, com índices de refração do núcleo de 1,485, estão perfeitamente alinhadas e têm uma pequena folga entre elas. Se essa diferença for preenchida com um gel que tem um índice de refração de 1,305, encontre a potência óptica refletida em decibéis, em uma interface dessa junção. Se a distância for muito pequena, qual será a perda de potência, em decibéis, através da junção quando nenhum material de índice casado for utilizado? Note que $n = 1,0$ para o ar.

5.9 Verifique que a Equação (5.22) fornece a área de núcleo comum das duas fibras de índice-degrau axialmente desalinhadas indicadas na Figura 5.10. Se $d = 0,1a$, qual é a eficiência do acoplamento?

5.10 Considere as três fibras com as propriedades listadas na Tabela 5.2. Use a Equação (5.23) para completar essa tabela com as perdas do conector (em decibéis) causadas pelos desvios indicados axiais.

Tabela 5.2

Tamanho da fibra: diâmetro do núcleo (μm)/diâmetro da casca (μm)	Perda por acoplamento (dB) para determinado desalinhamento axial (μm)			
	1	3	5	10
50/125			0,590	
62,5/125				
100/140				

5.11 Mostre que, quando o desalinhamento axial de d for pequeno em comparação com o raio do núcleo a, a Equação (5.30) poderá ser aproximada pela Equação (5.31). Compare as Equações (5.30) e (5.31), em termos de P_T/P, em função de d/a no intervalo de $0 \leq d/a \leq 0,4$.

5.12 Considere uma fibra óptica que tem um núcleo de índice de refração de $n_1 = 1,48$ e uma abertura numérica NA = 0,20. Usando as Equações (5.32), (5.33) e (5.34), plote as três perdas por desalinhamento mecânico em decibéis durante os seguintes intervalos:
(a) $0 \leq d/a \leq 1,0$
(b) $0 \leq s/a \leq 3,0$
(c) $0 \leq \theta \leq 10°$

5.13 Usando as Equações (5.19) e (5.20), mostre que a Equação (5.35) dá a perda de acoplamento de duas fibras com núcleo de raios diferentes. Trace a perda por acoplamento, em decibéis, em função de a_R/a_E para $0,5 \leq a_R/a_E \leq 1,0$.

5.14 Usando as Equações (5.19) e (5.20), mostre que a Equação (5.36) dá a perda por acoplamento de duas fibras com aberturas numéricas axiais diferentes. Trace essa perda por acoplamento, em decibéis, em função de $NA_R(0)/NA_E(0)$ no intervalo $0,5 \leq NA_R(0)/NA_E(0) \leq 1,0$.

5.15 Mostre que a Equação (5.37) dá a perda por acoplamento de duas fibras com núcleos de diferentes perfis de índice de refração. Trace essa perda por acoplamento, em decibéis, em função de α_R/α_E no intervalo de $0,75 \leq \alpha_R/\alpha_E \leq 1,0$. Considere $\alpha_E = 2,0$.

5.16 Considere duas fibras multimodo de índice-gradual que possuem as características indicadas na Tabela 5.3. Se essas duas fibras estão perfeitamente alinhadas com nenhuma separação entre elas, calcule as perdas nas emendas e as eficiências no acoplamento para os seguintes casos:
(a) Luz que vai da fibra 1 para a fibra 2.
(b) Luz que vai da fibra 2 para a fibra 1.

Tabela 5.3

Parâmetros	Fibra 1	Fibra 2
Índice do núcleo n_1	1,46	1,48
Diferença de índice Δ	0,010	0,015
Raio do núcleo a	50 μm	62,5 μm
Fator do perfil α	2,00	1,80

5.17 Considere duas fibras ópticas monomodo idênticas que têm núcleo com índice de refração de $n_1 = 1,48$ e um raio de campo modal $w = 5$ μm em 1.300 nm. Suponha que o material entre as extremidades das fibras seja o ar, com um índice de 1,0. Usando a Equação (5.43), trace as perdas dos seguintes conectores em decibéis (em cada caso, varie apenas um parâmetro de alinhamento, mantendo os outros dois desalinhamentos mecânicos fixos em zero):
(a) Deslocamento lateral na faixa de $0 \leq d \leq 4$ μm.
(b) Deslocamento longitudinal ao longo do intervalo de $0 \leq s \leq 40$ μm.
(c) O desvio angular no intervalo $0 \leq \theta \leq 2°$.

5.18 Assumindo que um conector monomodo tem ausência de perdas causadas por fatores extrínsecos, mostre que um descasamento de 10% no diâmetro de campo modal produz uma perda de 0,05 dB.

5.19 Considere duas fibras que têm núcleos com índices de refração de $n_0 = 1,463$. Suponha que essas fibras sejam separadas por uma distância $s = 0,22$ μm, que é preenchida com um material que tem um índice de refração de $n_1 = 1,467$. Use a Equação (5.44) para traçar a perda de retorno em função da espessura h da camada de maior índice na faixa de $0 \leq h \leq 0,15$ μm para valores de n_2 iguais a 1,467, 1,500 e 1,600.

5.20 Considere um conector em que as fibras têm faces terminadas em ângulo e núcleo com índice de refração de $n_0 = 1,470$, como mostrado na Figura 5.23. Suponha a separação $s = 1$ μm e o ângulo da face $\theta = 8°$. O conector não experimenta perda quando a distância é preenchida com um material de índice casado de $n_1 = 1,470$. Logo, use a relação

$$L(\lambda) = 10 \log \left[\frac{T(\lambda, n_1 = 1,470, \theta = 8°)}{T(\lambda, n_1 = 1,00, \theta = 8°)} \right]$$

para traçar a perda na transmissão com o espaçamento em ar ($n_1 = 1,0$), em função do comprimento de onda de 700 nm $\leq$ l $\leq$ 1.800 nm.

Referências

1. Y. Uematsu, T. Ozeki, and Y. Unno, "Efficient power coupling between an MH LED and a taper-ended multimode fiber," *IEEE J. Quantum Electron.*, vol. 15, pp. 86-92, Feb. 1979.
2. H. Kuwahara, M. Sasaki, and N. Tokoyo, "Efficient coupling from semiconductor lasers into single-mode fibers with tapered hemispherical ends," *Appl. Opt.*, vol. 19, pp. 2578-2583, Aug. 1980.
3. D. Marcuse, "LED fundamentals: Comparison of front and edge-emitting diodes," *IEEE J. Quantum Electron.*, vol. 13, pp. 819-827, Oct. 1977.
4. B. E. A. Saleh and M. Teich, *Fundamentals of Photonics*, Wiley, Hoboken, NJ, 2nd ed., 2007.
5. TIA/EIA-455-54B, *Mode Scrambler Requirements for Overfilled Launching Conditions to Multimode Fibers*, Aug. 1998.

6. M. Born and E. Wolf, *Principles of Optics*, Cambridge University Press, Oxford, 7th ed., 1999.
7. K. Sakai, M. Kawano, H. Aruga, S.-I. Takagi, S.-I. Kaneko, J. Suzuki, M. Negishi, Y. Kondoh, and K.-I. Fukuda, "Photodiode packaging technique using ball lens and offset parabolic mirror," *J. Lightwave Technol.*, vol. 27, no. 17, pp. 3874-3879, Sept. 2009.
8. A. Nicia, "Lens coupling in fiber-optic devices: Efficiency limits," *Appl. Opt.*, vol. 20, pp. 3136-3145, Sept. 1981.
9. Z. L. Liau, D. Z. Tsang, and J. N. Walpole, "Simple compact diode-laser/microlens packaging," *IEEE J. Quantum Electron.*, vol. 33, pp. 457-461, Mar. 1997.
10. C. A. Edwards, H. M. Presby, and C. Dragone, "Ideal microlenses for laser to fiber coupling," *J. Lightwave Tech.*, vol. 11, pp. 252-257, Feb. 1993.
11. K. Keränen, J. T. Mäkinen, K. T. Kautio, J. Ollila, J. Petäjä, V. Heikkinen, J. Heilala, and P. Karioja, "Fiber pigtailed multimode laser module based on passive device alignment on an LTCC substrate," *IEEE Trans. Adv. Packag.*, vol. 29, pp. 463-472, Aug. 2006.
12. C. Tsou and Y. S. Huang, "Silicon-based packaging platform for light-emitting diode," *IEEE Trans. Adv. Packag.*, vol. 29, pp. 607-614, Aug. 2006.
13. Ver livros de física geral ou de introdução à optica, como: (*a*) F. A. Jenkins and H. E. White, *Fundamentals of Optics*, McGraw-Hill, New York, 4th ed., 2001; (*b*) E. Hecht, *Optics*, Addison-Wesley, Boston, 4th ed., 2002; (*c*) R. Ditteon, *Modern Geometrical Optics*, Wiley, New York, 1997.
14. M. C. Hudson, "Calculation of the maximum optical coupling efficiency into multimode optical waveguides," *Appl. Opt.*, vol. 13, pp. 1029-1033, May 1974.
15. G. K. Khoe and G. Kuyt, "Realistic efficiency of coupling light from GaAs laser diodes into parabolic-index optical fibers," *Electron. Lett.*, vol. 14, pp. 667-669, Sept. 28, 1978.
16. S. M. Yeh, S. Y. Huang, and W. H. Cheng, "A new scheme of conical-wedge-shaped fiber endface for coupling between high-power laser diodes and single-mode fibers," *J. Lightwave Tech.*, vol. 23, pp. 1781-1786, Apr. 2005.
17. Y. Fu and N. K. A. Bryan, "A novel one step integration of edge-emitting laser diode with micro-elliptical lens using focused ion beam direct deposition," *IEEE Trans. Semiconductor Manufacturing*, vol. 15, pp. 2-8, Feb. 2002.
18. I. Moerman, P. P. Van Daele, and P. M. Demeester, "A review of fabrication technologies for the monolithic integration of tapers with III-V semiconductor devices," *IEEE J. Sel. Topics Quantum Electron.*, vol. 3, pp. 1308-1320, Dec. 1997.
19. A. Safaai-Jazi and V. Suppanitchakij, "A tapered graded-index lens: Analysis of transmission properties and applications in fiber-optic communication systems," *IEEE J. Quantum Electron.*, vol. 33, pp. 2159-2166, Dec. 1997.
20. G. Sialm, D. Lenz, D. Erni, G. L. Bona, C. Kromer, M. X. Jungo, T. Morf, F. Ellinger, and H. Jäckel, "Comparison of simulation and measurement of dynamic fiber-coupling effects for high-speed multimode VCSELs," *J. Lightwave Tech.*, vol. 23, pp. 2318-2330, July 2005.
21. D. H. Rice and G. E. Keiser, "Short-haul fiber-optic link connector loss," *Int. Wire & Cable Symp. Proc.*, Nov. 13-15, 1984, Reno, NV, pp. 190-192.
22. Y. Daido, E. Miyauchi, and T. Iwama, "Measuring fiber connection loss using steady-state power distribution: A method," *Appl. Opt.*, vol. 20, pp. 451-456, Feb. 1981.
23. M. J. Hackert, "Evolution of power distributions in fiber optic systems: Development of a measurement strategy," *Fiber & Integrated Optics*, vol. 8, pp. 163-167, 1989.
24. P. DiVita and U. Rossi, "Realistic evaluation of coupling loss between different optical fibers," *J. Opt. Common.*, vol. 1, pp. 26-32, Sept. 1980; "Evaluation of splice losses induced by mismatch in fiber parameters," *Opt. Quantum Electron.*, vol. 13, pp. 91-94, Jan. 1981.
25. M. J. Adams, D. N. Payne, and F. M. E. Staden, "Splicing tolerances in graded index fibers," *Appl. Phys. Lett.*, vol. 28, pp. 524-526, May 1976.
26. D. Gloge, "Offset and tilt loss in optical fiber splices," *Bell Sys. Tech. J.*, vol. 55, pp. 905-916, Sept. 1976.
27. T. C. Chu and A. R. McCormick, "Measurement of loss due to offset, end separation and angular misalignment in graded index fibers excited by an incoherent source," *Bell Sys. Tech. J.*, vol. 57, pp. 595-602, Mar. 1978.
28. P. DiVita and U. Rossi, "Theory of power coupling between multimode optical fibers," *Opt. Quantum Electron.*, vol. 10, pp. 107-117, Jan. 1978.
29. C. M. Miller, "Transmission vs. transverse offset for parabolic-profile fiber splices with unequal core diameters," *Bell Sys. Tech. J.*, vol. 55, pp. 917-927, Sept. 1976.
30. D. Gloge and E.A.J. Marcatili, "Multimode theory of graded-core fibers," *Bell Sys. Tech. J.*, vol. 52, pp. 1563-1578, Nov. 1973.
31. H. G. Unger, *Planar Optical Waveguides and Fibres*, Clarendon, Oxford, 1977.
32. F. L. Thiel and R. M. Hawk, "Optical waveguide cable connection," *Appl. Opt.*, vol. 15, pp. 2785-2791, Nov. 1976.

33. F. L. Thiel and D. H. Davis, "Contributions of optical-waveguide manufacturing variations to joint loss," *Electron. Lett.*, vol. 12, pp. 340-341, June 1976.

34. S. C. Mettler, "A general characterization of splice loss for multimode optical fibers," *Bell Sys. Tech. J.*, vol. 58, pp. 2163-2182, Dec. 1979.

35. D. J. Bond and P. Hensel, "The effects on joint losses of tolerances in some geometrical parameters of optical fibres," *Opt. Quantum Electron.*, vol. 13, pp. 11-18, Jan. 1981.

36. S. C. Mettler and C. M. Miller, "Optical fiber splicing," in S. E. Miller and I. P. Kaminow, eds., *Optical Fiber Telecommunications – II*, Academic, New York, 1988.

37. V. C. Y. So, R. P. Hughes, J. B. Lamont, and P. J. Vella, "Splice loss measurement using local launch and detect," *J. Lightwave Tech.*, vol. LT-5, pp. 1663-1666, Dec. 1987.

38. D. W. Peckham and C. R. Lovelace, "Multimode optical fiber splice loss: Relating system and laboratory measurements," *J. Lightwave Tech.*, vol. LT-5, pp. 1630-1636, Dec. 1987.

39. G. Cancellieri and U. Ravaioli, *Measurements of Optical Fibers and Devices*, Artech House, Dedham, MA, 1984.

40. TIA/EIA-455-57B (FOTP-57B), *Preparation and Examination of Optical Fiber Endface for Testing Purposes*, Feb. 1996.

41. TIA/EIA-455-179 (FOTP-179), *Inspection of Cleaved Fiber Endfaces by Interferometry*, May 1988.

42. G. Van Steenberge, P. Geerinck, S. Van Put, J. Watté, H. Ottevaere, H. Thienpont, and P. Van Daele, "Laser cleaving of glass fibers and glass fiber arrays," *J. Lightwave Tech.*, vol. 23, pp. 609-614, Feb. 2005.

43. D. M. Fye, R. Olshansky, J. LaCourse, W. Powazinik, and R. B. Lauer, "Low-current, 1.3-μm edge-emitting LED for single-mode subscriber loop applications," *Electron. Lett.*, vol. 22, pp. 87-88, Jan. 1986.

44. T. Tsubota, Y. Kashima, H. Takano, and Y. Hirose, "InGaAsP/InP long-wavelength high-efficiency edge-emitting LED for single-mode fiber optic communication," *Fiber Integr. Optics.*, vol. 7, no. 4, pp. 353-360, 1988.

45. D. N. Christodoulides, L. A. Reith, and M. A. Saifi, "Coupling efficiency and sensitivity of an LED to a single-mode fiber," *Electron. Lett.*, vol. 22, pp. 1110-1111, Oct. 1986.

46. L. A. Reith and P. A. Shumate, "Coupling sensitivity of an edge-emitting LED to a single-mode fiber," *J. Lightwave Tech.*, vol. LT-5, pp. 29-34, Jan. 1987.

47. B. Hillerich, "New analysis of LED to a single-mode fiber coupling," *Electron. Lett.*, vol. 22, pp. 1176-1177, Oct. 1986; "Efficiency and alignment tolerances of LED to a single-mode fiber coupling – theory and experiment," *Opt. Quantum Electron.*, vol. 19, no. 4, pp. 209-222, July 1987.

48. W. van Etten, "Coupling of LED light into a single-mode fiber," *J. Opt. Commun.*, vol. 9, no. 3, pp. 100-101, Sept. 1988.

49. D. N. Christodoulides, L. A. Reith, and M. A. Saifi, "Theory of LED coupling to single-mode fibers," *J. Lightwave Tech.*, vol. LT-5, pp. 1623-1629, Nov. 1987.

50. J. T. Krause, C. R. Kurkjian, and U. C. Paek, "Strength of fusion splices for fiber lightguides," *Electron. Lett.*, vol. 17, pp. 232-233, Mar. 1981.

51. T. Yamada, Y. Ohsato, M. Yoshinuma, T. Tanaka, and K.-I. Itoh, "Arc fusion splicer with profile alignment system for high-strength low-loss optical submarine cable," *J. Lightwave Tech.*, vol. 4, pp. 1204-1210, Aug. 1986.

52. F. El-Diasty, "Laser-scattering-based method for investigation of ultra-low-loss arc fusion-spliced single-mode optical fibers," *J. Lightwave Tech.*, vol. 22, pp. 1539-1542, June 2004.

53. A. D. Yablon and R. T. Bise, "Low-loss high-strength microstructured fiber fusion splices using GRIN fiber lenses," *IEEE Photonics Technol. Lett.*, vol. 17, pp. 118-120, Jan. 2005.

54. T. Katagiri, M. Tachikura, and Y. Murakami, "Evaluation of fiber slippage and core-axis offset distribution in optical fiber mechanical splice," *J. Lightwave Tech.*, vol. 19, pp. 195-204, Feb. 2001.

55. S. Fevrier, P. Viale, C. Kaczmarek, and P. Chanclou, "Low splice loss between 34-μm core diameter Bragg fibre and G-652 fibre by using micro-optics," *Electron. Lett.*, vol. 41, pp. 1166-1167, 13 Oct. 2005.

56. A. D. Yablon, *Optical Fiber Fusion Splicing*, Springer, New York, 2005.

57. Y. Yang, "Attenuation splice control in the manufacture of fiber optical communication system," *IEEE Trans. Control Sys. Technol.*, vol. 14, pp. 170-175, Jan. 2006.

58. P. Melman and W. J. Carlsen, "Elastic-tube splice performance with single-mode and multimode fibers," *Electron. Lett.*, vol. 18, pp. 320-321, Apr. 1982.

59. B. Bourliaguet, C. Paré, F. Émond, A. Croteau, A. Proulx, and R. Vallée, "Microstructured fusion splicing," *Optics Express*, vol. 11, pp. 3412-3417, Dec. 2003.

60. J. T. Krause, W. A. Reed, and K. L. Walker, "Splice loss of single-mode fiber as related to fusion time, temperature, and index profile alteration," *J. Lightwave Tech.*, vol. 4, pp. 837-840, July 1986.

61. E. Serafini, "Statistical approach to the optimization of optical fiber fusion splicing in the field," *J. Lightwave Tech.*, vol. 7, pp. 431-435, Feb. 1989.

62. D. Marcuse, D. Gloge, and E. A. J. Marcatili, "Guiding properties of fibers," in S. E. Miller and A.

G. Chynoweth, eds., *Optical Fiber Telecommunications*, Academic, New York, 1979.

63. D. Marcuse, "Loss analysis of single-mode splices," *Bell Sys. Tech. J.*, vol. 56, pp. 703-718, May 1977.

64. W. C. Young and D. R. Frey, "Fiber connectors," in S. E. Miller and I. P. Kaminow, eds., *Optical Fiber Telecommunications – II*, Academic, New York, 1988.

65. P. Chanclou, H. Ramanitra, P. Gravey, and M. Thual, "Design and performance of expanded mode fiber using microoptics," *J. Lightwave Tech.*, vol. 20, pp. 836-842, May 2002.

66. M. He, J. Bu, B. H. Ong, and X. Yuan, "Two-microlens coupling scheme with revolved hyperboloid sol-gel microlens arrays for high-power-efficiency optical coupling," *J. Lightwave Tech.*, vol. 24, pp. 2940-2945, July 2006.

67. S. I. Chang and J. B. Yoon, "A 3-D planar microlens for an effective monolithic optical interconnection system," *IEEE Photonics Technol. Lett.*, vol. 18, pp. 814-816, Apr. 2006.

68. M. Uekawa, H. Sasaki, D. Shimura, K. Kotani, Y. Maeno, and T. Takamori, "Surface-mountable silicon microlens for low-cost laser modules," *IEEE Photonics Technol. Lett.*, vol. 15, pp. 945-947, July 2003.

69. Y. Sunaga, R. Takahashi, T. Tokoro, and M. Kobayashi, "2 Gbit/s small form factor fiber-optic transceiver for single mode optical fiber," *IEEE Trans. Adv. Packag.*, vol. 23, pp. 176-181, May 2000.

70. M. Owen, "Agilent Technologies' singlemode small form factor (SFF) module incorporates micromachined silicon, automated passive alignment, and non-hermetic packaging to enable the next generation of low-cost fiber optic transceivers," *IEEE Trans. Adv. Packag.*, vol. 23, pp. 182-187, May 2000.

71. M. Labudovic and M. Burka, "Finite element analysis of post-weld shift during fiber pigtail of 980 nm pump lasers," *IEEE Trans. Adv. Packag.*, vol. 26, pp. 41-46, Feb. 2003.

72. R. Zhang and F. G. Shi, "Manufacturing of laser diode modules: Integration and automation of laser diode-fiber alignment and RIN characterization," *IEEE Trans. Adv. Packag.*, vol. 26, pp. 128-132, May 2003.

73. M. Takaya, "Design of enhanced MT-RJ type connector for physical contact," *IEEE Trans. Compon. Packag. Technol.*, vol. 27, pp. 283-290, June 2004.

74. S. Nemota and T. Makimoto, "Analysis of splice loss in single-mode fibers using a gaussian field approximation," *Optical Quantum Electron.*, vol. 11, no. 5, pp. 447-457, Sept. 1979.

75. M. Kihara, S. Nagasawa, and T. Tanifuji, "Return loss characteristics of optical fiber connectors," *J. Lightwave Tech.*, vol. 14, pp. 1986-1991, Sept. 1996.

76. M. Kihara, S. Nagasawa, and T. Tanifuji, "Design and performance of an angled physical contact type multifiber connector," *J. Lightwave Tech.*, vol. 14, pp. 542-548, Apr. 1996.

6
Fotodetectores

Na extremidade de saída de uma linha de transmissão óptica, deve haver um dispositivo de recepção que interpreta a informação contida no sinal óptico. O primeiro elemento desse receptor é um fotodetector que detecta a energia luminescente que o atinge e converte a variação da potência óptica em uma corrente elétrica variável correspondente. Uma vez que o sinal óptico é geralmente enfraquecido e distorcido quando emerge da extremidade da fibra, o fotodetector deve satisfazer requisitos de desempenho muito elevados. Entre os mais importantes requisitos, estão uma alta resposta ou sensibilidade na região de comprimentos de onda de emissão da fonte óptica utilizada, uma adição mínima de ruído ao sistema e uma velocidade de resposta rápida ou largura de banda suficiente para lidar com a taxa de dados desejada. O fotodetector também deve ser insensível a variações de temperatura e compatível com as dimensões físicas da fibra óptica, além de ter um custo razoável em relação aos outros componentes do sistema e uma vida útil longa.

Existem vários tipos diferentes de fotodetectores, como fotomultiplicadoras, detectores piroelétricos e fotocondutores, fototransistores e fotodiodos baseados em semicondutores.[1-6] No entanto, muitos desses detectores não satisfazem um ou mais dos requisitos mencionados. As fotomultiplicadoras, que consistem em um fotocatodo e um multiplicador de elétrons embalados em um tubo de vácuo, são capazes de ganho muito alto e ruído muito baixo. Infelizmente, em razão das grandes dimensões e da necessidade de tensão elevada para sua alimentação, elas são impróprias para sistemas de fibra óptica. Os fotodetectores piroelétricos envolvem a conversão de fótons em calor. A absorção de fótons resulta em uma mudança de temperatura do material detector, o que dá origem a uma variação na constante dielétrica, que é normalmente medida como uma variação da capacitância. A resposta desse detector é bastante estável ao longo de uma banda espectral larga, mas a sua velocidade é limitada pela taxa de resfriamento do detector depois de ser excitado. A sua principal utilização é para a detecção de pulsos de *laser* de alta velocidade, e ele não é muito adequado para sistemas de fibra óptica.

Dos fotodetectores baseados em semicondutores, o fotodiodo é usado quase exclusivamente para sistemas de fibra óptica por causa do pequeno tamanho, do material adequado, da alta sensibilidade e do tempo de resposta rápido. Os dois tipos de fotodiodos utilizados são o fotodetector *pin* e o *fotodiodo avalanche* (APD). Examinaremos as características fundamentais desses dois tipos de dispositivo nas próximas seções. Ao descrevermos esses componentes, utilizaremos os princípios elementares da física de dispositivos semicondutores dados na Seção 4.1. Discussões básicas de processos de fotodetecção podem ser encontradas em vários textos.[4-12]

6.1 Princípios físicos dos fotodiodos

6.1.1 Fotodetector *pin*

O fotodetector semicondutor mais comum é o fotodiodo *pin*, mostrado esquematicamente na Figura 6.1. A estrutura do dispositivo consiste em regiões *p* e *n* separadas por uma região intrínseca (*i*) muito levemente dopada *n*. Na operação normal, uma tensão reversa suficientemente é aplicada através do dispositivo de modo que a região intrínseca está completamente vazia de portadores, isto é, as concentrações de portadores intrínsecos *n* e *p* são insignificantes em comparação com a concentração de impurezas na região.

Como um fluxo Φ de fótons penetra em um semicondutor, ele será absorvido à medida que avança através do material. Suponha que P_{in} seja o nível de potência óptica que atinge o fotodetector em $x = 0$ e $P(x)$ seja o nível de potência a uma distância x dentro do material. Logo, a mudança incremental $dP(x)$ no nível de potência óptica, à medida que esse fluxo de fótons passa através de uma distância incremental dx no semicondutor, é dada por $dP(x) = -\alpha_s(\lambda) P(x) dx$, onde $\alpha_s(\lambda)$ é o *coeficiente de absorção de fótons* em um comprimento de onda λ. A integração dessa relação indica o nível de potência a uma distância de x no material

$$P(x) = P_{in} \exp(-\alpha_s x) \quad (6.1)$$

A Figura 6.1 apresenta um exemplo do nível de potência em função da profundidade de penetração na região intrínseca, que tem uma largura *w*. A largura da região *p* normalmente é muito fina, de modo que pouca radiação é absorvida ali.

Quando um fóton incidente tem uma energia maior ou igual à energia de *bandgap* do material semicondutor, o fóton pode ceder sua energia e excitar um elétron da banda de valência para a banda de condução. Esse processo de absorção gera pares elétron-buraco

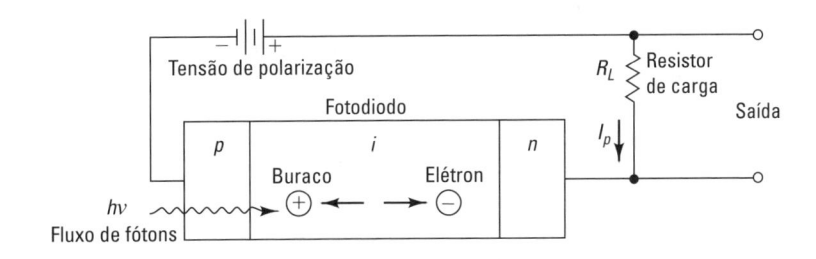

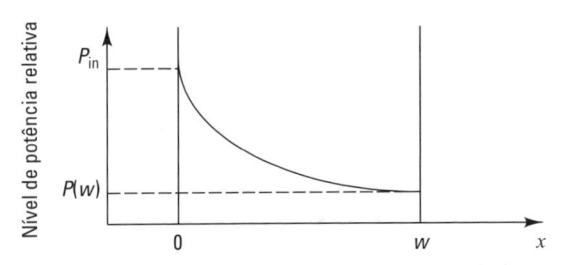

Figura 6.1 Representação do circuito de um fotodiodo *pin* com uma polarização reversa aplicada. Um nível de potência óptica incidente decai exponencialmente dentro do dispositivo.

Exemplo 6.1 Se o coeficiente de absorção do $In_{0,53}Ga_{0,47}As$ é de 0,8 μm^{-1} em 1.550 nm, qual é a profundidade de penetração em que $P(x)/P_{in} = 1/e = 0,368$?

Solução: Da Equação (6.1),

$$\frac{P(x)}{P_{in}} = \exp(-a_s x) = \exp[(-0,8)x] = 0,368$$

Portanto,

$$-0,8\,x = \ln 0,368 = -0,9997$$

que produz $x = 1,25\ \mu m$.

Exemplo 6.2 Um fotodetector *pin* de alta velocidade de $In_{0,53}Ga_{0,47}As$ é feito com uma camada de depleção de espessura de 0,15 μm. Que porcentagem de fótons incidentes é absorvida nesse fotodetector em 1.310 nm se o coeficiente de absorção é de 1,5 μm^{-1} nesse comprimento de onda?

Solução: Da Equação (6.1), o nível de potência óptica em $x = 0,15\ \mu m$ em relação ao nível de potência incidente é

$$\frac{P(0,15)}{P_{in}} = \exp(-a_s x) = \exp[(-1,5)0,15] = 0,80$$

Portanto, somente 20% dos fótons incidentes serão absorvidos.

móveis, como a Figura 6.2 mostra. Esses elétrons e buracos são conhecidos como fotoportadores, uma vez que eles são portadores de carga gerados por fótons que estão disponíveis para produzir um fluxo de corrente quando uma tensão de polarização é aplicada ao longo do dispositivo. O número de portadores de carga é controlado pelo nível de concentração dos elementos de impurezas que são intencionalmente adicionados ao material (ver Seção 4.1). O fotodetector é normalmente projetado de modo que esses portadores são gerados, principalmente, na região de depleção (região vazia intrínseca), onde a maior parte da luz incidente é absorvida. O campo elétrico elevado presente na região de depleção faz os portadores se separarem e serem coletados através da junção polarizada reversamente. Isso dá origem a um fluxo de corrente em um circuito externo, com um elétron fluindo para cada par de portador gerado. Esse fluxo de corrente é conhecido como *fotocorrente*.

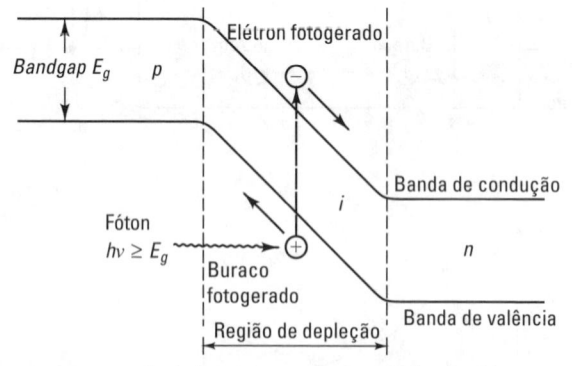

Figura 6.2 Simples diagrama de energia de banda para um fotodiodo *pin*. Fótons com energias maiores ou iguais à energia de *bandgap* E_g podem gerar pares de elétron-buraco livres que funcionam como portadores de fotocorrente.

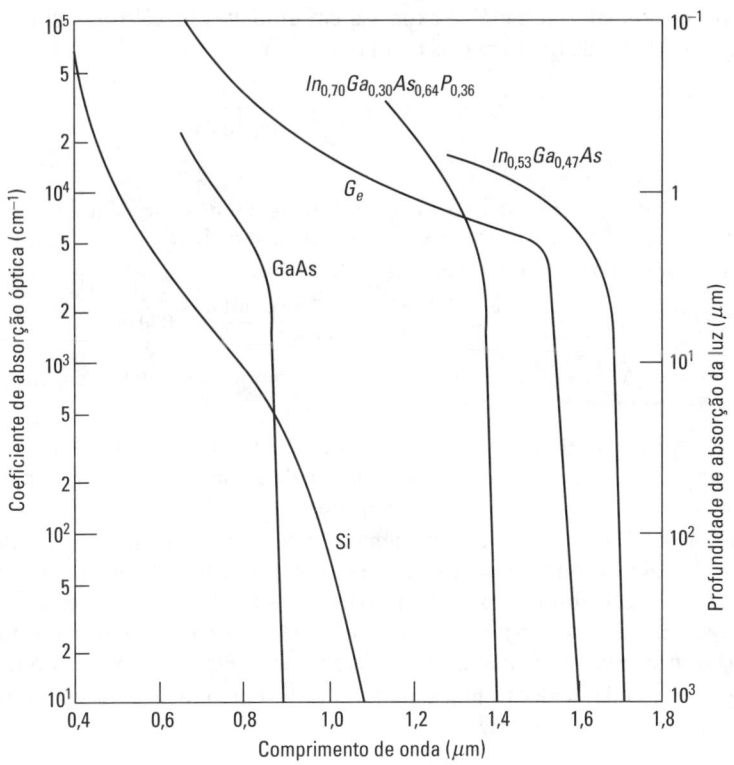

Figura 6.3 Coeficiente de absorção óptica em função do comprimento de onda para vários materiais de fotodetectores.
(Modificada com a permissão de Miller, Marcatili e Li,[13] © 1973, IEEE.)

À medida que os portadores de carga fluem através do material, alguns pares elétron-buraco se recombinarão e, portanto, desaparecerão. Em média, os portadores de carga movem-se uma distância L_n ou L_p para os elétrons e buracos, respectivamente. Essa distância é conhecida como *comprimento de difusão*. O tempo necessário para que um elétron ou buraco se recombine é conhecido como o *tempo de vida do portador* e é representado por τ_n e τ_p, respectivamente. Os tempos de vida e comprimentos de difusão estão relacionados pelas expressões

$$L_n = (D_n \tau_n)^{1/2} \quad \text{e} \quad L_p = (D_p \tau_p)^{1/2}$$

onde D_n e D_p são os coeficientes (ou constantes) de difusão dos elétrons e dos buracos, respectivamente, que são expressos em unidades de centímetros quadrados por segundo.

A dependência do coeficiente de absorção óptica em comprimento de onda é mostrada na Figura 6.3 para vários materiais de fotodiodos.[13] Como as curvas mostram claramente, α_s depende fortemente do comprimento de onda. Assim, um determinado material semicondutor pode ser utilizado apenas em um limitado intervalo de comprimentos de onda. O comprimento de onda de corte superior λ_c é determinado pela energia de *bandgap* E_g do material. Se E_g é expressa em unidades de elétron-volt (eV), então λ_c é dado em unidades de micrômetros (μm) por

$$\lambda_c(\mu m) = \frac{hc}{E_g} = \frac{1,24}{E_g \text{ (eV)}} \qquad (6.2)$$

Exemplo 6.3 Um fotodiodo é construído de GaAs, que tem uma energia de *bandgap* de 1,43 eV a 300 K. Qual é o comprimento de onda de corte desse dispositivo?

Solução: Da Equação (6.2), o comprimento de onda de corte é

$$\lambda_c = \frac{hc}{E_g} = \frac{(6,625 \times 10^{-34} \text{ J}\cdot\text{s})(3 \times 10^8 \text{ m/s})}{(1,43 \text{ eV})(1,6 \times 10^{-19} \text{ J/ev})} = 869 \text{ nm}$$

Este fotodiodo de GaAs não funcionará para fótons de comprimento de onda maior que 869 nm.

O comprimento de onda de corte é cerca de 1,06 μm para o Si e 1,6 μm para o Ge. Para comprimentos de onda maiores, a energia do fóton não é suficiente para excitar um elétron de valência para a banda de condução.

No extremo de menores comprimentos de onda, a fotorresposta é cortada como resultado de valores muito grandes de α_s em comprimentos de onda mais curtos. Nesse caso, os fótons são absorvidos muito próximo da superfície do fotodetector, onde o tempo de recombinação dos pares elétron-buraco gerados é muito curto. Os portadores gerados assim se recombinam antes de poderem ser coletados pelo circuito fotodetector.

Se a região de depleção tem uma largura w, então, pela Equação (6.1), a potência absorvida total na distância w é

$$P_{\text{absorvida}}(w) = \int_0^w \alpha_s P_{\text{in}} \exp(-\alpha_s x)\, dx = P_{\text{in}}(1 - e^{-\alpha_s w}) \qquad (6.3)$$

Se levarmos em conta uma refletividade R_f na face de entrada do fotodiodo, então a fotocorrente primária I_p que resulta da absorção de potência da Equação (6.3) será

$$I_p = \frac{q}{h\nu} P_{\text{in}}(1 - e^{-\alpha_s w})(1 - R_f) \qquad (6.4)$$

onde P_{in} é a potência óptica incidente no fotodetector; q, a carga do elétron; e $h\nu$, a energia dos fótons.

As duas características importantes de um fotodetector são a sua eficiência quântica e sua velocidade de resposta. Esses parâmetros dependem do *bandgap* do material, do comprimento de onda de operação e da dopagem e espessura das regiões p, i e n do dispositivo. A eficiência quântica η é o número de pares elétron-buraco gerados por fóton incidente e absorvido de energia $h\nu$ e é dada por

$$\eta = \frac{\text{número de pares elétron-buraco gerados}}{\text{número de fótons incidentes absorvidos}} = \frac{I_p/q}{P_{\text{in}}/h\nu} \qquad (6.5)$$

Exemplo 6.4 Em um pulso de 100 ns, 6×10^6 fótons de comprimento de onda 1.300 nm atingem um fotodetector de InGaAs. Em média, $5,4 \times 10^6$ pares elétron-buraco (e-h) são gerados. A eficiência quântica é encontrada a partir da Equação (6.5) como

$$\eta = \frac{\text{número de pares elétron-buraco gerados}}{\text{número de fótons incidentes absorvidos}} = \frac{5,4 \times 10^6}{6 \times 10^6} = 0,90$$

Assim, a eficiência quântica em 1.300 nm é de 90%.

Onde I_p é a fotocorrente gerada por uma potência óptica P_{in} no estado estacionário incidente no fotodetector.

Em um fotodiodo prático, 100 fótons criarão entre 30 e 95 pares elétron-buraco, dando assim ao detector eficiência quântica que varia de 30% a 95%. Para alcançar uma elevada eficiência quântica, a camada de depleção deve ser espessa o suficiente para permitir que uma grande fração de luz incidente seja absorvida. No entanto, quanto mais espessa for a camada de depleção, mais tempo será necessário para que os portadores fotogerados possam se mover através da junção polarizada reversamente. Uma vez que o tempo de vida de deriva dos portadores determina a velocidade de resposta do fotodiodo, um compromisso deve ser feito entre a velocidade de resposta e a eficiência quântica. Discutiremos esse aspecto mais detalhadamente na Seção 6.3.

O desempenho de um fotodiodo é muitas vezes caracterizado pela responsividade $\mathcal{R}$, que está relacionada à eficiência quântica por

$$\mathcal{R} = \frac{I_p}{P_{in}} = \frac{\eta q}{h\nu} \qquad (6.6)$$

Exemplo 6.5 Fótons de energia $1,53 \times 10^{-19}$ J incidem sobre um fotodiodo que tem uma responsividade de 0,65 W/A.
Se o nível de potência óptica é de 10 μW, então, a partir da Equação (6.6), a fotocorrente gerada é

$$I_p = \mathcal{R}P_{in} = (0,65 \text{ A/W})(10 \text{ }\mu\text{W}) = 6,5 \text{ }\mu\text{A}$$

Esse parâmetro é muito útil porque especifica a fotocorrente gerada por unidade de potência óptica. As responsividades típicas de fotodiodos *pin* em função do comprimento de onda são mostradas na Figura 6.4. Valores representativos são de 0,65 A/W para o silício em 900 nm e 0,45 A/W para o germânio em 1,3 μm. Para InGaAs, os valores típicos são 0,9 A/W em 1,3 μm e 1,0 A/W em 1,55 μm.

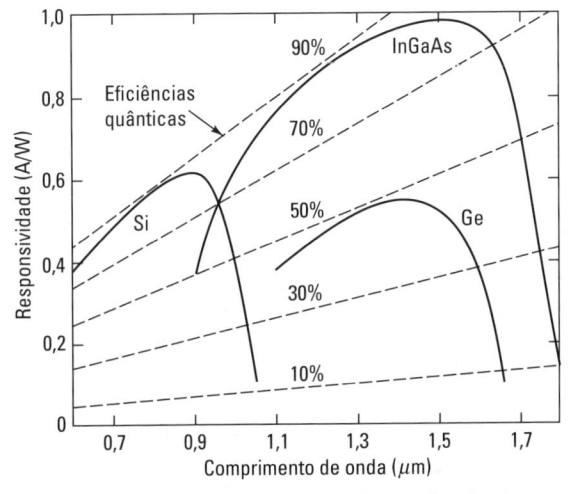

Figura 6.4 Comparação da responsividade e eficiência quântica em função do comprimento de onda para fotodiodos *pin* construídos com três materiais diferentes.

Na maioria dos fotodiodos, a eficiência quântica é independente do nível de potência sobre o detector em uma dada energia dos fótons. Assim, a responsividade é uma função linear da potência óptica. Isto é, a fotocorrente I_p é diretamente proporcional à potência óptica P_{in} incidente sobre o fotodetector, de modo que a responsividade $\mathcal{R}$ é constante em um dado comprimento de onda (um dado valor de $h\nu$). Notemos, no entanto, que a eficiência quântica não é constante em todos os comprimentos de onda, pois ela varia de acordo com a energia dos fótons. Logo, a responsividade é uma função do comprimento de onda e do material do fotodiodo (uma vez que materiais diferentes têm diferentes energias de *bandgap*). Para um dado material, à medida que o comprimento de onda do fóton incidente se torna maior, a energia dos fótons torna-se inferior à necessária para excitar um elétron da banda de valência para a banda de condução. A responsividade, assim, cai rapidamente além do comprimento de onda de corte, como pode ser visto na Figura 6.4.

Exemplo 6.6 Como mostrado na Figura 6.4, para a faixa de comprimentos de onda de 1.300 nm < λ < 1.600 nm, a eficiência quântica do InGaAs é de cerca de 90%. Assim, nessa faixa de comprimentos de onda, a responsividade é

$$\mathcal{R} = \frac{\eta q}{h\nu} = \frac{\eta q \lambda}{hc} = \frac{(0,90)(1,6 \times 10^{-19} C)\lambda}{(6,625 \times 10^{-34} J \cdot s)(3 \times 10^8 m/s)} = 7,25 \times 10^5 \lambda$$

Por exemplo, em 1.300 nm temos

$$\mathcal{R} = [7,25 \times 10^5 (A/W)/m] (1,30 \times 10^{-6} m) = 0,92 \text{ A/W}$$

Em comprimentos de onda maiores que 1.600 nm, a energia de fótons não é suficiente para excitar um elétron da banda de valência para a banda de condução. Por exemplo, o $In_{0,53}Ga_{0,47}As$ tem uma energia de *gap* $E_g = 0,73$ eV, de modo que, a partir da Equação (6.2), o comprimento de onda de corte é

$$\lambda_c = \frac{1,24}{E_g} = \frac{1,24}{0,73} = 1,7 \ \mu m$$

Em comprimentos de onda menores que 1.100 nm, os fótons são absorvidos muito perto da superfície do fotodetector, onde a taxa de recombinação dos pares elétron-buraco gerados é muito curta. A responsividade assim diminui rapidamente para menores comprimentos de onda, uma vez que muitos dos portadores gerados não contribuem para a fotocorrente.

6.1.2 Fotodiodos avalanche

Os *fotodiodos avalanche* (APDs) internamente multiplicam o sinal de fotocorrente primário antes de ele penetrar no circuito de entrada do amplificador seguinte. Isso aumenta a sensibilidade do receptor, uma vez que a fotocorrente é multiplicada antes de encontrar o ruído térmico associado com o circuito receptor. A fim de que ocorra a multiplicação de portador, os portadores fotogerados devem atravessar uma região onde um campo elétrico muito elevado está presente. Nessa região de alto campo, um elétron ou buraco fotogerado podem ganhar energia suficiente para que ionizem elétrons ligados na banda de valência através da colisão com eles. Esse mecanismo de multiplicação de portadores é conhecido como *ionização por impacto*. Os portadores recém-criados também são acelerados pelo alto campo elétrico, ganhando assim energia suficiente para causar uma próxima ionização por impacto. Esse fenômeno é o *efeito avalanche*. Abaixo da tensão de ruptura do diodo, um número de portadores total finito é criado, enquanto, acima da ruptura, o número pode ser infinito.

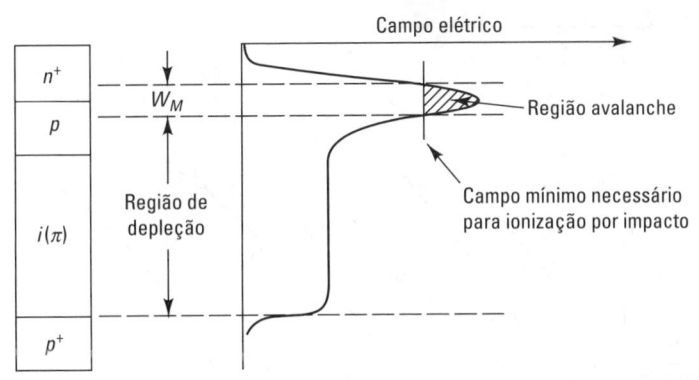

Figura 6.5 Estrutura de um fotodiodo avalanche *reach-through* e campos elétricos nas regiões de depleção e multiplicação.

Uma estrutura comum usada para atingir a multiplicação de portadores com muito pouco excesso de ruído é a construção *reach-through*[14-16] mostrada na Figura 6.5. O *fotodiodo avalanche reach-through* (RAPD) é composto por um material tipo-*p* de alta resistividade depositado como uma camada epitaxial sobre um substrato p^+ (fortemente dopado tipo-*p*). Uma difusão do tipo-*p* ou implantação de íons é feita no material de alta resistividade, seguida pela construção de uma camada n^+ (fortemente dopada tipo-*n*). Para o silício, os dopantes usados para formar essas camadas são normalmente boro e fósforo, respectivamente. Essa configuração é chamada de estrutura *reach-through* p^+ $\pi p n^+$. A camada π é basicamente um material intrínseco que inadvertidamente tem alguma dopagem *p* devido à purificação imperfeita. A Seção 6.5 descreve estruturas mais complexas utilizadas para APDs de InGaAs.

O termo *reach-through* surge a partir do funcionamento dos fotodiodos. Quando uma baixa tensão de polarização reversa é aplicada, a maior parte da queda de potencial é através da junção pn^+. A camada de depleção aumenta com o aumento da tensão até que uma determinada tensão seja alcançada, na qual o pico de campo elétrico na junção pn^+ é cerca de 5%-10% inferior ao necessário para provocar o colapso da avalanche. Nesse ponto, a camada de depleção é apenas *reaches-through* na região quase intrínseca π.

No uso normal, o RAPD é operado no modo completamente depletado. A luz entra no dispositivo através da região p^+ e é absorvida no material π, que atua como a zona de coleção dos portadores fotogerados. Após ser absorvido, o fóton dá a sua energia, criando assim pares elétron-buraco, que são então separados pelo campo elétrico na região π. Os elétrons fotogerados seguem através da região π na junção pn^+, na qual existe um alto campo elétrico. É nessa região de alto campo que a multiplicação de portadores ocorre.

O número médio de pares elétron-buraco criados por um portador por unidade de distância percorrida é chamado de *taxa de ionização*. A maioria dos materiais apresenta diferentes *taxas de ionização de elétrons* α e *de buracos* β. Os valores obtidos experimentalmente de α e β para cinco materiais semicondutores diferentes são mostrados na Figura 6.6. A razão $k = \beta/\alpha$ entre as duas taxas de ionização é uma medida do desempenho do fotodiodo. Como veremos na Seção 6.4, os fotodiodos avalanche construídos com materiais em que um tipo de portador domina em grande parte a ionização por impacto exibem produtos de baixo ruído e grande ganho de largura de banda. De todos os materiais mostrados na Figura 6.6, somente o silício tem uma diferença significativa entre as taxas de ionização de elétrons e buracos.[17-23]

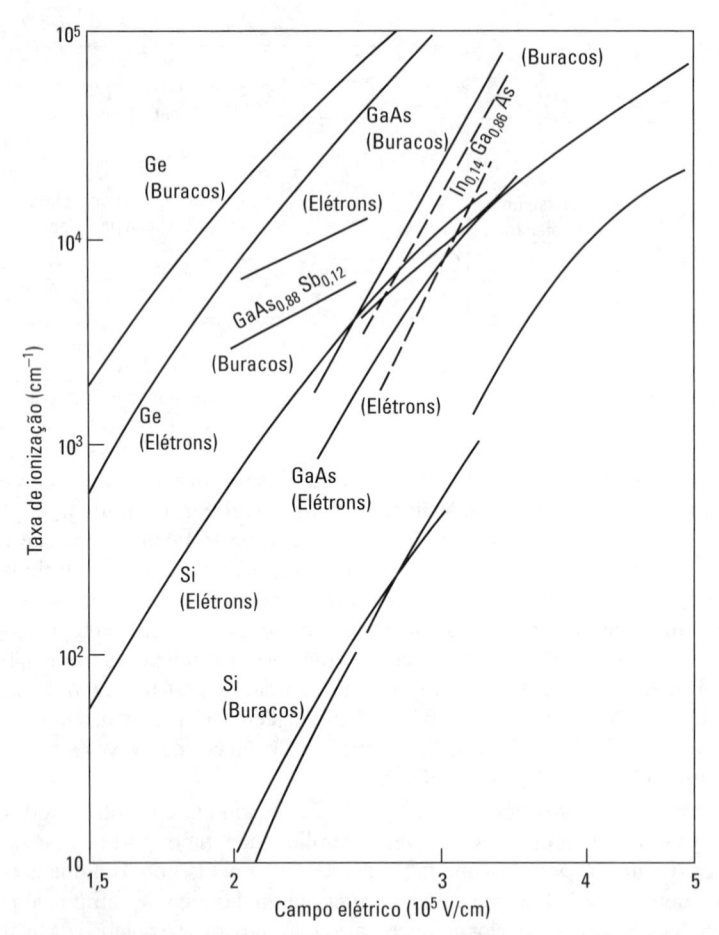

Figura 6.6 Taxas de ionização de portadores obtidas experimentalmente para o silício, germânio, arseneto de gálio, antimoneto arseneto de gálio e arseneto de gálio-índio.
(Reproduzida com permissão de Melchior.[1])

A multiplicação M para todos os portadores gerados no fotodiodo é definida por

$$M = \frac{I_M}{I_p} \tag{6.7}$$

onde I_M é o valor médio da corrente de saída total multiplicada, e I_p, a fotocorrente primária não multiplicada definida na Equação (6.4). Na prática, o mecanismo de avalanche é um processo estatístico, uma vez que todo o par de portadores gerado no diodo experimenta a mesma multiplicação. Assim, o valor medido de M é expresso como uma quantidade média.

Os típicos ganhos de corrente para diferentes comprimentos de onda[15] em função da tensão de polarização para um fotodiodo avalanche *reach-through* de silício são exibidos na Figura 6.7. A dependência do ganho sobre o comprimento de onda de excitação é atribuída à iniciação mista do processo avalanche por elétrons e buracos quando a maior parte da luz é absorvida na região n^+p perto da superfície do detector. Isso é especialmente

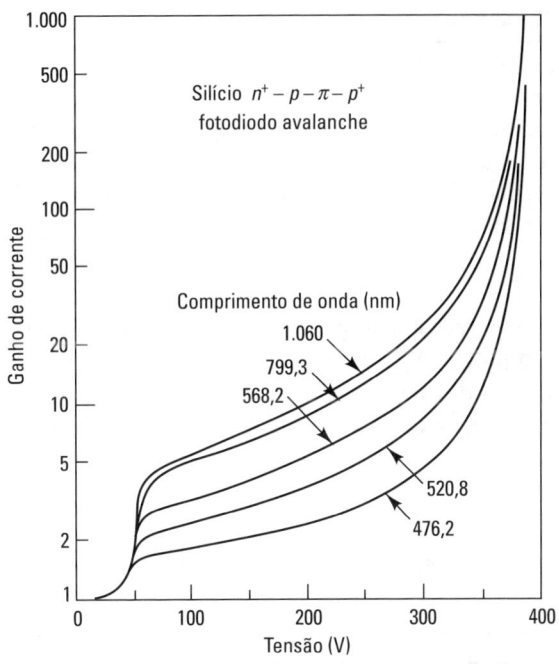

Figura 6.7 Ganhos típicos de corrente em temperatura ambiente de um fotodiodo avalanche *reach-through* de silício para diferentes comprimentos de onda em função da tensão de polarização.
(Reproduzida com permissão de Melchior, Hartman, Schinke e Seidel,[15] © 1978, AT&T.)

perceptível em comprimentos de onda curtos, em que uma parte maior da potência óptica é absorvida próximo da superfície do que em comprimentos de onda mais longos. No silício, como o coeficiente de ionização para os buracos é menor do que para os elétrons, o ganho total de corrente é reduzido em menores comprimentos de onda.

De forma análoga ao fotodiodo *pin*, o desempenho de um APD é caracterizado pela sua responsividade $\mathscr{R}_{APD}$, que é dada por

$$\mathscr{R}_{APD} = \frac{\eta q}{h\nu} M = \mathscr{R}M \qquad (6.8)$$

onde $\mathscr{R}$ é a responsividade de ganho unitário.

Exemplo 6.7 Um dado fotodiodo avalanche de silício tem uma eficiência quântica de 65% em um comprimento de onda de 900 nm. Suponha que 0,5 μW de potência óptica produza uma fotocorrente multiplicada de 10 μA. Qual é a multiplicação M?

Solução: Da Equação (6.6), a fotocorrente primária é

$$I_p = \mathscr{R}P_{in} = \frac{\eta q}{h\nu}P_{in} = \frac{\eta q \lambda}{hc}P_{in} = \frac{(0,65)(1,6 \times 10^{-19}C)(9 \times 10^{-7}m)}{(6,625 \times 10^{-34} J \cdot s)(3 \times 10^8 m/s)} 5 \times 10^{-7} W = 0,235 \mu A$$

Da Equação (6.7), a multiplicação é

$$M = \frac{I_M}{I_p} = \frac{10 \mu A}{0,235 \mu A} = 43$$

Então, a fotocorrente primária é multiplicada por um fator 43.

6.2 Ruído do fotodetector

Em sistemas de comunicação de fibra óptica, o fotodiodo é geralmente necessário para detectar sinais ópticos muito fracos. A detecção dos sinais ópticos mais fracos possíveis exige que o fotodiodo e o seu circuito de amplificação seguinte sejam otimizados de modo que possam manter determinada relação sinal-ruído. A relação de potência sinal-ruído S/N (também designada por SNR) na saída de um receptor óptico é definida por

$$SNR = \frac{S}{N} = \frac{\text{potência do sinal pela fotocorrente}}{\text{potência de ruído do fotodetector + potência do ruído do amplificador}} \quad (6.9)$$

As fontes de ruído no receptor surgem dos ruídos de fotodetectores resultantes da natureza estatística do processo de conversão de fótons em elétrons e dos ruídos térmicos associados com o circuito amplificador.

Para conseguir uma relação sinal-ruído elevada, as seguintes condições devem ser satisfeitas:

1. O fotodetector deve ter uma elevada eficiência quântica para gerar um sinal de potência alto.
2. Os ruídos do fotodetector e amplificador devem ser mantidos tão baixos quanto possível.

Na maioria das aplicações, são as correntes de ruído que determinam o nível de potência óptico mínimo que pode ser detectado, uma vez que a eficiência quântica do fotodiodo é normalmente próxima de seu máximo valor possível.

A sensibilidade de um fotodetector em um sistema de comunicação de fibra óptica é descrita em termos da *mínima potência óptica detectável*, que é a potência óptica necessária para produzir uma fotocorrente da mesma magnitude do *valor médio quadrático* (rms) da corrente de ruído total ou, equivalentemente, uma relação sinal-ruído de 1. Um profundo conhecimento da origem, das características e inter-relações dos vários ruídos em um fotodetector é necessário para fazer um projeto confiável e avaliar receptores ópticos.

6.2.1 Fontes de ruído

Para ver a inter-relação dos diferentes tipos de ruídos que afetam a relação sinal-ruído, vamos examinar o modelo simples de receptor e seu circuito equivalente mostrado na Figura 6.8. O fotodiodo tem uma pequena resistência em série R_s, uma capacitância total C_d que consiste nas capacitâncias de junção e do empacotamento, e um resistor (ou carga) R_L. O amplificador que segue o fotodiodo tem uma capacitância de entrada C_a e uma resistência R_a. Para fins práticos, R_s é muito menor do que a resistência de carga R_L e pode ser desprezada.

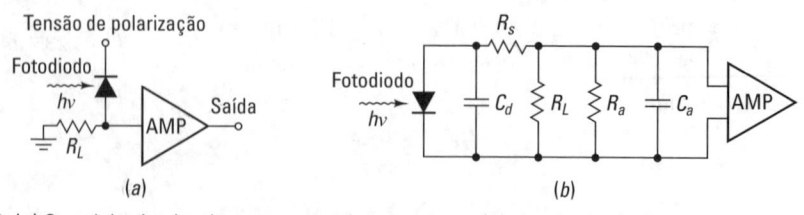

Figura 6.8 (a) O modelo simples de um receptor fotodetector e (b) circuito equivalente.

Se um sinal modulado óptico $P(t)$ atinge o detector, a fotocorrente primária $i_\text{fot}(t)$ gerada é*

$$i_\text{fot}(t) = \frac{\eta q}{h\nu} P(t) \tag{6.10}$$

A corrente primária é composta pelo valor cc I_p, que é a fotocorrente média causada pela potência de sinal, e por um componente de sinal $i_p(t)$. Para fotodiodos *pin*, a corrente média quadrática $\langle i_s^2 \rangle$ é

$$\langle i_s^2 \rangle = \sigma_{s,pin}^2 = \langle i_p^2(t) \rangle \tag{6.11a}$$

onde σ é a variância. Para fotodetectores avalanche,

$$\langle i_s^2 \rangle = \sigma_{s,APD}^2 = \langle i_p^2(t) \rangle M^2 \tag{6.11b}$$

onde M é a média do ganho de avalanche estatístico, como definida na Equação (6.7).

Para um sinal de entrada senoidal de índice de modulação m, o componente de sinal $\langle i_p^2 \rangle$ é da forma (ver Problema 6.5)

$$\langle i_p^2(t) \rangle = \sigma_p^2 = \frac{m^2}{2} I_p^2 \tag{6.12}$$

onde m é definido na Equação (4.54).

As principais fontes de ruído associadas aos fotodetectores que não têm nenhum ganho interno são o ruído quântico, o ruído escuro gerado no material *bulk* do fotodiodo e o ruído da corrente de fuga na superfície. O ruído *quântico* ou *shot* resulta da natureza estatística da produção e coleção de fotoelétrons quando um sinal óptico é incidente em um fotodetector. Demonstrou-se[24] que essas estatísticas seguem um processo de Poisson. Como as flutuações no número de fotoportadores criados a partir do efeito fotoelétrico são uma propriedade fundamental do processo de fotodetecção, elas definem o limite inferior para a sensibilidade do receptor quando todas as outras condições são otimizadas. A corrente de ruído *shot* tem um valor quadrático médio em um receptor de largura de banda B_e que é proporcional ao valor médio da fotocorrente I_p.

$$\langle i_\text{shot}^2 \rangle = \sigma_\text{shot}^2 = 2qI_p B_e M^2 F(M) \tag{6.13}$$

onde $F(M)$ é uma figura de ruído associada com a natureza aleatória do processo avalanche. A partir dos resultados experimentais, verificou-se que, para uma aproximação razoável, $F(M) \simeq M^x$, onde x (com $0 \leq x \leq 1,0$) depende do material. Isso é discutido em detalhes na Seção 6.4. Para fotodiodos *pin*, M e $F(M)$ são iguais a um.

A corrente escura do fotodiodo é a corrente que continua a fluir através do circuito do dispositivo quando nenhuma luz é incidente sobre o fotodiodo. Trata-se de uma combinação de correntes do *bulk* e da superfície. A *corrente escura do bulk* i_{DB} surge de elétrons e/ou buracos que são termicamente gerados na junção *pn* do fotodiodo. Em um APD, esses portadores liberados também são acelerados pelo campo elétrico elevado presente na junção *pn* e, portanto, multiplicados pelo mecanismo de ganho avalanche. O valor médio quadrático dessa corrente é dado por

$$\langle i_{DB}^2 \rangle = \sigma_{DB}^2 = 2qI_D M^2 F(M) B_e \tag{6.14}$$

onde I_D é a corrente escura primária (não multiplicada) do detector.

---

* N. de T.: O subscrito ph significa *photocurrent*, que, em português, foi traduzido como fotocorrente.

A *corrente escura de superfície* é também chamada de *corrente de fuga da superfície* ou simplesmente *corrente de fuga*. É dependente dos defeitos de superfície, limpeza, tensão de polarização e área da superfície. Uma forma eficaz de reduzir a corrente escura de superfície é através da utilização de uma estrutura de anel de guarda que desvia as correntes de fuga da superfície para longe da resistência de carga. O valor médio quadrático da corrente escura de superfície é dado por

$$\left\langle i_{DS}^2 \right\rangle = \sigma_{DS}^2 = 2qI_L B_e \quad (6.15)$$

onde I_L é a corrente de fuga da superfície. Note que, uma vez que a multiplicação avalanche é um efeito de volume, a corrente escura de superfície não é afetada pelo ganho de avalanche.

Uma comparação[20] típica das correntes escuras para fotodiodos de Si, Ge, GaAs e $In_xGa_{1-x}As$ é dada na Figura 6.9, em função da tensão aplicada normalizada para a tensão de ruptura V_B. Observe que, para fotodiodos de $In_xGa_{1-x}As$, a corrente escura aumenta com a composição x. Sob polarização reversa, ambas as correntes escuras também aumentam com a área. A corrente escura de superfície aumenta proporcionalmente à raiz quadrada da área ativa, enquanto a corrente escura *bulk* é diretamente proporcional à área.

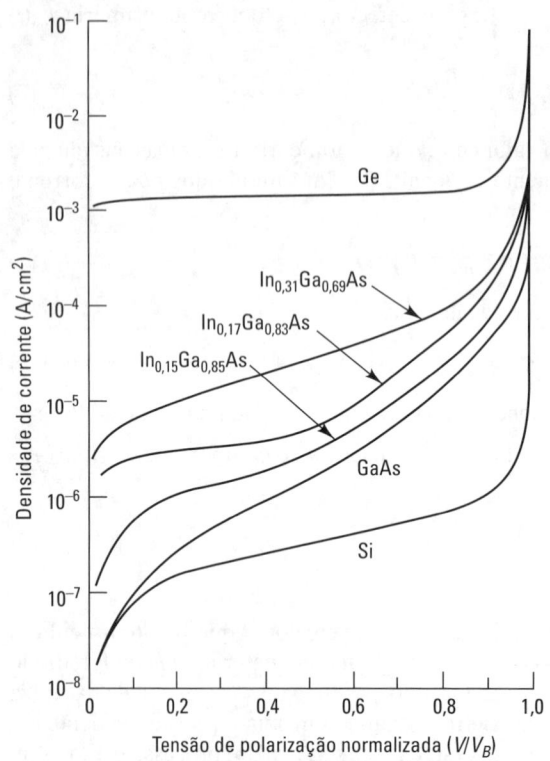

Figura 6.9 Comparação de correntes escuras típicas para fotodiodos de Si, Ge, GaAs e InGaAs em função da tensão de polarização normalizada.
(Reproduzida com permissão de Susa, Yamauchi and Kanbe,[20] © 1980, IEEE.)

Como as correntes escuras e o sinal de corrente não são correlacionados, o valor médio quadrático total da corrente de ruído total do fotodetector $\left\langle i_N^2 \right\rangle$ pode ser escrita como

$$\left\langle i_N^2 \right\rangle = \sigma_N^2 = \left\langle i_{shot}^2 \right\rangle + \left\langle i_{DB}^2 \right\rangle + \left\langle i_{DS}^2 \right\rangle = \sigma_{shot}^2 + \sigma_{DB}^2 + \sigma_{DS}^2$$
$$= 2q(I_p + I_D) M^2 F(M) B_e + 2qI_L B_e \quad (6.16)$$

Para simplificar a análise do circuito receptor, assumiremos aqui que a impedância de entrada do amplificador é muito maior do que a resistência de carga, de modo que o seu ruído térmico é muito menor do que o de R_L. O resistor de carga do fotodetector contribui com uma média quadrática de corrente de ruído térmico (Johnson)

$$\left\langle i_T^2 \right\rangle = \sigma_T^2 = \frac{4k_B T}{R_L} B_e \quad (6.17)$$

onde k_B é a constante de Boltzmann, e T, a temperatura absoluta. Esse ruído pode ser reduzido pelo uso de uma resistência de carga que seja grande, mas ainda consistente com os requisitos de largura de banda do receptor.

Exemplo 6.8 Um fotodiodo *pin* de InGaAs tem os seguintes parâmetros em um comprimento de onda de 1.300 nm: $I_D = 4$ nA, $\eta = 0{,}90$, $R_L = 1.000\ \Omega$ e a corrente de fuga de superfície é desprezível. A potência óptica incidente é de 300 nW (–35 dBm), e a largura de banda do receptor é de 20 MHz. Encontre os vários termos de ruído do receptor.

Solução: (a) Primeiro, precisamos encontrar a fotocorrente primária. Pela Equação (6.6),

$$I_p = \mathcal{R}P_{in} = \frac{\eta q}{h\nu}P_{in} = \frac{\eta q \lambda}{hc}P_{in} = \frac{(0{,}90)(1{,}6 \times 10^{-19}\text{ C})(1{,}3 \times 10^{-6}\text{ m})}{(6{,}625 \times 10^{-34}\text{ J} \cdot \text{s})(3 \times 10^8 \text{ m/s})} 3 \times 10^{-7}\text{ W} = 0{,}282\ \mu\text{A}$$

(b) Da Equação (6.13), a média quadrática da corrente de ruído *shot* de um fotodiodo *pin* é

$$\langle i^2_{shot} \rangle = 2qI_pB_e = 2(1{,}6 \times 10^{-19}\text{ C})(0{,}282 \times 10^{-6}\text{ A})(20 \times 10^6\text{ Hz}) = 1{,}80 \times 10^{-18}\text{ A}^2$$

ou $\langle i^2_{shot} \rangle^{1/2} = 1{,}34$ nA

(c) Da Equação (6.14), a média quadrática da corrente escura é

$$\langle i^2_{DB} \rangle = 2qI_DB_e = 2(1{,}6 \times 19^{-19}\text{ C})(4 \times 10^{-9}\text{ A})(20 \times 10^6\text{ Hz}) = 2{,}56 \times 10^{-20}\text{ A}^2$$

ou $\langle i^2_{DB} \rangle^{1/2} = 0{,}16$ nA

(d) A média quadrática da corrente de ruído térmico para o receptor é encontrada a partir da Equação (6.17)

$$\langle i^2_T \rangle = \frac{4k_BT}{R_L}B_e = \frac{4(1{,}38 \times 10^{-23}\text{ J/K})(293\text{ K})}{1\text{ k}\Omega}B_e = 323 \times 10^{-18}\text{ A}^2$$

ou $\langle i^2_T \rangle^{1/2} = 18$ nA

Assim, para esse receptor, a corrente rms de ruído térmico é cerca de 14 vezes maior do que a corrente rms do ruído *shot* e cerca de 100 vezes maior que a corrente rms escura.

6.2.2 Relação sinal-ruído

Substituindo as Equações (6.11), (6.16) e (6.17) na Equação (6.9) para a relação sinal-ruído na entrada do amplificador, temos

$$\frac{S}{N} = \frac{\langle i^2_p \rangle M^2}{2q(I_p + I_D)M^2 F(M)B_e + 2qI_LB_e + 4k_BTB_e/R_L} \quad (6.18a)$$

Em geral, na expressão dada pela Equação (6.18a), pode-se ignorar a corrente de fuga desprezível. Além disso, o termo envolvendo I_D pode ser descartado quando o sinal médio de corrente é muito maior do que a corrente escura. A relação sinal-ruído torna-se então

$$\frac{S}{N} = \frac{\langle i^2_p \rangle M^2}{2qI_pM^2F(M)B_e + 4k_BTB_e/R_L} \quad (6.18b)$$

Quando a potência do sinal óptico é relativamente elevada, então a potência de ruído *shot* é muito maior do que a potência de ruído térmico. Nesse caso, a SNR é chamada de *limitada pelo ruído shot* ou *quântico*. Quando a potência do sinal óptico é baixa, então o ruído térmico geralmente domina sobre o ruído *shot*. Nesse caso, a SNR é referida como sendo *limitada pelo ruído térmico*.

Exemplo 6.9 Considere o fotodiodo *pin* de InGaAs descrito no Exemplo 6.8. Qual é a SNR em decibéis?

Solução: Uma vez que a corrente de ruído escuro é insignificante em comparação com o ruído *shot* e ruído térmico, podemos substituir os resultados numéricos na Eq. (6.18b) para obter

$$\frac{S}{N} = \frac{(0,282 \times 10^{-6})^2}{1,80 \times 10^{-18} + 323 \times 10^{-18}} = 245$$

Em decibéis, a SNR é

$$\frac{S}{N} = 10 \log 245 = 23,9$$

Quando fotodiodos *pin* são usados, as correntes de ruído dominantes são as da resistência de carga do detector (a corrente térmica i_T) e os elementos ativos do circuito amplificador (i_{amp}). Para fotodiodos avalanche, o ruído térmico é de menor importância, e os ruídos do fotodetector normalmente dominam.[25]

Da Equação (6.18a), pode ser visto que a potência do sinal é multiplicada por M^2, e o ruído *shot* mais a corrente escura *bulk* é multiplicado por $M^2 F(M)$. A corrente de fuga de superfície não é alterada pelo mecanismo de ganho de avalanche. Uma vez que as figuras de ruídos $F(M)$ aumentam com M, existe sempre um valor ótimo de M que maximiza a relação sinal-ruído. O ganho ótimo para o máximo da relação sinal-ruído pode ser encontrado por meio da diferenciação da Equação (6.18a) com relação a M, igualando o resultado a zero e resolvendo para M. Ao fazê-lo para um sinal modulado senoidalmente, com $m = 1$ e $F(M)$ aproximada por M^x, obtém-se:

$$M_{\text{ótimo}}^{x+2} = \frac{2qI_L + 4k_B T/R_L}{xq(I_p + I_D)} \qquad (6.19)$$

Exemplo 6.10 Considere um APD de Si funcionando em 300 K com uma resistência de carga $R_L = 1.000 \, \Omega$. Para esse APD, assuma a responsividade $\mathscr{R} = 0,65$ A/W e $x = 0,3$. (a) Se a corrente escura é negligenciada e 100 nW de potência óptica caem no fotodetector, qual é o ganho avalanche ideal? (b) Qual é a SNR se $B_e = 100$ MHz? (c) Como a SNR desse APD se compara com a correspondente SNR de um fotodiodo *pin* de Si? Suponha que a corrente de fuga seja insignificante.

Solução: (a) Desprezando a corrente escura e com $I_p = \mathscr{R}P$, temos

$$M_{\text{ótimo}} = \left(\frac{4k_B T}{xqR_L \mathscr{R}P}\right)^{1/(x+2)} = \left[\frac{4(1,38 \times 10^{-23})(300)}{0,3(1,60 \times 10^{-19})(1.000)(0,65)(100 \times 10^{-9})}\right]^{1/2,3} = 42$$

(b) Desprezando a corrente escura e com $F(M) = M^x = (42)^{0,3}$, temos

$$\text{SNR} = \frac{(\mathscr{R}PM)^2}{\left[2q\mathscr{R}PM^{2,3} + \left(\frac{4k_B T}{R_L}\right)\right]B_e}$$

$$= \frac{[(0,65)(100 \times 10^{-9})(42)]^2}{\left[2(1,6 \times 10^{-19})(0,65)(100 \times 10^{-9})42^{2,3} + \left(\frac{4(1,38 \times 10^{-23})(300)}{(1.000)}\right)\right](100 \times 10^6)} = 659$$

ou, em decibéis, SNR = 10 log 659 = 28,2 dB.

(c) Para um fotodiodo *pin* com $M = 1$, essas equações levam à SNR (*pin*) = 2,3 = 3,5 dB. Assim, em comparação com um fotodiodo *pin*, o APD melhora a SNR de 24,7 dB.

6.2.3 Potência de ruído equivalente

A sensibilidade de um fotodetector em um sistema de comunicação de fibra óptica é descrita em termos da *mínima potência óptica detectável*, que é a potência óptica necessária para produzir uma fotocorrente da mesma magnitude do *valor médio quadrático* (rms) da corrente de ruído total ou, de forma equivalente, uma relação sinal-ruído de 1. Essa potência do sinal óptico é chamada de *potência equivalente de ruído* (*NEP*), que é designada em unidades de $W/\sqrt{Hz}$.

Como um exemplo, considere o caso limitado por ruído térmico em um fotodiodo *pin*. Logo, a Equação (6.18b) se torna

$$\text{SNR} = \mathcal{R}^2 P^2 / (4k_B T B_e / R_L)$$

Para encontrar a NEP, vamos definir que SNR é igual a 1 e resolver para P, obtendo

$$\text{NEP} = \frac{P_{\min}}{\sqrt{B_e}} = \sqrt{4k_B T / R_L} / \mathcal{R}$$

Exemplo 6.11 Para um fotodiodo de InGaAs operando em 1.550 nm, $\mathcal{R} = 0{,}90$ A/W. Qual é a NEP no caso limitado por ruído térmico se a resistência de carga é $R_L = 1.000\ \Omega$ e $T = 300$ K?
Solução: A partir da expressão para a NEP, temos

$$\text{NEP} = \sqrt{4(1{,}38 \times 10^{-23})(300)/1.000}/0{,}90 = 4{,}52 \times 10^{-12}\ W/\sqrt{Hz}$$

6.3 Tempo de resposta do detector

6.3.1 Fotocorrente na camada de depleção

Para entender a resposta em frequência dos fotodiodos, vamos primeiro considerar a representação esquemática de um fotodiodo *pin* em polarização reversa da Figura 6.10. A luz entra no dispositivo através da camada *p* e produz pares elétron-buraco conforme é absorvida no material semicondutor. Os pares elétron-buraco que são gerados na região de depleção ou dentro de um comprimento de difusão serão separados pelo campo elétrico induzido pela tensão de polarização reversa, criando um fluxo de corrente no circuito externo à medida que os portadores atravessam a camada de depleção.

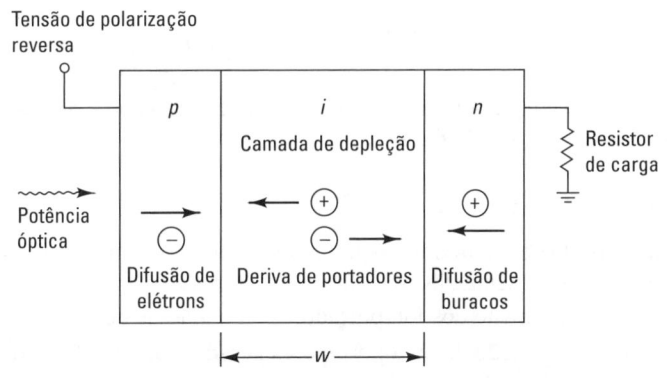

Figura 6.10 Representação esquemática de um fotodiodo *pin* em polarização reversa.

Sob condições de estado estacionário, a densidade de corrente total J_{tot} que flui através da camada de depleção polarizada reversamente é

$$J_{tot} = J_{der} + J_{dif} \qquad (6.20)$$

Aqui, J_{der} é a densidade de corrente de deriva resultante de portadores gerados dentro da região de depleção, e J_{dif}, a densidade de corrente de difusão proveniente dos portadores que são produzidos fora da camada de depleção no semicondutor *bulk* (isto é, nas regiões *n* e *p*) e difundem na junção de polarização reversa. A densidade de corrente de deriva pode ser encontrada a partir da Equação (6.4):

$$J_{der} = \frac{I_p}{A} = q\Phi_0 (1 - e^{-\alpha_s w}) \qquad (6.21)$$

onde A é a área de fotodiodo, e Φ_0, o fluxo de fótons incidentes por unidade de área dado por

$$\Phi_0 = \frac{P_{in}(1 - R_f)}{Ah\nu} \qquad (6.22)$$

A camada *p* superficial de um fotodiodo *pin* é normalmente muito fina. A corrente de difusão é, portanto, determinada principalmente pela difusão de buracos a partir da região *bulk n*. A difusão de buracos nesse material pode ser determinada pela equação de difusão unidimensional[10]

$$D_P \frac{\partial^2 p_n}{\partial x^2} - \frac{p_n - p_{n0}}{\tau_p} + G(x) = 0 \qquad (6.23)$$

onde D_p é o coeficiente de difusão de buracos; p_n, a concentração de buracos no material tipo-*n*; τ_p, o tempo de vida dos buracos em excesso; p_{n0}, a densidade de buracos no equilíbrio; e $G(x)$, a taxa de geração elétron-buraco dada por

$$G(x) = \Phi_0 \alpha_s \, e^{-\alpha_s x} \qquad (6.24)$$

Da Equação (6.23), a densidade de corrente de difusão é considerada (ver Problema 6.10)

$$J_{dif} = q\Phi_0 \frac{\alpha_s L_P}{1 + \alpha_s L_p} e^{-\alpha_s w} + q p_{n0} \frac{D_p}{L_p} \qquad (6.25)$$

Substituindo as Equações (6.21) e (6.25) na Equação (6.20), temos que a densidade total de corrente através da camada de depleção em polarização reversa é

$$J_{tot} = q\Phi_0 \left(1 - \frac{e^{-\alpha_s w}}{1 + \alpha_s L_p} \right) + q p_{n0} \frac{D_p}{L_p} \qquad (6.26)$$

O termo que envolve p_{n0} é normalmente pequeno, de modo que a corrente total fotogerada é proporcional ao fluxo de fótons Φ_0.

6.3.2 Tempo de resposta

O tempo de resposta de um fotodiodo juntamente com o seu circuito de saída (ver Figura 6.8) depende principalmente dos três seguintes fatores:
  1. O tempo de trânsito dos fotoportadores na região de depleção.
  2. O tempo de difusão dos fotoportadores gerados fora da região de depleção.
  3. A constante de tempo *RC* do fotodiodo e do seu circuito associado.

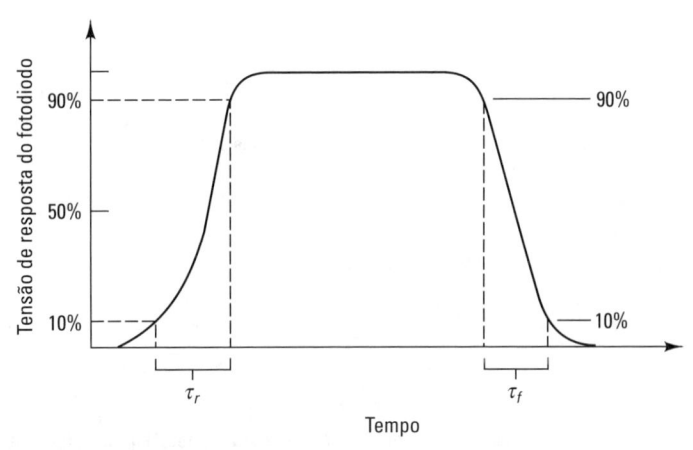

Figura 6.11 Resposta de um fotodiodo a uma entrada de pulso de óptico que mostra a faixa de 10%-90% do tempo de subida e de 10%-90% do tempo de queda.

Os parâmetros de fotodiodo responsáveis por esses três fatores são o coeficiente de absorção α_s, a largura da região de depleção w, as capacitâncias na junção e no pacote do fotodiodo, a capacitância do amplificador, a resistência de carga do detector, a resistência de entrada do amplificador e a resistência em série do fotodiodo. A resistência em série dos fotodiodos é geralmente de apenas alguns ohms e pode ser desprezada em comparação com as maiores resistências de carga e de entrada do amplificador.

Vamos primeiramente olhar para o tempo de trânsito dos fotoportadores na região de depleção. A velocidade de resposta de um fotodiodo é fundamentalmente limitada pelo tempo que os portadores fotogerados levam para viajar ao longo da região de depleção. Esse tempo de trânsito t_d depende da velocidade de deriva do portador v_d e da largura da camada de depleção w, e é dado por

$$t_d = \frac{w}{v_d} \qquad (6.27)$$

Em geral, o campo elétrico na região de depleção é suficientemente grande para que os portadores atinjam sua velocidade limite de dispersão. Para o silício, as velocidades máximas de elétrons e buracos são $8,4 \times 10^6$ e $4,4 \times 10^6$ cm/s, respectivamente, quando a intensidade do campo é da ordem de 2×10^4 V/cm. Um típico fotodiodo de silício de alta velocidade com uma camada de depleção de largura 10 μm possui, portanto, um tempo de resposta-limite de cerca de 0,1 ns.

Os processos de difusão são lentos em comparação com o deslocamento dos portadores na região de alto campo. Logo, para ter um fotodiodo de alta velocidade, os fotoportadores devem ser gerados na região de depleção ou próximo a ela, de forma que os tempos de difusão sejam menores ou iguais ao tempo de deriva dos portadores. O efeito de longos tempos de difusão pode ser visto considerando o tempo de resposta do fotodiodo. Esse tempo de resposta está descrito pelo tempo de subida e tempo de queda da saída do detector quando ele é iluminado por uma entrada de radiação óptica do tipo degrau. O tempo de subida τ_r é tipicamente medido a partir de 10% até 90% dos pontos laterais da subida do pulso de saída, como mostra a Figura 6.11. Para fotodiodos totalmente depletados, os tempos de subida τ_r e de queda τ_f são geralmente os mesmos. No entanto, eles podem ser diferentes em níveis baixos de polarização, quando o fotodiodo

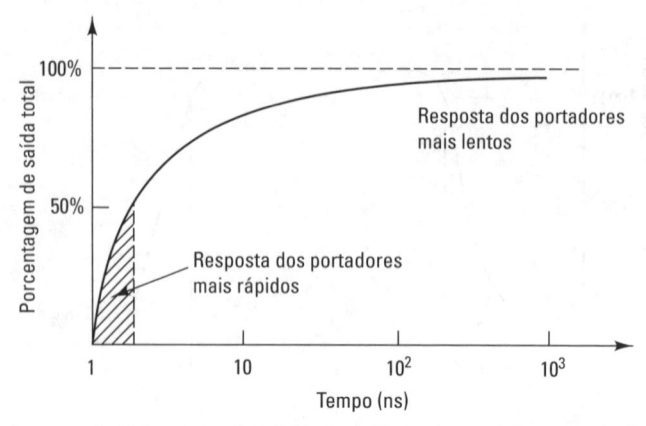

Figura 6.12 Tempo de resposta típico de um fotodiodo que não está completamente depletado.

não está completamente depletado, uma vez que o tempo de coleção dos fótons começa a ter uma contribuição significativa para o tempo de subida. Nesse caso, os portadores de carga produzidos na região de depleção são separados e coletados rapidamente. Por sua vez, os pares elétron-buraco gerados nas regiões n e p devem difundir-se lentamente para a região de depleção antes que possam ser separados e coletados. Um tempo de resposta típico de um fotodiodo parcialmente depletado é mostrado na Figura 6.12. Os portadores rápidos permitem que a saída do dispositivo suba para 50% do seu valor máximo em cerca de 1 ns, mas os portadores lentos causam um atraso relativamente longo antes que a saída atinja seu máximo valor.

Para alcançar uma elevada eficiência quântica, a largura da camada de depleção deve ser muito maior do que l/α_s (o inverso do coeficiente de absorção), de modo que a maior parte da luz seja absorvida. A resposta a um pulso de entrada retangular de um fotodiodo de baixa capacitância com $w \gg 1/\alpha_s$ é mostrada na Figura 6.13b. Os tempos de subida e descida do fotodiodo seguem muito bem o pulso de entrada. Se a capacitância de fotodiodo é maior, o tempo de resposta se torna limitado pela constante de tempo RC da resistência de carga R_L e da capacitância de fotodiodo. A resposta do fotodetector começa a aparecer como a mostrada na Figura 6.13c.

Se a camada de depleção for muito estreita, nenhum dos portadores criados no material não depletado se difundirá de volta para a região de depleção antes que possam ser coletados. Os dispositivos com regiões de depleção muito finas, assim, tendem a mostrar diferentes componentes de resposta lenta e rápida, como se mostra na Figura 6.13d.

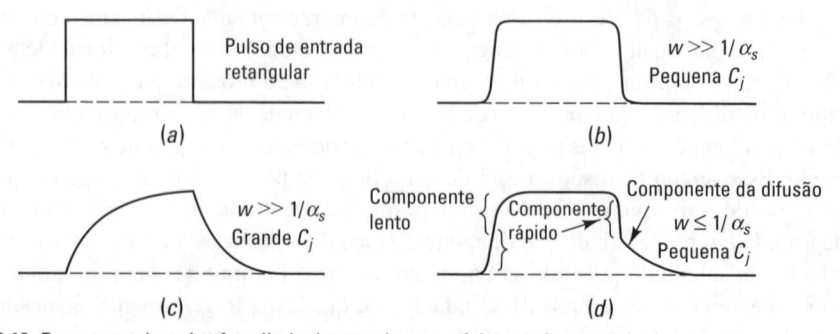

Figura 6.13 Respostas de pulso fotodiodo de acordo com vários parâmetros do detector.

O componente mais rápido no tempo de subida é devido a portadores gerados na região de depleção, enquanto o componente lento resulta da difusão de portadores que são criados em uma distância L_n da extremidade da região de depleção. No final do pulso óptico, os portadores na região de depleção são coletados rapidamente, o que resulta no componente de resposta rápida do detector no tempo de queda. A difusão dos portadores que estão dentro de uma distância L_n da borda da região de depleção aparece como a cauda de decaimento lento no final do pulso. Além disso, se w for demasiadamente fina, a capacitância na junção se tornará excessiva. A capacitância na junção C_j é

$$C_j = \frac{\epsilon_s A}{w} \qquad (6.28)$$

onde ϵ_s = a permissividade do material semicondutor = $\epsilon_0 K_s$
K_s = constante dielétrica do semicondutor
$\epsilon_0 = 8,8542 \times 10^{-12}$ F/m é a permissividade do vácuo
A = a área da camada de difusão

Esse excesso, então, dará origem a uma grande constante de tempo RC, que limita o tempo de resposta do detector. Um compromisso razoável entre a resposta em alta frequência e a elevada eficiência quântica é encontrado para regiões de absorção de espessuras entre $1/\alpha_s$ e $2/\alpha_s$.

Se o R_T é a combinação das resistências de carga e da entrada do amplificador e C_T é a soma das capacitâncias do fotodiodo e do amplificador, como mostrado na Figura 6.8, o detector comporta-se aproximadamente como um simples filtro RC passa-baixa com uma banda passante dada por

$$B_c = \frac{1}{2\pi R_T C_T} \qquad (6.29)$$

Exemplo 6.12 Se a capacitância do fotodiodo é 3 pF, a capacitância do amplificador é 4 pF, a resistência de carga é de 1 kΩ, e a resistência de entrada do amplificador é de 1 MΩ, então C_T = 7 pF e R_T = 1 kΩ, de modo que a largura de banda do circuito é

$$B_c = \frac{1}{2\pi R_T C_T} = 23 \text{ MHz} \qquad (6.30)$$

Se reduzirmos a resistência de carga do fotodetector para 50 Ω, a largura de banda do circuito será B_c = 455 MHz.

6.3.3 Fotodiodos de dupla heteroestrutura

Por meio de um projeto de dupla heteroestrutura semelhante ao utilizado em *lasers* de semicondutores, pode-se aumentar significativamente o desempenho dos fotodiodos *pin*. Como visto na Figura 6.14, nesse projeto, a camada central intrínseca (região de depleção) fica ensanduichada entre as camadas tipo-*p* e tipo-*n* de diferentes semicondutores. Os *bandgap*s dessas

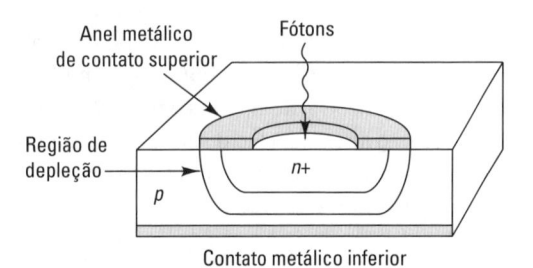

Figura 6.14 Projeto de um fotodiodo *pin* de dupla heteroestrutura.

camadas são escolhidos de tal modo que apenas a região intrínseca absorva a luz. Uma estrutura popular de fotodiodos *pin* para aplicações entre 1.250 e 1.650 nm usa $In_{1-x}Ga_xAs$ para a camada intrínseca com $x = 0,47$ e InP para as camadas casadas adjacentes tipo-*p* e tipo-*n*. A motivação para essa estrutura é que o *bandgap* do InP é 1,35 eV, o que, a partir da Equação (6.2), significa que é transparente à luz com comprimento de onda maior do que 920 nm. Quando $x = 0,47$, o *bandgap* da região intrínseca é 0,73 eV, que dá um comprimento de onda de corte de cerca de 1.700 nm nesse material.

Na estrutura genérica de fotodiodo ilustrada na Figura 6.14, a luz entra no dispositivo a partir do topo através da camada *n*. Uma configuração comum é fazer que o contato superior metálico tenha a forma de anel, o que permite a entrada de luz através da área no interior do anel.

6.4 Ruído de multiplicação avalanche

O processo de avalanche é de natureza estatística, uma vez que nem todos os pares de portadores fotogerados sofrem a mesma multiplicação.[26-28] A probabilidade de distribuição de possíveis ganhos que qualquer par elétron-buraco pode experimentar é suficientemente ampla, de modo que o ganho médio quadrático é maior que o quadrado do ganho médio. Isto é, se *m* denota um ganho estatisticamente diferente, então

$$\langle m^2 \rangle > \langle m \rangle^2 = M^2 \tag{6.31}$$

onde os símbolos $\langle \ \rangle$ denotam uma média do conjunto e $\langle m \rangle = M$ é o ganho médio do portador definido na Equação (6.7). Uma vez que o ruído criado pelo processo de avalanche depende do ganho médio quadrático $\langle m^2 \rangle$, o ruído em um fotodiodo avalanche pode ser relativamente elevado. A partir de observações experimentais, verificou-se que, em geral, $\langle m^2 \rangle$ pode ser aproximado por

$$\langle m^2 \rangle \simeq M^{2+x} \tag{6.32}$$

onde o expoente *x* varia entre 0 e 1,0, dependendo do material e da estrutura do fotodiodo.

A razão entre o ruído real gerado em um fotodiodo avalanche e o ruído que existiria se todos os pares de portadores fossem multiplicados exatamente por *M* é chamada de *fator de excesso de ruído F* e definida por

$$F = \frac{\langle m^2 \rangle}{\langle m \rangle^2} = \frac{\langle m^2 \rangle}{M^2} \tag{6.33}$$

Esse fator de excesso de ruído é uma medida do aumento do ruído no detector resultante da aleatoriedade do processo de multiplicação. Ele depende da razão entre a taxa de ionização de elétrons e buracos e a multiplicação do portador.

A derivação de uma expressão para *F* é complexa, uma vez que o campo elétrico na região de avalanche (de largura W_M, como na Figura 6.5) não é uniforme, e ambos, buracos e elétrons, produzem ionização por impacto. Para elétrons injetados e buracos, os fatores de excesso de ruído são[27]

$$F_e = \frac{k_2 - k_1^2}{1 - k_2} M_e + 2\left[1 - \frac{k_1(1-k_1)}{1-k_2}\right] - \frac{(1-k_1)^2}{M_e(1-k_2)} \tag{6.34}$$

$$F_h = \frac{k_2 - k_1^2}{k_1^2(1-k_2)} M_h - 2\left[\frac{k_2(1-k_1)}{k_1^2(1-k_2)} - 1\right] + \frac{(1-k_1)^2 k_2}{k_1^2(1-k_2)M_h} \qquad (6.35)$$

onde os subscritos *e* e *h* referem-se a elétrons e buracos, respectivamente. As razões das taxas de ionização ponderadas k_1 e k_2 levam em conta a não uniformidade do ganho e as taxas de ionização de portadores na região de avalanche. Elas são dadas por

$$k_1 = \frac{\int_0^{W_M} \beta(x) M(x)\, dx}{\int_0^{W_M} \alpha(x) M(x)\, dx} \qquad (6.36)$$

$$k_2 = \frac{\int_0^{W_M} \beta(x) M^2(x)\, dx}{\int_0^{W_M} \alpha(x) M^2(x)\, dx} \qquad (6.37)$$

onde $\alpha(x)$ e $\beta(x)$ são as taxas de ionização de elétrons e buracos, respectivamente.

Normalmente, em uma primeira aproximação, k_1 e k_2 não mudam muito com variações de ganho e podem ser considerados como constantes e iguais. Assim, as Equações (6.34) e (6.35) podem ser simplificadas como[14]

$$\begin{aligned} F_e &= M_e \left[1 - (1-k_{\text{ef}})\left(1-\frac{1}{M_e}\right)^2\right] \\ &= k_{\text{ef}}\, M_e + \left(2 - \frac{1}{M_e}\right)(1-k_{\text{ef}}) \end{aligned} \qquad (6.38)$$

para injeção de elétrons, e

$$\begin{aligned} F_h &= M_h \left[1 - \left(1-\frac{1}{k'_{\text{ef}}}\right)\left(1-\frac{1}{M_h}\right)^2\right] \\ &= k'_{\text{ef}}\, M_h - \left(2 - \frac{1}{M_h}\right)(k'_{\text{ef}} - 1) \end{aligned} \qquad (6.39)$$

para injeção de buracos, onde as razões de taxas de ionização efetivas são

$$\begin{aligned} k_{\text{ef}} &= \frac{k_2 - k_1^2}{1 - k_2} \simeq k_2 \\ k'_{\text{ef}} &= \frac{k_{\text{ef}}}{k_1^2} \simeq \frac{k_2}{k_1^2} \end{aligned} \qquad (6.40)$$

A Figura 6.15 apresenta F_e como uma função do ganho médio dos elétrons M_e para vários valores da taxa efetiva de ionização k_{ef}. Se as taxas de ionização são iguais, o excesso de ruído está no seu máximo, de modo que F_e está em seu limite superior de M_e. Como a razão β/α diminui a partir de um, a taxa de ionização dos elétrons passa a ser o contribuinte dominante para a ionização de impacto, e o fator de excesso de ruído torna-se menor. Se apenas elétrons provocam ionização, $\beta = 0$ e F_e atingem o seu limite inferior de 2.

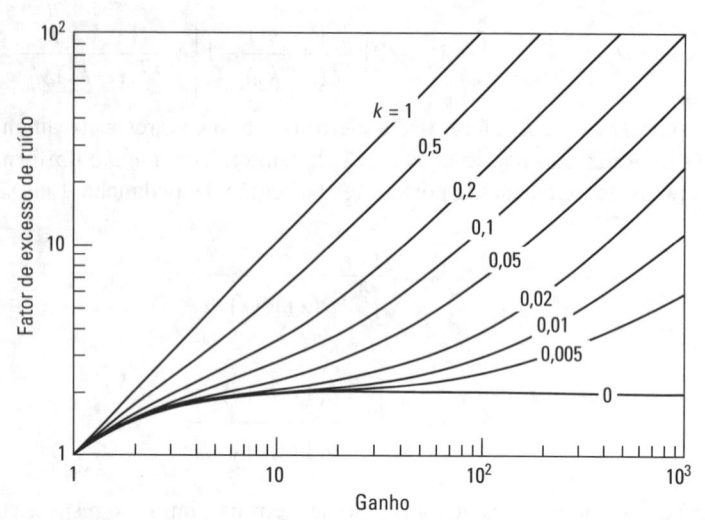

Figura 6.15 Variação do fator de excesso de ruído de elétrons de F_e em função do ganho de elétrons para vários valores de taxa efetiva de ionização k_{ef}.
(Webb, McIntyre, and Conradi.[14])

Isso mostra que, para manter o fator de excesso de ruído em um mínimo, é desejável ter pequenos valores de k_{ef}. Revendo a Figura 6.6, vemos a superioridade de silício sobre outros materiais para fazer fotodiodos avalanche. A razão entre as taxas de ionização efetivas k_{ef} varia entre 0,015 e 0,035 para o silício, entre 0,3 e 0,5 para o arseneto de índio e gálio, e entre 0,6 e 1,0 para o germânio.

A partir da relação empírica para o ganho médio quadrático dado pela Equação (6.32), o fator de excesso de ruído pode ser aproximado por

$$F = M^x \quad (6.41)$$

O parâmetro x assume, para fotodiodos avalanche, valores de 0,3 para o Si, de 0,7 para o InGaAs e 1,0 para o Ge.

6.5 Estruturas APDs para InGaAs

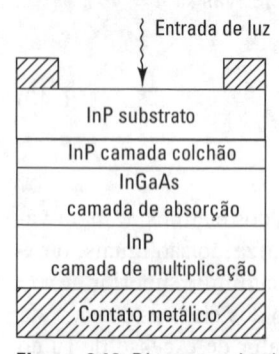

Figura 6.16 Diagrama simples de uma estrutura APD SAM (as camadas não estão desenhadas em escala).

Para melhorar o desempenho de APDs de InGaAs, várias arquiteturas de dispositivos complexos têm sido desenvolvidas. Uma estrutura amplamente utilizada é a configuração *APD de absorção e multiplicação separadas* (SAM).[29-31] A Figura 6.16 representa como essa estrutura utiliza materiais diferentes nas regiões de absorção e de multiplicação, com cada região otimizada para uma função particular. Aqui, a luz entra no APD através do substrato de InP. Como esse material tem uma energia de *bandgap* maior, ele permite que fótons de maior comprimento de onda passem para a região de absorção de InGaAs onde pares elétron-buraco são gerados. Em seguida, há uma camada de InP que é usada como região de multiplicação, pois elevados campos elétricos necessários para o mecanismo de ganho podem existir no InP ruptura por tunelamento. Essa estrutura de dispositivo é denominada SAM como resultado da separação das regiões de absorção e de multiplicação.

Variações sobre a estrutura SAM incluem a adição de outras camadas ao dispositivo. Essas camadas incluem:

- A utilização de uma camada gradual entre as regiões de absorção e multiplicação para aumentar o tempo de resposta e a largura de banda do dispositivo.
- A adição de uma camada de carga que proporciona melhor controle do perfil de campo elétrico.
- A incorporação de uma cavidade ressonante que desacopla os comprimentos de trajeto ópticos e elétricos para atingir alta eficiência quântica e amplas larguras de banda simultaneamente.

Outro projeto popular para APDs de InGaAs é a *estrutura de super-rede*.[22] Nesses dispositivos, a região de multiplicação possui cerca de 250 nm de espessura e consiste em, por exemplo, 13 camadas de 9 nm de espessura de poços quânticos de InAlGaAs separados por camadas de barreira de InAlAs de 12 nm de espessura. Essa estrutura melhora a velocidade e sensibilidade dos APDs de InGaAs, permitindo que eles sejam utilizados em aplicações como sistemas de longa distância de 10 Gb/s (por exemplo, conexões SONET OC-192/SDH STM-64).

6.6 Efeito da temperatura sobre o ganho avalanche

O mecanismo de ganho de um fotodiodo avalanche é muito sensível à temperatura devido à dependência da temperatura da taxa de ionização de elétrons e buracos. Essa dependência é particularmente crítica em altas tensões de polarização, em que pequenas mudanças na temperatura podem causar grandes variações de ganho. Um exemplo disso é mostrado na Figura 6.17 para um fotodiodo avalanche de silício. Por exemplo, se a temperatura de funcionamento diminuir e a tensão de polarização aplicada for mantida constante, as taxas de ionização de elétrons e buracos aumentarão e haverá o ganho de avalanche.

Para manter um ganho constante como as mudanças de temperatura, o campo elétrico na região de multiplicação da junção *pn* deve também ser alterado. Isso requer que o receptor incorpore um circuito de compensação que ajuste a tensão de polarização aplicada sobre o fotodetector quando há mudanças na temperatura.

Uma expressão simples para a dependência da temperatura do ganho pode ser obtido a partir da relação empírica[32,33]

$$M = \frac{1}{1 - (V/V_B)^n} \qquad (6.42)$$

onde V_B é a tensão de ruptura em que M vai para infinito; o parâmetro n, dependendo do material, varia de 2,5 a 7; e $V = V_a - I_M R_M$, onde V_a é a tensão de polarização reversa aplicada ao detector, I_M é a fotocorrente multiplicada, e R_M leva em conta a resistência em série do fotodiodo e a resistência de carga do detector. Como a tensão de ruptura é conhecida por variar de acordo com a temperatura[34]

$$V_B(T) = V_B(T_0)[1 + a(T - T_0)] \qquad (6.43)$$

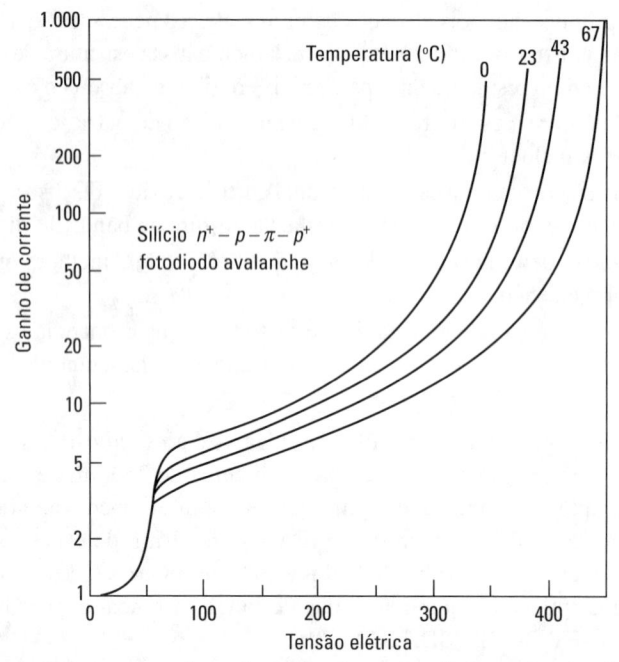

Figura 6.17 Exemplo de como o mecanismo de ganho de um fotodiodo avalanche de silício depende da temperatura. As medidas para esse dispositivo foram realizadas em 825 nm.
(Reproduzida com permissão de Melchior, Hartman, Schinke e Seidel,[15] © 1978, AT&T.)

a dependência da temperatura do ganho avalanche pode ser aproximada por meio da substituição da Equação (6.43) na Equação (6.42) juntamente com a expressão

$$n(T) = n(T_0)[1 + b(T - T_0)] \qquad (6.44)$$

As constantes a e b são positivas para fotodiodos avalanche *reach-through* e podem ser determinadas a partir das curvas experimentais de ganho em função da temperatura.

6.7 Comparações entre fotodetectores

Esta seção resume algumas características operacionais genéricas de fotodiodos de Si, Ge e InGaAs. As Tabelas 6.1 e 6.2 listam os valores de desempenho para fotodiodos *pin* e avalanche, respectivamente. Os valores foram obtidos a partir de especificações de dados de diferentes fornecedores e a partir de números de desempenho descritos na literatura. Eles são apresentados como orientações para fins de comparação. Os valores detalhados de dispositivos específicos para determinadas aplicações podem ser obtidos por meio de fornecedores de fotodetectores e de módulos receptores.

Para aplicações de curta distância, os dispositivos de Si que operam em torno de 850 nm fornecem soluções relativamente baratas para a maioria dos *links*. Os *links* mais longos geralmente requerem uma operação nas janelas de 1.300 e 1.550 nm; aqui se usam normalmente dispositivos baseados em InGaAs.

Tabela 6.1 Parâmetros genéricos de funcionamento de fotodiodos *pin* de Si, Ge e InGaAs

Parâmetro	Símbolo	Unidade	Si	Ge	InGaAs
Faixa de comprimentos de onda	λ	nm	400-1.100	800-1.650	1.100-1.700
Responsividade	$\mathcal{R}$	A/W	0,4-0,6	0,4-0,5	0,75-0,95
Corrente escura	I_D	nA	1-10	50-500	0,5-2,0
Tempo de subida	τ_r	ns	0,5-1	0,1-0,5	0,05-0,5
Modulação (largura de banda)	B_m	GHz	0,3-0,7	0,5-3	1-2
Tensão de polarização	V_B	V	5	5-10	5

Tabela 6.2 Parâmetros genéricos de funcionamento de fotodiodos avalanche de Si, Ge e InGaAs

Parâmetro	Símbolo	Unidade	Si	Ge	InGaAs
Faixa de comprimentos de onda	λ	nm	400-1.100	800-1.650	1.100-1.700
Ganho avalanche	M	–	20-400	50-200	10-40
Corrente escura	I_D	nA	0,1-1	50-500	10-50
					@ $M = 10$
Tempo de subida	τ_r	ns	0,1-2	0,5-0,8	0,1-0,5
Ganho · largura de banda	$M \cdot B_m$	GHz	100-400	2-10	20-250
Tensão de polarização	V_B	V	150-400	20-40	20-30

Problemas

6.1 Considere o coeficiente de absorção do silício em função do comprimento de onda como se mostra na Figura 6.18. Ignorando as reflexões na superfície do fotodiodo, trace os dois seguintes parâmetros na faixa de comprimentos de onda de 600-1.000 nm:

(*a*) A eficiência quântica para larguras de camadas de depleção de 1, 5, 10, 20 e 50 μm.

(*b*) A responsividade de um fotodiodo *pin* de silício com uma camada de depleção de espessura de 20 μm.

6.2 Se um nível de potência óptica P_{in} incide sobre um fotodiodo, a taxa de geração elétron-buraco $G(x)$ é dada por

$$G(x) = \Phi_0 \alpha_s \exp(-\alpha_s x)$$

Aqui Φ_0 é o fluxo de fótons incidentes por unidade de área dado por

$$\Phi_0 = \frac{P_{in}(1 - R_f)}{Ah\nu}$$

onde A é a área do detector, R_f é a reflectância da superfície, e $h\nu$, a energia do fóton.

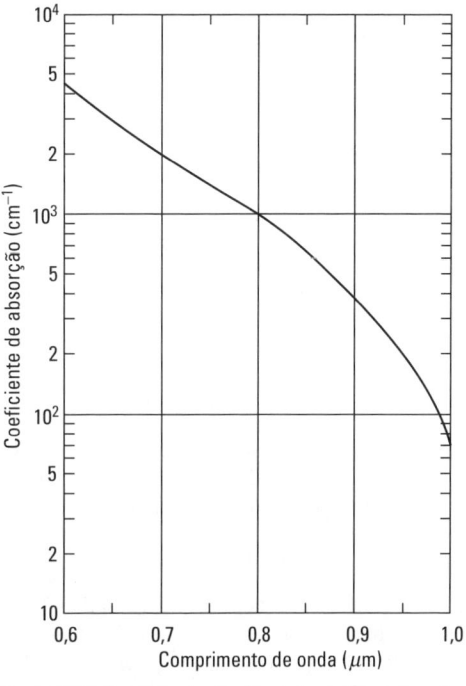

Figura 6.18 Coeficiente de absorção do Si em função do comprimento de onda.

A partir disso, mostre que a fotocorrente primária na região de depleção de largura w é dada pela Equação (6.4).

6.3 Se o coeficiente de absorção de silício é de 0,05 μm^{-1} em 860 nm, encontre a profundidade de penetração na qual $P(x)/P_{in} = 1/e = 0{,}368$.

6.4 O ganho de baixa frequência M_0 de um fotodiodo avalanche depende da taxa de ionização de portadores e da largura da região de multiplicação, as quais dependem da tensão de polarização reversa aplicada V_a. Esse ganho pode ser descrito pela relação empírica[33]

$$M_0 = \frac{I_M}{I_p} = \frac{1}{1 - \left(\dfrac{V_a - I_M R_M}{V_B}\right)^n} \quad \text{(P6.4)}$$

onde V_B é a tensão de ruptura em que M_0 vai para o infinito ($M_0 \to \infty$), I_M é a corrente total multiplicada, e R_M leva em conta a resistência em série do fotodiodo e resistência de carga do detector. O fator exponencial n depende do material semicondutor e de seu perfil de dopagem. O seu valor varia de cerca de 2,5 a 7.

(a) Mostre que, para tensões aplicadas perto da tensão de ruptura, cujo ponto $V_B \gg I_M R_M$, a Equação (P6.4) pode ser aproximada por

$$M_0 = \frac{I_M}{I_p} \simeq \frac{V_B}{n(V_B - V_a + I_M R_M)}$$
$$\simeq \frac{V_B}{n I_M R_M}$$

(b) O valor máximo de M_0 ocorre quando $V_a = V_B$. Mostre que, nesse ponto,

$$M_{0,\max} = \left(\frac{V_B}{n R_M I_p}\right)^{1/2}$$

6.5 Considere um sinal óptico $P(t)$ modulado senoidalmente de frequência ω, índice de modulação m e potência média P_0 dados por

$$P(t) = P_0(1 + m \cos \omega t)^2$$

Mostre que, quando esse sinal óptico incide sobre um fotodetector, a média quadrática da corrente do sinal $\langle i_s^2 \rangle$ gerada consiste em um componente cc I_p (média) e uma corrente de sinal i_p dada por

$$\langle i_s^2 \rangle = I_p^2 + \langle i_p^2 \rangle = (\mathcal{R} P_0)^2 + \frac{1}{2}(m \mathcal{R} P_0)^2$$

onde a responsividade $\mathcal{R}$ é dada pela Equação (6.6).

6.6 Um fotodiodo *pin* de InGaAs tem os seguintes parâmetros em 1.550 nm: $I_D = 1{,}0$ nA, $\eta = 0{,}95$, $R_L = 500\,\Omega$ e a corrente de fuga da superfície é desprezível. A potência óptica incidente é de 500 nW (-33 dBm) e a largura de banda do receptor é de 150 MHz. Compare as correntes de ruído dadas pelas Equações (6.14), (6.15) e (6.16).

6.7 Considere um receptor fotodiodo avalanche que tem os seguintes parâmetros: corrente escura $I_D = 1$ nA, corrente de fuga $I_L = 1$ nA, eficiência quântica $\eta = 0{,}85$, ganho $M = 100$, fator de excesso de ruído $F = M^{1/2}$, resistor de carga $R_L = 10^4\,\Omega$ e largura de banda $B_e = 10$ kHz. Suponha que um sinal senoidal em 850 nm com um índice de modulação $m = 0{,}85$ caia no fotodiodo, que está em temperatura ambiente ($T = 300$ K). Para comparar as contribuições dos diversos termos de ruído diferentes para a relação sinal-ruído desse conjunto específico de parâmetros, trace o gráfico dos seguintes termos em decibéis [isto é, $10 \log (S/N)$] em função da potência óptica média recebida P_0. Considere que P_0 varia de -70-0 dBm, isto é, de 0,1 nW a 1,0 mW:

(a) $\left(\dfrac{S}{N}\right)_{\text{shot}} = \dfrac{\langle i_s^2 \rangle}{\langle i_{\text{shot}}^2 \rangle}$

(b) $\left(\dfrac{S}{N}\right)_{DB} = \dfrac{\langle i_s^2 \rangle}{\langle i_{DB}^2 \rangle}$

(c) $\left(\dfrac{S}{N}\right)_{DS} = \dfrac{\langle i_s^2 \rangle}{\langle i_{DS}^2 \rangle}$

(d) $\left(\dfrac{S}{N}\right)_{T} = \dfrac{\langle i_s^2 \rangle}{\langle i_{T}^2 \rangle}$

O que acontece com essas curvas se a resistência de carga, o ganho, a corrente escura, ou a largura de banda é modificada?

6.8 Suponha que um fotodiodo avalanche tenha os seguintes parâmetros: $I_L = 1$ nA, $I_D = 1$ nA, $\eta = 0{,}85$, $F = M^{1/2}$, $R_L = 10^3\ \Omega$ e $B_e = 1$ kHz. Considere um sinal sinusoidal em 850 nm, que possui um índice de modulação $m = 0{,}85$ e um nível médio de potência $P_0 = -50$ dBm, que incide no detector em temperatura ambiente. Trace o gráfico da relação sinal-ruído como uma função de M para ganhos que variam de 20 a 100. Em que valor de M um máximo da relação sinal-ruído ocorre?

6.9 Derive a Equação (6.19).

6.10 (a) Mostre que, sob as condições de contorno

$$p_n = p_{n0} \quad \text{para} \quad x = \infty$$

e

$$p_n = 0 \quad \text{para} \quad x = w$$

a solução para a Equação (6.23) é dada por

$$p_n = p_{n0} - (p_{n0} + Be^{-\alpha_s w})e^{(w-x)/L_p} + Be^{-\alpha_s x}$$

onde $L_p = (D_p \tau_p)^{1/2}$ é o comprimento de difusão e

$$B = \left(\frac{\Phi_0}{D_p}\right)\frac{\alpha_s L_p^2}{1 - \alpha_s^2 L_p^2}$$

(b) Derive a Equação (6.25) utilizando a relação

$$J_{\text{dif}} = qD_p\left(\frac{\partial p_n}{\partial x}\right)_{x=w}$$

(c) Verifique que J_{tot} é dada pela Equação (6.26).

6.11 Considere uma densidade de fluxo de fótons modulada de

$$\Phi = \Phi_0 e^{j\omega t} \text{ fótons}/(\text{s} \cdot \text{cm}^2)$$

que incide sobre um fotodetector, onde ω é a frequência de modulação. A corrente total através da região de depleção gerada por esse fluxo de fótons pode ser assim demonstrada[35]

$$J_{\text{tot}} = \left(\frac{j\omega \epsilon_s V}{w} + q\Phi_0 \frac{1 - e^{j\omega t_d}}{j\omega t_d}\right)e^{j\omega t}$$

onde ϵ_s é a permissividade do material; V, a tensão através da camada de depleção; e t_d, o tempo de trânsito dos portadores através da região de depleção.

(a) A partir da densidade de corrente de curto-circuito ($V = 0$), encontre o valor de ωt_d no qual a amplitude de fotocorrente é reduzida por $\sqrt{2}$.

(b) Se a espessura da região de depleção é dada como $1/\alpha_s$, qual é a frequência de modulação de 3 dB em termos α_s e v_d (a velocidade de deriva)?

6.12 Suponha que um fotodiodo pin de silício tenha uma camada de depleção de largura $w = 20\ \mu$m, uma área $A = 0{,}05$ mm^2 e uma constante dielétrica $K_s = 11{,}7$. Se o fotodiodo deve funcionar com uma resistência de carga de 10 kΩ em 800 nm, onde o coeficiente de absorção é $\alpha_s = 10^3$ cm^{-1}, compare a constante de tempo RC e o tempo de deriva dos portadores desse dispositivo. O tempo de difusão dos portadores é importante nesse fotodiodo?

6.13 Verifique que, quando a razão das taxa de ionização ponderadas k_1 e k_2 são assumidas como aproximadamente iguais, as Equações (6.34) e (6.35) podem ser simplificadas para obter as Equações (6.38) e (6.39).

6.14 Derive os limites de F_e dados pela Equação (6.38) quando (a) apenas os elétrons provocam ionização e (b) as taxas de ionização α e β são iguais.

Referências

1. H. Melchior, "Detectors for lightwave communications," *Phys. Today*, vol. 30, pp. 32-39, Nov. 1977.
2. A. Beling and J.C. Campbell, "InP-based high-speed photodetectors: Tutorial," *J. Lightwave Tech.*, vol. 27, no. 3, pp. 343-355, Feb. 2009.
3. S. R. Forrest, "Optical detectors for lightwave communications," in S. E. Miller and I. P. Kaminow, eds., *Optical Fiber Telecommunications – II*, Academic, New York, 1988.

4. M Fukuda, *Optical Semiconductor Devices,* Wiley, Hoboken, NJ, 1998.
5. S. Donati, *Photodetectors: Devices, Circuits and Applications,* Prentice Hall, New York, 2000.
6. M. Johnson, *Photodetection and Measurement,* McGraw-Hill, New York, 2003.
7. H. Schneider and H. C. Liu, *Quantum Well Infrared Photodetectors,* Springer, New York, 2006.
8. B. E. A. Saleh and M. Teich, *Fundamentals of Photonics,* Wiley, Hoboken, NJ, 2nd ed., 2007.
9. B. L. Anderson and R. L. Anderson, *Fundamentals of Semiconductor Devices,* McGraw-Hill, New York, 2005.
10. D. A. Neamen, *An Introduction to Semiconductor Devices,* McGraw-Hill, New York, 2006.
11. S. O. Kasap, *Principles of Electronic Materials and Devices,* McGraw-Hill, New York, 2006.
12. O. Manasreh, *Semiconductor Heterojunctions and Nanostructures,* McGraw-Hill, New York. 2005.
13. S. E. Miller, E.A.J. Marcatili, and T. Li, "Research toward optical-fiber transmission systems," *Proc. IEEE,* vol. 61, pp. 1703-1751, Dec. 1973.
14. P. P. Webb, R. J. McIntyre, and J. Conradi, "Properties of avalanche photodiodes," *RCA Review,* vol. 35, pp. 234–278, June 1974.
15. H. Melchior, A. R. Hartman, D. P. Schinke, and T. E. Seidel, "Planar epitaxial silicon avalanche photodiode," *Bell Sys. Tech. J.,* vol. 57, pp. 1791–1807, July/Aug. 1978.
16. J. W. Hong, Y. W. Chen, W. L. Laih, Y. K. Fang, C. Y. Chang, and C. Gong, "The hydrogenated amorphous silicon reach-through avalanche photodiode," *IEEE J. Quantum Electron.,* vol. 26, pp. 280-284, Feb. 1990.
17. H. Sudo, Y. Nakano, and G. Iwanea, "Reliability of germanium avalanche photodiodes for optical transmission systems," *IEEE Trans. Electron Devices,* vol. 33, pp. 98-103, Jan. 1986.
18. F. Osaka, T. Mikawa, and T. Kaneda, "Impact ionization coefficients for electrons and holes in (100)-oriented GaInAsP," *IEEE J. Quantum Electron.,* vol. 21, pp. 1326-1338, Sept. 1985.
19. M. C. Brain and T. P. Lee, "Optical receivers for lightwave communication systems." *J. Lightwave Tech.,* vol. LT-3., pp. 1281-1300, Dec. 1985.
20. N. Susa, Y. Yamauchi, and H. Kanbe, "Vapor phase epitaxially grown InGaAs photodiodes," *IEEE Trans. Electron Devices,* vol. ED-27, pp. 92-98, Jan. 1980.
21. W. Wu, A. R. Hawkins, and J. E. Bowers, "Design of silicon hetero-interface photodetectors." *J. Lightwave Tech.,* vol. 15, pp. 1608-1615, Aug. 1997.
22. I. Watanabe, M. Tsuji, M. Hayashi, K. Makita, and K. Taguchi, "Design and performance of InAlGaAs/InAlAs superlattice avalanche photodiodes," *J. Lightwave Tech.,* vol. 15, pp. 1012-1019, June 1997.
23. J. T. K. Tang and K. B. Letaief, "The use of WMC distribution for performance evaluation of APD optical communication systems," *IEEE Trans. Commun.,* vol. 46, pp. 279-285, Feb. 1998.
24. B. M. Oliver, "Thermal and quantum noise," *IEEE Proc.,* vol. 53, pp. 436-454, May 1965.
25. W. M. Hubbard, "Utilization of optical-frequency carriers for low and moderate bandwidth channels." *Bell Sys. Tech. J.,* vol. 52, pp. 731-765, May/June 1973.
26. R. S. Fyath and J. J. O'Reilly, "Performance degradation of APD-optical receivers due to dark current generated within the multiplication region," *J. Lightwave Tech.,* vol. 7, pp. 62-67, Jan. 1989.
27. R. J. McIntyre, "The distribution of gains in uniformly multiplying avalanche photodiodes: Theory," *IEEE Trans. Electron Devices,* vol. ED-19, pp. 703-713, June 1972.
28. J. Conradi, "The distribution of gains in uniformly multiplying avalanche photodiodes: Experimental," *IEEE Trans. Electron Devices,* vol. ED-19, pp. 713-718, June 1972.
29. D.S.G. Ong, J. S. Ng, M. M. Hayat, P. Sun, and J. P. R. David, "Optimization of InP APDs for high-speed lightwave systems," *J. Lightwave Tech.,* vol. 27, no. 15, pp. 3294-3302, Aug. 2009.
30. H. Nie, K. A. Anselm, C. Lenox, P. Yuan, C. Hu, G. Kinsey, B. G. Streetman, and J. C. Campbell, "Resonant-cavity separate absorption, charge and multiplication APDs with high-speed and high gain-bandwidth product," *IEEE Photonic Tech. Lett.,* vol. 10, pp. 409-411, Mar. 1998.
31. O. H. Kwon, M. M. Hayat, J. C. Campbell, B. E. A. Saleh, and M. C. Teich, "Gain-bandwidth product optimization of heterostructure avalanche photodiodes," *J. Lightwave Tech.,* vol. 23, pp. 1896-1906, May 2005.
32. J. Conradi, "Temperature effects in silicon avalanche photodiodes," *Solid State Electron.,* vol. 17, pp. 96-106, Jan. 1974.
33. S. L. Miller, "Avalanche breakdown in germanium," *Phys. Rev.,* vol. 99, pp. 1234-1241, Aug. 1955.
34. N. Susa, H. Nakagome, H. Ando, and H. Kanbe, "Characteristics in InGaAs/InP avalanche photodiodes with separated absorption and multiplication regions," *IEEE J. Quantum Electron.,* vol. QE-17, pp. 243-250, Feb. 1981.
35. W. W. Gaertner, "Depletion-layer photoeffects in semiconductors," *Phvs. Rev.,* vol. 116, pp. 84-87, Oct. 1959.

7

Funcionamento do receptor óptico

Tendo discutido as características e o funcionamento de fotodetectores no capítulo anterior, voltamos agora a nossa atenção para o receptor óptico. Um receptor óptico é constituído por um fotodetector, um amplificador e um circuito de processamento de sinal. O receptor tem a tarefa de converter primeiramente a energia óptica que emerge da extremidade de uma fibra em um sinal elétrico e, em seguida, amplificar esse sinal a um nível suficientemente grande de modo que ele possa ser processado pela eletrônica do amplificador do receptor.

Nesses processos, vários ruídos e distorções serão inevitavelmente introduzidos, o que pode conduzir a erros na interpretação do sinal recebido. Dependendo da intensidade do sinal óptico recebido, a corrente gerada pelo fotodetector pode ser muito fraca, pois é afetada negativamente pelos ruídos aleatórios associados com o processo de fotodetecção. Quando essa saída de sinal elétrico do fotodiodo é amplificada, ruídos adicionais decorrentes da eletrônica do amplificador corrompem ainda mais o sinal. As considerações sobre os ruídos são, assim, importantes na concepção dos receptores ópticos, uma vez que as fontes de ruído que funcionam em um receptor geralmente definem o limite mais baixo para os sinais que podem ser processados.

Na concepção de um receptor, é desejável prever o seu desempenho com base em modelos matemáticos dos diferentes estágios do receptor. Esses modelos devem levar em conta os ruídos e as distorções adicionados ao sinal pelos componentes em cada etapa. Além disso, devem mostrar ao projetista quais componentes devem ser escolhidos de forma que os critérios de desempenho desejados para o receptor sejam cumpridos.

A probabilidade de erro de média é o critério mais significativo para medir o desempenho de um sistema de comunicação digital. Em um sistema analógico, o critério de fidelidade normalmente é especificado em termos do valor eficaz do pico da *relação sinal-ruído* (SNR). O cálculo da probabilidade de erro para um receptor de comunicação digital óptico difere daquela dos sistemas elétricos convencionais, em razão da natureza quântica discreta da chegada de fótons e processos de detecção, e das flutuações de ganho aleatório quando um fotodiodo avalanche é utilizado. Os pesquisadores usaram uma variedade de métodos analíticos para derivar predições aproximadas para o desempenho de um receptor. Na realização dessas análises, é preciso fazer uma escolha entre a simplicidade de cálculo e a precisão da aproximação. Avaliações gerais e conceitos detalhados de projetos de receptor ópticos são apresentados na literatura.[1-17]

Na Seção 7.1, apresentamos primeiramente uma visão geral das características fundamentais de funcionamento dos diversos estágios de um receptor óptico, o que consiste em traçar o caminho de um sinal digital através do receptor e mostrar o que acontece em cada passo desse caminho. Em seguida, a Seção 7.2 descreve os métodos fundamentais para a determinação da *taxa de erro de bit* ou probabilidade de erro (a chance de que um *bit* seja corrompido e recebido em erro) de um receptor digital baseado nas considerações sinal-ruído. Essa seção também discute a concepção de *sensibilidade do receptor*, que é um parâmetro importante para estimar a mínima potência óptica recebida que é necessária para alcançar uma probabilidade de erro específica.

O *diagrama de olho* é uma ferramenta de medição comum para determinar a fidelidade do sinal recebido. Os diagramas de olho têm sido usados extensivamente para todos os tipos de *links* de comunicação, incluindo as linhas com fios, sistemas sem fio e *links* ópticos. A Seção 7.3 descreve o método para a geração de um diagrama de olho e como interpretar vários parâmetros de fidelidade de sinal com ele.

Para aplicações em *redes ópticas passivas* (PON), as características operacionais de um receptor óptico localizado no escritório de comutação central de telecomunicações diferem significativamente dos receptores convencionais utilizados em conexões (*links*) ponto a ponto. A Seção 7.4 apresenta uma breve descrição desses dispositivos, que são conhecidos como *receptores de modo Burst* (ou Modo Rajada). Finalmente, a Seção 7.5 descreve outro tipo de receptor óptico que é utilizado para os *links* analógicos.

7.1 Operação fundamental do receptor

A concepção de um receptor óptico é muito mais complicada do que a de um transmissor óptico, porque ele deve ser capaz de detectar sinais fracos e distorcidos, e tomar decisões sobre qual tipo de dado foi enviado com base em uma versão amplificada e reformulada desse sinal distorcido. Para valorizar a função de um receptor óptico, primeiro vamos examinar o que acontece a um sinal quando ele é enviado através de um *link* de fibra óptica. Como tradicionalmente os *links* de comunicação de fibra óptica são sistemas de *modulação de intensidade com detecção direta* (IM/DD) que utilizam um *chaveamento digital de sinal binário do tipo on-off do sinal* (OOK), como descrito no Capítulo 4, primeiro analisaremos o desempenho do receptor de detecção direta usando esse formato de sinal OOK.

7.1.1 Transmissão de sinal digital

A Figura 7.1 ilustra a forma de um sinal digital em diferentes pontos ao longo de um *link* óptico. O sinal transmitido é um fluxo de dados binário de dois níveis consistindo em ou 0 ou 1, em um intervalo de tempo de duração T_b. Esse intervalo de tempo é chamado de *período de bit*. Eletricamente, há muitas maneiras de enviar uma determinada mensagem digital.[18-22] Uma das técnicas mais simples para o envio de dados binários é a *modulação por chaveamento de amplitude* (ASK) ou *chaveamento do tipo on-off* (OOK), em que um nível de tensão é alternado entre dois valores, que são geralmente *ligado* ou *desligado*. A onda do sinal resultante, consiste em um pulso de tensão de amplitude V em relação ao nível de tensão zero, quando um binário 1 ocorre, e um espaço de nível de tensão zero, quando ocorre um binário 0. Dependendo do esquema de codificação a ser usado, um binário 1 poder ou não preencher o intervalo de tempo T_b. Para simplificar, aqui assumiremos que, quando 1 é enviado, um pulso de tensão de duração T_b ocorre, enquanto para 0 a tensão permanece em seu nível zero.

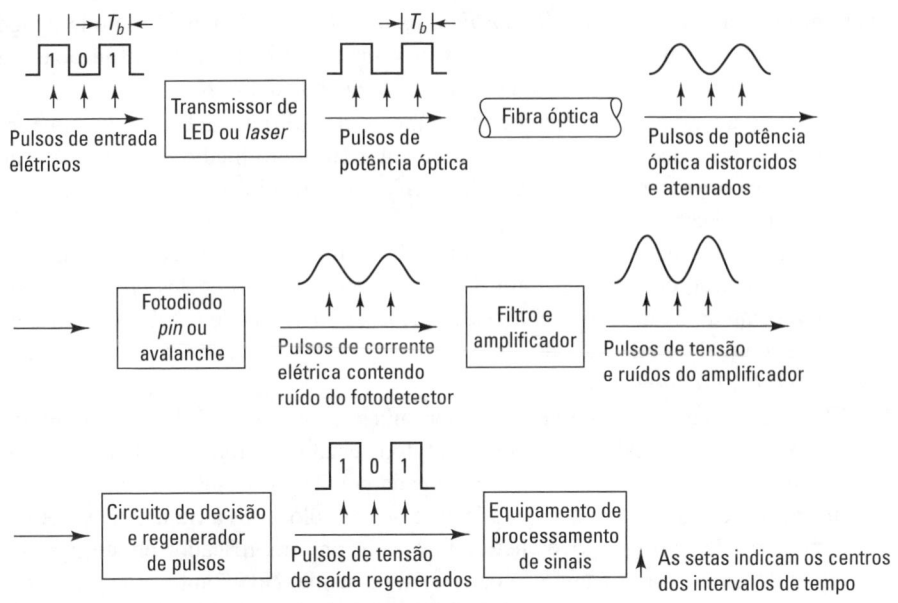

Figura 7.1 Caminho do sinal através de um *link* óptico de dados.
(Adaptada com permissão de Personick et al.,[2] © 1977, IEEE.)

A função do transmissor óptico é converter o sinal elétrico em um sinal óptico. Como mostrado na Seção 4.3.7, uma maneira de fazer isso é modular diretamente a corrente de deriva da fonte de luz com o fluxo de informação para produzir uma saída de potência óptica variável $P(t)$. Assim, no sinal óptico que emerge do transmissor LED ou *laser*, 1 é representado por um pulso de potência óptica (luz) de duração T_b, enquanto 0 é a ausência de qualquer luz.

O sinal óptico que é acoplado da fonte de luz para a fibra torna-se atenuado e distorcido enquanto se propaga ao longo do guia de ondas de fibra. Ao chegar ao final da fibra, o receptor converte o sinal óptico de volta no formato elétrico. A Figura 7.2 mostra os componentes básicos de um receptor óptico. O primeiro elemento é um fotodiodo *pin* ou avalanche que produz uma corrente elétrica que é proporcional ao nível de potência recebida. Uma vez que essa corrente elétrica é, tipicamente, muito fraca, um *amplificador frontal* aumenta-a até um nível que pode ser utilizado pela eletrônica que se segue.

Depois que o sinal elétrico produzido pelo fotodiodo é amplificado, ele passa através de um *filtro passa-baixa* para reduzir o ruído que se encontra fora da largura de banda do sinal. Esse filtro define, portanto, a largura de banda do receptor. Além disso,

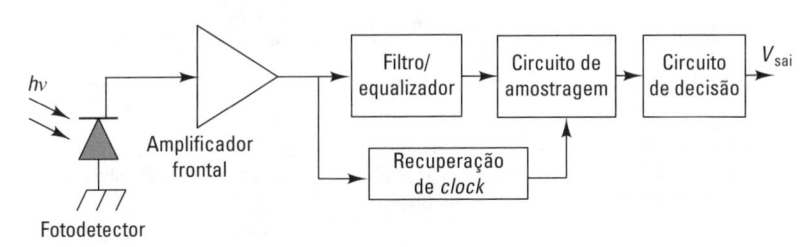

Figura 7.2 As seções básicas de um receptor óptico.

para minimizar os efeitos de *interferência intersimbólica* (ISI), o filtro pode remodelar os pulsos que se tornaram distorcidos ao viajarem através da fibra. Essa função é chamada *equalização* porque equaliza ou cancela os efeitos de dispersão do pulso.

No final do módulo do receptor óptico mostrado à direita na Figura 7.2, um circuito de amostragem e decisão coleta o nível de sinal no ponto médio de cada intervalo de tempo e compara-o com certa tensão de referência conhecida como *nível de limiar*. Se o nível do sinal recebido é maior do que o nível de limiar, é dito que o sinal recebido é 1. Se a tensão estiver abaixo do nível de limiar, é assumido que 0 foi recebido. Para realizar essa interpretação de *bit*, o receptor deve saber onde os limites dos *bits* estão, o que é feito com a ajuda de uma forma de onda periódica chamada de *clock*, que tem uma periodicidade igual ao intervalo de *bit*. Assim, essa função é chamada de *recuperação de clock* ou *recuperação de temporização*.

Em alguns casos, um pré-amplificador óptico é colocado à frente do fotodiodo para aumentar o nível do sinal óptico antes de a fotodetecção ocorrer. Isso é feito de modo que a degradação da relação sinal-ruído provocada pelo ruído térmico na eletrônica do receptor possa ser suprimida. Comparado com outros colocados à frente, como fotodiodos avalanche ou detectores ópticos heteródinos, um pré-amplificador óptico proporciona um fator de ganho maior e uma maior largura de banda. No entanto, esse processo também introduz ruído adicional para o sinal óptico. O Capítulo 11 aborda os amplificadores ópticos e seus efeitos sobre o desempenho do sistema.

7.1.2 Fontes de erro

Os erros no mecanismo de detecção podem surgir a partir de vários ruídos e distúrbios associados ao sistema de detecção de sinal, como esquematizado na Figura 7.3. O termo *ruído* é usado habitualmente para descrever os componentes indesejados de um sinal elétrico que tendem a perturbar a transmissão e o processamento do sinal em um sistema físico, e sobre os quais temos um controle incompleto. As fontes de ruído podem ser tanto externas ao sistema (por exemplo, linhas de energia elétrica, motores, transmissores de rádio, raios) como internas (por exemplo, transientes no fornecimento ou chaveamento de potência). Aqui, devemos nos preocupar principalmente com o ruído interno, que está presente em todos os sistemas de comunicação e representa uma limitação básica sobre a transmissão ou detecção de sinais. Esse ruído é causado pelas flutuações espontâneas de corrente ou de tensão nos circuitos eléctricos. Os dois exemplos mais comuns dessas flutuações espontâneas são os ruídos *shot* e térmico.[19,21] O ruído *shot* surge em dispositivos eletrônicos devido à natureza discreta do fluxo de corrente no dispositivo. O ruído térmico surge do movimento aleatório de elétrons em um condutor.

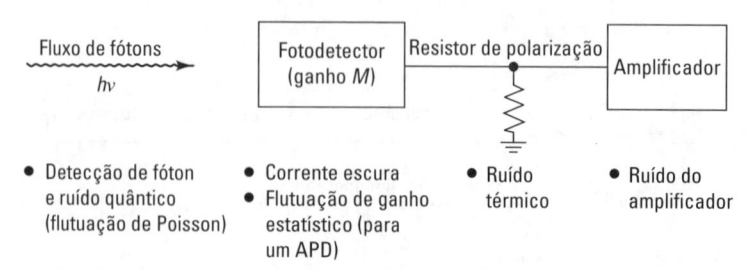

Figura 7.3 Fontes de ruído e distúrbios em um mecanismo de detecção de pulso óptico.

Como discutido na Seção 6.2.1, a taxa de chegada aleatória de fótons do sinal produz um ruído quântico (ou *shot*) no fotodetector. Uma vez que esse ruído depende do nível do sinal, ele é de particular importância para os receptores *pin* que têm grandes níveis de entrada óptica e para os receptores de fotodiodo avalanche. Quando se usa um fotodiodo avalanche, um ruído *shot* adicional decorre da natureza estatística do processo de multiplicação. Esse nível de ruído aumenta com os maiores ganhos avalanche *M*. Ruídos adicionais no fotodetector vêm da corrente escura e da corrente de fuga. Esses ruídos são independentes da iluminação do fotodiodo e geralmente podem ser muito pequenos em relação às correntes de ruído diferentes, por meio de uma escolha criteriosa de componentes.

Os ruídos térmicos resultantes da resistência de carga do detector e da eletrônica do amplificador tendem a dominar em aplicações com baixa relação sinal-ruído quando um fotodiodo *pin* é usado. Quando um fotodiodo avalanche é utilizado em aplicações de baixo nível de sinal óptico, o ganho avalanche ideal é determinado pelo equilíbrio do projeto entre o ruído térmico e o ruído quântico dependente do ganho.

Como os ruídos térmicos são de natureza gaussiana, eles podem ser prontamente tratados por meio de técnicas-padrão. A análise dos ruídos e as probabilidades de erro resultantes associadas com a geração de fotocorrente primária e a multiplicação avalanche são complicadas, pois nenhum desses processos é gaussiano. A fotocorrente primária gerada pelo fotodiodo é um processo de Poisson variável no tempo resultante da chegada aleatória de fótons ao detector. Se o detector é iluminado por um sinal óptico $P(t)$, então o número médio de pares elétron-buraco $\overline{N}$ gerados em um tempo τ é

$$\overline{N} = \frac{\eta}{h\nu} \int_0^\tau P(t)\, dt = \frac{\eta E}{h\nu} \tag{7.1}$$

onde η é a eficiência quântica do detector; $h\nu$, a energia do fóton; e E, a energia recebida em um intervalo de tempo τ. O número real de pares elétron-buraco n que são gerados flutua a partir de média, de acordo com a distribuição de Poisson

$$P_r(n) = \overline{N}^n \frac{e^{-\overline{N}}}{n!} \tag{7.2}$$

onde $P_r(n)$ é a probabilidade de que n elétrons sejam excitados em um intervalo τ. O fato de que não é possível prever exatamente quantos pares elétron-buraco são gerados no detector por uma potência óptica incidente conhecida é a origem do tipo de ruído *shot* chamado *ruído quântico*. A natureza aleatória do processo de multiplicação avalanche dá origem a outro tipo de ruído *shot*. Como visto na Seção 6.4, para um detector com um ganho avalanche médio *M* e uma razão de taxa de ionização *k*, o fator de excesso de ruído $F(M)$ para a injeção de elétrons é

$$F(M) = kM + \left(2 - \frac{1}{M}\right)(1 - k) \tag{7.3}$$

Essa equação é muitas vezes aproximada pela expressão empírica

$$F(M) \simeq M^x \tag{7.4}$$

onde o fator x situa-se entre 0 e 1,0, dependendo do material do fotodiodo.

Exemplo 7.1 Considere os dois seguintes fotodiodos avalanche: (a) um APD de Si com uma razão de taxa de ionização $k = 0{,}02$ e (b) um APD de InGaAs com uma razão de taxa de ionização $k = 0{,}50$. (a) Qual é o fator de excesso de ruído $F(M)$ para a injeção de elétrons em cada dispositivo se ambos operam com um fator de multiplicação $M = 30$? (b) Qual é a estimativa de $F(M)$ para um APD de InGaAs se $M = 10$? (c) Compare os resultados de (a) e (b) com a expressão empírica dada pela Equação (7.4) se $x = 0{,}3$ para o Si e $0{,}7$ para o InGaAs.

Solução: (a) Da Equação (7.3), vemos que para o APD de Si

$$F(M) = kM + \left(2 - \frac{1}{M}\right)(1-k) = 0{,}02(30) + (2 - 0{,}033)(1 - 0{,}02) = 2{,}53 = 4{,}03 \text{ dB}$$

Da mesma forma, para o APD de InGaAs com $M = 30$

$$F(M) = kM + \left(2 - \frac{1}{M}\right)(1-k) = 0{,}50(30) + (2 - 0{,}033)(1 - 0{,}50) = 16{,}0 = 12{,}0 \text{ dB}$$

(b) Para o APD de InGaAs com $M = 10$

$$F(M) = 0{,}50(10) + (2 - 0{,}10)(1 - 0{,}50) = 6{,}00 = 7{,}78 \text{ dB}$$

(c) Aplicando a Equação (7.4), teremos

Para o APD de Si com $M = 30$

$$F(M) \approx 30^{0{,}3} = 2{,}77 = 4{,}42 \text{ dB}$$

Para o APD de InGaAs com $M = 30$

$$F(M) \approx 30^{0{,}7} = 10{,}8 = 10{,}3 \text{ dB}$$

Para o APD de InGaAs com $M = 10$

$$F(M) \approx 10^{0{,}7} = 5{,}01 = 7{,}00 \text{ dB}$$

Uma fonte adicional de erro é atribuída à *interferência intersimbólica* (ISI), que resulta da dispersão do pulso na fibra óptica. Quando um pulso é transmitido em um dado intervalo de tempo, a maior parte da energia do pulso chegará, no intervalo de tempo correspondente, ao receptor, como mostra a Figura 7.4. No entanto, devido à dispersão dos pulsos induzida pela fibra, uma parte da energia transmitida progressivamente se espalha em períodos de tempo vizinhos à medida que o pulso se propaga pela fibra. A presença dessa energia em intervalos de tempo adjacentes resulta em um sinal de interferência, daí a expressão *interferência intersimbólica*. Na Figura 7.4, o parâmetro γ designa a fração da energia restante no intervalo de tempo T_b, de modo que $1 - \gamma$ é a fração da energia que se espalhou em períodos de tempo adjacentes.

7.1.3 Amplificador frontal

Fontes de ruído na parte frontal de um receptor dominam a sensibilidade e a largura de banda, de forma que uma grande ênfase da engenharia está no projeto de um amplificador frontal de baixo ruído. Os objetivos são geralmente para maximizar a sensibilidade do receptor mantendo uma largura de banda adequada. Os amplificadores frontais usados em sistemas de comunicação por fibras ópticas podem ser classificados em duas grandes categorias: os modelos de alta impedância e os de transimpedância. Essas categorias não são realmente distintas, porque é possível um *continuum* de modelos intermediários, mas servem para ilustrar as abordagens do projeto.

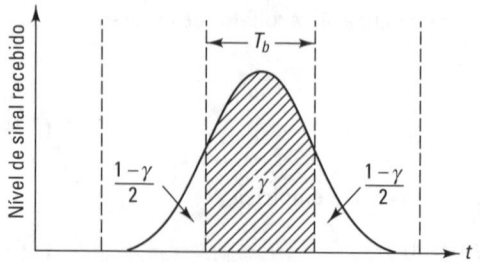

Figura 7.4 Alargamento de pulso em um sinal óptico que leva à interferência intersimbólica.

Uma preocupação básica no projeto frontal é qual resistor de carga R_L escolher. Lembremo-nos da Seção 6.2.1 que o ruído térmico é inversamente proporcional à resistência de carga. Então R_L deve ser tão grande quanto possível para minimizar o ruído térmico. Para o projeto de *amplificador de alta impedância* mostrado na Figura 7.5, um balanço deve ser feito entre o ruído e a largura de banda do receptor, pois a largura de banda é inversamente proporcional à resistência R_P vista pelo fotodiodo. Como $R_P = R_L$ para um frontal de alta impedância, uma alta resistência de carga resulta em baixo nível de ruído, mas também dá uma baixa largura de banda para o receptor. Embora, por vezes, os equalizadores possam ser implementados para aumentar a largura de banda, se a largura de banda é muito menor do que a taxa de *bits*, então tal amplificador frontal não pode ser utilizado.

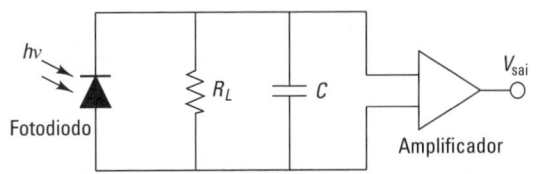

Figura 7.5 Estrutura genérica de um amplificador de alta impedância.

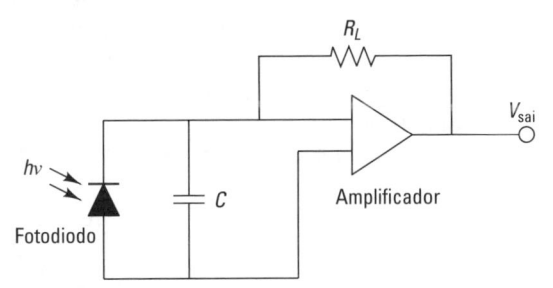

Figura 7.6 Estrutura genérica de um amplificador de transimpedância.

O projeto do *amplificador de transimpedância* mostrado na Figura 7.6 ultrapassa largamente os inconvenientes do amplificador de alta impedância. Nesse caso, R_L é utilizado como uma resistência de realimentação negativa em torno de um amplificador inversor. Agora R_L pode ser grande, uma vez que a realimentação negativa reduz a resistência efetiva vista pelo fotodiodo por um fator G, de modo que $R_P = R_L/(G + 1)$, onde G é o ganho do amplificador. Isso significa que, em comparação com o projeto de alta impedância, a largura de banda da transimpedância aumenta por um fator de $G + 1$ para a mesma resistência de carga. Embora isso faça aumentar o ruído térmico em comparação com um amplificador de alta impedância, o aumento é geralmente menor do que um fator 2 e pode ser facilmente tolerado. Consequentemente, o projeto de transimpedância tende a ser a escolha de amplificador para os *links* de transmissão por fibra óptica.

Note que, além das diferenças de ruído térmico resultantes da seleção de uma determinada resistência de carga, os componentes eletrônicos no amplificador frontal que segue o fotodetector também adicionam mais ruído térmico. A magnitude desse ruído adicional depende do projeto do amplificador, como os de transistor, bipolar ou de efeito de campo, que são incorporados no projeto.[8-15] Esse aumento de ruído pode ser levado em conta por meio da introdução de uma *figura de ruído do amplificador* F_n no numerador da Equação (6.17). Esse parâmetro é definido como a razão entre a SNR de entrada e a SNR de saída do amplificador. Os valores típicos da figura de ruído do amplificador são de 3 a 5 dB (um fator de 2 a 3).

7.2 Desempenho do receptor digital

Idealmente, em um receptor digital, a tensão do sinal de saída $v_{sai}(t)$ do circuito de decisão deve ser sempre superior ao limiar de tensão quando um 1 está presente e menor que o limiar quando nenhum pulso (um 0) foi enviado. Nos sistemas reais, desvios a partir do valor médio de $v_{sai}(t)$ são causados por vários ruídos, interferência de pulsos adjacentes e condições em que a fonte de luz não é completamente extinta durante um pulso zero.

7.2.1 Probabilidade de erro

Na prática, existem várias maneiras de medir a taxa de ocorrências de erro em um fluxo de dados digital.[23-27] O Capítulo 14 descreve alguns desses métodos. Uma abordagem mais simples é dividir o número N_e de erros que ocorrem durante um dado intervalo de tempo t pelo número de pulsos N_t (uns e zeros) transmitido durante esse intervalo. Essa abordagem é denominada *taxa de erro* ou *taxa de erro de bit*, normalmente abreviada como BER.

Então, temos

$$\text{BER} = \frac{N_e}{N_t} = \frac{N_e}{Bt} \quad (7.5)$$

onde $B = 1/T_b$ é a taxa de *bits* (isto é, a taxa de transmissão de pulsos). A taxa de erro é expressa por um número, como 10^{-9}, que indica que, em média, ocorre um erro por cada bilhão de pulsos enviados. As taxas de erro típicas para sistemas de telecomunicações por fibras ópticas variam de 10^{-9} a 10^{-12}. Essa taxa de erro depende da relação sinal-ruído no receptor (a relação entre a potência do sinal e a potência do ruído). Os requisitos de taxa de erro do sistema e os níveis de ruído do receptor definem, assim, um limite inferior no nível de potência do sinal óptico que é necessário no fotodetector.

Para calcular a taxa de erro de *bit* do receptor, devemos conhecer a distribuição de probabilidade[28-29] do sinal na saída do equalizador. Conhecer a distribuição de probabilidade do sinal nesse ponto é importante, pois é aqui que a decisão é feita para saber se um 0 ou um 1 foi enviado. As formas das duas distribuições de probabilidade de sinal são mostradas na Figura 7.7. Elas são

$$P_1(v) = \int_{-\infty}^{v} p(y|1)\,dy \quad (7.6)$$

que é a probabilidade de que a tensão de saída do equalizador seja menor que v quando um pulso lógico 1 é enviado, e

$$P_0(v) = \int_{v}^{\infty} p(y|0)\,dy \quad (7.7)$$

que é a probabilidade de que a tensão de saída seja maior que v quando um lógico 0 é transmitido. Note que as formas diferentes das duas distribuições de probabilidade na Figura 7.7 indicam que a potência de ruído para um lógico 0 não é, geralmente, a mesma para um lógico 1. Isso ocorre em sistemas ópticos em razão da distorção do sinal em transmissões deficientes (por exemplo, dispersão, ruído do amplificador óptico e distorção por efeitos não lineares) e das contribuições de ruído e ISI no receptor. As funções $p(y|1)$ e $p(y|0)$ são as funções de distribuição de probabilidade condicional, ou seja, $p(y|x)$ é a probabilidade de que a tensão de saída seja y quando um x foi transmitido.

Se a tensão limiar for v_{th}, então a probabilidade de erro P_e será definida como

$$P_e = aP_1(v_{th}) + bP_0(v_{th}) \quad (7.8)$$

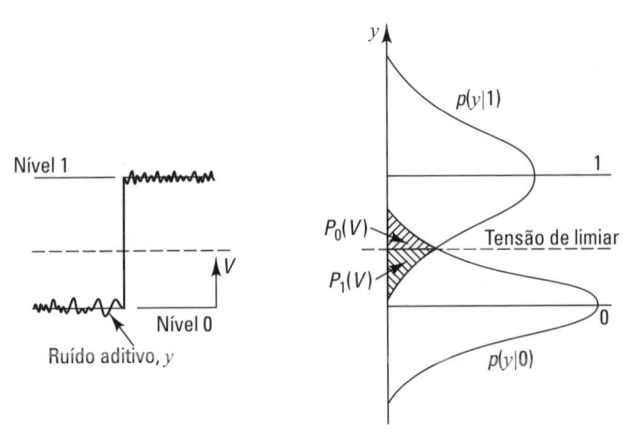

Figura 7.7 Distribuições de probabilidade para pulsos de sinal recebidos de lógica 0 e 1. As diferentes larguras das duas distribuições são causadas por vários efeitos de distorção de sinal.

Os fatores de ponderação a e b são determinados *a priori* pela distribuição dos dados, isto é, a e b são as probabilidades de que um 1 ou um 0 ocorra, respectivamente. Para dados com igual probabilidade de ocorrências 1 e 0, $a = b = 0{,}5$. O problema a ser resolvido agora é selecionar o limiar de decisão naquele ponto em que P_e é mínimo.

Para calcular a probabilidade de erro, é necessário um conhecimento da média quadrática da tensão de ruído (v_N^2), que é sobreposta à tensão do sinal no momento da decisão. As estatísticas da tensão de saída no instante da amostragem são muito complicadas, de modo que um cálculo exato é bastante tedioso de ser executado. Um número de aproximações diferentes[1-15] foi utilizado para calcular o desempenho de um receptor de fibra óptica binário. Na aplicação dessas aproximações, é necessário fazer uma escolha entre a simplicidade computacional e a precisão dos resultados. O método mais simples é baseado em uma aproximação gaussiana. Nesse método, assume-se que, quando a sequência de pulsos ópticos de entrada for conhecida, a tensão de saída do equalizador $v_{sai}(t)$ será uma variável aleatória gaussiana. Assim, para calcular a probabilidade de erro, é preciso saber apenas a média e o desvio-padrão de $v_{sai}(t)$. As outras aproximações que foram investigadas são mais enredadas[2-4,10,13] e não serão discutidas aqui.

Assim, vamos supor que um sinal s (que pode ser tanto uma perturbação de ruído ou o sinal de suporte de informação desejado) tenha uma função de distribuição gaussiana de probabilidades com um valor médio m. Se coletarmos o nível de tensão do sinal de $s(t)$ em um instante arbitrário t_1, a probabilidade de que a amostra medida $s(t_1)$ esteja no intervalo s até $s + ds$ é dada por

$$f(s)\,ds = \frac{1}{\sqrt{2\pi}\sigma} e^{-(s-m)^2/2\sigma^2}\,ds \tag{7.9}$$

onde $f(s)$ é a função densidade de probabilidade, σ^2 é a variância do ruído, e sua raiz quadrada σ é o desvio-padrão, que é uma medida da largura da distribuição de probabilidades. Ao examinarmos a Equação (7.9), podemos ver que a quantidade $2\sqrt{2}\sigma$ mede a largura total da distribuição de probabilidades no ponto em que a amplitude é $1/e$ de seu máximo.

Podemos agora usar a função densidade de probabilidade para determinar a probabilidade de erro para um fluxo de dados, no qual os pulsos 1 são todos de amplitude V. Como se mostra na Figura 7.8, a média e a variância da saída gaussiana para um pulso

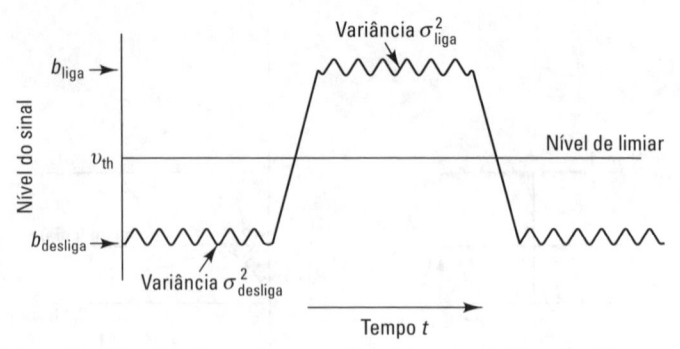

Figura 7.8 Estatísticas de ruído gaussianas de um sinal binário mostrando variações em torno dos níveis de sinal *on* e *off*.

de 1 são b_{liga} e σ^2_{liga}, respectivamente, enquanto, para um pulso 0, são b_{desliga} e $\sigma^2_{\text{desliga}}$, respectivamente. Consideremos primeiro o caso do envio de um pulso 0, de modo que nenhum pulso está presente no momento da decodificação. A probabilidade de erro, nesse caso, é a probabilidade de que o ruído exceda a tensão de limiar v_{th} e seja confundido com um pulso 1. Essa probabilidade de erro $P_0(v)$ é a chance de que a tensão de saída do equalizador $v(t)$ caia em algum lugar entre v_{th} e ∞. Usando as Equações (7.7) e (7.9), temos

$$P_0(v_{\text{th}}) = \int_{v_{\text{th}}}^{\infty} p(y|0)\,dy = \int_{v_{\text{th}}}^{\infty} f_0(y)\,dy$$

$$= \frac{1}{\sqrt{2\pi}\,\sigma_{\text{desliga}}} \int_{v_{\text{th}}}^{\infty} \exp\left[-\frac{(v-b_{\text{desliga}})^2}{2\sigma^2_{\text{desliga}}}\right] dv \quad (7.10)$$

onde o subscrito 0 indica a presença de um *bit* 0.

Da mesma forma, podemos encontrar a probabilidade de erro de que um 1 transmitido seja interpretado como um 0 pela eletrônica do decodificador após o equalizador. Essa probabilidade de erro é a probabilidade de que o pulso de amostragem do sinal mais o ruído caia abaixo de v_{th}. Das Equações (7.6) e (7.9), isso é dado por

$$P_1(v_{\text{th}}) = \int_{-\infty}^{v_{\text{th}}} p(y|1)\,dy = \int_{-\infty}^{v_{\text{th}}} f_1(v)\,dv$$

$$= \frac{1}{\sqrt{2\pi}\,\sigma_{\text{liga}}} \int_{-\infty}^{v_{\text{th}}} \exp\left[-\frac{(b_{\text{liga}}-v)^2}{2\sigma^2_{\text{liga}}}\right] dv \quad (7.11)$$

em que o índice 1 indica a presença de um *bit* 1.

Se as probabilidades de pulsos 0 e 1 são iguais [isto é, $a = b = 0{,}5$ na Equação (7.8)], então as Equações (7.6) e (7.7) levam a

$$P_0(v_{\text{th}}) = P_1(v_{\text{th}}) = \frac{1}{2}P_e \quad (7.12)$$

Assim, utilizando as Equações (7.10) e (7.11), a taxa de erro de *bits* ou a probabilidade de erro P_e torna-se

$$\text{BER} = P_e(Q) = \frac{1}{\sqrt{\pi}} \int_{Q/\sqrt{2}}^{\infty} e^{-x^2} dx$$

$$= \frac{1}{2}\left[1 - \text{erf}\left(\frac{Q}{\sqrt{2}}\right)\right] \approx \frac{1}{\sqrt{2\pi}} \frac{e^{-Q^2/2}}{Q} \quad (7.13)$$

Exemplo 7.2 Quando existe pouca interferência intersimbólica, $\gamma - 1$ é pequeno, de modo que $\sigma^2_{liga} \simeq \sigma^2_{desliga}$. Então, deixando $b_{desliga} = 0$, temos da Equação (7.14) que

$$Q = \frac{b_{liga}}{2\sigma_{liga}} = \frac{1}{2}\frac{S}{N}$$

que é a metade da relação sinal-ruído. Nesse caso, $v_{th} = b_{liga}/2$, de modo que o limiar de decisão óptima está no meio do caminho entre os níveis de sinal 0 e 1.

Exemplo 7.3 Para uma taxa de erro de 10^{-9}, temos da Equação (7.13) que

$$P_e(Q) = 10^{-9} = \frac{1}{2}\left[1 - \text{erf}\left(\frac{Q}{\sqrt{2}}\right)\right]$$

A partir da Figura 7.9 temos que $Q \simeq 6$ (um cálculo exato dá $Q = 5,99781$), que dá uma relação de sinal-ruído de 12 ou 10,8 dB [isto é, 10 log (S/N) = 10 log 12 = 10,8 dB].

A aproximação é obtida a partir da expansão assintótica de erf (x). Aqui, o parâmetro Q é definido como

$$Q = \frac{v_{th} - b_{desliga}}{\sigma_{desliga}} = \frac{b_{liga} - v_{th}}{\sigma_{liga}} = \frac{b_{liga} - b_{desliga}}{\sigma_{liga} + \sigma_{desliga}} \tag{7.14}$$

e

$$\text{erf}(x) = \frac{2}{\sqrt{\pi}}\int_0^x e^{-y^2} dy \tag{7.15}$$

é a *função erro*, que é tabulada em vários manuais matemáticos.[30-31]

O fator Q é amplamente utilizado para especificar o desempenho do receptor, uma vez que está relacionado com a relação sinal-ruído requerida para alcançar uma taxa de erro de *bit* específica.[25-27] Em particular, ele leva em conta que, em sistemas de fibra óptica, as variâncias nas potências de ruído geralmente são diferentes para pulsos lógicos recebidos 0 e 1. A Figura 7.9 mostra como a BER varia com Q. A aproximação para P_e dada na Equação (7.13) e mostrada pela linha tracejada na Figura 7.9 é precisa em 1% para $Q \approx 3$ e melhora com o aumento de Q. Um valor normalmente citado de Q é 6, pois este corresponde a uma BER = 10^{-9}.

Vamos considerar o caso especial quando $\sigma_{desliga} = \sigma_{liga} = \sigma$ e $b_{desliga} = 0$, de modo que $b_{liga} = V$. A partir da Equação (7.14), temos o limiar de tensão $v_{th} = V/2$, de forma que $Q = V/2\sigma$. Como σ é geralmente chamado de *ruído rms*, a relação V/σ é a razão do *pico de sinal-ruído rms*. Nesse caso, a Equação (7.13) se torna

$$P_e(\sigma_{liga} = \sigma_{desliga}) = \frac{1}{2}\left[1 - \text{erf}\left(\frac{V}{2\sqrt{2}\,\sigma}\right)\right] \tag{7.16}$$

O Exemplo 7.4 demonstra o comportamento exponencial da probabilidade de erro em função da relação sinal-ruído. Quando se aumenta a V/σ por $\sqrt{2}$, isto é, duplicando S/N (um aumento de potência de 3 dB), a BER diminui em 10^4. Assim, existe uma faixa limitada de relações sinal-para-ruído, acima da qual a taxa de erro é tolerável e que abaixo dela um número altamente inaceitável de erros ocorre. A relação sinal-ruído na qual essa transição ocorre é chamada de *nível de limiar*. Em geral, uma margem de segurança de desempenho de 3 a 6 dB é incluída no projeto de um *link* de transmissão para assegurar que esse limiar de BER não é excedido quando os parâmetros do sistema, como a saída do transmissor, a atenuação de linha ou o ruído de fundo, variam com o tempo.

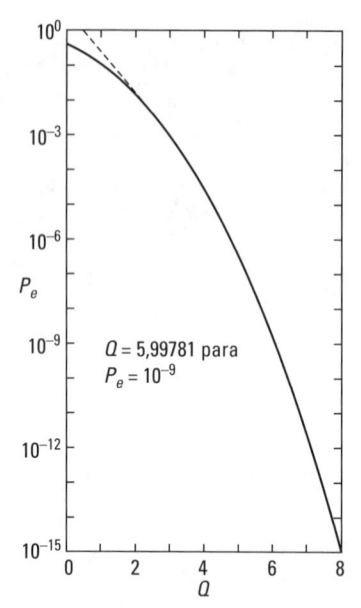

Figura 7.9 Gráfico da BER (P_e) versus o fator Q. A aproximação da Equação (7.13) é mostrada pela linha tracejada.

Exemplo 7.4 A Figura 7.10 mostra um gráfico da expressão de BER da Equação (7.16) em função da relação sinal-ruído. Vejamos dois casos de taxas de transmissão.

(a) Para uma relação sinal-ruído de 8,5 (18,6 dB), temos $P_e = 10^{-5}$. Se esse é o nível de sinal recebido por uma taxa do padrão de telefone DS1 de 1,544 Mb/s, essa BER resulta em um *bit* mal interpretado a cada 0,065 s, o que é muito insatisfatório. No entanto, por meio do aumento da intensidade do sinal, de modo que $V/\sigma = 12,0$ (21,6 dB), a BER diminui a $P_e = 10^{-9}$. Para o caso DS1, isso significa que um *bit* é mal interpretado a cada 650 s (ou 11 minutos), o que, em geral, é tolerável.

(b) Para os *links* de alta velocidade SONET, com relação à taxa OC-12 que opera a 622 Mb/s, são obrigatórias BERs de 10^{-11} ou 10^{-12}. Isso significa que precisamos de pelo menos $V/\sigma = 13,0$ (22,3 dB).

7.2.2 Sensibilidade do receptor

Os sistemas de comunicações ópticas usam um valor de BER para especificar os requisitos de desempenho para uma determinada aplicação de *link* de transmissão. Por exemplo, as redes SONET/SDH especificam que a BER deve ser 10^{-10} ou menor, enquanto a Gigabit Ethernet e Fibre Channel exigem uma BER de não mais do que 10^{-12}. Para conseguir uma BER com uma determinada taxa de dados, certo nível mínimo de potência óptica média deve chegar ao fotodetector. O valor desse nível mínimo de potência é chamado de *sensibilidade do receptor*.

Um método comum para definir a sensibilidade do receptor é como uma *potência óptica média* (P_{med}) em dBm incidente no fotodetector. Alternativamente, pode ser definida como uma *modulação em amplitude óptica* (MAO), dada em termos de uma corrente de pico a pico na saída do fotodetector. A sensibilidade do receptor dá uma medida da potência média mínima ou MAO necessária para manter uma BER máxima (no pior caso) de uma taxa de dados específica. Muitos pesquisadores têm realizado inúmeros cálculos complexos de sensibilidade do receptor, levando em conta diferentes fatores de degradação da forma dos pulsos.[1-14] Esta seção apresenta uma análise simplificada para ilustrar a base da sensibilidade do receptor.

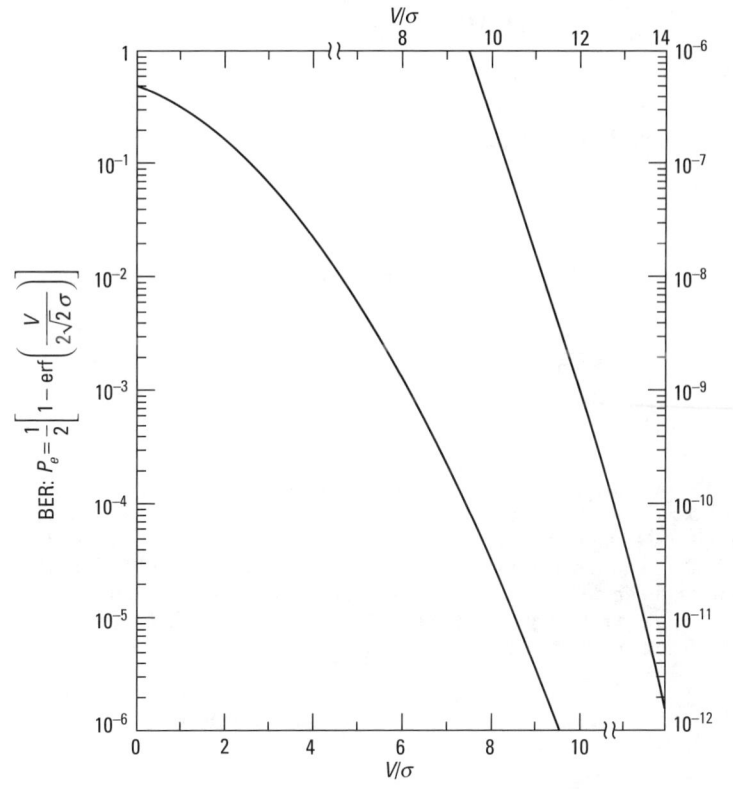

Figura 7.10 Taxa de erro de *bits* em função da relação sinal-ruído quando os desvios padrão são iguais ($\sigma_{liga} = \sigma_{desliga}$) e quando $b_{desliga} = 0$.

Em primeiro lugar, expressando a Equação (7.14) em termos das correntes de sinal dos pulsos 1 e 0 (I_1 e I_0, respectivamente) e suas correspondentes variâncias de corrente de ruído (σ_1 e σ_0, respectivamente), e assumindo que não há potência óptica em um pulso 0, temos

$$Q = \frac{I_1 - I_0}{\sigma_1 + \sigma_0} \approx \frac{I_1}{\sigma_1 + \sigma_0} \tag{7.17}$$

Usando as Equações (6.6), (6.7) e (7.14), a sensibilidade do receptor $P_{sensibilidade}$ é encontrada a partir da potência média contida em um período de *bit* para uma taxa de dados especificada como

$$P_{sensibilidade} = P_1/2 = I_1/(2\mathcal{R}M) = Q(\sigma_1 + \sigma_0)/(2\mathcal{R}M) \tag{7.18}$$

onde $\mathcal{R}$ é a responsividade de ganho unitário, e M, o ganho do fotodiodo.

Se não houver um amplificador óptico no *link* de transmissão da fibra, então o ruído térmico e ruído *shot* serão os efeitos dominantes do ruído no receptor. Como a Seção 6.2 descreve, o ruído térmico é independente da potência do sinal óptico de entrada, mas o ruído *shot* depende da potência recebida. Portanto, assumindo que não há potência óptica em um pulso 0 recebido, as variâncias do ruído para os pulsos 0 e 1, respectivamente, são $\sigma_0^2 = \sigma_T^2$ e $\sigma_1^2 = \sigma_T^2 + \sigma_{shot}^2$. Das Equações (6.6) e (6.13), e usando a condição da Equação (7.18), a variância do ruído *shot* para um pulso 1 é

$$\sigma_{shot}^2 = 2q\,\mathcal{R}P_1 M^2 F(M)\,B_e = 4q\,\mathcal{R}P_{\text{sensibilidade}}\,M^2 F(M)B/2 \qquad (7.19)$$

onde $F(M)$ é a figura de ruído do fotodiodo, e a largura de banda elétrica B_e do receptor é assumida como a metade da taxa de *bits* B (isto é, $B_e = B/2$). Incluindo a figura de ruído do amplificador F_n na Equação (6.17), a variância da corrente de ruído térmico é

$$\sigma_T^2 = \frac{4k_B T}{R_L} F_n \frac{B}{2} \qquad (7.20)$$

Substituindo $\sigma_1 = \left(\sigma_{shot}^2 + \sigma_T^2\right)^{1/2}$ e $\sigma_0 = \sigma_T$ na Equação (7.18) e resolvendo para $P_{\text{sensibilidade}}$, temos[4]

$$P_{\text{sensibilidade}} = (1/\mathcal{R})\frac{Q}{M}\left[\frac{qMF(M)\,BQ}{2} + \sigma_T\right] \qquad (7.21)$$

> **Exemplo 7.5** Para ver o comportamento da sensibilidade do receptor como uma função da BER, primeiro consideraremos que o receptor tem uma resistência de carga $R_L = 200\,\Omega$ e que a temperatura é $T = 300$ K. Deixando a figura de ruído do amplificador ser $F_n = 3$ dB (um fator de 2), então da Equação (7.20), a variância da corrente de ruído térmico é $\sigma_T = 9{,}10 \times 10^{-12} B^{1/2}$. Em seguida, selecione um fotodiodo de InGaAs com uma responsividade de ganho unitário $\mathcal{R} = 0{,}95$ A/W em 1.550 nm e assuma uma operação com BER = 10^{-12}, de modo que um valor de $Q = 7$ é necessário. Se o ganho do fotodiodo é M, então a sensibilidade do receptor é
>
> $$P_{\text{sensibilidade}} = \frac{7{,}37}{M}\left[5{,}6 \times 10^{-19} MF(M)B + 9{,}10 \times 10^{-12} B^{\frac{1}{2}}\right] \qquad (7.22)$$

A Figura 7.11 mostra a sensibilidade do receptor calculada a partir da Equação (7.22) em função da taxa de dados para típicos fotodiodos de InGaAs *pin* e avalanche em 1.550 nm para uma BER de 10^{-12}. Na Figura 7.11, o ganho do APD foi tomado como $M = 10$ e $F(M) = 10^{0,7} = 5$. Note que as curvas da Figura 7.11 são para uma BER dada por $Q = 7$, uma resistência de carga $R_L = 200\,\Omega$, uma figura de ruído do amplificador $F_n = 3$ dB e um comprimento de onda de 1.550 nm. As curvas de sensibilidade mudarão para valores diferentes desses parâmetros.

> **Exemplo 7.6** Considere um fotodiodo *pin* de InGaAs no qual $M = 1$ e $F(M) = 1$. Para as condições da Equação (7.22), qual é a sensibilidade do receptor em uma taxa de dados de 1 Gb/s para um requisito de BER de 10^{-12}?
> *Solução:* Da Equação (7.22), temos
>
> $$P_{\text{sensibilidade}} = 7{,}37\left[5{,}6 \times 10^{-19}(1 \times 10^9) + 9{,}10 \times 10^{-12}(1 \times 10^9)^{\frac{1}{2}}\right] = 2{,}12 \times 10^{-3}\text{ mW} = -26{,}7\text{ dBm}$$

> **Exemplo 7.7** Considere um fotodiodo avalanche de InGaAs no qual $M = 10$ e $F(M) = 5$. Para as condições da Equação (7.22), qual é a sensibilidade do receptor em uma taxa de dados de 1 Gb/s para um requisito de BER de 10^{-12}?
> *Solução:* Da Equação (7.22), temos
>
> $$P_{\text{sensibilidade}} = 0{,}737\left[5{,}6 \times 10^{-19}(50)(1 \times 10^9) + 9{,}10 \times 10^{-12}(1 \times 10^9)^{\frac{1}{2}}\right] = 2{,}32 \times 10^{-4}\text{ mW} = -36{,}3\text{ dBm}$$

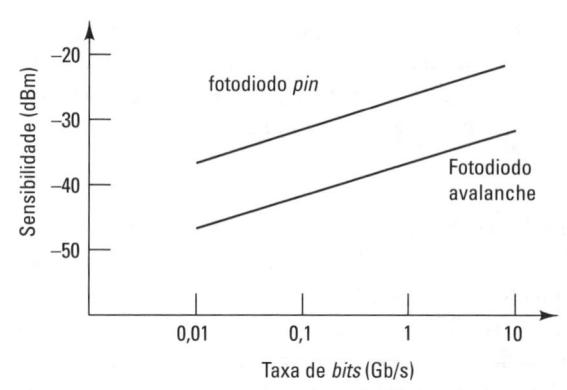

Figura 7.11 Sensibilidades em função da taxa de *bits* para fotodiodos genéricos *pin* e avalanche de InGaAs em 1.550 nm para uma BER 10^{-12}.

7.2.3 O limite quântico

Na concepção de um sistema óptico, é útil conhecer os limites físicos fundamentais que afetam o desempenho do sistema. Vejamos qual é o limite para o processo de fotodetecção. Suponha que tenhamos um fotodetector ideal que possui uma eficiência quântica unitária e que não produz corrente escura, isto é, não há pares elétron-buraco gerados na ausência de um pulso óptico. Dada essa condição, é possível encontrar o mínimo de potência óptica recebida necessária para um desempenho da taxa de erro de *bit* específica em um sistema digital. Esse nível de potência mínimo recebido é conhecido como o *limite quântico*, uma vez que todos os parâmetros do sistema são considerados ideais e o desempenho é limitado apenas pelas estatísticas da fotodetecção.

Exemplo 7.8 Um *link* digital de fibra óptica operando em 850 nm requer uma BER máxima de 10^{-9}.

(a) Vamos primeiro encontrar o limite quântico em termos da eficiência quântica do detector e da energia do fóton incidente. Da Equação (7.23), a probabilidade de erro é

$$P_r(0) = e^{-\bar{N}} = 10^{-9}$$

Resolvendo para $\bar{N}$, temos $\bar{N} = 9 \ln 10 = 20,7 \sim 21$. Assim, uma média de 21 fótons por pulso é necessária para essa BER. Usando a Equação (7.1) e resolvendo para E, temos

$$E = 20,7 \frac{h\nu}{\eta}$$

(b) Agora vamos encontrar o mínimo de potência óptica incidente P_{in} que deve cair no fotodetector para conseguir uma BER de 10^{-9} em uma taxa de dados de 10 Mb/s para um simples esquema de sinalização de nível binário. Se a eficiência quântica do detector é $\eta = 1$, então

$$E = P_{in}\tau = 20,7h\nu = 20,7\frac{hc}{\lambda}$$

onde $1/\tau$ é a metade da taxa de dados B, isto é, $1/\tau = B/2$. (*Nota:* Isso pressupõe um número igual de pulsos 0 e 1.) Resolvendo para P_{in},

$$P_{in} = 20,7\frac{hcB}{2\lambda} = \frac{20,7(6,626 \times 10^{-34} \text{ J} \cdot \text{s})(3,0 \times 10^8 \text{ m/s})(10 \times 10^6 \text{ bits/s})}{2(0,85 \times 10^{-6} \text{ m})} = 24,2 \text{ pW}$$

ou, quando o nível de potência de referência é de 1 mW,

$$P_{in} = -76,2 \text{ dBm}$$

Assuma que um pulso óptico de energia E incida sobre o fotodetector em um intervalo de tempo τ. Isso só pode ser interpretado pelo receptor como um pulso 0 se nenhum par elétron-buraco é gerado com o pulso presente. Da Equação (7.2), a probabilidade de que $n = 0$ elétrons sejam excitados em um intervalo de tempo t é

$$P_r(0) = e^{-\bar{N}} \tag{7.23}$$

onde o número médio de pares elétron-buraco, $\bar{N}$, é dado pela Equação (7.1). Assim, para uma dada probabilidade de erro $P_r(0)$, podemos encontrar a mínima energia E exigida em um comprimento de onda específico λ.

Na prática, a sensibilidade da maioria dos receptores é cerca de 20 dB maior que o limite quântico devido a várias distorções não lineares e efeitos de ruído nos *links* de transmissão. Além disso, ao especificarmos o limite quântico, temos que ter o cuidado de distinguir entre potência média e potência de pico. Se utilizarmos a potência média, o limite quântico dado no Exemplo 7.4 será de apenas 10 fótons por *bit* para uma BER de 10^{-9}. Às vezes, a literatura cita o limite quântico baseado nessas potências médias. No entanto, isso pode ser confundido, pois a limitação em componentes reais se baseia na potência de pico e não na média.

7.3 Diagramas de olho

O diagrama de olho é uma ferramenta poderosa de medida para a avaliação da capacidade de manipulação de dados de um sistema de transmissão digital. Esse método é amplamente utilizado para avaliar o desempenho de sistemas de cabos e também se aplica aos *links* de dados de fibra óptica. O Capítulo 14 dá mais detalhes sobre equipamentos de teste de BER e métodos de medidas.

7.3.1 Características do padrão de olho

As medidas teste padrão de olho são realizadas no domínio do tempo e permitem que os efeitos de distorção da forma de onda sejam mostrados imediatamente na tela de visualização do equipamento de teste padrão de BER. A Figura 7.12 apresenta a exibição de um padrão típico, que é conhecido como *padrão de olho* ou *diagrama de olho*. Os limites superior e inferior de base são determinados pelos níveis lógicos 1 e 0, mostrados por b_{liga} e $b_{desliga}$, respectivamente.

Uma grande parte da informação de desempenho do sistema pode ser deduzida a partir da exibição do padrão olho. Para interpretar o padrão de olho, considere a Figura 7.12 e o desenho simplificado mostrado na Figura 7.13. As seguintes informações sobre a distorção da amplitude de sinal, o atraso de temporização, e o tempo de subida do sistema podem ser derivadas:

- A *largura da abertura do olho* define o intervalo de tempo no qual o sinal recebido pode ser amostrado sem erro devido à interferência dos pulsos adjacentes (conhecida como *interferência intersimbólica*).
- O melhor instante para coletar a forma de onda recebida é quando a *altura da abertura do olho* é maior. Essa altura é reduzida como resultado da distorção de amplitude do sinal de dados. A distância vertical entre a parte superior da abertura do olho e o nível máximo do sinal dá o grau de distorção. Quanto mais o olho se fechar, mais difícil será a distinção entre 1 e 0 no sinal.

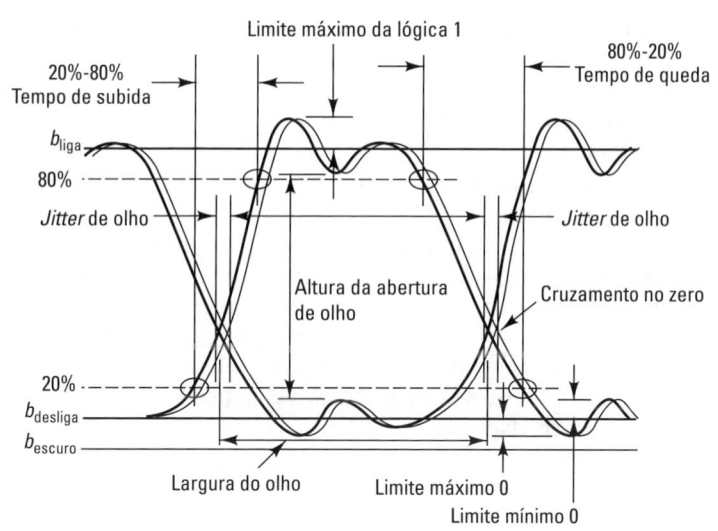

Figura 7.12 Configuração geral de um diagrama de olho mostrando as definições dos parâmetros de medidas fundamentais.

- A altura da abertura dos olhos no momento de amostragem especificado mostra a margem de ruído ou imunidade ao ruído. A *margem de ruído* é a razão percentual do pico de tensão do sinal V_1 para uma sequência alternada de *bits* (definida pela altura da abertura do olho) e o sinal de tensão máxima V_2 medida a partir do nível de limiar, como mostra a Figura 7.13, ou seja

$$\text{Margem de ruído (\%)} = \frac{V_1}{V_2} \times 100\% \qquad (7.24)$$

Exemplo 7.9 Considere um diagrama de olho no qual a abertura central é de cerca de 90% devido à degradação pela interferência intersimbólica (ISI). Qual é a degradação da ISI em decibéis?

Solução: A degradação por ISI é dada por

$$\text{ISI} = 20 \log \frac{V_1}{V_2} = 20 \log 0,90 = 0,915 \text{ dB}$$

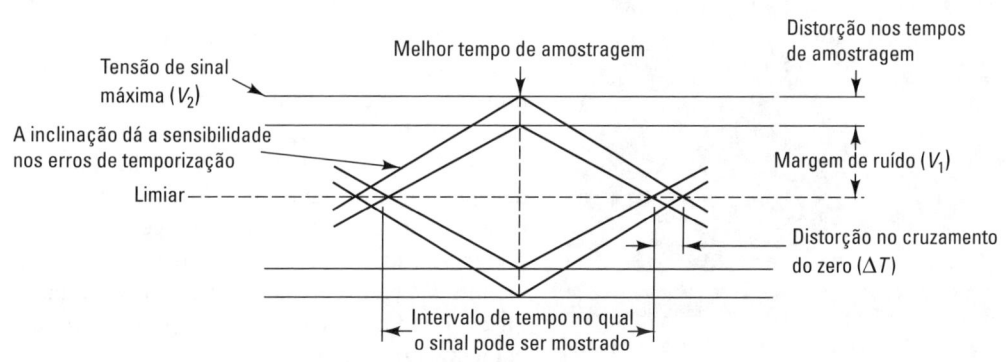

Figura 7.13 Diagrama de olho simplificado mostrando os parâmetros-chave de desempenho.

- A taxa em que o olho se fecha à medida que o tempo de amostragem é variado (isto é, a inclinação das laterais do padrão de olho) determina a sensibilidade do sistema aos *erros de temporização*. A possibilidade de erros de temporização aumenta conforme a inclinação se torna mais horizontal.
- *Atraso de temporização* (também referido como *jitter lateral* ou *distorção de fase*) em um sistema de fibra óptica surge do ruído no receptor e da distorção do pulso na fibra óptica. O *jitter* excessivo pode resultar em erros de *bits*, uma vez que instabilidade pode produzir incertezas na temporização do *clock*. Essa incerteza de temporização levará o receptor a perder a sincronização com o fluxo de *bits* de entrada, interpretando incorretamente, assim, os pulsos de lógica 1 e 0. Se o sinal é amostrado no meio do intervalo de tempo (isto é, a meia distância entre os instantes em que o sinal cruza o nível de limiar), então a quantidade de distorção ΔT no nível de limiar indica a quantidade de *jitter*. O atraso na temporização é, assim, dado por

$$\text{Atraso na temporização (\%)} = \frac{\Delta T}{T_b} \times 100\% \qquad (7.25)$$

onde T_b é o intervalo de 1 *bit*.
- Tradicionalmente, o *tempo de subida* é definido como o intervalo de tempo entre os pontos em que a lateral ascendente do sinal atinge 10% de sua amplitude final e o tempo em que ela atinge 90% da sua amplitude final. No entanto, quando se medem os sinais ópticos, esses pontos são muitas vezes obscurecidos por efeitos do ruído e instabilidade. Assim, os valores mais distintos em 20% e 80% dos pontos de limiar são os normalmente medidos. Para converter os tempos de subida de 20% a 80% nos tempos de 10% a 90%, pode-se utilizar a relação aproximada

$$T_{10\text{-}90} = 1{,}25 \times T_{20\text{-}80} \qquad (7.26)$$

Uma abordagem semelhante é utilizada para determinar o tempo de queda.
- Qualquer efeito não linear nas características de transferência do canal criará uma assimetria no padrão olho. Se um fluxo de dados puramente aleatório passar através de um sistema puramente linear, todas as aberturas de olho serão idênticas e simétricas.

Instrumentos modernos de medição de taxa de erro de *bit* constroem e exibem diagramas de olho, como o exemplo da Figura 7.14. Idealmente, se as deficiências do sinal são pequenas, o padrão recebido no visor do instrumento deve apresentar linhas nítidas e bem definidas. No entanto, deficiências de sinal variáveis no tempo na via de transmissão podem provocar variações de amplitude no sinal e inclinações na temporização entre o sinal de dados e o sinal de *clock* associado. Note que um sinal de *clock*, que é tipicamente codificado no sinal de dados, é utilizado para ajudar o receptor a interpretar os dados recebidos corretamente. Assim, em um *link* efetivo, o padrão recebido será maior ou distorcido nas laterais, no topo e no fundo, como mostra a Figura 7.14.

Figura 7.14 Diagrama de olho típico que mostra uma distorção de sinal relativamente baixa.

7.3.2 Medidas de BER e fator Q

Como a BER é um parâmetro estatístico, o seu valor depende do tempo de medição e dos fatores que causam os erros. Se os erros são devidos ao ruído gaussiano em um *link* de transmissão relativamente estável, então um tempo de medição no qual cerca de 100 erros ocorrem pode ser necessário para assegurar uma determinação estatisticamente válida da BER. Tempos mais longos de medição podem ser necessários para sistemas nos quais podem ocorrer erros em rajadas. Para comunicações de alta velocidade, a taxa de erro de *bits* requerida precisa ser tipicamente de 10^{-12} ou menor. Por exemplo, para algumas conexões de 10 Gb/s, uma BER de 10^{-12} significa que um erro de *bit* ocorre a cada 100 segundos. Tal nível pode ser inaceitável, por isso mesmo taxas de erro de *bit* menores, como 10^{-15}, podem ser necessárias para assegurar aos clientes um grau elevado de serviço. Os padrões que definem as taxas de erro aceitáveis incluem as Recomendações ITU-T 0.150 e 0.201 e os documentos ANSI T1.510 e T1.105.[26,32,33]

Os testes de tempos podem ser muito longos. Por exemplo, para detectar 100 erros para a medição de uma BER de 10^{-12} em um *link* de 10 Gb/s, são necessárias 2,8 horas. Assim, os testes de tempos em *links* instalados em qualquer lugar funcionariam de 8 a 72 horas. Para reduzir esses períodos de ensaio dispendiosos e morosos, a *técnica de fator Q* pode ser utilizada. Embora alguma precisão seja perdida nesse método, ele reduz os tempos de teste a minutos. Nesse método, o limite do receptor é reduzido, o que aumenta a probabilidade de erros e, assim, diminui o tempo de teste.

Uma grande variedade de sofisticados equipamentos de teste de erro de *bit* está disponível tanto para avaliações em fábrica como para equipamentos e *links* de transmissão de comunicação óptica. Além de realizar testes com padrões normatizados ou executar medidas baseadas no fator Q, o equipamento mais avançado também mede o desempenho por meio de um sinal degradado que representa mais de perto o que é visto em *links* no campo. Esse método é descrito na especificação IEEE 802.3ae para testes de dispositivos Ethernet 10 Gigabit (10 GbE).[26,34] Esse *teste de olho estressado* examina a condição de desempenho do pior caso, especificando uma razão de extinção pobre e adicionando múltiplas tensões, *interferência intersimbólica* (ISI) ou fechamento vertical dos olhos, interferência senoidal e atraso senoidal. O conceito desse ensaio é supor que todas as deficiências por atrasos e interferência intersimbólica que possam ocorrer a um sinal de um *link* em campo fecharão o olho até que ele tenha a forma de diamante, como na Figura 7.15. Se a abertura do olho do receptor óptico sob teste é maior do que essa área em forma de diamante de funcionamento livre de erro, espera-se que ele possa funcionar corretamente em um sistema real de campo. A altura desse modelo de olho estressado normalmente está entre 0,10-0,25 de altura-padrão completo. O Capítulo 14 dá mais detalhes sobre esse teste de olho estressado.

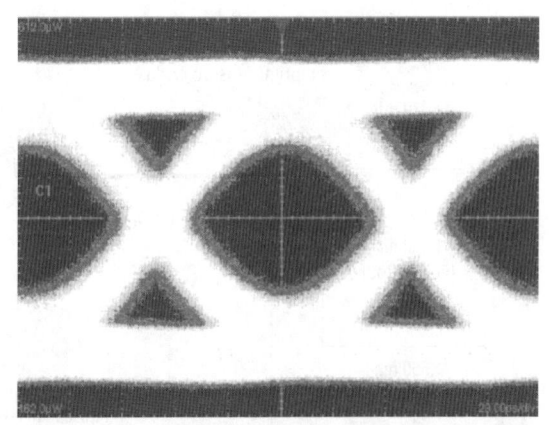

Figura 7.15 A inclusão de todos os possíveis efeitos de distorção de sinal resulta em um olho estressado com somente uma pequena abertura no formato de diamante.

7.4 Receptores de modo *Burst*

Para atender às contínuas demandas crescentes de clientes por conexões de maior capacidade para uma instalação central de comutação, os provedores de rede e de serviços criaram o conceito de utilização de uma *rede óptica passiva* (PON).[35-40] Como descrito com mais detalhes no Capítulo 13, essas configurações se tornaram conhecidas como instalações de *fibras para redes* (FTTP). Em uma PON, não há componentes ativos entre o escritório central e as instalações do cliente. Em vez disso, apenas componentes ópticos passivos são colocados no caminho de transmissão da rede para orientar o tráfego de sinais contidos em específicos comprimentos de onda ópticos para os terminais de usuário e de volta para o escritório central.

A Figura 7.16 ilustra a arquitetura de uma PON típica na qual uma rede de fibra óptica conecta os equipamentos de comutação em um escritório central com certo número de assinantes do serviço. Exemplos de equipamentos no escritório central incluem centrais telefônicas públicas, servidores de vídeo *on demand*, roteadores de *protocolo de Internet* (IP) comutadores Ethernet e comutadores de *modo de transferência assíncrona* (ATM). No escritório central, dados e voz digitalizados são combinados e enviados no *fluxo* (*downstream*) para os clientes ao longo de um *link* óptico, utilizando um comprimento de onda de 1.490 nm. O caminho de retorno em *contrafluxo* (*upstream*) (cliente para o escritório central) para os dados e voz utiliza o comprimento de onda de 1.310 nm. Os serviços de vídeo são enviados no fluxo em um comprimento de onda 1.550 nm. O equipamento de transmissão na rede consiste em um *terminal da linha óptica* (OLT), situado no escritório central, e um *terminal de rede óptica* (ONT) em cada instalação de clientes.

Começando no escritório central, um fio de fibra óptica monomodo corre para um *divisor de potência óptica* passivo perto de um complexo habitacional, um parque de escritório ou de algum ambiente no *campus*. Nesse ponto, um divisor passivo simplesmente divide a potência óptica em *N* caminhos diferentes para os assinantes. O número de direções divididas pode variar de 2-64, mas, normalmente, são 8, 16 ou 32 vias. A partir do divisor óptico, fibras monomodo individuais correm para cada edifício ou equipamento desejado. O alcance da transmissão por fibra óptica a partir do escritório central ao usuário pode

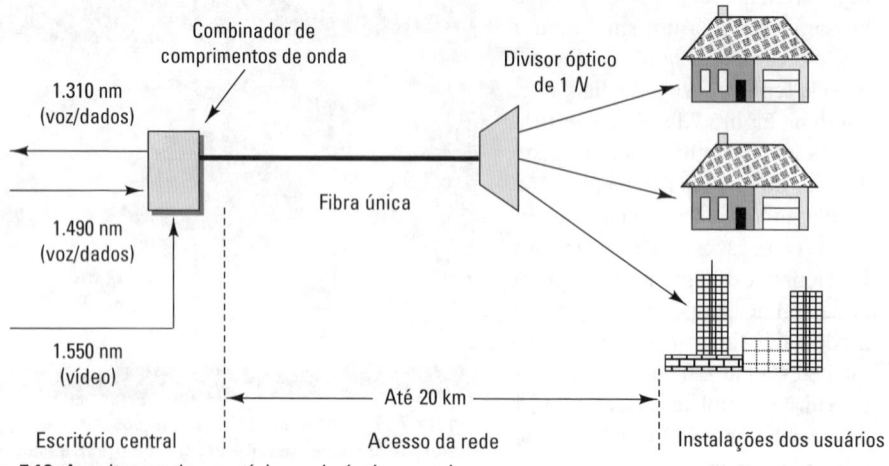

Figura 7.16 Arquitetura de uma típica rede óptica passiva.

ser de até 20 km. Para aplicações FTTP, as características operacionais no escritório central de um receptor óptico de um OLT diferem significativamente daquelas dos convencionais *links* ponto a ponto.[35-38] Isso resulta do fato de a amplitude e a fase dos pacotes de informação recebidos em sucessivos intervalos de tempo a partir de diferentes localizações de usuários (clientes) poderem variar amplamente de pacote para pacote, como ilustra a Figura 7.17. Essas variações são possíveis para clientes cuja distância do escritório central é de 20 km. Em um caso, suponhamos que o cliente mais próximo e o mais distante ligados a um divisor de potência óptica comum estejam 20 km entre si e que a atenuação da fibra seja de 0,5 dB/km. Então, há uma diferença de 10 dB nas amplitudes de sinal que chegam ao OLT a partir desses dois usuários se ambos têm o mesmo nível de saída de *laser* no contrafluxo. Se houver um componente óptico adicional no caminho de transmissão indo para um dos locais do cliente, então a diferença de níveis de sinais que chegam ao OLT poderá variar até 20 dB.

A Figura 7.18 mostra a consequência desse efeito. Nessa figura, o termo ONT refere-se ao equipamento transceptor no local do cliente. A parte superior mostra o tipo padrão de dados que seriam recebidos nos *links* ponto a ponto convencionais, como os níveis de sinal que chegam ao local de um dado cliente a partir do escritório central. Aqui, não há variação na amplitude das lógicas 1 recebidas. A parte inferior mostra os níveis de sinal óptico padrão que poderiam chegar ao OLT de diferentes clientes. Nesse caso, a amplitude dos sinais muda de pacote para pacote, dependendo da distância que cada ONT está a partir do escritório central. O *tempo de guarda* mostrado na Figura 7.18 proporciona um tempo de atraso suficiente para evitar colisões entre os pacotes sucessivos, que podem ser provenientes de diferentes ONTs.

Uma vez que um receptor óptico convencional não é capaz de lidar instantaneamente com as rápidas diferenças de mudança na amplitude do sinal e alinhamento de fase do *clock*, um receptor de modo *Burst* é necessário. Esses receptores podem rapidamente extrair o limiar de decisão e determinar a fase do sinal a partir de um conjunto de *bits* de justificação colocados no início de cada pacote de *burst*. No entanto, essa metodologia resulta em uma penalidade na sensibilidade do receptor de até 3 dB.

Os principais requisitos de um receptor de modo *Burst* são alta sensibilidade, intervalo de faixa dinâmica e tempo de resposta rápido. A sensibilidade é importante em relação à provisão de potência óptica, uma vez que, por exemplo, uma melhoria de sensibilidade de 3 dB pode dobrar o tamanho do divisor de potência, de modo que mais clientes possam estar ligados ao PON. Uma ampla faixa dinâmica é essencial para a obtenção de um alcance de rede longo, isto é, para ser capaz de acomodar os usuários localizados tanto perto como longe do escritório central.

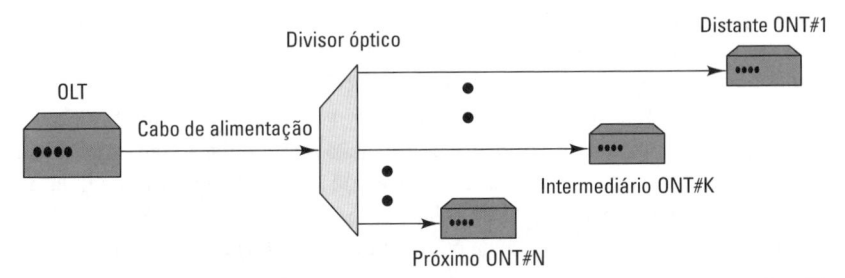

Figura 7.17 Variações de longa distância dos clientes ao escritório central resultam em perdas diferentes de sinal de potência em toda a PON.

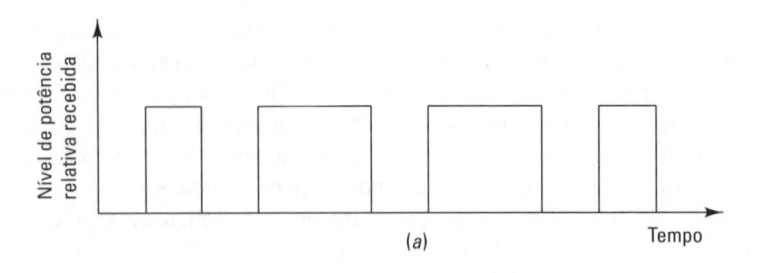

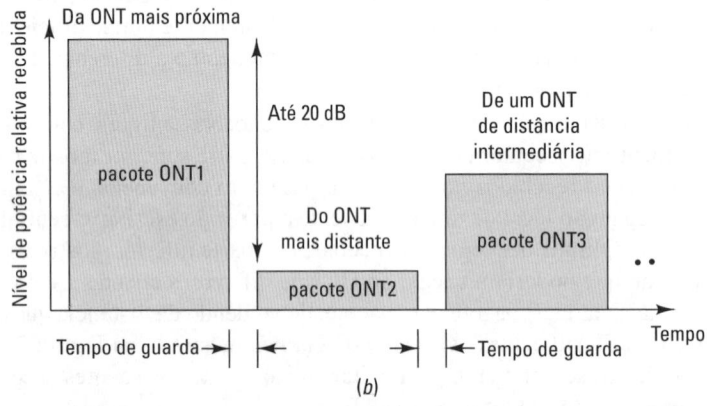

Figura 7.18 (a) Típico padrão de dados recebidos em *links* convencionais ponto a ponto, (b) variações de nível do sinal óptico em pulsos que podem chegar a um OLT.

O uso de um método de acoplamento de corrente alternada (ca) convencional não é possível em um receptor de modo *Burst*, uma vez que a carga residual no capacitor de acoplamento, após qualquer rajada de dados em particular, não pode ser dissipada rápido o suficiente para não afetar as condições iniciais da rajada seguinte. Logo, o receptor de modo *Burst* requer um circuito adicional para acomodar operação de acoplamento cc. Tais receptores estão agora incorporados aos equipamentos OLT padrão disponíveis comercialmente.

7.5 Receptores analógicos

Além do amplo uso de fibras ópticas para a transmissão de sinais digitais, existem muitas aplicações potenciais para os *links* analógicos, desde canais individuais de voz em 4 kHz até *links* de micro-ondas.[41-46] Na seção anterior, tratamos do desempenho do receptor digital em termos da probabilidade de erro. Para um receptor analógico, a fidelidade do desempenho é medida em termos de uma *relação sinal-ruído*, definida como a razão entre as médias quadráticas da corrente de sinal e da corrente de ruído.

A técnica analógica mais simples é a utilização de modulação em amplitude na fonte. Nesse esquema, um sinal elétrico variável no tempo $s(t)$ é utilizado para modular uma fonte óptica diretamente sobre um ponto de polarização definido pela corrente de polarização I_B, como ilustra a Figura 7.19. A potência óptica transmitida $P(t)$ é, assim, da forma

$$P(t) = P_t \left[1 + ms(t) \right] \tag{7.27}$$

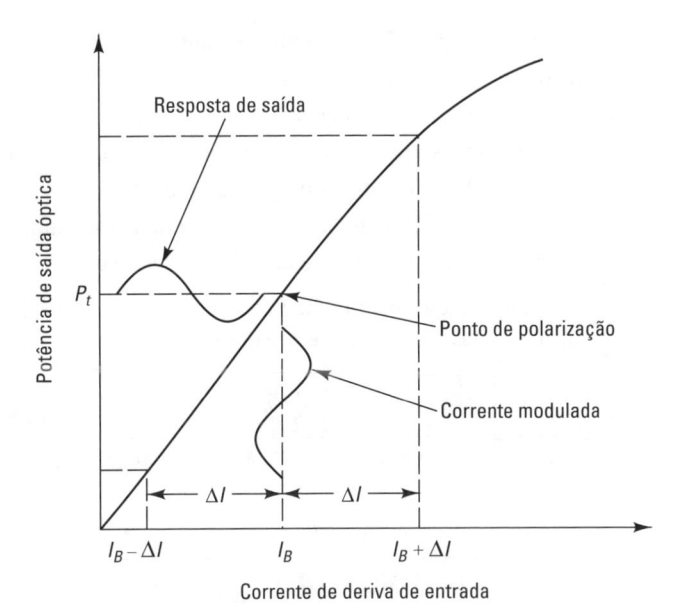

Figura 7.19 Modulação analógica direta de uma fonte de LED.

onde P_t é a potência óptica média transmitida; $s(t)$, o sinal de modulação analógico; e m, o índice do sinal de modulação definido por (ver Seção 4.5)

$$m = \frac{\Delta I}{I_B} \qquad (7.28)$$

Aqui, ΔI é a variação da corrente ao redor do ponto de polarização. A fim de não introduzir distorção no sinal óptico, a modulação deve limitar-se à região linear da curva de saída da fonte de luz representada na Figura 7.19. Além disso, se $\Delta I > I_B$, a porção inferior do sinal é cortada, o que resultará em grave distorção.

Na extremidade do receptor, a fotocorrente gerada pelo sinal óptico analógico é

$$\begin{aligned} i_s(t) &= \mathcal{R} M P_r [1 + ms(t)] \\ &= I_p M [1 + ms(t)] \end{aligned} \qquad (7.29)$$

onde $\mathcal{R}$ é a responsividade do detector; P_r, a potência óptica média recebida; $I_p = \mathcal{R} P_r$, a fotocorrente primária; e M, o ganho do fotodetector. Se $s(t)$ é um sinal modulado senoidalmente, então o valor médio quadrático da corrente de sinal na saída do fotodetector é (ignorando um termo dc)

$$\langle i_s^2 \rangle = \frac{1}{2}(\mathcal{R} M m P_r)^2 = \frac{1}{2}(M m I_p)^2 \qquad (7.30)$$

Recordando que, a partir da Equação (6.18), a média quadrática da corrente de ruído para um receptor de fotodiodo é a soma da média quadrática do ruído quântico, corrente de ruído térmico da resistência equivalente, da corrente escura e da corrente de fuga de superfície, temos

$$\langle i_N^2 \rangle = 2q(I_p + I_D)M^2 F(M) B_e + 2q I_L B_e + \frac{4 k_B T B_e}{R_{eq}} F_t \qquad (7.31)$$

onde I_p = fotocorrente primária (não multiplicada) = $\mathscr{R}P_r$
I_D = corrente escura primária do *bulk*
I_L = corrente de fuga da superfície
$F(M)$ = fator de excesso de ruído do fotodiodo $\simeq M^x (0 < x \leq 1)$
B_e = largura de banda efetiva do ruído do receptor
R_{eq} = resistência equivalente de carga do fotodetector e amplificador
F_t = figura de ruído do amplificador de banda-base

Por uma escolha apropriada de fotodetector, a corrente de fuga pode ser tornada insignificante. Assumindo isso, a relação sinal-ruído S/N é

$$\frac{S}{N} = \frac{\langle i_s^2 \rangle}{\langle i_N^2 \rangle} = \frac{\frac{1}{2}(\mathscr{R}MmP_r)^2}{2q(\mathscr{R}P_r + I_D)M^2 F(M) B_e + (4k_B T B_e / R_{eq}) F_t}$$

$$= \frac{\frac{1}{2}(I_p Mm)^2}{2q(I_p + I_D)M^2 F(M) B_e + (4k_B T B_e / R_{eq}) F_t} \quad (7.32)$$

Para um fotodiodo *pin*, temos $M = 1$. Quando a potência óptica incidente no fotodiodo é pequena, o termo de ruído do circuito (térmico) domina a corrente de ruído, de modo que

$$\frac{S}{N} \simeq \frac{\frac{1}{2}m^2 I_p^2}{(4k_B T B_e / R_{eq}) F_t} = \frac{\frac{1}{2}m^2 \mathscr{R}^2 P_r^2}{(4k_B T B_e / R_{eq}) F_t} \quad (7.33)$$

Aqui, a relação sinal-ruído é diretamente proporcional ao quadrado da corrente de saída do fotodiodo e inversamente proporcional ao ruído térmico do circuito.

Para grandes sinais ópticos incidentes sobre um fotodiodo *pin*, o ruído quântico (*shot*) associado com o processo de detecção de sinal domina, de modo que

$$\frac{S}{N} \simeq \frac{m^2 I_p}{4qB_e} = \frac{m^2 \mathscr{R} P_r}{4qB_e} \quad (7.34)$$

Uma vez que a relação sinal-ruído, nesse caso, é independente do ruído do circuito, ela representa o limite fundamental ou quântico para a sensibilidade de um receptor analógico.

Quando um fotodiodo avalanche é empregado em níveis baixos de sinal e com baixos valores M de ganho, o termo de ruído do circuito domina. Em um nível baixo fixo de sinal, como o ganho é aumentado de um baixo valor, a relação sinal-ruído aumenta com o ganho até que o termo de ruído quântico se torne comparável ao termo de ruído do circuito. Como o ganho é aumentado ainda mais além desse ponto, a relação sinal-ruído *diminui* como $F(M)^{-1}$. Assim, para um dado conjunto de condições operacionais, existe um valor ótimo do ganho avalanche para o qual a relação sinal-ruído é máxima. Uma vez que um fotodiodo avalanche aumenta a relação sinal-ruído a partir de níveis baixos de sinal óptico, ele é o fotodetector preferido para essa situação.

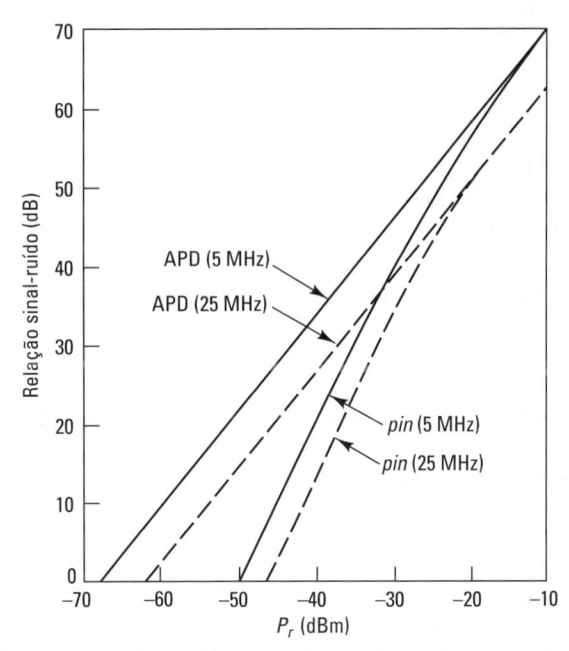

Figura 7.20 Comparação da relação sinal-ruído de fotodiodos *pin* e avalanche em função da potência óptica recebida para larguras de banda de 5 e 25 MHz.

Para níveis muito elevados de sinais ópticos, o termo de ruído quântico domina o ruído do receptor. Nesse caso, um fotodiodo avalanche não apresenta nenhuma vantagem, uma vez que o ruído do detector aumenta mais rapidamente com o aumento do ganho M do que o nível do sinal. Isso é mostrado na Figura 7.20, em que se compara a relação sinal-ruído de um receptor com fotodiodo *pin* e avalanche em função da potência óptica recebida. A relação sinal-ruído para o fotodetector avalanche está no ganho ótimo (ver Problemas 7.14 e 7.15). Os valores de parâmetros escolhidos para esse exemplo são $B_e = 5$ MHz e 25 MHz, $x = 0,5$ para o fotodiodo avalanche e 0 para o diodo *pin*, $m = 80\%$, $\mathcal{R} = 0,5$ A/W e $R_{eq}/F_t = 10^4$ Ω. Note que, para níveis baixos de sinal, um fotodiodo avalanche produz uma maior relação sinal-ruído, enquanto, em altos níveis de potência óptica recebida, um fotodiodo *pin* fornece um desempenho equivalente.

Exemplo 7.10 Considere um sistema de fibra óptica analógica operando em 1.550 nm, o qual tem uma largura de banda de ruído do receptor efetiva de 5 MHz. Assumindo que o sinal recebido é limitado pelo ruído quântico, qual é a potência óptica incidente necessária para que possamos obter uma relação sinal-ruído de 50 dB para o receptor? Suponha que a responsividade seja de 0,9 A/W e que $m = 0,5$.

Solução: Primeiro notamos que uma SNR de 50 dB significa que $S/N = 10^5$. Então, resolvendo a Equação (7.34) para P_r, temos

$$P_r = \frac{(S/N)4qB_e}{m^2 \mathcal{R}} = \frac{(1 \times 10^5)4(1,6 \times 10^{-19})(5 \times 10^6)}{(0,5)^2(0,90)} = 1.420 \text{ nW} = 1,42 \times 10^{-3} \text{ mW}$$

ou, em dBm,

$$P_r(\text{dBm}) = 10 \log P_r = 10 \log 1,42 \times 10^{-3} = -28,5 \text{ dBm}$$

Problemas

7.1 Em fotodiodos avalanche, a razão de ionização k é de aproximadamente 0,02 para o silício, 0,35 para o arseneto de gálio índio e 1,0 para germânio. Mostre que, para ganhos de até 100 no Si e até 25 no InGaAs e Ge, o fator de excesso de ruído $F(M)$ dado pela Equação (7.3) pode ser aproximado dentro de 10% por M^x, em que x é de 0,3 para Si, 0,7 para InGaAs e 1,0 para o Ge.

7.2 O equalizador de um receptor óptico normalmente é um filtro linear modulador de frequência utilizado para mitigar os efeitos de distorção de sinal e interferência intersimbólica. Para levar em conta o fato de que os pulsos chegam arredondados e distorcidos ao receptor, o trem de pulsos digitais binários incidentes no fotodetector pode ser descrito por

$$P(t) = \sum_{n=-\infty}^{\infty} b_n h_p(t - nT_b)$$

Aqui $P(t)$ é a potência óptica recebida, T_b é o período de *bit*, b_n representa a energia no n-ésimo pulso ($b_n = b_0$ para um pulso 0 e b_1 para um pulso 1), e $h_p(t)$ é a forma do pulso recebido.

Mostre que as seguintes formas de pulso satisfazem a condição de normalização

$$\int_{-\infty}^{\infty} h_p(t) dt = 1$$

(a) Pulso retangular ($\alpha =$ constante)

$$h_p(t) = \begin{cases} \dfrac{1}{\alpha T_b} & \text{para} \quad \dfrac{-\alpha T_b}{2} < t < \dfrac{\alpha T_b}{2} \\ 0 & \text{para outros casos} \end{cases}$$

(b) Pulso gaussiano

$$h_p(t) = \frac{1}{\sqrt{2\pi}} \frac{1}{\alpha T_b} e^{-t^2/2(\alpha T_b)^2}$$

(c) Pulso exponencial

$$h_p(t) = \begin{cases} \dfrac{1}{\alpha T_b} e^{-t/\alpha T_b} & \text{para} \quad 0 \le t \le \infty \\ 0 & \text{para outros casos} \end{cases}$$

7.3 Derive a expressão de probabilidade de erro dada pela Equação (7.16) a partir da Equação (7.8).

7.4 Um sistema de transmissão envia informações em 200.000 b/s. Durante o processo de transmissão, ruído de flutuação é adicionado ao sinal de modo que, na saída do decodificador, os pulsos de sinal são de 1 V de amplitude e a tensão rms de ruído é de 0,2 V.
 (a) Assumindo que os uns e zeros, são igualmente possíveis de ser transmitidos, qual é o tempo médio em que ocorre um erro?
 (b) Como esse tempo é alterado se a amplitude da tensão é dobrada com a tensão rms de ruído permanecendo a mesma?

7.5 Considere as distribuições de probabilidades mostradas na Figura 7.7, onde a tensão do sinal para um binário 1 é V_1 e $v_{th} = V_1/2$.
 (a) Se $\sigma = 0,20\ V_1$ para $p(y|0)$ e $\sigma = 0,24\ V_1$ para $p(y|1)$, encontre as probabilidades de erro $P_0(v_{th})$ e $P_1(v_{th})$.
 (b) Se $a = 0,65$ e $b = 0,35$, encontre P_e.
 (c) Se $a = b = 0,5$, encontre P_e.

7.6 Analogamente à Figura 7.11, trace as sensibilidades em 1.310 nm para uma BER de 10^{-9} em receptores que têm fotodiodos *pin* de InGaAs e avalanche. Considere taxas de dados na faixa de 10 Mb/s a 10 Gb/s. Considere a temperatura de 300 K e a resistência de carga $R_L = 100\ \Omega$. Assuma que os fotodiodos de InGaAs têm uma responsividade de ganho unitário $\mathcal{R} = 0,90$ A/W em 1.310 nm e que o ganho do APD é $M = 10$.

7.7 Um LED operando em 1.300 nm injeta 25 μW de potência óptica em uma fibra. Se a atenuação entre o LED e o fotodetector é de 40 dB e a eficiência quântica do fotodetector é de 0,65, qual é a probabilidade de que menos do que 5 pares elétron-buraco sejam gerados no detector em um intervalo de 1 ns?

7.8 Mostre que, usando a Equação (7.14), as expressões de probabilidade de erro dadas pela Equação (7.11) se reduzem à Equação (7.13).

7.9 Uma aproximação útil para ½ (1 − erf x) para valores de x maiores do que 3 é dada por

$$\frac{1}{2}(1 - \text{erf}\ x) \simeq \frac{\exp(-x^2)}{2\sqrt{\pi} x}$$

Usando essa aproximação, considere um sistema binário *on-off* que transmite os níveis de sinal 0 e A com a mesma probabilidade na presença de um ruído gaussiano. Considere que a amplitude de sinal A é K multiplicado pelo desvio-padrão do ruído.

(a) Calcule a probabilidade líquida de erro se $K = 10$.

(b) Encontre o valor de K necessário para obter uma probabilidade de erro líquido de 10^{-5}.

7.10 Se uma rajada de ruído que corrompe *bits* durar 2 ms, quantos *bits* serão afetados em taxas de dados de 10 Mb/s, 100 Mb/s e 2,5 Gb/s?

7.11 Considere um sistema analógico de fibra óptica limitado por ruído térmico que usa um fotodiodo *pin* com uma responsividade de 0,85 em 1.310 nm. Assuma que o sistema utiliza um índice de modulação de 0,5 e opera em uma largura de banda de 5 MHz. Considere que a média quadrática da corrente de ruído térmico para o receptor é de 2×10^{-23} A²/Hz. Qual será a potência pico a pico do sinal para a razão de ruído rms no receptor quando a potência óptica média incidente for de -20 dBm?

7.12 Considere um sistema analógico de fibra óptica limitado por ruído quântico que usa um fotodiodo *pin* com uma responsividade de 0,85 em 1.310 nm. Assuma que o sistema utiliza um índice de modulação de 0,6 e opera em uma largura de banda de 40 MHz. Se negligenciarmos a corrente escura do detector, qual será a relação sinal-ruído quando a potência óptica incidente no receptor for -15 dBm?

7.13 Mostre que a relação sinal-ruído dada pela Equação (7.32) é máxima quando o ganho é otimizado em

$$M_{\text{ótimo}}^{2+x} = \frac{4k_B T F_t / R_{\text{eq}}}{q(I_P + I_D)x}$$

7.14 (a) Mostre que, quando o ganho M é dado pela expressão do Problema 7.13, a relação sinal-ruído dada pela Equação (7.32) pode ser escrita como

$$\frac{S}{N} = \frac{xm^2}{2B(2+x)} \frac{I_p^2}{\left[q(I_P + I_D)x\right]^{2/(2+x)}} \left(\frac{R_{\text{eq}}}{4k_B T F_t}\right)^{x/(2+x)}$$

(b) Mostre que, quando I_p é muito maior do que I_D, a expressão anterior torna-se

$$\frac{S}{N} = \frac{m^2}{2Bx(2+x)} \left[\frac{(xI_p)^{2(1+x)}}{q^2(4k_B T F_t / R_{\text{eq}})^x}\right]^{1/(2+x)}$$

7.15 Considere a expressão da relação sinal-ruído dada no Problema 7.14*a*. Analogamente à Figura 7.20, trace S/N em dB [isto é, 10 log (S/N)] como uma função do nível de potência recebida P_r em dBm quando a corrente escura $I_D = 10$ nA e $x = 1,0$. Considere $B_e = 5$ MHz, $m = 0,8$, $\mathcal{R} = 0,5$ A/W, $T = 300$ K e $R_{\text{eq}}/F_t = 10^4$ Ω. Lembre-se de que $I_p = \mathcal{R} P_r$.

Referências

1. S. D. Personick, "Receiver design for digital fiber optic communication systems," *Bell Sys. Tech. J.*, vol. 52, pp. 843-886, July/Aug. 1973.
2. S. D. Personick, P. Balaban, J. Bobsin, and P. Kumer, "A detailed comparison of four approaches to the calculation of the sensitivity of optical fiber receivers," *IEEE Trans. Commun.*, vol. COM-25, pp. 541-548, May 1977.
3. S. Bottacchi, *Noise and Signal Interference in Optical Fiber Transmission Systems*, Wiley, New York, 2009.
4. B. L. Kasper, O. Mizuhra, and Y.-K. Chen, "High bit-rate receivers, transmitters, and electronics," chap. 16, in I. P. Kaminow and T. Li, eds., *Optical Fiber Telecommunications – IVA*, Academic, New York, 2002.
5. K. Schneider and H. Zimmermann, *Highly Sensitive Optical Receivers*, Springer, New York, 2006.
6. J. Savoi and B. Razavi, *High-Speed CMOS Circuits for Optical Receivers*, Springer, New York, 2001.
7. T. V. Muoi, "Receiver design for high-speed optical-fiber systems," *J. Lightwave Tech.*, vol. LT-2, pp. 243-267, June 1984.
8. S. R. Forrest, "The sensitivity of photoconductive receivers for long-wavelength optical communications," *J. Lightwave Tech.*, vol. LT-3, pp. 347-360, April 1985.
9. M. Brain and T. P. Lee, "Optical receivers for lightwave communication systems," *J. Lightwave Tech.*, vol. LT-3, pp. 1281-1300, Dec. 1985.
10. B. L. Kasper, "Receiver design," in *Optical Fiber Telecommunications – II*, S. E. Miller and I. P. Kaminow, eds., Academic, New York, 1988.

11. G. F. Williams, "Lightwave receivers," in T. Li, ed., *Topics in Lightwave Transmission Systems*, Academic, New York, 1991.
12. Y. K. Park and S. W. Granlund, "Optical preamplifier receivers: Application to long-haul digital transmission," *Optical Fiber Tech.*, vol. 1, pp. 59-71, Oct. 1994.
13. D. A. Fishman and B. S. Jackson, "Transmitter and receiver design for amplified lightwave systems," chap. 3, pp. 69-114, in I. P. Kaminow and T. L. Koch, eds., *Optical Fiber Telecommunications – III*, vol. B, Academic, New York, 1997.
14. S. B. Alexander, *Optical Communication Receiver Design*, SPIE Optical Engineering Press, Bellingham, WA, 1997.
15. E. Säckinger, *Broadband Circuits for Optical Fiber Communication*, Wiley, Hoboken, NJ, 2005.
16. K. Schneider and H. K. Zimmermann, *Highly Sensitive Optical Receivers*, Springer, New York, 2006.
17. C. Hermans and M. Stayaert, *Broadband Opto-Electrical Receivers in Standard CMOS*, Springer, New York, 2007.
18. G. Keiser, *Local Area Networks*, McGraw-Hill, New York, 2nd ed., 2002.
19. R. E. Ziemer and W. H. Tranter, *Principles of Communications: Systems, Modulation, and Noise*, Wiley, Hoboken, NJ, 6th ed., 2009.
20. A. B. Carlson and P. Crilly, *Communication Systems*, McGraw-Hill, Burr Ridge, IL, 5th ed., 2010.
21. S. V. Vaseghi, *Advanced Digital Signal Processing and Noise Reduction*, Wiley, Hoboken, NJ, 4th ed., 2009.
22. L. W. Couch II, *Digital and Analog Communication Systems*, Prentice Hall, Upper Saddle River, NJ, 7th ed., 2007.
23. E. A. Newcombe and S. Pasupathy, "Error rate monitoring for digital communications," *Proc. IEEE*, vol. 70, pp. 805-828, Aug. 1982.
24. N. S. Bergano, F. W. Kerfoot, and C. R. Davidson, "Margin measurements in optical amplifier systems," *IEEE Photonics Tech. Lett.*, vol. 5, pp. 304-306, Aug. 1993.
25. S. W. Hinch and C. M. Miller, "Analysis of digital modulation on optical carriers," in D. Derickson, ed., *Fiber Optic Test and Measurement*, Prentice Hall, Upper Saddle River, NJ, 1998.
26. ITU-T Recommendation O.201, *Q-factor Test Equipment to Estimate the Transmission Performance of Optical Channels*, July 2003.
27. I. Shake, H. Takara, and S. Kawanishi, "Simple measurement of eye diagram and BER using high-speed asynchronous sampling," *J. Lightwave Tech.*, vol. 22, pp. 1296-1302, Jan. 2004.
28. A. Papoulis and S. U. Pillai, *Probability, Random Variables, and Stochastic Processes*, McGraw-Hill, Burr Ridge, IL, 4th ed., 2002.
29. P. Z. Peebles Jr., *Probability, Random Variables, and Random Signal Principles*, McGraw-Hill, Burr Ridge, IL, 4th ed., 2001.
30. W. Navidi, *Principles of Statistics for Engineers and Scientists*, McGraw-Hill, New York, 2010.
31. D. Zwillinger, ed., *Standard Mathematical Tables and Formulae*, CRC Press, Boca Raton, FL, 31st ed., 2003.
32. American National Standards Institute, ANSI T1.510-1999, *Network Performance Parameters for Dedicated Digital Services for Rates Up to and Including DS3-Specifications*, 1999.
33. American National Standards Institute, ANSI T1.105.03-2003, *Synchronous Optical Network (SONET) – Jitter and Wander at Network and Equipment Interfaces*, 2003.
34. IEEE 802.3-2005, *LAN/MAN CSMA/CD Access Method and Physical Layer Specifications*, 2005.
35. G. Keiser, *FTTX Concepts and Applications*, Wiley, Hoboken, NJ, 2006.
36. P. E. Green, "Fiber to the home: The next big broadband thing," *IEEE Commun. Mag.*, vol. 42, pp. 100-106, Sept. 2004.
37. C. Su, L.-K. Chen, and K. W. Cheung, "Theory of burst-mode receiver and its applications in optical multiaccess networks," *J. Lightwave Tech.*, vol. 15, pp. 590-606, Apr. 1997.
38. K. Schneider and H. Zimmermann, "Fast transimpedance switching burst-mode CMOS optical receiver," *Inter. J. Circuit Theory App.*, vol. 35, no. 3, pp. 355-370, May 2007.
39. S. Nishihara, S. Kimura, T. Yoshida, M. Nakamura, J. Terada, K. Nishimura, K. Kishine, K. Kato, Y. Ohtomo, N. Yoshimoto, T. Imai, and M. Tsubokawa, "A burst-mode 3R receiver for 10-Gbit/s PON systems with high sensitivity, wide dynamic range, and fast response," *J. Lightwave Tech.*, vol. 26, no.1, pp. 99-107, Jan. 2008.
40. C. Mélange, B. Baekelandt, J. Bauwelinck, P. Ossieur, T. De Ridder, X.-Z. Qiu, and J. Vandewege, "Burst-mode CDR performance in long-reach high-split passive optical networks," *J. Lightwave Tech.*, vol. 27, no.17, pp. 3837-3844, Sept. 2008.
41. Special Issue on Microwave and Millimeter-Wave Photonics, *IEEE Microwave Theory Tech.*, vol. 49, part II, Oct. 2001.
42. Special Issue on Microwave Photonics, *IEEE Microwave Theory Tech.*, vol. 54, part II, Feb. 2006.
43. B. Razavi, *Design of Integrated Circuits for Optical Communications*, McGraw-Hill, New York, 2003.
44. S. Haykin and M. Moher, "An Introduction to Analog and Digital Communications," Wiley, Hoboken, NJ, 2nd ed., 2006.
45. C. Cox, *Analog Optical Links*, Cambridge University Press, Cambridge, U.K., 2004.
46. A. Brillant, *Digital and Analog Fiber Optic Communications for CATV and FTTx Applications*, Wiley, Hoboken, NJ, 2008.

8

Links digitais

Os capítulos anteriores apresentaram as características fundamentais dos blocos de construção individuais de um *link* de transmissão de fibra óptica. Esses blocos incluem o meio de transmissão da fibra óptica, a fonte óptica, o fotodetector e o seu receptor associado, e os conectores utilizados para unir os cabos de fibras individuais umas às outras e com a fonte e o detector. Agora vamos analisar como essas partes individuais podem ser colocadas juntas para formar um *link* completo de transmissão de fibra óptica. Em particular, estudaremos os *links* digitais básicos neste capítulo e os *links* analógicos no Capítulo 9. Os *links* de transmissão mais complexos serão analisados no Capítulo 13.

A primeira discussão envolve o caso mais simples de um *link* ponto a ponto. Isso inclui analisar os componentes que estão disponíveis para uma determinada aplicação e ver como eles se relacionam com os critérios de desempenho do sistema (como a dispersão e a taxa de erro de *bit*). Para um dado conjunto de componentes e um dado conjunto de requisitos do sistema, levaremos a cabo uma análise do balanço de potência para determinar se o *link* de fibra óptica satisfaz os requisitos de atenuação ou se são necessários amplificadores no *link* para aumentar o nível de potência. O passo final é a realização de uma análise do tempo de subida do sistema para verificar se os requisitos de desempenho global do sistema são cumpridos.

A análise na Seção 8.1 assume que a potência óptica que incide sobre o fotodetector é claramente uma função bem definida do tempo dentro da natureza estatística do processo de detecção quântico. Na realidade, vários distúrbios no sinal podem degradar o desempenho do *link*. Essas deficiências podem reduzir a potência do sinal óptico que chega ao receptor do caso ideal, o que é conhecido como uma *penalidade de potência* para esse efeito. A Seção 8.2 descreve as penalidades de potência associadas com algumas deficiências-chave que podem ser observadas em um *link* óptico.

Para que possamos controlar os erros e melhorar a confiabilidade de uma linha de comunicação, devemos ser capazes de detectar os erros e, em seguida, corrigi-los ou retransmitir a informação. A Seção 8.3 descreve a detecção de erros e os métodos de correção que são usados em uma variedade de *links* de comunicação por fibras ópticas. Esquemas básicos de *detecção coerente* são abordados na Seção 8.4. Esses esquemas são utilizados em lugar dos métodos de detecção direta para melhorar a sensibilidade do receptor, especialmente para *links* de alta velocidade que operam em 40 e 160 Gb/s. O Capítulo 13 descreve a modulação de sinal adicional e os formatos de detecção, como o *chaveamento de fase diferencial* (DPSK) e o *chaveamento de fase em quadratura diferencial* (DQPSK).

Ferramentas versáteis e poderosas de modelagem e simulação estão comercialmente disponíveis para fazer muitas das tarefas descritas neste capítulo. Essas ferramentas baseadas em *software* podem ser executadas em computadores pessoais convencionais e incluem funções como estimativas dos efeitos de BER e penalidade de potência com diferentes modelos de receptores ópticos, cálculos de balanços de potência do *link* e simulação do desempenho do *link* quando se utilizam componentes diferentes. O *site* do livro (www.grupoa.com.br) oferece *links* para várias páginas de fornecedores de tais ferramentas de modelagem e simulação. Esses *sites* contêm uma variedade de módulos de demonstração interativa de simulações relacionadas com o material do livro que o leitor pode baixar. Esses módulos ilustram vários desempenhos de componentes e *links* de fibra óptica discutidos neste e em outros capítulos do livro. O leitor poderá alterar vários valores de parâmetros nesses módulos e ver os efeitos nas representações gráficas.

8.1 *Links* ponto a ponto

O *link* mais simples é uma linha ponto a ponto que tem um transmissor em uma extremidade e um receptor na outra, como mostrado na Figura 8.1. Esse tipo de *link* demanda menos tecnologia de fibra óptica e, assim, estabelece a base para a análise de arquiteturas de sistemas mais complexos.[1-10]

O projeto de um *link* óptico envolve muitas variáveis inter-relacionadas entre as características operacionais de fibras, fonte e fotodetector, de modo que o projeto e a análise de um *link* real podem requerer várias iterações antes de ser concluído satisfatoriamente. Como as restrições de desempenho e custo são fatores muito importantes em *links* de comunicação de fibra óptica, o projetista deve escolher cuidadosamente os componentes para assegurar que o nível de desempenho desejado pode ser mantido durante a vida útil esperada do sistema sem superestimar as características dos componentes.

Os seguintes requisitos-chave são necessários na análise de um *link*:
1. A distância desejada (ou possível) de transmissão
2. A taxa de dados ou largura de banda do canal
3. A taxa de erro de *bit* (BER)

Para atender a esses requisitos, o projetista deve escolher os seguintes componentes e suas características associadas:

1. Fibra óptica multimodo ou monomodo
   (a) Tamanho do núcleo
   (b) Perfil do índice de refração do núcleo
   (c) Largura de banda ou dispersão
   (d) Atenuação
   (e) Abertura numérica ou diâmetro de campo modal

2. Fonte óptica de LED ou diodo laser
   (a) Comprimento de onda de emissão
   (b) Largura da linha espectral
   (c) Potência de saída
   (d) Área efetiva de irradiação
   (e) Padrão de emissão
   (f) Número de modos emissores

Figura 8.1 *Link* símplex ponto a ponto.

3. Fotodiodo pin ou avalanche
   (a) Responsividade
   (b) Comprimento de onda de operação
   (c) Velocidade
   (d) Sensibilidade

Duas análises são normalmente realizadas para garantir que o desempenho desejado do sistema possa ser cumprido: a provisão ou *balanço de potência do link* e as análises da *estimativa do tempo de subida*. Na análise do balanço de potência do *link,* primeiro determina-se a margem de potência entre a saída do transmissor óptico e a mínima sensibilidade do receptor necessárias para estabelecer uma BER especificada. Essa margem pode ser alocada ao conector, à emenda e às perdas de fibra, além de quaisquer margens adicionais necessárias para outros componentes, possíveis degradações de componentes, deficiências da linha de transmissão ou efeitos de temperatura. Se a escolha de componentes não permitir que a distância de transmissão desejada seja atingida, os componentes deverão ser alterados ou os amplificadores deverão ser incorporados ao *link.*

Uma vez estabelecido o balanço de potência de um *link,* o projetista pode executar uma análise do tempo de subida do sistema para garantir que o desempenho geral desejado do sistema foi atingido. Examinaremos agora essas duas análises detalhadamente.

8.1.1 Considerações do sistema

Na realização de um balanço de potência de um *link,* primeiramente decidimos em qual comprimento de onda transmitir e, em seguida, escolhemos os componentes que operam nessa região. Se a distância sobre a qual os dados devem ser transmitidos não é tão longa, podemos optar por operar na região de 770-910 nm. Em contrapartida, se a distância de transmissão é relativamente longa, pode-se querer tirar vantagem das menores atenuação e dispersão que ocorrem na região através das bandas O e U.

Após a definição do comprimento de onda, devem-se inter-relacionar os desempenhos dos três principais blocos do *link* óptico, isto é, o receptor, o transmissor e as fibras ópticas. Normalmente, o projetista escolhe as características de dois desses elementos e, em seguida, calcula os da terceira para ver se os requisitos de desempenho do sistema são cumpridos. Se os componentes estão além ou abaixo do especificado, uma iteração do projeto pode ser necessária. O procedimento que seguimos aqui é primeiro selecionar o fotodetector. Em seguida, escolhemos uma fonte óptica e vemos quão distante os dados podem ser transmitidos através de uma determinada fibra antes de um amplificador ser necessário na linha para aumentar o nível de potência do sinal óptico.

Na escolha de um fotodetector particular, necessitamos principalmente determinar a potência óptica mínima que deve incidir sobre o fotodetector para satisfazer o requisito de taxa de erro de *bit* (BER) em uma determinada taxa de dados. Ao fazer essa escolha, o projetista também precisa levar em conta qualquer custo do projeto e as restrições de complexidade. Conforme observado nos Capítulos 6 e 7, um receptor de fotodiodo *pin* é mais simples, mais estável com relação às variações de temperatura e menos dispendioso do que um receptor de fotodiodo avalanche. Além disso, a tensão de polarização de fotodiodos *pin* são normalmente menores que 5 V, enquanto, nos fotodiodos avalanche, vão de 40 V a várias centenas de volts. No entanto, as vantagens de fotodiodos *pin* podem ser anuladas pelo aumento da sensibilidade do fotodiodo avalanche se níveis muito baixos de potência óptica devem ser detectados.

Os parâmetros do sistema envolvidos na decisão entre a utilização de um LED e um diodo *laser* são a dispersão do sinal, a taxa de dados, a distância de transmissão e o custo.

Como mostrado no Capítulo 4, a largura espectral da saída do *laser* é muito mais estreita do que a de um LED, o que é importante na região de 770 a 910 nm, em que a largura espectral de um LED e as características de dispersão das fibras de sílica multimodo limitam o produto taxa de dados-distância em cerca de 150 (Mb/s) · km. Para valores mais elevados [até 2.500 (Mb/s) · km], um *laser* deve ser utilizado nesses comprimentos de onda. Em comprimentos de onda de cerca de 1,3 μm, onde a dispersão de sinal é muito baixa, os produtos taxa de *bit*-distância de pelo menos 1.500 (Mb/s) · km são possíveis com LEDs em fibras multimodo. Para *lasers* de InGaAsP, distâncias de 150 m podem ser alcançadas em taxas de 100 Gb/s em fibra multimodo OM4 em 1,3 μm (ver Seção 13.4). A fibra monomodo pode fornecer taxas significativamente maiores em distâncias mais longas.

Uma vez que diodos *laser* tipicamente acoplam de 10 a 15 dB mais potência óptica em uma fibra do que um LED, maiores distâncias de transmissão sem repetidores são possíveis com um *laser*. Essa vantagem e a menor dispersão de diodos *laser* podem ser compensadas pelas restrições de custo. Não só o diodo *laser* é mais caro do que um LED, mas também o circuito do transmissor do *laser* é muito mais complexo, uma vez que o limiar do efeito *laser* tem que ser controlado dinamicamente em função da temperatura e da idade do dispositivo. No entanto, uma ampla variedade de transmissores *laser* econômicos está no mercado.

Para a fibra óptica, temos uma escolha entre a fibra monomodo e a multimodo, e cada uma pode ter um núcleo de índice-degrau ou gradual. Essa escolha depende do tipo de fonte de luz utilizada e da quantidade de dispersão que pode ser tolerada. Os diodos emissores de luz (LEDs) tendem a ser usados com fibras multimodo. A potência óptica que pode ser acoplada em uma fibra a partir de um LED depende da diferença de índice núcleo-casca Δ, a qual, por sua vez, está relacionada com a abertura numérica da fibra (para $\Delta = 0,01$, a abertura numérica NA $\simeq 0,21$). Com o aumento de Δ, a potência da fibra acoplada aumenta correspondentemente. No entanto, uma vez que a dispersão também se torna maior com o aumento de Δ, um balanço deve ser feito entre a potência óptica que pode ser lançada na fibra e a dispersão máxima tolerável.

Na escolha das características de atenuação de uma fibra cabeada, a perda de excesso que resulta do processo de cabeamento deve ser considerada em adição à atenuação da fibra em si, além das perdas de conectores e emendas e, as perdas induzidas pelo ambiente, que podem surgir a partir de variações de temperatura, efeitos de radiação e poeira e umidade nos conectores.

8.1.2 Balanço de potência de *link*

Um modelo de perda de potência óptica para um *link* ponto a ponto é mostrado na Figura 8.2. A potência óptica recebida no fotodetector depende da quantidade de luz acoplada dentro da fibra e das perdas que ocorrem na fibra, nos conectores e nas emendas. O balanço de perda de *link* é derivado das contribuições das perdas sequenciais de cada elemento no *link*. Cada um desses elementos de perda é expresso em decibéis (dB) como

$$\text{perda} = 10 \log \frac{P_{sai}}{P_{ent}} \quad (8.1)$$

onde P_{ent} e P_{sai} são os potências ópticas que entram no elemento de perda e saem dele, respectivamente. O valor da perda correspondente a um determinado elemento geralmente é chamado de *perda de inserção* desse elemento.

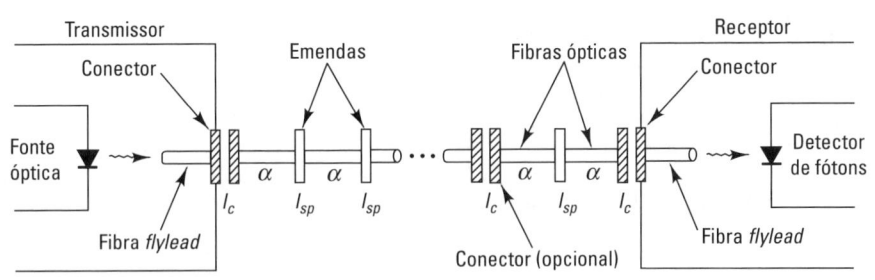

Figura 8.2 Modelo de perda de potência óptica para um *link* ponto a ponto. As perdas ocorrem em conectores (l_c), nas emendas (l_{sp}) e na fibra (α).*

Além dos contribuintes de perda de *link* mostrados na Figura 8.2, uma margem de potência do *link* é normalmente fornecida na análise para permitir que a idade dos componentes, as variações de temperatura e as perdas decorrentes de componentes possam ser adicionadas posteriormente. Uma margem de *link* de 3 a 6 dB é geralmente utilizada em sistemas em que não se espera que tenham componentes adicionais incorporados no futuro.

Exemplo 8.1 Para ilustrar como um balanço perda de *link* é configurado, vamos realizar um exemplo de um projeto específico. Começaremos especificando uma taxa de dados de 20 Mb/s e uma taxa de erro de *bit* de 10^{-9} (isto é, no máximo um erro pode ocorrer para cada 10^9 *bits* enviados). Para o receptor, escolhemos um fotodiodo *pin* de silício operando em 850 nm. A Figura 8.3 mostra que o sinal de entrada necessário para o receptor é –42 dBm (42 dB abaixo de 1 mW). A seguir, selecionamos um LED de GaAlAs que pode acoplar um nível de potência óptica média de 50 μW (–13 dBm) em uma fibra *flylead* com núcleo de diâmetro de 50 μm. Temos, assim, uma perda de potência permitida de 29 dB. Assumiremos ainda que uma perda de 1 dB ocorre quando a fibra *flylead* é conectada ao cabo e que outra perda de conector de 1 dB ocorre na interface cabo-fotodetector. Incluindo uma margem do sistema de 6 dB, a distância de transmissão possível para um cabo com uma atenuação α pode ser encontrada a partir da Equação (8.2):

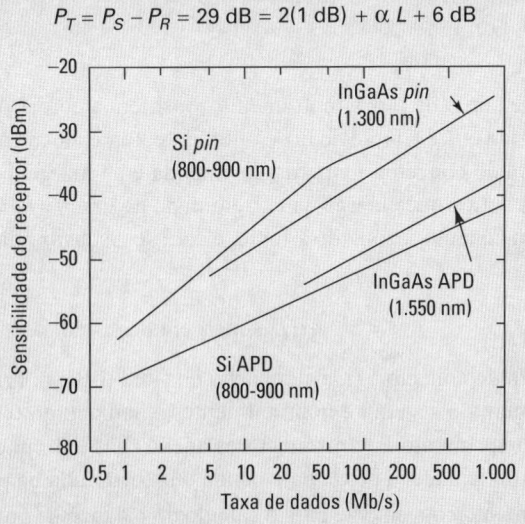

$$P_T = P_S - P_R = 29 \text{ dB} = 2(1 \text{ dB}) + \alpha L + 6 \text{ dB}$$

Figura 8.3 Sensibilidades de receptores em função da taxa de *bits*. As curvas para *pin* de Si, APD de Si e *pin* de InGaAs são para uma BER de 10^{-9}. A curva APD de InGaAs é para uma BER de 10^{-11}.

---

* N. de T.: O subscrito *sp* significa *splices*, traduzido aqui como emendas.

Se α = 3,5 dB/km, então é possível um caminho de transmissão de 6,0 km.
O balanço de potência de *link* pode ser representado graficamente como na Figura 8.4. O eixo vertical representa a perda de potência óptica permitida entre o transmissor e o receptor. O eixo horizontal dá a distância de transmissão. Aqui, mostramos um receptor *pin* de silício com uma sensibilidade de –42 dBm (a 20 Mb/s) e um LED com potência de saída de –13 dBm acoplado em uma fibra *flylead*. Subtraímos uma perda de conector de 1 dB em cada extremidade, o que deixa uma margem total de 27 dB. Subtraindo 6 dB da margem de segurança do sistema, teremos uma perda tolerável de 21 dB que pode ser atribuída às perdas do cabo e da emenda. A inclinação da reta na Figura 8.4 é a perda do cabo (e emenda nesse caso) de 3,5 dB/km. Essa linha inicia-se no ponto –14 dBm (que é a potência óptica acoplada na fibra cabeada) e termina no nível –35 dBm (sensibilidade do receptor menos 1 dB de perda de conector e 6 dB de margem do sistema). Assim, o ponto de interseção D define o máximo comprimento possível do caminho de transmissão.

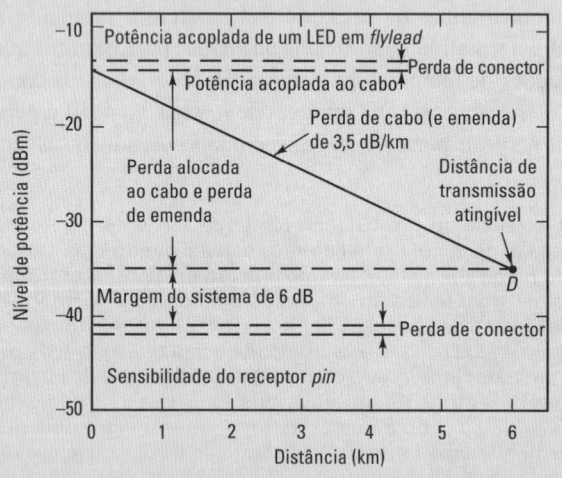

Figura 8.4 Representação gráfica de um balanço de perda de *link* para um sistema de LED/*pin* em 850 nm operando a 20 Mb/s.

O balanço de perda de *link* simplesmente considera a perda total P_T de potência óptica que é permitida entre a fonte de luz e o fotodetector, e aloca essa perda na atenuação do cabo, na perda do conector, na perda da emenda e na margem do sistema. Assim, se a P_S é a potência óptica que emerge da extremidade de uma *flylead* ligada à fonte de luz ou a partir de um conector acoplado à fonte, e se P_R é a sensibilidade do receptor, então

$$P_T = P_S - P_R$$
$$= 2l_c + \alpha L + \text{margem do sistema} \quad (8.2)$$

Onde, l_c é a perda do conector; α, a atenuação da fibra (dB/km); L, a distância de transmissão; e a margem do sistema é nominalmente tomada como 6 dB. Aqui, assumimos que o cabo de comprimento L tem conectores apenas nas extremidades e nenhum intermediário. Por simplicidade, a perda da emenda é incorporada na perda do cabo.

Um procedimento conveniente para o cálculo do balanço de potência é a utilização de uma forma tabular ou planilha de cálculo. Ilustramos isso por meio do exemplo de um *link* de 2,5 Gb/s que poderia ser utilizado para uma rede SONET OC-48 ou SDH STM-16.

Exemplo 8.2 Considere um diodo *laser* de 1.550 nm que lança um nível de potência óptica de dBm +3 dBm (2 mW) em uma fibra *flylead*, um APD de InGaAs com −32 dBm de sensibilidade em 2,5 Gb/s e um cabo óptico de comprimento de 60 km com uma atenuação de 0,3 dB/km. Assuma aqui que, devido à forma como o equipamento é arrumado, um cabo óptico *jumper* de 5 m é necessário em cada extremidade entre o fim do cabo de transmissão e a plataforma do equipamento SONET, como mostrado na Figura 8.5. Assuma que cada cabo *jumper* introduz uma perda de 3 dB. Além disso, assuma que uma perda de conector de 1 dB ocorre em cada junção de fibra (dois em cada extremidade por causa dos cabos *jumper*).

A Tabela 8.1 lista os componentes na coluna 1 e a saída óptica associada, a sensibilidade, ou a perda, na coluna 2. A coluna 3 mostra a margem de potência disponível depois de subtrair a perda de componente da perda de potência óptica total que é permitida entre a fonte de luz e o fotodetector, que, nesse caso, é de 35 dB. A adição de todas as perdas resulta em uma margem de potência final de 7 dB.

Tabela 8.1 Exemplo de uma planilha para calcular o balanço de potência em um *link* óptico

Componente/parâmetro de perda	Saída/sensibilidade/perda	Margem de potência (dB)
Saída do *laser*	3 dBm	
Sensibilidade do APD em 2,5 Gb/s	−32 dBm	
Perda permitida [3 − (−32)]		35
Perda no conector da fonte	1 dB	34
Jumper + perda no conector	3 + 1 dB	30
Cabo de atenuação (60 km)	18 dB	12
Jumper + perda no conector	3 + 1 dB	8
Perda no conector do receptor	1 dB	7 (margem final)

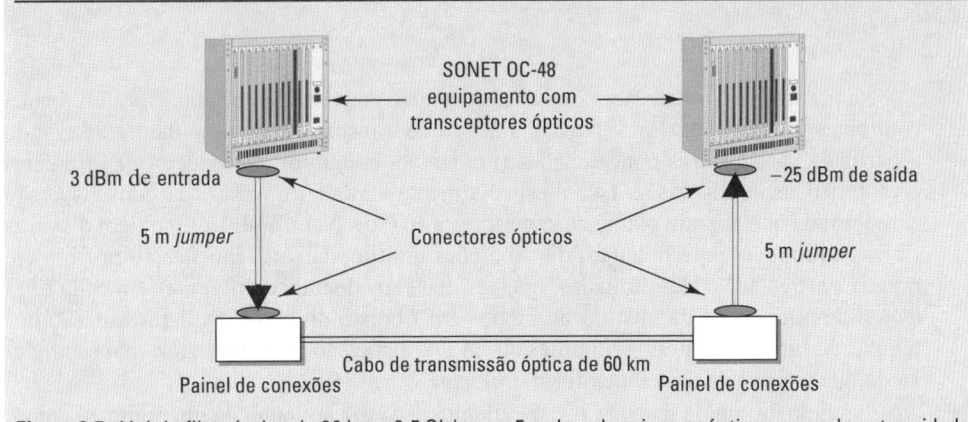

Figura 8.5 *Link* de fibra óptica de 60 km a 2,5 Gb/s com 5 m de cabos *jumper* ópticos em cada extremidade.

8.1.3 Balanço do tempo de subida

Uma análise do balanço do tempo de subida é um método conveniente para a determinação da limitação por dispersão de um *link* de fibra óptica, o que é particularmente útil para sistemas digitais. Nessa abordagem, o tempo de subida total t_{sis} do *link* é a raiz quadrada da soma dos quadrados dos tempos de subida t_i de cada contribuinte para a degradação do tempo de subida do pulso:

$$t_{sis} = \left(\sum_{i=1}^{N} t_i^2\right)^{1/2} \tag{8.3}$$

Os quatro elementos básicos que podem limitar significativamente a velocidade do sistema são o tempo de subida transmissor t_{tx}, o tempo de subida da *dispersão de velocidade de grupo* (GVD) da fibra t_{GVD}, o tempo de subida da dispersão modal t_{mod} da fibra e o tempo de subida do receptor t_{rx}. As fibras monomodo não experimentam dispersão modal, por isso, nessas fibras, o tempo de subida está relacionado apenas com a GVD. Geralmente, a degradação total por transição de tempo de um *link* digital não deverá exceder 70% de um período de *bits* NRZ (não retorno a zero) ou 35% de um período de *bit* para RZ (retorno a zero) de dados, em que um período de *bit* é definido como o recíproco da taxa de dados (os formatos de dados NRZ e RZ são discutidos em mais detalhe na Seção 4.4).

Os tempos de subida de transmissores e receptores são geralmente conhecidos pelo projetista. O tempo de subida do transmissor é atribuído essencialmente à fonte de luz e ao seu circuito de acionamento. O tempo de subida do receptor resulta da resposta do fotodetector e da largura de banda de 3 dB elétrica da extremidade frontal do receptor. A resposta da extremidade frontal do receptor pode ser modelada por um filtro passa-baixa de primeira ordem com uma resposta de passo[11-12]

$$g(t) = [1 - \exp(-2\pi B_e t)]u(t)$$

onde B_e é a largura de banda de 3 dB elétrica do receptor, e $u(t)$, a função degrau unitária, que é 1 para $t \geq 0$ e 0 para $t < 0$. O tempo de subida t_{rx} do receptor é geralmente definido como o intervalo de tempo entre $g(t) = 0,1$ e $g(t) = 0,9$, o que é conhecido como *tempo de subida* de 10-90%. Assim, se B_e é dado em megahertz, então o tempo de subida do receptor frontal, em nanossegundos, é (ver Problema 8.3)

$$t_{rx} = \frac{350}{B_e} \quad (8.4)$$

Na prática, um *link* de fibra óptica raramente é constituído por uma fibra uniforme, contínua e sem junções. Em vez disso, um *link* de transmissão nominalmente é formado a partir de várias fibras concatenadas (unidas em conjunto) que podem ter diferentes características de dispersão. Isso é especialmente verdadeiro para *links* com dispersão compensada que operam em taxas superiores a 10 Gb/s (ver Capítulo 13). Além disso, as fibras multimodo experimentam distribuições multimodais nas junções fibra-fibra em razão de articulações desalinhadas, núcleos de perfis de índice diferentes em cada fibra e/ou diferentes graus de mistura de modos em fibras individuais. A determinação dos tempos de subida de fibras resultantes da GVD e dispersão modal torna-se mais complexa do que no caso de uma única fibra uniforme.

O tempo de subida da fibra t_{GVD} resultante de GVD ao longo de um comprimento L pode ser aproximado pela Equação (3.44) como

$$t_{GVD} \approx |D| L \sigma_\lambda \quad (8.5)$$

onde σ_λ é a largura espectral de meia potência da fonte, e a dispersão D é dada pela Equação (3.47) para uma fibra de dispersão não deslocada e pela Equação (3.49) para uma fibra de dispersão deslocada. Como o valor de dispersão geralmente muda de uma seção da fibra para outra seção em um *link* longo, um valor médio deve ser usado para D na Equação (8.5).

A dificuldade em prever a largura de banda (e, portanto, o tempo de subida modal) de uma série de fibras multimodo concatenadas surge a partir da observação de que a largura de banda total da rota pode ser uma função da ordem em que as fibras são unidas.

Por exemplo, em vez de unir ao acaso fibras arbitrárias (mas muito semelhantes), uma melhor largura de banda total de *link* pode ser obtida por meio da seleção de fibras adjacentes, alternadamente, com perfis de índice de refração sobre e subcompensados para fornecer alguma equalização no atraso modal. Embora a largura de banda da última fibra concatenada possa ser obtida por uma seleção criteriosa das fibras adjacentes para uma ótima equalização do atraso modal, na prática isso é complicado e demorado, principalmente porque a fibra inicial do *link* parece controlar as características finais do *link*.

Uma variedade de expressões empíricas para a dispersão modal foi desenvolvida.[13-16] A partir da experiências práticas de campo, verificou-se que a largura de banda B_M de um *link* de comprimento L pode ser expressa com uma aproximação razoável pela relação empírica

$$B_M(L) = \frac{B_0}{L^q} \qquad (8.6)$$

onde o parâmetro q varia entre 0,5 e 1, e B_0 é a largura de banda de um cabo de comprimento de 1 km. Um valor de $q = 0,5$ indica que um equilíbrio modal no estado estacionário foi atingido, enquanto $q = 1$ indica um modo com pequena mistura. Com base na experiência de campo, uma estimativa razoável é $q = 0,7$.

Outra expressão que tem sido proposta para B_M, baseada no ajuste de curvas de dados experimentais, é

$$\frac{1}{B_M} = \left[\sum_{n=1}^{N} \left(\frac{1}{B_n} \right)^{1/q} \right]^q \qquad (8.7)$$

onde o parâmetro q varia de 0,5 (adição de quadratura) a 1,0 (adição linear), e B_n é a largura de banda da n-ésima seção da fibra. Alternativamente, a Equação (8.7) pode ser escrita como

$$t_M(N) = \left[\sum_{n=1}^{N} (t_n)^{1/q} \right]^q \qquad (8.8)$$

onde $t_M(N)$ é o alargamento do pulso ocorrendo ao longo de N seções de cabos, nas quais os alargamentos de pulsos individuais são dados por t_n.

Agora precisamos encontrar a relação entre o tempo de subida da fibra e a largura de banda de 3 dB. Assumimos que a potência óptica que emerge da fibra tem uma resposta temporal gaussiana descrita por

$$g(t) = \frac{1}{\sqrt{2\pi}\sigma} e^{-t^2/2\sigma^2} \qquad (8.9)$$

onde σ é a largura de pulso rms.

A transformada de Fourier dessa função é

$$G(\omega) = \frac{1}{\sqrt{2\pi}} e^{-\omega^2 \sigma^2 / 2} \qquad (8.10)$$

Da Equação (8.9) o tempo $t_{1/2}$ necessário para o pulso atingir metade de seu valor máximo, isto é, o tempo necessário para ter

$$g(t_{1/2}) = 0,5 \, g(0) \qquad (8.11)$$

é dado por
$$t_{1/2} = (2 \ln 2)^{1/2} \sigma \tag{8.12}$$

Se definirmos o tempo t_{FWHM} como a largura total a meia altura do pulso, então

$$t_{FWHM} = 2t_{1/2} = 2\sigma (2 \ln 2)^{1/2} \tag{8.13}$$

A largura de banda de 3 dB óptica B_{3dB} é definida como a frequência de modulação f_{3dB} em que a potência recebida óptica cai para 0,5 do valor de frequência nula. Assim, a partir de Equações (8.10) e (8.13), vemos que a relação entre a largura a meia altura do tempo de subida t_{FWHM} e a largura de banda de 3 dB óptica é

$$f_{3dB} = B_{3dB} = \frac{0{,}44}{t_{FWHM}} \tag{8.14}$$

Usando a Equação (8.6) para a largura de banda de 3 dB óptica do *link* de fibra e deixando t_{FWHM} ser o tempo de subida resultante da dispersão modal, então, a partir da Equação (8.14),

$$t_{mod} = \frac{0{,}44}{B_M} = \frac{0{,}44 L^q}{B_0} \tag{8.15}$$

Se t_{mod} é expresso em nanossegundos e B_M é dada em megahertz, então

$$t_{mod} = \frac{440}{B_M} = \frac{440 L^q}{B_0} \tag{8.16}$$

A substituição das Equações (3.20), (8.4) e (8.16) na Equação (8.3) fornece um tempo de subida total do sistema de

$$\begin{aligned}t_{sis} &= \left[t_{tx}^2 + t_{mod}^2 + t_{GVD}^2 + t_{rx}^2 \right]^{1/2} \\ &= \left[t_{tx}^2 + \left(\frac{440 L^q}{B_0} \right)^2 + D^2 \sigma_\lambda^2 L^2 + \left(\frac{350}{B_e} \right)^2 \right]^{1/2} \end{aligned} \tag{8.17}$$

Exemplo 8.3 Como exemplo de um balanço de tempo de subida para um *link* multimodo, vamos continuar a análise do *link* que começamos a examinar na Seção 8.1.2. Assumimos que o LED juntamente com o seu circuito de acionamento tem um tempo de subida de 15 ns. Tomando a largura espectral de um típico LED de 40 nm, temos uma degradação do tempo de subida relacionado com a dispersão material de 21 ns através de um *link* de 6 km. Assumindo que o receptor tem uma largura de banda de 25 MHz, então pela Equação (8.4), a contribuição do receptor para a degradação do tempo de subida é de 14 ns. Se a fibra que selecionamos tem um produto largura de banda-distância 400 MHz · km e com q = 0,7 na Equação (8.6), então pela Equação (8.15) o tempo de subida da fibra induzido por dispersão modal é de 3,9 ns. A substituição de todos esses valores novamente na Equação (8.17) resulta em um tempo de subida do *link* de

$$t_{sis} = \left(t_{tx}^2 + t_{mat}^2 + t_{mod}^2 + t_{rx}^2 \right)^{1/2} = [(15 \text{ ns})^2 + (21 \text{ ns})^2 + (3{,}9 \text{ ns})^2 + (14 \text{ ns})^2]^{1/2} = 30 \text{ ns}$$

Esse valor é inferior ao máximo permitido de 35 ns de degradação do tempo de subida para o nosso fluxo de dados NRZ de 20 Mb/s (taxa de 0,70/*bit*). A escolha dos componentes foi, dessa maneira, adequada para satisfazer os nossos critérios de projeto do sistema.

onde todos os tempos são dados em nanossegundos, σ_λ é a largura espectral de meia potência da fonte, e a dispersão D [expressa em ns/(nm · km)] é dada pela Equação (3.47) para uma fibra de dispersão não deslocada e pela Equação (3.49) para uma fibra de dispersão deslocada. Como indicado pelas curvas da Figura 3.28 para uma fibra monomodo G.652, a dispersão D é inferior a +3,5 ps / (nm · km) na banda O e cerca de 17 ps / (nm · km) em 1.550 nm. Para uma fibra G.655, os valores de dispersão variam de – 10-3 ps/(nm · km) através da banda O e +5 a +10 ps/(nm · km) na banda C.

Análogo aos cálculos de balanço de potência, um procedimento conveniente para se manter a par dos vários valores de tempo de subida nesse balanço é usar uma tabela ou planilha de dados. Ilustramos isso por meio de um exemplo para o *link* SONET OC-48 (2,5 Gb/s) visto no Exemplo 8.2.

Exemplo 8.4 Suponha que o diodo *laser* juntamente com seu circuito de funcionamento tenha um tempo de subida de 0,025 ns (25 ps). Tomando um diodo *laser* de 1.550 nm com largura de espectral de 0,1 nm e dispersão média de 2 ps/(nm · km) para a fibra, temos uma degradação do tempo de subida relacionada à GVD de 12 ps (0,012 ns) ao longo de um cabo óptico de 60 km. Assumindo que o receptor baseado em um APD de InGaAs tem uma largura de banda de 2,5 GHz, entao, a partir da Equação (8.4), o tempo de subida do receptor é de 0,14 ns. Usando a Equação (8.17) para somar as várias contribuições, temos um tempo de subida total de 0,14 ns. A Tabela 8.2 lista os componentes da coluna 1 e os tempos de subida associados na coluna 2. A coluna 3 dá um balanço de tempo de subida permitido ao sistema de 0,28 ns para um fluxo de dados NRZ de 2,5 Gb/s na parte superior. Isso é encontrado a partir da expressão $0,7/B_{NRZ}$, onde B_{NRZ} é a taxa de *bits* para o sinal NRZ. O tempo de subida calculado do sistema de 0,14 ns é mostrado na parte inferior. O tempo de subida do sistema, nesse caso, é dominado pelo receptor e está dentro dos limites requeridos.

Tabela 8.2 Exemplo de uma forma tabular para manter o controle das contribuições dos componentes em um balanço de tempo de subida em um *link* óptico

Componente	Tempo de subida	Balanço de tempo de subida
Balanço permitido de tempo de subida		$t_{sis} = 0,7/B_{NRZ} = 0,28$ ns
Transmissor *laser*	25 ps	
GVD na fibra	12 ps	
Tempo de subida no receptor	0,14 ns	
Tempo de subida do sistema [Equação (8.17)]		0,14 ns

8.1.4 Banda de curto comprimento de onda

A Figura 8.6 mostra a limitação por atenuação e dispersão sobre a distância de transmissão sem repetidor em função da taxa de dados para uma combinação LED/*pin* em comprimentos de onda curtos (770-910 nm). A BER foi tomada como 10^{-9} para todas as taxas de dados. A potência de saída da fibra acoplada ao LED foi assumida como uma constante de –13 dBm para todas as velocidades de dados até 200 Mb/s. A curva-limite de atenuação foi então derivada usando uma perda de fibras de 3,5 dB/km e as sensibilidades do receptor mostradas na Figura 8.3. Uma vez que a potência óptica mínima necessária para o receptor para uma dada BER torna-se mais alta para maiores taxas de dados, a curva-limite de atenuação declina para a direita. Incluímos também 1 dB de perda por acoplamento de conector em cada extremidade e 6 dB de margem operacional do sistema.

O limite de dispersão depende do material e da dispersão modal. A dispersão material em 800 nm é tomada como 0,07 ns/(nm · km) ou 3,5 ns/km para um LED com uma

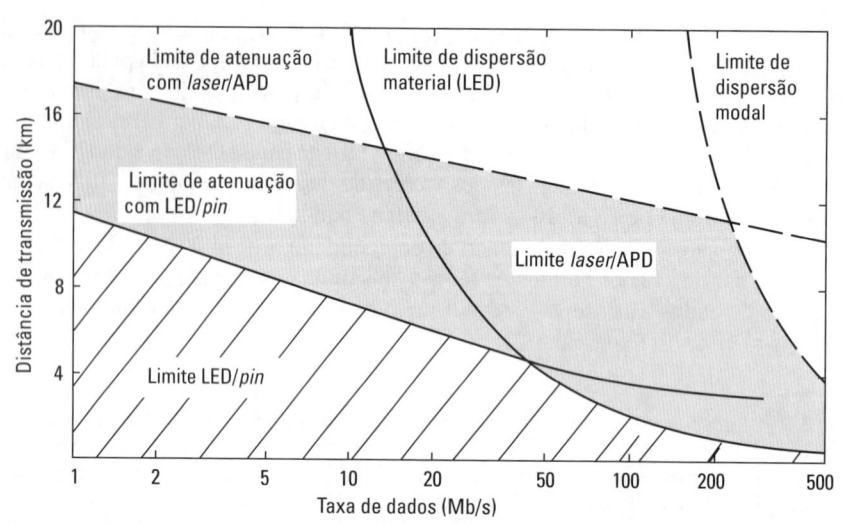

Figura 8.6 Limites da distância de transmissão em função da taxa de dados para uma fibra de 800 MHz · km, uma combinação de uma fonte LED em 800 nm com um fotodiodo *pin* de Si e um diodo *laser* de 850 nm com um APD de Si.

largura espectral de 50 nm. A curva apresentada é o limite de dispersão material na ausência de dispersão modal. Esse limite foi tomado como a distância em que t_{mat} é 70% de um período de *bit*. A dispersão modal foi obtida a partir da Equação (8.15) para uma fibra com um produto largura de banda-distância de 800 MHz · km e com $q = 0,7$. O limite de dispersão modal foi então tomado como a distância na qual t_{mod} é 70% do período de um *bit*. As distâncias de transmissão atingíveis são aquelas que caem abaixo da curva-limite de atenuação e à esquerda da linha de dispersão, tal como indicado pela área sombreada. A distância de transmissão é limitada por atenuação até cerca de 40 Mb/s, e, após esse valor, ela torna-se limitada por dispersão.

Maiores distâncias de transmissão são possíveis quando um diodo *laser* é usado em conjunto com um fotodiodo avalanche. Consideremos um *laser* de AlGaAs emitindo em 850 nm com uma largura espectral de 1 nm que acopla 0 dBm (1 mW) em uma fibra *flylead*. O receptor usa um APD com uma sensibilidade representada na Figura 8.3. A fibra é a mesma descrita nessa seção. Nesse caso, a curva-limite da dispersão material situa-se fora do gráfico à direita da curva-limite de dispersão modal, e o limite de atenuação (com uma margem do sistema de 8 dB) é mostrado na Figura 8.6. As distâncias de transmissão atingíveis agora incluem as indicadas pela área sombreada.

8.1.5 Distâncias limitadas por atenuação para *links* monomodo

Para *links* monomodo, não há dispersão modal. Nesse caso, além dos fatores de atenuação, a distância de transmissão sem repetidores é limitada pela dispersão resultante da largura espectral de fonte, a partir de dispersão de modo de polarização e dos efeitos não lineares na fibra. Nesta seção, examinaremos os limites que a atenuação de sinal impõe em distâncias de transmissão sem repetidores. Os limites de transmissão decorrentes das dispersões cromática e de polarização modal são descritos na Seção 8.2. Neste capítulo assumiremos que a potência óptica lançada na fibra não é maior do que 0 dBm (1 mW), de modo que os efeitos não lineares são insignificantes sobre os sinais ópticos. O Capítulo 12 aborda a distorção de sinal resultantes de efeitos não lineares em altas potências ópticas nas fibras.

Exemplo 8.5 Quais são as distâncias de transmissão sem repetidores limitadas pela atenuação?

(a) A partir das curvas de sensibilidade do receptor mostradas na Figura 7.11, podemos deduzir que, para um fotodiodo *pin* de InGaAs operando em 1.550 nm com uma BER 10^{-12}, a sensibilidade do receptor pode ser aproximada pela equação linear $P_R = 8 \log B - 28$ dBm, onde B é a taxa de dados em Gb/s. Para encontrar a distância de transmissão sem repetidores limitada pela atenuação L_{pin}, usamos a Equação (8.2) com uma combinação da perda do conector mais a margem do sistema de 3 dB, de forma que

$$L_{pin} = (P_S - P_R - 3 \text{ dB})/\alpha = (0 \text{ dBm} - 8 \log B + 28 \text{ dB} - 3 \text{ dB})/\alpha = (-8 \log B + 25)/0{,}2$$

(b) Do mesmo modo, a partir das curvas de sensibilidade do receptor mostrado na Figura 7.11, para o APD de InGaAs, a sensibilidade do receptor pode ser aproximada pela equação linear $P_R = 5 \log B - 38$ dBm, onde B é a taxa de dados em Gb/s. Novamente, usamos a Equação (8.2) com uma combinação de perda do conector mais margem do sistema de 3 dB, de modo que a distância de transmissão limitada pela atenuação sem repetidores L_{pin} quando se usa um APD é

$$L_{APD} = (P_S - P_R - 3 \text{ dB})/\alpha = (0 \text{ dBm} - 5 \log B + 38 \text{ dB} - 3 \text{ dB})/\alpha = (-5 \log B + 35)/0{,}2$$

Os resultados para as distâncias de transmissão limitadas pela atenuação sem repetidores L_{pin} e L_{APD} são representados graficamente na Figura 8.7.

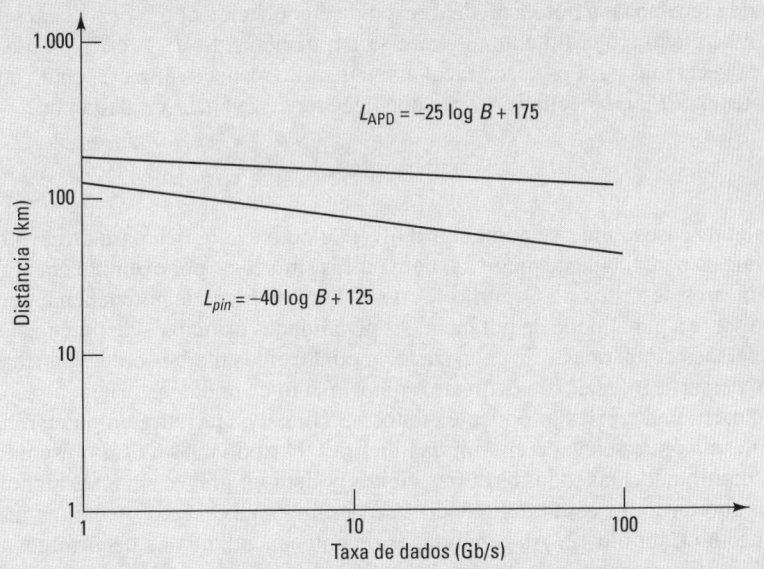

Figura 8.7 Limites da distância de transmissão decorrentes da atenuação em função da taxa de dados para os diodos *laser* em 1.550 nm com 0 dBm de potência acoplada à fibra, fotodiodos *pin* e APD de InGaAs e uma fibra monomodo com uma atenuação 0,2 dB/km.

Para ilustrar os limites de transmissão sem repetidores limitados por atenuação *repeaterless*, examinaremos dois *links* monomodo operando em 1.550 nm baseados no uso de receptores *pin* e APD descritos pela Figura 7.11. As características de desempenho e componentes para os dois *links* são as seguintes:

1. A fonte óptica é um *laser* DFB que tem uma saída de fibra acoplada de 0 dBm em 1.550 nm.
2. Em 1.550 nm, a fibra monomodo tem uma atenuação de 0,20 dB/km.
3. Considere que o receptor tem uma resistência de carga $R_L = 200$ Ω e a temperatura é de 300 K.

4. Os desempenhos dos dois *links* são medidos com uma BER de 10^{-12}, de modo que um valor de $Q = 7$ é necessário.
5. Os fotodiodos *pin* de InGaAs e APD têm uma responsividade de 0,95 A/W. O ganho do APD é $M = 10$ e a figura de ruído é $F(M) = 5$ dB.

8.2 Penalidades de potência

Como visto na Seção 8.1, a potência óptica que incide em um fotodetector é uma função bem determinada do tempo dentro da natureza estatística do processo de detecção quântico. Na realidade, certo número de deficiências de sinal que são inerentes aos sistemas de transmissão de fibra óptica pode degradar o desempenho do *link*.

Quando quaisquer deficiências de sinal estão presentes em um *link*, um nível mais baixo de potência óptica chega ao receptor em comparação com o caso de recepção ideal. Essa potência menor resulta em uma pequena relação sinal-ruído do *link* em comparação com o caso em que não há deficiências. Uma vez que uma SNR reduzida conduz a uma elevada taxa de erro de *bit* (BER), uma potência mais elevada do sinal no receptor é necessária a fim de manter a mesma BER do caso ideal. A razão entre a potência do sinal reduzida recebida e a potência ideal recebida é conhecida como *penalidade de potência* para esse efeito e, geralmente, é expressa em decibéis. Se P_{ideal} e P_{pen} são as potências ópticas recebidas para os casos ideal e penalizado, respectivamente, então a penalidade de potência PP_x, em decibéis, para a condição de deficiência x é dada por

$$PP_x = -10 \log \frac{P_{pen}}{P_{ideal}} \qquad (8.18)$$

Em alguns casos, pode-se aumentar o nível de potência óptica para o receptor para que se reduza a penalidade de potência. Para outras situações, por exemplo em alguns efeitos não lineares descritos no Capítulo 12, o aumento do nível de potência não terá qualquer efeito sobre a penalidade de potência. As penalidades principais de potência são devidas a dispersões cromáticas e de polarização modal, ruídos modais ou de manchas, ruído de modo de partição, razão de extinção, comprimento de onda de gorjeio, atraso na temporização, ruído de reflexão óptica e efeitos não lineares que surgem quando há um nível de potência óptica elevado em um *link* de fibra. O ruído modal está presente apenas em *links* multimodo, mas todos os outros efeitos podem ser graves em *links* monomodo. Esta seção aborda todas essas deficiências de desempenho, exceto os efeitos não lineares, descrito no Capítulo 12. As penalidades de potência adicionais decorrentes de amplificadores ópticos e canais de interferência WDM são apresentadas nos Capítulos 11 e 12, respectivamente.

8.2.1 Penalidades de dispersão cromática

A dispersão cromática origina do fato de que cada comprimento de onda se desloca em uma velocidade ligeiramente diferente em uma fibra, e, assim, eles chegam à extremidade da fibra em momentos diferentes. Portanto, o intervalo de tempos de chegada à extremidade da fibra do espectro de comprimentos de onda levará a um alargamento do pulso. Como observado na Seção 3.3, a dispersão cromática é uma quantidade fixa em um determinado comprimento de onda e medida em unidades de ps/(nm · km). A Figura 3.28 apresenta o comportamento de dispersão cromática em função do comprimento de onda para diferentes tipos de fibra monomodo padrão. Por exemplo, uma fibra monomodo G.652 tem, tipicamente, um valor de dispersão cromático de $D_{DC} = 18$ ps/(nm · km) em 1.550 nm.

Exemplo 8.6 Quais são as distâncias de transmissão limitadas por dispersão sem repetidores L_{DC} em 1.550 nm, em função da taxa de *bits* em uma fibra monomodo G.652 para os três seguintes casos? Considere a dispersão cromática D_{DC} = 18 ps/(nm · km) em 1.550 nm.

(a) Uma fonte de *laser* diretamente modulada com largura espectral σ_λ = 1,0 nm
(b) Uma fonte de *laser* diretamente modulada com largura espectral σ_λ = 0,2 nm
(c) Uma fonte de *laser* DFB modo longitudinal único (SLM) com uma largura espectral que corresponde à modulação da largura de banda.

Solução: Aqui selecionamos um formato de dados NRZ e escolhemos o critério de que, para uma máxima dispersão de pulso permitida com uma penalidade de 2 dB, o produto $D_{DC} \sigma_\lambda L_{DC}$ é menor ou igual a 0,491 do período de *bit* 1/B. Assim, precisamos ter a condição $D_{DC} B L_{DC} \sigma_\lambda \le 0,491$.

(a) Resolvendo para o produto taxa de *bits*-distância, temos

$$B \cdot L_{DC} \le \frac{0,491}{D_{DC}\sigma_\lambda} = \frac{0,491}{[(18 \text{ ps/nm} \cdot \text{km}) \times 1 \text{ nm}]} = 27 \text{ Gb/s} \cdot \text{km}$$

onde *B* é a taxa de dados em Gb/s.

Essa largura espectral impõe uma limitação severa na distância de transmissão. As distâncias de transmissão sem repetidores limitadas por dispersão cromática L_{DC} são representadas em função da taxa de *bits* na Figura 8.8.

(b) Resolvendo para o produto taxa de *bits*-distância, temos

$$B \cdot L_{DC} \le \frac{0,491}{D_{DC}\sigma_\lambda} = \frac{0,491}{[(18 \text{ ps/nm} \cdot \text{km}) \times 0,2 \text{ nm}]} = 135 \text{ Gb/s} \cdot \text{km}$$

onde *B* é a taxa de dados em Gb/s.

O estreitamento da largura espectral para 0,2 nm mostra uma melhoria na distância de transmissão, mas isso ainda não é adequado para sistemas de comunicação óptica de longa distância e alta velocidade. As distâncias de transmissão sem repetidores limitada por dispersão cromática L_{DC} para esse caso também são traçadas em função da taxa de *bits* na Figura 8.8.

(c) Quando é utilizada a modulação externa, a largura espectral do sinal é proporcional à taxa de *bits*. Por exemplo, utilizando um fator $\Delta f = B$, um sinal modulado externamente em 10 Gb/s teria uma largura espectral de Δf = 10 GHz. Para visualizar essa largura espectral em termos do comprimento de onda, diferenciamos a equação básica $c = f\lambda$ para obter $\Delta\lambda = (c/f^2)\Delta f = (\lambda^2/c)\Delta f$. A substituição de $\sigma_\lambda = \Delta\lambda = (\lambda^2/c)B$ na Equação (8.19) leva a (para uma penalidade de potência de 2 dB)

$$D_{DC} B^2 L_{DC} \lambda^2 / c \le 0,491$$

Usando os parâmetros de valores D_{DC} = 18 ps/(nm · km) em λ = 1.550 nm, temos

$$B^2 L_{DC} \le 3.406 \text{ (Gb/s)}^2 \cdot \text{km}$$

Assim, em *B* = 2,5 Gb/s, o limite da distância de transmissão é de 545 km, enquanto, em *B* = 10 Gb/s, o limite de distância de transmissão é de 34 km quando se utiliza uma fibra G.652 em 1.550 nm. Essa condição para distâncias de transmissão sem repetidores limitadas por dispersão cromática L_{DC} é representada graficamente em função da taxa de *bit* na Figura 8.8.

A dispersão cromática acumulada aumenta com a distância ao longo de um *link*. Portanto, ou um sistema de transmissão tem de ser concebido para suportar a dispersão total ou algum tipo de método de compensação de dispersão deve ser empregado.[17-26] Uma estimativa básica do que a limitação por dispersão cromática impõe ao desempenho da *link* pode ser feita por meio da especificação de que a dispersão acumulada deve ser inferior a uma fração ε do período de *bit* $T_b = 1/B$, em que *B* é a taxa de *bits*. Isso dá a relação $|D_{DC}| L \sigma_\lambda < \varepsilon T_b$, ou, de forma equivalente,

$$|D_{DC}| L B \sigma_\lambda < \varepsilon \qquad (8.19)$$

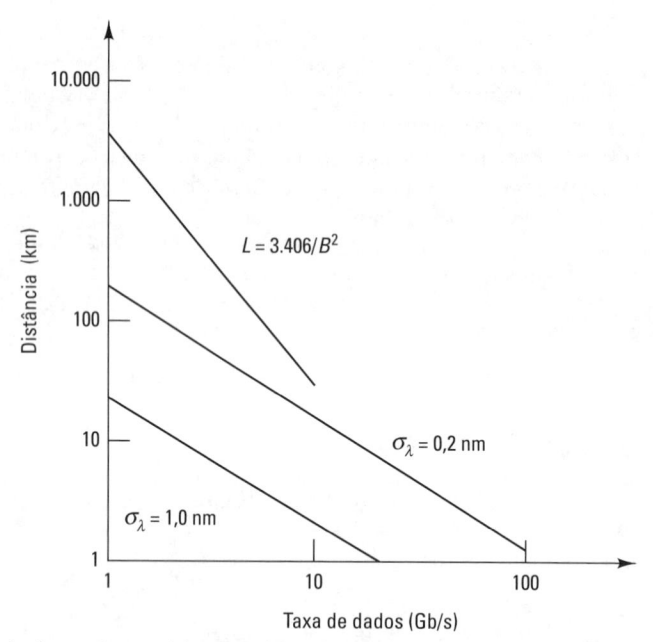

Figura 8.8 Limites de dispersão cromática para dois valores diferentes de dispersão cromática e duas larguras espectrais diferentes de fontes.

A recomendação G.957 da ITU-T para SDH e o *Requisito Genérico Telcordia* GR-253 para SONET especificam que, para uma penalidade de alimentação de 1 dB, a dispersão acumulada deve ser inferior a 0,306 de um período de *bit*.[23,24] Para uma penalidade de potência de 2 dB, a exigência é $\varepsilon = 0,491$.

Mudando o comprimento de onda de operação para 1.310 nm, onde $D_{DC} \approx 6$ ps/(nm · km) aumenta a distância de transmissão máxima de uma taxa de dados de 10 Gb/s para cerca de 100 km. No entanto, uma vez que a atenuação da fibra é maior em 1.310 nm do que em 1.550 nm, o funcionamento em 1.310 nm em pode tornar-se limitado por atenuação.

Vários métodos foram examinados para atenuar os efeitos de interferência intersimbólica induzida por dispersão cromática. As primeiras fibras de dispersão deslocada foram desenvolvidas para reduzir o valor de D_{DC} em 1.550 nm. Embora isso seja útil para *links* que carregam um único comprimento de onda, essas fibras não são adequadas para sistemas WDM (ver Capítulos 10 e 13) por causa da interferência não linear entre os canais de diferentes comprimentos de onda. Um método mais bem-sucedido para ultrapassar o limite de dispersão é por meio de compensação da dispersão. Nesse caso, utilizam-se *módulos de compensação de dispersão* (DCM), em que a dispersão tem o sinal oposto daquela nas fibras de transmissão.[17-19] Por meio de um projeto apropriado de tais módulos, a dispersão total acumulada em um sistema de transmissão óptico pode ser reduzida a um nível aceitável.

8.2.2 Penalidade de dispersão de polarização modal

Como a Seção 3.2 descreve, a *dispersão modal de polarização* (PMD) resulta do fato de que a luz de sinal de energia a um determinado comprimento de onda numa fibra de monomodo, na verdade, ocupa dois estados de polarização ortogonais ou modos. A Figura 3.17 mostra essa condição. A PMD surge porque os dois modos de polarização ortogonais fundamentais viajam em velocidades ligeiramente diferentes por causa da birrefringência da fibra. A diferença resultante nos tempos de propagação entre os dois modos de polarização ortogonais resultará em um alargamento do pulso propagação. Esse efeito PMD não pode ser atenuado facilmente e pode ser um impedimento muito sério para os *links* que operam em 10 Gb/s ou mais.

A PMD não é uma quantidade fixa, mas varia com o tempo devido a fatores como variações de temperatura e mudanças de estresses na fibra.[26-32] Como essas tensões externas variam lentamente com o tempo, a PMD resultante também flutua lentamente. A PMD varia como a raiz quadrada da distância e, portanto, é especificada como um valor máximo em unidades de ps/√km. Um valor típico de PMD para um fibra é $D_{PMD} = 0,05$ ps /√km, mas o processo de cabeamento pode aumentar esse valor. O valor de PMD não varia muito para cabos que são colocados em dutos subterrâneos ou em edifícios. No entanto, pode aumentar periodicamente para mais de 1 ps/√km em cabos externos que estão suspensos em postes, já que estes estão sujeitos a grandes variações de temperatura, tensões induzidas pelo vento e alongamentos causados pela acumulação de gelo.

Para se ter uma penalidade de energia inferior a 1,0 dB, o espalhamento de pulso $\Delta\tau_{PMD}$ resultante da dispersão dos modos de polarização deve ser, em média, menos do que 10% de um período de *bit* T_b. Usando a Equação (3.40), essa condição é dada por

$$\Delta\tau_{PMD} = D_{PMD}\sqrt{L} < 0,1\, T_b \qquad (8.20)$$

Exemplo 8.7 Considere uma fibra de 100 km de extensão para a qual $D_{PMD} = 0,5$ ps/√km. Qual é a máxima taxa de dados possível para um sinal NRZ se o alargamento do pulso não pode ser mais do que 10% da largura de pulso?

Solução: Da Equação (8.20), o espalhamento do pulso na distância de 100 km é $\Delta\tau_{PMD} = 5,0$ ps. Como esse espalhamento não pode ser maior do que 10% da largura de pulso, temos

$$\Delta\tau_{PMD} = 5,0\text{ ps} \leq 0,1\, T_b$$

Logo, a máxima taxa de *bit* NRZ é $1/T_b = 0,1/(5\text{ ps}) = 20$ Gb/s.

8.2.3 Penalidade de razão de extinção

A *razão de extinção* r_e de um *laser* é definida como a razão entre os níveis de potência óptica P_1 para uma lógica 1 e P_0 para uma lógica 0, isto é, $r_e = P_1/P_0$. Idealmente, a razão de extinção deveria ser infinita, de modo que não haveria penalidade de potência a partir dessa condição. Nesse caso, se P_{med} é a potência média, então $P_0 = 0$ e $P_1 = 2P_{med} = P_{ideal}$. No entanto, a razão de extinção deve ser finita em um sistema real, a fim de reduzir o tempo de subida do pulso do *laser*.

Considerando P_{1-RE} e P_{0-RE} os níveis de potência 1 e 0, respectivamente, com uma relação de extinção não nula, e definindo $r_e = P_{1-RE}/P_{0-RE}$, a potência média é

$$P_{med} = \frac{P_{1-RE} + P_{0-RE}}{2} = P_{0-RE}\frac{r_e + 1}{2} = P_{1-RE}\frac{r_e + 1}{2r_e} \qquad (8.21)$$

Quando o ruído térmico do receptor domina, as potências de ruído 1 e 0 são iguais e independentes do nível do sinal. Nesse caso, sendo $P_0 = 0$ e $P_1 = 2P_{med}$, a penalidade de potência dada pela Equação (8.18) torna-se

$$PP_{RE} = -10\log\frac{P_{1-RE} - P_{0-RE}}{P_1} = -10\log\frac{r_e - 1}{r_e + 1} \qquad (8.22)$$

Na prática, os transmissores ópticos possuem razões de extinção mínimas que variam de 7 a 10 (de 8,5-10 dB), para as quais as penalidades de potência variam de 1,25 a 0,87 dB. Uma razão mínima de extinção 18 é necessária para obter uma penalidade de potência menor que 0,5 dB. Note que a penalidade de potência aumenta de forma significativa para razões de extinção muito baixas.

8.2.4 Ruído modal

Quando a luz de um *laser* coerente é lançada em uma fibra multimodo, normalmente um número de modos de propagação da fibra é excitado.[14,33-38] Enquanto esses modos mantêm a sua coerência de fase relativa, o padrão de radiação visto na extremidade da fibra (ou em qualquer ponto ao longo da fibra) assume a forma de um padrão de manchas. Esse é o resultado de interferências construtiva e destrutiva entre os modos de propagação em qualquer plano dado. Um exemplo disso é mostrado na Figura 8.9. O número de manchas no padrão aproxima-se do número de modos de propagação. À medida que a luz viaja ao longo da fibra, uma combinação das perdas dependentes do modo, mudanças na fase entre os modos e flutuações na distribuição de energia entre os diferentes modos da fibra irá alterar a interferência modal e resultará em um padrão diferente de manchas. O *ruído modal* ou *de manchas* ocorre quando qualquer perda que é dependente do padrão de manchas está presente no *link*. Exemplos de tais perdas são emendas, conectores, microcurvaturas e fotodetectores com responsividade não uniforme em toda a área fotossensível. O ruído é gerado quando o padrão de manchas *muda com o tempo*, de modo a variar a potência óptica transmitida através de um dado elemento de perda. O padrão variável de manchas que incide sobre o fotodetector produz, assim, um ruído variável no tempo no sinal recebido, que degrada o desempenho do receptor.

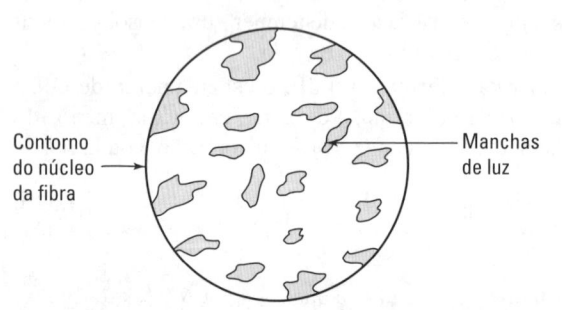

Figura 8.9 Exemplo de um padrão de manchas que é produzido quando a luz *laser* coerente é lançada em uma fibra multimodo.

As flutuações na frequência de uma fonte óptica também podem dar origem a atrasos intermodais. Uma fonte coerente forma padrões de mancha quando seu tempo de coerência é maior do que o tempo de dispersão intermodal δT no interior da fibra. Se a fonte tem uma largura de frequência δv, então seu tempo de coerência é $1/\delta v$. O ruído modal ocorre quando o padrão de manchas flutua, isto é, quando o tempo de coerência da fonte torna-se muito menor do que o tempo de dispersão intermodal. A distorção modal resultante da interferência entre um único par de modos aparecerá como uma ondulação senoidal de frequência

$$v = \delta T \frac{dv_{fonte}}{dt} \quad (8.23)$$

onde dv_{fonte}/dt é a taxa de mudança da frequência óptica.

A Figura 8.10 ilustra as taxas de erro com a adição de ruído modal para um sistema receptor de fotodiodo avalanche.[37] A análise é para 280 Mb/s em 1.200 nm com um pulso recebido de forma gaussiana. O fator M' nessa figura está relacionado com o número de manchas que atingem o fotodetector. Para muitas manchas ($M' = 2.910$), a curva de

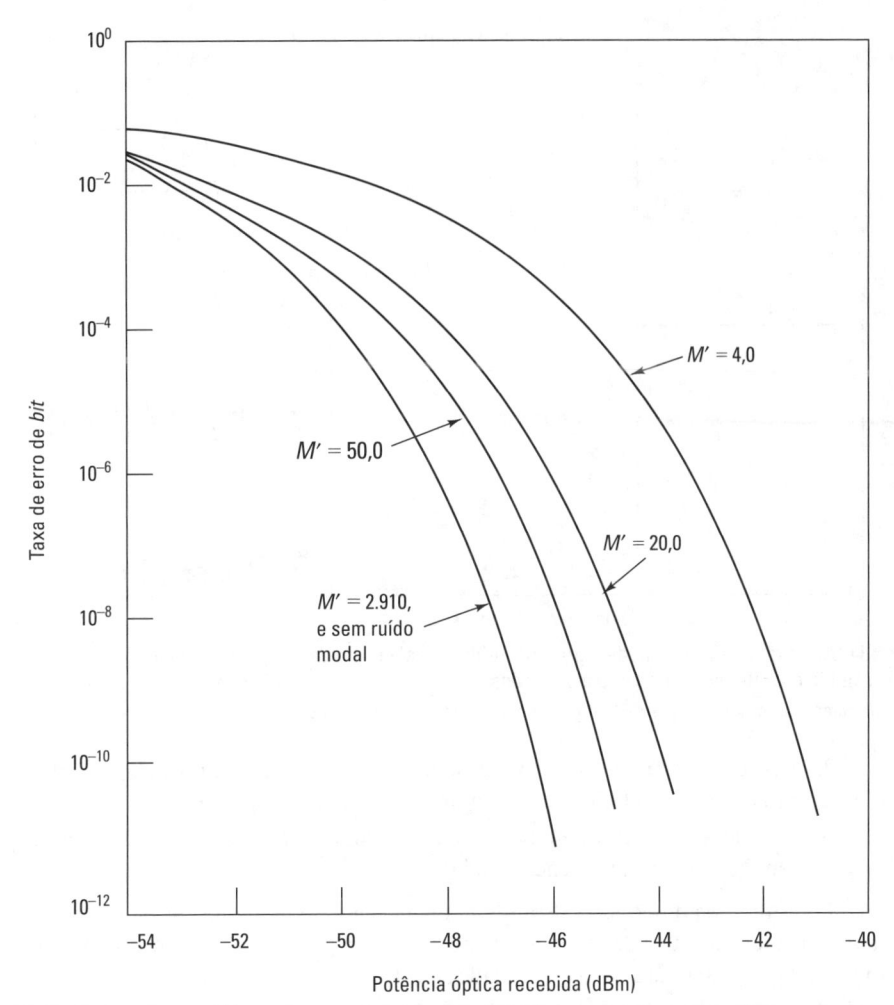

Figura 8.10 Curvas de taxa de erro para um sistema de 280 Mb/s baseado em fotodiodo avalanche com a adição de ruído modal. O fator de M' corresponde ao número de manchas.
(Reproduzida com permissão de Chan e Tjhung,[37] © 1989, IEEE.)

taxa de erro é muito próxima do caso em que não há ruído modal. À medida que o número de manchas diminui, o desempenho degrada. Quando $M' = 50$, é necessário 1,0 dB adicional de potência óptica recebida para manter uma taxa de erro de 10^{-6}. Quando $M' = 20$, devem-se ter mais 2,0 dB de potência para alcançar uma BER de 10^{-6} do que no caso de ruído não modal. Esse número torna-se 4,9 dB quando $M' = 4$.

O desempenho de um *link* de fibra multimodo de alta velocidade baseado em *laser* é de difícil previsão, pois o grau do ruído modal que pode aparecer depende muito da instalação em particular. Assim, a melhor política é tomar medidas para evitá-lo, o que pode ser feito com as seguintes medidas:

1. Uso de LEDs (que são fontes incoerentes). Isso evita totalmente o ruído modal.
2. Uso de um *laser* que tem muitos modos longitudinais (10 ou mais). Isso aumenta a granulação do padrão de manchas, reduzindo assim as flutuações de intensidade nas perturbações mecânicas do *link*.

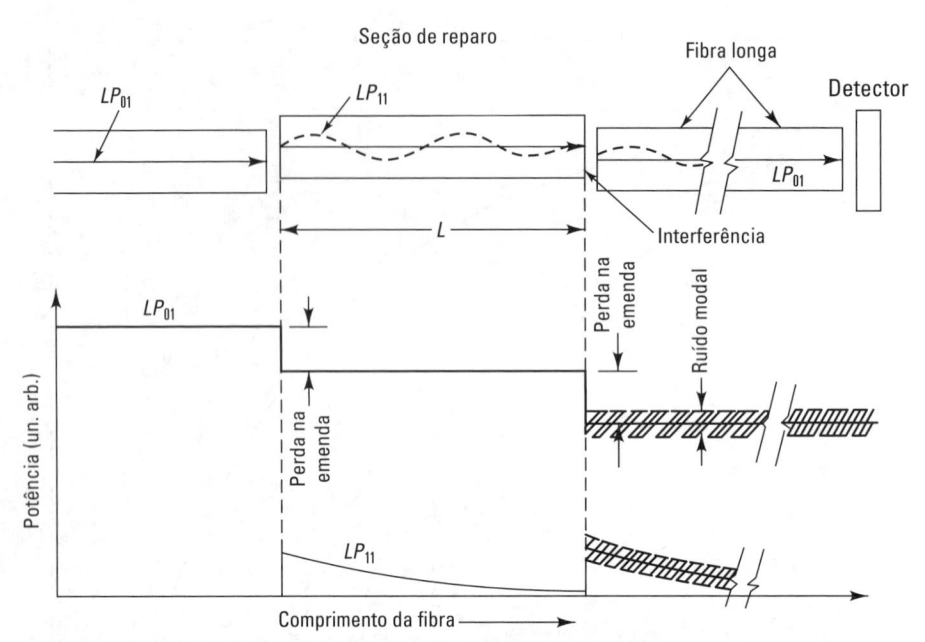

Figura 8.11 As seções de reparo podem produzir ruído modal em um *link* de fibra monomodo. Ele surge através do intercâmbio de potência óptica entre os modos LP_{01} e LP_{11} em junções com conectores ou emendas.
(Reproduzida com permissão de Sears, White, Kummer e Stone,[34] © 1986, IEEE.)

3. Uso de uma fibra com uma grande abertura numérica, pois ela suporta muitos modos e, portanto, proporciona um maior número de manchas.
4. Uso de uma fibra monomodo, pois ela suporta apenas um modo e, assim, não tem nenhuma interferência modal.

O último ponto necessita de alguma explicação. Se um conector ou emenda acoplar alguma potência óptica do modo fundamental para o primeiro modo de ordem mais alta (o modo LP_{11}), em seguida, uma quantidade significativa de potência poderá existir no modo LP_{11} em uma curta seção de fibra entre os dois conectores ou em uma emenda de reparação.[34,38] A Figura 8.11 ilustra esse efeito. Em um sistema monomodo, o ruído modal pode ocorrer em curtos cabos de manobra, em *flyleads* no diodo *laser* ou quando duas emendas de alta perda estão a uma distância muito curta. Para contornar esse problema, deve-se especificar que o comprimento de onda de corte efetivo de um cabo de manobra curto e os comprimentos de *flylead* da fibra curta estão bem abaixo do comprimento de onda de operação do sistema. Assim, o acoplamento de modos não é um problema em *links* que têm longos comprimentos de fibra entre os conectores e emendas, uma vez que o modo LP_{11} é, em geral, suficientemente atenuado ao longo do comprimento do *link*.

8.2.5 Ruído de partição modal

O *ruído de partição modal* está associado com as flutuações de intensidade nos modos longitudinais de um diodo *laser* multimodo;[39-46] isto é, os modos laterais não são suficientemente suprimidos. Esse é o ruído dominante em fibras monomodo quando se utilizam dispositivos multimodo, como *lasers* FP. As flutuações de intensidade podem ocorrer entre os diferentes modos de um *laser* multimodo, mesmo quando a saída óptica total é constante, como mostra a Figura 8.12. Essa distribuição de potência pode variar significativamente tanto dentro de um pulso como de pulso para pulso.

Uma vez que o padrão de saída de um diodo *laser* é altamente direcional, a luz a partir desses modos flutuantes pode ser acoplada a uma fibra monomodo com uma elevada eficiência. Cada um dos modos longitudinais que está acoplado na fibra tem uma atenuação e um atraso de tempo diferentes, porque cada um está associado com um comprimento de onda ligeiramente diferente. Como as flutuações de potência entre os modos dominantes podem ser muito grandes, variações significativas dos níveis de sinal podem ocorrer no receptor em sistemas com elevada dispersão na fibra.

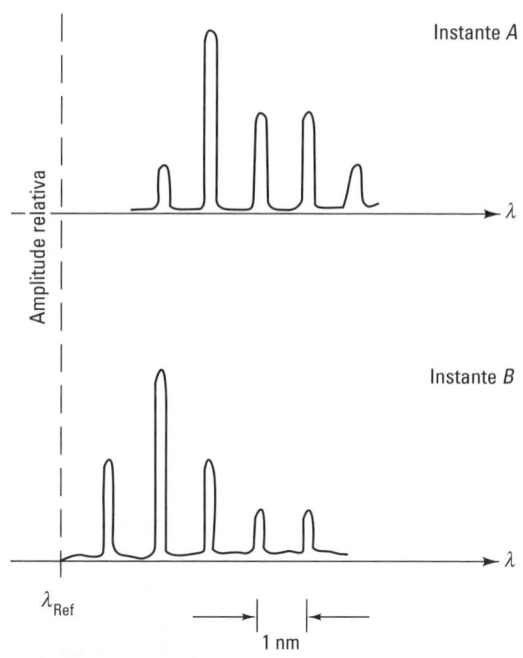

Figura 8.12 Espectros dinâmicos resolvidos no tempo de um diodo *laser*. Modos diferentes ou grupos de modos dominam a saída óptica em momentos diferentes. A separação do modos é de cerca de 1 nm.

A relação sinal-ruído decorrente do ruído de partição modal é independente da potência de sinal, de modo que a taxa de erro global do sistema não pode ser melhorada para além do limite definido por esse ruído. Trata-se de uma diferença importante em relação à degradação da sensibilidade do receptor, normalmente associada com a dispersão cromática, que pode ser compensada por meio do aumento da potência de sinal.

A penalidade de potência, em decibéis, causada pelo ruído de partição modal do *laser* pode ser aproximada por[44]

$$PP_{mpn} = -5\frac{x+2}{x+1}\log\left[1 - \frac{k^2Q^2}{2}\left(\pi BLD\sigma_\lambda\right)^4\right] \quad (8.24)$$

onde x é o fator de excesso de ruído de um APD; Q, o fator sinal-ruído (ver Figura 7.9); B, a taxa de *bits* em Gb/s; L, o comprimento da fibra em km; D, a dispersão cromática da fibra em ps/(nm · km); σ_λ, a largura espectral rms da fonte em nm; e k, o fator de ruído de partição modal. O parâmetro k é difícil de quantificar, uma vez que pode variar de 0 a 1, dependendo do *laser*. No entanto, os valores experimentais de k situam-se entre 0,6-0,8. Para manter a penalidade de potência inferior a 0,5 dB, um sistema bem projetado deverá ter a quantidade $BLD\sigma_\lambda < 0,1$.

O ruído de partição modal se torna mais pronunciado para maiores taxas de *bits*. Os erros devidos ao ruído de partição modal podem ser reduzidos e, algumas vezes, eliminados, definindo-se o ponto de polarização do *laser* acima do limiar. No entanto, o aumento do nível de potência de polarização diminui a potência do pulso de sinal disponível, reduzindo desse modo a razão de sinal-ruído térmica alcançável.

8.2.6 Gorjeio

Um *laser* que oscila em um modo longitudinal único em operação CW pode experimentar um alargamento de linha dinâmico, quando a corrente de injeção é diretamente modulada.[47-57] Esse alargamento de linha é um "gorjeio" de frequência associado com as alterações induzidas pela modulação na densidade de portadores. O gorjeio do *laser* pode levar a efeitos significativos de dispersão em pulsos modulados em intensidade quando o comprimento de onda de emissão do *laser* é deslocado do comprimento de onda de dispersão nula da fibra. Isso é particularmente verdadeiro em sistemas que operam em 1.550 nm, em que a dispersão em fibras com dispersão não deslocada G.652 é muito maior que em 1.300 nm.

Para uma boa aproximação, a mudança de frequência dependente do tempo $\Delta v(t)$ do *laser* pode ser dada em termos da potência óptica de saída $P(t)$ como[51]

$$\Delta v(t) = \frac{-\alpha}{4\pi}\left[\frac{d}{dt}\ln P(t) + \kappa P(t)\right] \tag{8.25}$$

onde α é o fator de intensificação da largura de linha[54], e κ, um fator independente de frequência que depende da estrutura do *laser*.[51] O fator α varia de –3,5 a –5,5 para *lasers* de AlGaAs[55] e de –6 a –8 para *lasers* de InGaAsP.[56]

Uma aproximação para minimizar o gorjeio é aumentar o nível de polarização do *laser*, de modo que a corrente de modulação não conduza abaixo do limiar onde ln P e P mudam rapidamente. No entanto, isso resulta em uma menor razão de extinção (a razão entre a potência no estado *on* e a potência no estado *off*), o que leva a uma penalidade de

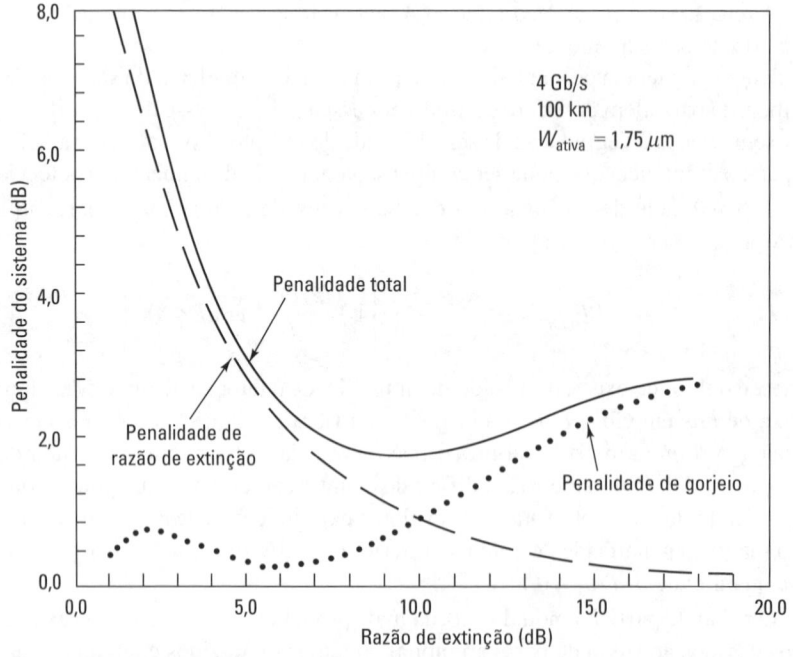

Figura 8.13 Razão de extinção, gorjeio e penalidades de potência total do sistema em 1.550 nm para um *link* monomodo de 4 Gb/s com 100 km de comprimento que possui uma dispersão de fibra $D = 17$ ps/(nm · km) e um *laser* DFB com uma largura de camada ativa de 1,75 μm.

(Reproduzida com permissão de Corvini e Koch,[53] © 1987, IEEE.)

potência pela razão de extinção no receptor decorrente da redução da razão de ruído de sinal-fundo. Essa penalidade pode ser de vários decibéis. A Figura 8.13 dá exemplos disso para dois tipos de estrutura de *laser*. Para maiores razões de extinção (pontos de polarização progressivamente menores que o limiar), a penalidade de potência por razão de extinção diminui. No entanto, a penalidade de potência induzida por gorjeio aumenta com níveis menores de polarização.

Quando o efeito do gorjeio do *laser* é pequeno, a abertura do olho Δ pode ser aproximada por[50]

$$\Delta = \left(\tfrac{4}{3}\pi^2 - 8\right) t_{\text{gorjeio}} DLB^2 \delta\lambda \left[1 + \tfrac{2}{3}(DL\delta\lambda - t_{\text{gorjeio}})\right] \quad (8.26)$$

onde t_{gorjeio} é a duração do gorjeio; B, a taxa de *bits*; D, a dispersão cromática da fibra; L, o comprimento da fibra; e $\delta\lambda$, o comprimento de onda de excursão induzido pelo gorjeio.

A penalidade de potência para um sistema APD pode ser estimada pela degradação da relação sinal-ruído (em dB) decorrente do decréscimo da amplitude do sinal como

$$PP_{\text{gorjeio}} = -10 \frac{x+2}{x+1} \log(1 - \Delta) \quad (8.27)$$

em que x é o fator de excesso de ruído de um APD.

A Figura 8.14 ilustra os efeitos de gorjeio em uma taxa de transmissão de 5 Gb/s em diferentes *links* de fibra monomodo.[47] Aqui, a supressão do modo lateral do *laser* é maior que 30 dB, a potência óptica retrorrefletida é mais que 30 dB abaixo do sinal transmitido, e a razão de extinção é de cerca de 8 dB. Em 1.536 nm, a fibra padrão de dispersão não deslocada tem uma dispersão $D = 17,3$ ps/(nm · km), e a fibra com dispersão deslocada tem $D = -1,0$ ps / (nm · km). O *link* de fibras é constituído por fibras padrão concatenadas

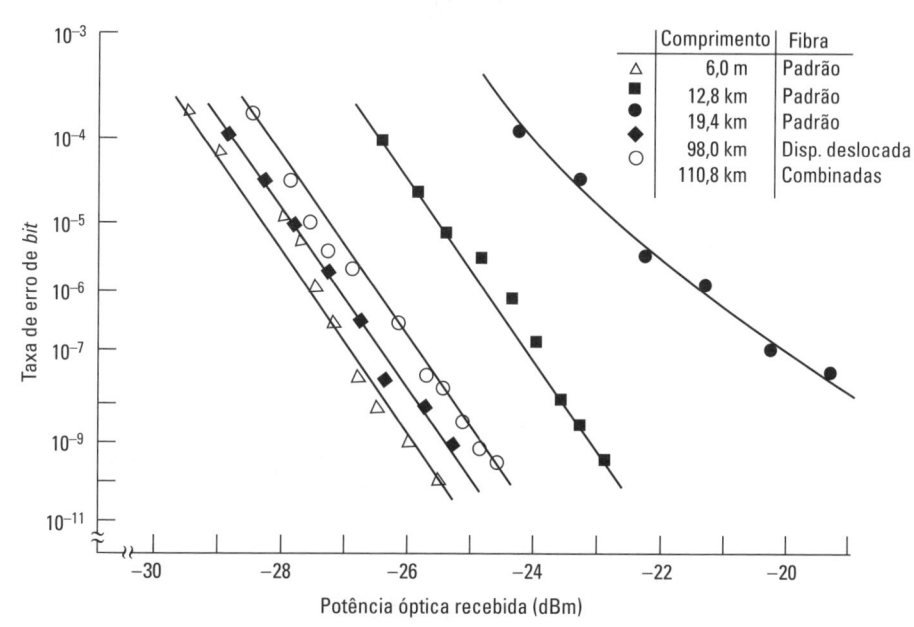

Figura 8.14 Efeitos de gorjeio em 5 Gb/s em diferentes *links* de fibra monomodo. A supressão do modo lateral do *laser* é > 30 dB, a potência refletida é mais que 30 dB abaixo do sinal transmitido, e a razão de extinção é ≈8 dB. Em 1.536 nm, a fibra padrão tem $D = 17,3$ ps/(nm · km), e a fibra de dispersão deslocada tem $D = -1,0$ ps/(nm · km). (Reproduzida com permissão de Heidemann,[51] © 1988, IEEE.)

com dispersão positiva e negativa. Isso conduz a uma compressão espectral do sinal, de modo que ocorre a compensação de dispersão. Assim, a Figura 8.14 mostra a redução significativa na penalidade por gorjeio quando se utiliza uma fibra de dispersão deslocada ou quando se combinam fibras com dispersão positiva e negativa.

8.2.7 Ruído de reflexão

Quando a luz viaja através de um *link* de fibra, algumas potências ópticas se refletem em descontinuidades de índice de refração, como em emendas, acopladores, filtros ou na interface ar-vidro nos conectores. Os sinais refletidos podem degradar o desempenho do transmissor e do receptor.[58-61] Em sistemas de alta velocidade, essa potência refletida causa uma realimentação óptica, que pode induzir instabilidades no *laser*. Essas instabilidades aparecem como ruído de intensidade (flutuações na potência de saída), *jitter*

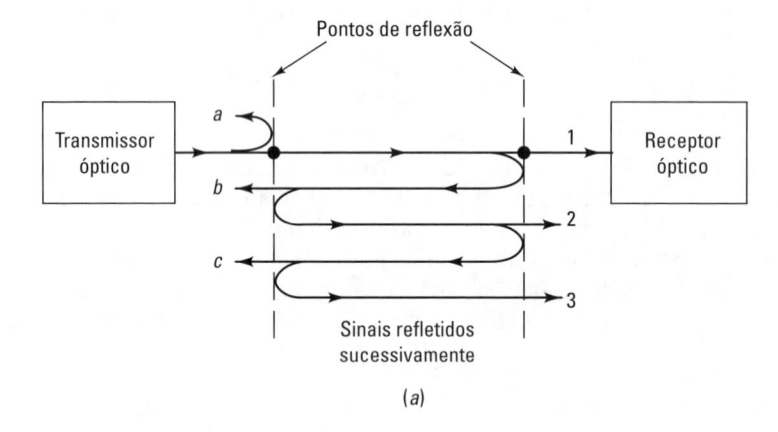

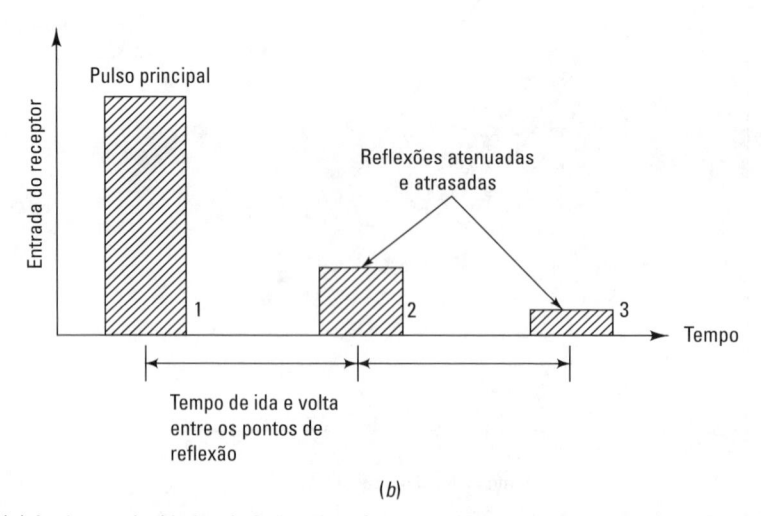

Figura 8.15 (*a*) As descontinuidades do índice de refração podem configurar múltiplas reflexões em um *link* de fibra. (*b*) Cada ida e volta de uma reflexão do pulso de luz cria outro pulso atenuado e atrasado, que pode causar interferência intersimbólica.

(distorção do pulso) ou ruído de fase no *laser*, e eles podem mudar seu comprimento de onda, largura de linha e corrente de limiar. Uma vez que eles reduzem a relação sinal--ruído, esses efeitos causam dois tipos de penalidades de potência nas sensibilidades do receptor. Em primeiro lugar, como se mostra na Figura 8.15a, pontos de múltipla reflexão criam uma cavidade interferométrica que alimenta a potência de volta para a cavidade *laser*, convertendo assim ruído de fase em ruído de intensidade. Um segundo efeito criado pelos vários caminhos ópticos é o aparecimento de sinais espúrios que chegam ao receptor com atrasos variáveis, causando desse modo interferência entre símbolos. A Figura 8.15b ilustra este caso.

Infelizmente, esses efeitos são dependentes do sinal, de modo que o aumento da potência óptica transmitida ou recebida não melhora o desempenho da taxa de erro de *bit*. Logo, devem-se encontrar maneiras de eliminar reflexões. Observemos primeiramente as suas magnitudes. Como vemos a partir da Equação (5.10), uma face clivada da extremidade de uma fibra de sílica no ar normalmente vai refletir aproximadamente

$$R = \left(\frac{1{,}47 - 1{,}0}{1{,}47 + 1{,}0}\right)^2 = 3{,}6\%$$

Isso corresponde a uma perda de rendimento óptico de 14,4 dB abaixo do sinal incidente. Polir as extremidades de fibras pode criar uma camada superficial fina, com um índice de refração aumentado de aproximadamente 1,6, o que aumenta a refletância em 5,3% (uma perda de retorno óptico de 12,7 dB). Um aumento adicional no nível de realimentação óptico ocorre quando a distância entre os pontos de múltiplas reflexões é igual a um número inteiro de meio comprimento da onda transmitida. Nesse caso, todas as distâncias de ida e volta são iguais a um número inteiro de comprimentos de onda em fase, de modo que surge interferência construtiva. Isso quadruplica a reflexão para 14% ou 8,5 dB para extremidades não polidas e para mais de 22% (uma perda de retorno óptico de 6,6 dB) para extremidades polidas.

As penalidades de potência podem ser reduzidas a alguns décimos de decibel mantendo-se as perdas de retorno abaixo de valores entre –15 a –32 dB para taxas de dados que variaram de 500 Mb/s a 4 Gb/s, respectivamente.[58] As técnicas para a redução da realimentação óptica incluem:

1. Preparar as faces das extremidades da fibra com uma superfície curva ou um ângulo relativo à faceta emissora do *laser*. Isso direciona a luz refletida para longe do eixo da fibra, de modo que não entrem novamente no guia de ondas. Perdas de retorno de mais de 45 dB podem ser obtidas com ângulos na face entre 5° e 15°. No entanto, isso aumenta tanto a perda de inserção como a complexidade do conector.

2. Usar óleo ou gel com índice casado nas interfaces ar-vidro. A perda de retorno com essa técnica é geralmente maior do que 30 dB. No entanto, isso pode não ser prático ou recomendado se os conectores precisam ser remontados muitas vezes, uma vez que contaminantes podem acumular-se na interface.

3. Usar conectores nos quais as extremidades da fibra façam contato físico (chamados de *conectores PC*). Perdas de retorno de 25-40 dB foram medidas com esses conectores.

4. Usar isoladores ópticos dentro do módulo transmissor do *laser*. Esses dispositivos facilmente atingem perdas de retorno de 25 dB, mas também podem introduzir até 1 dB de perda adiante no *link*.

8.3 Controle de erro

Em qualquer sistema de transmissão digital, os erros ocorrem mesmo quando há uma relação sinal-ruído suficiente para proporcionar uma baixa taxa de erro de *bit*. A aceitação de certo nível de erros depende do usuário da rede. Por exemplo, a fala digitalizada ou vídeo pode tolerar elevadas taxas de erro ocasionais. No entanto, aplicações como operações financeiras exigem uma transmissão quase que completamente livre de erros. Neste caso, o protocolo de transporte de rede deve compensar a diferença entre as taxas de erro de *bit* desejada e real.

Para controlar erros e melhorar a confiabilidade de uma linha de comunicação, em primeiro lugar é necessário ser capaz de detectar os erros e, em seguida, corrigi-los ou retransmitir a informação. Os métodos de detecção de erros codificam o fluxo de informação para ter um padrão específico. Se os segmentos no fluxo de dados recebidos violam esse padrão, então os erros ocorrem. As Seções 8.3.1 a 8.3.3 discutirão o conceito e vários métodos populares de detecção de erros.

Os dois esquemas básicos para a correção de erros são o *pedido automático de retransmissão* (ARQ) e a *correção de erros antecipada* (FEC).[62-68] Os esquemas ARQ são usados há muitos anos em aplicações como *links* de comunicação por computador que usam linhas telefônicas e de transmissão de dados pela internet. Como mostrado na Figura 8.16, a técnica ARQ usa um canal de retorno entre o receptor e o transmissor para solicitar a retransmissão de mensagens, se forem detectados erros no receptor. Como cada retransmissão adiciona pelo menos um tempo de ida e volta de atraso para a resposta, o ARQ pode não ser viável para aplicações em que os dados têm de chegar em um determinado período de tempo para que possam ser úteis. A correção de erros antecipada evita as deficiências do ARQ para as grandes larguras de banda das redes ópticas que exigem baixos atrasos. Nas técnicas de FEC, a informação redundante é transmitida juntamente com a informação original. Se algum dos dados originais for perdido ou recebido com erro, a informação redundante é utilizada para reconstruí-lo. A Seção 8.3.4 apresenta uma visão geral dos códigos Reed-Solomon utilizados nas técnicas de FEC.

8.3.1 Conceito de detecção de erros

Um erro em um fluxo de dados pode ser classificado como um erro de único *bit* ou erro em rajadas (também chamado de *burst error*). Como o seu nome indica, um *erro de único bit* significa que apenas um *bit* de uma unidade de dados (por exemplo, um *byte*, uma palavra do código, um pacote ou um quadro) é alterado de 1 para 0 ou vice-versa. Os erros de único *bit* não são muito comuns em típicos sistemas de transmissão, pois a maioria dos efeitos de ruído que corrompem *bits* dura mais do que o período de um *bit*.

Um *erro em rajadas* refere-se ao caso em que mais que um único *bit* de uma unidade de dados tenha mudado. Esse tipo de erro acontece frequentemente em um sistema típico de transmissão, porque a duração da rajada de ruído dura diversos períodos de *bit*.

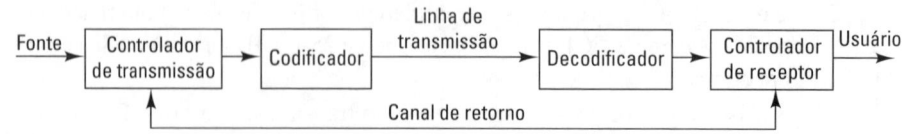

Figura 8.16 Configuração básica de esquema de correção de erros para um pedido automático de retransmissão (ARQ).

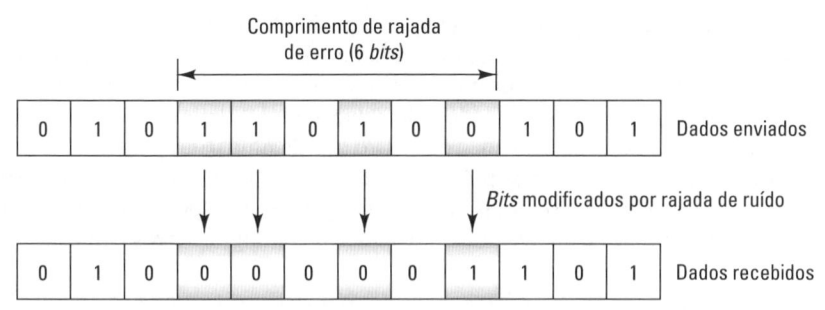

Figura 8.17 O comprimento de uma rajada de erro é medido a partir do primeiro até o último *bit* corrompido.

Um erro em rajadas não necessariamente muda todo *bit* de um segmento de dados que contém erros. Como mostrado na Figura 8.17, o comprimento de um erro em rajadas é medido a partir do primeiro *bit* corrompido até o último *bit* corrompido. Nem todos os *bits* nesse segmento em particular foram danificados.

Exemplo 8.8 O número de *bits* afetados por erro em rajadas depende da taxa de dados e da duração do pulso da rajada. Se um ruído de rajada que corrompe *bits* durar 1 ms, 10 *bits* serão afetados em uma taxa de dados de 10 kb/s, enquanto um segmento de 10.000 *bits* será danificado em uma taxa de 10 Mb/s.

O conceito básico de detecção de erros é simples. Antes de ser inserido no canal de transmissão, o fluxo de *bits* de informação proveniente de um dispositivo de comunicação é codificado de modo que ele satisfaça um determinado *padrão* ou um *conjunto específico de palavras de código*. No destino, o receptor confere o fluxo de informação que chega para verificar se o padrão é satisfeito. Se o fluxo de dados contém segmentos (isto é, palavras de código inválidas) que não estejam em conformidade com o padrão pretendido, então ocorreu um erro nesse segmento.

8.3.2 Códigos lineares de detecção de erros

O *código de verificação de paridade única* é um dos métodos mais simples para a detecção de erros. Esse código forma uma *palavra de código* a partir da combinação de k bits de informação e um único *bit de verificação* adicionado. Se os k bits de informação contêm um número ímpar de *bits* 1, então o *bit* de verificação é definido como 1, caso contrário, ele é definido como 0. Esse procedimento assegura que a palavra de código tem um número par de 1s, o que significa que ela tem uma *paridade par*. Por isso, o *bit* de verificação é chamado de *bit de paridade*. O código de verificação de paridade única pode, portanto, detectar quando um número ímpar de erros ocorreu em uma palavra de código. No entanto, se a palavra de código recebida contém um número par de erros, esse método não detecta os erros. O código de verificação de paridade única é chamado de *código linear*, porque o *bit* de paridade b_{k+1} é calculado como a soma em módulo 2 de k bits de informação, isto é,

$$b_{k+1} = b_1 + b_2 + \cdots + b_k \text{ módulo } 2 \tag{8.28}$$

onde $b_1, b_2, \ldots, b_k$ são os *bits* de informação.

Um código linear mais geral com maior capacidade de detecção de erros é chamado de *código linear binário*. Esse código linear adiciona *n-k bits* de verificação em um conjunto de *k bits* de informação, formando, dessa forma, uma palavra de código que consiste em *n bits*. Tal código é designado pela notação (*n*, *k*). Um exemplo é o código linear de Hamming (7, 4) no qual os primeiros quatro *bits* de uma palavra de código são os *bits* de informação b_1, b_2, b_3, b_4, e os próximos três *bits* b_5, b_6, b_7 são os *bits* de verificação. Entre a grande variedade de *códigos de Hamming*, esse, em especial, pode detectar todos os erros de *bits* simples e duplos, mas falha ao detectar alguns erros triplos.

8.3.3 Códigos polinomiais

Os códigos polinomiais são amplamente utilizados para a detecção de erros, porque são fáceis de implementar por meio de circuitos com registro de deslocamento. A expressão *código polinomial* vem do fato de que os símbolos de informação, as palavras de código e o vetor de erro são representados por polinômios com coeficientes binários. Aqui, se uma palavra de código transmitida tem *n bits*, então o vetor de erro é definido por (e_1, e_2, ..., e_n), onde, $e_j = 1$ se ocorreu um erro no *j-ésimo bit* transmitido, e $e_j = 0$, caso contrário. Como o processo de codificação gera *bits* de verificação por meio de um processo chamado de *verificação de redundância cíclica* (CRC), um código polinomial é também conhecido como um código CRC.

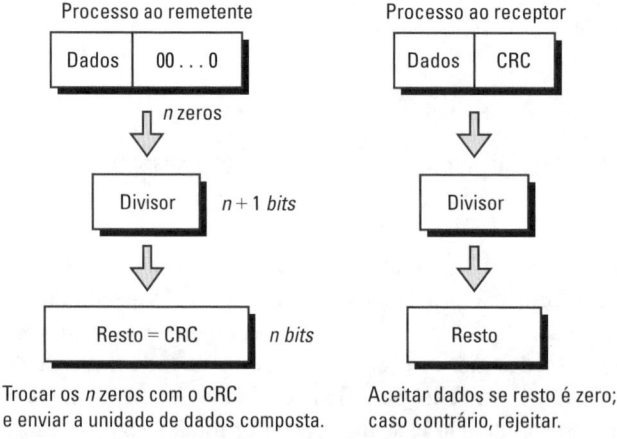

Figura 8.18 Procedimento básico para a técnica de verificação da redundância cíclica (CRC).

A técnica de *verificação de redundância cíclica* baseia-se em um processo de divisão binária que envolve a porção de dados de um pacote e uma sequência de *bits* redundantes. A Figura 8.18 apresenta o seguinte procedimento básico da CRC:

- *Passo 1*. No remetente, uma série de *n* zeros é adicionada à unidade de dados em que a detecção de erros será executada. Por exemplo, essa unidade de dados pode ser um pacote (um agrupamento de dados mais *bits* de encaminhamento e de controle). A característica dos *bits* redundantes é tal que o resultado (pacote mais *bits* redundantes) é exatamente divisível por um segundo número binário predeterminado.
- *Passo 2*. A nova unidade de dados alargada é dividida pelo divisor predeterminado usando uma divisão binária. Se o número de *bits* adicionados à unidade de dados é *n*, então o número de *bits* no divisor predeterminado é *n* + 1. O resto que resulta dessa divisão é chamado de *resto CRC* ou simplesmente CRC. O número de dígitos nesse resto é igual a *n*. Por exemplo, se *n* = 3, ele pode ser o número binário 101. Note que o resto também pode ser 000 se os dois números são exatamente divisíveis.
- *Passo 3*. Os *n* zeros que foram adicionados à unidade de dados no passo 1 são substituídos pelo *bit-n* CRC. A unidade de dados composta é então enviada através do canal de transmissão.

- *Passo 4.* Quando a unidade de dados mais a CRC anexada chega ao destino, o receptor divide essa unidade de entrada composta pelo mesmo divisor que foi usado para gerar a CRC.
- *Passo 5.* Se não houver nenhum resto após essa divisão ocorrer, então se assume que não há erros na unidade de dados e ela é aceita pelo receptor. O resto indica que alguns *bits* foram danificados durante o processo de transmissão, e, portanto, a unidade de dados é rejeitada.

Tabela 8.3 Polinômios usados comumente e seus equivalentes binários para geração de CRC

Tipo de CRC	Polinômio gerador	Equivalente binário
CRC-8	$x^8 + x^2 + x + 1$	100000111
CRC-10	$x^{10} + x^9 + x^5 + x^4 + x + 1$	11000110011
CRC-16	$x^{16} + x^{15} + x^2 + 1$	11000000000000101
CRC-32	$x^{32} + x^{26} + x^{23} + x^{22} + x^{16} + x^{12} + x^{11} + x^{10} + x^8 + x^7 + x^5 + x^4 + x^2 + x + 1$	100000100110000010001110110110111

Em vez de usar uma série de *bits* 1 e 0, o gerador de CRC normalmente é representado por um polinômio algébrico com coeficientes binários. A vantagem de usar um polinômio é que é simples de visualizar e realizar a divisão matematicamente. A Tabela 8.3 mostra exemplos de vários polinômios comumente utilizados e seus equivalentes binários para a geração CRC, os quais são designados como CRC-8, CRC-10, CRC-16 e CRC-32. Os números 8, 10, 16 e 32, respectivamente, referem-se ao tamanho do resto CRC. Assim, os divisores de CRC para esses polinômios são 9, 11, 17 e 33 *bits*, respectivamente. Os dois primeiros polinômios são usados em redes ATM, enquanto a CRC-32 é usada em LANs IEEE-802. A CRC-16 é usada em protocolos orientados por *bit*, como o padrão *High-Level Data Link Control* (HDLC), onde os quadros são vistos como um conjunto de *bits*.

Exemplo 8.9 O polinômio gerador $x^7 + x^5 + x^2 + x + 1$ pode ser escrito como

$$1 \times x^7 + 0 \times x^6 + 1 \times x^5 + 0 \times x^4 + 0 \times x^3 + 1 \times x^2 + 1 \times x^1 + 1 \times x^0$$

onde os expoentes das variáveis *x* representam as posições dos *bits* de um número binário e os coeficientes correspondem aos dígitos binários nessas posições. Assim, o polinômio gerador dado aqui corresponde à representação binária de 8 *bits* 10100111.

Exemplo 8.10 O polinômio gerador $x^3 + x + 1$ pode ser escrito na forma binária como 1011. Para a unidade de informação 11110, as CRC podem ser encontradas por meio de qualquer divisão binária ou algébrica usando os passos 1 a 3 descritos anteriormente. Como existem 4 *bits* no divisor, três zeros são adicionados aos dados para a operação aritmética binária. A Figura 8.19 mostra os dois procedimentos diferentes, utilizando divisão aritmética binária e polinomial. Para o processo de divisão polinimial, o resto é $x^2 + 1$, que é equivalente ao resto 101 encontrado pelo método de divisão binária. A unidade de dados composta resultante mais a CRC que são transmitidas é 11110101. Note que, quando se segue o método de divisão binária, se o *bit* mais à esquerda de um resto é zero, deve-se utilizar 0000 como divisor em vez do divisor original 1011.

Um código polinomial deve ter as seguintes propriedades:
- Não deve ser divisível por *x*. Essa condição garante que o CRC pode detectar todos os erros em rajadas que têm um comprimento inferior ou igual ao grau do polinômio.

$$\begin{array}{r} x^4+x^3+x+1 \\ x^3+x+1\overline{\smash{)}x^7+x^6+x^5+x^4} \\ \underline{x^7+x^5+x^4} \\ x^6 \\ \underline{x^6+x^4+x^3} \\ x^4+x^3 \\ \underline{x^4+x^2+x} \\ x^3+x^2+x \\ \underline{x^3+x+1} \\ x^2+1 \end{array}$$

Divisor: $x^3 + x + 1$; Quociente: $x^4 + x^3 + x + 1$; Resto (Equivalente a 101): $x^2 + 1$

(a) Divisão polinomial

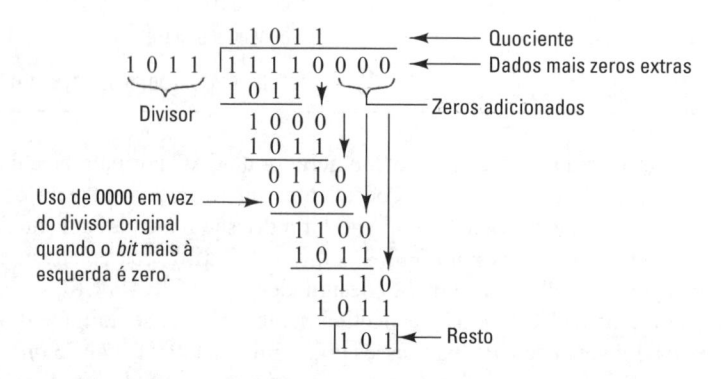

Divisor: 1 0 1 1; Quociente: 1 1 0 1 1; Dados mais zeros extras: 1 1 1 1 0 0 0 0; Resto: 1 0 1

Uso de 0000 em vez do divisor original quando o *bit* mais à esquerda é zero.

(b) Divisão binária

Figura 8.19 Dois procedimentos diferentes para encontrar a CRC por meio de divisões aritméticas polinomiais e binárias.

- Deve ser divisível por $x + 1$, o que permite que a CRC possa detectar todas as rajadas que afetam um número ímpar de *bits*.
- Dadas essas duas regras, a CRC também pode encontrar com uma probabilidade de detecção de erros

$$P_{ed} = 1 - 1/2^N \quad (8.29)$$

quaisquer erros em rajadas que têm um comprimento maior do que o grau de N do polinômio gerador.

Exemplo 8.11 A CRC-32 dada na Tabela 8.3 apresenta um grau de 32. Assim, ela irá detectar todos os erros em rajadas que afetam um número ímpar de *bits*, todos os erros em rajadas com um comprimento menor ou igual a 32 e, da Equação (8.29), mais de 99,99% dos erros em rajadas com comprimento de 32 ou mais.

8.3.4 Correção de erros antecipada

A correção de erros pode ser feita pelo uso de *redundância* no fluxo de dados. Com esse método, *bits* extras são introduzidos no fluxo bruto de dados no transmissor em uma base regular e lógica e são extraídos no receptor. Esses dígitos não transmitem informação, mas permitem que o receptor detecte e corrija certa porcentagem de erros nos *bits* portadores de informação. O grau de transmissão livre de erros que pode ser obtido depende da quantidade de redundância introduzida. Note que a taxa de dados que inclui essa redundância deve ser menor ou igual à capacidade do canal.

O método de introduzir *bits* redundantes no fluxo de informação no transmissor para fins de redução de erros é denominado *correção de erros antecipada* (FEC). Tipicamente, a quantidade de redundância adicionada é pequena, de modo que o esquema FEC não utiliza largura de banda adicional e, assim, continua a ser muito eficiente. Os códigos mais populares de correção de erros são *códigos cíclicos*, como os *códigos de Reed-Solomon* (RS). Esses códigos adicionam um conjunto redundante de r símbolos a blocos de k símbolos de dados, com cada símbolo tendo s *bits* de comprimento, como $s = 8$. Os códigos são designados pela notação (n, k), onde n é igual ao número de símbolos de informação originais k mais o número r de símbolos redundantes. Para um dado tamanho de símbolo s, o comprimento máximo de uma palavra de código de Reed-Solomon é $n = 2^s - 1$.

Exemplo 8.12 O código Reed-Solomon (255,239) com $s = 8$ (um *byte*) é usado em um *link* de fibra óptica submarino de alta velocidade. Isso significa que $r = n - k = 255 - 239 = 16$ *bytes* redundantes são enviados para cada bloco de 239 *bytes* de informação. O código é bastante eficiente, uma vez que os 16 *bytes* redundantes adicionam menos de 7% de sobrecarga ao fluxo de informação.

Um decodificador Reed-Solomon pode corrigir até t erros de símbolo, onde $2t = n - k$. Por exemplo, o código RS (255,239) pode corrigir até 8 erros em um bloco de 239 *bytes*. Um erro de símbolo ocorre quando um ou mais *bits* em um símbolo estão errados. Assim, o número de *bits* que são corrigidos depende da distribuição dos erros. Se cada *byte* incorreto contém apenas um erro de *bit*, então o código RS (255,239) irá corrigir 8 erros de *bit*. No outro extremo, se todos os *bits* em cada um dos 8 *bytes* incorretos estiverem corrompidos, então o código (255,239) corrigirá $8 \times 8 = 64$ erros de *bits*. Assim, uma característica fundamental dos códigos RS é a sua habilidade de corrigir erros em rajadas, onde uma sequência de *bytes* é recebida incorretamente.

Outra vantagem de um código de Reed-Solomon é que ele permite a transmissão em um nível de potência mais baixo para atingir a mesma BER que resultaria sem codificação. A economia resultante de energia é chamada de *ganho de codificação*. O código RS (255,239) fornece um ganho de codificação de cerca de 6 dB. Códigos concatenados de Reed-Solomon (vários códigos utilizados sequencialmente) podem proporcionar ganhos de codificação ainda maiores.

Os atuais sistemas de comunicação óptica terrestres e submarinos de alta velocidade utilizam um certo número de diferentes códigos FEC. Por exemplo, como parte da Recomendação de Invólucro Digital (*Digital Wrapper*) G.709, a ITU-T escolheu os códigos de Reed-Solomon (255,239) e (255,223).[69-71] O código (255,223) tem uma sobrecarga maior (15%) em comparação com o código (255,239), mas é um pouco mais forte, uma vez que consegue corrigir 16 erros em um bloco de 223 *bits*. O *Invólucro Digital* usa as mesmas técnicas de monitoramento de erros quando é empregado em SDH e SONET. As medições do desempenho que são calculadas incluem violações de código no fluxo de *bits* de entrada, o número de segundos em que pelo menos um erro ocorre, o número de segundos em que múltiplos erros ocorrem (chamado *segundos severamente errados*) e o número total de segundos em que o serviço não está disponível.

8.4 Detecção coerente

No Capítulo 7, a análise básica do receptor considerou um esquema de transmissão de ondas luminosas simples e de baixo custo em que a intensidade da luz da fonte óptica é modulada linearmente em relação à tensão do sinal elétrico de entrada. Esse esquema não leva em consideração a frequência ou a fase da portadora óptica, uma vez que o fotodetector na extremidade do receptor somente responde a alterações no nível de potência (intensidade) que cai diretamente sobre ele. O fotodetector então transforma as variações de nível de potência óptica, de modo que elas voltem ao formato do sinal elétrico original. Esse método é conhecido como *modulação de intensidade com detecção direta* (IM/DD). Um sistema óptico de detecção direta é análogo ao modo como um rádio de cristal primitivo detectava sinais de radiodifusão. Embora estes métodos de IM/DD ofereçam simplicidade ao sistema e custo relativamente baixo, as suas sensibilidades são limitadas pelo ruído gerado no fotodiodo e no pré-amplificador de receptor. Esses ruídos degradam a sensibilidade do receptor em sistemas de transmissão IM/DD que seguem a lei dos quadrados por 10 a 20 dB do limite fundamental ruído quântico.

Por volta de 1978, os pesquisadores de componentes tinham melhorado a pureza espectral e a estabilidade de frequência dos *lasers* de semicondutores até o ponto em que as técnicas alternativas que utilizam detecção homódina ou heteródina do sinal óptico parecessem ser possíveis. Os sistemas de comunicação óptica que utilizam detecção homódina ou heteródina são chamados *sistemas de comunicação óptica coerentes*, uma vez que a sua aplicação depende da *coerência de fase* da portadora óptica. Em técnicas de detecção coerente, a luz é tratada como um meio portador que pode ser modulado por amplitude, frequência ou fase, semelhante aos métodos utilizados nos sistemas de rádio de micro-ondas.[72-77]

Os sistemas coerentes foram examinados extensivamente durante a década de 1980 e início de 1990 como um método para aumentar as extensões de transmissão para *links* de longa distância. No entanto, o interesse por esses métodos diminuiu quando os amplificadores ópticos foram introduzidos, porque esses dispositivos ofereceram aumentos drásticos nas distâncias de transmissão de sistemas baseados em OOK para múltiplos comprimentos de onda. Felizmente, a pesquisa sobre técnicas coerentes continuou, e, uma década mais tarde, houve uma renovação no interesse quando as velocidades de transmissão de dados aumentaram para valores superiores a 10 Gb/s. Esse interesse foi estimulado pelo fato de que as técnicas de detecção coerente permitem uma elevada eficiência espectral e maior tolerância a dispersões cromáticas e de polarização modal do que os métodos de detecção direta.[78-82] Como observado no Capítulo 13, tais *links* de alta velocidade foram testados em taxas de dados de até 160 Gb/s sobre fibras monomodo padrão instaladas.

8.4.1 Conceitos fundamentais

A Figura 8.20 ilustra o conceito fundamental em sistemas coerentes de luz. O princípio-chave da técnica de detecção coerente é proporcionar ganho ao sinal de entrada óptica por meio da combinação ou mistura com um campo óptico de *onda contínua* (CW) gerado localmente. O termo *mistura* significa que, quando duas ondas que têm frequências ω_1 e ω_2 são combinadas, o resultado será outras ondas com frequências iguais a $2\omega_1$, $2\omega_2$ e $\omega_1 \pm \omega_2$. Para sistemas luminosos coerentes, todos os componentes de frequência, exceto $\omega_1 - \omega_2$, são filtrados no receptor. O dispositivo usado para criar o sinal CW é um *laser* de largura de linha estreita chamado *oscilador local* (LO). O resultado desse processo de mistura é que o ruído dominante no receptor é o ruído *shot* proveniente do oscilador local. Isso significa que o receptor pode obter uma sensibilidade limitada pelo ruído *shot*.

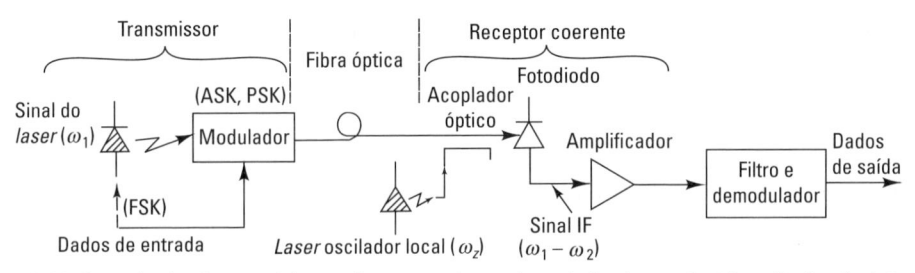

Figura 8.20 Conceito fundamental de um sistema coerente de onda luminosa. Os três métodos de detecção básicos podem ter vários formatos de modulação.

Por simplicidade, para entender como essa mistura pode aumentar o desempenho do receptor coerente, vamos considerar o campo elétrico do sinal óptico transmitido como uma onda plana que tem a forma

$$E_s = A_s \cos[\omega_s t + \varphi_s(t)] \tag{8.30}$$

onde A_s é a amplitude do campo do sinal óptico; ω_s, a frequência da portadora do sinal óptico; e $\varphi_s(t)$, a fase do sinal óptico. Para enviar informação, pode-se modular a amplitude, a frequência ou a fase da portadora óptica. Assim, uma das três técnicas de modulação pode ser implementada:

1. *Chaveamento de amplitude* (ASK) ou *chaveamento do tipo on-off* (OOK). Nesse caso, ϕ_s é constante e a amplitude do sinal A_s tem um de dois valores em cada período de *bit*, dependendo se um 0 ou um 1 é transmitido.
2. *Chaveamento de frequência* (FSK). Para a modulação FSK, a amplitude A_s é constante e $\phi_s(t)$ é ou $\omega_1 t$ ou $\omega_2 t$, onde as frequências ω_1 e ω_2 representam os valores binários do sinal.
3. *Chaveamento de fase* (PSK). No método PSK, a informação é transmitida através da variação da fase com uma onda senoidal $\phi_s(t) = \beta \operatorname{sen} \omega_m t$, onde β é o índice de modulação, e ω_m, a frequência de modulação.

Em um sistema de *detecção direta*, o sinal elétrico que vem do transmissor *modula a amplitude* do nível de potência óptica da fonte de luz. Assim, a potência óptica é proporcional ao nível de sinal da corrente. No receptor, o sinal óptico recebido é convertido diretamente em uma saída elétrica demodulada. Essa corrente detectada é diretamente proporcional à intensidade I_{DD} (o quadrado do campo elétrico) do sinal óptico, levando a

$$I_{DD} = E_s E_s^* = \frac{1}{2} A_s^2 \left[1 + \cos(2\omega_s t + 2\phi_s)\right] \tag{8.31}$$

O termo envolvendo $(2\omega_s t + 2\phi_s)$ é eliminado do receptor, uma vez que a sua frequência, o que é o dobro da frequência da portadora óptica, está além da capacidade de resposta do detector. Assim, para a detecção direta, a Equação (8.31) se torna

$$I_{DD} = E_s E_s^* = \frac{1}{2} A_s^2 \tag{8.32}$$

Na extremidade receptora em sistemas de luz coerentes, o receptor primeiro adiciona uma onda óptica gerada localmente para o sinal de informação de entrada e, em seguida, detecta a combinação. Existem quatro formatos básicos para demodulação, dependendo de como o sinal óptico é misturado com o oscilador local (que leva à detecção heteródina ou homódina) e como o sinal elétrico é detectado (se de forma síncrona ou assíncrona). Como veremos nesta seção, para um determinado formato de modulação, os receptores homódinos são mais sensíveis que os receptores heteródinos, e a detecção síncrona é mais sensível do que a detecção assíncrona.

A mistura dos sinais dos portadores de informação e do oscilador local é feita na superfície do fotodetector (antes de a fotodetecção ocorrer). Se o campo do oscilador local (LO) tiver a forma

$$E_{LO} = A_{LO} \cos[\omega_{LO} t + \phi_{LO}(t)] \qquad (8.33)$$

onde A_{LO} é a amplitude do campo de oscilador local, e ω_{LO} e $\phi_{LO}(t)$ são a frequência e a fase do oscilador local, respectivamente, então a corrente detectada é proporcional ao quadrado do campo elétrico total do sinal incidente no fotodetector. Isto é, a intensidade $I_{coe}(t)$ é

$$I_{coe}(t) = (E_s + E_{LO})^2$$
$$= \frac{1}{2} A_s^2 + \frac{1}{2} A_{LO}^2 + A_s A_{LO} \cos[(\omega_s - \omega_{LO})t + \phi(t)] \cos\theta(t) \qquad (8.34)$$

em que $\phi(t) = \phi_s(t) - \phi_{LO}(t)$ é a diferença de fase relativa entre o sinal de informação e o sinal do oscilador local, e

$$\cos\theta(t) = \frac{E_s \cdot E_{LO}}{|E_s||E_{LO}|} \qquad (8.35)$$

representa o desalinhamento de polarização entre a onda do sinal e a onda do oscilador local. Aqui novamente utilizamos a condição de que o fotodetector não responde aos termos oscilando perto da frequência $2\omega_s$.

Como a potência óptica $P(t)$ é proporcional à intensidade, no fotodetector temos que

$$P(t) = P_s + P_{LO} + 2\sqrt{P_s P_{LO}} \cos[(\omega_s - \omega_{LO})t + \phi(t)] \cos\theta(t) \qquad (8.36)$$

onde P_s e P_{LO} são as potências ópticas do sinal e do oscilador local, respectivamente, com $P_{LO} \gg P_s$. Assim, vemos que a diferença de frequência angular $\omega_{IF} = \omega_s - \omega_{LO}$ é uma frequência intermediária, e o ângulo de fase $\phi(t)$ indica a diferença de fase variável no tempo entre os níveis do sinal e do oscilador local. A frequência ω_{IF} está normalmente na faixa de radiofrequência de algumas dezenas ou centenas de megahertz.

8.4.2 Detecção homódina

Quando as frequências da portadora do sinal e do oscilador local são iguais, isto é, quando $\omega_{IF} = 0$, temos o caso especial de *detecção homódina*. A Equação (8.36) torna-se então

$$P(t) = P_s + P_{LO} + 2\sqrt{P_s P_{LO}} \cos\phi(t) \cos\theta(t) \qquad (8.37)$$

Assim, pode-se utilizar tanto um esquema de modulação OOK [variando o nível de sinal P_s enquanto se mantém $\phi(t)$ constante] como PSK [variando a fase $\phi_s(t)$ do sinal e mantendo P_s constante] para transmitir a informação. Note que, como $P_{LO} \gg P_s$ e P_{LO} é constante, o último termo do lado direito da Equação (8.37) contém a informação transmitida. Como esse termo aumenta com o aumento da potência do *laser*, o oscilador local atua efetivamente como um amplificador de sinal, fornecendo assim uma sensibilidade maior ao receptor do que em uma detecção direta.

Como pode ser visto a partir da Equação (8.37), a detecção homódina traz o sinal diretamente para a frequência de banda-base, de modo que nenhuma demodulação elétrica é necessária. Os receptores homódinos produzem os mais sensíveis sistemas coerentes. No entanto, a construção deles é muito difícil, pois o oscilador local deve ser controlado por um circuito de bloqueio de fase óptica. Além disso, a necessidade de que os *lasers* de sinal e os do oscilador local tenham as mesmas frequências impõe condições muito rigorosas sobre essas duas fontes ópticas. Esses critérios incluem uma largura de banda espectral (largura de linha) extremamente estreita e um elevado grau de tunabilidade de comprimento de onda.

8.4.3 Detecção heteródina

Na *detecção heteródina*, a frequência intermediária ω_{IF} é diferente de zero e um circuito de bloqueio da fase óptica não é necessário. Consequentemente, os receptores heteródinos são muito mais fáceis de implementar do que receptores homódinos. No entanto, o preço para essa simplificação é uma degradação de 3 dB na sensibilidade em relação à detecção homódina.[83]

Qualquer uma das técnicas de modulação, OOK, FSK ou PSK, pode ser utilizada. Vamos considerar a corrente de saída no receptor. Como $P_s \ll P_{LO}$, podemos ignorar o primeiro termo do lado direito da Equação (8.36). Logo, a corrente de saída do receptor contém um termo cc dado por

$$i_{cc} = \frac{\eta q}{h\nu} P_{LO} \qquad (8.38)$$

e um termo IF variável no tempo dado por

$$i_{IF}(t) = \frac{2\eta q}{h\nu} \sqrt{P_s P_{LO}} \cos\left[\omega_{IF} + \phi(t)\right] \cos\theta(t) \qquad (8.39)$$

A corrente cc é normalmente filtrada no receptor, e a corrente IF é amplificada. Recupera-se a informação a partir da corrente amplificada utilizando as técnicas de demodulação convencionais de RF.

8.4.4 Comparações de BER

Agora faremos uma comparação entre as diversas técnicas de detecção coerente. Geralmente, caracterizamos o desempenho de um sistema de comunicação digital em termos da taxa de erro de *bit*. A BER depende da *relação sinal-ruído* (SNR) e da *função de densidade de probabilidade* (PDF) na saída do receptor (na entrada para o comparador). Como para altas potências do oscilador local a PDF é gaussiana tanto para técnicas homódinas como heteródinas, a BER depende apenas da relação sinal-ruído. Assim, pode-se descrever a sensibilidade do receptor em termos da SNR disponível na saída do receptor, que é diretamente proporcional à potência do sinal óptico recebido. Como, tradicionalmente, a sensibilidade do receptor para as técnicas de detecção coerente é descrita em termos do número médio de fótons necessários para atingir uma BER de 10^{-9}, usaremos esse mesmo critério aqui.

Detecção Direta OOK Considere um sistema OOK no qual uma sequência de pulsos 1 e 0 pode ocorrer com igual probabilidade. Como o fluxo de dados OOK está em um estado *on* somente metade do tempo, o número médio de fótons necessários por *bit* $\overline{N}_p$ é metade do número necessário por pulso 1. Assim se $\overline{N}$ e 0 pares elétron-buraco são criados durante pulsos 1 e 0, respectivamente, então a média do número de fótons por *bits* $\overline{N}_p$ para uma eficiência quântica unitária ($\eta = 1$) é

$$\overline{N}_p = \frac{1}{2}\overline{N} + \frac{1}{2}(0) \tag{8.40}$$

ou $\overline{N} = 2\overline{N}_p$. Da Equação (7.23), temos, portanto, que a chance de cometer um erro é

$$\frac{1}{2}P_r(0) = \frac{1}{2}e^{-2\overline{N}_p} \tag{8.41}$$

A Equação (8.41) implica que cerca de 10 fótons por *bit* são necessários para obter uma BER de 10^{-9} em um sistema de detecção direta OOK.

Na prática, é muito difícil conseguir esse limite quântico fundamental para receptores de detecção direta. A amplificação eletrônica após o fotodetector adiciona tanto ruído térmico como ruído *shot*, de modo que o nível de potência desejado recebido situa-se entre 13 e 20 dB acima do limite quântico.

Sistema Homódino OOK Como observado na Seção 8.4.1, os receptores do tipo homódino ou heteródino podem ser utilizados com modulação OOK. Vamos primeiro analisar o caso homódino. Quando um pulso 0 de duração T é recebido, o número médio $\overline{N}_0$ de pares elétron-buraco criados é simplesmente o número gerado pelo oscilador local, isto é,

$$\overline{N}_0 = A_{\text{LO}}^2 T \tag{8.42}$$

Para um pulso 1, o número médio de pares elétron-buraco, $\overline{N}_1$, é

$$\overline{N}_1 = (A_{\text{LO}} + A_s)^2 T \simeq (A_{\text{LO}}^2 + 2A_{\text{LO}}A_s)T \tag{8.43}$$

onde a aproximação surge a partir da condição $A^2_{\text{LO}} \gg A^2_s$. Como a potência de saída do oscilador local é muito mais elevada do que o nível do sinal recebido, a tensão V vista pelo decodificador no receptor durante um pulso 1 é

$$V = \overline{N}_1 - \overline{N}_0 = 2A_{\text{LO}}A_s T \tag{8.44}$$

e o ruído rms associado σ é

$$\sigma \simeq \sqrt{\overline{N}_1} \simeq \sqrt{\overline{N}_0} \tag{8.45}$$

Assim, a partir da Equação (7.16), temos que a BER é

$$P_e = \text{BER} = \frac{1}{2}\left[1 - \text{erf}\left(\frac{V}{2\sqrt{2}\,\sigma}\right)\right] = \frac{1}{2}\,\text{erfc}\left(\frac{V}{2\sqrt{2}\,\sigma}\right) = \frac{1}{2}\,\text{erfc}\left(\frac{A_s T^{1/2}}{\sqrt{2}}\right) \tag{8.46}$$

onde $\text{erfc}(x) = 1 - \text{erf}(x)$ é a função erro complementar.

Como visto no Exemplo 7.8, para alcançar um BER de 10^{-9}, precisamos $V/\sigma = 12$. Usando as Equações (8.44) e (8.45), temos

$$A_s^2 T = 36 \tag{8.47}$$

que é o número esperado de fótons do sinal criados por pulso. Logo, para a detecção homódina OOK, a energia média de cada pulso deve produzir 36 pares elétron-buraco. No caso ideal, quando a eficiência quântica é a unidade, uma BER de 10^{-9} é obtida com uma energia óptica média recebida de 36 fótons por pulso. Se assumirmos uma sequência OOK de pulsos 1 e 0, que ocorrem com a mesma probabilidade, então o número médio de fótons recebidos por *bit* de informação, $\bar{N}_p$, será de 18 (metade do número necessário por pulso). Portanto, para a detecção homódina OOK, a BER é dada por

$$\text{BER} = \frac{1}{2}\text{erfc}\left(\sqrt{\eta \bar{N}_p}\right) \tag{8.48}$$

Para simplificar, notemos que uma aproximação útil para erfc $(\sqrt{x})$ para $x \geq 5$ é

$$\text{erfc}\left(\sqrt{x}\right) \simeq \frac{e^{-x}}{\sqrt{\pi x}} \tag{8.49}$$

então

$$\text{BER} \simeq \frac{e^{-\eta \bar{N}_p}}{\left(\pi \eta \bar{N}_p\right)^{1/2}} \tag{8.50}$$

para $\eta \bar{N}_p \geq 5$ na detecção homódina OOK.

Sistema Homódino PSK A detecção homódina da modulação PSK dá a melhor sensibilidade teórica do receptor, mas é também o método mais difícil de implementar. A Figura 8.21 mostra a configuração fundamental para um receptor homódino. O sinal óptico de entrada é primeiro combinado com uma forte onda óptica emitida pelo oscilador local. Isso é feito usando ou um acoplador direcional de fibra (ver Capítulo 11) ou uma placa parcialmente refletora denominada *divisor de feixe* (*beam splitter*). Quando um divisor de feixe é usado, ele é feito quase que completamente transparente, pois o sinal de entrada é muito mais fraco do que a saída do oscilador local.

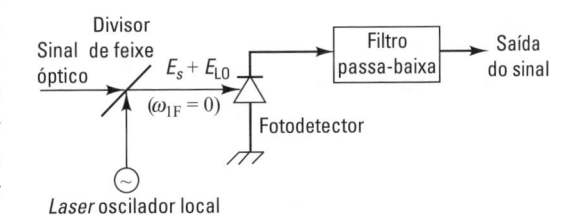

Figura 8.21 Configuração fundamental de um receptor homódino.

Como vimos na Equação (8.37), a informação é enviada por meio da alteração da fase da onda transmitida. Para um pulso 0, o sinal e o oscilador local estão defasados, de modo que o número resultante de pares elétron-buraco gerados é

$$\bar{N}_0 = (A_{\text{LO}} - A_s)^2 T \tag{8.51}$$

Da mesma forma, para um pulso 1, os sinais estão em fase, de modo que

$$\bar{N}_1 = (A_{\text{LO}} + A_s)^2 T \tag{8.52}$$

Consequentemente, temos que a tensão vista pelo decodificador no receptor é

$$V = \bar{N}_1 - \bar{N}_0 = (A_{\text{LO}} + A_s)^2 T - (A_{\text{LO}} - A_s)^2 T = 4 A_{\text{LO}} A_s T \tag{8.53}$$

e o ruído rms associado é

$$\sigma = \sqrt{A_{\text{LO}}^2 T} \tag{8.54}$$

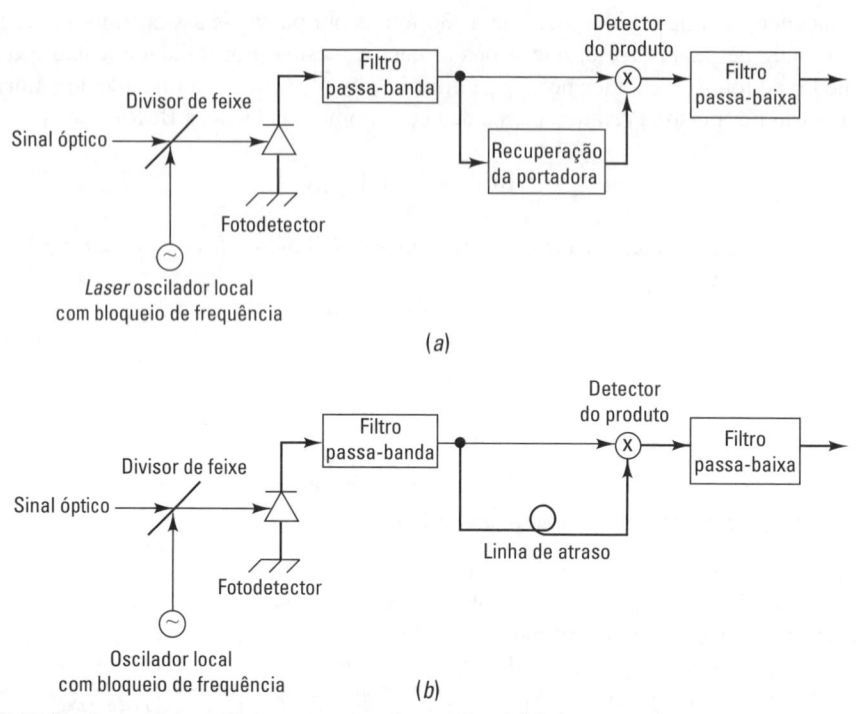

Figura 8.22 Configurações gerais de um receptor heteródino. (a) A detecção síncrona utiliza um circuito de recuperação da portadora. (b) A detecção assíncrona utiliza uma linha de atraso de um *bit*.

Novamente, como no caso da detecção homódina OOK, a condição de $V/\sigma = 12$ para uma BER de 10^{-9} leva a

$$A^2_{\text{LO}}T = 9 \qquad (8.55)$$

Isso nos diz que, para detecção homódina PSK ideal ($\eta = 1$), uma média de 9 fótons por *bit* é necessária para conseguir uma BER de 10^{-9}. Note que aqui não precisamos considerar a diferença entre fótons por pulso e fótons por *bit*, como no caso OOK, pois um sinal óptico PSK é *on* tempo todo.

Novamente usando a Equação (7.16), temos que

$$\text{BER} = \frac{1}{2}\,\text{erfc}\sqrt{2\eta\overline{N}_p} \qquad (8.56)$$

para a detecção homódina PSK.

Esquemas de Detecção Heteródina A análise para os receptores heteródinos é mais complicada do que no caso homódino porque a saída do fotodetector aparece em uma frequência intermediária ω_{IF}. As derivações detalhadas da BER para diferentes esquemas de modulação são dadas na literatura,[72-77] assim somente os resultados são apresentados a seguir.

Uma característica atrativa dos receptores heteródinos é que eles podem empregar tanto a detecção síncrona como a assíncrona. A Figura 8.22 mostra a configuração geral do receptor. Na detecção síncrona PSK (Figura 8.22a), utiliza-se um circuito de recuperação da portadora, que é geralmente um circuito de micro-ondas de bloqueio de fase

(PLL), para gerar uma fase de referência local. A portadora de frequência intermedária é recuperada pela mistura da saída do PLL e do sinal de frequência intermediária. Utiliza-se, em seguida, um filtro de passa-baixa para recuperar o sinal da banda de base. A BER para a PSK heteródina síncrona é dada por

$$\text{BER} = \frac{1}{2}\,\text{erfc}\,\sqrt{\eta \bar{N}_p} \qquad (8.57)$$

Nesse caso, o receptor PSK ideal requer 18 fótons por *bit* para uma BER de 10^{-9}. Note que se trata da mesma BER usada para a detecção homódina OOK.

Uma técnica simples mas robusta que não utiliza um PLL é a *detecção assíncrona*, conforme ilustrado na Figura 8.22*b*. Essa técnica é denominada de *PSK diferencial* ou DPSK.[74-76] Aqui, o circuito de recuperação da portadora é substituído por uma linha de atraso de um simples *bit*. Uma vez que, com o método PSK, a informação é codificada por meio de alterações na fase óptica, o misturador vai produzir saídas positivas ou negativas, dependendo se a fase do sinal recebido foi alterada a partir do *bit* anterior. A informação transmitida é então recuperada a partir dessa saída. Essa técnica DPSK tem uma sensibilidade próxima da detecção heteródina PSK síncrona, com uma taxa de erro de *bit* de

$$\text{BER} = \frac{1}{2}\exp\left(-\eta \bar{N}_p\right) \qquad (8.58)$$

Portanto, para uma BER de 10^{-9} necessitamos de 20 fótons por *bit*, que é uma penalidade de 0,5 dB com respeito à detecção heteródina PSK síncrona.

De forma análoga ao caso PSK, a detecção heteródina OOK síncrona é 3 dB menos sensível do que a homódina OOK. Assim, a BER é dada por

$$\text{BER} = \frac{1}{2}\,\text{erfc}\,\sqrt{\frac{1}{2}\eta \bar{N}_p} \qquad (8.59)$$

Aqui, necessitamos de um mínimo de 36 fótons por *bit* para uma taxa de erro de *bit* de 10^{-9}. No caso da detecção heteródina OOK assíncrona, a BER é dada por

$$\text{BER} = \frac{1}{2}\exp\left(-\frac{1}{2}\eta \bar{N}_p\right) \qquad (8.60)$$

Assim, a detecção heteródina OOK assíncrona exige 40 fótons por *bit* para um BER de 10^{-9}, que é 3 dB menos sensível do que a DPSK.

As sensibilidades do receptor para as várias técnicas de modulação estão resumidas nas Tabelas 8.4 e 8.5. A Tabela 8.4 dá a probabilidade de erro como uma função do número médio de fótons recebidos por *bit*, $\bar{N}_p$, e a Tabela 8.5 mostra o número de fótons necessários para uma BER de 10^{-9} por um receptor ideal contendo um fotodetector com uma eficiência quântica de $\eta = 1$.

Um resumo dos requisitos de largura de linha *versus* fótons por *bit* para sistemas heteródinos PSK, FSK, OOK é dado na Figura 8.23 para uma BER 10^{-9}. O PSK dá a melhor sensibilidade para fontes com larguras de linha muito estreitas. No entanto, quando a largura de linha é maior do que 0,2% da taxa de *bits*, a sensibilidade diminui rapidamente. Em comparação, uma vez que os sinais modulados FSK e OOK podem ser detectados usando uma medição de potência óptica que não é sensível ao ruído de fase, eles mantêm um bom desempenho com sensibilidade inferior a 60 fótons por *bit* para razões de largura de linha por taxa de *bits* que se aproximam da unidade.

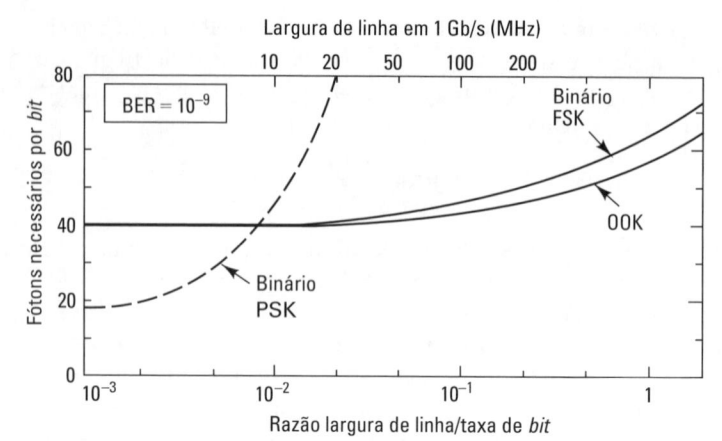

Figura 8.23 Sensibilidade calculada do receptor limitado quanticamente em função da largura de linha do *laser* em 1 Gb/s ou, de forma equivalente, como uma função da razão largura de linha/taxa de *bit*.
(Reproduzida com permissão de Linke,[83] © 1989, IEEE.)

Tabela 8.4 Resumo da probabilidade de erro em função do número de fótons recebidos por *bit* para sistemas coerentes de fibra óptica

Modulação	Probabilidade de erro			
	Homódino	Heteródina		Detecção direta
		Detecção síncrona	Detecção assíncrona	
Chaveamento do tipo *on-off* (OOK)	$\frac{1}{2}\text{erfc}\left(\eta\bar{N}_p\right)^{1/2}$	$\frac{1}{2}\text{erfc}\left(\frac{1}{2}\eta\bar{N}_p\right)^{1/2}$	$\frac{1}{2}\exp\left(-\frac{1}{2}\eta\bar{N}_p\right)$	$\frac{1}{2}\exp\left(-2\eta\bar{N}_p\right)$
Chaveamento de fase (PSK)	$\frac{1}{2}\text{erfc}\left(2\eta\bar{N}_p\right)^{1/2}$	$\frac{1}{2}\text{erfc}\left(\eta\bar{N}_p\right)^{1/2}$	$\frac{1}{2}\exp\left(-\eta\bar{N}_p\right)$	–
Chaveamento de frequência (FSK)	–	$\frac{1}{2}\text{erfc}\left(\frac{1}{2}\eta\bar{N}_p\right)^{1/2}$	$\frac{1}{2}\exp\left(-\frac{1}{2}\eta\bar{N}_p\right)$	–

Tabela 8.5 Resumo do número de fótons necessários para uma BER de 10^{-9} por um receptor ideal contendo um fotodetector com eficiência quântica unitária

Modulação	Número de fótons			
	Homódino	Heteródina		Detecção direta
		Detecção síncrona	Detecção assíncrona	
Chaveamento do tipo *on-off* (OOK)	18	36	40	10
Chaveamento de fase (PSK)	9	18	20	–
Chaveamento de frequência (FSK)	–	36	40	–

8.5 Chaveamento de fase em quadratura diferencial

Até 2002, o tráfego de dados transmitido, na maioria dos sistemas de comunicação óptica em taxas de dados de até 2,5 Gb/s por comprimento de onda, utilizava sinais OOK em qualquer formato NRZ ou RZ. À medida que cresceu o desejo de transmitir dados em velocidades mais elevadas, como 10 e 40 Gb/s, a ideia de utilizar um formato de modulação multinível recebeu muita atenção.[84-92] Particularmente, é interessante para uma alta velocidade de transmissão a utilização do método de *chaveamento de fase em quadratura diferencial* (DQPSK). Em um formato de modulação de vários níveis, mais de um *bit* por símbolo é transmitido. No método DQPSK, a informação é codificada por meio de quatro mudanças de fase $\{0, +\pi/2, -\pi/2, \pi\}$. O conjunto de pares de *bits* {00, 10, 01, 11} pode ser atribuído a cada uma das quatro mudanças de fase, respectivamente. Por exemplo, um deslocamento de fase de π significa que o par de *bits* 11 foi enviado. Logo, o DQPSK transmite a uma *taxa de símbolos de metade da taxa de bit agregado*.

Geralmente, um transmissor DQPSK é implementado com a utilização de dois moduladores de Mach-Zehnder aninhados (ver Figura 4.34), como mostrado na Figura 8.24. Aqui, a saída do *laser* de *onda contínua* (CW) é inserida em um divisor de feixe óptico que envia metade da potência do *laser* em cada MZM. Um deslocador de fase óptica de $\pi/2$ em um dos caminhos e um combinador óptico nas saídas do MZM produzem um único sinal de saída, com quatro deslocamentos de fase $\{0, +\pi/2, -\pi/2, \pi\}$. Os dois MZMs são acionados pelos sinais elétricos binários incidentes. Como ilustrado na Figura 8.24, um fluxo de *bits* de entrada é dividido em duas partes com os *bits* alternados sendo utilizados para conduzir os MZMs superior e inferior, respectivamente.

No receptor, o sinal óptico DQPSK é dividido em duas partes iguais, utilizando um divisor óptico (ver Capítulo 10). Essas peças são as entradas para dois receptores balanceados, que possuem *interferômetros de atraso* (DI) polarizados diferentemente. A diferença de fase é definida por $+\pi/4$ e $-\pi/4$, de modo que os dois receptores paralelos demodulam simultaneamente os fluxos de dados binários contidos no sinal DQPSK. Nessa configuração, o atraso DI deve ser igual à *duração de símbolo* para a demodulação DQPSK, que é o *dobro* da duração do *bit*.

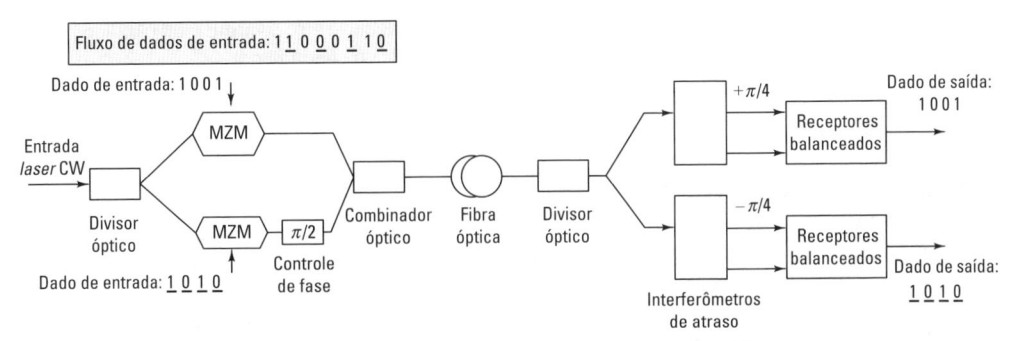

Figura 8.24 Implementação comum de um sistema de transmissão óptica DQPSK.

Como para uma determinada taxa de dados a taxa de símbolo em DQPSK é reduzida por um fator de dois, então, em comparação com um esquema de modulação tal como o OOK, a ocupação espectral é reduzida, e os requisitos para o transmissor e o receptor são reduzidos. Além disso, os limites de dispersões cromática e de polarização modal são estendidos. No entanto, em comparação com DPSK, a SNR necessária para alcançar uma BER específica é aumentada por um fator de 1 a 2 dB. Além disso, o projeto do receptor torna-se mais complexo, pois a tolerância para desvios de frequência entre o *laser* de transmissão e os interferômetros de atraso é seis vezes menor do que para DPSK. Por exemplo, a uma taxa de dados de 40 Gb/s e uma penalidade de 1 dB, o DPSK tolera uma incompatibilidade *laser*-DI de ± 1,2 GHz, enquanto, para o DQPSK, apenas ± 200 MHz são permitidos.

Problemas

8.1 Faça uma comparação gráfica, como na Figura 8.4, e uma planilha de cálculo da distância de transmissão máxima limitada por atenuação dos dois seguintes sistemas operacionais em 100 Mb/s:

Sistema 1 operando em 850 nm
(a) *Laser* diodo de GaAlAs: 0 dBm (1 mW) de potência acoplada à fibra.
(b) Fotodiodo avalanche de silício: −50 dBm de sensibilidade.
(c) Fibra de índice-gradual: atenuação de 3,5 dB/km em 850 nm.
(d) Perda do conector: 1 dB/conector.

Sistema 2 operando em 1.300 nm
(a) LED de InGaAsP: −13 dBm de potência acoplada à fibra.
(b) Fotodiodo *pin* de InGaAs: −38 dBm de sensibilidade.
(c) Fibra de índice-gradual: atenuação de 1,5 dB/km em 1.300 nm.
(d) Perda do conector: 1 dB/conector.

Permita uma margem operacional do sistema de 6 dB em cada caso.

8.2 Um engenheiro tem os seguintes componentes disponíveis:
(a) Diodo *laser* de GaAlAs operando em 850 nm e capaz de acoplar 1 mW (0 dBm) em uma fibra.
(b) Dez seções de cabo com 500 m de comprimento, atenuação de 4 dB/km para cada uma e conectores em ambas as extremidades de cada seção.
(c) Perda do conector de 2 dB/conector.
(d) Um receptor fotodiodo *pin*.
(e) Um receptor fotodiodo avalanche.

Com esses componentes, o engenheiro quer construir um *link* de 5 km operando em 20 Mb/s. Se as sensibilidades dos receptores *pin* e APD são −45 e −56 dBm, respectivamente, qual receptor deve ser usado se é necessária uma margem operacional do sistema de 6 dB?

8.3 Usando a resposta degrau $g(t) = [1 - \exp(-2\pi B_e t)]u(t)$, mostre que o tempo de subida de 10% a 90% é dado pela Equação (8.4).

8.4 (a) Verifique os passos que levam a Equação (8.11) à (8.12).
(b) Mostre que a Equação (8.14) vem das Equações (8.10) e (8.13).

8.5 Mostre que, se t_e é a largura do pulso gaussiano na Equação (8.9) nos pontos 1/e, então a relação entre a largura de banda de 3 dB óptica e t_e é dada por

$$f_{3dB} = \frac{0,53}{t_e}$$

8.6 Um sistema de transmissão de dados NRZ em 90 Mb/s que envia dois canais DS3 (45 Mb/s) utiliza um diodo *laser* de GaAlAs que tem uma largura espectral de 1 nm. O tempo de subida da saída do transmissor *laser* é de 2 ns. A distância de transmissão é de 7 km em uma fibra óptica com índice-gradual que tem um produto largura de banda-distância de 800 MHz · km.

(a) Se a largura de banda do receptor é de 90 MHz e do fator de mistura modal

$q = 0{,}7$, qual é o tempo de subida do sistema? Esse tempo de subida satisfaz os requisitos de dados NRZ de ser menor do que 70% da largura de pulso?

(b) Qual é o tempo de subida do sistema se não há mistura de modos no link de 7 km, isto é, $q = 1{,}0$?

8.7 Na Figura 8.6, verifique o gráfico da distância de transmissão em relação à taxa de dados do seguinte sistema. O transmissor é um diodo *laser* de GaAlAs operando em 850 nm. A potência do *laser* acoplado a uma fibra *flylead* é 0 dBm (1 mW) e a largura espectral da fonte é 1 nm. A fibra tem uma atenuação de 3,5 dB/km em 850 nm e uma largura de banda de 800 MHz · km. O receptor usa um fotodiodo avalanche de silício que tem a sensibilidade *versus* taxa de dados mostrada na Figura 8.3. Para simplificar, a sensibilidade do receptor (em dBm) pode ser aproximada a partir de um ajuste de curva por

$$P_R = 9 \log B - 68{,}5$$

onde B é a taxa de dados em Mb/s. Para a faixa de taxa de dados de 1 a 1.000 Mb/s, faça o gráfico da distância de transmissão limitada por atenuação (incluindo a perda do conector de 1 dB em cada extremidade e uma margem do sistema de 6 dB), o limite de dispersão modal para uma mistura de modo completa ($q = 0{,}5$), o limite de dispersão modal para nenhuma mistura de modo ($q = 1{,}0$) e o limite de dispersão material.

8.8 Faça um gráfico, análogo à Figura 8.6, da distância de transmissão em função da taxa de dados do seguinte sistema. O transmissor é um LED de InGaAsP operando em 1.300 nm. A potência acoplada à fibra a partir desta fonte é -13 dBm (50 μW), e a largura espectral de fonte é de 40 nm. A fibra tem uma atenuação de 1,5 dB/km em 1.300 nm e uma largura de banda de 800 MHz · km. O receptor usa um fotodiodo *pin* de InGaAs com sensibilidade *versus* taxa de dados mostrada na Figura 8.3. Por simplicidade, a sensibilidade do receptor (em dBm) pode ser aproximada a partir do ajuste de curva por

$$P_R = 11{,}5 \log B - 60{,}5$$

onde B é a taxa de dados em Mb/s. Para a faixa de taxa de dados de 1-1.000 Mb/s, faça o gráfico da distância de transmissão limitada por atenuação (incluindo a perda do conector de 1 dB em cada extremidade e uma margem do sistema de 6 dB), o limite de dispersão modal para nenhuma mistura de modo ($q = 1{,}0$) e o limite de dispersão modal para uma mistura de modo completa ($q = 0{,}5$). Note que a dispersão material é desprezível nesse caso, como pode ser visto a partir da Figura 3.13.

8.9 Um *link* de fibra óptica digital monomodo em 1.550 nm precisa operar a 622 Mb/s por 80 km sem amplificadores. Um *laser* monomodo de InGaAsP lança uma potência óptica média de 13 dBm na fibra. A fibra tem uma perda de 0,35 dB/km, e há uma emenda com uma perda de 0,1 dB em cada quilômetro. A perda por acoplamento no receptor é de 0,5 dB, e o receptor usa um APD de InGaAs com uma sensibilidade de -39 dBm. As previsões para as penalidades por ruído em excesso são de 1,5 dB. Faça um balanço de potência óptica para esse *link* e encontre a margem do sistema. Qual é a margem do sistema em 2,5 Gb/s com um APD de sensibilidade de -31 dBm?

8.10 Faça um gráfico da penalidade de potência por razão de extinção em decibéis em função de uma razão de extinção entre 5 a 20 (de 7 a 13 dB).

8.11 Considere a Equação 8.24 para a penalidade de potência causada pelo ruído de partição modal do *laser*.

(a) Trace a penalidade de potência (em dB) em função do fator $BLD\sigma_\lambda$ (que varia de 0 a 0,2) em uma BER de 10^{-9} ($Q = 6$) para os fatores de ruído de partição modal $k = 0{,}4$, $0{,}6$, $0{,}8$ e 1, quando se utiliza um APD de InGaAs com $x = 0{,}7$.

(b) Considerando que um *laser* multimodo tem uma largura espectral de 2,0 nm, quais são as mínimas dispersões exigidas para linhas de 100 km que operam em 155 Mb/s e 622 Mb/s com uma penalidade de potência de 0,5 dB?

8.12 (a) Usando a Equação (8.26) e assumindo um fator de excesso de ruído $x = 0{,}7$, trace a penalidade de potência induzida por gorjeio, em decibéis, como função do fator $DL\delta\lambda$ (produto da dispersão total e da excursão de comprimento de onda) para os seguintes valores de parâmetros (considere a faixa de $DL\delta\lambda$ de 0 a 1,5 ns):

(1) $t_{gorjeio} = 0{,}1$ ns e $B = 2{,}5$ Gb/s
(2) $t_{gorjeio} = 0{,}1$ ns e $B = 622$ Mb/s
(3) $t_{gorjeio} = 0{,}05$ ns e $B = 2{,}5$ Gb/s
(4) $t_{gorjeio} = 0{,}05$ ns e $B = 622$ Mb/s

(b) Encontre a limitação da distância em 2,5 Gb/s se uma penalidade de potência de 0,5 dB é permitida com $D = 1{,}0$ ps/(nm · km), $t_{gorjeio} = 0{,}05$ ns e $\delta\lambda = 0{,}5$ nm.

8.13 No código linear de Hamming (7,4), os primeiros quatro *bits* de uma palavra de código são os *bits* de informação b_1, b_2, b_3, b_4, e os próximos três *bits*, b_5, b_6, b_7 são os *bits* de verificação, que são dados por

$b_5 = b_1 + b_3 + b_4$
$b_6 = b_1 + b_2 + b_4$
$b_7 = b_2 + b_3 + b_4$

Em uma tabela, liste as 16 possíveis palavras de informação de 4 *bits*, isto é, de 0000-1111, e as palavras de código de 7 *bits* correspondentes.

8.14 (a) Encontre o equivalente binário do polinômio $x^8 + x^7 + x^3 + x + 1$.

(b) Encontre o equivalente polinomial de 10011011110110101.

8.15 Considere a unidade de dados de 10 *bits* 1010011110 e o divisor 1011. Use a divisão binária e a algébrica para encontrar o CRC.

8.16 Considere o polinômio gerador $x^3 + x + 1$.

(a) Mostre que a CRC para a unidade de dados 1001 é dada por 110.

(b) Se a palavra de código resultante tem um erro no primeiro *bit* quando chega ao destino, qual é a CRC calculada pelo receptor?

8.17 Por que o código de Reed-Solomon (255, 223) pode corrigir até 16 *bytes*, enquanto o (255, 239) é limitado a corrigir de 8 *byte* de erros?

Qual é a sobrecarga para cada um desses dois códigos?

8.18 Verifique a expressão resultante na Equação (8.34) para a intensidade decorrentes da combinação dos campos do sinal e do oscilador local.

8.19 Um receptor homódino ASK tem uma largura de banda de 100 MHz e um fotodiodo *pin* em 1.310 nm com uma responsividade de 0,6 A/W. Ele é limitado por ruído *shot* e necessita de uma relação sinal-ruído de 12 para conseguir uma BER de 10^{-9}. Encontre a fotocorrente que é gerada se a potência do oscilador local é de -3 dBm e o erro de fase é de $10°$. Assuma que tanto o sinal como o oscilador local têm a mesma polarização.

8.20 Para uma taxa de erro de *bit* de 10^{-9}, assuma que a largura espectral combinada da onda portadora do sinal e do oscilador local deve ser de 1% da taxa de *bits* transmitida.

(a) Qual largura espectral é necessária a 1.310 nm para uma taxa de dados de 100 Mb/s?

(b) Qual é a largura espectral máxima permitida em 2,5 Gb/s?

8.21 (a) Demonstre por que são necessários 10 fótons por *bit* para obter uma taxa de erro de *bit* de 10^{-9} em um sistema de detecção direta OOK.

(b) Mostre que, para um sistema homódino OOK ideal, são necessários 36 fótons por pulso para conseguir uma BER de 10^{-9}.

8.22 Usando a aproximação dada pela Equação (8.49) para erfc(x), encontre expressões simplificadas para detecções PSK homódinas e heteródinas. Considerando $\eta = 1{,}0$, faça o gráfico dessas expressões em função do número de fótons recebidos por *bit* no intervalo de $5 < N_p < 20$.

Referências

1. I. Jacobs, "Design considerations for long-haul lightwave systems," *IEEE J. Sel. Areas Commun.*, vol. 4, pp. 1389-1395, Dec. 1986.

2. P. S. Henry, R. A. Linke, and A. H. Gnauck, "Introduction to lightwave systems," in S. E. Miller and I. P. Kaminow, eds., *Optical Fiber Telecommunications – II*, Academic, New York, 1988.

3. D. H. Rice and G. E. Keiser, "Applications of fiber optics to tactical communication systems," *IEEE Commun. Mag.*, vol. 23, pp. 46-57, May 1985.

4. T. Kimura, "Factors affecting fiber-optic transmission quality," *J. Lightwave Tech.*, vol. 6, pp. 611-619, May 1988.

5. A. Lowery, O. Lenzmann, I. Koltchanov, R. Moosburger, R. Freund, A. Richter, S. Georgi, D. Breuer, H. Hamster, "Multiple signal representation simulation of photonic devices, systems, and networks" *IEEE J. Selected Topics in Quantum Electronics*, vol. 6, no. 2, pp. 282-296, 2000.
6. A. J. Lowery, "Photonic simulation tools," in *Optical Fiber Telecommunications IV-B: Systems and Impairments*. I. Kaminow and T. Li, eds., Academic, San Diego, 2002.
7. P. Pepeljugoski, M. J. Hackert, J. S. Abbott, S. E. Swanson, S. E. Golowich, A. J. Ritger, P. Kolesar, Y. C. Chen, and P. Pleunis, "Deployment of system specification for laser-optimized 50-μm multimode fiber for multigigabit short-wavelength LANs," *J. Lightwave Tech.*, vol. 21, pp. 1256-1275, May 2003.
8. J. B. Schlager, M. J. Hackert, P. Pepeljugoski, and J. Gwinn, "Measurement for enhanced bandwidth performance over 62.6-μm multimode fiber in short-wavelength local area networks," *J. Lightwave Tech.*, vol. 21, pp. 1277-1285, May 2003.
9. I. B. Djordjevic, B. Vasic, M. Ivkovic, and I. Gabitov, "Achievable information rates for high-speed long-haul optical transmission," *J. Lightwave Tech.*, vol. 23, pp. 3755-3763, Nov. 2005.
10. ITU-T Recommendation G.959.1, *Optical Transport Network Physical Layer Interfaces*, March 2006.
11. A. B. Carlson and P. Crilly, *Communication Systems*, McGraw-Hill, Burr Ridge, IL, 5th ed., 2009.
12. B. Razavi, *Design of Integrated Circuits for Optical Communications*, McGraw-Hill, New York, 2003.
13. M. Eve, "Multipath time dispersion theory of an optical network," *Opt. Quantum Electron.*, vol. 10, pp. 45-51, Jan. 1978.
14. T. Kanada, "Evaluation of modal noise in multimode fiber-optic systems," *J. Lightwave Tech.*, vol. 2, pp. 11-18, Feb. 1984.
15. D. A. Nolan, R. M. Hawk, and D. B. Keck, "Multimode concatenation modal group analysis," *J. Lightwave Tech.*, vol. 5, pp. 1727-1732, Dec. 1987.
16. R. D. de la Iglesia and E. T. Azpitarte, "Dispersion statistics in concatenated single-mode fibers." *J. Lightwave Tech.*, vol. 5, pp. 1768-1772, Dec. 1987.
17. M. Suzuki and N. Edagawa, "Dispersion-managed high-capacity ultra-long-haul transmission," *J. Lightwave Tech.*, vol. 21, pp. 916-929, Apr. 2003.
18. B.-H. Choi, M. Attygalle, Y. J. Wen, and S. D. Dods, "Dispersion map optimization and dispersion slope mismatch issue on 40 channel × 10 Gbit/s transmission over 3000 km using standard SMF and EDFA amplification," *Optics Comm.*, vol. 242, pp. 525-532, Dec. 2004.

19. L. Grüner-Nielsen, M. Wandel, P. Kristensen, C. Jørgensen, L. V. Jørgensen, B. Edvold, B. Pálsdóttir, and D. Jakobsen, "Dispersion-compensating fibers," *J. Lightwave Tech.*, vol. 23, pp. 3566-3579, Nov. 2005.
20. H. Bülow, F. Buchali, and A. Klekamp, "Electronic dispersion compensation," *J. Lightwave Tech.*, vol. 26, pp. 158-167, Jan. 2008.
21. M. E. McCarthy, J. Zhao, A. D. Ellis, and P. Gunning, "Full-field electronic dispersion compensation of a 10 Gbit/s OOK signal over 4 124 km field-installed single-mode fibre," *J. Lightwave Tech.*, vol. 27, pp. 5327-5334, Dec. 2009.
22. N. Ohkawa and T. Takahashi, "Optimum bandwidth limitation method to overcome GVD-based effect in practical fibre-optic transmission systems,", *IEE Proc.-Commun.*, vol. 150, pp. 64-68, Feb. 2003.
23. ITU-T Recommendation G.957, *Optical Interfaces for Equipments and Systems Relating to the Synchronous Digital Hierarchy*, 1999.
24. Telcordia, *SONET Transport Systems – Common Generic Criteria GR-253*, Issue 4, Dec. 2005.
25. G. Bosco and P. Poggiolini, "On the joint effect of receiver impairments on direct-detection DQPSK systems," *J. Lightwave Tech.*, vol. 24, pp. 1323-1333, Mar. 2006.
26. J. Wang and J. M. Kahn, "Impact of chromatic and polarization-mode dispersions on DPSK systems using interferometric demodulation and direct detection," *J. Lightwave Tech.*, vol. 22, pp. 362-371, Feb. 2004.
27. C. D. Poole and J. Nagel, "Polarization effects in lightwave systems," in I. P. Kaminow and T. L Koch, eds., *Optical Fiber Telecommunications – III.*, vol. A, Academic, New York, 1997.
28. R. Khosravani and A. E. Willner, "System performance evaluation in terrestrial systems with high polarization mode dispersion and the effect of chirping," *IEEE Photonics Technol. Lett.*, vol. 13, pp. 296-298, Apr. 2001.
29. A. B. dos Santos, M. R. Jimenez, J. P. von der Weid, and A. Djupsjöbacka, "Statistical measurements of BER fluctuations due to PMD in 10-Gb/s optical transmissions," *IEEE Photonics Technol. Lett*, vol. 14, pp. 926-928, July 2002.
30. A. E. Willner, S.M.R. Motaghian Nezam, L. Yan, Z. Pan, and M. C. Hauer, "Monitoring and control of polarization-related impairments in optical fiber systems," *J. Lightwave Tech.*, vol. 22, pp. 106-125, Jan. 2004.

31. J. Cameron, L. Chen, X. Bao, and J. Stears, "Time evolution of polarization mode dispersion in optical fibers," *IEEE Photonics Tech. Lett.*, vol. 10, pp. 1265-1267, Sept. 1998.
32. D. S. Waddy, L. Chen, and X. Bao, "Polarization effects in aerial fibers," *Optical Fiber Tech.*, vol. 11, no. 1, pp. 1-19, Jan. 2005.
33. P. E. Couch and R. E. Epworth, "Reproducible modal-noise measurements in system design and analysis," *J. Lightwave Tech.*, vol. LT-1, pp. 591-595, Dec. 1983.
34. F. M. Sears, I. A. White, R. B. Kummer, and F.T. Stone, "Probability of modal noise in single-mode lightguide systems," *J. Lightwave Tech.*, vol. LT-4, pp. 652-655, June 1986.
35. K. Petermann and G. Arnold, "Noise and distortion characteristics of semiconductor lasers in optical fiber communication systems," *IEEE J. Quantum Electron.*, vol. QE-18, pp. 543-554, Apr. 1982.
36. A. M. J. Koonen, "Bit-error-rate degradation in a multimode fiber optic transmission link due to modal noise," *IEEEJ. Sel. Areas. Commun.*, vol. SAC-4, pp. 1515-1522, Dec. 1986.
37. P. Chan and T. T. Tjhung, "Bit-error-rate performance for optical fiber systems with modal noise," *J. Lightwave Tech.*, vol. 7, pp. 1285–1289, Sept. 1989.
38. P. M. Shankar, "Bit-error-rate degradation due to modal noise in single-mode fiber optic communication systems," *J. Opt. Commun.*, vol. 10, pp. 19-23, Mar. 1989.
39. N. H. Jensen, H. Olesen, and K. E. Stubkjaer, "Partition noise in semiconductor lasers under CW and pulsed operation," *IEEE J. Quantum Electron.*, vol. QE-18, pp. 71-80, Jan. 1987.
40. M. Ohtsu and Y. Teramachi, "Analyses of mode partition and mode hopping in semiconductor lasers," *IEEE J. Quantum Electron.*, vol. 25, pp. 31-38, Jan. 1989.
41. C. H. Henry, P. S. Henry, and M. Lax, "Partition fluctuations in nearly single longitudinal mode lasers," *J. Lightwave Tech.*, vol. LT-2, pp. 209-216, June 1984.
42. E. E. Basch, R. F. Kearns, and T. G. Brown, "The influence of mode partition fluctuations in nearly single-longitudinal-mode lasers on receiver sensitivity," *J. Lightwave Tech.*, vol. LT-4, pp. 516-519, May 1986.
43. J. C. Cartledge, "Performance implications of mode partition fluctuations in nearly single longitudinal mode lasers," *J. Lightwave Tech.*, vol. 6, pp. 626-635, May 1988.
44. K. Ogawa, "Analysis of mode partition noise in laser transmission systems," *IEEE J. Quantum Electron.*, vol. QE-18, pp. 849-855, May 1982.
45. N. A. Olsson, W. T. Tsang, H. Temkin, N. K. Dutta, and R. A. Logan, "Bit-error-rate saturation due to mode-partition noise induced by optical feedback in 1.5 μm single longitudinal-mode C^3 and DFB semiconductor lasers," *J. Lightwave Tech.*, vol. LT-3, pp. 215-218, Apr. 1985.
46. S. E. Miller, "On the injection laser contribution to mode partition noise in fiber telecommunication systems," *IEEE J. Quantum Electron.*, vol. 25, pp. 1771-1781, Aug. 1989.
47. S. Arahira, H. Yaegashi, K. Nakamura, and Y. Ogawa, "Chirp control and broadband wavelength-tuning of 40-GHz monolithic actively mode-locked laser diode module with an external CW light injection," *IEEE J. Sel. Topics Quantum Electron.*, vol. 11, pp. 1103-1111, Sept./Oct. 2005.
48. S. Chandrasekhar, C. R. Doerr, L. L. Buhl, Y. Matsui, D. Mahgerefteh, X. Zheng, K. McCallion, Z. Fan, and P. Tayebati, "Repeaterless transmission with negative penalty over 285 km at 10 Gb/s using a chirp managed laser," *IEEE Photonics Tech. Lett.*, vol. 17, pp. 2454-2456, Nov. 2005.
49. Y. Matsui, D. Mahgerefteh, X. Zheng, C. Liao, Z. F. Fan, K. McCallion, and P. Tayebati, "Chirp-managed directly modulated laser (CML)," *IEEE Photonics Tech. Lett.*, vol. 18, pp. 385-387, Jan. 2006.
50. H. Halbritter, C. Sydlo, B. Kögel, F. Riemenschneider, H. L. Hartnagel, and P. Meissner, "Linewidth and chirp of MEMS-VCSELs," *IEEE Photonics Tech. Lett.*, vol. 18, pp. 2180-2182, Oct. 2006.
51. R. Heidemann, "Investigation on the dominant dispersion penalties occurring in multigigabit direct detection systems," *J. Lightwave Tech.*, vol. 6, pp. 1693-1697, Nov. 1988.
52. S. Yamamoto, M. Kuwazuru, H. Wakabayashi, and Y. Iwamoto, "Analysis of chirp power penalty in 1.55-μm DFB-LD high-speed optical fiber transmission system," *J. Lightwave Tech.*, vol. LT-5, pp. 1518-1524, Oct. 1987.
53. P. J. Corvini and T. L. Koch, "Computer simulation of high-bit-rate optical fiber transmission using single-frequency laser," *J. Lightwave Tech.*, vol. LT-5, pp. 1591-1595, Nov. 1987.
54. J. C. Cartledge and G. S. Burley, "The effect of laser chirping on lightwave system performance," *J. Lightwave Tech.*, vol. 7, pp. 568-573, Mar. 1989.

55. C. H. Henry, "Theory of the linewidth of semiconductor lasers," *JEEE J. Quantum Electron.*, vol. QE-18, pp. 259-264, Feb. 1982.
56. C. H. Harder, K. Vahala, and A. Yariv, "Measurement of the linewidth enhancement factor of semiconductor lasers," *Appl. Phys. Lett.*, vol. 42, pp. 328-330, Apr. 1983.
57. R. Schimpe, J. E. Bowers, and T. L. Koch, "Characterization of frequency response of 1.5-μm InGaAsP DFB laser diode and InGaAs *PIN* photodiode by heterodyne measurement technique," *Electron. Lett.*, vol. 22, pp. 453-454, Apr. 24, 1986.
58. M. Shikada, S. Takano, S. Fujita, I. Mito, and K. Minemura, "Evaluation of power penalties caused by feedback noise of distributed feedback laser diodes," *J. Lightwave Tech.*, vol. 6, pp. 655-659, May 1988.
59. M. Nakazawa, "Rayleigh backscattering theory for single-mode fibers," *J. Opt. Soc. Amer.*, vol. 73, pp. 1175-1180, Sept. 1983.
60. P. Wan and J. Conradi, "Impact of double Rayleigh backscatter noise on digital and analog fiber systems," *J. Lightwave Tech.*, vol. 14, pp. 288-297, Mar. 1996.
61. R. A. Salvatore and R. T. Sahara, "Reduction in reflection-induced chirp from photonic integrated sources," *IEEE Photonics Tech. Lett.*, vol. 14, pp. 1662-1664, Dec. 2002.
62. E. W. Biersack, "Performance of forward error correction in an ATM environment," *IEEE J. Sel. Areas Commun.*, vol. 11, pp. 631-640, May 1993.
63. S.-M. Lei, "Forward error correction codes for MPEG2 over ATM," *IEEE Trans. Circuits Sys. for Video Tech.*, vol. 4, pp. 200-203, Apr. 1994.
64. M. Tomizawa, Y. Yamabayashi, K. Murata, T. Ono, Y. Kobayashi, and K. Hagimoto, "Forward error correcting codes in synchronous fiber optic transmission systems." *J. Lightwave Tech.*, vol. 15, pp. 43-52, Jan. 1997.
65. B. A. Forouzan, *Data Communication Networking*, McGraw-Hill, Burr Ridge, IL, 4th ed., 2007.
66. A. Leon-Garcia and I. Widjaja, *Communication Networks*, McGraw-Hill, Burr Ridge, IL, 2nd ed., 2004.
67. G. Keiser, *Local Area Networks*, McGraw-Hill, Burr Ridge, IL, 2nd ed., 2002.
68. S. Lin and D. J. Costello, *Error Control Coding*, Prentice-Hall, 2nd ed., 2005.
69. ITU-T Recommendation G.709, *Interfaces for the Optical Transport Network* (OTN), Mar. 2003.
70. ITU-T Recommendation G.975, *Forward Error Correction for Submarine Systems*, Oct. 2000.
71. ITU-T Recommendation G.975.1, *Forward Error Correction for High Bit Rate DWDM Submarine Systems*, Feb. 2004.
72. I. W. Stanley, "A tutorial review of techniques for coherent optical fiber transmission systems," *IEEE Commun. Mag.*, vol. 23, pp. 37-53, Aug. 1985.
73. J. Salz, "Coherent lightwave communications," *AT&T Tech. J.*, vol. 64, pp. 2153-2209, Dec. 1985.
74. P. J. Winzer and R.-J. Essiambre, "Advanced optical modulation formats," *IEEE Proc.*, vol. 94, pp. 952-985, 2006.
75. P. J. Winzer and R.-J. Essiambre, "Advanced optical modulation formats," chap. 2, in I. P. Kaminow, T. Li, and A. E. Willner, eds., *Optical Fiber Telecommunications – V*, vol. B, Academic, New York, 2008.
76. K. Kikuchi, "Coherent optical communication systems," chap. 3, in I. P. Kaminow, T. Li, and A. E. Willner, eds., *Optical Fiber Telecommunications – V*, vol. B, Academic, New York, 2008.
77. S. Betti, G. De Marchis, and E. Iannone, *Coherent Optical Communication Systems*, Wiley, Hoboken, NJ, 1995.
78. A. H. Gnauck and P. J. Winzer, "Optical phase-shift-keyed transmission," *J. Lightwave Tech.*, vol. 23, pp. 66-79, Jan. 2005.
79. D. S. Ly-Gagnon, S. Tsukamoto, K. Katoh, and K. Kikuchi, "Coherent detection of optical quadrature phase-shift keying signals with carrier phase estimation," *J. Lightwave Tech.*, vol. 24, pp. 12-21, Jan. 2006.
80. X. Liu, S. Chandrasethar, and A. Leven, "Self-coherent optical transport systems," chap. 4, in I. P. Kaminow, T. Li, and A. E. Willner, eds., *Optical Fiber Telecommunications – V*, vol. B, Academic, New York, 2008.
81. G. Bosco and P. Poggiolini, "On the joint effect of receiver impairments on direct-detection DQPSK systems," *J. Lightwave Tech.*, vol. 24, pp. 1323-1333, Mar. 2006.
82. S. Ryu, *Coherent Lightwave Communication Systems*, Artech House, Norwood, MA, 1995.
83. R. A. Linke, "Optical heterodyne communication systems," *IEEE Commun. Mag.*, vol. 27, pp. 36-41, Oct. 1989.
84. K.-P. Ho, *Phase-Modulated Optical Communication Systems*, Springer, New York, 2005.
85. M. Seimetz, *High-Order Modulation for Optical Fiber Transmission*, Springer, New York, 2009.
86. G. Charlet, "Progress in optical modulation formats for high-bit rate WDM transmissions," *IEEE*

J. Sel. Topics Quantum Electron., vol. 12, no. 4, pp. 469-483, July/Aug. 2006.

87. F. Vacondio, A. Ghazisaeidi, A. Bononi, and L. A. Rusch, "DQPSK: When is a narrow filter receiver good enough?," J. Lightwave Tech., vol. 23, no. 22, pp. 5106-5114, Nov. 2009.

88. C.R.S. Fludger, T. Duthel, D. van den Borne, C. Schulien, E.-D. Schmidt, T. Wuth, J. Geyer, E. De Man, G. D. Khoe, and H. de Waardt, "Coherent equalization and POLMUX-RZ-DQPSK for robust 100-GE transmission," J. Lightwave Tech., vol. 26, pp. 64-72, Jan. 2008.

89. P. J. Winzer, G. Raybon, H. Song, A. Adamiecki, S. Corteselli, A. H. Gnauck, D. A. Fishman, C. R. Doerr, S. Chandrasekhar, L. L. Buhl, T. J. Xia, G. Wellbrock, W. Lee, B. Basch, T. Kawanishi, K. Higuma, and Y. Painchaud, "100-Gb/s DQPSK transmission: From laboratory experiments to field trials," J. Lightwave Tech., vol. 26, no. 20, pp. 3388-3402, Oct. 2008.

90. M. Daikoku, I. Morita, H. Taga, H. Tanaka, T. Kawanishi, T. Sakamoto, T. Miyazaki, and T. Fujita, "100-Gb/s DQPSK transmission experiment without OTDM for 100G Ethernet transport," J. Lightwave Tech., vol. 25, no. 1, pp. 139-145, Oct. 2007.

91. Z. Li, L. Cheng, Y. Yang, C. Lu, A.P.T. Lau, H. Tam, P.K.A. Wai, C. Wang, X. Xu, J. Deng, and Q. Xiong, "1500-km SSMF transmission of mixed 40-Gb/s CS-RZ duobinary and 100-Gb/s CS-RZ DQPSK signals," Photonics Technol. Lett., vol. 21, no. 16, pp. 1148-1150, Aug. 2009.

92. J. X. Cai, C. R. Davidson, M. Nissov, H. Li, W. T. Anderson, Y. Cai, L. Liu, A. N. Pilipetskii, D. G. Foursa, W. W. Patterson, P. C. Corbett, A. J. Lucero, and N. S. Bergano, "Transmission of 40-Gb/s WDM signals over transoceanic distance using conventional NZ-DSF with receiver dispersion slope compensation," J. Lightwave Tech., vol. 24, pp. 191-200, Jan. 2006.

9

Links analógicos

Em redes de telecomunicações, a tendência tem sido vincular centrais telefônicas com circuitos digitais. A principal razão para isso foi a introdução da tecnologia do circuito integrado digital, que oferece um método confiável e econômico de transmissão de sinais de voz e dados. Uma vez que as aplicações iniciais da fibra óptica foram em redes de telecomunicações, o seu primeiro uso generalizado envolveu *links* digitais. No entanto, em muitos casos, é mais vantajoso transmitir a informação em sua forma analógica original, em vez de converter primeiro para um formato digital. Alguns exemplos disso são os sinais multiplexados de micro-ondas,[1] serviços de assinantes que utilizam um *cabo híbrido coaxial-fibra* (HFC), distribuição de vídeo, rádio em fibra via antena remota[1-10] e processamento de sinais de radar. A maioria dos aplicativos analógicos usa transmissores de diodo *laser*, de modo que nos concentraremos nessa fonte óptica aqui.

Na implementação de um sistema analógico de fibra óptica, os principais parâmetros a considerar são a relação portadora-ruído, largura de banda, estímulo da faixa dinâmica livre e distorção de sinal resultante de não linearidades no sistema de transmissão. A Seção 9.1 descreve os aspectos gerais de funcionamento e os componentes de um *link* analógico de fibra óptica. Tradicionalmente, em um sistema analógico, em vez da análise da relação sinal-ruído, utiliza-se a análise da relação portadora-ruído, uma vez que o sinal de informação é normalmente sobreposto a uma portadora de *radiofrequência* (RF). Assim, na Seção 9.2 examinamos os requisitos da portadora-ruído. Isso é feito primeiramente para um único canal sob a suposição de que o sinal de informação é modulado diretamente na portadora óptica.

Para a transmissão de múltiplos sinais no mesmo canal, uma técnica de modulação SCM de subportadora pode ser utilizada. Nesse método, que é descrito na Seção 9.3, os sinais de informação são primeiramente sobrepostos em subportadoras auxiliares de RF. Essas portadoras são combinadas, e o sinal elétrico resultante é usado para modular a portadora óptica. Um fator limitante nesses sistemas é a deficiência de sinal decorrente de distorções harmônicas e de intermodulação.

Em técnicas de SCM, as subportadoras de RF são multiplexadas no domínio elétrico e, em seguida, sobrepostas a uma portadora óptica. Um exemplo pode ser os sinais de vídeo de 6 MHz usados em sistemas de televisão a cabo. Como resultado do uso emergente de dispositivos de comunicação sem fio de banda larga, esquemas são investigados e implementados para o uso de *links* de fibra óptica analógicos para a distribuição de sinais de banda larga em frequências de micro-ondas em uma série de aplicações. Os métodos para a transmissão de sinais analógicos de micro-ondas na faixa de 0,3-300 GHz através de uma ligação de fibra óptica se tornaram conhecidos como *técnicas RF sobre fibra*.

A Seção 9.4 examina os fundamentos dessas técnicas. A Seção 9.5 dá um exemplo de *links* rádio sobre fibra utilizados na construção de sistemas com antenas distribuídas para fornecer serviços de LAN sem fio e de telefonia móvel através de uma única fibra.

Para permitir a aplicação eficiente de técnicas RF sobre fibra, surgiu o campo da *fotônica de micro-ondas*. A pesquisa nesse campo engloba o estudo e aplicações de dispositivos fotônicos que operam em frequências de micro-ondas. Além da evolução dos dispositivos, a fotônica de micro-ondas também aborda o processamento de sinais ópticos em velocidades de micro-ondas e o projeto e a implementação de sistemas de transmissão de RF fotônicos. A Seção 9.6 apresenta uma visão geral sobre os componentes fotônicos de micro-ondas e suas utilizações.

9.1 Visão geral dos *links* analógicos

A Figura 9.1 mostra os elementos básicos de um *link* analógico. O transmissor pode conter tanto um LED como um diodo *laser* como fonte óptica. Como observado na Seção 4.5 e representado na Figura 4.39, em aplicações analógicas, primeiro define-se um ponto de polarização na fonte aproximadamente no ponto médio da região de saída linear. O sinal analógico pode então ser enviado através de uma das várias técnicas de modulação. A forma mais simples para as ligações de fibras ópticas é a modulação direta de intensidade, em que a saída óptica da fonte é modulada simplesmente pela variação da corrente em torno do ponto de polarização, em proporção com o nível de sinal da mensagem. Assim, o sinal de informação é transmitido diretamente na banda-base.

Um método um pouco mais complexo, mas frequentemente mais eficiente, é traduzir o sinal de banda-base para uma onda subportadora antes da modulação em intensidade da fonte. Isso é feito usando as técnicas-padrão de *modulação em amplitude* (AM), *modulação em frequência* (FM) ou *modulação em fase* (PM).[11] Não importa qual método é utilizado, deve-se prestar muita atenção nas deficiências do sinal da fonte óptica. Essas deficiências incluem as distorções harmônicas, os produtos de intermodulação, o *ruído de intensidade* relativa (RIN) no *laser* e o gorjeio do *laser*.[12]

Em relação ao elemento de fibra óptica representado na Figura 9.1, deve-se ter em conta a dependência em frequência da amplitude, fase e atrasos de grupo na fibra. Assim, a fibra deve ter uma amplitude fixa e resposta de atraso de grupo dentro da faixa necessária para enviar o sinal livre de distorção linear. Além disso, como a largura de banda limitada por distorção modal é difícil de equalizar, é melhor escolher uma fibra monomodo. A atenuação da fibra também é importante, uma vez que o desempenho portadora-ruído do sistema mudará em função da potência óptica recebida.

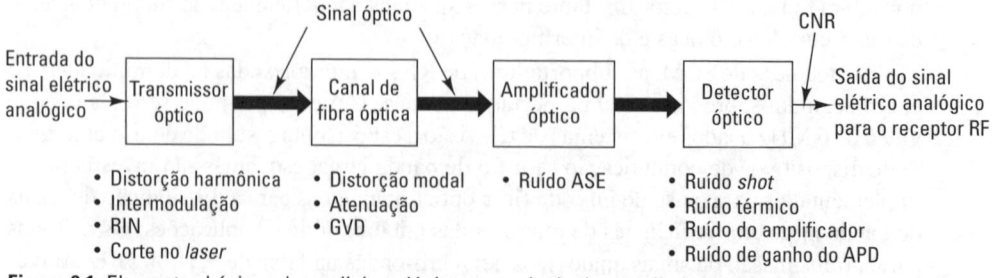

Figura 9.1 Elementos básicos de um *link* analógico e os principais contribuintes de ruído.

O uso de um amplificador óptico no *link* conduz a um ruído adicional, conhecido como *emissão espontânea amplificada* (ASE), que é descrita no Capítulo 11. No receptor óptico, as principais deficiências são o ruído quântico ou *shot*, o ruído de ganho do APD e o ruído térmico.

9.2 Relação portadora-ruído

Quando se analisa o desempenho de sistemas analógicos, normalmente se calcula a razão entre a potência rms da portadora e a potência rms de ruído na entrada do receptor de RF que segue no processo de fotodetecção. Isso é conhecido como *relação portadora-ruído* (CNR). Vejamos alguns valores típicos de CNR para dados digitais e analógicos. Para dados digitais, considere o uso de *chaveamento de frequência* (FSK). Nesse esquema de modulação, a amplitude de uma portadora senoidal permanece constante, mas a fase muda de uma frequência para outra, para representar os sinais binários. Para FSK, BERs de 10^{-9} e 10^{-15} se traduzem em valores CNR de 36 (15,6 dB) e 64 (18,0 dB), respectivamente. A análise para os sinais analógicos é mais complexa, uma vez que, às vezes, depende da percepção da qualidade de sinal pelo usuário, como na visualização de uma imagem de televisão. Um sinal analógico amplamente utilizado é um sinal de televisão com qualidade de estúdio de linha 525. O uso da *modulação em amplitude* (AM) para tal sinal requer uma CNR de 56 dB, visto que a necessidade de eficiência na largura de banda conduz a uma relação sinal-ruído elevada. A *modulação em frequência* (FM), por sua vez, necessita apenas de valores de CNR de 15 a 18 dB.

Se CNR_i representa a relação portadora-ruído relacionada a um contaminante particular de sinal (por exemplo, o ruído *shot*), então, para N fatores de enfraquecimento do sinal, a CNR total é dada por

$$\frac{1}{CNR} = \sum_{i=1}^{N} \frac{1}{CNR_i} \qquad (9.1)$$

Para os *links* em que apenas um único canal de informação é transmitido, as deficiências de sinal mais importantes incluem as flutuações de ruído de intensidade do *laser*, o corte do *laser* e os ruídos do fotodetector e amplificador óptico. Quando os canais de múltiplas mensagens que operam em frequências portadoras diferentes são enviados simultaneamente pela mesma fibra, surgem distorções harmônicas e de intermodulação. Além disso, a inclusão de um amplificador óptico dá origem ao ruído ASE. Em princípio, os três fatores dominantes que causam deficiência de sinal em um *link* de fibra são os ruídos *shot* e do amplificador óptico e o corte do *laser*. A maioria dos outros efeitos de degradação podem ser suficientemente reduzidos ou eliminados.

Nesta seção, vamos primeiro analisar um simples sinal de modulação em amplitude em canal único enviado nas frequências de banda-base. A Seção 9.3 aborda sistemas multicanais, nos quais o ruído de intermodulação se torna importante. O Problema 9.10 dá expressões para os efeitos do corte do *laser* e do ruído ASE.

9.2.1 Potência da portadora

Para encontrar a potência da portadora, vamos primeiro olhar para o sinal gerado no transmissor. Como mostrado na Figura 9.2, a corrente de deriva através da fonte óptica é a soma de uma corrente de polarização fixa e outra senoide variando no tempo. A fonte age como um dispositivo de lei quadrática, de modo que o envelope da potência óptica de saída $P(t)$ possui a mesma forma da corrente de deriva de entrada. Se o sinal analógico de deriva variável no tempo é $s(t)$, então

$$P(t) = P_t[1 + ms(t)] \tag{9.2}$$

onde P_t é a potência óptica de saída no nível da corrente de polarização, e o índice de modulação m é definido pela Equação (4.56). Em termos de potência óptica, o índice de modulação é dado por

$$m = \frac{P_{pico}}{P_t} \tag{9.3}$$

onde P_{pico} e P_t são definidos na Figura 9.2. Valores típicos de m para aplicações analógicas variam de 0,25 a 0,50.

Para um sinal senoidal recebido, a potência da portadora C na saída do receptor (em unidades de A^2) é

$$C = \frac{1}{2}(m\mathcal{R} M \bar{P})^2 \tag{9.4}$$

onde $\mathcal{R}$ é a responsividade de ganho unitário do fotodetector; M, o ganho fotodetector ($M = 1$ para a fotodiodos *pin*); e $\bar{P}$, a potência óptica média recebida.

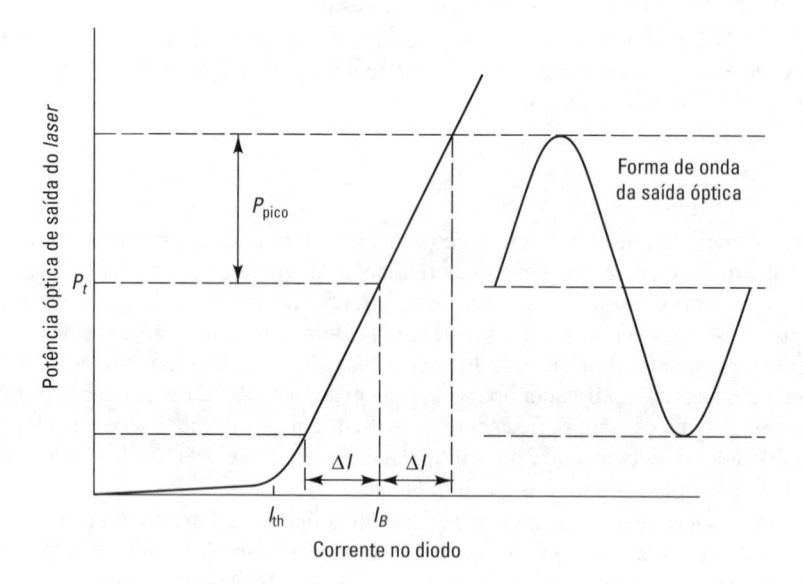

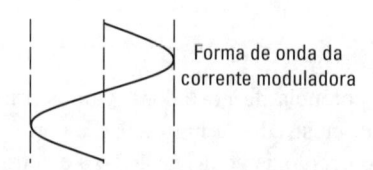

Figura 9.2 Condições de polarização de um díodo *laser* e a sua resposta à modulação do sinal analógico.

9.2.2 Ruído do fotodetector e pré-amplificador

As expressões para os ruídos do fotodiodo e pré-amplificador são dadas pelas Equações (6.16) e (6.17), respectivamente. Ou seja, para o ruído do fotodiodo temos que

$$\left\langle i_N^2 \right\rangle = \sigma_N^2 \approx 2q(I_p + I_D)M^2 F(M) B_e \qquad (9.5)$$

Aqui, como definido no Capítulo 6, $I_p = \mathcal{R}_0 \overline{P}$ é a fotocorrente primária; I_D, a corrente de fundo *bulk* do detector; M, o ganho do fotodiodo com $F(M)$ sendo sua figura de ruído associado; e B_e, a largura de banda do receptor. Logo, a CNR para o fotodetector é apenas $\text{CNR}_{\text{det}} = C/\sigma_N^2$.

Generalizando a Equação (6.17) para o ruído no pré-amplificador, temos

$$\left\langle i_T^2 \right\rangle = \sigma_T^2 = \frac{4k_B T}{R_{\text{eq}}} B_e F_t \qquad (9.6)$$

Aqui, R_{eq} é a resistência equivalente da carga do fotodetector e pré-amplificador, e F_t, o fator de ruído do pré-amplificador. Logo, a CNR para o pré-amplificador é apenas $\text{CNR}_{\text{pre-am}} = C/\sigma_T^2$.

9.2.3 Ruído de intensidade relativa

Dentro de um *laser* de semicondutor, as flutuações na amplitude ou na intensidade da saída produzem um ruído de intensidade óptica. Essas flutuações podem resultar da variação da temperatura ou da emissão espontânea contida na saída *laser*. O ruído resultante das flutuações aleatórias de intensidade é chamado de *ruído de intensidade relativa* (RIN), que pode ser definido em termos das variações de intensidade média quadrática. A média quadrática da corrente de ruído resultante é dada por

$$\left\langle i_{\text{RIN}}^2 \right\rangle = \sigma_{\text{RIN}}^2 = \text{RIN}(\mathcal{R}\overline{P})^2 B_e \qquad (9.7)$$

Então, a CNR devida somente às flutuações de amplitude do *laser* é $\text{CNR}_{\text{RIN}} = C/\sigma_{\text{RIN}}^2$. Aqui, o RIN, que é medido em dB/Hz, é definido pela razão das potências sinal-ruído

$$\text{RIN} = \frac{\left\langle (\Delta P_L)^2 \right\rangle}{\overline{P}_L^2} \qquad (9.8)$$

onde $\left\langle (\Delta P_L)^2 \right\rangle$ é a média quadrática da flutuação de intensidade da saída do *laser*, e $\overline{P}_L$, a intensidade média da luz *laser*. Esse ruído diminui à medida que o nível de corrente de injeção aumenta de acordo com a relação

$$\text{RIN} \propto \left(\frac{I_B}{I_{\text{th}}} - 1 \right)^{-3} \qquad (9.9)$$

As especificações de fornecedores de *lasers* DFB de 1.550 nm tipicamente citam valores RIN de –152 a –158 dB/Hz.

A substituição das CNR resultantes das Equações (9.4) a (9.7) na Equação (9.1) fornece a seguinte relação portadora-ruído para um sistema monocanal de AM:

$$\frac{C}{N} = \frac{\frac{1}{2}(m\mathcal{R} M\overline{P})^2}{\text{RIN}(\mathcal{R}\overline{P})^2 B_e + 2q(I_p + I_D)M^2 F(M) B_e + (4k_B T/R_{\text{eq}}) B_e F_t} \qquad (9.10)$$

9.2.4 Efeitos de reflexão no RIN

Na implementação de um *link* analógico de alta velocidade, é preciso tomar precauções especiais para minimizar as reflexões ópticas que voltam para *laser*.[2] Os sinais retrorrefletidos podem aumentar o RIN entre 10 e 20 dB como mostrado na Figura 9.5. Essas curvas mostram o aumento do ruído de intensidade relativo para os pontos de polarização entre 1,24 e 1,62 vez o nível de corrente de limiar. A razão na potência de realimentação na Figura 9.5 é a quantidade de potência óptica refletida de volta para o *laser* em relação à emissão de luz a partir da fonte. Como um exemplo, a linha tracejada mostra que em $1,33 I_{th}$ a razão de realimentação deve ser inferior a -60 dB, a fim de manter um RIN menor que -140 dB/Hz.

Exemplo 9.1 A Figura 9.3 mostra um exemplo da Equação (9.9) para dois *lasers* de heteroestruturas enterradas.[13] O nível de ruído foi medido em 100 MHz. Para correntes de injeção suficientemente acima do limiar (ou seja, para $I_B/I_{th} > 1,2$), o RIN desses *lasers* de índice guiado situa-se entre -140 e -150 dB/Hz.

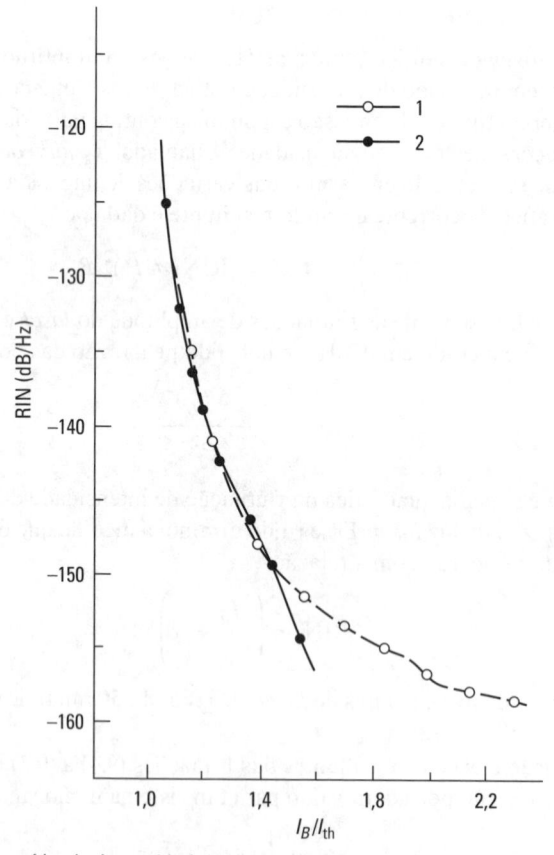

Figura 9.3 Exemplo do ruído de intensidade relativo (RIN) para dois diodos *laser* de heteroestruturas enterradas. O nível de ruído foi medido em 100 MHz.
(Reproduzida com permissão de Sato,[13] © 1983, IEEE.)

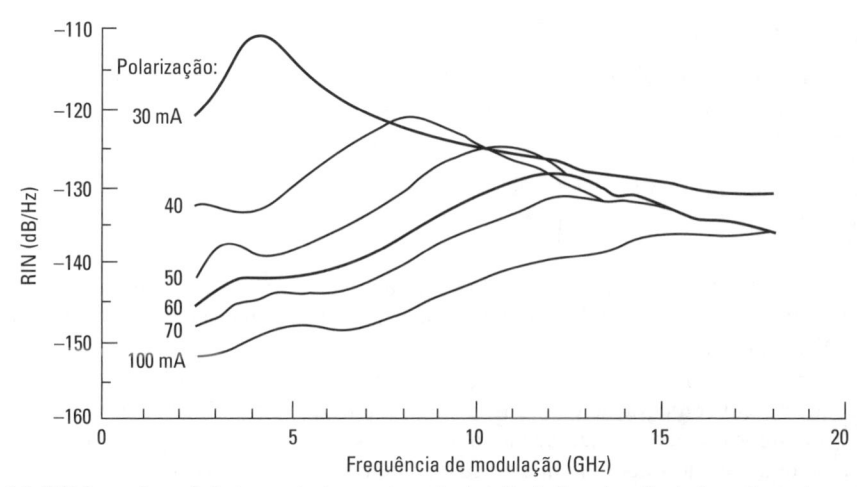

Figura 9.4 RIN de um *laser* de heteroestrutura enterrada de InGaAsP em função da frequência de modulação em vários níveis de polarização diferentes.

(Reproduzida com permissão de Olshansky, Lanzisera e Hill,[1] © 1989, IEEE.)

Exemplo 9.2 A Figura 9.4 mostra o RIN de um *laser* de heteroestrutura enterrada de InGaAsP em função da frequência de modulação em vários níveis de polarização.[1] O ruído de intensidade relativo é essencialmente independente da frequência abaixo de várias centenas de megahertz e possui um pico na frequência de ressonância. Nesse caso, em um nível de polarização de 60 mA, que dá uma saída de 5 mW, o RIN é tipicamente menor que –135 dB/Hz para frequências de modulação até 8 GHz. Para níveis de sinal óptico recebido menor ou igual a –13 dBm (50 μW), o RIN de *lasers* de heteroestruturas enterradas de InGaAsP fica suficientemente abaixo do nível de ruído de um amplificador de 50 Ω com uma figura de ruído de 3 dB.

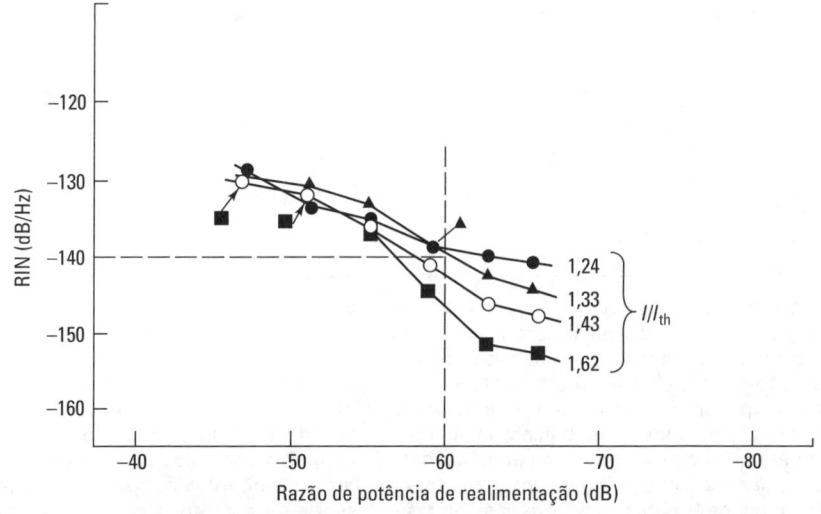

Figura 9.5 O aumento do RIN devido aos sinais ópticos retrorrefletidos.

(Reproduzida com permissão de Sato,[13] © 1983, IEEE.)

9.2.5 Condições limitantes

Estudaremos agora algumas condições limitantes. Quando o nível da potência óptica no receptor é baixo, o ruído do circuito pré-amplificador domina o ruído do sistema. Para isso, temos que

$$\left(\frac{C}{N}\right)_{\text{limite 1}} = \frac{\frac{1}{2}(m\mathscr{R}M\bar{P})^2}{(4k_B T/R_{\text{eq}})B_e F_t} \quad (9.11)$$

Nesse caso, a relação portadora-ruído é diretamente proporcional ao quadrado da potência óptica recebida, de modo que, para cada variação de 1 dB na potência óptica recebida, C/N mudará de 2 dB.

Para fotodiodos bem projetados, as correntes escuras do *bulk* e da superfície são pequenas em comparação com o ruído *shot* (quântico) para níveis intermediários de sinais ópticos no receptor. Desse modo, em níveis de potência intermediários, o termo de ruído quântico do fotodiodo dominará o ruído do sistema. Nesse caso, temos que

$$\left(\frac{C}{N}\right)_{\text{limite 2}} = \frac{\frac{1}{2}m^2\mathscr{R}\bar{P}}{2qF(M)B_e} \quad (9.12)$$

de modo que a relação portadora-ruído irá variar de 1 dB para todas as alterações de 1 dB na potência óptica recebida.

Se o *laser* tem um valor RIN elevado de modo que o ruído por reflexão domine sobre os outros termos de ruído, então a relação portadora-ruído se torna

$$\left(\frac{C}{N}\right)_{\text{limite 3}} = \frac{\frac{1}{2}(mM)^2}{\text{RIN } B_e} \quad (9.13)$$

que é uma constante. Nesse caso, o desempenho não pode ser melhorado a não ser que aumentemos o índice de modulação.

Exemplo 9.3 Como um exemplo das condições limitantes, considere um *link* com um transmissor de *laser* e um receptor de fotodiodo *pin* com as seguintes características:

Transmissor	Receptor
$m = 0{,}25$	$\mathscr{R} = 0{,}6$ A/W
RIN $= -143$ dB/Hz	$B_e = 10$ MHz
$P_c = 0$ dBm	$I_D = 10$ nA
	$R_{\text{eq}} = 750 \, \Omega$
	$F_t = 3$ dB

onde P_c é a potência óptica acoplada para dentro da fibra. Para ver os efeitos das diferentes condições de ruído na relação portadora-ruído, a Figura 9.6 mostra um gráfico de C/N como uma função do nível de potência óptica no receptor. Nesse caso, vemos que, em altas potências recebidas, o ruído da fonte domina para dar C/N constante. Nos níveis intermediários, o ruído quântico é o principal contribuinte, com uma queda de 1 dB em C/N para cada redução de 1 dB na potência óptica recebida. Para baixos níveis de luz, o ruído térmico do receptor é o termo de ruído limitante, dando origem a uma atenuação de 2 dB em C/N para cada decréscimo de 1 dB na potência óptica recebida. É importante notar que os fatores limitantes podem variar significativamente, dependendo das características do transmissor e do receptor. Por exemplo, para amplificadores de baixa impedância, o ruído térmico do receptor pode ser o limitador dominante do desempenho para todos os comprimentos práticos do *link* (ver Problema 9.1).

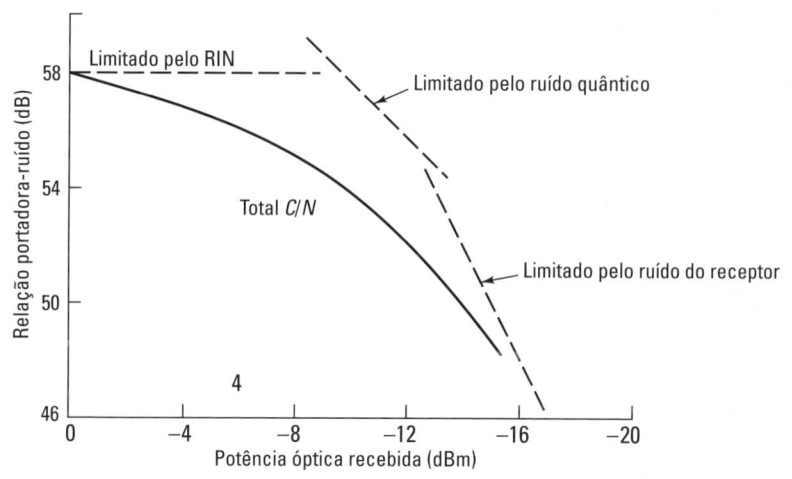

Figura 9.6 Razão portadora-ruído em função do nível de potência óptica no receptor. Nesse caso, o RIN domina em potências elevadas, o ruído quântico dá uma queda de 1 dB em C/N para cada decréscimo de 1 dB de potência nos níveis intermediários, e o ruído térmico do receptor produz uma queda de 2 dB em C/N para uma queda de 1 dB na potência recebida em baixos níveis de luminosidade.

9.3 Técnicas de transmissão multicanal

Até agora, examinamos apenas o caso de um único sinal sendo transmitido através de um canal. Em aplicações analógicas de banda larga, como *supertrunks* de *TV a cabo* (CATV), é preciso enviar vários sinais analógicos através da mesma fibra. Para fazer isso, pode-se empregar uma técnica de multiplexação em que certo número de sinais de banda-base são sobrepostos eletronicamente em um conjunto de *N* subportadoras que possuem diferentes frequências $f_1, f_2, ..., f_N$. Essas subportadoras moduladas são então combinadas eletricamente por meio de *multiplexação por divisão de frequências* (FDM) para formar um sinal composto que modula diretamente uma única fonte óptica. Os métodos para alcançar isso incluem *modulação em amplitude da banda lateral vestigial* (AM-VSB), *modulação em frequência* (FM) e *modulação subportadora* (SCM).

A *modulação em amplitude* (AM) é simples e de baixo custo na medida em que é compatível com as interfaces de equipamento de diversos clientes de CATV, mas seu sinal é muito sensível ao ruído e à distorção não linear. Embora a FM requeira uma largura de banda maior do que AM, ela proporciona uma maior relação sinal-ruído e é menos sensível às não linearidades da fonte. A SCM de micro-ondas opera em frequências mais altas do que AM ou FM e é uma abordagem interessante para a distribuição de banda larga de sinais analógicos e digitais. Para simplificar a interface com sistemas existentes de cabos coaxiais, os *links* de fibra em redes de CATV usam principalmente o esquema de AM-VSB descrito na Seção 9.3.1.

9.3.1 Modulação em amplitude multicanal

A aplicação generalizada inicial de *links* analógicos de fibra óptica, que começou no final de 1980, era para rede CATV.[14-17] Essas redes de televisão baseadas em cabos coaxiais operam em uma faixa de frequência entre 50-88 MHz e 120-550 MHz. A banda de 88-120 MHz não é utilizada, pois é reservada para a transmissão de rádio FM. As redes de CATV podem entregar mais de 80 canais de vídeo AM-VSB, cada um tendo uma largura

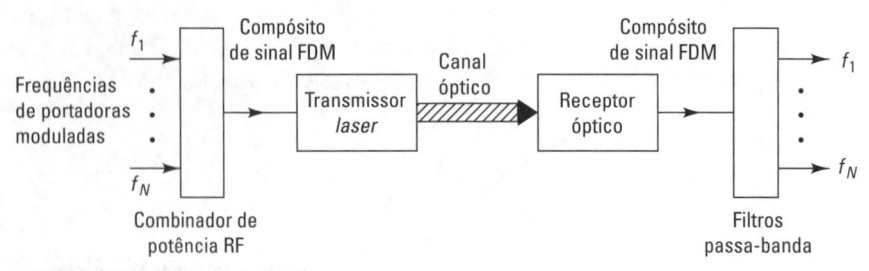

Figura 9.7 Técnica-padrão para multiplexação por divisão em frequência de N sinais portadores de informação independentes.

de banda de ruído de 4 MHz com largura de banda de canal de 6 MHz e relação sinal-ruído superior a 47 dB. Para manter a compatibilidade com as redes existentes baseadas em cabos coaxiais, um formato multicanal AM-VSB foi escolhido para o sistema de fibra óptica.

A Figura 9.7 mostra a técnica para combinar N mensagens independentes. Um sinal de informação em um canal i modula em amplitude uma onda portadora que tem uma frequência f_i, onde $i = 1, 2..., N$. Um combinador de potência de RF soma essas N portadoras moduladas em amplitude para produzir um sinal FDM que modula a intensidade de um diodo *laser*. Após o receptor óptico, um banco de filtros passa-banda em paralelo separa as portadoras combinados de volta para os canais individuais. Os sinais de mensagens individuais são recuperados das portadoras por meio de técnicas padrão de RF.

Para muitas portadoras FDM com fases aleatórias, as portadoras adicionam uma potência-base. Assim, para os N canais, o índice de modulação óptica m está relacionado com o índice de modulação de cada canal m_i por

$$m = \left(\sum_{i=1}^{N} m_i^2 \right)^{1/2} \quad (9.14a)$$

Se cada um dos índices de modulação dos canais m_i tem o mesmo valor m_c, então

$$m = m_c N^{0,5} \quad (9.14b)$$

Como resultado, quando N sinais são multiplexados em frequência e utilizados para modular uma única fonte óptica, a relação portadora-ruído de um único canal é degradada por $10 \log N$. Se apenas alguns canais são combinados, os sinais vão adicionar mais em tensão do que em potência, de modo que a degradação terá uma característica $20 \log N$.

Quando frequências de várias portadoras passam através de um dispositivo não linear, como um diodo *laser*, sinais que não possuem as frequências originais podem ser produzidos. Como observado na Seção 4.4, esses sinais indesejáveis são chamados de *produtos de intermodulação* e podem causar graves interferências em ambos canais *in-band* e *out-of-band*. O resultado é a degradação do sinal transmitido. Entre os produtos de intermodulação, geralmente apenas os termos de segunda ordem ou terceira ordem são considerados, pois os termos de ordem mais elevada tendem a ser significativamente menores.

Os produtos de distorção por *intermodulação* (IM) de terceira ordem em frequências $f_i + f_j - f_k$ (que são conhecidos como *produtos IM de batimento triplo*) e $2f_i - f_j$ (que são conhecidos como *produtos IM de terceira ordem de dois tons*) são os mais dominantes, uma vez que muitos deles caem na largura de banda de um sistema de multicanal. Por exemplo, uma rede CATV de 50 canais operando no intervalo de frequência-padrão de 55,25-373,25 MHz tem 39 produtos IM de segunda ordem em 54,0 MHz e 786 tons IM de terceira ordem em 229,25 MHz. As amplitudes dos produtos de batimento triplo são 3 dB maiores do que os produtos IM de terceira ordem de dois tons. Além disso, como existem $N(N-1)(N-2)/2$ termos de batimento triplo em comparação com $N(N-1)$ termos de terceira ordem de dois tons, os produtos de batimento triplo tendem a ser as maiores fontes de ruído IM.

Se um sinal passa-banda contém diversas portadoras igualmente espaçadas, vários termos IM existirão na mesma frequência ou perto dela. Esse conhecido *empilhamento de batimentos* é aditivo na potência-base. Por exemplo, para N portadoras igualmente espaçadas com mesma amplitude, o número de produtos de IM de terceira ordem que cai diretamente sobre a r-ésima portadora é dado por[18,19]

$$D_{1,2} = \frac{1}{2}\left\{N - 2 - \frac{1}{2}[1 - (-1)^N](-1)^r\right\} \quad (9.15)$$

para os termos de dois tons do tipo $2f_i - f_j$, e por

$$D_{1,1,1} = \frac{r}{2}(N - r + 1) + \frac{1}{4}\left\{(N-3)^2 - 5 - \frac{1}{2}[1-(-1)^N](-1)^{N+r}\right\} \quad (9.16)$$

para os termos de batimento triplo do tipo $f_i + f_j - f_k$.

Enquanto os termos de terceira ordem de dois tons são distribuídos uniformemente na faixa de banda de operação, os produtos de batimento triplo tendem a concentrar-se no meio da banda do canal, de modo que as portadoras centrais recebem maior interferência de intermodulação. As Tabelas 9.1 e 9.2 mostram as distribuições dos produtos IM de terceira ordem de dois tons e de batimento triplo para o número N de canais variando de 1 a 8.

Tabela 9.1 Distribuição do número de produtos de intermodulação de terceira ordem e batimento triplo para o número de canais N no intervalo de 1 a 8

N					r			
	1	2	3	4	5	6	7	8
1	0							
2	0	0						
3	0	1	0					
4	1	2	2	1				
5	2	4	4	4	2			
6	4	6	7	7	6	4		
7	6	9	10	11	10	9	6	
8	9	12	14	15	15	14	12	9

Exemplo 9.4 As Figuras 9.8 e 9.9 mostram os desempenhos previstos pela intermodulação de segunda e terceira ordens, respectivamente, para 60 canais de televisão a cabo na faixa de frequência de 50-450 MHz. O efeito da CSO é mais significativo nas bordas da banda de operação, enquanto as contribuições CTB são mais críticas no centro da banda.

Tabela 9.2 Distribuição do número de produtos de intermodulação de terceira ordem de dois tons para número de canais N no intervalo de 1 a 8

N	1	2	3	4	r 5	6	7	8
1	0							
2	0	0						
3	1	0	1					
4	1	1	1	1				
5	2	1	2	1	2			
6	2	2	2	2	2	2		
7	3	2	3	2	3	2	3	
8	3	3	3	3	3	3	3	3

Os resultados do empilhamento de batimento são denominados *compósitos de segunda ordem* (CSO) e *compósitos de batimento triplo* (CTB), e descrevem o desempenho dos *links* AM de multicanais. A palavra *compósito* significa que a distorção global é devida a um conjunto de distorções discretas. Os compósitos CSO e CTO são definidos como[20]

$$\text{CSO} = \frac{\text{potência de pico da portadora}}{\text{potência de pico no compósito IM de 2}^{\text{a}}\text{ ordem}} \qquad (9.17)$$

$$\text{CTB} = \frac{\text{potência de pico da portadora}}{\text{potência de pico no compósito IM de 3}^{\text{a}}\text{ ordem}} \qquad (9.18)$$

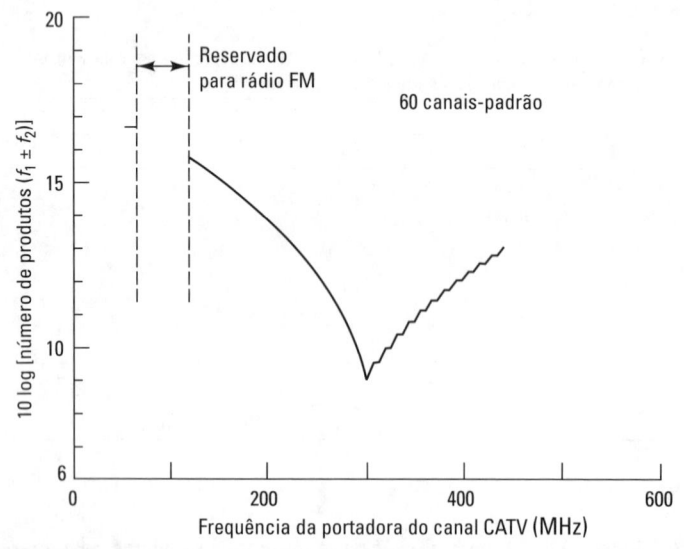

Figura 9.8 Desempenho relativo previsto de um CSO para 60 canais de CATV de modulação em amplitude. A banda de 88-120 MHz é reservada para transmissão de rádio FM.
(Reproduzida com permissão de Darcie, Lipson, Roxlo e McGrath,[4] © 1990, IEEE.)

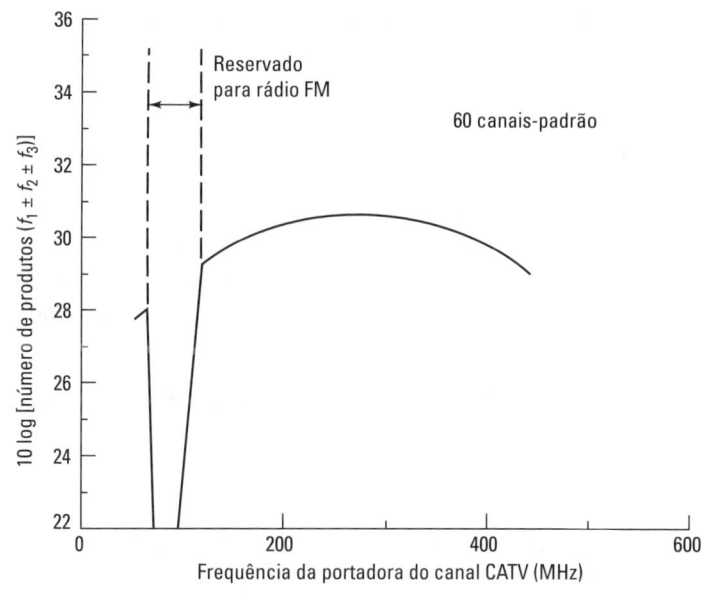

Figura 9.9 Desempenho relativo previsto de um CTB para 60 canais de CATV de modulação em amplitude. A banda de 88 a 120 MHz é reservada para transmissão de rádio FM.
(Reproduzida com permissão de Darcie, Lipson, Roxlo e McGrath,[4] © 1990, IEEE.)

9.3.2 Modulação em frequência multicanal

O uso de sinais AM-VSB para transmissão de múltiplos canais analógicos é, em princípio, fácil e simples. No entanto, há um requisito de C/N (ou, de modo equivalente, para AM, um requisito de S/N) de pelo menos 40 dB para cada canal de AM, o que coloca requisitos muito rigorosos no *laser* e na linearidade do receptor. Uma técnica alternativa é a modulação em frequência (FM), na qual cada subportadora é modulada em frequência por um sinal de mensagem.[2,21] Isso requer uma maior largura de banda (30 MHz *versus* 4 MHz para AM), mas produz uma melhoria na relação sinal-ruído sobre a relação portadora-ruído.

A S/N na saída de um detector de FM é muito maior do que a relação C/N na entrada do detector. O aprimoramento é dado por[2]

$$\left(\frac{S}{N}\right)_{sai} = \left(\frac{C}{N}\right)_{ent} + 10\log\left[\frac{3}{2}\frac{B_e}{f_v}\left(\frac{\Delta f_{pp}}{f_v}\right)^2\right] + w \qquad (9.19)$$

onde B_e é a largura de banda necessária ao receptor; Δf_{pp}, o desvio de frequência pico a pico do modulador; f_v, a maior frequência de vídeo; e w, um fator de ponderação usado para explicar a resposta não uniforme do padrão de olho para o ruído branco na largura de banda de vídeo. A melhoria total de S/N depende do projeto do sistema, mas é geralmente na faixa de 36-44 dB.[11,22] Logo, as menores exigências de C/N fazem um sistema FM muito menos suscetível aos ruídos do *laser* e do receptor do que um sistema de AM.

9.3.3 Modulação subportadora

Há também um grande interesse no uso de RF ou *modulações subportadoras de micro-ondas* para sistemas ópticos de alta capacidade.[1-3,23] O termo *modulação subportadora*

(SCM) é usado para descrever a capacidade de multiplexar múltiplos canais tanto com sinais analógicos como digitais no mesmo sistema.

A Figura 9.12 mostra o conceito básico de um sistema SCM. A entrada para o transmissor é constituído por uma mistura de N sinais independentes analógicos e digitais de banda-base. Esses sinais podem carregar voz, dados, vídeo, áudio digital, vídeo de alta definição ou qualquer outra informação analógica ou digital. Cada sinal de entrada $s_i(t)$ é misturado com um *oscilador local* (LO) que possui uma frequência f_i. As frequências empregadas nos osciladores locais estão na faixa de 2-8 GHz e são conhecidos como as *subportadoras*. Combinando as subportadoras moduladas, temos um sinal combinado multiplexado por divisão de frequência, o qual é usado para excitar o diodo *laser*.

Exemplo 9.5 A Figura 9.10 mostra um gráfico de RIN *versus* o índice de modulação óptica por canal, comparando os sistemas de transmissão de TV AM e FM.[2] As seguintes premissas foram feitas nesse cálculo:

O ruído RIN domina

$S/N = C/N + 40$ dB para o sistema FM

Largura de banda AM por canal = 4 MHz

Largura de banda FM por canal = 30 MHz

Se o índice de modulação por canal óptico é de 5%, então um RIN menor que –120 dB/Hz é necessário para cada um dos programas de televisão em FM ter qualidade de estúdio recepção, exigindo $S/N \geq 56$ dB. Isso é facilmente cumprido com um diodo *laser* comum, que tem um valor nominal de RIN de –130 dB/Hz. Para um sistema de AM, um *laser* com um valor de –140 dB/Hz mal pode satisfazer a exigência de recepção de CATV de $S/N \geq 40$ dB.

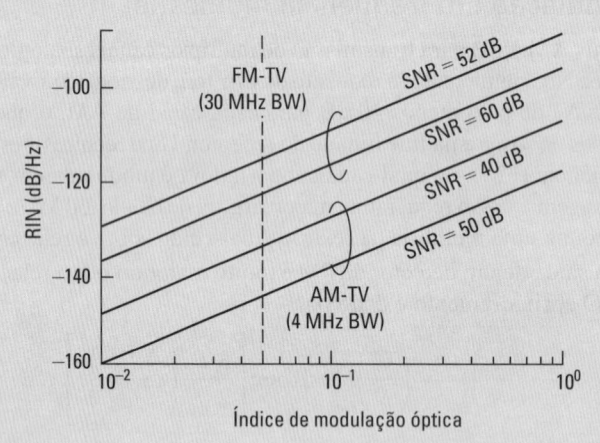

Figura 9.10 RIN *versus* índice de modulação óptica por canal para sinais de vídeo em AM e FM para várias razões sinal-ruído diferentes (SNR).
(Reproduzida com permissão de Way,[2] © 1989, IEEE.)

Na extremidade receptora, o sinal óptico é detectado diretamente em um fotodiodo *pin* de InGaAs de alta velocidade e banda larga e reconvertido em um sinal de micro-ondas. Para *links* de longa distância, pode-se também empregar um fotodiodo avalanche de InGaAs com um produto largura de banda-ganho de 50-80 GHz ou um pré-amplificador óptico. Para amplificar o sinal de micro-ondas recebido, pode-se usar um amplificador de baixo ruído de banda larga comercialmente disponível ou um receptor FET-*pin*.

Capítulo 9 *Links* analógicos | 375

Exemplo 9.6 Outro fator de desempenho da transmissão em AM comparada à FM é a margem de potência limitada da AM. A Figura 9.11 descreve o orçamento de energia calculado em relação ao *índice de modulação óptica* (OMI) por canal para a distribuição de sinais de vídeo de múltiplos canais AM e FM (ver Seção 4.5). As curvas são dadas para diferentes relações sinal-ruído. As seguintes premissas foram feitas nesse cálculo:

Potência do *laser* acoplado em uma fibra monomodo = 0 dBm
RIN = –140 dB/Hz
Receptor de fotodiodo *pin* com um pré-amplificador frontal de 50 Ω e figura de ruído = 2 dB
Largura de banda por canal AM = 4 MHz
Largura de banda por canal FM = 30 MHz

Novamente, assumindo um índice de modulação óptica por canal de 5%, o sistema AM tem uma margem potência de cerca de 10 dB para uma relação sinal-ruído de 40 dB, enquanto o sistema FM tem uma margem de potência de 20 dB para $S/N = 52$ dB.

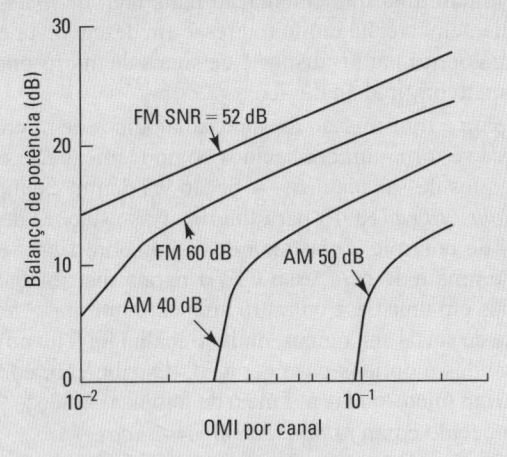

Figura 9.11 Balanço de potência *versus* índice de modulação óptica (OMI) por canal para a distribuição de sinais de vídeo de múltiplos canais AM e FM.
(Reproduzida com permissão de Way,[2] © 1989, IEEE.)

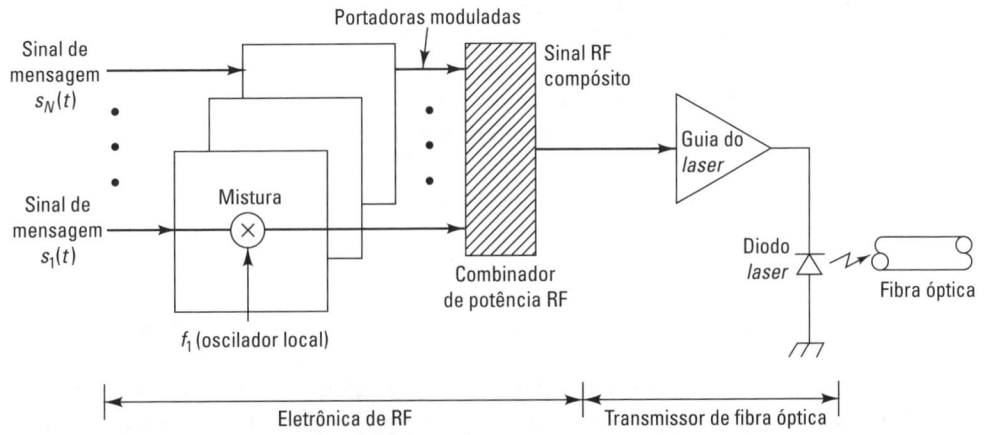

Figura 9.12 Conceito básico da modulação subportadora. Podem-se enviar sinais analógicos e digitais simultaneamente por meio da multiplexação por divisão em frequência em diferentes frequências da subportadora.

9.4 RF sobre fibra

Sinais de *radiofrequência* (RF) em frequências de micro-ondas e de ondas milimétricas são utilizados em aplicações como radares, *links* de satélite, rádios terrestres de banda larga e redes de televisão a cabo. As faixas de sinal incluem a banda de *frequência ultra- -alta de 0,3-3 GHz* (UHF), a região de *frequência superalta de 3-30 GHz* (SHF) e a faixa de *frequência extremamente alta de 30-300 GHz* (EHF). Tradicionalmente, esses sistemas de RF usam ligações sem fios ou cabos coaxiais para o transporte dos sinais de micro- -ondas de um elemento de recepção (por exemplo, uma antena) para um centro de processamento de sinal, que pode estar localizado a centenas de metros de distância. Como observado no Capítulo 1, as fibras ópticas oferecem certas vantagens sobre os cabos coaxiais, assim como menor tamanho, menores perdas, larguras de banda maiores e insensibilidade a efeitos de interferência eletromagnética. Em comparação com linhas coaxiais, esses fatores permitem uma implementação mais fácil de *links* de fibra em distâncias maiores. Consequentemente, há muito interesse em desenvolver e implantar *links* de alta velocidade de fibra óptica para transporte de sinais de micro-ondas e de ondas milimétricas em seu formato original analógico.

Os métodos para a transmissão de sinais analógicos de micro-ondas através de um *link* de fibra óptica se tornaram conhecidos como técnicas *RF sobre fibras*. Esta seção examina os princípios dessas técnicas. A Seção 9.5 dá um exemplo de aplicação de sistemas de *rádio sobre fibra* (ROF) para interligar as estações de base de antena com o escritório central de controle. O sistema de rádio sobre fibra também pode ser usado como extensão de uma rede de acesso FTTH para a distribuição de sinais de RF para quartos individuais em uma casa ou outro ambiente interior. Além de desenvolver *links* para a transmissão de sinais analógicos, muito trabalho foi feito no estudo da interação dos sinais de micro-ondas e ópticos para geração, distribuição, controle e processamento dos sinais de onda em micro-ondas por meio da fotônica. A Seção 9.6 discute esse assunto, que se tornou conhecido como *fotônica de micro-ondas*.

9.4.1 Parâmetros-chave do *link*

A Figura 9.13 mostra os componentes de uma ligação genérica de RF sobre fibra. Os três módulos principais são um dispositivo de conversão do sinal RF em óptico na extremidade de transmissão, um dispositivo de conversão do sinal óptico para RF na extremidade de recepção, e uma fibra óptica que se une esses dois módulos. Os parâmetros primários utilizados para caracterizar o desempenho de RF do *link* óptico são o ganho, a figura de ruído e a *faixa dinâmica livre de distorção* (SFDR).

O *ganho do link G* é definido como a razão entre a potência de RF P_{sai} gerada na resistência de carga do fotodetector e a potência RF de entrada P_{ent} no transmissor *laser*. Assim, para um *link* modulado diretamente, o ganho é[24,25]

$$G = \frac{P_{sai}}{P_{ent}} = S_M^2 \eta_{LF}^2 T_F^2 \eta_{FD}^2 \mathcal{R}^2 \frac{R_{carga}}{R_M} \quad (9.20)$$

onde S_M é a inclinação da eficiência (dada em watts por ampère) do dispositivo de modulação; η_{LF}, a eficiência de acoplamento *laser*-fibra; T_F, a eficiência de transmissão da fibra; η_{FD}, a eficiência do acoplamento de fibra-detector; $\mathcal{R}$, a responsividade do fotodetector (dada em ampères por watt); R_{carga}, a resistência de carga do detector; e R_M, a resistência do modulador. A Tabela 9.3 apresenta alguns valores típicos desses parâmetros para um *link* de 500 m. O valor de 0,7 para a eficiência de transmissão de fibra implica uma perda de fibras de 3,5 dB/km em 850 nm. Valores de ganho menores que 1 representam uma perda no *link*. As duas principais contribuintes para o valor máximo do ganho são os limites da inclinação da eficiência do modulador e a responsividade do fotodetector, uma vez que os valores dos outros parâmetros não variam significativamente.

Tabela 9.3 Valores de parâmetros típicos para um *link* de 500 m de RF em fibra

Parâmetro	Símbolo	Valor
Inclinação da eficiência	S_M	0,3 W/A
Eficiências de acomplamento	η_{LF} e η_{FD}	0,80
Eficiência de transmissão da fibra	T_F	0,7
Resistência de carga do detector	R_{carga}	50 Ω
Resistência do modulador	R_M	45 Ω

A *figura de ruído* (NF) representa uma medida da degradação na *relação sinal-ruído* (SNR) entre a entrada e a saída do *link*. Ela é definida em decibéis por

$$\mathrm{NF} = 10 \log \frac{\mathrm{SNR}_{ent}}{\mathrm{SNR}_{sai}} = 10 \log \frac{\overline{N}_{sai}/B_e}{k_B T G} = 10 \log \frac{N_{sai}}{k_B T G} \qquad (9.21)$$

em que a entrada de ruído é a potência de ruído térmico gerada por uma carga resistiva ajustada $k_B T$ mantida a $T = 290$ K. O parâmetro k_B é a constante de Boltzmann, e B_e, a largura de banda de ruído do receptor eletrônico. Aqui usamos a designação $\overline{N}_{sai}$ para denotar a potência de ruído de saída total na largura de banda de B_e. Como $\overline{N}_{sai}$ é proporcional a B_e, então N_{sai} é a potência do ruído por unidade de largura de banda, de modo que NF é independente da largura da banda de ruído.

Na saída do *link*, a potência de ruído é resultado do RIN do *laser*, ruído *shot* do fotodetector e ruído térmico. As contribuições por unidade de largura de banda do ruído da (em A^2/Hz) são dadas por

$$N_{sai, RIN} = I_p^2 \, \mathrm{RIN} \qquad (9.22)$$

$$N_{sai, shot} = 2qI_p \qquad (9.23)$$

$$N_{sai, térmico} = 4k_B T / R_{carga} \qquad (9.24)$$

onde I_p é a corrente média do fotodiodo no receptor.

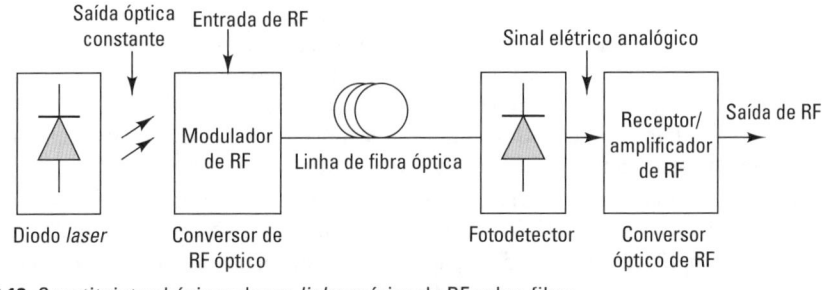

Figura 9.13 Constituintes básicos de um *link* genérico de RF sobre fibra.

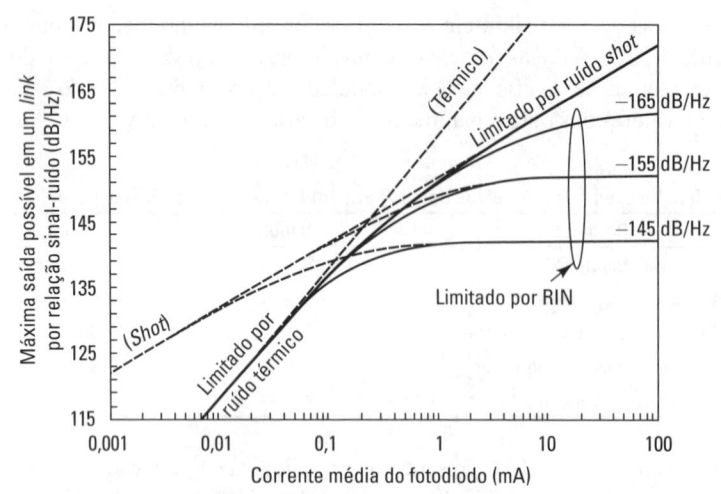

Figura 9.14 Condições limitantes causadas por ruído térmico, ruído *shot* e RIN na máxima SNR possível em função da corrente do fotodetector.
(Reproduzida com permissão de Cox, Ackermann, Betts e Prince,[25] © 2006, IEEE.)

A Figura 9.14 apresenta algumas condições que limitam a máxima relação sinal-ruído possível como uma função da corrente do fotodetector (isto é, o nível de potência óptica recebido).[25] O ruído térmico impõe um limite de baixo desempenho ao SNR para valores baixos de corrente no fotodetector. Em correntes mais elevadas, o RIN do *laser* limita a SNR para um valor superior que não pode ser excedido, mesmo que a corrente do fotodiodo seja aumentada. A Figura 9.14 mostra esses limites com três valores típicos de RIN para o *laser*.

9.4.2 Faixa dinâmica livre de distorção

A faixa dinâmica de uma ligação analógica é definida em relação às frequências de intermodulação de terceira ordem de dois tons. Primeiro, considere dois sinais de grandes potências iguais e frequências fundamentais f_1 e f_2, como na Figura 9.15. Esses dois sinais irão produzir produtos de modulação de segunda ordem em $2f_1$, $2f_2$ e $f_1 \pm f_2$, e produtos de intermodulação de terceira ordem nas frequências $2f_1 \pm f_2$ e $2f_2 \pm f_1$. Os termos de segunda ordem normalmente caem fora da banda de passagem do sistema, de forma que podem ser ignorados. No entanto, os produtos de terceira ordem são preocupantes, pois podem cair sobre um sinal de frequência dentro da largura de banda do sistema e não podem ser removidos por uma simples técnica de filtragem. Para determinar os requisitos de operação do sistema, considere o caso mostrado na Figura 9.15, em que um produto de intermodulação de terceira ordem (linha pontilhada) resultante das duas portadoras fundamentais mais fortes cai na frequência em que o mais fraco canal opera. O parâmetro ΔP é a diferença de potência entre os canais mais fortes e mais fracos, e CNR_{min} é a mínima relação portadora-ruído necessária para o sinal mais fraco. Para o caso mostrado na Figura 9.15, os produtos de intermodulação resultantes das portadoras fundamentais mais fortes de igual potência são iguais ao ruído de fundo.

Para *links* analógicos padrão, a distorção de intermodulação de terceira ordem varia com o cubo da potência de entrada RF. A Figura 9.16 mostra essa relação e a relação linear da potência de saída das fundamentais em função da potência de entrada RF. A *faixa dinâmica livre de distorção* (SFDR) é definida como a razão entre as potências

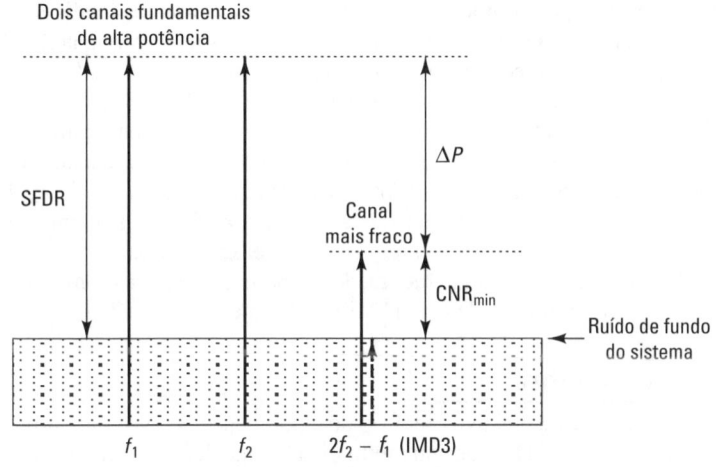

Figura 9.15 A relação dos produtos de intermodulação de terceira ordem (linha tracejada) para os requisitos operacionais do sistema.

na portadora fundamental e a intermodulação de terceira ordem (designada por IMD3), em que o nível de potência de IMD3 é igual ao ruído de fundo. Isso significa que a SFDR é o intervalo dinâmico útil antes que o ruído espúrio interfira no sinal fundamental ou o distorça. Assim, referindo-se à Figura 9.15, a SFDR deve ser maior do que $CNR_{min} + \Delta P$.

Na Figura 9.16, o ponto IP3 indica a potência de entrada na qual a IMD3 é igual à potência de saída da portadora. A partir das curvas na Figura 9.16, a SFDR é dada por

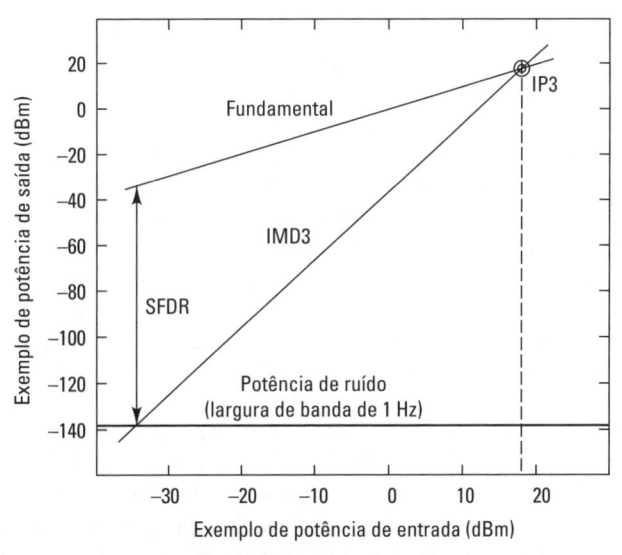

$$\text{SFDR} = \frac{2}{3} 10 \log \frac{IP3}{N_{sai} R_{carga}} \tag{9.25}$$

Figura 9.16 A SFDR é a razão entre a potência na portadora fundamental e o IMD3 no nível de potência de entrada, onde a potência IMD3 é igual ao nível de ruído.

A SFDR é medida em unidades de $dB \cdot Hz^{2/3}$. As diferentes medições de SFDR que têm sido relatadas na literatura encontram-se resumidas na Referência 25. As tendências gerais desses valores de medição em função da frequência são que os *links* de micro-ondas modulados diretamente podem ter uma SFDR grande (até $125\ dB \cdot Hz^{2/3}$ em 1 GHz), mas a SFDR diminui significativamente conforme a frequência aumenta para além de 1 GHz. Isso é devido aos efeitos de distorção inerentes ao *laser* que pioram à medida que a frequência de operação se aproxima do pico de oscilação de relaxamento (ver Figura 4.32). A SFDR para *links* modulados externamente não é tão alta abaixo de 1 GHz como para as configurações de modulação direta, mas mantém-se em nível superior para frequências mais altas. Por exemplo, *links* que utilizam um modulador de baseado no interferômetro Mach-Zehnder são capazes de manter uma SFDR de $112\ dB \cdot Hz^{2/3}$ até cerca de 17 GHz.

9.5 *Links* de rádio sobre fibra

A transição no uso de dispositivos sem fio de comunicação de voz para uma grande variedade de serviços de banda larga criou muito interesse no desenvolvimento de *links* de *rádio sobre fibra* (ROF).[26-43] A convergência de redes de acesso óptico e sem fio é impulsionada pela necessidade ter conectividade entre uma rede de acesso e ambos os usuários fixos e em rápido movimento em taxas de dados de pelo menos 2,5 Gb/s. As implementações de *links* ROF incluem a interligação de estações-base de antena com um escritório central de controle em uma rede de acesso sem fio, acesso a serviços sem fio em ambientes internos (por exemplo, grandes edifícios de escritórios, salas de embarque de aeroportos, hospitais, centros de conferências, quartos de hospitais e hotéis) e conexões com redes pessoais nas residências. Os serviços de interesse para os usuários de celular incluem acesso à internet de banda larga, rápidas transferências de arquivos *peer-to-peer*, vídeo de alta definição e jogos *on-line* com vários participantes. Dependendo do tipo de rede, os *links* ópticos podem utilizar fibras monomodo, fibras de vidro de núcleo com diâmetro de 50 ou 62,5 μm ou fibras ópticas multimodo de polímeros com grandes núcleos.

9.5.1 Estação-base de antena para rede ROF

Uma aplicação da tecnologia de RF sobre fibra é em redes de banda larga de acesso sem fio para a interconexão de *estações-base* de antena (BS) com o escritório central de controle. A Figura 9.17 mostra a arquitetura básica de rede de tal esquema. Aqui uma coleção de estações-base de antena fornece conectividade sem fio aos assinantes por meio de ondas de frequências de milímetro. Os assinantes estão localizados a 1 km da estação-base local. O alcance de transmissão em torno de uma BS é chamado de *microcélula* (diâmetro inferior a 1 km) ou de *picocélula* ou *ponto de acesso*, também denominado *hotspot* (raio que varia de 5-50 m). As BSs são conectadas a uma *estação de controle* de microcélulas (CS) no escritório central, que é responsável por funções como modulação e demodulação RF, controle de canal e comutação, e roteamento das chamadas dos clientes.

Devido às características de transmissão vantajosas das fibras ópticas (baixa perda, alta imunidade a interferências eletromagnéticas e uma ampla largura de banda), um grande interesse surgiu na utilização de fibras para conectar as estações-base ao escritório central. Além disso, BSs individuais podem ser conectadas de forma independente para a microcélula CS por meio de técnicas de *multiplexação por divisão de comprimento de onda* (WDM), usando um comprimento de onda distinto exclusivo para cada BS. A implantação da rede permite que todos os equipamentos que executam o processamento de sinal complexo e roteamento de chamadas sejam localizados no escritório central. Essa estrutura distribui assim o custo do equipamento central entre as estações-base

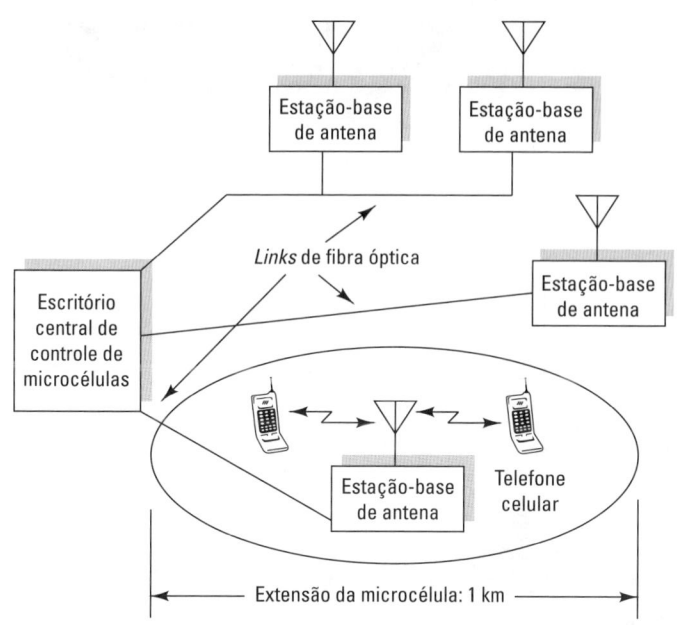

Figura 9.17 Conceito de rádio sobre fibra de uma rede de acesso de banda larga sem fio para interconectar as estações-base de antena com o escritório central de controle.

de baixo custo que precisam apenas realizar a amplificação mais as conversões de sinal elétrico-óptico e óptico-elétrico.

9.5.2 Rádio sobre fibras multimodo

Redes de acesso do tipo "fibra até a residência" ou *fiber-to-the-home* (redes FTTH) baseadas em técnicas de *redes ópticas passivas* (PON) levaram *links* de fibra óptica até a porta das habitações familiares (ver Capítulo 13). O próximo desafio foi ampliar a capacidade de banda larga oferecida pelas fibras ópticas em residências familiares e outros ambientes fechados. A Figura 9.18 apresenta o conceito de uma rede em construção residencial usando fibras ópticas para distribuição de sinais de rádio frequência a salas individuais, por meio de um *gateway* residencial (RG). Essa rede pode acomodar tanto terminais fixos (por exemplo, computadores de mesa, conjuntos de TV de alta definição, *scanners*, impressoras e servidores domésticos) como dispositivos sem fio (por exemplo, telefones, *netbooks*, *modems* USB e fones de ouvido para jogos). O sistema de distribuição sem fio representado na Figura 9.18 usa portadoras de rádio na faixa de ondas milimétricas. Essas frequências têm perdas de propagação elevadas e não são capazes de penetrar as paredes. Consequentemente, os sinais de antenas individuais são facilmente confinados em um único dormitório. Cada quarto, assim, torna-se uma picocélula que não interfere com a sala adjacente, que é outra picocélula.

O cabeamento da rede interna usa geralmente fibras de vidro multimodo com núcleo de diâmetro 50 ou 62,5 μm ou *fibra óptica de polímero* (POF) com diâmetros de núcleo que variam de 50 μm a 1 mm. As vantagens da POF incluem a facilidade de puxar o cabo devido à sua flexibilidade, durabilidade e fácil conexão óptica à fibra. Uma fibra óptica de polímero pode ser cortada com uma lâmina de barbear, e, em seguida, um conector de ferrule metálico pode ser cravado diretamente sobre a fibra. Isso resulta em uma simples instalação de baixo custo. A fibra óptica de polímero com índice-degrau

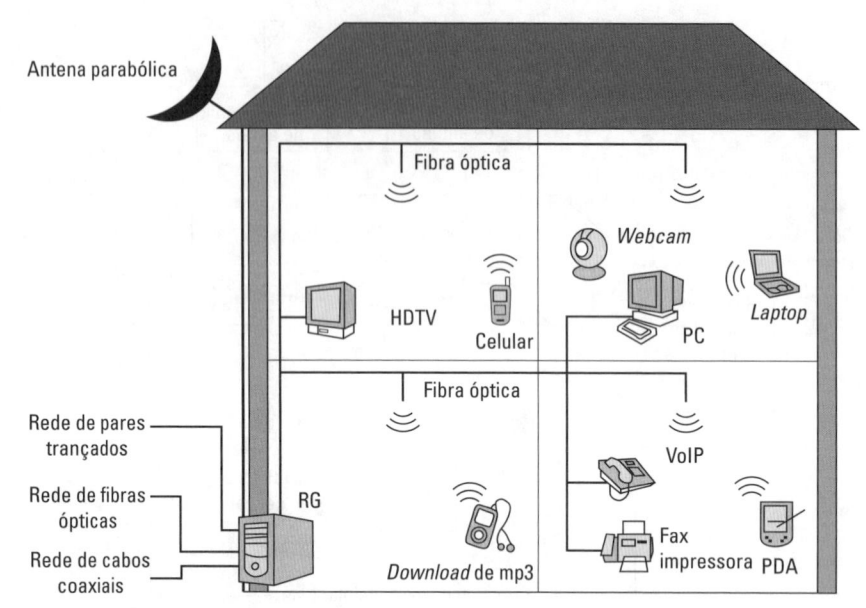

Figura 9.18 Rede ROF domiciliar utilizando fibra óptica.
(Reproduzida com permissão de Koonen e Larrodé,[36] © 2008, IEEE.)

padrão é usada principalmente com fontes de luz de comprimento de onda no visível e tem uma atenuação de cerca de 0,1 dB/m em 560 nm. As fibras de polímero perfluorado de índice-degrau apresentam atenuações da ordem de 10 dB/km na região de 850 a 1.300 nm e suportam taxas de dados de até 10 Gb/s em distâncias de 100 m.

9.6 Fotônica de micro-ondas

O campo da fotônica de micro-ondas engloba o estudo e aplicações de dispositivos fotônicos que operam em frequências de micro-ondas. Os principais componentes-chave que estão sendo desenvolvidos e aplicados incluem os seguintes:

- Moduladores ópticos externos de alta frequência e baixa perda que têm funções de transferência lineares e podem suportar potências ópticas CW de até 60 mW.
- Fontes ópticas com elevadas inclinações de eficiências e baixo RIN que podem ser moduladas em dezenas de GHz.
- Fotodiodos e receptores ópticos de alta velocidade que podem responder a sinais de frequências de 20-60 GHz.
- Filtros fotônicos de micro-ondas que executam as mesmas tarefas dos filtros RF padrão.

Além da evolução do dispositivo, a fotônica de micro-ondas também aborda o processamento de sinais ópticos em velocidades de micro-ondas e o projeto e a implementação de sistemas de transmissão de RF fotônicos. Por exemplo, aplicações de processamento fotônico de sinais em frequências de amostragem de múltiplos-gigahertz incluem filtragem de sinal, conversão de analógico em digital, conversão de frequência e misturas, correlação de sinal, geração de formas arbitrárias de onda e metodologias de formação de feixe de radares em fase. A literatura contém uma série de comentários sobre essas e outras técnicas emergentes.[43-57]

Problemas

9.1 Os receptores de banda larga comercialmente disponíveis têm resistências equivalentes $R_{eq} = 75\ \Omega$. Com esse valor de R_{eq} e considerando o restante dos parâmetros do transmissor e do receptor como os do Exemplo 9.3, faça o gráfico da relação portadora-ruído total e de suas expressões limitantes, como dadas pelas Equações (9.10) a (9.13), para níveis de potência recebidos de 0 a -16 dBm. Mostre que o ruído térmico do receptor domina o ruído quântico em todos os níveis de energia quando $R_{eq} = 75\ \Omega$.

9.2 Considere um sistema de cinco canais multiplexados por divisão de frequência (FDM), com portadoras em $f_1, f_2 = f_1 + \Delta, f_3 = f_1 + 2\Delta, f_4 = f_1 + 3\Delta$ e $f_5 = f_1 + 4\Delta$, onde Δ é o espaçamento entre as portadoras. Em um gráfico de frequência, mostre o número e a localização dos produtos de intermodulação de batimento triplo e de terceira ordem de dois tons.

9.3 Suponha que queiramos multiplexar por divisão em frequência 60 sinais FM. Se 30 desses sinais têm um índice de modulação por canal $m_i = 3\%$ e os outros 30 sinais têm $m_i = 4\%$, encontre o índice de modulação óptica do *laser*.

9.4 Considere um sistema de SCM com 120 canais, cada um modulado em 2,3%. O *link* é composto por 12 km de fibra de monomodo com uma perda de 1 dB/km, mais um conector tendo uma perda de 0,5 dB, em cada extremidade. A fonte do *laser* acopla 2 mW de potência óptica na fibra e tem RIN = -135 dB/Hz. O receptor de fotodiodo *pin* tem uma responsividade de 0,6 A/W, $B_e = 5$ GHz, $I_D = 10$ nA, $R_{eq} = 50\ \Omega$ e $F_t = 3$ dB. Encontre a relação portadora-ruído para esse sistema.

9.5 Qual é a relação portadora-ruído para o sistema descrito no Problema 9.4 se o fotodiodo *pin* é substituído por um fotodiodo avalanche de InGaAs com $M = 10$ e $F(M) = M^{0,7}$?

9.6 Considere um sistema FDM de 32 canais com um índice de modulação de 4,4% por canal. Deixe RIN = -135 dB/Hz e considere que o receptor fotodiodo *pin* tem uma responsividade de 0,6 A/W, $B_e = 5$ GHz, $I_D = 10$ nA, $R_{eq} = 50\ \Omega$ e $F_t = 3$ dB.

(a) Encontre a relação portadora-ruído para esse *link* se a potência óptica recebida é de -10 dBm.

(b) Determine a relação portadora-ruído se o índice de modulação é aumentado para 7% por canal e a potência óptica recebida é diminuída a -13 dBm.

9.7 Para uma ligação de fibra óptica utilizando um *laser* monomodo longitudinal com uma largura de linha de 3 dB de Δv e tendo dois conectores de fibra com refletividades R_1 e R_2, o pior caso de RIN ocorre quando os campos ópticos diretos e duplamente refletidos interferem em quadratura.[51] Se τ é o tempo de percurso da luz na fibra, RIN é descrito por

$$\text{RIN}(f) = \frac{4R_1R_2}{\pi}\frac{\Delta v}{f^2 + \Delta v^2}$$
$$\times [1 + e^{-4\pi\Delta v\tau} - 2e^{-2\pi\Delta v\tau}\cos(2\pi f\tau)]$$

onde f é a frequência da portadora. Mostre que essa expressão se reduz a

$$\text{RIN}(f) = \frac{16R_1R_2}{\pi}\Delta v\ \tau^2 \text{ para } \Delta v \cdot \tau \ll 1$$

e

$$\text{RIN}(f) = \frac{4R_1R_2}{\pi}\frac{\Delta v}{f^2 + \Delta v^2} \text{ para } \Delta v \cdot \tau \gg 1$$

9.8 Um típico *laser* DFB tem uma largura de linha de 1 MHz $< \Delta v <$ 40 MHz, e com um cabo óptico *jumper* de 1 a 0 m temos 0,005 $< \Delta v \cdot \tau <$ 2. Com 1 m de fibra *jumper* e considerando $\Delta v = f = 10$ MHz, use a expressão do Problema 9.7 para mostrar que, para atingir um RIN menor que -140 dB/Hz, a refletividade média por conector deve ser inferior a -30 dB.

9.9 É possível obter aplicações CATV *super-trunk* com comprimentos superiores a 40 km colocando em cascata transmissores-padrão de fibra óptica de CATV, que funcionam como amplificadores. Esses sistemas são normalmente limitados pelo desempenho CTB requerido.[52] Quando dois amplificadores estão em cascata, os seus produtos CTB individuais adicionam-se como

$$\text{CTB}_{\text{cascata}} = x\log(10^{\text{CTB}_1/x} + 10^{\text{CTB}_2/x})$$

onde CTB$_i$ é o compósito de batimento triplo do amplificador i.

(a) Para amplificadores idênticos, $x = 20$. Qual é a penalidade de potência CTB nesse caso?

(b) Quando os amplificadores são diferentes, o valor de x pode variar de 0 (cancelamento dos batimentos entre os dois amplificadores) a 20 (todos os batimentos dos dois amplificadores estão em fase). Encontre os valores de x para as seguintes medidas experimentais em amplificadores diferentes, onde dBc é a potência relativa à portadora:

CTB$_1$ (dBc)	CTB$_2$ (dBc)	CTB$_{cascata}$ (dBc)
−75,2	−69,9	−70,5
−74,7	−71,4	−71,0
−72,1	−71,3	−66,7

9.10 Considere um sistema de distribuição de subportadoras moduladas que possui N canais de CATV. As CNRs das três fontes fundamentais irredutíveis de degradação de sinal em um *link* de fibra contendo um amplificador óptico são as seguintes:

(1) Distorção não linear resultante do corte da saída do *laser*

$$\text{CNR}_{corte} = \sqrt{2\pi} \frac{(1 + 6\mu^2)}{\mu^3} e^{1/2\mu^2}$$

Aqui, o índice de modulação rms $\mu = m\sqrt{N/2}$, onde m é a profundidade de modulação por canal. Essa distorção ocorre quando a profundidade de modulação m é aumentada até o ponto onde o sinal começa a ser cortado no nível de limiar do efeito *laser*.

(2) Ruído *shot* no fotodetector

$$\text{CNR}_{shot} = \frac{\mathcal{R}m^2 G P_{ent} L}{4qB_e}$$

onde $\mathcal{R}$ é a responsividade do fotodetector; G, o ganho do amplificador óptico; P_{ent}, a potência do sinal de entrada; L, a perda pós-amplificador; q, a carga do elétron; e B_e, a largura de banda do ruído do receptor.

(3) Ruído de batimento por emissão de sinal espontânea

$$\text{CNR}_{sin-esp} = \frac{m^2 G P_{ent}}{8h\nu n_{esp}(G-1)B_e}$$

onde n_{esp} é o fator de inversão de população no amplificador óptico, e $\nu = c/\lambda$, a frequência do sinal. Como discutido no Capítulo 11, esse ruído surge quando o ruído da *emissão espontânea amplificada* (ASE) gerado pelo amplificador óptico tem batimento com o sinal óptico no fotodetector.

A CNR total no receptor é então dada pela Equação (9.1). Para simplificar o cálculo, ela pode ser escrita em termos da razão ruído-portadora NCR = 1/CNR, de modo que a Equação (9.1) se torna

$$\text{NCR}_{total} = \text{NCR}_{corte} + \text{NCR}_{shot} + \text{NCR}_{sin-esp}$$

Usando os valores dos parâmetros apresentados na Tabela 9.4, trace as expressões (a) a (c) no mesmo gráfico em função do índice de modulação rms no intervalo $0,04 \leq \mu \leq 0,36$:

(a) NCR$_{corte}$
(b) NCR$_{shot}$ + NCR$_{sin-esp}$
(c) NCR$_{total}$
(d) Explique onde a NCR mínima (CNR máxima) ocorre no gráfico

Tabela 9.4

Parâmetro	Valor
P_{ent}	1 mW
m	$0,68\sqrt{N}$
G	100 (20 dB)
n_{esp}	2
λ	1.551 nm
B_e	1×10^9 Hz
$\mathcal{R}$	0,6 A/W
L	40/3
N	60

9.11 (a) Para calcular o ganho de um *link* analógico modulado diretamente, utilize os valores dos parâmetros apresentados na Tabela 9.3 e considere $R = 0,6$ A/W em 850 nm.

(b) Qual é o ganho se o comprimento do *link* é aumentado para 1,0 km?

9.12 Considere um centro médico instalado em um prédio de quatro andares, com 15 salas por andar. O local oferece assistência geral e atendimento de emergência aos pacientes, vários procedimentos radiológicos, serviços de laboratório e diagnóstico, e tratamentos de saúde especializados. Projete uma rede de rádio em fibra para essa instalação que pode ser utilizada para uma grande variedade de funções, como localização de médicos, solicitação de resultados de diagnóstico e controle dos registros de pacientes, e para ligações para dispositivos de testes móveis.

9.13 O modulador externo é um dispositivo-chave em um *link* fotônico de micro-ondas, pois ele geralmente determina a qualidade de execução do *link*. A partir da literatura ou usando recursos *on-line*, discuta as seguintes características de um modulador baseado no interferômetro de Mach-Zehnder de niobato de lítio ($LiNbO_3$): sensibilidade da tensão, impedância, perda óptica, capacidade de processamento de potência óptica, linearidade e estabilidade ambiental. A Referência 25 fornece um bom ponto de partida para examinar a literatura.

9.14 A literatura descreve vários tipos de filtro fotônico de micro-ondas que se baseiam na utilização de técnicas de fatiamento espectral da banda larga das fontes ópticas. Escolha um técnica de corte e descreva os recursos de ajuste e reconfiguração do filtro fotônico de micro-ondas resultante. A Referência 43 fornece um bom ponto de partida para examinar a literatura.

Referências

1. R. Olshansky, V. A. Lanzisera, and P. M. Hill, "Subcarrier multiplexed lightwave systems for broadband distribution," *J. Lightwave Tech.*, vol. 7, pp. 1329-1342, Sept. 1989.
2. W. I. Way, "Subcarrier multiplexed lightwave system design considerations for subscriber loop applications," *J. Lightwave Tech.*, vol. 7, pp. 1806-1818, Nov. 1989.
3. W. I. Way, *Broadband Hybrid Fiber/Coax Access System Technologies*. Academic, New York, 1998.
4. T. E. Darcie, J. Lipson, C. B. Roxlo, and C. J. McGrath, "Fiber optic device technology for broadband analog video systems," *IEEE Mag. Lightwave Commun.*, vol. 1, pp. 46-52, Feb. 1990.
5. A.S. Andrawis and I. Jacobs, "A new compound modulation technique for multichannel analog video transmission on fiber," *J. Lightwave Tech.*, vol. 11, pp. 49-54, Jan. 1993.
6. J. J. Lee, R. Y. Loo, S. Livingston, V. I. Jones, J. B. Lewis, H. W. Yen, G. L. Tangonan, and M. Wechsberg, "Photonic wideband array antennas," *IEEE Trans. Antennas Propagat.*, vol. 43, pp. 966-982, Sept. 1995.
7. R. Hui, B. Zhu, R. Huang, C. T. Allen, K. R. Demarest, and D. Richards, "Subcarrier multiplexing for high-speed optical transmission," *J. Lightwave Tech.*, vol. 20, pp. 417-427, Mar. 2002.
8. E. I. Ackerman and A. S. Daryoush, "Broadband external modulation fiber-optic links for antenna-remoting applications," *IEEE Trans. Microwave Theory Tech.*, vol. 45, pp. 1436-1442, Aug. 1997.
9. S. Ovadia, *Broadband Cable TV Access Networks: From Technologies to Applications*, Prentice Hall, Upper Saddle River, NJ, 2001.
10. Special Issues on Microwave Photonics: (a) *IEEE Microwave Theory Tech.*, vol. 49, part II, Oct. 2001; (b) *J. Lightwave Tech.*, vol. 21, Dec. 2003; (c) *IEEE Microwave Theory Tech.*, vol. 54, part II, Feb. 2006.
11. L. W. Couch II, *Digital and Analog Communication Systems*, Prentice Hall, Upper Saddle River, NJ, 7th ed., 2007.
12. A. J. Rainal, "Laser clipping distortion in analog and digital channels," *J. Lightwave Tech.*, vol. 15, pp. 1805-1807, Oct. 1997.
13. K. Sato, "Intensity noise of semiconductor laser diodes in fiber optic analog video transmission," *IEEE J. Quantum Electron.*, vol. 19, pp. 1380-1391, Sept. 1983.
14. M. R. Phillips and T. E. Darcie, "Lightwave video transmission," in I. P. Kaminov and T. L. Koch, eds., *Optical Fiber Telecommunications – IIIA*, Academic, New York, 1997.
15. J. P. Lee, T. L. Tsao, and H. W. Tsao, "Broadband hybrid analog/digital CATV trunk network," *IEEE Trans. Broadcasting*, vol. 45, pp. 339-347, Sept. 1999.
16. R. Rabbat and K. Y. Sui, "QoS support for integrated service over CATV," *IEEE Commum. Mag.*, vol. 37, pp. 64-68, Jan. 1999.
17. S. Dravida, D. Gupta, S. Nanda, K. Rege, J. Strombosky, and M. Tandon, "Broadband access over cable for next-generation services: A distributed switch architecture," *IEEE Commum. Mag.*, vol. 40, pp. 116-124, Aug. 2002.

18. J. H. Schaffner and W. B. Bridges, "Intermodulation distortion in high dynamic range microwave fiber-optic links with linearized modulators," *J. Lightwave Tech.*, vol. 11, pp. 3-6, Jan. 1993.
19. C. Cox, *Analog Optical Links*. Cambridge University Press, Cambridge, U.K., 2004.
20. *NCTA Recommended Practices for Measurements on Cable Television Systems*, National Cable Television Association, 3rd ed., 2002.
21. R. Olshansky and V. A. Lanzisera, "60-channel FM video subcarrier-multiplexed optical communication system." *Electron. Lett.*, vol. 23. pp. 1196-1198, 1987.
22. F. V. C. Mendis and P. A. Rosher, "CNR requirements for subcarrier-multiplexed multichannel video FM transmission in optical fibre," *Electron. Lett.*, vol. 25, pp. 72-74, Jan. 1989.
23. W. H. Chen and W. I. Way, "Multichannel single-sideband SCM/DWDM transmission systems," *J. Lightwave Tech.*, vol. 22, pp. 1679-1693, July 2004.
24. C. H. Cox, E. I. Ackerman, R. Helkey, and G. E. Betts, "Techniques and performance of intensity-modulation direct-detection analog optical links," *IEEE Trans. Microwave Theory Tech.*, vol. 45, pp. 1375-1383, Aug. 1997.
25. C. H. Cox, E. I. Ackerman, G. E. Betts, and J. L. Prince, "Limits on the performance of RF-over-fiber links and their impact on device design," *IEEE Microwave Theory Tech.*, vol. 54, pp. 906-920, Feb. 2006.
26. C. Carlsson, A. Larsson, and A. Alping, "RF transmission over multimode fibers using VCSELs – Comparing standard and high-bandwidth multimode fibers," *J. Lightwave Tech.*, vol. 22, pp. 1694-1700, July 2004.
27. T. Kuri and K.-I. Kitayama, "Optical heterodyne detection technique for densely multiplexed millimeter-wave-band radio-on-fiber systems," *J. Lightwave Tech.*, vol. 21, pp. 3167-3179, Dec. 2003.
28. T. Kurniawan, A. Nirmalathas, C. Lim, D. Novak, and R. Waterhouse, "Performance analysis of optimized millimeter-wave fiber radio links," *IEEE Microwave Theory Tech.*, vol. 54, pp. 921-928, Feb. 2006.
29. T. Niiho, M. Nakaso, K. Masuda, H. Sasai, K. Utsumi, and M. Fuse, "Transmission performance of multichannel wireless LAN system based on radio-over-fiber techniques," *IEEE Microwave Theory Tech.*, vol. 54, pp. 980-989, Feb. 2006.
30. P. K. Tang, L. C. Ong, A. Alphones, B. Luo, and M. Fujise, "PER and EVM measurements of a radio-over-fiber network for cellular WLAN system applications," *J. Lightwave Tech.*, vol. 22, pp. 2370-2376, Nov. 2004.
31. H. Al-Raweshidy and S. Komaki, eds., *Radio over Fiber Technologies*, Artech House, Boston, 2002.
32. M. Sauer, A. Kobyakov, and J. George, "Radio over fiber for picocellular network architectures," *J. Lightwave Tech.*, vol. 25, no. 11, pp. 3301-3320, Nov. 2007.
33. J. J. Vegas Olmos, T. I. Kuri, and K.-I. Kitayama, "Dynamic reconfigurable WDM 60-GHz millimeter-waveband radio-over-fiber access network: Architectural considerations and experiment," *J. Lightwave Tech.*, vol. 25, no. 11, pp. 3374-3380, Nov. 2007.
34. M. J. Crisp, S. Li, A. Watts, R. V. Penty, and I. H. White, "Uplink and downlink coverage improvements of 802.11g signals using a distributed antenna network," *J. Lightwave Tech.*, vol. 25, no. 11, pp. 3388-3395, Nov. 2007.
35. N. J. Gomes, A. Nkansah, and D. Wake, "Radio-over-MMF techniques – Part I: RF to microwave frequency systems," *J. Lightwave Tech.*, vol. 26, no. 15, pp. 2388-2395, Aug. 2008.
36. A.M.J. Koonen and M. G. Larrodé, "Radio-over-MMF techniques – Part I: Microwave to millimeter-wave systems," *J. Lightwave Tech.*, vol. 26, no. 15, pp. 2396-2408, Aug. 2008.
37. C. Lethien, C. Loyez, J.-P. Vilcot, R. Kassi, N. Rolland, C. Sion, and P.-A. Rolland, "Review of glass and polymer multimode fibers used in a Wimedia ultrawideband MB-OFDM radio over fiber system," *J. Lightwave Tech.*, vol. 27, no. 10, pp. 1320-1331, May 2009.
38. M. Morant, T. F. Alves, R. Llorente, A.V.T. Cartaxo, and J. Marti, "Experimental comparison of transmission performance of multichannel OFDM-UWB signals on FTTH networks," *J. Lightwave Tech.*, vol. 27, no. 10, pp. 1408-1414, May 2009.
39. B. Huiszoon, T. Spuesens, E. Tangdiongga, H. de Waardt, G. D. Khoe, and A.M.J. Koonen, "Hybrid radio-over-fiber and OCDMA architecture for fiber to the personal area network," *J. Lightwave Tech.*, vol. 27, no. 12, pp. 1904-1911, June 2009.
40. L. Chen, J. G. Yu, S. Wen, J. Lu, Z. Dong, M. Huang, and G. K. Chang, "A novel scheme for seamless integration of ROF with centralized lightwave OFDM-WDM-PON system," *J. Lightwave Tech.*, vol. 27, no. 14, pp. 2786-2791, July 2009.
41. C. Lim, A. Nirmalathas, M. Bakaul, K.-L. Lee, D. Novak, and R. Waterhouse, "Mitigation strategy for transmission impairments in millimeter-wave radio-over-fiber networks [Invited]," *J. Opt. Network.*, vol. 8, pp. 201-214, 2009.
42. F. Vacondio, M. Mirshafiei, J. Basak, A. Liu, L. Liao, M. Paniccia, and L. A. Rusch, "A silicon modulator enabling RF over fiber for 802.11 OFDM signals," *IEEE J. Sel. Topics Quantum Electron.*, vol. 16, no.1, pp. 141-148, Jan/Feb. 2010.
43. A. J. Seeds, "Microwave photonics," *IEEE Microwave Theory Tech.*, vol. 50, pp. 877-887, Mar. 2002.

44. J. Kim, Y. S. Kang, Y. D. Chung, and K. S. Choi, "Development and RF characteristics of analog 60-GHz electro-absorption modulator module for RF/optic conversion," *IEEE Trans. Microwave Theory Tech.*, vol. 54, pp. 780-787, Feb. 2006.
45. L. Chrostowski, X. Zhao, and C. J. Chang-Hasnain, "Microwave performance of optically injection-locked VCSELs," *IEEE Trans. Microwave Theory Tech.*, vol. 54, pp. 788-796, Feb. 2006.
46. A. Stöhr, A. Malcoci, A. Sauerwald, I. C. Mayorga, R. Güsten, and D. S. Jäger, "Ultra-wide-band travelling-wave photodetectors for photonic local oscillators," *J. Lightwave Tech.*, vol. 21, pp. 3062-3070, Dec. 2003.
47. J. Capmany, B. Ortega, and D. Pastor, "A tutorial on microwave photonic filters," *J. Lightwave Tech.*, vol. 24, pp. 201-229, Jan. 2006.
48. R. A. Minasian, "Photonic signal processing of microwave signals," *IEEE Trans. Microwave Theory Tech.*, vol. 54, pp. 832-846, Feb. 2006.
49. P. W. Juodawlkis, J. J. Hargreaves, R. D. Younger, G. W. Titi, and J. C. Twichell, "Optical down-sampling of wide-band microwave signals," *J. Lightwave Tech.*, vol. 21, pp. 3116-3124, Dec. 2003.
50. S. Tonda-Goldstein, D. Dolfi, A. Monsterleet, S. Formont, J. Chazelas, and J.-P. Huignard, "Optical signal processing in radar systems," *IEEE Trans. Microwave Theory Tech.*, vol. 54, pp. 847-853, Feb. 2006.
51. R. W. Tkach and A. R. Chraplyvy, "Phase noise and linewidth in an InGaAsP DFB laser," *J. Lightwave Tech.*, vol. 4, pp. 1711-1716, Nov. 1986.
52. K. D. LaViolette, "CTB performance of cascaded externally modulated and directly modulated CATV transmitters," *IEEE Photonics Technol. Lett.*, vol. 8, pp. 281-283, Feb. 1996.
53. A. J. Seeds and K. J. Williams, "Microwave photonics," *J. Lightwave Tech.*, vol. 24, no. 12, pp. 4628-4641, Dec. 2006.
54. J. Yao, "Microwave photonics," *J. Lightwave Tech.*, vol. 27, no. 3, pp. 314-335, Feb. 2009.
55. W. S. C. Chang, *RF Photonic Technology in Optical Fiber Links*, Cambridge University Press, New York, 2007.
56. S. Iezekiel, *Microwave Photonics: Devices and Applications*, Wiley, Hoboken, NJ, 2009.
57. A. Vilcot, B. Cabon, and J.Chazelas, *Microwave Photonics: From Components to Applications and Systems*, Springer, New York, 2010.

10

Conceitos e componentes WDM

Uma característica operacional marcante de uma fibra óptica é que existe uma ampla região espectral na qual os sinais ópticos podem ser transmitidos de forma eficiente. Para fibras de espectro total, essa região inclui vários tipos de banda, de O a L, o que implica a faixa de aproximadamente 1.260 a 1.675 nm. As fontes de luz utilizadas em sistemas de comunicação de fibra óptica de alta capacidade emitem em uma banda estreita de comprimentos de onda menor que 1 nm, de forma que diversos canais ópticos independentes podem ser utilizados simultaneamente em diferentes segmentos dessa faixa de comprimentos de onda. A tecnologia de combinar uma série de comprimentos de onda que carregam informações independentes na mesma fibra é conhecida como *multiplexação por divisão de comprimento de onda* ou WDM.[1-10]

A Seção 10.1 aborda os princípios de funcionamento da WDM, examina as funções de um *link* WDM genérico e discute as grades espectrais padronizadas internacionalmente para dois esquemas diferentes de multiplexação de comprimentos de onda. As Seções 10.2 a 10.6 descrevem várias categorias de componentes ópticos passivos que são necessários para combinar comprimentos de onda na extremidade de transmissão e separá-los em canais individuais no local de destino. Um fator importante na implantação desses componentes em um sistema WDM é assegurar que a potência do sinal óptico a partir de um canal não penetre no território espectral ocupado pelos canais adjacentes.[10]

O projeto de *links* multiplexados por divisão de comprimento de onda requer a escolha de muitas fontes ópticas com bandas de emissão espectral estreitas. O método mais simples consiste em selecionar um conjunto de *lasers* individuais, cada um emitindo em um comprimento de onda específico. Esse processo de seleção é adequado para um pequeno número de canais de comprimento de onda, mas pode ser incômodo para *links* que transportam muitos comprimentos de onda. Para simplificar esse processo, uma variedade de componentes e esquemas de comprimentos de onda sintonizáveis têm sido investigados com relação à administração de canais em um sistema de transmissão WDM. Entre eles, temos as fontes de luz ajustáveis, abordadas na Seção 10.7, e os dispositivos ópticos ajustáveis de condicionamento e recebimento de sinal, descritos na Seção 10.8. Os Capítulos 11 e 13 definem componentes ativos adicionais utilizados para a amplificação de sinal e comutação e roteamento de comprimentos de onda individuais.

As aplicações de técnicas de WDM são encontradas em todos os níveis de *links* de comunicação, incluindo sistemas de transmissão de longa distância terrestre e submarino, redes de metrô e *instalações de fibras para redes* (FTTP). O Capítulo 13 mostra como aplicar as metodologias WDM em várias categorias de redes de comunicação.

10.1 Panorama da WDM

Os primeiros *links* de fibra óptica implantados por volta de 1980 consistiam em simples conexões ponto a ponto. Essas ligações continham uma única fibra com uma fonte de luz na extremidade de transmissão e um fotodetector na extremidade de recepção. Nesses primeiros sistemas, os sinais de diferentes fontes de luz utilizavam fibras ópticas separadas e atribuídas exclusivamente a elas. Como a largura espectral de uma fonte típica de *laser* ocupa apenas uma parcela limitada de largura da banda óptica, esses sistemas símplex utilizam muito pouco da enorme capacidade de banda larga de uma fibra. O primeiro uso de WDM foi para melhorar a capacidade de transmissão de *links* ponto a ponto instalados. Isso foi alcançado em comprimentos de ondas que eram separados de várias dezenas até 200 nanômetros, de modo a não impor requisitos extremos de tolerância de comprimento de onda sobre as diferentes fontes de *laser* e os componentes que separam os comprimentos de onda na extremidade de recepção.

Com o advento de fontes ópticas de alta qualidade, com larguras espectrais extremamente estreitas (inferiores a 1 nm), muitos canais de comprimento de onda independentes espaçados em menos de um nanômetro poderiam ser colocados na mesma fibra. Por exemplo, a saída modulada de um *laser* DFB tem um espectro de frequência de 10-50 MHz, que equivale a uma largura de emissão espectral menor que 10^{-3} nm.

Com tais fontes de luz, o uso de WDM permite um aumento drástico na capacidade de uma fibra óptica em comparação com o simples *link* original ponto a ponto que carregava apenas um comprimento de onda único. Por exemplo, se cada comprimento de onda suporta uma taxa de transmissão independente de 10 Gb/s, então cada canal adicional proporciona à fibra uma capacidade significativamente maior. Outra vantagem da WDM é que os vários canais ópticos podem suportar diferentes formatos de transmissão. Assim, utilizando comprimentos de onda separados, sinais formatados diferentemente em qualquer taxa de dados podem ser enviados, de forma simultânea e independente, ao longo da mesma fibra sem a necessidade de uma estrutura de sinal comum.

10.1.1 Princípios operacionais da WDM

Uma característica da WDM é que os comprimentos de onda discretos formam um conjunto ortogonal de portadores que podem ser separados, dirigidos e trocados, sem interferir um com o outro. Esse isolamento entre os canais mantém-se enquanto a intensidade de potência óptica total é mantida suficientemente baixa para evitar que os efeitos não lineares, como o espalhamento Brillouin estimulado e os processos de mistura de quatro ondas, degradem o desempenho do *link* (ver Capítulo 12).

A implementação de redes WDM sofisticadas exige uma variedade de dispositivos *passivos* e *ativos* para combinar, distribuir, isolar e amplificar a potência óptica em comprimentos de onda diferentes. Os *dispositivos passivos* não necessitam de controle externo para o seu funcionamento, de modo que eles são um pouco limitados em sua flexibilidade de aplicação. Esses componentes são usados principalmente para dividir, combinar ou controlar a intensidade dos sinais ópticos. O desempenho dependente do comprimento de onda dos *dispositivos ativos* pode ser controlado eletrônica ou opticamente, proporcionando assim um grande grau de flexibilidade da rede. Os componentes ativos WDM incluem filtros ópticos sintonizáveis, fontes sintonizáveis e amplificadores ópticos.

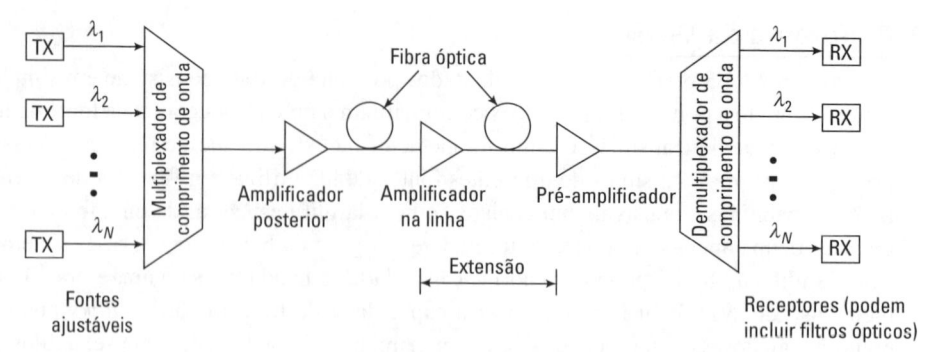

Figura 10.1 Implementação de uma rede WDM típica contendo vários tipos de amplificadores ópticos.

A Figura 10.1 mostra a implementação de componentes passivos e ativos em um típico *link* WDM contendo vários tipos de amplificadores ópticos (ver Capítulo 11). Na extremidade de transmissão, existem várias fontes de luz moduladas de forma independente, cada uma emitindo sinais em um comprimento de onda único. Aqui, um *multiplexador* é necessário para combinar essas saídas ópticas em um espectro contínuo de sinais e acoplá-los em uma única fibra. Na extremidade receptora, um *demultiplexador* é necessário para separar os sinais ópticos nos canais de detecção apropriados para o processamento dos sinais.

Como mostra a Figura 10.2, existem muitas regiões de funcionamento independentes em todo o espectro, desde a banda O até a banda L, em que fontes ópticas com largura de linha estreita podem ser utilizadas simultaneamente. Podemos ver essas regiões em termos de *largura espectral* (a banda de comprimentos de onda ocupada pelo sinal de luz) ou por meio da *largura de banda óptica* (a banda de frequências ocupada pelo sinal de luz). Para encontrar a largura de banda óptica correspondente a uma dada largura espectral nessas regiões, usamos a relação fundamental $c = \lambda v$, que relaciona o

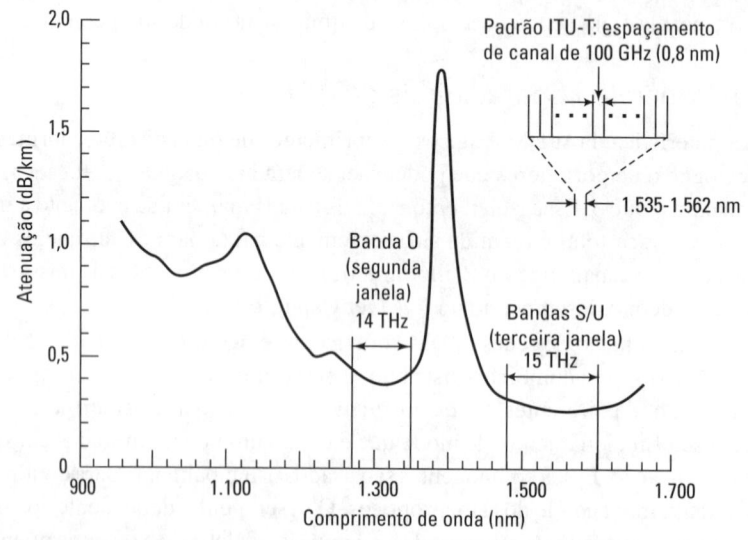

Figura 10.2 As larguras de banda de transmissão das bandas O e C (nas janelas de 1.310 nm e 1.550 nm) permitem a utilização de vários canais simultâneos para fontes com larguras espectrais estreitas. O padrão G.692 da ITU-T para WDM especifica canais com espaçamentos de 100 GHz.

comprimento de onda λ com a frequência da portadora v, onde c é a velocidade da luz. Diferenciando essa relação, temos que para $\Delta\lambda \ll \lambda^2$

$$|\Delta v| = \frac{c}{\lambda^2}|\Delta\lambda| \qquad (10.1)$$

onde o desvio de frequência Δv corresponde ao desvio de comprimento de onda $\Delta\lambda$ em torno de λ.

Exemplo 10.1 Considere uma fibra que tem a característica de atenuação representada na Figura 10.2. Quais são as bandas espectrais utilizáveis (a) na banda O centrada em 1.420 nm e (b) no conjunto das bandas S e C com comprimento de onda central em 1.520 nm?

Solução: (a) Da Equação (10.1), a largura de banda óptica é Δv = 14 THz para uma banda espectral utilizável $\Delta\lambda$ = 100 nm que cobre a banda O centrada em 1.420 nm.

(b) Da mesma forma, Δv = 14 THz para uma banda espectral utilizável $\Delta\lambda$ = 105 nm na região de baixa perda cobrindo as bandas S e C com um comprimento de onda central em 1.520 nm.

A banda de frequência operacional atribuída a uma fonte de luz particular normalmente varia de 25-100 GHz (ou, equivalentemente, a uma banda espectral de 0,25-0,80 nm em um comprimento de onda de 1.550 nm). A largura exata da banda espectral ou de frequências selecionada precisa levar em conta possíveis desvios no comprimento de onda de pico emitido pelo *laser* e variações temporais na resposta em comprimento de onda de outros componentes do *link*. Essas alterações de parâmetros podem resultar de efeitos como o *envelhecimento de componentes* ou de *variações de temperatura*.

Dependendo das bandas de frequência selecionadas para o *link* de transmissão óptica, muitas regiões operacionais estão disponíveis em diversas bandas espectrais. O desafio de engenharia para a utilização de um número tão grande de fontes de luz, cada uma emitindo em um comprimento de onda diferente, é assegurar que cada fonte seja espaçada suficientemente longe dos seus vizinhos para não criar interferência. Isso significa que transmissores ópticos altamente estáveis são necessários para que as integridades dos fluxos de mensagens independentes de cada fonte sejam mantidas para a subsequente conversão de volta a sinais elétricos no ponto de recepção.

Exemplo 10.2 Considere uma banda espectral de 0,8 nm (ou, equivalentemente, um espaçamento de frequência médio de 100 GHz no comprimento de onda de 1.550 nm) em que os transmissores são *lasers* com larguras de linha estreitas. Quantos canais de sinal se encaixam (a) na banda C e (b) na combinação das bandas S e C?

Solução: (a) Como a faixa da banda C é de 1.530-1.565 nm, podemos ter N = (35 nm)/(0,8 nm por canal) = 40 canais de sinal independentes.

(b) Como a combinação das bandas S e C cobrem a faixa de 1.460-1.565 nm, podemos ter N = (105 nm)/(0,8 nm por canal) = 123 canais independentes de sinal.

10.1.2 Padrões WDM

Como a WDM é essencialmente a multiplexação por divisão de frequência em frequências de portadoras ópticas, os padrões WDM desenvolvidos pela International Telecommunication Union (ITU) especificam o espaçamento de canais em termos de frequência.[11-13]

Um dos principais motivos para a seleção de um espaçamento fixo de frequência em vez de um espaçamento constante em comprimento de onda, é que, quando se bloqueia, um *laser* para um determinado modo de operação, a frequência do *laser* é fixada.

Tabela 10.1 Porção da grade para WDM densa da ITU-T G.694.1 para espaçamentos de 100 e 50 GHz nas bandas L e C

Banda L				Banda C			
100 GHz		50 GHz *offset*		100 GHz		50 GHz *offset*	
THz	nm	THz	nm	THz	nm	THz	nm
186,00	1.611,79	186,05	1.611,35	191,00	1.569,59	191,05	1.569,18
186,10	1.610,92	186,15	1.610,49	191,10	1.568,77	191,15	1.568,36
186,20	1.610,06	186,25	1.609,62	191,20	1.576,95	191,25	1.567,54
186,30	1.609,19	186,35	1.608,76	191,30	1.567,13	191,35	1.566,72
186,40	1.608,33	186,45	1.607,90	191,40	1.566,31	191,45	1.565,90
186,50	1.607,47	186,55	1.607,04	191,50	1.565,50	191,55	1.565,09
186,60	1.606,60	186,65	1.606,17	191,60	1.564,68	191,65	1.564,27
186,70	1.605,74	186,75	1.605,31	191,70	1.563,86	191,75	1.563,45
186,80	1.604,88	186,85	1.604,46	191,80	1.563,05	191,85	1.562,64
186,90	1.604,03	186,95	1.603,60	191,90	1.562,23	191,95	1.561,83

A Recomendação G.692 foi a primeira especificação da ITU-T para a WDM.[11] Esse documento especifica a seleção de canais a partir de uma grade de frequências referenciadas de 193,100 THz (1.552,524 nm), espaçando-as de 100 GHz (cerca de 0,8 nm em 1.550 nm). Os espaçamentos alternativos sugeridos na G.692 incluem 50 e 200 GHz, que correspondem às larguras espectrais de 0,4 e 1,6 nm, respectivamente, em 1.550 nm.

Historicamente, o termo *WDM densa* (DWDM), em geral, referiu-se a separações de comprimentos de onda pequenas, como aquelas indicadas pela G.692 da ITU-T. Em 2002, a ITU-T lançou a Recomendação G.694.1 que é voltada especificamente para a DWDM. Esse documento especifica a operação WDM nas bandas S, C e L para serviços de rede de alta qualidade e alta taxa na *área metropolitana* (MAN) e em *área ampla* (WAN). Exige espaçamentos de frequência estreitos de 100 a 12,5 GHz (ou, de forma equivalente, 0,8-0,1 nm em 1.550 nm). Essa aplicação requer a utilização de fontes de luz de diodo *laser* estáveis, de alta qualidade, com controle de temperatura e de comprimento de onda controlado (frequência bloqueada). Por exemplo, as tolerâncias de desvio de comprimento de onda para os canais em 25 GHz são ± 0,02 nm.

A Tabela 10.1 lista parte da grade de frequências para WDM densa da G.694.1 da ITU-T em espaçamentos de 100 e 50 GHz nas bandas L e C. A coluna designada "50 GHz *offset*" significa que, para a grade de 50 GHz, usam-se espaçamentos de 100 GHz com esses valores de 50 GHz intercalados. Por exemplo, os canais de 50 GHz na banda L seriam 186,00 THz, 186,05 THz, 186,10 THz e assim por diante. Note que, quando a frequência de espaçamento é uniforme, os comprimentos de onda não estão espaçados uniformemente por causa da relação dada pela Equação (10.1).

Para designar que canal da banda C está sob consideração em aplicações de 100 GHz, a ITU-T utiliza uma *convenção de numeração de canal*. Para isso, a frequência 19N.M THz é designada como um número de canal da ITU igual a NM. Por exemplo, a frequência 194,3 THz é o canal ITU 43.

O conceito de *WDM ampla* (CWDM) emergiu da combinação da produção das fibras de espectro total (com baixo teor de água) G.652C e G.652D, do desenvolvimento de fontes ópticas relativamente baratas e do desejo de obter *links* ópticos de baixo custo capazes de operar em redes de acesso e de área local.[14] Em 2002, a ITU-T lançou a Recomendação G.694.2 que define a grade espectral para CWDM. Como mostra a

Capítulo 10 Conceitos e componentes WDM

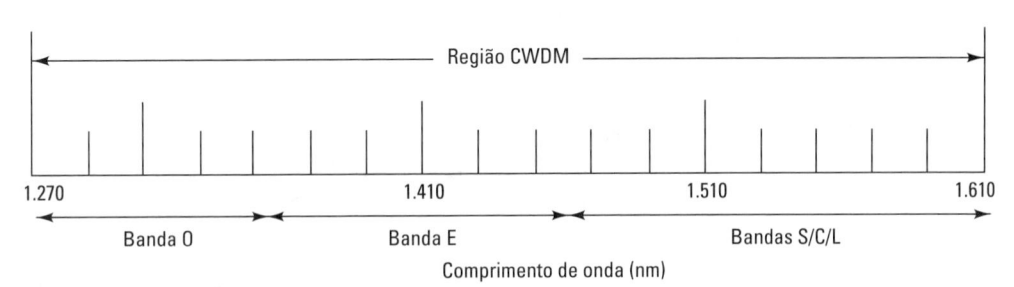

Figura 10.3 Grade espectral para multiplexação ampla em comprimento de onda (CWDM).

Figura 10.3, a grade CWDM é composta de 18 comprimentos de onda definidos dentro do intervalo de 1.270 nm a 1.610 nm (das bandas O a L), espaçados por 20 nm, com tolerâncias de desvio de comprimento de onda de ± 2 nm. Isso pode ser conseguido com fontes de luz de baixo custo que não possuem controle de temperatura.

A Recomendação G.695 lançada pela ITU-T em 2004 estabelece as especificações de interface óptica para múltiplos canais CWDM em distâncias de 40 e 80 km. Os sistemas unidirecionais e bidirecionais (como usados em aplicações de rede óptica passiva) estão incluídos na recomendação. As aplicações para a G.695 cobrem a totalidade ou parte do intervalo de 1.270-1.610 nm. As principais implementações são para fibras monomodo, como as especificadas nas Recomendações G.652 e G.655 da ITU-T.

10.2 Acopladores ópticos passivos

Os dispositivos passivos operam completamente no domínio óptico para dividir e combinar fluxos de luz. Eles incluem $N \times N$ acopladores (com $N \geq 2$), divisores de potência, *taps* de potência e acopladores estrela. Esses componentes podem ser fabricados tanto a partir de fibras ópticas como por meio de guias de ondas ópticas planares, usando materiais como niobato de lítio ($LiNbO_3$), InP, sílica, oxinitreto de silício ou vários polímeros.

Basicamente, a maioria dos dispositivos passivos WDM é uma variação do conceito do acoplador estrela. A Figura 10.4 mostra um acoplador estrela genérico que pode executar tanto a combinação como a divisão de potência. Na aplicação mais ampla, os acopladores estrela combinam os fluxos de luz a partir de duas ou mais fibras de entrada e dividem-nos entre várias fibras de saída. No caso geral, a divisão é feita uniformemente para todos os comprimentos de onda, de modo que cada uma das N saídas recebe $1/N$ da potência que entra no dispositivo. Um método de fabricação comum para um divisor $N \times N$ é fundir os núcleos de N fibras monomodo ao longo de alguns milímetros comprimento. A potência óptica inserida através de uma das portas de entrada das N fibras é dividida uniformemente nos núcleos das N fibras de saída, por meio de acoplamento da potência evanescente na região fundida (por exemplo, ver a Figura 10.5).

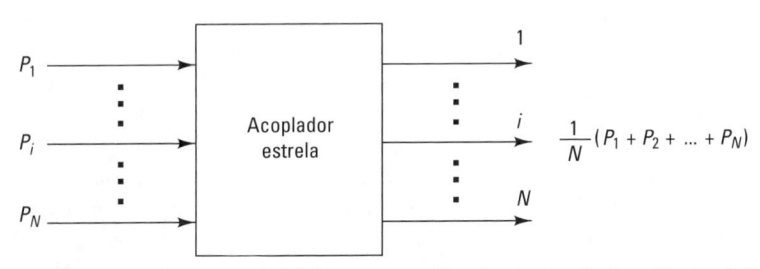

Figura 10.4 Conceito de acoplador estrela básico para combinação ou divisão de potências ópticas.

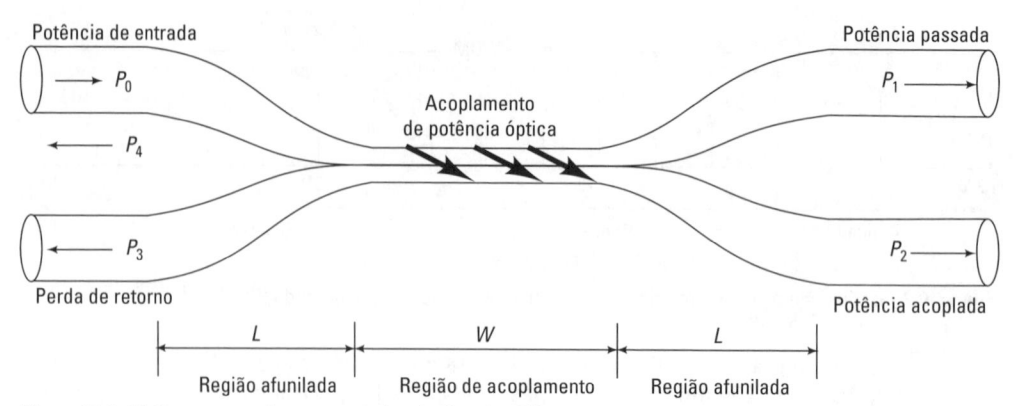

Figura 10.5 Visão em corte de um acoplador de fibra fundida com uma região de acoplamento W e duas regiões afuniladas de comprimento L. A extensão total $\mathscr{L} = 2L + W$ é o comprimento construído do acoplador.

Em princípio, qualquer tamanho de acoplador estrela pode ser feito, contanto que todas as fibras possam ser aquecidas de forma uniforme durante o processo de fabricação do acoplador. Acopladores com 64 entradas e saídas são possíveis, apesar de frequentemente o tamanho ser inferior a 10. Um dispositivo simples é o *power tap*. Taps são acopladores 2×2 não uniformes usados para extrair uma pequena porção de potência óptica a partir de uma linha de fibra para o controle da qualidade do sinal.

As três tecnologias fundamentais para fazer componentes passivos são baseadas em fibras ópticas, guias de ondas ópticas integrados e micro-óptica *bulk*.[15-21] As próximas seções descrevem os princípios físicos de vários exemplos simples de dispositivos baseados em fibra óptica e óptica integrada para ilustrar os princípios de funcionamento fundamentais. Acopladores usando projetos de micro-óptica não são amplamente utilizados porque as rígidas tolerâncias exigidas nos processos de fabricação e alinhamento afetam seu custo, desempenho e robustez. Ver o Problema 10.16 para um exemplo de um multiplexador baseado em micro-óptica que usa uma grade de reflexão plana.

10.2.1 Acoplador 2×2

Quando se abordam acopladores e divisores, é costume referir-se a eles em termos do número de portas de entrada e de saída do dispositivo. Por exemplo, um dispositivo com duas entradas e duas saídas é chamado de "acoplador 2×2". Em geral, um acoplador $N \times M$ tem N entradas e M saídas.

O acoplador 2×2[18,19] é um dispositivo simples e fundamental que usaremos aqui para demonstrar os princípios operacionais. Uma construção comum é o acoplador de fibra fundida, que é fabricado por torção, fusão e puxamento de duas fibras monomodo, de modo que elas se fundam ao longo de uma seção uniforme de comprimento W, como mostra a Figura 10.5. Cada fibra de entrada e de saída tem uma seção cônica ao longo do comprimento L, uma vez que as dimensões transversais são gradualmente reduzidas até a região de acoplamento, quando as fibras são puxadas durante o processo de fusão. O comprimento total é $\mathscr{L} = 2L + W$. Esse dispositivo é conhecido como *acoplador tap bicônico fundido*. Aqui, P_0 é a potência de entrada; P_1, a potência ao longo do acoplador; e P_2, a potência acoplada à segunda fibra. Os parâmetros P_3 e P_4 são sinais de níveis extremamente baixos (–50 a –70 dB abaixo do nível de entrada) resultantes das retrorreflexões e do espalhamento devido à flexão e embalagem do dispositivo.[20]

À medida que a entrada de luz P_0 se propaga ao longo do cone da fibra 1 e para dentro da região de acoplamento W, há uma diminuição significativa do número V causada pela redução da relação r/λ [ver Equação (2.58)], em que r é o raio da fibra reduzida. Logo, à medida que o sinal penetra na região de acoplamento, uma porção cada vez maior do campo de entrada propaga-se do lado de fora do núcleo da fibra. Dependendo do dimensionamento da região de acoplamento, qualquer fração desejada desse campo pode ser desacoplada e reacoplada na outra fibra. Quando as regiões cônicas se tornam bem graduais, apenas uma fração ínfima da energia de entrada óptica é refletida de volta para qualquer uma das portas de entrada. Dessa maneira, esses dispositivos são também conhecidos como *acopladores direcionais*.

A potência óptica acoplada de uma fibra em outra pode ser variada por meio de três parâmetros: o comprimento axial da zona de acoplamento sobre a qual os campos das duas fibras interagem, o tamanho do raio reduzido r na região de acoplamento e a quantidade de sobreposição lateral Δr dos núcleos de fibra na região de acoplamento. Quando se produz um acoplador de fibra fundida, o comprimento do acoplamento W é normalmente fixado pela largura da chama de aquecimento, de modo que apenas L e r mudem com o alongamento do acoplador. Os valores típicos para W e L são de alguns milímetros, os valores exatos dependem das razões de acoplamento desejados para um comprimento de onda específico, e $\Delta r/r$ é cerca de 0,015. Supondo que o acoplador não tenha perdas, a expressão para a potência acoplada P_2 de uma fibra para outra ao longo de uma distância axial z será [15,16]

$$P_2 = P_0 \, \text{sen}^2(\kappa z) \tag{10.2}$$

onde κ é o *coeficiente de acoplamento*, que descreve a interação entre os campos das duas fibras. Pela conservação de potência, em fibras de núcleos idênticos temos que

$$P_1 = P_0 - P_2 = P_0 \, [1 - \text{sen}^2(\kappa z)] = P_0 \cos^2(\kappa z) \tag{10.3}$$

Exemplo 10.3 O coeficiente de acoplamento κ é um parâmetro complexo que depende de uma variedade de fatores, como o comprimento de onda, os índices de refração das fibras, o raio da fibra a, e o espaçamento d entre os dois eixos das fibras acopladas. Uma expressão empírica simplificada e precisa, para κ em um acoplador direcional feito a partir de duas fibras idênticas de índice-passo, é dada por [22]

$$\kappa = \frac{\pi}{2} \frac{\sqrt{\delta}}{a} \exp[-(A + Bx + Cx^2)]$$

onde $x = d/a$

$$\delta = \frac{n_1^2 - n_2^2}{n_1^2}$$

$A = 5{,}2789 - 3{,}663V + 0{,}3841V^2$
$B = -0{,}7769 + 1{,}2252V - 0{,}0152V^2$
$C = -0{,}0175 - 0{,}0064V - 0{,}0009V^2$

com V definido pela Equação (2.27). Considere duas fibras para os quais $n_1 = 1{,}4532$, $n_2 = 1{,}4500$ e $a = 5{,}0\ \mu m$. Se o espaçamento entre os centros das fibras é $d = 12\ \mu m$, qual é o valor do coeficiente de acoplamento κ no comprimento de onda 1.300 nm?

Solução: Usando a Equação (2.27), encontramos que $V = 2{,}329$. Da equação acima, encontramos

$$\kappa = 20{,}8 \exp[-(-1{,}1693 + 1{,}9945x - 0{,}0373x^2)] = 0{,}694\ \text{mm}^{-1}$$

para $x = 12/5 = 2{,}4$.

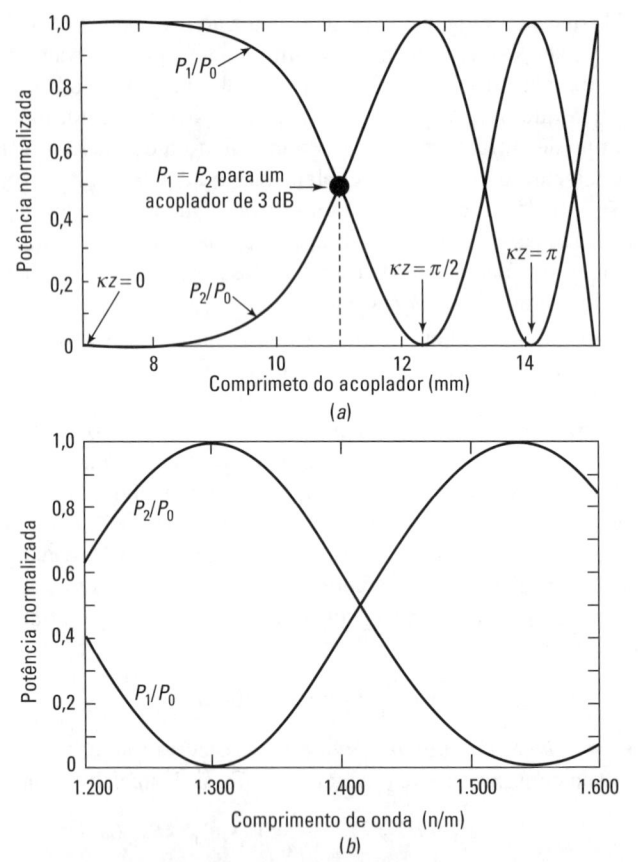

Figura 10.6 (a) Potências acopladas normalizads P_2/P_0 e P_1/P_0 em função do comprimento do acoplador para um nível de potência P_0 em 1.300 nm lançado na fibra 1. (b) Dependência com o comprimento de onda das potências acopladas em um acoplador de comprimento 15 mm.
(Adaptada com permissão de Eisenmann e Weidel,[19] © 1988, IEEE.)

Isso mostra que a fase da fibra orientada sempre fica 90° atrás da fase da fibra de condução, como ilustra a Figura 10.6a. Assim, quando potência é lançada na fibra 1, em $z = 0$, a fase da fibra 2 é desfasada de 90° com relação à fibra 1. Essa relação de defasagem de fase continua para z crescente, até a uma distância que satisfaça $\kappa z = \pi/2$, em que toda a potência foi transferida da fibra 1 para a fibra 2. Agora, a fibra 2 torna-se a fibra de condução, de modo que, para $\pi/2 \leq \kappa z \leq \pi$, a fase da fibra 1 estará atrasada em relação à fibra 2, e assim por diante. Como um resultado dessa relação de fase, o acoplador 2×2 é um *acoplador direcional*, ou seja, nenhuma energia pode ser acoplada a uma onda que viaja para trás na direção de z negativo no guia de ondas guiado.

A Figura 10.6b mostra medidas experimentais de como as razões de potências acopladas normalizadas P_2/P_0 e P_1/P_0 variam com o comprimento de onda para um acoplador de 15 mm de comprimento. Acopladores com desempenhos diferentes podem ser feitos por meio da variação dos parâmetros W, L, r e Δr para um comprimento de onda específico.

Ao especificarmos o desempenho de um acoplador óptico, geralmente indicamos a porcentagem de divisão da potência óptica entre as portas de saída por meio da *razão de separação* ou *quociente de acoplamento*. Com referência à Figura 10.5, com P_0 sendo a potência de entrada, e P_1 e P_2, as potências de saída, então

$$\text{Quociente de acoplamento} = \left(\frac{P_2}{P_1 + P_2}\right) \times 100\% \tag{10.4}$$

Ao ajustarmos os parâmetros para que a potência seja dividida uniformemente, com metade da potência de entrada indo para cada saída, criamos um acoplador de 3 dB. Um acoplador poderia também ser feito de forma que quase toda a potência óptica em 1.500 nm vá para uma porta, e quase toda a potência em 1.300 nm vá para a outra porta (ver Problema 10.5).

Nessa análise, assumimos, para simplificar, que o dispositivo não tem perdas. No entanto, na prática, em qualquer acoplador alguma luz é sempre perdida quando o sinal o atravessa. Os dois mecanismos de perdas básicos são perda de excesso e perda de inserção. A *perda de excesso* é definida como a razão entre a potência de entrada e a potência de saída total. Assim, em decibéis, a perda de excesso de um acoplador 2×2 é

$$\text{Perda de excesso} = 10 \log\left(\frac{P_0}{P_1 + P_2}\right) \tag{10.5}$$

A *perda de inserção* refere-se à perda de um caminho porta a porta em particular. Por exemplo, para o caminho da porta de entrada i à porta de saída j, temos, em decibéis,

$$\text{Perda de inserção} = 10 \log\left(\frac{P_i}{P_j}\right) \tag{10.6}$$

Outro parâmetro de desempenho é a *diafonia* ou *perda de retorno*, que mede o grau de isolamento entre a entrada de uma porta e a potência óptica dispersa ou refletida de volta para a porta de entrada. Ou seja, ela é uma medida do nível de potência óptica P_3 mostrado na Figura 10.5.

$$\text{Perda de retorno} = 10 \log\left(\frac{P_3}{P_0}\right) \tag{10.7}$$

Exemplo 10.4 Um acoplador de fibra *tap* 2×2 bicônico tem um nível de potência óptica de entrada de $P_0 = 200$ μW. As potências de saída nas outras três portas são $P_1 = 90$ μW, $P_2 = 85$ μW e $P_3 = 6{,}3$ nW. Quais são a razão de acoplamento, a perda de excesso, as perdas de inserção e a perda de retorno para esse acoplador?

Solução: Da Equação 10.4, o quociente de acoplamento é

$$\text{Quociente de acoplamento} = \left(\frac{85}{90 + 85}\right) \times 100\% = 48{,}6\%$$

Da Equação 10.5, a perda de excesso é

$$\text{Perda de excesso} = 10 \log\left(\frac{200}{90 + 85}\right) = 0{,}58 \text{ dB}$$

Usando a Equação 10.6, as perdas de inserção serão

$$\text{Perda de inserção (porta 0 para porta 1)} = 10 \log\left(\frac{200}{90}\right) = 3{,}47 \text{ dB}$$

$$\text{Perda de inserção (porta 0 para porta 2)} = 10 \log\left(\frac{200}{85}\right) = 3{,}72 \text{ dB}$$

A perda de retorno será dada pela Equação 10.7 como

$$\text{Perda de retorno} = 10 \log\left(\frac{6{,}3 \times 10^{-3}}{200}\right) = -45 \text{ dB}$$

Exemplo 10.5 Para monitorar o nível do sinal de luz ou a qualidade de um *link*, pode-se utilizar um dispositivo de 2 × 2, que tem uma fração de acoplamento de cerca de 1% a 5%, que é selecionada e fixada durante a fabricação. Ele é conhecido como um *acoplador tap*. Nominalmente, o acoplador *tap* é embalado como um dispositivo de três portas com um braço do acoplador 2 × 2 finalizado dentro do pacote. A Figura 10.7 mostra um pacote típico para tal acoplador *tap*, e a tabela 10.2 lista algumas especificações representativas.

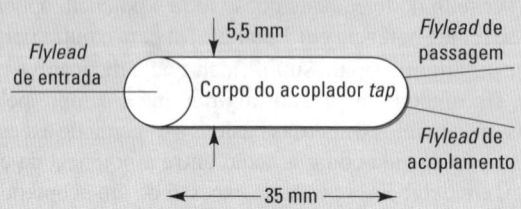

Figura 10.7 Configuração típica e dimensões da embalagem de um acoplador *tap*.

Tabela 10.2 Especificações representativas para um acoplador *tap* de 2 × 2

Parâmetro	Unidade	Especificação
Razão de afunilamento	%	1 a 5
Perda de inserção (passagem)	dB	0,5
Perda de retorno	dB	55
Manuseio de potência	mW	1.000
Comprimento da *flylead*	m	1
Tamanho (diâmetro × comprimento)	mm	5,5 × 35

10.2.2 Representação matricial do espalhamento

Pode-se também analisar um acoplador de onda guiada 2 × 2 como um dispositivo de quatro terminais que tem duas entradas e duas saídas, como na Figura 10.8. Todos os dispositivos totalmente de fibra ou de óptica integrada podem ser analisados em termos de uma *matriz de espalhamento* (também chamada *matriz de propagação*) $\mathbf{S}$, que define a relação entre as duas intensidades dos campos de entrada a_1 e a_2, e as intensidades dos dois campos de saída b_1 e b_2. Por definição,[23,24]

$$\mathbf{b} = \mathbf{Sa}, \text{ onde } \mathbf{b} = \begin{bmatrix} b_1 \\ b_2 \end{bmatrix}, \quad \mathbf{a} = \begin{bmatrix} a_1 \\ a_2 \end{bmatrix}, \quad \text{e } \mathbf{S} = \begin{bmatrix} s_{11} & s_{21} \\ s_{12} & s_{22} \end{bmatrix} \quad (10.8)$$

Aqui, $s_{ij} = |s_{ij}| \exp(j\phi_{ij})$ representa o *coeficiente de acoplamento* da transferência de potência óptica da porta de entrada *i* para a porta de saída *j*, em que $|s_{ij}|$ é a magnitude de s_{ij}, e ϕ_{ij}, a fase na porta *j* em relação à porta *i*.

Para um dispositivo físico real, duas restrições aplicam-se à matriz de espalhamento $\mathbf{S}$. Uma delas é resultado da condição de reciprocidade decorrente do fato de que as equações de Maxwell são invariantes por inversão do tempo, ou seja, elas têm duas soluções em sentidos opostos que se propagam através do dispositivo, assumindo um funcionamento monomodo. A outra restrição resulta dos princípios de conservação de energia sob a suposição de que o dispositivo não tenha perdas. A partir da primeira condição, segue-se que

$$s_{12} = s_{21} \quad (10.9)$$

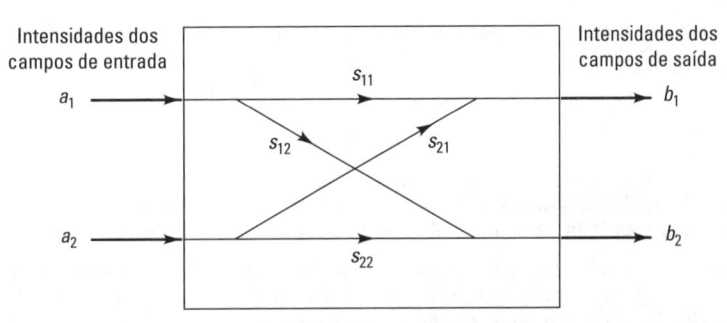

Figura 10.8 Acoplador de guia de onda genérico 2 × 2. Aqui, a_i e b_j representam as intensidades de campo de porta de entrada i e da porta de saída j, respectivamente, e s_{ij} são os parâmetros da matriz de espalhamento.

A partir da segunda restrição, se o dispositivo é sem perdas, a soma das intensidades de saída I_o deve ser igual à soma das intensidades de entrada I_i:

$$I_o = b_1^* b_1 + b_2^* b_2 = I_i = a_1^* a_1 + a_2^* a_2 \quad \text{ou} \quad b^+ b = a^+ a \quad (10.10)$$

onde o sobrescrito * significa complexo conjugado e o sobrescrito + indica a transposta conjugada. Substituindo as Equações (10.8) e (10.9) na Equação (10.10), teremos o seguinte conjunto de três equações:

$$s_{11}^* s_{11} + s_{12}^* s_{12} = 1 \quad (10.11)$$

$$s_{11}^* s_{12} + s_{12}^* s_{22} = 0 \quad (10.12)$$

$$s_{22}^* s_{22} + s_{12}^* s_{12} = 1 \quad (10.13)$$

Se agora presumirmos que o acoplador foi construído de modo que a fração $(1 - \epsilon)$ da potência óptica da entrada 1 apareça na saída da porta 1, com o restante ϵ indo para a porta 2, então temos que $s_{11} = \sqrt{1 - \epsilon}$, que é um número real entre 0 e 1. Aqui, assumimos, sem perda de generalidade, que o campo elétrico na saída 1 possui uma diferença de fase nula em relação à entrada na porta 1, isto é, $\phi_{11} = 0$. Como estamos interessados na mudança de fase que ocorre quando a potência óptica acoplada da entrada 1 emerge da porta 2, fazemos a simplificação de que o acoplador é simétrico. Então, analogamente ao efeito na porta 1, temos $s_{22} = \sqrt{1 - \epsilon}$, com $\phi_{22} = 0$. Usando essas expressões, podemos determinar as fases ϕ_{12} das saídas acopladas em relação aos sinais de entrada e encontrar as restrições sobre as saídas compostas quando ambas as portas de entrada estão recebendo sinais.

Inserindo as expressões para s_{11} e s_{22} na Equação (10.12) e deixando $s_{12} = |s_{12}| \exp(j\phi_{12})$, onde $|s_{12}|$ é a magnitude de s_{12} e ϕ_{12} é a sua fase, temos

$$\exp(j2\phi_{12}) = -1 \quad (10.14)$$

que é válida quando

$$\phi_{12} = (2n + 1)\frac{\pi}{2} \quad \text{onde} \quad n = 0, 1, 2, \ldots \quad (10.15)$$

de modo que a matriz de espalhamento a partir da Equação (10.8) torna-se

$$S = \begin{bmatrix} \sqrt{1-\epsilon} & j\sqrt{\epsilon} \\ j\sqrt{\epsilon} & \sqrt{1-\epsilon} \end{bmatrix} \quad (10.16)$$

Exemplo 10.6 Suponha que tenhamos um acoplador de 3 dB, de modo que a metade da potência de entrada fica acoplada à segunda fibra. Quais são as potências de saída $P_{sai,1}$ e $P_{sai,2}$?

Solução: Como a potência de entrada é dividida igualmente, $\epsilon = 0,5$ e as intensidades do campo de saída $E_{sai,1}$ e $E_{sai,2}$ podem ser encontradas a partir das intensidades de entrada $E_{ent,1}$ e $E_{ent,2}$ na matriz de espalhamento na Equação (10.8):

$$\begin{bmatrix} E_{sai,1} \\ E_{sai,2} \end{bmatrix} = \frac{1}{\sqrt{2}} \begin{bmatrix} 1 & j \\ j & 1 \end{bmatrix} \begin{bmatrix} E_{ent,1} \\ E_{ent,2} \end{bmatrix}$$

Deixando $E_{ent,2} = 0$, temos $E_{sai,1} = (1/\sqrt{2})E_{ent,1}$ e $E_{sai,2} = (j/\sqrt{2})E_{ent,1}$. As potências de saída são dadas por

$$P_{sai,1} = E_{sai,1} E^*_{sai,1} = \frac{1}{2}E^2_{ent,1} = \frac{1}{2}P_0$$

Similarmente,

$$P_{sai,2} = E_{sai,2} E^*_{sai,2} = \frac{1}{2}E^2_{ent,1} = \frac{1}{2}P_0$$

de modo que metade da potência de entrada aparece em cada saída do acoplador.

Também é importante notar que, quando queremos que uma grande parte da potência de entrada, digamos, da porta 1 emirja da saída 1, o ϵ deve ser pequeno. No entanto, isso, por sua vez, significa que a quantidade de potência, no mesmo comprimento de onda acoplado à saída 1 a partir da entrada 2, é pequena. Consequentemente, se estamos utilizando o mesmo comprimento de onda, não é possível, em um acoplador passivo 2 × 2, que toda a potência de ambas as entradas acoplem simultaneamente para a mesma saída. O melhor que pode ser feito é ter a metade da potência de cada entrada aparecendo na mesma saída. No entanto, se os comprimentos de onda são diferentes em cada entrada, é possível acoplar uma grande parcela de ambos os níveis de potência para a mesma fibra.[18,19]

10.2.3 Acoplador guia de onda 2 × 2

Acopladores 2 × 2 mais versáteis são possíveis com dispositivos do tipo guia de onda.[24-27] A Figura 10.9 mostra dois tipos de acopladores de guia de onda 2 × 2. O dispositivo uniformemente simétrico tem dois guias paralelos idênticos da região de acoplamento, enquanto o acoplador uniformemente assimétrico tem um guia mais largo do que o outro. Analogamente aos acopladores de fibra fundida, os dispositivos de guia de onda têm uma dependência intrínseca do comprimento de onda da região de acoplamento, e o grau de interação entre os guias pode ser variado mudando a largura w do guia, a lacuna s entre os guias e o índice de refração n_1 entre os guias. Na Figura 10.9, a direção z se situa ao longo do comprimento do acoplador e o eixo y se situa no plano do acoplador transversal em relação aos dois guias de onda.

Vamos primeiro considerar o acoplador simétrico. Em guias de onda reais, com perdas de absorção e espalhamento, a constante de propagação β_z é um número complexo dado por

$$\beta_z = \beta_r + j\frac{\alpha}{2} \quad (10.17)$$

onde β_r é a parte real da constante de propagação, e α, o coeficiente de perda óptica no guia. Assim, a potência total contida em ambos os guias diminui por um fator exp($-\alpha z$) ao longo de seu comprimento. Por exemplo, as perdas em dispositivos de guia de onda de semicondutor e oxinitreto de silício caem na faixa de 0,05 < α < 0,35 cm^{-1} (ou, de forma equivalente, cerca de 0,2 < α < 1,5 dB/cm). As perdas em guias de onda de sílica são inferiores a 0,1 dB/cm. Lembremos da Equação (3.1) a relação α(dB/cm) = 4,343 α(cm^{-1}).

As características de transmissão do acoplador simétrico podem ser expressas por meio da abordagem da teoria de modos acoplados levando a [26,27]

$$P_2 = P_0 \operatorname{sen}^2 (\kappa z) e^{-\alpha z} \tag{10.18}$$

onde o coeficiente de acoplamento é

$$\kappa = \frac{2\beta_y^2 q e^{-qs}}{\beta_z w(q^2 + \beta_y^2)} \tag{10.19}$$

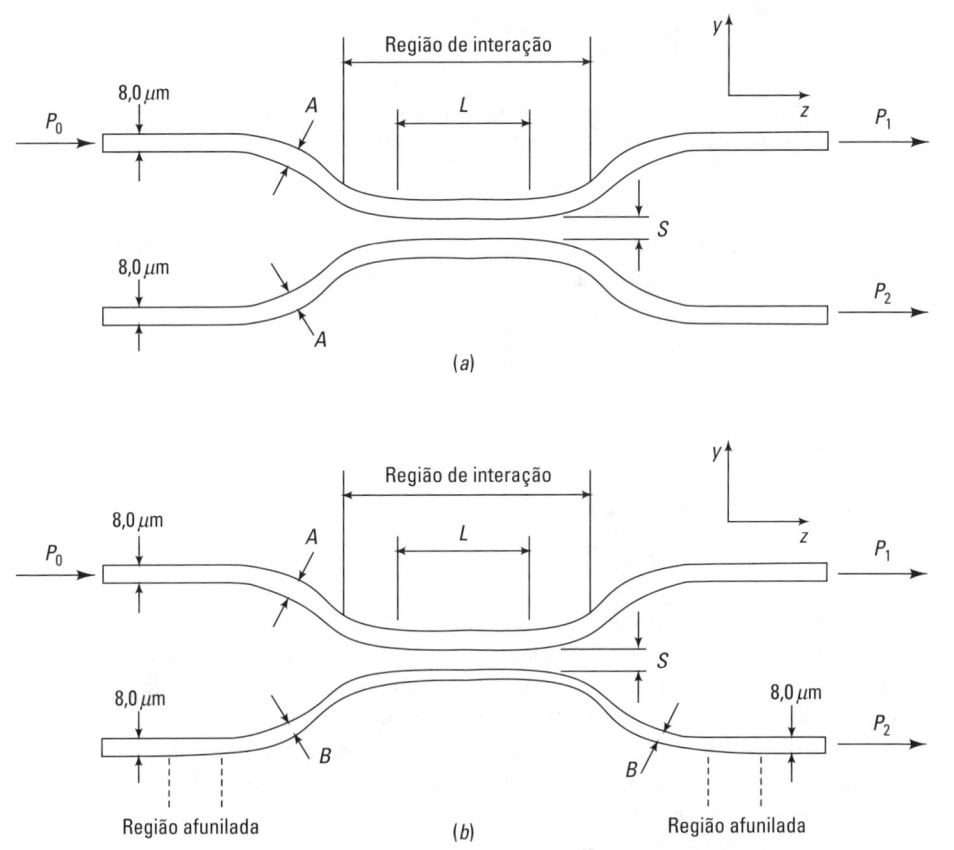

Figura 10.9 Visão em corte transversal superior de (a) um acoplador de guia de ondas direcional uniformemente simétrico com ambos os guias de largura $A = 8$ μm, (b) um acoplador direcional uniformemente assimétrico no qual um guia tem uma largura B mais estreita na região de acoplamento.
(Adaptada com permissão de Takagi, Jinguji e Kawachi,[25] ©1992, IEEE.)

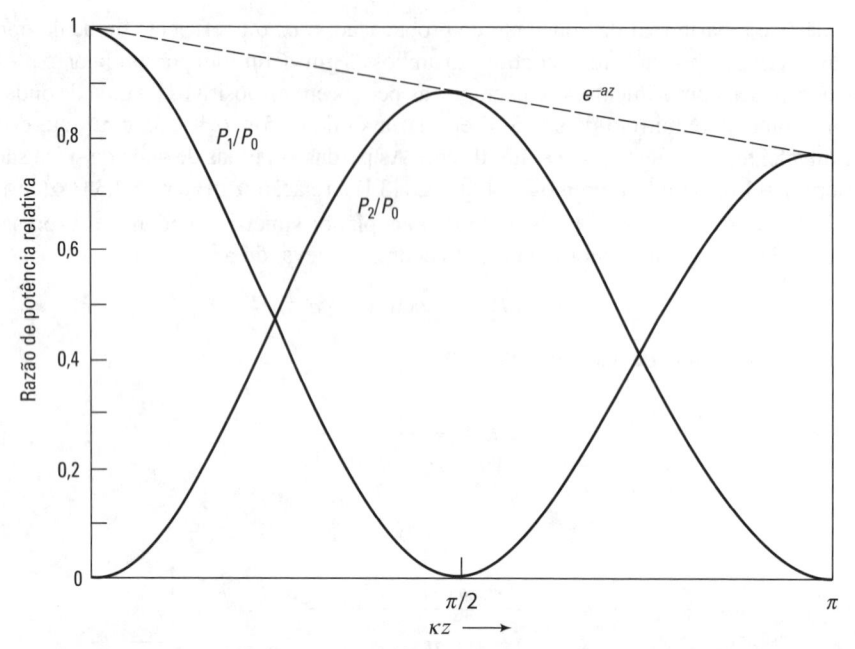

Figura 10.10 Distribuições de potência teóricas de passagem e acoplada em função do comprimento do guia, em um acoplador de onda guiada simétrico 2 × 2 com $\kappa = 0{,}6$ mm^{-1} e $\alpha = 0{,}02$ mm^{-1}.

Essa é uma função das constantes de propagação de guia de onda β_y e β_z (nas direções y e z, respectivamente), da largura da lacuna d e da separação s e do coeficiente de extinção q na direção y (isto é, a queda exponencial na direção y) fora do guia de ondas, que é

$$q^2 = \beta_z^2 - k_1^2 \tag{10.20}$$

A distribuição de potência teórica em função do comprimento do guia está representada na Figura 10.10, onde usamos $\kappa = 0{,}6$ mm^{-1} e $\alpha = 0{,}02$ mm^{-1}. De forma análoga ao acoplador de fibra fundida, a transferência completa de potência à segunda guia ocorre quando o comprimento L do guia é

$$L = \frac{\pi}{2\kappa}(m+1) \qquad \text{com } m = 0, 1, 2, \ldots \tag{10.21}$$

Uma vez que κ é encontrado para ser quase que monotonicamente proporcional ao comprimento de onda, a razão de acoplamento P_2/P_0 sobe e desce senoidalmente de 0% a 100% em função do comprimento de onda, como a Figura 10.11 ilustra genericamente (assumindo aqui, para simplificar, que a perda no guia é desprezível).

Quando os dois guias não têm as mesmas larguras, como mostrado na Figura 10.9b, a amplitude da potência acoplada é dependente do comprimento de onda, e a razão de acoplamento torna-se

$$P_2/P_0 = \frac{\kappa^2}{g^2}\operatorname{sen}^2(gz)e^{-\alpha z} \tag{10.22}$$

onde

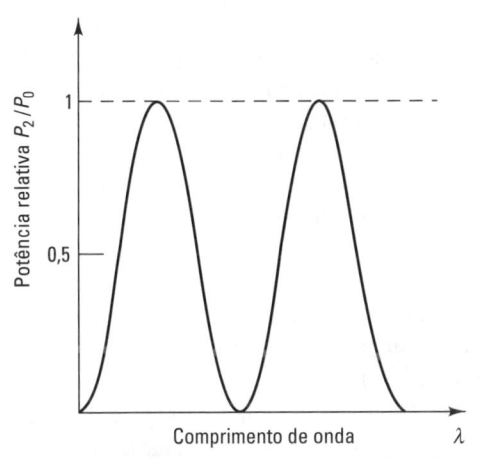

Figura 10.11 Resposta em comprimento de onda da potência acoplada P_2/P_0 no acoplador de guia de onda simétrico 2×2 mostrado na Figura 10.9a.

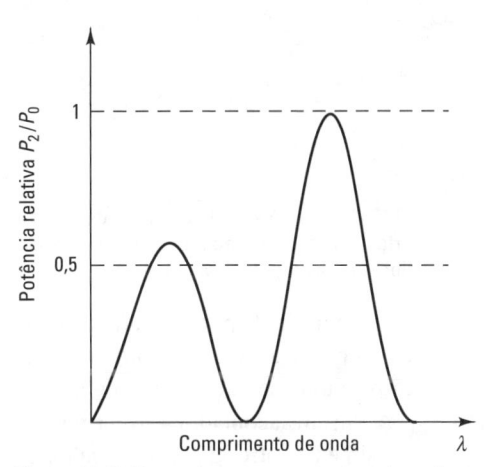

Figura 10.12 Resposta em comprimento de onda da potência acoplada P_2/P_0 no acoplador de guia de onda assimétrico 2×2 mostrado na Figura 10.9b.

$$g^2 = \kappa^2 + \left(\frac{\Delta\beta}{2}\right)^2 \qquad (10.23)$$

com $\Delta\beta$ sendo a diferença de fase entre os dois guias na direção z. Com esse tipo de configuração, é possível fabricar dispositivos que possuem uma resposta nivelada, na qual a razão de acoplamento é inferior a 100% em uma determinada faixa de comprimento de onda desejada, como se mostra na Figura 10.12. A causa principal dessa resposta nivelada nos comprimentos de onda mais baixos resulta da supressão pelo termo de amplitude κ^2/g^2. Essa característica assimétrica pode ser usada em um dispositivo onde apenas uma fração da potência a partir de um determinado comprimento de onda deve ser aproveitada. Note também que, quando $\Delta\beta = 0$, a Equação (10.22) reduz-se ao caso simétrico dado pela Equação (10.18).

> **Exemplo 10.7** Um acoplador de guia de onda simétrico tem um coeficiente de acoplamento $\kappa = 0,6$ mm^{-1}. Qual é o comprimento de acoplamento?
>
> *Solução:* Usando a Equação (10.21), encontramos que o comprimento de acoplamento para $m = 1$ é $L = 5,24$ mm.

Estruturas mais complexas são facilmente fabricadas, nas quais as larguras dos guias são afiladas.[22] Essas estruturas não simétricas podem ser usadas para nivelar a resposta em comprimento de onda ao longo de um determinado intervalo espectral. É também importante notar que a análise anterior baseia-se na teoria de modos acoplados válida quando os índices dos dois guias de onda são idênticos, mas um tratamento analítico mais complexo é necessário para índices diferentes.[24,28]

10.2.4 Acopladores estrela

A regra principal de todos os acopladores estrela é combinar as potências de N entradas e dividi-las igualmente (em geral) entre M portas de saída. As técnicas para a criação de acopladores estrela incluem fibras fundidas, grades, tecnologias de micro-óptica e esquemas

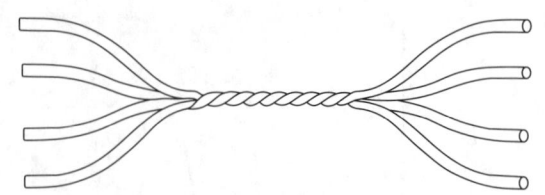

Figura 10.13 Acoplador estrela genérico de fibra fundida 4 × 4 fabricado por torção, aquecimento e puxamento de quatro fibras para fundi-las em conjunto.

de óptica integrada. A técnica de fusão da fibra tem sido um método popular de construção para acopladores estrela $N \times N$. Por exemplo, dispositivos 7×7 e divisores ou combinadores 1×19 com perdas em excesso em 1.300 nm de 0,4 dB e 0,85 dB, respectivamente, já foram demonstrados.[29,30] No entanto, a fabricação em grande escala desses dispositivos para $N > 2$ é limitada por causa da dificuldade de controle da resposta de acoplamento entre as numerosas fibras durante o processo de aquecimento e puxamento. A Figura 10.13 mostra um acoplador estrela genérico 4×4 de fibras fundidas.

Em um acoplador estrela ideal, a potência óptica de qualquer entrada é dividida igualmente entre as portas de saída. A perda total do dispositivo consiste na soma de sua perda de divisão e da perda de excesso de cada caminho através da estrela. A *perda de divisão* é dada em decibéis por

$$\text{Perda de divisão} = -10 \log\left(\frac{1}{N}\right) = 10 \log N \quad (10.24)$$

Semelhante à Equação (10.5), para uma única potência de entrada P_{ent} e N potências de saída, a perda de excesso, em decibéis, é dada por

$$\text{Perda de excesso em fibra estrela} = 10 \log\left(\frac{P_{ent}}{\sum_{i=1}^{N} P_{sai,i}}\right) \quad (10.25)$$

As perdas de inserção e de retorno podem ser encontradas a partir das Equações (10.6) e (10.7) respectivamente.

Uma alternativa é construir acopladores estrela colocando em cascata acopladores de 3 dB. A Figura 10.14 mostra um exemplo para um dispositivo 8×8 formado usando 12 acopladores 2×2. Esse dispositivo pode ser feito com componentes tanto de fibra fundida como de óptica integrada. Como pode ser visto a partir dessa figura, uma fração de $1/N$ da potência lançada a partir de cada porta de entrada aparece em todas as portas de saída. Uma limitação para a flexibilidade ou modularidade dessa técnica é a de que N é um múltiplo de 2, isto é, $N = 2^n$ com $n \geq 1$ inteiro. A consequência é que, se um nodo extra precisa ser adicionado a uma rede totalmente conectada $N \times N$, a estrela $N \times N$ precisa ser substituída por uma estrela $2N \times 2N$, deixando assim $2(N-1)$ novas portas que não são utilizadas. Alternativamente, um acoplador 2×2 adicional pode ser utilizado em uma porta para obter $N + 1$ saídas. No entanto, essas duas novas portas têm uma perda adicional de 3 dB.

Como pode ser deduzido da Figura 10.14, o número de acopladores de 3 dB necessários para a construção de uma estrela $N \times N$ é

$$N_c = \frac{N}{2} \log_2 N = \frac{N}{2} \frac{\log N}{\log 2} \quad (10.26)$$

uma vez que existem $N/2$ elementos na direção vertical e $\log_2 N = \log N / \log 2$ elementos horizontalmente. (Aviso: usamos "log x" para designar o logaritmo de x na base 10).

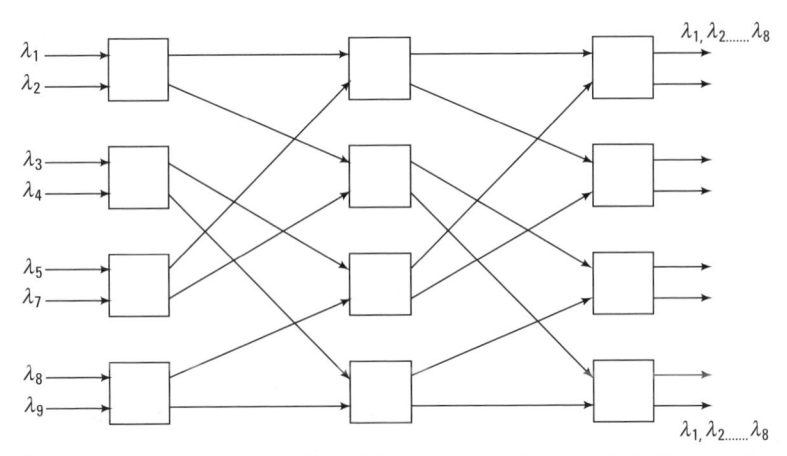

Figura 10.14 Exemplo de um acoplador estrela 8 × 8 formado pela interconexão de 12 acopladores 2 × 2.

Exemplo 10.8 Um engenheiro de dispositivos quer construir um acoplador 32 × 32 através de uma cascata de acopladores 2 × 2 de fibra monomodo de 3 dB. Quantos elementos 2 × 2 são necessários para isso?

Solução: Nesse caso, haverá 16 elementos acopladores na direção vertical. Da Equação (10.26), encontramos quantos elementos 2 × 2 são necessários:

$$N_c = \frac{32}{2}\frac{\log 32}{\log 2} = 80$$

Exemplo 10.9 Considere um acoplador monomodo comercialmente disponível de 32 × 32 fabricado a partir de uma cascata acopladores de fibra fundida de 3 dB de 2 × 2, em que 5% da energia é perdida em cada elemento. Quais são as perdas de excesso e de divisão para esse acoplador?

Solução: Da Equação (10.27), a perda de excesso é

$$\text{Perda de excesso} = -10 \log (0{,}95^{\log 32/\log 2}) = 1{,}1 \text{ dB}$$

e, a partir da Equação (10.24), a perda de divisão é

$$\text{Perda de divisão} = -10 \log 32 = 15 \text{ dB}$$

Logo, a perda total é de 16,1 dB.

Se a fração de potência que atravessa cada elemento acoplador de 3 dB é F_T, com $0 \le F_T \le 1$ (isto é, uma fração de $1 - F_T$ de potência é perdida em cada elemento 2 × 2), então a perda de excesso em decibéis é

$$\text{Perda de excesso} = -10 \log (F_T^{\log_2 N}) \tag{10.27}$$

A perda de divisão para essa estrela é, novamente, dada pela Equação (10.24). Logo, a perda total experimentada por um sinal à medida que passa através de $\log_2 N$ etapas da estrela $N \times N$ e é dividido em N saídas é, em decibéis,

$$\text{Perda total} = \text{perda de divisão} + \text{perda de excesso} = -10 \log \left(\frac{F_T^{\log_2 N}}{N} \right)$$

$$= -10 \left(\frac{\log N \log F_T}{\log 2} - \log N \right) = 10 (1 - 3{,}322 \log F_T) \log N \tag{10.28}$$

Isso mostra que a perda aumenta logaritmicamente com N.

10.2.5 Multiplexadores de interferômetro Mach-Zehnder

Os multiplexadores dependentes do comprimento de onda podem também ser feitos usando técnicas interferométricas de Mach-Zehnder.[24,31-34] Esses dispositivos podem ser tanto ativos como passivos. Aqui, trataremos primeiro dos multiplexadores passivos. A Figura 10.15 ilustra os componentes de um único *interferômetro de Mach-Zehnder* (MZI). Esse MZI 2 × 2 consiste em três estágios: primeiro, um acoplador direcional de 3 dB, que divide os sinais de entrada, uma seção central, onde um dos guias de onda é maior por ΔL proporcionando uma defasagem entre os dois braços dependente do comprimento de onda, e outro acoplador de 3 dB que recombina os sinais na saída. Como veremos na derivação seguinte, a função desse arranjo é que, pela divisão do feixe de entrada e pela introdução de uma mudança de fase em um dos caminhos, os sinais recombinados irão interferir de forma construtiva em uma saída e de modo destrutivo em outra. Os sinais finalmente emergem apenas de uma porta de saída. Para simplificar a análise a seguir, não levaremos em conta as perdas de material ou de curvatura do guia de ondas.

A matriz de propagação $\mathbf{M}_{acopl}$ para um acoplador de comprimento d é

$$\mathbf{M}_{acopl} = \begin{bmatrix} \cos \kappa d & j \,\mathrm{sen}\, \kappa d \\ j \,\mathrm{sen}\, \kappa d & \cos \kappa d \end{bmatrix} \tag{10.29}$$

onde κ é o coeficiente de acoplamento. Como estamos considerando acopladores de 3 dB que dividem a potência igualmente, então $2\kappa d = \pi/2$, de modo que

$$\mathbf{M}_{acopl} = \frac{1}{\sqrt{2}} \begin{bmatrix} 1 & j \\ j & 1 \end{bmatrix} \tag{10.30}$$

Na região central, quando os sinais dos dois braços vêm da mesma fonte de luz, as saídas desses dois guias têm uma diferença de fase $\Delta\phi$ dada por

$$\Delta\phi = \frac{2\pi n_1}{\lambda} L - \frac{2\pi n_2}{\lambda}(L + \Delta L) \tag{10.31}$$

Note que essa diferença de fase pode surgir por causa de um comprimento de caminho diferente (dada por ΔL) ou por meio de uma diferença de índice de refração se $n_1 \neq n_2$. Aqui, ambos os braços possuem o mesmo índice, e temos $n_1 = n_2 = n_{ef}$ (o índice de refração efetivo do guia de ondas). Então, podemos reescrever a Equação (10.31) como

$$\Delta\phi = k \, \Delta L \tag{10.32}$$

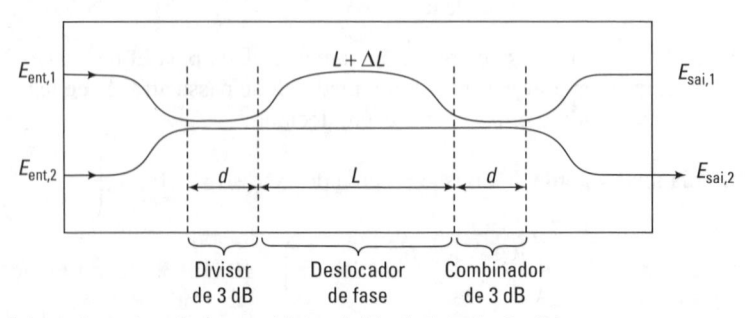

onde $k = 2\pi n_{ef}/\lambda$.

Figura 10.15 Esboço de um interferômetro básico de Mach-Zehnder 2 × 2.

Para uma dada diferença de fase $\Delta\phi$, a matriz de propagação $\mathbf{M}_{\Delta\phi}$ para a mudança de fase é

$$M_{\Delta\phi} = \begin{bmatrix} \exp(jk\Delta L/2) & 0 \\ 0 & \exp(-jk\Delta L/2) \end{bmatrix} \qquad (10.33)$$

Os campos de saída óptica $E_{sai,1}$ e $E_{sai,2}$ dos dois braços centrais podem estar relacionados com os campos de entrada $E_{ent,1}$ e $E_{ent,2}$ por

$$\begin{bmatrix} E_{sai,1} \\ E_{sai,2} \end{bmatrix} = M \begin{bmatrix} E_{ent,1} \\ E_{ent,2} \end{bmatrix} \qquad (10.34)$$

onde

$$M = M_{acopl} \cdot M_{\Delta\phi} \cdot M_{acopl} = \begin{bmatrix} M_{11} & M_{21} \\ M_{12} & M_{22} \end{bmatrix} = j \begin{bmatrix} \text{sen}(k\Delta L/2) & \cos(k\Delta L/2) \\ \cos(k\Delta L/2) & -\text{sen}(k\Delta L/2) \end{bmatrix} \qquad (10.35)$$

Como queremos construir um multiplexador, precisamos ter as entradas para o MZI em diferentes comprimentos de onda, isto é, $E_{ent,1}$ está em λ_1 e $E_{ent,2}$ está em λ_2. Logo, pela Equação (10.34), os campos de saída $E_{sai,1}$ e $E_{sai,2}$ são, cada um, a soma das contribuições individuais dos dois campos de entrada:

$$E_{sai,1} = j[E_{ent,1}(\lambda_1)\,\text{sen}\,(k_1\Delta L/2) + E_{ent,2}(\lambda_2)\cos(k_2\Delta L/2)] \qquad (10.36)$$

$$E_{sai,2} = j[E_{ent,1}(\lambda_1)\cos(k_1\Delta L/2) - E_{ent,2}(\lambda_2)\,\text{sen}(k_2\Delta L/2)] \qquad (10.37)$$

onde $k_j = 2\pi n_{ef}/\lambda_j$. As potências de saída são, então, encontradas a partir da intensidade da luz, que é o quadrado das intensidades dos campos. Assim,

$$P_{sai,1} = E_{sai,1}E^*_{sai,1} = \text{sen}^2\,(k_1\Delta L/2)P_{ent,1} + \cos^2(k_2\Delta L/2)P_{ent,2} \qquad (10.38)$$

$$P_{sai,2} = E_{sai,2}E^*_{sai,2} = \cos^2\,(k_1\Delta L/2)P_{ent,1} + \text{sen}^2(k_2\Delta L/2)P_{ent,2} \qquad (10.39)$$

onde $P_{ent,j} = |E_{ent,j}|^2 = E_{ent,j} \cdot E^*_{ent,j}$. Quando se derivam as Equações (10.38) e (10.39), os termos cruzados são descartados, pois a frequência deles, que é o dobro da frequência da portadora óptica, está além da capacidade de resposta do fotodetector.

Das Equações (10.38) e (10.39), se quisermos que toda a potência de ambas as entradas deixem a mesma porta de saída (por exemplo, a porta 2), precisaremos ter $k_1\,\Delta L/2 = \pi$ e $k_2\,\Delta L/2 = \pi/2$, ou

$$(k_1 - k_2)\,\Delta L = 2\pi n_{ef}\left(\frac{1}{\lambda_1} - \frac{1}{\lambda_2}\right)\Delta L = \pi \qquad (10.40)$$

Assim, a diferença de comprimento dos braços do interferômetro deve ser

$$\Delta L = \left[2n_{ef}\left(\frac{1}{\lambda_1} - \frac{1}{\lambda_2}\right)\right]^{-1} = \frac{c}{2n_{ef}\Delta v} \qquad (10.41)$$

onde Δv é a separação em frequência dos dois comprimentos de onda.

Usando MZIs básicos de 2 × 2, qualquer tamanho de multiplexador $N \times N$ (com $N = 2^n$) pode ser construído. A Figura 10.16 dá um exemplo para um multiplexador 4 × 4.[34] Aqui as entradas para o MZI$_1$ são v e $v + 2\Delta v$ (que chamaremos de λ_1 e λ_3, respectivamente), e as entradas para MZI_2 são $v + \Delta v$ e $v + 3\Delta v$ (λ_2 e λ_4, respectivamente). Como os sinais de ambos os interferômetros da primeira etapa são separados por $2\Delta v$, as diferenças de caminho satisfazem a condição

$$\Delta L_1 = \Delta L_2 = \frac{c}{2n_{ef}(2\Delta v)} \tag{10.42}$$

Exemplo 10.10 (a) Suponha que os comprimentos de onda de entrada de um MZI 2×2 de silício estejam separados por 10 GHz (ou seja, $\Delta\lambda = 0,08$ nm em 1.550 nm). Com $n_{ef} = 1,5$ em um guia de ondas de silício, temos da Equação (10.41) que a diferença do comprimento dos guias de ondas deve ser

$$\Delta L = \frac{3 \times 10^8 \, m/s}{2(1,5)10^{10}/s} = 10 \text{ mm}$$

(b) Se a separação em frequências é de 130 GHz (isto é, $\Delta\lambda = 1$ nm), então, $\Delta L = 0,77$ mm.

Na etapa seguinte, as entradas são separadas por Δv. Consequentemente, precisamos ter

$$\Delta L_3 = \frac{c}{2n_{ef}\Delta v} = 2\Delta L_1 \tag{10.43}$$

Quando essas condições são satisfeitas, todas as quatro potências de entrada sairão da porta C.

A partir desse exemplo de projeto, pode-se deduzir que, para um multiplexador MZI N a 1, onde $N = 2^n$ com $n \geq 1$ inteiro, o número de etapas do multiplexador é n e o número de MZIs no estágio j é 2^{n-j}. A diferença de trajeto em um elemento de interferômetro na etapa j é, assim,

$$\Delta L_{\text{etapa } j} = \frac{c}{2^{n-j} n_{ef} \Delta v} \tag{10.44}$$

O multiplexador MZI N a 1 pode também ser usado como um demultiplexador 1 para N invertendo a direção de propagação de luz. Para um MZI real, o caso ideal dado nesses exemplos deve ser modificado para ter valores ligeiramente diferentes de ΔL_1 e ΔL_2.

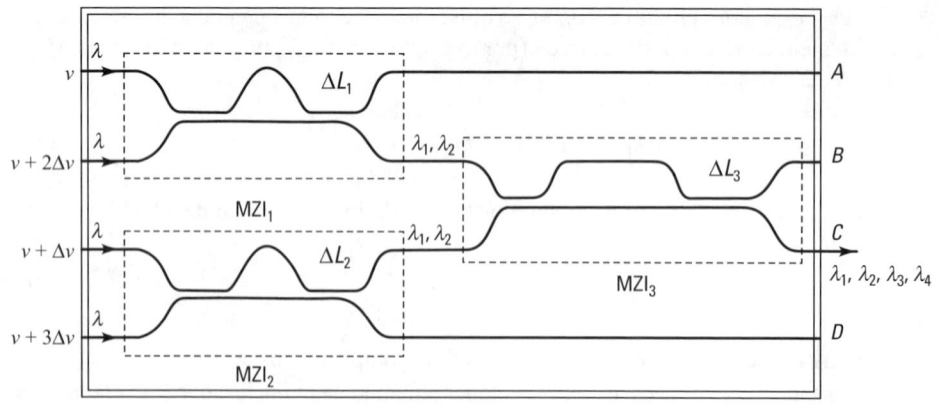

Figura 10.16 Exemplo de um multiplexador em comprimento de onda de 4 canais usando três elementos MZI 2×2. (Adaptada com permissão de Verbeek et al.,[34] ©1988, IEEE.)

10.3 Isoladores e circuladores

Em um certo número de aplicações, é desejável ter um dispositivo óptico passivo, que é não recíproco, ou seja, que funciona de forma diferente quando as suas entradas e saídas são invertidas. Dois exemplos de tal dispositivo são os isoladores e os circuladores. Para compreender o funcionamento desses dispositivos, é preciso relembrar alguns fatos sobre a polarização e os componentes sensíveis à polarização do Capítulo 2:

- A luz pode ser representada como uma combinação de uma vibração paralela e uma vibração perpendicular, que são chamadas de dois *estados de polarização planos ortogonais* de uma onda luminosa.
- Um *polarizador* é um material ou dispositivo que transmite apenas um componente de polarização e bloqueia o outro.
- Um *rotor de Faraday* é um dispositivo que roda o *estado de polarização* (SOP) da luz que passa através dele por uma quantidade angular específica.
- Um dispositivo feito de materiais birrefringentes (chamado de *polarizador de cristal*) divide o sinal de luz que entra em dois feixes ortogonalmente (perpendicularmente) polarizados, que, em seguida, seguem caminhos diferentes através do material.
- Uma *placa de meia onda* gira o SOP no sentido horário em 45° para sinais indo da esquerda para a direita e 45° no sentido anti-horário para sinais propagando-se em outra direção.

10.3.1 Isoladores ópticos

Isoladores ópticos são dispositivos que permitem a passagem de luz através deles em apenas uma direção. Isso é importante em certo número de casos para evitar que a luz dispersa ou refletida viaje na direção inversa. Uma aplicação comum de um isolador óptico é para evitar que a luz retorne à entrada de um diodo *laser* e, possivelmente, provoque instabilidades na saída óptica.

Existem muitas configurações de projetos de várias complexidades para isoladores ópticos. Os projetos simples dependem do estado de polarização da luz de entrada. No entanto, esses projetos resultam em uma perda de 3 dB (metade da potência), quando a luz não polarizada passa através do dispositivo, pois ele bloqueia metade do sinal de entrada. Na prática, o isolador óptico deve ser independente do SOP porque a luz de um *link* óptico, normalmente, não é polarizada.

A Figura 10.17 mostra um projeto de *isolador independente da polarização* que é feito de três componentes ópticos em miniatura. O núcleo do dispositivo é constituído por um rotor de Faraday de 45°, que é colocado entre duas placas birrefringentes em forma de cunha ou polarizadores de cristal. Essas placas consistem em um material como YVO_4 ou TiO_2, como descrito no Capítulo 3. A luz que viaja para frente (da esquerda para a direita na Figura 10.17) é separada em raios ordinários e extraordinários pela primeira placa birrefringente. O rotor de Faraday gira então o plano de polarização de cada raio de 45°. Depois de saírem do rotor de Faraday, os dois raios passam através da segunda placa birrefringente. O eixo dessa placa polarizadora é orientado de tal forma que a relação entre os dois tipos de raios é mantida. Assim, quando eles saem do polarizador, ambos são refratados em uma direção paralela idêntica. Na direção inversa (da direita para a esquerda), a relação entre os raios ordinário e extraordinário é revertida ao saírem do rotor de Faraday, em virtude da não reciprocidade da rotação de Faraday. Consequentemente, os raios divergem quando saem da placa birrefringente da esquerda e não são mais acoplados à fibra.

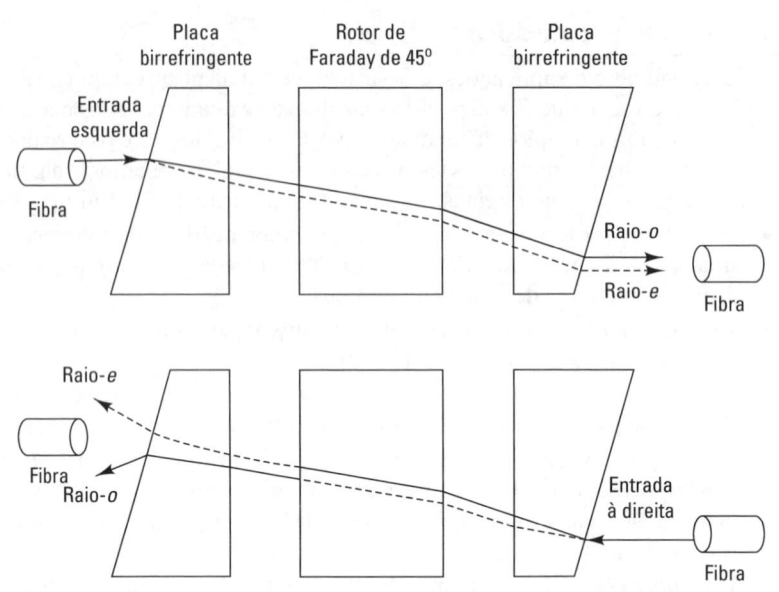

Figura 10.17 Projeto e funcionamento de um isolador independente de polarização feito de três componentes ópticos em miniatura.

A Tabela 10.3 lista algumas características operacionais dos isoladores comercialmente disponíveis. Os pacotes têm configurações semelhantes às do acoplador *tap* mostradas na Figura 10.7.

Tabela 10.3 Valores típicos de parâmetros de isoladores ópticos comercialmente disponíveis

Parâmetro	Unidade	Valor
Comprimento de onda central λ_c	nm	1.310, 1.550
Isolamento no pico	dB	40
Isolamento em $\lambda_c \pm 20$ nm	dB	30
Perda de inserção	dB	< 0,5
Perda dependente da polarização	dB	< 0,1
Dispersão de polarização modal	ps	< 0,25
Tamanho (diâmetro × comprimento)	mm	6 × 35

10.3.2 Circuladores ópticos

Um *circulador óptico* é um dispositivo passivo multiporta não recíproco que direciona a luz sequencialmente de porta em porta em uma única direção. Esse dispositivo é usado em amplificadores ópticos, multiplexadores e módulos de compensação de dispersão. A operação de um circulador é semelhante à de um isolador, exceto que a sua construção é mais complexa. Tipicamente, ele é constituído por certo número de polarizadores de cristal, placas de meia onda e rotores de Faraday, e tem três ou quatro portas, como mostrado na Figura 10.18. Para ver como isso funciona, considere o circulador de três portas. Aqui, uma entrada na porta 1 é enviada para fora na porta 2, uma entrada na porta 2 é enviada para fora na porta 3, e uma entrada na porta 3 é enviada para fora na porta 1.

Da mesma forma, em um dispositivo de quatro portas, idealmente, pode haver quatro entradas e quatro saídas, se o circulador é perfeitamente simétrico. No entanto, nas aplicações reais, geralmente não são necessárias quatro entradas e quatro saídas. Além disso, tal circulador perfeitamente simétrico é de fabricação muito entediante. Portanto, em um circulador de quatro portas, é comum haver três portas de entrada e três portas de saída, de modo que a porta 1 seja uma porta somente de entrada, as portas 2 e 3 sejam de entrada e saída, e a porta 4, apenas uma porta de saída.

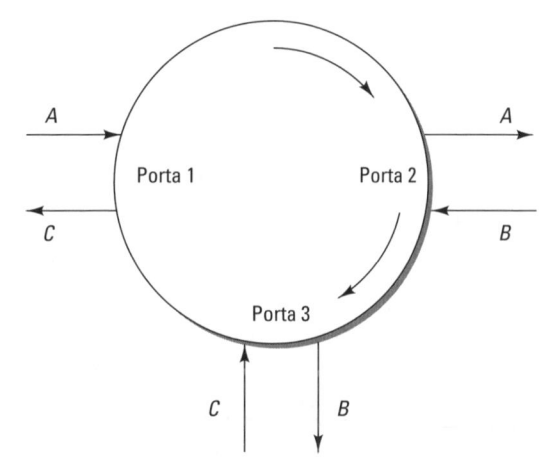

Figura 10.18 Princípio operacional de um circulador de três portas.

Uma variedade de circuladores está disponível comercialmente. Esses dispositivos têm baixa perda de inserção, alto isolamento em uma ampla faixa de comprimento de onda, mínima *perda dependente de polarização* (PDL) e baixa *dispersão modal de polarização* (PMD). A Tabela 10.4 lista algumas características operacionais dos circuladores disponíveis comercialmente.

Tabela 10.4 Valores típicos de parâmetros de circuladores ópticos comercialmente disponíveis

Parâmetro	Unidade	Valor
Banda de comprimento de onda	nm	Banda C: 1.525-1.565
		Banda L: 1.570-1.610
Perda de inserção	dB	< 0,6
Isolamento do canal	dB	> 40
Perda de retorno óptico	dB	> 50
Potência de operação	mW	< 500
Perda dependente da polarização	dB	< 0,1
Dispersão de polarização modal	ps	< 0,1
Tamanho (diâmetro × comprimento)	mm	5,5 × 50

10.4 Filtros de grade de fibra

Uma grade é um elemento importante em sistemas WDM para combinar e separar os comprimentos de onda individuais. Basicamente, a grade é uma estrutura periódica ou perturbação em um material. Essa variação no material tem a propriedade de refletir ou transmitir a luz em uma determinada direção, dependendo do comprimento de onda. Assim, as grades podem ser categorizadas como grades de reflexão ou de transmissão.

10.4.1 Grades básicas

A Figura 10.19 define vários parâmetros para uma grade de reflexão: θ_i é o ângulo de incidência da luz; θ_d, o ângulo de difração; e Λ, o *período da grade* (a periodicidade da variação estrutural do material). Em uma grade de transmissão composta de uma série

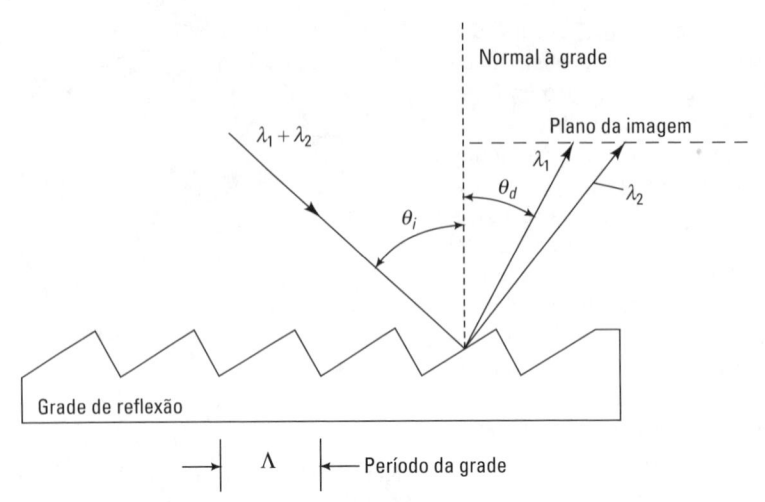

Figura 10.19 Parâmetros básicos em uma grade de reflexão.

de ranhuras igualmente espaçadas, o espaçamento entre as duas fendas adjacentes é chamado de *passo* da grade. A interferência construtiva em um comprimento de onda λ ocorre no plano de imagem quando os raios difratados em um ângulo θ_d satisfazem a *equação de grade* dada por

$$\Lambda \left(\operatorname{sen} \theta_i - \operatorname{sen} \theta_d \right) = m\lambda \tag{10.45}$$

Aqui, m é chamada de ordem da grade. Em geral, apenas a condição de difração de primeira ordem $m = 1$ é considerada. (Note que, em alguns textos, os ângulos de incidência e refração são definidos como medidos a partir do mesmo lado da normal à grade. Nesse caso, o sinal em frente do termo sen θ_d muda.) A grade pode separar comprimentos de onda individuais desde que a equação de grade seja satisfeita em diferentes pontos no plano imagem para diferentes comprimentos de onda.

10.4.2 Grade de fibra de Bragg

Uma rede de Bragg construída dentro de uma fibra óptica constitui-se de um dispositivo de alto desempenho para acessar comprimentos de onda individuais no espectro pouco espaçado de sistemas WDM densa.[35-41] Como se trata de um dispositivo totalmente de fibra, as suas principais vantagens são o baixo custo, a baixa perda (cerca de 0,3 dB), a facilidade de acoplamento com outras fibras, a insensibilidade à polarização, o baixo coeficiente de temperatura (< 0,7 pm/°C para um dispositivo atérmico) e o empacotamento simples. A grade de fibra é um filtro de reflexão de banda estreita que é fabricado por meio de um processo de fotoimpressão. A técnica baseia-se na observação de que a fibra de sílica dopada com germânio possui alta fotossensibilidade à luz ultravioleta.[35] Isso significa que pode-se induzir uma mudança no índice de refração do núcleo pela exposição à radiação ultravioleta tal como em 244 nm.

Vários métodos podem ser utilizados para criar uma fibra de grade de fase. A Figura 10.20 demonstra a chamada *técnica de escrita externa*. A fabricação da grade é realizada por meio de dois feixes de raios ultravioleta que irradiam transversalmente na fibra para produzir um padrão de interferência no núcleo. Aqui, as regiões de alta intensidade (denotadas pelas ovais sombreadas) causam um aumento no índice de refração local do núcleo fotossensível, enquanto mantém-se inalterado nas regiões de intensidade nula. Uma rede de Bragg permanente reflexiva é, assim, gravada no núcleo. Quando um sinal de múltiplos comprimentos de onda encontra a grade, aqueles comprimentos de onda que são casados em fase com a condição de reflexão de Bragg são refletidos e todos os outros são transmitidos.

Usando a equação de grade padrão dada pela Equação (10.45), com λ sendo o comprimento de onda da luz ultravioleta λ_{uv}, o período Λ do padrão de interferência (e, portanto, o período de grade) pode ser calculado a partir do ângulo θ entre os dois feixes de interferência de comprimento de onda no vácuo λ_{uv}. Note, pela Figura 10.20, que θ é medido do lado de fora da fibra.

A grade impressa pode ser representada como uma modulação uniformemente senoidal do índice de refração ao longo do núcleo:

$$n(z) = n_{núcleo} + \delta n \left[1 + \cos\left(\frac{2\pi z}{\Lambda}\right)\right] \qquad (10.46)$$

onde $n_{núcleo}$ é o índice de refração do núcleo não exposto, e δn, a variação fotoinduzida no índice.

A refletividade máxima R da grade ocorre quando a condição de Bragg é válida, isto é, em um comprimento de onda de reflexão λ_{Bragg} onde

$$\lambda_{Bragg} = 2\Lambda\, n_{ef} \qquad (10.47)$$

e n_{ef} é o índice efetivo do núcleo. Nesse comprimento de onda, o pico de refletividade R_{max} para a grade de comprimento L e coeficiente de acoplamento κ é dado por (ver Problema 10.17)

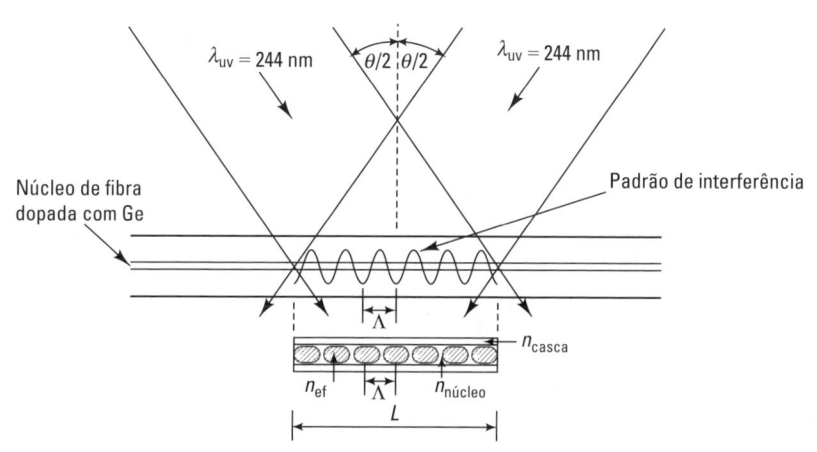

$$R_{max} = \tan h^2\left(\kappa L\right) \qquad (10.48)$$

Figura 10.20 Formação de uma rede de Bragg em um núcleo de fibra por meio da intersecção de dois feixes de luz ultravioleta.

A largura de banda total $\Delta\lambda$ sobre a qual a refletividade máxima se mantém é[37]

$$\Delta\lambda = \frac{\lambda_{\text{Bragg}}^2}{\pi n_{\text{ef}} L}[(\kappa L)^2 + \pi^2]^{1/2} \qquad (10.49)$$

Uma aproximação para a *largura total a meia altura* (FWHM) da banda é

$$\Delta\lambda_{\text{FWHM}} \approx \lambda_{\text{Bragg}} s \left[\left(\frac{\delta n}{2 n_{\text{núcleo}}}\right)^2 + \left(\frac{\Lambda}{L}\right)^2\right]^{1/2} \qquad (10.50)$$

onde $s \approx 1$ para grades fortes com refletividade perto de 100%, e $s \approx 0{,}5$ para grades fracas.

Para uma modulação uniformemente senoidal do índice através do núcleo, o coeficiente de acoplamento κ é dado por

$$\kappa = \frac{\pi \delta n \eta}{\lambda_{\text{Bragg}}} \qquad (10.51)$$

com η sendo a fração de potência óptica contida no núcleo da fibra. Sob a hipótese de que a grade seja uniforme no núcleo, η pode ser aproximada por

$$\eta \approx 1 - V^{-2} \qquad (10.52)$$

onde V é o número V da fibra. É necessária uma avaliação mais precisa para os casos de variações não uniformes ou não senoidais de índice.[42]

Exemplo 10.11 (a) A tabela abaixo mostra os valores de R_{max} como dados pela Equação (10.48) para diferentes valores de κL:

κL	R_{max} (%)
1	58
2	93
3	98

(b) Considere uma grade de fibra com os seguintes parâmetros: $L = 0{,}5$ cm, $\lambda_{\text{Bragg}} = 1.530$ nm, $n_{\text{ef}} = 1{,}48$, $\delta n = 2{,}5 \times 10^{-4}$ e $\eta = 82\%$. Da Equação (10.51), temos que $\kappa = 4{,}2$ cm^{-1}. Substituindo isso na Equação (10.49), temos que $\Delta\lambda = 0{,}38$ nm.

As redes de fibras de Bragg estão disponíveis em um grande intervalo de larguras de banda de reflexão, que variam a partir de 25 GHz. A Tabela 10.5 lista algumas características operacionais de grades de fibra de Bragg comercialmente disponíveis de 25, 50 e 100 GHz para utilização em sistemas de comunicação óptica.

Na grade de fibra de Bragg (FBG) ilustrada na Figura 10.20, o espaçamento da grade é uniforme ao longo do seu comprimento. Também é possível ter um espaçamento variável ao longo do comprimento da fibra, ou seja, uma faixa de diferentes comprimentos de onda será refletida pela FBG. Essa é a base do que é conhecido como uma *grade de gorjeio*. O Capítulo 13 descreve a construção e a aplicação de um tal dispositivo com mais detalhes na discussão sobre a compensação da dispersão cromática.

Tabela 10.5 Valores típicos de parâmetros de grades de fibra de Bragg disponíveis comercialmente

Parâmetro	Valores típicos para três espaçamentos de canais		
	25 GHz	50 GHz	100 GHz
Largura de banda de reflexão	> 0,08 nm @ −0,5 dB	> 0,15 nm @ −0,5 dB	> 0,3 nm @ −0,5 dB
	< 0,2 nm @ −3 dB	< 0,4 nm @ −3 dB	< 0,75 nm @ −3 dB
	< 0,25 nm @ −25 dB	< 0,5 nm @ −25 dB	< 1 nm @ −25 dB
Largura de banda de transmissão	> 0,05 nm @ −25 dB	> 0,1 nm @ −25 dB	> 0,2 nm @ −25 dB
Isolamento do canal adjacente		> 30 dB	
Perda de inserção		< 0,25 dB	
Tolerância no λ central		< ± 0,05 nm @ 25 °C	
Deslocamento térmico de λ		< 1 pm/°C (para um projeto atérmico)	
Tamanho da embalagem		5 mm (diâmetro) × 80 mm (comprimento)	

10.4.3 Aplicações da FBG

A Figura 10.21 mostra um conceito simples de uma função de demultiplexagem utilizando uma rede de fibra de Bragg. Para extrair o comprimento de onda desejado, um circulador é usado em conjunto com a grade. Aqui, os quatro comprimentos de onda entram através da porta 1 do circulador e saem pela porta 2. Todos os comprimentos de onda, exceto λ_2, passam através da grade. Como λ_2 satisfaz a condição da grade de Bragg, ele é refletido, entra pela porta 2 do circulador e sai pela porta 3.

Para criar um dispositivo para combinar ou separar N comprimentos de onda, é preciso associar em cascata $N - 1$ FBGs e $N - 1$ circuladores. A Figura 10.22 ilustra uma função de multiplexação para os quatro comprimentos de onda, λ_1, λ_2, λ_3 e λ_4, usando três FGBs e três circuladores (designados como C_2, C_3 e C_4). Os filtros de grade de fibra rotulados FBG_2, FBG_3 e FBG_4 são construídos para refletir os comprimentos de onda λ_2, λ_3 e λ_4, respectivamente, e passar todos os outros.

Para ver como a multiplexação funciona, primeiro consideremos a combinação do circulador C_2 e do filtro de fibra FBG_2. Aqui, o filtro FBG_2 reflete o comprimento de onda λ_2 e permite que o comprimento de onda λ_1 passe. Depois que o comprimento de onda λ_1 passa por FBG_2, ele entra na porta 2 do circulador C_2 e sai pela porta 3. O comprimento de onda λ_2 entra pela porta 1 do circulador C_2 e sai pela porta 2. Após ser refletido por FBG_2, ele entra pela porta 2 do circulador C_2 e sai pela porta 3, juntamente com o

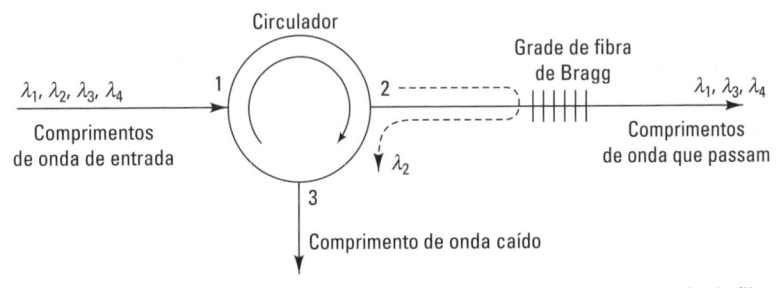

Figura 10.21 Princípio simples de uma função de demultiplexação utilizando uma grade de fibra óptica e um circulador.

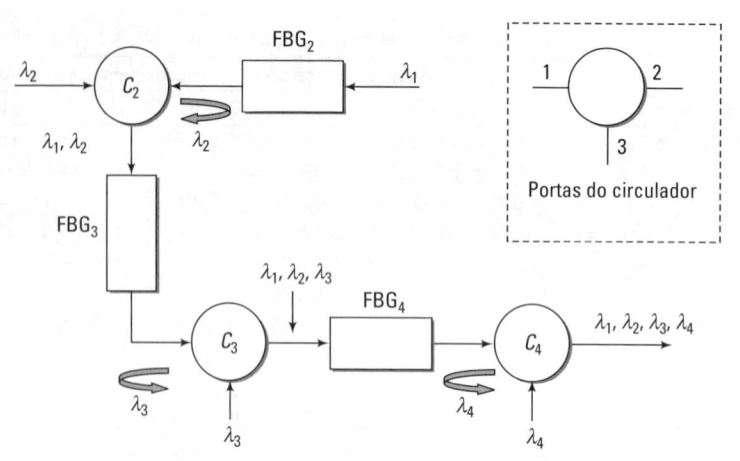

Figura 10.22 Multiplexação de quatro comprimentos de onda por meio de três dispositivos FBG e três circuladores.

comprimento de onda λ_1. Adiante, no circulador C_3, o comprimento de onda λ_3 entra pela porta 3 do circulador C_3, sai da porta 1 e viaja em direção FBG$_3$. Depois de ser refletido por FBG$_3$, ele entra na porta 1 do circulador C_3 e sai pela porta 2, juntamente com comprimentos de onda λ_1 e λ_2. Depois de um processo similar acontecer no circulador C_4 e circulador FBG$_4$ para inserir o comprimento de onda λ_4, os quatro comprimentos de onda saem juntos da porta 2 do circulador C_4 e podem ser acoplados facilmente a uma fibra.

A limitação de tamanho do acoplador, quando se utilizam redes de fibra de Bragg, é que é necessário um filtro para cada comprimento de onda, e, normalmente, a operação é sequencial, com comprimentos de onda sendo transmitidos por um filtro após o outro. Portanto, as perdas não são uniformes de canal para canal, uma vez que cada comprimento de onda passa através de um número diferente de circuladores e grades de fibras, cada uma adicionando perda para aquele canal. Isso pode ser aceitável para um pequeno número de canais, mas a perda diferencial entre o primeiro e último comprimento de onda inserido é uma restrição para altas contagens de canais.

10.5 Filtros de filme fino dielétrico

Um *filtro de filme fino* dielétrico é utilizado como um *filtro passa-banda óptico*.[43-50] Isso significa que ele permite que uma faixa muito estreita de um dado comprimento de onda passe através dele enquanto reflete todos os outros. A base desses dispositivos é uma estrutura clássica de filtro de Fabry-Perot, que é uma cavidade formada por duas superfícies de espelho paralelas altamente refletivas, como mostra a Figura 10.23. Essa estrutura é chamada de *interferômetro de Fabry-Perot* ou *etalon*, também conhecida como *filtro de cavidade ressonante de filme fino*.

Para ver como isso funciona, considere um sinal de luz que incide sobre a superfície esquerda do etalon. Depois de a luz passar através da cavidade e atingir a superfície interior do lado direito, uma parte da luz sai da cavidade e uma parte é refletida. A quantidade de luz refletida depende da refletividade R da superfície. Se a distância de ida e volta

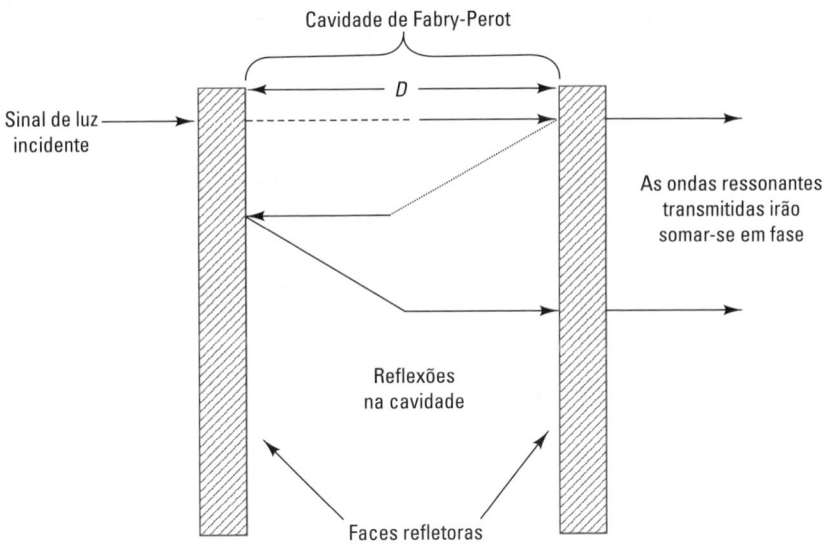

Figura 10.23 Duas superfícies espelhadas paralelas e refletoras de luz definem uma cavidade ressonante de Fabry-Perot ou um etalon.

entre os dois espelhos é um múltiplo inteiro de um comprimento de onda λ (ou seja, λ, 2λ, 3λ etc.), então toda luz nesses comprimentos de onda que passam através da face direita se *adicionam em fase*. Isso significa que esses comprimentos de onda *interferem construtivamente* no feixe de saída do dispositivo, de modo que se adicionam em intensidade. Esses comprimentos de onda são chamados de *comprimentos de onda de ressonância* da cavidade. O etalon rejeita todos os outros comprimentos de onda.

10.5.1 Teoria do etalon

A transmissão T de um etalon ideal na qual não há absorção de luz pelos espelhos é uma *função de Airy* dada por

$$T = \left[1 + \frac{4R}{(1-R)^2}\text{sen}^2\left(\frac{\phi}{2}\right)\right]^{-1} \quad (10.53)$$

onde R é a *refletividade* dos espelhos (a fração de luz refletida pelo espelho), e ϕ, a mudança de fase no trajeto de ida e volta do feixe de luz. Se ignorarmos qualquer mudança de fase na superfície do espelho, então a mudança de fase para um comprimento de onda λ será

$$\phi = \frac{2\pi}{\lambda}2nD\cos\theta \quad (10.54)$$

onde n é o índice de refração da camada dielétrica que forma o espelho; D, a distância entre os espelhos; e θ, o ângulo em relação à normal do feixe de luz incidente.

A Figura 10.24 apresenta o gráfico geral da Equação (10.53) no intervalo $-3\pi \leq \varphi \leq 3\pi$. Como φ é proporcional à frequência óptica $f = 2\pi/\lambda$, a Figura 10.24 mostra que a função de transferência potência T é periódica em f (ou λ). Os picos dos espaçamentos, chamados de *passa-bandas*, ocorrem nos comprimentos de onda que satisfazem a condição

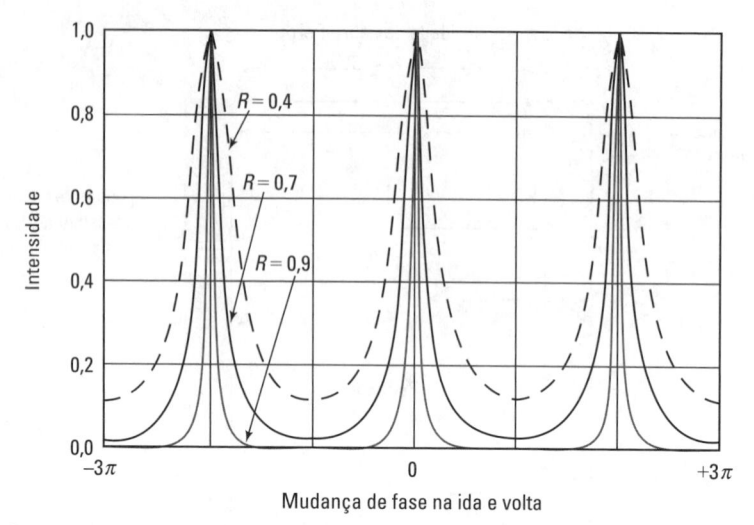

Figura 10.24 Comportamento dos comprimentos de onda ressonantes em uma cavidade de Fabry-Perot para três valores da refletividade do espelho com base na função de Airy.

de $N\lambda = 2nD$, onde N é um número inteiro. Assim, para que um único comprimento de onda seja selecionado pelo filtro a partir de uma determinada faixa espectral, todos os comprimentos de onda devem situar-se em um passa-banda da função de transferência do filtro. Se alguns comprimentos de onda estão fora dessa faixa, então o filtro transmite vários comprimentos de onda. A distância entre os picos adjacentes é chamada de *faixa espectral livre* (FSR), que é dada por

$$\text{FSR} = \frac{\lambda^2}{2nD} \quad (10.55)$$

Outro parâmetro importante é a medida da largura do passa-banda na metade de seu valor máximo, que é designada por *largura a meia altura* (FWHM). Isso é de interesse em sistemas WDM para a determinação de quantos comprimentos de onda podem estar dentro da FSR do filtro. A razão FSR/FWHM dá uma aproximação do número de comprimentos de onda que um filtro pode acomodar. Essa relação é conhecida como a *finesse F* do filtro e é dada por

$$F = \frac{\pi\sqrt{R}}{1-R} \quad (10.56)$$

Um TFF típico consiste em uma cobertura de múltiplas camadas de filmes finos que alterna materiais de baixo e de alto índice, tal como o SiO_2 e Ta_2O_5, como ilustra a Figura 10.25. As camadas normalmente são depositadas sobre um substrato de vidro. Cada camada dielétrica atua como uma superfície refletora não absorvente, de modo que a estrutura é uma série de cavidades ressonantes, em que cada uma é cercada por espelhos. Conforme aumenta o número de cavidades, o passa-banda do filtro se aguça para criar um topo plano para o filtro, que é uma característica desejável para um filtro prático. Na Figura 10.25, o filtro é feito de forma que, se o espectro de entrada contém comprimentos de onda de λ_1 até λ_N, então apenas λ_k passa através do dispositivo. Todos os outros comprimentos de onda são refletidos.

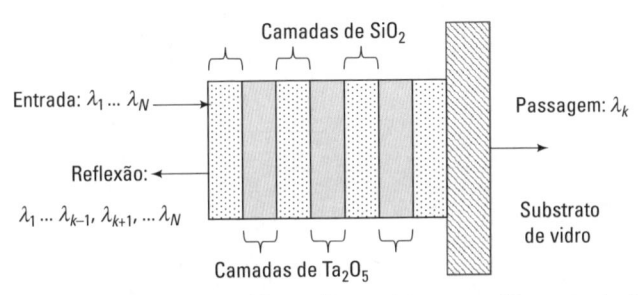

Figura 10.25 Um filtro óptico de filme fino multicamada consiste no empilhamento de diversos filmes finos dielétricos.

Filtros de filme fino estão disponíveis em uma grande variedade de passa-bandas que variam de 50 a 800 GHz e maiores para canais bem espaçados. A Tabela 10.6 lista algumas das características operacionais de filtros de filme fino dielétrico multicamadas de 50 GHz disponíveis comercialmente para uso em sistemas de comunicação de fibra óptica.

Tabela 10.6 Valores típicos de parâmetros de filtros de filmes finos de 50-GHz comercialmente disponíveis

Parâmetro	Unidade	Valor
Passa-banda do canal	GHz	> ± 10 em 0,5 dB
Perda de inserção em $f_c \pm 10$ GHz	dB	< 3,5
Perda dependente da polarização	dB	< 0,20
Isolamento do canal adjacente	dB	> 25
Isolamento do canal não adjacente	dB	> 40
Perda de retorno óptico	dB	> 45
Dispersão de polarização modal	ps	< 0,2
Dispersão cromática	ps/nm	< 50

10.5.2 Aplicações de TFF

Para criar um dispositivo de multiplexação de comprimento de onda para combinar ou separar N canais de comprimento de onda, é preciso associar em cascata $N-1$ filtros de filme fino. A Figura 10.26 ilustra uma função de multiplexação para quatro comprimentos de onda λ_1, λ_2, λ_3 e λ_4. Aqui, os filtros rotulados como TFF_2, TFF_3, e TFF_4 passam os comprimentos de onda λ_2, λ_3, e λ_4, respectivamente, e refletem todos os outros. Os filtros são fixos em um pequeno ângulo para direcionar a luz de um TFF para outro. Primeiramente, o filtro TFF_2 reflete λ_1 e permite que λ_2 passe. Esses dois sinais são então refletidos pelo filtro TFF_3, onde são acompanhados pelo comprimento de onda λ_3. Depois de um processo semelhante no filtro TFF_4, os quatro comprimentos de onda podem ser acoplados em uma fibra por meio de um mecanismo de lente.

Para separar os quatro comprimentos de onda de uma fibra em quatro canais fisicamente independentes, as direções das setas na Figura 10.26 são invertidas. Uma vez que um feixe de luz perde um pouco de sua potência em cada TFF porque os filtros não são perfeitos, essa arquitetura de multiplexação trabalha para apenas um número limitado de canais, o que geralmente é especificado como 16 canais ou menos.

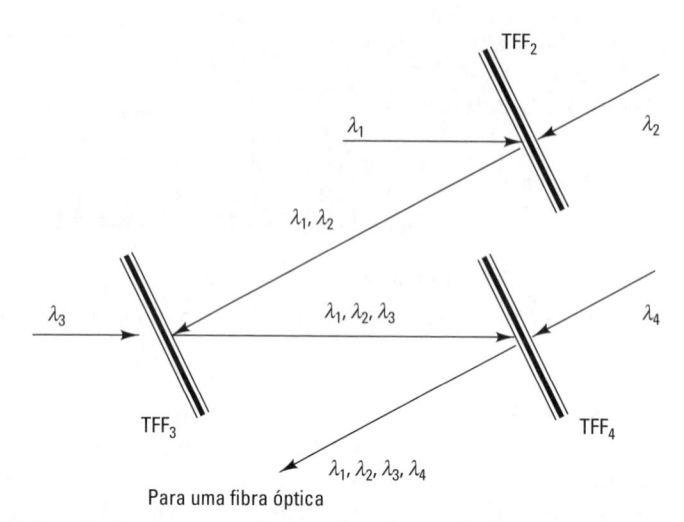

Figura 10.26 Multiplexação de quatro comprimentos de onda usando filtros de filme fino.

A Tabela 10.7 lista os parâmetros típicos de desempenho para multiplexadores de comprimento de onda comercialmente disponíveis com base na tecnologia de filtro de filme fino. Os parâmetros abordam dispositivos DWDM de 8 canais com espaçamentos entre canais de 50-100 GHz e um módulo CWDM de 8 canais.

Tabela 10.7 Parâmetros típicos de desempenho de multiplexadores DWDM e CWDM de 8 canais baseados na tecnologia de filme fino

Parâmetro	50 GHz DWDM	100 GHz DWDM	20 nm CWDM
Precisão do comprimento de onda central	± 0,1 nm	± 0,1 nm	± 0,3 nm
Passa-banda do canal @ largura de banda 0,5 dB	± 0,20 nm	± 0,11 nm	± 6,5 nm
Perda de inserção	≤ 1,0 dB	≤ 1,0 dB	≤ 2,0 dB
Ripple no passa-banda	≤ 0,5 dB	≤ 0,5 dB	≤ 0,5 dB
Isolamento do canal adjacente	≥ 23 dB	≥ 20 dB	≥ 15 dB
Direcionalidade	≥ 50 dB	≥ 55 dB	≥ 50 dB
Perda de retorno óptico	≥ 40 dB	≥ 50 dB	≥ 45 dB
Perda dependente da polarização	≤ 0,1 dB	≤ 0,1 dB	≤ 0,1 dB
Deslocamento térmico do comprimento de onda	< 0,001 nm/°C	< 0,001 nm/°C	< 0,003 nm/°C
Capacidade de potência óptica	500 mW	500 mW	500 mW

10.6 Dispositivos baseados em matriz fasada

Um dispositivo WDM versátil é baseado na utilização de uma grade de guias de ondas em matriz.[51-60] Esse dispositivo pode funcionar como multiplexador, demultiplexador, elemento *drop-and-insert* ou roteador de comprimento de onda. A grade de guia de onda em matriz é uma generalização do multiplexador de interferômetro de Mach-Zehnder 2×2. Como a Figura 10.27 ilustra, o projeto é constituído de M_{ent} entradas e M_{sai} saídas de guias de onda laminares designados como regiões 1 e 6, respectivamente.

Capítulo 10 Conceitos e componentes WDM | 421

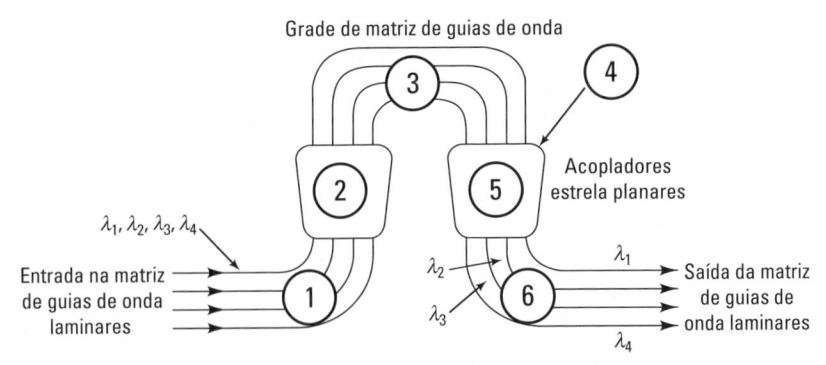

Figura 10.27 Vista superior de uma típica grade de matriz de guias de onda e designação de suas diversas regiões operacionais.

Os guias de onda laminares têm interface a dois acopladores estrela idênticos centrados situados nas regiões 2 e 5. Uma matriz de N guias de onda desacoplados que possuem uma constante de propagação β ligam os acopladores estrela juntos. Na região da grade de matriz, o comprimento do percurso de cada guia de onda difere de uma quantidade ΔL muito precisa dos comprimentos dos braços adjacentes, de modo que a matriz forma uma grade do tipo de Mach-Zehnder. Para um multiplexador puro, pode-se tomar $M_{ent} = N$ e $M_{sai} = 1$. O inverso aplica-se a um demultiplexador, que é $M_{ent} = 1$ e $M_{sai} = N$. No caso de uma aplicação de rede de encaminhamento, podemos ter $M_{ent} = M_{sai} = N$.

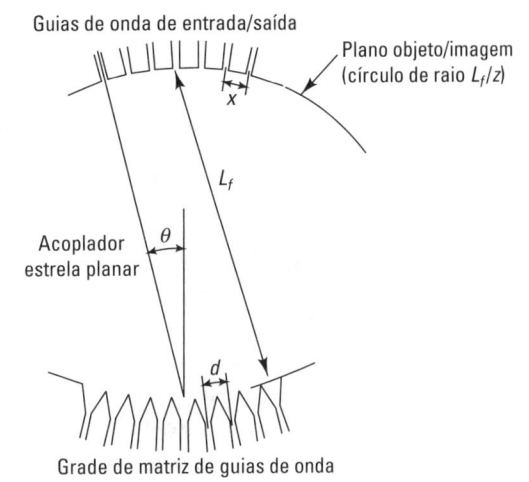

Figura 10.28 Geometria do acoplador estrela usado no dispositivo WDM de grade de matriz de guia de ondas.

A Figura 10.28 retrata a geometria do acoplador estrela. O acoplador atua como uma lente de comprimento focal L_f, de modo que os planos objeto e imagem estão localizados a uma distância L_f a partir do transmissor e dos guias de onda receptor, respectivamente. Tanto os guias de onda de entrada como os de saída estão posicionados nas linhas focais, que são círculos de raio $L_f/2$. Na Figura 10.28, o parâmetro x é o espaçamento centro a centro entre os guias de ondas de entrada e os guias de onda de saída nas interfaces do acoplador estrela, d é o espaçamento entre as guias de ondas da matriz da grade, e θ representa o ângulo de difração no guia de onda laminar de entrada ou de saída. Os índices de refração do acoplador estrela e da grade de matriz de guias de onda são n_s e n_c, respectivamente.

Da visão do nível superior da Figura 10.27, as funções AWG são as seguintes:
- A partir da esquerda, os guias de ondas laminares de entrada na região 1 estão conectados a um acoplador estrela planar (região 2) que funciona como uma lente.
- A lente distribui a potência óptica de entrada entre os diferentes guias de onda na grade de matriz na região 3.

- Os guias de onda adjacentes da grade de matriz na região 3 diferem no comprimento do caminho por um comprimento exato ΔL. As diferenças no comprimento de caminho ΔL podem ser escolhidas de tal forma que todos os comprimentos de onda de entrada apareçam no ponto 4, com diferentes atrasos de fase $\Delta\Phi = 2\pi n_c \Delta L/\lambda$.
- A segunda lente na região 5 reorienta a luz de todas as guias de onda da grade de matriz para a matriz de guia de onda laminar de saída na região 6.
- Assim, cada comprimento de onda é focado em um diferente guia de onda de saída na região 6.

A partir da condição de casamento de fase, a luz emitida a partir dos guias de onda do canal de saída deve satisfazer a equação

$$n_s d\,\mathrm{sen}\,\theta + n_c \Delta L = m\lambda \tag{10.57}$$

onde o inteiro m é a ordem de difração da grade.

Para que possamos obter o foco, a diferença no comprimento de caminho ΔL entre os guias adjacentes da matriz, medida no interior desta, deve ser um múltiplo inteiro do comprimento de onda central do projeto do demultiplexador

$$\Delta L = m\frac{\lambda_c}{n_c} \tag{10.58}$$

onde λ_c é o comprimento de onda central no vácuo, isto é, ele é definido como o comprimento de onda que passa pelo caminho do guia de onda central de entrada para o guia de onda central de saída.

Para determinar o espaçamento de canal, precisamos encontrar a dispersão angular, definida como o incremento do deslocamento lateral do ponto focal ao longo do plano imagem, por mudança de unidade de frequência, e encontrada por meio da diferenciação da Equação (10.57) em relação à frequência. Fazendo a diferenciação e levando em conta o resultado na vizinhança de $\theta = 0$, temos

$$\frac{d\theta}{d\nu} = -\frac{m\lambda^2}{n_s c d}\frac{n_g}{n_c} \tag{10.59}$$

onde o índice do grupo do guia de ondas da grade de matriz é definido como

$$n_g = n_c - \lambda\frac{dn_c}{d\lambda} \tag{10.60}$$

Em termos de frequência, o espaçamento entre canais $\Delta\nu$ é

$$\Delta\nu = \frac{x}{L_f}\left(\frac{d\theta}{d\nu}\right)^{-1} = \frac{x}{L_f}\frac{n_s c d}{m\lambda^2}\frac{n_c}{n_g} \tag{10.61}$$

ou, em termos de comprimento de onda,

$$\Delta\lambda = \frac{x}{L_f}\frac{n_s d}{m}\frac{n_c}{n_g} = \frac{x}{L_f}\frac{\lambda_0 d}{\Delta L}\frac{n_s}{n_g} \tag{10.62}$$

As Equações (10.61) e (10.62) definem assim as frequências ou os comprimentos de onda de passagem nos quais o multiplexador atua, já que eles são projetados para um comprimento de onda central λ_c. Observamos também que, ao tornarmos ΔL grande, o dispositivo pode multiplexar e demultiplexar sinais ópticos com espaçamentos muito pequenos de comprimento de onda.

Exemplo 10.12 Considere um multiplexador de grade de guia de ondas $N \times N$ com L_f = 10 mm, $x = d = 5$ μm, n_c = 1,45, e um comprimento de onda central projetado para de λ_c = 1.550 nm. Qual é o espaçamento de canal $\Delta\lambda$ para m = 1?

Solução: Para m = 1, a diferença de comprimento do guia de ondas a partir da Equação (10.58) é

$$\Delta L = m \frac{\lambda_c}{n_c} = \frac{1.550}{1,45} = 1,069 \text{ μm}$$

Se n_s = 1,45 e n_g = 1,47, então da Equação (10.62) temos

$$\Delta\lambda = \frac{x}{L_f} \frac{n_s d}{m} \frac{n_c}{n_g} = \frac{5}{10^4} \frac{(1,45)(5)}{1} \frac{1,45}{1,47} \text{ μm} = 3,58 \text{ nm}$$

A Equação (10.57) indica que o agrupamento por fase é periódico para cada caminho através do dispositivo, de modo que, após cada mudança de 2π em θ entre guias de onda adjacentes, o campo será novamente imageado no mesmo ponto. O período entre dois sucessivos máximos do campo no domínio da frequência é chamado de *faixa espectral livre* (FSR) e pode ser representado pela relação[52]

$$\Delta v_{\text{FSR}} = \frac{c}{n_g (\Delta L + d \operatorname{sen} \theta_{\text{ent}} + d \operatorname{sen} \theta_{\text{sai}})} \quad (10.63)$$

onde θ_{ent} e θ_{sai} são os ângulos de difração nos guias de ondas de entrada e de saída, respectivamente. Esses ângulos são geralmente medidos a partir do centro da matriz, de forma que temos $\theta_{\text{ent}} = jx/L_f$ e $\theta_{\text{sai}} = kx/L_f$ para a j-ésima porta de entrada e k-ésima porta de saída, respectivamente, de cada lado da porta central. Isso mostra que a FSR depende de qual porta de entrada e saída o sinal óptico utiliza. Quando as portas estão do outro lado uma da outra, de modo que $\theta_{\text{ent}} = \theta_{\text{sai}} = 0$, então

$$\Delta v_{\text{FSR}} = \frac{c}{n_g \Delta L} \quad (10.64)$$

Alternativamente, a FSR pode ser expressa em termos de uma separação de comprimentos de onda $\Delta\lambda_{\text{FSR}}$ como

$$\text{FSR} = \Delta\lambda_{\text{FSR}} = \lambda_c^2 / (\Delta L n_c) \quad (10.65)$$

Exemplo 10.13 Como mostrado na Figura 10.29, suponha que um AWG seja projetado para separar a luz na faixa de frequência larga de 4 THz na banda C, que vai de 195,00 THz (1.537,40 nm) a 191,00 THz (1.569,59 nm), em 40 canais de 100 GHz. Em seguida, ele também separará o próximo segmento espectral de alta frequências de 4 THz na banda S e os segmentos espectrais de 4THz de menor frequência na banda L nas mesmas 40 saídas de fibras. A faixa espectral livre $\Delta\lambda_{\text{FSR}}$ pode ser determinada a partir da Equação (10.65). Para a faixa de frequências de 4 THz denotada aqui, o comprimento de onda central λ_c é de 1.550,5 nm e a faixa espectral livre $\Delta\lambda_{\text{FSR}}$ deve ser, pelo menos, de 32,2 nm, a fim de separar todos os comprimentos de onda em fibras distintas, e o índice de refração efetivo n_c é nominalmente 1,45 em sílica. Então, a diferença de comprimento entre guias adjacentes na matriz é ΔL = 51,49 μm.

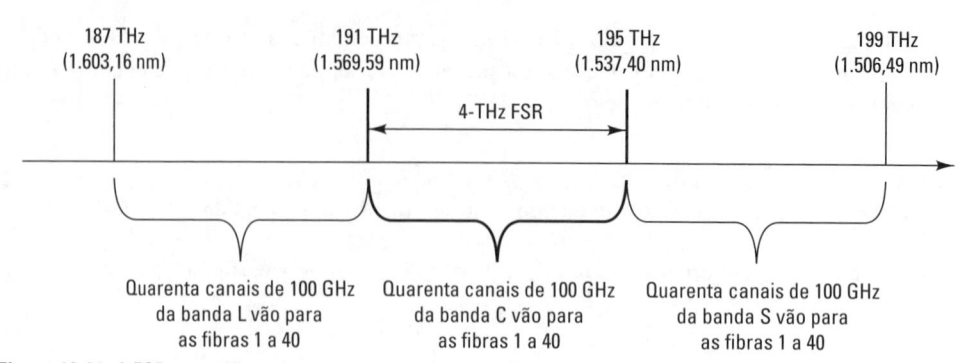

Figura 10.29 A FSR especifica a largura espectral que será separada pelos guias de onda de saída de um AWG.

(Diagrama: 187 THz (1.603,16 nm), 191 THz (1.569,59 nm), 195 THz (1.537,40 nm), 199 THz (1.506,49 nm). 4-THz FSR. Quarenta canais de 100 GHz da banda L vão para as fibras 1 a 40. Quarenta canais de 100 GHz da banda C vão para as fibras 1 a 40. Quarenta canais de 100 GHz da banda S vão para as fibras 1 a 40.)

A forma do passa-banda do filtro AWG em função do comprimento de onda pode ser alterada pelo projeto dos guias de onda laminares de entrada e de saída. As duas formas de passa-banda comuns são mostradas na Figura 10.30. No lado esquerdo da figura, está o passa-banda *normal* ou *gaussiano*. Esse formato apresenta menor perda no pico, mas o fato de que ele curva para fora rapidamente em cada lado do pico significa que ele requer uma estabilização elevada do comprimento de onda do *laser*. Além disso, para aplicações em que a luz passa através de vários AWGs, o efeito acumulativo da função de filtragem reduz o passa-banda a um valor extremamente pequeno. Uma alternativa para a forma passa-banda é o formato *plano* ou *de banda larga*, como se mostra à direita da Figura 10.30. Esse dispositivo de banda larga tem uma perda de inserção uniforme em todo o passa-banda e, portanto, não é tão sensível à deriva do *laser* ou à sensibilidade dos filtros em cascata, como é o passa-banda gaussiano. No entanto, a perda de um dispositivo plano é geralmente 2-3 dB maior que o de um AWG gaussiano. A Tabela 10.8 compara as principais características de operação desses dois modelos para um típico AWG de 40 canais.

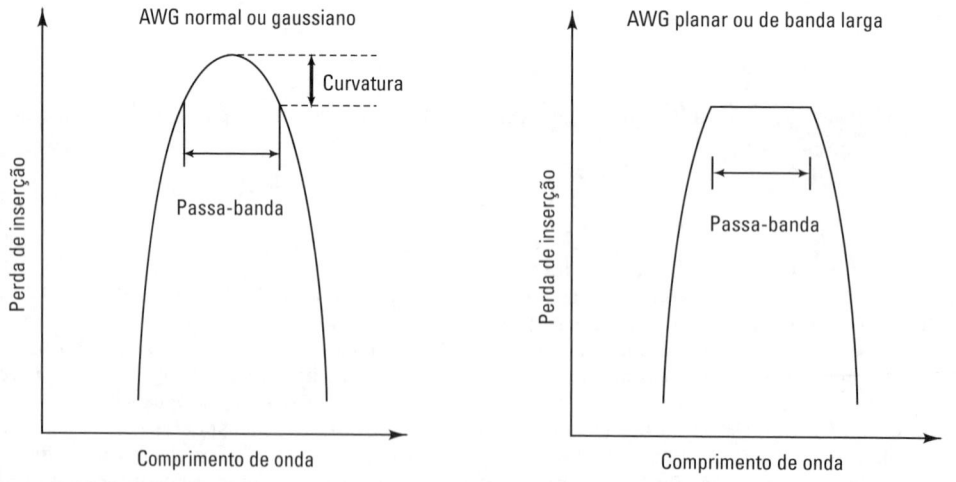

Figura 10.30 Dois formatos comuns de passa-banda em filtros ópticos: normal ou gaussiano e planar ou de banda larga.

Tabela 10.8 Características típicas de desempenho de grades de guias de onda (AWGs) de 40 canais

Parâmetro	Gaussiano	Banda larga
Espaçamento de canal	100 GHz	100 GHz
Largura de banda 1 dB	> 0,2 nm	> 0,4 nm
Largura de banda 3 dB	> 0,4 nm	> 0,6 nm
Perda de inserção	< 5 dB	< 7 dB
Perda dependente da polarização	< 0,25 dB	< 0,15 dB
Diafonia canal adjacente	30 dB	30 dB
Ripple no passa-banda	1,5 dB	0,5 dB
Perda de retorno óptico	45 dB	45 dB
Tamanho ($L \times W \times H$)	$130 \times 65 \times 15$ (mm)	$130 \times 65 \times 15$ (mm)

10.7 Grades de difração

Outra tecnologia DWDM é baseada em grade de difração.[61-63] Uma *grade* ou *rede de difração* é um dispositivo óptico convencional que separa espacialmente os diferentes comprimentos de onda contidos em um feixe de luz. O dispositivo é constituído por um conjunto de elementos de difração, como fendas ou ranhuras estreitas e paralelas, separadas por uma distância comparável ao comprimento de onda da luz. Esses elementos de difração podem ser tanto refletivos como de transmissão, formando, desse modo, uma grade de reflexão ou de transmissão, respectivamente. Separar e combinar comprimentos de onda com grades de difração é um processo em paralelo, em oposição ao processo em série que é utilizado com as grades de Bragg baseadas em fibra óptica.

As *grades de reflexão* são formadas por linhas finas paralelas arranhadas ou gravadas sobre algum tipo de superfície refletora. Com essas grades, a luz sairá da grade em um ângulo. O ângulo em que a luz sai da grade depende do seu comprimento de onda, de modo que a luz refletida espalha-se em um espectro. Para aplicações DWDM, as linhas são espaçadas igualmente, e cada comprimento de onda individual será refletido em um ângulo ligeiramente diferente, como se mostra na Figura 10.31. Pode haver uma fibra de receptora em cada uma das posições em que a luz refletida é focada. Assim, comprimentos de onda individuais serão dirigidos diretamente para fibras separadas.

A rede de difração refletora funciona de forma recíproca, isto é, se diferentes comprimentos de onda entrarem no dispositivo a partir de fibras individuais de entrada, todos os comprimentos de onda serão focados de volta em uma fibra depois de ter viajado através do dispositivo. Pode-se ter também uma matriz de fotodiodos, em vez de fibras de recepção, para funções como a monitorização de potência por comprimento de onda.

Um tipo de *grade de transmissão*, conhecida como *grade de fase*, é constituído por uma variação perió-

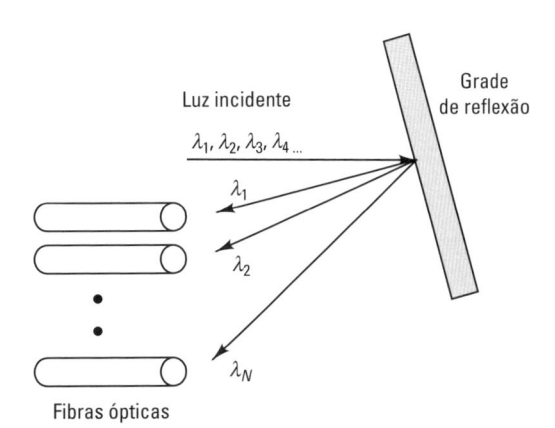

Figura 10.31 O ângulo em que a luz refletida deixa uma grade de reflexão depende do seu comprimento de onda.

dica do índice de refração da grade. Essa grade de fase pode ser caracterizada por um parâmetro Q, definido como

$$Q = \frac{2\pi\lambda d}{n_g \Lambda^2 \cos\alpha} \qquad (10.66)$$

onde λ é o comprimento de onda; d, a espessura da grade; n_g, o índice de refração do material; Λ, o período da grade; e α, o ângulo de incidência, como mostra a Figura 10.32. A grade de fase é chamada *fina* para $Q < 1$ e *espessa* para $Q > 10$. Após um espectro de canais de comprimentos de onda passar através da grade, cada comprimento de onda emerge em um ângulo ligeiramente diferente e pode ser focalizado em uma fibra receptora.

10.8 Componentes ópticos ativos

Os *componentes ativos* requerem algum tipo de energia externa tanto para realizar suas funções como para ser usado em uma faixa mais ampla de operação do que em um dispositivo passivo, oferecendo assim uma maior flexibilidade em sua aplicação. Esses dispositivos incluem atenuadores ópticos variáveis, filtros ópticos sintonizáveis, equalizadores de ganho dinâmico, multiplexadores ópticos *add/drop*, controladores de polarização e compensadores de dispersão. Muitos tipos de componentes ópticos ativos são baseados no uso de sistemas microeletromecânicos ou tecnologia MEMS, tema da Seção 10.8.1. A parte restante da seção descreve diversos dispositivos ativos.

10.8.1 Tecnologia MEMS

O acrônimo MEMS refere-se a *micro electro-mechanical systems* (sistemas microeletromecânicos).[64,65] Trata-se de dispositivos em miniatura que podem combinar componentes mecânicos, elétricos e ópticos para fornecer funções de detecção e de atuação. Na fabricação de dispositivos MEMS, utilizam-se técnicas de processamento em lotes compatíveis com circuitos integrados. Esses dispositivos variam em tamanho de micrômetros a milímetros. O controle ou atuação de um dispositivo MEMS é feito por meios elétricos, térmicos ou magnéticos, tal como engrenagens ou alavancas móveis, persianas ou espelhos na micrométrica.

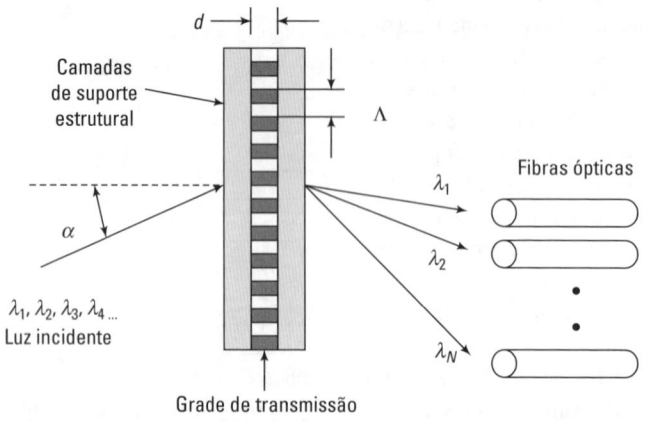

Figura 10.32 Cada comprimento de onda emerge com um ângulo ligeiramente diferente depois de passar através de uma grade de transmissão.

Os dispositivos são amplamente utilizados em sistemas de implantação de *airbags* em automóveis, em cabeças de jato de tinta nas impressoras, no monitoramento de choque e vibração mecânicos durante o transporte de bens sensíveis, no monitoramento da condição de máquinas em movimento em uma manutenção preventiva e em aplicações biomédicas para monitorar a atividade do paciente e de marca-passos. As tecnologias MEMS também encontram aplicações em sistemas de ondas luminosas, como atenuadores ópticos variáveis, filtros ópticos sintonizáveis, *lasers* sintonizáveis, multiplexadores ópticos *add-drop*, monitores de desempenho óptico, equalizadores de ganho dinâmico, interruptores ópticos e outros componentes e módulos ópticos.

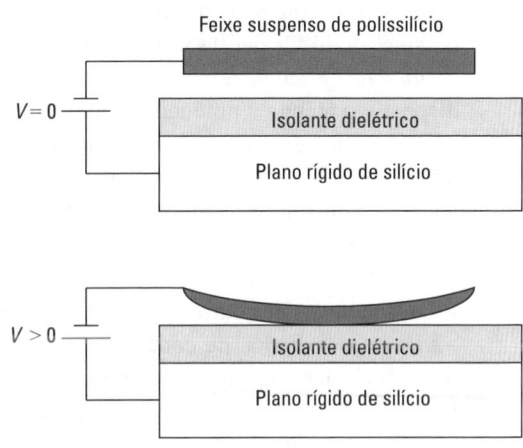

Figura 10.33 Um exemplo simples do método de atuação de MEMS. Acima, temos uma posição *off* e, abaixo, uma posição *on*.

A Figura 10.33 mostra um exemplo simples de um *método de atuação de MEMS*. Na parte superior do dispositivo, há um fino feixe de polissilício suspenso que tem dimensões típicas de comprimento, largura e de espessura de 80 μm, 10 μm e 0,5 μm, respectivamente. Na parte inferior, existe um plano rígido de silício que é coberto por um material isolante. Existe uma separação nominal de 0,6 μm entre o feixe e o isolante. Quando uma voltagem é aplicada entre o plano rígido de silício e o feixe de polissilício, a força eléctrica puxa para baixo o feixe, de modo que ele entre em contato com a estrutura da parte inferior.

Inicialmente os dispositivos MEMS foram baseados na tecnologia padrão do silício, que é um material muito duro. Como algum tipo de força elétrica é tipicamente usado para dobrar ou defletir uma das camadas MEMS para produzir o movimento mecânico desejado, os materiais mais duros exigem voltagens elevadas para atingir uma determinada deformação mecânica. Para reduzir essas forças, os dispositivos MEMS atuais são feitos com materiais poliméricos altamente compatíveis que possuem rigidez seis ordens de grandeza menores do que a do silício. Essa classe de componentes é chamada de *MEMS compatível* ou CMEMS. Essa tecnologia emprega um material macio, semelhante à borracha, chamado de *elastômero* (das palavras *elástico* e *polímero*). Materiais elastoméricos podem ser esticados em até 300%, em oposição a menos de 1% do silício. Como resultado, os dispositivos CMEMS exigem tensões elétricas muito mais baixas para atingir uma dada deflexão mecânica, e, para tensões equivalentes, a sua faixa mecânica de movimento é muito maior do que com MEMS de silício.

10.8.2 Atenuadores ópticos variáveis

Controle preciso do nível de sinal ativo é essencial para o bom funcionamento das redes DWDM. Por exemplo, todos os canais de comprimento de onda que saem de um amplificador óptico precisam ter o mesmo nível de ganho, certos canais precisam ser apagados para o monitoramento da rede, um balanço da extensão pode ser necessário para assegurar que todas as potências de sinal em um local de usuário são as mesmas, e a atenuação do sinal pode ser necessária no receptor para evitar a saturação do fotodetector. Um *atenuador óptico variável* (VOA) oferece tal controle de nível de sinal dinâmico. Esse dispositivo atenua a potência óptica por vários meios para controlar os níveis de sinal com precisão, sem perturbar as outras propriedades do sinal luminoso. Isso significa que dispositivos desse tipo devem ser independentes de polarização, atenuar a luz independentemente de seu comprimento de onda e ter uma baixa perda de inserção. Além disso, devem ter uma faixa dinâmica de 15-30 dB (ou seja, um fator de controle no intervalo de 30-1.000).

Os métodos de controle incluem técnicas *mecânica, termo-óptica, MEMS* ou *eletro--óptica*. Os métodos de controle mecânicos são confiáveis, mas possuem uma baixa faixa dinâmica e um tempo de resposta lento. Os métodos termo-ópticos têm uma alta faixa dinâmica, mas são lentos e exigem a utilização de um *refrigerador termoelétrico* (TEC), que pode não ser desejável. Os dois métodos de controle mais populares são baseados em técnicas MEMS e eletro-óptica. Para técnicas MEMS, um método de atuação eletrostática é o mais comum e bem desenvolvido, uma vez que os processos de circuitos integrados oferecem uma ampla seleção de materiais condutores e isolantes. Nesse método, uma alteração na voltagem através de um par de eletrodos fornece uma força de atuação eletrostática, o que requer níveis de energia menores do que em outros métodos, além de ser o mais rápido.

Quando comprimentos de onda são adicionados, descartados ou encaminhados por um sistema WDM, um VOA pode gerir as flutuações de potência óptica desses comprimentos de onda e outros sinais de comprimento de onda de propagação simultânea. A Tabela 10.9 mostra alguns valores representativos de parâmetros operacionais de um VOA.

Tabela 10.9 Valores de parâmetros operacionais representativos para um típico VOA

Parâmetro	Especificação
Perda de inserção	< 1,8 dB
Intervalo de atenuação	> 15 dB (até possíveis 60 dB)
PDL @ 25 dB atenuação	< 0,3 dB
Máxima potência óptica por canal	> 150 mW (até possíveis 500 mW)
Perda de retorno óptico	> 42 dB

10.8.3 Filtros ópticos ajustáveis

Os *filtros ópticos ajustáveis* são componentes-chave para redes ópticas WDM densas. As duas principais tecnologias para fazer um filtro sintonizável são dispositivos baseados em MEMS e grade de Bragg. Os filtros acionados por MEMS têm as características vantajosas de uma larga faixa de ajuste e a flexibilidade de projeto. Esse filtro é uma variação ajustável da estrutura clássica utilizada amplamente em aplicações de interferometria. O dispositivo baseado em MEMS consiste em dois conjuntos de camadas semicondutoras crescidas epitaxialmente, que formam uma cavidade única de Fabry-Perot. O funcionamento do dispositivo é baseado na possibilidade de que um dos dois espelhos possa ser movido com precisão por um atuador. Isso permite uma mudança na distância entre os dois espelhos da cavidade, resultando na seleção de diferentes comprimentos de onda que são filtrados (ver Seção 10.5).

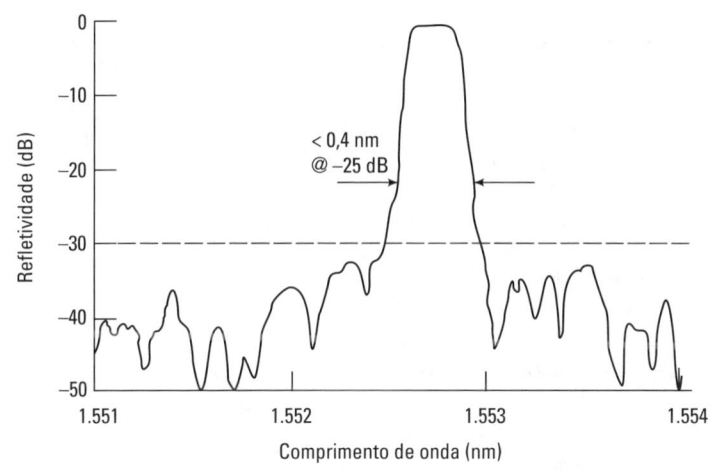

Figura 10.34 Exemplo da banda reflexão e de perfis espectrais íngremes para um filtro de rede de fibra de Bragg de 50 GHz.

As grades de fibra de Bragg são filtros refletores seletores de comprimento de onda seletivos com perfis espectrais íngremes, como mostrado na Figura 10.34. Os filtros ópticos sintonizáveis baseados em redes de Bragg envolvem um processo de estiramento e relaxamento do espaçamento na grade da fibra, isto é, na variação periódica no índice de refração ao longo do núcleo. Uma vez que o vidro é um meio ligeiramente elástico, à medida que uma fibra óptica é estirada com uma grade em seu interior, o índice de refração e o espaçamento das perturbações do índice mudam. Esse processo induz uma mudança no comprimento de onda de Bragg, alterando o comprimento de onda central do filtro. Antes de ser esticada, o comprimento de onda central λ_c de um filtro de grade de fibra de Bragg é dado por $\lambda_c = 2n_{ef}\Lambda$, onde n_{ef} é o índice efetivo da fibra que contém a grade, e Λ (lambda), o período de variação do índice na grade. Quando se alonga a grade de fibra de uma distância $\Delta\Lambda$, a alteração correspondente no comprimento de onda central é $\Delta\lambda_c = 2n_{ef}\Delta\Lambda$. Tais filtros ópticos podem ser feitos para as bandas S, C, e L e para funcionar na região de 1.310 nm.

O alongamento pode ser feito por meios termomecânicos, piezoelétricos ou pela via motor de passo, como mostra a Figura 10.35. Os *métodos termomecânicos* podem usar um elemento de expansão diferencial bimetálico que muda de forma conforme sua temperatura varia. Na figura, a barra de maior expansão altera mais o seu comprimento com a temperatura do que a armação de baixa expansão, o que leva a variações de comprimento induzidas pela temperatura na grade de fibra. Esse método é barato, mas é lento, leva tempo para estabilizar e tem um intervalo de ajuste limitado. A *técnica piezoelétrica* utiliza um material que altera o seu comprimento, quando uma voltagem é aplicada. Embora esse método forneça uma precisa resolução em comprimento de onda, ele é mais dispendioso, de implementação complexa e tem uma faixa de ajuste limitada. O método de motor de passo altera o comprimento da grade de fibra, puxando ou relaxando uma extremidade da estrutura. Tem um custo moderado, é de confiável e tem uma velocidade de ajuste razoável.

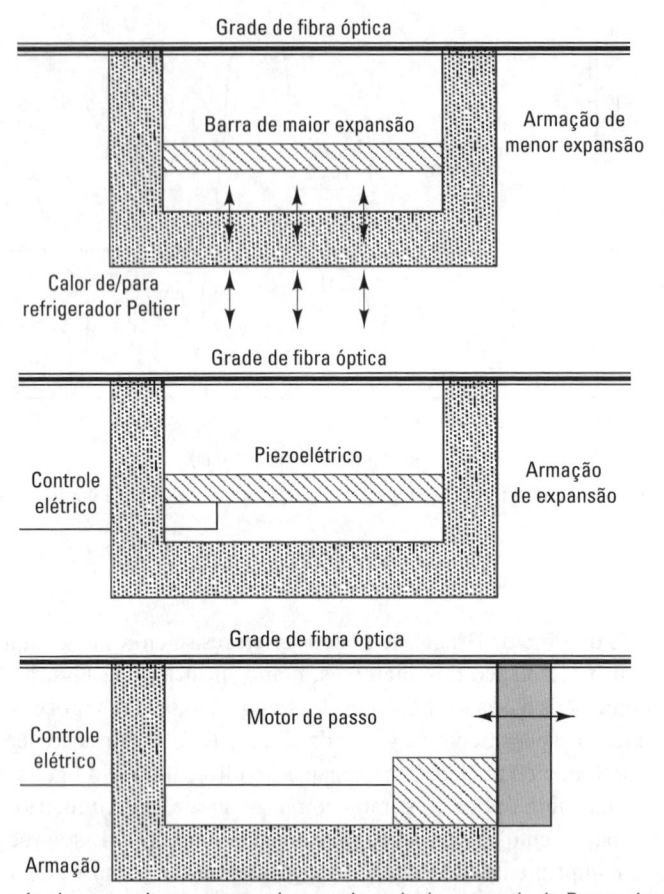

Figura 10.35 Três métodos para ajustar o comprimento de onda de uma rede de Bragg sintonizável.

A Tabela 10.10 lista os parâmetros de desempenho representativos de um filtro óptico sintonizável. As aplicações desses dispositivos incluem o monitoramento do ganho de inclinação em amplificadores de fibra óptica, o monitoramento de desempenho óptico nos escritórios centrais, a seleção de canal do lado receptor em um *link* WDM e a supressão do ruído de *emissão espontânea amplificada* (ASE) em amplificadores ópticos (ver Capítulo 11).

Tabela 10.10 Parâmetros típicos de desempenho para um filtro óptico sintonizável

Parâmetro	Especificação
Faixa de sintonia	40 nm típico
Seletividade de canal	100, 50 e 25 GHz
Largura de banda	< 0,2 nm
Perda de inserção	< 3 dB através da faixa de sintonia
Perda dependente da polarização (PDL)	< 0,2 dB através da faixa de sintonia
Velocidade de sintonia	Dependente da tecnologia
Tensão de sintonia	12-40 V

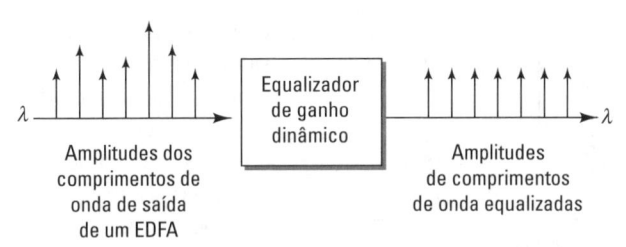

Figura 10.36 Exemplo de como um DGE equaliza o perfil de ganho de um amplificador de fibra dopada com érbio (EDFA).

10.8.4 Equalizadores de ganho dinâmico

Um *equalizador de ganho dinâmico* (DGE) é usado para reduzir a atenuação dos comprimentos de onda individuais em uma banda espectral. Esses dispositivos também são chamados de *equalizadores de canal dinâmico* (DCE) ou *equalizadores espectrais dinâmicos*. A função de um DGE é equivalente à filtragem de comprimentos de onda individuais e à equalização deles em uma base canal a canal. As suas aplicações incluem achatamento do perfil de ganho não linear de um amplificador óptico (como um EDFA ou o amplificador Raman descritos no Capítulo 11), compensação para a variação das perdas de transmissão em canais individuais através de uma determinada banda espectral em um *link* e atenuação, adição ou descarte de determinados comprimentos de onda. Por exemplo, o perfil de ganho através de uma banda espectral contendo vários comprimentos de onda geralmente muda e precisa ser equalizado quando um dos comprimentos de onda é subitamente adicionado ou cancelado em um *link* WDM. Note que os fornecedores de componentes, às vezes, fazem distinção entre um DGE para achatar a saída de um amplificador óptico e um DCE, que é usado para a equalização do canal ou funções de adição/descarte. Dependendo da aplicação, certos parâmetros operacionais, como o intervalo de atenuação do canal, podem ser diferentes.

Esses dispositivos operam possuindo atenuadores individualmente ajustáveis, como uma série de VOAs, e controlam o ganho de um pequeno segmento espectral através de uma banda espectral larga, como a banda C ou L. Por exemplo, dentro de um intervalo espectral de 4 THz (cerca de 32 nm na banda C), um DGE pode atenuar individualmente a potência óptica de 40 canais espaçados de 100 GHz ou 80 canais espaçados de 50 GHz. Por exemplo, a Figura 10.36 mostra como um DGE equaliza o perfil de ganho de um amplificador de fibra dopada com érbio. O funcionamento de tais dispositivos pode ser controlado eletronicamente e configurado por um *software* residente em um microprocessador. Esse controle é baseado em informações de *feedback* recebidas de um cartão de monitoramento de desempenho que fornece os valores dos parâmetros necessários para ajustar as especificações necessárias do *link*. Isso permite um elevado grau de agilidade em responder às flutuações de potência óptica que podem resultar de mudanças nas condições de rede.

10.8.5 Multiplexadores ópticos de adição/remoção

A função de um *multiplexador óptico de adição/remoção* (OADM) é inserir (adicionar) ou extrair (remover) um ou mais comprimentos de onda selecionados em um ponto designado em uma rede óptica. A Figura 10.37 mostra uma simples configuração OADM

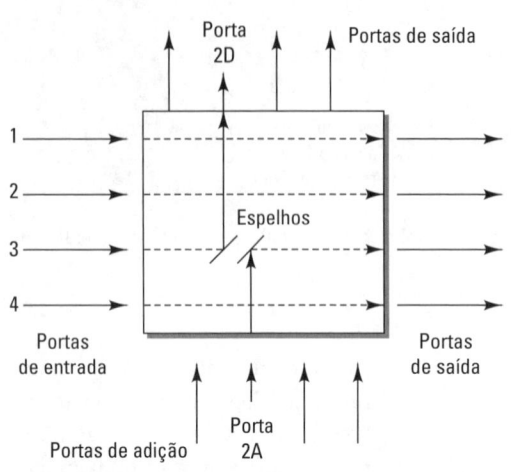

Figura 10.37 Exemplo de adição e remoção de comprimentos de onda em um dispositivo OADM de 4 × 4 que utiliza espelhos em miniatura de comutação.

que tem quatro entradas e quatro portas de saída. Nesse caso, as funções de adição/remoção são controladas por espelhos em miniatura baseados em MEMS, que são ativados seletivamente para conectar os caminhos de fibra desejada. Quando nenhum espelho é ativado, cada um dos canais de entrada passa através do interruptor para a porta de saída. Os sinais de entrada podem ser removidos do fluxo de dados pela ativação do par de espelhos apropriado. Por exemplo, para que o sinal transportado no comprimento de onda λ_3 entrando na porta 3 seja removido para a porta 2D, os espelhos são ativados como na Figura 10.37. Quando um sinal óptico é removido, outro caminho é estabelecido simultaneamente, permitindo que um novo sinal seja adicionado a partir da porta 2A para o fluxo de tráfego.

Existem muitas variações sobre configurações do dispositivo óptico de adição/remoção, dependendo da tecnologia de comutação utilizada. No entanto, em cada caso, a operação é independente do comprimento de onda, da taxa de dados e do formato do sinal. O Capítulo 13 descreve as aplicações desses dispositivos no roteamento e na comutação dos sinais ópticos.

10.8.6 Controladores de polarização

Os *controladores de polarização* oferecem um controle de polarização em tempo real de alta velocidade, em um sistema de circuito fechado que inclui um sensor de polarização e um controle lógico. Esses dispositivos ajustam dinamicamente qualquer estado de polarização de entrada para um estado de polarização de saída arbitrário. Por exemplo, a saída pode ser um estado fixo e linearmente polarizado. Nominalmente, isso é feito por meio de tensões de controle eletrônicas que são aplicadas independentemente às placas retardadoras de polarização.

As aplicações dos controladores de polarização incluem compensação de *dispersão modal de polarização* (PMD), codificação de polarização e multiplexação por polarização.

10.8.7 Compensadores de dispersão cromática

Um fator crucial em *links* ópticos que operam acima de 2,5 Gb/s é a compensação dos efeitos de dispersão cromática.[66-69] Esse fenômeno provoca o alargamento do pulso, que leva a um aumento das taxas de erro de *bits*. Um meio eficaz de atender às rigorosas tolerâncias de dispersão estreitas para tais redes de alta velocidade é começar com um método de gestão da dispersão de primeira ordem, tal como uma fibra de compensação de dispersão, que opera em uma ampla faixa espectral. Assim, um ajuste fino pode ser realizado por meio de um compensador de dispersão sintonizável que funciona através de uma banda espectral estreita para corrigir qualquer dispersão residual e variável.

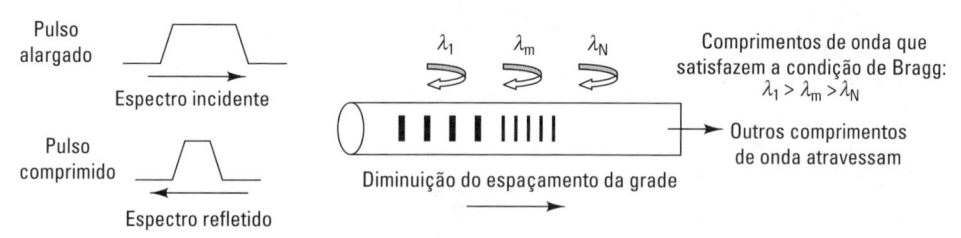

Figura 10.38 A dispersão cromática dinâmica pode ser obtida por uma grade de fibra gorjeada de Bragg.

O dispositivo para a realização dessa sintonização fina é chamado de *módulo de compensação de dispersão* (DCM). Semelhante a muitos outros dispositivos, esse módulo pode ser ajustado manual, remota, ou dinamicamente. A *sintonia manual* é feita por um técnico de rede, antes ou depois da instalação do módulo em um painel de telecomunicações. Por meio de um *software* de gerenciamento de rede, ele pode ser ajustado *remotamente* a partir de um console de gerenciamento central por um operador de rede, se esse recurso for incluído em seu projeto. O *ajuste dinâmico* é feito pelo próprio módulo sem qualquer intervenção humana.

Um modo de conseguir a dispersão cromática dinâmica é por meio do uso de uma *grade de fibra de Bragg* (FBG) gorjeada, como mostra a Figura 10.38. Aqui, o espaçamento da rede varia linearmente ao longo do comprimento da grade, criando o que é conhecido como uma rede de *difração gorjeada*. Isso resulta em uma faixa de comprimentos de onda que satisfaz a condição de Bragg para a reflexão. Na configuração mostrada, o espaçamento diminui ao longo da fibra, ou seja, o comprimento de onda de Bragg diminui com a distância ao longo do comprimento da grade. Consequentemente, os componentes de comprimentos de onda mais curtos de um pulso viajam mais para dentro da fibra antes de serem refletidos. Assim, eles experimentam um maior atraso no trajeto através da grade do que os componentes de comprimentos de onda maiores. Os atrasos relativos induzidos pela grade sobre os componentes de frequência diferentes do pulso são o oposto dos atrasos provocados pela fibra. Isso resulta em uma compensação de dispersão causada pela compressão do pulso.

10.9 Fontes de luz ajustáveis

Muitos projetos diferentes de *laser* foram propostos para gerar o espectro de comprimentos de onda necessários para redes DWDM. A utilização de *lasers* de DFB ou DBR de único comprimento de onda discreto é o método mais simples. Aqui, selecionamos as fontes individuais, cada uma operando em um comprimento de onda diferente. Embora seja simples, esse método pode ser dispendioso devido ao elevado custo de *lasers* individuais. Além disso, as fontes devem ser cuidadosamente controladas e monitoradas para assegurar que os seus comprimentos de onda não se alterem com o tempo e a temperatura dentro da região espectral das fontes adjacentes.

Um projeto mais flexível é possuir um *laser* sintonizável.[70-75] O princípio fundamental para fazer tal *laser* é alterar o comprimento da cavidade na qual o fenômeno *laser* ocorre, de forma que o dispositivo emita em comprimentos de onda diferentes. As opções básicas de sintonia são as seguintes:

- Sintonização do comprimento de onda de um *laser* por meio de variações de temperatura ou corrente.

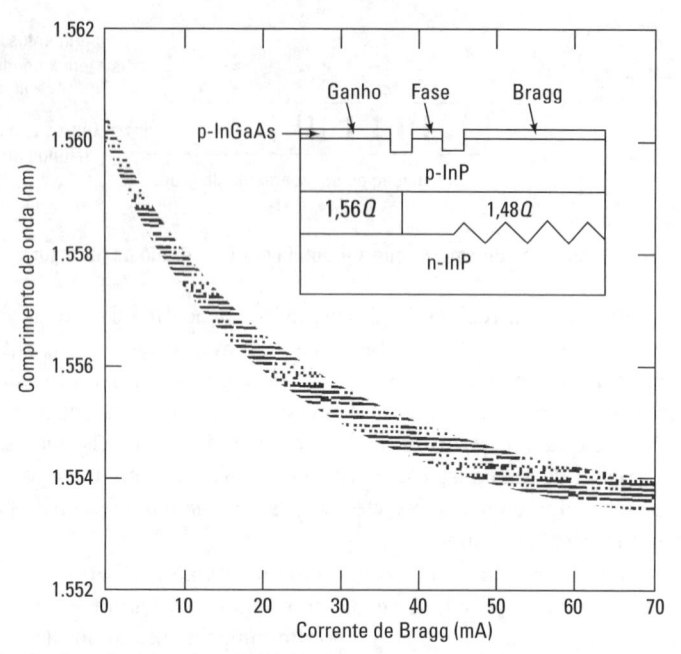

Figura 10.39 Faixa de sintonia de um *laser* DBR de três seções ajustável por injeção. (Reproduzida com permissão de Staring et al.,[75] © 1994, IEEE.)

- Uso de um *laser* de comprimento de onda ajustável (ou frequência sintonizável) especialmente concebido, como um *laser* de múltipla seção ou de cavidade externa.
- Frequência de bloqueio para um modo específico em um *laser* de Fabry-Perot.
- Corte espectral por meio de um filtro óptico de banda estreita sintonizável ou fixa e de um LED de banda larga.

Com um *laser* de frequência ajustável, é preciso apenas esta fonte. Esses dispositivos são baseados em estruturas DFB ou DBR, que têm um filtro de grade do tipo de guia de ondas no interior da cavidade *laser* (como é descrito no Capítulo 4). O ajuste da frequência é obtido por meio da alteração da temperatura do dispositivo (uma vez que o comprimento de onda muda cerca de 0,1 nm/°C) ou pela alteração da corrente de injeção na seção ativa (de ganho) ou passiva (produzindo uma alteração de comprimento de onda de $0,8 \times 10^{-2}$ a $4,0 \times 10^{-2}$ nm/mA ou, de forma equivalente, de 1 a 5 GHz/mA). Geralmente, utiliza-se o último método. Isso resulta em uma mudança no índice de refração eficaz, que causa uma mudança no pico de comprimento de onda de saída. A faixa de ajuste máxima depende da potência óptica de saída, com um nível de saída maior resultando em uma faixa mais estreita de sintonização. A Figura 10.39 ilustra a faixa de sintonia de um *laser* DBR de três seções ajustável por injeção.

A faixa de sintonia $\Delta\lambda_{\text{sintonia}}$ pode ser estimada por

$$\frac{\Delta\lambda_{\text{sintonia}}}{\lambda} = \frac{\Delta n_{\text{ef}}}{n_{\text{ef}}} \tag{10.67}$$

onde Δn_{ef} é a alteração no índice de refração efetivo. Na prática, a mudança máxima no índice é de cerca de 1%, que resulta em uma faixa de sintonia de 10 a 15 nm. A Figura 10.40

retrata as relações entre a faixa de sintonia, o espaçamento dos canais e a largura espectral da fonte. Para evitar a interferência entre canais adjacentes, um espaçamento de canal de 10 vezes a largura espectral da fonte $\Delta\lambda_{sinal}$ é frequentemente especificada. Isto é,

$$\Delta\lambda_{canal} \approx 10\Delta\lambda_{sinal} \quad (10.68)$$

Assim, o número máximo N de canais que pode ser colocado na faixa de sintonização $\Delta\lambda_{sintonia}$ é

$$N \approx \frac{\Delta\lambda_{sintonia}}{\Delta\lambda_{canal}} \quad (10.69)$$

Exemplo 10.14 Suponha que a mudança máxima do índice de um dado *laser* DBR operando em 1.550 nm seja de 0,65%. Logo, a faixa de sintonia será

$$\Delta\lambda_{sintonia} = \lambda \frac{\Delta n_{ef}}{n_{ef}} = (1.550 \text{ nm})(0,0065) = 10 \text{ nm}$$

Se a largura espectral da fonte $\Delta\lambda_{sinal}$ é de 0,02 nm para um sinal de 2,5 Gb/s, então, utilizando as Equações (10.68) e (10.69), o número de canais que podem operar nessa faixa de sintonização é

$$N = \frac{\Delta\lambda_{sintonia}}{\Delta\lambda_{canal}} = \frac{10 \text{ nm}}{10 (0,02 \text{ nm})} = 50$$

Os projetos de *laser* de cavidade externa incluem o uso de cavidades de Littman e Littrow. O esquema de *cavidade de Littman* utiliza uma grade e um espelho ajustável baseado em MEMS para fornecer um elevado nível de supressão de modo lateral (tipicamente 60 dB), com uma largura de linha estreita (de 0,3-5 MHz). O método da *cavidade de Littrow* utiliza uma grade para oferecer um aumento na potência de saída óptica, mas com uma pequena redução na supressão do modo lateral (40 dB). Em ambos os dispositivos, a sintonia grosseira é realizada pelo ajuste manual de um regulador de alta precisão, e o ajuste fino adicional é conseguido por meio de um atuador piezoelétrico. Vários *lasers* de múltiplas seções ajustáveis foram examinados. Esses projetos podem incluir um refletor distribuído de Bragg, uma porção de ganho, uma seção de correção de fase passiva e uma seção de ajuste grosseiro. A modulação da grade refletora de Bragg fornece uma série, ou pente, de picos de comprimento de onda. Ao utilizar um controle externo de corrente, o sintonizador grosseiro seleciona um destes picos. Tal dispositivo pode ser ajustado ao longo de um intervalo de 32 nm, que cobre toda a banda C.

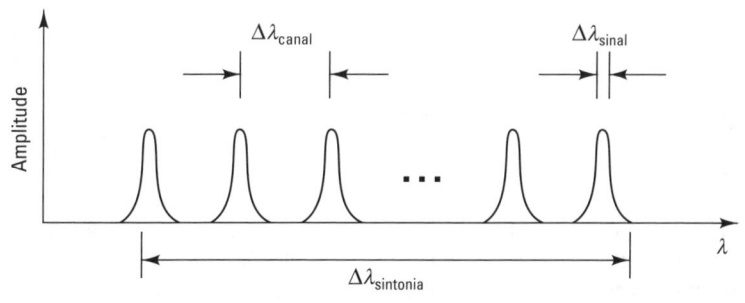

Figura 10.40 Relação entre faixa de sintonia, espaçamento de canais e largura espectral da fonte.

Outros projetos utilizam uma combinação integrada de uma fonte óptica (um diodo *laser* de banda larga ou um LED), um multiplexador de grade de guia de ondas e um amplificador óptico.[76-80] Nesse método, conhecido como *corte espectral*, uma saída espectral larga (por exemplo, a partir de um LED amplificado) é fatiada espectralmente pela grade de guia de onda para produzir um pente de frequências ópticas precisamente espaçadas, que se tornam uma matriz de fontes de saída constante. Essas fatias espectrais são então alimentadas em uma sequência de canais de comprimento de onda individualmente endereçáveis, que podem ser externamente modulados.

Problemas

10.1 Um sistema de transmissão óptica DWDM é projetado para possuir espaçamentos de canal de 100 GHz. Quantos canais de comprimento de onda podem ser utilizados na banda espectral de 1.536 a 1.556 nm?

10.2 Suponha que um sistema DWDM de 32 canais tenha espaçamentos de canal uniformes de $\Delta v = 100$ GHz e considere que a frequência v_n corresponde ao comprimento de onda λ_n. Usando essa correspondência, considere o comprimento de onda $\lambda_1 = 1.550$ nm. Calcule o espaçamento de comprimento de onda entre os dois primeiros canais (entre os canais 1 e 2) e entre os dois últimos canais (entre os canais 31 e 32). A partir do resultado, o que se pode concluir sobre o uso de uma definição de espaçamento igual de comprimento de onda nessa faixa espectral em vez da especificação-padrão de espaçamento de canal em igual frequência?

10.3 Assuma que, para um dado acoplador *tap*, as potências que atravessam e que são acopladas sejam de 230 e 5 μW, respectivamente, para uma potência de entrada de 250 μW.
(*a*) Qual é a relação de acoplamento?
(*b*) Quais são as perdas de inserção?
(*c*) Encontre a perda excessiva do acoplador.

10.4 A especificação de produto para um acoplador *tap* 2×2 monomodo bicônico com um quociente de acoplamento de 40/60 informa que as perdas de inserção são 2,7 dB para o canal de 60% e de 4,7 dB para o canal de 40%.
(*a*) Se a potência de entrada é $P_0 = 200$ μW, encontre os níveis de saída P_1 e P_2.
(*b*) Encontre a perda de excesso do acoplador.
(*c*) A partir dos valores calculados de P_1 e P_2, verifique que o quociente de acoplamento é de 40/60.

10.5 Considere as razões de acoplamento como uma função dos comprimentos de tração mostrados na Figura 10.41 para um acoplador *tap* bicônico fundido. Os desempenhos são dados para a operação em 1.310 nm e 1.540 nm. Discuta o comportamento do acoplador para cada comprimento de onda se o seu comprimento de tração é interrompido nos pontos seguintes: A, B, C, D, E e em cada F.

10.6 Considere o acoplador 2×2 mostrado na Figura 10.8, onde **a** e **b** são as matrizes que representam as intensidades de campo das ondas de entrada e saída que se propagam, respectivamente. Para uma dada entrada a_1, impomos a condição de que não há potência emergindo da segunda porta de entrada, isto é, $a_2 = 0$. Encontre expressões para a transmissividade T e reflectividade R em termos de elementos s_{ij} na matriz de espalhamento **S** dada pela Equação (10.8).

10.7 Um acoplador de guia de onda 2×2 tem $\kappa = 0,4$ mm^{-1}, $\alpha = 0,06$ mm^{-1} e $\Delta\beta = 0$. Quão longo deve ser o acoplador para fazer um divisor de potência de 3 dB? Se esse comprimento é dobrado, qual fração da potência de entrada emerge do segundo canal?

10.8 Suponha que tenhamos dois acopladores de guia de onda 2×2 (acopladores A e B) que têm geometrias de canal e espaçamentos iguais, e são formados sobre substrato de mesmo material. Se o índice de refração do acoplador A é maior que o de B, qual dispositivo possui maior coeficiente de acoplamento κ? Como isso pode interferir nos comprimentos de dispositivo necessários em cada caso, de modo a formar um acoplador de 3 dB?

10.9 Medidas em um acoplador estrela 7×7 criam as perdas inserção da porta de entrada 1 para

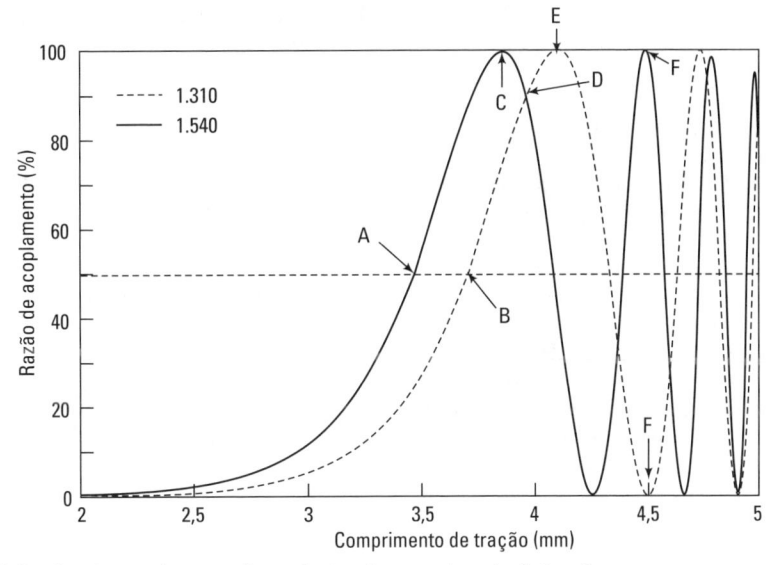

Figura 10.41 Razões de acoplamento dependentes do comprimento de tração.

cada porta de saída apresentadas na Tabela 10.11. Encontre a perda de excesso total através do acoplador para as entradas na porta 1.

Tabela 10.11

Porta de saída nº	1	2	3	4	5	6	7
Perda de inserção (dB)	9,33	7,93	7,53	9,03	9,63	8,64	9,04

10.10 Considere um acoplador estrela de transmissão de fibra óptica que possui sete entradas e sete saídas. Suponha que o acoplador seja construído dispondo as sete fibras em um padrão circular (um anel de seis com uma no centro) e colocando-as de encontro à extremidade de uma vareta de vidro que serve como o elemento de mistura.

(a) Se as fibras têm núcleos de diâmetro de 50 μm e cascas de diâmetro de 125 μm, qual é a perda de acoplamento resultante da luz que escapa entre os núcleos das fibras de saída? Considere o diâmetro da haste de 300 μm. Assuma que a casca da fibra não é removida.

(b) Qual é a perda de acoplamento se as extremidades da fibra são dispostas em uma linha, e uma placa de vidro de 50 μm × 800 μm é usada como acoplador estrela?

10.11 Repita o Problema 10.10 para sete fibras que possuem núcleos de diâmetro de 200 μm e cascas de diâmetros de 400 μm. Qual deve ser o tamanho da vareta de vidro e da placa de vidro nesse caso?

10.12 Suponha que um acoplador estrela $N \times N$ seja construído de n acopladores 2×2 de 3 dB, cada um com uma perda de excesso de 0,1 dB. Encontre o valor máximo de n e o tamanho máximo N se o balanço de potência para o acoplador estrela for de 30 dB.

10.13 Usando a Equação (10.29) para a matriz de propagação do acoplador 2×2, derive as expressões para M_{11}, M_{12}, M_{21} e M_{22} na Equação (10.35). A partir disso, encontre as expressões mais gerais para as potências de saída dadas pelas Equações (10.38) e (10.39).

10.14 Considere o multiplexador 4×4 mostrado na Figura 10.16.

(a) Se $\lambda_1 = 1.548$ nm e $\Delta \nu = 125$ GHz, quais são os quatro comprimentos de onda de entrada?

(b) Se $n_{ef} = 1,5$, quais são os valores de ΔL_1 e ΔL_3?

10.15 Seguindo a mesma linha de análise do Exemplo 10.10, utilize interferômetros de Mach-Zehnder 2×2 para projetar um multiplexador 8 para 1 que pode lidar com uma separação de canal de 25 GHz. Considere que o menor comprimento de onda seja de 1.550 nm. Especifique o valor de ΔL para os MZIs 2×2 em cada estágio.

10.16 Uma grade de reflexão plana pode ser usada como um multiplexador por divisão de comprimento de onda quando montada como na Figura 10.42. As propriedades angulares dessa grade são dadas pela equação de grade

$$\operatorname{sen}\phi - \operatorname{sen}\theta = \frac{k\lambda}{n\Lambda}$$

onde Λ é o período da grade; k, a ordem da interferência; n, o índice de refração do meio entre a lente e a grade; e ϕ e θ são os ângulos dos feixes incidente e refletidos, respectivamente, medidos em relação à normal da grade.

(a) Utilizando a equação da grade, mostre que a dispersão angular é dada por

$$\frac{d\theta}{d\lambda} = \frac{k}{n\Lambda \cos\theta} = \frac{2\tan\theta}{\lambda}$$

(b) Se a difusão fracionada do feixe S é dada por

$$S = 2(1+m)\frac{\Delta\lambda}{\lambda}\tan^2\theta$$

em que m é o número de canais de comprimento de onda, encontre o limite superior de θ para a difusão do feixe menor que 1%, uma vez que $\Delta\lambda = 26$ nm, $\lambda = 1.350$ nm e $m = 3$.

10.17 No mesmo gráfico, trace a refletividade R_{max} dada pela Equação (10.48) e a transmissividade $T = 1 - R_{max}$ para uma grade de fibra de Bragg em função de κL para $0 \leq \kappa L \leq 4$. Se $\kappa = 0{,}75$ mm^{-1}, em qual comprimento da grade temos uma refletividade de 93%?

10.18 Considere um multiplexador de comprimento de onda constituído de circuladores e redes de fibra de Bragg, como mostra a Figura 10.22. Assuma que a potência óptica de entrada de cada comprimento de onda, de λ_1 a λ_4, seja de 1 mW. Considere que tanto a perda de inserção como a perda de propagação de cada FBG seja de 0,25 dB, e a perda de inserção do circulador de 0,6 dB. Qual é o nível de potência de cada comprimento de onda que emerge do circulador final C4?

10.19 Com base na teoria de modos acoplados, a refletividade de uma grade de fibra é dada por[36]

$$R = \frac{(\kappa L)^2 \operatorname{senh}^2(SL)}{(\delta\beta L)^2 \operatorname{senh}^2(SL) + (SL)^2 \cosh^2(SL)}$$
$$\text{para } (\kappa L)^2 > (\delta\beta L)^2$$

e

$$R = \frac{(\kappa L)^2 \operatorname{sen}^2(QL)}{(\delta\beta L)^2 - (\kappa L)^2 \cos^2(QL)}$$
$$\text{para } (\kappa L)^2 < (\delta\beta L)^2$$

onde

$$SL = (\delta\beta L)\left[\left(\frac{\kappa L}{\delta\beta L}\right)^2 - 1\right]^{1/2}$$

e

$$QL = (\delta\beta L)\left[1 - \left(\frac{\kappa L}{\delta\beta L}\right)^2\right]^{1/2}$$

Aqui, $\delta\beta = \beta - p\pi/\Lambda = 2\pi n_{ef}/\lambda - p\pi/\Lambda$, com Λ sendo o período da grade e p um número inteiro. Para valores de $\kappa L = 1, 2, 3$ e 4, trace $R(\kappa L)$ em função do $\delta\beta L$ no intervalo $-10 \leq \delta\beta L \leq 10$. Note que R_{max} é encontrado considerando $\delta\beta = 0$.

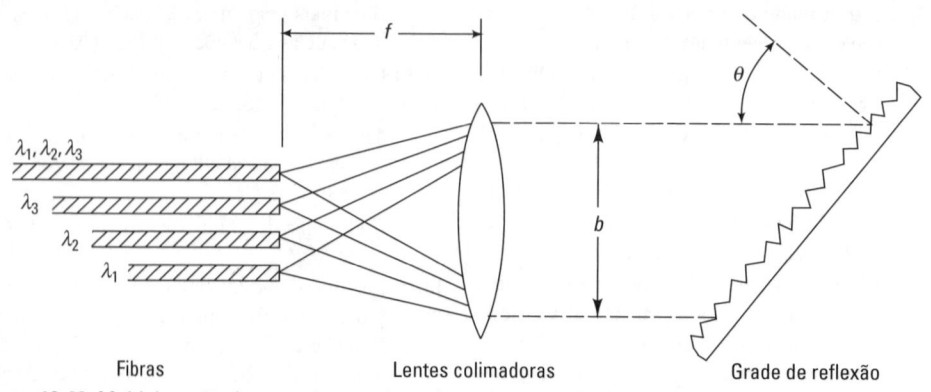

Figura 10.42 Multiplexação de comprimento de onda com uma grade de reflexão.

10.20 Usando a expressão para $R(\kappa L)$ dada no Problema 10.19, derive a Equação (10.49), o que dá a largura de banda total $\Delta\lambda$, medida entre os zeros de cada lado de R_{max}.

10.21 Uma rede de fibra de Bragg de 0,5 cm de comprimento é construída através da irradiação de uma fibra monomodo com um par de feixes de luz ultravioleta em 244 nm. A fibra tem $V = 2,405$ e $n_{ef} = 1,48$. A metade do ângulo entre os dois feixes é $\theta/2 = 13,5°$. Se a mudança de índice fotoinduzida é de $2,5 \times 10^{-4}$, encontre:
  (a) o período da grade,
  (b) o comprimento de onda de Bragg,
  (c) o coeficiente de acoplamento,
  (d) a largura de banda total $\Delta\lambda$ medida entre os zeros em cada lado de R_{max},
  (e) a refletividade máxima.

10.22 Considere um multiplexador de comprimento de onda fabricado a partir de uma série de filtros de filme fino, como mostrado na Figura 10.26. Assuma que a potência óptica de entrada de cada comprimento de onda de λ_1 a λ_4 seja de 1 mW. Para cada TFF, considere a perda de propagação igual a 1,0 dB e a perda de reflexão de 0,4 dB. Qual é o nível de potência de cada comprimento de onda de λ_1 a λ_4 emergindo do último filtro de filme fino TFF$_4$?

10.23 Mostre que a Equação (10.59) segue a partir da diferenciação da Equação (10.57) com relação à frequência.

10.24 Considere um multiplexador de grade de guia de ondas que possui os valores para as variáveis de operação indicados na Tabela 10.12.
  (a) Encontre a diferença de comprimento do guia de onda.
  (b) Calcule a espaçamento de canal $\Delta\nu$ e o correspondente comprimento de onda passante diferencial $\Delta\lambda$.
  (c) Qual é a faixa espectral livre para portas diagonalmente opostas nesse dispositivo?
  (d) Considerando $\theta_i = jx/L_f$ e $\theta_o = kx/L_f$, qual é a FSR para $j = 2$ e $k = 8$?

10.25 Considere um *laser* DBR sintonizável operando em 1.550 nm, que tem uma largura de linha (alargamento de frequência) de 1,25 GHz. Se a mudança de máxima de índice é de 0,55%, quantos canais de comprimento de onda esse *laser* pode proporcionar caso o espaçamento de canal seja 10 vezes a largura espectral da fonte?

Tabela 10.12

Símbolo	Parâmetro	Valor
L_f	Comprimento focal	9,38 mm
λ_0	Comprimento de onda central	1,554 nm
n_c	Índice da matriz de canais	1,451
n_g	Índice de grupo para n_c	1,475
n_s	Índice do guia de ondas laminar	1,453
x	Espaçamento de guia de onda de entrada/saída	25 μm
d	Espaçamento da grade de guia de onda	25 μm
m	Ordem da difração	118

10.26 Considere um MZI sintonizável 2×2 que é construído sobre um cristal eletro-óptico, que tem um índice efetivo de 1,5.
  (a) Se o MZI é usado para combinar dois canais de comprimento de onda separados por 0,2 nm, encontre ΔL necessária se o comprimento de onda é centrado em 1.550 nm.
  (b) Considere que o parâmetro ΔL é variado pela modulação elétrica do índice de refração do cristal eletro-óptico. Qual é a variação de índice necessária se o comprimento do guia de onda é de 100 mm? Note que o comprimento do caminho óptico efetivo L_{ef} em um guia de onda é dado por $L_{ef} = n_{ef} L$.

10.27 A intensidade óptica transmitida I_t em um filtro de Fabry-Perot de fibra sintonizável é dada por

$$I_t = \frac{I_i}{1 + \frac{4R \operatorname{sen}^2 kd}{(1-R)^2}}$$

onde I_i é a intensidade incidente; R, a refletividade dos espelhos dielétricos; k, a constante de propagação da onda luminosa; e d, o espaçamento dos espelhos. Então, $2kd$ é a fase da onda para uma ida e volta no interior da cavidade de Fabry-Perot. Trace a intensidade I_t em função de kd para valores de $R = 0,04$, 0,3 e 0,9 na faixa de $0 \le kd \le 2\pi$.

Referências

1. C. A. Brackett, "Dense wavelength division multiplexing networks: Principles and applications," *IEEE J. Select Areas Commun.* vol. 8, pp. 948-964, Aug. 1990.
2. G. E. Keiser, "A review of WDM technology and applications," *Optical Fiber Tech.*, vol. 5, pp. 3-39, Jan. 1999.
3. O. Krauss, *DWDM and Optical Networks*, Wiley, Hoboken, NJ, 2002.
4. M. Maier, *Metropolitan Area WDM Networks*, Springer, New York, 2003.
5. J. Zyskind and A. Srivastava, *Optically Amplified WDM Networks*, Academic, New York, 2010.
6. J. Zheng and M. T. Mouftah, *Optical WDM Networks: Concepts and Design Principles*, Wiley, Hoboken, NJ, 2004.
7. S. Dixit, ed., *IP over WDM: Building the Next-Generation Optical Network*, Wiley, Hoboken, NJ, 2004.
8. B. Mukherjee, *Optical WDM Networks*, Springer, New York, 2006.
9. G. Keiser, *FTTX Concepts and Applications*, Wiley, Hoboken, NJ, 2006.
10. M. Pfennigbauer and P. J. Winzer, "Choice of MUX/DEMUX filter characteristics for NRZ, RZ, and CSRZ DWDM systems," *J. Lightwave Tech.*, vol. 24, pp. 1689-1696, Apr. 2006.
11. ITU-T Recommendation G.692, *Optical Interfaces for Multichannel Systems with Optical Amplifiers*, Oct. 1998; Amendment 1, Jan. 2005.
12. (a) ITU-T Recommendation G.694.1, *Dense Wavelength Division Multiplexing (DWDM)*, June 2002.
    (b) ITU-T Recommendation G.694.2, *Coarse Wavelength Division Multiplexing (CWDM)*, Dec. 2003.
13. ITU-T Recommendation G.695, *Optical Interfaces for Coarse Wavelength Division Multiplexing Applications*, Feb. 2004.
14. Y. Liu, A. R. Davies, J. D. Ingham, R. V. Penty, and I. H. White, "Uncooled DBR laser directly modulated at 3.125 Gb/s as an athermal transmitter for low-cost WDM systems," *IEEE Photonics Technol. Lett.*, vol. 17, pp. 2026-2028, Oct. 2005.
15. E. Pennings, G.-D. Khoe, M. K. Smit, and T. Staring, "Integrated-optic versus micro optic devices for fiber-optic telecommunication systems: A comparison," *IEEE J. Selected Topics Quantum Electronics*, vol. 2, pp. 151-164, June 1996.
16. J. M. Liu, *Photonic Devices*, Cambridge University Press, 2009.
17. A. K. Dutta, N. K. Dutta, and M. Fujiwara, eds., *WDM Technologies: Passive Optical Components*, Elsevier, 2003.
18. V. J. Tekippe, "Passive fiber optic components made by the fused biconical taper process," *Fiber & Integrated Optics*, vol. 9, no. 2, pp. 97-123, 1990.
19. M. Eisenmann and E. Weidel, "Single-mode fused biconical couplers for WDM with channel spacing between 100 and 300 nm," *J. Lightwave Tech.*, vol. 6, pp. 113–119, Jan. 1988.
20. R. W. C. Vance and J. D. Love, "Back reflection from fused biconic couplers,"*J. Lightwave Tech.*. vol. 13, pp. 2282-2289, Nov. 1995.
21. R. Hui, Yu. Wan, J. Li, S. Jin, J. Lin, and H. Jiang, "III-nitride-based planar lightwave circuits for long wavelength optical communications," *IEEE J. Quantum Electron.*, vol. 41, pp. 100-110, Jan 2005.
22. R. Tewari and K. Thyagarajan, "Analysis of tunable single-mode fiber directional couplers using simple and accurate relations," *J. Lightwave Tech.*, vol. 4, pp. 386-390, Apr. 1986.
23. J. Pietzsch, "Scattering matrix analysis of 3×3 fiber couplers," *J. Lightwave Tech.*, vol. 7, pp. 303-307, Feb. 1989.
24. C.-L. Chen, *Foundations for Guided Wave Optics*, Wiley, Hoboken, NJ, 2007.
25. A. Takagi, K. Jinguji, and M. Kawachi, "Wavelength characteristics of 2×2 optical channel-type directional couplers with symmetric or nonsymmetric coupling structures," *J. Lightwave Tech.*, vol. 10, pp. 735-746, June 1992.
26. R. G. Hunsperger, *Integrated Optics: Theory and Technology*, 6th ed., Springer, New York, 2009.
27. B.E.A. Saleh and M. Teich, *Fundamentals of Photonics*, Wiley, Hoboken, NJ, 2nd ed., 2007.
28. S. Srivastava, N. Gupta, M. Saini, and E. K. Sharma, "Power exchange in coupled optical waveguides," *J. Optical Common.*, vol. 18, pp. 5-9, no. 1, 1997.
29. J. W. Arkwright and D. B. Mortimore, "7×7 monolithic single-mode star coupler," *Electron. Lett.*, vol. 26, pp, 1534-1535, Aug. 1990.
30. J. W. Arkwright, D. B. Mortimore, and R. M. Adams, "Monolithic 1×19 single-mode fused fiber couplers," *Electron. Lett.*, vol. 27, pp. 737-738, Apr. 1991.
31. D. Mechin, P. Yvernault, L. Brilland, and D. Pureur, "Influence of Bragg gratings phase mismatch in a Mach–Zehnder-based add–drop multiplexer," *J. Lightwave Tech.*, vol. 21, pp. 1411-1416, May 2003.
32. K. W. Fussgaenger and R. H. Rossberg, "Uni- and bidirectional $4 \lambda \times 560$ Mb/s transmission systems using WDM devices based on wavelength-selective fused single-mode fiber couplers," *IEEE J. Selected Areas Commun.*, vol. 8, pp. 1032-1042, Aug. 1990.
33. P. Hariharan, *Basics of Interferometry*, Academic, New York, 2007.

34. B. H. Verbeek, C. H. Henry, N. A. Olsson, K. J. Orlowsky, R. F. Kazarinov, and B. H. Johnson, "Integrated four-channel Mach-Zehnder multi/demultiplexer fabricated with phosphorous doped SiO_2 waveguides on Si," *J. Lightwave Tech.*, vol. 6, pp. 1011-1015, June 1988.

35. K. O. Hill, B. Malo, F. Bilodeau, and D. C. Johnson, "Photosensitivity in optical fibers," *Annu. Rev. Mater. Sci.*, vol. 23, pp. 125-157, 1993.

36. R. Kashyap, *Fiber Bragg Gratings*, 2nd ed., Academic, New York, 2010.

37. I. Bennion, J. A. R. Williams, L. Zhang, K. Sugden, and N. J. Doran, "UV-written in-fibre Bragg gratings: A tutorial review," *Optical Quantum Electronics*, vol. 28, pp. 93-135, Feb. 1996.

38. C. S. Goh, M. R. Mokhtar, S. A. Butler, S. Y. Set, K. Kikuchi, and M. Ibsen, "Wavelength tuning of fiber Bragg gratings over 90 nm using a simple tuning package," *IEEE Photonics Technol. Lett.*, vol. 15, pp. 557-559, Apr. 2003.

39. X. Dong, X. Yang, P. Shum, and C. C. Chan, "Tunable WDM filter with 0.8-nm channel spacing using a pair of long-period fiber gratings," *IEEE Photonics Technol. Lett.*, vol. 17, pp. 795-797, Apr. 2005.

40. D. B. Hunter and L. V. T. Nguyen, "Widely tunable RF photonic filter using WDM and a multichannel chirped fiber grating," *IEEE Trans. Microwave Theory Tech.*, vol. 54, pp. 900-905, Feb. 2006.

41. A. Ozcan, M. J. F. Digonnet, L. Lablonde, D. Pureur, and G. S. Kino, "A new iterative technique to characterize and design transmission fiber Bragg gratings," *J. Lightwave Tech.*, vol. 24, pp. 1913-1921, Apr. 2006.

42. G. P. Agrawal, *Nonlinear Fiber Optics*, Academic, New York, 4th ed., 2006.

43. C. K. Madsen and J. H. Zhao, *Optical Filter Design and Analysis: A Signal Processing Approach*, Wiley, Hoboken, NJ, 1999.

44. H. A. Macleod, *Thin-Film Optical Filters*, Taylor & Francis, London, U.K., 4th ed., 2010.

45. M. Ohring, *Materials Science of Thin Films Deposition and Structure*, Academic, San Diego, CA, 2nd ed., 2002.

46. V. Kochergin, *Omnidirectional Optical Filters*, Springer, New York, 2003.

47. L. Domash, M. Wu, N. Nemchuk, and E. Ma, "Tunable and switchable multiple-cavity thin film filters," *J. Lightwave Tech.*, vol. 22, pp. 126-135, Jan. 2004.

48. J. Jiang, J. J. Pan, Y. H. Guo, and G. Keiser, "Model for analyzing manufacturing-induced internal stresses in 50-GHz DWDM multilayer thin film filters and evaluation of their effects on optical performances," *J. Lightwave Tech.*, vol. 23, pp. 495-503, Feb. 2005.

49. J. H. Song, K.-Y. Kim, J. Cho, D. Han, J. Lee, Y. S. Lee, S. Jung, Y. Oh, D.-H. Jang, and K. S. Lee, "Thin film filter-embedded triplexing-filters based on directional couplers for FTTH networks," *IEEE Photonics Technol. Lett.*, vol. 17, pp. 1668-1670, Aug. 2005.

50. S. Sumriddetchkajorn and K. Chaitavon, "A thin-film filter-based 1×2 reconfigurable fiber-optic add-drop module with a quadruple fiber-optic collimator," *IEEE Photonics Technol. Lett.*, vol. 18, pp. 676-678, Mar. 2006.

51. M. K. Smit and C. van Dam, "PHASAR-based WDM devices: Principles, design and applications," *IEEE J. Selected Topics Quantum Electron.*, vol. 2, pp. 236-250, June 1996.

52. H. Takahashi, K. Oda, H. Toba, and Y. Inoue, "Transmission characteristics of arrayed waveguide $N \times N$ wavelength multiplexers," *J. Lightwave Tech.*, vol. 13, pp. 447-455, Mar. 1995.

53. L. H. Spiekman, M. R. Amersfoort, A. H. de Vreede, F. P. G. M. van Ham, A. Kuntze, J. W. Pedersen, P. Demeester, and M. K. Smit, "Design and realization of polarization independent phased array wavelength demultiplexers," *J. Lightwave Tech.*, vol. 14, pp. 991-995, June 1996.

54. Special Issue on "Arrayed grating routers/WDM mux demuxs and related applications/uses" and "Integrated optics and optoelectronics," *IEEE J. Selected Topics Quantum Electron.*, vol. 8, Nov./Dec. 2002.

55. K. Takada, M. Abe, T. Shibata, and K. Okamoto, "1-GHz-spaced 16-channel arrayed-waveguide grating for a wavelength reference standard in DWDM network systems," *J. Lightwave Tech.*, vol. 20, pp. 850-853, May 2002.

56. Z. Zhang, G. Z. Xiao, J. Liu, C. P. Grover, S. Nikumb, and H. W. Reshef, "A cost-effective solution for packaging the arrayed waveguide grating (AWG) photonic components," *IEEE Trans. Components Packaging Technol.*, vol. 28, pp. 564-570, Sept. 2005.

57. Y.-H. Lin and S.-L. Tsao, "Improved design of a 64×64 arrayed waveguide grating based on silicon-on-insulator substrate," *IEE Proc. – Optoelectron.*, vol. 153, pp. 57-62, Apr. 2006.

58. S. Bregni, A. Pattavina, and G. Vegetti, "Architectures and performance of AWG-based optical switching nodes for IP networks," *IEEE J. Sel. Areas Commun.*, vol. 21, pp. 1113-1121, Sept. 2003.

59. H. Uetsuka, "AWG technologies for dense WDM applications," *IEEE J. Sel. Topics Quantum Electron.*, vol. 10, pp. 393-402, Mar./Apr. 2004.

60. P. Muñoz, D. Pastor, J. Capmany, D. Ortega, A. E. Pujol, and J. R. Bonar, "AWG model validation through measurement of fabricated devices," *J. Lightwave Tech.*, vol. 22, pp. 2763-2777, Dec. 2004.

61. D. Lazikov, C. Greiner, and T. W. Mossberg, "Apodizable integrated filters for coarse WDM and FTTH-type applications," *J. Lightwave Tech.*, vol. 22, pp. 1402-1407, May 2004.
62. E. G. Loewen and E. Popov, *Diffraction Gratings and Applications*, Taylor & Francis, London, 1997.
63. C.-F. Lin, *Optical Components for Communications: Principles and Applications*, Springer, New York, 2004.
64. A.-Q. Liu, *Photonic MEMS Devices: Design, Fabrication and Control*, CRC Press, Boca Raton, FL, 2009.
65. P. DeDobbelaere, K. Falta, L. Fan, S. Gloeckner, and S. Patra, "Digital MEMS for optical switching," *IEEE Commun. Mag.*, vol. 40, pp. 88-95, March 2002.
66. B. Jopson and A. H. Gnauck, "Dispersion compensation for optical fiber systems," *IEEE Commun. Mag.*, vol. 33, pp. 96-102, June 1995.
67. D. C. Kilper, R. Bach, D. J. Blumenthal, D. Einstein, T. Landolsi, L. Ostar, M. Preiss, and A. E. Willner, "Optical performance monitoring," *J. Lightwave Tech.*, vol. 22, pp. 294-304, Jan. 2004.
68. T. Inui, T. Komukai, K. Mori, and T. Morioka, "160-Gb/s adaptive dispersion of equalization using an asynchronous dispersion-induced chirp monitor," *J. Lightwave Tech.*, vol. 23, pp. 2039-2045, June 2005.
69. D. M. Marom, C. R. Doerr, M. A. Cappuzzo, E. Y. Chen, A. Wong-Foy, L. T. Gomez, and S. Chandrasekhar, "Compact colorless tunable dispersion compensator with 1000-ps/nm tuning range for 40-Gb/s data rates," *J. Lightwave Tech.*, vol. 24, pp. 237-241, Jan. 2006.
70. J. Buus, M.-C. Amann, and D. J. Blumenthal, *Tunable Laser Diodes and Related Optical Sources*, Wiley-IEEE Press, Hoboken, NJ, 2nd ed., 2005.
71. L. A. Coldren, G. A. Fish, Y. Akulova, J. S. Barton, L. Johansson, and C. W. Coldren, "Tunable semiconductor lasers," *J. Lightwave Tech.*, vol. 22, pp. 193-202, Jan. 2004.
72. J. Kani and K. Iwatsuki, "A wavelength-tunable optical transmitter using semiconductor optical amplifiers and an optical tunable filter for metro/access DWDM applications" *J. Lightwave Tech.*, vol. 23, pp. 1164-1169, Mar. 2005.
73. J. Buus and E. J. Murphy, "Tunable lasers in optical networks," *J. Lightwave Tech.*, vol. 24, pp. 5-11, Jan. 2006.
74. Y.-H. Lee, C.-L. Yang, M.-H. Chuang, H.-W. Tseng, Y.-S. Chou, H.-W. Tsao, and S.-L. Lee, "Analysis and selection of optimum driving current combinations for tunable wavelength laser," *Microwave Optical Technol. Lett.*, vol. 48, pp. 1417-1423, July 2006.
75. A. A. M. Staring, J. J. M. Binsma, P. I. Kuindersma, E. J. Jansen, P. J. A. Thijs, T. van Dongen, and G. F. G. Depovere, "Wavelength-independent output power from an injection-tunable DBR laser," *IEEE Photonics Tech. Lett.*, vol. 6, pp. 147-149, Feb. 1994.
76. V. Arya and I. Jacobs, "Optical preamplifier receiver for spectrum-sliced WDM," *J. Lightwave Tech.*, vol. 15, pp. 576-583, Apr. 1997.
77. H. F. Taylor, "Tunable spectral slicing filters for dense wavelength-division multiplexing," *J. Lightwave Tech.*, vol. 21, pp. 837-847, Mar. 2003.
78. S. Kaneko, J.-I. Kani, K. Iwatsuki, A. Ohki, M. Sugo, and S. Kamei, "Scalability of spectrum-sliced DWDM transmission and its expansion using forward error correction," *J. Lightwave Tech.*, vol. 24, pp. 1295-1301, Mar. 2006.
79. H. Kirn, S. Kim, S. Hwang, and Y. Oh, "Impact of dispersion, PMD, and PDL on the performance of spectrum-sliced incoherent light sources using gain-saturated semiconductor optical amplifiers," *J. Lightwave Tech.*, vol. 24, pp. 775-785, Feb. 2006.
80. Y. J. Chai, C. G. Leburn, A. A. Lagatsky, C. T. A. Brown, R. V. Penty, I. H. White, and W. Sibbett, "1.36-Tb/s spectral slicing source based on a Cr-YAG femtosecond laser," *J. Lightwave Tech.*, vol. 23, pp. 1319-1324, Mar. 2005.

11

Amplificadores ópticos

Tradicionalmente, quando se projeta uma ligação óptica, formula-se um balanço de potência e acrescentam-se repetidores quando a perda no trajeto excede a margem de potência disponível. Para amplificar um sinal óptico com um repetidor convencional, efetuam-se a conversão fóton-elétron, a amplificação elétrica, a ressincronização, o ajuste da forma do pulso e, em seguida, a conversão de elétrons em fótons. Embora esse processo funcione bem para velocidades moderadas de operação em um único comprimento de onda, ele pode apresentar um ponto de estrangulamento em sistemas de transmissão de dados de alta velocidade, em múltiplos comprimentos de onda. Assim, para eliminar o problema do atraso de transmissão, um grande esforço foi realizado para desenvolver amplificadores em toda faixa óptica. Esses dispositivos operam completamente no domínio óptico para aumentar os níveis de potência dos múltiplos sinais de ondas luminosas em bandas espectrais de 30 nm ou mais.[1-5]

Inicialmente, este capítulo aborda o uso básico de amplificadores ópticos e os classifica em três tipos fundamentais: *amplificadores ópticos semicondutores* (SOAs), os *amplificadores de fibra dopada* (DFAs) e os *amplificadores Raman*. A Seção 11.2 discute os SOAs, que são baseados nos mesmos princípios de funcionamento dos diodos *laser*. Essa discussão inclui os princípios de bombeio externo e os mecanismos de ganho. Em seguida, a Seção 11.3 dá detalhes sobre os *amplificadores de fibra dopada com érbio* (EDFAs), que são amplamente utilizados na banda C (de 1.530-1.565 nm) em redes de comunicação óptica. Os efeitos de ruído gerados no processo de amplificação são tratados na Seção 11.4. O princípio da *relação sinal-ruído óptico* (OSNR) e sua relação com a taxa de erro de *bit* são apresentados na Seção 11.5. O tema da Seção 11.6 abrange as aplicações do sistema de EDFAs quando eles são utilizados em três locais de base. A Seção 11.7 aborda aspectos da operação e do uso de amplificadores ópticos baseados no mecanismo de espalhamento Raman. Finalmente, a Seção 11.8 descreve os amplificadores ópticos de banda larga que operam simultaneamente em diversas faixas de comprimento de onda.

11.1 Aplicações básicas e tipos de amplificadores ópticos

Os amplificadores ópticos são de uso generalizado em diversas aplicações, que vão desde ligações submarinas ultralongas até *links* de curta distância em redes de acesso. Em *links* ponto a ponto submarinos e terrestres de longa distância, os padrões de tráfego são relativamente estáveis, de modo que os níveis de potência de entrada para um amplificador óptico não variam significativamente. No entanto, uma vez que diversos canais de comprimento de onda muito próximos são transportados por essas ligações, o amplificador deve ter uma faixa de resposta espectral larga e ser altamente confiável. Normalmente, poucos comprimentos de onda são transportados em *links* de rede metropolitana e de acesso, mas os padrões de tráfego podem ser rompidos e comprimentos de onda podem, muitas vezes, ser adicionados ou descartados em função da demanda dos clientes para o serviço. Os amplificadores ópticos para essas aplicações, portanto, precisam ser capazes de se recuperar ligeiramente de rápidas variações de potência de entrada. Embora essas diversas aplicações ofereçam diferentes desafios para o projeto de um amplificador óptico, todos os dispositivos compartilham alguns requisitos operacionais básicos e características de desempenho, que são apresentados nesta seção.

11.1.1 Aplicações gerais

A Figura 11.1 mostra aplicações gerais de três classes de amplificadores ópticos:

Amplificadores ópticos in-line Em um *link* monomodo, os efeitos de dispersão de fibras podem ser pequenos, de modo que a principal limitação para o espaçamento de repetição é a atenuação da fibra. Como tal *link* não requer necessariamente uma regeneração completa do sinal, a simples amplificação do sinal óptico é suficiente. Assim, um amplificador óptico *in-line* pode ser utilizado para compensar as perdas de transmissão, aumentando a distância entre os repetidores regenerativos, como mostra a Figura 11.1*a*.

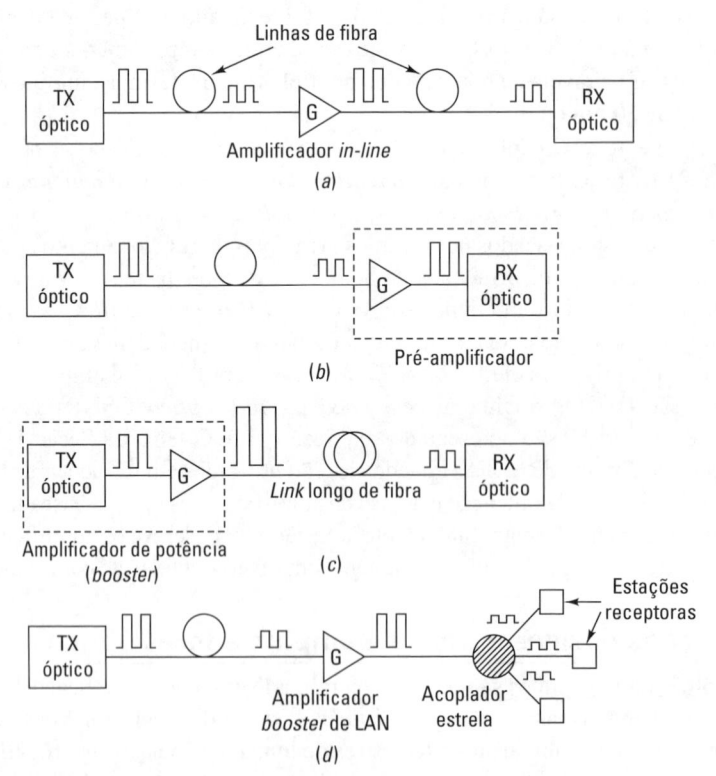

Figura 11.1 Quatro possíveis aplicações de amplificadores ópticos: (*a*) amplificação *in-line* para aumentar a distância de transmissão, (*b*) pré-amplificador para melhorar a sensibilidade do receptor, (*c*) reforço da potência transmitida e (*d*) reforço do nível de sinal em uma rede de área local.

Pré-amplificador A Figura 11.1*b* mostra um amplificador óptico sendo utilizado como um pré-amplificador frontal em um receptor óptico. Desse modo, um fraco sinal óptico é amplificado antes da fotodetecção, de tal modo que a degradação da relação sinal-ruído provocada pelo ruído térmico da eletrônica do receptor pode ser eliminada. Comparado com outros dispositivos frontais, como os fotodiodos avalanche ou detectores ópticos heteródinos, um pré-amplificador óptico proporciona fator de ganho e largura de banda maiores.

Amplificador de potência As aplicações de amplificador de potência ou de reforço incluem a colocação do dispositivo imediatamente após um transmissor óptico para aumentar a potência transmitida, como mostra a Figura 11.1*c*. Isso serve para aumentar a distância de transmissão de 10-100 km, dependendo do ganho do amplificador e da perda da fibra. Por exemplo, quando se utiliza técnica em conjunto com um pré-amplificador óptico na extremidade receptora, é possível estabelecer distâncias de transmissão submarinas de 200-250 km sem repetidores. Pode-se também empregar um amplificador óptico em uma rede de área local para compensar a perda de inserção em acopladores e a perda por divisão de potência. A Figura 11.1*d* mostra um exemplo de aumento do sinal óptico na frente de um acoplador estrela passivo, de forma que uma potência suficiente chegue a cada receptor.

11.1.2 Tipos de amplificador

Os três principais tipos de amplificador óptico podem ser classificados como *amplificadores ópticos semicondutores* (SOA), *amplificadores de fibra ativa* ou de *fibra dopada* (DFAs) e *amplificadores Raman*. Aqui apresentaremos uma visão concisa desses tipos de amplificador; os detalhes estão nas próximas seções. Todos os amplificadores ópticos aumentam o nível de potência da luz incidente por meio de uma emissão estimulada ou um processo de transferência de potência óptica. Em SOAs e DFAs, o mecanismo para a criação da inversão de população que é necessária para que a emissão estimulada ocorra é o mesmo utilizado em diodos *laser*. Embora a estrutura de tal amplificador óptico seja semelhante à de um *laser*, não está presente o mecanismo de realimentação óptica que é necessário para que o efeito *laser* ocorra. Assim, um amplificador óptico pode aumentar os níveis do sinal de entrada, mas não é possível gerar uma saída óptica coerente por si só. A operação básica é mostrada na Figura 11.2, em que o dispositivo absorve a energia fornecida a partir de uma fonte externa chamada de *bombeio*. O bombeio fornece energia para os elétrons em um meio ativo, o que os excita a níveis de energia mais elevados, produzindo, dessa maneira, uma inversão de população. Um fóton do sinal de entrada fará esses elétrons excitados caírem a níveis mais baixos por meio de um processo de emissão estimulada. Como esse fóton de entrada estimula um efeito cascata no qual muitos elétrons excitados emitem fótons de mesma energia quando caem para o estado fundamental, o resultado é um sinal óptico amplificado. Como a Seção 11.7 descreve, em contraste com os mecanismos de amplificação utilizados em um SOA ou DFA, na amplificação Raman existe uma transferência de potência óptica do comprimento de onda de bombeio de alta potência (por exemplo, 500 mW em 1.480 nm) para sinais luminosos em comprimentos de onda maiores (por exemplo, um sinal de -25 dBm em torno de 1.550 nm). Esse mecanismo de amplificação Raman é realizado sem a necessidade de um processo de inversão de população.

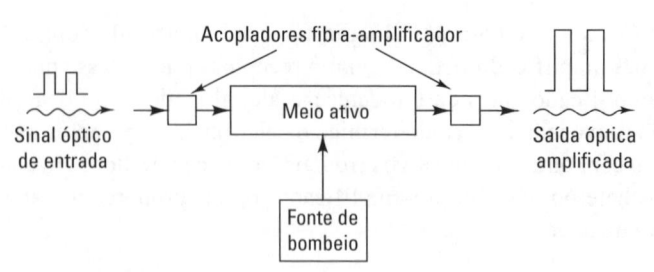

Figura 11.2 Funcionamento básico de um amplificador óptico genérico.

As ligas de materiais semicondutores dos grupos III e V (por exemplo, fósforo, gálio, índio e arsênio) formam o meio ativo em SOAs. A atratividade dos SOAs é que os dispositivos podem ser feitos para trabalhar na banda O (em torno de 1.310 nm), bem como na banda C. Eles podem ser facilmente integrados no mesmo substrato de outros dispositivos ópticos e circuitos (por exemplo, acopladores, isoladores ópticos e circuitos do receptor) e, em comparação com as DFAs, consomem menos energia elétrica, possuem menos componentes e são mais compactos. Os SOAs têm uma resposta mais rápida de ganho, que é da ordem de 1-100 ps. Essa rápida resposta resulta em vantagens e limitações. A vantagem é que os SOAs podem ser implementados quando ambas as funções de comutação e de processamento de sinal são chamadas em redes ópticas. A limitação é que a resposta rápida da portadora faz o ganho em um determinado comprimento de onda flutuar com a taxa de sinal para velocidades de até vários Gb/s. Uma vez que essa variação afeta o ganho geral, o ganho de sinal em outros comprimentos de onda também flutua. Assim, a resposta de ganho rápido dá origem a efeitos de diafonia quando um amplo espectro de comprimentos de onda deve ser amplificado.

Em DFAs, o meio ativo para a operação nas bandas S, C e L é criado por uma leve dopagem do núcleo da fibra de sílica (dióxido de silício) ou telurito (óxido de telúrio) com elementos de terras raras, como túlio (Tm), érbio (Er) ou itérbio (Yb). Os DFAs para a banda O são alcançados por meio de dopagem de fibras baseadas em fluoretos (em vez de fibras de sílica), com elementos como neodímio (Nd) e praseodímio (Pr). As características importantes de DFAs incluem a capacidade de bombear os dispositivos em vários comprimentos de onda diferentes, a baixa perda de acoplamento para o meio de transmissão compatível com o tamanho da fibra e a dependência muito baixa do ganho com relação à polarização da luz. Além disso, os DFAs são altamente transparentes para o formato do sinal e a taxa de *bits*, uma vez que eles apresentam um ganho dinâmico lento, com tempos de vida dos portadores da ordem de 0,1-10 ms. O resultado é que, em contraste com os SOAs, as respostas de ganho dos DFAs são basicamente constantes para modulações de sinal superiores a poucos quilohertz. Consequentemente, eles são imunes a efeitos de interferência (como distorção de intermodulação e retorno) entre os diferentes canais ópticos, quando os canais de comprimento de onda de um largo espectro (por exemplo, uma banda espectral de 30 nm que varia de 1.530-1.560 nm) são injetados simultaneamente no amplificador.

Um amplificador óptico Raman baseia-se em um efeito não linear chamado *espalhamento Raman estimulado* (SRS), que ocorre em fibras a altas potências ópticas. Enquanto um DFA requer uma fibra óptica especialmente construída para o seu funcionamento, a amplificação Raman ocorre em uma fibra de transmissão padrão. O mecanismo de ganho Raman pode ser conseguido por meio de um amplificador aglomerado (ou discreto) ou um amplificador distribuído. Na configuração de *amplificador Raman aglomerado*, um carretel de cerca de 80 m de fibra com núcleo pequeno, juntamente com *lasers* de bombeio adequados, é inserido no trajeto de transmissão como um pacote unitário distinto. Para a aplicação do *amplificador Raman distribuído*, um ou mais *lasers* de bombeio Raman convertem de 20-40 km finais da fibra de transmissão em um pré-amplificador. Como o ganho Raman de uma determinada faixa espectral é derivado da transferência induzida por SRS da potência óptica dos menores comprimentos de onda de bombeio para comprimentos de onda maiores do sinal, esses amplificadores podem ser projetados para uso em qualquer banda de comprimento de onda.

A Tabela 11.1 lista algumas possíveis estruturas de amplificadores ópticos e suas faixas de operação. As seções seguintes dão detalhes sobre suas características.

Tabela 11.1 Diversas estruturas de amplificadores ópticos e suas regiões de operação

Abreviatura	Estrutura	Banda de operação
GC-SOA	Amplificador óptico de ganho fixo	Banda O ou C
PDFFA	Amplificador de fibra de fluoreto dopada com praseodímio	Banda O
TDFA	Amplificador de fibra dopada com túlio	Banda S
EDFA	Amplificador de fibra dopada com érbio	Banda C
GS-EDFA	EDFA de ganho deslocado	Banda L
ETDFA	Fibra de vidro telureto (óxido de telúrio) dopada com Er/Tm	Bandas C e L
RFA	Amplificador de fibra Raman	De 1.260-1.650 nm

11.2 Amplificadores ópticos semicondutores

Um *amplificador óptico semicondutor* é essencialmente um *laser* de InGaAsP que opera abaixo de seu ponto de limiar.[3,6-9] Analogamente à construção de um diodo *laser*, o pico de ganho de um SOA pode ser selecionado em qualquer banda estreita de comprimento de onda e estender-se de 1.280 nm na banda S a 1.650 nm na banda O através da variação da composição do material ativo InGaAsP. A maioria dos SOAs pertence à categoria de *amplificador de ondas propagantes* (TW). Isso significa que, em contraste com o mecanismo de realimentação do *laser*, onde o sinal óptico realiza muitas voltas através da cavidade *laser*, no SOA o sinal óptico atravessa o dispositivo apenas uma vez. Durante essa única passagem, o sinal ganha energia e emerge intensificado na outra extremidade do amplificador.

A construção do SOA é semelhante a uma estrutura de cavidade ressonante de um diodo *laser*. O SOA tem uma região ativa de comprimento L, largura w e altura d. As facetas finais têm refletividades R_1 e R_2. No entanto, em contraste com um diodo *laser* semicondutor, no qual as refletividades são em torno de 0,3, R_1 e R_2, para um SOA são drasticamente menores para que o sinal óptico passe através da cavidade de amplificação apenas uma vez. Baixas refletividades de cerca de 10^{-4} são alcançadas por meio da deposição de camadas finas de óxido de silício, nitreto de silício ou óxido de titânio sobre as facetas na extremidade do SOA.

11.2.1 Bombeio externo

A injeção de corrente externa é o método de bombeamento utilizado para criar a inversão de população necessária para ter um mecanismo de ganho nos SOAs, o que é semelhante ao funcionamento dos diodos *laser* (ver Seção 4.3). Assim, a partir da Equação

(4.31), a soma das taxas de injeção, emissão estimulada e recombinação espontânea resulta na equação de taxa que regula a densidade de portadores $n(t)$ no estado excitado[3,8]

$$\frac{\partial n(t)}{\partial t} = R_{\text{bombeio}}(t) - R_{\text{est}}(t) - \frac{n(t)}{\tau_r} \quad (11.1)$$

onde

$$R_{\text{bombeio}}(t) = \frac{J(t)}{qd} \quad (11.2)$$

é a taxa de bombeamento externo de uma densidade de corrente de injeção $J(t)$ em uma camada ativa de espessura d, τ_r é a constante de tempo combinada proveniente dos mecanismos de emissão espontânea e de recombinação de portadores, e

$$R_{\text{est}}(t) = \Gamma a V_g (n - n_{\text{th}}) N_{\text{fot}} \equiv g V_g N_{\text{fot}} \quad (11.3)$$

é a taxa de emissão estimulada líquida. Aqui, V_g é a velocidade de grupo da luz incidente; Γ, o fator de confinamento óptico; a, uma constante de ganho (que depende da frequência óptica v); n_{th}, a densidade de portadores no limiar; N_{fot}, a densidade de fótons; e g, o ganho total por unidade de comprimento. Considerando que a área ativa do amplificador óptico tem uma largura w e uma espessura d, logo, para um sinal óptico de potência P_s com fótons de energia hv e velocidade de grupo V_g, a densidade de fótons é

$$N_{\text{fot}} = \frac{P_s}{V_g (hv)(wd)} \quad (11.4)$$

No estado estacionário, $\partial n(t)/\partial t = 0$, de modo que a Equação (11.1) se torna

$$R_{\text{bombeio}} = R_{\text{est}} + \frac{n}{\tau_r} \quad (11.5)$$

Agora substituímos a Equação (11.2) de R_{bombeio}, a segunda igualdade na Equação (11.3) para R_{est} e a primeira igualdade na Equação (11.3) resolvida para n na Equação (11.5). Resolvendo para g, teremos o *ganho de estado estacionário por unidade de comprimento*

$$g = \frac{\dfrac{J}{qd} - \dfrac{n_{\text{th}}}{\tau_r}}{V_g N_{\text{fot}} + 1/\Gamma a \tau_r} = \frac{g_0}{1 + N_{\text{fot}}/N_{\text{fot;sat}}} \quad (11.6)$$

onde

$$N_{\text{fot;sat}} = \frac{1}{\Gamma a V_g \tau_r} \quad (11.7a)$$

é definida como a *densidade de fótons na saturação*, e

$$g_0 = \Gamma a \tau_r \left(\frac{J}{qd} - \frac{n_{\text{th}}}{\tau_r} \right) \quad (11.7b)$$

é o ganho médio por unidade de comprimento na ausência de sinal de entrada (quando a densidade de fótons é nula), o que é chamado de *ganho de sinal zero* ou *ganho de sinal fraco por unidade de comprimento*.

Exemplo 11.1 Considere um SOA de InGaAsP com $w = 5\ \mu m$ e $d = 0,5\ \mu m$. Dado que $V_g = 2 \times 10^8$ m/s, se um sinal óptico de 1,0 μW em 1.550 nm penetra no dispositivo, qual é a densidade de fótons?

Solução: Da Equação (11.4), a densidade de fótons é

$$N_{fot} = \frac{1 \times 10^{-6}\ W}{(2 \times 10^8\ m/s)\dfrac{(6,626 \times 10^{-34}\ J \cdot s)(3 \times 10^8\ m/s)}{1,55 \times 10^{-6}\ m}(5\ \mu m)(0,5\ \mu m)} = 1,56 \times 10^6\ \text{fótons/m}^3$$

Exemplo 11.2 Considere os seguintes parâmetros para um SOA de InGaAsP em 1.300 nm:

Símbolo	Parâmetro	Valor
w	Largura da área ativa	3 μm
d	Espessura da da área ativa	0,3 μm
L	Comprimento do amplificador	500 μm
Γ	Fator de confinamento	0,3
τ_r	Constante de tempo	1 ns
a	Coeficiente de ganho	$2 \times 10^{-20}\ m^2$
n_{th}	Densidade de limiar	$1,0 \times 10^{24}\ m^{-3}$

(a) Qual é a taxa de bombeio para o SOA?

(b) Qual é o ganho de sinal zero?

Solução: (a) Se uma corrente de polarização de 100 mA é aplicada ao dispositivo, então, pela Equação (11.2), a taxa de bombeamento é

$$R_{bombeio} = \frac{J}{qd} = \frac{1}{qdwL} = \frac{0,1\ A}{(1,6 \times 10^{-19}\ C)(0,3\ \mu m)(3\ \mu m)(500\ \mu m)} = 1,39 \times 10^{33}\ (\text{elétrons/m}^3)/s$$

(b) Da Equação (11.7b), o ganho de sinal de zero é

$$g_0 = 0,3(2,0 \times 10^{-20}\ m^2)(1\ ns) \times \left(1,39 \times 10^{33}\ m^{-3} s^{-1} - \frac{1,0 \times 10^{24}\ m^{-3}}{1,0\ ns}\right) = 2.340\ m^{-1} = 23,4\ cm^{-1}$$

11.2.2 Ganho do amplificador

Um dos parâmetros mais importantes de um amplificador óptico é o *ganho de sinal* ou *ganho do amplificador G*, que é definido como

$$G = \frac{P_{s,sai}}{P_{s,ent}} \quad (11.8)$$

onde $P_{s,ent}$ e $P_{s,sai}$ são as potências de entrada e saída, respectivamente, do sinal óptico amplificado. Como observado no Capítulo 4, a intensidade de radiação em um fóton de energia $h\nu$ varia exponencialmente com a distância percorrida em uma cavidade *laser*. Assim, usando a Equação (4.23), o ganho em uma única passagem no meio ativo do SOA é

$$G = \exp[\Gamma(g_m - \bar{\alpha})L] \equiv \exp[g(z)L] \quad (11.9)$$

onde Γ é o fator de confinamento no interior da cavidade óptica; g_m, o coeficiente de ganho de material; $\bar{\alpha}$, o coeficiente de absorção efetivo do material no percurso óptico; L, o comprimento do amplificador; e $g(z)$, o ganho total por unidade de comprimento.

A Equação (11.9) mostra que o ganho aumenta com o comprimento do dispositivo. No entanto, o ganho interno é limitado pela saturação do ganho.[3,10,11] Isso ocorre porque a densidade de portadores na região de ganho do amplificador depende da intensidade óptica de entrada. À medida que o nível do sinal de entrada é aumentado, os portadores excitados (pares elétron-buraco) são depletados da região ativa. Quando há uma entrada de potência óptica suficientemente grande, aumentos adicionais no nível do sinal de entrada não produzirão uma alteração apreciável no nível de saída, porque não há portadores excitados o suficiente para fornecer um nível apropriado de emissão estimulada. Observamos aqui que a densidade de portadores em qualquer ponto z na cavidade de amplificação depende do nível de sinal $P_s(z)$ nesse ponto. Em particular, perto da entrada onde z é pequeno, porções incrementais do dispositivo podem não ter atingido a saturação no mesmo tempo que as seções posteriores do dispositivo, nas quais porções incrementais podem estar saturadas devido aos valores mais elevados de $P_s(z)$.

Uma expressão para o ganho G em função da potência de entrada pode ser derivada da análise do parâmetro de ganho $g(z)$ na Equação (11.9). Esse parâmetro depende da densidade de portadores e do comprimento de onda do sinal. Usando as Equações (11.4) e (11.6), temos que, a uma distância z do lado de entrada, $g(z)$ é dado por

$$g(z) = \frac{g_0}{1 + \dfrac{P_s(z)}{P_{amp,sat}}} \qquad (11.10)$$

onde g_0 é o ganho médio por unidade de comprimento não saturado na ausência de sinal de entrada; $P_s(z)$, a potência do sinal no ponto z; e $P_{amp,sat}$, a *potência de saturação do amplificador*, que é definida como o nível de potência interna em que o ganho por unidade de comprimento foi reduzido para metade. Assim, o ganho dado pela Equação (11.9) diminui com o aumento da potência de sinal. Em particular, o coeficiente de ganho na Equação (11.10) é reduzido por um fator de 2 quando a potência do sinal interno é igual à potência de saturação do amplificador.

Dado que $g(z)$ é o ganho por unidade de comprimento, em um comprimento incremental dz, o aumento da potência da luz é de

$$dP = g(z)\, P_s(z)\, dz \qquad (11.11)$$

Substituindo a Equação (11.10) na Equação (11.11) e reorganizando os termos, temos

$$g_0(z)dz = \left(\frac{1}{P_s(z)} + \frac{1}{P_{amp,sat}} \right) dP \qquad (11.12a)$$

Integrando essa equação de $z = 0$ a $z = L$, temos

$$\int_0^L g_0\, dz = \int_{P_{s,ent}}^{P_{s,sai}} \left(\frac{1}{P_s(z)} + \frac{1}{P_{amp,sat}} \right) dp \qquad (11.12b)$$

Definindo que o ganho de uma única passagem na ausência de luz é $G_0 = \exp(g_0 L)$ e usando a Equação (11.8), temos então

$$G = 1 + \frac{P_{amp,sat}}{P_{s,ent}} \ln\left(\frac{G_0}{G} \right) = G_0 \exp\left(-\frac{G-1}{G} \frac{P_{s,sai}}{P_{amp,sat}} \right) \qquad (11.13)$$

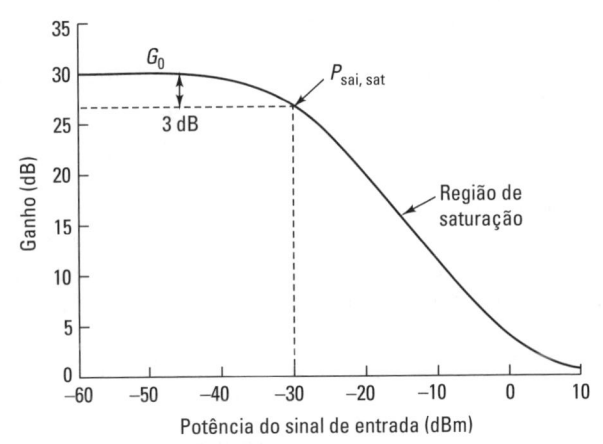

Figura 11.3 Típica dependência do ganho em uma única passagem, em função da potência óptica de entrada para um ganho de sinal fraco de $G_0 = 30$ dB (um ganho de 1.000).

A Figura 11.3 ilustra a dependência do ganho com a potência de entrada. Na figura, o ganho de sinal zero (ou ganho de sinal fraco) é $G_0 = 30$ dB, que é um fator de ganho de 1.000. A curva mostra que, à medida que a potência do sinal de entrada é aumentada, o ganho permanece inicialmente próximo ao nível de sinal fraco e, em seguida, começa a diminuir. Após diminuir linearmente na região de saturação de ganho, ele finalmente se aproxima de um valor assintótico de 0 dB (um ganho unitário) para potências de entrada elevadas. Também é mostrada a *potência de saturação de saída*, que é o ponto em que o ganho é reduzido em 3 dB (ver Problema 11.4).

O comprimento de onda no qual o SOA tem um ganho máximo pode ser adaptado para ocorrer em qualquer ponto entre cerca de 1.200 e 1.700 nm, alterando a composição do material ativo InGaAsP. Como exemplo, a Figura 11.4 mostra um ganho típico *versus* o comprimento de onda característico para um dispositivo com um ganho máximo de 25 dB em 1.530 nm. O intervalo de comprimentos de onda no qual o ganho diminui para menos de 3 dB em relação ao ganho máximo é conhecido como *largura de banda do ganho* ou *largura de banda de 3 dB óptico*. No exemplo mostrado na Figura 11.4, a largura de banda de 3 dB óptico é de 85 nm. Valores de até 100 nm podem ser obtidos.

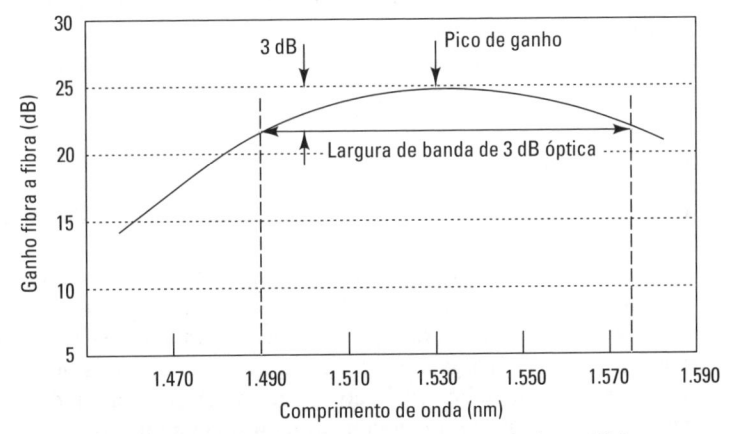

Figura 11.4 Característica típica de ganho *versus* comprimento de onda de um SOA com um ganho máximo de 25 dB em 1.530 nm. A definição da largura de banda de 3 dB óptica é ilustrada.

11.2.3 Largura de banda do SOA

A expressão geral para o ganho de cavidade G_c em função da frequência do sinal f é dada por[8]

$$G_c(f) = \frac{(1-R_1)(1-R_2)G}{(1-\sqrt{R_1R_2}\,G)^2 + 4\sqrt{R_1R_2}\,G\,\mathrm{sen}^2\,\varphi} \qquad (11.14)$$

onde G é o ganho de uma única passagem; R_1 e R_2, as refletividades nas facetas de entrada e saída, respectivamente; e φ, o desvio de fase de uma única passagem através do amplificador. A fase pode ser expressa como $\varphi = \pi(f-f_0)/\Delta f_{FSR}$, onde f_0 representa a frequência de ressonância da cavidade e Δf_{FSR} é a faixa espectral livre do SOA (ver Seção 10.5.1).

Da Equação (11.14), a largura de banda espectral B_{SOA} de 3 dB de um SOA pode ser expressa por[8]

$$B_{SOA} = 2(f-f_0) = \frac{2\Delta f_{FSR}}{\pi}\mathrm{sen}^{-1}\left[\frac{1-\sqrt{R_1R_2}\,G}{2(\sqrt{R_1R_2}\,G)^{1/2}}\right] = \frac{c}{\pi nL}\mathrm{sen}^{-1}\left[\frac{1-\sqrt{R_1R_2}\,G}{2(\sqrt{R_1R_2}\,G)^{1/2}}\right] \qquad (11.15)$$

onde, L é o comprimento do amplificador, e n, seu índice de refração.

11.3 Amplificadores de fibra dopada com érbio

O meio ativo de um amplificador de fibra óptica é constituído por uma fibra óptica de comprimento nominal de 10 a 30 m que tenha sido ligeiramente dopada (por exemplo, 1.000 partes por milhão em peso), com um elemento de terras-raras, como érbio (Er), itérbio (Yb), túlio (Tm) ou praseodímio (Pr). O material da fibra hospedeira pode ser sílica padrão, um vidro baseado em fluoreto ou um vidro de teluretos.

As regiões de funcionamento desses dispositivos dependem do material hospedeiro e dos elementos dopantes. Um material popular para aplicações de longa distância de telecomunicações é uma fibra de sílica dopada com érbio, que é conhecido como *amplificador de fibra dopada com érbio* ou EDFA.[4,12-17] Em alguns casos, Yb é adicionado para aumentar a eficiência do bombeio e o ganho do amplificador.[18,19] A operação de um EDFA padrão normalmente é limitada à região de 1.530-1.565 nm. Na verdade, o fato de que um EDFA opere nessa banda espectral é a origem do termo *banda C* ou *banda convencional* (ver Capítulo 1). No entanto, diversas técnicas foram propostas e utilizadas para esticar o funcionamento às bandas S e L. A Seção 11.8 descreve algumas dessas técnicas para a criação de amplificadores ópticos de banda larga.

11.3.1 Mecanismo de amplificação

Enquanto os amplificadores ópticos semicondutores usam injeção de corrente externa para excitar os elétrons para níveis mais elevados de energia, os amplificadores de fibra óptica usam o *bombeio óptico*. Nesse processo, utilizam-se fótons para promover diretamente os elétrons para os estados excitados. O processo de bombeio óptico requer três ou mais níveis de energia. O nível de energia superior em que o elétron é inicialmente elevado deve encontrar-se energicamente acima do nível de emissão final desejado. Depois de atingir seu estado inicial excitado, o elétron deve perder rapidamente um pouco de sua energia e cair para um nível de energia um pouco menor. Um fóton do sinal pode então provocar o elétron excitado nesse novo nível inferior em emissão estimulada, em que o elétron liberta a sua energia restante na forma de um novo fóton com um comprimento de onda igual ao fóton do sinal. Como o fóton de bombeio deve ter uma energia mais elevada do que a do fóton do sinal, o comprimento de onda de bombeio é mais curto do que o comprimento de onda do sinal.

Para que possamos ter uma compreensão fenomenológica de como um EDFA funciona, devemos observar a estrutura de níveis de energia do érbio.[4,12-17] Os átomos de érbio em sílica são íons Er^{3+}, que são átomos de érbio que perderam três de seus elétrons externos. Quando se descrevem as transições dos elétrons externos nesses íons para estados mais elevados de energia, é comum referir-se ao processo como "elevar os íons para níveis mais elevados de energia". A Figura 11.5 mostra um diagrama de níveis de energia simplificado e vários processos de transição de níveis de energia desses íons Er^{3+} em vidro de sílica. Os dois níveis principais para aplicações em telecomunicações são um *nível metaestável* (o chamado nível $^4I_{13/2}$) e o *nível de bombeio* $^4I_{11/2}$. O termo "metaestável" significa que o tempo de vida para as transições desse estado para o estado fundamental é muito longo em comparação com os tempos de vida dos estados que levaram a esse nível. (Note que, por convenção, os estados possíveis de um átomo multieletrônico são denotados pelo símbolo $^{2S+1}L_J$, onde $2S + 1$ é a multiplicidade de spin; L, o momento angular orbital; e J, o momento angular total.) Os níveis metaestável, de bombeio e do estado fundamental são, na verdade, as bandas de níveis de energia estreitamente espaçadas, que formam uma distribuição provocada pelo efeito conhecido como *separação Stark*. Além disso, cada um dos níveis Stark é alargado por efeitos térmicos em uma banda quase contínua.

Para entender as diferentes transições de energia e faixas de emissão de fótons, considere as seguintes condições:

- Na banda de bombeio mostrada na parte superior esquerda da Figura 11.5 há uma separação de 1,27 eV a partir do fundo do estado fundamental $^4I_{15/2}$. Essa energia corresponde ao comprimento de onda de 980 nm.
- A parte superior da banda metaestável $^4I_{13/2}$ (nível D na Figura 11.5) é separada da parte inferior da banda do estado fundamental $^4I_{15/2}$ (nível A na Figura 11.5) por 0,841 eV. Essa energia corresponde a um comprimento de onda de 1.480 nm.

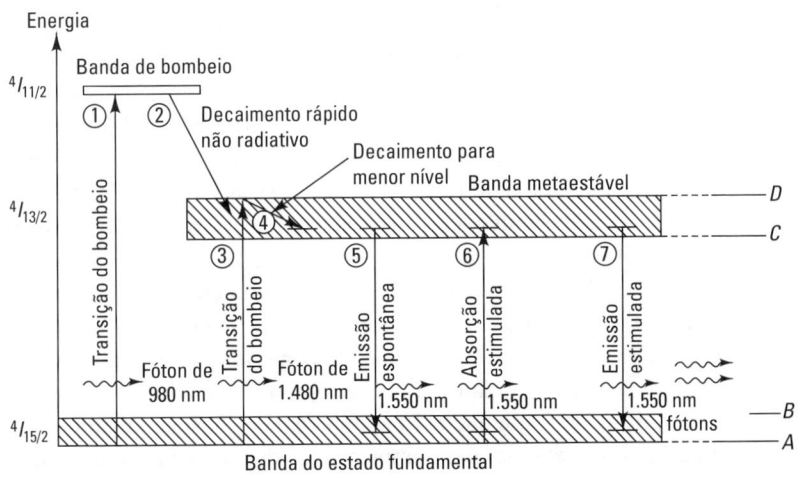

Figura 11.5 Diagramas simplificados dos níveis de energia e dos vários processos de transição dos íons de Er^{3+} em sílica.

- O fundo da banda metaestável $^4I_{13/2}$ (nível C na Figura 11.5) é separado da parte inferior da banda de estado fundamental $^4I_{15/2}$ (nível A na Figura 11.5) por 0,814 eV. Essa energia corresponde ao comprimento de onda de 1.530 nm.
- O fundo da banda metaestável $^4I_{13/2}$ (nível C na Figura 11.5) é separado da parte superior da banda do estado fundamental $^4I_{15/2}$ (nível B na Figura 11.5) por cerca de 0,775 eV. Essa energia corresponde ao comprimento de onda de 1.600 nm.

Isso significa que os comprimentos de onda da bombeio possíveis são 980 e 1.480 nm. Os fótons emitidos durante as transições eletrônicas entre os possíveis níveis de energia nas bandas metaestável e do estado fundamental podem variar de 1.530 a 1.600 nm.

Em operação normal, um *laser* de bombeio emitindo fótons em 980 nm é utilizado para excitar íons do estado fundamental para o nível de bombeio, como mostrado pelo processo de transição 1 na Figura 11.5. Esses íons excitados decaem (relaxam) muito rapidamente (em cerca de 1 μs) da banda de bombeio para a banda metaestável, mostrado como processo de transição 2. Durante esse decaimento, o excesso de energia é liberado como fônons ou, equivalentemente, como vibrações mecânicas na fibra. Dentro da banda metaestável, os elétrons dos íons excitados tendem a preencher a parte inferior da banda. Aqui, eles caracterizam-se por um tempo muito longo de fluorescência de cerca de 10 ms.

Outro possível comprimento de onda de bombeio é de 1.480 nm. A energia desses fótons de bombeio é muito semelhante à energia dos fótons do sinal, mas ligeiramente superior. A absorção de um fóton de bombeio em 1.480 nm excita um elétron do estado fundamental diretamente para a parte superior ligeiramente povoada do nível metaestável, como indicado pelo processo de transição 3 na Figura 11.5. Esses elétrons, então, tendem a se mover para baixo, para o fundo mais populoso do nível metaestável (transição 4). Alguns dos íons que estão no nível metaestável podem decair novamente para o estado fundamental na ausência de um fluxo externo de fótons estimulante, como mostrado pelo processo de transição 5. Esse fenômeno de decaimento é conhecido como *emissão espontânea* e acrescenta ruído ao amplificador.

Mais dois tipos de transição ocorrem quando um fluxo de fótons de sinal que tem energias correspondentes à energia de *bandgap* entre o estado fundamental e o nível metaestável passa através do dispositivo. Primeiro, uma pequena porção dos fótons externos será absorvida pelos íons no estado fundamental, o que eleva esses íons para o nível metaestável, como mostrado pelo processo de transição 6. Em seguida, durante o processo de emissão estimulada (processo de transição 7), um fóton do sinal faz um íon excitado cair para o estado fundamental, emitindo assim um novo fóton de mesma energia, vetor de onda e polarização do fóton do sinal de entrada. As larguras dos níveis metaestáveis e do estado fundamental permitem que níveis elevados de emissões estimuladas ocorram no intervalo de 1.530-1.560 nm.

As respostas de absorção e emissão de um EDFA dependerão da composição do vidro hospedeiro e dos tipos de dopantes, como Al e Ge no vidro. A Figura 11.6 apresenta um exemplo para um vidro de sílica dopada com Ge que teve adicionado Al como codopante. Os átomos de Al ajudam a absorver os íons Er no vidro e alargam o espectro de ganho do amplificador. Note que existe um pico na resposta do ganho em 1.532 nm e uma região de 20-30 nm em maiores comprimentos de onda em que o ganho é relativamente plano. Além de 1.560 nm o ganho diminui progressivamente até chegar a 0 dB (ganho unitário) em cerca de 1.616 nm.

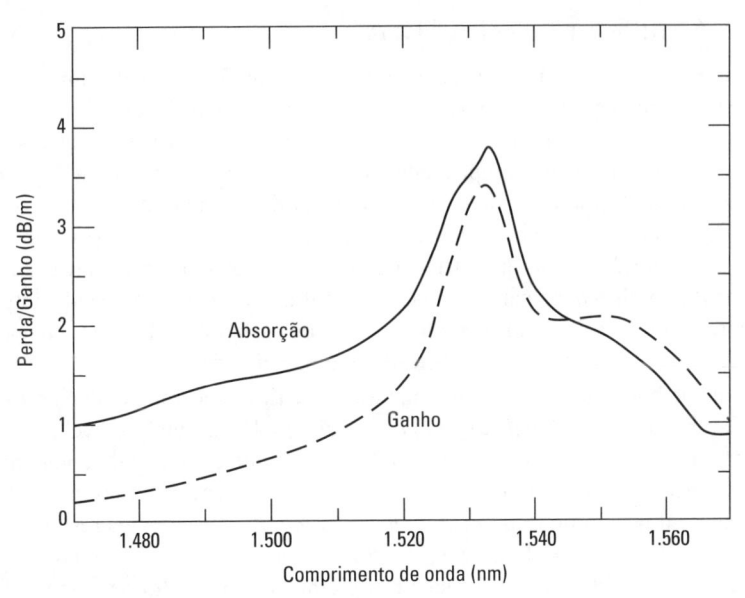

Figura 11.6 Espectros de absorção e de ganho para os íons de érbio em uma fibra de sílica dopada com Al e Ge. (Modificada com a permissão de Giles e Desurvire,[20] © 1991, IEEE.)

OI: Isolador óptico
WSC: Acoplador seletivo de comprimento de onda

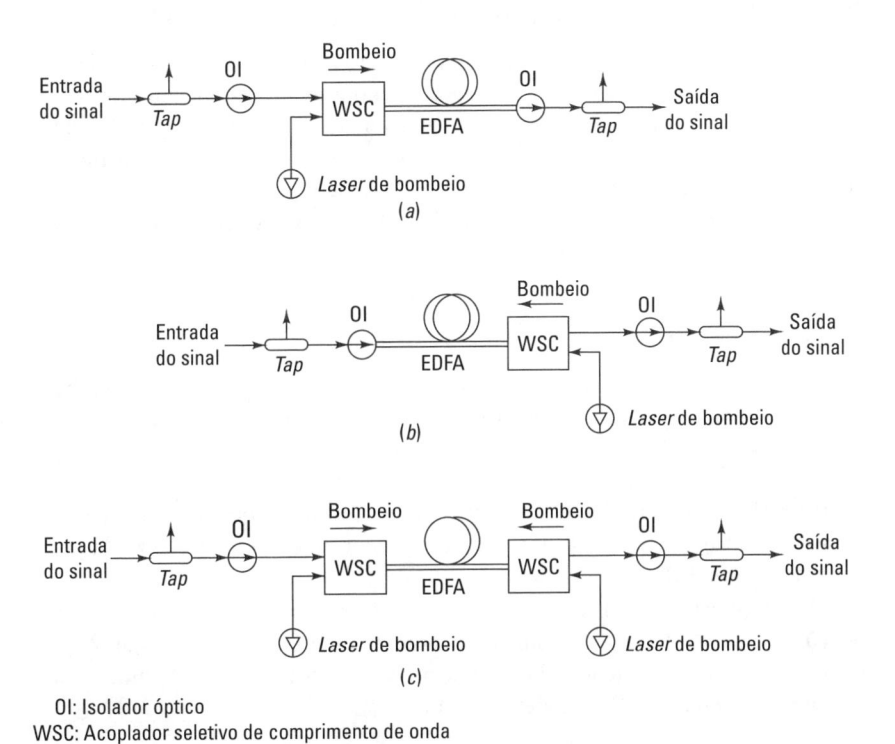

Figura 11.7 Três configurações possíveis de um EDFA: (*a*) bombeio codirecional, (*b*) bombeio contradirecional, (*c*) bombeio duplo.

11.3.2 Arquitetura de um EDFA

Um amplificador de fibra óptica é constituído por uma fibra dopada, um ou mais *lasers* de bombeio, um acoplador de comprimento de onda passivo, isoladores ópticos e acopladores *tap* como mostrado na Figura 11.7. O acoplador dicroico (dois comprimentos de onda) manipula as combinações de comprimentos de onda de 980/1.550 nm ou de 1.480/1.550 nm para acoplar de forma eficiente tanto a potência de bombeio como de sinais ópticos no amplificador de fibra. Os acopladores *tap* são insensíveis ao comprimento de onda com razões de separação típicas que variam de 99:1-95:5. Eles são geralmente usados em ambos os lados do amplificador para comparar o sinal de entrada com a saída amplificada. Os isoladores ópticos evitam que o sinal amplificado reflita de volta para o dispositivo, onde ele pode aumentar o ruído do amplificador e diminuir a sua eficiência.

A luz de bombeio é geralmente injetada a partir da mesma direção do fluxo de sinal. Isso é conhecido como *bombeamento codirecional*. É também possível injetar a potência de bombeio no sentido oposto ao fluxo de sinal, o que é conhecido como *bombeamento contradirecional*. Como mostrado na Figura 11.7, podem-se empregar tanto uma fonte de bombeio única como *esquemas duais de bombeio*, com ganhos resultantes típicos de +17 dB e +35 dB, respectivamente. O bombeamento contradirecional permite ganhos maiores, mas o codirecional fornece um melhor desempenho de ruído. Além disso, o bombeamento a 980 nm é o preferido, pois ele produz menos ruído e atinge maiores inversões de população do que o bombeamento em 1.480 nm.

11.3.3 Eficiência e ganho na conversão de potência no EDFA

Como é o caso com qualquer amplificador, quando a magnitude do sinal de saída de um EDFA aumenta, o ganho do amplificador, eventualmente, começa a saturar. A redução de ganho em um EDFA ocorre quando a inversão de população é reduzida de forma significativa através de um sinal grande, gerando ao mesmo tempo a típica curva de desempenho do ganho *versus* potência mostrada na Figura 11.3.

As potências de entrada e saída de sinal de um EDFA podem ser expressas em termos do princípio da conservação de energia:[4,12]

$$P_{s,\text{sai}} \leq P_{s,\text{ent}} + \frac{\lambda_{\text{bombeio}}}{\lambda_s} P_{\text{bombeio,ent}} \qquad (11.16)$$

onde $P_{\text{bombeio,ent}}$ é a potência de bombeio de entrada, e λ_{bombeio} e λ_s, os comprimentos de onda de bombeio e do sinal, respectivamente. O princípio físico fundamental aqui é que a quantidade de energia do sinal que pode ser extraída de um EDFA não pode exceder a energia de bombeio que está armazenada no dispositivo. A desigualdade na Equação (11.16) reflete a possibilidade de efeitos como perda de fótons de bombeio por várias causas (como interações com impurezas) ou energia de bombeio perdida por causa da emissão espontânea.

Pela Equação (11.16), vemos que a potência máxima do sinal de saída depende da relação $\lambda_{\text{bombeio}}/\lambda_s$. Para o esquema de bombeio funcionar, é preciso que $\lambda_{\text{bombeio}} < \lambda_s$, e, para ter um ganho adequado, é necessário que $P_{s,\text{ent}} \leq P_{\text{bombeio,ent}}$. Assim, a *eficiência de conversão de potência* (PCE), definida como

$$\text{PCE} = \frac{P_{s,\text{sai}} - P_{s,\text{ent}}}{P_{\text{bombeio,ent}}} \approx \frac{P_{s,\text{sai}}}{P_{\text{bombeio,ent}}} \leq \frac{\lambda_{\text{bombeio}}}{\lambda_s} \leq 1 \qquad (11.17)$$

é menor que a unidade. O máximo valor teórico da PCE é $\lambda_{bombeio}/\lambda_s$. Para fins de referência absoluta, é útil utilizar a *eficiência de conversão quântica* (QCE), que é independente do comprimento de onda e definida por[4,12]

$$QCE = \frac{\lambda_s}{\lambda_{bombeio}} PCE \qquad (11.18)$$

O valor máximo da QCE é a unidade, que, nesse caso, implica que todas os fótons de bombeio são convertidos em fótons de sinal.

Também podemos reescrever a Equação (11.16) em termos do ganho do amplificador G. Assumindo que não há emissão espontânea, então

$$G = \frac{P_{s,sai}}{P_{s,ent}} \leq 1 + \frac{\lambda_{bombeio} P_{bombeio,ent}}{\lambda_s P_{s,ent}} \qquad (11.19)$$

Isso mostra uma relação importante entre a potência do sinal de entrada e o ganho. Quando a potência do sinal de entrada é muito grande de modo que $P_{s,ent} \gg (\lambda_{bombeio}/\lambda_s) P_{bombeio,ent}$, então o ganho máximo do amplificador é a unidade. Isso significa que o dispositivo é transparente ao sinal. Da Equação (11.19), também vemos que, a fim de alcançar um ganho específico máximo G, a potência do sinal de entrada não pode exceder o valor dado por

$$P_{s,ent} \leq \frac{(\lambda_{bombeio}/\lambda_s) P_{bombeio,ent}}{G-1} \qquad (11.20)$$

Exemplo 11.3 Considere um EDFA sendo bombeado em 980 nm com uma potência de bombeio de 30 mW. Se o ganho em 1.550 nm é de 20 dB, quais são as potências de entrada e saída máximas?

Solução: Da Equação (11.20), a potência máxima de entrada é

$$P_{s,ent} \leq \frac{(980/1.550)(30\,mW)}{100-1} = 190\,\mu W$$

Da equação (11.16), a potência de saída máxima é

$$P_{s,sai}(max) = P_{s,ent}(max) + \frac{\lambda_{bombeio}}{\lambda_s} P_{bombeio,ent} = 190\,\mu W + 0{,}63(30\,mW) = 19{,}1\,mW = 12{,}8\,dBm$$

Além da potência de bombeio, o ganho também depende do comprimento da fibra. O ganho máximo em um meio de *laser* de três níveis de comprimento L, como um EDFA, é dado por

$$G_{max} = \exp(\rho \sigma_e L) \qquad (11.21)$$

onde σ_e representa a secção transversal de emissão do sinal, e ρ é a concentração do elemento de terras-raras. Para determinar o ganho máximo, as Equações (11.19) e (11.21) devem ser consideradas em conjunto. Consequentemente, o máximo ganho possível de um EDFA é dado pela menor das duas expressões de ganho:

$$G \leq \min\left\{\exp(\rho \sigma_e L), 1 + \frac{\lambda_{bombeio}}{\lambda_s} \frac{P_{bombeio,ent}}{P_{s,ent}}\right\} \qquad (11.22)$$

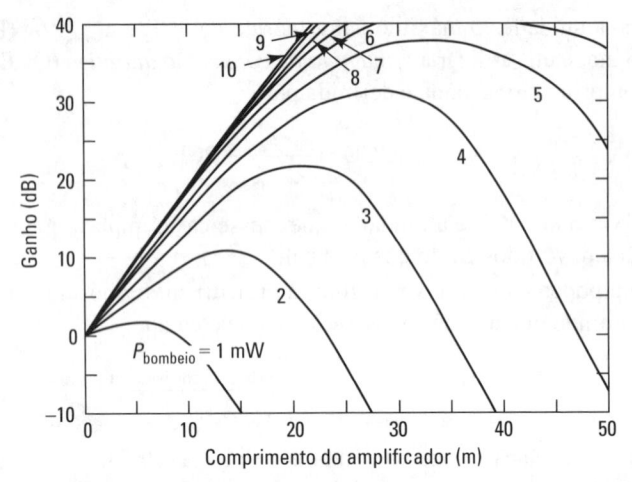

Figura 11.8 Cálculo da dependência do ganho do EDFA em relação ao comprimento da fibra e da potência de bombeio em 1.480 nm e um sinal em 1.550 nm.
(Reproduzida com permissão de Giles e Desurvire,[20] © 1991, IEEE.)

Exemplo 11.4 A partir da Figura 11.8, vemos que, para um bombeio em 1.480 nm, pode ser alcançado um ganho de 20 dB para um sinal de 100 nW em 1.550 nm com uma potência de bombeio de 3 mW para um amplificador de comprimento de cerca de 22 m. Como um bombeio de 3 mW não tem energia suficiente para criar inversão de população em amplificadores de fibras mais longos, o ganho diminui para cerca de 12 dB para um amplificador de comprimento 30 m.

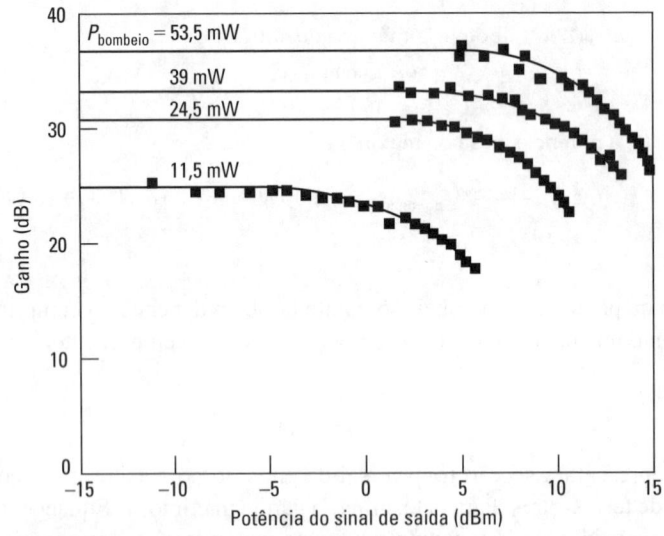

Figura 11.9 Comportamento do ganho de um EDFA em função da potência do sinal de saída para vários níveis de bombeio.
(Reproduzida com permissão de Li,[21] © 1993, IEEE.)

Como $G = P_{s,\text{sai}}/P_{s,\text{ent}} = \exp(\rho\sigma_e L)$, segue-se de forma semelhante que a máxima potência de saída possível em um EDFA é dada pelo mínimo das duas expressões:

$$P_{s,\text{sai}} \leq \min\left\{P_{s,\text{ent}} \exp(\rho\,\sigma_e L), P_{s,\text{ent}} + \frac{\lambda_{\text{bombeio}}}{\lambda_s} P_{\text{bombeio,ent}}\right\} \quad (11.23)$$

A Figura 11.8 ilustra o aparecimento da saturação do ganho para vários comprimentos de fibra dopada com o aumento da potência de bombeio.[20] O ganho foi medido para um sinal de entrada de 100 nW em 1.550 nm. À medida que se aumenta o comprimento da fibra para baixas potências de bombeio, o ganho começa a diminuir após certo comprimento, pois o bombeio não tem energia suficiente para criar uma inversão de população completa na parte do sentido de fluxo do amplificador. Nesse caso, a região não bombeada da fibra absorve o sinal, o que resulta em perda de sinal nessa seção, em vez de ganho.

Como um elétron no nível metaestável de um EDFA tem um tempo de vida relativamente longo, é possível a obtenção de altas potências de saída saturadas. A *potência de saída saturada* (na qual ocorre a saturação do ganho) é definida como o ponto de compressão de 3 dB do ganho de sinal fraco.[21] Para a operação de grandes sinais, o ganho saturado aumenta linearmente com a potência de bombeio, como pode ser inferido da Figura 11.9, que mostra que, à medida que se aumenta a potência de entrada para um dado nível de bombeio, o ganho do amplificador mantém-se constante até ocorrer a saturação.

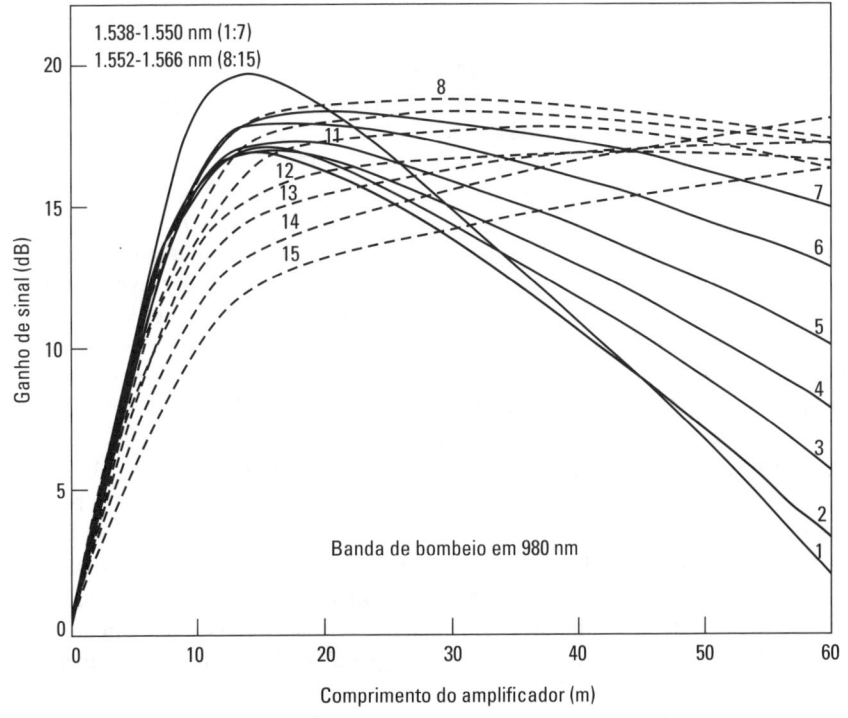

Figura 11.10 Ganho de um EDFA *versus* comprimento do amplificador para 15 sinais WDM que são bombeados codirecionalmente com potência de 50 mW em 980 nm.
(Reproduzida com permissão de Ali, Elrefaie, Wagner e Ahmed,[22] © 1996, IEEE.)

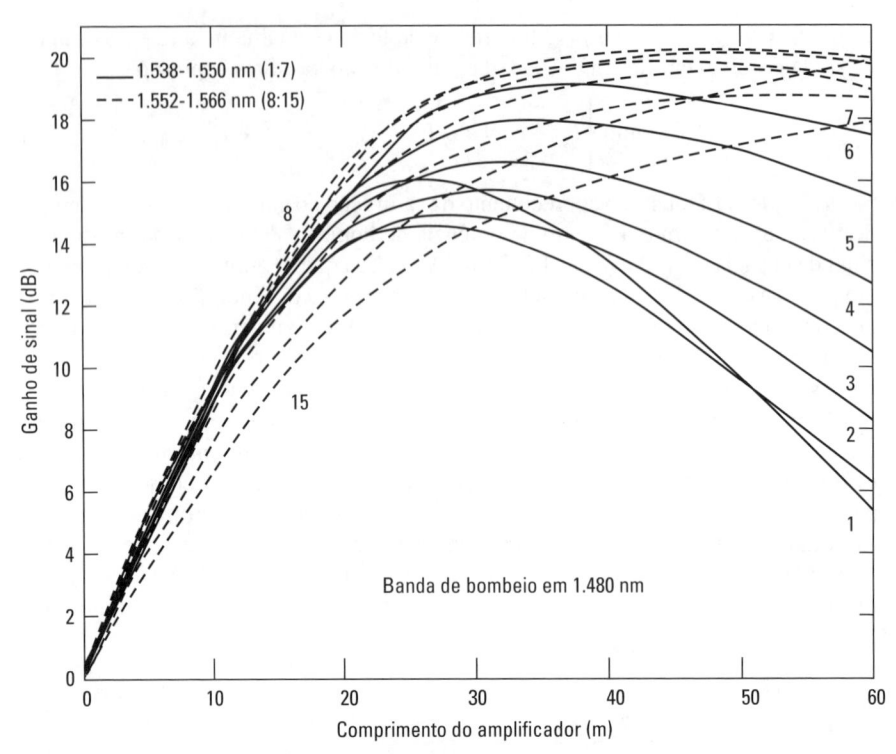

Figura 11.11 Ganho de um EDFA *versus* comprimento do amplificador para 15 sinais WDM que são bombeados codirecionalmente com potência de 50 mW em 1.480 nm.
(Reproduzida com permissão de Ali, Elrefaie, Wagner e Ahmed,[22] © 1996, IEEE.)

Note que, para simplificar o cálculo para a demonstração das relações de ganho do amplificador em função do comprimento, as curvas mostradas na Figura 11.8 foram feitas para o caso de sinal fraco e não consideraram o ruído interno que pode provocar a saturação do amplificador. As Figuras 11.10 e 11.11 mostram cálculos mais detalhados de ganho de potência *versus* comprimento do amplificador para bombeios em 980 e 1.480 nm, respectivamente.[22] Nesse caso, o EDFA amplificou 15 comprimentos de onda de sinais espaçados de 2 nm para além do intervalo de 1.538-1.566 nm. Os cálculos assumem um sistema de bombeio para frente, com 50 mW de potência de bombeio para cada EDFA. A potência total de entrada do sinal óptico no EDFA foi de –3 dBm (0,5 mW) ou –15 dBm/canal (0,03 mW/comprimento de onda). Várias observações podem ser feitas a partir das curvas:

- O comprimento do amplificador que produz um ganho máximo torna-se maior com o aumento de comprimento de onda do sinal, porque fótons em comprimentos de onda maiores têm menos energia e, consequentemente, necessitam de menos potência para ter o mesmo ganho de fótons em comprimentos de onda mais curtos.
- Se um determinado comprimento do amplificador for escolhido, como 30 m, então o EDFA irá amplificar diferentemente cada comprimento de onda, porque, novamente, a energia dos fótons é dependente do comprimento de onda. Isso leva à inclinação do ganho entre diferentes comprimentos de onda, como descrito na Seção 11.6.4.

- Um bombeio em 980 nm produz uma inversão de população completa (ganho máximo) em amplificadores de comprimentos mais curtos do que no bombeio em 1.480 nm. Isso conduz a uma menor figura de ruído do amplificador quando se utiliza um bombeio em 980 nm.

11.4 Ruído do amplificador

O ruído dominante gerado em um amplificador óptico é chamado de ruído de *emissão espontânea amplificada* (ASE). A origem desse ruído é a recombinação espontânea de elétrons e buracos no meio do amplificador (transição 5 na Figura 11.5). Essa recombinação ocorre ao longo de uma vasta faixa de diferenças de energia de elétron-buraco e dá origem a um fundo espectral largo de fótons de ruído que são amplificados em conjunto com o sinal óptico, uma vez que viajam através do EDFA. Isso é mostrado na Figura 11.12 para um EDFA que amplifica um sinal em 1.540 nm. O ruído espontâneo pode ser modelado como um fluxo de pulsos aleatórios infinitamente curtos, que são distribuídos ao longo de todo o meio de amplificação. Tal processo aleatório é caracterizado por um espectro de potência de ruído que é plano com a frequência. A densidade espectral de potência do ruído ASE é[17]

$$S_{ASE}(f) = h\nu n_{esp}[G(f) - 1] = P_{ASE}/B_o \quad (11.24)$$

onde P_{ASE} é a potência do ruído ASE em um estado de polarização em uma largura de banda óptica B_o, e n_{esp} é o *fator de emissão espontânea* ou *de inversão de população* definido como

$$n_{esp} = \frac{n_2}{n_2 - n_1} \quad (11.25)$$

onde n_1 e n_2 são as densidades fracionadas ou populações de elétrons em um estado inferior 1 e em um estado superior 2, respectivamente. Assim, n_{esp} denota quão completa é a inversão de população entre dois níveis de energia. Da Equação (11.25), $n_{esp} \geq 1$, com igualdade valendo para um amplificador ideal quando a inversão de população é completa. Os valores típicos variam de 1,4 a 4, dependendo do comprimento de onda e da taxa de bombeio.

Um ponto importante é que a expressão de P_{ASE} é para um modo espacial individual e um único estado de polarização. Para fibras monomodo, o termo central na Equação (11.24) tem de ser multiplicado por um fator 2 para obter a potência ASE total, uma vez que uma fibra monomodo tem um modo espacial e dois modos de polarização. Se um EDFA é feito de uma fibra multimodo, a P_{ASE} torna-se muito maior, uma vez que tal fibra tem muitos modos espaciais.

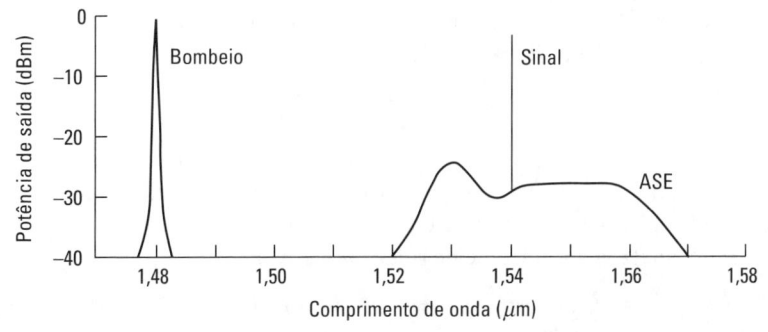

Figura 11.12 Espectro representativo de bombeio em 1.480 nm e um típico sinal de saída em 1.540 nm com o ruído associado de emissão espontânea amplificada (ASE).

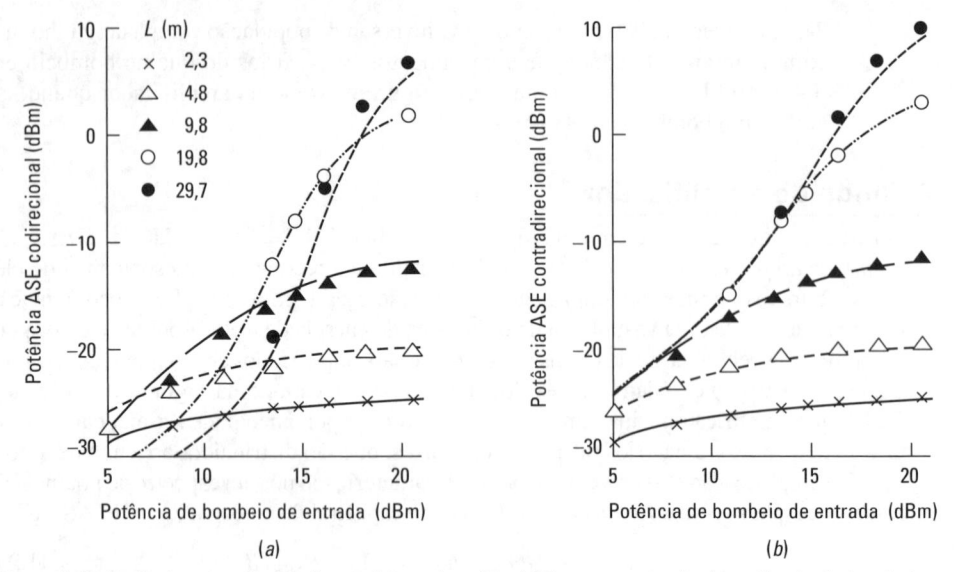

Figura 11.13 Potências experimentais e teóricas de ruído ASE *versus* entrada de potência de bombeio para vários comprimentos de EDFA decorrentes de (*a*) bombeio codirecional (pela frente) e (*b*) bombeio contradirecional (por trás).
(Reproduzida com permissão de Pedersen et al.,[23]© 1990, IEEE.)

O nível de ruído ASE depende se o bombeio utilizado é codirecional ou contradirecional. A Figura 11.13 mostra dados experimentais e calculados de ruído ASE em função da potência de bombeio para diferentes comprimentos de EDFA.[23]

Como a ASE origina-se à frente do fotodiodo, ela dá origem a três componentes diferentes de ruído em um receptor óptico, além do ruído térmico normal do fotodetector. Isso ocorre porque a fotocorrente é constituída por certo número de sinais de batimento entre o sinal e os campos ópticos de ruído, além dos quadrados do campo de sinal e do campo de emissão espontânea. Se a totalidade do campo óptico é a soma do campo do sinal E_s e do campo E_n do ruído ASE, então a corrente total no fotodetector i_{tot} é proporcional ao quadrado do campo elétrico do sinal óptico composto: $i_{tot} \propto (E_s + E_n)^2 = E_s^2 + E_n^2 + 2E_s \cdot E_n$. Aqui, os dois primeiros termos surgem puramente do sinal e do ruído, respectivamente. O terceiro termo é um componente de mistura (um *sinal de batimento*) entre o sinal e o ruído, que pode cair dentro da largura de banda do receptor e degradar a relação sinal-ruído. Levando em conta os fótons ASE, a potência óptica incidente P_{in} no fotodetector se torna

$$P_{in} = GP_{s,in} + P_{ASE} = GP_{s,in} + S_{ASE} B_o \qquad (11.26)$$

Note que B_o poderá ser reduzido significativamente se um filtro óptico preceder o fotodetector. Substituindo P_{in} na Equação (6.6) e inserindo a expressão resultante para a fotocorrente I_p na Equação (6.13) para encontrar o ruído *shot*, então temos a média quadrática total do sinal mais a corrente de ruído *shot* e ASE

$$\langle i_{shot}^2 \rangle = \sigma_{shot}^2 = \sigma_{shot\text{-}s}^2 + \sigma_{shot\text{-}ASE}^2 = 2q\mathcal{R}GP_{s,in}B_e + 2q\mathcal{R}S_{ASE}B_oB_e \qquad (11.27)$$

onde B_e é a largura de banda elétrica do receptor frontal.

Os dois outros ruídos surgem da mistura das diferentes frequências ópticas contidas no sinal de luz e na ASE que gera dois conjuntos de frequências de batimento. Como o sinal e a ASE têm diferentes frequências ópticas, o ruído de batimento do sinal com o ruído ASE que está no mesmo estado de polarização do sinal é

$$\sigma^2_{s\text{-ASE}} = 4(\mathcal{R}GP_{s,\text{in}})(\mathcal{R}S_{\text{ASE}}B_e) \tag{11.28}$$

Além disso, como a ASE abrange uma ampla faixa de frequência óptica, ela pode bater contra si mesma, dando origem à corrente de ruído

$$\sigma^2_{\text{ASE-ASE}} = \mathcal{R}^2 S^2_{\text{ASE}}(2B_o - B_e)B_e \tag{11.29}$$

A média quadrática total da corrente de ruído do receptor torna-se então

$$\left\langle i^2_{\text{total}} \right\rangle = \sigma^2_{\text{total}} = \sigma^2_T + \sigma^2_{\text{shot-}s} + \sigma^2_{\text{shot-ASE}} + \sigma^2_{s\text{-ASE}} + \sigma^2_{\text{ASE-ASE}} \tag{11.30}$$

onde a variância do ruído térmico σ^2_T é dada pela Equação (6.17).

Os quatro últimos termos na Equação (11.30) tendem a ser de magnitudes semelhantes quando a largura de banda óptica B_o é tomada como a largura de banda óptica do ruído de emissão espontânea, que abrange um espectro de 30 nm (ver Problema 11.7). No entanto, geralmente se utiliza um filtro óptico estreito no receptor, de modo que B_o é da ordem de 125 GHz (uma largura espectral de 1 nm em 1.550 nm) ou menor. Nesse caso, podemos simplificar a Equação (11.30) examinando as magnitudes dos diferentes componentes de ruído. Inicialmente, o ruído térmico pode, em geral, ser negligenciado quando o ganho do amplificador é suficientemente grande. Além disso, uma vez que a potência amplificada do sinal $GP_{s,\text{in}}$ é muito maior do que a potência de ruído $S_{\text{ASE}}B_o$, o ruído de batimento ASE-ASE dado pela Equação (11.29) é significativamente menor do que o ruído de batimento sinal-ASE. Isso também significa que o segundo termo na Equação (11.27) é pequeno em comparação com o primeiro termo, de modo que

$$\sigma^2_{\text{shot}} \approx 2q\mathcal{R}GP_{s,\text{in}}B_e \tag{11.31}$$

A utilização desses resultados juntamente com a expressão para S_{ASE} da Equação (11.24) produz a seguinte aproximação para a relação sinal-ruído (S/N) na saída do fotodetector:

$$\left(\frac{S}{N}\right)_{\text{sai}} = \frac{\sigma^2_{\text{fot}}}{\sigma^2_{\text{total}}} = \frac{\mathcal{R}^2 G^2 P^2_{s,\text{in}}}{\sigma^2_{\text{total}}} \approx \frac{\mathcal{R}P_{s,\text{in}}}{2qB_e} \frac{G}{1 + 2\eta n_{\text{esp}}(G-1)} \tag{11.32}$$

em que η é a eficiência quântica do fotodetector, e, a partir da Equação (6.11), a média quadrática da fotocorrente de entrada é

$$\left\langle i^2_{\text{fot}} \right\rangle = \sigma^2_{\text{fot}} \approx \mathcal{R}^2 G^2 P^2_{s,\text{in}} \tag{11.33}$$

Note que o termo

$$\left(\frac{S}{N}\right)_{\text{in}} = \frac{\mathcal{R}P_{s,\text{in}}}{2qB_e} \tag{11.34}$$

na Equação (11.32) é a relação sinal-ruído de um fotodetector ideal na entrada para o amplificador óptico. Da Equação (11.32) podemos então encontrar a figura de ruído do amplificador óptico, que é uma medida da degradação S/N experimentada por um sinal após a passagem através do amplificador. Usando a definição padrão da *figura de ruído* como a razão entre a S/N na entrada e a S/N na saída do amplificador, temos para um fotodetector ideal com $\eta = 1$

$$\text{Figura de ruído} = F_{EDFA} = \frac{(S/N)_{ent}}{(S/N)_{sai}} = \frac{1 + 2n_{esp}(G-1)}{G} \qquad (11.35)$$

Quando G é grande, isso se torna $2n_{esp}$. Um amplificador perfeito teria $n_{esp} = 1$, produzindo uma figura de ruído de 2 (ou 3 dB), assumindo que $\eta = 1$. Isto é, usar um receptor ideal com um amplificador perfeito degradaria a S/N por um fator 2. Em um EDFA real, por exemplo, n_{esp} está em torno de 2, de modo a S/N de entrada é reduzida por um fator de cerca de 4. Isso resulta em uma figura de ruído de 4 a 5 dB para um EDFA prático.[25]

Exemplo 11.5 A Figura 11.14 mostra os valores medidos da figura de ruído para um EDFA sob saturação de ganho para ambos os bombeios, codirecional e contradirecional.[24] O comprimento de onda de bombeio era 1.480 nm e o comprimento de onda do sinal era 1.558 nm com uma potência de entrada para o amplificador de −60 DBm. Sob condições de pequeno sinal, o ruído de bombeio codirecional foi de cerca de 5,5 dB, que incluiu uma perda de acoplamento de entrada de 1,5 dB. A figura de ruído do amplificador óptico já foi, portanto, de 4 dB, em comparação com o valor mínimo teórico de 3 dB com inversão de população completa. A figura de ruído no caso de bombeio contradirecional foi de cerca de 1 dB maior.

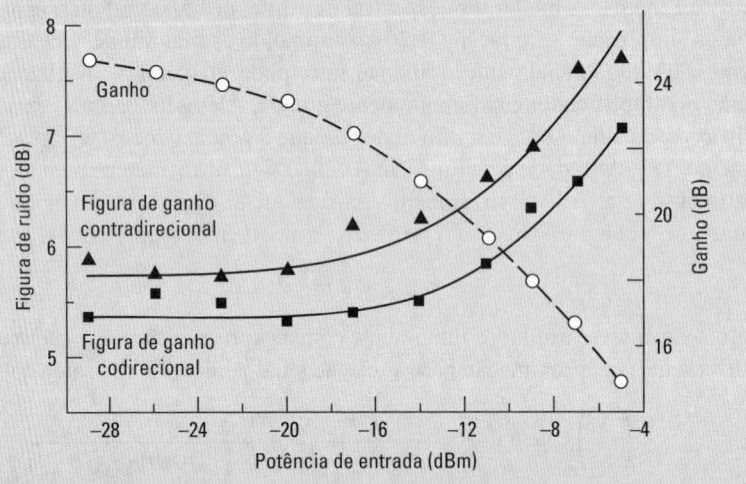

Figura 11.14 Figura de ruído medida em um EDFA sob saturação de ganho para bombeios codirecional e contradirecional em 1.480 nm. O ganho foi similar para ambos os sentidos de bombeio.
(Reproduzida com permissão de Walker et al.,[24] © 1991, IEEE.)

11.5 SNR óptica

Na análise de um *link* de transmissão que possui uma série de amplificadores ópticos, um ponto importante é que o sinal de luz que entra no receptor óptico pode conter um nível significativo de ruído ASE que foi adicionado pelos amplificadores ópticos em cascata. Nesse caso, deve-se avaliar a *relação sinal-ruído óptico* (OSNR).[4] Esse parâmetro é definido como o razão da potência de saída média P_{med} do sinal óptico do EDFA em relação à potência do ruído óptico ASE não polarizado P_{ASE}. A OSNR é dada por

$$\text{OSNR} = \frac{P_{med}}{P_{ASE}} \qquad (11.36a)$$

ou, em decibéis,

$$\text{OSNR(dB)} = 10 \log \frac{P_{med}}{P_{ASE}} \qquad (11.36b)$$

Na prática, a OSNR pode ser medida com um *analisador de espectro óptico* (OSA), descrito no Capítulo 14. A OSNR não depende de fatores como formato dos dados, forma dos pulsos ou largura de banda do filtro óptico, mas apenas da média de potência óptica do sinal P_{med} e da potência média do ruído óptico. A OSNR é uma métrica que pode ser usada no projeto e instalação de redes, bem como para verificar o estado de saúde dos canais ópticos individuais. Às vezes, um filtro óptico é utilizado para reduzir significativamente o ruído ASE total visto pelo receptor. Tipicamente, tal filtro tem uma largura de banda óptica que é grande se comparada com o sinal, de modo que não afeta o sinal, no entanto ela ainda é estreita em comparação com a largura de banda associada com o fundo ASE. O filtro de ruído ASE não altera a OSNR, mas reduz a potência total do ruído ASE para evitar a sobrecarga do receptor frontal.

Para uma avaliação significativa sobre o desempenho desse sistema, é necessária uma conexão entre a OSNR e a taxa de erro de *bit* (BER). Diferentes relações têm sido propostas na literatura. Além disso, há diferentes abordagens para a interpretação dos resultados de uma medida de OSA que podem levar a uma diferença nos resultados de vários decibéis. Usando a expressão para Q dada pela Equação (7.13) e a definição da OSNR da Equação (11.36b), a seguinte relação entre Q e OSNR pode ser obtida[12]

$$Q = \frac{2\sqrt{2}\,\text{OSNR}}{1 + \sqrt{1 + 4\,\text{OSNR}}} \qquad (11.37)$$

Resolvendo a Equação (11.37) para a OSNR, temos

$$\text{OSNR} = \frac{1}{2} Q \left(Q + \sqrt{2} \right) \qquad (11.38)$$

Exemplo 11.6 Como visto no Capítulo 7, para alcançar uma BER = 10^{-9}, o fator Q deve ser de 6. Qual é a OSNR para essa BER?

Solução: Usando a Equação (11.38), temos

$$\text{OSNR (BER = }10^{-9}) = 0,5(6)(6 + \sqrt{2}) = 22,24 \approx 13,5 \text{ dB}$$

Portanto, se um OSA mede uma OSNR ≤ 13,5 dB, então as taxas de erro correspondentes são iguais ou superiores à BER = 10^{-9}.

Vejamos o caso de um único EDFA. Convertendo a potência de ruído ASE dada, em um formato de decibéis, pela Equação (11.24) em um ruído ASE não polarizado, temos para G grande que

$$10 \log P_{ASE} = 10 \log [(h\nu)(B_o)] + 10 \log 2n_{esp} + 10 \log G \qquad (11.39)$$

Nessa equação, $h\nu$ é a energia do fóton, e B_o, a faixa de frequências ópticas em que a OSNR é medida, que tipicamente é de 12,5 GHz (uma largura espectral de 0,1 nm em 1.550 nm). Em 1.550 nm, temos $(h\nu)(B_o) = 1,58 \times 10^{-6}$ mW, de modo que $10 \log (h\nu)(B_o) = -58$ dBm. Assumindo que $G \gg 1$ e tomando da Equação (11.35) que $F_{EDFA}(dB) = 10 \log 2n_{esp}$, como figura de ruído do amplificador, temos, em decibéis,

$$P_{ASE} \text{ (dBm)} = -58 \text{ dBm} + F_{EDFA}(dB) + G(dB) \qquad (11.40)$$

Usando a Equação (11.36) e considerando que a potência de saída da EDFA é G vezes a potência de entrada óptica, $P_{sai} = GP_{ent}$, temos então o requisito de que, a fim de ter uma BER aceitável, a OSNR deve ser pelo menos

$$\text{OSNR(dB)} = P_{ent}(\text{dBm}) + 58 \text{ dBm} - F_{EDFA}(dB) \qquad (11.41)$$

11.6 Aplicações do sistema

Quando se projeta um *link* de fibra óptica que requer amplificadores ópticos, existem três possíveis locais onde os amplificadores podem ser colocados, como mostra a Figura 11.1. Embora o processo de amplificação física seja o mesmo nas três configurações, os vários usos requerem a operação do dispositivo em diferentes intervalos de potência de entrada, o que implica a utilização de amplificadores com diferentes ganhos. A análise completa das relações sinal-ruído com base em fatores como estatísticas detalhadas de fótons e configurações discretas de amplificadores são demasiadamente complicadas.[4,12] Aqui, faremos uma análise conceitualmente simples e apresentaremos valores operacionais genéricos para os três locais possíveis de EDFAs em uma ligação óptica.

11.6.1 Amplificadores de potência

Para o amplificador de potência, a potência de entrada é elevada porque o dispositivo segue imediatamente um transmissor óptico. Normalmente, são necessárias potências de bombeio elevadas para essa aplicação.[26] As entradas do amplificador são geralmente iguais ou maiores que -8 dBm, e o ganho do amplificador de potência deve ser maior que 5 dB para que ele seja mais vantajoso do que o uso de um pré-amplificador no receptor.

Exemplo 11.7 Considere um EDFA usado como um amplificador de potência com um ganho de 10 dB. Na entrada do amplificador, assuma um nível de 0 dBm a partir de um transmissor diodo *laser* em 1.540 nm. Se o comprimento de onda da bombeio é 980 nm, qual é a potência do bombeio?

Solução: Da Equação (11.16), para uma saída de 10 dBm em 1.540 nm, a potência de bombeio deve ser de pelo menos

$$P_{p,ent} \geq \frac{\lambda_s}{\lambda_{bombeio}}(P_{s,sai} - P_{s,ent}) = \frac{1.540}{980}(10 \text{ mW} - 1 \text{ mW}) = 14 \text{ mW}$$

11.6.2 Amplificadores *in-line*

Em um sistema de transmissão longo, os amplificadores ópticos são necessários para restaurar periodicamente o nível de potência após a redução causada pela atenuação da fibra. Normalmente, o ganho de cada EDFA nessa cadeia amplificadora é escolhido para compensar exatamente a perda de sinal ocorrida na seção anterior de fibra de comprimento L, isto é, $G = \exp(+\alpha L)$. O ruído ASE acumulado é o fator dominante de degradação em tal cadeia de amplificadores em cascata.

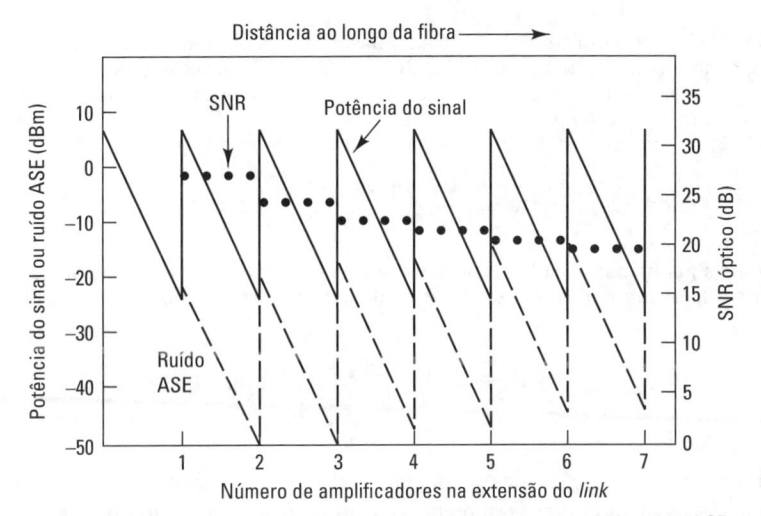

Figura 11.15 Degradação SNR em função da distância da ligação sobre a qual o ruído ASE aumenta com o número de amplificadores. As curvas mostram o nível de sinal (linhas sólidas), o nível de ruído ASE (linhas tracejadas) e a SNR (linhas pontilhadas) para um único canal de um *link* WDM.

> **Exemplo 11.8** Considere a Figura 11.15 que mostra os valores de potência do sinal por canal, o ruído ASE por canal e a SNR ao longo de uma cadeia de sete amplificadores ópticos em um *link* WDM. O nível do sinal de entrada começa em 6 dBm e decai em virtude da atenuação da fibra à medida que viaja ao longo do *link*. Quando o nível de potência cai para −24 dBm, o sinal é impulsionado para 6 dBm por um amplificador óptico. Para um dado canal transmitido através do *link*, a SNR começa em um nível elevado e, em seguida, diminui para cada amplificador à medida que o ruído ASE se acumula ao longo do comprimento do *link*. Por exemplo, na sequência do amplificador 1, a SNR é de 28 dB para um nível de sinal de amplificado 6 dBm e um nível de ruído ASE de −22 dBm. Após o amplificador 4, a SNR é de 22 dB para o nível de sinal amplificado de 6 dBm e −16 dBm para o nível de ruído ASE. Quanto maior o ganho no amplificador, mais rápido o ruído ASE se acumula. No entanto, embora a SNR diminua rapidamente nas primeiras poucas amplificações, o efeito incremental de adicionar outro EDFA diminui rapidamente com o aumento do número de amplificadores. Como consequência, embora a SNR diminua em 3 dB quando se aumenta o número de EDFAs de 1 para 2, ela também cai 3 dB quando o número de amplificadores é aumentado de 2 a 4, e por mais 3 dB quando o número de amplificadores é aumentado para 8.

Para compensar o ruído ASE acumulado, a potência do sinal deve, pelo menos, aumentar linearmente com o comprimento do *link* a fim de manter uma relação sinal-ruído constante. Se o comprimento total do sistema é $L_{tot} = NL$ e o sistema contém N amplificadores ópticos, cada um com um ganho $G = \exp(+\alpha L)$, então, usando a Equação (11.24), a potência ASE média no trajeto ao longo de uma cadeia de amplificadores ópticos é[4,27]

$$\langle P_{ASE} \rangle_{trajeto} = \frac{NP_{ASE}}{L} \int_0^L \exp(-\alpha z) dz = \alpha L_{tot} h\nu\, n_{esp} F_{trajeto}(G) B_o \qquad (11.42)$$

onde α é a atenuação da fibra óptica, e a figura de ruído $F_{trajeto}(G)$, uma penalidade de potência definida como

$$F_{trajeto}(G) = \frac{1}{G}\left(\frac{G-1}{\ln G}\right)^2 \qquad (11.43)$$

> **Exemplo 11.9** Considere um caminho de transmissão óptica contendo N amplificadores ópticos em cascata, cada um com um ganho de 30 dB. Se a fibra tem uma perda de 0,2 dB/km, então o intervalo entre os amplificadores ópticos é de 150 km, se não houver outras deficiências no sistema. Por exemplo, para um *link* de 900 km, seriam necessários cinco amplificadores. A partir da Equação (11.43), o fator de penalidade de ruído sobre o caminho total é (em decibéis)
>
> $$10 \log F_{trajeto}(G) = 10 \log \left[\frac{1}{1.000} \left(\frac{1.000 - 1}{\ln 1.000} \right)^2 \right] = 10 \log 20,9 = 13,2 \text{ dB}$$
>
> Se reduzirmos o ganho para 20 dB, então a distância de transmissão livre de deficiências será de 100 km, para a qual são necessários oito amplificadores. Nesse caso, o fator de penalidade de ruído é
>
> $$10 \log F_{trajeto}(G) = 10 \log \left[\frac{1}{100} \left(\frac{100 - 1}{\ln 100} \right)^2 \right] = 10 \log 4,62 = 6,6 \text{ dB}$$

Basicamente, $F_{trajeto}(G)$ dá o fator pelo qual a energia média do sinal no trajeto deve ser aumentada (à medida que G aumenta) em uma cadeia de N amplificadores ópticos em cascata para manter uma SNR fixa. Para redes de longa distância, esses amplificadores ópticos podem ser colocados uniformemente ao longo do caminho de transmissão para obter a melhor combinação de ganho global e SNR final. Os níveis de potência de entrada para esses amplificadores *in-line* variam nominalmente de -26 dBm (2,5 μW) a -9 dBm (125 μW), com ganhos que variam de 8 a 20 dB. Para redes metropolitanas, apenas um único amplificador óptico é tipicamente necessário para compensar a perda no caminho entre dois nós consecutivos.[28,29]

11.6.3 Pré-amplificadores

Um amplificador óptico pode ser utilizado como um pré-amplificador para melhorar a sensibilidade da detecção direta de receptores que são limitados por ruído térmico.[30-32] Primeiramente, assuma que o ruído do receptor é representado pelo nível de potência elétrica N. Considere S_{min} é o mínimo valor de potência de sinal elétrico de S que é necessária para que o receptor opere com uma determinada taxa de erro de *bit* aceitável. A relação sinal-ruído aceitável é, então, S_{min}/N. Se agora usarmos um pré-amplificador óptico com ganho G, a potência do sinal elétrico recebido será G^2S' e a relação sinal-ruído será

$$\left(\frac{S}{N} \right)_{pré-amp} = \frac{G^2 S'}{N + N'} \quad (11.44)$$

onde o termo de ruído N' é a emissão espontânea do pré-amplificador óptico que é convertida pelo fotodiodo no receptor em um ruído de fundo adicional. Se S'_{min} é o novo nível mínimo detectável de sinal elétrico necessário para manter a mesma relação sinal-ruído, então precisamos ter

$$\frac{G^2 S'_{min}}{N + N'} = \frac{S_{min}}{N} \quad (11.45)$$

Para um pré-amplificador óptico aumentar o nível do sinal recebido, devemos ter $S'_{min} < S_{min}$, de modo que

$$\frac{S_{min}}{S'_{min}} = G^2 \frac{N}{N + N'} > 1 \quad (11.46)$$

A razão S_{min}/S'_{min} é a *melhoria do mínimo sinal detectável* ou *sensibilidade do detector*.

Exemplo 11.10 Considere um EDFA utilizado como um pré-amplificador óptico. Assuma que N é devido ao ruído térmico e que o ruído N' introduzido pelo pré-amplificador é dominado pelo ruído do batimento sinal-ASE. Sob quais condições a Equação (11.46) é válida?

Solução: Para um ganho G suficientemente alto, a Equação (11.46) se torna

$$G^2 - 1 \approx G^2 > \frac{N'}{N} \approx \frac{\sigma_{s\text{-}ASE}^2}{\sigma_T^2}$$

Substituindo as Equações (6.17) e (11.28) nessa expressão, usando a Equação (11.24) para S_{ASE} e resolvendo para $P_{s,ent}$, temos

$$P_{s,ent} < \frac{k_B T\, h\nu}{R n_{esp} \eta^2 q^2}$$

Se $T = 300$ K, $R = 50\ \Omega$, $\lambda = 1.550$ nm, $n_{esp} = 2$ e $\eta = 0{,}65$, então $P_{s,ent} < 490\ \mu$W. Esse nível é muito maior do que qualquer sinal esperado recebido, de forma que a condição da Equação (11.46) é sempre satisfeita. No entanto, note que isso apenas especifica o limite superior de $P_{s,ent}$. Isso não significa que fazer G suficientemente elevado acarrete uma melhoria na sensibilidade arbitrariamente grande, uma vez que existe um nível mínimo de potência óptica recebida que é necessário para atingir uma BER específica (ver Problema 11.15).

11.6.4 Operação multicanal

Uma vantagem de ambos os amplificadores ópticos, de semicondutores e EDFAs é a sua capacidade para amplificar múltiplos canais ópticos, desde que a largura de banda do sinal multicanal seja menor do que a largura de banda do amplificador.[33] Para, SOAs e EDFAs, essa largura de banda varia de 1-5 THz. Uma desvantagem dos SOAs é sua sensibilidade à interferência intercanal resultante da modulação de densidade de portadores em razão do batimento dos sinais de canais ópticos adjacentes.[34] Para os SOAs, esse batimento ocorre sempre que o espaçamento de canal é inferior a 10 GHz.

Essa diafonia não ocorre em EDFAs, uma vez que o espaçamento de canal é maior do que 10 kHz, o que se mantém na prática. Logo, os EDFAs são idealmente adequados para a amplificação de canais múltiplos. Para a operação de múltiplos canais em um EDFA, a potência do sinal para N canais é dada por

$$P_s = \sum_{i=1}^{N} P_{s,i} \qquad (11.47)$$

onde $P_{s,i}$ é a potência do sinal no canal i, isto é, na frequência da portadora óptica v_i.

Outra característica de um EDFA é que o seu ganho depende do comprimento de onda em sua janela normal de operação entre 1.530 e 1.560 nm.[35] As Figuras 11.16 e 11.17 mostram esse comportamento em um bombeio de 980 nm e 1.480 nm, em um nível de 50 mW, respectivamente.[22] Na ilustração do bombeio em 980 nm, os ganhos foram medidos em seis comprimentos de onda espaçados de 2 nm na banda espectral de 1.542-1.552 nm após eles passarem através de 15 EDFAs em cascata. As intensidades de sinal foram de –10 dBm (0,1 mW) para cada canal de comprimento de onda na entrada do primeiro amplificador. Os valores de comprimento de onda estão listados na figura. Para o caso do bombeio em 1.480 nm, os ganhos dos mesmos seis comprimentos de onda foram medidos depois de uma cascata de 27 amplificadores ópticos. Se essa variação de ganho não é equalizada ao longo da faixa espectral de operação de um sistema de múltiplos comprimentos de onda, ela criará uma grande razão diferencial da relação sinal-ruído entre os canais após eles passarem através de uma série de vários EDFAs.

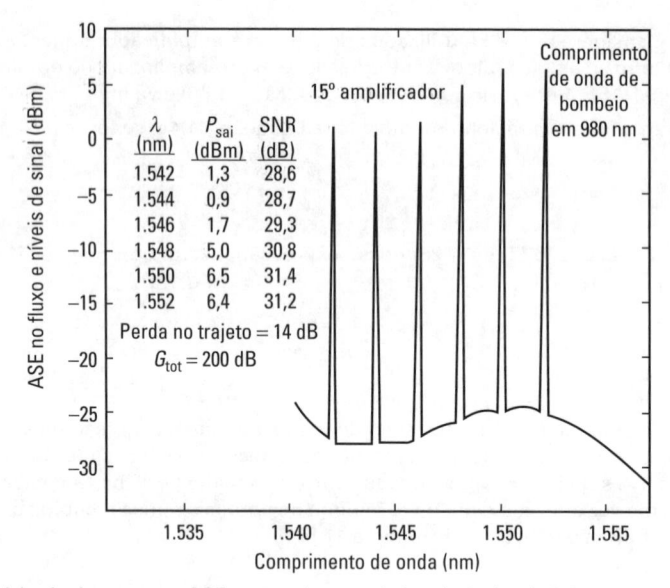

Figura 11.16 Nível de sinal e espectro ASE em uma largura de banda óptica de 0,2 nm para 6 sinais WDM após uma cascata de 15 amplificadores. Os comprimentos de onda foram espaçados 2 nm, e cada um foi bombeado com 50 mW de potência de bombeio em 980 nm.

(Reproduzida com permissão de Ali, Elrefaie, Wagner e Ahmed,[22] © 1996, IEEE.)

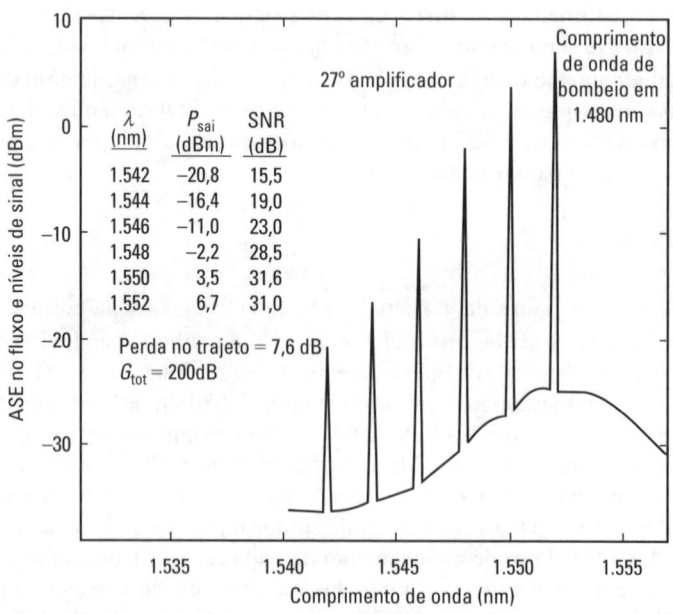

Figura 11.17 Nível de sinal e espectro ASE em uma largura de banda óptica de 0,2 nm para 6 sinais WDM após uma cascata de 27 amplificadores. Os comprimentos de onda foram espaçados 2 nm, e cada um foi bombeado com 50 mW de potência de bombeio em 1.480 nm.

(Reproduzida com permissão de Ali, Elrefaie, Wagner e Ahmed,[22] © 1996, IEEE.)

Muitas técnicas estáticas e dinâmicas foram consideradas para equalizar as saídas dos amplificadores ópticos em diferentes comprimentos de onda.[36-39] Essas técnicas incluem a utilização de redes de Bragg de fibra, os filtros etalon Fabry-Perot, dispositivos de cristais líquidos e filtros de filme fino de múltiplas camadas.

Nas discussões e análises anteriores, consideramos apenas a transmissão em uma direção ao longo de uma fibra. No entanto, a propagação bidirecional também é possível em um *link* de fibra carregando múltiplos comprimentos de onda em cada direção através de uma cadeia de EDFAs em cascata.[40] Esse método bidirecional é utilizado sem qualquer amplificador óptico para instalações de fibra para rede (FTTP), como a Seção 13.8 descreve.[41]

11.6.5 Controle do ganho do amplificador *in-line*

Em qualquer sistema de transmissão de fibra que utilize amplificadores ópticos, as características dinâmicas do tráfego da rede, especialmente em uma rede metropolitana, podem criar grandes e rápidas flutuações no nível de potência óptica de entrada em um EDFA. Essas flutuações de potência óptica podem surgir a partir de fatores como a adição ou supressão de canais de comprimento de onda, os desvios de tráfego quando há congestionamento ou o início de uma comutação de proteção quando os *links* falham. O resultado é que, quando a potência óptica total de entrada em um amplificador aumenta, por exemplo, a partir da adição de mais canais, o ganho de cada canal diminui. Da mesma forma, quando o nível de potência óptica total de entrada diminui, os canais individuais experimentam ganhos maiores, de modo que os sinais chegam aos receptores com maior potência. Esse efeito é particularmente problemático em uma cascata de amplificadores, onde bruscos picos ou quedas de potência podem sobrecarregar um receptor ou provocar a queda do nível de potência recebida abaixo do mínimo exigido, o que leva a erros em rajada no receptor.

Assim, para evitar uma degradação no desempenho do sistema, é necessário manter a potência de saída por canal dos amplificadores *in-line* independente do nível de potência de entrada. Não se trata de uma tarefa fácil, especialmente em cadeias de EDFAs em cascata, nas quais o excesso de potência do sinal devido a variações da potência de entrada óptica pode ocorrer em uma velocidade muito mais rápida do que para um único EDFA.[42,43] Muitos métodos têm sido testados para a implementação de esquemas capazes de reduzir esses efeitos transientes.[44-51]

Um método utiliza um circuito de *controle de ganho automático* (AGC), que monitora o nível de potência óptica do sinal de entrada do EDFA e ajusta a potência de bombeio, de modo que a saída permaneça sempre no mesmo nível. Isso só será eficaz se um ganho canal-canal automático e uma função reguladora de potência forem utilizadas com o AGC. Uma alternativa é a inserção de outro comprimento de onda independente sobre a banda de amplificação do EDFA, chamado de *canal de controle*. Nesse procedimento, as potências de entrada e saída do canal de controle são monitorizadas e o ganho do canal é calculado. Um circuito de controle ajusta então o nível de bombeio para manter um ganho constante para o canal de controle.

Diversos métodos de fixação de ganho com base na realimentação elétrica ou óptica ou na combinação das duas foram também examinados. As tecnologias AGC que usam realimentação óptica tendem a ser caras e requerem um circuito de controle complexo. Os mecanismos elétricos de AGC geralmente têm um baixo custo e uma confiabilidade de muito longo prazo. Além disso, observa-se que os transientes de amplitude dependem do comprimento da fibra dopada com érbio e da concentração de íons de érbio.[51] Assim, por meio da seleção cuidadosa dos parâmetros de um EDFA, é possível reduzir consideravelmente os efeitos dos transientes de ganho. Outra possibilidade para reduzir os efeitos de transientes de potência é pelo uso de um *amplificador de guia de onda dopada com érbio* (EDWA), em vez de um EDFA.[52-53] Esses tipos de dispositivo são significativamente menores do que um EDFA, podem ser fabricados por um custo menor e permitem a integração de outras funções eletrônicas sobre o mesmo substrato de base do dispositivo.

11.7 Amplificadores Raman

Um *amplificador óptico Raman* baseia-se em um efeito não linear chamado *espalhamento Raman estimulado* (SRS), que ocorre em fibras em altas potências ópticas.[54-62] O Capítulo 12 descreve essa característica em maior detalhe. O efeito SRS é devido a uma interação entre um campo de energia óptica e os modos vibracionais da estrutura de rede de um material. Basicamente o que acontece é que, primeiro, um átomo absorve um fóton com uma energia particular e, em seguida, liberta outro fóton com energia menor, isto é, em um comprimento de onda maior do que o do fóton absorvido. A diferença entre a energia absorvida e os fótons libertados é transformada em um *fônon*, que é um modo de vibração do material. A transferência de potência para comprimentos de onda maiores ocorre ao longo de uma ampla faixa espectral de 80-100 nm. A mudança para um determinado comprimento de onda mais longo é conhecido como o *Stokes shift* para esse comprimento de onda. A Figura 11.18 mostra o espectro de ganho Raman para um *laser* de bombeio operando em 1.445 nm e ilustra a transferência de potência induzida por SRS em um sinal em 1.535 nm, que está a 90 nm do comprimento de onda de bombeio. Dependendo da arquitetura do *link*, o sinal gerado por SRS pode atuar tanto como uma amplificação intencional de um comprimento de onda de dados em particular como para um sinal de interferência não desejado nesse comprimento de onda (ver o Capítulo 12). A curva de ganho é dada em termos de unidades do *coeficiente de ganho Raman* g_R de 10^{-14} m/W.

Considerando que um EDFA requer uma fibra óptica especialmente construída para o seu funcionamento, um amplificador de Raman faz uso da fibra de transmissão padrão como meio de amplificação. O mecanismo de ganho Raman pode ser conseguido tanto por meio de um amplificador aglomerado (ou discreto) como em um amplificador distribuído.

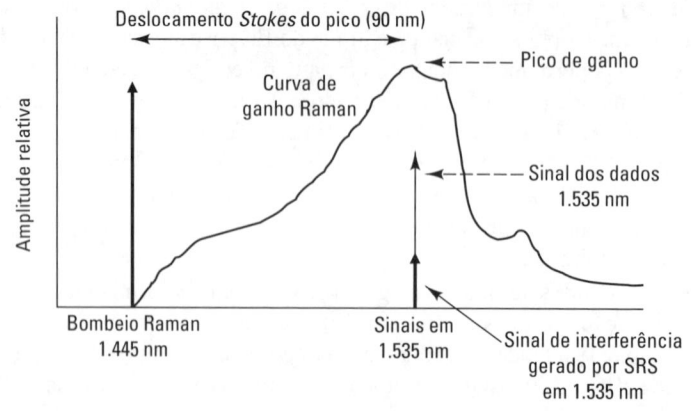

Figura 11.18 *Stokes shift* e o espectro de ganho Raman resultante de um *laser* de bombeio funcionando em 1.445 nm.

Na configuração de *amplificador Raman aglomerado*, um carretel de cerca de 80 m de fibra de núcleo pequeno juntamente com *lasers* de bombeio adequados é inserido no caminho de transmissão de uma unidade empacotada distinta.

Para a aplicação do *amplificador Raman distribuído*, a potência óptica de um ou mais *lasers* de bombeio Raman é inserida no final da fibra de transmissão em direção à extremidade transmissora. Esse processo converte de 20-40 km finais da fibra de transmissão em um pré-amplificador. Assim, a palavra *distribuído* é usada porque o ganho é distribuído ao longo de uma grande distância. A Figura 11.19 mostra esse efeito para um único comprimento de onda em vários níveis diferentes da bombeio. Nessa figura, a expressão *ganho Raman on-off* é definida como o aumento da potência do sinal na saída do amplificador receptor quando os *lasers* de bombeio Raman são ligados. À medida que a potência óptica de bombeio viaja no fluxo (do receptor para o emissor), o efeito SRS transfere progressivamente energia dos comprimentos de onda menores de bombeio para os comprimentos de onda maiores do sinal. Isso ocorre ao longo do comprimento característico de ganho Raman $L_G = g_R P/A_{ef}$, onde P é a potência do *laser* de bombeio e A_{ef} é a área efetiva da fibra de transmissão, que é aproximadamente igual à área real de corte transversal da fibra (ver o Capítulo 12 para uma definição detalhada). De modo geral, os fatores de ruído limitam o ganho prático de um amplificador Raman distribuído a menos de 20 dB.

Na prática, os engenheiros que projetam os *links* usam vários *lasers* de bombeio para gerar um espectro plano de ganho de banda larga. A Figura 11.20 mostra um espectro típico de ganho Raman para seis *lasers* de bombeio em comprimentos de onda diferentes. Como indica a figura, quando se usam vários *lasers* de bombeio, é importante lembrar-se de que existe uma forte interação Raman entre os *lasers* de bombeio. Como os bombeios em menores comprimentos de onda amplificam a potência de comprimentos de onda maiores de bombeio, eles normalmente precisam ter níveis mais elevados de potência. Além disso, note que, como resultado da assimetria do espectro de eficiência do ganho Raman, o nível de potência e o maior comprimento de onda de bombeio necessitam ser cuidadosamente calculados. Por exemplo, no caso representado na Figura 11.20,

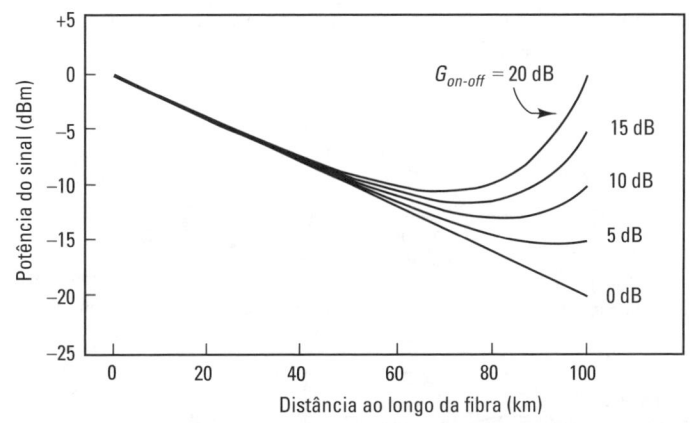

Figura 11.19 Evolução da potência do sinal estimulado ao longo de um *link* de fibra de 100 km para diferentes valores de ganho Raman *on-off*, que é o aumento da potência do sinal na saída do amplificador, quando os *lasers* de bombeio estão ligados.

(Reproduzida com permissão de Bromage,[5] © 2004, IEEE.)

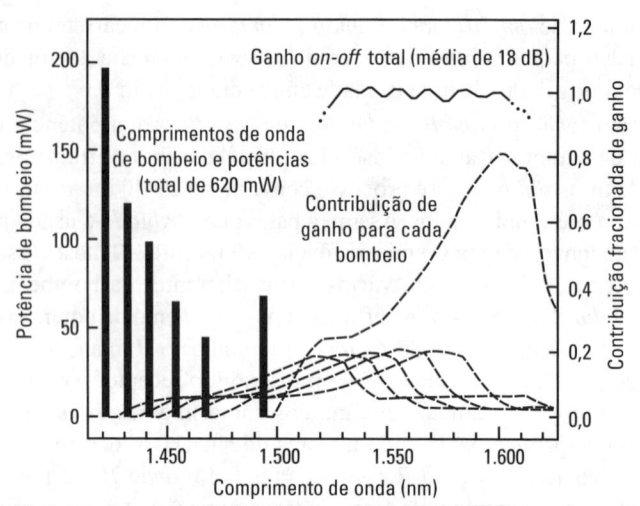

Figura 11.20 Exemplo numérico do ganho Raman de banda larga em uma fibra de dispersão não nula deslocada quando se utilizam seis *lasers* de bombeio. As barras mostram os comprimentos de onda de bombeio e suas potências de entrada. A linha sólida mostra o ganho *on-off* total de sinal pequeno, e as linhas tracejadas, a contribuição fracionada de ganho de cada comprimento de onda de bombeio.
(Reproduzida com permissão de Bromage,[5] © 2004, IEEE.)

apesar de apenas 10% da potência total de bombeio ser proveniente do *laser* operando em 1.495 nm, como ele é amplificado pelos outros bombeios, contribui com 80% do ganho para os sinais de comprimentos de onda mais longos. A curva superior direita da Figura 11.20 ilustra que, quando se utiliza uma combinação apropriada de comprimentos de onda e potências de bombeio, é possível alcançar um ganho relativamente plano ao longo de uma vasta faixa espectral.

Lasers de bombeio com altas potências de saída na região de 1.400-1.500 nm são necessários para a amplificação Raman de sinais nas bandas C e L. *Lasers* que fornecem um lançamento de potências nas fibras de até 300 mW estão disponíveis em pacotes borboleta padrão de 14 pinos. A Figura 11.21 mostra a configuração típica de um sistema de amplificação Raman. Nela um combinador de bombeio multiplexa as saídas de quatro *lasers* de

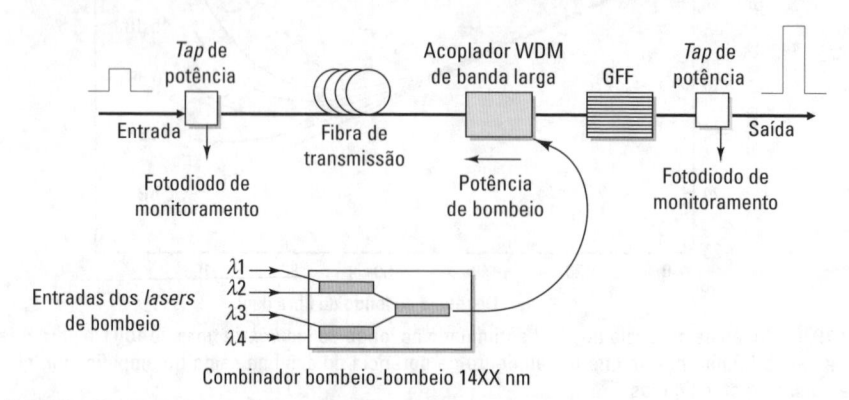

Figura 11.21 Configuração de um sistema típico de amplificação Raman.

bombeio que operam em diferentes comprimentos de onda (exemplos podem ser 1.425, 1.445, 1.465 e 1.485 nm) em uma única fibra. Esses acopladores de potência de bombeio são chamados popularmente de *combinadores de bombeio-bombeio 14XX nm*. A Tabela 11.2 lista os parâmetros de desempenho de um combinador de bombeio com base na tecnologia de *acoplador de fibra fundida*. Essa potência de bombeio combinada é acoplada então na fibra de transmissão na direção oposta à propagação através de um acoplador WDM de banda, como os listados na Tabela 11.3. As diferenças nos níveis de potência medidas entre os dois fotodiodos de monitorização representados na Figura 11.21 fornece o ganho de amplificação. O *filtro de ganho constante* (GFF) é utilizado para igualar os ganhos em comprimentos de onda diferentes.

Tabela 11.2 Parâmetros de desempenho de um combinador bombeio-bombeio 14XX nm baseado na tecnologia de acoplador de fibra fundida

Parâmetro	Valor de desempenho
Tecnologia do dispositivo	Acoplador de fibra fundida
Faixa de comprimento de onda	De 1.420-1.500 nm
Espaçamento de canal	Personalizado: de 10-40 nm
	Padrão: 10, 15, 20 nm
Perda de inserção	< 0,8 dB
Perda dependente da polarização	< 0,2 dB
Direcionalidade	> 55 dB
Capacidade de potência óptica	3.000 mW

Tabela 11.3 Parâmetros de desempenho de acopladores de banda larga WDM para combinação de bombeio 14XX nm e sinais das bandas C ou L

Parâmetro	Valor de desempenho	Valor de desempenho
Tecnologia do dispositivo	Micro-óptica	Filtro de filme fino
Faixa λ do canal de reflexão	De 1.420-1.490 nm	De 1.440-1.490 nm
Faixa λ do canal passante	De 1.505-1.630 nm	1.528 a 1.610 nm
Perda de inserção do canal de reflexão	0,30 dB	0,6 dB
Perda de inserção do canal passante	0,45 dB	0,8 dB
Perda dependente da polarização	0,05 dB	0,10 dB
Dispersão de polarização modal	0,05 ps	0,05 ps
Capacidade de potência óptica	2.000 mW	500 mW

11.8 Amplificadores ópticos de banda larga

A crescente demanda por mais banda larga criou um interesse no desenvolvimento de amplificadores ópticos de banda larga que operam em diversas faixas de comprimento de onda para lidar com diversos canais WDM simultaneamente. Por exemplo, uma combinação de dois tipos de amplificadores pode proporcionar uma amplificação eficaz nas bandas C e L ou S e C. Estendendo ainda mais esse princípio, a utilização de três tipos de amplificadores pode proporcionar ganhos de sinal nas bandas S, C e L, C, L e U, em qualquer outra combinação. Os amplificadores individuais poderiam ser baseados em fibras de sílica dopadas com túlio para a banda S, os EDFAs padrão para a banda C, os EDFAs de ganho deslocado para a banda L e diferentes versões de amplificadores Raman.[63-69]

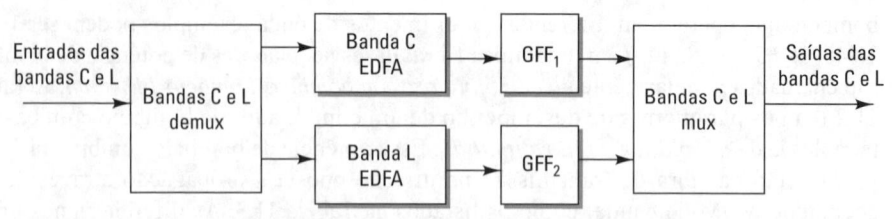

Figura 11.22 Representação de dois amplificadores ópticos de diferentes bandas em paralelo.

As combinações de amplificadores podem ser em paralelo ou em série, como mostrado nas Figuras 11.22 e 11.23, respectivamente. No projeto paralelo, um demultiplexador de banda larga divide o espectro do sinal de entrada em duas bandas de comprimento de onda. As duas bandas, em seguida, passam por amplificadores ópticos correspondentes, e, após isso, um multiplexador de banda larga recombina as duas bandas espectrais. Essa configuração requer a utilização de uma banda de guarda que abrange vários nanômetros entre as duas regiões espectrais. Essa banda de guarda impede a sobreposição de amplificação entre os diferentes caminhos e previne que a potência de ruído proveniente de um amplificador interfira na amplificação do sinal de um amplificador adjacente. Além de ter esse comprimento de onda de banda inutilizado, outra desvantagem da configuração em paralelo é que os dois dispositivos WDM necessários antes e depois de cada amplificador adicionam ao sistema perda de inserção.

A configuração em série é conhecida como um *amplificador óptico de banda larga sem emenda* porque não requer a divisão dos sinais em caminhos separados. Ele também evita a degradação da figura de ruído de acopladores de comprimento de onda e os custos adicionais dos próprios acopladores. Esse tipo de amplificador pode ser construído de uma concatenação de dois ou mais amplificadores de fibra dopada, ou de uma combinação de amplificadores de fibra e Raman. No entanto, o impacto sobre o projeto do amplificador devido aos efeitos não lineares e a amplificação por espalhamento Rayleigh precisam ser considerados para amplificadores de fibra híbridos compostos de uma combinação de um EDFA e um amplificador de Raman. Esses efeitos não são tão fortes para um amplificador óptico híbrido composto por uma série de amplificadores de fibra dopada concatenados, mas, nesse caso, as características de ganho de diferentes segmentos de amplificador precisam ser adaptadas com cuidado.[66]

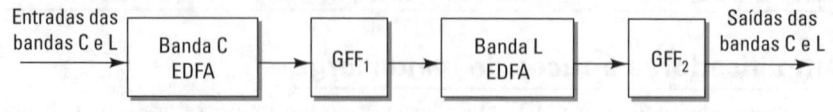

Figura 11.23 Representação de dois amplificadores ópticos de diferentes bandas em série.

Problemas

11.1 Considere um amplificador óptico de semicondutor de InGaAsP que possui os seguintes valores de parâmetros:

Símbolo	Parâmetro	Valor
w	Largura da área ativa	5 μm
d	Espessura da área ativa	0,5 μm
L	Comprimento do amplificador	200 μm
Γ	Fator de confinamento	0,3
τ_r	Constante de tempo	1 ns
a	Coeficiente de ganho	1×10^{-20} m^2
V_g	Velocidade de grupo	$2,0 \times 10^8$ m/s
n_{th}	Densidade de limiar	$1,0 \times 10^{24}$ m^{-3}

Se uma corrente de polarização de 100 mA é aplicada, encontre (a) a taxa de bombeio $R_{bombeio}$, (b) o valor máximo (de sinal zero) de ganho, (c) a densidade de saturação de fótons, (d) a densidade de fótons se um sinal de 1 μW em 1.310 nm entra no amplificador. Compare os resultados de (c) e (d).

11.2 Verifique que a expressão de ganho na Equação (11.13) resulta da relação integral da Equação (11.12b).

11.3 Resolvendo a Equação (11.13) numericamente, faça os gráficos do ganho do amplificador normalizado (G/G_0) *versus* a potência de saída normalizada ($P_{s,sai}/P_{amp,sat}$) para valores não saturados de ganho no amplificador $G_0 = 30$ dB, 15 dB e 10 dB.

11.4 A *potência de saturação de saída* $P_{sai,sat}$ é definida como a potência de saída do amplificador para a qual o ganho do amplificador G é reduzido por 3 dB (um fator de 2) de seu valor G_0 não saturado. Assumindo que $G_0 \gg 1$, mostre que a potência de saturação de saída do amplificador é

$$P_{sai,sat} = \frac{G_0 \ln 2}{(G_0 - 2)} P_{amp,sat}$$

11.5 Como a constante de ganho a depende da frequência, o ganho do amplificador também é dependente da frequência. A largura de banda de 3 dB (largura total a meia altura – FWHM) é definida como a frequência para a qual o ganho de potência $G(\nu)$ é reduzido por um fator 2. Assuma que o parâmetro de ganho g tem um perfil gaussiano

$$g(\nu) = \frac{g_0}{1 + 4(\nu - \nu_0)^2/(\Delta\nu)^2}$$

onde $\Delta\nu$ é a largura de banda óptica (a largura espectral do perfil de ganho), e ν_0, a frequência de máximo ganho. Começando com a Equação (11.9), mostre que a razão entre a largura de banda de 3 dB, $2(\nu - \nu_0)$ e a largura de banda óptica $\Delta\nu$ é

$$\frac{2(\nu - \nu_0)}{\Delta\nu} = [\log_2(G_0/2)]^{-1/2}$$

onde $\log_2 X$ é o logaritmo na base 2 de X. O que essa equação mostra sobre a razão entre o ganho do amplificador e a largura de banda óptica?

11.6 Suponha que o perfil de ganho de um amplificador óptico seja

$$g(\lambda) = g_0 e^{-(\lambda-\lambda_0)^2/2(\Delta\lambda)^2}$$

onde λ_0 é o comprimento de onda de pico do ganho, e $\Delta\lambda$, a largura espectral do ganho do amplificador. Se $\Delta\lambda = 25$ nm, encontre a FWHM (o ganho de 3 dB) do ganho do amplificador se o pico do ganho em λ_0 é de 30 dB.

11.7 (a) Compare a máxima *eficiência de conversão de potência* (PCE) para o bombeio em 980 nm e 1.475 nm, em um EDFA para um sinal de 1.545 nm. Compare isso com os resultados reais medidos de PCE = 50,0% e 75,6% para os bombeios em 980 nm e 1.475 nm respectivamente.

(b) Usando os resultados reais para PCE dados em (a), trace a máxima potência de saída do sinal em função da potência de bombeio para $0 \leq P_{bombeio,ent} \leq 200$ mW para os comprimentos de onda de bombeio de 980 nm e 1.475 nm.

11.8 Suponha que tenhamos um amplificador de potência EDFA que produz $P_{s,sai} = 27$ dBm para um nível de entrada de 2 dBm em 1.542 nm.

(a) Encontre o ganho do amplificador.

(b) Qual é a mínima potência de bombeio exigida?

11.9 (a) Para ver as contribuições relativas dos vários mecanismos de ruído em um amplificador óptico, calcule os valores dos cinco termos de ruído na Equação

(11.30) para os ganhos operacionais de $G = 20$ dB e 30 dB. Assuma que a largura de banda óptica é igual à largura de banda de emissão espontânea (largura espectral de 30 nm) e utilize os seguintes valores de parâmetros:

Símbolo	Parâmetro	Valor
η	Eficiência quântica do fotodiodo	0,6
$\mathcal{R}$	Responsividade	0,73 A/W
P_{ent}	Potência óptica de entrada	1 μW
λ	Comprimento de onda	1.550 nm
B_o	Largura de banda óptica	$3,77 \times 10^{12}$ Hz
B_e	Largura de banda do receptor	1×10^9 Hz
n_{esp}	Fator de emissão espontânea	2
R_L	Resistor de carga do receptor	1.000 Ω

(b) Para ver o efeito da utilização de um filtro óptico de banda estreita no receptor, considere $B_o = 1,25 \times 10^{11}$ Hz (125 GHz em 1.550 nm) e encontre os mesmos cinco termos de ruído para $G = 20$ dB e 30 dB.

11.10 Trace o fator de penalidade $F(G)$ dado pela Equação (11.43) em função do ganho do amplificador de ganho no intervalo de 0 a 30 dB. Assumindo que a atenuação da fibra é de 0,2 dB/km, desenhe um eixo de distâncias paralelo ao eixo do ganho para mostrar as distâncias de transmissão correspondentes aos valores de ganho.

11.11 Considere uma cadeia de k combinações fibra-EDFA em cascata, como mostrado na Figura 11.24.

(a) Mostre que a potência média do sinal no caminho é

$$\langle P \rangle_{trajeto} = P_{s,ent} \frac{G-1}{G \ln G}$$

(b) Derive a potência ASE média no caminho dada pela Equação (11.42).

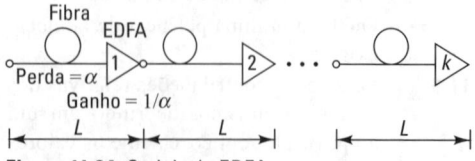

Figura 11.24 Cadeia de EDFA em cascata.

11.12 Considere um sistema de transmissão a longa distância contendo uma cadeia de EDFAs em cascata. Assuma que cada EDFA funciona na região de saturação e que a inclinação da curva de ganho *versus* potência de entrada nessa região é $-0,5$, ou seja, o ganho muda de ± 3 dB para uma variação de ∓ 6 dB na potência de entrada. Considere que o *link* tem os seguintes parâmetros operacionais:

Símbolo	Parâmetro	Valor
G	Ganho nominal	7,1 dB
$P_{s,sai}$	Potência óptica de saída nominal	3,0 dBm
$P_{s,ent}$	Potência óptica de entrada nominal	$-4,1$ dBm

(a) Suponha que haja uma queda repentina de 6 dB no nível de sinal, em algum ponto no *link*. Encontre os níveis de potência de saída após o sinal degradado passar pelos sucessivos estágios do amplificador 1, 2, 3 e 4.

(b) Repita a parte (a) para uma queda do nível de sinal de 12 dB.

11.13 Considere que o campo elétrico de um sinal óptico em uma portadora de frequência v_i é

$$E_i(t) = \sqrt{2P_i} \cos(2\pi v_i t + \phi_i)$$

onde P_i é a potência do sinal na portadora de frequência v_i, e ϕ_i, a fase da portadora. Se N sinais ópticos cada um em uma frequência diferente v_i viajarem ao longo de uma fibra, mostre que a potência do sinal é

$$P_s = \sum_{i=1}^{N} P_{s,i} + \sum_{j}^{N} \sum_{k \neq j}^{N} 2\sqrt{P_j P_k} \cos(\Omega_{jk} t + \phi_j - \phi_k)$$

onde $\Omega_{jk} = 2\pi(v_j - v_k)$ representa a frequência de batimento na qual a população de portadoras oscila.

11.14 Considere um EDFA com um ganho de 26 dB e uma máxima potência de saída de 0 dBm.

(a) Compare o nível do sinal de saída por canal para 1, 2, 4 e 8 canais de comprimento de onda, em que a potência de entrada é 1 μW para cada sinal.

(b) Quais são os níveis do sinal de saída por canal em cada caso se a potência de bombeio é dobrada?

11.15 Como visto na Equação (7.13), a taxa de erro de *bit* (BER) pode ser dada em termos de um fator Q, que, a partir da Equação (7.14), é

$$Q = \frac{b_{on} - b_{off}}{\sqrt{\sigma_{on}^2} + \sqrt{\sigma_{off}^2}}$$

Quando o ruído térmico é dominante, temos $\sigma_{on}^2 = \sigma_{off}^2$. No entanto, para um EDFA, a existência do ruído de batimento sinal-ASE produz a condição $\sigma_{on}^2 > \sigma_{off}^2$. Nesse caso, $\sigma_{on}^2 = \sigma_{total}^2$ a partir da Equação (11.30),

$$\sigma_{off}^2 = \sigma_T^2 + \sigma_{shot\text{-}ASE}^2 + \sigma_{ASE\text{-}ASE}^2$$

e

$$b_{on} - b_{off} = (GI_s + I_N) - I_N = G\mathcal{R}P_{s,ent}$$

Notando que a sensibilidade do receptor P_R é metade da potência do sinal transmitido de um 1 *bit* para uma distribuição uniforme de 1s e 0s (ou seja, $P_s = 2P_R$), mostre que a sensibilidade do receptor em termos do fator Q é

$$P_R = h\nu B_e \left\{ FQ^2 + Q\left[\frac{2n_{esp}}{\eta}\left(\frac{G-1}{G^2}\right)\frac{B_o}{B_e}\right.\right.$$
$$\left.\left. + n_{esp}^2\left(\frac{G-1}{G}\right)^2\left(2\frac{B_o}{B_e} - 1\right) + \frac{4k_B T}{R_L(\eta q)^2 G^2 B_e}\right]^{1/2}\right\}$$

onde F é a figura de ruído dada pela Equação (11.35).

11.16 Usando a expressão para a sensibilidade do receptor P_R dada no Problema 11.15, trace P_R em função de G para valores de ganho entre 10 e 40 dB. Use os seguintes valores de B_o: 2,5, 12,5, 125 e 675 GHz (correspondentes a passa-bandas espectrais de 0,02, 0,1, 1 e 5 nm, respectivamente, em 1.550 nm). Considere $Q = 6$ e assuma os seguintes valores para os parâmetros na expressão de P_R:

Símbolo	Parâmetro	Valor
η	Eficiência quântica do fotodiodo	0,6
T	Temperatura	300 K
λ	Comprimento de onda	1.550 nm
B_e	Largura de banda do receptor	1,25 GHz
n_{esp}	Fator de emissão espontânea	2
R_L	Resistor de carga do receptor	50 Ω

11.17 Considere a expressão para a sensibilidade do receptor P_R dada no Problema 11.15. Para valores suficientemente grandes de G, o termo de ruído térmico é insignificante, e o primeiro termo na expressão da raiz quadrada é pequeno em comparação com o segundo. Nesse caso e para $2B_o \gg 1$, a expressão para P_R torna-se

$$P_R \approx h\nu B_e F \left\{ Q^2 + \frac{Q}{2\eta}\left(\frac{B_o}{B_e}\right)^{1/2} \right\}$$

Considerando $Q = 6$ (para uma BER de 10^{-9}), faça o gráfico de P_R em função da largura de banda do filtro óptico relativa B_o/B_e no intervalo de $10 \leq B_o/B_e \leq 1.000$ para os seguintes valores de F: 3 dB, 5 dB e 7 dB. Assuma um comprimento de onda de 1.550 nm, uma eficiência quântica do fotodiodo de 0,5 e uma largura de banda elétrica de 1,25 GHz.

11.18 Se a potência de entrada e a largura de banda óptica são relativamente grandes, o ruído de intensidade relativa inerente ao transmissor *laser* pode afetar a figura de ruído de um amplificador óptico. Nesse caso, a figura de ruído F relativa a $2n_{esp}$ (a figura de ruído quando o batimento sinal-ASE é o ruído dominante) é dada por[70]

$$\frac{F}{2n_{esp}} = 1 + \frac{P_{ASE}}{P_s} + \frac{(RIN)B_o}{8}\frac{2B}{B_o}$$
$$+ \frac{(RIN)B_o}{4}\frac{P_s}{P_{ASE}}$$

onde $P_{ASE} = n_{esp} h\nu B_o$ é a potência do ruído ASE. Aqui, o terceiro termo vem da interação entre o RIN e a ASE, e o quarto termo resulta da interação entre o RIN e o sinal. Faça o gráfico de $F/2n_{esp}$ em função de P_s/P_{ASE} para o intervalo -10 dB $\leq P_s/P_{ASE} \leq 20$ dB. Use os seguintes valores de (RIN) B_o: 0,01, 0,1, 1 e 10.

Referências

1. R. Giles and T. T. Li, "Optical amplifiers transform long-distance lightwave telecommuni-cations," *Proc. IEEE*, vol. 84, pp. 870-883, June 1996.
2. D. R. Zimmerman and L. H. Spiekman, "Amplifiers for the masses: EDFA, EDWA, and SOA amplets for metro and access applications," *J. Lightwave Tech.*, vol. 22, pp. 63-70, Jan. 2004.
3. M. J. Connelly, *Semiconductor Optical Amplifiers*, Springer, New York, 2002.
4. E. Desurvire, *Erbium-Doped Fiber Amplifiers: Principles and Applications*, Wiley, New York, 2002.
5. J. Bromage, "Raman amplification for fiber communications systems," *J. Lightwave Tech.*, vol. 22, pp. 79-93, Jan. 2004.
6. A. Yariv and P. Yeh, *Photonics: Optical Electronics in Modern Communications*, Oxford University Press USA, New York, 6th ed., 2006.
7. B. E. A. Saleh and M. C. Teich, *Fundamentals of Photonics*, Wiley, Hoboken, NJ, 2nd ed., 2007.
8. M. J. O'Mahoney, "Semiconductor laser optical amplifiers for use in future fiber systems," *J. Lightwave Tech.*, vol. 6, pp. 531-544, Apr. 1988.
9. B. L. Anderson and R. L. Anderson, *Fundamentals of Semiconductor Devices*, McGraw-Hill, New York, 2005.
10. R. Ramaswami and P. Humblet, "Amplifier induced crosstalk in multichannel optical networks," *J. Lightwave Tech.*, vol. 8, pp. 1882-1896, Apr. 1990.
11. K. Morito, "Output-level control of semiconductor optical amplifier by external light injection," *J. Lightwave Tech.*, vol. 23, pp. 4332-4341, Dec. 2005.
12. E. Desurvire, D. Bayart, B. Desthieux, and S. Bigo, *Erbium-Doped Fiber Amplifiers: Devices and System Developments*, Wiley, New York, 2002.
13. W. Miniscalco, "Erbium-doped glasses for fiber amplifiers at 1500 nm," *J. Lightwave Tech.*, vol. 9, pp. 234-250, Feb. 1991.
14. W. Miniscalco, "Optical and electronic properties of rare earth ions in glasses," in M. J. F. Digonnet, ed., *Rare Earth Doped Fiber Lasers and Amplifiers*, Dekker, New York, 1993.
15. C.-C. Fan, J.-D. Peng, J.-H. Li, X. Jiang, G.-S. Wu, and B.-K. Zhou, "Theoretical and experimental investigations on erbium-doped fiber amplifiers," *Fiber & Integrated Optics*, vol. 13, no. 3, pp. 247-260, 1994.
16. F. Fontana and G. Grasso, "The erbium-doped fiber amplifier: Technology and applications," *Fiber & Integrated Optics*, vol. 13, no. 3, pp. 135-145, 1994.
17. P. C. Becker, N. A. Olsson, and J. R. Simpson, *Erbium-Doped Fiber Amplifiers*, Academic, New York, 1999.
18. C. Lester, A. Bjarklev, T. Rasmussen, and P. G. Dinesen, "Modeling of Yb-sensitized Er-doped silica waveguide amplifiers," *J. Lightwave Tech.*, vol. 13, pp. 740-743, May 1995.
19. E. Yahel, O. Hess, and A. Hardy, "Transient analysis of short, high-concentration, gain-clamped Er^{3+}–Yb^{3+} codoped fiber amplifiers," *J. Lightwave Tech.*, vol. 24, pp. 2190-2195, May 2006.
20. C. R. Giles and E. Desurvire, "Modeling erbium-doped fiber amplifiers," *J. Lightwave Tech.*, vol. 9, pp. 271-283, Feb. 1991.
21. T. Li, "The impact of optical amplifiers on long-distance telecommunications," *Proc. IEEE*, vol. 81, pp. 1568-1579, June 1993.
22. M. A. Ali, A. F. Elrefaie, R. E. Wagner, and S. A. Ahmed, "A detailed comparison of the overall performance of 980 and 1480 nm pumped EDFA cascades in WDM multiple-access lightwave networks," *J. Lightwave Tech.*, vol. 14, pp. 1436-1448, June 1996.
23. B. Pedersen, K. Dybdal, C. D. Hansen, A. Bjarklev, J. H. Povlsen, H. Vendeltorp-Pommer, and C. C. Larsen, "Detailed theoretical and experimental investigation of high-gain erbium-doped fiber amplifier," *IEEE Photonics Tech. Lett.*, vol. 2, pp. 863-865, Dec. 1990.
24. G. R. Walker, N. G. Walker, R. C. Steele, M. J. Creaner, and M. C. Brain, "Erbium-doped fiber amplifier cascade for multichannel coherent optical transmission," *J. Lightwave Tech.*, vol. 9, pp. 182-193, Feb. 1991.
25. D. M. Baney, P. Gallion, and R. S. Tucker, "Theory and measurement techniques for the noise figure of optical amplifiers," *Opt. Fiber Tech.*, vol. 6, no. 2, pp. 122-154, Apr. 2000.
26. A. Hardy and R. Oron, "Signal amplification in strongly pumped fiber amplifiers," *IEEE J. Quantum Electron.*, vol. 33, pp. 307-313, Mar. 1997.
27. J. P. Gordon and L. F. Mollenauer, "Effects of fiber nonlinearities and amplifier spacing on ultra-long distance transmission," *J. Lightwave Tech.*, vol. 9, pp. 170-173, Feb. 1991.
28. A. V. Tran, R. S. Tucker, and N. L. Boland, "Amplifier placement methods for metropolitan WDM ring networks," *J. Lightwave Tech.*, vol. 22, pp. 2509-2522, Nov. 2004.
29. J. J. Pan, K. Guan, X. Qiu, W. Wang, M. Zhang, J. Jiang, E. Zhang, and F. Q. Zhou, "Advantages of low-cost, miniature, intelligent EDFAs for next-generation dynamic metro/access networks," *Optical Fiber Tech.*, vol. 9, no. 2, pp. 80-94, Apr. 2003.
30. T. T. Ha, G. E. Keiser, and R. L. Borchart, "Bit error probabilities of OOK lightwave systems with optical amplifiers," *J. Opt. Commun.*, vol. 18, pp. 151-155, Aug. 1997.

31. Y. K. Park and S. W. Granlund, "Optical preamplifier receivers: Applications to digital long-haul transmission," *Optical Fiber Tech.*, vol. 1, pp. 59-71, Oct. 1994.
32. B. Razavi, *Design of Integrated Circuits for Optical Communications*, McGraw-Hill, New York, 2003.
33. F. Matera and M. Settembre, "Performance of optical links with optical amplifiers," *Fiber & Integ. Optics*, vol. 15, no. 2, pp. 89-107, 1996.
34. K. Inoue, "Crosstalk and its power penalty in multichannel transmission due to gain saturation in a semiconductor laser amplifier," *J. Lightwave Tech.*, vol. 7, pp. 1118-1124, July 1989.
35. A. E. Willner and S.-M. Hwang, "Transmission of many WDM channels through a cascade of EDFAs in long distance links and ring networks," *J. Lightwave Tech.*, vol. 13, pp. 802-816, May 1995.
36. J.-C. Dung, S. Chi, and S. Wen, "Gain flattening of erbium-doped fiber amplifier using fiber Bragg gratings," *Electron. Lett.*, vol. 34, pp. 555-556, Mar. 1998.
37. K. Mizuno, Y. Nishi, Y. Mimura, Y. Iida, H. Matsuura, D. Yoon, O. Aso, T. Yamamoto, T. Toratani, Y. Ono, and A. Yo, "Development of etalon-type gain-flattening filter," *Furukawa Review*, vol. 19, pp. 53-58, 2000.
38. K. Maru, T. Chiba, T. Hasegawa, K. Tanaka, H. Nonen, and H. Uetsuka, "A dynamic gain equalizer for next-generation WDM systems," *Hitachi Cable Review*, vol. 21, pp. 7-10, Aug. 2002.
39. Y.-Q. Lu, C. Wong, and S.-T. Wu, "A liquid crystal-based Fourier optical spectrum analyzer," *IEEE Photonics Tech. Lett.*, vol. 16, pp. 861-862, Mar. 2004.
40. C. Delisle and J. Conradi, "Model for bidirectional transmission in an open cascade of optical amplifiers," *J. Lightwave Tech.*, vol. 15, pp. 749-757, May 1997.
41. G. Keiser, *FTTX Concepts and Applications*, Wiley, Hoboken, NJ, 2006.
42. A. K. Srivastava, Y. Sun, J. L. Zyskind, J. W. Sulhoff, C. Wolf, and R. W. Tkach, "EDFA transient response to channel loss in WDM transmission system," *IEEE Photon. Tech. Lett.*, vol. 9, pp. 386-388, 1997.
43. S. R. Chinn, "Simplified modeling of transients in gain-clamped erbium-doped fiber amplifiers," *J. Lightwave Tech.*, vol. 16, pp. 1095-1100, June 1998.
44. M. Karásek and F. W. Willems, "Channel addition/removal response in cascades of strongly inverted erbium-doped fiber amplifiers," *J. Lightwave Tech.*, vol. 16, pp. 2311-2317, Dec. 1998.
45. M. Karásek, M. Menif, and L. A. Rusch, "Output power excursions in a cascade of EDFAs fed by multichannel burst-mode packet traffic: experimentation and modeling," *J. Lightwave Tech.*, vol. 19, pp. 933-940, July 2001.
46. H. Ono, K. Shimano, M. Fukutoku, and S. Kuwano, "An EDFA gain control and power monitoring scheme for fault detection in WDM networks by employing a power-stabilized control channel," *J. Lightwave Tech.*, vol. 20, pp. 1335-1341, Aug. 2002.
47. C. Tian and S. Kinoshita, "Analysis and control of transient dynamics of EDFA pumped by 1480- and 980-nm lasers," *J. Lightwave Tech.*, vol. 21, pp. 1728-1734, Aug. 2003.
48. A. V. Tran, C. J. Chae, R. S. Tucker, and Y. J. Wen, "EDFA transient control based on envelope detection for optical burst switched networks," *IEEE Photon. Tech. Lett.*, vol. 17, pp. 226-228, Jan. 2005.
49. J. H. Ji, L. Zhan, L. L. Yi, C. C. Tang, Q. H. Ye, and Y. X. Xia, "Low noise-figure gain-clamped erbium-doped fiber ring lasing amplifier with an interleaver," *J. Lightwave Tech.*, vol. 23, pp. 1375-1379, Mar. 2005.
50. T. Yoshikawa, K. Okamura, E. Otani, T. Okaniwa, T. Uchino, M. Fukushima, and N. Kagi, "WDM burst mode signal amplification by cascaded EDFAs with transient control," *Opt. Express*, vol. 14, pp. 4650-4655, May 2006.
51. P. Chan and H. Tsang, "Minimizing gain transient dynamics by optimizing the erbium concentration and cavity length of a gain clamped EDFA," *Opt. Express*, vol. 13, pp. 7520-7526, Sept. 2005.
52. K. Ennser, G. DellaValle, M. Ibsen, J. Shmulovich, and S. Taccheo, "Erbium-doped waveguide amplifier for reconfigurable WDM metro networks," *IEEE Photonics Tech. Lett.*, vol. 17, pp. 1468-1470, July 2005.
53. A. Laliotis, E. M. Yeatman, and S. J. Al-Bader, "Modeling signal and ASE evolution in erbium-doped amplifiers with the method of lines," *J. Lightwave Tech.*, vol. 24, pp. 1589-1600, Mar. 2006.
54. K. Rottwitt and A. J. Stentz, "Raman amplification in lightwave communication systems," in *Optical Fiber Communications IV-A*, I. P. Kaminow and T. Li, eds., Academic, San Diego, 2002.
55. M. N. Islam, "Raman amplifiers for telecommunications," *IEEE J. Sel. Topics Quantum Electron.*, vol. 8, no. 3, pp. 548-559, May/June 2002.
56. M. N. Islam, ed., *Raman Amplifiers for Telecommunications 1 – Physical Principles*, Springer, New York, 2004.
57. M. N. Islam, ed., *Raman Amplifiers for Telecommunications 2 – Sub-Systems and Systems*, Springer, New York, 2004.
58. J. Bromage, J.-C. Bouteiller, H. J. Thiele, K. Brar, L. E. Nelson, S. Stulz, C. Headley, R. Boncek, J. Kim, A. Klein, G. Baynham, L. V. Jørgensen, L. Grüner-Nielsen, L. R. Lingle Jr., and D. J. DiGiovanni, "WDM transmission over multiple long spans with bidirectional Raman pumping," *J. Lightwave Tech.*, vol. 22, pp. 225-232, Jan. 2004.

59. H. Suzuki, N. Takacio, H. Masuda, and K. Iwatsuki, "Super-dense WDM transmission technology in the zero-dispersion region employing distributed Raman amplification," *J. Lightwave Tech.*, vol. 21, pp. 973-981, Apr. 2003.
60. T. Miyamoto, M. Tanaka, J. Kobayashi, T. Tsuzaki, M. Hirano, T. Okuno, M. Kakui, and M. Shigematsu, "Highly nonlinear fiber-based lumped fiber Raman amplifier for CWDM transmission systems," *J. Lightwave Tech.*, vol. 23, pp. 3475-3483, Nov. 2005.
61. J. Chen, C. Lu, Y. Wang, and Z. Li, "Design of multistage gain-flattened fiber Raman amplifiers," *J. Lightwave Tech.*, vol. 24, pp. 935-944, Feb. 2006.
62. J. Park, J. Park, D. Lee, N. Y. Kim, H. Lee, and N. Park, "Nonlinear phase shift scanning method for the optimal design of Raman transmission systems," *J. Lightwave Tech.*, vol. 24, pp. 1257-1268, Mar. 2006.
63. H. Masuda, S. Kawai, K.-I. Suzuki, and K. Aida, "Ultrawide 75-nm gain-band optical amplification with erbium-doped fluoride fiber amplifiers and distributed Raman amplifiers," *IEEE Photonics Tech. Lett.*, vol. 10, pp. 516-518, Apr. 1998.
64. H. Ono, M. Yamada, and M. Shimizu, "S-band erbium-doped fiber amplifiers with a multistage configuration: Design, characterization, and gain tilt compensation," *J. Lightwave Tech.*, vol. 21, pp. 2240-2246, Oct. 2003.
65. C.-H. Yeh, C.-C. Lee, C.-Y. Chen, and S. Chi, "S-band gain-clamped erbium-doped fiber amplifier by using optical feedback method," *IEEE Photonics Tech. Lett.*, vol. 16, pp. 90-92, Jan. 2004.
66. T. Sakamoto, S.-I. Aozasa, M. Yamada, and M. Shimizu, "Hybrid fiber amplifiers consisting of cascaded TDFA and EDFA for WDM signals," *J. Lightwave Tech.*, vol. 24, pp. 2287-2295, June 2006.
67. S. W. Harun, P. Poopalan, and H. Ahmad, "Gain enhancement in L-band EDFA through a double-pass technique," *IEEE Photonics Tech. Lett.*, vol. 14, pp. 296-297, Mar. 2002.
68. L. Huang, A. Jha, S. Shen, and X. Liu, "Broadband emission in Er^{3+}-Tm^{3+} codoped tellurite fibre," *Optics Express*, vol. 12, pp. 2429-2434, 31 May 2004.
69. J. H. Lee, Y. M. Chang, Y. G. Han, H. Chung, S. H. Kim, and S. B. Lee, "A detailed experimental study on single-pumped Raman/EDFA hybrid amplifiers: Static, dynamic, and system performance comparison," *J. Lightwave Tech.*, vol. 23, pp. 3484-3493, Nov. 2005.
70. I. Jacobs, "Dependence of optical amplifier noise figure on relative-intensity noise," *J. Lightwave Tech.*, vol. 13, pp. 1461-1465, July 1995.

12

Efeitos não lineares

O projeto de um sistema de transmissão de ondas luminosas requer um planejamento cuidadoso de fatores, como escolha de fibra, seleção e ajuste de componentes optoeletrônicos, localização do amplificador óptico e rota do caminho óptico. O objetivo desse planejamento é criar uma rede que satisfaça os critérios do projeto, seja confiável e de fácil operação e manutenção. Como os capítulos anteriores descrevem, o processo de projetar deve levar em conta todas as penalidades de potência associadas com os processos de degradação dos sinais ópticos.

Intuitivamente, parece natural manter a potência óptica de entrada tão alta quanto possível para superar os efeitos de penalidade de potência e atingir os objetivos do projeto do *link*. No entanto, isso só funciona se a fibra é um meio linear, isto é, se a perda e o índice de refração são independentes do nível de potência óptica do sinal. Em uma fibra real, muitos efeitos não lineares diferentes começam a aparecer com o aumento do nível de potência óptica.[1-7] Essas não linearidades surgem quando vários campos ópticos de alta intensidade de diversos sinais com comprimentos de onda diferentes estão presentes em uma fibra ao mesmo tempo e quando esses campos interagem com as ondas acústicas e vibrações moleculares. Por exemplo, se o limiar não linear para a potência total lançada em uma fibra é de 17 dBm (50 mW), então, para um *link* DWDM de 64 canais, o limite de potência por comprimento de onda é de –1,0 dBm (0,78 mW). As consequências dos efeitos não lineares para níveis de sinal dessa magnitude incluem ganho ou perda de potência em comprimentos de onda diferentes, conversões de comprimento de onda e diafonia entre canais de comprimento de onda. Em alguns casos, os efeitos não lineares podem degradar o desempenho do sistema WDM, enquanto, em outras situações, proporcionam uma aplicação útil.

Primeiramente, este capítulo apresenta uma visão geral dos processos não lineares em fibras ópticas (Seção 12.1). Como as não linearidades surgem acima de um determinado limiar de potência óptica, o efeito torna-se insignificante, desde que o sinal tenha se tornado suficientemente atenuado após viajar uma certa distância ao longo da fibra. Isso dá origem ao conceito de comprimento efetivo e de um parâmetro associado chamado área efetiva, como a Seção 12.2 descreve. As próximas cinco seções discutem como os principais processos não lineares fisicamente afetam o desempenho do sistema. Essas não linearidades são o espalhamento Raman estimulado (Seção 12.3), o espalhamento Brillouin estimulado (Seção 12.4), a automodulação de fase (Seção 12.5), a modulação cruzada de fase (Seção 12.6) e a mistura de quatro ondas (Seção 12.7). A atenuação de mistura de quatro ondas pode ser obtida por meio de um projeto especial da fibra ou por um método de compensação da dispersão cromática, que é o tópico da Seção 12.8. Entretanto, os efeitos não lineares também podem ter utilizações benéficas. A Seção 12.9 descreve as aplicações técnicas de modulação cruzada de fase e mistura de quatro ondas para a realização de conversão de comprimento de onda em redes WDM. Outra aplicação dos efeitos não lineares em uma fibra de sílica é o uso de sólitons para comunicações ópticas, que depende de efeitos de automodulação de fase. A Seção 12.10 aborda esse tema.

12.1 Visão geral das não linearidades

As não linearidades ópticas podem ser classificadas em duas categorias gerais, que são resumidas na Tabela 12.1. A primeira categoria engloba os processos de espalhamento inelástico não linear: *espalhamento Raman estimulado* (SRS) e *espalhamento Brillouin estimulado* (SBS). A segunda categoria de efeitos não lineares surge das variações dependentes da intensidade do índice de refração de uma fibra de sílica, que é conhecida como *efeito Kerr*. Esses efeitos incluem a *automodulação de fase* (SPM), a *modulação cruzada de fase* (XPM) e a *mistura de quatro ondas* (FWM). Na literatura, a FWM às vezes é referida como *mistura de quatro fótons* (FPM), e a XPM também é designada por CPM. Note que alguns efeitos não lineares independem do número de canais WDM.

Tabela 12.1 Resumo de efeitos não lineares em fibras ópticas

Categoria de não linearidade	Monocanal	Múltiplo canal
Devida ao índice	Automodulação de fase	Modulação cruzada de fase Mistura de quatro ondas
Devida ao espalhamento	Espalhamento Brillouin estimulado	Espalhamento Raman estimulado

O SBS, o SRS e a FWM resultam em ganhos ou perdas em um canal de comprimento de onda. As variações de potência dependem da intensidade do sinal óptico. Esses três processos não lineares proporcionam ganhos para alguns canais, enquanto depletam a potência dos outros, produzindo assim a diafonia entre os canais de comprimento de onda. Em sistemas de vídeo analógico, o SBS degrada significativamente a relação portadora-ruído quando a potência espalhada é equivalente à potência do sinal na fibra. A SPM e a XPM afetam somente a fase dos sinais, que causa gorjeio nos pulsos digitais. Isso pode agravar o alargamento do pulso devido à dispersão, especialmente em sistemas de altas taxas como de 40 Gb/s. A FWM pode ser suprimida por meio de arranjos especiais de fibras com diferentes características de dispersão. Nessa técnica de compensação da dispersão cromática, os engenheiros de projetos costuram os vários segmentos de fibra de um *link* WDM para ter uma alta dispersão local, porém com uma baixa dispersão geral. A baixa dispersão média minimiza o espalhamento do pulso, enquanto a alta dispersão local destrói as relações de fase da portadora de frequência que dão origem aos produtos de intermodulação da FWM.

Quando qualquer um desses efeitos não lineares contribui para a degradação do sinal, uma quantidade adicional de potência será necessária no receptor para manter a mesma BER, independentemente de esta estar presente ou não. Essa potência adicional (em decibéis) é conhecida como a *penalidade de potência* para tal efeito. Como as seções seguintes mostram, os fatores que influenciam em que grau uma determinada não linearidade afeta o desempenho do *link* de fibra óptica incluem as dispersões cromáticas e de polarização modal, a área efetiva do núcleo da fibra, o número e espaçamento dos canais de comprimento de onda em um sistema WDM, o comprimento do *link* de transmissão e a largura de linha da fonte de luz e seu nível de potência óptica emitida.

12.2 Área e comprimento efetivos

Modelar os processos não lineares pode ser bastante complicado, pois os seus efeitos dependem do comprimento de transmissão, da área da seção transversal da fibra e do nível de potência óptica na fibra.[7]

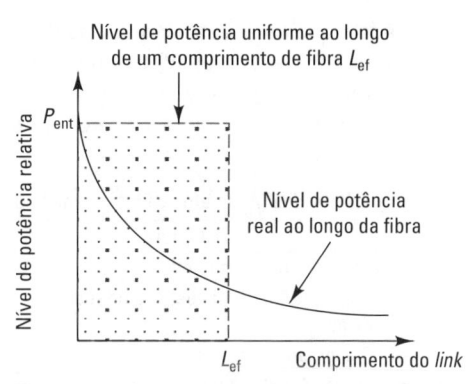

Figura 12.1 O comprimento efetivo é modelado como o comprimento de transmissão em que a área pontilhada é igual à área sob a curva real de distribuição de potência.

A dificuldade surge porque o impacto da não linearidade na fidelidade do sinal aumenta com a distância. No entanto, isso é compensado pelo decréscimo contínuo da potência do sinal ao longo da fibra devido à atenuação, como mostra a Figura 12.1. Na prática, pode-se utilizar um modelo simples, mas suficientemente preciso, que assume que a potência é constante ao longo do comprimento de determinada fibra, que é menor ou igual ao comprimento real da fibra. Esse *comprimento efetivo* L_{ef}, que leva em conta a absorção da energia ao longo do comprimento da fibra (isto é, o fato de a potência óptica decair exponencialmente com o comprimento), é dado por

$$L_{ef} = \frac{1 - e^{-\alpha L}}{\alpha} \tag{12.1}$$

Como ilustra a Figura 12.1, isso significa que a área pontilhada é igual à área sob a curva de distribuição de potência. Para uma atenuação de 0,22 dB/km (ou, equivalentemente, $5,07 \times 10^{-2}$ km^{-1}) em 1.550 nm, o comprimento efetivo é cerca de 20 km quando $L_{ef} \gg 1/\alpha$. Quando há amplificadores ópticos em um *link*, as deficiências no sinal causadas pelas não linearidades não se alteram à medida que o sinal passa através do amplificador.

Os efeitos de não linearidade aumentam com a intensidade de luz na fibra. Para uma dada potência óptica, essa intensidade é inversamente proporcional à área da seção transversal do núcleo da fibra. Como mostra a Figura 12.2, embora a intensidade não seja distribuída uniformemente em toda a área do núcleo de fibra, pode-se, para efeitos práticos, usar uma *área efetiva da seção transversal* A_{ef}, que assume uma distribuição uniforme de intensidade na maior parte do núcleo. Essa área pode ser calculada a partir de integrais de sobreposição dos modos e, em geral, está próxima da área real do núcleo. O resul-

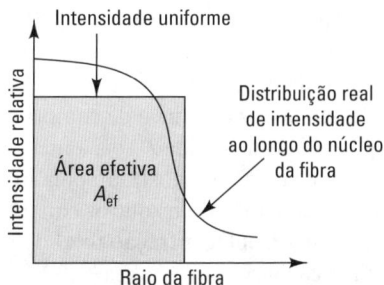

Figura 12.2 A área efetiva é modelada como uma área central do núcleo da fibra dentro do qual a intensidade é assumida como uniforme.

tado é que o impacto da maioria dos efeitos não lineares em uma fibra pode ser calculado com base na área efetiva do modo fundamental na fibra. Por exemplo, a intensidade efetiva de um pulso de luz torna-se $I_e = P/A_{ef}$, onde P é a potência óptica contida no pulso. A Tabela 12.2 lista as áreas efetivas de algumas fibras monomodo.

Tabela 12.2 Área efetiva e atenuação de algumas fibras monomodo

Tipo de fibra	Atenuação (dB/km)	Área efetiva (μm^2)
Padrão G.652 monomodo	0,35 em 1.310 nm	72
Padrão G.652C/D de baixo conteúdo de água	0,20 em 1.550 nm	72
Dispersão compensada	0,40 em 1.550 nm	21
Padrão G.655 monomodo	0,21 em 1.550 nm	55

12.3 Espalhamento Raman estimulado

O *espalhamento Raman estimulado* é uma interação entre as ondas de luz e os modos de vibração das moléculas de sílica.[3-8] Se um fóton de energia hv_1 incide sobre uma molécula que possui uma frequência vibratória v_m, a molécula pode absorver alguma energia do fóton. Nessa interação, o fóton é espalhado, atingindo assim uma frequência menor v_2 e uma energia correspondente menor hv_2. O fóton modificado é chamado de *fóton Stokes*. Como a onda de sinal óptico que é injetada em uma fibra é a fonte dos fótons interagentes, ela é muitas vezes chamada de *onda de bombeio* porque fornece energia para a onda gerada.

Esse processo gera luz espalhada em um comprimento de onda maior do que o da luz incidente. Se outro sinal estiver presente nesse comprimento de onda, a luz do SRS irá amplificá-lo e o sinal de comprimento de onda de bombeio terá sua potência reduzida. A Figura 12.3 ilustra esse efeito. Consequentemente, o SRS pode limitar severamente o desempenho de um sistema de comunicação óptico multicanal por meio da transferência de energia de canais de curto comprimento de onda para canais vizinhos de comprimentos de onda maiores. Esse é um efeito de alargamento de banda que pode ocorrer em ambos os sentidos. Potências em canais WDM separadas por até 16 THz (125 nm) podem ser acopladas através do efeito de SRS, como a Figura 12.4 ilustra em termos do coeficiente de ganho Raman g_R, em função da separação de canal Δv_s. Isso mostra que, por causa do SRS, a energia transferida de um canal de comprimento de onda menor em um canal de comprimento de onda maior aumenta de forma aproximadamente linear com o espaçamento de canal, até um máximo de cerca de $\Delta v_c = 16$ THz (ou $\Delta \lambda_c = 125$ nm na janela de 1.550 nm) e, depois, cai abruptamente para espaçamentos maiores.

Para entender os efeitos do SRS, considere um sistema WDM que tem N canais igualmente espaçados em uma banda de 30 nm centrada em 1.545 nm. O canal 0, que é o canal de menor comprimento de onda, é o mais afetado, pois a potência é transferida dela para todos os canais de comprimento de onda maior. Por simplicidade, suponha que a potência transmitida P seja a mesma em todos os canais, que o ganho Raman aumente linearmente, como mostrado pela linha tracejada na Figura 12.4, e que não exista qualquer interação entre os outros canais. Se $F_{sai}(j)$ é a fração da potência acoplada do canal 0 ao canal j, então a fração total de potência acoplada para fora do canal 0 em todos os outros canais é[9]

$$F_{sai} = \sum_{j=1}^{N-1} F_{sai}(j) = \sum_{j=1}^{N-1} g_{R,pico} \frac{j\Delta v_s}{\Delta v_c} \frac{PL_{ef}}{2A_{ef}} = \frac{g_{R,pico} \Delta v_s P L_{ef}}{2\Delta v_c A_{ef}} \frac{N(N-1)}{2} \quad (12.2)$$

Capítulo 12 | Efeitos não lineares | 487

Figura 12.3 O SRS transfere potência óptica de comprimento de onda mais curtos para comprimentos de onda mais longos.

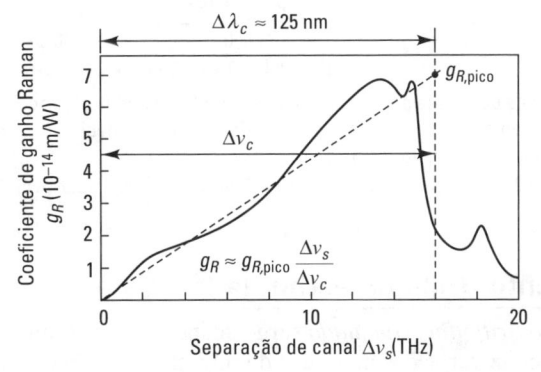

Figura 12.4 Simplificação por aproximação linear para o coeficiente de ganho Raman em função do espaçamento de canal. A função real tem algumas flutuações sobre essa aproximação e uma cauda decrescente de baixo valor de menos de 0,5 milímetro $\times 10^{-8}$ μm/W em separações de canal maiores que 16 THz.

Logo, a penalidade de potência para esse canal é de $-10 \log (1 - F_{sai})$. Para manter a penalidade abaixo de 0,5 dB, precisamos ter $F_{sai} < 0,1$. Com o uso da Equação 12.2 e com $A_{ef} = 55$ μm^2 e $g_{R,pico} = 7 \times 10^{-14}$ m/W da Figura 12.4, temos o seguinte critério

$$[NP][N-1][\Delta v_s] L_{ef} < 5 \times 10^3 \text{ mW} \cdot \text{THz} \cdot \text{km} \quad (12.3)$$

onde NP é a potência total acoplada para dentro da fibra; $(N-1) \Delta v_s$, a largura de banda óptica total ocupada; e L_{ef}, o comprimento efetivo, que leva em conta a absorção ao longo do comprimento da fibra.

Exemplo 12.1 A Figura 12.5 apresenta os limites indicados pela Equação (12.3) para sistemas com quatro e oito canais de comprimento de onda. As curvas mostram a potência máxima por canal como uma função do número de comprimentos de onda para três espaçamentos de canal diferentes (lembre-se de que um espaçamento de frequência de 125 GHz equivale a um espaçamento de comprimento de onda de 1 nm em 1.550 nm), uma fibra de atenuação de 0,2 dB/km (ou, equivalentemente, 4,61 $\times 10^{-2}$ km^{-1}) e uma distância entre amplificadores de 75 km (que leva a um comprimento efetivo de $L_{ef} = 22$ km).

Os resultados da Figura 12.5 foram calculados para o pior cenário causado por SRS. Em geral, se a potência óptica por canal não for excessivamente alta (por exemplo, menos de 1 mW cada), então os efeitos do SRS não contribuirão de forma significativa para a penalidade de fechamento do olho em função da distância de transmissão.[1,6]

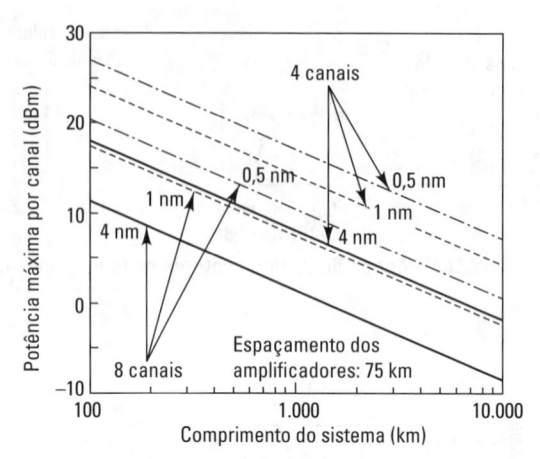

Figura 12.5 Potência máxima permitida por canal de comprimento de onda *versus* comprimento de transmissão para três diferentes espaçamentos de canais. As curvas são para os níveis de potência que garantem uma degradação SRS menor que 1 dB para todos os canais.
(Reproduzida com permissão de O'Mahoney, Simeinidou, Yu e Zhou, *J. Lightwave Tech.*, Vol. 13, p. 817-828, © IEEE, maio de 1995.)

12.4 Espalhamento Brillouin estimulado

O *espalhamento Brillouin estimulado* surge quando um forte sinal óptico gera uma onda acústica que produz variações no índice de refração.[1,3,4–10] Essas variações do índice fazem as ondas de luz espalharem-se na direção traseira, em direção ao transmissor. Essa luz retrodifundida experimenta ganho a partir de sinais de propagação frontais, o que leva ao esgotamento da potência do sinal. A frequência da luz espalhada experimenta um desvio Doppler dado por

$$v_B = 2nV_s/\lambda \tag{12.4}$$

onde n é o índice de refração, e V_s, a velocidade do som no material. Em sílica, essa interação ocorre ao longo de uma *largura de linha de Brillouin* muito estreita de $\Delta v_B = 20$ MHz em 1.550 nm. Para $V_s = 5.760$ m/s na sílica fundida, a frequência da luz retropropagada em 1.550 nm é reduzida por 11 GHz (0,09 nm) em relação ao sinal original. Isso mostra que o efeito do SBS está confinado dentro de um canal de único comprimento de onda em um sistema WDM. Assim, os efeitos de SBS acumulam-se individualmente para cada canal e, consequentemente, ocorrem no mesmo nível de potência em cada canal WDM, analogamente a um sistema de canal único.

O comprometimento do sistema inicia-se quando a amplitude da onda espalhada é comparável à potência do sinal. Para fibras típicas, o limiar de potência para esse processo é de cerca de 10 mW para extensões de uma única fibra. Em uma cadeia longa de fibra contendo amplificadores ópticos, normalmente existem isoladores ópticos para evitar a entrada de sinais retroespalhados no amplificador. Logo, o comprometimento causado pelo SBS está limitado à degradação que ocorre no intervalo único de amplificador para amplificador.

Um critério para determinar em que ponto o SBS se torna um problema é considerar a potência de limiar P_{th} do SBS, definida como a potência do sinal no qual a luz retrodifundida iguala a potência de entrada na fibra. O cálculo dessa expressão é bastante complicado, mas uma aproximação é dada por[4]

$$P_{\text{th}} \approx 21 \frac{A_{\text{ef}} b}{g_B L_{\text{ef}}} \left(1 + \frac{\Delta v_{\text{fonte}}}{\Delta v_B}\right) \tag{12.5}$$

onde A_{ef} é a área efetiva da secção transversal da onda de propagação, Δv_{fonte} é a largura de linha da fonte, e o fator de polarização b situa-se entre 1 e 2, dependendo das polarizações relativas de bombeio e das ondas Stokes. O comprimento efetivo L_{ef} é dado na Equação (12.1), e g_B é o *coeficiente de ganho de Brillouin*, que é aproximadamente 4×10^{-11} m/W, independentemente do comprimento de onda. A Equação (12.5) mostra que a potência de limiar SBS aumenta à medida que a largura de linha de fonte torna-se maior.

Exemplo 12.2 Considere uma fonte óptica com uma largura de linha de 40 MHz. Utilizando os valores Δv_B = 20 MHz em 1.550 nm, A_{ef} = 55 × 10^{-12} m² (para um típica fibra monomodo de dispersão deslocada), L_{ef} = 20 km, e assumindo um valor de b = 2, então, a partir da Equação (12.5), temos P_{th} = 8,6 mW = 9,3 dBm.

A Figura 12.6 ilustra o efeito do SBS na potência de um sinal não modulado quando o limiar é atingido. Os gráficos mostram a potência espalhada de Brillouin relativa e a potência do sinal transmitido através de uma fibra em função da potência de entrada. Abaixo de um determinado nível de sinal chamado de *limiar SBS*, a potência transmitida aumenta linearmente com o nível de entrada. O efeito do SBS é insignificante para esses níveis de baixa potência, mas torna-se maior à medida que aumenta o nível de potência óptica.

No limiar SBS, o processo torna-se não linear, e o sinal lançado perde uma porcentagem cada vez maior da sua potência à medida que a intensidade do sinal se torna maior. Para além do limiar SBS, o aumento da porcentagem na depleção do sinal continua a crescer com a intensidade do sinal até que o *limite SBS* é atingido. Qualquer potência óptica adicional lançada na fibra após esse ponto apenas se dispersa para trás ao longo da fibra, por causa do efeito do SBS. Assim, acima do limite SBS, a potência de transmida mantém-se constante para maiores entradas, uma vez que toda a potência adicionada é extraída do sinal para alimentar a onda espalhada.

Em uma fibra monomodo padrão G.652, o limite SBS restringe a máxima potência óptica lançada em 17 dBm. Como um exemplo dos esforços para reduzir esse limite, a empresa Corning Incorporated projetou uma fibra G.652 compatível com o limiar SBS superior de 3 dB. Esse novo projeto permite que uma potência duas vezes maior (um adicional de 3 dB) seja lançada na fibra.

A Figura 12.7 ilustra o dano induzido por SBS na *relação portadora-ruído* (CNR) de um *sinal de vídeo modulado em amplitude de banda lateral vestigial* (AM-VSB) para a mesma fibra da Figura 12.6. Aqui, a CNR cresce com o aumento da potência injetada na fibra até o limiar SBS. Além desse ponto, a CNR começa a diminuir.[11]

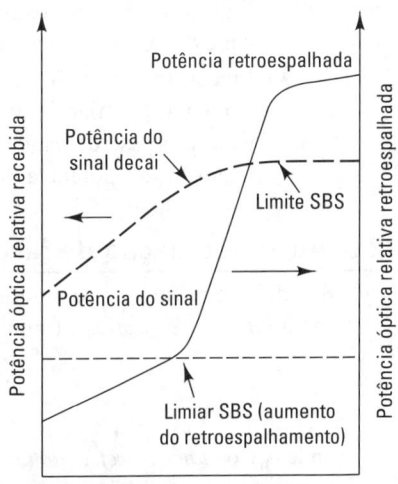

Figura 12.6 Efeito do SBS na potência do sinal em uma fibra óptica.

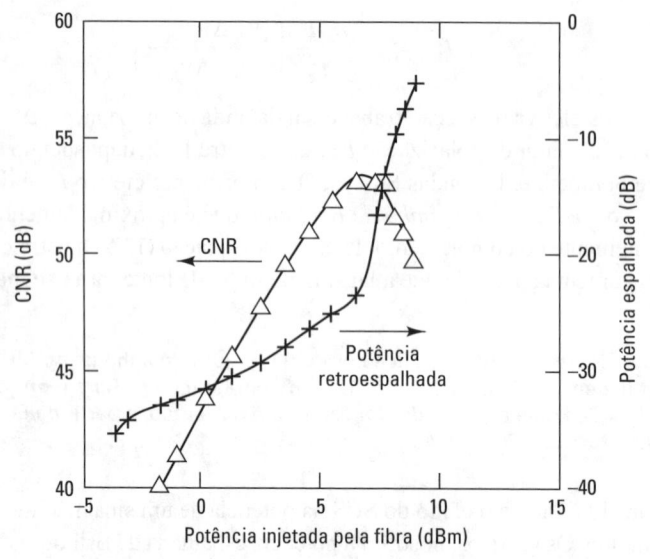

Figura 12.7 Dano causado pelo SBS na CNR de um sinal AM-VSB. Os triângulos são a CNR e as cruzes representam a potência retroespalhada.
(Adaptada com permissão de Mao, Bodeep, Tkach, Chraplyvy, Darcie e Dorosier,[11] © IEEE, 1992.)

Vários esquemas estão disponíveis para reduzir os efeitos de penalidade de potência do SBS, como[1,3,4,8]

- Manutenção da potência óptica por canal WDM abaixo dos limiares SBS. Para sistemas de longa distância, isso pode requerer uma redução no espaçamento entre amplificadores.
- Já que a largura de banda de ganho por SBS é muito pequena, aumenta-se a largura de linha da fonte, o que pode ser conseguido por meio da modulação direta da fonte (em oposição à modulação externa), uma vez que isso faz a largura de linha se alargar por causa dos efeitos de gorjeio. No entanto, uma grande penalidade de dispersão pode resultar desse esquema.
- Ligeiro tremor da frequência de saída do *laser* em cerca de 100 a 200 MHz para aumentar o limiar de Brillouin. Trata-se de um procedimento eficaz, pois o SBS é um processo de banda estreita. A frequência do tremor deve ajustar-se como a razão entre a potência injetada e o limiar SBS.

12.5 Automodulação de fase

O índice de refração n de muitos materiais ópticos tem uma dependência fraca em relação à *intensidade óptica I* (igual à potência óptica por área efetiva na fibra) dada por

$$n = n_0 + n_2 I = n_0 + n_2 \frac{P}{A_{ef}} \qquad (12.6)$$

onde n_0 é o *índice de refração ordinário* do material, e n_2, o *coeficiente de índice não linear*. O fator n_2 é aproximadamente $2{,}6 \times 10^{-8}$ $\mu m^2/W$ na sílica, entre 1,2 e $5{,}1 \times 10^{-6}$ $\mu m^2/W$ em vidros teluretos e $2{,}4 \times 10^{-5}$ $\mu m^2/W$ em vidro calcogeneto de $As_{40}Se_{60}$. A não linearidade no índice de refração é conhecida como *não linearidade Kerr*.[12] Essa não linearidade produz uma modulação de fase no sinal propagado induzida pela portadora, que é chamada de *efeito Kerr*. Em *links* de único comprimento de onda, isso dá origem à *automodulação de fase* (SPM) que converte as flutuações de potência óptica das ondas luminosas em flutuações de fase espúrias na mesma onda.[3-5,13]

O parâmetro principal γ, que indica a magnitude do efeito não linear de SPM, é dado por

$$\gamma = \frac{2\pi}{\lambda} \frac{n_2}{A_{ef}} \qquad (12.7)$$

onde λ é o comprimento de onda no vácuo, e A_{ef}, a área efetiva do núcleo. O valor de γ na sílica situa-se entre 1 e 5 W^{-1} km^{-1}, de acordo com o tipo de fibra e o comprimento de onda. Por exemplo, $\gamma = 1,3$ W^{-1} km^{-1} em 1.550 nm para uma fibra monomodo padrão tem uma área efetiva igual a 72 μm^2. O deslocamento de frequência $\Delta\varphi$ resultante da SPM é dado por

$$\Delta\varphi = \frac{d\varphi}{dt} = \gamma L_{ef} \frac{dP}{dt} \qquad (12.8)$$

onde L_{ef} é o comprimento efetivo dado pela Equação (12.1), e dP/dt, a derivada da potência do pulso óptico. Nesse caso, a derivada mostra que o desvio de frequência ocorre quando a potência do pulso óptico muda com o tempo.

Para entender o efeito da SPM, considere o que acontece com o pulso óptico mostrado na Figura 12.8 ao propagar-se em uma fibra. Nessa figura, o eixo do tempo é normalizado para o parâmetro t_0, que é a meia largura do pulso no ponto de intensidade 1/*e*. As bordas do pulso representam uma intensidade variável no tempo, que aumenta rapidamente de zero até um valor máximo e, então, retorna a zero. Em um meio com um índice de refração dependente da intensidade, uma intensidade de sinal variável no tempo irá produzir um índice de refração também variável no tempo. Assim, o índice no pico do pulso será um pouco diferente do que o valor nas asas do pulso. A borda anterior verá uma *dn/dt*, enquanto a borda posterior verá uma *dn/dt* negativa.

Essa mudança de índice variável temporalmente resulta em uma mudança de fase temporalmente variável, o que é mostrado por *dφ/dt* na Figura 12.8. A consequência é que a frequência óptica instantânea difere de seu valor inicial v_0 através do pulso, ou seja, uma vez que as flutuações de fase são dependentes da intensidade, as diferentes partes do pulso sofrem deslocamentos de fase diferentes.

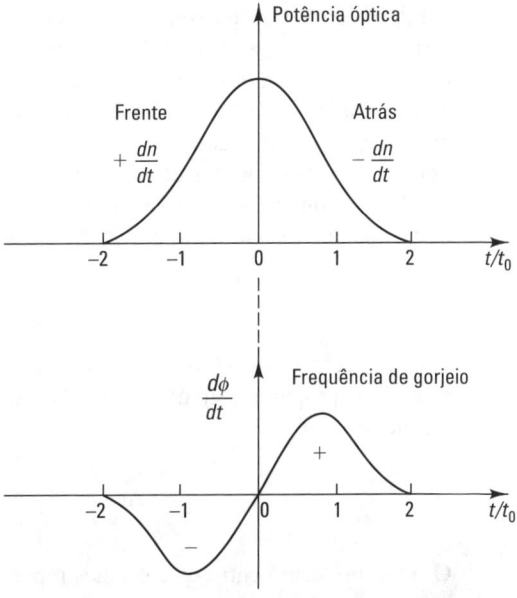

Figura 12.8 Descrição fenomenológica do alargamento espectral de um pulso devido à automodulação de fase.

Isso resulta na *frequência de gorjeio*, em que o flanco ascendente do pulso experimenta um desvio para o vermelho da frequência (para frequências mais baixas ou comprimentos de onda mais longos), enquanto a borda descendente do pulso sofre um deslocamento para o azul na frequência (para frequências mais altas ou comprimentos de onda mais curtos). Como o grau do gorjeio depende da potência transmitida, os efeitos da SPM são mais pronunciados para os pulsos de maior intensidade.

Para alguns tipos de fibra, a fase variável no tempo pode resultar em uma penalidade de potência por causa do alargamento espectral do pulso induzido por GVD à medida que viaja ao longo da fibra. Na *região de dispersão normal*, a dispersão cromática é negativa [isto é, a partir da Equação (3.25), temos $\beta_2 > 0$], e o atraso de grupo diminui com o comprimento de onda. Isso significa que, uma vez que a luz vermelha tem um comprimento de onda maior do que o azul, a luz vermelha viaja mais rápido na sílica porque $n_{verm} < n_{azul}$ (ver Figura 3.12). Portanto, na região de dispersão normal, a borda deslocada para o vermelho do pulso move-se mais rápida e, portanto, move-se para longe do centro do pulso. Ao mesmo tempo, a borda deslocada para o azul viaja mais lentamente e, portanto, também se move para longe do centro do pulso. Nesse caso, o gorjeio piora os efeitos de alargamento de pulso induzido por GVD. Já na *região de dispersão anômala*, na qual a dispersão cromática é positiva, de modo que o atraso de grupo aumenta com o comprimento de onda, a borda do pulso deslocada para o vermelho viaja mais lentamente e, portanto, move-se na direção do centro do pulso. Do mesmo modo, a borda deslocada para o azul desloca-se mais rapidamente e também se move para o centro do pulso. Nesse caso, a SPM provoca o estreitamento do pulso, o que compensa, em parte, a dispersão cromática.

12.6 Modulação cruzada de fase

A *modulação cruzada de fase* (XPM) aparece em sistemas WDM e tem uma origem similar à SPM. Nesse caso, o nome deriva do fato de que a não linearidade do índice de refração converte as flutuações de intensidade óptica, em determinado canal de comprimento de onda, em flutuações de fase em outro canal de propagação.[1-4] Além disso, como o índice de refração observado em um comprimento de onda particular é influenciado tanto pela intensidade óptica da própria onda como pelas flutuações de potência óptica em comprimentos de onda vizinhos, a SPM está sempre presente quando ocorre a XPM. Analogamente à SPM, para dois comprimentos de onda interagentes, o desvio na frequência $\Delta\varphi$ induzido por XPM é dado por

$$\Delta\varphi = \frac{d\varphi}{dt} = 2\gamma L_{ef} \frac{dP}{dt} \tag{12.9}$$

onde os parâmetros são os mesmos da Equação (12.8). Quando múltiplos comprimentos de onda se propagam em uma fibra, o deslocamento de fase total de um sinal óptico com frequência ω_i é

$$\Delta\varphi_i = \gamma L_{ef} \left[\frac{dP_i}{dt} + 2\sum_{j \neq i} \frac{dP_j}{dt} \right] \tag{12.10}$$

O primeiro termo entre os colchetes representa a contribuição da SPM e o segundo termo surge da XPM. O fator 2 na expressão entre colchetes mostra que o peso da XPM é o dobro da SPM. No entanto, a XPM só aparece quando os dois feixes ou pulsos de luz interagentes se sobrepõem no espaço e no tempo. Em geral, os pulsos de dois canais de comprimento de onda diferentes não ficarão sobrepostos, pois cada um tem uma GVD diferente. Isso reduz bastante o impacto da XPM em sistemas de transmissão de fibra óptica de detecção direta. No entanto, a XPM pode ser um problema para os sistemas WDM ultradensos em alta taxa (por exemplo, sistemas de 2,5 ou 10 Gb/s com um espaçamento de comprimento de onda menor ou igual a 25 GHz) e quando esquemas de detecção coerentes são utilizados.[2,3]

12.7 Mistura de quatro ondas

A transmissão WDM densa, em que os canais de comprimento de onda individuais são modulados em taxas de 10 Gb/s, oferece capacidades de $N \times 10$ Gb/s, em que N é o número de comprimentos de onda. Para transmitir essas altas capacidades em longas distâncias, exige-se uma operação na janela de 1.550 nm em fibra de dispersão deslocada. Além disso, para manter uma relação sinal-ruído adequada, um sistema de 10 Gb/s operando em longas distâncias e com espaçamentos nominais entre os repetidores ópticos de 100 km precisa do lançamento de potências ópticas de cerca de 1 mW por canal. Para tais sistemas WDM, os requisitos simultâneos de alta potência de lançamento e baixa dispersão dão origem à geração de novas frequências por causa da mistura de quatro ondas.[1-4,14-16]

A *mistura de quatro ondas* (FWM) é uma não linearidade de terceira ordem em fibras ópticas, que é análoga à distorção de sistemas elétricos. Quando os canais de comprimento de onda estão localizados perto do ponto de dispersão nula, três frequências ópticas (v_i, v_j, v_k) se misturam para produzir um quarto produto de intermodulação v_{ijk} dado por

$$v_{ijk} = v_i + v_j - v_k \quad \text{com} \quad i, j \neq k \quad (12.11)$$

Quando essa nova frequência cai na janela de transmissão das frequências originais, pode causar uma diafonia grave.

A Figura 12.9 mostra um exemplo simples para duas ondas com frequências v_1 e v_2. Como essas ondas copropagam-se ao longo da fibra, elas se misturam e geram bandas laterais em $2v_1 - v_2$ e $2v_2 - v_1$. Da mesma forma, três ondas copropagando-se criarão nove novas ondas ópticas laterais em frequências dadas pela Equação (12.11). Essas bandas laterais viajarão junto com as ondas originais e crescerão à custa da depleção da intensidade do sinal. Em geral, para N comprimentos de onda lançados em uma fibra, o número de produtos M gerados pela mistura é

$$M = \frac{N^2}{2}(N-1) \quad (12.12)$$

Se os canais são igualmente espaçados, um número de novas ondas terá as mesmas frequências dos sinais injetados. Assim, a interferência de diafonia resultante e a depleção das ondas do sinal original podem degradar severamente o desempenho do sistema multicanal, a menos que sejam tomadas medidas para diminuí-las.

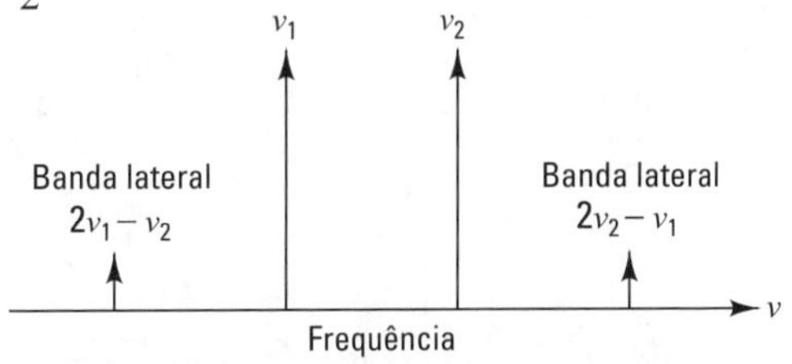

Figura 12.9 Duas ondas ópticas em frequências v_1 e v_2 misturam-se para gerar duas bandas laterais de terceira ordem.

A eficiência da mistura de quatro ondas depende da dispersão de fibras e do espaçamento entre os canais. Como a dispersão varia de acordo com o comprimento de onda, as ondas do sinal e as ondas geradas têm velocidades de grupo diferentes. Isso destrói o casamento de fase das ondas interagentes e reduz a eficiência com que a potência é transferida para as novas frequências geradas. Quanto mais a velocidade de grupo descasa e maiores são os espaçamentos entre os canais, menor é a mistura de quatro ondas.

Na saída de uma fibra de comprimento L e atenuação α, a potência P_{ijk} que é gerada em uma frequência v_{ijk} por causa da interação de sinais em frequências v_i, v_j, e v_k que têm potências de entrada nas fibras P_i, P_j e P_k, respectivamente, é

$$P_{ijk}(L) = \eta(\mathcal{D}\kappa)^2 \, P_i(0) \, P_j(0) P_k(0) \exp(-\alpha L) \tag{12.13}$$

onde a *constante de interação não linear* κ é

$$\kappa = \frac{32\pi^3 \chi_{1111}}{n_2 \lambda c} \left(\frac{L_{ef}}{A_{ef}} \right) \tag{12.14}$$

Aqui, χ_{1111} é a suscetibilidade não linear de terceira ordem; η, a eficiência da mistura de quatro ondas; n, o índice de refração da fibra; e $\mathcal{D}$, o fator de degenerescência, que tem o valor de 3 ou 6 para a mistura de duas ondas ou três ondas, respectivamente. O comprimento efetivo L_{ef} é dado pela Equação (12.1) e A_{ef} é a área efetiva da seção transversal da fibra. A Figura 12.10 dá exemplos de η como uma função do espaçamento de canal em três frequências igualmente espaçadas para valores de dispersão de uma fibra convencional monomodo G.652 [média de 16 ps/(nm · km) na janela de 1.550 nm] e uma fibra de dispersão deslocada G.653 [média de 1 ps/(nm · km) na janela de 1.550 nm]. Essas curvas mostram a faixa de espaçamento de frequências para a qual o processo FWM é eficiente nesses dois valores de dispersão (ver Problema 12.5 para uma expressão detalhada de η, que leva a um comportamento oscilatório de P_{ijk} em função do espaçamento dos canais). Por exemplo, em uma fibra monomodo convencional, apenas frequências com separações inferiores a 20 GHz se misturarão de maneira eficiente. Em contraste, as eficiências da mistura FWM são maiores do que 20% para separações de canal de até 50 GHz para fibras de dispersão deslocada G.653.

Exemplo 12.3 Considere um *link* de 75 km de fibra monomodo de dispersão deslocada carregando dois comprimentos de onda em 1.540,0 e 1.540,5 nm. As novas frequências geradas por causa da FWM estão em

$$v_{112} = 2v_1 - v_2 = 2(1.540,0 \text{ nm}) - 1.540,5 \text{ nm} = 1.539,5 \text{ nm}$$

e

$$v_{221} = 2v_2 - v_1 = 2(1.540,5 \text{ nm}) - 1.540,0 \text{ mm} = 1.541,0 \text{ nm}$$

Assuma que a fibra tem uma atenuação de $\alpha = 0,20$ dB/km = 0,0461 km^{-1}, um índice de refração de 1,48 e um núcleo de diâmetro de 9,0 μm, de modo que $L_{ef} = 22$ km e $A_{ef} = 6,4 \times 10^{-11}$ m^2. A partir da Figura 12.10, encontramos $\eta \approx 5\%$ para um espaçamento de canal de 62 GHz (0,5 nm). Se cada canal tem uma potência de entrada de 1 mW, então utilizando os valores $\chi_{1111} = 6 \times 10^{-16}$ cm^3/erg = 6×10^{-15} m^3/(W · s) e $\mathcal{D} = 3$, encontramos

$$P_{112} = 0,05(3)^2 \left[\frac{32\pi^3 6 \times 10^{-15} \frac{m^3}{W \cdot s}}{(1,48)^2 (1,54 \times 10^{-6} \text{ m}) 3 \times 10^8 \text{ m/s}} \right]^2 \times \left(\frac{22 \times 10^3 \text{ m}}{6,4 \times 10^{-11} \text{ m}^2} \right)^2 (1,0 \times 10^{-3} \text{ W})^3$$

$$\times \exp[-(0,0461/\text{km})75 \text{ km}] = 5,80 \times 10^{-8} \text{ mW}$$

12.8 Abrandamento da FWM

Para reduzir os efeitos de mistura de quatro ondas em um *link* DWDM com separações de canais muito próximas, por exemplo, menores ou iguais a 100 GHz, é importante ter um elevado valor de dispersão cromática através do *link*. A razão deve-se ao fato de que a eficiência da FWM depende da relação de casamento de fase entre os sinais DWDM interagentes. Quando há dispersão cromática na fibra, os sinais de diferentes comprimentos de onda viajam com velocidades de grupo diferentes. Isso significa que as ondas se propagam em e fora de fase uma com a outra. Essa condição diminui muito a eficiência da FWM.

Se a dispersão cromática é baixa ou existem regiões de dispersão tanto positivas como negativas na banda operacional de DWDM, então muitos termos FWM podem ser gerados pelos sinais DWDM. Esse efeito é particularmente problemático se fibras de dispersão deslocada G.653 são utilizadas para aplicações DWDM na banda C. O principal problema é que essas fibras têm regiões de dispersão tanto positivas como negativas ao redor do ponto de dispersão nula em 1.550 nm, como se mostra na Figura 12.11. A consequência é que os canais DWDM de ambos os lados desse ponto de dispersão nula geram muitos sinais interferentes na banda.

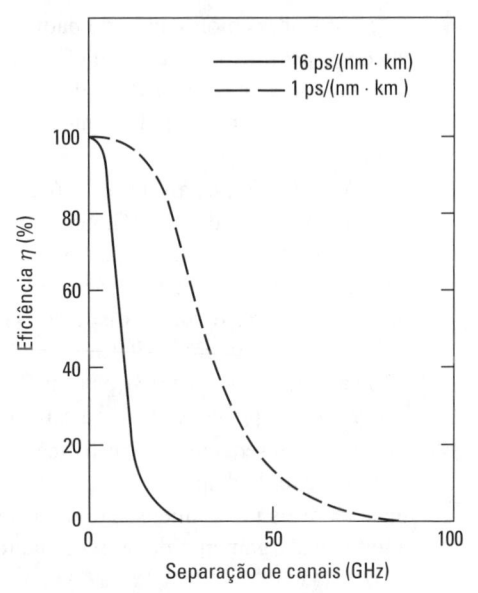

Figura 12.10 Eficiências da mistura de quatro ondas em função do espaçamento de canal de comprimento de onda. A curva sólida é para fibra monomodo padrão com 16 ps/(nm · km) de dispersão. A curva tracejada é para uma fibra de dispersão deslocada com 1 ps/(nm · km) de dispersão. (Reproduzida com permissão de Chraplyvy,[5] © IEEE, 1990.)

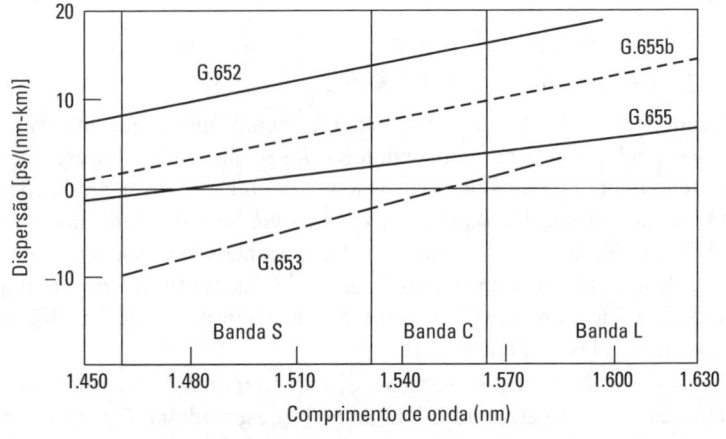

Figura 12.11 Dispersão cromática em função do comprimento de onda em diversas bandas espectrais para vários tipos diferentes de fibras-padrão.

Para fibras monomodo do padrão G.652, o valor de alta dispersão cromática de cerca de 17 ps/(nm · km) na banda C elimina de modo eficaz a mistura de quatro ondas. No entanto, para altas taxas de dados, como 2,5 ou 10 Gb/s, esse valor de dispersão cromática elevada conduz rapidamente a grandes efeitos de alargamento de pulsos ao longo de uma fibra.

As limitações das fibras G.652 e G.653 quanto à supressão de FWM levaram ao desenvolvimento da fibra G.655. Como mostra a Figura 12.11, a fibra G.655 tem um valor de dispersão cromática que varia entre 3 e 9 ps/(nm · km) na banda C. A Recomendação G.655 da ITU-T especifica várias versões dessa fibra, como a G.655B para uso nas bandas S e C, fibras de baixa dispersão G.655.D com uma dispersão cromática entre 2,80 e 6,20 ps/(nm · km) em 1.550 nm e fibras G.655.E de média dispersão com valor de dispersão variando de 6,06 a 9,31 ps/(nm · km) em 1.550 nm. Em qualquer um dos casos, esses valores de dispersão cromática são suficientes para suprimir os efeitos da FWM.

Uma consequência da utilização de fibras, como do tipo G.655, é que há uma grande acumulação de dispersão cromática ao longo de um *link*. O Capítulo 13 descreve algumas técnicas de compensação de dispersão que podem ser utilizadas para reduzir esse efeito de alargamento de pulsos, mantendo-se uma suficiente redução da FWM.[17-21]

12.9 Conversores de comprimento de onda

Uma aplicação vantajosa das técnicas de modulação cruzada de fase e de mistura de quatro ondas é para a execução da conversão de comprimentos de onda em redes WDM. Um conversor de comprimento de onda óptico é um dispositivo que pode traduzir a informação em um comprimento de onda de entrada diretamente para um novo comprimento de onda sem entrar no domínio elétrico. Um dispositivo desse tipo é um componente importante em redes que abrangem toda a faixa óptica, uma vez que o comprimento de onda do sinal de entrada pode estar em uso por outro canal de informação residente no caminho destinado. Converter o sinal de entrada em um novo comprimento de onda permitirá que os dois canais de informação atravessem a mesma fibra simultaneamente. Esta seção descreve duas classes de conversores de comprimento de onda com um exemplo de cada categoria.

12.9.1 Conversores de comprimento de onda por chaveamento óptico

Uma grande variedade de técnicas de chaveamento óptico que utilizam dispositivos como amplificadores ópticos semicondutores, *lasers* de semicondutores ou espelhos não lineares de *loop* óptico tem sido investigada para obter a conversão de comprimento de onda. O uso de um *amplificador óptico semicondutor* (SOA) no modo de *modulação cruzada de fase* (XPM) tem sido uma das técnicas mais bem-sucedidas na aplicação da conversão de um único comprimento de onda.[22-27] As configurações da implementação desse esquema incluem interferômetros nas configurações de Mach-Zehnder ou de Michelson, ilustrados na Figura 12.12.

O esquema XPM baseia-se na dependência do índice de refração com a densidade de portadores na região ativa do SOA. Como representado na Figura 12.12, o princípio básico é que um sinal de entrada carregando informação no comprimento de onda λ_s e um sinal de *onda contínua* (CW) no novo comprimento de onda desejado λ_c (chamado de

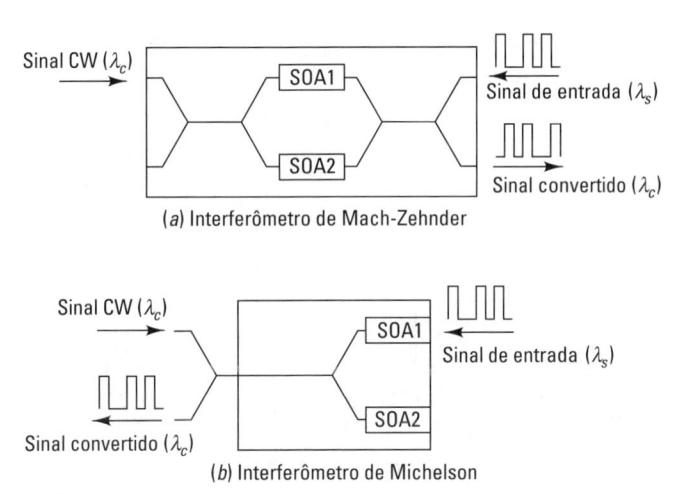

Figura 12.12 Configurações do (a) interferômetro de Mach-Zehnder e (b) interferômetro de Michelson, usando um par de SOAs para implementar o esquema de conversão de comprimento de onda por modulação cruzada de fase.

feixe de prova) são simultaneamente acoplados dentro do dispositivo. As duas ondas podem ser copropagadoras ou contrapropagadoras. No entanto, o ruído no último caso é maior.[28,29] O feixe do sinal modula o ganho do SOA pela depleção dos portadores, que produz uma modulação no índice de refração. Quando o feixe CW encontra o ganho e índice de refração modulados, sua amplitude e fase são alteradas, de modo que agora transporta a mesma informação que o sinal de entrada. Como mostrado na Figura 12.12, os SOAs são colocados em uma configuração assimétrica, de modo que a mudança de fase nos dois amplificadores é diferente. Consequentemente, a luz CW é modulada de acordo com a diferença de fase. A razão de separação típica é de 69/31%. Esses tipos de conversor lidam facilmente com taxas de dados de pelo menos 10 Gb/s.

Uma limitação da arquitetura XPM é que ela converte apenas um comprimento de onda de cada vez. Além disso, ela tem uma transparência limitada em termos do formato dos dados. Toda a informação que está na forma de fase, frequência ou amplitude analógica é perdida durante o processo de conversão de comprimento de onda. Logo, esse sistema é limitado a converter fluxos de sinal digital.

12.9.2 Conversores de comprimento de onda por mistura de onda

A conversão de comprimento de onda baseada na mistura não linear de ondas ópticas oferece vantagens importantes em relação aos outros métodos de conversão.[22,30-34] As vantagens incluem uma capacidade de conversão de múltiplos comprimentos de onda e de transparência para o formato da modulação. A mistura resulta de interações não lineares entre as ondas que atravessam um material óptico não linear. O resultado é a geração de outra onda, cuja intensidade é proporcional ao produto das intensidades das ondas interagentes. A fase e frequência da onda gerada referem-se a uma combinação linear desses parâmetros das ondas interagentes. Portanto, a mistura de ondas preserva a informação da amplitude e da fase, e, consequentemente, é a única categoria de conversão de comprimento de onda que oferece transparência estrita ao formato da modulação.

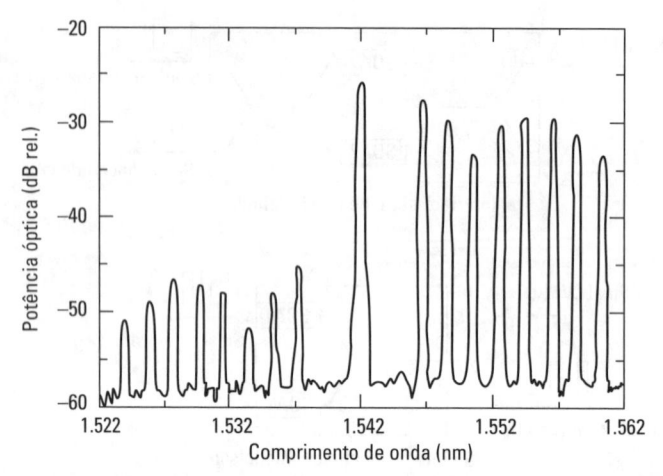

Figura 12.13 Conversão simultânea de oito comprimentos de onda de entrada (1.546, 1.548, 1.550, 1.552, 1.554, 1.556, 1.558, 1.560 nm) em um conjunto de oito comprimentos de onda de saída (1.538, 1.536, 1.534, 1.532, 1.530, 1.528, 1.526, 1.524 nm) utilizando a geração de frequência de diferença. O pico de 1.542 nm é uma resposta de segunda ordem do espectrômetro para a onda de bombeio em 771 nm.
(Reproduzida com permissão de Yoo, Rajhel, Caneau, Bhat e Koza, *OFC Technical Digest*, © 1997, OSA.)

Dois esquemas bem-sucedidos de conversão de comprimento de onda são a mistura de quatro ondas em um guia de onda passivo ou um SOA e a geração de frequência de diferença em guias de onda. Para a conversão de comprimento de onda, o esquema FWM emprega a mistura de três ondas distintas de entrada para gerar uma quarta onda de saída distinta. Nesse método, um padrão de intensidade resultante de duas ondas de entrada interagindo com um material não linear forma uma grade. Por exemplo, em SOAs, existem três mecanismos físicos que podem formar uma grade: modulação da densidade de portadores, aquecimento dinâmico dos portadores e queima do buraco espectral. A terceira onda de entrada no material é espalhada por essa grade e gera uma onda de saída. A frequência da onda de saída gerada é deslocada da terceira onda pela diferença de frequências entre as duas primeiras ondas. Se uma das três ondas incidentes contém informação de fase, amplitude ou frequência, e as outras duas ondas são constantes, então a onda gerada vai conter a mesma informação.

A geração de frequências de diferença em guias de onda é baseada na mistura de duas ondas de entrada. Nesse caso, a interação não linear do material é com o bombeio e uma onda de sinal. A Figura 12.13 apresenta um exemplo da conversão simultânea de oito comprimentos de onda de entrada na região 1.546-1.560 nm, em um conjunto de oito comprimentos de onda de saída na região 1.524-1.538 nm.[25]

12.10 Sólitons

Como o Capítulo 3 descreve, a *dispersão da velocidade de grupo* (GVD) faz a maioria dos pulsos se alargar no tempo à medida que se propaga através de uma fibra óptica. No entanto, uma forma particular de pulso, conhecida como *sóliton*, tira vantagem dos efeitos não lineares na sílica, particularmente a *automodulação de fase* (SPM) resultante da não linearidade Kerr, para superar os efeitos de alargamento do pulso da GVD.[35-43]

O termo "sóliton" refere-se a tipos especiais de onda que podem se propagar sem distorções em longas distâncias e permanecer inalterados após colisões com outros tipos. John Scott Russell fez a primeira observação registrada de um sóliton em 1838, quando viu um tipo peculiar de onda gerada por barcos em um canais escoceses estreitos.[35] A onda de água resultante foi de grande altura e viajou rapidamente e sem atenuação por uma longa distância. Depois de passarem através de ondas lentas de menor altura, as ondas emergiram da interação sem distorção e com suas identidades inalteradas.

Em um sistema de comunicações ópticas, sólitons são pulsos ópticos muito estreitos e de alta intensidade que conservam a sua forma através da interação do balanço da dispersão do pulso com as propriedades não lineares de uma fibra óptica. Se os efeitos relativos de SPM e GVD são controlados corretamente e uma forma de pulso apropriada é escolhida, a compressão do pulso resultante da SPM pode exatamente compensar o efeito de alargamento do pulso por GVD. Dependendo do formato particular escolhido, o pulso não altera a sua forma à medida que se propaga ou se submete periodicamente repetindo alterações no formato. As famílias dos pulsos que não alteram seu formato são chamadas de *sólitons fundamentais*, e aqueles que sofrem alterações de forma periódica são chamados de *sólitons de ordem superior*. Em ambos os casos, a atenuação da fibra irá eventualmente diminuir a energia do sóliton. Uma vez que isso enfraquece a interação não linear necessária para neutralizar a GVD, amplificadores ópticos periodicamente espaçados são necessários em um *link* de sóliton para restaurar a energia do pulso.

12.10.1 Pulsos de sólitons

Vejamos as características de pulso do sóliton em mais detalhes. Nenhum pulso óptico é monocromático, uma vez que excita um espectro de frequências. Por exemplo, como mostra a Equação (10.1), se uma fonte óptica emite energia em uma banda de comprimentos de onda $\Delta\lambda$, sua largura espectral é DV. Trata-se de um dado importante, pois, em uma fibra real, um pulso é afetado tanto pela GVD como pela não linearidade Kerr, o que é particularmente significativo para as excitações ópticas de alta intensidade. Como o meio é dispersivo, a largura de pulso se espalhará no tempo com o aumento da distância ao longo da fibra provocado pela GVD. Além disso, quando um pulso óptico de alta intensidade é acoplado a uma fibra, a potência óptica modula o índice de refração visto pela excitação óptica, o que induz às flutuações de fase na onda, produzindo, assim, um efeito de gorjeio nos pulsos, como mostra a Figura 12.8. O resultado é que a parte da frente do pulso (em tempos menores) tem baixas frequências, e a traseira do pulso (em momentos posteriores), frequências mais elevadas do que a frequência da portadora.

Quando um determinado pulso atravessa um meio com um parâmetro β_2 de GVD positivo para as frequências constituintes, a parte ascendente do pulso é deslocada para um comprimento de onda maior (frequências menores), de modo que a velocidade dessa porção aumenta. Já na metade restante, a frequência aumenta à medida que a velocidade diminui, o que faz a borda ser ainda mais retardada. Consequentemente, além de uma mudança no espectro com a distância, a energia no centro do pulso é dispersa para os lados, e, eventualmente, o pulso assume uma forma de onda retangular. A Figura 12.14 ilustra essas mudanças de intensidade à medida que o pulso viaja ao longo da fibra. O gráfico está em termos do tempo normalizado. Esses efeitos limitam severamente a transmissão de alta velocidade em longas distâncias se o sistema é operado nessa condição.

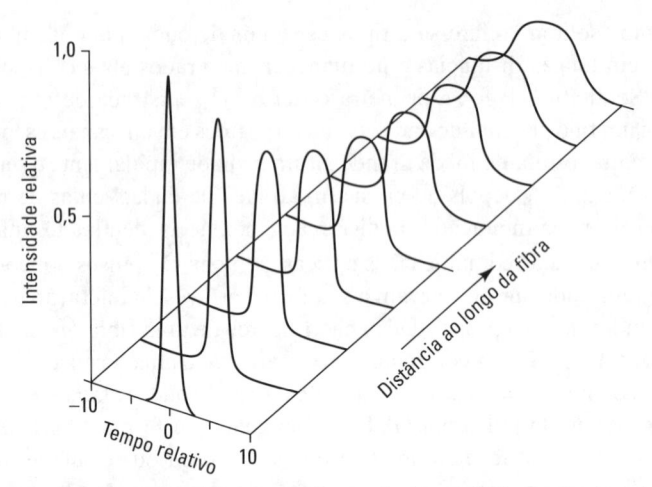

Figura 12.14 Alterações temporais em um pulso estreito de alta intensidade que é submetido ao efeito de Kerr enquanto trafega através de uma fibra de dispersão não linear que possui um parâmetro GVD positivo.

No entanto, quando um pulso estreito de alta intensidade atravessa um meio com um parâmetro GVD negativo para as frequências constituintes, a GVD neutraliza o gorjeio produzido pela SPM. Agora, a GVD retarda as baixas frequências da dianteira do pulso e avança as altas frequências da parte de trás. O resultado é que o pico de alta intensidade do pulso do sóliton não muda nem em forma nem espectralmente à medida que viaja ao longo da fibra. A Figura 12.15 ilustra isso para um sóliton fundamental.

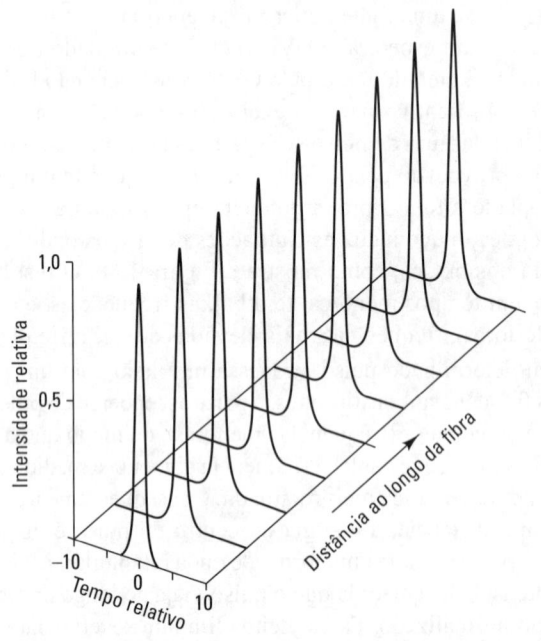

Figura 12.15 Características do pico acentuado de um pulso de sóliton de alta intensidade que está sujeito ao efeito de Kerr enquanto viaja através de uma fibra de dispersão não linear que possui um parâmetro GVD negativo.

Desde que a energia do pulso seja suficientemente forte, essa forma de pulso é mantida à medida que viaja ao longo da fibra. Em uma fibra óptica padrão G.652, há um ponto de dispersão nula em torno 1.320 nm (ver Figura 3.20). Para comprimentos de onda mais curtos que 1.320 nm, β_2 é positivo e negativo para comprimentos de onda mais longos. Assim, a operação sóliton está limitada à região maior que 1.320 nm para esses tipos de fibra.

Para derivar a evolução da forma do pulso necessária para a transmissão de sólitons, deve-se considerar a *equação não linear de Schrödinger* (NLS).

$$-j\frac{\partial u}{\partial z} = \frac{1}{2}\frac{\partial^2 u}{\partial t^2} + N^2 |u|^2 u - j(\alpha/2)u \tag{12.15}$$

Aqui, $u(z, t)$ é a função-envelope do pulso; z, a distância de propagação ao longo da fibra; N, um número inteiro designando a *ordem* do sóliton; e α, o coeficiente de ganho de energia por unidade de comprimento, onde valores negativos de α representam perda de energia. Seguindo a notação convencional, os parâmetros na Equação (12.15) foram expressos em unidades especiais de sólitons para eliminar as constantes de escala da equação.

Esses parâmetros (definidos na Seção 12.10.2) são o *tempo normalizado* T_0, o *comprimento de dispersão* L_{disp} e a *potência de pico do sóliton* P_{pico}.

Para os três termos à direita da Equação (12.15):
1. O primeiro termo representa os efeitos da GVD da fibra. Atuando por si só, a dispersão tende a alargar os pulsos no tempo.
2. O segundo termo não linear indica que o índice de refração da fibra depende da intensidade da luz. Por meio do processo de automodulação, esse fenômeno físico alarga o espectro de frequência de um pulso.
3. O terceiro termo representa os efeitos da perda ou ganho de energia, por exemplo, provocados por atenuação da fibra ou amplificação óptica, respectivamente.

A resolução analítica da equação NLS gera um envelope de pulso que é independente de z (para o sóliton fundamental com $N = 1$) ou periódico em z (para sólitons de ordem superior com $N \geq 2$). A teoria geral de sólitons é matematicamente complexa e pode ser encontrada na literatura.[40-43] Aqui são apresentados os conceitos básicos para sólitons fundamentais. A solução para a Equação (12.15) para o sóliton fundamental é dada por

$$u(z, t) = \text{sech}(t) \exp(jz/2) \tag{12.16}$$

onde sech (t) é a função secante hiperbólica. Trata-se de um pulso em forma de sino, como ilustra a Figura 12.16. A escala de tempo é dada em unidades normalizadas para a largura $1/e$ do pulso. Como o termo de fase $\exp(jz/2)$ da Equação (12.16) não tem nenhuma influência sobre a forma do pulso, o sóliton é independente de z e, consequentemente, não dispersivo no domínio do tempo.

Quando se examina a equação NLS, verifica-se que os efeitos de primeira ordem dos termos dispersivo e não lineares são justamente mudanças de fase complementares. Para um pulso dado pela Equação (12.16), essas mudanças de fase são

$$d\phi_{\text{não linear}} = |u(t)|^2 \, dz = \text{sech}^2(t) \, dz \tag{12.17}$$

para o processo não linear, e

$$d\phi_{\text{disp}} = \left(\frac{1}{2u}\frac{\partial^2 u}{\partial t^2}\right) dz = \left[\frac{1}{2} - \text{sech}^2(t)\right] dz \tag{12.18}$$

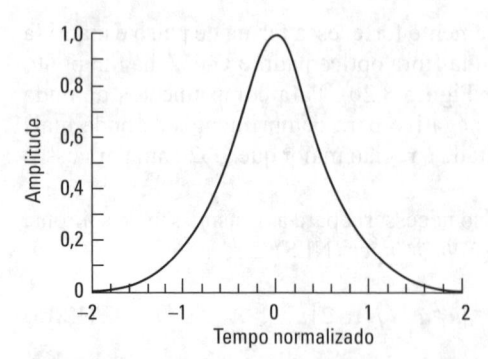

Figura 12.16 A função secante hiperbólica utilizada para os pulsos do sóliton. A escala de tempo é dada em unidades normalizadas para a largura de 1/e do pulso.

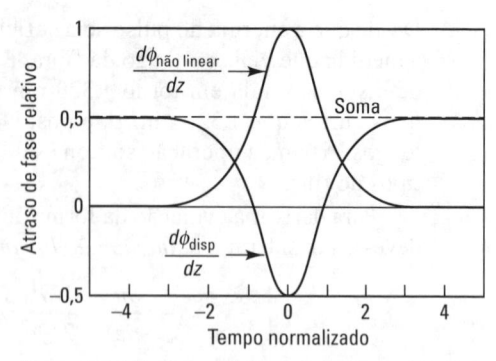

Figura 12.17 Deslocamentos de fase dispersivo e não linear de um pulso de sóliton. A sua soma é constante, o que produz um deslocamento de fase comum para o pulso inteiro.

para o efeito de dispersão. A Figura 12.17 mostra os gráficos desses termos e sua soma, que é uma constante. Após a integração, a soma simplesmente produz um deslocamento de fase de $z/2$, que é comum em todo o pulso. Uma vez que tal deslocamento de fase não altera nem o formato temporal nem o formato espectral de um pulso, o sóliton permanece completamente não dispersivo nos domínios temporal e de frequências.

12.10.2 Parâmetros do sóliton

Como já visto, a *largura total a meia altura* (FWHM) de um pulso é definida como a *largura total do pulso na metade do nível máximo de potência* (ver Figura 12.18). Para a resolução da Equação (12.15), a potência é dada pelo quadrado da função de envelope na Equação (12.16). Assim, a FWHM T_s do pulso do sóliton fundamental em tempo normalizado é encontrada a partir da relação $\text{sech}^2(\tau) = \frac{1}{2}$ com $\tau = T_s/(2T_0)$, onde T_0 é a unidade básica de tempo normalizado. Isso produz

$$T_0 = \frac{T_s}{2\cosh^{-1}\sqrt{2}} = \frac{T_s}{1{,}7627} \approx 0{,}567\, T_s \qquad (12.19)$$

Exemplo 12.4 Larguras FWHM típicas de um pulso de sóliton T_s vão de 15-50 ps, de forma que o tempo normalizado T_0 é da ordem de 9-30 ps.

O parâmetro *distância normalizada* (também chamado *comprimento de dispersão*) L_{disp} é um comprimento característico para os efeitos do termo de dispersão. Como descrito mais adiante, L_{disp} é uma medida do período de um sóliton. Esse parâmetro é dado por

$$L_{\text{disp}} = \frac{2\pi c}{\lambda^2}\frac{T_0^2}{D} = \frac{1}{\left[2\cosh^{-1}\sqrt{2}\right]^2}\frac{2\pi c}{\lambda^2}\frac{T_s^2}{D} \approx 0{,}322\,\frac{2\pi c}{\lambda^2}\frac{T_s^2}{D} \qquad (12.20)$$

onde c é a velocidade da luz; λ, o comprimento de onda no vácuo; e D, a dispersão da fibra.

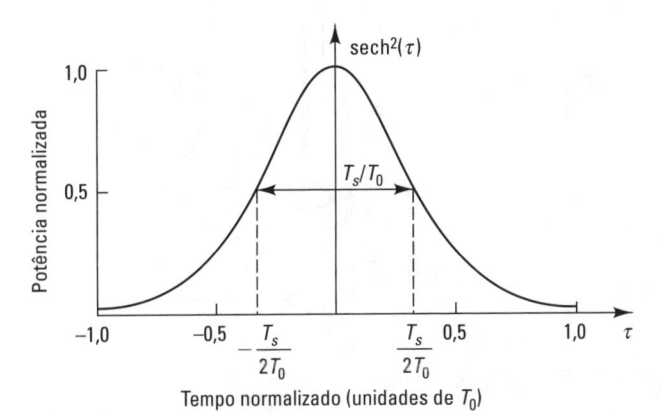

Figura 12.18 Definição da largura a meia altura do sóliton em termos de unidades de tempo normalizadas.

Exemplo 12.5 Considere uma fibra de dispersão deslocada com $D = 0,5$ ps / (nm · km) em 1.550 nm. Se $T_s = 20$ ps, temos

$$L_{disp} = \frac{1}{(1,7627)^2} \frac{2\pi(3 \times 10^8 \text{ m/s})}{(1.550 \text{ nm})^2} \frac{(20 \text{ ps})^2}{0,5 \text{ ps/(nm · km)}} = 202 \text{ km}$$

que mostra que L_{disp} é da ordem de centenas de quilômetros.

O parâmetro P_{pico} é a *potência de pico do sóliton* e é dado por

$$P_{pico} = \frac{A_{ef}}{2\pi n_2} \frac{\lambda}{L_{disp}} = \left(\frac{1,7627}{2\pi}\right)^2 \frac{A_{ef} \lambda^3}{n_2 c} \frac{D}{T_s^2} \qquad (12.21)$$

onde A_{ef} é a área efetiva do núcleo de fibra, n_2 é o coeficiente do índice de refração não linear dependente da intensidade [ver Equação (12.6)], e L_{disp} é medido em km.

Exemplo 12.6 Para $\lambda = 1.550$ nm, $A_{ef} = 50$ μm^2, $n_2 = 2,6 \times 10^{-16}$ cm^2/W e com o valor de $L_{disp} = 202$ km do Exemplo 12.5, temos que a potência de pico de sóliton P_{pico} é

$$P_{pico} = \frac{A_{ef}}{2\pi n_2} \frac{\lambda}{L_{disp}} = \frac{(50 \text{ }\mu\text{m}^2)}{2\pi(2,6 \times 10^{-16} \text{ cm}^2/\text{W})} \frac{1.550 \text{ nm}}{202 \text{ km}} = 2,35 \text{ mW}$$

Isso mostra que, quando L_{disp} é da ordem de centenas de quilômetros, P_{pico} é da ordem de poucos miliwatts.

Para $N > 1$, o pulso de sóliton experimenta mudanças periódicas de seu formato e espectro enquanto se propaga através da fibra. Ele retoma a sua forma inicial em distâncias múltiplas do *período do sóliton*, que é dado por

$$L_{period} = \frac{\pi}{2} L_{disp} \qquad (12.22)$$

Como exemplo, a Figura 12.19 mostra a evolução de um sóliton de segunda ordem ($N = 2$).

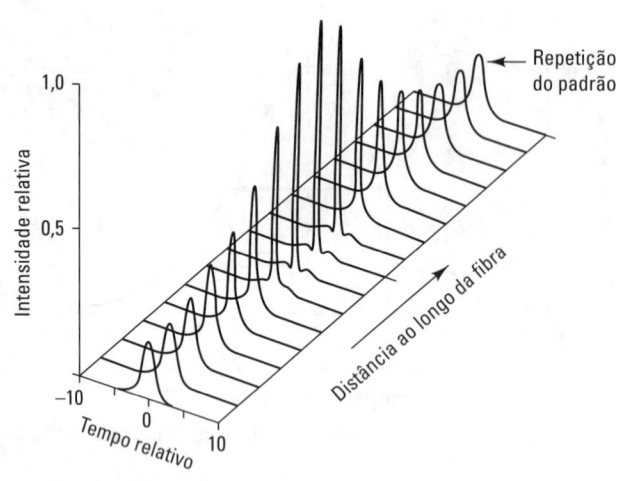

Figura 12.19 Características de propagação de um sóliton de segunda ordem ($N = 2$).

12.10.3 Espaçamento e largura do sóliton

A solução do sóliton para a equação NLS se mantém em uma aproximação razoável apenas quando os pulsos individuais são bem separados. Para garantir isso, a largura do sóliton deve ser uma pequena fração do *bit slot*. Isso elimina o uso do formato *não retorno a zero* (NRZ), que é normalmente aplicado em de sistemas digitais padrão. Logo, o formato *retorno a zero* (RZ) é usado. Essa condição, assim, restringe o fluxo de *bits* alcançável, uma vez que existe um limite para o estreitamento de um pulso sóliton a ser gerado.

Se a T_B é a largura de *bit slot*, então podemos referir a taxa de *bits* B com a largura a meia altura do sóliton T_s por

$$B = \frac{1}{T_B} = \frac{1}{2s_0 T_0} = \frac{1,7627}{2s_0 T_s} \qquad (12.23)$$

onde o fator $2s_0 = T_B/T_0$ é a *separação normalizada* entre sólitons vizinhos.

A explicação física do requisito de separação é que a sobreposição das caudas de sólitons muito próximos cria forças interativas não lineares entre eles. Essas forças podem ser atrativas ou repulsivas, dependendo da fase relativa inicial dos sólitons. Para sólitons que estão inicialmente em fase e separados por $2s_0 \gg 1$, a separação do sóliton é periódica com um *período de oscilação*:

$$\Omega = \frac{\pi}{2} \exp(s_0) \qquad (12.24)$$

A força mútua interativa entre os sólitons em fase, portanto, resulta em atração, colapso e repulsão periódicas. A *distância de interação* é

$$L_I = \Omega L_{disp} = L_{period} \exp(s_0) \qquad (12.25)$$

Essa distância de interação e, em particular, a razão L_I/L_{disp} determinam a taxa máxima de *bits* permitida em sistemas de sóliton.

Esses tipos de interação não são desejáveis em um sistema de sóliton, uma vez que levam à instabilidade nos tempos de chegada do sóliton. Um método para evitar essa situação é aumentar s_0, uma vez que a interação entre sólitons depende do seu espaçamento.

Como a Equação (12.23) é precisa para $s_0 > 3$, ela é apropriada, em conjunto com o critério de que $\Omega L_{disp} \gg L_T$, onde L_T é a distância total de transmissão, para projetos de sistemas nos quais a interação de sólitons pode ser ignorada.

Usando a Equação (12.20) para L_{disp}, a Equação (12.23) para T_0 e a Equação (3.25) para D, a condição de projeto $\Omega L_{disp} \gg L_T$ torna-se

$$B^2 L_T \ll \left(\frac{2\pi}{s_0 \lambda}\right)^2 \frac{c}{16D} \exp(s_0) = \frac{\pi}{8 s_0^2 |\beta_2|} \exp(s_0) \qquad (12.26)$$

Quando escrita dessa forma, a Equação (12.26) mostra os efeitos sobre a largura de banda B ou a distância total de transmissão L_T para os valores selecionados de s_0.

Exemplo 12.7 Suponha que queiramos transmitir informações a uma taxa de 10 Gb/s através de um *link* de sóliton que cruze o Pacífico (~8.600 km).

(a) Como se trata de uma alta taxa de dados em longa distância, começaremos com a escolha de um valor de $s_0 = 8$. Então, da Equação (12.24), temos $\Omega = 4.682$. Dado que o comprimento de dispersão é de pelo menos 100 km, então $\Omega L_{disp} > 4,7 \times 10^5$ km, o que, para todos os efeitos práticos, satisfaz a condição $\Omega L_{disp} \gg L_T = 8.600$ km.

(b) Se $D = 0,5$ ps / (nm · km) em 1.550 nm, então a Equação (12.26) leva a

$$B^2 L_T \ll 2,87 \times 10^7 \text{ km (Gb/s)}^2$$

Para uma taxa de dados de 10 Gb/s, a distância de transmissão deve satisfazer a condição

$$L_T \ll 2,87 \times 10^5 \text{ km}$$

Ela é satisfeita, pois o lado direito é 33 vezes maior do que o comprimento desejado.

(c) Usando a Equação (12.23), encontramos que a largura FWHM do pulso do sóliton será

$$T_s = \frac{0,881}{s_0 B} = \frac{0,881}{8(10 \times 10^9 \text{b/s})} = 11 \text{ ps}$$

(d) A fração da fenda de *bit* ocupada por um sóliton quando $s_0 = 8$ é

$$\frac{T_s}{T_B} = \frac{0,881}{s_0} = \frac{0,881}{8} = 11\%$$

Note que, para um dado valor de s_0, isso é independente da taxa de *bit*. Por exemplo, se a taxa de dados é 20 Gb/s, então a largura FWHM do pulso é de 5,5 ps, que também ocupa 11% do bit-slot.

Problemas

12.1 Considere três sinais ópticos copropagantes em frequências v_1, v_2 e v_3.

(a) Se essas frequências são espaçadas igualmente de modo que $v_1 = v_2 - \Delta v$ e $v_3 = v_2 + \Delta v$, onde Δv é uma mudança incremental de frequência, liste as ondas de terceira ordem que são geradas pela FWM e trace-as em relação às três ondas originais. Note que várias dessas ondas geradas por FWM coincidem com as frequências originais.

(b) Agora examine o caso quando $v_1 = v_2 - \Delta v$ e $v_3 = v_2 + \frac{3}{2}\Delta v$. Encontre as frequências de FWM geradas e trace-as em relação às três ondas originais.

12.2 Uma fibra monomodo tem uma atenuação de 0,55 dB/km em 1.310 nm e de 0,28 dB/km em 1.550 nm. Compare os comprimentos efetivos dessa fibra em 1.310 e 1.550 nm.

12.3 Considere uma fonte óptica de 1.550 nm com largura de linha de 40 MHz. Suponha que tenhamos uma fibra monomodo com uma área efetiva de 72 μm^2 e uma atenuação de 0,2 dB/km em 1.550 nm. Assumindo que o fator de polarização é $b = 2$ e que o coeficiente de ganho Brillouin é $g_B = 4 \times 10^{-11}$ m/W, qual é a potência de limiar para o espalhamento Brillouin estimulado em 1.550 nm para uma ligação de 40 km? Se a atenuação para essa fibra é de 0,4 dB/km em 1.310 nm e todos os outros parâmetros são os mesmos, qual é a potência de limiar para o espalhamento Brillouin estimulado em 1.310 nm?

12.4 Um engenheiro precisa projetar um sistema WDM de comprimento de quatro ondas utilizando uma fibra de dispersão deslocada que tem um ponto de dispersão nula em 1.550 nm. Os quatro comprimentos de onda precisam ser na banda entre 193,1 e 194,1 THz em uma grade de 100 GHz. Onde devem ser alocados esses comprimentos de onda de modo que nenhum dos componentes da mistura de quatro ondas interfira em qualquer comprimento de onda de transmissão?

12.5 A expressão detalhada para a eficiência FWM η é dada por[4]

$$\eta = \frac{\alpha^2}{\alpha^2 + \Delta\beta^2}\left[1 + \frac{4\exp(-\alpha L)\sen^2(\Delta\beta L/2)}{[1-\exp(-\alpha L)]^2}\right]$$

onde o fator de $\Delta\beta$ é a diferença das constantes de propagação das várias ondas causadas pela dispersão, que é dada por

$$\Delta\beta = \frac{2\pi\lambda^2}{c}|v_i - v_k| \times |v_j - v_k|$$
$$\times \left[D(v_0) + \frac{\lambda^2}{2c}\frac{dD}{d\lambda}(|v_i - v_0| + |v_j - v_0|)\right]$$

Aqui o valor da dispersão $D(v_0)$ e a sua inclinação $dD/d\lambda$ são tomadas na frequência óptica v_0. Usando essas expressões na Equação (12.13), faça o gráfico da razão entre a potência gerada P_{112} em relação à potência do canal transmitida P_1 em função do espaçamento de canal para dois canais de +7 dBm. Encontre essa razão para os seguintes valores de dispersão e comprimentos de onda:

(a) $D = 0$ ps/(nm · km) e $\lambda = 1.556,6$ nm.

(b) $D = 0,13$ ps/(nm · km) e $\lambda = 1.556,1$ nm.

(c) $D = 1,64$ ps/(nm · km) e $\lambda = 1.537,2$ nm. Considere o espaçamento de frequências dos dois canais na faixa de 0-250 GHz. Em cada caso, tome $dD/d\lambda = 0,08$ ps/(nm² · km), $\alpha = 0,0461$ km⁻¹, $L = 11$ km e $A_{ef} = 55$ μm^2. Para χ_{1111} e $\mathcal{D}$, use os valores indicados no Exemplo 12.3.

12.6 Um sistema de transmissão de sóliton opera em 1.550 nm com fibras que têm uma dispersão de 1,5 ps / (nm·km) e um núcleo de área efetiva de 50 μm^2. Encontre a potência de pico necessária para sólitons fundamentais que têm uma largura FWHM de 16 ps. Use o valor $n_2 = 2,6 \times 10^{-16}$ cm²/W. Quais são o comprimento de dispersão e o período do sóliton? Qual é a potência de pico necessária para pulsos de 30 ps?

12.7 Um prestador de serviços de telecomunicações quer um sistema de transmissão de sólitons com um único comprimento de onda que opere em 40 Gb/s, em uma distância de 2.000 km. Como você projetaria tal sistema? Você é livre para escolher os componentes e parâmetros necessários do projeto.

12.8 Elabore um modelo de custos para o sistema de sóliton projetado no Problema 12.7, de modo que o prestador de serviços possa determinar o financiamento necessário para o projeto.

12.9 Considere um sistema WDM que utiliza dois canais de sólitons em comprimentos de onda λ_1 e λ_2. Como diferentes comprimentos de onda viajam em velocidades ligeiramente diferentes em uma fibra, os sólitons do canal mais rápido irão gradualmente ultrapassar os canais de sólitons mais lentos e passar por eles. Se o comprimento de colisão L_{col} é definido como a distância entre o início e o fim da sobreposição de pulsos dos pontos de meia potência, então

$$L_{col} = \frac{2T_s}{D\Delta\lambda}$$

onde $\Delta\lambda = \lambda_1 - \lambda_2$, T_s é a FWHM do pulso, e D, o parâmetro de dispersão.

(a) Qual é o comprimento de colisão para $T_s = 16$ ps, $D = 0,5$ ps / (nm · km) e $\Delta\lambda = 0,8$ nm?

(b) Os efeitos de mistura de quatro ondas surgem entre os pulsos de sólitons durante suas colisões, mas, em seguida, caem para zero. Para evitar a amplificação desses efeitos, a condição $L_{col} \geq 2L_{amp}$ deve ser cumprida, onde L_{amp} é o espaçamento entre os amplificadores. No caso apresentado, qual é o limite superior para L_{amp}?

12.10 Com base nas condições descritas no Problema 12.9, qual é o número máximo permitido de canais de comprimento de onda espaçados em 0,4 nm para um sistema WDM de sólitons quando $L_{amp} = 25$ km, $T_s = 20$ ps e $D = 0,4$ ps / (nm · km)?

Referências

1. J. Toulouse, "Optical nonlinearities in fibers: Review, recent examples, and systems applications," J. Lightwave Tech., vol. 23, pp. 3625-3641, Nov. 2005.
2. M. Wu and W. I. Way, "Fiber nonlinearity limitations in ultra-dense WDM systems," J. Lightwave Tech., vol. 22, pp. 1483-1498, June 2004.
3. G. P. Agrawal, Nonlinear Fiber Optics, Academic, San Diego, CA, 4th ed., 2006.
4. F. Forghieri, R. W. Tkach, and A. R. Chraplyvy, "Fiber nonlinearities and their impact on transmission systems," in I. P. Kaminow and T. L. Koch, eds., Optical Fiber Telecommunications – III, Vol. A, Academic, New York, 1997.
5. A. R. Chraplyvy, "Limitations on lightwave communications imposed by optical-fiber nonlinearities," J. Lightwave Tech., vol. 8, pp. 1548-1557, Oct. 1990.
6. X. Y. Zou, M. I. Hayee, S.-M. Hwang, and A. E. Willner, "Limitations in 10-Gb/s WDM optical fiber transmission when using a variety of fiber types to manage dispersion and nonlinearities," J. Lightwave Tech., vol. 14, pp. 1144-1152, June 1996.
7. R. H. Stolen, "Nonlinear properties of optical fibers," in S. E. Miller and A. G. Chynoweth, eds., Optical Fiber Telecommunications, Academic, New York, 1979.
8. R. Ramaswami and K. N. Sivarajan, Optical Networks, Morgan Kaufmann, San Francisco, 3rd ed., 2009.
9. J. A. Buck, Fundamentals of Optical Fibers, Wiley, Hoboken, NJ, 2nd ed., 2004.
10. X. P. Mao, R. W. Tkach, A. R. Chraplyvy, R. M. Jopson, and R. M. Dorosier, "Stimulated Brillouin threshold dependence on fiber type and uniformity," IEEE Photonics Tech. Lett., vol. 4, pp. 66-69, Jan. 1992.
11. X. P. Mao, G. E. Bodeep, R. W. Tkach, A. R. Chraplyvy, T. E. Darcie, and R. M. Dorosier, "Brillouin scattering in externally modulated lightwave AM-VSB CATV transmission systems," IEEE Photonics Tech. Lett., vol. 4, pp. 287-289, Mar. 1992.
12. S. O. Kasap, Principles of Electronic Materials and Devices, McGraw-Hill, New York, 3rd ed., 2006.
13. N. Kikuchi and S. Sasaki, "Analytical evaluation technique of self-phase modulation effect on the performance of cascaded optical amplifier systems," J. Lightwave Tech., vol. 13, pp. 868-878, May 1995.
14. N. Shibata, R. P. Braun, and R. G. Waarts, "Phase-match dependence of efficiency of wave generation through four-wave mixing in a single-mode optical fiber," IEEE J. Quantum Electron., vol. 23, pp. 1205-1210, July 1987.
15. R. W. Tkach, A. R. Chraplyvy, F. Forghieri, A. H. Gnauck, and R. M. Dorosier, "Four-photon mixing and high-speed WDM systems," J. Lightwave Tech., vol. 13, pp. 841-849, May 1995.
16. W. Zeiler, F. Di Pasquale, P. Bayvel, and J. E. Midwinter, "Modeling of four-wave mixing and gain peaking in amplified WDM optical communication systems and networks," J. Lightwave Tech., vol. 14, pp. 1933-1941, Sept. 1996.
17. B. H. Choi, M. Attygalle, Y. J. Wen, and S. D. Dods, "Dispersion map optimization and dispersion slope mismatch issue on 40 channel × 10 Gbit/s transmission over 3000 km using standard SMF and EDFA amplification," Optics Communications, vol. 242. pp. 525-532, Dec. 2004.
18. B. Jopson and A. H. Gnauck, "Dispersion compensation for optical fiber systems," IEEE Commun. Mag., vol. 33, pp. 96-102, June 1995.
19. L. Grüner-Nielsen, S. N. Knudsen, B. Edvold, T. Veng, D. Magnussen, C. C. Larsen, and H. Damsgaard, "Dispersion-compensating fibers," Opt. Fiber Technology, vol. 6, no. 2, pp. 164-180, Apr. 2000.
20. M. Suzuki and N. Edagawa, "Dispersion-managed high-capacity ultra-long-haul transmission," J. Lightwave Tech., vol. 21, pp. 916-929, Apr. 2003.
21. L. Grüner-Nielsen, M. Wandel, P. Kristensen, C. Jørgensen, L. V. Jørgensen, B. Edvold, B. Pálsdóttir, and D. Jakobsen, "Dispersion-compensating fibers," J. Lightwave Tech., vol. 23, pp. 3566-3579, Nov. 2005.
22. M. J. Connelly, Semiconductor Optical Amplifiers, Springer, New York, 2002.

23. J. Wang, *Pattern Effect Mitigation Techniques for All-Optical Wavelength Converters Based on Semiconductor Optical Amplifiers*, KIT Scientific Publishing, Karlsruhe, Germany, 2010.
24. T. Durhuus, B. Mikkelsen, C. Joergensen, S. L. Danielsen, and K. E. Stubkjaer, "All-optical wavelength conversion by semiconductor optical amplifiers," *J. Lightwave Tech.*, vol. 14, pp. 942-954, June 1996.
25. S. J. B. Yoo, "Wavelength conversion technologies for WDM network applications," *J. Lightwave Tech.*, vol. 14, pp. 955-966, June 1996.
26. M. Asghari, I. H. White, and R. V. Penty, "Wavelength conversion using semiconductor optical amplifiers," *J. Lightwave Tech.*, vol. 15, pp. 1181-1190, July 1997.
27. J. Capmany, S. Sales, D. Pastor, A. Martínez, and B. Ortega, "Wavelength conversion of SCM signals using semiconductor optical amplifiers: Theory, experiments, and applications," *J. Lightwave Tech.*, vol. 21, pp. 961-972, Apr. 2003.
28. K. Obermann, S. Kindt, D. Breuer, K. Petermann, C. Schmidt, S. Diez, and H. G. Weber, "Noise characteristics of semiconductor optical amplifiers used for wavelength conversion via cross-gain and cross-phase modulation," *IEEE Photonics Tech. Lett.*, vol. 9, pp. 312-314, Mar. 1997.
29. S. L. Danielsen, P. B. Hansen, K. E. Stubkjaer, M. Schilling, K. Wünstel, W. Idler, P. Doussiere, and F. Pommerau, "All optical wavelength conversion for increased input power dynamic range," *IEEE Photonics Tech. Lett.*, vol. 10, pp. 60-62, Jan. 1998.
30. K. Obermann, I. Koltchanov, K. Petermann, S. Diez, R. Ludwig, and H. G. Weber, "Noise analysis of frequency converters utilizing semiconductor-laser amplifiers," *IEEE J. Quantum Electron.*, vol. 33, pp. 81-88, Jan. 1997.
31. J. T. Hsieh, P. M. Gong, S. L. Lee, and J. Wu, "Improved dynamic characteristics on SOA-based FWM wavelength conversion in light- holding SOAs," *IEEE J. Selected Topics in Quantum Electronics*, vol. 10, pp. 1187-1196, Sept./Oct. 2004.
32. T. F. Morgen, J. P. R. Lacey, and R. S. Tucker, "Widely tunable FWM in semiconductor optical amplifiers with constant conversion frequency," *IEEE Photonics Tech. Lett.*, vol. 10, pp. 1401-1403, Oct. 1998.
33. H. Jang, S. Hur, Y. Kim, and J. Jeong, "Theoretical investigation of optical wavelength conversion techniques for DPSK modulation formats using FWM in SOAs and frequency comb in 10 Gb/s transmission systems," *J. Lightwave Tech.*, vol. 23, pp. 2638-2646, Sept. 2005.
34. C. Politi, D. Klonidis, and M. J. O'Mahony, "Waveband converters based on four-wave mixing in SOAs," *J. Lightwave Tech.*, vol. 24, pp. 1203-1217, Mar. 2006.
35. J. S. Russell, *Reports of the Meetings of the British Assoc. for the Advancement of Science*, 1844.
36. Y. Lai and H. A. Haus, "Quantum theory of solitons in optical fibers. II. Exact solution," *Physical Review*, vol. 40, pp. 854-866, July 1989.
37. H. A. Haus, "Optical fiber solitons: Their properties and uses," *Proc. IEEE*, vol. 81, pp. 970-983, July 1993.
38. H. Haus and W. S. Wong, "Solitons in optical communications," *Rev. Mod. Physics*, vol. 68, pp. 432-444, 1996.
39. L. F. Mollenauer, J. P. Gordon, and P. V. Mamyshev, "Solitons in high bit-rate, long-distance transmissions," in I. P. Kaminow and T. L. Koch, eds., *Optical Fiber Telecommunications – III*, Vol. A, Academic, New York, 1997.
40. E. Iannone, F. Matera, A. Mecozzi, and M. Settembre, *Nonlinear Optical Communication Networks*, Wiley, New York, 1998.
41. A. Hasegawa and M. Matsumoto, *Optical Solitons in Fibers*, Springer, New York, 3rd ed., 2003.
42. J. R. Taylor, ed., *Optical Solitons: Theory and Experiment*, Cambridge University Press, 2005.
43. L. F. Mollenauer and J. P. Gordon, *Solitons in Optical Fibers: Fundamentals and Applications*, Academic, 2006.

13

Redes ópticas

Este capítulo trata do desempenho e da implementação de *links* de fibra óptica que podem ser utilizados em vários tipos de rede para conectar usuários com uma ampla gama de capacidades e velocidades de transmissão.[1-8] As ligações entre esses usuários podem variar em comprimento desde curtas ligações localizadas dentro de um prédio ou um ambiente universitário até redes que atravessam continentes e cruzam oceanos. A principal motivação para o desenvolvimento de redes de comunicação sofisticadas tem sido a rápida proliferação da troca de informação desejada por instituições envolvidas em áreas como comércio, finanças, educação, pesquisa científica e médica, serviços de saúde, segurança nacional e internacional, e entretenimento. O potencial para essa troca de informações surgiu com o poder cada vez maior de computadores e dispositivos de armazenamento de dados, os quais precisam ser interligados por redes de alta velocidade e alta capacidade.

A Seção 13.1 define a terminologia básica e os princípios gerais de rede, aborda aspectos relacionados ao conceito de camadas de rede e descreve as categorias de redes de fibra óptica. As cinco grandes categorias de implementação de sistemas de transmissão são as redes de longa distância, metropolitana, de acesso, universitária e de área local. A Seção 13.2 ilustra as topologias de rede de barramento e estrela, e examina as vantagens e desvantagens de projeto entre elas. Para a categoria de longa distância terrestre e submarina, os padrões intimamente acoplados SONET e SDH fornecem um mecanismo para a multiplexação e transmissão de sinais ópticos, de forma que eles possam ser compartilhados entre as redes dentro da infraestrutura global de telecomunicações. A Seção 13.3 apresenta os aspectos da camada física das redes em anel SONET/SDH e demonstra como elas se relacionam com as linhas de transmissão e redes ópticas. As características básicas SONET/SDH abrangidas incluem a estrutura padrão de quadro de dados, as especificações da interface óptica e as arquiteturas fundamentais em anel. Também são mostradas as arquiteturas de rede possíveis que podem ser construídas a partir dos anéis SONET/SDH. Em virtude do amplo uso de redes de longa distância e metropolitanas, a confiabilidade e a disponibilidade são de grande importância, pois muitos milhões de usuários dependem delas. Portanto, nessa seção, são incluídas discussões sobre como os vários recursos de proteção de comutação podem ser construídos em uma rede em anel SONET/SDH para garantir um alto grau de sobrevivência.

Para aumentar a capacidade dos *links* de fibra óptica, engenheiros e cientistas de pesquisa e desenvolvimento têm desenvolvido métodos com taxas de transmissão cada vez maiores e sofisticados esquemas de codificação de dados. A Seção 13.4 apresenta alguns exemplos de *links* que operam em 10, 40, 100 e 160 Gb/s. De particular interesse é a possibilidade de enviar informação em taxas de até 160 Gb/s sobre as fibras monomodo padrão G.652 já instaladas usando técnicas especiais de codificação.

A Seção 13.5 descreve os principais elementos de transmissão utilizados em redes WDM de alta capacidade de longa distância e metropolitana. Os dois elementos cruciais para a implementação dessas redes incluem os *multiplexadores ópticos de adição/remoção* fixos e reconfiguráveis (OADMs), e *conectores de cruzamento ópticos* ou *crossconnects ópticos* (OXCs). As Seções 13.5 e 13.6, respectivamente, definem esses elementos e descrevem como eles dirigem os sinais ao longo dos canais de comprimento de onda ou caminhos ópticos através de múltiplos nós intermediários a partir da fonte de dados até o cliente da rede na extremidade receptora. Ao longo do caminho de transmissão, um OADM ou OXC localizado em um nó intermediário pode trocar comprimentos de onda para caminhos alternativos ou converter o comprimento de onda ao encaminhar o fluxo de dados para outro segmento do *link*. A Seção 13.6 também introduz os conceitos de roteamento do comprimento de onda, da comutação dos pacotes ópticos e da comutação de rajadas ópticas.

A Seção 13.7 ilustra as aplicações dos elementos da rede, como OADMs e OXCs, em redes WDM de banda larga em longa distância e de banda estreita em redes metropolitanas. As arquiteturas e operações das *redes ópticas passivas* (PON) são examinadas na Seção 13.8. O processo de troca de informações entre os elementos de comunicação utilizando o Protocolo de Internet (IP) é discutido na Seção 13.9. O sucesso mundial na implementação da Ethernet em redes locais resultou em sua extensão para redes de área de acesso e metropolitanas. Essa aplicação, que é conhecida como *Ethernet óptica*, é o tema da Seção 13.10. Na concepção de redes WDM, as deficiências de transmissão, como dispersão cromática e polarização modal, transientes dos amplificadores ópticos e atraso na temporização, precisam ser levadas em conta. A Seção 13.1 apresenta várias técnicas de atenuação dessas deficiências.

13.1 Príncipios de rede

Esta seção apresenta os conceitos de redes ópticas, ilustra as diferentes arquiteturas de rede, demonstra como as organizações operam vários segmentos de rede e indica algumas terminologias de rede.

13.1.1 Terminologia de rede

Antes de tratarmos detalhadamente da rede, definiremos algumas terminologias usando a Figura 13.1 como diretriz.

Estações Os dispositivos que os assinantes de uma rede utilizam para se comunicar são chamados de *estações*, que podem ser computadores, equipamentos de monitoramento, telefones, aparelhos de fax ou outro equipamento de telecomunicação.

Redes Para estabelecer conexões entre essas estações, as vias de transmissão passam entre elas para formar uma coleção de estações interconectadas chamada de *rede*.

Nó Dentro dessa rede, um *nó* é um ponto em que uma ou mais linhas de comunicação terminam e/ou onde as estações estão conectadas. As estações também podem ser conectadas diretamente a uma linha de transmissão.

Tronco O termo *tronco* normalmente se refere a uma linha de transmissão que passa entre nós ou redes e suporta grandes cargas de tráfego.

Topologia A *topologia* é a forma lógica em que os nós são ligados entre si por canais de transmissão de informação, de modo a formar uma rede.

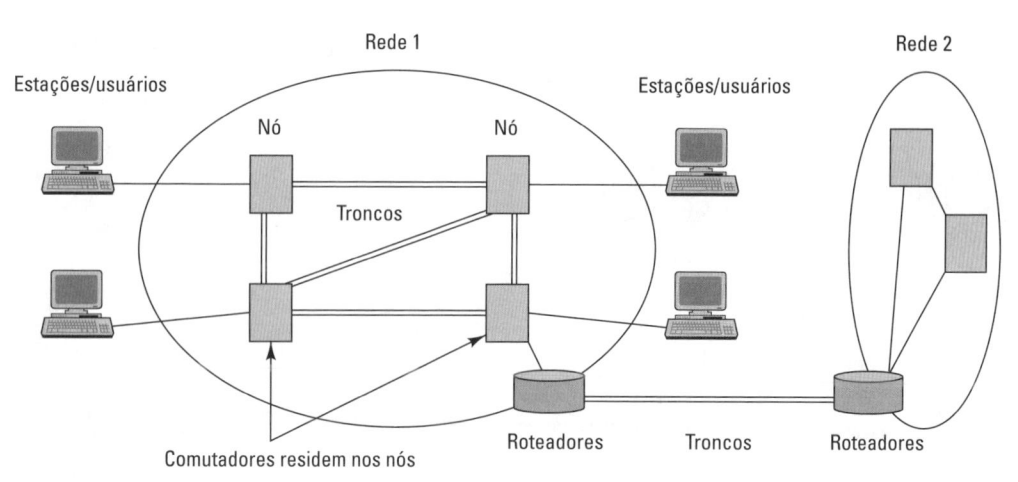

Figura 13.1 Definições dos vários elementos de uma rede.

Comutação e roteamento A transferência de informação a partir da fonte para o destino através de uma série de nós intermediários é chamada de *comutação*, e a seleção de uma via adequada através de uma rede é referida como *roteamento*.

Assim, uma *rede de comunicação comutada* consiste em uma coleção interligada de nós, na qual os fluxos de informação que entram na rede a partir de uma estação são encaminhados para o destino pela comutação de um caminho de transmissão para outro em um nó.

13.1.2 Categorias de rede*

As redes podem ser divididas nas seguintes grandes categorias, como a Figura 13.2 ilustra:

Rede de área local (LAN) Uma LAN interliga usuários em uma área localizada, como uma grande sala ou área de trabalho, uma repartição administrativa, uma casa, um edifício, um escritório ou fábrica complexa, ou um pequeno grupo de edifícios. A LAN emprega *hardwares* de relativamente baixo custo que permitem aos usuários compartilhar recursos caros, como servidores, impressoras de alto desempenho, instrumentação especializada ou outros equipamentos. A Ethernet é a tecnologia de rede mais popular usada em LANs. As redes locais geralmente são de propriedade, utilização e operação de uma única organização.

Rede de campus Uma *rede de campus* é uma extensão de uma LAN e pode ser considerada como uma interconexão de um conjunto de LANs em uma área localizada. Semelhante a uma LAN, é uma rede autônoma própria e gerenciada por uma única organização que existe dentro de uma área geográfica local. Na terminologia de redes, a palavra *campus* refere-se a qualquer grupo de edifícios que estão a uma curta distância um do outro. Assim, uma rede de *campus* poderia ser implantada em um *campus* universitário, um parque empresarial, um centro de governo, um centro de pesquisa ou um centro médico. Normalmente, uma rede de *campus* utiliza roteadores para fornecer um caminho de acesso em uma rede maior, como uma rede de área metropolitana ou internet.

Rede de área metropolitana (MAN) Uma MAN é chamada comumente como uma *rede metropolitana* e se estende por uma área maior do que uma LAN ou uma rede de *campus*.

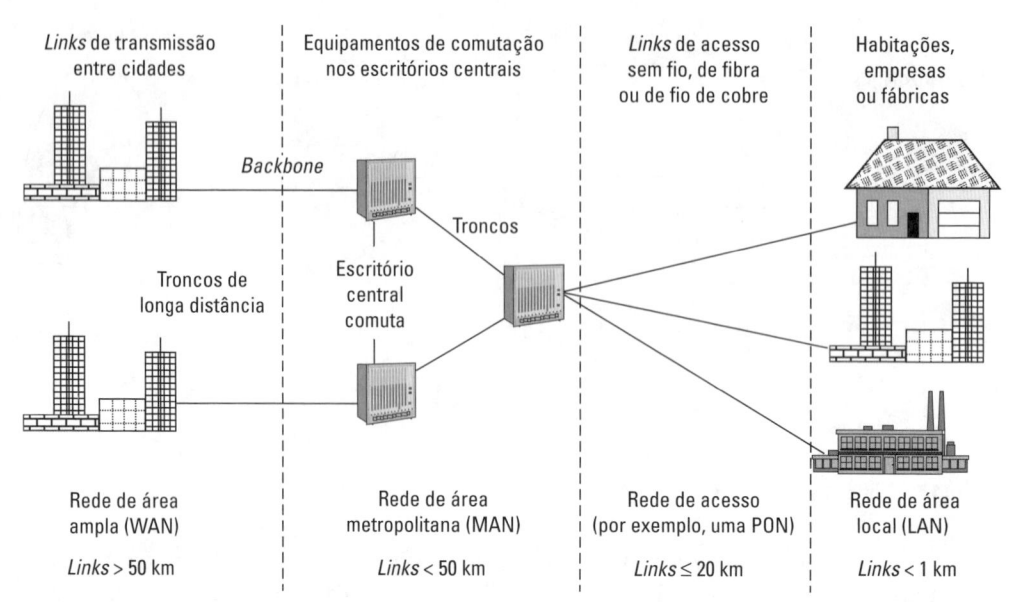

Figura 13.2 Definições de alguns termos utilizados na descrição de diferentes segmentos de uma rede pública.

As instalações interconectadas podem variar de edifícios localizados em vários quarteirões da cidade a uma cidade inteira e à região metropolitana ao seu redor desta. Assim, as distâncias entre os escritórios centrais de comutação para uma rede metropolitana vão de poucos a algumas dezenas de quilômetros. Os recursos da rede metropolitana são de propriedade de muitas organizações de telecomunicações e operados por elas.

Rede de acesso Uma rede de acesso fica entre uma rede metropolitana e uma LAN ou rede de *campus*. Essa categoria de rede engloba conexões que se estendem de uma instalação de comutação centralizada para empresas individuais, organizações e casas. Uma função da rede de acesso é concentrar os fluxos de informação que se originam de uma rede local e enviar esse tráfego agregado ao mecanismo de comutação. Esse caminho é chamado de direção *upstream*. Na outra direção de transmissão (*downstream* ou "para o usuário"), a rede oferece voz, dados, vídeo e outros serviços para os assinantes. As distâncias de transmissão tendem a ser de até 20 km. Uma determinada rede de acesso é de propriedade de um único provedor de serviços de telecomunicações.

Redes de área ampla (WAN) Uma WAN abrange uma grande área geográfica. As distâncias de transmissão podem variar de ligações entre instalações de comutação em cidades vizinhas a linhas de longa distância terrestres que cruzam um país ou submarinas intercontinentais. A grande quantidade de recursos da WAN é de propriedade e operada tanto por organizações privadas como por prestadores de serviços de telecomunicações.

Redes corporativa ou pública Quando uma organização privada (por exemplo, uma empresa, uma entidade governamental, um centro médico, uma universidade ou um empreendimento comercial) possui e opera uma rede, ela é chamada de *rede corporativa*. Essas redes só prestam serviços aos membros da organização. Por sua vez, as redes que são de propriedade dos operadores de telecomunicações fornecem serviços, como linhas alugadas ou conexões de telefone em tempo real para o público em geral. Essas redes são chamadas de *redes públicas*, uma vez que os serviços estão disponíveis para todos os usuários ou organizações que desejam se inscrever neles. As redes públicas têm outro conjunto de terminologias associadas a elas. Como mostrado na Figura 13.2, esses termos incluem os seguintes:

Escritório central Uma instalação centralizada de comutação em uma rede pública é chamada de *escritório central* (CO) ou *ponto de presença* (POP). Os CO mantêm uma série de comutadores de telecomunicações de grande porte que estabelecem conexões temporárias para a duração de um tempo de serviço solicitado entre as linhas do assinante ou entre usuários e recursos de rede.

Backbone O termo *backbone* (*espinha dorsal ou suporte principal*) significa um *link* que conecta vários segmentos da rede. Por exemplo, um *backbone* controla o tráfego entre as redes, isto é, o tráfego que se origina de um segmento de rede e é transmitido a um outro segmento. Os *backbones* podem ser *links* curtos ou longos.

Redes de longa distância Uma *rede de longa distância* interliga cidades distantes ou regiões geográficas e se estende por centenas a milhares de quilômetros entre os escritórios centrais. Por exemplo, um *link* de alta capacidade que carrega *terabits* de informações entre Nova York e São Francisco ou entre Índia e Cingapura.

Rede óptica passiva Muitos meios de transmissão diferentes podem ser usados em uma rede de acesso, incluindo fios trançados de cobre, cabo coaxial, fibras ópticas e *links* de rádio. As redes de distribuição óptica que não exigem quaisquer componentes optoeletrônicos ativos na região acesso oferecem uma série de vantagens de funcionamento sobre os outros meios. Essa implementação é chamada de *rede óptica passiva* (PON) e é a base para as *instalações de fibra para rede* (FTTP) descritas na Seção 13.8.

13.1.3 Camadas da rede

Na concepção e implementação de um sistema de telecomunicações, a expressão *arquitetura da rede* é usada para descrever o arranjo físico geral e as características operacionais dos equipamentos de comunicação, juntamente com um conjunto comum de protocolos de comunicação. Um *protocolo* é um conjunto de regras e convenções que regem a produção, formatação, controle, troca e interpretação da informação que é transmitida através de uma rede de telecomunicações ou que é armazenada em um banco de dados.[9-12]

A abordagem tradicional para a criação de um protocolo é subdividi-lo em um número de pedaços ou camadas individuais de tamanho razoável e compreensível. O resultado é uma estrutura em camadas de serviços, denominada *empilhamento de protocolos*. Nesse esquema, cada camada é responsável por fornecer um conjunto de funções ou capacidades para a camada acima dela, por meio das funções ou capacidades da camada abaixo. A um usuário na camada mais alta é oferecido todas as capacidades dos níveis mais baixos para a interação com outros usuários e equipamentos periféricos distribuídos na rede.

Como um exemplo de abordagem estruturada para a simplificação da complexidade das redes modernas, no início de 1980, a International Standards Organization (ISO) desenvolveu um modelo de *referência de sistema aberto de interconexão* (OSI) para dividir as funções de uma rede em sete camadas operacionais.[10-13] Como a Figura 13.3 ilustra, por convenção essas camadas são vistas como uma sequência vertical com a numeração começando na camada inferior. Cada camada executa funções específicas usando um conjunto padrão de protocolos. Uma determinada camada é responsável por

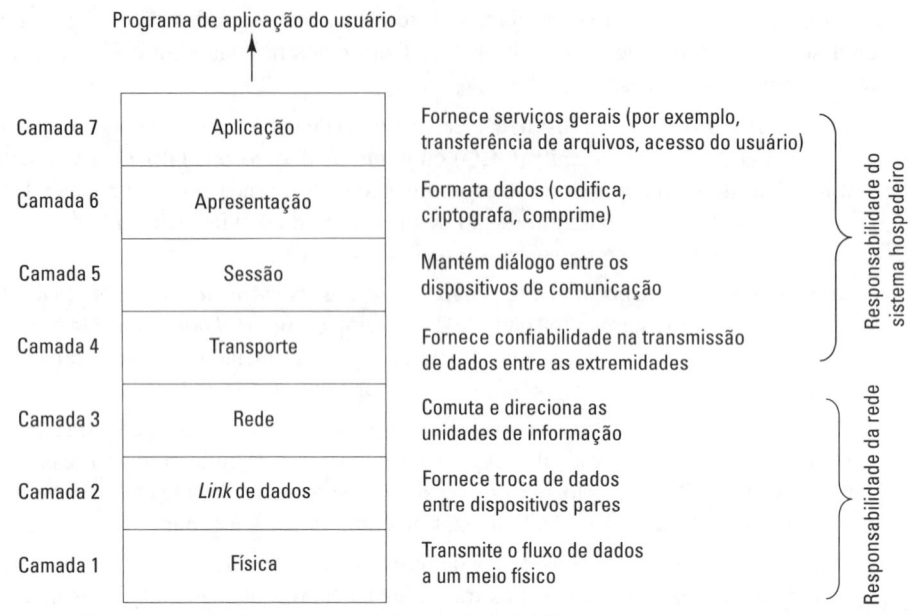

Camada	Nome	Função	
Camada 7	Aplicação	Fornece serviços gerais (por exemplo, transferência de arquivos, acesso do usuário)	Responsabilidade do sistema hospedeiro
Camada 6	Apresentação	Formata dados (codifica, criptografa, comprime)	
Camada 5	Sessão	Mantém diálogo entre os dispositivos de comunicação	
Camada 4	Transporte	Fornece confiabilidade na transmissão de dados entre as extremidades	
Camada 3	Rede	Comuta e direciona as unidades de informação	Responsabilidade da rede
Camada 2	*Link* de dados	Fornece troca de dados entre dispositivos pares	
Camada 1	Física	Transmite o fluxo de dados a um meio físico	

Programa de aplicação do usuário

Figura 13.3 Estrutura geral e funções do modelo de referência OSI de sete camadas.

fornecer um serviço para a camada acima dela usando os serviços da camada abaixo dela. Assim, um número cada vez maior de funções é fornecido ao mover-se para cima da pilha de protocolos, e o nível de abstração funcional aumenta. As camadas inferiores regulam os *recursos de comunicação*, os quais tratam das conexões físicas, do controle de dados no *link* e das funções de roteamento e substituição que suportam a transmissão de dados real. As camadas superiores suportam as *aplicações do usuário* por meio da estruturação e organização de dados para as suas necessidades.

No modelo clássico de OSI, as várias camadas realizam as seguintes funções:

Camada física Refere-se a um meio de transmissão físico, como um fio ou uma fibra óptica, que pode lidar com certa quantidade de largura de banda. Essa camada oferece diferentes tipos de interface física aos equipamentos, e suas funções são responsáveis pela transmissão real de *bits* através de uma fibra óptica ou fio metálico.

Camada de enlace de dados A finalidade dessa camada é estabelecer, manter e liberar *links* que conectam diretamente dois nós. Suas funções incluem o enquadramento (definição de como os dados são estruturados para o transporte), a multiplexação e a demultiplexação de dados. Exemplos de protocolos de enlace de dados incluem o *protocolo ponto a ponto* (PPP) e o *protocolo de controle de alto nível de enlace de dados* (HDLC).

Camada de rede A função dessa camada é entregar pacotes de dados da fonte para o destino através de múltiplos *links* de rede. Normalmente, a camada de rede deve encontrar um caminho através de uma série de nós conectados, e os nós ao longo desse caminho devem encaminhar os pacotes para o destino adequado. O protocolo da camada de rede dominante é o *Protocolo Internet* (IP).

Camada de transporte É responsável por transmitir a mensagem completa de forma confiável da origem para o destino, para satisfazer a *qualidade do serviço* (QoS) solicitada pela camada superior. Os parâmetros de QoS incluem rendimentos, atraso no trânsito, taxa de erro de *bit*, atraso de tempo para estabelecer uma conexão, custo, segurança da informação e prioridade da mensagem. O *protocolo de controle de transmissão* (TCP) utilizado na internet é um exemplo de um protocolo de camada de transporte.

Camadas superiores As camadas mais altas (sessão, apresentação, aplicação) apoiam as aplicações do usuário, que não serão tratadas aqui.

Note que não há nada de intrinsecamente único sobre o uso de sete camadas ou sobre a funcionalidade específica em cada camada. Em aplicações reais, algumas camadas podem ser omitidas, e outras podem ser subdivididas em subcamadas adicionais. Assim, o mecanismo de camadas deve ser visto como um quadro de debate no projeto e não como uma exigência absoluta. Por exemplo, considere o IP utilizado sobre a arquitetura SONET/SDH (ver Seção 13.3). Nesse caso, o IP opera nas camadas de rede e de enlace de dados para formatar pacotes, de tal forma que eles possam ser encaminhados a partir de uma extremidade a outra através de uma rede de comutação de pacotes. Aqui, a rede IP vê a rede de transporte SONET/SDH apenas como um conjunto de ligações físicas ponto a ponto entre roteadores IP. No entanto, como descrito na Seção 13.3, as operações internas de comutação e roteamento de SONET em si abrangem as funções das camadas física, de enlace de dados e de rede.

13.1.4 Camada óptica

Quando se lida com os princípios de redes ópticas, a expressão *camada óptica* é utilizada para descrever várias funções de rede ou serviços. A camada óptica é um conceito baseado no comprimento de onda e encontra-se justamente acima da camada física, como mostra a Figura 13.4. Isso significa que, enquanto a camada física proporciona uma

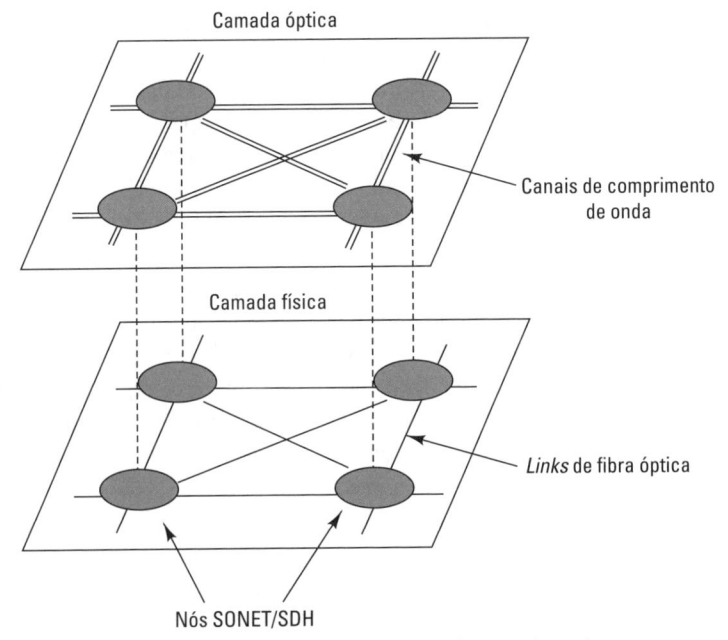

Figura 13.4 A camada óptica descreve as conexões de comprimento de onda que se encontram na parte superior da camada física.

ligação física entre dois nós, a camada óptica fornece *serviços de caminho óptico* sobre o *link*. Um *caminho óptico* é uma conexão óptica entre extremidades que podem passar por um ou mais nós intermediários. Por exemplo, em um *link* WDM de oito canais, há oito caminhos ópticos, que podem passar por uma única linha física. Note que, para um determinado segmento de múltiplos caminhos ópticos, os comprimentos de onda entre os vários pares de nós no *link* global podem ser diferentes.[14-16]

A camada óptica pode realizar processos como multiplexação de comprimento de onda, adição e remoção de comprimentos de onda, e apoio de conexões ópticas cruzadas ou comutação de comprimento de onda. As redes que têm essas funções de camada óptica são chamadas de *redes de comprimento de onda roteados*. A Seção 13.6 apresenta mais detalhes sobre esses tipos de rede.

13.2 Topologias de rede

A Figura 13.5 mostra as quatro topologias comumente utilizadas para redes de fibra óptica: *barramento* * *linear, anel, estrela* e *configurações de malha*. Cada uma tem suas próprias vantagens e limitações em termos de características de confiabilidade, capacidade de expansão e desempenho.

As redes de barramento não ópticas, como o padrão Ethernet, empregam cabo coaxial como o meio de transmissão. As principais vantagens desse tipo de rede são a natureza passiva do meio de transmissão e a capacidade de fácil instalação de *taps* de baixa perturbação (alta impedância) na linha coaxial, sem a interrupção do funcionamento da rede. Em contraste com o barramento coaxial, uma rede linear baseada em fibra óptica é de mais difícil implementação. O impedimento é que não há *tap* óptico de baixa perturbação equivalente aos dos cabos coaxiais para o acoplamento eficiente de sinais ópticos para dentro e para fora da linha-tronco principal de fibra óptica. O acesso a um barramento linear de dados óptico é alcançado por meio de um elemento de acoplamento, que pode ser ativo ou passivo. Um *acoplador ativo* converte o sinal óptico no barramento linear de dados em seu homólogo de banda-base elétrica antes que qualquer processamento de dados (como a injeção de dados adicionais no fluxo de sinais ou simplesmente a transmissão dos dados recebidos) seja levado a cabo. Um *acoplador passivo* não emprega elementos eletrônicos e é utilizado de forma passiva para separar parte da potência óptica do barramento, como os acopladores 2 × 2 descritos no Capítulo 10.

Em uma topologia de anel, os nós consecutivos são conectados por ligações ponto a ponto que estão dispostas de modo a formar um único caminho fechado. A informação sob a forma de pacotes de dados (um grupo de *bits* de informação mais *bits* de justificação) é transmitida de nó em nó em torno do anel. A interface em cada nó é um dispositivo ativo que tem a capacidade de reconhecer o seu próprio endereço em um pacote de dados a fim de aceitar mensagens. O nó ativo passa para frente as mensagens que não contêm endereço próprio para seu vizinho.

Em uma arquitetura de estrela, todos os nós estão unidos em um único ponto chamado *nó central* ou *hub*. O nó central pode ser um dispositivo ativo ou passivo. Com um *hub* ativo, pode-se controlar todo o roteamento de mensagens na rede a partir do nó central.

---

* N. de T.: Alguns autores utilizam os termos canal, rede ou o original *bus*.

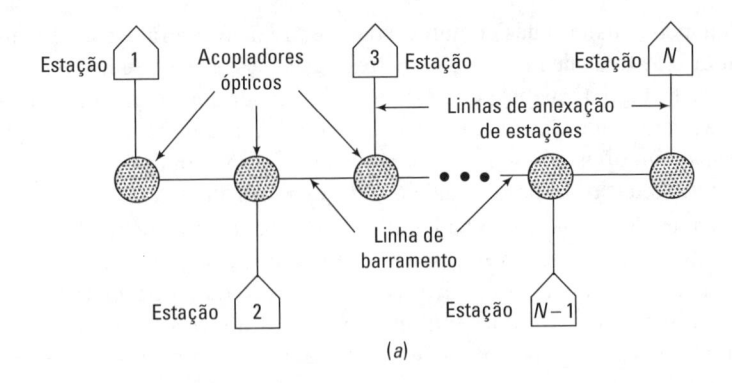

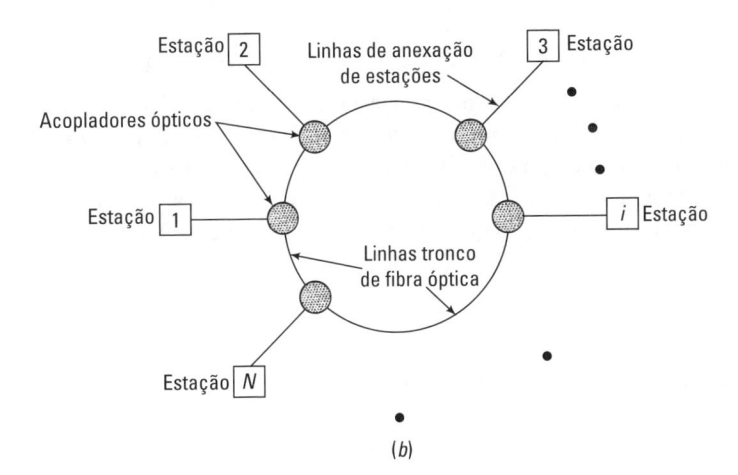

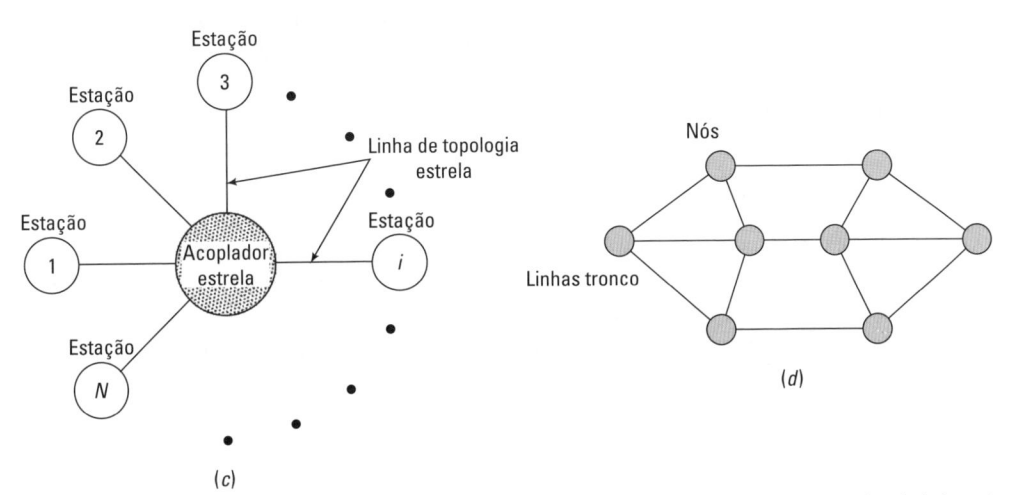

Figura 13.5 Topologias básicas de redes de fibra óptica: configurações de (a) barramento (bus), (b) anel, (c), estrela e (d) malha.

Isso é útil quando a maioria das comunicações é entre o nó central e os nós mais distantes, ao contrário de troca de informações entre as estações anexas. Se houver uma grande quantidade de tráfego de mensagens entre os nós periféricos, então uma carga pesada de comutação será colocada sobre o nó ativo central. Em uma rede estrela com um nó central passivo, um divisor de potência é utilizado no *hub* para dividir os sinais ópticos de entrada entre todas as linhas de saída para as estações anexas.

Em uma rede de malha, como na Figura 13.5*d*, *links* ponto a ponto conectam os nós de forma arbitrária, o que pode variar muito de uma aplicação para outra. Essa topologia permite uma flexibilidade significativa na configuração da rede e oferece proteção de conexão no caso de haver ligações múltiplas ou falhas dos nós. A proteção do *link* em redes de malha é realizada por meio de um mecanismo que primeiro determina onde ocorreu uma falha e então restaura os serviços interrompidos por redirecionamento do tráfego de um *link* ou nó falho para outro *link* na malha.[17,18]

13.2.1 Desempenho do barramento linear passivo

Para avaliar o desempenho de um barramento (*bus*) linear passivo, examinaremos os vários locais de perda de energia ao longo do caminho da transmissão. Consideraremos isso em termos da fração de potência perdida em uma determinada interface ou dentro de um dado componente. Primeiramente, como descrito na Seção 3.1, ao longo de uma fibra óptica de comprimento x (em quilômetros), a razão A_0 de potência recebida $P(x)$ em relação à potência transmitida $P(0)$ é dada por

$$A_0 = \frac{P(x)}{P(0)} = 10^{-\alpha x/10} \qquad (13.1)$$

onde α é a atenuação da fibra óptica em unidades de dB/km.

As perdas encontradas em um acoplador passivo utilizado para um barramento linear são mostradas esquematicamente na Figura 13.6. Trata-se nominalmente de uma combinação em cascata de dois acopladores direcionais onde duas portas (uma em cada acoplador direcional) não são usadas. Para simplificar, não mostramos as portas não utilizadas aqui. O acoplador, portanto, tem quatro portas funcionais: duas para ligar o acoplador no canal de fibra, uma para receber a luz desviada e outra para inserir um sinal óptico na linha após o desvio, a fim de manter o sinal fora do receptor local. Se uma fração F_c de potência óptica é perdida em cada porta do acoplador, então a *perda de conexão* L_c é

$$L_c = -10 \log (1 - F_c) \qquad (13.2)$$

Por exemplo, se considerarmos que essa fração é de 20%, então L_c será cerca de 1 dB, ou seja, a potência óptica será reduzida em 1 dB em qualquer junção de acoplamento.

Deixemos C_T representar a fração de potência que é removida do barramento e entregue à porta do detector. A energia extraída do barramento é chamada de *perda de acoplamento*[*] e dada por

$$L_{tap} = -10 \log C_T \qquad (13.3)$$

---

[*] N. de T.: Denominada *tap loss*. Como é comum encontrar nas definições o termo *tap*, manteremos essa denominação nas equações para diferenciar de outros tipos de acoplamento.

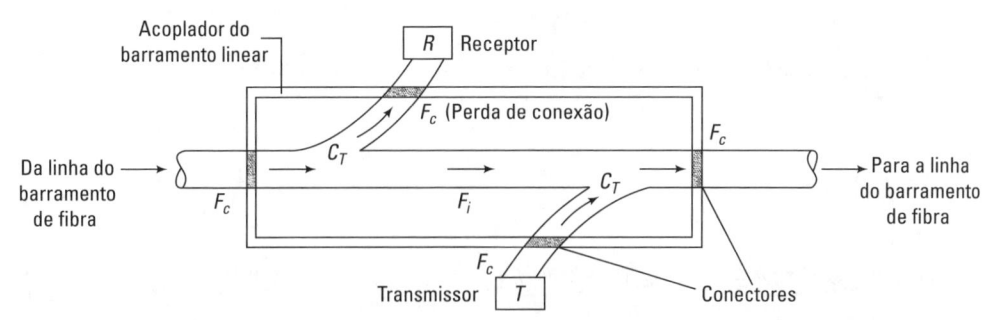

Figura 13.6 Perdas encontradas em um acoplador de barramento linear passivo constituído por dois acopladores direcionais em cascata.

Para um acoplador simétrico, C_T também é a fração de energia que está acoplada a partir da porta de entrada de transmissão ao barramento. Assim, se P_0 é a potência óptica lançada a partir da *flylead* de uma fonte, a potência acoplada ao barramento é $C_T P_0$. Note que, em geral, quando calculamos a potência transferida para as estações intermédias, o caminho de transmissão através do acoplador de barramento passa por dois pontos de desvio, uma vez que a potência óptica é extraída em ambos os divisores na recepção e na transmissão do dispositivo. A potência removida no divisor na transmissão sai da porta não utilizada e, portanto, é perdida do sistema. A *perda de acoplamento de transferência* L_{transf}, em decibéis, é então dada por

$$L_{transf} = -10 \log (1 - C_T)^2 = -20 \log (1 - C_T) \qquad (13.4)$$

Além das perdas de conexão e acoplamento, há uma perda de transmissão intrínseca L_i associada com cada acoplador do barramento. Se a fração de energia perdida no acoplador é F_i, então a *perda de transmissão intrínseca* L_i é, em decibéis,

$$L_i = -10 \log (1 - F_i) \qquad (13.5)$$

Geralmente, um barramento linear é constituído por certo número de estações separadas por vários comprimentos de linha de barramento. No entanto, para simplicidade de análise, nesse caso consideraremos um barramento linear simples de N estações uniformemente separadas por uma distância L, como mostra a Figura 13.7. Assim, a partir da Equação (13.1), a atenuação da fibra entre duas estações adjacentes, em decibéis, é

$$L_{fibra} = -10 \log A_0 = \alpha L \qquad (13.6)$$

Exemplo 13.1 Considere um determinado acoplador de barramento que extrai 5% da luz para um monitor de potência óptica. Além disso, assuma que 2% da potência óptica inserida no acoplador é perdida internamente. Quais são as perdas de acoplamento de transmissão e intrínseca desse dispositivo?

Solução: (a) Da Equação (13.4) com $C_T = 0,05$, a perda de acoplamento de transmissão é

$$L_{transm} = -20 \log (1 - C_T) = -20 \log 0,95 = 0,45 \text{ dB}$$

(b) Da Equação (13.5), a perda intrínseca é

$$L_i = -10 \log (1 - F_i) = -10 \log 0,98 = 0,09 \text{ dB}$$

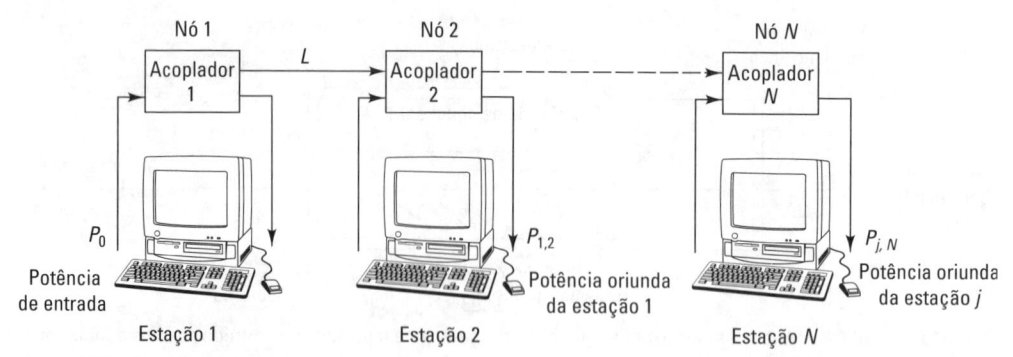

Figura 13.7 Topologia de um barramento linear que consiste em N estações uniformemente espaçadas.

O termo *símplex* significa que, nessa configuração, a informação flui apenas da esquerda para a direita. Para ter comunicação *full-duplex*, em que as estações podem comunicar-se em qualquer direção, é preciso uma configuração semelhante com uma linha paralela separada e outro conjunto de N acopladores. O fluxo de informação na segunda linha seria, então, da direita para a esquerda.

Para determinar o balanço de energia, primeiro examinaremos o *link* em termos de perdas de potência fracionárias em cada elemento do *link*. Os exemplos, então, mostrarão o cálculo do balanço de potência (em decibéis) utilizando o formato de planilha de dados. Para o método de perda fracionada, usaremos a notação $P_{j,k}$ para denotar a potência óptica recebida no detector da k-ésima estação a partir do transmissor da j-ésima estação. Para simplificar, assumiremos que existe um acoplador em cada terminal do barramento, incluindo as duas estações finais.

Balanço de potência do vizinho mais próximo A menor distância entre a potência transmitida e recebida ocorre nas estações adjacentes, como entre as estações 1 e 2 na Figura 13.7. Se P_0 é a potência óptica lançada de uma fonte para uma fibra na estação 1, então a potência detectada na estação 2 é

$$P_{1,2} = A_0 \, C_T^2 \, (1 - F_c)^4 \, (1 - F_i)^2 \, P_0 \qquad (13.7)$$

uma vez que o fluxo de potência óptica encontra os seguintes mecanismos que induzem a perda:

- Um caminho de fibra com atenuação A_0.
- Pontos de desvio tanto no transmissor como no receptor, cada um com eficiência de acoplamento C_T.
- Quatro pontos de conexão, onde, em cada um, passa uma fração $(1 - F_c)$ da potência que foi inserida.
- Dois acopladores que passam somente a fração $(1 - F_i)$ da potência incidente causada pelas perdas intrínsecas.

Usando as Equações (13.2) a (13.4) e a Equação (13.6), a expressão para as perdas entre as estações 1 e 2 pode ser expressa na forma logarítmica como

$$10 \, \log\left(\frac{P_0}{P_{1,2}}\right) = \alpha L + 2L_{tap} + 4L_c + 2L_i \qquad (13.8)$$

Exemplo 13.2 Uma curta rede de barramento linear é constituída por seis estações de computador que estão interligadas com fibras ópticas de polímero com 10 m de comprimento, com uma perda de 0,1 dB/m. Assuma que os acopladores do barramento têm cada um as seguintes características: um divisor de potência óptica de 10%, uma perda de conexão de 10% e uma perda intrínseca de 2%. Qual é a perda de potência óptica na ligação entre cada computador?

Solução: Da Equação (13.2):

$$L_c = -10 \log (1 - F_c) = -10 \log 0{,}90 = 0{,}46 \text{ dB}$$

Da Equação (13.3):

$$L_{tap} = -10 \log C_T = -10 \log 0{,}10 = 10{,}0 \text{ dB}$$

Da Equação (13.8), temos que

Perda entre estações adjacentes = $(0{,}1 \text{ dB/m}) \times (10 \text{ m}) + 2 L_{tap} + 4 L_c + 2 L_i = 23{,}02 \text{ dB}$

Balanço de potência na maior distância A maior distância entre as potências transmitida e recebida ocorre entre as estações 1 e N. Na extremidade de transmissão, o nível de potência fracionada acoplado no primeiro comprimento de cabo a partir do transmissor pelo acoplador de barramento na estação 1 é

$$F_1 = (1 - F_c)^2 \, C_T (1 - F_i) \qquad (13.9a)$$

Da mesma forma, na estação N, a fração de potência da porta de entrada do acoplador de barramento que emerge da porta do detector é

$$F_N = (1 - F_c)^2 \, C_T (1 - F_i) \qquad (13.9b)$$

Para cada uma das $(N - 2)$ estações intermediárias, a fração de potência que passa através de cada módulo de acoplamento (mostrado na Figura 13.6) é

$$F_{acop} = (1 - F_c)^2 \, (1 - C_T)^2 \, (1 - F_i) \qquad (13.10)$$

uma vez que, da entrada à saída de cada acoplador, o fluxo de potência encontra duas perdas de conexão, duas perdas de acoplamento e uma perda intrínseca. Combinando as expressões das Equações (13.9a), (13.9b) e (13.10), e as perdas de transmissão das $N - 1$ fibras intervenientes, encontramos que a potência recebida na estação N a partir da estação 1 é

$$\begin{aligned} P_{1,N} &= A_0^{N-1} \, F_1 \, F_{acop}^{N-2} \, F_N \, P_0 \\ &= A_0^{N-1} (1 - F_c)^{2N} (1 - C_T)^{2(N-2)} C_T^2 (1 - F_i)^N P_0 \end{aligned} \qquad (13.11)$$

Usando as Equações (13.2) a (13.6), o balanço de potência para esse *link* é

$$\begin{aligned} 10 \log \left(\frac{P_0}{P_{1,N}} \right) &= (N - 1) \, \alpha L + 2NL_c + (N - 2) \, L_{transf} + 2L_{tap} + NL_i \\ &= \text{Perdas [fibra + conexão + acoplamento de transferência} \\ &\quad + \text{ingresso/egresso + acoplamento intrínseco]} \\ &= N \, (\alpha L + 2L_c + L_{transf} + L_i) - \alpha L - 2L_{transf} + 2L_{tap} \end{aligned} \qquad (13.12)$$

A última expressão mostra que as perdas (em decibéis) do barramento linear aumentam linearmente com o número N de estações.

Os valores de perda total dados na Tabela 13.1 são representados graficamente na Figura 13.8, o que mostra que a perda (em dB) aumenta linearmente com o número de estações.

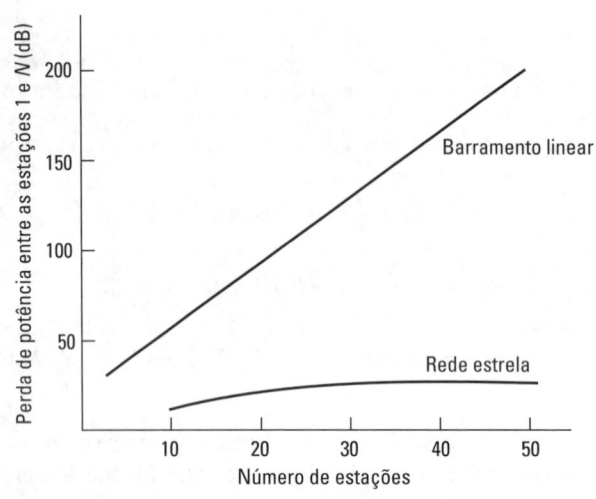

Figura 13.8 Perda total de potência óptica em função do número de estações anexadas em arquiteturas linear e estrela.

> **Exemplo 13.3** Comparemos os balanços de potência de três barramentos lineares com 5, 10 e 50 estações, respectivamente. Assuma que $C_T = 10\%$, de modo que $L_{tap} = 10$ dB e $L_{transm} = 0,9$ dB. Seja $L_i = 0,5$ dB e $L_c = 1,0$ dB. Se as estações estão relativamente próximas, digamos 500 m, como podem estar em uma LAN, então para uma atenuação de 0,4 dB/km em 1.300 nm a perda da fibra é de 0,2 dB. Usando a Equação (13.12), os balanços de potência para esses três casos podem ser calculados por meio do método ilustrado na Tabela 13.1. Para os cálculos de reais, o melhor é usar uma planilha no computador.

> **Exemplo 13.4** Para as aplicações dadas no Exemplo 13.3, suponha que, para a implementação de um barramento de 10 Mb/s, tenhamos uma escolha entre um LED que emite -10 dBm ou um diodo *laser* capaz de emitir $+3$ dBm de potência óptica de uma fibra *flylead*. No destino, assuma que temos um receptor APD com uma sensibilidade de -48 dBm em 10 Mb/s na janela de 1.300 nm. No caso do LED, a perda de potência permitida entre a fonte e o receptor é de 38 dB. Como mostrado na Figura 13.8, isso permite até 5 estações no barramento. Para a fonte de diodo *laser*, temos uma margem adicional de 13 dB; portanto, para este exemplo, podemos ter um máximo de 8 estações conectadas ao barramento.

Tabela 13.1 Comparação dos balanços de potência de três barramentos lineares com 5, 10 e 50 estações, respectivamente

Fator de acoplamento/perda	Expressão de perda	Perda (dB)	Perdas para 5 estações	Perdas para 10 estações	Perdas para 50 estações
Conector da fonte	Eq. (13.2)	1,0	1,0	1,0	1,0
Perda de acoplamento (*tap*)	Eq. (13.3)	$2 \times 10,0$	20,0	20,0	20,0
Perda acoplador-fibra	Eq. (13.2)	$2(N-1) \times 1,0$	8,0	18,0	98,0
Perda da fibra (500 m)	Eq. (13.6)	$(N-1) \times 0,2$	0,8	1,8	9,8
Acoplamento de transmissão	Eq. (13.4)	$(N-2) \times 0,9$	2,7	7,2	43,2
Perda do acoplador intrínseca	Eq. (13.5)	$N \times 0,5$	2,5	5,0	25,0
Conector do receptor	Eq. (13.2)	1,0	1,0	1,0	1,0
Perda total (dB)	Eq. (13.12)	–	36,0	54,0	198,0

Faixa dinâmica Devido à natureza serial do barramento linear, a potência óptica disponível em um nó particular decresce com o aumento da distância a partir da origem. Assim, uma quantidade de interesse para o desempenho é a faixa dinâmica do sistema, que é a faixa de máxima potência óptica para a qual qualquer detector deve conseguir responder. A *faixa dinâmica* (DR) do pior caso é encontrada a partir da razão entre as Equações (13.7) e (13.11)

$$\text{DR} = 10 \log \left(\frac{P_{1,2}}{P_{1,N}} \right) = 10 \log \left\{ \frac{1}{[A_0 (1 - F_c)^2 (1 - C_T)^2 (1 - F_i)]^{N-2}} \right\} \quad (13.13)$$

$$= (N - 2)(\alpha L + 2L_c + L_{\text{transf}} + L_i)$$

Por exemplo, essa pode ser a diferença entre os níveis de potência recebidos na estação N a partir da estação $(N-1)$ e da estação 1 (isto é, $P_{1,2} = P_{N-1,N}$).

Exemplo 13.5 Considere os barramentos lineares descritos no Exemplo 13.3. Quais são as faixas dinâmicas para 5 e 10 estações?

Solução: Para $N = 5$, a partir da Equação (13.13), a faixa dinâmica é

$$\text{DR} = 3[0,2 + 2(1,0) + 0,9 + 0,5] \text{ dB} = 10,8 \text{ dB}$$

Para $N = 10$ estações,

$$\text{DR} = 8[0,2 + 2(1,0) + 0,9 + 0,5] \text{ dB} = 28,8 \text{ dB}$$

13.2.2 Desempenho da arquitetura estrela

Para ver como um acoplador estrela pode ser aplicado em uma determinada rede, examinaremos as diferentes perdas de potência óptica associadas com o acoplador. A Seção 10.2.4 dá os detalhes de como um acoplador estrela individual funciona. Como uma revisão rápida, a perda de excesso é definida como a razão entre a potência de entrada para a potência total de saída. Isto é, ela é a fração de potência perdida no processo de acoplamento de luz a partir da porta de entrada para todas as portas de saída. Da Equação (10.25), por uma única potência de entrada P_{ent} e N potências de saída, a perda de excesso em decibéis é dada por

$$\text{Perda de excesso em estrela de fibras} = L_{\text{excesso}} = 10 \log \left(\frac{P_{\text{ent}}}{\sum_{i=1}^{N} P_{\text{sai},i}} \right) \quad (13.14)$$

Em um acoplador estrela ideal, a potência óptica de qualquer entrada é dividida igualmente entre as portas de saída. A perda total do dispositivo consiste em sua perda de divisão mais sua perda de excesso em cada trajeto através da estrela. A *perda de divisão* é dada em decibéis por

$$\text{Perda de divisão} = L_{\text{div}} = -10 \log \left(\frac{1}{N} \right) = 10 \log N \quad (13.15)$$

Para encontrar a equação de balanço de potência, usamos os seguintes parâmetros:
- P_S é a potência de saída da fibra acoplada a uma fonte em dBm.
- P_R é a mínima potência óptica exigida no receptor, em dBm, para obter uma taxa de erro de *bit* específica.

- α é a atenuação da fibra.
- Todas as estações estão localizados na mesma distância L do acoplador estrela.
- L_c é a perda de conexão em decibéis.

Logo, a equação de balanço de potência para um determinado *link* entre duas estações em uma rede em estrela é

$$P_S - P_R = L_{\text{excesso}} + \alpha(2L) + 2L_c + L_{\text{div}}$$
$$= L_{\text{excesso}} + \alpha(2L) + 2L_c + 10 \log N \qquad (13.16)$$

Aqui, assumimos perdas de conexão no transmissor e receptor. Essa equação indica que, em contraste com um barramento linear passivo, para uma rede em estrela, a perda aumenta muito mais lentamente como log N. A Figura 13.8 compara o desempenho das duas arquiteturas.

Exemplo 13.6 Considere duas redes estrela que têm 10 e 50 estações. Suponha que cada estação esteja localizada a 500 m do acoplador estrela e que a atenuação da fibra seja de 0,4 dB/km. Assuma que a perda excesso é de 0,75 dB para a rede de 10 estações e de 1,25 dB para a rede de 50. Considere a perda de conexão como 1,0 dB. Qual é a margem de potência para 10 e 50 estações?

Solução: Para $N = 10$, da Equação (13.16), a margem de potência entre o transmissor e o receptor é

$$P_S - P_R = [0{,}75 + 0{,}4(1{,}0) + 2(1{,}0) + 10 \log 10] \text{dB} = 13{,}2 \text{ dB}$$

Para $N = 50$,

$$P_S - P_R = [1{,}25 + 0{,}4(1{,}0) + 2(1{,}0) + 10 \log 50] \text{ dB} = 20{,}6 \text{ dB}$$

Usando a saída do transmissor e a sensibilidade do receptor dados no Exemplo 13.4, vemos que um transmissor de LED pode facilmente acomodar as perdas nessa rede em estrela de 50 estações. Em comparação, um transmissor *laser* não pode satisfazer o mesmo projeto de 10 estações em um barramento linear passivo.

13.3 SONET/SDH

Com o advento das linhas de transmissão de fibra óptica, o próximo passo na evolução do esquema de *multiplexação por divisão de tempo* (TDM) foi um formato de sinal padrão chamado de *rede óptica síncrona* (SONET) na América do Norte e *hierarquia síncrona digital* (SDH) em outras partes do mundo. Esta seção aborda os princípios básicos de SONET/SDH, suas interfaces ópticas e as implementações de rede fundamentais. O objetivo aqui é discutir apenas os aspectos da camada física de SONET/SDH e como eles se relacionam com as linhas de transmissão óptica e redes ópticas. Tópicos como a estrutura detalhada do formato de dados, as especificações operacionais de SONET/SDH e as relações entre as metodologias de comutação, como o agregamento dos serviços de portadora Ethernet com SONET/SDH, estão além do escopo deste livro. Esses temas podem ser encontrados em muitas outras fontes.[9,10,19–21]

13.3.1 Formatos e velocidades de transmissão

Em meados da década de 1980, vários prestadores de serviços nos Estados Unidos começaram os esforços para desenvolver um padrão que permitisse que os engenheiros de rede interligassem equipamentos de transmissão de fibra óptica de vários fornecedores através de redes-tronco de diversos proprietários. Isso logo se transformou em uma atividade internacional que, após a resolução sobre as diversas e diferentes opiniões sobre a filosofia de implementação, resultou em uma série de padrões ANSI T1.105 para SONET[22] e uma série de recomendações da ITU-T para SDH.[23] De particular interesse aqui estão o padrão ANSI TI.105 e a recomendação da ITU-T G.957. Embora existam algumas diferenças de implementação entre SONET e SDH, todas as especificações da SONET estão em conformidade com as recomendações da SDH.

A Figura 13.9 ilustra a estrutura básica de um quadro SONET. Trata-se de uma estrutura bidimensional constituída de 90 colunas por 9 linhas de *bytes*, em que um *byte* é formado por oito *bits*. Na terminologia SONET padrão, uma *seção* conecta pedaços adjacentes do equipamento, uma *linha* é um *link* maior que liga dois dispositivos SONET, e um *caminho* é uma conexão ponto a ponto completa. O quadro SONET fundamental tem uma duração de 125 μs. Assim, a taxa de transmissão de *bits* de um sinal SONET básico é

STS-1 = (90 *bytes*/linha) (9 linhas/quadro) (8 *bits/byte*) / (125μs/quadro) = 51,84 Mb/s

Isso é chamado de sinal STS-1, em que STS significa *sinal de transporte síncrono*. Todos os outros sinais SONET são múltiplos inteiros dessa taxa, de modo que um sinal de STS-N tem uma taxa de *bit* igual a N vezes 51,84 Mb/s. Quando um sinal de STS-N é utilizado para modular uma fonte óptica, o *sinal STS-N lógico* é primeiro resolvido para evitar longas sequências de zeros e uns e para permitir a recuperação mais fácil do *clock* no receptor. Depois de ser submetido à conversão elétrica-óptica, o *sinal óptico da camada física* resultante é chamado de OC-N, em que OC representa a *portadora óptica*. Na prática, tornou-se comum referir-se às ligações SONET como *links* OC-N. Foram desenvolvidos algoritmos para valores de N entre 1 e 768.

Na SDH, a taxa básica equivale a STS-3 ou 155,52 Mb/s, que é chamada de *módulo de transporte síncrono de nível 1* (STM-1). As taxas mais elevadas são designadas por STM-M. (*Nota*: Apesar de o padrão SDH utilizar a notação "STM-N," adotaremos aqui a designação "STM-M", para evitar confusão quando se comparam as taxas de SDH e SONET.)

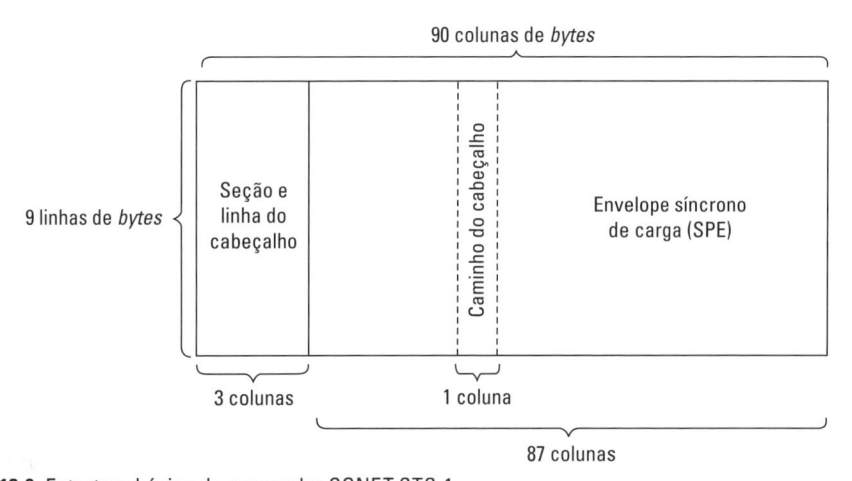

Figura 13.9 Estrutura básica de um quadro SONET STS-1.

Os valores de M suportados pelas recomendações da ITU-T são $M = 1, 4, 16$ e 64, equivalentes aos sinais SONET OC-N, onde $N = 3M$ (ou seja, $N = 3, 12, 48$ e 192). Isso mostra que, na prática, para manter a compatibilidade entre SONET e SDH, N é um múltiplo de três. Analogamente à SONET, a SDH primeiro resolve o sinal lógico. Em contraste com a SONET, a SDH não distingue entre um sinal lógico elétrico (por exemplo, STS-N em SONET) e um sinal óptico (por exemplo, OC-N), de modo que ambos os tipos de sinais são designados por STM-M. A Tabela 13.2 lista os valores comumente usados de OC-N e STM-M.

Tabela 13.2 Taxas de transmissão normalmente utilizadas em SONET e SDH

Nível SONET	Nível elétrico	Nível SDH	Taxa da linha (Mb/s)	Nome comum da taxa
OC-N	STS-N	–	$N \times 51,84$	–
OC-1	STS-1	–	51,84	–
OC-3	STS-3	STM-1	155,52	155 Mb/s
OC-12	STS-12	STM-4	622,08	622 Mb/s
OC-48	STS-48	STM-16	2.488,32	2,5 Gb/s
OC-192	STS-192	STM-64	9.953,28	10 Gb/s
OC-768	STS-768	STM-256	39.813,12	40 Gb/s

Com referência à Figura 13.9, as três primeiras colunas incluem os *bytes* de justificação de transporte que carregam a informação de gestão da rede. O campo remanescente de 87 colunas é chamado de *envelope síncrono de carga* (SPE) e carrega os dados do usuário mais nove *bytes de cabeçalho* (POH). O POH dá suporte ao monitoramento do desempenho pelo equipamento da extremidade, pelo estado, pelo rótulo do sinal, por uma função de detecção e um canal do usuário. Os nove *bytes* do cabeçalho estão sempre em uma coluna e podem estar localizados em qualquer lugar do SPE. Deve-se notar que a multiplexação síncrona de *bytes* intercalados em SONET/SDH (ao contrário da assíncrona de *bits* intercalados usada nos primeiros padrões de TDM) facilita a multiplexação *add/drop* de canais de informação individuais em redes ópticas.

Para valores de N maiores que 1, as colunas do quadro tornam-se N vezes mais largas, com o número de linhas mantendo-se em nove, como mostra a Figura 13.10a. Desse modo, um quadro STS-3 (ou STM-1) possui 270 colunas de largura, com as primeiras nove colunas contendo informações do cabeçalho e as 261 restantes contendo os dados de carga útil. A estrutura básica de quadro para SDH é mostrada na Figura 13.10b. Um quadro STM-N tem duração de 125 μs e é constituído por nove linhas, cada uma com um comprimento de $270 \times N$ *bytes*. Como os *bytes* de cabeçalho de linha e seção diferem um pouco entre SONET e SDH, um mecanismo de conversão é necessário para interligar equipamentos SONET e SDH.

13.3.2 Interfaces ópticas

Para garantir a compatibilidade de interconexão entre equipamentos de diferentes fabricantes, as especificações de SONET e SDH fornecem detalhes para as características da fonte óptica, a sensibilidade do receptor e as distâncias de transmissão para vários tipos de fibra.

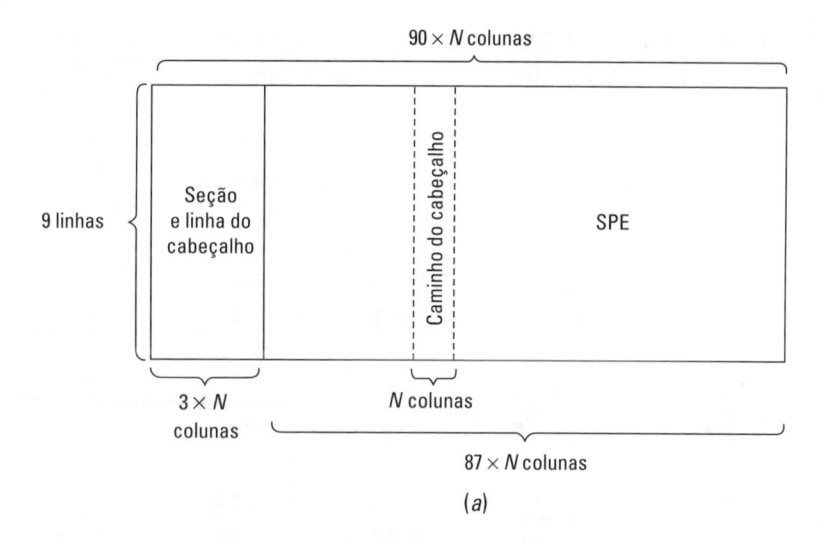

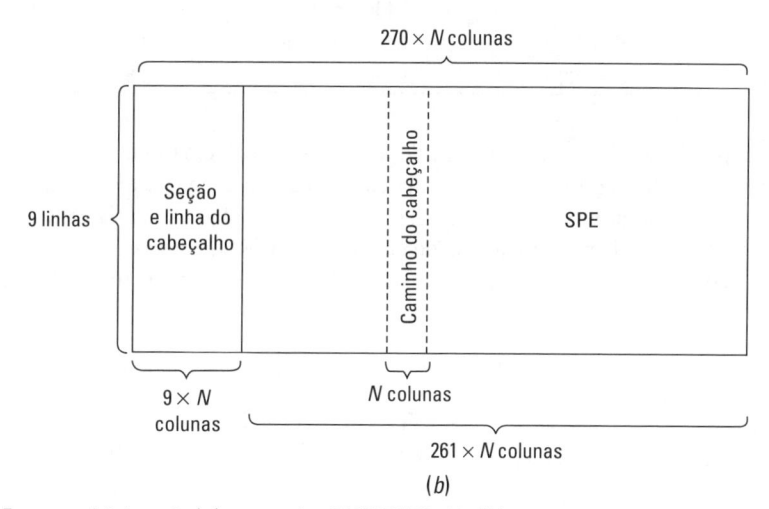

Figura 13.10 Formatos básicos de (a) um quadro SONET STS-N e (b) um quadro SDH STM-N moldura.

As seis faixas de transmissão e os tipos de fibra associados são definidos com uma terminologia diferente para SONET e SDH, como a Tabela 13.3 indica. As distâncias de transmissão são especificadas para as fibras G.652, G.653 e G.655. A Recomendação G.957 da ITU-T também designa as categorias SDH por códigos, como I-1, S-1.1, L-.1 e assim por diante, como indica a tabela.

As fibras ópticas especificadas nas normas ANSI T1.105.06 e ITU-T G.957 encontram-se nas três categorias seguintes e nas janelas operacionais:

1. Multimodo de índice-gradual na janela de 1.310 nm (banda O).
2. Monomodo convencional de dispersão não deslocada nas janelas de 1.310 nm e 1.550 nm (bandas O e C).
3. Monomodo de dispersão deslocada na janela de 1.550 nm (banda C).

Tabela 13.3 Distâncias de transmissão e suas designações em SONET e SDH, onde x denota o nível STM-x

Distância de transmissão	Tipo de fibra	Terminologia SONET	Terminologia SDH
≤ 2 km	G.652	Short-reach (SR)	Intraoffice (I-1)
15 km em 1.310 nm	G.653	Intermediate-reach (IR-1)	Short-haul (S-x.1)
15 km em 1.550 nm	G.653	Intermediate-reach (IR-2)	Short-haul (S-x.2)
40 km em 1.310 nm	G.655	Long-reach (LR-1)	Long-haul (L-x.1)
80 km em 1.550 nm	G.655	Long-reach (LR-2)	Long-haul (L-x.3)
120 km em 1.550 nm	G.655	Very long-reach (VR-1)	Very long (V-x.3)
160 km em 1.550 nm	G.655	Very long-reach (VR-2)	Ultra long (U-x.3)

A Tabela 13.4 mostra as faixas de comprimento de onda e atenuação especificadas nessas fibras para distâncias de transmissão de até 80 km.

Tabela 13.4 Faixas de comprimentos de onda e atenuação para distâncias de transmissão de até 80 km

Distância	Faixas de comprimentos de onda em 1.310 nm	Faixas de comprimentos de onda em 1.550 nm	Atenuação em 1.310 nm	Atenuação em 1.550 nm (dB/km)
≤ 15 km	1.260-1.360 nm	1.430-1.580 nm	3,5	Não especificada
≤ 40 km	1.260-1.360 nm	1.430-1.580 nm	0,8	0,5
≤ 80 km	1.280-1.335 nm	1.480-1.580 nm	0,5	0,3

Dependendo das características de atenuação e dispersão de cada nível hierárquico mostrado na Tabela 13.3, as fontes ópticas viáveis incluem os diodos emissores de luz (LEDs), *lasers* multimodo e vários *lasers* monomodo. O objetivo do sistema da ANSI T1.105 e ITU-T G.957 é alcançar uma taxa de erro de *bit* (BER) de menos de 10^{-10} para taxas menores que 1 Gb/s e 10^{-12} para taxas mais elevadas e/ou sistemas de maior desempenho.

Tabela 13.5 Saída da fonte, atenuação e faixas de sensibilidade do receptor para várias taxas e distâncias até 80 km (ver G.957da ITU-T)

Parâmetro	Intraoffice	Short-haul (1)	Short-haul (2)	Long-haul (1)	Long-haul (3)
Comprimento de onda	1.310 nm	1.310 nm	1.550 nm	1.310 nm	1.550 nm
Fibra		SM	SM	SM	SM
Distância (km)	≤ 2 km	15 km	15 km	40 km	80 km
Designação	I-1	S-1.1	S-1.2	L-1.1	L-1.3
Faixa da fonte (dBm)					
155 Mb/s	−15 a −8	−15 a −8	−15 a −8	0 a 5	0 a 5
622 Mb/s	−15 a −8	−15 a −8	−15 a −8	−3 a +2	−3 a +2
2,5 Gb/s	−10 a −3	−5 a 0	−5 a 0	−2 a +3	−2 a +3
Faixa de atenuação (dB)					
155 Mb/s	0 a 7	0 a 12	0 a 12	10 a 28	10 a 28
622 Mb/s	0 a 7	0 a 12	0 a 12	10 a 24	10 a 24
2,5 Gb/s	0 a 7	0 a 12	0 a 12	10 a 24	10 a 24
Sensibilidade do receptor					
155 Mb/s	−23	−28	−28	−34	−34
622 Mb/s	−23	−28	−28	−28	−28
2,5 Gb/s	−18	−18	−18	−27	−27

Na G.957, as sensibilidades do receptor são os valores do pior caso e em final de vida útil, os quais são definidos como a potência recebida média e a mínima aceitável, necessárias para atingir uma BER de 10^{-10}. Os valores levam em conta a taxa de extinção, o tempo de subida e queda do pulso, a perda de retorno óptico na fonte, as degradações do conector e receptor, e as tolerâncias de medição. A sensibilidade do receptor não inclui as penalidades de potência associadas com dispersão, instabilidade ou reflexões a partir do caminho óptico, pois estão incluídas na penalidade máxima do caminho óptico. A Tabela 13.5 lista as sensibilidades do receptor para diversas configurações de *links* até longas distâncias (80 km). Note que as recomendações ANSI e ITU-T são atualizadas periodicamente, de modo que o leitor deve consultar a versão mais recente dos documentos para obter detalhes específicos.

Distâncias maiores de transmissão são possíveis por meio de *lasers* de maior potência. Para cumprir os padrões de segurança do olho, um limite superior é imposto nas potências acopladas em fibra. Se a potência máxima de saída total (incluindo ASE) é definida no limite de *laser* da Classe 3A, $P_{3A} = +17$ dBm, então, para uma fibra G.655 da ITU-T, permitem-se distâncias de transmissão de 160 km para um *link* monocanal. Usando essa condição para os M canais operacionais de WDM, a máxima potência nominal do canal $P_{canal\,max}$ deve ser limitada a $P_{canal\,max} = P_{3A} - 10 \log M$. A Tabela 13.6 lista as máximas potências ópticas nominais por canal para $M = 8$.

Tabela 13.6 Máxima potência óptica nominal por canal de comprimento de onda baseada na potência óptica total de +17 dBm (ver Recomendação G.692 da ITU-T, referência 23a)

Número de comprimentos de onda (canais)	Potência nominal por canal (dBm)
1	17,0
2	14,0
3	12,2
4	11,0
5	10,0
6	9,2
7	8,5
8	8,0

13.3.3 Anéis SONET/SDH

Uma característica fundamental das SONET e SDH é que elas estão configuradas como uma arquitetura em anel ou em malha.[24,25] Isso é feito para criar uma *diversidade de loop* para fins de proteção de serviços ininterruptos em caso de falhas no *link* ou em equipamentos. Os anéis SONET/SDH são vulgarmente denominados *anéis de autocorreção*, porque o tráfego que flui ao longo de um determinado percurso pode ser automaticamente comutado para um caminho alternativo ou modo de espera, seguindo a falha ou degradação do segmento do *link*.

Três características principais, cada uma com duas alternativas, classificam todos os anéis SONET/SDH, obtendo oito combinações possíveis de tipos de anel. Em primeiro lugar, pode haver tanto duas como quatro fibras correndo entre os nós de um anel. Em segundo lugar, os sinais operacionais podem viajar tanto apenas no sentido horário (o que é designado como um *anel unidirecional*) como em ambas as direções em torno do anel (o que é chamado de *anel bidirecional*). Em terceiro, a comutação de proteção pode ser realizada tanto por um esquema de comutação de linha como por comutação de percurso.[18,19,26-28] Após uma falha do *link* ou degradação, a *comutação de linha* move todos os canais de sinal de um canal OC-N inteiro para uma fibra de proteção. Por sua vez, a *comutação de percurso* pode mover canais de carga individuais dentro de um canal de OC-N (por exemplo, um subcanal STS-1 em um canal OC-12) para outro caminho.

Das oito combinações possíveis de tipos de anel, as duas arquiteturas seguintes tornaram-se populares para as redes SONET e SDH:
- de duas fibras, unidirecional, anel de comutação de percurso (duas fibras UPSR);
- de duas ou quatro fibras, bidirecional, anel de linha comutada (duas ou quatro fibras BLSR).

As abreviaturas comuns dessas configurações estão entre parênteses. Elas são também chamadas de anéis de autocorreção unidirecionais ou bidirecionais (USHRs e BSHRs), respectivamente.

A Figura 13.11 mostra uma rede em anel unidirecional de duas fibras de comutação de percurso. Por convenção, em um anel unidirecional, o tráfego de operação normal é no sentido horário em torno do anel, sobre o *caminho primário*. Por exemplo, a conexão do nó 1 ao nó 3 usa os *links* 1 e 2, enquanto o tráfego do nó 3 ao nó 1 atravessa os *links* 3 e 4. Assim, dois nós de comunicação utilizam uma capacidade específica de largura de banda em torno de todo o perímetro do anel. Se os nós 1 e 3 trocam informações a uma taxa OC-3 em um anel OC-12, então eles usam um quarto da capacidade em torno do anel em todos os *links* primários. Em um anel unidirecional, o sentido anti-horário é utilizado como uma via alternativa para a proteção contra falhas de ligação ou nó. Esse *caminho de proteção* (utilizando os *links* de 5 a 8) está indicado por linhas tracejadas. Para conseguir uma proteção, o sinal a partir de um nó de transmissão é duplamente alimentado nas fibras primárias e de proteção. Isso estabelece um caminho de proteção em que o tráfego flui no sentido anti-horário, digamos, a partir do nó 1 ao 3 através dos *links* 5 e 6, como mostrado na Figura 13.11.

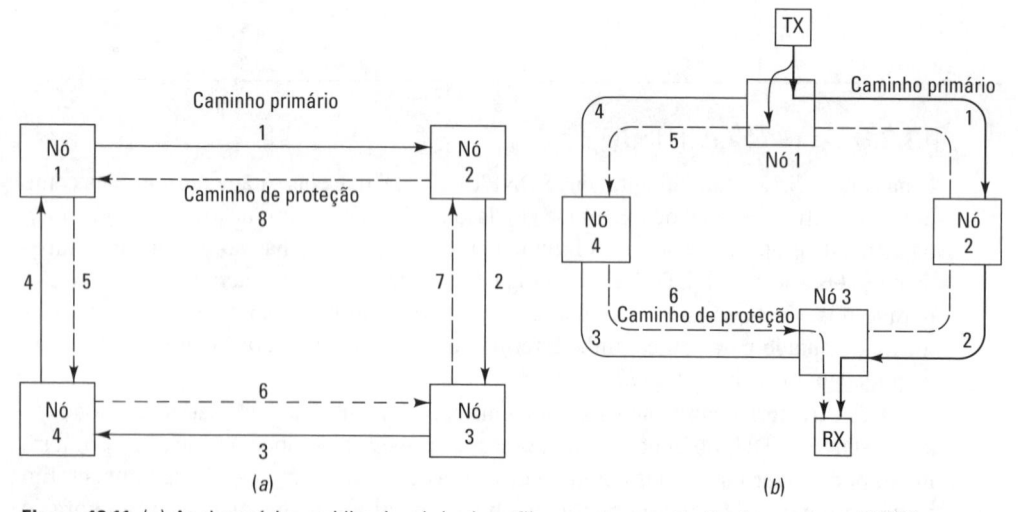

Figura 13.11 (*a*) Anel genérico unidirecional de duas fibras com comutação de percurso (UPSR) com um caminho de proteção anti-horário. (*b*) Fluxo dos tráfegos primário e de proteção do nó 1 ao nó 3.

Consequentemente, dois sinais idênticos de um determinado nó chegam ao seu destino a partir de direções opostas, geralmente com atrasos diferentes, conforme indicado na Figura 13.11b. O receptor normalmente seleciona o sinal do caminho primário. No entanto, ele compara continuamente a fidelidade de cada sinal e escolhe o sinal alternativo em caso de degradação grave ou perda do sinal primário. Assim, cada caminho é comutado individualmente com base na qualidade do sinal recebido. Por exemplo, se o caminho 2 quebra ou o equipamento no nó 2 falha, então o nó 3 muda para o canal de proteção para receber sinais do nó 1.

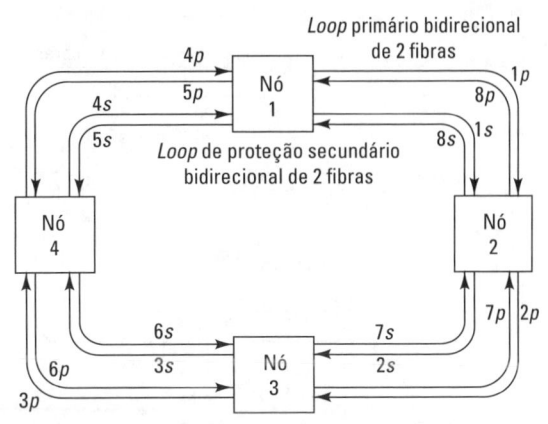

Figura 13.12 Arquitetura de um anel de linha comutada bidirecional de quatro fibras (BLSR).

A Figura 13.12 ilustra a arquitetura de um anel bidirecional de quatro fibras de comutação de linha. Na figura, dois *loops* de fibras primárias (com segmentos de fibra rotulados de 1p a 8p) são utilizados para a comunicação bidirecional normal, e os dois outros *loops* de fibra secundários são *links* de espera, para fins de proteção (com segmentos de fibra rotulados como 1s a 8s). Em contraste com as duas fibras UPSR, as quatro fibras BLSR têm uma vantagem de capacidade, pois utilizam duas vezes mais cabos de fibra e o tráfego entre dois nós é enviado apenas parcialmente em torno do anel. Para entender esse processo, considere a conexão entre os nós 1 e 3. O tráfego do nó 1 para o nó 3 flui no sentido horário ao longo dos *links* 1p e 2p. Agora, no entanto, no caminho de retorno, o tráfego flui no sentido anti-horário do nó 3 ao nó 1 ao longo das ligações 7p e 8p. Assim, a troca de informações entre os nós 1 e 3 não se liga em qualquer largura de banda do canal principal da outra metade do anel.

Com relação a função e versatilidade dos *links* de espera de quatro fibras BLSR, consideraremos primeiro o caso em que o circuito do transmissor ou receptor usado no anel principal falha no nó 3 ou 4. Nessa situação, os nós afetados detectam uma condição de perda de sinal e comutam ambas as fibras primárias que ligam esses nós para o par de proteção secundário, como mostrado na Figura 13.13. O segmento de proteção entre os nós 3 e 4 agora se torna parte do *loop* primário bidirecional. O mesmo cenário de reconfiguração irá ocorrer exatamente quando a fibra primária que conecta os nós 3 e 4 quebra. Note que, em ambos os casos, os outros *links* permanecem inalterados.

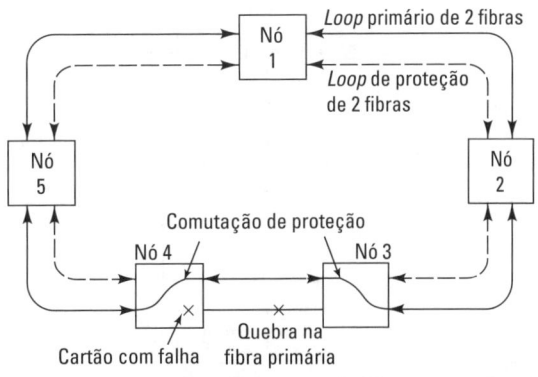

Figura 13.13 Reconfiguração de um BLSR de quatro fibras com falha no transceptor ou na linha.

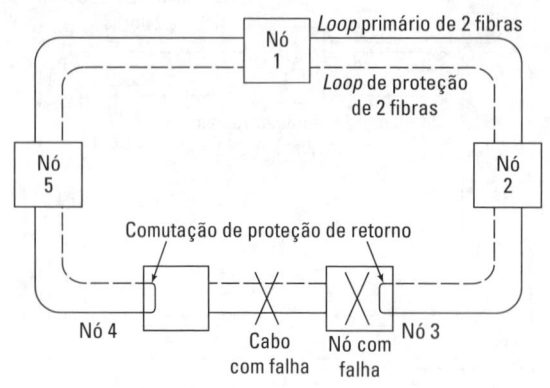

Figura 13.14 Reconfiguração de um BLSR de quatro fibras com falha no nó ou no cabo da fibra.

Suponhamos agora que um nó inteiro falhe ou ambas as fibras primárias e de proteção em uma dada extensão sejam cortadas, o que poderá acontecer se elas estiverem no mesmo duto de cabo entre dois nós. Nesse caso, os nós de cada lado da extensão falha internamente comutam as conexões do caminho primário dos seus receptores e transmissores para as fibras de proteção, de maneira a mudar o tráfego de volta ao nó anterior. Esse processo forma de novo um anel fechado, mas agora com todas as fibras primárias e de proteção em uso ao redor de todo o anel, como mostrado na Figura 13.14.

13.3.4 Redes SONET/SDH

Os equipamentos SONET/SDH comercialmente disponíveis permitem a configuração de uma variedade de arquiteturas de rede, como mostrado na Figura 13.15. Por exemplo, podem-se construir *links* ponto a ponto, cadeias lineares, *anéis unidirecionais de comutação de percurso* (UPSR), anéis de linha comutada bidirecional (BLSR) e anéis interligados. A OC-192 de quatro fibras BLSR pode ser uma grande rede de suporte nacional, com inúmeros anéis OC-48 ligados em diferentes cidades. Os anéis OC-48 podem ter anéis de menor capacidade localizados OC-12 ou cadeias OC-3 anexadas a eles, proporcionando assim a possibilidade de anexar um equipamento que tenha uma variedade extremamente ampla de taxas e tamanhos. Cada um dos anéis individuais tem seu próprio mecanismo de recuperação de falha e procedimentos de gestão de rede SONET/SDH.

O elemento fundamental da rede SONET/SDH é o *multiplexador de adição/remoção* (ADM). Esse equipamento é um sistema multiplexador totalmente síncrono orientado por *byte* que é utilizado para adicionar e descartar subcanais dentro de um sinal OC-*N*.

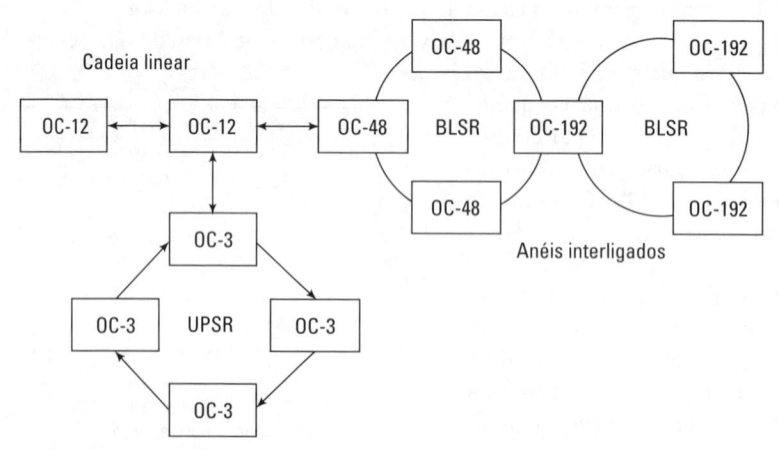

Figura 13.15 Configuração genérica de um grande rede SONET ou SDH composta de cadeias lineares e vários tipos de anéis interligados.

Capítulo 13 Redes ópticas | 533

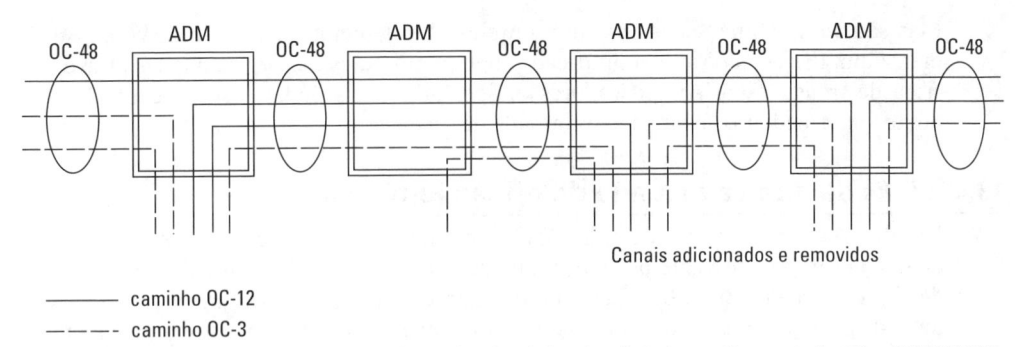

——— caminho OC-12
— — — caminho OC-3

Figura 13.16 Conceito funcional de um multiplexador eletrônico de adição/remoção para aplicações SONET/SDH.

A Figura 13.16 mostra o princípio funcional de um ADM. Aqui, vários OC-12s e OC-3s são multiplexados em um fluxo OC-48. Ao entrarem em um ADM, esses subcanais podem ser individualmente removidos pelo ADM e outros podem ser adicionados. Por exemplo, na Figura 13.16, um OC-12 e dois canais OC-3 entram no ADM mais à esquerda, como parte de um canal OC-48. O OC-12 é passado, e os dois OC-3 são descartados pelo primeiro ADM. Em seguida, mais dois OC-12s e um OC-3 são multiplexados juntamente com o canal OC-12 que está passando, e o agregado (parcialmente cheio) OC-48 é enviado para outro nó ADM fluxo abaixo.

As arquiteturas SONET/SDH também podem ser implementadas com múltiplos comprimentos de onda. Por exemplo, a Figura 13.17 mostra uma implantação WDM densa sobre um anel tronco OC-192 para n comprimentos de onda (por exemplo, pode ser $n = 16$). As saídas de comprimento de onda diferentes de cada transmissor OC-192 passam primeiro através de um atenuador variável para equalizar as potências de saída.

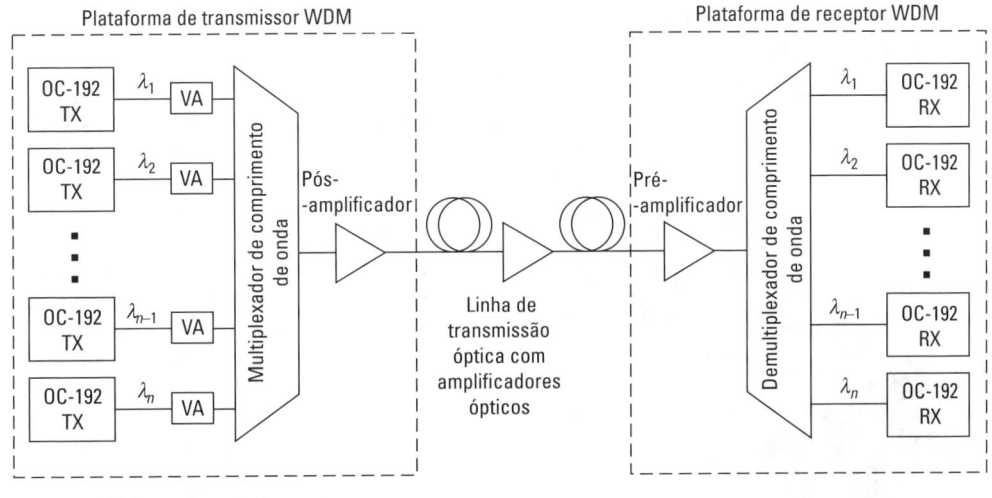

TX: Transmissor óptico
RX: Receptor óptico
VA: Atenuador variável

Figura 13.17 Implantação DWDM de n comprimentos de onda em um anel de tronco OC-192/STM-64.

Elas são então alimentadas em um multiplexador de comprimento de onda, possivelmente amplificadas por um amplificador óptico pós-transmissor, e enviadas através da fibra de transmissão. Amplificadores ópticos adicionais podem estar localizados em pontos intermediários e/ou na extremidade de recepção.

13.4 *Links* de alta velocidade de ondas luminosas

Um desafio para a criação de redes ópticas eficientes e confiáveis que satisfaçam uma demanda sempre crescente por largura de banda é o desenvolvimento de transceptores de fibra óptica de alta velocidade. Como mostrado na Figura 4.43, uma variedade existente de transceptores incorpora tanto um transmissor como um receptor óptico na mesma embalagem miniaturizada. Por exemplo, o transceptor de *fator de forma pequeno plugável* (SFP) mostrado na Figura 13.18 pode ser utilizado para aplicações DWDM.

De interesse para esses dispositivos são uma capacidade de ser *hot-pluggable* (ou seja, que podem ser inseridos e retirados das linhas de transmissão de equipamentos sem desligar a energia elétrica) e a incorporação de sofisticados controles de comprimento de onda no mesmo pacote. Tais transceptores operando a 2,5 Gb/s em aplicações DWDM com espaçamento de comprimento de onda de 100 GHz são de amplo uso.[29] Como visto no Capítulo 4, os diodos *laser* podem ser modulados diretamente até 2,5 Gb/s (em alguns casos em até 10 Gb/s), mas normalmente necessitam de um modulador externo para além desse ponto. Por isso, surgem novos desafios para transceptores que operam em taxas mais altas, como 10, 40 e 160 Gb/s.

13.4.1 *Links* operando em 10 Gb/s

Diversos sistemas de transmissão de fibra óptica de 10 Gb/s foram estudados e instalados no mundo inteiro.[8,30-33] Esses sistemas incluem as conexões *Fibre Channel* para redes de área de armazenamento, as linhas 10 Gigabit Ethernet (conhecidas como *10-GbE* ou *10GigE*) para redes de área local e metropolitana, e as linhas SONET/SDH OC192/STM64 terrestre e submarina de longa distância e *links* metropolitanos. Uma ampla seleção de pacotes transceptores padronizados pela indústria estão no mercado para essas aplicações.[34,35]

Como resultado dos esforços de aperfeiçoamento do produto, várias fibras multimodo com diferentes graus de largura de banda existem para o uso em 10 Gb/s. Para identificar essas categorias de fibras, a ISO/IEC 11801 Structured Cabling Standard fornece quatro classificações de fibra multimodo em termos da largura de banda. Como a Tabela 13.7 mostra, essas fibras são denominadas classes OM1 a OM4. Note que os valores da largura de banda dependem do padrão de medição utilizado, e as distâncias máximas de transmissão podem variar, dependendo do projeto exato da fibra dos diferentes fabricantes. As informações apresentadas a seguir descrevem o conteúdo da Tabela 13.7:

Figura 13.18 Embalagem padrão de um transceptor SFP. (Cortesia de Finisar Corporation: www.finisar.com.)

- A **classe de fibra OM1** é a fibra multimodo original (muitas vezes chamada de *legado*) que foi projetada para ser usada com LEDs. A maioria dessas fibras de legado tem um núcleo de 62,5 μm de diâmetro, embora, em alguns casos, as fibras instaladas iniciais tivessem um núcleo de diâmetro 50 μm. A largura de banda dessas fibras é de 200 MHz-km em 850 nm e 500 MHz-km em 1.310 nm. As taxas de dados com LEDs são limitadas em cerca de 100 Mb/s.
- A **classe de fibra OM2** tem maior largura de banda e pode ser usada para expandir redes que contenham legados de fibra de núcleo de 50 μm de diâmetro. Se apenas essa fibra é usada, então é possível enviar sinais de 1 Gb/s em 850 nm através de distâncias de 750 m e 10 Gb/s em 82 m.
- A **classe de fibra OM3** tem maior largura de banda e pode suportar taxas de dados de 10-Gb/s em distâncias de até 300 m.
- A **classe de fibra OM4** tem uma largura de banda de 4.700 MHz-km e aumenta a distância de transmissão em até 550 m ao usar VCSELs baratos em 850 nm para aplicações existentes em 1 Gb/s e 10 Gb/s, bem como para futuros sistemas Ethernet de 40 e 100 Gb/s.

Tabela 13.7 Classificações das fibras multimodo e seu uso com Ethernet de 1 e 10 Gb/s

Classe da fibra e tamanho	BW @850 nm (MHz-km)	BW @1.300 nm (MHz-km)	Máx. distância para 1 Gb/s @850 nm	Máx. distância para 1 Gb/s @1.300 nm	Máx. distância para 10 Gb/s @850 nm
OM1 62,5/125	200	500	300 m	550 m	33 m
OM2 50/125	500	500	750 m	200 m	82 m
OM3 50/125	2.000	500	950 m	600 m	300 m
OM4 50/125	4.700	500	1.040 m	600 m	550 m

Para uma rede de curto alcance de 10 Gb/s ser compatível com os padrões de instalação, todos os segmentos da rede devem utilizar a mesma classe de fibra multimodo. No entanto, em algumas situações, poderá ser impraticável ou demasiadamente caro substituir a fibra multimodo legado existente por uma fibra de grau superior. Nesse caso, muito provavelmente um *link* possuirá uma mistura de, por exemplo, fibras OM2 e OM3 que são unidas em conjunto. Se a ligação é para o transporte de 10 Gb/s de dados, então as larguras de banda das fibras determinarão o *máximo comprimento efetivo do link* resultante. Se todos os parâmetros geométricos das fibras interligadas OM2 e OM3 são os mesmos, então uma expressão geral para a determinação do máximo comprimento efetivo L_{max} é dada por

$$L_{max} = L_{OM2}\frac{BW_{OM3}}{BW_{OM2}} + L_{OM3} \qquad (13.17)$$

onde L_{OMx} e BW_{OMx} são o comprimento e a largura de banda, respectivamente, da fibra de classe OMX. Para ser compatível com a máxima dispersão permitida, o máximo comprimento efetivo do *link* calculado pela Equação (13.17) deve ser menor que o comprimento de *link* possível se apenas uma fibra OM3 é utilizada. Para uma fibra OM3 padrão, esse comprimento é de 300 m. Com fibras OM4, o comprimento máximo é de 550 m em um comprimento de onda de 850 nm para funcionamento em 10 Gb/s.

Se uma transmissão de 10 Gb/s é tentada ao longo de fibras multimodo legadas OM1, o sinal é restrito a distâncias de apenas em torno de 33 m. Para alcançar distâncias de transmissão de 300 m em 10 Gb/s sobre fibras multimodo legadas, um esquema alternativo é enviar quatro fluxos de dados de 3,125 Gb/s em quatro comprimentos de onda diferentes. Muitos fabricantes oferecem fontes VCSEL de 850 nm que podem ser moduladas diretamente a 10 Gb/s. Tanto o transmissor como o receptor podem ser alojados na mesma embalagem.

Exemplo 13.7 Um engenheiro quer criar uma ligação que consiste em 40 m de fibra OM2, que tem uma largura de banda de 500 MHz, e 100 m de fibra OM3, que tem uma largura de banda de 2.000 MHz. Qual é o máximo comprimento efetivo da ligação?

Solução: Da Equação (13.17), o máximo comprimento da ligação é

$$L_{max} = (40\ m)(2.000/500) + 100\ m = 260\ m$$

Como o comprimento calculado é menor do que 300 m, esse *link* iria cumprir o padrão da instalação.

Para aplicações de rede de acesso variando de 7 a 20 km, a qual a especificação 10-GbE chama de *longo alcance* (LR), os *links* precisam usar *lasers de realimentação distribuída* (DFB) baseados em InGaAsP operando em 1.310 nm sobre fibras monomodo. Esses *links* operam perto do mínimo de dispersão de 1.310 nm em fibras monomodo G.652, e as fontes de luz podem ser moduladas diretamente.

Para aplicações de rede metropolitanas que variam de 40 a 80 km, que a especificação 10-GbE chama de *alcance estendido* (ER), os *links* precisam usar *lasers de realimentação distribuída* (DFB) externamente modulados operando em 1.550 nm sobre fibras monomodo. Muitos fabricantes oferecem uma variedade de pacotes de transceptor para as aplicações LR e ER (ver Figura 4.43). Três das diversas configurações incluem os módulos 300-PIN, XFP e SFP (ver também Figura 4.43). A Figura 13.19 mostra os tamanhos relativos desses receptores específicos. Os módulos maiores, como o dispositivo de 300-PIN, contêm outros componentes eletrônicos internos, além do circuito normal utilizado para fonte de luz e operações de fotodetecção. Essa eletrônica inclui funções de *clock* para transmitir e receber sinais, uma capacidade de autorretorno da linha para diagnóstico de sinais e circuitos para multiplexar 16 entradas SONET/SDH de 622 Mb/s em um fluxo de 10 Gb/s, que se torna a entrada de sinal elétrico para o *laser*. Na direção do receptor, um fotodetector muda o sinal óptico incidente de 10 Gb/s para um formato elétrico, o qual, em seguida, é demultiplexado de volta em 16 sinais elétricos de 622 Mb/s. Uma eletrônica externa precisa fornecer essas funções para os módulos transceptores menores.

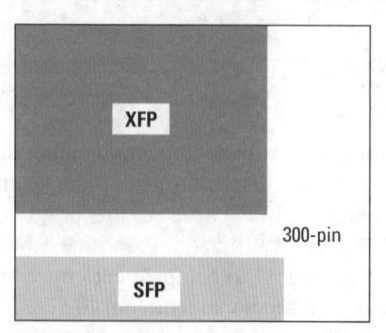

Figura 13.19 Comparação de tamanhos com vista superior de transceptores ópticos 300-PIN, XFP e SFP.

13.4.2 *Links* operando em 40 Gb/s

Novos desafios em termos de características de resposta do transceptor, controle de dispersão cromática e de compensação da dispersão de polarização modal surgem quando transitamos para *links* de maior capacidade, como taxas de dados de 40 Gb/s.[36-40] Por exemplo, em comparação com um sistema de 10 Gb/s, quando se usa um formato de modulação de *chaveamento do tipo on-off* convencional (OOK), um *link* operando em 40 Gb/s é 16 vezes mais sensível à dispersão cromática e quatro vezes mais sensível à dispersão de polarização modal, além de precisar de uma *relação sinal-ruído óptico* (OSNR) que é pelo menos 6 dB maior para atingir uma taxa de *erro de bit* equivalente (BER).

Portanto, esquemas de modulação alternativos além do OOK foram considerados, como o *chaveamento de fase diferencial*, conhecido como DBPSK (*differential binary phase-shift keying*) ou simplesmente DPSK.[41,42] Uma vantagem do DPSK é que, quando se utiliza um receptor balanceado, a OSNR necessária para chegar a uma BER específica é cerca de 3 dB menor que a necessária para um OOK. (Um *receptor balanceado* usa um par de fotodiodos casados para obter maior sensibilidade.) Como um fator de 3 dB significa somente metade da quantidade de potência óptica necessária para uma BER equivalente, a menor OSNR que é necessária para DPSK pode ser alocada para reduzir o nível de potência óptica no receptor, relaxar as especificações de perda dos diversos componentes do *link* ou estender a distância de transmissão. Por exemplo, a distância de transmissão poderá ser duplicada se não houver outras deficiências de sinal, como outros efeitos não lineares. Além disso, o DPSK é bastante resistente aos efeitos não lineares, que são um problema quando se utiliza OOK para taxas de dados superiores a 10 Gb/s. Essa resistência é devida ao fato de que, em comparação com o OOK, a potência óptica é distribuída mais uniformemente no DPSK (isto é, há potência óptica em cada *bit slot*, como o parágrafo seguinte descreve) e o pico de potência óptica é 3 dB mais baixo para a mesma potência óptica média. Esses fatores reduzem os efeitos não lineares que são dependentes do padrão de *bits* e dos níveis de potência óptica.

Em contraste com o OOK, onde a informação é transmitida através de mudanças de amplitude, o DPSK carrega a informação da fase óptica. A potência óptica aparece em cada *bit slot* DPSK e pode ocupar todo o *slot* para NRZ-DPSK, ou ele pode ocupar uma parte do *slot* na forma de um pulso de formato RZ-DPSK. Os dados binários são codificados como uma mudança de fase óptica 0 ou π entre espaços adjacentes. Por exemplo, o *bit* de informação 1 pode ser transmitido por uma mudança de fase de 180° em relação à fase da portadora do *slot* anterior, enquanto as informações de *bit* 0 é transmitida por nenhum deslocamento de fase em relação à fase da portadora, no intervalo anterior de sinalização.

Vários ensaios de campo terrestre e submarino de longa distância examinaram a viabilidade do uso de diferentes tipos de formatos de modulação DPSK para permitir a transmissão de 40 Gb/s em *fibras de dispersão deslocada não nula* G.652 (NZDSF). Entre esses formatos, estão o RZ-DPSK, o DPSK de *gorjeio de retorno a zero* (CRZ), o DPSK de *retorno a zero com supressão de portadora* (CSRZ) e o *chaveamento de fase em quadratura diferencial RZ* (RZ-DQPSK). O formato mais aceito é o RZ-DPSK, para a qual os módulos do transceptor com interface entre equipamentos SONET-678/SDH-256 estão disponíveis.

13.4.3 Padrões para Ethernet de 40 gigabit e 100 gigabit

A Ethernet tornou-se uma tecnologia mundial que permite telecomunicações através da internet e outras redes de pacotes de comutação usando o *Protocolo de Internet* (IP). Em razão do baixo custo da Ethernet, à confiabilidade comprovada e à simplicidade operacional, atualmente a maioria do tráfego de internet começa ou termina em uma conexão Ethernet. Em 2006, já eram utilizadas taxas de Ethernet de 10 Gb/s. Essa tecnologia foi chamada de 10 Gigabit Ethernet. No entanto, a crescente demanda por mais largura de banda estava começando a desafiar a capacidade das redes que empregavam *links* de 10 Gigabit Ethernet. A partir de 2006, estudos preliminares determinaram que eram necessárias duas novas taxas Ethernet: uma especificação de 40 Gb/s para aplicativos de servidor e computação, e outra especificação de 100 Gb/s para aplicações de agregação de rede. Consequentemente, em janeiro de 2008, o uma força-tarefa de 40 Gb/s e 100 Gb/s, IEEE P802.3ba, foi formada para desenvolver padrões 40 Gigabit Ethernet e 100 Gigabit Ethernet. Nesse esforço, incluiu-se o desenvolvimento de especificações da camada física para a comunicação através de painéis traseiros, cabeamento de cobre, fibras multimodo e monomodo. A data-limite para a ratificação dos padrões foi em junho de 2010.

13.4.4 *Links* OTDM operando em 160 Gb/s

Para determinar a possibilidade de enviar informações a taxas de dados ainda maiores do que 40 Gb/s, testaram-se sistemas que podem operar a 160 Gb/s em um único comprimento de onda usando fibras monomodo padrão G.652 já instaladas. Essas ligações de teste utilizam o conceito de *multiplexação óptica por divisão de tempo* (OTDM) para formar um fluxo de dados de 160-Gb/s, uma vez que os dispositivos eletrônicos que são necessários para a realização do processamento de sinal nessas taxas não estavam disponíveis.

Uma opção é usar a OTDM de *bits intercalados*.[43-46] Essa técnica de multiplexação é semelhante à WDM, em que os nós de acesso partilham muitos canais pequenos que operam a uma taxa de pico, que é uma fração da taxa média. Por exemplo, as taxas de canais individuais podem variar de 2,5-40 Gb/s, enquanto a taxa média de tempo multiplexado pode ser de até 160 Gb/s, dependendo das larguras de pulso do fluxo de dados multiplexados. A Figura 13.20 ilustra o princípio básico de transmissão ponto a ponto usando a TDM óptica com *bits* intercalados. Uma fonte *laser* produz um fluxo regular de pulsos ópticos RZ muito estreitos em uma taxa de repetição B. Essa taxa pode variar de 2,5-40 Gb/s, o que corresponde à taxa de *bits* dos tributários de dados eletrônicos que alimentam o sistema. Um divisor óptico divide o trem de pulsos em N fluxos separados. No exemplo da Figura 13.20, o fluxo de pulsos é de 10 Gb/s e $N = 4$. Cada um desses canais pode ser modulado de forma independente por uma fonte de dados de tributários elétricos em um taxa de *bits* B. As saídas moduladas são atrasadas individualmente por diferentes frações do período de *clock* e, então, intercaladas por meio de um combinador óptico para produzir uma taxa de *bits* agregada de $N \times B$.

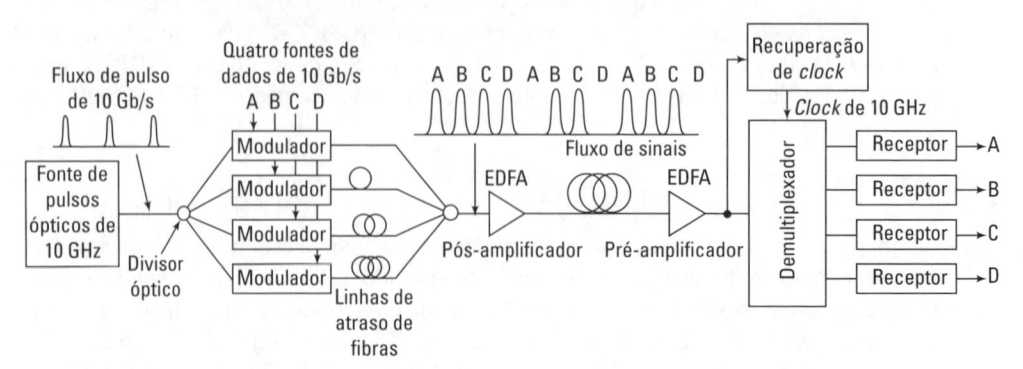

Figura 13.20 Exemplo de um sistema de transmissão ponto a ponto ultrarrápido usando TDM óptico. (Adaptada com permissão de Cotter, Lucek e Marcenak,[44] © IEEE, 1997.)

Em geral, pós e pré-amplificadores ópticos são incluídos no *link* para compensar as perdas de divisão e atenuação. Na extremidade receptora, o fluxo de pulsos agregado é demultiplexado nos N canais originais independentes de dados para posterior processamento do sinal eletrônico. Nessa técnica, um mecanismo de recuperação de *clock* operando na taxa-base de *bits* B é necessário no receptor para guiar e sincronizar o demultiplexador.

Ensaios de campo têm demonstrado a viabilidade de sistemas de transmissão de 160 Gb/s de longa distância. Um ponto interessante desses experimentos em 160 Gb/s é que o bom desempenho foi obtido utilizando fibras monomodo padrão G.652 já instaladas.

- Na Alemanha, pesquisadores conseguiram transmissões sem erros na ausência de repetidores de sinais de 1×170 Gb/s sobre 185 km e sinais 8×170 Gb/s (isto é, oito sinais WDM) ao longo de 140 km de *fibra monomodo padrão* (SSMF) usando a modulação DPSK com retorno a zero (RZ-DPSK).[47] O sinal de 170 Gb/s foi criado pela intercalação de tempo de quatro canais operando em 42,7 Gb/s cada. O sistema consistia em uma cascata de *links* através de sete cidades e utilizava EDFA híbrida e amplificação óptica Raman em nós intermediários.
- Para lidar com problemas de transmissão de CD e PMD, pesquisadores do Japão investigaram o uso de técnicas de codificação de 2 *bits*/símbolo, como o *chaveamento de fase de quadratura diferencial* (DQPSK), a *modulação por chaveamento de amplitude* (ASK) e o DPSK. O sinal de 160 Gb/s foi composto de oito canais de 20 Gb/s. Obtiveram-se BERs de características relativamente estáveis após transmissões de mais de 200 km com fibra monomodo G.652 instalada.[48]
- Em um experimento de 160 Gb/s realizado no Reino Unido por pesquisadores europeus, os impactos das dispersões cromáticas e de polarização modal foram examinados em *links* de 275 e 550 km de SSMF instaladas. O sinal de 160 Gb/s foi criado pela intercalação no tempo de 16 canais operando a 10 Gb/s cada. Os experimentos mostraram uma excelente operação de recuperação de *clock*, de taxa de erro de *bit* e das funções de adição e remoção de canais de comprimento de onda (ver Seção 13.5).[49]

13.5 Multiplexador óptico de adição/remoção

Um *multiplexador óptico de adição/remoção* (OADM) é um dispositivo que permite a inserção ou extração de um ou mais comprimentos de onda a partir de uma fibra em um nó da rede. Por exemplo, um OADM pode ter a capacidade de eliminar e inserir três comprimentos de onda a partir de um conjunto de N transportados ao longo de uma única fibra. Os $N-3$ comprimentos de onda restantes passam sem serem afetados (também dizemos que *passam expresso*) através do OADM para o próximo nó. Sem um OADM, se apenas três comprimentos de onda fora de $N \gg 3$ são necessários no nó local, então todos os outros comprimentos de onda também devem ser processados nesse nó por meio de transceptores optoeletrônicos, o que aumenta significativamente os custos de equipamentos desse nó. Desse modo, a vantagem da função de adição/remoção é que nenhum processamento de sinal é necessário para o conjunto de comprimentos de onda que passa diretamente através do OADM.

Em uma rede de longa distância, o OADM pode residir em um sítio do amplificador óptico ou estar localizado em um nó de uma rede metropolitana. Dependendo da forma como foi concebido, um OADM pode operar tanto estaticamente em uma configuração fixa de adição/remoção ou ser reconfigurado dinamicamente a partir de um local remoto de gerenciamento de rede. Um multiplexador óptico fixo de adição/remoção é simplesmente chamado de OADM. Um dispositivo dinâmico é chamado de *OADM reconfigurável* (ROADM).[50-54] Um OADM fixo, obviamente, não é tão flexível como um ROADM e pode necessitar de uma alteração de componentes de *hardware* se um conjunto diferente de comprimentos de onda deve ser descartado ou adicionado.

No projeto de uma rede metropolitana ou de longa distância, diferentes especificações de desempenho precisam ser consideradas durante a implementação da capacidade óptica de adição/remoção na rede. Em geral, por causa da natureza dos serviços prestados, as mudanças na configuração de adição/remoção para uma rede de longa distância ocorrem com menos frequência do que em uma rede metropolitana, que tende a ter uma alta taxa de rotatividade em solicitações de serviço e em comprimentos de onda transportados. Além disso, em comparação com uma rede metropolitana, o espaçamento de comprimento de onda normalmente é muito mais estreito em uma rede de longa distância, e os amplificadores ópticos utilizados devem cobrir uma ampla faixa espectral. Alguns exemplos disso são analisados na Seção 13.7.

13.5.1 Configurações de OADM

Diferentes configurações de OADM são possíveis.[14,15,50] Na construção da maioria dos OADMs, utilizam-se os elementos WDM descritos no Capítulo 10, como uma série de filtros de filmes finos dielétricos, uma *grade de guia de ondas* (AWG), um conjunto de dispositivos de cristal líquido ou uma série de grades de Bragg de fibra usadas em conjunto com os circuladores ópticos. A arquitetura selecionada para uma determinada aplicação depende de fatores de implementação como a quantidade de comprimentos de onda que serão removidos e adicionados a um nó, a modularidade desejada do OADM (por exemplo, quão fácil é atualizar este dispositivo) e a restrição de comprimentos de onda tanto individuais aleatórios como de um grupo próximo a ser processado. Aqui, assumimos que N comprimentos de onda viajando em uma única fibra penetram no OADM, e um subconjunto M deles é processado no nó. Após o processamento, esses M comprimentos de onda são reinseridos na linha de fibra para voltar a participar do trajeto através de $N - M$ canais.

Na configuração ilustrada na Figura 13.21, todos os N comprimentos de onda incidentes são separados em canais individuais na entrada no OADM por meio de um demultiplexador de comprimento de onda. Isso leva a uma arquitetura muito versátil, uma vez que qualquer um dos N comprimentos de onda pode ser removido, processado no nó e, em seguida, reinserido sobre a fibra de saída por meio de um multiplexador de comprimento de onda. Na ilustração dada aqui, M comprimentos de onda são removidos e o restante $N - M$ canais passa individualmente pelo OADM. Os M comprimentos de onda removidos são rotulados como λ_i a λ_k para indicar que qualquer combinação de M comprimentos de onda selecionados a partir dos N canais de luz de entrada pode ser descartada. Tal configuração é útil se uma grande fração dos N comprimentos de onda precisa ser removida e adicionada. No entanto, ela não possui um baixo custo para remover e adicionar uma pequena fração de comprimentos de onda de entrada.

A Figura 13.22 mostra uma arquitetura OADM mais modular. Nessa figura, os N canais de luz recebidos são divididos em várias *bandas de comprimentos de onda*. Essa função pode ser conseguida por meio tanto de um conjunto de filtros de filme fino como de um AWG.

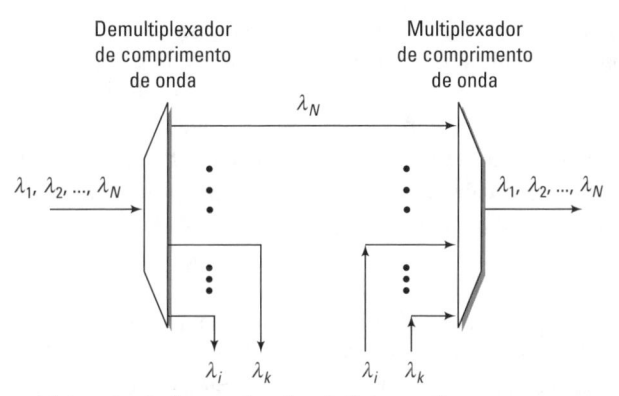

Figura 13.21 Simples multiplexador óptico passivo de adição/remoção.

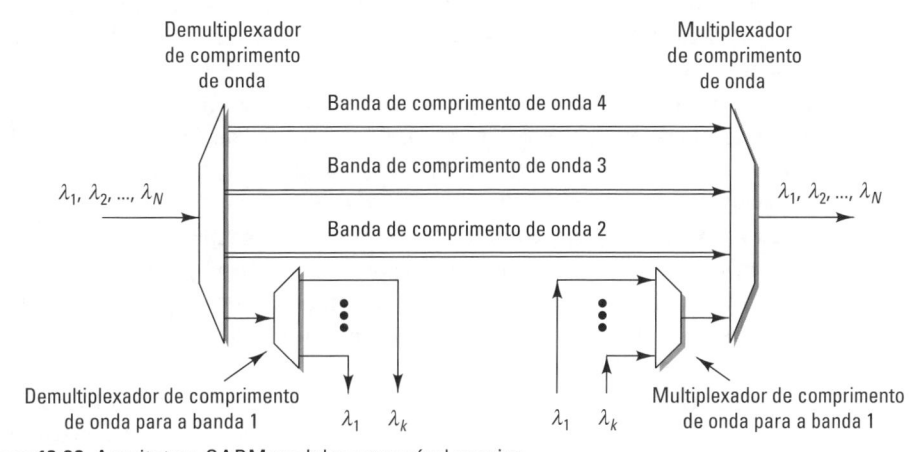

Figura 13.22 Arquitetura OADM modular expansível passiva.

A banda a ser removida pode ser enviada por meio de um segundo demultiplexador seguido pelo processamento dos comprimentos de onda individuais. Como um exemplo, se $N = 12$ e três comprimentos de onda devem ser descartados, os comprimentos de onda de entrada podem ser divididos em quatro bandas de três comprimentos de onda cada. Os canais de luz adicionados passam por duas etapas de multiplexação para reunir-se novamente às bandas de passagem. Uma vantagem dessa abordagem é que, para futuras atualizações de OADM para remover outra banda de comprimento de onda neste nó, os engenheiros de rede podem incorporar outro demultiplexador de segundo estágio para lidar com a próxima banda de comprimento de onda desejada.

13.5.2 OADM reconfigurável

A tarefa de reconfigurar um OADM fixo manualmente pode exigir muitos dias de planejamento e implementação de alterações de *hardware*. Em contraste, o uso de ROADMs dá aos provedores de serviços a capacidade de reconfigurar uma rede dentro de minutos a partir de um console remoto de gerenciamento de rede. A flexibilidade dinâmica de remover e adicionar determinados comprimentos de onda rapidamente em um dado nó pela demanda dos clientes por novos ou ampliados serviços é conhecida popularmente como *provisionamento de serviços em tempo real*. Isso é particularmente importante em redes metropolitanas onde as mudanças nos pedidos de serviços tendem a ser significativamente mais dinâmicas do que em redes de longa distância e os clientes esperam respostas muito rápidas aos seus pedidos. Tais solicitações de serviços podem ter origens bastante diversas, como aplicações de negócios variáveis no tempo, entretenimento *on-demand* e comunicações de emergência ou de resposta a desastres.

É possível uma variedade de arquiteturas ROADM. Esta seção apresenta três tipos baseados em *bloqueadores de comprimento de onda*, *matrizes de pequenos comutadores* e *comutadores seletivos de comprimento de onda*. A Seção 13.6 descreve o princípio de um *crossconect* óptico, que utiliza uma arquitetura mais complexa de comutadores seletivos de múltiplos comprimentos de onda. Cada tipo de ROADM pode ter um número de configurações alternativas e diferentes características operacionais. O projeto de um ROADM particular depende de fatores como custo, confiabilidade, maturidade da tecnologia, flexibilidade operacional desejada para a rede e capacidade de atualização do equipamento. Antes de detalharmos a arquitetura, analisaremos algumas características desejadas e a terminologia:

- **Dependência do comprimento de onda.** Se as arquiteturas são dependentes do comprimento de onda, elas são chamadas de *colorida* ou diz-se que elas têm *portas coloridas*. Quando a operação do ROADM independe do comprimento de onda, diz-se que ele é *incolor* ou tem *portas incolores*.
- **Grau ROADM.** O *grau* de um ROADM refere-se ao número de interfaces bidirecionais de múltiplos comprimentos de onda que o dispositivo suporta. Assim, um ROADM de grau 2 possui duas interfaces bidirecionais WDM, e um ROADM de grau 4 pode suportar até quatro interfaces bidirecionais WDM, como, nas direções norte, sul, leste e oeste.
- **Reconfiguração remota.** A capacidade de alterar a configuração ROADM de uma estação de trabalho de gerenciamento de rede localizado remotamente é uma característica importante, uma vez que ela reduz significativamente os custos operacionais, eliminando a necessidade de uma pessoa para visitar o local do ROADM para atualizar manualmente o dispositivo.
- **Canais expressos.** A capacidade de ter *canais expressos* que permitem a passagem de um conjunto de determinados comprimentos de onda através do nó sem a necessidade de uma conversão óptica-elétrica-óptica poupa a despesa de ter transceptores ópticos para esses comprimentos de onda.
- **Expansão modular.** Para evitar um alto custo de instalação inicial para conectar transmissores e receptores em cada porta de adição/remoção, os prestadores de serviços, em geral, primeiro ativam o número mínimo de portas necessárias para suportar o tráfego atual e depois adicionam mais canais à medida que aumenta a demanda de serviços. Isso é conhecido popularmente como a *aproximação pague o quanto cresce*.
- **Deficiência óptica mínima.** Ter uma característica de comprimento de onda expresso requer um projeto de engenharia cuidadoso para evitar o acúmulo de prejuízos nos sinais ópticos à medida que um determinado conjunto de comprimentos de onda passa por vários ROADMs sequenciais. Essas deficiências incluem efeitos como interferência entre canais, atenuação dependente do comprimento de onda, ruído ASE e perda dependente de polarização.

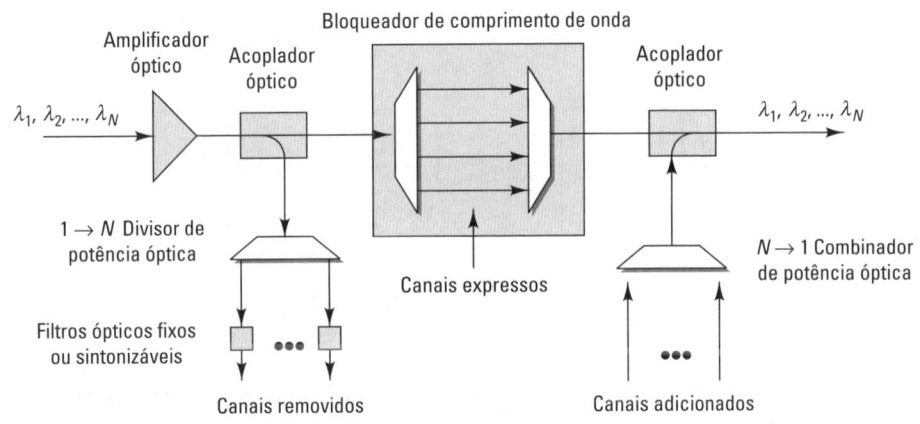

Figura 13.23 Exemplo de um ROADM baseado na utilização de um bloqueador de comprimento de onda.

Configuração de bloqueador de comprimento de onda A Figura 13.23 mostra a configuração ROADM mais simples que utiliza um *método de transmissão e seleção*.[50,51] Nessa arquitetura de grau 2, um acoplador óptico passivo divide a potência do sinal luminoso de entrada em dois caminhos. Um ramo é um caminho expresso e o outro ramo é desviado para um sítio de remoção. Localizado no caminho expresso, está um dispositivo chamado de *bloqueador de comprimento de onda* que pode ser configurado para bloquear os comprimentos de onda que devem ser recebidos no nó. O segmento de remoção contém um divisor de potência óptica $1 \times N$ que divide e direciona o sinal luminoso em N filtros sintonizáveis que permitem a seleção de qualquer comprimento de onda desejado. O segmento de adição contém N fontes de *laser* ajustáveis que permitem que os comprimentos de onda inseridos se juntem aos comprimentos de onda expressos sobre a linha principal de fibra por meio de um combinador de potência óptica $N \times 1$ e outro acoplador óptico passivo. Uma característica interessante desse ROADM é que inicialmente apenas os dois acopladores passivos e o bloqueador de comprimento de onda são necessários. Posteriormente, tamanhos diferentes de divisores e combinadores de potência óptica podem ser selecionados para remover e adicionar outros comprimentos de onda desejados, que agora precisam ser impedidos de atravessar o caminho expresso por configurações próprias do bloqueador de comprimento de onda. Uma desvantagem desse ROADM é que as perdas da potência óptica em divisores e combinadores aumentam à medida que seus tamanhos aumentam, isto é, à medida que o número de comprimentos de onda a ser descartado e adicionado aumenta.

Configuração de matriz de comutadores A Figura 13.24 mostra uma configuração de *ROADM baseada em comutação* colorida, que também é conhecida como método *demux-switch-mux*. Aqui, os N comprimentos de onda de entrada passam primeiro através de um demultiplexador. Comutadores individuais 2×2 ou 1×2 permitem então que cada comprimento de onda tanto ignore o nó como seja removido. Como mostra a Figura 13.25, esse comprimento de onda pode ser adicionado de volta para a fibra de saída por meio do mesmo comutador 2×2 utilizado pelo comprimento de onda de entrada ou um comutador 2×1 análogo ao dispositivo de remoção. Após as N ondas de luz emergirem dos comutadores 2×2 ou 2×1, um multiplexador de comprimento de onda as combina para a fibra de saída.

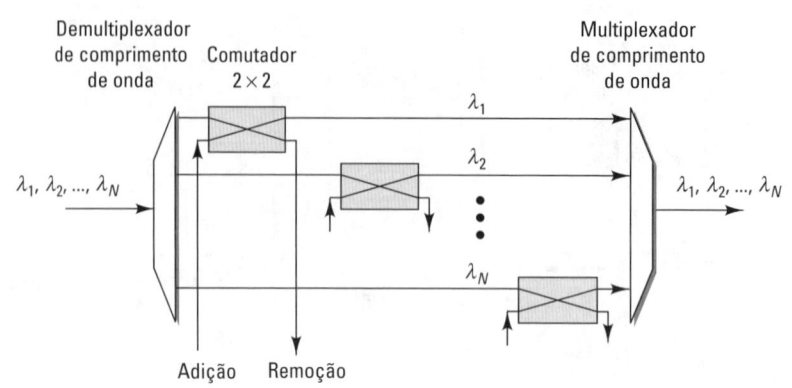

Figura 13.24 Um ROADM baseado em comutação colorida (dependente do comprimento de onda).

(a) Configuração de adição/remoção

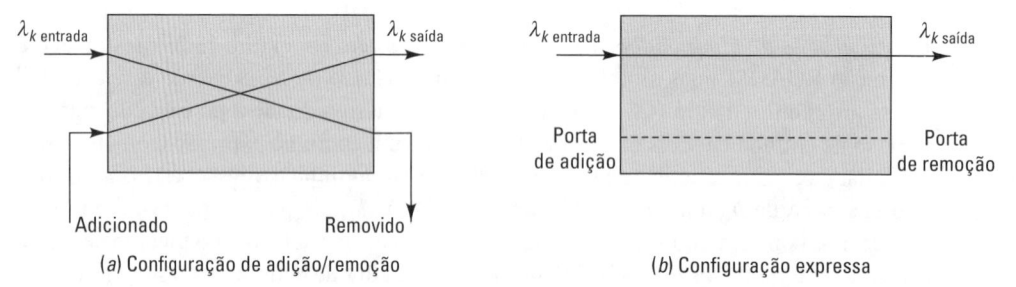

(b) Configuração expressa

Figura 13.25 Conexões internas de um comutador 2×2 para funções (a) adição/remoção e (b) expressas.

Em uma variante menos versátil dessa arquitetura colorida, o ROADM pode ser concebido para mandar expressamente um determinado conjunto de K comprimentos de onda, digamos de λ_1 a λ_K, sem a utilização de comutadores para eles. Uma alternativa de implementação para isso é substituir o conjunto de 2×2 interruptores por um comutador $N \times M$ que tem N portas para N comprimentos de onda incidentes e M portas de adição e remoção. Isso pode ser feito com uma matriz $N \times M$ de espelhos MEMS (sistema microeletromecânico). A Figura 13.26 apresenta um exemplo de uma configuração 4×4. Para eliminar e adicionar um comprimento de onda, um espelho em miniatura no caminho comutador do referido canal é ajustado em um ângulo para desviar a luz recebida para uma porta de remoção e inserir o mesmo comprimento de onda através de uma porta de adição. A Figura 13.26 mostra isso para a porta 3.

Em ambos os casos (capacidade completa ou parcial de adição/remoção), uma limitação da arquitetura ROADM baseada em comutação é que ela pode ser cara e complexa de implementar. Se o ROADM foi concebido para ter uma capacidade de adição/remoção completa para todos os comprimentos de onda, então os transceptores de todos os comprimentos de onda expressos não serão usados. No caso de uma capacidade de adição/remoção parcial, é necessário um conjunto menor de transceptores, mas é preciso um planejamento cuidadoso para determinar quais devem ser os $K = N - M$ comprimentos de onda expressos, e a implementação ROADM torna-se restrita.

A Figura 13.27 mostra uma variação arquitetura ROADM baseada na comutação, que é incolor e possui maior flexibilidade de projeto e implementação. Em contraste com a arquitetura paralela mostrada na Figura 13.24, trata-se de uma configuração em série.

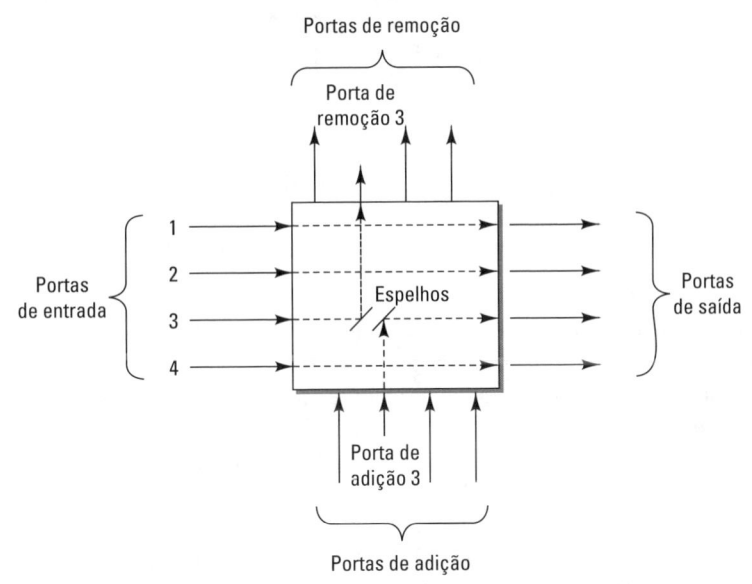

Figura 13.26 Exemplo de ROADM baseado em uma matriz 4 × 4 de espelhos MEMS.

Essa configuração tem uma série de $M \leq N$ dispositivos de comprimentos de onda sintonizáveis que permitem que qualquer comprimento de onda único seja adicionado ou removido por qualquer dispositivo. Aqui M é o número máximo de comprimentos de onda que podem ser usados no nó. Note que, nessa arquitetura *ROADM baseada no ajuste*, não há nenhuma restrição sobre quais comprimentos de onda específicos são de canais expressos ou de adição/remoção, uma vez que os elementos ajustáveis são incolores, ou seja, eles podem ser configurados para qualquer valor de comprimento de onda. No entanto, essa configuração é geralmente limitada a um pequeno número de canais de remoção, caso contrário a perda óptica acumulada através de uma série de elementos de comutação pode ser bastante grande.

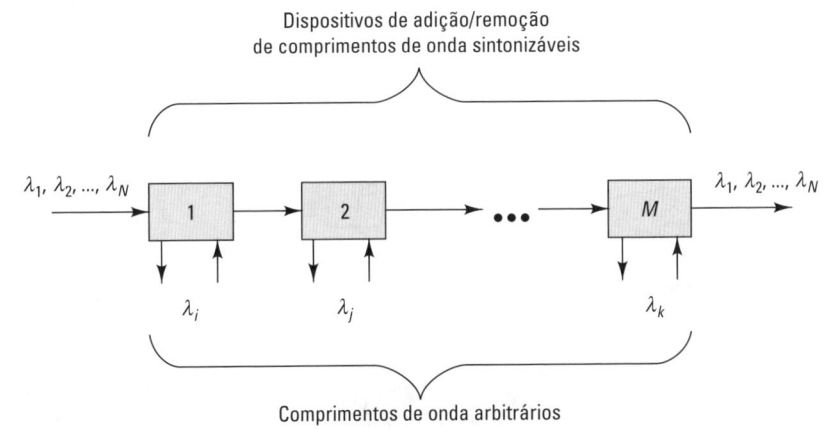

Figura 13.27 ROADM de comprimento de onda ajustável para pequenas contagens de canais de adição e remoção.

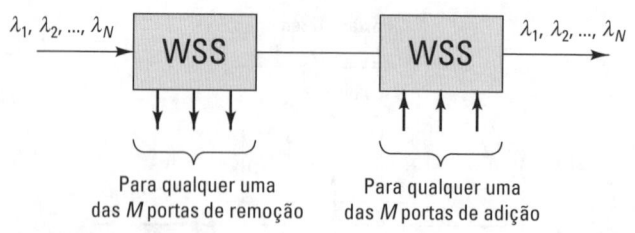

Figura 13.28 Arquitetura ROADM flexível baseada em um par de comutadores seletivos de comprimento de onda.

Configuração de comutador seletivo em comprimento de onda Na evolução da tecnologia dos multiplexadores de adição/remoção para permitir aplicações de rede de malha mais sofisticadas, foi introduzida a tecnologia de *comutador seletivo em comprimento de onda* (WSS).[54-56] A característica fundamental de um WSS é que ele pode direcionar cada comprimento de onda incidente em uma porta de entrada comum para qualquer número múltiplo de portas de saída, como indicado genericamente na Figura 13.28. O ROADM básico é formado por um módulo WSS para deixar remover comprimentos de onda e outro para adicioná-los. Cada módulo contém um conjunto de comutadores seletivos de comprimentos de onda. Para especificar o tamanho de tal comutador, ele é rotulado como um comutador $1 \times M$, em que M indica o número de portas de saída para onde um comprimento de onda pode ser direcionado. Se há N comprimentos de onda incidentes que estão para ser comutados para qualquer uma das M portas de saída, então um módulo WSS contém N comutadores seletivos de comprimentos de onda do tamanho $1 \times M$. As configurações WSS disponíveis podem enviar comprimentos de onda entre quatro e dez portas.

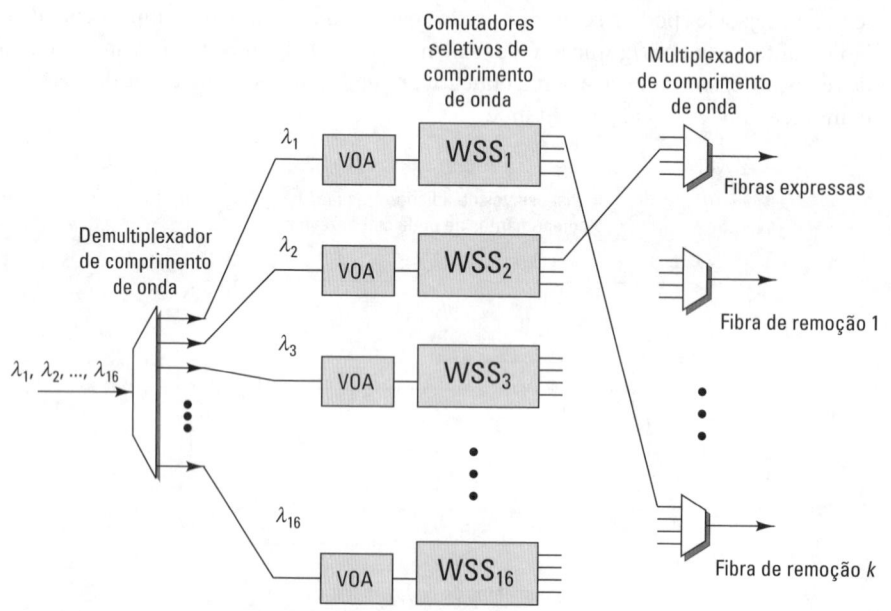

Figura 13.29 ROADM baseado em WSS que pode comutar qualquer combinação de 16 comprimentos de onda incidentes simultaneamente em qualquer porta de saída.

A Figura 13.29 ilustra o conceito de comutação com 16 comprimentos de onda de entrada (λ_1 a λ_{16}), que podem ser direcionados para qualquer uma das quatro linhas de saída com 16 comutadores 1×4 seletivos de comprimento de onda. Essas quatro linhas de saída incluem uma porta expressa em que os comprimentos de onda passam e três portas de remoção. Na Figura 13.29, os comprimentos de onda recebidos são divididos em canais individuais por um demultiplexador e, em seguida, passam por um *atenuador óptico variável* (VOA). A função dos VOAs é assegurar que todos os comprimentos de onda que saem do ROADM têm o mesmo nível de potência óptica. O WSS 1×4 na sequência de um VOA ou envia um comprimento de onda para a porta expressa ou o desvia para qualquer uma das três portas gota. Uma característica versátil é que qualquer conjunto de comprimentos de onda pode ser comutado em uma dada porta de remoção simultaneamente, criando assim uma *capacidade de comutação de qualquer para qualquer*. Como cada porta ROADM tem uma capacidade de múltiplos comprimentos de onda, isso aumenta o grau de um ROADM baseado em WSS em mais de 2.

13.6 Comutação óptica

O surgimento de serviços avançados de multimídia que exigem enormes larguras de banda, como transmissão de *televisão de alta definição* (HDTV) e *vídeo-on-demand*, criou a necessidade de trafegar-se de anéis básicos interligados a anéis de extrema alta capacidade adjacentes a redes de malha que podem suportar *clusters* de até 50 nós em uma área metropolitana. Portanto, é necessário outro elemento de rede com recursos de comutação mais sofisticados do que um ROADM. Esse elemento, denominado *crossconect óptico* (OXC), fornece caminhos diretos comutados para o tráfego expresso que não termina no nó e uma interface para remover e adicionar sinais ópticos no nó. O tráfego expresso pode ser comutado de qualquer entrada para qualquer saída de fibra. Internamente, tal dispositivo pode ter uma matriz de comutação elétrica ou óptica. Para entender a tecnologia de comutação óptica básica, a Seção 13.6.1 foca as configurações gerais OXC, a 13.6.2 considera o impacto no desempenho quando a conversão de comprimento de onda é usada, e a 13.6.3 descreve as implementações padrão de roteamento de comprimento de onda ou comutação de circuitos ópticos.

Como o volume de tráfego da rede aumenta, especialmente a partir do desejo de ter serviços multimídia de grande largura de banda, o número de comprimentos de onda por fibra irá aumentar. Isso significa que são necessárias mudanças para os métodos anteriores de comutação nos quais os sinais ópticos são convertidos em sinais elétricos, comutados eletronicamente e, depois, convertidos de volta em um formato óptico. A razão principal é que o desempenho do equipamento eletrônico utilizado nesse processo de conversão *opticoelétrico-óptico* (O/E/O) é fortemente dependente da taxa de dados e do protocolo. Para superar essas limitações, o conceito de comutação na faixa óptica foi explorado. Duas abordagens para esse conceito são a *comutação de rajadas ópticas* (OBS) e o *pacote óptico comutado* (OPS). As Seções 13.6.4 e 13.6.5, respectivamente, abordam esses conceitos.

13.6.1 *Crossconnect* óptico

Um elevado grau de modularidade de configuração do caminho, dimensionamento da capacidade e flexibilidade de adicionar ou descartar os canais no local do cliente pode ser obtido mediante a introdução de conceito de comutador *crossconect* óptico na estrutura

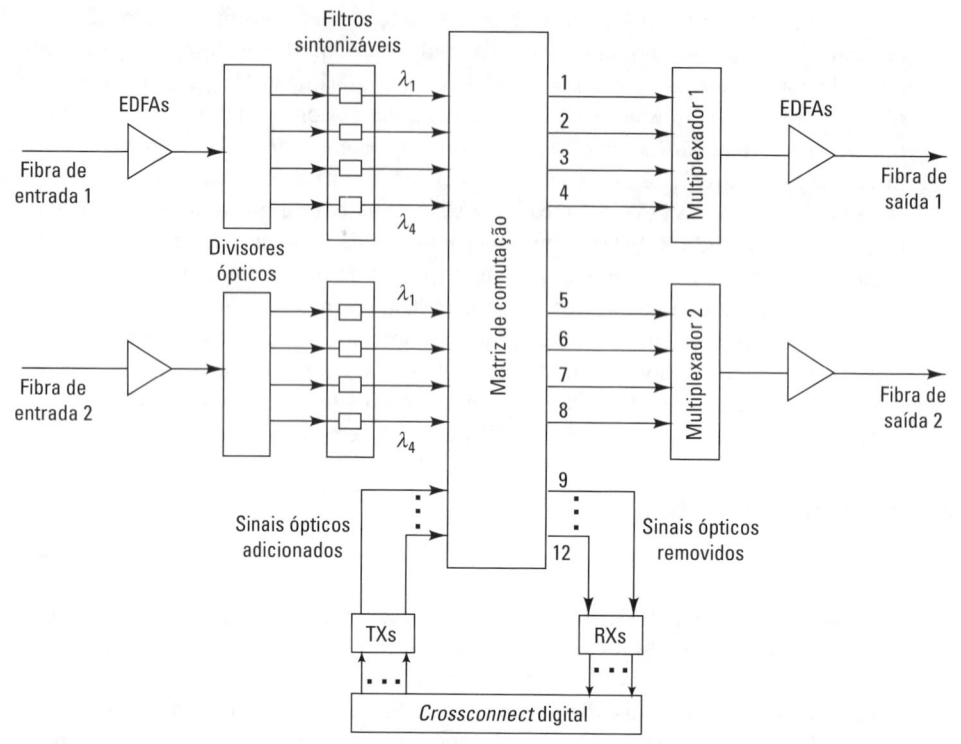

Figura 13.30 Arquitetura de *crossconect* óptico utilizando comutadores de espaço ópticos e nenhum conversor de comprimento de onda.

do caminho físico de uma rede de fibra óptica. Esses comutadores *crossconnect ópticos* (OXC) localizam-se nas redes em anel e malha que estão interligados por meio de muitas centenas de fibras ópticas, cada um transportando dezenas de canais de comprimento de onda. Em tal junção, um OXC pode dinamicamente rotear, configurar e derrubar diversos caminhos ópticos de alta capacidade.[57-60]

Para visualizar as operações de um OXC, considere primeiramente a arquitetura OXC mostrada na Figura 13.30 que utiliza uma matriz de comutação para direcionar os comprimentos de onda incidentes que chegam de uma série de M fibras de entrada. A matriz de comutação pode funcionar elétrica ou opticamente, isto é, ela pode mudar os sinais de entrada no domínio elétrico ou óptico. Cada uma das M fibras de entrada transporta N comprimentos de onda, e qualquer um ou todos podem ser adicionados ou cancelados em um nó. Para simplificar a ilustração, aqui consideramos $M = 2$ e $N = 4$. Em cada entrada de fibra, o agregado de N sinais comprimentos de onda que chega é demultiplexado e depois entra na matriz de comutação. A matriz de comutação direciona os canais para uma das oito linhas de saída, caso se trate de um sinal que atravesse o sistema, ou a um receptor específico ligado ao OXC nas portas de saída de 9 a 12, no caso de ele ser removido para um usuário em um nó. Os sinais que são gerados localmente por um usuário se conectam eletricamente através da *matriz crossconect digital* (DXC) para um transmissor óptico, a partir do qual eles entram na matriz de comutação, que os direciona para a linha de saída apropriada. As M linhas de saída de comprimentos de onda, cada uma transportando comprimentos de onda separados, são alimentadas em um multiplexador de comprimento de onda, para formar um único fluxo agregado de saída. Normalmente, segue-se um amplificador óptico para aumentar o nível de sinal para a transmissão através da fibra-tronco.

Exemplo 13.8 Considere o OXC 4 × 4 mostrado na Figura 13.31, em que duas fibras de entrada estão, cada uma, transportando dois comprimentos de onda. Qualquer comprimento de onda pode ser comutado a qualquer uma das quatro portas de saída. O OXC consiste em três elementos de comutação 2 × 2. Suponha que λ_2 na fibra de entrada 1 deva ser mudado para a fibra de saída 2 e que λ_1 na fibra de entrada 2 deva ser transferido para fibra de saída 1. Para tanto, os dois primeiros elementos de comutação devem estar no estado paralelo (a configuração que atravessa direto), e o terceiro elemento, no estado transversal, como indicado na Figura 13.31. Sem conversão de comprimento de onda, haveria contenção de comprimento de onda em ambas as portas de saída. Por meio de conversores de comprimento de onda, as ondas luminosas em ligação cruzada podem ser impedidas de disputar a mesma fibra de saída.

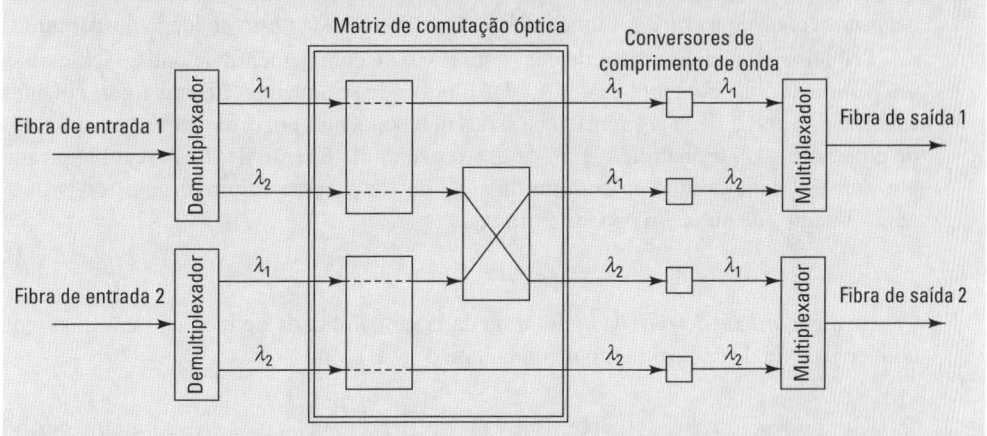

Figura 13.31 Exemplo de uma simples arquitetura *crossconnect* óptica 4 × 4 utilizando comutadores ópticos espaciais e conversores de comprimento de onda.

Contenções poderiam surgir na arquitetura mostrada na Figura 13.30 quando canais com o mesmo comprimento de onda, mas que viajam em fibras de entrada diferentes, entram no OXC e necessitam ser comutados simultaneamente na mesma fibra de saída. Isso pode ser resolvido por meio da atribuição de um comprimento de onda fixo para cada trajeto óptico através da rede ou pela remoção de um dos canais de entrada no nó e sua retransmissão em outro comprimento de onda. No entanto, no primeiro caso, a reutilização de comprimento de onda e a escalabilidade da rede (expansão) são reduzidas, e, no segundo caso, a flexibilidade de adição/remoção do OXC é perdida. Estas características de bloqueio podem ser eliminadas por meio da conversão de comprimento de onda em qualquer saída do OXC, como mostrado no exemplo acima.

13.6.2 Conversão de comprimento de onda

Muitos estudos foram realizados para quantificar as vantagens da conversão de comprimento de onda.[61-63] Esses esforços empregaram tanto modelos probabilísticos como o uso de algoritmos determinísticos em topologias específicas de rede. Os estudos indicam que o benefício é maior em uma rede de malha do que em um anel ou rede totalmente conectada.

Para ilustrar o efeito da conversão de comprimento de onda, mostramos um modelo simples que é baseado em suposições de séries-padrão independentes do *link* comumente utilizadas em redes de circuitos comutados.[58,61] Nesse exemplo simplificado, durante um pedido para o estabelecimento de uma ligação óptica entre duas estações, o uso de um comprimento de onda em uma fibra é estatisticamente independente da outras ligações de fibras e dos outros comprimentos de onda. Embora esse modelo tenda a superestimar a probabilidade de que um comprimento de onda seja bloqueado ao longo de um caminho, ele fornece uma percepção da melhoria de desempenho da rede ao utilizar a conversão de comprimento de onda.

Suponha que existam H *links* (ou *hops*) entre dois nós que precisam ser conectados, que chamamos de nós A e B. Considere F o número de comprimentos de onda disponíveis por *link* de fibra e ρ a probabilidade de que um comprimento de onda seja utilizado em qualquer *link* da fibra. Logo, como ρF é o número esperado de comprimentos de onda ocupados em qualquer *link*, ρ é uma medida da *utilização das fibras* ao longo do caminho.

Primeiro, considere uma rede com conversão de comprimento de onda. Nesse caso, um pedido de conexão entre os nós A e B é bloqueado se uma das H fibras intervenientes está cheia, isto é, a fibra já suporta F sessões independentes em diferentes comprimentos de onda. Assim, a probabilidade P'_b de que o pedido de ligação de A a B seja bloqueado é a probabilidade de que exista uma ligação de fibra nesse caminho com todos os F comprimentos de onda em uso, de forma que

$$P'_b = 1 - (1 - \rho^F)^H \tag{13.18}$$

Se q é a *utilização possível* para uma dada probabilidade de bloqueio em uma rede com conversão de comprimento de onda, então

$$q = [1 - (1 - P'_b)^{1/H}]^{1/F} \approx \left(\frac{P'_b}{H}\right)^{1/F} \tag{13.19}$$

onde a aproximação é válida para valores pequenos de P'_b/H. A Figura 13.32 mostra a utilização possível q para $P'_b = 10^{-3}$ em função do número de comprimentos de onda para $H = 5$, 10 e 20 *hops*. O efeito do comprimento do percurso é pequeno, e q rapidamente se aproxima de 1 à medida que F torna-se grande.

Agora considere uma rede sem conversão de comprimento de onda. Aqui, um pedido de conexão entre A e B pode ser satisfeito apenas se existe um comprimento de onda livre, isto é, se existir um comprimento de onda que não seja utilizado em cada uma das H fibras intervenientes. Assim, a probabilidade P_b de que o pedido de conexão de A a B seja bloqueado é a probabilidade de que cada comprimento de onda seja utilizado em pelo menos um dos H *links*, de modo que

$$P_b = [1 - (1 - \rho)^H]^F \tag{13.20}$$

Considerando p como a *utilização possível* para uma dada probabilidade de bloqueio de uma rede sem conversão de comprimento de onda, então

$$p = 1 - (1 - P_b^{1/F})^{1/H} \approx -\frac{1}{H} \ln(1 - P_b^{1/F}) \tag{13.21}$$

onde a aproximação é válida para grandes valores de H e para $P_b^{1/F}$ muito próximo da unidade. Nesse caso, a utilização possível é inversamente proporcional ao número de *hops* H

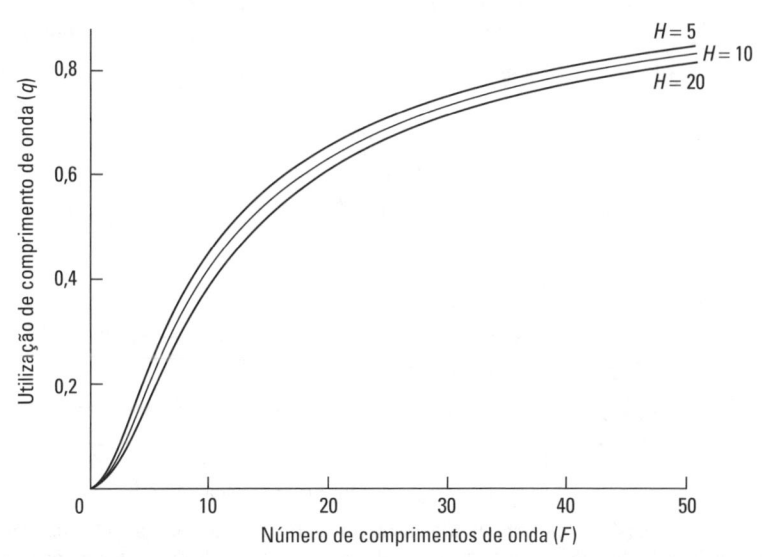

Figura 13.32 Utilização possível de comprimentos de onda em função do número de comprimentos de onda para uma probabilidade de bloqueio de 10^{-3} em uma rede usando conversão de comprimento de onda.
(Reproduzida com permissão de Barry e Humblet,[61] © IEEE, 1996.)

entre A e B, como previsto. A Figura 13.33 mostra esse efeito. Analogamente à Figura 13.32, a 13.33 descreve a utilização possível p para $P_b = 10^{-3}$ como uma função do número de comprimentos de onda para H = 5, 10 e 20 *hops*. Em contraste com o caso anterior, aqui o efeito do comprimento do percurso (isto é, o número de *links*) é drástico.

Exemplo 13.9 Considere duas redes ópticas, cada qual usando 30 comprimentos de onda. Com uma probabilidade de bloqueio de 10^{-3} em uma implementação 10 *hops*, qual é a utilização de comprimentos de onda quando (a) há conversão de comprimento de onda e (b) não há conversão de comprimento de onda?

Solução: (a) Da Equação (13.19) com $P'_b = 10^{-3}$, $H = 10$ e $F = 30$, descobrimos que a utilização possível de comprimentos de onda é

$$q \approx (P'_b/H)^{1/F} = (10^{-4})^{0,033} = 0,74$$

(b) Da Equação (13.21), encontramos

$$p \approx -\frac{1}{H}\ln\left(1 - P_b^{1/F}\right) = -\frac{1}{10}\ln[1 - (0,001)^{0,033}] = 0,16$$

Para medir o benefício da conversão de comprimento de onda, definimos que o ganho $G = q/p$ é o aumento da utilização de fibras ou de comprimento de onda para a mesma probabilidade de bloqueio. Considerando $P'_b = P_b$ nas Equações (13.18) e (13.20), temos

$$G \equiv \frac{q}{p} = \frac{[1-(1-P_b)^{1/H}]^{1/F}}{1-(1-P_b^{1/F})^{1/H}}$$

$$\approx H^{1-1/F} \frac{P_b^{1/F}}{-\ln(1-P_b^{1/F})}$$

(13.22)

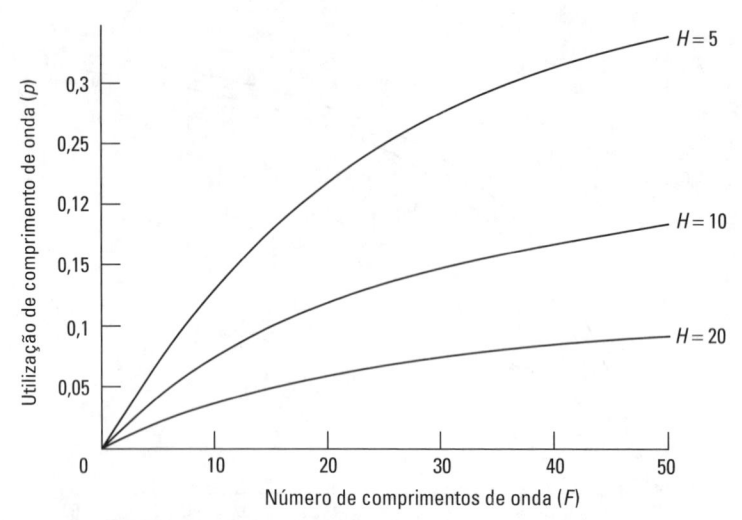

Figura 13.33 Utilização possível de comprimentos de onda em função do número de comprimentos de onda para uma probabilidade de bloqueio de 10^{-3} em uma rede sem conversão de comprimento de onda.
(Reproduzida com permissão de Barry e Humblet,[61] © IEEE, 1996.)

Como exemplo, a Figura 13.34 mostra G em função de F para $H = 5$, 10 e 20 *links* para a probabilidade de bloqueio de $P_b = 10^{-3}$. Essa figura mostra que, à medida que F aumenta, o ganho aumenta e tem um máximo em aproximadamente $F = H/2$. O ganho então diminui lentamente, já que as redes de grandes troncos são mais eficientes do que as de pequenos.

13.6.3 Roteamento de comprimento de onda

Para enviar informações de forma rápida e confiável através de uma rede, os provedores de serviços usam várias técnicas para estabelecer um *caminho óptico* de comutação de circuitos (isto é, uma conexão óptica ponto a ponto temporária) entre os equipamentos de comunicação das extremidades. Um OXC é um elemento-chave para definir os caminhos expressos através de nós intermediários para esse processo. Como um OXC é um grande comutador complexo, ele é utilizado em redes de malha estruturalmente extensas, em que há um volume pesado de tráfego entre os nós, para a conexão de equipamentos como terminais SONET/SDH, roteadores de IP e ROADMs. Em tal rede, o caminho óptico normalmente é configurado para longos períodos de tempo. Dependendo do serviço desejado que corre entre nós distantes, esse tempo de conexão pode variar de minutos a meses ou mais.

Caminhos ópticos que correm de um nó de origem para um nó destino podem atravessar muitos segmentos de *links* de fibra ao longo da rota. Em pontos intermediários ao longo da rota de conexão, os caminhos ópticos podem ser comutados entre diferentes *links*, e, às vezes, o comprimento de onda do caminho óptico precisa ser alterado ao penetrar em outro segmento do *link*. Como observado na Seção 13.6.2, essa conversão de comprimento de onda será necessária se dois caminhos ópticos que entram em algum segmento tiverem o mesmo comprimento de onda.

O processo de estabelecimento de um caminho óptico é chamado por vários nomes, como roteamento de comprimento de onda, comutação de circuito óptico ou comutação

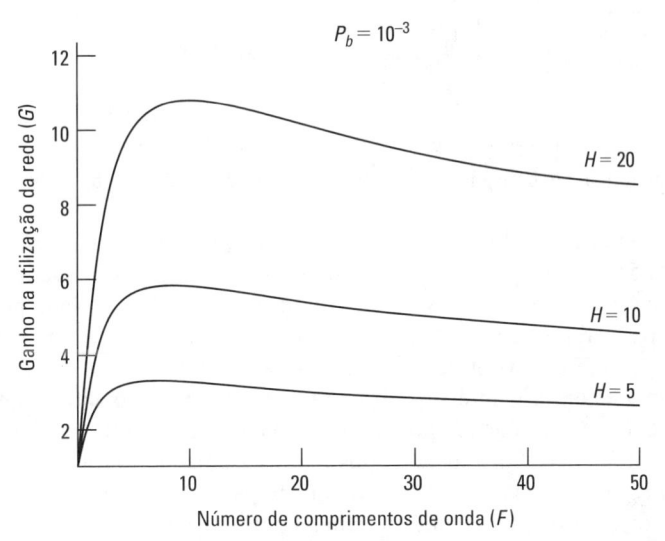

Figura 13.34 Aumento da utilização da rede em função do número de comprimentos de onda para uma probabilidade de bloqueio de 10^{-3} quando a conversão de comprimento de onda é utilizada.
(Reproduzida com permissão Barry e Humblet,[61] © IEEE, 1996.)

de caminho óptico. As denominações mais populares são *roteamento de comprimento de onda* e *rede de comprimento de onda roteada* (WRN). Muitas abordagens estáticas e dinâmicas foram propostas e implementadas para o estabelecimento de um caminho óptico. Como um método para a criação de um caminho óptico exige a decisão de qual caminho deve ser percorrido e que comprimento de onda deve-se usar, ele envolve um procedimento de *roteamento e atribuição de comprimento de onda* (RWA). Em geral, o problema RWA é bastante complexo, e algoritmos de *software* especiais têm sido desenvolvidos para resolvê-lo.[14,64-69]

13.6.4 Comutação de pacotes ópticos

O sucesso de comutação de pacotes de redes eletrônicas reside na sua capacidade de conseguir processamentos altamente empacotados e confiáveis e de se adaptar facilmente ao congestionamento do tráfego e às falhas de transmissão no *link* ou nó. Vários estudos foram realizados para ampliar essa capacidade para redes de toda faixa óptica, em que nenhuma conversão O/E/O ocorre ao longo do caminho óptico. No conceito de uma rede de *pacotes ópticos comutados* (OPS), o tráfego do usuário é encaminhado e transmitido pela rede sob a forma de pacotes ópticos, juntamente com a informação da banda de controle que está contida em um cabeçalho ou rótulo especialmente formatado.[70] Para os sistemas OPS examinados até agora, o processamento do cabeçalho e encaminhamento das funções são realizados eletronicamente, e a comutação de carga útil óptica é realizada no domínio óptico para cada pacote individual. Essa dissociação entre o processamento do cabeçalho ou rótulo e a comutação de carga permite que os pacotes sejam roteados independentemente da taxa de *bits* da carga útil, do formato de codificação e do tamanho do pacote.

A *troca de cabeçalho óptico* (OLS) é uma técnica para a realização de uma implementação prática de OPS.[70-74] Nesse procedimento, os pacotes formatados opticamente

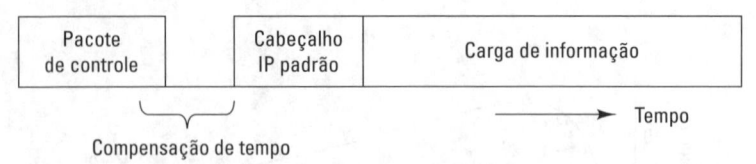

Figura 13.35 Pacote formatado opticamente utilizado para troca de rótulo óptico.

(que contêm um cabeçalho de IP-padrão e uma carga útil de informação mostrados na Figura 13.35) possuem um rótulo óptico ou pacote de controle ligados a eles antes de entrarem na rede OPS. Note que, em alguns esquemas de OPS, o comprimento de onda utilizado para transmitir o rótulo pode ser diferente do que é utilizado pelo pacote. Quando o pacote carga-rótulo trafega através de uma rede OPS, os comutadores de pacotes ópticos em nós intermediários processam apenas o rótulo óptico eletronicamente. A compensação de tempo é necessária para permitir tempo para que o comutador do pacote óptico seja ajustado após o processamento do rótulo óptico. Isso é feito para extrair a informação de encaminhamento para o pacote e determinar outros fatores, como o comprimento de onda no qual o pacote será transmitido e a taxa de *bits* da carga encapsulada. Uma vez que a carga é mantida no formato óptico à medida que trafega pela rede, ela pode utilizar qualquer esquema de modulação e ser codificada em uma taxa de *bits* muito elevada.

Vários métodos foram examinados em diferentes ensaios em rede para criar e fixar um rótulo a um pacote óptico, e as experiências demonstraram trocas de rótulo em taxas de dados de até 40 e 160 Gb/s. A limitação de uma rede OPS é que a tecnologia para criar *buffers* ópticos práticos precisa de um maior desenvolvimento. Semelhantemente a outras metodologias de comutação, esses *buffers* são necessários para armazenar os pacotes ópticos temporariamente durante o tempo em que ele leva para configurar um caminho de saída através de um comutador de pacote óptico intermediário e para resolver quaisquer portas de contenção que possam surgir entre dois ou mais pacotes incidentes destinados para a mesma porta de saída. Essa limitação tecnológica pode ser contornada por meio do princípio da comutação de rajadas ópticas, descrito na próxima seção.

13.6.5 Comutação de rajadas ópticas

A *comutação de rajadas ópticas* (OBS) foi concebida para fornecer uma solução eficiente para o envio de tráfego de rajadas de alta velocidade em redes WDM.[75-82] O tráfego é considerado como em *rajadas* se há longos tempos de pausa entre os períodos ocupados em que muitos de pacotes chegam dos usuários. Esse formato é típico do tráfego de dados em contraste com o tráfego de voz, que é caracterizado por uma natureza mais permanente do fluxo de *bits*. Há duas vantagens para a OBS: oferece a banda larga e a granularidade de tamanho de pacotes das redes de pacotes ópticos comutados sem a necessidade de um *buffer* óptico complexo, e fornece a baixa sobrecarga no processamento de pacotes que é característica das redes de comprimento de onda roteado. Assim, as características de desempenho da OBS estão entre as de uma rede de comprimento de onda roteado e a rede de pacotes ópticos comutados.

No princípio de uma rede OBS, um conjunto de comutadores de rajadas ópticas estão interligados com *links* WDM para formar o núcleo central da rede. Aparelhos conhecidos como *roteadores de borda* recolhem fluxos de tráfego de várias fontes na periferia de uma rede WDM, como ilustrado na Figura 13.36. Os fluxos são classificados em

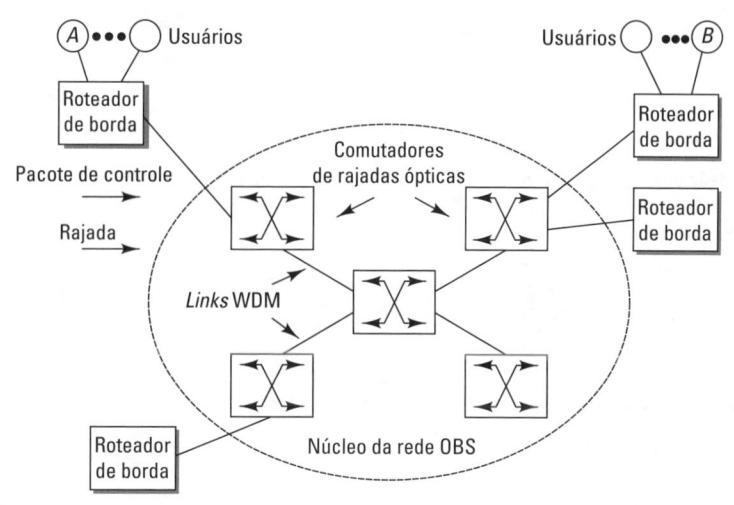

Figura 13.36 Estrutura genérica de uma rede de comutação de rajadas ópticas (OBS).

diferentes classes de acordo com seu endereço de destino e agrupados em unidades de comutação elementares de tamanho variável chamadas *rajadas*. As características de um roteador de borda desempenham um papel crucial no sistema OBS, uma vez que o desempenho global da rede depende da forma como uma rajada é agregada com base nos tipos particulares de estatísticas de tráfego.

Antes de uma rajada ser transmitida, o roteador de borda gera um *pacote de controle* e o envia para o destino para criar um caminho óptico para essa rajada. À medida que o pacote de controle viaja para o destino, cada comutador de rajadas ópticas ao longo do caminho óptico lê o tamanho da rajada e o tempo de chegada a partir do pacote de controle. Em seguida, antes da chegada da rajada, o comutador de rajada programa um período de tempo apropriado em um comprimento de onda que o próximo segmento do caminho óptico usará para transportar a rajada. Essa reserva para a chegada da rajada é chamada de *programação da rajada*.

A Figura 13.37 mostra um exemplo de *diagrama de tempo* para a configuração da conexão através de dois comutadores de rajada intermediários a partir do nó de origem A ao nó de destino B. Essa figura mostra que, após a transmissão do pacote de controle, a rajada em si é enviada após um atraso especificado chamado de *tempo de compensação*. O tempo que leva para criar uma conexão depende do tempo de propagação de ponta a ponta do pacote de controle, da soma de todos os atrasos de processamento t_{proc} do pacote de controle em nós intermediários e do tempo t_{conf} que leva para configurar o *link*. Uma vez que o *link* é configurado, o tempo de viagem para a rajada atingir o nó-destino é igual ao tempo de propagação, uma vez que não é necessário mais o processamento da rajada em qualquer nó intermediário. Portanto, o início da rajada deve ser retardado por um tempo de compensação após a transmissão do pacote de controle a fim de dar ao *link* tempo suficiente para ser configurado. Se há N nós intermediários no *link*, então o tempo de compensação deve ser, pelo menos, $Nt_{proc} + t_{conf}$. Note que o roteador de borda envia a rajada imediatamente após a expiração do tempo de compensação, sem esperar por uma confirmação do destino para indicar que a ligação está completa. Além disso, a transmissão da rajada pode começar antes que o pacote de controle chegue ao seu destino.

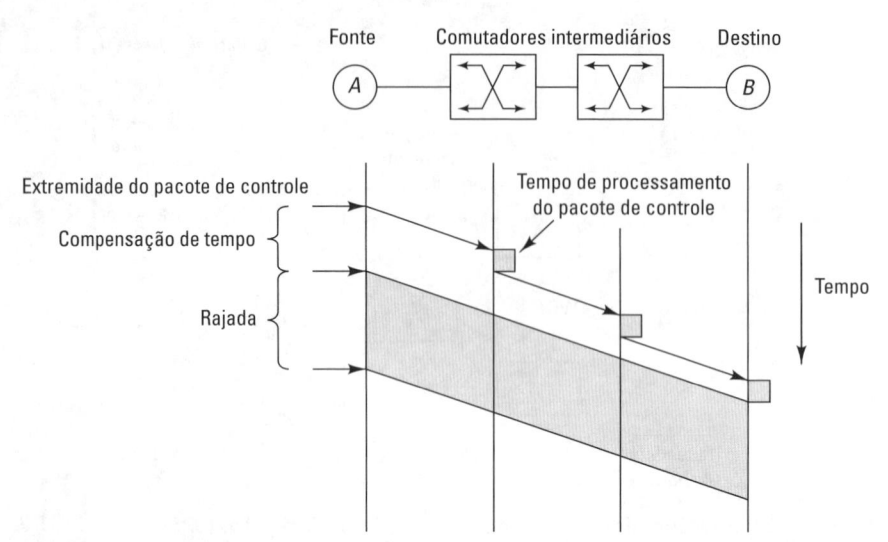

Figura 13.37 Diagrama de temporização para a progressão de um pacote de controle e uma rajada através de uma rede OBS.

As soluções propostas para algoritmos de montagem de rajadas incluem a formatação de uma rajada com base em um agregado de tempo fixo, um comprimento fixo de rajada ou um método híbrido tempo/comprimento da rajada. Os parâmetros principais são um máximo limiar de tempo de agregamento T, um máximo comprimento de rajada B e um mínimo comprimento de rajada B_{min}. Quando o fluxo do pacote de entrada é baixo, o limiar de tempo T garante que um pacote não seja atrasado por muito tempo na fila de agregamento. Quando o fluxo de pacotes de entrada é elevado, o limite superior B do tamanho da rajada também limita os tempos de atraso dos pacotes, restringindo o tempo necessário para a montagem de uma rajada. Caso contrário, se o tamanho da rajada não é limitado, longos tempos de montagem podem resultar, durante o tráfego, de pesadas cargas de entrada. Se o comprimento da rajada for menor do que B_{min} pelo tempo em que a rajada é programada para ser transmitida, os *bits* de preenchimento são adicionados para elevar o comprimento a B_{min}.

Estudos para a determinação do desempenho de várias abordagens propostas OBS incluem fatores como metodologias de montagem das rajadas, esquemas de reserva de largura de banda ao longo de um caminho óptico, procedimentos de agendamento de rajadas e resolução de contenção de recursos de rede quando duas ou mais rajadas de roteadores de borda diferentes tentam deixar a mesma porta de saída comutadora simultaneamente. Além disso, a ideia de implementar uma rede óptica híbrida foi proposta como uma alternativa a uma rede OBS pura.[82] Nesse conceito de arquitetura de rede, os comutadores ópticos híbridos que podem aceitar tráfegos de comprimento de onda roteado e OBS são utilizados como comutadores *crossconnect* no núcleo da rede.

13.7 Exemplos de rede WDM

Esta seção apresenta alguns exemplos de implementação de redes WDM de banda larga de longa distância e de redes metropolitanas de banda estreita.

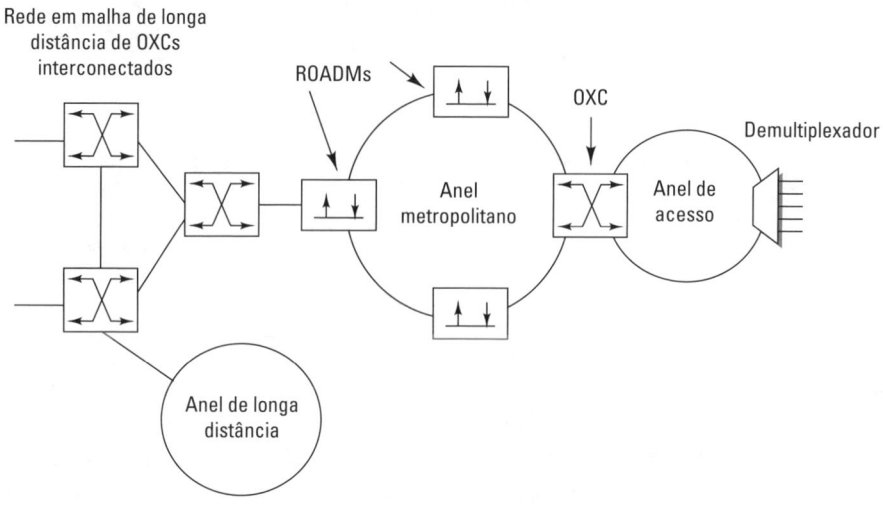

Figura 13.38 As redes DWDM de banda larga podem ser configuradas por meio de qualquer combinação de redes em anel ou malha.

13.7.1 Redes WDM de banda larga de longa distância

As redes DWDM de banda larga de longa distância consistem em uma coleção de ROADMs, comutadores e *crossconnect* ópticos interligados com linhas-tronco ponto a ponto de alta capacidade. Esse conjunto de equipamentos pode ser configurado por meio de qualquer combinação de redes em anel ou malha, como ilustra a Figura 13.38.

Cada cabo-tronco de longa distância contém diversas fibras monomodo, como mostra a Figura 13.39. Os cabos muitas vezes são baseados em configurações de fitas de fibra, que estão disponíveis com até 864 fibras ópticas alojadas em uma estrutura do cabo que é menor do que uma polegada (24,4 mm) de diâmetro (ver na Figura 2.44 um exemplo de cabo). As fibras individuais podem transportar diversos comprimentos de onda próximos simultaneamente, e cada um desses canais de sinais luminosos independentes pode suportar taxas de dados de *multigigabit*. Por exemplo, dependendo das necessidades de serviço, uma única fibra em um *link* padrão de longa distância pode carregar até 160 canais de tráfego de 2,5 Gb/s, 10 Gb/s ou 40 Gb/s usando 160 comprimentos de onda individuais.

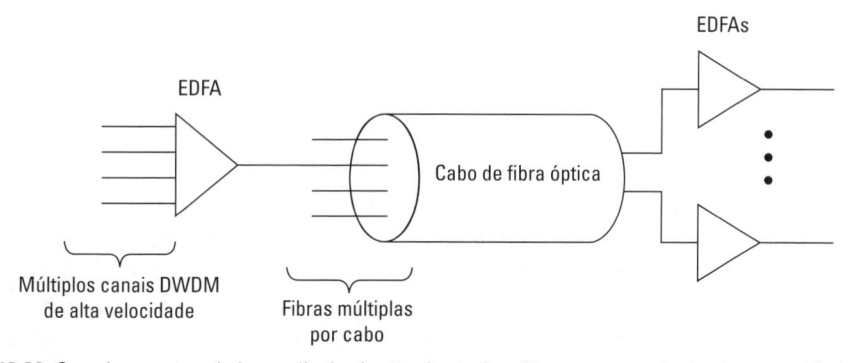

Figura 13.39 Os cabos-tronco de longa distância contêm muitas fibras monomodo de alta capacidade.

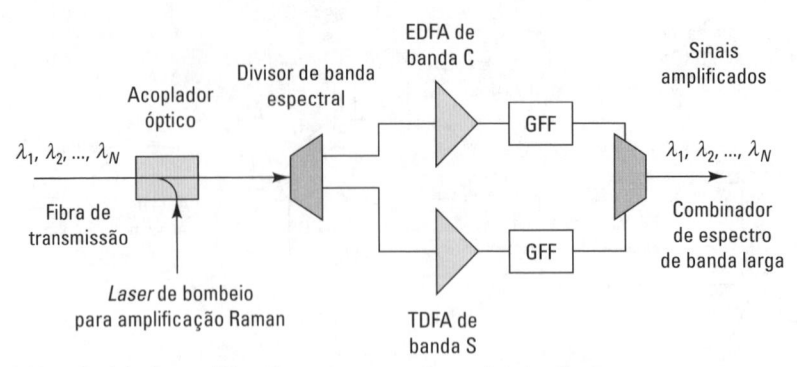

Figura 13.40 Um princípio de amplificação para a operação nas bandas C e S.

Esses números de taxa de dados correspondem às designações SONET/SDH, OC-48/STM-16, OC-192/STM-64 e OC-768/STM-256, respectivamente. Além disso, como descrito na Seção 13.4, foram demonstrados sistemas de transmissão capazes de enviar taxas de dados de 160 Gb/s em fibras monomodo padrão G.652 já instaladas.

Uma linha-tronco de longa distância também pode ter vários ROADMs de grau N para inserção e extração de tráfego em remotos pontos intermediários. As distâncias de transmissão padrão em *links* DWDM terrestres de longa distância são de 600 km com um espaçamento nominal entre os amplificadores ópticos de 80 km.

Se 160 canais DWDM são separados por 50 GHz, o intervalo de frequência requerido é de 8 THz (8.000 GHz), que é equivalente a uma banda de comprimento de onda espectral de cerca de 65 nm. Isso exige uma operação sobre as bandas C e S ou L simultaneamente. Consequentemente, os componentes ativos e passivos destinados a aplicações de longa distância devem satisfazer requisitos de desempenho elevado, como:

- Os amplificadores ópticos devem operar em uma ampla faixa espectral.
- Os amplificadores ópticos precisam de *lasers* de bombeio de alta potência para amplificar muitos canais.
- Cada comprimento de onda deve sair de um amplificador óptico com o mesmo nível de potência, para evitar uma inclinação crescente nos níveis de potência de um comprimento de onda para outro à medida que os sinais passam através de sucessivos amplificadores.
- Estabilização da temperatura rigorosa e controles de frequência ópticos são necessários para os transmissores de *laser*, para evitar a interferência entre canais de ondas luminosas.
- Transmissão de alta velocidade em longas distâncias exige técnicas de condicionamento de sinais ópticos, como compensações das dispersões cromática e de polarização modal.

Um *amplificador de fibra dopada com érbio* (EDFA) é limitada à banda C de 1.530-1.560 nm, na qual uma fibra padrão dopada com érbio tem uma resposta de ganho elevado. Pela adição de um mecanismo de amplificação Raman, a resposta do ganho pode ser estendida em ambas as bandas S e L. A Figura 13.40 ilustra um conceito de amplificação para a operação nas bandas C e S. Na figura, uma unidade de bombeio de amplificador Raman de comprimento de onda multiplamente distribuído é adicionado à frente do dispositivo de divisão de banda, o qual separa as bandas S e C. A amplificação Raman aumenta os níveis de potência tanto na banda S como na C. Depois de passar através do divisor de banda, os ganhos dos comprimentos de onda da banda S viajando no caminho de baixo podem ser reforçados com um amplificador de banda S (por exemplo, pelo TDFA descrito no Capítulo 11). Uma EDFA aumenta os níveis de potência dos comprimentos de onda da banda C no caminho superior da Figura 13.40. Seguindo os processos de amplificação, todos os comprimentos de onda são recombinados em uma unidade de multiplexação de banda larga. Os *filtros de ganho constante* (GFFs) que são utilizados para igualar as potências de saída finais de todos os comprimentos de onda podem ser tanto dispositivos passivos ou ativos.

Um operador de rede pode usar ROADMs de grau 4 controlados remotamente para reconfigurar o número de comprimentos de onda adicionados ou removidos em diferentes partes da rede quando necessário. Essa função pode fornecer outro comprimento de onda a um nó para adicionar capacidade ou pode desligar conexões de comprimentos de onda específicos que não precisam mais do serviço. Os OXCs de grau 4 podem configurar novas rotas para determinados comprimentos de onda, fechar conexões descontinuadas ou redirecionar caminhos ópticos de alta capacidade em caso de congestionamento ou falhas do *link*.

13.7.2 Redes metropolitanas de banda estreita

Nominalmente, uma *rede metropolitana* é configurada como uma rede de malha ou uma SONET/SDH bidirecional, *anel de linha comutada* (BLSR), como mostra a Figura 13.12.[83-89] Um anel é composto de conexões ponto a ponto de 2,5 ou 10 Gb/s (OC-48/STM-16 ou OC-192/STM-64) entre os escritórios centrais que estão espaçados em distâncias de 10 a 20 km. Uma rede metropolitana pode compreender de 3 a 8 nódulos, e a circunferência do anel é nominalmente menor que 80 km. Nos nós de comutação dentro do anel metropolitano, os ROADMs de grau 2 permitem que vários comprimentos de onda selecionados sejam extraídos e inseridos nos escritórios centrais metropolitanos. Um ROADM de grau 2 ou um OXC de grau 4 fornece interconexões a uma rede de longo distância. Dentro dos escritórios centrais metropolitanos, o equipamento SONET/SDH tem capacidade de preparação STS-1. O termo *aliciamento* significa que as taxas de baixa velocidade SONET/SDH, como 51,84 Mb/s STS-1 ou 155,52 Mb/s STM-1, são empacotadas em circuitos de maior taxa, como 2,5 Gb/s ou 10 Gb/s.

Conectada a uma rede metropolitana está a *rede de acesso*, que consiste em *links* entre usuários finais e um escritório central. A rede de acesso pode ser tanto uma rede óptica passiva ou PON baseada em anel ou estrela (ver Seção 13.8). Uma configuração de *acesso em anel* varia de 10 a 40 km de circunferência e, normalmente, contém três ou quatro nós, enquanto, no máximo, 32 usuários localizados em até 20 km de distância podem ser anexados a uma única PON. Dentro do anel de acesso à rede, um OADM fixo ou um ROADM proporciona a capacidade de adicionar ou remover múltiplos comprimentos de onda para usuários locais ou para outras redes regionais. Um OXC de grau 4 proporciona a ligação do anel de acesso a uma rede metropolitana.

Em contraste com as especificações de desempenho rigorosas impostas a sistemas DWDM de banda larga de longa distância, as distâncias mais curtas em redes de acesso e metropolitana relaxam alguns dos requisitos. Em particular, se a tecnologia CWDM é empregada, as tolerâncias de banda espectral de 20 nm permitem a utilização de dispo-

sitivos optoeletrônicos que não são de temperatura controlada. No entanto, outros requisitos exclusivos para aplicações metropolitanas há:
- Um *elevado grau de conectividade* é necessário para suportar o tráfego em malha, no qual vários comprimentos de onda são inseridos e extraídos em diferentes pontos ao longo do caminho.
- Um *dispositivo de comutação modular* e *flexível* como um ROADM é necessário, uma vez que os padrões de adição/remoção de comprimentos de onda e capacidades do *link* variam dinamicamente com os vários níveis de demandas de serviços novos e completados em diferentes nós.
- Uma vez que as funções de adição/remoção podem mudar dinamicamente de nó para nó, *componentes especiais*, como um *atenuador óptico variável* (VOA), são necessários para equalizar os níveis de potência dos comprimentos de onda recentemente adicionados com aqueles que já estão na fibra.
- *Amplificadores ópticos* otimizados para o uso em rede metropolitana são necessários, já que as perdas de interconexão podem ser bastante elevadas e os níveis de potência dos comprimentos de onda expressos podem mudar à medida que o sinal luminoso passa através de sucessivos nós.

As redes WDM metropolitanas devem suportar uma ampla variedade de formatos de transmissão, protocolos e taxas de *bits*. Conforme consta na Tabela 13.8, esses formatos incluem o tráfego SONET/SDH desde OC-3/STM-1 até OC-192/STM-64, ESCON (Enterprise Systems Connection da IBM), Fibre Channel, Fast Ethernet, Gigabit Ethernet e vídeo digital. Protocolos emergentes que precisam ser suportados incluem 40 e 100 Gigabit Ethernet.

Tabela 13.8 Formato de dados e protocolos que precisam ser acomodados por uma rede WDM metropolitana

Formato ou protocolo	Taxa de dados
OC-3/OC-3c e STM-1/STM-1c	155 Mb/s
OC-12/OC-12c e STM-4/STM-4c	622 Mb/s
OC-48/OC-48c e STM-16/STM-16c	2,488 Gb/s
OC-192/OC-192c e STM-64/STM-64c	9,953 Gb/s
Fast Ethernet	125 Mb/s
Gigabit Ethernet (GigE)	1,25 Gb/s
10 Gigabit Ethernet (10GigE)	10 Gb/s
ESCON	200 Mb/s
Fibre Channel	133 Mb/s a 1,06 Gb/s
Vídeo digital	270 Mb/s

13.8 Redes ópticas passivas

A *rede óptica passiva* (PON) é baseada no uso de comprimentos de onda CWDM e transmissão bidirecional em uma única fibra óptica.[90-94] Em uma PON, não há componentes ativos entre o escritório central e as instalações do cliente. Em vez disso, apenas componentes ópticos passivos são colocados no caminho de transmissão da rede para orientar o trânsito de sinais contidos em comprimentos de onda ópticos específicos para os terminais de usuário e de volta ao escritório central.

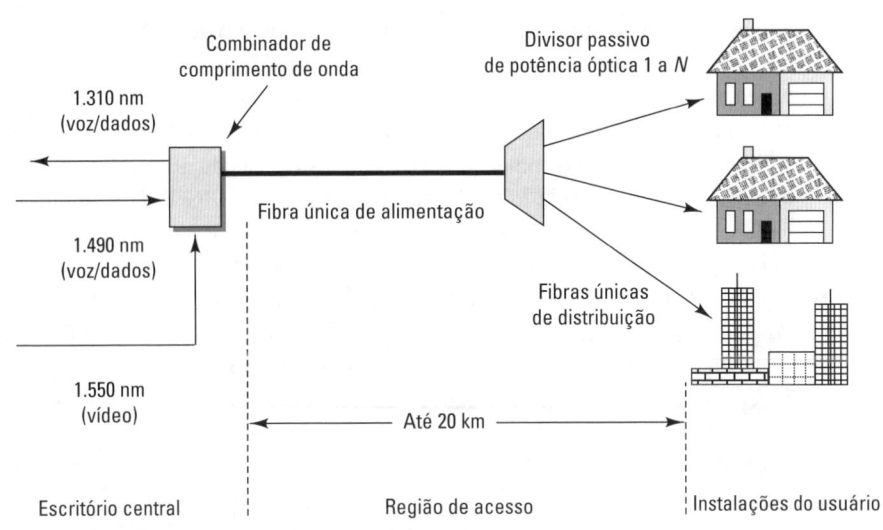

Figura 13.41 Arquitetura de uma típica rede óptica passiva.

13.8.1 Arquiteturas básicas de PON

A Figura 13.41 ilustra a arquitetura de uma típica PON, na qual uma rede de fibra óptica conecta equipamentos de comutação em um escritório central com um número de assinantes do serviço. No escritório central, dados e voz digitalizados são combinados e enviados para os clientes no fluxo (*downstream*) ao longo de uma ligação óptica, utilizando um comprimento de onda de 1.490 nm. O caminho de retorno no contrafluxo (cliente para o escritório central ou *upstream*) para os dados e a voz utiliza o comprimento de onda de 1.310 nm. Os serviços de vídeo são enviados no fluxo usando um comprimento de onda de 1.550 nm. Não existe um serviço de vídeo no contrafluxo. Note que todos os usuários conectados a uma determinada PON compartilham o mesmo comprimento de onda de contrafluxo em 1.310 nm. Isso requer licenças de tarefas cuidadosamente cronometradas de transmissão para os usuários, a fim de que o tráfego, no contrafluxo de usuários diferentes, não provoque nenhuma interferência entre eles.

Começando no escritório central, um fio de fibra óptica monomodo corre para um *divisor de potência óptica* passivo perto de um complexo habitacional, um parque de escritórios ou algum outro ambiente no *campus*. Nesse ponto, o dispositivo divisor passivo simplesmente divide a potência óptica em N caminhos separados para os assinantes. Se o divisor é projetado para dividir a potência óptica incidente uniformemente e se P_{in} é a potência óptica incidente no divisor, então o nível de potência que vai para cada assinante é P/N. Projetos de divisores de potência com outras razões de divisão também são possíveis o que dependerá da aplicação. O número de caminhos de separação pode variar de 2 a 64, mas, em uma PON, eles tipicamente são 8, 16 ou 32. A partir do divisor óptico, fibras monomodo individuais correm para cada equipamento no edifício ou servidor. A distância de transmissão de fibra óptica do escritório central ao usuário pode ser de até 20 km. Assim, os dispositivos ativos só existem no escritório central e na extremidade do usuário.

Existem vários esquemas alternativos de implementação de PON.[91,94-106] Os principais são:

- *Broadband PON* (BPON) é baseada na série de Recomendações G.983.1-G.983.5 da ITU-T que especificam a técnica do *modo de transferência assíncrona* (ATM)

como protocolo de transporte e de sinalização. Esse tipo de PON está sendo eliminado devido ao custo relativamente alto em comparação à Ethernet e à incompatibilidade com o emergente IP sobre a tecnologia DWDM (ver Seção 13.9).
- *Ethernet PON* (EPON) ou *gigabit Ethernet PON* (GE-PON) usa a Ethernet de 1 Gb/s como protocolo subjacente. A GE-PON é baseada no padrão EPON IEEE 802.3ah e é a tecnologia PON dominante na Ásia. A 10G EPON de alta velocidade é baseada no padrão EPON IEEE 802.3av e na Recomendação G.987 da ITU-T para transmissão de 10 Gb/s no fluxo e contrafluxo.
- *Gigabit PON* (GPON) combina as características da ATM e da Ethernet para proporcionar uma utilização da rede mais eficiente e flexível. A GPON oferece velocidades no fluxo de 2,5 Gb/s e velocidades no contrafluxo de 1,25 Gb/s. Ela baseia-se na série de Recomendações G.984.1-G.984.6 da ITU-T. A GPON fornece serviços de internet de banda larga e oferece tráfego ATM, TDM e Ethernet. Normalmente, a largura de banda é compartilhada por 32 usuários.
- *WDM PON* usa um comprimento de onda diferente para cada usuário para aumentar consideravelmente a capacidade da rede. Nessa arquitetura, um multiplexador de comprimento de onda (normalmente um AWG) é usado no lugar do divisor de potência representado na Figura 13.41. Sua flexibilidade de oferta de serviços é a grande vantagem de uma PON WDM em comparação com outros tipos de PON. Como cada usuário tem um comprimento de onda específico que não é compartilhado com os outros, um cliente com demandas de largura de banda muito elevadas pode ser facilmente acomodado sem afetar outros clientes de menor uso. O comprimento de onda dedicado também prevê um maior nível de segurança da informação em comparação com outros PONs.

A aplicação da tecnologia PON para fornecer conectividade de banda larga na rede de acesso às residências, unidades de várias ocupações e pequenas empresas geralmente é chamada de *fiber-to-the-x* (FTTx).[90-92] Aqui, *x* é uma letra que indica o quão próximo a extremidade da fibra está para o usuário real. Para *fiber-to-the-pressisses*, utiliza-se FTTP, sigla que se tornou prevalecente para referir-se aos diferentes conceitos de FTTx. Redes FTTP podem usar qualquer uma das diversas tecnologias PON.

13.8.2 Módulos PON ativos

Esta seção descreve as funções básicas e composições dos equipamentos optoeletrônicos localizados no escritório central e nos terminais dos usuários ou perto destes.

Terminal da linha óptica (OLT)   Está localizado em um escritório central e controla o fluxo bidirecional de informações através da rede. Um OLT deve conseguir suportar distâncias de transmissão de até 20 km. Na direção do fluxo, a função de um OLT é levar o tráfego de voz, dados e vídeo de uma rede de longa distância ou metropolitana e transmiti-los a todos os usuários da PON. No sentido inverso (contrafluxo), um OLT aceita e distribui vários tipos de tráfego de voz e dados dos usuários da rede.

Um OLT típico é projetado para controlar mais de uma PON. A Figura 13.42 dá um exemplo de um OLT que consegue servir quatro redes ópticas passivas independentes. Nesse caso, se existem 32 ligações para cada PON, então o OLT pode distribuir a informação para 128 usuários.

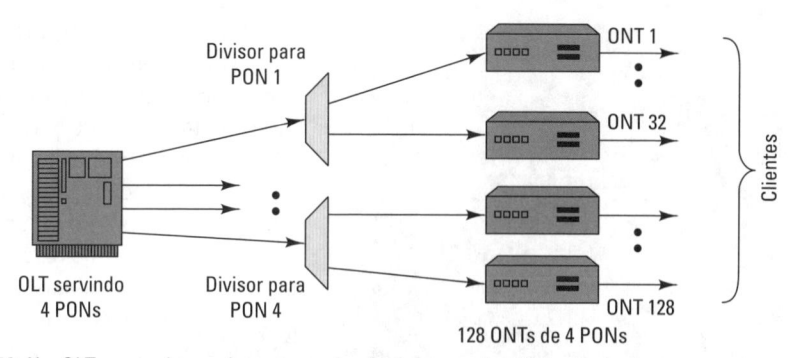

Figura 13.42 Um OLT capaz de servir quatro redes ópticas passivas independentes.

A transmissão simultânea de tipos de serviço separados na mesma fibra PON é ativada utilizando comprimentos de onda diferentes em cada direção. Para transmissões no fluxo, uma PON usa o comprimento de onda de 1.490 nm para o tráfego combinado de voz e dados e um comprimento de onda de 1.550 nm para a distribuição de vídeo. O tráfego no contrafluxo de voz e dados usa o comprimento de onda de 1.310 nm. Os acopladores passivos WDM executam as funções de combinação e separação de comprimentos de onda. Dependendo do padrão particular de PON utilizada, o equipamento de transmissão no fluxo e contrafluxo funciona a 155 Mb/s, 622 Mb/s, 1,25 Gb/s ou 2,5 Gb/s. Em alguns casos, as taxas de transmissão são as mesmas em ambas as direções (uma rede *simétrica*). Em outros padrões PON, a taxa no fluxo pode ser mais elevada do que a taxa no contrafluxo, o que é chamado de uma aplicação *assimétrica*. Inúmeros formatos diferentes de transmissão podem ser utilizados para a transmissão de vídeo no fluxo em 1.550 nm.

Terminal de rede óptica (ONT) Situa-se diretamente nas instalações do cliente. O objetivo é proporcionar uma conexão óptica com a PON no lado de contrafluxo e fazer a interface elétrica para o equipamento local do cliente. Dependendo das necessidades de comunicação do cliente ou bloco de usuários, o ONT geralmente suporta uma mistura de serviços de telecomunicações, incluindo várias taxas de Ethernet, conexões telefônicas T1 ou E1 (1,544 ou 2,048 Mb/s) e DS3 ou E3 (44.736 ou 34.368 Mb/s) interfaces ATM (155 Mb/s) e formatos digitais e analógicos de vídeo.

Uma grande variedade de desenhos de ONT funcionais e configurações de chassis está disponível para acomodar as necessidades em diferentes níveis de demanda. O tamanho de um ONT pode variar de uma simples caixa que pode ser fixada ao exterior de uma casa até uma unidade razoavelmente sofisticada montada em um painel eletrônico padrão interno para utilização em grandes complexos de apartamentos ou edifícios de escritórios. Na extremidade de alto desempenho, um ONT pode agregar, preparar e transportar vários tipos de tráfego de informações provenientes do usuário e enviá-los no contrafluxo através de uma infraestrutura PON de fibra única. O termo *grooming* significa que o equipamento da preparação de comutação olha para dentro de um fluxo de dados multiplexados por divisão no tempo, identifica os destinos dos canais multiplexados individualmente e, em seguida, reordena os canais de modo que possam ser entregues de forma eficiente para os seus destinos. Em conjunto com o OLT, um ONT permite a alocação dinâmica da largura de banda com base nas diferentes demandas dos usuários, para permitir uma entrega suave de tráfego de dados que normalmente chegam em rajadas a partir dos usuários.

A Figura 13.43 mostra um gabinete externo compacto e resistente que serve como uma interface entre o término de um cabo PON de múltiplas fibras e várias unidades de equipamentos ONT localizados em instalações como um prédio ou um edifício de escritórios. Por meio de tal gabinete, as fibras individuais de entrada podem ser ativadas, movidas ou desligadas com base em quais ONTs de determinados usuários são ligados, mudam-se para uma parte diferente do edifício ou são desligados.

Unidade de rede óptica (ONU)
Embora seja semelhante a um ONT, normalmente está alojada em um abrigo de equipamentos exterior, perto das instalações do usuário. Essas instalações podem incluir abrigos localizados em um meio-fio ou em um local centralizado dentro de um parque de escritórios. Assim, o equipamento ONU deve ser robusto ambientalmente para resistir a grandes variações de temperatura. O abrigo para a ONU exterior deve ser resistente à água, à prova de vandalismo e capaz de suportar ventos fortes. Além disso, é necessária uma fonte local de energia para operar o equipamento em conjunto com uma bateria de emergência. Na ligação da ONU às instalações do cliente, pode-se utilizar um fio de cobre de par trançado, um cabo coaxial, um *link* de fibra óptica independente ou uma conexão sem fio.

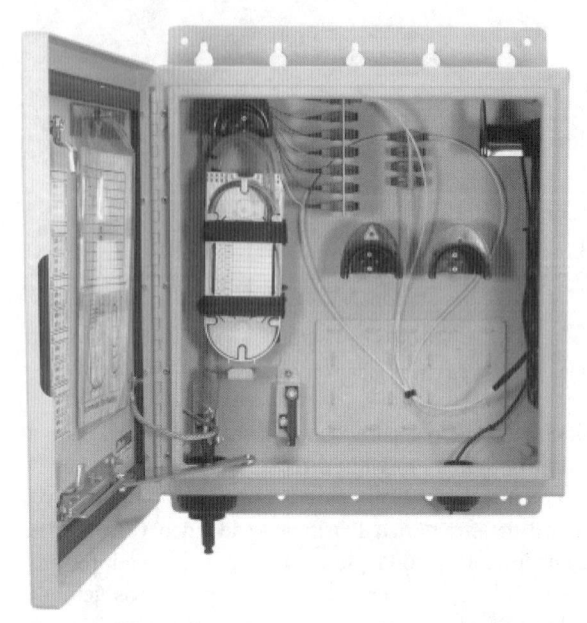

Figura 13.43 Gabinete resistente e compacto externo usado para fazer a interface de um cabo PON de múltiplas fibras em vários ONTs internos.
(Cortesia de Charles Industries; www.charlesindustries.com.)

13.8.3 Fluxo de tráfego

Duas funções-chave de rede de um OLT são o controle de tráfego de usuários e a atribuição dinâmica de largura de banda para os módulos ONT. Até 32 ONTs utilizam o mesmo comprimento de onda e partilham uma linha de transmissão de fibra óptica comum, de modo que algum tipo de sincronização de transmissão deve ser utilizado para evitar colisões entre o tráfego que vem a partir de ONTs diferentes. O método mais simples é a utilização de um *acesso múltiplo de divisão do tempo* (TDMA), em que cada usuário transmite a informação dentro de um intervalo de tempo específico atribuído a uma taxa de dados preestabelecida. No entanto, isso não faz uso eficiente da largura de banda disponível, pois muitos intervalos de tempo estarão vazios se os usuários da rede não tiverem informações para serem enviadas de volta para o escritório central.

Um processo mais eficiente é a *alocação dinâmica de largura de banda* (DBA), em que os intervalos de tempo de um usuário inativo ou de baixa utilização são atribuídos a um cliente mais ativo. O esquema exato de DBA implementado através de um OLT em uma determinada rede depende de fatores como prioridades do usuário, qualidade do serviço garantido para clientes específicos, tempo de resposta desejado para a alocação de largura de banda e quantidade de largura de banda requerida (e paga) por um cliente.

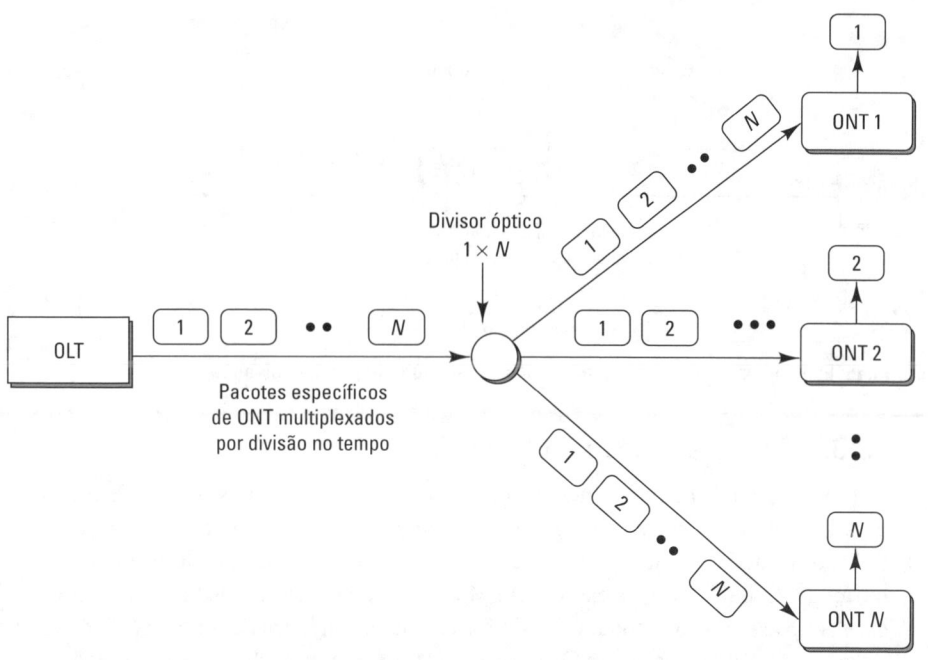

Figura 13.44 Operação de um processo de multiplexação por divisão no tempo.

Como mostrado na Figura 13.44, o OLT usa a *multiplexação por divisão no tempo* (TDM) para combinar chamadas de fluxos de voz e dados que são destinados a usuários da PON. Como um exemplo simples disso, se houver N fluxos de informação independentes chegando ao OLT, cada um rodando em uma taxa de dados de R b/s, então o esquema TDM se intercalará eletricamente em um fluxo único que opera em uma taxa maior de $N \times R$ b/s. O sinal multiplexado resultante no fluxo é transmitido para todos os ONTs. Cada ONT descarta ou aceita os pacotes de informações recebidas, dependendo do endereço no cabeçalho do pacote. A criptografia pode ser necessária para manter a privacidade, porque o sinal é transmitido no fluxo e cada ONT recebe toda a informação destinada a cada extremidade do terminal.

Exemplo 13.10 Considere dois ONTs localizados a 3 km e 20 km do OLT, respectivamente. Para esses dois *links*, quais são os tempos de propagação de ida e volta para mensagens provenientes de e retornando para o OLT? Considere que a velocidade da luz na fibra é $s_{vidro} = 2 \times 10^8$ m/s.

Solução: Os tempos de propagação de ida e volta são

$$t(3 \text{ km}) = 2(3 \text{ km})/(2 \times 10^8 \text{ m/s}) = 30 \ \mu s$$

$$t(20 \text{ km}) = 2(20 \text{ km})/(2 \times 10^8 \text{ m/s}) = 200 \ \mu s$$

O envio de tráfego no contrafluxo é mais complicado, pois todos os usuários devem partilhar no tempo o mesmo comprimento de onda. Para evitar colisões entre as transmissões de diferentes usuários, o sistema usa um protocolo de *acesso múltiplo de divisão do tempo* (TDMA). A Figura 13.45 dá um exemplo simples. O OLT controla e coordena o tráfego de cada ONT enviando permissões a eles para transmitir durante um intervalo de tempo específico. Os intervalos de tempo devem ser sincronizados, pois os tempos de trânsito variam entre os ONTs (ver Exemplo 13.10).

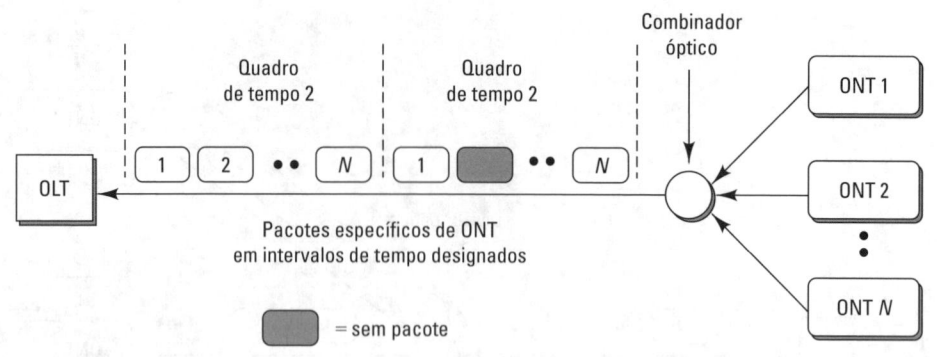

Figura 13.45 Funcionamento de um protocolo de acesso múltiplo por divisão no tempo.

13.8.4 Características da GPON

A Tabela 13.9 destaca os principais requisitos de serviço GPON (GSR). Primeiramente, uma GPON deve ser uma *rede de serviço completo*, ou seja, deve conseguir transportar todos os tipos de serviço, como 10 e 100 Mb/s Ethernet, o legado do telefone analógico, o tráfego digital T1/E1, os pacotes ATM e o tráfego de linhas alugadas de alta velocidade. As taxas de dados podem ser simétricas ou assimétricas com taxas elevadas sendo enviadas no fluxo a partir do OLT para os ONTs. Um provedor de serviço pode oferecer uma taxa mais baixa no contrafluxo para aquelas GPONs em que o tráfego no fluxo é muito maior do que no contrafluxo, como é o caso quando os assinantes usam o serviço de dados de IP principalmente para aplicações como a navegação na internet ou *e-mail* em baixa taxa no contrafluxo e *downloads* de grandes arquivos em maior taxa no fluxo.

Tabela 13.9 Resumo dos requisitos de serviço de GPON

Parâmetro	Especificação GSR
Serviço	Serviço completo; por exemplo, 10/100 BASE-T Ethernet, telefonia analógica, SONET/SDH TDM, ATM
Taxa de acesso de dados	*Downstream* (fluxo): 1,244 e 2,488 Gb/s
	Upstream (contrafluxo): 155 Mb/s, 622 Mb/s, 1,244 Gb/s e 2,488 Gb/s
Distância	Máxima de 10 km ou 20 km
Número de divisores	Máximo de 64
Comprimentos de onda	Voz/dados no fluxo: de 1.480-1.500 nm
	Voz/dados no contrafluxo: de 1.260-1.360 nm
	Distribuição de vídeo no fluxo: de 1.550-1.560 nm
Comutação de proteção	Completamente redundante 1 + 1 proteção
	Parcialmente redundante 1:*N* proteção
Segurança	Informação de segurança no nível de protocolo para o tráfego no fluxo; por exemplo, o uso do padrão de criptografia avançada (AES)

A Recomendação G.984.1 da ITU-T descreve o uso de um mecanismo de comutação de proteção, o qual permite diferentes tipos de configuração de PON que incluem redundância de *links* e equipamentos para a proteção da rede. Entre estes, estão a proteção totalmente redundante 1 + 1 e a proteção parcialmente redundante 1:*N*. A Figura 13.46

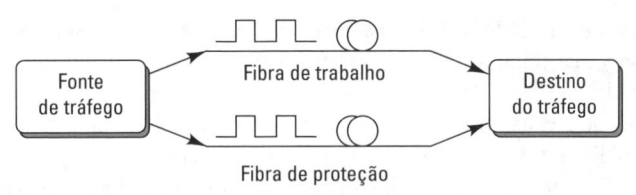

Figura 13.46 Proteção de *links* 1 + 1 totalmente redundante.

mostra que, na proteção 1 + 1, o tráfego é transmitido da fonte ao destino simultaneamente através de duas linhas de fibras separadas. Normalmente, esses dois caminhos não se sobrepõem em nenhum ponto, de modo que um corte do cabo afetaria apenas um dos caminhos de transmissão de fibra. No esquema de proteção 1 + 1, o equipamento receptor seleciona uma das ligações como a *fibra de trabalho* para a recepção de informações. Se uma fibra nesse *link* é cortada ou o equipamento de transmissão nesse *link* falha, o receptor comuta para a *fibra de proteção* e continua a receber informações. Esse método de proteção proporciona uma transição rápida durante as falhas e não requer um protocolo de sinalização de proteção entre a fonte e o destino. No entanto, exige fibras duplicadas e equipamentos de transmissão redundantes para cada *link*.

O procedimento de proteção 1:*N* oferece uma utilização mais econômica de fibras e de equipamento. Como mostrado na Figura 13.47, uma fibra de proteção é compartilhada entre *N* fibras de trabalho. Esse arranjo proporciona proteção no caso de uma das fibras de trabalho falhar. Para a maioria das redes operacionais, esse nível de proteção é adequado, pois falhas de múltiplas fibras são raras (a menos que todas as fibras estejam no mesmo cabo). Em contraste com o método de proteção 1 + 1, no esquema de proteção 1:*N*, o tráfego apenas é transmitido ao longo da fibra de trabalho durante o funcionamento normal. Quando existe uma falha em uma ligação particular, tanto a fonte como o destino passam para a fibra de proteção, o que requer um protocolo de comutação automática entre as extremidades para permitir o uso do *link* de proteção.

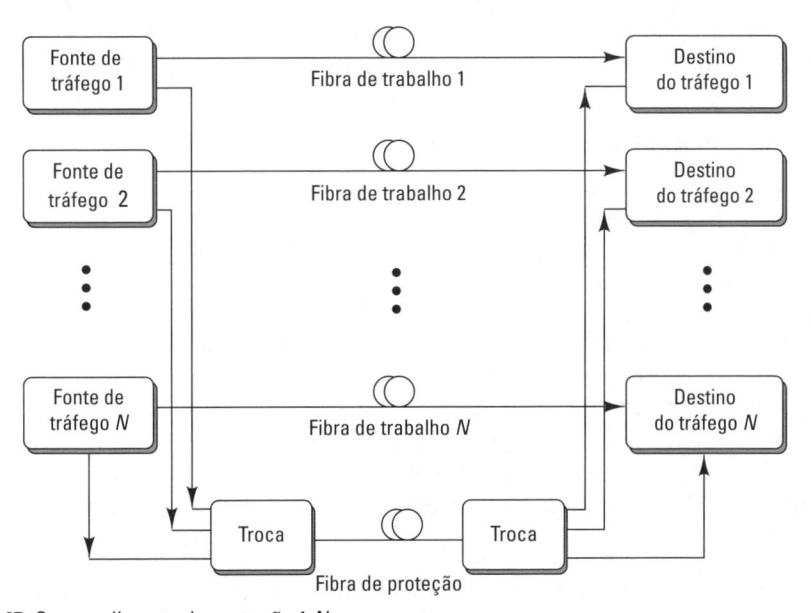

Figura 13.47 O procedimento de proteção 1:*N*.

Uma vez que os dados no fluxo a partir do OLT são transmitidos para todos os ONTs, cada mensagem transmitida pode ser vista por todos os usuários ligados ao GPON. Assim, o padrão GPON descreve o uso de um mecanismo de segurança da informação para garantir que os usuários tenham permissão para acessar apenas os dados destinados a eles. Além disso, tal mecanismo de segurança assegura que nenhuma ameaça de espionagem maliciosa seja provável. Um exemplo de um mecanismo de criptografia ponto a ponto é o *padrão de criptografia avançada* (AES), que é utilizado para proteger a carga de informação do campo de dados no quadro da GPON. A *criptografia* é uma técnica em que os dados são transformados em um formato ininteligível no final de envio para protegê-lo contra a divulgação não autorizada, modificação, utilização ou destruição à medida que viaja através da rede.

O algoritmo de criptografia AES codifica e decodifica blocos de dados de 128 *bits* a partir de seu formato original chamado de *texto aberto** para uma forma ininteligível denominada *texto fechado.** As chaves de cifra podem ter comprimentos de 128, 192 ou 256 *bits*, o que torna a criptografia extremamente difícil de se comprometer. Uma chave pode ser mudada periodicamente (por exemplo, uma vez por hora), sem perturbar o fluxo de informações. A descriptografia do texto cifrado no destino converte os dados em sua forma original.

O *método de encapsulamento GPON* (GEM) fornece um meio genérico para enviar diferentes serviços ao longo de uma GPON. A carga encapsulada pode ser de até 1.500 *bytes* de comprimento. Se um ONT tem um pacote para enviar maior que 1.500 *bytes*, o ONT deve quebrar o pacote em *fragmentos* menores que se encaixam no comprimento de carga permitido. O equipamento de destino é responsável pela montagem dos fragmentos no formato do pacote original. Uma das principais vantagens do esquema GEM é que ele fornece um meio eficiente de encapsular e fragmentar pacotes de informações do usuário. O encapsulamento em uma GPON permite o gerenciamento adequado dos fluxos de múltiplos serviços de ONTs diferentes que compartilham um *link* comum de transmissão de fibra óptica. O objetivo da fragmentação é enviar pacotes de um usuário de forma eficiente, independentemente do seu tamanho, e recuperar o formato do pacote original de forma confiável a partir das janelas de transmissão da camada física na GPON.

13.8.5 Arquiteturas PON WDM

A crescente demanda por maior capacidade serviços *triple-play* (como vídeo interativo, virtualização e computação em nuvem) pode levar rapidamente a demandas de 100 Mb/s por assinante. Como uma rede FTTP padrão de três comprimentos de onda não será capaz de satisfazer essas exigências, uma possível melhoria é a utilização de mais comprimentos de onda para criar uma PON WDM. Esse método utiliza um comprimento de onda distinto para cada ONT de transmissão, de modo que um ONT pode enviar sua informação de forma contínua no contrafluxo ao longo de uma fibra compartilhada, sem esperar por uma faixa de tempo atribuída à transmissão específica.

Nessa arquitetura, um multiplexador de comprimento de onda (normalmente um AWG) é usado no lugar do divisor de potência representado na Figura 13.41. A sua flexibilidade de oferta de serviço é a vantagem principal de uma PON WDM em comparação

---

* N. de T.: Os termos *plaintext* e *ciphertext*, respectivamente, também podem ser denotados como texto claro e texto cifrado.

com outros tipos de PON. Como cada usuário tem um comprimento de onda específico que não é compartilhado com os outros, e um cliente com demandas de largura de banda muito elevadas pode ser facilmente acomodado sem afetar outros clientes com menores demandas. O comprimento de onda dedicado também colabora para um maior nível de segurança da informação em comparação com outros tipos de PON.

Recomenda-se que uma PON WDM tenha um ONT *incolor*, o que significa que nenhum ONT deve ter um comprimento de onda de transmissão fixo atribuído a ele. Uma solução óbvia, mas extremamente cara, é a utilização de um *laser* sintonizável em cada ONT. Entretanto, como equipamentos de baixo custo final representam um fator determinante nas instalações de PON, não se trata de uma solução viável. Assim, um dos principais desafios para a implementação de uma PON WDM é ter uma fonte de alta potência óptica e baixo custo.

Um método proposto consiste em utilizar uma emenda espectral de uma fonte de luz de banda larga barata. Várias técnicas são exploradas para alcançar esse objetivo. Uma ideia é que cada ONT contenha uma fonte com um amplo espectro de saída óptica dentro do transmissor, como um *diodo emissor de luz superluminescente* (SLED). A saída espectral larga da fonte no ONT está ligada a uma porta de um dispositivo WDM local, como um filtro de filme fino ou um AWG. Apenas os componentes ópticos espectrais do SLED que podem passar pelo canal WDM são transmitidos através do escritório central. Embora todos os ONTs tenham SLEDs idênticos, cada usuário é conectado a uma porta diferente no dispositivo WDM local, de modo que é possível cortar uma parte diferente do espectro óptico disponível para cada ONT. Esse esquema, assim, fornece a cada ONT um comprimento de onda diferente de transmissão.

Outro princípio é utilizar uma fonte de banda larga (por exemplo, um diodo superluminescente *laser* ou uma fonte EDFA de banda larga) no escritório central e enviar a saída da fonte no fluxo por meio de um AWG. Os comprimentos de onda espectralmente cortados viajam para os ONTs individuais e semeiam uma fonte relativamente barata em cada ONT, como um diodo *laser* de *Fabry-Perot* (FP). A ação de semear obriga o *laser* FP a funcionar em um modo quase único. Uma vez que uma semente de comprimento de onda diferente chega a cada ONT, o *laser* FP localizado no ONT pode transmitir dados no contrafluxo em seu comprimento de onda exclusivo.

Outras técnicas usam um *amplificador óptico semicondutor reflexivo* (RSOA) ou um modulador de eletroabsorção reflexivo para criar fontes de comprimento de onda em um ONT para a transmissão no contrafluxo. Desde 2010, vários testes de campo sobre PONs WDM foram realizados, incluindo o fornecimento de serviços para milhares de clientes na Coreia do Sul, entretanto, são necessárias mais pesquisas para encontrar um método eficaz para o estabelecimento de transmissores com comprimentos de onda únicos no local do cliente.

13.9 IP sobre DWDM

O objetivo principal de qualquer rede de comunicação é a troca de informações entre os elementos, como telefones, computadores, equipamentos de escritório ou vários tipos de instrumentação. Como mostrado na Figura 13.3, essa troca de informações é realizada invocando-se um conjunto de protocolos que regem a geração, formatação, controle, troca e interpretação da informação que é transmitida através de uma rede de telecomunicações ou que é armazenada em um banco de dados. Na pilha de protocolo mostrada na Figura 13.3, a função da camada de rede é a entrega de pacotes de dados da fonte para o destino através de *links* de rede múltiplas. Normalmente, a camada de rede deve encontrar um caminho através de uma série de nós conectados, e os nós ao longo desse caminho devem encaminhar os pacotes para o destino adequado. O protocolo da camada de rede dominante é o Protocolo de Internet (IP).

Existem várias maneiras de entregar pacotes IP através de uma rede óptica de transporte físico.[100,107-108] A Figura 13.48 mostra a arquitetura de camadas de uma rede IP de primeira geração utilizada no início dos anos 2000. A informação do usuário é encapsulada em pacotes IP, que contêm um campo de dados e um conjunto de *bits* de endereçamento e de controle que permitem que a informação seja roteada dentro de uma rede. Para o transporte em uma rede óptica, os pacotes IP são segmentados em pacotes de *modo de transferência assíncrona* (ATM) de comprimento fixo. A rede SONET ou SDH é utilizada para transportar as células ATM através de uma rede WDM ao destino da informação. O papel da rede WDM é gerenciar as configurações e quedas dos canais WDM para fornecer algum nível de proteção de rede e recuperação, além de funções de camada física, como amplificação óptica, multiplexação de adição/remoção e conversão de comprimento de onda.

O ATM é uma tecnologia de comutação e de multiplexação de alto desempenho que utiliza comprimentos fixos de pacotes de 53 *bytes* para realizar diferentes tipos de tráfego.[9-12] Os pacotes ATM, denominados *células*, consistem em 48 *bytes* de carga útil de informação e um cabeçalho de 5 *bytes*. A vantagem do ATM é que ele permite às operadoras oferecer múltiplas classes de serviço, conectar dispositivos que operam em velocidades diferentes e misturar tipos de tráfego com diferentes requisitos de transmissão, como tráfego de voz, vídeo e dados.

A desvantagem da arquitetura representada na Figura 13.48 é que funções de gestão redundantes ocorrem em cada camada, de modo que esse método de camadas não é eficiente para o transporte de tráfego IP. Consequentemente, o legado ATM começou a ser progressivamente eliminado em favor da criação de uma arquitetura de IP sobre SONET, como ilustra a Figura 13.49. Dentro dessa arquitetura, uma técnica chamada *comutação de cabeçalho multiprotocolo* (MPLS) é implementada para fornecer designação eficiente, roteamento, encaminhamento e comutação de fluxos de tráfego através da rede.[109-110] O conceito fundamental da MPLS é encaminhar o tráfego IP usando um rótulo de pacote. Em uma rede IP tradicional, cada roteador ao longo do caminho de transmissão toma uma decisão de encaminhamento de pacotes independente com base no cabeçalho da camada de rede de cada pacote. Com a MPLS, quando um pacote inicialmente entra em uma rede, nomeia-se um rótulo específico de *classe de encaminhamento equivalente*

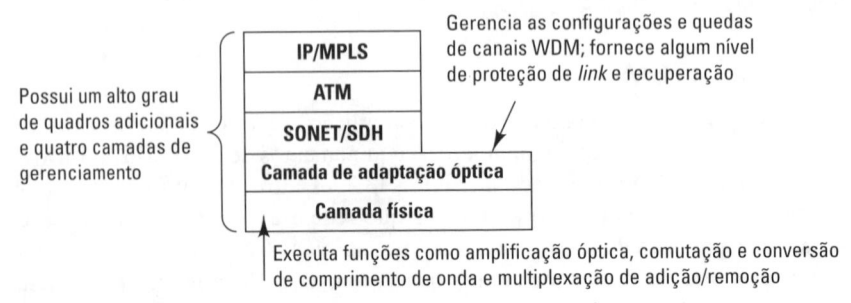

Figura 13.48 A arquitetura de camadas de uma rede IP roteada de primeira geração.

Figura 13.49 Princípio de uma arquitetura IP sobre SONET sobre DWDM.

com base nas informações preestabelecidas de roteamento IP, que designa o caminho que o pacote irá seguir através da rede. Esse rótulo instrui os roteadores e comutadores da rede para onde encaminhar os pacotes. Consequentemente, uma vez que um pacote entrou em uma rede, os roteadores intermediários não precisam realizar uma análise do cabeçalho. Isso também significa que o tráfego em tempo real que não podem se atrasar, como voz e vídeo, podem ser mapeados facilmente para rotas de baixa latência em uma rede.

Uma extensão da MPLS chamada *MPLS Generalizado* (GMPLS) aumenta a arquitetura MPLS por uma separação completa dos planos de controle e de dados das várias camadas da rede.[111-113] Esse conceito é ilustrado na Figura 13.50. A GMPLS dá aos roteadores a capacidade de realizar uma interface inteligente na camada óptica para estabelecer, alterar ou derrubar *links* ópticos em tempo real. Além disso, ela permite provisionamento extremidade-extremidade e engenharia de tráfego e controle mesmo quando os nós do início e do final pertencem a redes heterogêneas.

13.10 Ethernet óptica

A Ethernet óptica é projetada para enviar quadros Ethernet padrão bem conhecidos de 10/100-Mb/s, 1 Gb/s e 10-Gb/s diretamente através de fibras ópticas.[114-117] Como o protocolo Ethernet tem uma complexidade menor do que os tradicionais protocolos de telecomunicações, como SONET/SDH, a Ethernet óptica oferece uma complexidade de rede reduzida. Além disso, e importante, a Ethernet óptica permite interfaces diretas para o enorme conjunto onipresente mundialmente de equipamentos baseados em Ethernet. Assim, não há necessidade de traduzir quadros Ethernet para e de outros protocolos de comunicações entre o emissor e o receptor.

13.10.1 Instalações básicas de Ethernet óptica

A Ethernet tornou-se o protocolo mais amplamente utilizado para redes de área local e de *campus*, e foi estendida a redes metropolitanas e de longa distância. Há uma base instalada de mais de um bilhão de portas Ethernet que resultou em componentes altamente confiáveis e de baixo custo, que são amplamente disponíveis em todo o mundo. Ao utilizarem a Ethernet como uma tecnologia de transporte de primeira milha na rede de acesso,

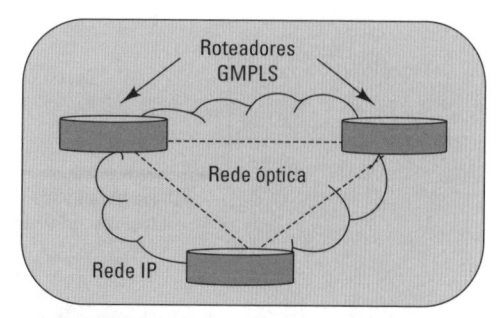

Figura 13.50 Os roteadores GMPLS recebem informações da rede IP e estabelecem caminhos de roteamento através da rede de fibra óptica.

os engenheiros podem construir redes de acesso com IP e Ethernet, uma vez que os dados são transportados em quadros Ethernet padrão. Isso evita os custos e a complexidade de conversão de protocolos, como é feito em instalações BPON. Além disso, a implantação de Ethernet na primeira milha permite que os gerentes de rede tirem proveito das ferramentas existentes e familiares de gerenciamento e de análise que foram projetadas para o monitoramento e controle de uma rede Ethernet.

Em junho de 2004, o IEEE aprovou o padrão 802.3ah – *Ethernet na primeira milha* (EFM). A *primeira milha* é definida como a infraestrutura de rede que conecta os assinantes comerciais ou residenciais ao escritório central de uma *operadora de telecomunicações* (uma empresa que está autorizada pelos órgãos reguladores a operar um sistema de telecomunicações) ou *provedor de serviços* (uma empresa que fornece acesso a telefone e serviços relacionados com comunicações). Às vezes, a primeira milha pode ser uma rede de distribuição em um edifício, que é conectado através de um roteador ou comutador de camada 3 a um provedor de serviço através de alguma conexão de alta velocidade. Essas construções podem incluir apartamentos ou *unidades de múltiplas habitações* (MDUs), edifícios de escritórios ou *unidades de múltiplos inquilinos* (MTUs) e hotéis ou *unidades de múltiplos hóteis* (MHUs).

Três esquemas físicos diferentes de transporte EFM são possíveis. Como ilustrado na Figura 13.51, um esquema utiliza uma metodologia de *rede Ethernet óptica passiva* (EPON), os outros dois métodos empregam *links ponto a ponto* (P2P) tanto para fios de cobre ou fibras ópticas que conectam diretamente usuários e escritório central.

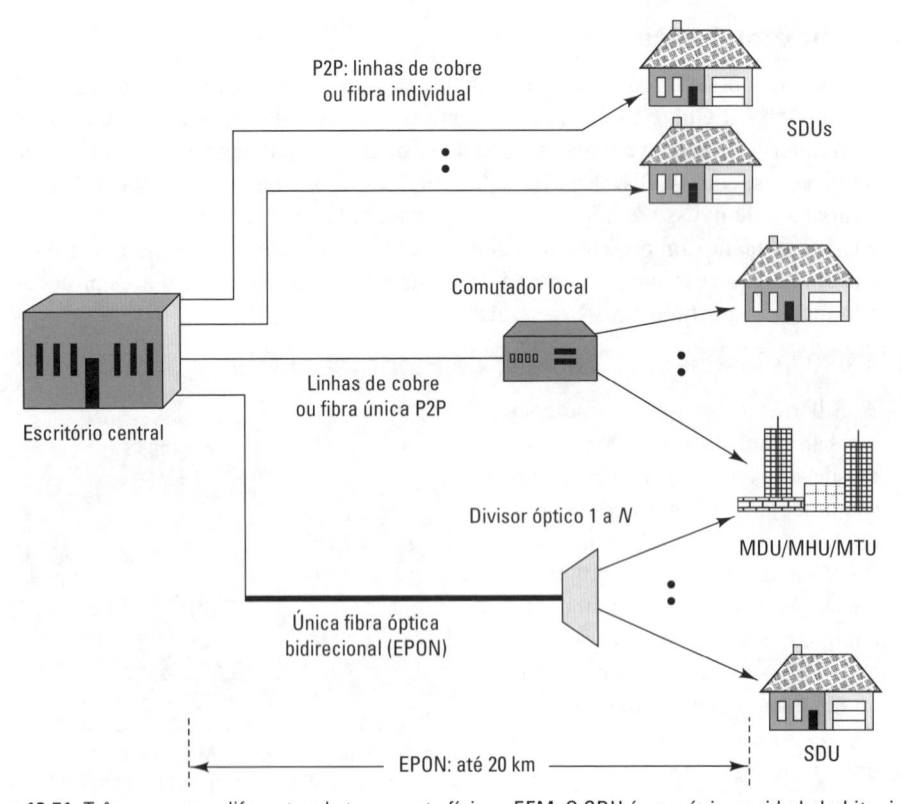

Figura 13.51 Três esquemas diferentes de transporte físicos EFM. O SDU é uma única unidade habitacional.

Tabela 13.10 As características principais de uma camada física de três opções EFM

Esquema EFM	Opções de camada física
EPON/GE-PON	• Distância de 10 km; 1 Gb/s; divisor 1 × 32; uma fibra monomodo bidirecional
	• Distância de 20 km; 1 Gb/s; divisor 1 × 16 ou 1 × 32; uma fibra monomodo bidirecional
P2P sobre fibra	• 1000BASE-LX: óptica em intervalo de temperatura estendido para *links* de 1 Gb/s
	• 1000BASE-X: 10 km sobre uma fibra monomodo bidirecional para *links* de 1 Gb/s
	• 100BASE-X: 10 km sobre uma fibra monomodo bidirecional para *links* de 100 Mb/s
P2P sobre cobre	• Distância de 750 m; 10 Mb/s transmissão *full-duplex* sobre fios de cobre de único par sem qualidade de voz

Assim, obtêm-se muitas linhas correndo para instalações a partir do escritório central ou um *link* de cobre ou fibra única que pode conectar o escritório central a um comutador de distribuição local ou um divisor óptico. A Tabela 13.10 destaca as características da camada física dessas três opções. Elas são explicadas em mais detalhes no padrão EFM IEEE. No Japão e em outras partes da Ásia, a EPON de 1 Gb/s é amplamente conhecida como GE-PON.

13.10.2 Arquitetura EPON/GE-PON

A Figura 13.52 mostra a arquitetura básica EPON/GE-PON e seu conceito operacional. Essa arquitetura segue a forma padrão de PON que tem uma linha de alimentação principal que vai para um divisor óptico. Até 32 filiais de distribuição deixam o divisor e fazem interface com os ONTs. Como observado na Tabela 13.10, o padrão IEEE 802.3ah EFM especifica as condições operacionais para a distância de transmissão máxima de 10 ou 20 km entre o OLT e um ONT. A distância de transmissão atingível depende do tamanho do divisor óptico (16 ou 32 portas de assinantes) e se as ópticas de curto alcance (classe B) ou de longo alcance (classe C) estão selecionadas.

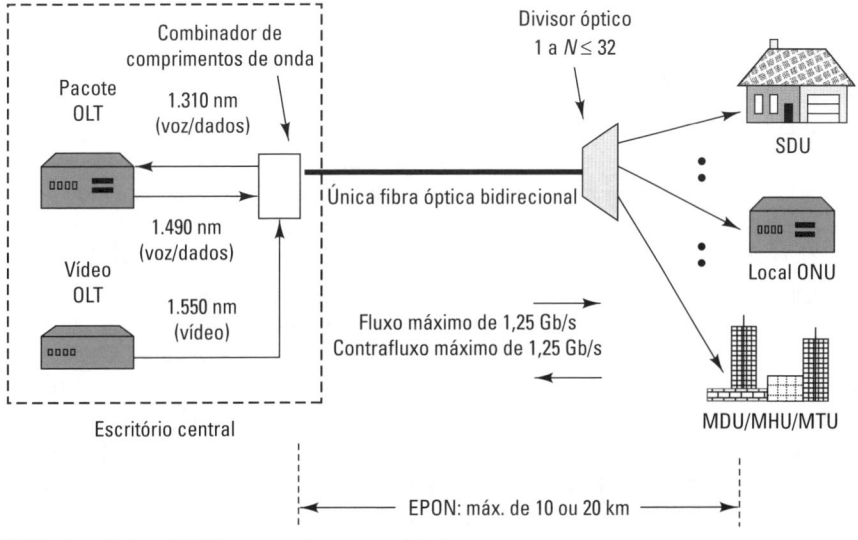

Figura 13.52 Arquitetura EPON e conceitos operacionais.

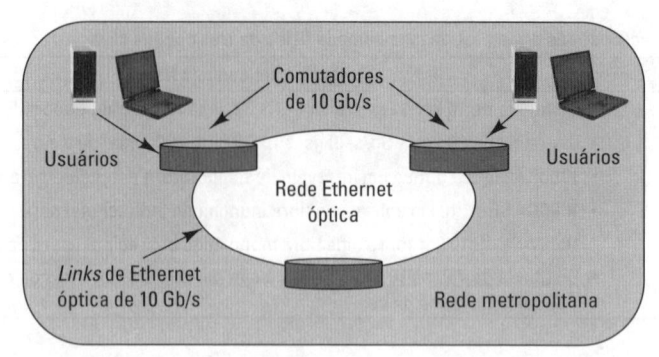

Figura 13.53 Entrega de tráfego pela Ethernet óptica ao longo do suporte principal de uma rede metropolitana baseada no padrão Ethernet 10G
(Fotos © Getty RF).

A implementação EPON usa *controles de acesso de mídia* Ethernet (MAC) comercialmente disponíveis e conjuntos de *chips* de *camada física* (PHY). Isso resulta em um benefício econômico significativo devido à grande disponibilidade e confiabilidade já comprovada desses componentes.

Uma EPON utiliza um comprimento de onda de 1.490 nm para a transmissão no fluxo de voz e dados para os ONTs e um comprimento de onda de 1.310 nm para o caminho de retorno no contrafluxo de um ONT para o OLT. Assim, a janela de 1.550 nm está disponível para outros serviços, como a transmissão de vídeo multicanal do OLT para os usuários. Uma vez que é baseada no padrão de protocolo Ethernet Gigabit, uma EPON tem uma taxa de *bits* nominal de 1.250 Mb/s, que é enviada com codificação 8B10B. Nesse esquema de codificação 8B10B, dois *bits* redundantes são incorporados em cada bloco de oito *bits* de dados para fornecer um tempo adequado para a recuperação do sinal e para ter características de monitoramento de erros. Além dos 256 caracteres de dados de oito *bits* em um código 8B10B (pois $2^8 = 256$), existem 13 caracteres especiais de controle de 10 *bits*. Esses caracteres de controle são utilizados, por exemplo, para indicar se os *bits* de informação são para dados lentos, mensagens de teste ou delimitação de quadros.

13.10.3 Ethernet óptica metropolitana

A Ethernet óptica metropolitana é baseada no uso de metodologias avançadas de comutação e tecnologias de fibra óptica de telecomunicações que permitem que a Ethernet se estenda a distâncias maiores do que em sua implementação original de rede de *campus*. Usando sistemas de comprimento de onda de 1.550 nm, a Ethernet óptica permite *links* de transmissão de até 70 km (cerca de 43 milhas) de comprimento. A Ethernet óptica metropolitana permite que os clientes de negócios possam se conectar em vários locais dentro de uma área de serviço usando o protocolo Ethernet nativo. Em uma típica oferta de serviço, as velocidades de transmissão podem variar de 3 Mb/s a 1 Gb/s. A granularidade de serviço pode ser em incrementos de 10 Mb/s na faixa de serviços de 10-100 Mb/s e em incrementos de 100 Mb/s no intervalo de serviços de 100-1.000 Mb/s. Essa alocação de serviços possibilita um crescimento flexível e permite aos clientes escolher um perfil de largura de banda que se adapte às suas necessidades reais de tráfego.

A Figura 13.53 mostra o funcionamento geral de uma rede Ethernet óptica metropolitana. Em vez do habitual anel SONET/SDH, a estrutura de transmissão é baseada no padrão Ethernet de 10 Gb/s. A interface para o suporte principal metropolitano é um comutador Ethernet de 10 Gb/s, o qual uma empresa pode utilizar para agregar e trocar o tráfego de entidades como equipamentos de telecomunicações local, usuários remotos, filiais e parceiros de negócios. Esse processo é conhecido como *agregação metropolitana*. O mesmo comutador Ethernet também oferece alto desempenho IP/MPLS, acesso de 10 Gb/s a uma ampla área de rede SONET/SDH. Os comutadores típicos de Ethernet metropolitanos têm uma variedade de recursos de interface que variam de 10 Mb/s-1 Gb/s. Esses comutadores oferecem um alto grau de flexibilidade, porque eles integram o núcleo metropolitano e funções de borda de rede para agregação de alta capacidade, provisionamento de serviços e gerenciamento da rede no núcleo metropolitano.

13.11 Atenuação das deficiências de transmissão

Quando se projetam redes WDM, deficiências de transmissão, como dispersão cromática e de polarização modal, transientes de amplificadores ópticos e atraso de temporização, precisam ser consideradas. Esta seção aborda diversas técnicas de mitigação para essas deficiências.

13.11.1 Fibra compensadora de dispersão cromática

Uma grande base de mais de 50 milhões de quilômetros de fibra monomodo G.652 foi instalada em todo o mundo no início de 1980 para uso em sistemas de transmissão de um único comprimento de onda. Essas fibras funcionam muito bem em ligações de longa distância de centenas de quilômetros se o comprimento de onda de transmissão é próximo do ponto de dispersão nula em 1.310 nm. No entanto, os grandes valores de dispersão acumulada em outros comprimentos de onda até mesmo em distâncias moderadas de dezenas de quilômetros representam um problema. Por exemplo, a dispersão cromática de uma fibra G.652 é de cerca de 17 ps/(nm-km) na banda C. As instalações mais recentes usam *fibra de dispersão deslocada não nula* G.655 (NZDSF). Como essas fibras têm uma dispersão cromática de cerca de 4 ps/(nm-km) na banda C, a dispersão cromática se acumula mais lentamente nesses *links* do que em fibras G.652.

Uma abordagem para anular a dispersão acumulada da fibra de transmissão é a utilização de técnicas de *compensação de dispersão*.[118-121] Dois possíveis métodos são a inserção de uma fibra compensadora de dispersão no *link* ou o uso de uma grade de Bragg de fibra gorjeada. A *fibra compensadora de dispersão* (DCF) tem uma característica de dispersão oposta à da fibra de transmissão. A compensação de dispersão é obtida por meio da inserção de um laço de DCF no caminho de transmissão. A dispersão total no laço de DCF precisa ser igual e oposta à dispersão acumulada na fibra de transmissão. Se a fibra de transmissão tem uma dispersão positiva baixa [digamos, 4 ps/(nm-km)], então a DCF terá uma grande dispersão negativa [por exemplo, –90 ps/(nm-km)]. Com essa técnica, a dispersão acumulada total, depois de certa distância, é zero, mas a dispersão absoluta por comprimento é diferente de zero em todos os pontos ao longo da fibra. O valor absoluto da dispersão diferente de zero provoca um defasamento entre os canais de comprimento de onda, destruindo assim a possibilidade de produção efetiva de FWM.

A Figura 13.54 mostra que a DCF pode ser inserida no início ou no final de um período de fibra instalado entre dois amplificadores ópticos. Uma terceira opção é ter uma DCF em ambas as extremidades de uma ligação amplificado. Nos esquemas de *pré-compensação*, a DCF está localizada logo após o amplificador óptico e pouco antes da fibra de transmissão.

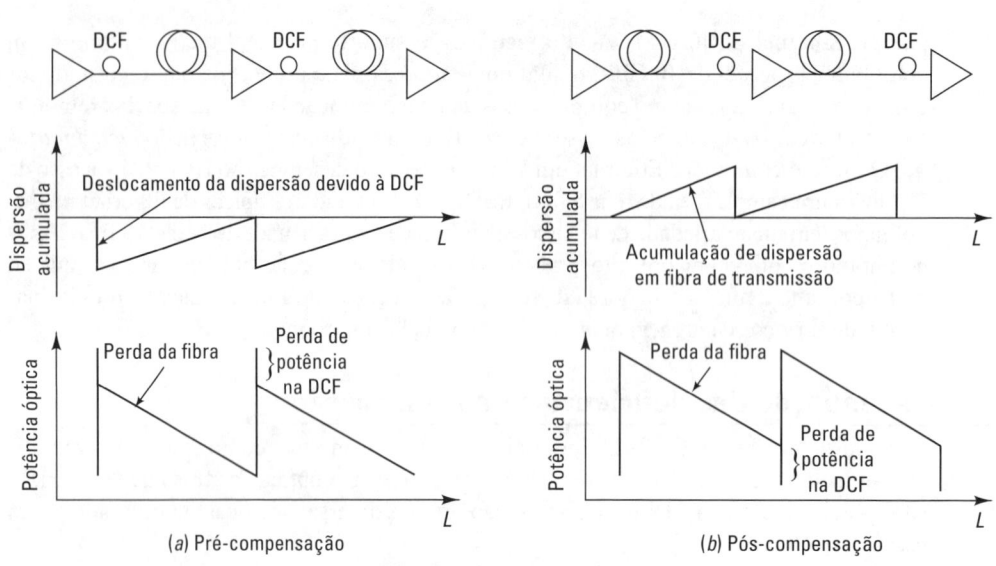

Figura 13.54 Mapas de dispersão e potência para os métodos (a) de pré-compensação e (b) de pós-compensação.

Em esquemas de *pós-compensação*, a DCF é colocada logo após a fibra de transmissão e pouco antes do amplificador óptico. A Figura 13.54 também mostra gráficos da dispersão acumulada e do nível de potência em função da distância ao longo da fibra. Esses gráficos são chamados de *mapas de dispersão* e *potência*, respectivamente. Como a Figura 13.54a ilustra, na pré-compensação, a DCF faz a dispersão cair rapidamente para um nível baixo negativo, a partir do qual sobe lentamente para zero (no próximo amplificador óptico) com o aumento da distância ao longo da fibra-tronco. Esse processo repete-se na sequência de amplificação. O mapa de potência mostra que o amplificador óptico primeiro aumenta o nível de potência para um valor elevado. Como a DCF é um laço de fibra, há uma queda no nível de alimentação antes de o sinal entrar no caminho de transmissão real, no qual ele decai exponencialmente antes de ser amplificado mais uma vez.

Processos semelhantes ocorrem na pós-compensação, como mostrado na Figura 13.54b. Em ambos os casos, a dispersão acumulada é quase zero após alguma distância para minimizar os efeitos de espalhamento do pulso, mas a dispersão absoluta por comprimento é diferente de zero em todos os pontos, causando assim um defasamento entre os diferentes comprimentos de onda que suaviza os efeitos de FWM.

Nos sistemas reais, tanto experimentos como simulações mostraram que a *combinação* da pós-compensação e da pré-compensação fornece a melhor solução para a compensação da dispersão. Quando se implementa uma técnica de compensação, o comprimento da DCF deverá ser tão curto quanto possível, uma vez que a fibra especial usada tem uma perda maior do que a fibra de transmissão. A perda é cerca de 0,5 dB/km em 1.550 nm em comparação a 0,21 dB/km para fibra G.655. Como cerca de 1 km de DCF é necessário para cada 10-15 km de fibra operacional, a perda adicional na DCF precisa ser levada em conta no projeto de um *link*. O comprimento necessário L_{DCF} da fibra DCF pode ser calculado por meio da expressão

$$L_{DCF} = |D_{TX}/D_{DCF}| \times L \qquad (13.23)$$

Onde L é o comprimento operacional da fibra; D_{TX}, a dispersão da fibra operacional; e D_{DCF}, a dispersão da DCF.

13.11.2 Compensadores de dispersão de grade de Bragg

Outra maneira de examinar a dispersão é considerar a velocidade de propagação dos componentes de diferentes comprimentos de onda do pulso óptico. Quando um pulso óptico viaja ao longo de uma fibra na região de dispersão anômala (onde $D_{TX} > 0$), os componentes de menor comprimento de onda (maior frequência) do pulso viajam mais rapidamente do que os componentes de longo comprimento de onda (menor frequência). Trata-se de um efeito dispersivo que alarga o pulso.

Para compensar a diferença nos tempos de chegada dos vários componentes de frequência, pode-se usar uma rede de Bragg de fibra gorjeada. Como mostrado na Figura 13.55, em tal compensador de dispersão, o espaçamento da grade varia linearmente ao longo do comprimento da rede, o que resulta em uma gama de comprimentos de onda (ou frequências) que satisfazem a condição de Bragg para a reflexão. Na configuração mostrada, os espaçamentos diminuem ao longo da fibra, isto é, o comprimento de onda de Bragg diminui com a distância ao longo do comprimento da grade. Consequentemente, os componentes de curto comprimento de onda de um pulso viajam mais longe na fibra antes de serem refletidos. Assim, eles demoram mais para atravessar a grade que os componentes de comprimento de onda longo. Os atrasos relativos induzidos pela grade em componentes de diferentes frequências do pulso são o oposto dos atrasos provocados pela fibra, o que resulta na compensação da dispersão, pois a grade comprime o pulso.

Antes do ano 2000, as dificuldades de fabricação de grades limitaram seus comprimentos em aproximadamente 10 cm. Uma vez que o tempo de ida e volta T_R dentro da grade de comprimento L_G é dado por $T_R = 2n_G L_G c$, onde n_G é o índice de refração da grade de fibra, o máximo tempo de atraso de ida e volta da luz através de uma grade de 10 cm de comprimento era de 1 ns. O atraso por unidade de comprimento corresponde ao produto da dispersão D_G introduzido pela grade, e a largura de banda espectral $\Delta\lambda$ da luz é retardada, isto é,

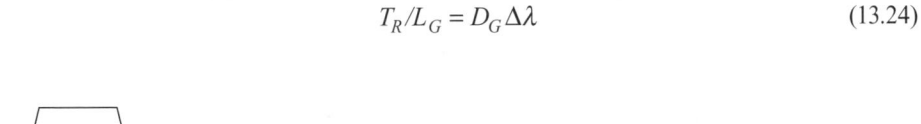

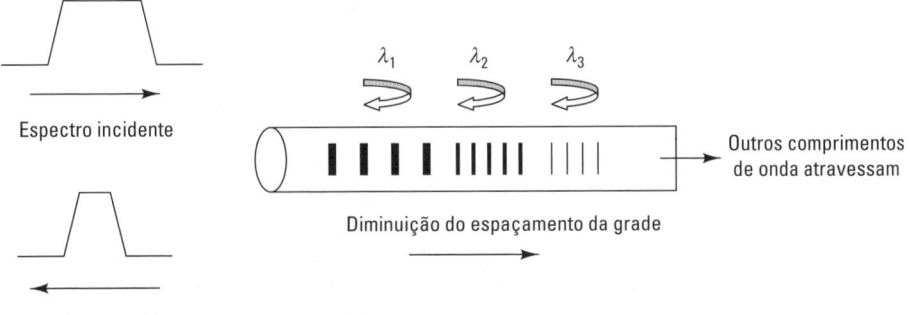

$$T_R/L_G = D_G \Delta\lambda \qquad (13.24)$$

Figura 13.55 Uma grade de Bragg de fibra gorjeada pode ser usada para a compensação da dispersão cromática. Aqui $\lambda_1 > \lambda_2 > \lambda_3$.

Assim, podem-se fazer algumas compensações de aplicação quando se utiliza a grade de Bragg gorjeada para compensação de dispersão, como 1.000 ps/nm em uma largura de banda de 1 nm. Por exemplo, como para fibras G.655 a dispersão de total que surge em um comprimento de 100 km é de cerca de 500 ps/nm, quando se utiliza uma rede de Bragg gorjeada para compensar a dispersão causada por vários quilômetros de fibra, as grades devem ter uma largura de banda muito estreita. Isso significa que as grades pequenas feitas antes de 2000 podem somente ser usadas para compensar comprimentos de onda individuais em um sistema WDM.

O aperfeiçoamento das técnicas de fabricação permite agora a fabricação de grades de fibra que possuem vários metros de comprimento. Por exemplo, é possível fabricar uma grade de Bragg de fibra gorjeada com cerca de 2 m de comprimento, com largura de banda de mais de 30 nm e perda de inserção de cerca de 1 dB, com uma inclinação de atraso de $-1,1$ ps/nm^2. Esses tipos de redes de Bragg gorjeadas são componentes multicanal que são capazes de compensar a dispersão cromática em toda a banda C ou banda L em fibras individuais.

13.11.3 Compensação de dispersão modal de polarização

O outro fator de dispersão em fibras que precisa ser considerado no projeto de uma rede WDM é a *dispersão modal de polarização* (PMD). Essa dispersão resulta do fato de que o sinal de luz em um determinado comprimento de onda em uma fibra monomodo ocupa, na verdade, dois estados ou modos de polarização ortogonais (ver Figura 3.17). No início da fibra, os dois estados de polarização estão alinhados. No entanto, como o material da fibra não é perfeitamente uniforme ao longo de seu comprimento, cada um dos modos de polarização encontrará um índice de refração ligeiramente diferente e se deslocará a uma velocidade ligeiramente diferente. A diferença resultante nos tempos de propagação entre os dois modos de polarização ortogonais é comumente chamada de *atraso de grupo diferencial* (DGD) e resultará em um espalhamento do pulso. Esse atraso diferencial entre os modos de polarização é chamado de *dispersão de polarização modal de primeira ordem*. Além disso, outro fator de dispersão, semelhante à dispersão cromática, surge quando esse atraso depende da frequência e varia sobre a largura de banda do pulso. Esse efeito, chamado de *dispersão de polarização modal de segunda ordem*, deriva da PMD em relação à frequência e pode conduzir a um maior espalhamento do pulso.

As fibras de baixa PMD atualmente fabricadas têm valores de PMD entre 0,05 e 0,1 ps/$\sqrt{km}$. No entanto, para uma grande porcentagem de sistemas de fibra em campo, os valores de PMD variam de 0,5-1,0 ps/$\sqrt{km}$. Uma disponibilidade melhor do que 99,999% é uma especificação padrão para as redes de telecomunicação.[122] Esse número traduz o tempo de interrupção da rede (o tempo total durante o qual o sistema não está disponível) em menos de 5 min/ano. A comparação desse número ao espalhamento de pulso induzido por PMD resulta em uma PMD média de 15% de um período de *bit*. Para um sistema de 40 Gb/s, o período do pulso é de 25 ps, o que leva a um espalhamento máximo de 3,75 ps. Esse número limita a distância de transmissão a aproximadamente 55 km em uma fibra com uma PMD média de 0,5 ps/$\sqrt{km}$.

Considerando que existem vários métodos para mitigar os efeitos da dispersão cromática, é mais difícil compensar a dispersão de polarização modal. Isso ocorre porque a PMD varia com o comprimento de onda e flutua lenta e aleatoriamente com o tempo na ordem de milésimos de segundo. Esse fator de deriva aleatória exige que qualquer técnica de compensação se adapte dinamicamente às mudanças no estado de polarização enquanto o sistema estiver funcionando.

A compensação de PMD pode ser feita eletrônica ou opticamente.[123-131] A compensação eletrônica da PMD utilizando uma eletrônica adaptativa foi demonstrada a 10 Gb/s, e as técnicas de compensação óptica foram utilizadas em trilhas de campo que transmitem taxas de dados de 10, 40 e 160 Gb/s sobre a fibra monomodo padrão G.652.

Em um processo óptico de compensação de PMD, o procedimento básico é dividir o sinal recebido em componentes de polarização rápida e lenta. O modo de polarização rápida é então retardado de forma a permitir que o modo lento o apanhe. Idealmente, a dispersão resultante de polarização modal deve ser zero. No entanto, na prática, uma vez que o atraso de grupo diferencial muda com o tempo, a separação e o atraso de ambos os modos de polarização podem ser estimados apenas com precisão limitada e dentro de uma largura de banda específica.

A compensação eletrônica é baseada no fato de que, em analogia com outras formas de dispersão, o espalhamento do pulso induzido por PMD causa a *interferência intersimbólica* (ISI). Como a *equalização* é a técnica padrão para a atenuação da ISI em sistemas eletrônicos digitais, um processo de equalização de ISI semelhante pode ser usado para compensar a PMD. A equalização é realizada após o processo de fotodetecção usando filtros eletrônicos adaptativos lineares e não lineares, que têm funções de transferência que estão próximos à inversa da função de transferência do fotodiodo. A seleção dos filtros é bastante complexa por causa dos efeitos de ruído e variação estatística da PMD.

13.11.4 Transientes de ganho do amplificador óptico

Dispositivos como EDFAs, ROADMs e OXCs estão entre os componentes essenciais nas redes de telecomunicações WDM. Os ROADMs e OXCs permitem o provisionamento de rápido serviço, a comutação do caminho óptico, o controle de congestionamento e a recuperação de falhas pela adição e remoção dinâmica de canais de comprimento de onda. Como as EDFAs geralmente operam em sua região de saturação, o rápido processo de inserção e remoção de canais pode criar transientes de potência significativos nos canais restantes que a EDFA acomoda. Como essas alterações abruptas de potência propagam-se através de uma série de amplificadores ópticos na rede, elas podem induzir degradações graves nos parâmetros de desempenho, como na taxa de erro de *bit* e na relação sinal-ruído.

Para evitar essas degradações de desempenho, é essencial manter um ganho de potência óptica constante para cada canal WDM amplificado. Várias técnicas ópticas, eletrônicas e híbridas optoeletrônicas de *controle de ganho automático* (AGC) estão em uso para reduzir os transientes de ganho em EDFAs.[132-135] Esse processo é chamado de *fixação* ou *estabilização de ganho*.

Os métodos ópticos fixam o ganho EDFA através da utilização de um canal de controle separado que se encontra fora da faixa espectral de comprimento de onda do sinal, mas dentro da faixa de resposta espectral da EDFA. Os dois métodos comuns de controle óptico usam mecanismos de realimentação da potência óptica para estabilizar o nível de saturação da EDFA. No primeiro mecanismo, grades refletoras de Bragg distribuídas situadas em ambas as extremidades da EDFA criam uma realimentação negativa no comprimento de onda Bragg. Outro método de controle óptico usa um *laser* de anel e filtros ópticos seletivos de comprimento de onda que permitem que apenas o comprimento de onda do *laser* seja alimentado de volta à EDFA. Os tempos de configuração para o ganho são de dezenas de microssegundos. No entanto, a técnica requer potências ópticas de bombeio relativamente altas para o canal de fixação de ganho, e a técnica produz algumas oscilações indesejadas de relaxamento no *laser*.

O controle de ganho eletrônico é conseguido no ajuste rápido da potência de bombeio da EDFA. A primeira de duas técnicas básicas de controle eletrônico de ganho utiliza um método de alimentação posterior, que ajusta a potência de bombeio de acordo com as variações na potência óptica total de entrada da EDFA. O segundo método de ganho eletrônico usa um *loop* de realimentação negativo para ajustar a potência de bombeio. Os tempos de configuração para os dois métodos variam de 1 a 10 μs. Em uma instalação real, um ganho controlado de EDFA pode consistir em vários estágios de amplificação para otimizar funções diversas de *desempenho*. As funções dessas fases podem incluir a realização de uma figura de ruído baixa, a geração de um alto ganho óptico por canal e a compensação da perda de potência nos componentes associados da EDFA, como os filtros de ganho equalizado e as fibras compensadoras de dispersão.

Os transientes de ganho em amplificadores Raman também precisam ser considerados quando se utiliza um híbrido amplificador Raman + EDFA. Com esse amplificador, o processo dinâmico de adição e remoção de canais WDM afeta não somente o ganho da EDFA, mas também o ganho Raman. Embora os mecanismos de amplificação Raman possam envolver a utilização de diversos *lasers* de bombeio Raman, as pesquisas demonstram que as variações na distribuição espectral de cada canal WDM amplificado são desprezíveis durante os transientes de ganho. Assim, para aplicações práticas, as variações nos ganhos combinados EDFA + Raman podem ser compensadas pelo emprego de uma fixação rápida apenas do ganho EDFA ou por meio de um simples método de controle de ganho de alimentação posterior que usa a potência do sinal de entrada total como sinal de alimentação para ajustar as potências de bombeio Raman.

Problemas

13.1 Um engenheiro pretende construir um barramento de dados *in-line* de fibra óptica que deve operar em 10 Mb/s. As estações devem ser separadas por 100 m, em que são usadas fibras ópticas com atenuação de 3 dB/km. As fontes ópticas são diodos *laser* com uma saída a partir de uma fibra *flylead* de 500 μW (–3 dBm), e os detectores são fotodiodos avalanche com 1,6 nW (–58 dBm) de sensibilidade. Os acopladores têm um fator de *tap-off* de $C_T = 5\%$ e uma perda intrínseca fracionada de 10%. A perda de potência nos conectores é de 20% (1 dB).

(a) Faça um gráfico de P_{1N} em dBm, em função do número N de estações para $2 \leq N \leq 12$.

(b) Qual é a margem operacional do sistema de oito estações?

(c) Qual é o intervalo dinâmico do pior caso para o máximo número permitido de estações se é necessária uma margem de alimentação de 6 dB?

13.2 Considere uma rede em estrela de N nós em que a potência óptica de 0 dBm é acoplada a partir de qualquer transmissor na estrela. Assuma a perda da fibras de 0,3 dB/km. Assuma que as estações estão localizadas a 2 km da estrela, a sensibilidade do receptor é –38 dBm, cada conector tem uma perda de 1 dB, a perda de excesso no acoplador estrela é 3 dB, e a margem do *link* é de 3 dB.

(a) Determine o número N máximo de estações que podem ser incorporadas nessa rede.

(b) Quantas estações poderão ser ligadas se a sensibilidade do receptor for –32 dBm?

13.3 Um prédio de escritórios de dois andares tem dois corredores de 3 metros de largura por andar que ligam quatro fileiras de escritórios com oito escritórios por fileira, como mostra a Figura 13.56. Cada escritório é de 4,6 × 4,6 metros quadrados. A altura do teto do escritório é de 2,7 m, com um teto falso pendurado a 30 cm abaixo do teto real.

Figura 13.56

Além disso, como mostra a Figura 13.56, há uma sala de fiação para a interconexão de LAN e controle de equipamentos em uma esquina de cada andar. Cada escritório tem uma tomada de rede de área local em cada uma das duas paredes que são perpendiculares à parede do corredor. Se assumirmos que os cabos podem correr apenas nas paredes e nos tetos, estime o comprimento do cabo (em metros) que é necessário para as seguintes configurações:

(a) Um barramento de cabo coaxial com uma queda de fios trançados do teto para cada saída.

(b) Uma estrela de fibra óptica que liga cada ponto da sala de fiação no piso correspondente e um tirante vertical de fibra óptica que liga as estrelas em cada quarto de fiação.

13.4 Considere a grade de estações $M \times N$ representada na Figura 13.57. As estações devem ser ligadas por uma rede de área local. Considere que as estações sejam espaçadas de uma distância d e assuma que os cabos de interconexão correrão em dutos que ligam as estações mais próximas (isto é, os dutos não estão em diagonal na Figura 13.57). Mostre que, para as seguintes configurações, o comprimento do cabo para interligar as estações é o indicado:

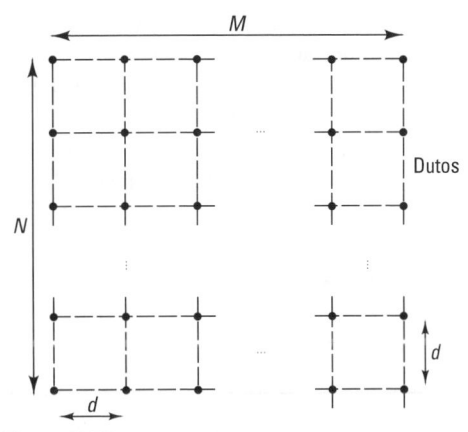

Figura 13.57

(a) $(MN - 1)\, d$ para uma configuração de barramento.

(b) MNd para uma topologia em anel.

(c) $MN(M + N - 2)\, d/2$ para uma topologia em estrela, em que cada assinante está conectado *individualmente* ao *hub* de rede localizado *em um canto* da grade.

13.5 Considere a rede retangular de $M \times N$ estações de computador mostrada na Figura 13.57, em que o espaçamento entre as estações é d. Assuma que essas estações serão conectadas por uma LAN configurada em estrela usando a rede de dutos mostrada na figura. Além disso, assuma que cada estação está conectada à estrela central por meio de seu próprio cabo dedicado.

(a) Se m e n indicam a posição relativa da estrela, mostram que o comprimento total do cabo L necessário para ligar as estações é dado por

$$L = [MN(M + N + 2)/2 - Nm \times (M - m + 1) - Mn(N - n + 1)]d$$

(b) Mostre que, se a estrela está localizada em um canto da rede, então essa expressão se torna

$$L = MN(M + N - 2)\, d/2$$

(c) Mostre que o comprimento mais curto de cabo é obtido quando a estrela está no centro da rede.

13.6 Neste problema, não recorra à conversão de comprimento de onda, mas assuma que comprimentos de onda podem ser reutilizados em diferentes partes de uma rede.

(a) Mostre que o número mínimo de comprimentos de onda necessários para ligar N nós em uma rede WDM é o seguinte:
- $N-1$ para uma rede em estrela.
- $(N/2)^2$ para N par ou $(N-1)(N+1)/4$ para N ímpar em uma rede de barramento.
- $N(N-1)/2$ para uma rede em anel.

(b) Desenhe redes de exemplo e suas atribuições de comprimento de onda para $N = 3$ e 4.

(c) Trace o número de comprimentos de onda *versus* o número de nós para redes estrela, barramento e anel para $2 \leq N \leq 20$.

13.7 Usando informações da *web*, encontre alguns fornecedores de acopladores *tap* e as suas especificações, e liste as especificações representativas de desempenho para tipos diferentes. Considere características como razão de *tap* (use de 1% a 5%), perda de inserção, perda de retorno, limite de movimentação de potência óptica, configuração de embalagem e tamanho físico.

13.8 (a) Calcule quantos canais de voz de 64 kb/s podem ser transportados por um sistema STS-3, STS-48 e STS-192.

(b) Quantos canais digitalizados de vídeo de 20 Mb/s podem ser transportados por esses sistemas?

13.9 Compare as margens do sistema para ligações de longa distância OC-48 (STM-16) em 1.550 nm em 40 km e 80 km para as faixas de saída mínima e máxima da fonte. Assuma que há uma perda de acoplamento de 1,5 dB em cada extremidade da ligação. Use as Tabelas 13.4 e 13.5.

13.10 Verifique se as potências ópticas máximas por canal de comprimento de onda dadas na Tabela 13.6 produzem um nível de potência total de +17 dBm em uma fibra óptica.

13.11 Dois anéis SONET precisam ser interligados em dois nós mútuos, a fim de assegurar caminhos redundantes em condições de falha. Desenhe a interconexão entre dois anéis SONET de linhas comutadas bidirecionais (BLSR) mostrando as configurações de caminho primário e secundário que designam os fluxos de sinal em condições normais e de falha. Na concepção da interface, considere as seguintes condições de falha possível dos dois nós mútuos:

(a) A ausência de um transmissor ou receptor em um dos nós.

(b) A falha de um nó inteiro.

(c) Uma quebra de fibra no *link* entre os dois nós.

13.12 Como no Problema 13.11, esquematize a interconexão entre um UPSR e um BLSR.

13.13 Considere a rede de quatro nós mostrada na Figura 13.58. Cada nó utiliza uma combinação diferente de três comprimentos de onda para se comunicar com os outros nós, de modo que existem seis comprimentos de onda diferentes na rede. Dado que o nó 1 usa λ_2, λ_4 e λ_6 para a troca de informação com os outros nós (ou seja, esses comprimentos de onda são adicionados e removidos no nó 1, e o restante de comprimentos de onda dos outros nós passa), estabeleça as atribuições de comprimento de onda para os outros nós.

13.14 A Figura 13.59 mostra duas arquiteturas nas quais os comutadores compartilham conversores de comprimento de onda para fins de redução de custos. Encontre um conjunto de conexões de comprimento de onda que pode ser criado com a arquitetura de compartilhamento por nós na Figura 13.59*a*, mas não com a arquitetura compartilhamento por *link* na Figura 13.59*b*, e vice-versa.

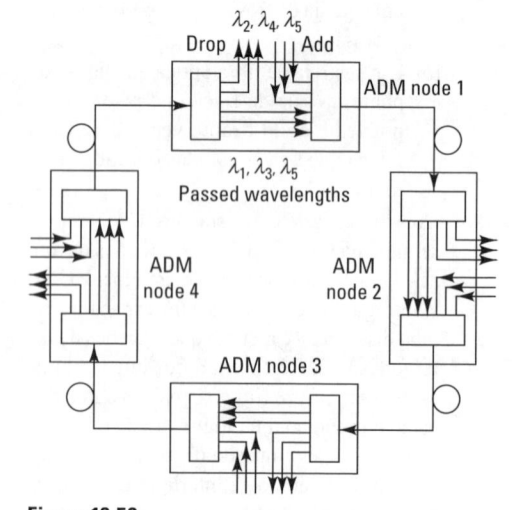

Figura 13.58

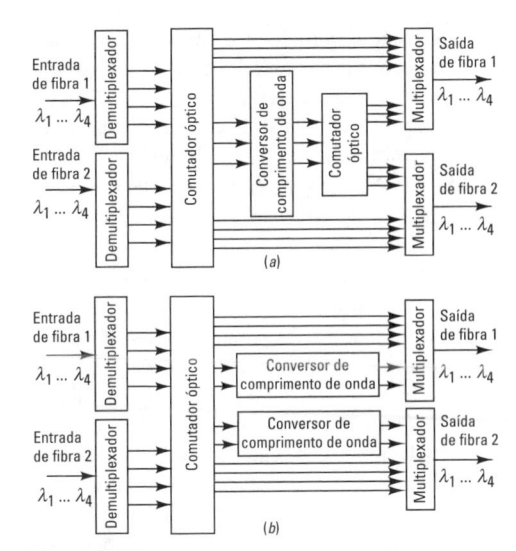

Figura 13.59

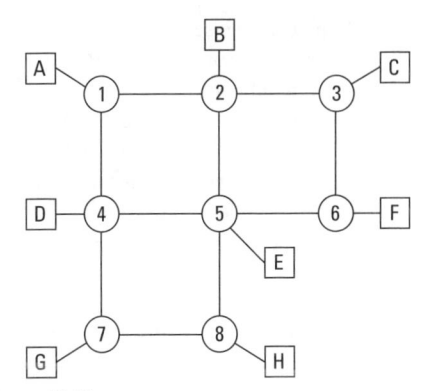

Figura 13.60

13.15 Considere a rede que consiste em três anéis interligados mostrados na Figura 13.60, na qual os círculos representam os nós que contêm comutadores ópticos e conversores de comprimento de onda. Esses nós podem receber dois comprimentos de onda de qualquer direção e transmiti-los ao longo de qualquer linha. Os quadrados são estações de acesso que têm transmissores e receptores ópticos sintonizáveis (os dois comprimentos de onda podem ser transmitidos e recebidos em qualquer estação de acesso). Suponha que a rede tenha dois comprimentos de onda disponíveis para definir os seguintes caminhos:

(*a*) A-1-2-5-6-F
(*b*) B-2-3-C
(*c*) B-2-5-8-H
(*d*) G-7-8-5-6-F
(*e*) A-1-4-7-G

Atribua dois comprimentos de onda a esses caminhos e mostre em que nós a conversão de comprimento de onda é necessária.

13.16 Como demonstrado na Figura 13.34, use a Equação (13.22) para traçar o ganho $G = q/p$ em função do número de comprimentos de onda F para as probabilidades de bloqueio $P_b = 10^{-4}$ e 10^{-5}. Use os mesmos valores de número de *hopping* $H = 5$, 10 e 20. Para $H = 20$, trace G *versus* F no mesmo gráfico para as probabilidades de bloqueio $P_b = 10^{-3}$, 10^{-4} e 10^{-5}. Qual é o efeito sobre o ganho com o aumento da probabilidade de bloqueio?

13.17 Suponha que um engenheiro queira anexar uma fibra padrão de 50 μm de 50 m de comprimento que tem uma largura de banda de 500 MHz-km em uma fibra de alto grau de 50 μm e 100 m com largura de banda de 2.000 MHz-km. Um comprimento de 10 m da fibra de grau inferior é usado em cada extremidade para se conectar ao equipamento de transmissão. Será que esse *link* funciona a 10 Gb/s?

13.18 Considere um sistema OBS em que o processamento e os tempos de configuração são ambos 1 ms. Como na Figura 13.37, suponha que a rajada siga entre os roteadores de borda *A* e *B* através de quatro OXCs intermediários e que todos os nós estejam a 10 km de distância. Se o pacote de controle OBS é enviado por *A* no tempo $t = 0$ e o atraso de propagação de uma fibra óptica é de 5 μs/km, calcule:

(*a*) O tempo de deslocamento.
(*b*) O momento em que o pacote de controle chegará a cada OXC intermediário e sairá dele.
(*c*) Os tempos em que a rajada chegará a cada OXC intermediário.

13.19 Considere a rede óptica passiva mostrada na Figura 13.41. Suponha o seguinte:

(*a*) Fontes de *laser* de 1.310 e 1.490 nm podem lançar potências ópticas de 2,0 e 3,0 dBm, respectivamente, em uma fibra.
(*b*) O divisor óptico passivo está a 10 km do escritório central.
(*c*) Os usuários estão a 5 km do divisor de potência.

(d) As perdas de inserção são de 13,5 e 16,6 dB para divisores de 1 × 16 e 1 × 32, respectivamente.

(e) A atenuação da fibra é de 0,6 dB/km em 1.310 nm e 0,3 dB/km em 1.550 nm

(f) Para simplificar, assuma que não há conexão, emenda ou outras perdas no *link*.

Encontre a perda total do *link* para as quatro situações seguintes:

(i) Um *laser* de 1.310 nm transmite no contrafluxo (usuário para o escritório central) através de um divisor de 1 × 16.

(ii) Um *laser* de 1.310 nm transmite no contrafluxo através de um divisor de 1 × 32.

(iii) Um *laser* de 1.550 nm transmite no fluxo através de um divisor de 1 × 16.

(iv) Um *laser* de 1.550 nm transmite no fluxo por meio de um divisor de 1 × 32.

13.20 Suponha que um acoplador estrela $N \times N$ seja construído de um conjunto de M 2 × 2 acopladores, cada um com uma perda de inserção de 0,1 dB. Encontre o valor máximo de M e o tamanho máximo N se o balanço de potência para o acoplador estrela é de 30 dB.

13.21 Suponha que a potência óptica emergente de uma fibra alimentadora seja distribuída entre oito casas individuais. Assuma que elas estão separadas por 100 m e ficam ao longo de uma linha reta que sai da extremidade da fibra de alimentação. Uma forma de distribuir a potência é utilizar um acoplador estrela 1 × 8 e puxar fibras individuais para cada casa. Por que isso é preferível para a configuração em que uma única fibra corre ao longo da linha para as casas e acopladores *tap* individuais na linha de fibra de cada extraem 10% de potência a partir da linha para cada casa em que passa a linha?

13.22 (a) Por que pode ser mais importante para criptografar a informação na direção do fluxo em uma PON e não necessariamente no contrafluxo?

(b) Como pode a informação ser comprometida maliciosa ou involuntariamente em qualquer direção?

(c) Como a criptografia pode ser implementada nas direções de fluxo e contrafluxo?

13.23 Em termos de flexibilidade da configuração de rede e facilidade de manutenção e solução de problemas, em quais interfaces de cabos para unidades como divisores ópticos, caixas de terminação de fibra, painéis e acopladores WDM seria melhor usar conectores ópticos em vez de emendas?

13.24 Desenhe diagramas de rede de como um método de proteção 1 + 1 e um arranjo de 1:1 poderiam ser implementados para uma GPON. Descreva como cada configuração funcionaria.

13.25 A unidade básica para o processamento do algoritmo *padrão de criptografia avançada* (AES) é o *byte*. Por conveniência, os valores de *byte* são indicados usando a notação hexadecimal, com cada um dos dois grupos de quatro *bits* denotados por um único caracter, como mostrado na Tabela 13.11. Por exemplo, o elemento {01100011} pode ser representado por {63}. Usando a Tabela 13.11, encontre o equivalente binário das seguintes palavras:

(a) 32 43 f6 a8 88 5a 30 8d 31 31 98 a2 e0 37 07 34

(b) 2b 7e 15 16 28 ae d2 a6 ab f7 15 88 09 cf 4f 3c

Tabela 13.11 Representação hexadecimal de padrões de *bits*

Padrão de *bit*	Caractere
0000	0
0001	1
0010	2
0011	3
0100	4
0101	5
0110	6
0111	7
1000	8
1001	9
1010	a
1011	b
1100	c
1101	d
1110	e
1111	f

13.26 Como o procedimento de variação em uma PON tem precisão limitada, um tempo de guarda é colocado entre as rajadas consecutivas dos ONTs para evitar colisões dos pacotes independentes, como a Figura 7.18 ilustra. Verifique se um tempo de guarda de 25,6 ns consome 16 *bits* a 622 Mb/s, 32 *bits* a 1.244 Mb/s e 64 *bits* a 2,488 Gb/s.

13.27 Um ONT destinado para instalação interna exige uma fonte de alimentação cc de 12 V e consome 15 W de potência elétrica durante a operação normal. Se houver uma queda de energia elétrica, o ONT desativará serviços não essenciais e consumirá 7 W de potência fornecida por baterias de *backup*. Usando especificações de fornecedores, selecione uma fonte interior de alimentação ininterrupta (UPS) que satisfaça esses requisitos.

13.28 Um ONT destinado para a instalação *outdoor* exige uma fonte de alimentação 12 V cc e consome 15 W de potência elétrica durante a operação normal. Se houver uma queda de energia elétrica, o ONT desativará serviços não essenciais e consumirá 7 W de potência fornecida por baterias de *backup*. Usando especificações de fornecedores, selecione uma fonte de alimentação *outdoor* ininterrupta (UPS) que satisfaça esses requisitos. Assuma que a UPS deve operar em temperaturas extremas de –25 ºC a +35 ºC.

Referências

1. A. Gladisch, R.-F. Braun, D. Breuer, A. Ehrhardt, H.-M. Foisel, M. Jaeger, R. Leppla, M. Schneiders, S. Vorbeck, W. Weiershausen, and F.-J. Westphal, "Evolution of terrestrial optical system and core network architecture," Proc. IEEE, vol. 94, pp. 869-891, May 2006.
2. N. Taesombut, F. Uyeda, A. A. Chien, L. Smarr, T. A. DeFanti, P. Papadopoulos, J. Leigh, M. Ellisman, and J. Orcutt, "OptIPuter: High-performance, QoS-guaranteed network service for emerging e-science applications," IEEE Commun. Mag., vol. 44, pp. 38-45, May 2006.
3. C. H. Cox III, E. I. Ackerman, G. E. Betts, and J. L. Prince, "Limits on the performance of RF-over-fiber links and their impact on device design," IEEE Trans. Microw. Theory Tech., vol. 54, pp. 906-920, Feb. 2006.
4. R. Gaudino, D. Cárdenas, M. Bellec, B. Charbonnier, N. Evanno, P. Guignard, S. Meyer, A. Pizzinat, I. Möllers, and D. Jäger, "Perspective in next-generation home networks: Toward optical solutions?," IEEE Commun. Mag., vol. 48, pp. 39-47, Feb. 2010.
5. T. Plevyak and V. Sahin, Next Generation Telecommunications Networks, Services, and Management, Wiley, Hoboken, NJ, 2010.
6. B. St. Arnaud, J. Wu, and B. Kalali, "Customer-controlled and – managed optical networks," J. Lightwave Tech., vol. 21, pp. 2804-2810, Nov. 2003.
7. H. Al-Raweshidy and S. Komaki, eds., Radio over Fiber Technologies, Artech House, Boston, 2002.
8. N. S. Bergano, "Wavelength division multiplexing in long-haul transoceanic transmission systems," J. Lightwave Tech., vol. 23, pp. 4125-4139, Dec. 2005.
9. B. A. Forouzan, Data Communications Networking, McGraw-Hill, Burr Ridge, IL, 4th ed., 2007.
10. A. Leon-Garcia and I. Widjaja, Communication Networks, McGraw-Hill, Burr Ridge, IL, 2nd ed., 2004.
11. L. Peterson and B. Davie, Computer Networks, Morgan Kauffman, 2004.
12. G. Keiser, Local Area Networks, McGraw-Hill, Burr Ridge, IL, 2nd ed., 2002.
13. ITU-T Recommendation X.210
14. B. Mukherjee, Optical WDM Networks, Springer, New York, 2006.
15. R. Ramaswami and K. N. Sivarajan, Optical Networks, Morgan Kaufmann, San Francisco, 3rd ed., 2009.
16. H. Tsushima, S. Hanatani, T. Kanetake, J. A. Fee, and S.-K. Liu, "Optical cross-connect system for survivable optical layer networks," Hitachi Review, vol. 47, pp. 85-90, no. 2, 1998.
17. W. D. Grover, Mesh-Based Survivable Networks: Options and Strategies for Optical, MPLS, SONET, and ATM Networking, Prentice Hall, Upper Saddle River, NJ, 2004.
18. C. Assi, W. Huo, A. Shami, and N. Ghani, "Analysis of capacity re-provisioning in optical mesh networks," IEEE Commun. Lett., vol. 9, pp. 658-660, July 2005.
19. H. G. Perros, Connection-Oriented Networks: SONET/SDH, ATM, MPLS and Optical Networks, Wiley, Hoboken, NJ, 2005.
20. W. Goralski, SONET/SDH, McGraw-Hill, New York, 3rd ed., 2003.
21. D. Minoli, P. Johnson, and E. Minoli, SONET-Based Metro Area Networks, McGraw-Hill, New York, 2002.

22. American National Standards Institute (ANSI). Sample SONET standards:
    (a) T1.105, *Basic Description Including Multiplex Structures, Rates, and Formats*
    (b) T1.105.06, *SONET-Physical Layer Specification*
    (c) T1.119, *Operations, Administration, Maintenance, and Provisioning Communications*
    (d) T1.514, *SONET Bit Rates*
23. International Telecommunication Union-Telecommunication Standardization Sector (ITU-T). Sample SDH recommendations:
    (a) G.692, *Optical Interfaces for Multichannel Systems with Optical Amplifiers*
    (b) G.707, *Network Node Interface for the Synchronous Digital Hierarchy*
    (c) G.841, *Types and Characteristics of SDH Network Protection Architectures*
    (d) G.957, *Optical Interfaces for Equipments and Systems Relating to the Synchronous Digital Hierarchy*
24. H. C. Ji, J. H. Lee, and Y. C. Chung, "Evaluation of system outage probability due to temperature variation and statistically distributed chromatic dispersion of optical fiber," *J. Lightwave Tech.* vol. 22, pp. 1893-1898, Aug. 2004.
25. S. Wright, H. Fahmy, and A. J. Vernon, "Deployment challenges for access/metro optical networks and services," *J. Lightwave Tech.*, vol. 22, pp. 2606-2616, Nov. 2004.
26. H. T. Mouftah and P.-H. Ho, *Optical Networks: Architecture and Survivability*, Springer, New York, 2003.
27. W.-P. Lin, M.-S. Kao, and S. Chi, "A DWDM/SCM self-healing architecture for broad-band subscriber networks," *J. Lightwave Tech.*, vol. 21, pp. 319-328, Feb. 2003.
28. M.-J. Li, M. J. Soulliere, D. J. Tebben, L. Nederlof, M. D. Vaughn, and R. E. Wagner, "Transparent optical protection ring architectures and applications," *J. Lightwave Tech.*, vol. 23, pp. 3388-3403, Oct. 2005.
29. S. Priyadarshi, S. Z. Zhang, M. Tokhmakhian, H. Yang, and N. Margalit, "The first hot pluggable 2.5 Gb/s DWDM transceiver in an SFP form factor," *IEEE Commun. Mag.*, vol. 43, pp. S29-S31, Feb. 2005.
30. I. Zacharapoulos, A. Tzanakaki, D. Parcharidou, and I. Tomkos, "Optimization study of advanced modulation formats for 10-Gb/s metropolitan networks," *J. Lightwave Tech.*, vol. 23, pp. 321-329, Jan. 2005.
31. C. M. DeCusatis, "Fiber optic cable infrastructure and dispersion compensation for storage area networks," *IEEE Commun. Mag.*, vol. 43, pp. 86-92, Mar. 2005.
32. P. Herve and S. Ovadia, "Optical network technologies for enterprise networks," *Intel Tech. J.*, vol. 8, no. 2, pp. 73-82, May 2004.
33. C. Babla, "Addressing challenges in serial 10 Gb/s multimode fiber enterprise networks," *IEEE Commun. Mag.*, vol. 43, pp. S22-S28, Feb. 2005.
34. P. Kirkpatrick, W.-C. Fang, H. Johansen, B. Christensen, J. Hanberg, M. Lobel, T. B. Mader, S. Q. Shang, C. Schulz, D. Sprock, and J.-M. Verdiel, "10 Gb/s optical transceivers: Fundamentals and emerging technologies," *Intel Tech. J.*, vol. 8, no. 2, pp. 83-99, May 2004.
35. J. Hecht, "Optical modules ease design of fiber optic systems," *Laser Focus World*, vol. 40, pp. 114-118, Aug. 2004.
36. R. DeSalvo, A. G. Wilson, J. Rollman, D. F. Schneider, L. M. Lunardi, S. Lumish, N. Agrawal, A. H. Steinbach, W. Baun, T. Wall, R. Ben-Michael, M. A. Itzler, A. Fejzuli, R. A. Chipman, G. T. Kiehne, and K. M. Kissa, "Advanced components and sub-system solutions for 40 Gb/s transmission," *J. Lightwave Tech.*, vol. 20, pp. 2154-2181, Dec. 2002.
37. O. Leclerc, B. Lavigne, E. Balmefrezol, P. Brindel, L. Pierre, D. Rouvillain, and F. Seguineau, "Optical regeneration at 40 Gb/s and beyond," *J. Lightwave Tech.*, vol. 21, pp. 2779-2790, Nov. 2003.
38. M. Daikoku, N. Yoshikane, T. Otani, and H. Tanaka, "Optical 40-Gb/s 3R regenerator with a combination of the SPM and XAM effects for all-optical networks," *J. Lightwave Tech.*, vol. 24, pp. 1142-1148, Mar. 2006.
39. A. Scavennec and O. Leclerc, "Toward high-speed 40-Gb/s transponders," *Proc. IEEE*, vol. 94, pp. 986-996, May 2006.
40. J.-X. Cai, C. R. Davidson, M. Nissov, H. Li, W. T. Anderson, Y. Cai, L. Liu, A. N. Pilipetskii, D. G. Foursa, W. W. Patterson, P. C. Corbett, A. J. Lucero, and N. S. Bergano, "Transmission of 40-Gb/s WDM signals over transoceanic distance using conventional NZ-DSF with receiver dispersion slope compensation," *J. Lightwave Tech.*, vol. 24, pp. 191-200, Jan. 2006.
41. J. G. Proakis and M. Salehi, *Digital Communications*, McGraw-Hill, New York, 5th ed., 2008.
42. L. W. Couch II, *Digital and Analog Communication Systems*, Prentice Hall, Upper Saddle River, NJ, 7th ed., 2007.
43. C.-K. Chan, L.-K. Chen, and K.-W. Cheung, "A fast channel-tunable optical transmitter for ultra-high-speed all-optical time-division multiaccess networks," *IEEE J. Sel. Areas Commun.*, vol. 14, pp. 1052-1056, June 1996.

44. D. Cotter, J. K. Lucek, and D. D. Marcenac, "Ultra-high-bit-rate networking: From the transcontinental backbone to the desktop," *IEEE Commun. Mag.*, vol. 35, pp. 90-95, Apr. 1997.
45. A. R. Chraplyvy and R. W. Tkach, "Terabit/second transmission experiments," *IEEE J. Quantum Electron.*, vol. 34, pp. 2103-2108, Nov. 1998.
46. A. Bogoni, L. Poti, P. Ghelfi, M. Scaffardi, C. Porzi, F. Ponzini, G. Meloni, G. Berrettini, A. Malacarne, G. Prati, "OTDM-based optical communications networks at 160 Gbit/s and beyond," *Optical Fiber Technol.*, vol. 13, pp. 1-12, Jan. 2007.
47. M. Schneiders, S. Vorbeck, R. Leppla, E. Lach, M. Schmidt, S. B. Papernyi, and K. Sanapi, "Field transmission of 8 × 170 Gb/s over high-loss SSMF link using third-order distributed Raman amplification," *J. Lightwave Tech.*, vol. 24, pp. 175-182, Jan. 2006.
48. T. Miyazaki, Y. Awaji, Y. Kamio, and F. Kubota, "Field demonstration of 160-Gb/s OTDM signal using eight 20-Gb/s 2-bit/symbol channels over 200 km," *OFC/NFOEC Technical Digest*, paper OFF1, March 2005.
49. J. P. Turkkiewicz, E. Tangiongga, G. Lehmann, H. Rohde, W. Schairer, Y. R. Zhou, E. S. R. Sikora, A. Lord, D. B. Payne, G.-D. Khoe, and H. de Waardt, "160 Gb/s OTDM networking using deployed fiber," *J. Lightwave Tech.*, vol. 23, pp. 225-235, Jan. 2005.
50. C. F. Lam, N. F. Frigo, and M. D. Feuer, "A taxonomical consideration of optical add/drop multiplexers," *Photonic Network Commun.*, vol. 3, no. 4, pp. 327-334, Oct. 2001.
51. M. Vasilyev, I. Tomkos, M. Mehendale, J.-K. Rhee, A. Kobyakov, M. Ajgaonkar, S. Tsuda, and M. Sharma, "Transparent ultra-long-haul DWDM networks with broadcast-and-select OADM/OXC architecture," *J. Lightwave Tech.*, vol. 21, pp. 2661-2672, Nov. 2003.
52. N. Kataoka, N. Wada, K. Sone, Y. Aoki, H. Miyata, H. Onaka, and K. Kitayma, "Field trial of data-granularity-flexible reconfigurable OADM with wavelength-packet-selective switch," *J. Lightwave Tech.*, vol. 24, pp. 88-94, Jan. 2006.
53. H. Zhu and B. Mukherjee, "Online connection provisioning in metro optical WDM networks using reconfigurable OADMs," *J. Lightwave Tech.*, vol. 23, pp. 2893-2901, Oct. 2005.
54. D. M. Marom, D. T. Neilson, D. S. Greywall, C.-S. Pai, N. R. Basavanhally, V. A. Aksyuk, D. O. López, F. Pardo, M. E. Simon, Y. Low, P. Kolodner, and C. A. Bolle, "Wavelength-selective 1 × K switches using free-space optics and MEMS micromirrors: Theory, design, and implementation," *J. Lightwave Tech.*, vol. 23, pp. 1620-1630, Apr. 2005.
55. D. J. Blumenthal, P. R. Prucnal, and J. R. Sauer, "Photonic packet switches: Architectures and experimental implementations," *Proc. IEEE*, vol. 82, pp. 1650-1667, Nov. 1994.
56. G. I. Papadimitriou, C. Papazoglou, and A. S. Pomportsis, "Optical switching: Switch fabrics, techniques, and architectures," *J. Lightwave Tech.*, vol. 21, pp. 384-405, Feb. 2003.
57. E. Iannone and R. Sabella, "Optical path technologies: A comparison among different cross-connect architectures," *J. Lightwave Tech.*, vol. 14, pp. 2184-2196, Oct. 1996.
58. H. Yuan, W.-D. Zhong, and W. Hu, "FBG-based bidirectional optical crossconnects for bidirectional WDM ring networks," *J. Lightwave Tech.*, vol. 22, pp. 2710-2721, Dec. 2004.
59. J. Gripp, M. Duelk, J. E. Simsarian, A. Bhardwaj, P. Bernasconi, O. Laznicka, and M. Zirngibl, "Optical switch fabrics for ultra-high capacity IP routers," *J. Lightwave Tech.*, vol. 21, pp. 2839-2850, Nov. 2003.
60. A. Watanabe, K. Noguchi, K. Shimano, T. Kawai, E. Yoshida, A. Sahara, T. Takahashi, S. Okamoto, T. Goh, Y. Takigawa, M. Koga, and K.-I. Sato, "Photonic MPLS router to create bandwidth-abundant IP routers," *J. Lightwave Tech.*, vol. 21, pp. 2851-2862, Nov. 2003.
61. R. A. Barry and P. Humblet, "Models of blocking probability in all-optical networks with and without wavelength conversion," *IEEE J. Select Areas Commun.*, vol. 14, pp. 858-867, June 1996.
62. D. Marcenac, "Benefits of wavelength conversion in optical ring-based networks," *Optical Networks Mag.*, vol. 1, no. 2, pp. 29-35, Apr. 2000.
63. J. Strand, R. Doverspike, and G. Li, "Importance of wavelength conversion in an optical network," *Optical Networks Mag.*, vol. 2, no. 3, pp. 33-44, May/June 2001.
64. X. Chu, B. Li, and I. Chlamtac, "Wavelength converter placement under different RWA algorithms in wavelength-routed all-optical networks," *IEEE Trans. Commun.*, vol. 51, pp. 607-617, Apr. 2003.
65. X. Cao, V. Anand, Y. Xiong, and C. Qiao, "A study of waveband switching with multilayer multigranular optical cross-connects," *IEEE J. Select Areas Commun.*, vol. 21, pp. 1081-1095, Sept. 2003.
66. C. Nuzman, J. Leuthold, R. Ryf, S. Chandrasekhar, C. R. Giles, and D. T. Neilson, "Design and implementation of wavelength-flexible network nodes," *J. Lightwave Tech.*, vol. 21, pp. 648-663, Mar. 2003.
67. X. Chu and B. Li, "Dynamic routing and wavelength assignment in the presence of wavelength conversion for all-optical networks," *IEEE/ACM Trans. Networking*, vol. 13. pp. 704-715, June 2005.
68. J. M. Tang and K. A. Shore, "Wavelength-routing capability of reconfigurable optical add/drop multiplexers in dynamic optical networks," *J. Lightwave Tech.*, vol. 24, pp. 4296-4303, Nov. 2006.

69. H.-Y. Jeong and S.-W. Seo, "Blocking in wavelength-routed optical networks with heterogeneous traffic," *IEEE J. Sel. Areas Commun.*, vol. 23, pp. 1643-1657, Aug. 2005.
70. A. Pattavina, "Architectures and performance of optical packet switching nodes for IP networks," *J. Lightwave Tech.*, vol. 23, pp. 1023-1032, Mar. 2005.
71. D. J. Blumenthal, B.-E. Olsson, G. Rossi, T. E. Dimmick, L. Rau, M. Masanovic, O. Lavrova, R. Doshi, O. Jerphagnon, J. E. Bowers, V. Kaman, L. A. Coldren, and J. Barton, "All-optical label swapping networks and technologies," *J. Lightwave Tech.*, vol. 18, pp. 2058-2075, Dec. 2000.
72. D. Gurkan, S. Kumar, A. E. Willner, K. R. Parameswaran, and M. M. Fejer, "Simultaneous label swapping and wavelength conversion of multiple independent WDM channels in an all-optical MPLS network using PPLN waveguides as wavelength converters," *J. Lightwave Tech.*, vol. 21, pp. 2739-2745, Nov. 2003.
73. W. Wang, L. G. Rau, and D. J. Blumenthal, "160 Gb/s variable length packet/10 Gb/s-label all-optical label switching with wavelength conversion and unicast/multicast operation," *J. Lightwave Tech.*, vol. 23, pp. 211-218, Jan. 2005.
74. Y.-M. Lin, M. C. Yuang, S.-L. Lee, and W.I. Way, "Using superimposed ASK label in a 10 Gbps multi-hop all-optical label swapping system," *J. Lightwave Tech.*, vol. 22, pp. 351-361, 2004.
75. J. P. Jue and V. M. Vokkarane, *Optical Burst Switched Networks*, Springer, New York, 2005.
76. H. Yang and S. J. B. Yoo, "All-optical variable buffering strategies and switch fabric architectures for future all-optical data routers," *J. Lightwave Tech.*, vol. 23, pp. 3321-3330, Oct. 2005.
77. G. I. Papadimitriou, C. Papazoglou, and A. S. Pomportsis, *Optical Switching*, Wiley, Hoboken, NJ, 2007.
78. T. S. El-Bawab, *Optical Switching*, Springer, New York, 2010.
79. R. Rajaduray, S. Ovadia, and D. J. Blumenthal, "Analysis of an edge router for span-constrained optical burst switched (OBS) networks," *J. Lightwave Tech.*, vol. 22, pp. 2693-2705, Nov. 2004.
80. X. Yu, J. Li, X. Cao, Y. Chen, and C. Qiao, "Traffic statistics and performance evaluation in optical burst switched (OBS) networks," *J. Lightwave Tech.*, vol. 22, pp. 2722–2738, Dec. 2004.
81. M. Izal, J. Aracil, D. Morató, and E. Magaña, "Delay-throughput curves for timer-based OBS burstifiers with light load," *J. Lightwave Tech.*, vol. 24, pp. 277-285, Jan. 2006.
82. H. Le Vu, A. Zalesky, E.W.M. Wong, Z. Rosberg, S.M.H. Bilgrami, M. Zukerman, and R. S. Tucker, "Scalable performance evaluation of a hybrid optical switch," *J. Lightwave Tech.*, vol. 23, pp. 2961-2973, Oct. 2005.
83. D. Simeonidou, R. Nejabati, G. Zervas, D. Klonidis, A. Tzanakaki, and M. J. O'Mahony, "Dynamic optical-network architectures and technologies for existing and emerging grid services," *J. Lightwave Tech.*, vol. 23, pp. 3347-3357, Oct. 2005.
84. D. F. Grosz, A. Agarwal, S. Banerjee, D. N. Maywar, and A. P. Küng, "All-Raman ultra-long-haul single-waveband DWDM transmission system with OADM capability," *J. Lightwave Tech.*, vol. 22, pp. 423-432, Feb. 2004.
85. K. Iwatsuki, J.-I. Kani, H. Suzuki, and M. Fujiwara, "Access and metro networks based on WDM technologies," *J. Lightwave Tech.*, vol. 22, pp. 2623-2630, Nov. 2004.
86. N. Ghani, J.-Y. Pan, and X. Cheng, "Metropolitan optical networks," in *Optical Fiber Telecommunications IV-B: Systems and Impairments*, I. P. Kaminow and T. Li, eds., pp. 329-403, Academic, San Diego, 2002.
87. A. Zapata, M. Düser, J. Spencer, P. Bayvel, I. de Miguel, D. Breuer, N. Hanik, and A. Gladisch, "Next-generation 100-Gigabit Metro Ethernet (100 GbME) using multiwavelength optical rings," *J. Lightwave Tech.*, vol. 22, pp. 2420-2434, Nov. 2004.
88. P. Bedell, *Gigabit Ethernet for Metro Area Networks*, McGraw-Hill, New York, 2002.
89. S. Bottacchi, *Optical Fibre Transmission Theory, Technology, and Design, Multi-Gigabit Transmission over Multimode Optical Fibre: Theory and Design Methods for 10GbE Systems*, Wiley, Hoboken, NJ, 2006.
90. M. Abrams, P. C. Becker, Y. Fujimoto, V. O'Byrne, and D. Piehler, "FTTP deployments in the United States and Japan – Equipment choices and service provider imperatives," *J. Lightwave Tech.*, vol. 23, pp. 236-246, Jan. 2005.
91. G. Keiser, *FTTX Concepts and Applications*, Wiley, Hoboken, NJ, 2006.
92. P. E. Green Jr., *Fiber to the Home: The New Empowerment*, Wiley, Hoboken, NJ, 2006.
93. C. Lin, ed., *Broadband Optical Access Networks and Fiber-to-the-Home: Systems Technologies and Deployment Strategies*, Wiley, Hoboken, NJ, 2006.
94. N. Nadarajah, E. Wong, and A. Nirmalathas, "Packet labeling technique using electronic code-division multiple-access for WDM packet-based access networks," *IEEE Photonics Technol. Lett.*, vol. 18, pp. 607-609, Feb. 2006.
95. ITU-T Recommendation G.983.1, "Broadband optical access systems based on passive optical networks (PON)," Jan 2005.

96. ITU-T Recommendation G.984.1, "Gigabit-capable passive optical networks (GPON): General characteristics," Mar. 2008.
97. ITU-T Recommendation G.987.1, "10-Gigabit-capable passive optical networks (XG-PON): General requirements," Jan. 2010.
98. C. H. Yeh, C. W. Chow, C. H. Wang, F. Y. Shih, H. C. Chien, and S. Chi, "A self-protected colorless WDM-PON with 2.5 Gb/s upstream signal based on RSOA," *Opt. Express*, vol. 16, pp. 12296-12301, 2008.
99. G. Kramer, *Ethernet Passive Optical Networks*, McGraw-Hill, New York, 2005.
100. E. Desurvire, *Global Telecommunications: Signaling Principles, Network Protocols, and Wireless Systems*, Wiley, Hoboken, NJ, 2004.
101. S.-G. Mun, J.-H. Moon, H.-K. Lee, J.-Y. Kim, and C.-H. Lee, "A WDM-PON with a 40 Gb/s (32×1.25 Gb/s) capacity based on wavelength-locked Fabry-Perot laser diodes," *Opt. Express*, vol. 16, pp. 11361-11368, 2008.
102. M. Presi, R. Proietti, K. Prince, G. Contestabile, and E. Ciaramella, "A 80 km reach fully passive WDM-PON based on reflective ONUs," *Opt. Express*, vol. 16, pp. 19043-19048, 2008.
103. S.-C. Lin, S.-L. Lee, and C.-K. Liu, "Simple approach for bidirectional performance enhancement on WDM-PONs with direct modulation lasers and RSOAs," *Opt. Express*, vol. 16, pp. 3636-3643, 2008.
104. P. J. Urban, A.M.J. Koonen, G. D. Khoe, and H. de Waardt, "Interferometric crosstalk reduction in an RSOA-based WDM passive optical network," *J. Lightwave Tech.*, vol. 27, pp. 4943-4953, 2009.
105. C.-L. Tseng, C.-K. Liu, J.-J. Jou, W.-Y. Lin, C.-W. Shih, S.-C. Lin, S.-L. Lee, and G. Keiser, "Bidirectional transmission using tunable fiber lasers and injection-locked Fabry–Pérot laser diodes for WDM access networks," *Photonics Technol. Lett.*, vol. 20, pp. 794-796, May 2008.
106. G.-R. Lin, H.-L. Wang, G.-C. Lin, Y.-H. Huang, Y.-H. Lin, and T.-K. Cheng, "Comparison on injection-locked Fabry–Perot laser diode with front-facet reflectivity of 1% and 30% for optical data transmission in WDM-PON system," *J. Lightwave Tech.*, vol. 27, pp. 2779-2785, 2009.
107. R. Van Caenegem, J. M. Martínez, D. Colle, M. Pickavet, P. Demeester, F. Ramos, and J. Martí, "From IP over WDM to all-optical packet switching: Economical view," *J. Lightwave Tech.*, vol. 24, pp. 1638-1645, Apr. 2006.
108. M. Kodialam, V. Lakshman, J. B. Orlin, and S. Sengupta, "Preconfiguring IP-over-optical networks to handle router failures and unpredictable traffic," *IEEE J. Sel. Areas Commun.*, vol. 25, pp. 934-948, June 2007.
109. L. D. Ghein, *MPLS Fundamentals*, Cisco Press, Indianapolis, IN, 2007.
110. I. Minei and J. Lucek, *MPLS-Enabled Applications*, Wiley, Hoboken, NJ, 2008.
111. IETF RFC 3945, *Generalized Multi-Protocol Label Switching (GMPLS) Architecture*, Oct. 2004.
112. A. Farrel and I. Bryskin, *GMPLS: Architecture and Applications*, Morgan Kaufmann, 2006.
113. N. Sambo, I. Cerutti, A. Giorgetti, and P. Castoldi, "Impact of routing and wavelength selection strategies on GMPLS-controlled distributed restoration," *J. Opt. Network.*, vol. 7, pp. 388-399, 2008.
114. W. Zhong, Z. Lian, S. Kumar Bose, and Y. Wang, "Optical resilient Ethernet rings for high-speed MAN networks [Invited]," *J. Opt. Network.*, vol. 4, pp. 784-806, 2005.
115. H. Nakamura, H. Suzuki, J.-I. Kani, and K. Iwatsuki, "Reliable wide-area wavelength division multiplexing passive optical network accommodating Gigabit Ethernet and 10-Gb Ethernet services," *J. Lightwave Tech.*, vol. 24, pp. 2045-2051, Apr. 2006.
116. C. F. Lam and W. I. Way, "Optical Ethernet: Protocols, management, and 1-100 G technologies," in I. P. Kaminow, T. Li, and A. E. Willner, eds., *Optical Fiber Telecommunications – V*, vol. B, pp. 345-400, Academic, New York, 2008.
117. Y. Ishii and H. Yamashita, "Optical access transport system: GE-PON platform," *Fujitsu Sci Tech. J.*, vol. 45, pp. 346-354, Oct. 2009.
118. B.-H. Choi, M. Attygalle, Y. J. Wen, and S. D. Dods, "Dispersion map optimization and dispersion slope mismatch issue on 40 channel $\times$ 10 Gbit/s transmission over 3000 km using standard SMF and EDFA amplification," *Optics Comm.*, vol. 242, pp. 525-532, Dec. 2004.
119. L. Grüner-Nielsen, S. N. Knudsen, B. Edvold, T. Veng, D. Magnussen, C. C. Larsen, and H. Damsgaard, "Dispersion-compensating fibers," *Opt. Fiber Technol.*, vol. 6, no. 2, pp. 164-180, Apr. 2000.
120. M. Suzuki and N. Edagawa, "Dispersion-managed high-capacity ultra-long-haul transmission," *J. Lightwave Tech.*, vol. 21, pp. 916-929, Apr. 2003.
121. L. Grüner-Nielsen, M. Wandel, P. Kristensen, C. Jørgensen, L. V. Jørgensen, B. Edvold, B. Pálsdóttir, and D. Jakobsen, "Dispersion-compensating fibers," *J. Lightwave Tech.*, vol. 23, pp. 3566-3579, Nov. 2005.
122. H. Kogelnik, R. M. Jopson, and L. E. Nelson, "Polarization mode dispersion," in *Optical Fiber Telecommunications IV-B*, I. P. Kaminow and T. Li, eds., Academic, San Diego, CA, 2002.
123. P. M. Nellen, R. Brönnimann, M. Held, and U. Sennhauser, "Long-term monitoring of polariza-

tion-mode dispersion of aerial optical cables with respect to line availability," *J. Lightwave Tech.*, vol. 22, pp. 1848-1855, Aug. 2004.

124. D. A. Nolan, X. Chen, and M. J. Li, "Fibers with low polarization-mode dispersion," *J. Lightwave Tech.*, vol. 22, pp. 1066-1077, Apr. 2004.

125. L. Yan, X. S. Yao, M. C. Hauer, and A. E. Willner, "Practical solutions to polarization-mode-dispersion emulation and compensation," *J. Lightwave Technol.*, vol. 24, pp. 3992-4005, Nov. 2006.

126. F. Buchali and H. Bülow, "Adaptive PMD compensation by electrical and optical techniques," *J. Lightwave Technol.*, vol. 22, pp. 1116-1126, Apr. 2004.

127. H. Bülow, F. Buchali, and A. Klekamp, "Electronic dispersion compensation," *J. Lightwave Tech.*, vol. 26, pp. 158-167, Jan. 2008.

128. M. E. McCarthy, J. Zhao, A. D. Ellis, and P. Gunning, "Full-field electronic dispersion compensation of a 10 Gbit/s OOK signal over 4 124 km field-installed single-mode fibre," *J. Lightwave Tech.*, vol. 27, pp. 5327-5334, Dec. 2009.

129. M. S. Alfiad, D. van den Borne, S. L. Jansen, T. Wuth, M. Kuschnerov, G. Grosso, A. Napoli, and H. de Waardt, "A comparison of electrical and optical dispersion compensation for 111-Gb/s POLMUX–RZ–DQPSK," *J. Lightwave Tech.*, vol. 27, no. 16, pp. 3590-3598, Aug. 2009.

130. B. J. C. Schmidt, A. J. Lowery, and J. Armstrong, "Experimental demonstrations of electronic dispersion compensation for long-haul transmission using direct-detection optical OFDM," *J. Lightwave Tech.*, vol. 26, no. 1, pp. 196-203, Jan. 2008.

131. A. C. Singer, N. R. Shanbhag, and H.-M. Bae, "Electronic dispersion compensation," *IEEE Signal Process. Mag.*, vol. 25, no. 6, pp. 110-130, Nov. 2008.

132. K. Motoshima, N. Suzuki, K. Shimizu, K. Kasahara, T. Kitayama, and T. Yasui, "A channel-number insensitive erbium-doped fiber amplifier with automatic gain and power regulation function," *J. Lightwave Tech.*, vol. 19, pp. 1759-1766, Nov. 2001.

133. Y. Ben-Ezra, M. Haridim, and B. I. Lembrikov, "All-optical AGC of EDFA based on SOA," *IEEE J. Quantum Electron.*, vol. 42, pp. 1209-1214, Dec. 2006.

134. X. Zhou, M. Feuer, and M. Birk, "A simple feed-forward control algorithm for fast dynamic gain profile control in a multiwavelength forward-pumped Raman fiber amplifier," *IEEE Photonics Technol. Lett.*, vol. 18, pp. 1004-1006, May 2006.

135. S. H. Chang, H. S. Chung, H. J. Lee, and K. Kim, "Suppression of transient phenomena in hybrid Raman/EDF amplifier," *IEEE Photonics Technol. Lett.*, vol. 17, pp. 1004-1006, May 2005.

14

Medidas e monitoramento de desempenho

Engenheiros de muitas e variadas disciplinas precisam fazer medições de desempenho em todas as fases do projeto, da instalação e da operação de uma rede de comunicação de fibra óptica. Diversos níveis de técnicas de medição foram desenvolvidos para caracterizar o comportamento operacional de dispositivos e fibras, para garantir que os componentes corretos foram selecionados para uma aplicação em particular e verificar que a rede está configurada corretamente.[1-6] Além disso, vários métodos de monitoramento de desempenho operacional são necessários para verificar que todas as especificações de projeto e operação de um *link* são satisfeitas quando ele é executado. Uma grande variedade de equipamentos sofisticados de teste existe para cada uma dessas categorias de medição.

Durante a fase de projeto de um *link*, um engenheiro pode encontrar os parâmetros operacionais de muitos componentes passivos e ativos nas especificações dos fornecedores, como parâmetros fixos para fibras, dispositivos ópticos passivos e componentes optoeletrônicos (fontes de luz, fotodetectores e amplificadores ópticos). Por exemplo, os parâmetros de fibra óptica incluem os diâmetros de núcleo e casca, perfil do índice de refração, diâmetro de campo modal e corte de comprimento de onda. Uma vez que tais parâmetros fixos são conhecidos, geralmente não há a necessidade de um engenheiro projetista para medi-los novamente.

No entanto, os parâmetros variáveis dos elementos do sistema de comunicação, como os componentes optoeletrônicos, podem mudar com as condições de funcionamento e devem ser medidos antes, durante e depois que um *link* é instalado. Consideramos de particular importância medições precisas e completas nas fibras ópticas, pois esses componentes não podem ser facilmente substituídos depois de instalados. Embora muitas das propriedades físicas da fibra permaneçam constantes, a atenuação e a dispersão de uma fibra podem mudar durante a instalação dos cabos de fibras. Em fibras monomodo, as dispersões cromáticas e de polarização modal são fatores importantes que podem limitar a distância de transmissão ou taxa de dados. Os efeitos da dispersão cromática são de particular importância em linhas DWDM de alta velocidade, uma vez que o seu comportamento depende da configuração do *link*. A medição e o monitoramento da dispersão de polarização modal são importantes para taxas de dados iguais a 10 Gb/s ou maiores, pois seu comportamento estatístico pode limitar a maior taxa de dados possível.

Quando um *link* está sendo instalado e testado, os parâmetros operacionais de interesse incluem a taxa de erro de *bit*, o atraso na temporização e a relação sinal-ruído, como indicado pelo padrão de olho. Durante a operação, algumas medidas são necessárias para manutenção e monitoramento de funções que determinam fatores como a localização das falhas nas fibras e o *status* de amplificadores ópticos e outros dispositivos ativos remotamente localizados.

Este capítulo trata dos testes de medições e monitoramento de desempenho de interesse para projetistas, instaladores e operadores de fibra óptica e redes. Aqui, de particular interesse são as medidas para os *links* WDM. A Figura 14.1 mostra alguns dos parâmetros de ensaio e em que pontos de um *link* WDM eles são importantes. O impacto operacional ou prejuízo para muitos desses fatores pode ser contabilizado e controlado por meio de projeto de rede cuidado. Outros parâmetros podem necessitar de monitoramento e, possivelmente, compensação durante o funcionamento dinâmico da rede. Em qualquer dos casos, todos esses parâmetros devem ser medidos em algum momento durante o período de tempo que varia desde o princípio do projeto até o fornecimento de serviços.

Primeiramente, a Seção 14.1 mostra os padrões de medição reconhecidos internacionalmente para a avaliação de componentes e sistemas. Em seguida, a Seção 14.2 lista os instrumentos básicos de teste para fibras ópticas e caracterizações dos *links* de comunicação. Uma unidade fundamental em sistema de comunicações é a potência óptica das ondas luminosas e sua medição com medidores de potência óptica, que é o tema da Seção 14.3. Com relação às técnicas de medição, a Seção 14.4 apresenta uma visão geral dos métodos e equipamentos especializados para a caracterização dos parâmetros de fibra óptica. Além de determinarem os parâmetros geométricos, esses equipamentos também podem medir a atenuação e a dispersão cromática. Durante e após a instalação de um *link*, vários parâmetros básicos precisam ser verificados. Por exemplo, o desempenho de erro pode ser estimado por meio da medição do teste padrão de olho, que é o tema da Seção 14.5. A integridade física da típica ligação em campo está marcada com um refletômetro no domínio dos tempos ópticos (Seção 14.6). A Seção 14.7 trata do monitoramento de desempenho óptico, que é essencial para o gerenciamento de redes de alta capacidade de transmissão de ondas luminosas. As funções de rede que precisam de acompanhamento incluem o controle do amplificador, a identificação do canal e a avaliação da integridade dos sinais ópticos. A Seção 14.8 descreve algumas medidas e procedimentos básicos de desempenho.

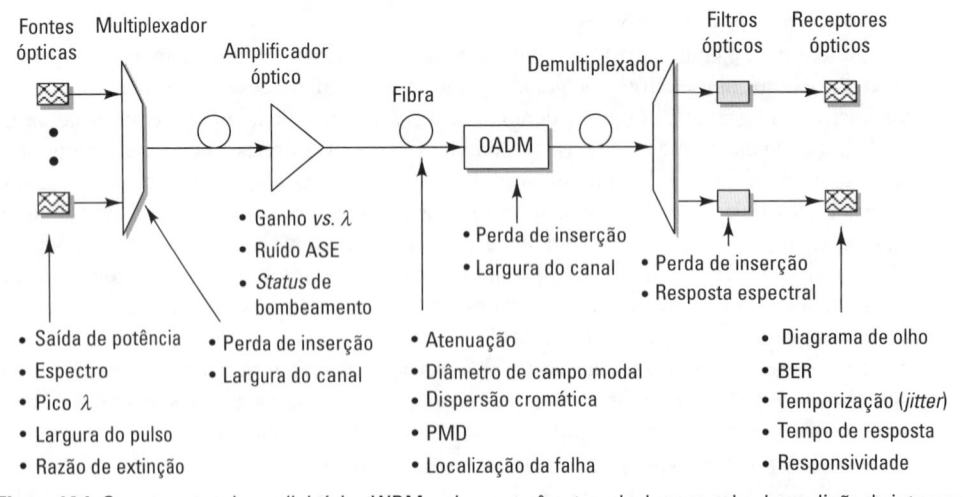

Figura 14.1 Componentes de um *link* típico WDM e alguns parâmetros de desempenho de medição de interesse do usuário.

14.1 Padrões de medidas

Antes de examinarmos as técnicas de medição, trataremos dos padrões existentes para as fibras ópticas. Conforme resumido na Tabela 14.1, há três classes básicas: primária, teste de componentes e padrões de sistema.

Tabela 14.1 Três classes de normas, as organizações envolvidas e suas funções

Classe de normas	Organizações envolvidas	Funções das organizações
Primária	• NIST (Estados Unidos) • NPL (Reino Unido) • PTB (Alemanha)	• Caracteriza parâmetros físicos. • Apoia e acelera o desenvolvimento de tecnologias emergentes (NIST).
Teste de componentes	• TIA/EIA • ITU-T • IEC	• Define testes de avaliação de componentes. • Estabelece procedimentos de calibração de equipamento.
Padrões de sistema	• ANSI • IEEE • ITU-T	• Define os métodos de teste da camada física. • Estabelece procedimentos de medida para *links* e redes.

Os *padrões primários* referem-se à medição e à caracterização de parâmetros físicos fundamentais, como atenuação, largura de banda, diâmetro de campo modal para as fibras de monomodo e potência óptica. Nos Estados Unidos, o principal grupo envolvido em padrões primários é o National Institute of Standards and Technology (NIST).[6,7] Essa organização leva a cabo o trabalho de padronização de fibras ópticas e *lasers* e patrocina uma conferência bienal sobre medidas em fibra óptica. Outro objetivo é apoiar e acelerar o desenvolvimento de tecnologias emergentes. Outras organizações nacionais incluem o National Physical Laboratory (NPL), no Reino Unido,[8] e o Bundesanstalt Physikalisch-Technische (PTB), na Alemanha.[9]

Como a Tabela 14.2 resume, várias organizações internacionais estão envolvidas na formulação de padrões de teste de componentes e sistemas. As principais organizações que tratam de métodos de medição de ligações e redes são o Institute for Electrical and Eletronic Engineers (IEEE) e o Telecommunication Standardization Sector da International Telecommunication Union (ITU-T). A Telcordia Technologies fornece uma ampla faixa de requisitos genéricos para componentes de rede de telecomunicações, instalações e equipamentos.

Os *padrões de teste de componentes* definem testes relevantes para o desempenho dos componentes de fibra óptica e estabelecem os procedimentos para a calibração de equipamentos. A principal organização de testes de componentes é a Telecommunication Industry Association (TIA) em associação com a Eletronic Industries Alliance (EIA). A TIA tem uma lista de mais de 200 padrões de teste e especificações de fibras ópticas sob a designação geral TIA/EIA-455-XX-YY, onde XX refere-se a uma técnica de medição específica, e YY, ao ano de publicação. Esses padrões são também chamados de *procedimentos de teste de fibra óptica* (FOTP), de modo que se tornam TIA/EIA-455-XX FOTP-XX. Esses padrões incluem uma grande variedade de métodos recomendados para testar a resposta de fibras, cabos, dispositivos passivos e componentes eletro-ópticos sob diversos fatores ambientais e condições operacionais. Por exemplo, o método TIA/EIA-455-20-B-2004 ou FOTP-20, publicado em 2004, fornece dois procedimentos para a monitoração de alterações na transmitância de fibras ópticas ou cabos que podem ocorrer durante os testes mecânicos e ambientais.

Tabela 14.2 Resumo das principais organizações de normas e suas funções relacionadas aos testes

Organização	Endereço na internet	Atividades relacionadas aos testes
IEEE	www.ieee.org	Estabelece e publica procedimentos de medidas para *links* e redes: • Define os métodos de teste da camada física; • IEEE 802.3ah Ethernet na primeira milha (EFM).
ITU-T	www.itu.int/ITU-T	Cria e publica padrões em todas as áreas de telecomunicações: • Série *G* para meios e sistemas de transmissão de telecomunicação, sistemas digitais e redes; • Série *L* para construção, instalação e proteção de cabos e outros elementos de planta externa; • Série *O* para especificações de equipamentos de medidas.
Telcordia	www.telcordia.com	Fornece requisitos genéricos para elementos de rede: • Conectores de fibra óptica; • Armários interiores e exteriores; • Gabinetes subterrâneos e aéreos; • Produtos implantados em campo.
TIA/EIA	www.tiaonline.org www.eia.org	Criou em torno de 200 especificações de testes com a designação procedimento de teste de fibra óptica (FOTP): • Define os métodos de teste da camada física; • Documentos TIA/EIA-455-XX ou FOTP-XX.

Os *padrões* ou *normas* de sistema referem-se a métodos de medição para *links* e redes. As principais organizações envolvidas aqui são o American National Standards Institute (ANSI), o Institute for Electrical and Eletrônic Engineers (IEEE) e a ITU-T. De especial interesse para os sistemas de fibra óptica são os padrões de teste e as recomendações da ITU-T, destinadas a todos os aspectos das redes ópticas. Dentro da TIA, o Comitê FO-2 desenvolve procedimentos de testes de camada física, guias de projetos de sistema e especificações de sistema para ajudar os fornecedores e usuários de tecnologia de comunicações de fibra óptica. A interoperabilidade e a compatibilidade entre os equipamentos de diferentes fornecedores são as preocupações mais importantes. Esse comitê aborda o desempenho e a confiabilidade de componentes ativos e sistemas, como transmissores, receptores, amplificadores e moduladores. Os sistemas incluem sistemas digitais monomodo e analógicos, os sistemas opticamente amplificados com *multiplexação por divisão de comprimento de onda* (DWDM), os sistemas multimodo ponto a ponto e as aplicações de *rede de área local* (LAN).

14.2 Equipamento básico de teste

Como os sinais ópticos passam através de várias partes de um *link* óptico, eles precisam ser medidos e caracterizados em termos das três áreas fundamentais: potência óptica, polarização e conteúdo espectral. Os instrumentos básicos para a realização de tais medições em componentes e sistemas de fibra óptica incluem medidores de potência óptica, atenuadores, fontes *laser* sintonizáveis, analisadores de espectro e refletômetros ópticos no domínio do tempo. Esses instrumentos têm uma variedade de capacidades, com tamanhos que variam de unidades portáteis para uso em campo a sofisticadas maletas de tamanho de bancada ou montagem em painéis de instrumentos para aplicações de laboratório e produção. Em geral, as unidades de campo não precisam ter a precisão extremamente alta de instrumentos de laboratório, mas devem ser mais resistentes para manter as medições confiáveis e precisas em condições ambientais extremas de temperatura, umidade, poeira e estresse mecânico. No entanto, mesmo os instrumentos portáteis para uso em campo atingiram um alto grau de sofisticação com recursos de teste automatizados controlados por microprocessador e capacidades com interface em computador.

Instrumentos mais sofisticados, como analisadores de polarização e de comunicação óptica, estão disponíveis para medição e análise de *dispersão modal de polarização* (PMD), diagramas de olho e formas de onda de pulso. Esses instrumentos permitem que uma variedade de medidas estatísticas seja feita com o apertar de um botão após o usuário digitar os parâmetros a serem testados e o intervalo de medida desejado.

A Tabela 14.3 lista alguns equipamentos de teste essenciais e suas funções para a instalação e operação de sistemas de comunicações ópticas. Esta seção define uma seleção dos seis primeiros instrumentos apresentados na tabela. As próximas seções darão mais detalhes sobre medidores de potência óptica, testadores de taxa de erro de *bit* e refletômetros ópticos no domínio do tempo.

14.2.1 *Lasers* de apoio a testes

Para testar os componentes ópticos, são desejáveis fontes de luz especializadas. A Tabela 14.4 lista as características de dois instrumentos de fonte *laser* utilizados para o apoio de testes.

Tabela 14.3 Alguns instrumentos de teste de sistemas ópticos amplamente utilizados e suas funções

Instrumento de teste	Função
Lasers de apoio a testes (múltiplo comprimento de onda ou banda larga)	Auxilia em testes que medem a resposta dependente do comprimento de onda de um componente óptico ou *link*.
Analisador de espectro óptico	Mede a potência óptica em função do comprimento de onda.
Sistema multifuncional de teste óptico	Instrumentos de fábrica ou campo com módulos permutáveis para a realização de uma variedade de medidas.
Atenuador de potência óptica	Reduz o nível de potência para prevenir danos ao instrumento ou evitar distorção de sobrecarga nas medidas.
Analisador de conformidade	Mede o desempenho do receptor óptico, de acordo com especificações baseadas em padrões.
Indicador visual de falha	Usa a luz visível para dar uma indicação rápida de uma ruptura em uma fibra óptica.
Medidor de potência óptica	Mede a potência óptica em uma banda de comprimentos de onda selecionada.
Equipamento de teste de BER	Usa máscaras de padrão de olho para avaliar a habilidade na manipulação de dados de um *link* óptico.
OTDR (instrumento de campo)	Mede atenuação, comprimento, perdas de conexão/emendas e níveis de reflectância, e ajuda a localizar rupturas de fibras.
Testador de perda de retorno óptico	Mede a potência reversa total em relação à potência frontal total em um ponto particular.

Tabela 14.4 Características dos instrumentos de fonte *laser* usados para o suporte de testes

Parâmetro	Fonte selecionável	Fonte de banda larga
Intervalo espectral de saída	Selecionável: por exemplo, 1.370-1.495 nm ou 1.460-1.640 nm	Comprimento de onda de pico ±25 nm
Potência de saída óptica total	Até 8 dBm	> 3,5 mW(5,5 dBm) em um intervalo de 50 nm
Estabilidade de potência	< ±0,02 dB	< ±0,05 dB
Precisão de comprimento de onda	< ±10 pm	(Não aplicável)

As *fontes laser sintonizáveis* são instrumentos importantes para as medidas de resposta dependentes do comprimento de onda em um componente óptico ou *link*. Muitos fornecedores oferecem essas fontes de luz que geram uma linha de *laser* monomodo para cada ponto de comprimento de onda. Normalmente, a fonte é um *laser* semicondutor de cavidade externa. Uma rede de difração móvel pode ser utilizada como um filtro de sintonização para a seleção de comprimentos de onda. Dependendo da combinação de fonte e grade, um instrumento pode ser ajustável ao longo das bandas de (por exemplo) 1.280-1.330 nm, 1.370-1.495 nm ou 1.460-1.640 nm. As varreduras de comprimento de onda com uma potência de saída que é constante em toda a faixa espectral podem ser feitas automaticamente. A mínima potência de saída de tal instrumento geralmente é de −10 dBm, e a precisão absoluta de comprimento de onda é tipicamente de ±0,01 nm (±10 pm).

Para avaliar componentes passivos DWDM, é desejável uma *fonte de luz de banda larga incoerente* com uma elevada potência de saída acoplada a uma fibra monomodo. Um instrumento desse tipo pode ser realizado por meio da *emissão espontânea amplificada* (ASE) de um amplificador de fibra dopada com érbio. A densidade espectral de potência de saída é de até cem vezes (20 dB) maior que LEDs de emissão lateral e até 100.000 vezes (50 dB) maior do que as fontes de luz branca de lâmpadas de tungstênio. O instrumento pode ser especificado para ter uma potência de saída total maior do que 3,5 mW (5,5 dBm) ao longo de uma faixa de 50 nm, com uma densidade espectral de −13 dBm/nm (50 μW/nm). A densidade espectral relativamente elevada de potência permite ao pessoal de teste caracterizar dispositivos com perdas de inserção média ou alta. Os comprimentos de onda de pico podem ser de 1.200, 1.310, 1.430, 1.550 ou 1.650 nm.

14.2.2 Analisador de espectro óptico

Na instalação generalizada de sistemas WDM, devem-se realizar análises do espectro óptico para caracterizar o comportamento de vários elementos de rede de telecomunicações em função do comprimento de onda. Um instrumento amplamente usado para fazer isso é um *analisador de espectro óptico* (OSA), que mede a potência óptica em função do comprimento de onda. A implementação mais comum utiliza um filtro óptico baseado em grade de difração que permite resoluções de comprimento de onda inferiores a 0,1 nm. Uma precisão maior em comprimento de onda (±0,001 nm) é obtida com instrumentos baseados na interferometria de Michelson.

A Figura 14.2 ilustra a operação de um analisador de espectro óptico baseado em grade. A luz que emerge de uma fibra é colimada por uma lente e direcionada para uma grade de difração que pode ser girada. A fenda de saída seleciona ou filtra o espectro da luz a partir da grade. Logo, ela determina a *resolução espectral* do OSA. A expressão *resolução de largura de banda* descreve a largura desse filtro óptico. Os OSAs típicos têm filtros selecionáveis que variam de 10-0,1 nm. As características ópticas do filtro determinam a *faixa dinâmica*, que é a capacidade do OSA de ver simultaneamente grandes e pequenos sinais na mesma varredura. A largura de banda do amplificador é um fator importante que afeta o tempo de sensibilidade e varredura do OSA. Da banda O à banda L, o fotodiodo é geralmente um dispositivo de InGaAs.

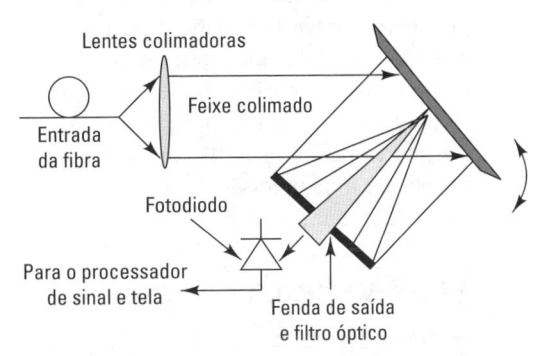

Figura 14.2 Operação de um analisador de espectro óptico baseado em grade.

Em geral, o OSA varre (examina* em um determinado intervalo de tempo) através de uma banda espectral e faz medições em pontos de comprimento de onda discretamente espaçados. Esse espaçamento depende da resolução em largura de banda do instrumento e é conhecido como o *espaçamento ponto-traço*.

14.2.3 Verificadores de múltiplas funções

Para reduzir o número de peças individuais de equipamentos de teste, os fabricantes estão produzindo equipamentos de teste multifuncional. A Figura 14.3 mostra um exemplo de instrumento portátil que foi concebido para a utilização em rede FTTP. Esse único instrumento portátil tem um medidor de potência, um verificador de perda bidirecional de dois comprimentos de onda, um testador de perda de retorno óptico, um indicador visual de falha para localizar quebras e falhas em um cabo de fibra, e um rádio para comunicação entre o pessoal de campo. Para realizar essas funções, a unidade contém fontes ópticas que são emitidas nos comprimentos de onda 1.310, 1.490 e 1.550 nm usados em redes FTTP.

14.2.4 Atenuadores de potência óptica

Em muitos testes de laboratório ou de produção, as características de um nível elevado de sinal óptico precisam ser medidas. Por exemplo, se o nível é uma forte saída de um amplificador óptico, o sinal pode precisar ser atenuado precisamente

Figura 14.3 Instrumento de teste multifuncional compacto e portátil para uso em ambientes de campo.
(Modelo FOT-930, cortesia da EXFO; www.exfo.com © 2004-2010 EXFO Inc.)

---

* N. de T.: Em espectroscopia, é utilizado também o termo *scan* para a varredura em comprimento de onda.

antes de ser medido. Isso é feito para evitar danos no instrumento ou evitar a distorção por sobrecarga nas medições. Com um *atenuador óptico*, um engenheiro de teste poderá reduzir o nível do sinal óptico até, por exemplo, 60 dB (um fator de 10^6), em passos precisos em um comprimento de onda específico, que é geralmente de 1.310 ou 1.550 nm. Na extremidade de menor desempenho, atenuadores desse tipo são pequenos dispositivos (cerca de $2 \times 5 \times 10$ cm) destinados a medições de campo rápidas que precisam apenas ter uma precisão de 0,5 dB. Os instrumentos de laboratório podem ter uma precisão de atenuação de 0,001 dB.

14.2.5 Verificador de rede de transporte óptico

Na instalação de uma *rede de transporte óptico* (OTN), a principal preocupação é verificar se os vários elementos de rede, como as placas de circuito SONET/SDH e Ethernet, estão funcionando corretamente. Em relação a isso, a ITU-T publicou as seguintes diretrizes:
- G.709, Interfaces para a OTN.
- G.798, Características de Blocos de Hierarquia Funcionais da OTN.

De particular importância é a verificação de que os elementos da OTN que podem ter sido concebidos, produzidos e instalados por diferentes fornecedores estão em conformidade com as recomendações da ITU-T. Tais testes, que são conhecidos como *testes de conformidade*, incluem o seguinte:
- Verificar a exatidão das especificações de interface dos elementos.
- Checar as respostas corretas do *dispositivo sob teste* (DUT).
- Verificar o comportamento correto de módulos de *correção de erros antecipada* (FEC).
- Examinar que o mapeamento e desmapeamento dos sinais de clientes são realizados corretamente.

A Figura 14.4 mostra um exemplo de um instrumento portátil multiusuário, multifuncional e multiporta para testes de conformidade em campo. Esse instrumento pode caracterizar instabilidades na camada física, desvios e taxas de erro de *bits* de até 43 Gb/s em redes de longa distância, metropolitanas e de acesso FTTP.

Figura 14.4 Um testador multifuncional de rede óptica portátil.
(Cortesia da JDSU: Modelo ONT-503; www.jdsu.com.)

14.2.6 Indicador visual de falha

Um *localizador visual de falhas* (VFL) é um instrumento portátil do tamanho de uma caneta que utiliza uma fonte de luz *laser* visível para localizar eventos, como quebras de fibra, curvas excessivamente apertadas em uma fibra ou conectores fracamente acoplados. A fonte emite um feixe luminoso de luz vermelha (por exemplo, em 650 nm) em uma fibra, o que permite ao utilizador ver a falha na fibra ou um ponto de alta perda como uma luz incandescente intermitente ou vermelha. O VFL é particularmente útil para a identificação de falhas de fibras no interior da zona morta inicial de um OTDR. Na utilização de tal dispositivo, os eventos devem ocorrer onde a fibra ou conector está em aberto, de modo que é possível a observação visual da luz vermelha emitida.

Como a saída nominal de luz é de 1 mW, a luz será visível através de uma camisa de fibras no ponto de falha. Esse nível de potência permite que um usuário detecte visualmente uma falha de fibras em até 5 km. O dispositivo, em geral, é alimentado por uma pilha AA de 1,5 V e opera no modo contínuo ou intermitente.

14.3 Medidas de potência óptica

A medição de potência óptica é a função mais básica na metrologia de fibra óptica. No entanto, esse parâmetro não é uma quantidade fixa e pode variar em função de outros parâmetros, como tempo, distância ao longo de um *link*, comprimento de onda, fase e polarização.

14.3.1 Definição de potência óptica

Para que possamos entender o funcionamento da potência óptica, devemos analisar sua base física e verificar como ela se relaciona com outras quantidades ópticas, como energia, intensidade e brilho.

- As partículas de luz, denominadas *fótons*, têm uma certa energia associada que muda com o comprimento de onda. A relação entre a energia E de um fóton e o seu comprimento de onda λ é dada pela equação $E = hc/\lambda$, que é conhecida como Lei de Planck. Em termos de comprimento de onda (medida em unidades de μm), a energia em elétron-volts é dada pela expressão $E(\text{eV}) = 1{,}2406/\lambda$ (μm). Note que 1 $eV = 1{,}60218 \times 10^{-19}$ J.
- A *potência óptica P* mede a taxa na qual os fótons chegam a um detector. Assim, é uma medida da transferência de energia por unidade de tempo. Uma vez que a taxa de transferência de energia varia ao longo do tempo, a potência óptica é uma função do tempo. É medida em *watts* ou joules por segundo (J/s).
- Como observado no Capítulo 4, a *radiância* (ou *brilho*) é uma medida, em watts, da quantidade de potência óptica irradiada em um determinado ângulo sólido por unidade da superfície emissora.

Como a potência óptica pode variar com o tempo, a sua medição também muda com o tempo. A Figura 14.5 mostra um gráfico do nível de potência em um fluxo de pulsos de sinal em função do tempo. Diferentes leituras de níveis de potência instantâneos são obtidas de acordo com o instante exato em que a medição é feita. Portanto, duas classes padrão de medições de potência podem ser especificadas em um sistema óptico: potência de pico e potência média. A *potência de pico* é o nível máximo de potência em um pulso, que pode ser sustentado apenas por um período muito curto.

A *potência média* é uma medida do nível de potência média durante um período de tempo relativamente longo em comparação com a duração de um pulso individual. Por exemplo, o período de tempo de medição pode ser um segundo, que contém muitos pulsos de sinais. Como um exemplo simples, em fluxo de dados de *não retorno a zero* (NRZ), haverá uma probabilidade igual de pulsos 1 e 0 ao longo de um período de tempo longo. Nesse caso, como mostra a Figura 14.5, a potência média é metade da potência

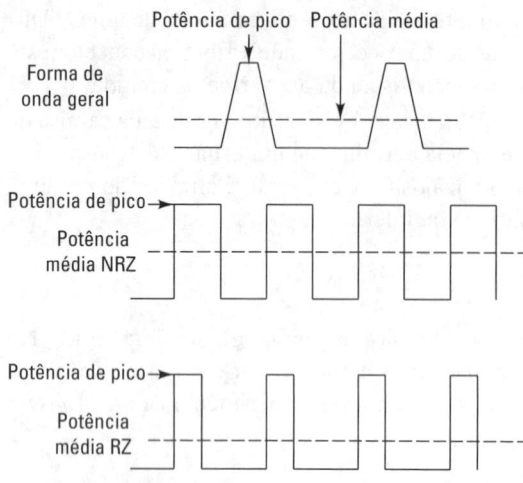

Figura 14.5 Potências de pico e média de uma série de pulsos ópticos geral, NRZ e RZ.

máxima. Se um formato de modulação de *retorno a zero* (RZ) for usado, então a potência média, durante uma longa sequência de pulsos, será um quarto de potência de pico porque não há nenhum pulso no intervalo de tempo do 0 e o intervalo de tempo do 1 é apenas preenchido pela metade.

A sensibilidade do fotodetector é normalmente expressa em termos do nível médio de potência que o atinge, uma vez que as medições em um sistema de fibra óptica real são feitas sobre vários pulsos. No entanto, o nível de saída de um transmissor óptico normalmente é especificado como a potência de pico. Isso significa que a potência média acoplada em uma fibra, que é o nível de potência que o fotodetector mede, é pelo menos 3 dB menor do que se o *designer* do *link* usasse incorretamente a saída de pico da fonte nos cálculos de balanço de potência como o nível de luz que entra na fibra.

14.3.2 Medidores de potência óptica

A função de um *medidor de potência óptica* é medir a potência total sobre uma determinada faixa de comprimento de onda. Alguma forma de detecção de potência óptica está em quase todo pedaço de equipamento de teste de ondas luminosas. Os instrumentos portáteis vêm em uma grande variedade de tipos com diferentes níveis de capacidades. Os medidores de potência óptica de múltiplos comprimentos de onda que usam vários fotodetectores são o instrumento mais comum para medir os níveis de potência do sinal óptico. Normalmente, as saídas são dadas em dBm (onde 0 dBm = 1 mW) ou dBμ (onde 0 dBμ = 1 μW).

Por exemplo, o uso de um fotodetector de Ge normalmente permite um intervalo de medição de +18 a –60 dBm na banda de comprimento de onda de 780-1.600 nm, enquanto um fotodetector de InGaAs permite uma faixa de medição de +3 a –73 dBm na banda de 840-1.650 nm. Em cada caso, as medições de potência podem ser feitas em um número calibrado de comprimentos de onda. As configurações de limiar selecionáveis pelo usuário podem deixar o instrumento mostrar uma aprovação/reprovação em uma tela embutida. Uma interface RS-232 ou USB em conjunto com a aplicação de um *software* permite ao usuário baixar as medições e vê-las, exportá-las ou imprimi-las na forma de tabela ou gráfico.

14.4 Caracterização da fibra óptica

Muitos milhões de quilômetros de fibras ópticas foram fabricados e instalados em todo o mundo. Vários tipos de equipamento para uso em fábrica foram desenvolvidos para caracterizar os parâmetros físicos e o desempenho dessas fibras. Enquanto os primeiros equipamentos tendiam a especializar-se na medida de apenas um ou dois parâmetros, os modernos e sofisticados instrumentos exigem apenas uma preparação simples da fibra para a caracterização de fibras ópticas com precisão durante o processo de fabricação. Esses parâmetros incluem diâmetro de campo modal, atenuação, comprimento de onda de corte, dispersão cromática *versus* comprimento de onda, perfil do índice de refração, área efetiva e propriedades geométricas, como diâmetros do núcleo e da casca, erro de concentricidade núcleo-casca e não circularidade da fibra. Os dois métodos básicos de medição utilizados por esse equipamento especializado são as técnicas de campos próximos refratado e transmitido.* Esta seção descreve essas duas técnicas e apresenta algumas formas-padrão para medir atenuação e três fatores de dispersão.

14.4.1 Técnica do campo próximo refratado

O método de medição de *campo próximo refratado* é recomendado pela ITU-T e TIA para a determinação do *perfil de índice de refração* (RIP).[10] Para determinar o perfil do índice, esse método move um *laser* focalizado em toda a face da extremidade da fibra e examina a distribuição da luz que é refratada para fora do núcleo em função da posição radial do ponto do *laser*. A variação no nível do sinal óptico detectado é proporcional à mudança no índice na face da extremidade da fibra. O parâmetro RIP pode ser usado para calcular os parâmetros geométricos de uma fibra e estimar todas as propriedades de transmissão (por exemplo, a dispersão cromática e o comprimento de onda de corte), com exceção de atenuação e dispersão de polarização modal.[11]

14.4.2 Técnica de campo próximo transmitido

O método de medição de *campo próximo transmitido* é recomendado pela ITU-T e TIA para a medição de características de campo modal.[12,13] O conhecimento do *diâmetro de campo modal* (MFD) é importante porque descreve a distribuição do campo óptico radial através do núcleo da fibra. Uma informação detalhada do MFD permite o cálculo de características como eficiência do acoplamento fonte-fibra, perdas de junção e emenda, perda por microcurvatura e dispersão. Uma varredura de campo próximo transmitido proporciona diretamente a distribuição de intensidade $E^2(r)$ na saída da fibra. A partir dessa distribuição, é possível calcular o MFD usando a equação de Petermann II.[14] A expressão de Petermann II é dada pela Equação (2.73) em termos da distribuição de intensidade de campo como[11,15]

$$\mathrm{MFD} = 2\sqrt{2} \left[\frac{2\int_0^\infty E^2(r) r^3 \, dr}{\int_0^\infty E^2(r) r \, dr} \right]^{1/2} \tag{14.1}$$

Como é fácil programar essa equação, o *software* do equipamento de medição pode calcular o MFD diretamente a partir dos dados de campo próximo.

---

* N. de T.: Medidas de campo próximo ou *near-field* estão relacionadas com as técnicas que permitem proximidade da ponta de prova e precisão espacial da ordem ou de 1 mícron da área a ser analisada.

14.4.3 Medidas de atenuação

Em uma guia de ondas de fibra, a atenuação da potência óptica é o resultado dos processos de absorção, mecanismos de dispersão e efeitos de guia de onda. O fabricante está geralmente interessado na magnitude das contribuições individuais para a atenuação, enquanto o engenheiro de sistema que utiliza a fibra está mais preocupado com a perda de transmissão total da fibra. Aqui tratamos apenas das técnicas de medição de perda de transmissão total.

Três métodos básicos estão disponíveis para a determinação do efeito de atenuação das fibras. A abordagem mais comum, e concebida há mais tempo, envolve a medição da potência óptica transmitida através de um comprimento longo e curto da mesma fibra utilizando acopladores de entrada idênticos. Esse método é conhecido como técnica de corte. Um método menos preciso, mas não destrutivo, é o método de perda de inserção, que é útil para cabos com conectores. Esses dois métodos são descritos nesta seção. A Seção 14.6 descreve a terceira técnica que envolve o uso de um OTDR.

Técnica de corte A *técnica de corte*,[16,17] método destrutivo que precisa acessar ambas as extremidades da fibra, está ilustrada na Figura 14.6. As medições podem ser feitas em um ou mais comprimentos de onda específicos, ou, alternativamente, uma resposta espectral pode ser necessária em uma faixa de comprimentos de onda. Para encontrar a perda de transmissão, a potência óptica é primeiro medida na saída (ou extremidade mais distante) da fibra. Então, sem perturbar a condição de entrada, a fibra é cortada a poucos metros da fonte, e a potência de saída nesta extremidade próxima é medida. Se P_F e P_N representam as potências de saída das extremidades distantes e próximas da fibra, respectivamente, a perda média α em decibéis por quilômetro é dada por

$$\alpha = \frac{10}{L} \log \frac{P_N}{P_F} \qquad (14.2)$$

onde L (em quilômetros) é a separação entre os dois pontos de medidas. A razão para seguir esses passos é que é extremamente difícil calcular a quantidade exata de potência óptica lançada em uma fibra. Quando se utiliza o método de corte, a potência óptica que emerge do comprimento curto da fibra é o mesmo que a potência de entrada para a fibra de comprimento L.

Exemplo 14.1 Um engenheiro quer encontrar a atenuação em 1.310 nm de uma fibra cujo comprimento é de 4,95 km. O único instrumento disponível é um fotodetector que fornece uma leitura da saída em volts. Usando esse dispositivo em uma configuração de corte de atenuação, o engenheiro mede uma saída de 6,58 V no fotodiodo, na extremidade distante da fibra. Após cortar a fibra 2 m após a fonte, a tensão de saída do fotodetector é agora 2,21 V. Qual é a atenuação da fibra em dB/km?

Solução: Uma vez que a tensão de saída do fotodetector é proporcional à potência óptica, podemos escrever a Equação (14.2) como

$$\alpha = \frac{10}{L_1 - L_2} \log \frac{V_2}{V_1}$$

onde L_1 é o comprimento da fibra original; L_2, o comprimento após o corte; e V_1 e V_2, as leituras de tensão de saída dos comprimentos longo e curto, respectivamente. Logo, a atenuação em decibéis é

$$\alpha = \frac{10}{4{,}950 - 2} \log \frac{6{,}58}{2{,}21} = 0{,}95 \text{ dB/km}$$

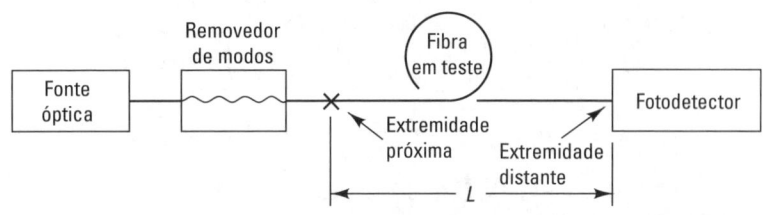

Figura 14.6 Esquema de configuração experimental para determinar a atenuação da fibra óptica pela técnica de corte. Inicialmente, a energia óptica é medida na extremidade distante e, em seguida, a fibra é cortada na extremidade próxima, onde a saída de potência é medida.

Na realização dessa técnica de medida, atenção especial deve ser dada à forma como a potência óptica é lançada na fibra, pois, em uma fibra multimodo, condições de lançamento diferentes podem originar valores diferentes de perda. Os efeitos das distribuições modais na fibra multimodo que resultam de diferentes aberturas numéricas e tamanhos de feixe na extremidade de lançamento da fibra são mostrados na Figura 14.7. Se o tamanho do feixe é pequeno e sua NA é menor do que a do núcleo da fibra, a potência óptica está concentrada no centro do núcleo, como mostra a Figura 14.7a. Nesse caso, a contribuição da atenuação resultante das perdas de potência dos modos de ordem superior é insignificante. Na Figura 14.7b, o tamanho do feixe é maior do que o núcleo da fibra, e a NA é maior que a da fibra. Para essa condição sobrecarregada, as partes do feixe de luz incidente que se situam fora do núcleo da fibra e fora da NA da fibra são perdidas. Além disso, existe uma grande contribuição para a atenuação resultante da perda de potência dos modos superiores (ver Seções 5.1 e 5.3).

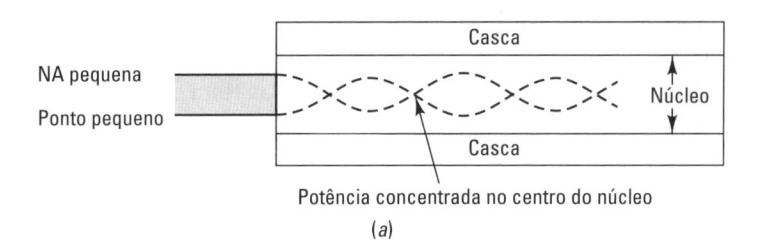

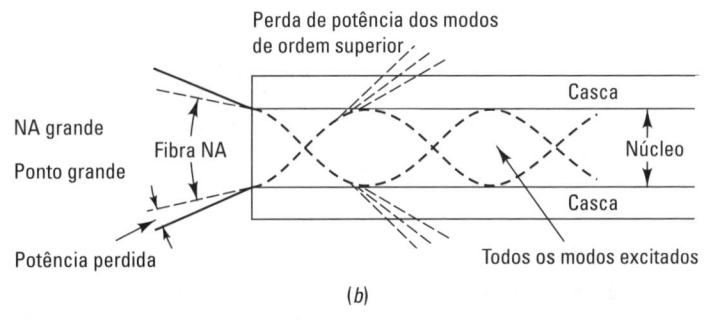

Figura 14.7 Efeitos do lançamento da abertura numérica e do tamanho do ponto na distribuição modal. (a) Preenchimento insuficiente da fibra excita apenas os modos de ordem inferior; (b) uma entrada sobrecarregada na fibra possui excesso de atenuação nas perda de modos de ordem superior.

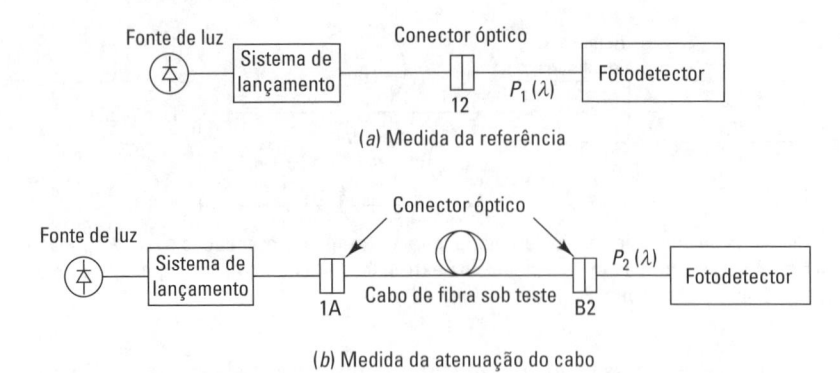

Figura 14.8 Configuração de teste para o uso da técnica de perda de inserção para medir a atenuação de cabos que possuem conectores conectados.

As distribuições de equilíbrio modal no estado estacionário são alcançadas tipicamente pelo método de *enrolamento em mandril*. Nesse procedimento, os modos de ordem superior da casca em excesso, que são lançados pela alta excitação inicial da fibra, são filtrados pelo enrolamento de várias voltas de fibra em torno de um mandril cujo diâmetro varia de 1,0 a 1,5 cm. Em fibras de monomodo, este tipo de filtro modal é utilizado para eliminar os modos da casca na fibra.

Método de perda de inserção Para cabos com conectores, não se pode usar o método de corte. Nesse caso, é comum utilizar uma *técnica de perda de inserção*.[16] Ela é menos precisa do que o método de corte, mas destina-se a medições de campo para fornecer a atenuação total de um conjunto de cabos em decibéis.

A configuração básica é mostrada na Figura 14.8, em que os acoplamentos de lançamento e detecção são feitos através de conectores. A fonte de luz de comprimento de onda ajustável é acoplada a um comprimento curto de fibra que tem as mesmas características básicas da fibra a ser testada. Para fibras multimodo, um misturador de modos é utilizado para assegurar que o núcleo da fibra contenha uma distribuição de equilíbrio modal. Em fibras monomodo, um removedor de modos de casca é empregado para que apenas o modo fundamental possa propagar-se ao longo da fibra. Um dispositivo de seleção de comprimento de onda, como um filtro óptico, é geralmente incluído para encontrar a atenuação em função do comprimento de onda.

Para levar a cabo os testes de atenuação, o conector de fibra de lançamento de comprimento curto está ligado ao conector do sistema de recepção, e o nível de potência lançada $P_1(\lambda)$ é registrado. Em seguida, o conjunto de cabos a ser testado é ligado entre os sistemas de lançamento e recepção, e o nível de potência recebida $P_2(\lambda)$ é registrado. A atenuação do cabo é, em decibéis,

$$A = 10 \log \frac{P_1(\lambda)}{P_2(\lambda)} \qquad (14.3)$$

Essa atenuação é a soma das perdas da fibra cabeada e de conexão entre o conector de lançamento e o cabo.

> **Exemplo 14.2** A técnica de perda de inserção também pode ser utilizada para medir a perda por meio de um dispositivo óptico que tem fibras *flyleads* acopladas. Suponha que um filtro óptico com *flyleads* seja inserido na ligação da Figura 14.8a. Considere o caso em que a potência no fotodetector antes da inserção do filtro é P_1 = 0,51 mW e o nível de potência com o filtro óptico na ligação é P_2 = 0,43 mW. Qual é a perda de inserção do dispositivo?
>
> *Solução:* Da Equação (14.3), temos
>
> Perda de inserção = 10 log P_1/P_2 = 10 log 0,51/0,43 = 0,74 dB

14.4.4 Medidas de dispersão

Três formas básicas de dispersão produzem o alargamento do pulso de sinais de ondas luminosas em fibras ópticas, limitando assim sua capacidade de transporte de informação. Em fibras multimodo, a dispersão intermodal resulta do fato de que cada um dos modos do pulso óptico percorre uma distância ligeiramente diferente, e, assim, eles chegam ao final da fibra em instantes ligeiramente diferentes. A dispersão cromática resulta da variação da velocidade de propagação dos componentes de comprimento de onda individuais de um sinal óptico. A dispersão de polarização modal resulta da separação de um sinal polarizado em modos de polarização ortogonais, cada um com uma velocidade de propagação diferente.

Existem muitas maneiras de medir os diversos efeitos de dispersão. Veremos aqui alguns métodos comuns.

Dispersão intermodal Para fins práticos de avaliação da dispersão intermodal, a fibra pode ser considerada como um filtro caracterizado por uma resposta de impulso $h(t)$ ou por uma potência de transferência $H(f)$ que é a transformada de Fourier da resposta ao impulso.[18] Ambas podem ser medidas para a determinação da dispersão do pulso. As medições de resposta ao impulso são feitas no domínio do tempo, enquanto a função de transferência de potência é medida no domínio da frequência.

Tanto as medidas de dispersão no domínio do tempo como as de frequência assumem que a fibra tem um comportamento quase linear em potência, isto é, a sobreposição dos pulsos de saída individuais pode ser tratada como uma adição linear. O comportamento desse sistema no domínio do tempo é descrito simplesmente como

$$p_{sai}(t) = h(t) * p_{ent}(t) = \int_{-T/2}^{T/2} p_{ent}(t - \tau) h(\tau)\, d\tau \qquad (14.4)$$

Isto é, a resposta do pulso de saída $p_{sai}(t)$ da fibra pode ser calculada por meio da convolução (indicada por *) do pulso de entrada $p_{ent}(t)$ e da função de impulso de potência $h(t)$ da fibra. O período T entre os pulsos de entrada deve ser considerado como sendo maior do que o tempo esperado de espalhamento dos pulsos de saída.

No domínio da frequência, a Equação (14.4) pode ser expressa como o produto

$$P_{sai}(f) = H(f) P_{ent}(f) \qquad (14.5)$$

Aqui, $H(f)$, a função de transferência de potência da fibra na frequência de banda-base f, é a transformada de Fourier de $h(t)$:

$$H(f) = \int_{-\infty}^{\infty} h(t)\, e^{-j2\pi ft}\, dt \qquad (14.6)$$

e $P_{sai}(f)$ e $P_{ent}(f)$ são as transformadas de Fourier das respostas dos pulsos de saída e de entrada, respectivamente,

$$P(f) = \int_{-\infty}^{\infty} p(t) e^{-j2\pi ft} \, dt \tag{14.7}$$

A função de transferência de um cabo de fibra óptica contém a informação da largura de banda do sistema. Para a dispersão de pulso ser insignificante em sistemas digitais, uma das seguintes condições aproximadamente equivalentes deve ser satisfeita: (1) a função de transferência de fibra não deve ser menos de 0,5 do seu valor de baixa frequência para frequências até metade da taxa de *bit* desejada, ou (2) a largura rms da resposta de impulso da fibra deve ser inferior a um quarto da distância entre os pulsos.

Medidas de dispersão intermodal no domínio do tempo A aproximação mais simples para fazer medições de dispersão de pulso no domínio do tempo é injetar um pulso estreito de energia óptica em uma extremidade de fibra óptica e detectar o pulso de saída alargado na outra extremidade.[16,19] A Figura 14.9 ilustra uma configuração para isso. Aqui, os pulsos de saída de uma fonte *laser* estão acoplados por meio de um misturador de modos em uma fibra-teste. A saída da fibra é medida com um osciloscópio de amostragem que tem um receptor óptico integrado, ou o sinal pode ser detectado por um fotodetector externo e, em seguida, medido com um osciloscópio de amostragem regular. Posteriormente, a forma do pulso de entrada é medida da mesma maneira substituindo a fibra-teste por uma fibra curta de referência, que tem um comprimento de menos de 1% do comprimento da fibra-teste. Esta fibra de referência pode ser um corte de comprimento curto da fibra-teste ou um segmento de fibra com propriedades semelhantes. O atraso variável na linha de *trigger* é utilizado para compensar a diferença de tempo entre fibra-teste e a fibra curta de referência.

A partir da forma do pulso de saída, um pulso de largura rms σ, como definido na Figura 14.10, pode ser calculado por

$$\sigma^2 = \frac{\int_{-\infty}^{\infty} (t - \bar{t})^2 \, p_{sai}(t) \, dt}{\int_{-\infty}^{\infty} p_{sai}(t) \, dt} \tag{14.8}$$

onde o tempo central $\bar{t}$ do pulso é determinado a partir de

$$\bar{t} = \frac{\int_{-\infty}^{\infty} t p_{sai}(t) \, dt}{\int_{-\infty}^{\infty} p_{sai}(t) \, dt} \tag{14.9}$$

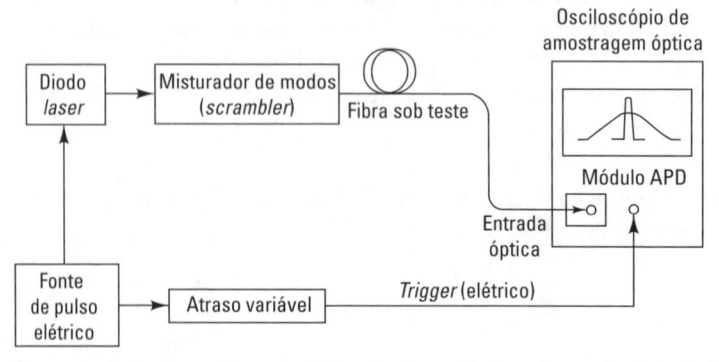

Figura 14.9 Configuração de teste para fazer medições de dispersão de pulso no domínio do tempo.

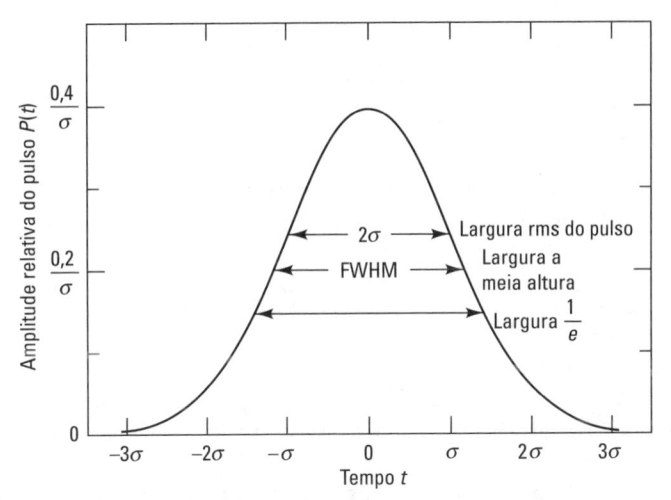

Figura 14.10 Definições dos parâmetros de forma de pulso.

O cálculo da Equação (14.9) exige uma integração numérica. Um método mais fácil é assumir que a resposta da saída de uma fibra pode ser aproximada por uma função gaussiana como

$$p_{sai}(t) = \frac{1}{\sigma\sqrt{2\pi}} \exp\left(-\frac{t^2}{2\sigma^2}\right) \quad (14.10)$$

onde o parâmetro σ determina a largura do pulso, como ilustra a Figura 14.10, a qual também mostra o parâmetro t_{FWHM}, que é a largura a meia altura do pulso. Conforme indicado na Equação (8.13), isso é igual a $2\sigma(2\ln 2)^{1/2} = 2{,}355\sigma$. Como descrito na Seção 8.1, a largura de banda óptica da fibra pode ser definida por meio de uma transformada de Fourier. Normalmente, isso é feito em termos da largura de banda de 3 dB, que é a frequência de modulação na qual a potência óptica cai para a metade do valor da frequência de modulação nula (valor cc). Da Equação (8.14), isso é

$$f_{3\,dB\ \text{óptico}} = \frac{0{,}440}{t_{FWHM}} = \frac{0{,}187}{\sigma} \text{ Hz} \quad (14.11)$$

onde "3 dB óptico" significa uma redução de 50% da potência óptica. As larguras de banda elétricas estão relacionadas com as larguras de banda ópticas por $1/\sqrt{2}$, de modo que

$$f_{-3\,dB} = \frac{1}{\sqrt{2}} f_{3\,dB\ \text{óptico}} = \frac{0{,}311}{t_{FWHM}} = \frac{0{,}133}{\sigma} \text{ Hz} \quad (14.12)$$

Medidas de dispersão intermodal no domínio de frequência As *medidas de dispersão intermodal no domínio de frequência* produzem informações sobre as respostas da amplitude e da fase *versus* frequência.[19] Esses dados são frequentemente mais úteis para os projetistas de sistemas que as medições de dispersão de pulso no domínio do tempo, especialmente se as técnicas de compensação devem ser executadas no sinal detectado no receptor. As medidas de dispersão podem ser realizadas pela modulação senoidal de um sinal de *onda contínua* (CW) de banda estreita sobre um nível fixo. A resposta em frequência da banda-base é então encontrada a partir da relação das amplitudes das ondas senoidais no início e no fim da fibra.

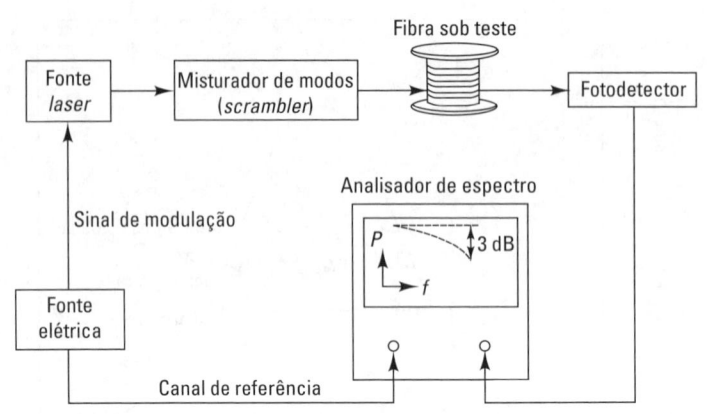

Figura 14.11 Configuração de teste para encontrar a resposta em frequência da banda-base de uma fibra.

A Figura 14.11 mostra um arranjo experimental para encontrar a resposta em frequência da banda-base da fibra. Uma fonte RF ou de micro-ondas com varredura em frequência é usada para modular uma portadora óptica senoidalmente. O sinal óptico é acoplado através de um misturador de modos à fibra-teste. Na extremidade de saída da fibra, um fotodetector mede a potência de saída $P_{sai}(f)$ em função da frequência de modulação. O sinal de entrada é então medido pela substituição de uma fibra de referência curta pela fibra-teste, produzindo assim $P_{ent}(f)$.

A comparação entre os espectros na saída e na entrada da fibra proporciona a resposta em frequência da banda-base $H(f)$ da fibra em teste:

$$H(f) = \frac{P_{sai}(f)}{P_{ent}(f)} \qquad (14.13)$$

À medida que a frequência de modulação é aumentada, o nível de potência óptica na saída da fibra eventualmente começa a diminuir. A largura de banda da fibra é definida como a mais baixa frequência, na qual $H(f)$ é reduzida para 0,5.

Dispersão cromática A dispersão cromática é um mecanismo de dispersão primária em fibras monomodo.[19-22] Aqui, apresentamos um método para a sua medição.

A Figura 14.12 mostra uma configuração para medir a dispersão cromática pelo *método de modulação de mudança de fase*. Um gerador de intensidade sinal elétrico modula a saída de uma fonte óptica ajustável de banda estreita por meio de um modulador externo. Após detectar o sinal transmitido com um fotodiodo receptor, um voltímetro vetorial é utilizado para medir a fase de modulação do sinal recebido em relação à modulação elétrica da fonte. A medida de fase é repetida em intervalos de comprimento de onda $\Delta\lambda$ na banda espectral de interesse. Usando as medidas em quaisquer dois comprimentos de onda adjacentes, a alteração no atraso de grupo (em ps) ao longo do intervalo de comprimentos de onda entre eles é[19]

$$\Delta\tau_\lambda = \frac{\phi_{\lambda+\Delta\lambda/2} - \phi_{\lambda-\Delta\lambda/2}}{360 f_m} \times 10^6 \qquad (14.14)$$

onde λ é o comprimento de onda no centro do intervalo; f_m, a frequência de modulação em MHz; e ϕ, a fase da modulação medida em graus.

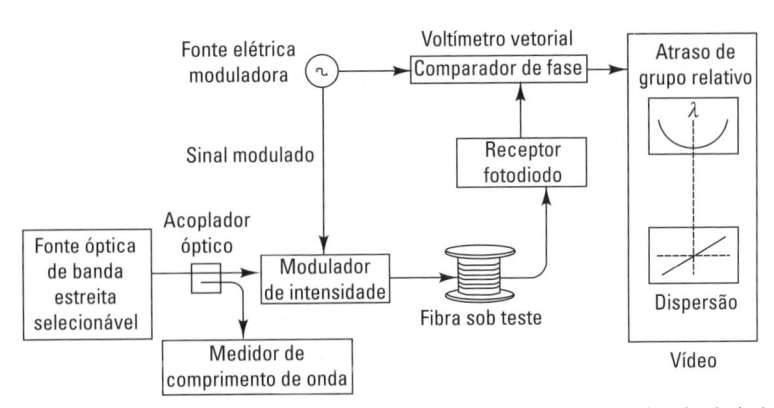

Figura 14.12 Configuração de teste e saída de vídeo para medir a dispersão cromática pelo método de deslocamento de fase.

Esses dados são então traçados para produzir a curva típica mostrada na Figura 14.12. A dispersão pode ser calculada aplicando as equações de ajuste de curva descritas na Seção 3.3.3 para os dados de atraso de pulsos.

Dispersão modal de polarização Como a Seção 3.2.8 descreve (ver Figura 3.17), a energia do sinal em um dado comprimento de onda ocupa dois modos de polarização ortogonais. Como nenhuma fibra é perfeitamente redonda e materialmente simétrica ao longo de seu comprimento, ela possui uma birrefringência variável ao longo de seu comprimento. Assim, cada um dos modos de polarização viajará em uma velocidade de grupo um pouco diferente, e a orientação de polarização rodará com a distância. A diferença resultante nos tempos de propagação $\Delta\tau_{pol}$ entre os dois modos de polarização ortogonais em um dado comprimento de onda irá resultar em um alargamento do pulso, o que é chamado de *dispersão modal de polarização* (PMD).[23-28] Em última análise, a PMD pode limitar as maiores taxas de dados alcançáveis para sistemas monomodo, e sua quantificação é, portanto, de grande importância (ver Problema 14.8).

É importante que, em contraste com a dispersão cromática, que é um fenômeno relativamente estável ao longo de uma fibra, a PMD varia aleatoriamente ao longo da fibra por causa da aleatoriedade das irregularidades geométricas e de tensões. Assim, previsões estatísticas são necessárias para levar em conta os seus efeitos. Uma forma útil de caracterizar a PMD é em termos do valor médio ou esperado do atraso de grupo diferencial $\langle\Delta\tau_{PMD}\rangle$ ponderado ao longo do tempo. Em contraste com o valor instantâneo $\Delta\tau_{PMD}$, que varia ao longo do tempo e tipo de fonte, o valor esperado não muda de dia para dia ou de fonte para fonte. Como observado na Seção 3.2.8, os valores médios do parâmetro D_{PMD} de dispersão de polarização modal variam de 0,03-1,3 ps/$\sqrt{km}$, dependendo do ambiente do cabo.

Pelo menos sete métodos diferentes foram desenvolvidos para medir a PMD. Aqui, apresentamos apenas o *método do analisador fixo*.[28] Nessa técnica, o atraso de grupo diferencial médio é avaliado estatisticamente pelo número de picos e vales que aparecem na potência do sinal óptico, à medida que é transmitida através de um polarizador e mapeada em função do comprimento de onda. A Figura 14.13a mostra uma configuração simples utilizando um analisador espectral. Uma curva típica de analisador espectral mostrando o nível de potência transmitida em função do comprimento de onda é dada na Figura 14.13b. Os métodos automáticos que usam contagem de extremos e análise de

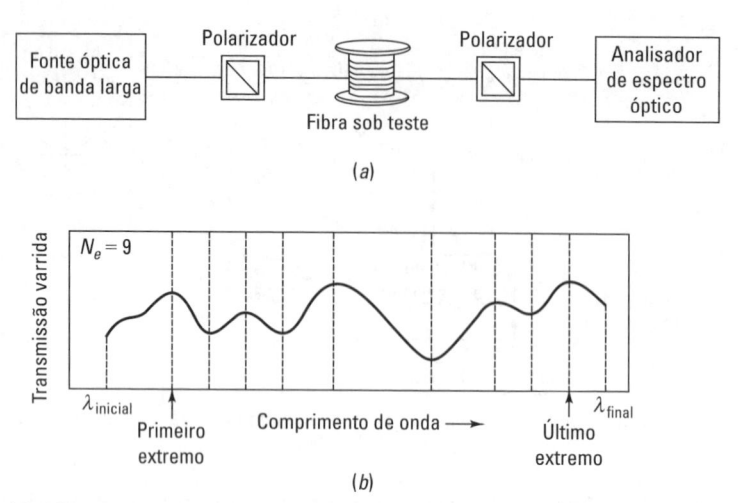

Figura 14.13 (a) Configuração para medir a dispersão de polarização modal com a utilização de um analisador de espectro óptico. (b) Típico traçado OSA para uma PMD mostrando o nível de potência transmitida em função do comprimento de onda.

Fourier são geralmente empregados para extrair a informação de PMD dos dados da medição. Por meio da contagem de extremos, o valor esperado do atraso de grupo diferencial da fibra (ou de qualquer outro dispositivo) sob teste pode ser calculado a partir da relação

$$\langle \Delta \tau_{PMD} \rangle_\lambda = \frac{k N_e \lambda_{inicial} \lambda_{final}}{2(\lambda_{inicial} - \lambda_{final}) c} \qquad (14.15)$$

onde $\lambda_{inicial}$ e λ_{final} são os comprimentos de onda inicial e final da varredura, respectivamente, N_e representa o número de extremos que ocorrem na varredura, e c é a velocidade da luz. O fator adimensional k de acoplamento modal representa estatisticamente a dependência dos estados de polarização com relação ao comprimento de onda. Seu valor é de 0,84 para fibras de modo acoplados de forma aleatória e de 1,0 para fibras de modos não acoplados e dispositivos.[28] O subscrito λ no termo $\langle \Delta \tau_{PMD} \rangle$ significa que o valor esperado do atraso de grupo diferencial é determinado ao longo de um intervalo de comprimentos de onda.

14.5 Testes de diagrama de olho

O *diagrama de olho* é uma técnica tradicional para avaliar rápida e intuitivamente a qualidade de um sinal recebido. Os instrumentos modernos de medição da taxa de erro de *bit* (também chamada *relação de erro de bit*) constroem diagramas de olho por meio da geração de um padrão pseudoaleatório de uns e zeros a uma taxa uniforme, porém de maneira aleatória. Quando os pulsos nesse padrão são ao mesmo tempo sobrepostos, um padrão de olho é formado como na Figura 14.14.[29-35] O termo *pseudoaleatório* significa que a combinação gerada de sequências de uns e zeros irá, eventualmente, repetir-se, mas é suficientemente aleatória para os efeitos de teste. A *sequência binária pseudoaleatória* (PRBS) compreende 4 combinações diferentes de 2 *bit* de comprimento, 8 diferentes combinações de 3 *bits*, 16 combinações de 4 *bits* e assim por diante (ou seja, as sequências de diferentes 2^N combinações com N bits de comprimento) até um limite estabelecido

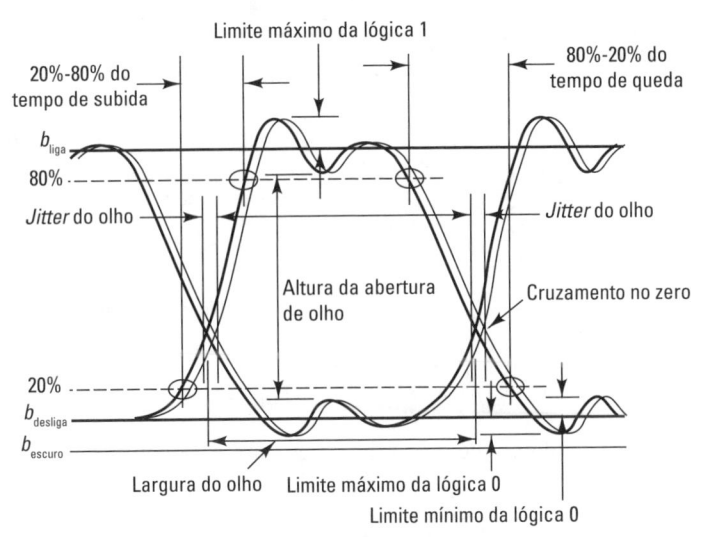

Figura 14.14 Configuração geral de um diagrama de olho bem nítido mostrando as definições dos parâmetros fundamentais de medição.

pelo instrumento. Essas combinações são escolhidas aleatoriamente. O comprimento-padrão PRBS é da forma $2^N - 1$, onde N é um número inteiro. Essa opção assegura que a taxa-padrão de repetição não é harmonicamente relacionada com a taxa de dados. Os valores típicos de N são de 7, 10, 15, 20, 23 e 31. Após esse limite ser atingido, a sequência de dados é repetida.

Idealmente, se as deficiências de sinal são pequenas, o padrão recebido deve ser semelhante ao que mostra a Figura 14.14. No entanto, as deficiências de sinal variáveis no tempo no caminho de transmissão podem conduzir a variações de amplitude dentro das inclinações de sinal e temporização entre o sinal de dados e o sinal de *clock* associado. Note que um sinal de *clock*, que é tipicamente codificado dentro do sinal de dados, é utilizado para ajudar o receptor a interpretar os dados recebidos corretamente. Assim, em um *link* real, o padrão recebido será maior ou distorcido nas laterais, no topo e no fundo, como mostra a Figura 14.15.

14.5.1 Testes de máscara

A interpretação das características de um diagrama de olho distorcido é feita por meio de *testes de máscara*.[29,34] Dependendo do padrão de protocolo utilizado, as máscaras definidas industrialmente podem tomar a forma de um polígono ou quadrado, que deve encaixar-se na abertura do diagrama do olho, como mostra a Figura 14.16. Em alguns casos (por exemplo, SONET 622 Mb/s), a máscara é um polígono

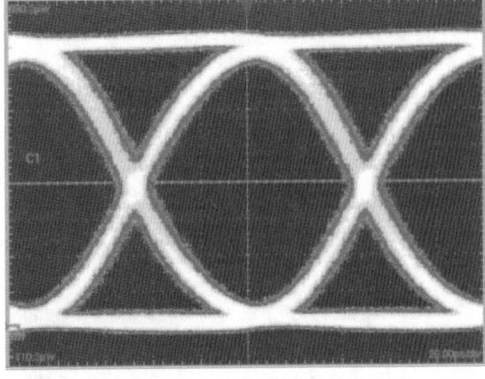

Figura 14.15 Efeitos de distorção de sinal causam uma menor abertura do olho.

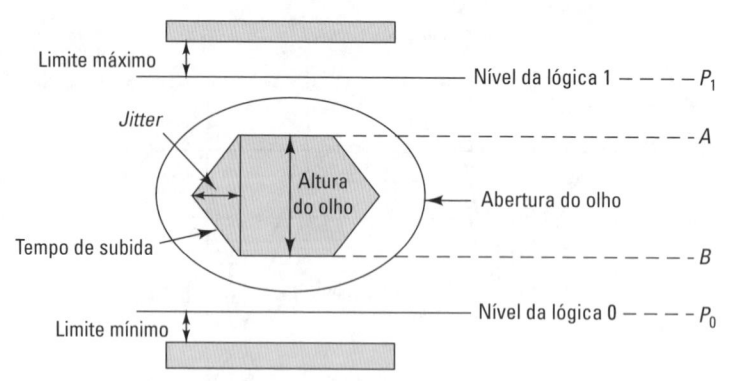

Figura 14.16 As duas barras e o polígono de seis lados definem a máscara de olho-padrão.

de seis lados localizado no meio do olho, enquanto, para outros protocolos, a forma da máscara é um retângulo (por exemplo, OC-48 e OC-192) ou um diamante (por exemplo, Gigabit Ethernet). A *altura de máscara* é dimensionada em proporção com o nível de potência do sinal. Essa altura indica a distância mínima necessária entre os níveis lógicos 1 e 0, a fim de atingir uma taxa de erro de *bit* específica, a qual pode derivar do fator Q descrito no Capítulo 7. As *inclinações* das bordas poligonais indicam a faixa permitida de 10% a 90% nos tempos de subida e descida. A *largura da máscara* é proporcional à taxa de *bits*, isto é, a largura é mais estreita para taxas de *bits* maiores. Isso está relacionado com o *parâmetro de temporização* (*jitter*) mostrado na Figura 14.16, que é a metade da tolerância de pico a pico do *jitter* associado ao sinal. Os parâmetros de limite máximo (*overshoot*) e limite mínimo (*undershoot*) conectam as amplitudes em termos dos níveis lógicos 1 e 0, respectivamente. Na Figura 14.16, os parâmetros de medição do olho são definidos assim:

- P_1 é o nível de potência óptica média associada a uma longa sequência de *bits* 1.
- P_0 é o nível de potência óptica média associada a uma longa sequência de *bits* 0.
- A é o nível de olho mais baixo da parte superior.
- B é o nível de olho mais alto da parte inferior.

O *software* de operação dos instrumentos de teste mais modernos de taxa de erro de *bit* tem uma ampla seleção de máscaras embutidas para diferentes protocolos. Além disso, o usuário pode digitar máscaras personalizadas para qualquer aplicação ou verificar os resultados do teste de forma diferente. A Tabela 14.5 lista os cinco valores de parâmetros de máscara de diversos protocolos. Os valores dos parâmetros são dados em termos *intervalos de unidades* (UI), em que a altura-padrão $(P_1 - P_0)$ tem UI = 1,0. Note que o parâmetro de tempo de subida para OC-48 é igual a zero, uma vez que a máscara é um retângulo.

Tabela 14.5 Parâmetros de máscara de olho-padrão NRZ para diversos protocolos dados em termos de intervalos de unidades

Protocolo	Jitter	Tempo de subida	Altura do olho	Limite máximo	Limite mínimo
OC-3	0,15	0,200	0,60	0,20	0,20
OC-12	0,25	0,150	0,60	0,20	0,20
OC-48/192	0,40	0,000	0,50	0,25	0,25
Gigabit Ethernet	0,22	0,155	0,60	0,30	0,20
Fibre Channel	0,15	0,200	0,60	0,30	0,20

14.5.2 Olho estressado

As normas para muitos protocolos de transmissão de alta velocidade especificam um teste que usa o que é chamado de *olho estressado*.[35] Entre esses padrões, estão o Gigabit Ethernet, 10 Gigabit Ethernet (10GigE), Fibre Channel e SONET OC-48 e OC-192. O princípio desse teste é supor que todas as deficiências possíveis de temporização e interferência intersimbólica que possam ocorrer a um sinal em *link* em campo irão fechar o olho até uma forma de diamante, como na Figura 14.17. Se a abertura do olho do receptor óptico sob teste é maior que a área em forma de diamante livre de erros, então se espera que funcione corretamente em um sistema real no campo. A altura do modelo de olho estressado normalmente é entre 0,10 e 0,25 UI.

Figura 14.17 A inclusão de todos os possíveis efeitos de distorção de sinal resulta em um olho estressado com apenas uma pequena abertura.

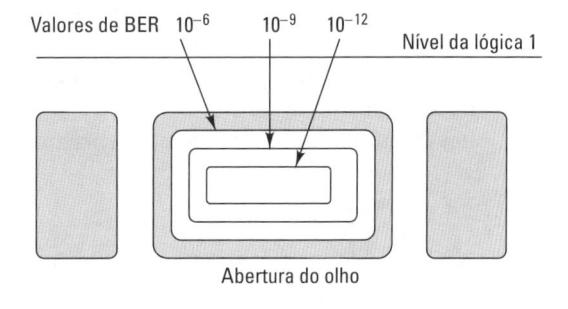

14.5.3 Contorno do olho

Associado com o olho estressado, há um parâmetro chamado de *contorno BER*.[35] Basicamente, os contornos BER são análogos aos contornos geográficos que indicam a altura e o perfil de inclinação de uma colina. Como indicado na Figura 14.18, os contornos BER mostram diferentes níveis de probabilidade de erro em um diagrama de olho. Na figura, pode-se ver que os contornos BER diferentes aproximam-se uns aos outros à medida que a inclinação torna-se mais acentuada. Isso significa que os erros são mais prováveis de ocorrer se o receptor funciona muito perto desse esquema de contorno íngreme. Assim, quanto mais um ponto de decisão do receptor estiver dentro do limite de contorno, melhor será seu desempenho. Isso é conhecido como *olho saudável*.

Figura 14.18 Um diagrama de contorno do olho dá uma visão tridimensional da BER.

14.6 Refletômetro óptico de domínio do tempo

O *refletômetro óptico de domínio do tempo* (OTDR) é um instrumento versátil e portátil amplamente utilizado para avaliar as características de um *link* instalado de fibra óptica. Além da identificação e localização de defeitos ou anomalias dentro de um *link*, esse instrumento mede parâmetros como atenuação da fibra, comprimento, perdas nos conectores e nas emendas ópticas, e níveis de refletância de luz.[36-40]

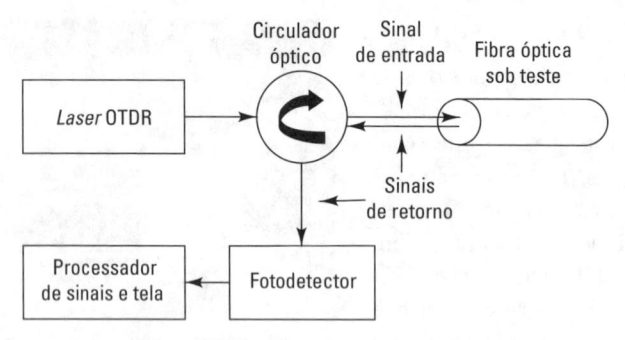

Figura 14.19 Princípio operacional de um OTDR utilizando um circulador óptico.

Um OTDR é fundamentalmente um radar óptico. Como mostrado na Figura 14.19, o OTDR opera lançando periodicamente pulsos estreitos de *laser* em uma extremidade da fibra em teste utilizando tanto um acoplador direcional como um circulador. As propriedades do *link* de fibra óptica são então determinadas por meio da análise da amplitude e das características temporais da forma de onda da luz refletida e retroespalhada. Um OTDR típico consiste em uma fonte de luz e receptor, módulos de aquisição e processamento de dados, uma unidade de armazenamento de informações para a retenção de dados na memória interna ou em um disco externo e um monitor. A Figura 14.20 mostra um OTDR portátil para medições em campo.

14.6.1 Traçado OTDR

A Figura 14.21 revela um traçado típico como visto na tela de um OTDR. A escala do eixo vertical é logarítmica e mede o sinal de retorno (retrorrefletido) em decibéis. O eixo horizontal indica a distância entre o instrumento e o ponto de medição na fibra. Além do traçado, um OTDR como o mostrado na Figura 14.20 pode colocar um número na tela próximo a um evento e dar uma lista desses números e as informações de medição correspondentes em uma tabela abaixo do traçado.

Figura 14.20 Exemplo de conjuntos de teste universais portáteis que podem ser utilizados para traçar OTDR, análise de espectro óptico, análise de dispersão e outras funções de teste.
(Modelo FTB-500, cortesia da EXFO; www.exfo.com © 2004-2010 EXFO Inc.)

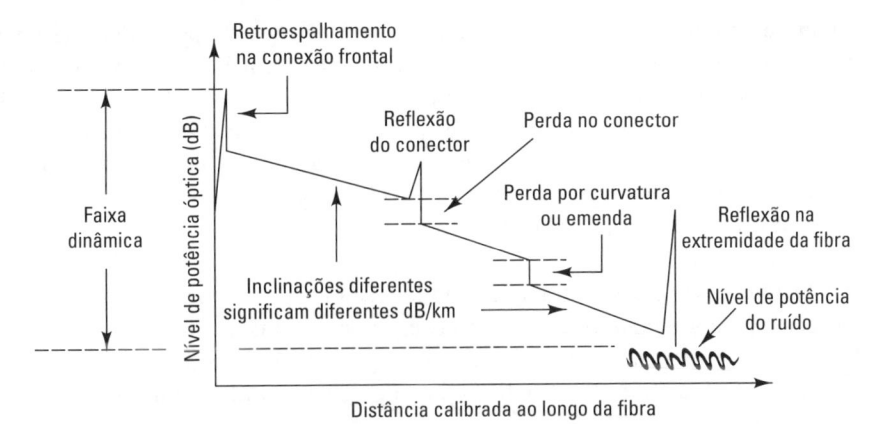

Figura 14.21 Gráfico representativo da potência óptica retroespalhada e refletida como exibido em uma tela de OTDR e os significados de várias características traçadas.

A forma de onda retroespalhada tem quatro características distintas:
- Um grande pulso inicial resultante da reflexão de Fresnel na extremidade de entrada da fibra.
- Uma longa cauda de decaimento resultante do espalhamento Rayleigh na direção inversa, à medida que o pulso de entrada viaja ao longo da fibra.
- Mudanças bruscas na curva causadas por perda óptica nas junções ou conexões na linha de fibra.
- Picos positivos resultantes da reflexão de Fresnel na extremidade distante da fibra, nas junção de fibras e nas imperfeições da fibra.

A reflexão de Fresnel e o espalhamento Rayleigh produzem principalmente luz retroespalhada. A *reflexão de Fresnel* ocorre quando a luz entra em um meio que tem um índice de refração diferente. Para uma interface vidro-ar, quando a luz de potência P_0 é incidente perpendicularmente à interface, a potência refletida P_{ref} é

$$P_{ref} = P_0 \left(\frac{n_{fibra} - n_{ar}}{n_{fibra} + n_{ar}} \right)^2 \qquad (14.16)$$

onde n_{fibra} e n_{ar} são os índices de refração do núcleo da fibra e do ar, respectivamente. Uma extremidade ideal de fibra reflete cerca de 4% da potência incidente nela. No entanto, uma vez que, geralmente, as extremidades da fibra não são polidas perfeita e perpendicularmente ao eixo da fibra, a potência refletida tende a ser muito mais baixa do que o valor máximo possível. Em particular, trata-se do caso em que um *conector em ângulo polido* (APC) é usado.

A detecção e a precisão da medição de um evento dependem da *relação sinal-ruído* (SNR) que pode atingir um OTDR em determinado ponto, o que é definido como a relação entre o sinal retrorrefletido e o nível de ruído. A SNR depende da largura de pulso OTDR, de quantas vezes o OTDR faz a amostra do sinal e da distância ao ponto de medição.

Os dois parâmetros de desempenho importantes de um OTDR são sua faixa dinâmica e o intervalo de medição. A *faixa dinâmica* é definida como a diferença entre o nível inicial de potência de retroespalhamento no conector frontal e o pico do nível de ruído na outra extremidade da fibra. Ela é expressa em decibéis de perda de fibra de único caminho. A faixa dinâmica fornece informação sobre a máxima perda de fibras que pode ser medida e indica o tempo necessário para medir a perda de determinada fibra. Uma limitação básica de um OTDR é o equilíbrio entre a faixa dinâmica e a *resolução local do evento*. Para uma alta resolução espacial, a largura do pulso deve ser tão pequena quanto possível. No entanto, isso reduz a relação sinal-ruído e a faixa dinâmica. Os valores típicos de resolução de distância variam de 8 cm para um pulso de 10 ns a 5 m para um pulso de 50 μs.

O *intervalo de medição* trata de quão longe um OTDR pode identificar eventos no *link*, como pontos de junção, pontos de conexão ou quebras de fibra. O alcance máximo R_{max} depende da atenuação α da fibra e da largura de pulso, isto é, da faixa dinâmica D_{OTDR}. Se a atenuação é dada em dB/km, o intervalo máximo em km é

$$R_{max} = D_{OTDR}/\alpha \tag{14.17}$$

Exemplo 14.3 Considere um OTDR com uma faixa dinâmica de 36 dB. Se o engenheiro de instalação de cabos quiser utilizar esse instrumento para caracterizar uma fibra com uma atenuação 0,5 dB/km, qual será o maior intervalo de fibra R_{max} a ser testado?

Solução: Da Equação (14.17), vemos que o alcance máximo é

$$R_{max} = D_{OTDR}/\alpha = 72 \text{ km}$$

14.6.2 Medidas de atenuação

O espalhamento Rayleigh reflete a luz em todas as direções ao longo do comprimento da fibra. Esse fator é o mecanismo de perda dominante na maioria das fibras de alta qualidade. A potência óptica que é dispersa por Rayleigh na direção inversa dentro da fibra pode ser usada para determinar a atenuação.

A potência óptica a uma distância x do acoplador de entrada pode ser escrita como

$$P(x) = P(0) \exp\left[-\int_0^x \beta(y)\, dy\right] \tag{14.18}$$

onde, $P(0)$ é a potência de entrada de fibras, e $\beta(y)$, o coeficiente de perda da fibra em km^{-1}, que pode ser dependente da posição, isto é, a perda pode não ser uniforme ao longo da fibra. O parâmetro 2β pode ser medido em unidades naturais chamadas népers, que estão relacionados com a perda $\alpha(y)$ em decibéis por quilômetro por meio da relação (ver Apêndice D)

$$\beta(\text{km}^{-1}) = 2\beta(\text{népers}) = \frac{\alpha(\text{dB})}{10 \log e} = \frac{\alpha(\text{dB})}{4,343} \tag{14.19}$$

Sob a hipótese de que o espalhamento é o mesmo em todos os pontos ao longo do guia de ondas ópticas e independe da distribuição modal, a potência espalhada $P_R(x)$ na direção inversa no ponto x é

$$P_R(x) = SP(x) \tag{14.20}$$

onde, S é a fração da potência total que é dispersa na direção traseira e presa na fibra. Assim, a potência retroespalhada a partir do ponto x que é vista pelo fotodetector é

$$P_D(x) = P_R(x)\exp\left[-\int_0^x \beta_R(y)\,dy\right] \tag{14.21}$$

onde $\beta_R(y)$ é o coeficiente de perda da luz reversa espalhada. Uma vez que os modos da fibra excitados pela luz retroespalhada podem ser diferentes daqueles lançados na direção frontal, o parâmetro $\beta_R(y)$ pode ser diferente de $\beta(y)$.

Substituindo as Equações (14.18), (14.19) e (14.20) na Equação (14.21), temos

$$P_D(x) = SP(0)\exp\left[-\frac{2\bar{\alpha}(x)x}{10\log e}\right] \tag{14.22}$$

onde o coeficiente de atenuação média $\bar{\alpha}$ é definido como

$$\bar{\alpha}(x) = \frac{1}{2x}\int_0^x [\alpha(y) + \alpha_R(y)]\,dy \tag{14.23}$$

Usando essa equação, o coeficiente de atenuação média pode ser encontrado a partir de um traçador de dados como o que mostra a Figura 14.20. Por exemplo, a atenuação média entre dois pontos x_1 e x_2, onde $x_1 > x_2$, é

$$\bar{\alpha} = -\frac{10[\log P_D(x_2) - \log P_D(x_1)]}{2(x_2 - x_1)} \tag{14.24}$$

> **Exemplo 14.4** Um OTDR é usado para medir a atenuação de um longo comprimento de fibra. Se o nível de potência óptica medida pelo OTDR no ponto 8 km é 0,5 do valor medido no ponto 3 km, qual é a atenuação da fibra?
>
> *Solução:* Podemos expressar a Equação (14.24) como
>
> $$\alpha = \frac{10\log\left[\frac{P_D(x_2)}{P_D(x_1)}\right]}{2(x_2 - x_1)} = \frac{10\log 0{,}5}{2(8-3)} = 0{,}3\ \text{dB/km}$$

14.6.3 Zona morta do OTDR

O conceito de uma zona morta é outra especificação importante no OTDR. A *zona morta* é a distância em que o fotodetector de um OTDR é saturado momentaneamente após ele medir uma forte reflexão. Como mostra a Figura 14.22, existem duas especificações para a zona morta. Uma *zona morta de evento* especifica a distância mínima sobre a qual um OTDR pode detectar um evento reflexivo que segue outro evento reflexivo.

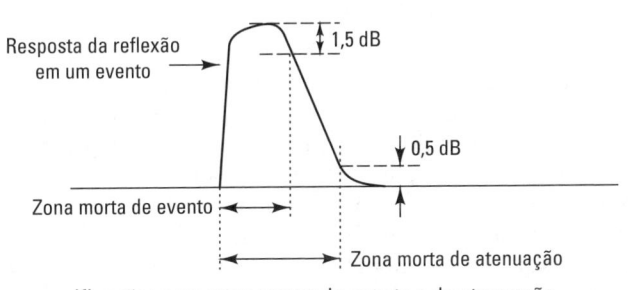

Figura 14.22 Há duas especificações para zona morta: de evento e de atenuação.

Tipicamente, os fornecedores especificam isso como a distância entre o início de uma reflexão e o ponto −1,5 dB na borda descendente da reflexão. Uma largura de pulso curto é usada para medir a zona morta de evento. Por exemplo, uma largura de pulso de 30 ns daria uma zona morta de evento de 3 m.

A *zona morta de atenuação* indica sobre qual distância o fotodetector em um OTDR precisa se recuperar para, após um evento reflexivo, ser novamente capaz de detectar uma emenda. Isso significa que o receptor deve recuperar-se dentro de 0,5 dB do valor retroespalhado. As zonas mortas de atenuação típicas variam de 10 a 25 m.

Normalmente, uma zona morta no OTDR é do mesmo comprimento da distância em que o pulso óptico cobre em uma fibra mais alguns metros. Assim, os fornecedores de OTDR começaram a empregar um comprimento de fibra especial chamado de *supressor de pulsos ópticos* (OPS), que é inserido entre o OTDR e a fibra. Um OPS move a zona morta do início da fibra em teste para esta fibra especial. Isso pode reduzir a zona morta de evento para cerca de 1 m, de modo que as anomalias que ocorrem em uma distância curta, como dentro do sistema de cabos de um escritório central, possam ser detectadas e medidas.

14.6.4 Localização de falhas na fibra

Para localizar quebras e imperfeições em uma fibra óptica, o comprimento L da fibra (e, consequentemente, a posição da quebra ou falha) pode ser calculado com base na diferença de tempo entre os pulsos refletidos a partir da frente da fibra e da localização do evento. Se essa diferença de tempo é t, então o comprimento L é dado por

$$L = \frac{ct}{2n_1} \qquad (14.25)$$

onde n_1 é o índice de refração do núcleo da fibra. O número "2" no denominador leva em conta o fato de que a luz viaja um comprimento L da origem ao ponto de ruptura e, então, outro comprimento L na viagem de volta.

Exemplo 14.5 Considere uma fibra óptica longa com um núcleo de índice de refração $n_1 = 1{,}460$. Suponha que um engenheiro utilize OTDR para localizar uma ruptura na fibra. Se a ruptura está localizada a 15 km de distância, qual é o tempo de retorno de um pulso de teste OTDR?

Solução: Usando a Equação (14.25), encontramos

$$t = \frac{2n_1 L}{c} = \frac{2(1{,}460)(15 \text{ km})}{3 \times 10^5 \text{ km/s}} = 0{,}146 \text{ ms}$$

14.6.5 Perda de retorno óptico

As reflexões da luz para a direção traseira ocorrem em vários pontos dos *links* ópticos que usam transmissores *laser*. Elas podem ocorrer em conectores, extremidades de fibras, interfaces do divisor óptico e no interior da própria fibra por causa do espalhamento Rayleigh. A porcentagem de energia refletida de volta a partir de um determinado ponto de um caminho de luz é chamada de *retrorreflexão*. Se não forem controladas, as retrorreflexões poderão causar ressonância óptica na fonte *laser* e resultar em um funcionamento errático e aumento do ruído no *laser*. Além disso, as retrorreflexões podem ser submetidas a múltiplas reflexões na linha de transmissão e aumentar a taxa de erro de *bit* ao entrarem no receptor.

Por isso, deve-se medir a *perda de retorno óptico* (ORL), que é a porcentagem de potência reversa total em relação ao total de potência frontal em um ponto particular. A ORL é expressa como uma razão da potência refletida P_{ref} para a potência incidente P_{in}

$$\text{ORL} = 10\log\left(P_{ref}/P_{in}\right) \quad (14.26)$$

Pode-se usar um OTDR ou um medidor de ORL para medir esse parâmetro. Embora um OTDR possa dar valores precisos de reflectância a eventos individuais ao longo de um caminho de transmissão de fibra, ele possui uma limitação em medir as retrorreflexões perto e dentro da zona morta de um OTDR. Uma vez que tal evento pode ser um dos principais contribuintes para a ORL, é melhor usar um medidor de perda de retorno, como o mostra a Figura 14.23.

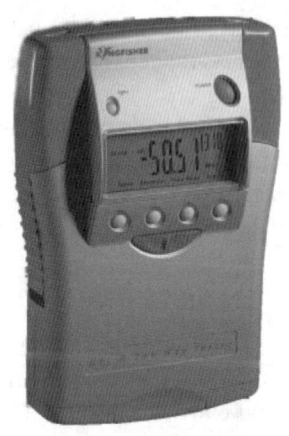

Figura 14.23 Testador de perda de retorno óptico (ORL) compacto e portátil que também pode ser usado como medidor de potência.
(Modelo 7340, cortesia da Kingfisher; www.kingfisher.com.au.)

14.7 Monitoramento do desempenho óptico

As modernas redes de comunicação tornaram-se uma parte essencial da sociedade, com aplicações que variam de simples navegação na *web* a transações de negócios de alto perfil. Devido à importância dessas redes para a vida cotidiana, os usuários esperam que a rede esteja sempre disponível e funcione corretamente. Para oferecer serviços com um alto grau de confiabilidade, as operadoras precisam ter um meio de monitorar, de forma contínua, a saúde e o *status* de todas as partes da sua rede. Em uma rede SONET/SDH, essa função de monitoramento é o subconjunto de gerenciamento de desempenho de um conjunto maior de funções de gerenciamento de rede. Basicamente, a saúde da rede é avaliada por meio de uma medição contínua da BER *in-line*. As informações obtidas a partir desse teste são usadas para garantir que a *qualidade do serviço* (QoS) seja satisfeita. Além disso, outra função padrão do gerenciamento de redes é o monitoramento das falhas, que verifica onde e por que uma falha na rede ocorreu ou está prestes a acontecer.

O *monitoramento de desempenho óptico* (OPM) acrescenta a esses princípios um padrão de gestão de rede, verificando o estado dos elementos da camada física para analisar o comportamento temporal dos fatores básicos de desempenho que afetam a qualidade do sinal. Dependendo da complexidade desejada de controle da rede e das restrições de custo do sistema, o OPM pode variar desde um simples verificador do nível de potência óptica de cada canal WDM até um sistema altamente sofisticado que identifica as origens de uma ampla gama de deficiências de sinal e avalia seu impacto no desempenho da rede.[41-55]

Inicialmente, esta seção apresenta uma visão geral das funções genéricas de gestão de rede para mostrar a sua relação com o OPM. Em seguida, a Seção 14.7.2 trata das funções de gestão definidas pela ITU-T para os vários comprimentos de onda na camada óptica. Essas funções são uma extensão dos procedimentos padrão SONET/SDH utilizados para a gestão de um único comprimento de onda. A Seção 14.7.3 descreve os três níveis de funções de monitoramento que podem ser realizados por meio das diferentes categorias de OPM. As Seções 14.7.4 a 14.7.6 fornecem alguns exemplos gerais dos procedimentos de OPM, como manutenção da rede, gerenciamento de falhas e monitoramento da OSNR. A Seção 14.8 descreve alguns métodos de medição específicos.

14.7.1 Arquitetura de gerenciamento e funções

Uma vez que os elementos de *hardware* e *software* de uma rede de fibra óptica foram instalados corretamente e integrados com sucesso, eles precisam ser controlados para assegurar o nível de desempenho da rede. Além disso, os dispositivos de rede devem ser monitorados para verificar se eles estão configurados corretamente e para garantir que as políticas corporativas relativas à utilização da rede e os procedimentos de segurança estão sendo seguidos. Isso é realizado por meio do *gerenciamento da rede*, que é um serviço que utiliza uma variedade de ferramentas de *hardware* e *software*, aplicativos e dispositivos para ajudar os gerentes humanos da rede no monitoramento e na manutenção dessas redes.

A Figura 14.24 mostra os componentes de um sistema típico de gerenciamento de rede e suas relações. O *console de gerenciamento de rede* é uma estação de trabalho especializado que serve como interface com o gerente humano da rede. Pode haver várias dessas estações de trabalho que desempenham diferentes funções em uma rede. De tal console, um gerente de rede pode ver a saúde e o *status* da rede para verificar se todos os dispositivos estão funcionando corretamente, se estão configurados de forma adequada e se o *software* de aplicação está atualizado. Um gerente de rede também pode ver como a rede está operando em termos, por exemplo, do tráfego de cargas e das condições de falha. Além disso, por meio do console, é possível controlar os recursos de rede.

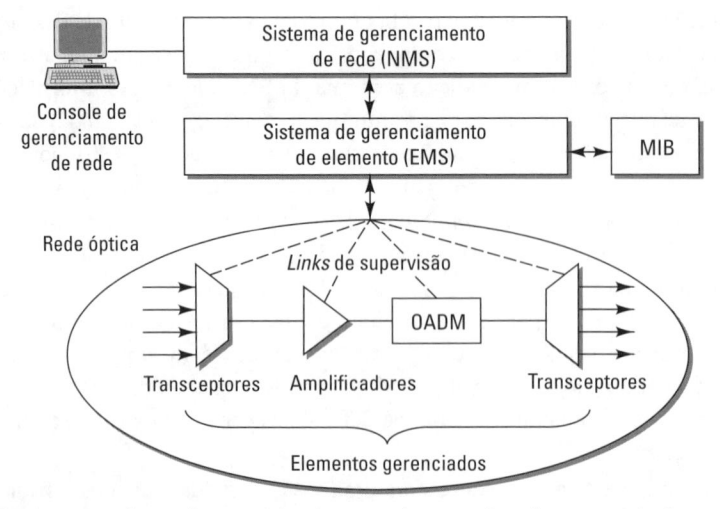

Figura 14.24 Componentes de um sistema típico de gerenciamento de rede e suas relações.

Os *dispositivos gerenciados* são os componentes da rede, como transmissores e receptores ópticos, amplificadores ópticos, *multiplexadores ópticos de adição/remoção* (OADMs) e *crossconect ópticos* (OXCs). Cada um desses dispositivos é monitorado e controlado pelo *sistema de gerenciamento de elemento* (EMS). Os módulos de gerenciamento de *software*, chamados *agentes*, que residem em um microprocessador dentro dos elementos, recolhem e compilam continuamente informações sobre o *status* e o desempenho dos dispositivos gerenciados. Os agentes armazenam estas informações em uma *base de informações de gerenciamento* (MIB) e fornecem os dados para as *entidades de gestão* dentro de um *sistema de gerenciamento de rede* (NMS) que reside na estação de gerenciamento. Uma MIB é uma base lógica de informações que define os elementos de dados, sua sintaxe e identificador apropriados, como os campos em um banco de dados. Essas informações podem ser armazenadas em configurações de tabelas, contadores ou comutadores. A MIB não define a forma de recolher ou usar os elementos de dados. Ela apenas especifica o que o agente deve coletar e como organizar esses elementos de dados, de modo que outros sistemas possam usá-los. A transferência de informações da MIB para o NMS é feita por meio de um *protocolo de gerenciamento de rede simples*, como o amplamente utilizado *simple network management protocol* (SNMP).

Quando os agentes notam problemas no elemento que estão monitorando (por exemplo, falhas no *link* ou componentes, desvios de comprimento de onda, redução nos níveis de potência óptica ou taxas de erro de *bit* excessivas), eles enviam alertas às entidades gestoras. Ao receberem um alerta, essas entidades podem iniciar uma ou mais ações, como notificação do operador, registro de eventos, desligamento do sistema ou tentativas automáticas de isolamento das falhas ou reparos. O EMS também pode buscar ou consultar os agentes nos elementos para verificar o *status* de determinadas condições ou variáveis. Essa consulta pode ser automática ou iniciada pelo operador. Além disso, há *proxies de gerenciamento* que oferecem informação de gestão em nome dos dispositivos que não são capazes de acolher um agente.

As funções de gestão de rede podem ser classificadas em cinco categorias gerais listadas na Tabela 14.6: gerenciamento de desempenho, de configuração, contábil, de falhas e de segurança.

Tabela 14.6 Propósitos das cinco funções básicas de gerenciamento de rede

Função de gerenciamento	Propósito
Gerenciamento de desempenho	Monitorar e controlar os parâmetros que são essenciais para a operação apropriada de uma rede, a fim de garantir a qualidade especificada do serviço aos usuários da rede.
Gerenciamento de configuração	Monitorar as informações de configuração da rede e as configurações de dispositivos da rede para controlar e gerenciar os efeitos sobre o funcionamento da rede dos vários elementos de *hardware* e *software*.
Gerenciamento contábil	Medir os parâmetros de utilização da rede de forma que usuários individuais ou em grupo possam ser apropriadamente regulados e cobrados pelos serviços.
Gerenciamento de falhas	Detectar falhas ou sintomas de degradação, determinar a origem e possíveis causas das falhas e emitir instruções sobre como resolver as falhas.
Gerenciamento de segurança	Desenvolver políticas de segurança, configurar uma arquitetura de segurança na rede, implementar *software* antivírus e *firewall*, e estabelecer procedimentos de autenticação de acesso.

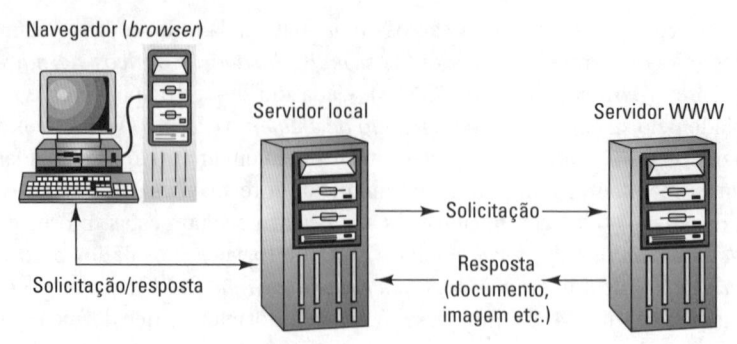

Figura 14.25 Os termos cliente e servidor descrevem os papéis funcionais dos elementos de comunicação na rede. Aqui, o navegador é o cliente.

14.7.2 Gestão da camada óptica

Para lidar com as funções de gestão padronizadas na camada óptica, a ITU-T definiu um modelo de *rede de transporte óptico* (OTN) de três camadas na Recomendação G.709 da ITU-T, que também é chamado de padrão *Wrapper Digital*. Assim como o padrão SONET/SDH habilita a gestão de um único comprimento de onda em redes ópticas que utilizam equipamentos de vários fornecedores diferentes, o padrão G.709 permite a ampla adoção da tecnologia para o gerenciamento de redes ópticas de múltiplos comprimentos de onda. A estrutura e as camadas da OTN são próximas das subcamadas de caminho, linha e seção da SONET.

O modelo baseia-se em um princípio de cliente/servidor. A troca de informações entre os processos em execução em dois diferentes dispositivos conectados através de uma rede pode ser caracterizada por uma *interação cliente/servidor*. Os termos *cliente* e *servidor* descrevem os papéis funcionais dos elementos da rede, como a Figura 14.25 ilustra. O processo ou o elemento que solicita ou recebe informação é chamado de *cliente*, e o processo ou o elemento que fornece a informação é denominado *servidor*.

A Figura 14.26 ilustra o modelo de três camadas para uma ligação simples. Os sinais do cliente, como IP, Ethernet ou OC-N/STM-N, são mapeados de um formato elétrico digital em um formato óptico, em uma camada de *canal óptico* (OCh). O OCh lida com canais de único comprimento de onda entre caminhos extremidade-extremidade ou como conexões de sub-rede entre os nós de roteamento. A camada da *seção de multiplexação óptica* (OMS) representa um *link* levando grupos de comprimentos de onda

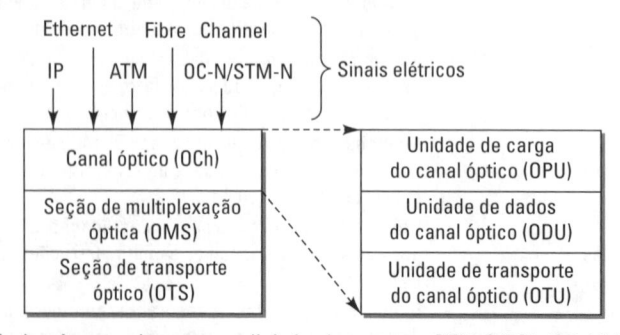

Figura 14.26 Modelo de três camadas para um *link* simples em uma OTN. O OCh é dividido ainda mais em três subcamadas.

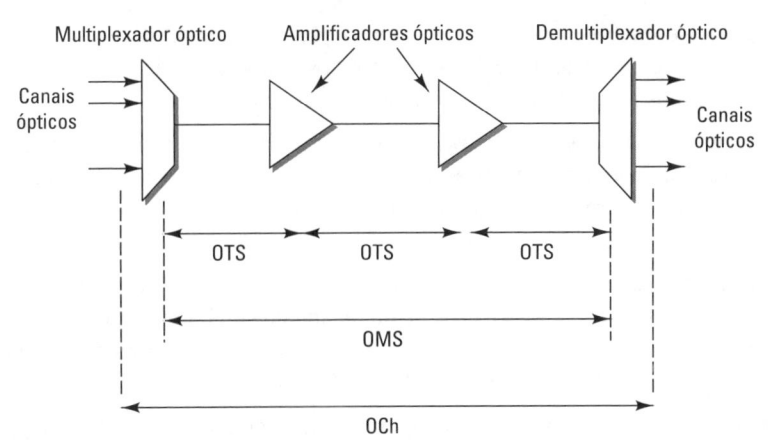

Figura 14.27 A camada OMS representa um *link* levando comprimentos de onda entre multiplexadores ou OADMs. A camada OTS relaciona-se ao *link* entre dois amplificadores ópticos.

entre equipamentos de multiplexação ou OADMs. A camada da *seção de transporte óptico* (OTS) diz respeito a uma ligação entre dois amplificadores ópticos. A Figura 14.27 mostra onde essas seções se encaixam em um *link*.

O OCh é dividido ainda em mais três subcamadas: *unidade de transporte do canal óptico* (OTU), *unidade de dados do canal óptico* (ODU) e *unidade de carga do canal óptico* (OPU). Cada uma dessas subcamadas tem suas próprias funções e sobrecarga associada, como exposto a seguir.

Unidade de carga do canal óptico A estrutura de quadros OPU contém a carga de sinais do cliente e a sobrecarga necessária para o mapeamento de qualquer sinal do cliente na OPU. O mapeamento dos sinais de cliente pode incluir a adaptação da taxa de sinal de cliente para um sinal de taxa de *bits* constante. Os exemplos de sinais comuns são IP, várias formas de Ethernet, ATM, Fibre Channel e SONET/SDH. As três taxas de carga associadas com a subcamada OPU são de 2,5, 10 e 40 Gb/s. Elas correspondem às taxas de dados do padrão SONET/SDH (OC-48/STM-16, OC-192/STM-64 e OC-768/STM-256, respectivamente), mas podem ser utilizadas para qualquer sinal de cliente.

Unidade de dados do canal óptico A ODU é a estrutura usada para transportar a OPU. A ODU consiste na OPU e na sobrecarga da ODU associada e fornece funções de monitoramento de caminho-camada-conexão. A sobrecarga ODU contém informações que permitem a manutenção e operação dos canais ópticos. Essas informações incluem sinais de manutenção, monitoramento do caminho, monitoramento das conexões em paralelo, comutação de proteção automática e de designação do tipo, e localização de falha.

Unidade de transporte do canal óptico A OTU contém a estrutura de quadros da ODU, a sobrecarga OTU e a *correção de erro adiante* (FEC) anexada. A OTU muda o formato digital da ODU em um sinal de luz para o transporte através de um canal óptico. Ela também fornece funções de monitoramento de conexão da camada da seção correção e de detecção de erros.

14.7.3 Funções OPM

A função fundamental do monitoramento de desempenho óptico é analisar o comportamento temporal de fatores de desempenho que podem afetar a saúde de um sinal óptico.

Esse processo envolve a verificação da situação operacional de elementos na camada física e avaliação da qualidade dos sinais ópticos WDM em cada canal. Os OPMs podem ser visualizados por meio das três camadas seguintes.[41-55]

Monitoramento da camada de transporte Lida com características de domínio ópticas que se relacionam com a gestão de canais WDM. Trata-se de exames em tempo real de fatores como a presença de um canal, se o comprimento de onda foi registrado pelo sistema, e o nível de potência óptica, conteúdo espectral e OSNR de cada canal WDM.

Monitoramento do sinal óptico Examina a qualidade de cada canal WDM. Essa função de medidas analisa as características de qualidade do sinal de um canal individual. Entre esses recursos, estão o fator Q, a SNR eletrônica e várias estatísticas do diagrama, como a abertura e as distorções resultantes de dispersão ou de efeitos não lineares.

Protocolo de monitorização de desempenho Lida com medições digitais, como a taxa de erro de *bits*.

Os principais fatores observados pelo OPM são as falhas de componentes e as deficiências de sinal. As *falhas de componentes* podem resultar de defeitos ou degradações de elementos, indevidamente instalados, da configuração do equipamento ou de danos a uma rede (por exemplo, uma retroescavadeira desenterrando um cabo ou uma tempestade destruindo uma linha de fibra). As *deficiências de sinal* podem surgir de muitos fatores diferentes, como ruídos e transientes dos amplificadores ópticos, dispersões cromáticas e de polarização modal, efeitos não lineares e atraso na temporização (*jitter timing*).

Todos esses fatores em conjunto representam um grande desafio para a elaboração de um abrangente sistema de OPM. No entanto, um único sistema de OPM não precisa verificar todos os possíveis mecanismos de degradação. Na verdade, restrições de custo impedem a implantação de tal procedimento de monitoramento de desempenho supersofisticado. Em uma rede prática, o sistema OPM simples pode monitorar apenas os níveis de potência óptica de cada canal em um determinado ponto da rede WDM. Os sistemas avançados OPM incluem o uso de um espectrômetro miniaturizado para controlar as saídas de dispositivos como amplificadores ópticos e atenuadores ópticos variáveis. Os sistemas OPM mais complexos são necessários em redes reconfiguráveis para controlar a quantidade de dispersão acumulada com base em cada canal, uma vez que seu efeito sobre o desempenho do sistema pode variar conforme as mudanças de configuração da rede.

14.7.4 Manutenção da rede

Um OPM desvia uma pequena porção dos sinais de luz em uma fibra e separa os comprimentos de onda ou os digitaliza em um detector ou conjunto de detectores. Isso permite a medição das potências individuais dos canais de comprimento de onda e a OSNR. Esses dispositivos têm um papel importante no controle de redes DWDM. Por exemplo, como mostra a Figura 14.28, a maioria das redes DWDM de longa distância incorporam algoritmos de balanço de potência automatizados entre as extremidades que usam um OPM de alto desempenho para medir o nível de potência óptica de cada comprimento de onda em amplificadores ópticos e no receptor e para ajustar as saídas de *laser* individuais no transmissor. Essa informação é trocada por meio de um canal de controle separado, que utiliza um comprimento de onda que se situa fora do espectro do sinal, mas dentro da banda de resposta do amplificador. Além disso, os fabricantes podem incorporar

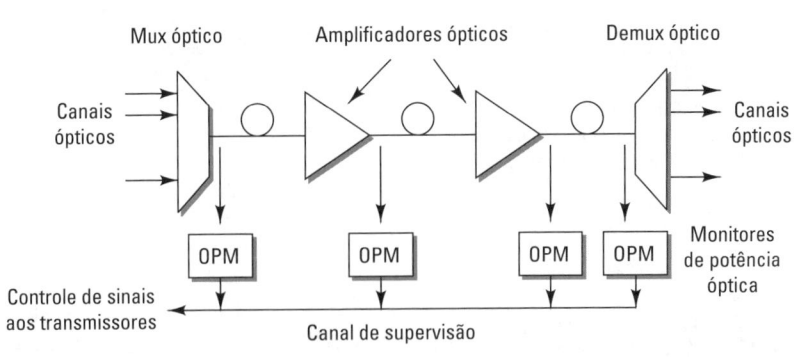

Figura 14.28 As redes DWDM podem utilizar um OPM automatizado para medir o nível de luz de cada comprimento de onda em vários pontos da rede e para ajustar as saídas individuais de *laser* no transmissor.

uma função de OPM em elementos dinâmicos, como EDFA, OADM ou OXC, para fornecer *feedback* ao controle ativo da potência de saída total e equilibrar os níveis de potência entre os canais. Outras funções de um OPM incluem determinar se um determinado canal está ativo, verificar quais comprimentos de onda correspondem ao plano do canal especificado e conferir se a potência óptica e os níveis de OSNR são suficientes para atender aos requisitos de QoS.

Um OPM pode ter as seguintes características operacionais:
- Medir a potência absoluta do canal dentro de ±0,5 dBm.
- Identificar os canais sem conhecimento prévio do plano de comprimentos de onda.
- Realizar medições completas nas bandas S, C ou L em menos de 0,5 segundo.
- Medir o comprimento de onda central com precisão melhor do que ±50 pm.
- Determinar a OSNR em uma faixa dinâmica de 35 dB com uma precisão de ±0,1 dB.

14.7.5 Gerenciamento das falhas

Falhas como cortes físicos em uma linha de transmissão de fibra ou defeitos em uma placa de circuito ou amplificador óptico podem comprometer parcialmente a operacionalidade da rede. Como as falhas na rede podem resultar em tempo de inatividade do sistema ou degradação inaceitável da rede, o *gerenciamento de falhas* é uma das funções de gestão de rede mais implementadas e essenciais. Como mostra a Figura 14.29, o gerenciamento de falhas envolve os seguintes processos:

- Detectar falhas ou sintomas de degradação, o que pode ser feito com a *vigilância de alarme*, que envolve a comunicação de alarmes que podem ter diferentes níveis de gravidade e indicar possíveis causas desses alarmes. O gerenciamento de falhas também contém um resumo dos alarmes pendentes e permite que o gerente da rede recupere e exiba as informações de alarme de um *log* de alarme.
- Determinar a origem e a possível causa das falhas automaticamente ou por meio da intervenção de um gerente de rede. Para determinar o local ou a origem dos defeitos, o sistema de gestão pode utilizar técnicas de *isolamento de falhas*, como a correlação de alarmes de diferentes partes da rede e os testes de diagnóstico.
- Uma vez que as falhas são isoladas, o sistema emite *registro de problemas* que indica qual é o problema e possíveis meios de resolvê-los. Esses registros vão tanto para um técnico para uma intervenção manual como para um mecanismo

Habilidades do gerente de rede
- Visão do mapa da rede
- Vigilância de alarme
- Correlação de alarme
- Monitoramento de isolamento de falha
- Faixa de resolução de falhas

Funções de gerenciamento de falha
- Monitoramento de testes de falha
- Monitoramento de alarmes de falha
- Isolamento de falhas
- Emissão de registros de problemas
- Registro de alarmes
- Armazenamento de registros de problemas

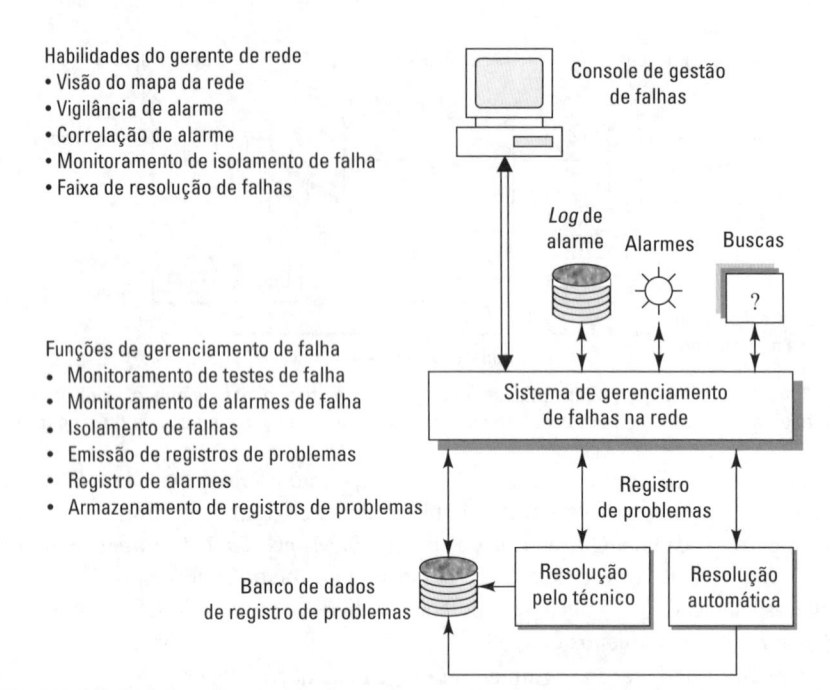

Figura 14.29 Funções e interações de um sistema de gerenciamento de falhas de rede.

de correção automática de falhas. Quando a falha ou degradação é corrigida, esse fato e o método de resolução são indicados no registro de problemas, que em seguida é armazenado em um banco de dados.

- Uma vez que o problema é fixado, a reparação é operacionalmente testada em todos os subsistemas principais da rede. Os *testes operacionais* envolvem as solicitações de testes de desempenho, o acompanhamento do andamento dos testes e o registro dos resultados. As classes de testes que poderiam ser executados incluem testes de eco e os exames de conectividade.

Um fator básico nas falhas de resolução de problemas é ter um mapa físico e lógico abrangente da rede. Idealmente, esse mapa deve ser parte de um sistema de gestão baseado em *software* que pode mostrar a conectividade de rede e o *status* operacional dos elementos constitutivos da rede em uma tela. Com esse mapa, as falhas ou os dispositivos degradados podem ser vistos facilmente, e as ações corretivas podem ser tomadas imediatamente.

14.7.6 Monitoramento de OSNR

O monitoramento da relação sinal-ruído óptica é um processo-chave para implementar funções como a equalização do ganho dos amplificadores ópticos. Muitas técnicas foram desenvolvidas para o monitoramento de OSNR. O conceito principal é a utilização de dois mecanismos de filtragem óptica: um deve ser grande o suficiente para acomodar o espectro do sinal que é necessário para medir a potência óptica, e o outro deve ser estreito o suficiente para rejeitar a potência dos canais adjacentes para que a potência de ruído possa ser medida. A Figura 14.30 mostra um método que utiliza um filtro óptico sintonizável e um circulador.[54] Nessa configuração, o sinal passa através do filtro, uma vez que o ruído passa através do filtro duas vezes. Como mostra a figura, a potência do

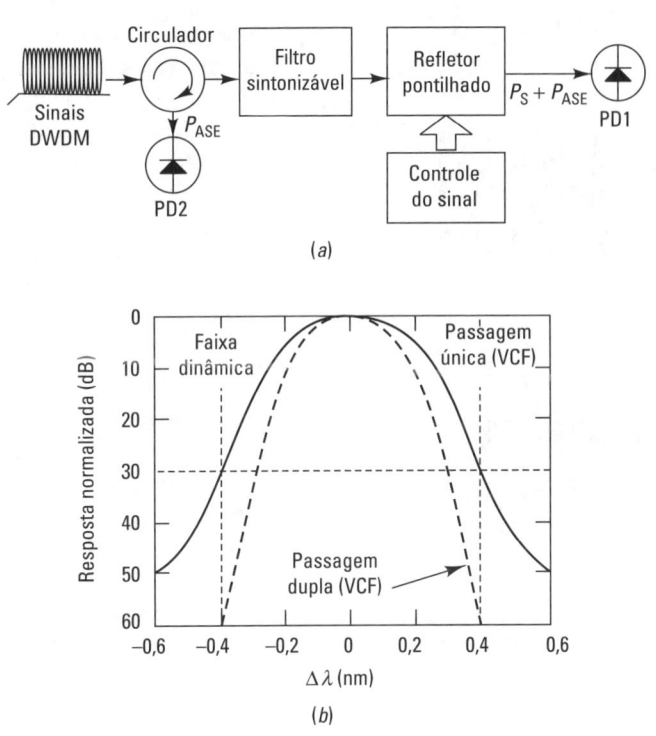

Figura 14.30 (*a*) Representação esquemática de um método de monitorização OSNR; (*b*) característica da resposta do filtro sintonizável de tensão controlada (FCR).
(Reproduzida com permissão de Yang e Lee,[54] © 2004, IEEE.)

sinal é medida na saída do refletor parcial, enquanto a potência do ruído é medida na saída do circulador. A adição de um sinal tremido sobre o refletor elimina quaisquer sinais de reflexão residual no sistema. Essa configuração pode medir uma OSNR de até 44 dB, com uma incerteza inferior a 0,4 dB.

14.8 Medidas de desempenho de sistemas de fibra óptica

A evolução da tecnologia de comunicação em fibra óptica resultou em sistemas de transmissão de telecomunicações de alta confiabilidade para aplicações que incluem *links* de alta capacidade e longa distância e de redes metropolitanas, de acesso e internas ópticas. Protocolos de comunicação, formatos de modulação de dados, técnicas de monitoramento de desempenho e métodos de teste de desempenho foram concebidos para manter esses sistemas funcionando perfeitamente e de forma confiável. Em termos de testes de desempenho, os principais métodos de medição incluem a *taxa de erro de bits* (BER), a *relação sinal-ruído óptica* (OSNR), o fator Q, o atraso de temporização e a amplitude de modulação óptica. Esta seção fornece uma visão geral dessas técnicas. Os detalhes mais extensos podem ser encontrados na literatura.[3,56-63]

14.8.1 Teste da taxa de erro de *bit*

A BER é um importante indicador de qualidade do desempenho de um *link* de comunicação digital. Como a BER é um parâmetro de análise estatística, seu valor depende

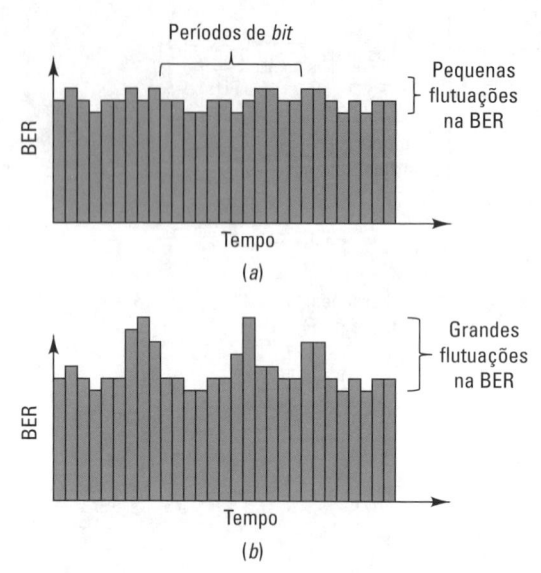

Figura 14.31 Sequência de períodos de *bits* com (a) BER relativamente estável e (b) BER em rajadas.

do tempo de medição e dos fatores que causam erros, como dispersão do sinal, ruído de excesso acumulado e atraso na temporização. Quando as medições de BER são feitas, tanto o número de *bits* mal interpretados e o número total de *bits* recebidos são contados em uma janela de tempo ΔT específica, que é chamada de *tempo de seleção*. Se os erros forem causados pelo ruído gaussiano em uma ligação de transmissão relativamente estável, então a BER não flutuará significativamente ao longo do tempo, como ilustra a Figura 14.31a. Nesse caso, é necessária uma janela de tempo de seleção em que cerca de 100 erros ocorram para garantir uma BER estatisticamente válida. Quando rajadas de erros ocorrem, como mostra a Figura 14.31b, tempos de medição mais longos podem ser necessários para acumular 100 erros, a fim de que o teste seja estatisticamente preciso.

Da Equação (7.5), temos que, quando N_e erros ocorrem em uma janela de tempo ΔT em uma taxa de *bits* B, então a BER é dada por

$$\text{BER} = \frac{N_e}{B \, \Delta T} \quad (14.26)$$

Assim, a janela de tempo de seleção necessária para medir $N_e = 100$ erros é $\Delta T = 100 / (\text{BER} \times B)$. Para comunicações de alta velocidade superior a 1 Gb/s, a taxa de erro de *bit* tipicamente requerida deve ser igual ou inferior a 10^{-12}.

Exemplo 14.6 Uma determinada conexão de 10 Gb/s é projetada para operar com uma BER de 10^{-12}. Qual é a janela de tempo de seleção para a acumulação de 100 erros de *bit*?

Solução: Da Equação (14.26), o tempo de seleção é

$$T = 100/(\text{BER} \times B) = 100/(10^{-12} \times 10^{10}) = 10^4 \text{ s} \approx 2{,}7 \text{ horas}$$

No entanto, um nível de BER 10^{-12} pode ser inaceitável para uma taxa de dados de 10 Gb/s, de maneira que taxas de erro de *bits* ainda mais baixas, como 10^{-15}, podem ser necessárias para garantir aos clientes um elevado grau de serviço. A acumulação de 100 erros para tal BER exigiria mais de 100 dias de tempo de medição. Uma vez que isso não é prático, os instrumentos modernos de medição de BER adicionam uma quantidade extra de ruído precisamente calibrado no sistema acelerando, assim, a ocorrência de erros. O ruído adicional diminui o limiar para o receptor, o que aumenta a probabilidade de erros e, assim, reduz a janela de tempo de propagação. Embora um pouco de precisão seja perdido nesse método, ele reduz os tempos de teste a minutos, em vez de horas ou dias.

A Figura 14.32 mostra uma típica configuração de teste de BER por retorno, que consiste em um gerador de padrões de *bits*, um *link* de transmissão ou dispositivo a ser

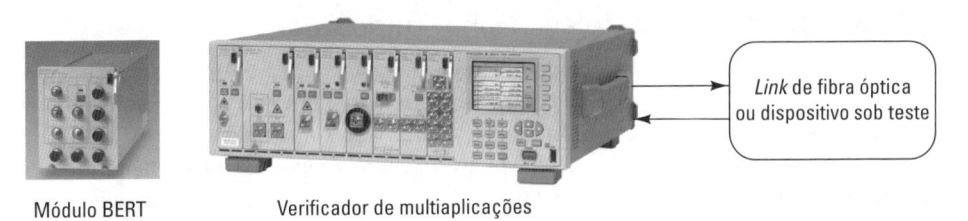

Capítulo 14 Medidas e monitoramento de desempenho | 629

Módulo BERT   Verificador de multiaplicações   Link de fibra óptica ou dispositivo sob teste

Figura 14.32 Configuração típica de teste de BER por retorno.
(Cedida por Yokogawa: Multi-Application Test System with BERT module; http://tmi.yokogawa.com.)

testado e um detector de erro de *bits*, que é colocado juntamente com o gerador de padrões. Primeiramente, um gerador de padrão cria um PRBS que será enviado opticamente pelo *link* de transmissão. Na extremidade receptora, o detector de erro compara o fluxo de dados recebido com um sinal de referência. Em um teste de BER, esses dois fluxos de sinal devem ser perfeitamente sincronizados no tempo para serem comparados corretamente. Os instrumentos modernos de teste de BER geralmente são construídos com recursos de sincronização.

Para determinar a contagem de erro, o detector de erro usa uma porta exclusivamente OR para comparar os *bits* que chegam com o padrão de *bits* vindo de um caminho de referência. Como mostrado na Figura 14.33, quando os padrões de dados da referência e os caminhos de transmissão são idênticos e sincronizados no tempo, a porta exclusiva OR dá uma saída igual a zero. Se os padrões não coincidirem num período de *bits* específico, a saída da porta exclusiva OR será um binário 1, o que indica um erro de *bit*.

Exemplo 14.7 Em um sistema de comunicação real, como uma rede SONET/SDH, os operadores de rede também estão interessados na taxa de erro de quadros (*frames*) P_{frame}. Se o número total de *bits* de um quadro é k e P_e é a BER, então a probabilidade de que nenhum *bit* no quadro tenha um erro é:

$$1 - P_{frame} = (1 - P_e)^k \approx 1 - P_e k \qquad (14.27)$$

onde a aproximação resulta a partir da condição de $P_e \ll 1$. Se $P_e = 10^{-12}$, qual é a taxa de erro de quadro para um comprimento de quadro de Ethernet de 1.518 *bytes*?

Solução: Como existem 8 *bits* por *byte*, este quadro tem 12.144 *bits*. De Equação (14.27) obtemos

$$P_{frame} = P_e k = (10^{-12}) \times 12{,}144 = 1{,}2144 \times 10^{-8}$$

Padrão de referência: A

Padrão de recebido: B

Contagem de erro de *bit*: A ⊕ B

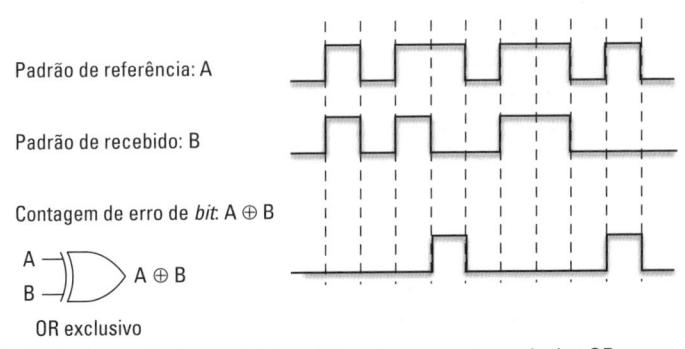

A ⊕ B

OR exclusivo

Figura 14.33 Método de detecção de erro básico utilizando uma porta exclusiva OR.

14.8.2 Estimativa da relação sinal-ruído óptica

Medir a SNR e sua BER associada é simples para *links* de um único comprimento de onda sem amplificação. No entanto, em redes *multispan* DWDM opticamente amplificadas, o desempenho do sistema é limitado pela *relação sinal-ruído óptica* (OSNR) e não pela potência do sinal óptico que chega ao receptor. Embora se possa demultiplexar o tráfego DWDM que entra e, em seguida, fazer estimativas de BER em cada canal de comprimento de onda, uma medição do espectro óptico pode ser realizada com um *analisador de espectro óptico* (OSA) para derivar a OSNR para cada canal individual. A OSNR derivada do espectro óptico é uma potência média, medida em baixa velocidades, e, por isso, não fornece informações sobre os efeitos das deficiências temporais sobre o desempenho do canal. No entanto, como ela pode ser correlacionada com a BER, a OSNR fornece informações indiretas da BER para o diagnóstico preliminar do desempenho de um sistema multicanal ou para a emissão de aviso prévio de uma possível degradação da BER em um determinado canal DWDM.

Conforme descrito na Seção 11.5, a OSNR é dada por

$$\text{OSNR} = \frac{P_{\text{med}}}{P_{\text{ASE}}} \qquad (14.28)$$

ou, em decibéis,

$$\text{OSNR(dB)} = 10 \log \frac{P_{\text{med}}}{P_{\text{ASE}}} \qquad (14.29)$$

A OSNR não depende de fatores como o formato dos dados, a forma do pulso ou a largura de banda do filtro óptico, mas apenas da potência média do sinal óptico P_{med} medida pelo OSA e na potência média de ruído ASE P_{ASE}. A OSNR é uma métrica que pode ser usada para verificar o desempenho no projeto e na instalação de redes, bem como para verificar a saúde e o *status* dos canais ópticos individuais. Às vezes, um filtro óptico é utilizado para reduzir significativamente o ruído ASE total visto pelo receptor. Tipicamente, esse filtro tem uma grande largura de banda óptica quando comparada com o sinal, de modo que isso não afeta o sinal, entretanto o filtro é estreito em comparação com a largura de banda associada com o fundo de ASE. O filtro de ruído ASE não altera a OSNR. No entanto, ele reduz a potência total do ruído ASE para evitar a sobrecarga da extremidade frontal do receptor.

Exemplo 14.8 Considere um nível de sinal óptico de –15 dBm (32 μW) que chega a um receptor óptico *pin* em uma conexão de 10 Gb/s. Se a densidade de potência de ruído é de –34,5 dBm (0,35 μW), qual é a OSNR?

Solução: Da Equação (14.28), obtemos

$$\text{OSNR} = 32/0{,}35 = 91$$

ou, em decibéis,

$$\text{OSNR(dB)} = 10 \log 91 = 19{,}6 \text{ dB}$$

A norma IEC 61280-2-9 define a OSNR como a razão entre a potência do sinal no pico de um canal e a potência do ruído interpolada na posição do pico. Esse documento define a OSNR pela seguinte equação

Capítulo 14 Medidas e monitoramento de desempenho | 631

$$\text{OSNR} = 10 \log \frac{P_i}{N_i} + 10 \log \frac{B_m}{B_o} \qquad (14.30)$$

onde

- P_i é a potência do sinal óptico, em watts, no *i-ésimo* canal;
- N_i é o valor interpolado da potência de ruído, em watts, medido na largura de banda da resolução B_m no ponto central do canal;
- B_m é a largura de banda de resolução da medição;
- B_o é a largura de banda óptica de referência, que tipicamente é escolhida para ser de 0,1 nm.

O segundo termo da Equação (14.30) é usado para dar um valor OSNR que é independente da largura da banda de resolução B_m do instrumento. Isso permite a comparação dos resultados de OSNR que podem ter sido obtidos com diferentes instrumentos de OSA. A norma IEC 61280-2-9 observa também que, a fim de conseguir uma medição OSNR adequada, o intervalo de comprimento de onda de medição da OSA tem de ser suficientemente largo para incluir todos os canais DWDM mais a metade de um espaçamento da ITU-T em cada extremidade da faixa espectral. Além disso, a largura de banda de resolução tem de ser suficientemente ampla para incluir a totalidade do espectro de potência do sinal de cada canal modulado, porque esta tem um impacto direto sobre a precisão da medição do ruído.

14.8.3 Estimativa do fator Q

Como observado na Equação (7.13), a probabilidade de erro P_e em um *link* de comunicação digital está relacionado com o fator Q por meio da expressão

$$P_e = \text{BER} = \frac{1}{2}\text{erfc}\left(\frac{Q}{\sqrt{2}}\right) = \frac{1}{2}\left[1 - \text{erf}\left(\frac{Q}{\sqrt{2}}\right)\right] \approx \frac{1}{\sqrt{2\pi}}\frac{1}{Q}\exp(-Q^2/2) \qquad (14.31)$$

Lembre-se de que, pela Equação (7.14), Q é proporcional à diferença de energia entre os níveis lógicos 1 e 0. Assim, uma forma simples de examinar a probabilidade de erro *versus* o fator Q é variar Q alterando o nível de potência óptica para o receptor. Para um diagrama do olho claro, o limiar de decisão está a meio caminho entre os níveis 0 e 1, e a variância do ruído contribuída pelo receptor permanece constante à medida que a potência de entrada é variada. Essas condições geralmente são válidas para os receptores ópticos *pin*, em que o ruído térmico em um amplificador de transimpedância é o ruído dominante.

É necessária uma abordagem diferente quando o padrão de olho é distorcido. Nesse caso, a técnica de máscara do padrão de olho descrita na Seção 14.5.1 pode ser usada para estimar o desempenho do sistema. Isso é particularmente útil em redes *multispan* DWDM opticamente amplificadas, em que o desempenho do sistema é limitado pela OSNR. Quando os amplificadores ópticos são utilizados em um *link* de transmissão, o nível de potência óptica para o receptor geralmente é alto o suficiente, de modo que os ruídos térmico e de corrente escura podem ser desprezados em comparação com o ruído de sinal-ASE e o ruído de batimento ASE-ASE. Para um teste padrão de olho distorcido, o fator Q pode ser expresso como[61]

$$Q = \frac{2\mathscr{R}(A - B)P_{\text{med}}}{\sqrt{(G_1 A + G_2)B_e} + \sqrt{(G_1 B + G_2)B_e}} \qquad (14.32)$$

onde $G_1 = 4\mathcal{R}(q + \mathcal{R}S_{ASE})P_{Med}$ e $G_2 = S^2_{ASE}\,\mathcal{R}^2(2B_o - B_e)$. Os parâmetros adimensionais A e B são os limites superior e inferior da máscara de olho, respectivamente, como ilustrado na Figura 14.16. Além disso, $P_{ave} = (P_1 + P_2)/2$, $\mathcal{R}$ é a responsividade, S_{ASE} é a densidade de potência espectral do ruído ASE (ver a Seção 11.4), B_e é a largura de banda elétrica do receptor, e B_o a largura de banda óptica, que geralmente é considerada como 0,1 nm.

Para valores de OSNR superiores a 15 dB, o ruído sinal-ASE é o fator de ruído dominante, de modo que as contribuições do ruído do batimento ASE-ASE e o ruído *shot* podem ser negligenciados. Nesse caso, o fator Q para um padrão de olho distorcido pode ser expresso pela relação simplificada[61]

$$Q = \frac{(\sqrt{A} - \sqrt{B})\sqrt{P_{med}}}{\sqrt{S_{ASE}B_e}} = \frac{(\sqrt{A} - \sqrt{B})}{\sqrt{B_e}}\sqrt{OSNR} \qquad (14.33)$$

onde a relação entre P_{ave} e OSNR é dada pelas Equações (11.24) e (11.36).

Exemplo 14.9 Considere um *link* de transmissão amplificado para o qual a expressão do fator Q do receptor para um padrão de olho distorcido é dada pela Equação (14.33) quando OSNR > 15 dB. Para um valor OSNR de 16, compare os valores do fator Q quando (a) não há nenhuma penalidade de fechamento de olho, isto é, $A = 1$ e $B = 0$, e (b) com uma penalidade de fechamento de olho que possui $A = 0,81$ e $B = 0,25$.

Solução: Da Equação (14.33), obtemos

(a) $Q = 1 \times \dfrac{4}{\sqrt{B_e}}$

(b) $Q = (0,9 - 0,5) \times \dfrac{4}{\sqrt{B_e}} = 0,4 \times \dfrac{4}{\sqrt{B_e}}$

Uma montagem experimental para a medição de OSNR em relação a uma taxa de erro de *bits* é mostrada na Figura 14.34, na qual o sinal elétrico de saída de um gerador padrão é usado como entrada em um transmissor óptico. Depois de passar através de uma fibra óptica, um *acoplador óptico* (OC) é usado para combinar o sinal óptico com o ruído óptico adicional a partir de uma fonte de ruído ASE, a fim de simular os efeitos de

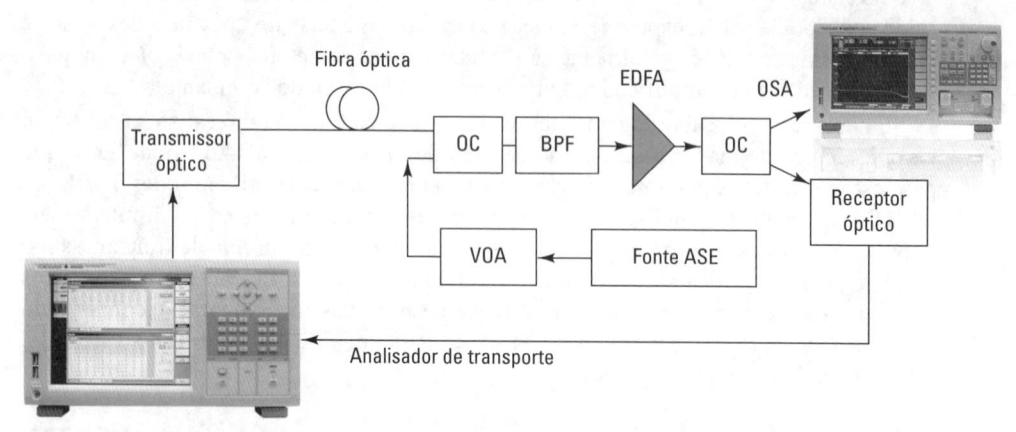

Figura 14.34 Montagem para medir fator Q de um receptor em função da OSNR.
(Cortesia de Yokogawa: Transport Analyzer and Optical Spectrum Analyzer; http://tmi.yokogawa.com.)

degradação do ruído ASE em um *link* amplificado. O *atenuador óptico variável* (VOA) pode ser ajustado para simular diferentes quantidades de ruído ASE agregado. O *filtro passa-banda óptico* (FBP) limita a largura de banda do ruído ASE, limitando assim a quantidade do ruído de batimento ASE-ASE. Após um *amplificador de fibra dopada com érbio* (EDFA) amplificar a combinação de sinal e ruído ASE, um acoplador óptico envia parte da saída EDFA para um *analisador de espectro óptico* (OSA), que monitora a OSNR. A saída do acoplador óptico é dirigida a um receptor, que recupera o sinal digital. Esse sinal é enviado de volta para a montagem de teste de BER, que determina o fator Q. Essa configuração proporciona, portanto, uma correlação entre a OSNR e o fator Q do sistema.

14.8.4 Medidas de amplitude de modulação óptica

Com relação às redes ópticas de longa distância, uma abordagem diferente deve ser adotada quando se testam *links* de Ethernet óptica baseados no padrão IEEE 802.3ae de 10 Gb/s. Uma razão é que os *lasers* usados para ligações de longa distância geralmente são dispositivos de alta qualidade que operam com altas taxas de extinção. Logo, no caso de longa distância, para caracterizar a sensibilidade de um receptor óptico aos sinais de entrada, os engenheiros podem simplesmente utilizar um medidor de potência de resposta lenta para medir a potência média de sinal óptico e assim determinar a BER.

Entretanto, a necessidade de reduzir o custo em *links* de Ethernet óptica significa que é preciso usar *lasers* mais baratos que temham índices menores de extinção, mas que forneçam o desempenho adequado de 10 Gb/s em redes metropolitanas, de acesso e de *campus*. Nesse caso, a baixa relação de extinção irá resultar no olho estressado (parcialmente fechado) representado na Figura 14.35, e uma medida de potência óptica média não fornece uma boa indicação do desempenho do receptor. Consequentemente, os testes tradicionais usados para caracterizar os receptores de longa distância precisam ser modificados para os *links* de Ethernet óptica de 10 Gb/s. Esse requisito conduziu ao conceito de utilizar um método de *amplitude de modulação óptica* (OMA).

Os parâmetros para medir o olho estressado são mostrados na Figura 14.35. Para medir a OMA, um transmissor coloca um padrão repetitivo de onda quadrada de geralmente

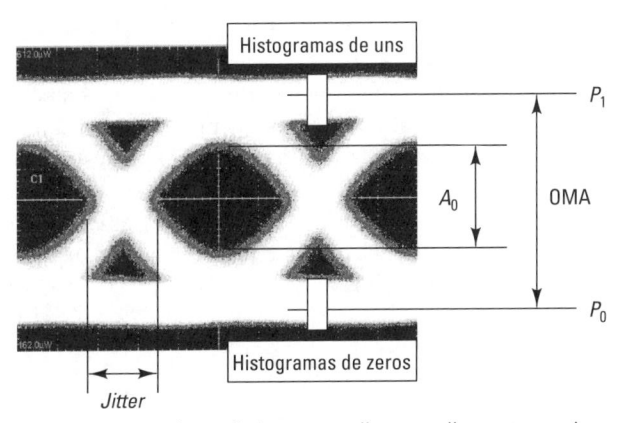

Figura 14.35 Definição de parâmetros de medição para analisar um olhar estressado.

cinco uns e cinco zeros (...11111000001111100000...). Os três principais parâmetros derivados desse modelo para o receptor são:
- Um lógico 1 de amplitude P_1, que é feito a partir de um histograma médio ao longo do *bit* médio da execução de uns. Apenas o *bit* médio de cada sequência de *bits* 1 é selecionado, de modo que os dados medidos estão longe de qualquer borda de *bit*.
- Uma lógica 0 de amplitude P_0, que é feita a partir de um histograma médio ao longo do *bit* médio da execução de zeros quando se utiliza o padrão de onda quadrada repetitivo acima.
- A_0 é a altura da abertura do olho.

A *amplitude de modulação óptica* é definida como a diferença entre os níveis de alta e baixa potências:

$$\text{OMA} = P_1 - P_0 \qquad (14.34)$$

A métrica enunciada no padrão IEEE 802.3ae para a caracterização de receptores ópticos é a *penalidade de fechamento vertical do olho* (VECP). A VECP mede a abertura vertical no centro de 1% do olho, que é dado pelo parâmetro A_0, e compara esse valor com o valor medido de OMA. Assim, em decibéis,

$$\text{VECP} = 10 \log\left(\frac{\text{OMA}}{A_0}\right) \qquad (14.35)$$

A Tabela 14.7 apresenta a relação de extinção do receptor estressado e os requisitos VECP para receptores Ethernet de 10 Gb/s de alcances curto, longo e estendido, que são designados por 10G-Base-S, 10G-Base-L e 10G-Base-E, respectivamente. Mais detalhes sobre os parâmetros adicionais e métodos de teste são dados na norma IEEE 802.3ae.

Tabela 14.7 Alguns requisitos IEE.802.3ae para receptores

Tipo Ethernet 10G	10G-Base-S	10G-Base-L	10G-Base-E
Razão de extinção (dB)	3,0	3,5	3,0
VECP (dB)	3,5	2,2	2,7

14.8.5 Medidas de atraso na temporização (*timing jitter*)

Em sistemas digitais de comunicação, o *atraso no tempo*, também conhecido como *instabilidade na temporização* ou simplesmente *jitter*, é definido como um desvio involuntário instantâneo no tempo ideal entre símbolos binários. Basicamente, o *jitter* ocorre quando a transição de um estado de símbolo para o próximo estado ocorre mais cedo ou mais tarde do que o fim exato do intervalo de tempo do *bit*. Diversos fatores podem contribuir para essa instabilidade, com amplitudes aleatórias e variações de ruído em um sinal, ruído periódico em fontes chaveadas e mecanismos de armazenamento de carga em circuitos e componentes fotônicos.

O atraso na temporização é uma questão especialmente importante para sistemas de transmissão de fibra óptica de alta velocidade, pois os pulsos são espaçados muito próximos uns dos outros. Nesse caso, a interpretação errada dos extremos dos períodos de *bit* pode levar a elevadas taxas de erro de *bits*. Em sistemas de transmissão digital, o atraso na temporização pode ser aleatório ou determinístico. O *jitter* aleatório é causado por ruídos, como os ruídos térmicos e *shot* no receptor, e pelo ruído ASE acumulado ao longo do *link* de transmissão. O *jitter* determinístico surge de efeitos de distorção do padrão em razão de fatores como dispersão cromática, modulação de autofase e diafonia entre canais.

Para obter uma sequência de *bits* com uma taxa de dados B, uma forma de onda instável pode ser expressa como

$$P_{jitter}(t) = P\left[t + \frac{\Delta\varphi(t)}{2\pi B}\right] = P[t + \Delta t(t)] \qquad (14.36)$$

onde $\Delta\varphi(t)$ é a variação de fase introduzida pela instabilidade no tempo, que pode ser designada em graus ou radianos, e $P(t)$ representa a forma de onda na ausência do atraso de tempo. O desvio de tempo Δt, que é dado por

$$\Delta t(t) = \frac{\Delta\varphi(T)}{2\pi B} \qquad (14.37)$$

pode ser expresso em uma medida conveniente chamada *intervalo de unidade* (UI). Esse parâmetro é a razão entre o atraso na temporização e o período de *bit* $T = 1/B$, a qual é dada por

$$\Delta t_{UI} = \frac{\Delta\varphi(T)}{2\pi} \qquad (14.38)$$

Há diferentes técnicas para medir o *jitter*, como testadores de BER, osciloscópios de amostragem e detectores de *jitter*.[60,61] A Figura 14.36 mostra um exemplo utilizando um analisador de desempenho da rede comercial. Esses instrumentos possuem uma capacidade de medição de *jitter* de alta precisão embutida que satisfaz as condições de teste de *jitter* especificadas na Recomendação O.172 da ITU-T.[62]

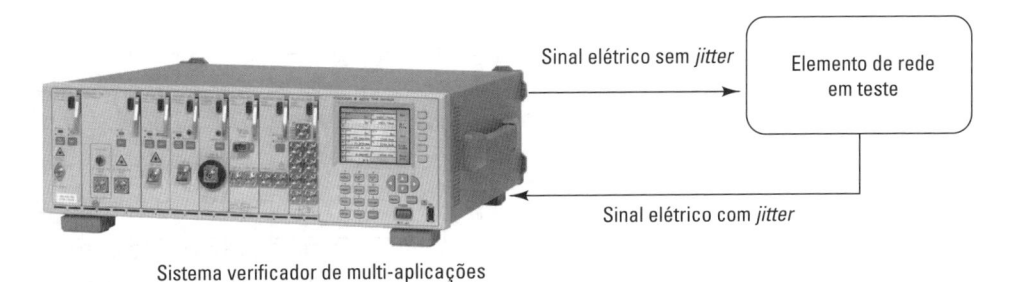

Figura 14.36 Equipamento para medir *jitter* com um testador comercial de desempenho da rede.
(Foto cedida por Yokogawa: http://tmi.yokogawa.com.)

Problemas

14.1 Os analisadores de espectro óptico medem diretamente o comprimento de onda da luz em um ambiente com ar. No entanto, a maioria das medições de comprimentos de onda é citada em termos de comprimentos de onda ou frequências ópticas no vácuo. Isso pode levar a erros, particularmente em sistemas DWDM, pois o índice de refração do ar é uma função do comprimento de onda, da temperatura, pressão e composição do gás. A dependência do índice de refração do ar n_{ar} com relação ao comprimento de onda do em ar seco a 760 torr e 15 °C é[64]

$$n_{ar} = 1 + 10^{-8}\left(8342{,}13 + \frac{2406030}{130 - \frac{1}{\lambda^2}} + \frac{15997}{38{,}9 - \frac{1}{\lambda^2}}\right)$$

em que λ é medido em micrômetros.

(a) Considerando que $\lambda_{vacuo} = \lambda_{ar} n_{ar}$, qual é o erro na medição do comprimento de onda de 1.550 nm se o efeito do índice de refração do ar é ignorado? Que impacto isso teria sobre canais WDM espaçados de 0,8 nm na janela de 1.550 nm?

(b) Para compensar os efeitos da temperatura e da pressão sobre o valor de n_{ar}, pode-se utilizar a relação

$$n(T, P) = 1 + \frac{(n_{ar} - 1)(0{,}00138823\,P)}{1 + 0{,}003671\,T}$$

onde P é medido em torr e T em graus Celsius. Por quanto $n(T, P)$ pode variar de n_{ar} quando a pressão é de 640 torr e a temperatura é de 0 °C (que ocorreria em uma altitude maior e uma temperatura mais baixa)?

14.2 Um engenheiro quer encontrar a atenuação em 1.310 nm de uma fibra de comprimento de 1.895 m. O único instrumento disponível é um fotodetector que fornece uma leitura da saída em volts. Usando esse dispositivo em uma configuração de atenuação em corte, o engenheiro mede uma saída do fotodiodo de 3,31 V na extremidade distante da fibra. Após o corte de 2 m da fibra a partir da fonte, a tensão de saída do fotodetector lida agora é de 3,78 V. Qual é a atenuação da fibra em dB/km?

14.3 Considere a técnica de medição de atenuação por corte descrita pela Equação (14.2) usando um fotodetector. As medições de potência são proporcionais à tensão de saída do detector. Se a incerteza nas leituras de tensão para as duas medições de potência é de ±0,1% cada, qual é a incerteza na precisão atenuação? Que comprimento a fibra deve ter para que possamos obter uma sensibilidade melhor do que ±0,05 dB/km?

14.4 (a) Verifique que a largura a meia altura de um pulso gaussiano é dada por $t_{FWHM} = 2\sigma(2 \ln 2)^{1/2}$.

(b) Deduza a Equação (14.11), que descreve a largura de banda de 3 dB de uma fibra de acordo com a resposta de saída gaussiana.

14.5 Uma aproximação gaussiana de $|H(f)|$ na forma

$$|H(f)| \approx \exp[-(2\pi f \sigma)^2/2]$$

é precisa em pelo menos 0,75 do ponto de amplitude no domínio de frequências. Usando essa relação, faça o gráfico de $P(f)/P(t)$ em função da frequência de 0 a 1.000 MHz para as fibras que têm respostas de impulso de larguras de pulso rms 2σ iguais a 2,0, 1,0 e 0,5 ns. Quais são as larguras de banda de 3 dB dessas fibras?

14.6 Considere os dados mostrados na Figura 14.37 do atraso de grupo *versus* comprimento de onda para uma fibra de 10 km. A partir desses dados, trace a dispersão cromática D como uma função do comprimento de onda. Qual é o valor da inclinação de dispersão nula S_0 na relação $D(\lambda) = S_0(\lambda - \lambda_0)$?

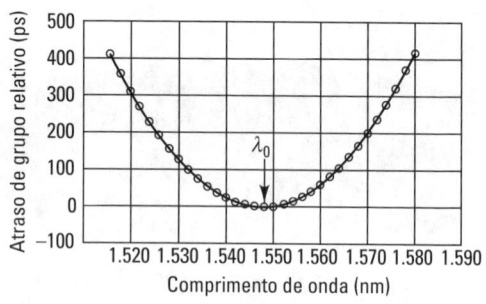

Figura 14.37 Medidas de dispersão cromática em uma fibra de 10 km.

14.7 Determine o valor do atraso de grupo diferencial esperado a partir da resposta da medição de polarização de dispersão modal mostrada na Figura 14.38 para uma fibra sem modo acoplado.

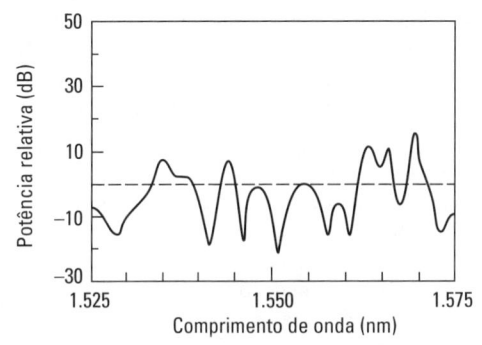

Figura 14.38 Medidas de potência induzida por PMD sobre o nível de potência média (linha pontilhada).

14.8 A influência da dispersão de polarização modal pode ser negligenciada para taxas de dados de até alguns Gb/s em sistemas de detecção direta de intensidade modulada. No entanto, para taxas mais elevadas, a PMD pode causar interferência intersimbólica (ISI) em ligações de longa extensão. A penalidade de potência ISI em decibéis para a PMD é de aproximadamente[65]

$$P_{ISI} \approx 26 \frac{\langle \Delta \tau \rangle^2 \, \gamma(1-\gamma)}{T^2}$$

onde T é um período de *bit* (1/taxa de *bit*), e γ, a razão de divisão de potências entre os principais estados de polarização. A penalidade máxima de potência ocorre quando $\gamma = \frac{1}{2}$. Se os valores típicos do valor esperado do atraso de grupo diferencial são 1 ps através de uma ligação de 100 km e 10 ps através de um *link* de 1.000 km, encontre a penalidade máxima de potência PMD para taxas de dados de 10 e 100 Gb/s ao longo dessas duas distâncias de enlace.

14.9 A potência óptica em uma fibra a uma distância x a partir da extremidade de entrada é dada pela Equação (14.18). Supondo que o coeficiente de perda é uniforme ao longo da fibra, use essa equação para derivar a Equação (14.2).

14.10 Supondo que a dispersão Rayleight é aproximadamente isotrópica (uniforme em todas as direções), mostre que a fração S de luz espalhada presa em uma fibra multimodo na direção reversa é dada por

$$S \approx \frac{\pi(NA)^2}{4\pi n^2} = \frac{1}{4}\left(\frac{NA}{n}\right)^2$$

onde NA é a abertura numérica da fibra, n é o índice de refração do núcleo, e NA/n representa o semiângulo do cone de raios captados. Se NA = 0,20 e n = 1,50, qual fração de luz espalhada é recapturada pela fibra na direção reversa?

14.11 Três fibras de 5 km de comprimento foram emendadas em série e um OTDR é usado para medir a atenuação da fibra resultante. Os dados reduzidos do visor do OTDR é mostrado na Figura 14.39. Quais são as atenuações em decibéis por quilômetro das três fibras individuais? Quais são as perdas nas emendas em decibéis? Quais são as possíveis razões para a grande perda de emenda que ocorre entre a segunda e a terceira fibras?

14.12 Seja α a atenuação da luz com propagação frontal, α_s a atenuação da luz retroespalhada e S a fração de potência total espalhada na direção traseira, como descrito na Equação (14.20). Mostre que a resposta de retroespalhamento de um pulso retangular de largura W a partir de um ponto a uma distância L através da fibra óptica é

$$P_s(L) = S\frac{\alpha_s}{\alpha} P_0 \, e^{-2\alpha L} (1 - e^{-\alpha W})$$

onde $L \geq W/2$, e

$$P_s(L) = S\frac{\alpha_s}{\alpha} P_0 \, e^{-\alpha W} (1 - e^{-2\alpha L})$$

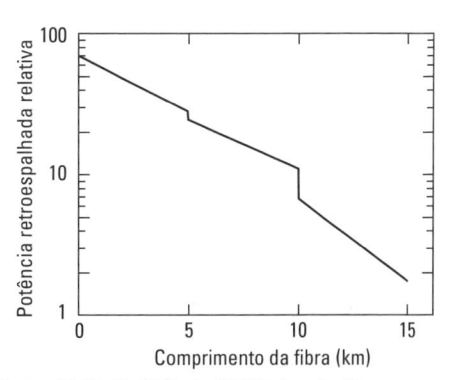

para $0 \leq L \leq W/2$

Figura 14.39 Gráfico de OTDR de três fibras emendadas de 5 km.

14.13 Usando a expressão dada no Problema 14.12 para a potência retroespalhada $P_s(L)$ a partir de um pulso retangular de largura W, mostre que, para larguras de pulso muito curtas, a potência retroespalhada é proporcional à duração do pulso. *Nota*: Essa é a base de operação de um OTDR.

14.14 A incerteza U das medições de perda de OTDR em função da *relação sinal-ruído* (SNR) pode ser aproximada por[36]

$$\log|U| = -0{,}2\,\text{SNR} + 0{,}6$$

Aqui, U e SNR são dadas em decibéis. Se uma emenda de 0,5 dB está localizada perto da extremidade distante de uma fibra de 50 km, qual faixa dinâmica deve ter o OTDR para medir a perda de inserção desse evento de emenda com uma precisão de $\pm 0{,}05$ dB? Assuma que a atenuação da fibra é de 0,33 dB/km.

14.15 Mostre que, quando se utiliza um OTDR, uma largura de pulso óptico menor ou igual a 5 ns é necessária para localizar uma falha de fibras para dentro de $\pm 0{,}5$ m de sua posição verdadeira.

Referências

1. D. L. Philen and W. T. Anderson, "Optical fiber transmission evaluation," in *Optical Fiber Telecommunications – II*, S. E. Miller and I. P. Kaminow, eds., Academic, New York, 1988.
2. K. J. Gasvik, *Optical Metrology*, Wiley, Hoboken, NJ, 3rd. ed., 2003.
3. D. Derickson, ed., *Fiber Optic Test and Measurement*, Prentice Hall, Upper Saddle River, NJ, 1998.
4. D. Marcuse, *Principles of Optical Fiber Measurements*, Academic, New York, 1981.
5. C. Dorrer, "High-speed measurements for optical telecommunication systems," *IEEE J. Sel. Topics Quantum Electronics*, vol. 12, pp. 843-858, July/Aug. 2006.
6. *Technical Digest – Symposium on Optical Fiber Measurements (SOFM)*, biennial conference starting in 1980 sponsored by National Institute of Standards and Tech. (NIST).
7. National Institute of Standards and Technology (NIST), Boulder, CO, USA (http://www.nist.gov).
8. National Physical Laboratory (NPL), Teddington, UK (http://www.npl.co.uk).
9. Physikalisch-Technische Bundesanstalt (PTB), Braunschweig, Germany (http://www.ptb.de).
10. ITU-T Recommendation G.650.2, *Definitions and Test Methods for Statistical and Nonlinear Related Attributes of Single-Mode Fibre and Cable*, Jan. 2005.
11. N. Gisin, R. Passy, and B. Perny, "Optical fiber characterization by simultaneous measurement of the transmitted and refracted near field," *J. Lightwave Tech.*, vol. 11, pp. 1875-1883, Nov. 1993.
12. TIA/EIA-455-191 (FOTP-191), *Measurement of the Mode-Field Diameter of Single-Mode Optical Fiber*, 1998.
13. TIA/EIA-455-44B (FOTP-44), *Refractive Index profile, Refracted Ray Method*, 1992.
14. K. Petermann, "Constraints for fundamental mode spot size for broadband dispersion-compensated single-mode fibers," *Electron. Lett.*, vol. 19, pp. 712-714, Sept. 1983.
15. C. Pask, "Physical interpretation of Petermann's strange spot size for single-mode fibers," *Electron. Lett.*, vol. 20, pp. 144, 1984.
16. ITU-T Recommendation G.650.1, *Definitions and Test Methods for Linear, Deterministic Attributes of Single-Mode Fibre and Cable*, June 2004.
17. ANSI/TIA-455-78-B-2002 (FOTP-78), *Measurement Methods and Test Procedures for Attenuation*, Nov. 2002.
18. S. D. Personick, "Receiver design for digital fiber optic communication systems," *Bell Sys. Tech. J.*, vol. 52, pp. 843-874, July-Aug. 1973.
19. P. Hernday, "Dispersion measurements," in D. Derickson, ed., *Fiber Optic Test and Measurement*, Prentice Hall, Upper Saddle River, NJ, 1998.
20. ANSI/TIA-455-175-B-2003 (FOTP-175), *Measurement Methods and Test Procedures – Chromatic Dispersion*, May 2003.
21. J.-N. Maran, R. Slavik, S. LaRochelle, and M. Karasek, "Chromatic dispersion measurement using a multiwavelength frequency-shifted feedback fiber laser," *IEEE Trans. Instrument. Measurement*, vol. 53, pp. 67-71, Feb. 2004.
22. S. G. Murdoch and D. A. Svendsen, "Distributed measurement of the chromatic dispersion of an optical fiber using a wavelength-tunable OTDR," *J. Lightwave Tech.*, vol 24, pp. 1681-1688, Apr. 2006.
23. P. M. Nellen, R. Brönnimann, M. Held, and U. Sennhauser, "Long-term monitoring of polarization-mode dispersion of aerial optical cables with respect to line availability." *J. Lightwave Tech.*, vol. 22, pp. 1848-1855, Aug. 2004.

24. K. E. Cornick, M. Boroditsky, S. Finch, S. D. Dods, and P. M. Farrell, "Experimental comparison of PMD-induced system penalty models," *IEEE Photonics Technol. Lett.*, vol. 18, pp. 1149-1151, May 2006.
25. S. V. Shatalin and A. J. Rogers, "Location of high PMD sections of installed system fiber," *J. Lightwave Tech.*, vol. 24, pp. 3875–3881, Nov. 2006.
26. P. Poggiolini, A. Nespola, S. Abrate, V. Ferrero, and C. Lezzi, "Long-term PMD characterization of a metropolitan G.652 fiber plant," *J. Lightwave Tech.*, vol. 24, pp. 4022-4029, Nov. 2006.
27. H. H. Yaffe and D. L. Peterson Jr., "Experimental determination of system outage probability due to first-order and second-order PMD," *J. Lightwave Tech.*, vol. 24, pp. 4155-4161, Nov. 2006.
28. C. D. Poole and D. L. Favin, "Polarization-mode dispersion measurements based on transmission spectra through a polarizer," *J. Lightwave Tech.*, vol. 12, pp. 917-929, June 1994.
29. S. W. Hinch and C. M. Miller, "Analysis of digital modulation on optical carriers," in D. Derickson, ed., *Fiber Optic Test and Measurement*, Prentice Hall, Upper Saddle River, NJ, 1998.
30. S. Haykin and M. Moher, *An Introduction to Digital and Analog Communications*, Wiley, Hoboken, NJ, 2nd ed. 2006.
31. N. S. Bergano, F. W. Kerfoot. and C. R. Davidson, "Margin measurements in optical amplifier systems," *IEEE Photonics Technol. Lett.*, vol. 5, pp. 304-306, Mar. 1993.
32. ITU-T Recommendation O.201. *Q-factor Test Equipment to Estimate the Transmission Performance of Optical Channels*, July 2003.
33. I. Shake, H. Takara, and S. Kawanishi, "Simple measurement of eye diagram and BER using high-speed asynchronous sampling," *J. Lightwave Tech.*, vol. 22, pp. 1296-1302, Jan. 2004.
34. C. Fernando, J. Coelho, and R. Wong, "Parametric representation of custom masks for compliance tests of high-speed optical transmitters," *Optical Fiber Commun. Conf. 2002 (OFC 2002)*, pp. 163-165, Mar. 2002.
35. G. Foster, "Bridging the gap between BER and eye diagrams: A BER contour tutorial," *Technical Note SR-TN032*, SyntheSys Research, Oct. 2005.
36. J. Beller, "OTDRs and backscatter measurements," in D. Derickson, ed., *Fiber Optic Test and Measurement*, Prentice Hall, Upper Saddle River, NJ, 1998.
37. F. Caviglia, V. C. Di Biase, and A. Gnazzo, "Optical maintenance in PONs," *Optical Fiber Tech.*, vol. 5, pp. 349-362, Oct. 1999.
38. C. Mas and P. Thiran, "A review on fault location methods and their application to optical networks," *Optical Networks Magazine*, vol. 2, pp. 73-87, July/Aug. 2001.
39. A. Girard, *FTTx PON Tech. and Testing*, EXPO, Quebec, Canada, 2006.
40. D. Anderson, L. Johnson, and F. G. Bell, *Troubleshooting Optical Fiber Networks: Understanding and Using Optical Time-Domain Reflectometers*, Academic, New York, 2004.
41. E. Park, "Error monitoring for optical metropolitan network services," *IEEE Commun. Mag.*, vol. 40, pp. 104-109, Feb. 2002.
42. ITU-T Recommendation G.697, *Optical Monitoring for DWDM Systems*, June 2004.
43. D. C. Kilper and W. Weingartner, "Monitoring optical network performance degradation due to amplifier noise," *J. Lightwave Tech.*, vol. 21, pp. 1171-1178, May 2003.
44. S. Wielandy, M. Fishteyn, and B. Zhu, "Optical performance monitoring using nonlinear detection," *J. Lightwave Tech.*, vol. 22, pp. 784-793, Mar. 2004.
45. Z. Li, C. Lu, Y. Wang, and G. Li, "In-service signal quality monitoring and multi-impairment discrimination based on asynchronous amplitude-histogram evaluation for NRZ-DPSK systems," *IEEE Photonics Technol. Lett.*, vol. 17, pp. 1998-2000, Sept. 2005.
46. T. Luo, C. Yu, Z. Pan, Y. Wang, Y. Arieli, and A. E. Willner, "Dispersive effects monitoring for RZ data by adding a frequency-shifted carrier along the orthogonal polarization state," *J. Lightwave Tech.*, vol. 23, pp. 3295-3301, Oct. 2005.
47. M. Dinu, D. C. Kilper, and H. R. Stuart, "Optical performance monitoring using data stream intensity autocorrelation," *J. Lightwave Tech.*, vol. 24, pp. 1194-1202, Mar. 2006.
48. C. Pinart and G. Junyent, "The INIM system: In-service non-intrusive monitoring for QoS-enabled transparent WDM," *IEEE J. Sel. Topics Quantum Electron.*, vol. 12, no. 4, pp. 635-644, July/Aug. 2006.
49. S. B. Jun, H. Kim, P. K. J. Park, J. H. Lee, and Y. C. Chung, "Pilot-tone-based WDM monitoring technique for DPSK systems," *IEEE Photonics Technol. Lett.*, vol. 18, pp. 2171-2173, Oct. 2006.
50. Z. Li and G. Li, "Chromatic dispersion and polarization-mode dispersion monitoring for RZ-DPSK signals based on asynchronous amplitude-histogram evaluation," *J. Lightwave Tech.*, vol. 24, pp. 2859-2866, July 2006.
51. G.-W. Lu, M.-H. Cheung, L.-K. Chen, and C.-K. Chan, "Simultaneous PMD and OSNR monitoring by enhanced RF spectral dip analysis assisted with a local large-DGD element," *IEEE Photonics Technol. Lett.*, vol. 17, pp. 2790-2792, Dec. 2005.

52. X. Yi, W. Chen, and W. Shieh, "An OSNR monitor for optical packet switched networks," *IEEE Photonics Technol. Lett.*, vol. 18, pp. 1448-1450, July 2006.
53. J. H. Lee, H. Y. Choi, S. K. Shin, and Y. C. Chung, "A review of the polarization-nulling technique for monitoring optical-signal-to-noise ratio in dynamic WDM networks," *J. Lightwave Tech.*, vol. 24, pp. 4162-4171, Nov. 2006.
54. C.-L. Yang and S.-L. Lee, "OSNR monitoring using double-pass filtering and dithered tunable reflector," *IEEE Photonics Technol. Lett.*, vol. 16, pp. 1570-1572, June 2004.
55. C.-L. Yang, S.-L. Lee, H.-W. Tsao, and J. Wu, "Simultaneous channel and OSNR monitoring using polarization-selective modulator and a LED," *IEEE Photonics Technol. Lett.*, vol. 16, pp. 945-947, Mar. 2004.
56. A. E. Willner, Z. Pan, and C. Yu, "Optical performance monitoring," in *Optical Fiber Telecommunications V-B*, eds. I. P. Kaminow, T. Li, and A. E. Willner, chap. 7, Academic Press New York, 2008.
57. N. Skorin-Kapov, O. K. Tonguz, and N. Puech, "Toward efficient failure management for reliable transparent optical networks," *IEEE Commun. Mag.*, vol. 47, pp. 72-79, May 2009.
58. T. B. Anderson, A. Kowalczyk, K. Clarke, S. D. Dods, D. Hewitt, and J. C. Li, "Multi impairment monitoring for optical networks," *J. Lightwave Tech.*, vol. 27, no. 16, pp. 3729-3736, Aug. 2009.
59. Z. Pan, C. Yu, and A. E. Willner, "Optical performance monitoring for the next generation optical communication networks," *Optical Fiber Tech.*, vol. 16, no. 1, pp. 20-45, Jan. 2010.
60. D. Derickson and M. Müller, *Digital Communications Test and Measurement*, Prentice Hall, Upper Saddle River, NJ, 2008.
61. R. Hui and M. O'Sullivan, *Fiber Optic Measurement Techniques*, Elsevier Academic Press, Burlington, MA, 2009.
62. ITU-T Recommendation O.172. *Jitter and Wander Measuring Equipment for Digital Systems which Are Based on the Synchronous Digital Hierarchy (SDH)*, Nov. 2002.
63. C.C.K. Chan, *Optical Performance Monitoring: Advanced Techniques for Next-Generation Photonic Networks*, Academic, New York, 2010.
64. J. Vobis and D. Derickson, "Optical spectrum analysis," in D. Derickson, ed., *Fiber Optic Test and Measurement*, Prentice Hall, Upper Saddle River, NJ, 1998.
65. M. Movassaghi, M. K. Jackson, V. M. Smith, and W. J. Hallam, "Noise figure of EDFAs in saturated operation," *J. Lightwave Tech.*, vol. 16, pp. 812-818, May 1988.

Apêndice A

Sistema Internacional de Unidades

Quantidade	Unidade	Símbolo	Dimensões
Comprimento	metro	m	
Massa	quilograma	kg	
Tempo	segundo	s	
Temperatura	kelvin	K	
Corrente	ampère	A	
Frequência	hertz	Hz	1/s
Força	newton	N	$(kg \cdot m)/s^2$
Pressão	pascal	Pa	N/m^2
Energia	joule	J	$N \cdot m$
Potência	watt	W	J/s
Carga elétrica	coulomb	C	$A \cdot s$
Potencial	volt	V	J/C
Condutância	siemens	S	A/V
Resistência	ohm	Ω	V/A
Capacitância	farad	F	C/V
Fluxo magnético	weber	Wb	$V \cdot s$
Indução magnética	tesla	T	Wb/m^2
Indutância	henry	H	Wb/A

Constantes Físicas e Unidades

Constante	Símbolo	Valor (unidades S.I.)
Velocidade da luz no vácuo	c	$2,99793 \times 10^8$ m/s
Carga do elétron	q	$1,60218 \times 10^{-19}$ C
Constante de Planck	h	$6,6256 \times 10^{-34}$ J $\cdot$ s
Constante de Boltzmann	k_B	$1,38054 \times 10^{-23}$ J/K
$k_B T/q$ em T = 300 K	–	0,02586 eV
Permissividade no vácuo	ε_0	$8,8542 \times 10^{-12}$ F/m
Permeabilidade no vácuo	μ_0	$4\pi \times 10^{-7}$ N/A^2
Elétron-volt	eV	1 eV = $1,60218 \times 10^{-19}$ J
Unidade Angstrom	Å	1 Å = 10^{-4} μm = 10^{-8} cm
Base do logarítmo natural	e	2,71828
Pi	π	3,14159

Apêndice B

Relações matemáticas úteis

Algumas das relações matemáticas encontradas neste livro estão listadas para referência conveniente. Listas mais abrangentes estão disponíveis em outros manuais.[1-5]

B.1 Identidades trigonométricas

$$e^{\pm j\theta} = \cos\theta \pm j\,\text{sen}\,\theta$$

$$\text{sen}^2\theta + \cos^2\theta = 1$$

$$\cos^2\theta - \text{sen}^2\theta = \cos 2\theta$$

$$4\,\text{sen}^3\theta = 3\,\text{sen}\,\theta - \text{sen}\,3\theta$$

$$4\cos^3\theta = 3\cos\theta + \cos 3\theta$$

$$8\,\text{sen}^4\theta = 3 - 4\cos 2\theta + \cos 4\theta$$

$$8\cos^4\theta = 3 + 4\cos 2\theta + \cos 4\theta$$

$$\text{sen}(\alpha \pm \beta) = \text{sen}\,\alpha\cos\beta \pm \cos\alpha\,\text{sen}\,\beta$$

$$\cos(\alpha \pm \beta) = \cos\alpha\,\cos\beta \mp \text{sen}\,\alpha\,\text{sen}\,\beta$$

$$\tan(\alpha \pm \beta) = \frac{\tan\alpha \pm \tan\beta}{1 \mp \tan\alpha\tan\beta}$$

B.2 Análise vetorial

Os símbolos $\mathbf{e}_x$, $\mathbf{e}_y$ e $\mathbf{e}_z$ denotam os vetores unitários situados paralelamente aos eixos x, y e z, respectivamente, no sistema de coordenadas retangulares. Similarmente, $\mathbf{e}_r$, $\mathbf{e}_\phi$ e $\mathbf{e}_z$ são vetores unitários para as coordenadas cilíndricas. Os vetores unitários $\mathbf{e}_r$ e $\mathbf{e}_\phi$ variam em direção à medida que o ângulo ϕ muda. A conversão de coordenadas cilíndricas para retangulares é feita por meio das relações

$$x = r\cos\phi \qquad y = r\,\text{sen}\,\phi \qquad z = z$$

B.2.1 Coordenadas retangulares

$$\text{Gradiente } \nabla f = \frac{\partial f}{\partial x}\mathbf{e}_x + \frac{\partial f}{\partial y}\mathbf{e}_y + \frac{\partial f}{\partial z}\mathbf{e}_z$$

$$\text{Divergente } \nabla \cdot \mathbf{A} = \frac{\partial A_x}{\partial x} + \frac{\partial A_y}{\partial y} + \frac{\partial A_z}{\partial z}$$

$$\text{Rotacional } \nabla \times \mathbf{A} = \begin{vmatrix} \mathbf{e}_x & \mathbf{e}_y & \mathbf{e}_z \\ \frac{\partial}{\partial x} & \frac{\partial}{\partial y} & \frac{\partial}{\partial z} \\ A_x & A_y & A_z \end{vmatrix}$$

$$\text{Laplaciano } \nabla^2 f = \frac{\partial^2 f}{\partial x^2} + \frac{\partial^2 f}{\partial y^2} + \frac{\partial^2 f}{\partial z^2}$$

B.2.2 Coordenadas cilíndricas

$$\text{Gradiente } \nabla f = \frac{\partial f}{\partial r}\mathbf{e}_r + \frac{1}{r}\frac{\partial f}{\partial \phi}\mathbf{e}_\phi + \frac{\partial f}{\partial z}\mathbf{e}_z$$

$$\text{Divergente } \nabla \cdot \mathbf{A} = \frac{1}{r}\frac{\partial (rA_r)}{\partial r} + \frac{1}{r}\frac{\partial A_\phi}{\partial \phi} + \frac{\partial A_z}{\partial z}$$

$$\text{Rotacional } \nabla \times \mathbf{A} = \begin{vmatrix} \frac{1}{r}\mathbf{e}_r & \mathbf{e}_\phi & \frac{1}{r}\mathbf{e}_z \\ \frac{\partial}{\partial r} & \frac{\partial}{\partial \phi} & \frac{\partial}{\partial z} \\ A_r & rA_\phi & A_z \end{vmatrix}$$

$$\text{Laplaciano } \nabla^2 f = \frac{1}{r}\frac{\partial}{\partial r}\left(r\frac{\partial f}{\partial r}\right) + \frac{1}{r^2}\frac{\partial^2 f}{\partial \phi^2} + \frac{\partial^2 f}{\partial z^2}$$

B.2.3 Identidades vetoriais

$$\nabla \times (\nabla \times \mathbf{A}) = \nabla(\nabla \cdot \mathbf{A}) - \nabla^2 \mathbf{A}$$

$$\nabla^2 \mathbf{A} = \nabla^2 A_x \mathbf{e}_x + \nabla^2 A_y \mathbf{e}_y + \nabla^2 A_z \mathbf{e}_z$$

B.3 Integrais

$$\int \operatorname{sen} x \, dx = -\cos x$$

$$\int \cos x \, dx = \operatorname{sen} x$$

$$\int \sqrt{a^2 - x^2} \, dx = \frac{1}{2}\left(x\sqrt{a^2 - x^2} + a^2 \operatorname{arcsen} \frac{x}{a}\right)$$

$$\int x\sqrt{a^2 - x^2} \, dx = -\frac{1}{3}(a^2 - x^2)^{3/2}$$

$$\int x^2 \operatorname{sen}^2 x \, dx = \frac{x^3}{6} - \left(\frac{x^2}{6} - \frac{1}{8}\right)\operatorname{sen} 2x - \frac{x \cos 2x}{4}$$

$$\int \frac{dx}{\cos^n x} = \frac{1}{n-1}\frac{\operatorname{sen} x}{\cos^{n-1} x} + \frac{n-2}{n-1}\int \frac{dx}{\cos^{n-2} x}$$

$$\int u \, dv = uv - \int v \, du$$

$$\int e^{ax} dx = \frac{1}{a} e^{ax}$$

$$\int \operatorname{sen}^2 x \, dx = \frac{x}{2} - \frac{1}{4}\operatorname{sen} 2x$$

$$\int \operatorname{sen}^n x \, dx = -\frac{\operatorname{sen}^{n-1} x \cos x}{n} + \frac{n-1}{n}\int \operatorname{sen}^{n-2} x \, dx$$

$$\int \cos^2 x \, dx = \frac{x}{2} + \frac{1}{4}\operatorname{sen} 2x$$

$$\int \cos^n x \, dx = \frac{1}{n}\cos^{n-1} x \operatorname{sen} x + \frac{n-1}{n}\int \cos^{n-2} x \, dx$$

$$\int_{-\infty}^{\infty} \frac{e^{jpx}}{(\beta + jx)^n} \, dx = \begin{cases} 0 & \text{se } p < 0 \\ \dfrac{2\pi(p)^{n-1} e^{-\beta p}}{\Gamma(n)} & \text{se } p \geq 0 \end{cases} \quad \text{onde } \Gamma(n) = (n-1)!$$

$$\int_{-\infty}^{\infty} e^{-p^2 x^2 + qx} \, dx = e^{q^2/4p^2} \frac{\sqrt{\pi}}{p}$$

$$\int_{-\infty}^{\infty} \frac{1}{1 + (x/a)^2} \, dx = \frac{\pi a}{2}$$

$$\frac{2}{\sqrt{\pi}} \int_0^t e^{-x^2} \, dx = erf(t)$$

B.4 Expansão em série

$$(1 + x)^n = 1 + nx + \frac{n(n-1)}{2!}x^2 + \frac{n(n-1)(n-2)}{3!}x^3 + \cdots \quad \text{para } |nx| < 1$$

$$e^x = 1 + x + \frac{x^2}{2!} + \frac{x^3}{3!} + \cdots$$

$$\operatorname{sen} x = x - \frac{x^3}{3!} + \frac{x^5}{5!} - \cdots$$

$$\cos x = 1 - \frac{x^2}{2!} + \frac{x^4}{4!} - \cdots$$

Referências

1. M. Kurtz, *Handbook of Applied Mathematics for Engineers and Scientists*, McGraw-Hill, New York, 1991.
2. D. Zwillinger, ed., *Standard Mathematical Tables and Formulae*, CRC Press, Boca Raton, FL, 31th ed., 2003.
3. M. Abramowitz and I. A. Stegun, *Handbook of Mathematical Functions*, Dover, New York, 10th ed., 1972.
4. I. S. Gradshteyn, A. Jeffrey, I. M. Ryzhik, and D. Zwillinger, *Table of Integrals, Series and Products*, Academic, New York, 7th ed., 2007.
5. A.A.D. Polyanin and A. V. Manzhirov, *Handbook of Mathematics for Engineers and Scientists*, CRC Press, Boca Raton, FL, 2007.

Apêndice C

Funções de Bessel

Este apêndice lista as definições e algumas relações de recorrência úteis para funções de Bessel de ordem inteira do primeiro tipo $J_v(z)$ e funções de Bessel modificadas $K_v(z)$. As propriedades matemáticas detalhadas dessas e de outras funções de Bessel podem ser encontradas nas Referências 24 a 26 do Capítulo 2. Aqui, o parâmetro v é qualquer inteiro, e n, um inteiro positivo ou zero. O parâmetro $z = x + jy$.

C.1 Funções de Bessel do primeiro tipo

C.1.1 Várias definições

Uma função de Bessel do primeiro tipo de ordem n e argumento z, comumente denotada por $J_n(z)$, é definida por

$$J_n(z) = \frac{1}{2\pi} \int_{-\pi}^{\pi} e^{jz \operatorname{sen} \theta - jn\theta} d\theta$$

ou, de forma equivalente,

$$J_n(z) = \frac{1}{\pi} \int_0^{\pi} \cos(z \operatorname{sen} \theta - n\theta) \, d\theta$$

Assim como as funções trigonométricas podem ser expandidas em série de potências, as funções de Bessel $J_v(z)$ também são:

$$J_v(z) = \sum_{k=0}^{\infty} \frac{(-1)^k \left(\frac{1}{2}z\right)^{v+2k}}{k!(v+k)!}$$

Em particular, para $v = 0$,

$$J_0(z) = 1 - \frac{\frac{1}{4}z^2}{(1!)^2} + \frac{\left(\frac{1}{4}z^2\right)^2}{(2!)^2} - \frac{\left(\frac{1}{4}z^2\right)^3}{(3!)^2} + \cdots$$

Para $v = 1$,

$$J_1(z) = \frac{1}{2}z - \frac{\left(\frac{1}{2}z\right)^3}{2!} + \frac{\left(\frac{1}{2}z\right)^5}{2!3!} - \cdots$$

e assim para valores maiores de v.

C.1.2 Relações de recorrência

$$J_{v-1}(z) + J_{v+1}(z) = \frac{2v}{z} J_v(z)$$

$$J_{v-1}(z) - J_{v+1}(z) = 2 J'_v(z)$$

$$J'_v(z) = J_{v-1}(z) - \frac{v}{z} J_v(z)$$

$$J'_v(z) = -J_{v+1}(z) + \frac{v}{z} J_v(z)$$

$$J'_0(z) = -J_1(z)$$

C.2 Funções de Bessel modificadas

C.2.1 Representação integral

$$K_0(z) = \frac{-1}{\pi} \int_0^\pi e^{\pm z \cos\theta} [\gamma + \ln(2z \,\text{sen}^2\theta)] \, d\theta$$

onde a constante de Euler $\gamma = 0{,}57722$.

$$K_v(z) = \frac{\pi^{1/2} \left(\frac{1}{2}z\right)^v}{\Gamma\left(v + \frac{1}{2}\right)} \int_0^\infty e^{-z \cosh t} \,\text{senh}^{2v} t \, dt$$

$$K_0(x) = \int_0^\infty \cos(x \,\text{senh}\, t) \, dt = \int_0^\infty \frac{\cos(xt)}{\sqrt{t^2 + 1}} \, dt \qquad (x > 0)$$

$$K_v(x) = \sec\left(\frac{1}{2} v\pi\right) \int_0^\infty \cos(x \,\text{senh}\, t) \cosh(vt) \, dt \qquad (x > 0)$$

C.2.2 Relações de recorrência

Se $L_v = e^{j\pi} K_v$, então

$$L_{v-1}(z) - L_{v+1}(z) = \frac{2v}{z} L_v(z)$$

$$L'_v(z) = L_{v-1}(z) - \frac{v}{z} L_v(z)$$

$$L_{v-1}(z) + L_{v+1}(z) = 2 L'_v(z)$$

$$L'_v(z) = L_{v+1}(z) + \frac{v}{z} L_v(z)$$

C.3 Expansões assintóticas

Para fixos v ($\neq 1, -2, -3, ...$) e $z \to 0$,

$$J_v(z) \simeq \frac{\left(\frac{1}{2}z\right)^v}{\Gamma(v+1)}$$

Para fixos v e $|z| \to \infty$,

$$J_v(z) \simeq \left(\frac{2}{\pi z}\right)^{1/2} \cos\left(z - \frac{v\pi}{2} - \frac{\pi}{4}\right)$$

Para fixos v e grande $|z|$,

$$K_v(z) \simeq \left(\frac{\pi}{2z}\right)^{1/2} e^{-z} \left[1 - \frac{\mu-1}{8z} + \frac{(\mu-1)(\mu-9)}{2!(8z)^2} + \cdots\right]$$

onde $\mu = 4v^2$.

C.4 Função gama

$$\Gamma(z) = \int_0^\infty t^{z-1} e^{-t} \, dt$$

Para n inteiro,

$$\Gamma(z+1) = n!$$

Para valores fracionários,

$$\Gamma\left(\frac{1}{2}\right) = \pi^{1/2} = \left(-\frac{1}{2}\right)! \simeq 1{,}77245$$

$$\Gamma\left(\frac{3}{2}\right) = \frac{1}{2}\pi^{1/2} = \left(\frac{1}{2}\right)! \simeq 0{,}88623$$

Apêndice D

Decibéis

D.1 Definição

No projeto e na implementação de um *link* de fibra óptica, devem-se estabelecer, medir e/ou inter-relacionar os níveis de sinal no transmissor, no receptor, nas conexões do cabo e nos pontos de emenda, nas entradas e saídas de um componente do *link* e no cabo. Um método conveniente para isso é referenciar o nível de sinal tanto em algum valor absoluto como em um nível de ruído, o que normalmente é feito em termos da razão de potência medida em *decibéis* (dB), definida como

$$\text{Razão de potências em dB} = 10 \log \frac{P_2}{P_1} \quad (D.1)$$

onde P_1 e P_2 são potências elétricas ou ópticas.

A natureza logarítmica do decibel permite que uma grande razão seja expressa de maneira bem simples. Os níveis de potência que diferem por várias ordens de grandeza podem ser facilmente comparados quando eles estão no formato decibel. A Tabela D-1 apresenta alguns exemplos muito úteis. Por exemplo, dobrar a potência significa um ganho de 3 dB (aumento do nível de potência de 3 dB), dividir a potência pela metade denota uma perda de 3 dB (redução do nível de potência de 3 dB), e os níveis de potência que diferem por fatores de 10^N ou 10^{-N} têm diferenças em decibel de $+10N$ dB e $-10N$ dB, respectivamente.

Tabela D-1 Exemplos de razões de potência medidas em decibel

Razão de potência	10^N	10	2	1	0,5	0,1	10^{-N}
dB	$+10N$	+10	+3	0	−3	−10	$−10N$

D.2 dBm

O decibel é usado para denotar razões ou unidades relativas. Por exemplo, podemos dizer que determinada fibra óptica tem uma perda de 6 dB (redução de 75% do nível de potência quando se atravessa a fibra) ou que determinado conector tem uma perda de 1 dB (redução de 20% do nível de potência no conector). No entanto, o decibel não fornece informação do nível absoluto de potência. Uma das unidades derivadas mais comuns para fazer isso em comunicações por fibra óptica é o *dBm*, que é o nível de potência em decibel relativo a 1 mW. Nesse caso, a potência em dBm é um valor absoluto definido por

$$\text{Nível de potência} = 10 \log \frac{P}{1 \text{ mW}} \quad (D.2)$$

Lembre-se sempre de que 0 dBm = 1 mW. Valores negativos de dBm indicam níveis de potência menores que 1 mW, enquanto valores positivos de dBm indicam níveis de potência maiores que 1 mW. A Tabela D-2 apresenta alguns exemplos de unidades dBM.

Tabela D-2 Exemplos de unidades dBm (medidas de potência em decibel relativas a 1 mW)

Potência (mW)	100	10	2	1	0,5	0,1	0,01	0,001
Valor (dBm)	+20	+10	+3	0	−3	−10	−20	−30

D.3 Néper

O *néper* (N) é uma unidade alternativa que ocasionalmente é utilizada em vez do decibel. Se P_1 e P_2 são dois níveis de potência, com $P_2 > P_1$, então a razão de potência em népers é dada pelo logaritmo natural (ou neperiano) da razão de potências:

$$\text{Razão de potências em népers} = \frac{1}{2}\ln\frac{P_2}{P_1} \qquad (D.3)$$

onde

$$\ln e = \ln 2{,}71828 = 1$$

Para converter népers em decibéis, multiplique o número de népers por

$$20 \log e = 8{,}686$$

Apêndice E

Siglas

ADM	*Add/drop multiplexer* (multiplexador de adição/remoção)
AES	*Advanced encryption standard* (padrão de criptografia avançada)
AGC	*Automatic gain control* (controle de ganho automático)
AM	*Amplitude modulation* (modulação em amplitude)
ANSI	American National Standards Institute
APC	*Angle-polished connector* (conector polido em ângulo)
APD	*Avalanche photodiode* (fotodiodo avalanche)
ARQ	*Automatic repeat request* (pedido automático de retransmissão)
ASE	*Amplified spontaneous emission* (emissão espontânea amplificada)
ASK	*Amplitude shift keying* (chaveamento de amplitude)
ATM	*Asynchronous transfer mode* (modo de transferência assíncrona)
AWG	*Arrayed waveguide grating* (grade de guia de onda)
BER	*Bit error rate* (taxa de erro de *bit*)
BH	*Buried heterostructure* (heteroestrutura enterrada)
BLSR	*Bidirectional line-switched ring* (anel de linha comutada bidirecional)
BPON	*Broadband PON* (PON de banda larga)
BS	*Base station* (estação-base)
CAD	*Computer-aided design* (projeto assistido por computador)
CATV	*Cable TV* (TV a cabo)
CNR	*Carrier-to-noise ratio* (relação portadora-ruído)
CO	*Central office* (escritório central)
CRC	*Cyclic redundancy check* (verificação de redundância cíclica)
CRZ	*Chirped return-to-zero* (gorjeio de retorno a zero)
CS	*Control station* (estação de controle)
CSRZ	*Carrier-supressed return-to-zero* (retorno a zero com supressão de portadora)
CSO	*Composite second order* (compósito de segunda ordem)
CTB	*Composite triple beat* (compósito de batimento triplo)
CW	*Continuous wave* (onda contínua)
CWDM	*Coarse wavelength division multiplexing* (multiplexação ampla em comprimento de onda)
DBA	*Dynamic bandwidth assignmen*t (alocação dinâmica de largura de banda)
DBR	*Distributed bragg reflector* (refletor de Bragg distribuído)
DCE	*Dynamic channel equalizer* (equalizador de canal dinâmico)
DCF	*Dispersion compensating fiber* (fibra compensadora de dispersão)
DCM	*Dispersion compensating module* (módulo de compensação de dispersão)
DFA	*Doped-fiber amplifier* (amplificador de fibra dopada)

DFB	*Distributed feedback laser* (*laser* de realimentação distribuída)
DGD	*Differential group delay* (atraso de grupo diferencial)
DGE	*Dynamic gain equalizer* (equalizador de ganho dinâmico)
DL	*Injection laser diodes* (diodo *laser*)
DPSK	*Differential phase-shift keying* (chaveamento de fase diferencial)
DQPSK	*Differential quadrature phase-shift keying* (chaveamento de fase em quadratura diferencial)
DR	*Dynamic range* (faixa dinâmica)
DS	*Digital system* (sistema digital)
DSF	*Dispersion-shifted fiber* (fibra de dispersão deslocada)
DUT	*Device under test* (dispositivo sob teste)
DWDM	*Dense wavelength division multiplexing* (multiplexação por divisão de comprimento de onda)
DXC	*Digital cross-connect matrix* (matriz *crossconnect* digital)
EAM	*Electro-absorption modulator* (modulador de eletroabsorção)
EDP	Estado de polarização
EDFA	*Erbium-doped fiber amplifier* (amplificador de fibra dopada com érbio)
EDWA	Erbium-doped wave guide amplifier (amplificador de guia de onda dopada com érbio)
EFM	*Ethernet in the first mile* (Ethernet na primeira milha).
EH	*Hybrid electric-magnetic mode* (modo híbrido magnetoelétrico)
EHF	*Extremely high frequency* (30-to-300 GHz) (frequência extremamente alta de 30-300 GHz)
EIA	Electronics Industries Alliance
EM	Eletromagnética
EMS	*Element management system* (sistema de gerenciamento de elemento)
EO	Eletro-óptico
EPON	Ethernet PON
ER	*Extended reach* (alcance extendido)
FBG	*Fiber Bragg grating* (grade de fibra de Bragg)
FDM	*Frequency division multiplexing* (multiplexação por divisão de frequência)
FEC	*Forward error correction* (correção de erros antecipada)
FM	*Frequency modulation* (modulação em frequência)
FOTP	*Fiber optic test procedure* (procedimento de teste de fibra óptica)
FP	Fabry-Perot
FSK	*Frequency shift keying* (chaveamento de frequência)
FSR	*Free spectral range* (faixa espectral livre)
FTTH	*Fiber-to-the-home* (fibra para residência)
FTTP	*Fiber-to-the-premises* (fibra para rede)
FTTx	*Fiber-to-the-x* (fibra para x)
FWHM	*Full-width half-maximum* (largura total a meia altura)
FWM	*Four-wave mixing* (mistura de quatro ondas)
GEM	*Gpon encapsulation method* (método de encapsulamento GPON)
GE-PON	Gigabit Ethernet PON
GFF	*Gain-flattening filter* (filtro de ganho constante)

GMPLS	*Generalized multiprotocol label switching* (comutação de cabeçalho multiprotocolo generalizado)
GPON	Gigabit PON
GR	*Generic requirement* (requerimento genérico)
GUI	*Graphical user interface* (interface gráfica do usuário)
GVD	*Group velocity dispersion* (dispersão da velocidade de grupo)
HDLC	*High-level data link control* (protocolo de controle de alto nível de enlace de dados)
HE	*Hybrid magnetic-electric mode* (modo híbrido magnetoelétrico)
HFC	*Hybrid fiber/coax* (cabo híbrido coaxial-fibra)
IEC	International Electrotechnical Commission
IEEE	Institute for Electrical and Electronic Engineers
ILD	*Injection laser diode* (diodo *laser* de injeção)
IM	*Intermodulation* (intermodulação)
IMD	*Intermodulation distortion* (distorção de intermodulação)
IM/DD	*Intensity-modulated direct-detection* (modulação em intensidade com detecção direta)
IP	*Internet Protocol* (Protocolo de Internet)
ISI	*Intersymbol interference* (interferência intersímbólica)
ISO	International Standards Organization
ITU	International Telecommunications Union
ITU-T	Telecommunication Sector of the ITU
LAN	*Local area network* (rede de área local)
LEA	*Large effective area* (grande área efetiva)
LED	*Light-emitting diode* (diodo emissor de luz)
LO	*Local oscillator* (oscilador local)
LP	*Linearly polarized* (linearmente polarizado)
LR	*long-reach* (longo alcance)
MAC	*Media access control* (controle de acesso de mídia)
MAN	*Metro area network* (rede de área metropolitana)
MAO	*Optical modulation amplitude* (modulação em amplitude óptica)
MCVD	*Modified chemical vapor deposition* (deposição por vapor químico modificado)
MDU	*Multiple dwelling unit* (unidade de múltipla habitação)
MEMS	*Micro electro-mechanical system* (sistema microeletromecânico)
MFD	*Mode-field diameter* (diâmetro de campo modal)
MHU	*Multiple hospitality unit* (unidade de múltiplos hóteis)
MIB	*Management information base* (base de gerenciamento de informações)
MPLS	*Multiprotocol label switching* (comutação de cabeçalho multiprotocolo)
MQW	*Multiple quantum well* (poço quântico múltiplo)
MTU	*Multiple tenant unit* (unidade de múltiplos inquilinos)
MZI	*Mach-Zehnder interferometer* (interferômetro de Mach-Zehnder)
MZM	*Mach-Zehnder modulator* (modulador de Mach-Zehnder)
NA	*Numerical aperture* (abertura numérica)
NCF	*Nanostructure core fiber* (fibra de núcleo nanoestruturado)
NEP	*Noise equivalent* power (potência equivalente de ruído)

NF	*Noise figure* (figura de ruído)
NIC	*Network interface card* (cartão de interface da rede)
NIST	National Institute of Standards and Technology
NLS	Nonlinear Schrödinger equation (equação não linear de Schrödinger)
NMS	*Network management system* (sistema de gerenciamento de rede)
NPL	National Physical Laboratory
NRZ	*Nonreturn-to-zero* (não retorno a zero)
NZDSF	*Non-zero dispersion-shifted fiber* (fibra de dispersão deslocada não nula)
O/E/O	*Optical-to-electrical-to-optical* (opticoelétrico-óptico)
OADM	*Optical add/drop multiplexer* (multiplexador óptico de adição/remoção)
OBS	*Optical burst switching* (comutador de rajadas ópticas)
OC	*Optical carrier* (portadora óptica)
OC	*Optical coupler* (acoplador óptico)
OCh	*Optical Channel* (canal óptico)
ODF	*Optical distribution frame* (quadro de distribuição óptica)
ODU	*Optical channel data unit* (unidade de dados do canal óptico)
OFGW	*Optical fiber ground wire* (fio terra de fibra óptica)
OLS	*Optical label swapping* (troca de cabeçalho óptico)
OLT	*Optical line terminal* (terminal da linha óptica)
OMA	*Optical modulation amplitude* (amplitude de modulação óptica)
OMI	*Optical modulation index* (índice de modulação óptica)
OMS	*Optical multiplex section* (seção de multiplexação óptica)
ONT	*Optical network terminal* (terminal de rede óptica)
ONU	*Optical network unit* (unidade de rede óptica)
OOK	*On-off keying* (chaveamento do tipo *on-off*)
OPM	*Optical performance monitor* (monitoramento de desempenho óptico)
OPS	*Optical pulse suppressor* (supressor de pulso óptico)
OPS	*Optical packet switching* (pacotes ópticos comutados)
OPU	*Optical channel payload unit* (unidade de carga do canal óptico)
ORL	*Optical return loss* (perda de retorno óptico)
OSA	*Optical spectrum analyzer* (analisador de espectro óptico)
OSI	*Open system interconnect* (interconector do sistema aberto)
OSNR	*Optical signal-to-noise ratio* (relação sinal-ruído óptico)
OST	*Optical standards tester* (testador de padrão óptico)
OTDM	*Optical time-division multiplexing* (multiplexação óptica por divisão de tempo)
OTDR	*Optical time domain reflectomete*r (refletômetro óptico de domínio no tempo)
OTN	*Optical transport network* (rede de transporte óptico)
OTS	*Optical transport section* (seção de transporte óptico)
OTU	*Optical channel transport unit* (unidade de transporte do canal óptico)
OVPO	*Outside vapor-phase oxidation* (oxidação externa em fase de vapor)
OXC	Optical crossconnect (conector de cruzamento óptico ou *crossconect* óptico)
P2P	Ponto a ponto
PBG	*Photonic bandgap fiber* (fibra de *bandgap* fotônico)
PC	*Personal computer* (computador pessoal)
PCE	*Power conversion efficiency* (eficiência de conversão de potência)

PCF	*Photonic crystal fiber* (fibra de cristal fotônico)
PCVD	*Plasma-activated chemical vapor deposition* (deposição por vapor químico ativado por plasma)
PDF	*Probability density function* (função de densidade de probabilidade)
PDH	*Plesiochronous digital hierarchy* (hierarquia digital plesiócrona)
PDL	*Polarization-dependent loss* (perda dependente de polarização)
PHY	*Physical layer* (camada física)
pin	(p-type)-intrinsic-(n-type) (tipo p, intrínseco, tipo n)
PLL	*Phase-locked loop* (circuito de bloqueio de fase)
PM	*Phase-modulation* (modulação em fase)
PMD	*Polarization mode dispersion* (dispersão modal de polarização)
PMMA	Polimetilmetacrilato
POF	*Polymer (plastic) optical fiber* (fibra óptica de polímero (plástico))
POH	*Path overhead* (*bytes* de cabeçalho)
PON	*Passive optical network* (rede óptica passiva)
POP	*Point of presence* (ponto de presença)
PPP	*Point-to-point protocol* (protocolo ponto a ponto)
PRBS	*Pseudorandom binary sequence* (sequência binária pseudoaleatória)
PSK	*Phase shift keying* (chaveamento de fase)
PTB	Physikalisch-Technische Bundesanstalt
PVC	*Polyvinyl chloride* (policloreto de polivinila)
QCE	*Quantum conversion efficiency* (eficiência de conversão quântica)
QoS	*Quality of service* (qualidade do serviço)
RAPD	*Reach-through avalanche photodiode* (fotodiodo avalanche *reach-through*)
RC	Resistência-capacitância
RF	Radiofrequência
RFA	*Raman fiber amplifier* (amplificador Raman de fibra)
RIN	*Relative intensity noise* (ruído de intensidade relativa)
RIP	*Refractive index profile* (perfil de índice de refração)
rms	*Root mean square* (valor médio quadrático ou valor eficaz)
ROADM	*Reconfigurable OADM* (OADM reconfigurável)
ROF	*Radio-over-fiber* (rádio sobre fibra)
RS	Reed-Solomon
RSOA	*Reflective semiconductor optical amplifier* (amplificador óptico semicondutor reflexivo)
RWA	*Routing and wavelength assignment* (roteamento e atribuição de comprimentos de onda)
RZ	*Return-to-zero* (retorno a zero)
SAM	*Separate-absorption-and-multiplication (APD)* (APD de absorção e multiplicação separadas)
SBS	*Stimulated Brillouin scattering* (espalhamento Brillouin estimulado)
SCM	*Subcarrier modulation* (modulação subportadora)
SDH	*Synchronous digital hierarchy* (hierarquia síncrona digital)
SFDR	*Spur-free dynamic range* (faixa dinâmica livre de distorção)
SFF	*Small-form-factor* (fator de forma pequeno)
SFP	*Small-form-factor (SFF) pluggable* (fator de forma pequeno plugável)

SHF	*Super-high frequency (3-to-30 GHz)* (frequência superalta de 3-30 GHz)
SLED	*Superluminescent light emitting diode* (diodo emissor de luz superluminescente)
SLM	*Single longitudinal mode* (modo longitudinal único)
SNMP	*Simple network management protocol* (protocolo de gerenciamento de rede simples)
SNR	*Signal-to-noise ratio* (relação sinal-ruído)
SOA	*Semiconductor optical amplifier* (amplificador óptico semicondutor)
SONET	*Synchronous optical network* (rede óptica síncrona)
SOP	*State of polarization* (estado de polarização)
SPE	*Synchronous payload envelope* (envelope síncrono de carga)
SPM	*Self-phase modulation* (automodulação de fase)
SQW	*Single quantum-well* (poço quântico único)
SRS	*Stimulated Raman scattering* (espalhamento Raman estimulado)
SSMF	*Standard single mode fiber* (fibra monomodo padrão)
STM	*Synchronous transport module* (módulo de transporte síncrono)
STS	*Synchronous transport signal* (sinal de transporte síncrono)
SWP	*Spatial walk-off polarizer* (polarizador de cristal birrefringente)
TCP	*Transmission control protocol* (protocolo de controle de transmissão)
TDFA	*Thulium-doped fiber amplifier* (amplificador de fibra dopada com túlio)
TDM	*Time-division multiplexing* (multiplexação por divisão no tempo)
TDMA	*Time-division multiple access* (acesso múltiplo de divisão do tempo)
TE	Transversal elétrico
TEC	*Thermoelectric cooler* (refrigerador termoelétrico)
TFF	Thin-film filter (filtro de filme fino)
TIA	Telecommunications Industry Association
TM	Transversal magnético
TW	*Traveling-wave* (amplificador de ondas propagantes)
UHF	*Ultra-high frequency (0.3-to-3 GHz)* (frequências ultra-altas de 0,3-3 GHz)
UI	*Unit interval* (intervalo de unidade)
UPSR	*Unidirectional path-switched ring* (anel unidirecional de comutação de percurso)
VAD	*Vapor-phase axial deposition* (deposição axial na fase de vapor)
VCSEL	*Vertical-cavity surface-emitting laser* (*laser* de emissão superficial em cavidade vertical)
VECP	*Vertical eye-closure penalty* (penalidade de fechamento vertical do olho)
VFL	*Visual fault locator* (localizador visual de falhas)
VOA	*Variable optical attenuator* (atenuador óptico variável)
VSB	*Vestigial-sideband* (lateral vestigial)
WAN	*Wide area network* (rede de área ampla)
WDM	*Wavelength-division multiplexing* (multiplexação por divisão de comprimento de onda)
WRN	*Wavelength routed network* (rede de comprimento de onda roteada)
WSS	*Wavelength-selective switch* (comutador seletivo em comprimento de onda)
XPM	*Cross-phase modulation* (modulação cruzada de fase)
YIG	*Yttrium iron garnet* (granada de ítrio e ferro)

Apêndice F

Símbolos romanos

Símbolo	Definição
a	Raio da fibra
A_{ef}	Área efetiva
B	Taxa de *bit*
B_e	Largura de banda elétrica do receptor
B_o	Largura de banda óptica
c	Velocidade da luz = $2,99793 \times 10^8$ m/s
C_j	Capacitância de junção no detector
d	Diâmetro do orifício em uma PCF
D	Dispersão
D_{mat}	Dispersão material
D_n	Coeficiente de difusão de elétrons
D_p	Coeficiente de difusão de buracos
D_{wg}	Dispersão de guia de onda
DR	Faixa dinâmica
E	Energia ($E = h\nu$)
E	Campo elétrico
E_g	Energia de *bandgap*
E_{LO}	Campo do oscilador local
f	Frequência de uma onda
F	Finesse de um filtro
$F(M)$	Figura de ruído de um APD com ganho M
$f(s)$	Função densidade de probabilidade
F_{EDFA}	Figura de ruído do Edfa
g	Coeficiente de ganho (cavidade de Fabry-Perot)
G	Ganho do amplificador
g_B	Coeficiente de ganho Brillouin
h	Constante de Planck = $6,6256 \times 10^{-34}$ J-s = $4,14 \times 10^{-15}$ eV-s
H	Campo magnético
I	Corrente elétrica
I	Intensidade do campo óptico
I_B	Corrente de polarização
I_D	Corrente escura do fotodetector *bulk*
I_{DD}	Intensidade óptica detectada diretamente
I_M	Fotocorrente multiplicada

I_p	Fotocorrente primária
$i_p(t)$	Fotocorrente do sinal
I_{th}	Corrente de limiar
$\langle i_s^2 \rangle$	Corrente média quadrática do sinal
$\langle i_{shot}^2 \rangle$	Corrente média quadrática do ruído *shot*
$\langle i_{DB}^2 \rangle$	Corrente média quadrática do ruído escuro do detector
$\langle i_T^2 \rangle$	Corrente média quadrática do ruído térmico
J	Densidade de corrente
J_{th}	Densidade de corrente de limiar
k	Constante de propagação de onda ($k = 2\pi/\lambda$)
K	Fator de intensidade de stress
k_B	Constante de Boltzmann = $1,38054 \times 10^{-23}$ J/K
L	Comprimento da fibra
L_c	Perda de conexão
L_{disp}	Comprimento de dispersão
L_{ef}	Comprimento efetivo
L_F	Perda de acoplamento da fibra
L_i	Perda intrínseca
L_n	Comprimento de difusão dos elétrons
L_p	Comprimento de difusão de buracos
L_{period}	Período do sóliton
L_{div}	Perda de divisão
L_{tap}	Perda de *tap*
m	Índice ou profundidade de modulação
m	Ordem de uma grade
M	Ganho do fotodiodo avalanche
M	Número de modos
m_e	Massa efetiva do elétron
m_h	Massa efetiva do buraco
n	Índice de refração
$\bar{N}$	Número médio de pares elétron-buraco
NA	Abertura numérica
n_i	Concentração de portadores intrínsecos tipo n
N_{fot}	Densidade de fótons
n_{esp}	Fator de inversão de população
P	Potência óptica
$P_0(x)$	Distribuição de probabilidade de um pulso 0
$P_1(x)$	Distribuição de probabilidade de um pulso 1
$P_{amp,sat}$	Potência de saturação do amplificador
P_{ASE}	Potência de ruído ASE

P_e	Probabilidade de erro
p_i	Concentração de portadores intrínsecos tipo p
P_{in}	Potência óptica incidente
P_{LO}	Potência óptica do oscilador local
P_{pico}	Potência de pico do sóliton
PP_x	Penalidade de potência para uma deficiência x
P_{ref}	Potência refletida
$P_{sensibilidade}$	Sensibilidade do receptor
P_{th}	Potência de limiar SBS
q	Carga do elétron = $1{,}60218 \times 10^{-19}$ C
Q	parâmetro BER
Q	Fator Q de uma grade
R	Refletividade ou reflexão de Fresnel
r	Coeficiente de reflexão
$\mathcal{R}$	Responsividade
$\mathcal{R}_{APD}$	Responsividade do APD
R_{nr}	Taxa de recombinação não radiativa
R_r	Taxa de recombinação radiativa
R_{esp}	Taxa de emissão espontânea
$S(\lambda)$	Inclinação da dispersão
T	Período de uma onda
T	Temperatura absoluta
T_{10-90}	Tempo de subida de 10%-90%
T_b	Intervalo, período ou tempo de *bit*
t_{GVD}	Tempo de subida de GVD
t_{rx}	Tempo de subida do receptor
t_{sis}	Tempo de subida do sistema
V	Número V

Apêndice G

Símbolos gregos

Símbolo	Definição
α	Formato do perfil do índice de refração
α	Atenuação da fibra óptica
α	Fator de melhoria da largura de linha do *laser*
$\alpha_s(\lambda)$	Coeficiente de absorção de fótons no comprimento de onda λ
β	Fator de propagação modal
β_2	parâmetro GVD
β_3	Dispersão de terceira ordem
Γ	Fator de confinamento do campo óptico
Δ	Diferença de índice núcleo-casca
ΔL	Diferença de caminho de guia de onda
Δv_B	Largura de linha de Brillouin
Δv_{opt}	Largura de banda óptica
η	Eficiência no acoplamento de luz
η	Eficiência quântica
η_{ext}	Eficiência quântica externa
η_{int}	Eficiência quântica interna
θ_A	Ângulo de captação ou aceitação
θ_c	Ângulo crucial
λ	Comprimento de onda
Λ	Período de uma grade
Λ	Espaçamento ou passo dos buracos ou *pitch* de uma PCF
λ_B	Comprimento de onda de Bragg
λ_c	Comprimento de onda de corte
v	Frequência
σ_{DB}	Variância da corrente de ruído escuro do detector
σ_λ	Largura espectral da fonte óptica
σ_{mat}	Alargamento do pulso rms induzido pelo material
σ_s	Variância da corrente do sinal
σ_{shot}	Variância da corrente de ruído *shot*
σ_T	Variância da corrente de ruído térmico
σ_{wg}	Espalhamento de pulso induzido pelo guia de onda
τ	Tempo de vida da portadora
τ_{fot}	Tempo de vida do fóton
φ	Fase de uma onda
Φ	Fluxo de fótons
χ	Profundidade da fissura na fibra

Índice

A

Abertura numérica, 46-48
  de equilíbrio, 224-226
Abordagem *pague quanto cresce*, 542-543
  absorção de íon, 452-456
Absorção, 106-112
Aceitador, 1568-159
Acoplador
  3 dB, 395-397
  ativo, 516, 518
  de fibra 2 × 2, 393-398, 404-406
  de fibra fundida, 394-398
  de guia de onda 2 × 2, 399-404
  direcional, 394-395
Acoplador passivo óptico, 393-409
  2 × 2 acoplador de fibra, 393-398, 404-406
  2 × 2 acoplador de guia de onda, 399-404
  3 dB acoplador, 395-397
  acoplador de fibra fundida, 394-395
  acoplador de potência, 393-398
  acoplador estrela, 403-406
  coeficiente de acoplamento, 394-397
  conceito geral, 393-398
  diafonia, 396-397
  direcional, 394-395
  matriz de espalhamento, 397-400
  perda de excesso, 395-398
  perda de retorno, 396-398, 403-404, 410-411, 419-421, 424-425, 427-428
  perda do divisor estrela, 403-404
  razão de acoplamento, 395-397
  razão de separação, 395-397
Acoplador *tap* bicônico fundido, 394-398
  acoplador óptico passivo, 393-409
  história, 389-390
  ITU-T convenção de numeração de canal, 392-393
  ITU-T grade, 392-393
  link, 389-391
  padrões de, 391-394
  princípio operacional, 389-392
Acoplamento LED fibra, 239-240
Amplificação Raman, 445-447, 471-475
  agrupado, 446-447, 472-473
  coeficiente de ganho, 471-473
  comprimentos de onda de bombeio, 472-474
  deslocamento Stokes, 471-472
  distribuído, 446-447, 472-473
  ganho banda larga, 472-474
Amplificador(es)
  de alta impedância, 290-291
  de fibra dopada com érbio (*veja* EDFA)
  de fibra dopada, 443, 451-461
  frontal, 285-288, 290-291
  óptico *in-line*, 444-445, 467-468
Amplificador, elétrico
  alta impedância, 290-291
  frontal, 286-288, 290-291
Amplitude de modulação óptica, 296, 633-633
Ângulo
  crucial, 36-39, 46-48
  de aceitação da fibra, 46-48, 220-224
  de Brewster, 39-40
  de captação, 46-48, 220-224
  de incidência, 35-39
Aperfeiçoamento do fator de largura de linha, 33-334
  aplicações, 414-416
Arar Cabo, 17, 19, 90-91
Arquitetura de rede, 509-511, 513-516
ASK, 202-204, 285-286
Atenuação, 8-10, 105-116
  absorção, 106-112
  coeficiente, 109-110
  efeitos de curvatura, 114-116, 138-144
  efeitos de impureza, 106-112
  efeitos de radiação, 106-107
  espalhamento induzido, 111-115
Atraso
  de grupo, 122-128
  intermodal, 118-122
  intramodal, 118-122 (*veja também* Dispersão cromática)
  modal, 119-122
Autofase, modulação, 484-485, 490-492, 501-502 (*veja também* Efeitos não lineares)
  coeficiente de índice não linear, 490-492
  efeito Kerr, 490-492
  Kerr não linearidade, 490-492

B

Backbone, 510-512, 513-514
Balanço de potência de *link*, 315-3119, 323-326
Balanço de tempo de subida, 315-316, 319-324
Banda C, E, L, O, S, U, 7-10
Banda(s)
  convencional, 7-8
  curta, 7-8
  da fibra multimodo, 7-10
  de condução, 156-159
  de energia, 156-159
  de longo comprimento de onda, 7-10
  de rádio frequência, 375-376
  espectrais ópticas, 5-10
  espectral no infravermelho próximo, 6-7
  estendida, 7-8
  larga de longa distância, redes WDM, 556-560
  longa, 7-8
  original, 7-8
Banda-base, 2-3
Bandgap, 156-163, 165-170
  direto, 160-162
  indireto, 161-163
Barreira de potencial, 160-161
BER (*veja* taxa de erro de *bit*)
Birrefringência, em fibras, 68-71, 129-131
Bombeio, 176-178, 181-182, 451-461
  adiantado, 455-457, 459-460, 462-463
  bidirecional, 455-457
  codirecional, 455-457, 459-464
  contradirecional, 455-457
  dual, 455-457
  óptico, 413, 451-452, 455-457
Brilho, 162-163

C

Cabos de fibra óptica, 85-97
Camada
  da rede, 514-515

do *link* de dados, 513-515
  física, 513-515
  óptica, 515-516
Caminho de luz, 515-516, 551-553
Canais expressos, 538-539, 542-546
Capacidade do canel, 26
Caracterização da fibra óptica, 599-611
  dispersão cromática, 608-609
  dispersão modal de polarização, 609-611
  medidas de atenuação, 601-605
  medidas de dispersão, 604-611
  método campo próximo refratado, 601-602
  método campo próximo transmitido, 601-602
  método da perda de inserção, 603-605
  técnica de corte, 602-604
Casca, 42-51 (*veja também* Fibra óptica)
Cavidade de Fabry-Perot, 176-181, 415-420
Cavidade Littman, 435-436
Cavidade Littrow, 435-436
Cavidade vertical, *laser* emissor de superfície (VCSEL), 191-195
Chaveamento de amplitude (ASK), 202-204, 285-286, 345-346
Chaveamento do tipo *on-off* (OOK), 203-204, 285-286, 536-537
Checagem de redundância cíclica (CRC), 339-343
Cifragem, 203-204
Circulador óptico, 408-409, 410-411, 414-416
Classificações das fibras multimodo, 534-535
Clock, recuperação, 286-288
CNR (*veja* Relação ruído-portadora)
Codificação de linha, 202-204
Código Morse, 2-3
Código NRZ, 202-204
Código polinomial de detecção de erro, 339-343
Códigos, 338-343
  polinomial de detecção de erro, 339-343
  de bloco, 203-204, 214-215
  de detecção de erro linear, 338-340
  Hamming, 339-340
  Reed-Solomon, 343-344
Coeficiente
  de absorção, 257-260, 281-282
  de acoplamento, 394-397
  de ganho Brillouin, 488-489, 505-506

Compensação de dispersão, 575-579
  DCF, 575-577
  dispersão modal de polarização, 575-579
  grade de Bragg, 575-578
  mapa de dispersão, 575-576
Compensador de dispersão
  cromática, 432-434, 575-579
  de grade de Bragg, 432-434
Comprimento de difusão, 258-259
Comprimento de onda, 6-7
  curto, banda, 7-10
  de bombeio, 445-446, 452-456, 472-475
  de corte, 51-52, 60-61, 133-136
  bloqueador, 542-544
  comutação seletiva ROADM, 545-547
  conversão, 548-553
  multiplexação por divisão de (*veja* WDM)
  roteamento do, 551-554
  utilização do, 548-553
Comprimento do batimento, 70-71
Comutação, 510-513
Comutação de qualquer para qualquer, 545-546
Comutação óptica, 546-557
  comutação de pacote, 553-555
  comutação de rajada óptica, 554-557
  conversão de comprimento de onda, 548-553
  crossconnect óptico (OXC), 510-511, 546-549
Concentração de portadores íntrinsecos, 157-160
Condição de corte (*veja* Modos nas fibras)
Conectores, 236-237, 242-251
  ângulo polido, 243-244, 249-251
  definição, 228-229, 242-243
  exemplo, 245
  monomodo, 247-249
  perda de retorno, 248-251
  polido plano, 243-244
  requerimentos, 242-243
  tipos, 242-2458
  confiabilidade, 205-209
Confinamento portador de, 163-166, 172-173, 177-178
Confinamento óptico, 163-166, 177-178, 186-192
Congruência de raios, 44-45
  contorno BER, 612-614
  contorno de olho, 612-614

Controle de erro, 337-344
  checagem redundante cíclica, 339-343
  código de Reed-Solomon, 343-344
  códigos de detecção de erro linear, 338-340
  códigos polinomiais, 339-343
  correção de erros antecipada, 337-338, 342-344
  detecção de erro, 338-340
  erro em rajada, 337-338, 342-343
  pedido de repetição automática, 337-338
Controle de ganho automático, 471-472
Correção de erros antecipada, 337-338, 342-344
Cristal Birrefringente 40-41
Crossconnect óptico (OXC), 510-511, 546-549
CWDM, 393-394

D

dBm, 11-12, 649-650
Decibel, 9-13
Demultiplexador, 389-391
Densidade óptica, 36-38
Deslocamento de fase, 38-39, 47-50
Detecção
  de erro, 338-340
  direta, 285-286
  heteródina, 346-352
  homódina, 346-347, 347-349
Detecção óptica coerente, 313, 343-352
  comparações de BER, 347-352
  detecção direta OOK, 345-346, 347-348, 351-352
  detecção heteródina, 346-352
  detecção homódina, 346-347
  fótons necessários por bit, 350-352
  homódina OOK, 347-349
  homódina PSK, 349-352
  métodos básicos, 344-347
  mistura, 345-347
  oscilador local, 344-347
  PSK diferencial (DPSK), 350-352
Diafonia, 396-397, 424-425, 434-435
Diagrama de olho, 300-304, 610-614
  altura de olho, 300-302, 611-613
  de limiar, 286-288, 291-295, 301-304
  largura de olho, 300-302
  margem de ruído, 301-302
  parâmetros fundamentais, 300-302
  tempo de amostragem, 301-302
  temporização *jitter*, 301-303
  tempos de subida e descida, 300-303
Diâmetro de campo modal, 67-70

Diferença de índice, 45-48 (*veja também* Diferença de índice de refração)
núcleo-casca (*veja* Índice de refração)
Difração de Fresnel, 30-31
Diodo emissor de luz, 162-176
  confiabilidade, 205-209
  confinamento de portador, 163-166
  confinamento óptico, 163-166
  emissor de borda, 164-166
  emissor de superfície, 164-166
  estruturas, 162-166
  heteroestrutura dupla, 16-17
  materiais, 165-171
  modulação, 173-176
  radiância, 162-163
  resposta em frequência, 173-175
Diodo *laser*, 175-202
  condições de limiar, 176-184
  confiabilidade, 205-209
  corrente de limiar, 182-183
  DBF, 177-179, 192-196
  efeitos de temperatura, 200-202
  eficiência quântica, 184-185
  emissor de superfície de cavidade vertical (VCSEL), 191-195
  equações de taxa, 183-185
  espaçamento de rede, 162-163
  estruturas, 176-181, 186-191
  Fabry-Perot, 176-181, 186-188
  largura de linha, 198-199
  limiar do efeito *laser* (ou *lasing*), 181-183
  modos de cavidade, 176-184
  modulação direta, 196-199
  modulação externa, 198-201
  monomodo, 188-189
  poço quântico, 191-192
Dispersão
  cálculos, 135-140
  da velocidade de grupo, 118-119, 122-123, 319-320, 491-493, 498-501
  modal de polarização, 119-120, 122-123, 129-131, 577-579
  definição, 123-124
  em fibras monomodo, 127-130
  guia de onda, 118-120, 125-128
  intermodal, 43-44
  material, 118-119, 124-127 (*veja também* Dispersão cromática)
Dispersão cromática, 118-120, 122-123, 124-127
  comparações de fibras, 141-147
  penalidade de potência, 326-329
Dispositivo(s)
  ativo, 389-390
  passivo, 389-390
  WDM ativos, 426-434
Distorção de intermodulação, 204-206
Distorção harmônica, 204-206
Distribuição de probabilidade, 291-293
Divisor de potência óptica, 516, 518, 537-538, 54-543, 547-548, 557-558, 560-562, 565-565, 573
Doador, 1568-159
Dopagem, semicondutor, 1568-159
DPSK, 536-539
Dúplex, 520
DWDM, 391-394

E

EDFA, 443, 451-461
Efeito avalanche, 261-263
Efeitos não lineares, 483-499
  área efetiva, 484-486
  comparações, 483-485
  comprimento efetivo, 484-486
  eficiência da conversão de potência, 456-461
  Espalhamento Brillouin estimulado, 483-485, 488-491
  Espalhamento Raman estimulado, 484-485, 486-488
  Kerr, 484-485, 490-492, 499-501
  mistura de quatro ondas, 483-485, 492-494
  modulação de autofase, 484-485, 490-492, 501-502
  modulação fase cruzada, 484-485, 491-493, 496-498
  penalidade de potência, 484-485
  sólitons, 498-505
Eficiência de acoplamento, 218, 225-229
  definição, 218
  esquemas de lentes para, 225-229
  uso de fibras cônicas, 225-226
  eficiência quântica, 170-174
Eficiência quântica, 170-174
  externa, 172-174
  fonte óptica, 170-174
  interna, 171-172
Electronics Industry Alliance, 21-22
Emenda por fusão, 240-241 (*veja também* Junções de fibra-fibra)
Emenda, perda de, 403-404
Emendas, 239-243
  definição, 240-241
  para fibras monomodo, 241-243
  técnicas, 239-241
Emissão estimulada, 175-178, 182-183, 445-446, 447-448, 452-456
Empilhamento de batimento, 370-371
  compósito de batimento triplo (CTB), 371-374, 383-384
  compósito de segunda ordem (CSO), 371-372
  IM batimento triplo, 370-372
  IM de dois tons de terceira ordem, 370-372
Energia de *gap*, 156-159, 168-169
Energia do Fóton, 6-7, 35
Energia eletromagnética, 5-7
Enquadramento de bits, 14-15
Epitaxial, 162-163
EPON, 651-562, 573-575 (*veja também* Rede óptica passiva)
Equações de Maxwell, 54-55
Equalização, 286-288
Equalizador de
  canal dinâmico, 430-432
  ganho dinâmico, 430-432
Erro rajada, 337-338
Escritório central, 511-514, 558-559, 560-562
Espalhamento
  Brillouin estimulado, 483-485, 488-491 (*veja também* Efeitos não lineares)
  matriz, 397-400
  perda, 111-115
  Raman estimulado, 484-485, 486-488 (*veja também* Efeitos não lineares)
  Rayleigh, 112-114
Espectrais, bandas, 5-10
Espectral,
  divisão, 156-157, 433-436
  espectro amplificado, 460-462
  largura, 389-391, 391-392, 423-424, 434-435
Espectro eletromagnético, 4-8
Espontânea, emissão, 175-176, 182-183, 452-456, 460-462
Estado de polarização (SOP), 40-41
Estimativa de OSNR, 629-632
Estrela, acoplador, 403-406
Estrela, rede, 515-516, 518, 522-524
Etalon, 415-420
Ethernet, 534-538, 561-562, 564-566, 571-575
  de 10 Gigabit, 534-535, 537-538
  de 100 Gigabit, 536-539
  de 40 Gigabit, 536-539
  óptica, 571-575
  óptica metropolitana, 574-575

F

Faixa dinâmica livre de distorção, 375-376, 377-380
Faixa dinâmica, OSA, 596-597
Faixa dinâmica, OTDR, 614-616

Faixa espectral livre, 417-419, 423-424
Fator de confinemento óptico, 180-181
Fator de ruído de excesso, 276-279, 289-290
Fator Q, 478-479
Ferramentas de modelagem, 21-25
Fibra birrefringente, 68-71
Fibra compensadora de dispersão cromática, 575-577
Fibra de casca reduzida, 147-149
Fibra de espectro total, 107-109
Fibra de pico de pouca água, 107-109
Fibra dopada com érbio, 146-148
Fibra insensível à curvatura, 146-147
Fibra óptica:
  atenuação, 8-10, 105-116
  birrefringência, 68-71
  buffers, 42-43
  cabos, 85-91
  caracterização, 599-611
  casca, 42-44
  comprimento de batimento, 70-71
  de plástico, 73-74
  diâmetro de campo modal, 67-70, 601-602
  dopantes, 72-73
  estrutura cristal fotônico, 74-77
  fabricação da, 76-82
  fluxo de potência na casca, 65-68
  fluxo de potência no núcleo, 65-68
  índice-degrau, 42-46, 46
  índice-gradual, 42-44, 70-72
  jaquetas, 42-43
  materiais para, 72-74
  monomodo, 43-44, 61-62, 67-71, 131-144
  multimodo, 43-44
  núcleo, 42-44
Fibra perfurada, 74-75 (*veja também* Fibras de cristal fotônico)
Fibra preservadora de fibra, 147-149
Fibras de cristal fotônico, 74-77
  bandgap fotônico, 75-77
  fabricação, 80-85
  índice-guiado, 74-76
Fibras de vidro ativa, 73-74
Fibras especiais, 146-149
Fibras ópticas de polímero, 73-74
Figura de ruído
  amplificador, 286-288, 463-465
  receptor, 298, 307-309
  figura de ruído, 463-464
Filme fino, filtro, 415-421
  aplicações, 419-421
  estrutura básica, 416-420

faixa espectral livre, 417-419
parâmetros de amostra, 419-420
passa-banda, 416-419
refletividade do espelho, 416-417
WDM, 415-421
Filtro óptico
  banda larga, 424-425
  passa-banda, 416-420, 423-424
  plano, 424-425
  selecionável, 428-431
Filtro passa-baixa, 285-288
Finesse, 417-419
Física óptica, 30-31
Fluxo de potência
  da casca, 65-68
  do núcleo, 65-68
Flylead (fibra), 218
Fônon, 161-163, 453-454, 471-472
Fonte óptica, 155-211
Fontes de erro, 288-291
Formatos de modulação, 536-539
Forno de puxamento, 76-78
Fotocorrente, 19-20, 258-259
Fotodetector (*veja* Fotodiodo avalanche (APD); Fotodetector *pin*)
Fotodetector *pin*, 257-262
  absorção coeficiente de, 257-260, 281-282
  comparações de, 280-281
  comprimento de onda de corte, 258-261
  constante de Planck, 6-7
  diagrama de banda de energia, 258-259
  eficiência quântica, 260-262
  estrutura básica, 257
  heteroestrutura dupla, 275-276
  materiais, 258-262
  responsividade, 260-262, 280-281
Fotodiodo avalanche (APD), 261-266
  comparações, 264-265, 280-281
  construção *reach-through*, 262-263
  corrente escura, 267-268
  efeitos de temperatura, 278-281
  estruturas, 262-263, 278-281
  fator de ruído de excesso, 276-279
  figura de ruído, 276-279
  ganho de corrente, 264-265
  perda por deslocamento axial, 231-234, 235-236, 241-242
  razão da taxa de ionização de portadores, 263-264, 276-278
  responsividade, 264-265
  ruído de multiplicação, 275-279
  taxa de ionização, 263-264, 276-278

Fóton, 35
Fotônica de micro-ondas, 375-376, 381-382
Fotoportadores, 258-259
Frente de fase, 30-31
FTTP, 562-563
FTTx, 562-563
Função de Airy, 416-419
Função densidade de probabilidade, 293
Função erro, 295
Funções de Bessel, 57-58, 646-648
Funções do receptor óptico, 19-20
FWHM (*veja* Largura a meia altura)
FWM (*veja* Mistura de quatro ondas)

G

Ganho avalanche
  definição de, 264-265, 267-268
  efeitos de temperatura, 278-281
  em silício, 267-268
  equação empírica para, 279-280
  estatística, 275-279
  tempo de resposta, 272-276
  valor ótimo, 270-271
  valores, 264-265, 280-281
  ganho, 445-449, 449-452, 455
GE-PON (*veja* Rede óptica passiva)
Gerenciamento de falha (*veja* Monitoramento de desempenho óptico)
Gerenciamento de rede (*veja* Monitoramento de desempenho óptico)
Gigabit Ethernet, 534-538
  100 Gigabit Ethernet, 536-538
  40 Gigabit Ethernet, 536-538
  transceptores, 534-537
  especificação 10 GbE, 534-536
  gojeada, 414-415, 432-434
Gorjeio, 333-337
  penalidade de potência, 334-337
GPON (*veja* Rede óptica passiva)
Grade, 411-416, 428-431, 432-434
  de difração, 425-427
  de fibra de Bragg, 411-416
  de fibra, 411-416, 432-434
  de gorjeio, 432-434
  de guias de onda em matriz, 420-425
  equação, 411-412, 421-422, 437-438
Guia de onda,
  dispersão de, 118-120, 125-128
  equações de, 54-60

H

Heterojunção, 155-156, 163-166, 168-169
Hierarquia digital plesiócrona, 13
Hub, 516, 518

I

ILD (*veja* Diodo *laser*)
IM/DD, 285-286, 343-345
Impurezas da fibra, 106-112
Inclinação de dispersão, 122-123, 136-138
Índice de modulação, 204-206, 307-308, 363-365, 369-371
Índice de refração, 35-37
   diferença de índice núcleo-casca, 45-46, 67-68
   perfil parabólico, 70-72
   perfil, 43-44, 70-72
   valores de, 35-37
Índice-degrau, fibra de, 42-46
Instalações para fibra de rede (*veja* Rede óptica passiva)
Interferência intersimbólica, 286-288, 289-291, 301-304
Interferômetro de Mach-Zehnder, 405-409
   acoplador básico 2×2, 405-408
   matriz de propagação, 405-407
   MZI de 4 canal, 407-409
International Electrotechnical Commission (IEC), 21-22
International Telecomunicações Union (*veja* ITU-T)
Inversão de população, 176-178, 180-182
Ionização de impacto, 261-264, 276-278
IP sobre WDM, 568-571
Isolador óptico, 408-410
ITU-T convenção de numeração de canal WDM, 392-393
ITU-T grade para DWDM, 392-393
ITU-T, 21-22

J

Janelas, 8-10, 107-109
Jitter (*veja* Medidas de desempenho; Medidas de atraso na temporização)
Junção *pn*, 155-156, 160-162, 163-166, 180-181, 183-184
Junções de desalinhamentos mecânicos, 230-237
   desalinhamento angular, 230-231, 235-237, 241-243, 247-249
   deslocamento axial, 231-237, 241-242
   deslocamento lateral, 231-237, 241-242
   separação longitudinal, 230-232, 234-236, 247-249

L

Largura a meia altura, 413-414, 417-419
Largura de banda, 3-5, 174-176
   demandas por, 4-5
   óptica, 390-391
Largura de linha Brillouin, 488-489
Laser, 175-202, 433-436
   DBR, 433-436
   de bombeio, 446-447, 453-454, 471-475
   de poço quântico, 190-192
   de realimentação distribuída, 177-179, 192-196
   Fabry-Perot (FP), 176-181, 186-188
   faixa de seleção, 434-436
   selecionável, 433-436
LED, 162-176 (*veja* Diodo emissor de luz)
Legado da fibra, 534-535
Lei de ação de massa, 1568-159
Lei de brilho, 225-226
Lei de Planck, 6-7
Lei Snell, 35-39, 46-47
Limiar, nível de, 286-288, 291-295, 301-304
Limite quântico, 299-301
Link analógico, 361-376
   operação básica, 362-363
   potência da portadora, 363-365
   relação portadora-ruído, 363-369
Link de comunicação óptica, 16-21
Link ponto a ponto, 314-326
   balanço de potência do *link*, 315-319, 323-326
   balanço do tempo de subida, 315-316, 319-324
   banda de comprimento de onda curto, 323-324
   considerações do sistema, 315-317
   escolha de componentes para, 315-316
   limite de atenuação, 324-326
   limites de dispersão, 327-330
   links monomodo, 324-326
Links ópticos de alta velocidade, 534-539
   10 Gb/s, 534-537
   160 Gb/s, 537-539
   40 Gb/s, 536-538
   formatos de modulação, 536-539
   transceptores, 534-537
Luz infravermelha, 4-7
Luz polarizada linearmente, 30-32

M

Mancha, ruído, 330-332
Manutenção da rede (*veja* Monitoramento de desempenho óptico)
Mapa de dispersão, 575-576
Massa efetiva, 156-157
Material
   extrínseco, 158-160
   intrínseco, 157-160
   tipo-*n*, 158-161
   tipo-*p*, 158-161
Medidas de desempenho, 591-619
   analisador de espectro óptico, 596-598
   caracterização de fibra óptica, 599-611
   equipamento de testes básico, 594-599
   exemplo de parâmetros de teste, 592-593
   fator Q estimativa, 631-634
   ITU-T, 593-594, 597-598, 621-622, 631-632, 635-636
   lasers de suporte aos testes, 595-597
   medidas de atraso na temporização, 634-635
   OSNR estimativa, 629-632
   OTDR, 613-618
   padrões de, 592-595
   perda de retorno óptico, 618-619
   potência óptica, 598-600
   procedimentos de teste de fibras ópticas (FOTP), 21-22, 593-595
   taxa de erro de *bit* (BER) teste, 610-614, 627-630
   testador de rede óptica, 597-599
   testes de diagrama de olho, 610-614
Método de deposição axial em fase vapor (VAD), 78-81
Método de perfuração horizontal, 91-92
Método de transmissão e seleção, 542-544
Métodos de instalação, 17, 19, 90-96
Microfissura de Griffith, 82-83
Mínima potência óptica detectável, 265-266
Mistura, 345-347
Mistura de quatro ondas, 483-485, 492-494 (*veja também* Efeitos não lineares)
   constante de interação não linear, 493-494
   mitigação FWM, 495-497
Mitigação de deficiências de transmissão, 574-580
Modelo OSI, 513-515
Modos nas fibras, 44-54
   acoplamento, 50-52
   amardilhado, 43-46
   condição de corte, 51-54, 57-58, 60-62
   condições de contorno, 56-58
   constante de propagação normalizada, 61-665
   em fibras de índice-degrau, 59-63

em fibras de índice-gradual, 71-72
em fibras monomodo, 67-71
fracamente guiados, 60-66
guiado, 43-46, 51-52
híbridos (EH, HE), 49-50, 56-57, 59-68
ligados, 44-46, 50-52, 62-63, 71-72
limite de comprimento de onda pequeno, 44-45
linearmente polarizado (LP), 49-50, 62-66
número em fibras de índice-degrau, 51-54, 62-63
número em fibras de índice-gradual, 71-72
número V, 51-54, 61-63
ordem de, 50-52, 59-63
radiação, 50-52
transversal elétrico (EH), 49-51, 56-57, 60-68
transversal magnético (TM), 49-51, 56-57, 60-68
vazado, 46-47, 51-52
Modulação
  AM-VSB, 369-372
  de fase cruzada, 484-485, 491-493, 496-498 (veja também Efeitos não lineares)
  de intensidade com detecção direta (veja IM/DD)
  de LED, 306-308
  direta, 196-198
  em amplitude multicanal, 369-372
  em frequência multicanal, 368-374
  externa, 198-201
Monitoramento de desempenho óptico (OPM), 619-627
  conceito cliente/servidor, 621-622
  console de gerenciamento de rede, 620
  dispositivos gerenciados, 620
  funções de gerenciamento, 621-622
  funções de monitoramento, 623-601
  gerenciamento da camada óptica, 621-624
  monitoramento de falha, 624-626
  monitoramento OSNR, 626-627
  princípios básicos, 619-598
  sistema de gerenciamento de elemento (EMS), 620
  sistema de gerenciamento de rede (NMS), 620
Monomodo fibra, 43-44, 61-62, 67-71, 131-144
  cálculo de dispersão, 135-140
  casca casada, 131-135
  comprimento de onda de corte, 51-52, 60-61, 133-137

diâmetro de campo modal, 67-70
dispersão, 127-130, 131-135
dispersão de guia de onda, 118-120, 125-128
dispersão deslocada, 131-135
dispersão deslocada não nula, 131-135
dispersão material, 118-119, 124-127
dispersão plana, 131-135
dispersão total, 131-135
distorção de sinal, 127-130
núcleo de grande área efetiva (LEA), 132-135
otimizado em 1.300 nm, 131-135
perda de curvatura, 114-116, 138-144
perfis de índice de refração, 131-135
propagação de modos, 68-71
Monomodo laser, 188-189 (veja também Diodo laser; fonte óptica)
Multiplexação, 13-15
  digital, 13-15
  óptica por divisão no tempo, 537-539
  por divisão em frequência, 369-372
Multiplexador, 389-391
  óptico de adição/remoção (veja OADM)
MZI (veja interferômetro de Mach-Zehnder)

N

Não linearidade Kerr, 490-491, 499-500
Não retorno a zero (NRZ) code, 202-204
National Física Laboratory (NPL), 20-21, 593-594
National Institute of Patterns and Technology (veja NIST)
Natureza quântica da luz, 35
Navio de abo, 19-20, 95-96
Néper, 650
NIST, 20-21, 593-594
Nível aceitador, 158-159
Nível de energia metaestável, 452-456
Nível doador, 158-159
Nó ou nodo, 510-512
Núcleo perda, 116 (veja também Atenuação)

O

OADM Reconfigurável (ROADM), 538-539, 541-547 (veja também OADM)

OADM, 510-511, 538-547
  abordagem de seleção e transmissão, 542-544
  baseada em sintonização ROADM, 545-546
  canais expressos, 538-539, 542-546
  características desejadas, 540-542
  comprimento de onda de bloqueio ROADM, 542-544
  comutador seletivo de comprimento de onda – ROADM, 545-547
  configurações, 540-542
  grau, 542-543, 557-560
  matriz comutada ROADM, 543-546
  passiva, 540-542
  portas coloridas/incolores, 541-542, 543-544
  princípio básico, 538-541
  reconfigurável OADM (ROADM), 538-539, 541-547
Olho estressado, 303-3047, 612-613 (veja também Testes de diagrama de olho)
OMA (veja Amplitude de modulação óptica)
Onda
  constante de propagação de, 30-31, 44-45, 121-123
  de bombeio, SRS, 486-487
  eletromagnética, 30-35
  equações de, 54-55
  frente de, 30-31
  plana, 30-31
  portadora, 3
  representação, 47-50
Onda luminosa, 1-2
  sistema decomunicação, 2-6
OOK, 203-204, 285-286, 536-537
  comparado a DPSK, 536-539
  modulação comparada à DPSK, 536-537
OPM (veja Monitoramento de desempenho óptico)
Óptica geométrica, 30-31
Oscilador local, 344-347
OSNR monitoramento, 603 (veja também Monitoramento de desempenho óptico)
OSNR, 463-466, 536-537
OTDM, 537-539
OTDR, 613-619
  características do gráfico, 614-616
  localização de falha na fibra, 619
  medidas atenuação, 593-594
  princípio básico, 613-614
  zona morta, 617-618
Oxidação externa na fase vapor (OVPO), 78-80

P

Padrão
de cabeamento estruturado ISO/IEC, 534-536
de emissão, 219-220
de instalação, 96-97
lambertiano, 164-165, 219-220
Padrões de medidas, 592-595
padrões de, 20-21, 141-147
perfis de índice de refração, 70-72
preforma, 76-78
propriedades mecânicas, 81-86
simulação do *link*, 21-25
tamanhos de, 43-44, 67-68
tipos, 8-10, 42-44
vantagens, 5-6
Padrões de, 20-21, 141-147, 391-394, 592-595
emissão, 164-165, 166-171
fibras FTTP, 143-144
fibras multimodo, 141-147
ITU-T Recomendações para fibras, 141-147
organizações, 20-21, 534-536
teste de componentes, 593-594
WDM, 391-394
Parâmetro Q, 294-297, 302-3047
Passa-banda, filtro óptico, 416-420, 423-424
PDH (*veja* Hierarquia digital Plesiócrona)
Pedido automático de retransmissão (ARQ), 337-338
Penalidade de potência, 326-329, 467-468
de polarização modal, 328-330
de razão de extinção, 329-330, 334-335
de ruído de partição modal, 332-334
de ruído modal, 329-332
definição, 326-327
dispersão cromática penalidade de, 326-329
penalidade de gorjeio, 333-337
PMD penalidade, 328-330
razão de extinção penalidade, 329-330, 334-335
ruído ASE, 467-468
ruído de reflexão penalidade, 335-338
ruído modal penalidade, 329-332
ruído partição modal penalidade, 332-334
Pequeno limite de comprimento de onda, 44-45
Pequeno, (SFP) transceptor de fator de forma, 210-211, 533-535

Perda da casca, 116 (*veja também* Atenuação)
Perda de acoplamento de transferência, 518-519
Perda de conexão, 516, 518
Perda de curvatura, 114-116, 138-144
Perda de emenda, 403-405
Perda de excesso, 395-398, 522-524
Perda de retorno óptico, 595-598, 618-619
Perda de separação longitudinal, 230-232, 234-236, 247-249
Perda intrínseca, 518-519
Perda por desalinhamento angular, 231-232, 235-237, 241-243, 247-249
Perda por microcurvatura, 114-116
Período de *bit*, 285-286
Petermann II MFD, expressão, 601-602
Petermann, equação, 68-70
Physikalish-Technische Bundesanstalt (PTB), 20-21, 593-594
Pigtail (fibra), 210-211
Pilhas de protocolo, 513-515
Placa de meia-onda, 408-409
Plano de incidência, 35-39
Plano de vibração, 31
PMD (*veja* Dispersão modal de polarização)
compensação, 577-579
penalidade de, 328-330
Poisson distribuição de, 289-290
Polarização linear, 30-33 (*veja também* Polarização)
Polarização
ângulo de Brewster, 39-40
circular, 33-35
componente paralela, 39-40
componente perpendicular, 39-40
dispositivos, 40-41
elíptica, 33-35
estado, 40-41
linear, 31-32
materiais, 40-41
não polarizado, 38-40
Polarização, 160-161, 196-197, 204-205
direta, 160-161
reversa, 160-161
Polarizador, 40, 408-410
de cristal birrefringente, polarizador (*walk-off polarizer*), 40-41, 408-411
PON, 560-569, 571-575
Portador, 3-4
majoritário, 159-160
minoritário, 155-156, 159-162, 170-174

Portador de carga, 158-159
difusão, 160-161
majoritário, 158-159
minoritário, 158-159, 168-169
Portadora óptico-nível N (*veja* SONET)
Portas colorida/incolor, 541-544
Potência acoplamento calculação, 220-224
Potência da portadora, 363-365
Potência de saturação, 449-452
Potência launching *versus* comprimento de onda, 222-225
Potência óptica, 65-68, 598-600
definição, 598-600
fluxo, 65-68
média, 599-600
medidas de, 598-600
medidor, 599-600
pico, 599-600
Pré-compensação for dispersão, 575-576
Preforma, 76-78
Preparação da extremidade da fibra, 237-239
Primeira janela, 8-10
Princípio cliente/servidor, 621-622
Probabilidade de erro, 285, 291-296, 303-304
Procedimentos de teste de fibras ópticas (FOTP), 21-22, 593-595 (*veja também* Medidas de desempenho)
Processo de deposição por vapor químico modificado (MCVD), 79-81
Processo de deposição por vapor químico ativado por plasma (PCVD), 79-81
Produto distância taxa de *bit*, 119-122
Produtos de intermodulação, 370-372
Programação de rajada, 554-556
Propagação de luz, 47-52
Propriedades mecânicas da fibra óptica, 81-86
expressão de Weibull, 82-84
fadiga dinâmica, 83-82
fadiga estática das, 81-84
microfissura de Griffith, 82-83
rigidez, 81-84
teste de prova, 84-86
Protocolo de Internet (IP), 514-515, 568-571
Protocolo, 513-514, 560-561
Provisionamento de serviços em tempo real, 541-542

Q

Qualidade do serviço (QoS), 514-515

R

Radiância, 163-166, 598-599

Raio de luz, 30-31
 extraordinário, 40-41
 inclinado, 45-47
 meridional, 45-48
 ordinário, 40-41
 vazado, 46-47
Raios
 ópticos, 30-31
 vazados, 46-47
Rajada, 535
Razão de extinção, 329-330, 334-335
Receptor
 analógico, 306-310
 balanceado, 536-537
 digital, 291-301
 intervalos de sensibidade, SONET, 528-529
 sensibilidade, 285-286, 296-300, 305-307
Receptores analógicos, 306-310
Receptores de modo rajada, 303-307
Recombinação, 155-156, 158-162
 região, 155-156
 tempo de vida, 170-171
Rede anel, 509-510, 515-516, 518, 528-533, 559-557
Rede CATV, 368-376
Rede corporativa, 511-513
Rede de acesso, 510-513, 535-536, 558-560, 562-563, 571
Rede de área ampla (WAN), 510-513
Rede de área local (LAN), 510-513
Rede de área metropolitana (MAN), 510-513, 535-536, 558-561, 574-575
Rede de barramento linear, 516, 518-523
 arquiteturas, 515-516, 518
 balanço de potência, 516, 518-523
 comparação de desempenho, 522-523
 dúplex, 520
 faixa dinâmica, 521-523
 perdas, 516, 518-520
 símplex, 520
Rede de campus, 511-513
Rede de gerenciamento de falhas, 624-627 (veja também Monitoramento de desempenho óptico)
Rede de longa distância, 509-510, 511-514, 528-529, 556-560
Rede de monitoramento de falhas, 565-567 (veja também Monitoramento de desempenho óptico)
Rede em malha, 515-516, 518, 528-529, 546-547, 556-557
Rede metropolitana, 510-513, 535-536, 558-561, 575
Rede óptica passiva, 560-569, 571-575

arquitetura básica, 560-563
EPON, 561-562, 573-575
GE-PON, 561-562, 573-575
GPON, 564-568
terminal da linha óptica (OLT), 562-563
terminal da rede óptica (ONT), 562-575
tráfego de fluxos, 564-565
unidade da rede óptica (ONU), 564-565
WDM PON, 568-569 (veja também PON)
Rede pública, 510-513
Redes DWDM, 533-534, 556-557, 568-571
Redes ópticas, 1-2, 468-579
 arquiteturas, 513-516
 categorias de rede, 510-514
 comutação de proteção, 528-533
 comutação óptica, 546-557
 fibras multimodo de grau misto, 535-536
 links ópticos de alta velocidade, 534-539
 métodos antigos, 1-2
 mitigação de deficiências de transmissão, 574-580
 OADM, 510-511, 538-547
 princípios básicos, 510-514
 protocolos, 513-515, 560-561
 rede óptica passiva, 571-569, 571-575
 redes WDM de banda larga de longa distância, 556-560
 redes WDM metropolitana banda estreita, 558-571
 SONET/SDH, 531-534
 topologias, 515-524
Redes WDM metropolitanas de banda estreita, 558-571
Reed-Solomon, Código de, 343-344
Refletômetro óptico no domínio do tempo (veja OTDR)
Reflexão de Fresnel, 222
Reflexão, 35-39, 47-49
 ângulo de incidência, 35-39
 externa, 35-39
 interna, 35-39
 total interna, 35-39
Reflexão, coeficiente, 222
Reflexão, grade, 411-412, 437-438
Reflexão, penalidade de potência de ruído de, 335-338
Refração, 35-39
 dupla, 40-41
Refração, diferença de índice de, 45-48, 70-72

em fibras de índice-degrau, 45-48
em fibras de índice-gradual, 70-72
Região ativa, 155-156, 163-164
 de carga espacial, 160-161
 de dispersão anômala, 491-492
 de dispersão normal, 491-492
 intrínseca, 257-259, 275-276
Região de depleção, 160-161, 258-263, 271-273
 em APDs, 258-263
 em fotodiodos pin, 271-379
 tempo de resposta, 271-379
Relação ruído-portadora, 363-369, 384
Relação sinal-ruído óptico (veja OSNR)
Responsividade
 em fotodiodos pin, 260-262
 para fotodiodos avalanche, 264-265
 valores típicos, 280-281
Ressonante, filtro de cavidade, 415-417
Retorno a zero (RZ), 202-204
Retorno, perda, 396-398, 403-404, 410-411, 419-421, 424-425, 427-428
RF sobre fibra, 375-380
 condições limitantes, 377-378
 faixa dinâmica livre de picos, 377-380
 figura de ruído, 376-377
 parâmetros-chave do link, 375-378
 potências de ruído associadas, 376-375
RIN (veja Ruído de intensidade relativa)
Rodador de Faraday, 40-41, 408-409
Roteador de borda, 554-556
 roteamento de comprimento de onda, 551-554
 troca de cabeçalho óptico, 553-554
 utilização de comprimento de onda, 548-553
Rotência equivalente de ruído, 270-271
Ruído
 ASE, 460-465, 466-468
 de emissão espontânea amplificada (veja ruído ASE)
 de intensidade relativa (RIN), 365-370, 373-374, 377-378, 383-384
 de multiplicação avalanche, 275-279
 excesso, 276-279, 289-290
 fontes, 265-269, 288-291
 fontes de erro, 288-291
 fotodetector, 265-270
 multiplicação avalanche, 264-265, 267-268
 pré-amplificador, 364-366
 quântico, 266-267, 288-290, 307-309
 rms, 295-297
 shot, 266-267, 288-290, 297-298

térmico (Johnson), 268-269, 288-289, 290-291
variância, 293-298
Ruído do fotodetector, 265-272
   corrente escura de superfície, 267-268
   corrente escura do, 267-268
   definição de, 265-266
   efeito de ganho no APD, 266-268, 275-279
   fator de ruído de excesso, 276-279
   fontes, 265-269
   mínima potência óptica detectável, 265-266
   quântico, 266-267
   relação sinal-ruído, 265-266, 269-278
   shot, 266-267
   térmico (Johnson), 268-269 (*veja também* Ruído)
RZ código, 202-204

S

SBS (*veja* Espalhamento Brillouin estimulado)
SBS limiar de, 488-490
SDH, 14-15, 524-534 (*veja também* SONET/SDH)
Segunda janela, 8-10
Segundos severamente errados, 343-344
Selecionável
   filtro óptico, 428-431
   laser, 433-436
Semicondutor, amplificador óptico (SOA), 447-452 (*veja também* Amplificadores ópticos)
Shannon, fórmula de capacidade de, 26
Símplex, 520
Simulação, ferramentas, 21-25
Sinal
   analógico, 363-365
   de batimento, 461-462
   dispersão, 117-131
   modulação, 363-365
Sinal-ruído, relação, 265-266, 269-271, 286-289, 291-292, 295-297, 306-310
Síncrona, envelope de carga (*veja* SONET)
Síncrona, hierarquia digital (*veja* SONET; SONET/SDH)
Síncrona, rede óptica (*veja* SONET)
Síncrono, módulo de transporte-nível N (*veja* SONET; SONET/SDH)
Síncrono, sinal de transporte-nível N (*veja* SONET)
Sinterização, 76-77
Sistema Baudot, 2-3

Sistema interconectado aberto (*veja* Modelo OSI)
Sistema internacional de unidades, 641
SNR (*veja* Relação sinal-ruído)
SOA largura de banda, 450-452 (*veja também* Amplificadores ópticos)
Sóliton, 498-505
   características do, 498-500
   equação de Schrödinger não linear, 500-501
   formato de pulso de secante hoperbólica, 501-502
   fundamental, 498-499, 500-503
   GVD *versus* não linearidade Kerr, 499-502
   ordem superior, 498-499
   sóliton parâmetros
      comprimento de colisão, 506-507
      comprimento de dispersão, 500-501, 502-505
      distância de interação, 504-505
      largura de pulso, 502-505
      período de oscilação, 504-505
      período do, 503-504
      potência de pico, 502-503
      separação do pulso, 90-91
   sóliton pulso, 499-502
SONET, 14-15, 524-534
   arquiteturas, 528-533
   caminho, 525
   caminho sobrecarregado, 525-528
   comparação com SDH, 524-527
   distâncias de transmissão, 528-529
   envelope de carga síncrono (SPE), 525-527
   formatos de transmissão, 525-527
   interfaces ópticas, 526-529
   linha, 525
   máxima potência por comprimento de onda, 528-529
   multiplexação, 13-15
   padrões 524-529
   receptor, faixas de sensibilidade, 528-529
   seção, 525
   STM quadro, 525-528
   STS N sinais, 525-527
   STS quadro, 525
   taxas de transmissão, 525-527
SONET/SDH anéis, 528-533
   arquiteturas, 528-531
   autocorreção, 528-529
   bidirecional, 528-530
   caminho de proteção, 529-531
   comutação de caminho, 528-529
   comutação de linha, 528-529

diversidade de *loop*, 528-529
reconfiguração de falhas, 54
unidirecional, 528-530
SONET/SDH redes, 531-534
   arquiteturas, 531-533
   multiplexação de ação/remoção, 531-534
   transmissão, taxas de, 526-527, 531-534
   WDM configuração, 533-534
SPM (*veja* Modulação de autofase)
SRS (*veja* Espalhamento Raman estimulado)
STM-N sinais (*veja* SONET; SONET/SDH)
Stokes shift, 471-472
STS-N sinais (*veja* SONET)
Subportador, multiplexação de, 372-376

T

Tamanho do ponto, 68-70
Tap
   acoplador, 389-390, 393-394
   perda, 518-519
Taxa de dados, 13-15
Taxa de erro de *bit*, 285, 291-292, 294-298, 302-304, 347-352, 465-466
Taxas de informação da rede, 13-15
TDM (*veja* Multiplexação por divisão no tempo)
Técnica do fator Q, 303-304
Tecnologia MEMS, 426-428
Telcordia Generic Requirement, GR-253, 327-328
Telecom, multiplexação de sinal de, 13-15
Telecomunicações Industry Association (*veja* TIA)
Tempo de compensação, 553-556
Tempo de vida de portador, 258-259
Tempo, multiplexação por divisão no, 13-15
Temporização
   informação, 202-203
   diagrama de, 555-556
   medida de atraso, 634-636
   recuperação de, 286-288, 301-302
Terceira janela, 8-10
Terceira ordem, dispersão, 122-123, 137-138
Térmica, geração, 158-159, 170-170
Termoelétrico, refrigerador, 201-202
Testador de rede óptica, 597-599
Teste de máscara, 611-613 (*veja* Testes de diagrama de olho)
Teste de olho estressado, 303-304, 612-614

Teste de taxa de erro de *bit* (BER), 610-614, 627-630
Teste, equipamento (*veja* Medidas de desempenho)
Testes de conformação, 597-599
Testes de diagrama de olho, 610-614
TIA, 21-22
Tipo de serviço, 13
Tipos de fotodetector, 8-10, 256
Topologias de rede, 510-514
Total, reflexão interna, 36-39
Traçado de raios, 30-31
Transceptor plugável, 210-211, 533-534
Transceptor, SFP, 210-211, 533-534
Transientes de ganho de amplificador óptico, 578-580
   amplificação Raman, 445-447, 471-475
   amplificador *in-line*, 444-445, 466-468
   amplificador Raman, 578-580
   amplificadores Ópticos, 443-476
   aplicações básicas, 465-472
   banda larga, 443
   bombeio externo, 443, 447-448, 451-452, 455-457
   controle de ganho, 470-472
   EDFA, 443, 451-461, 578-580
   em cascata, 466-471
   figura de ruído, 463-465
   fixação de ganho, 578-580
   ganho de sinal pequeno, 448-449, 450-452, 457-458
   ganho do amplificador, 449-452
   largura de banda de 3 dB óptica, 450-452
   largura de banda de SOA, 450-452
   largura de banda do ganho, 450-452
   potência de saturação, 449-452
   pré-amplificador, 444-445, 468-469
   ruído do amplificador, 460-465
   SOA, 447-452
   TDFA, 446-447

Transimpedância, amplificador de, 290-291
Transmissão
   de rádio, 3-5
   no contrafluxo, 560-562
   no fluxo (*downstream*), 511-513, 560-562
   grade, 425-427
   janela, 8-10, 107-109
   link digital, 285-289
   protocolo de controle de (TCP), 514-515
Transmissividade de Fresnel, 172-173
Transmissor óptico, funções de, 16-18
Transporte, camada de, 514-515
Transversais, ondas, 30-31
Troca de cabeçalho óptico, 553-554
Tronco, 510-512

U

Ultravioleta, 6-7
Urbach, regra de, 109
Uso de fibra multimodo gradual mista, 535-536
Utilização da fibra, 549-553
   eficiência de acoplamento, 218, 225-229
   junções de fibra-fibra, 228-239
   perdas de desalinhamento mecânico, 230-237
   perdas relacionadas a fibras, 236-238
   preparação da face da extremidade, 237-239

V

V, número, 51-54, 61-63
Valência, banda de, 156-159
Variação de ganho, 469-471
Variável, atenuador óptico, 427-428
VCSEL, 191-192
Velocidade da luz, 6-7
Visível, luz, 6-7

Visual, localizador de falha, 595-596, 598-599
VOA (*veja* Atenuador óptico variável)
Voz, canal de, 13-15

W

WDM
   acoplador de banda larga, 473-475
   ampla (CWDM), 392-394
   denso, 391394
WDM dispositivo, 393-434
   2 × 2 acoplador de fibra, 393-398, 404-406
   acoplador de fibra, 393-398
   acoplador de guia de onda, 399-404
   acoplador estrela, 403-406
   AWG, 420-425
   baseado em MEMS, 426-428
   circulador, 408-409, 410-411, 414-416
   compensador de dispersão cromática, 432-434
   controlador de polarização, 432-433
   DGE, 430-432
   filme fino, filtro, 415-421
   filtro de grade de fibra, 411-416
   filtro óptico selecionável, 428-431
   grade de Bragg, 411-416, 428-431, 432-434
   grade de difração, 425-427
   isolador óptico, 408-410
   MZI, 405-409
   OADM, 430-433
   VOA, 427-428
Weibull, expressão, 82-84
WDM, 15, 388-428
Wrapper digital, padrão G.709, 621-624

Y

Young, Módulo de
   fibras ópticas, 115-11117
   materiais da jaqueta da fibra, 115-11117, 149-150